D1720055

HPLC richtig optimiert

Herausgegeben von
Stavros Kromidas

Weitere interessante Titel zur HPLC

V. R. Meyer

Fallstricke und Fehlerquellen der HPLC in Bildern

2006

ISBN 3-527-31268-4

V. R. Meyer

Praxis der Hochleistungs-Flüssigchromatographie

2004

ISBN 3-527-30726-5

S. Kromidas

More Practical Problem Solving in HPLC

2004

ISBN 3-527-31113-0

J. Weiß

Ionenchromatographie

2001

ISBN 3-527-28702-7

S. Kromidas

Practical Problem Solving in HPLC

2000

ISBN 3-527-29842-8

HPLC richtig optimiert

Ein Handbuch für Praktiker

Herausgegeben von
Stavros Kromidas

WILEY-VCH Verlag GmbH & Co. KGaA

Herausgeber

Dr. Stavros Kromidas
Rosenstraße 16
66125 Saarbrücken

Bibliografische Information Der Deutschen Bibliothek
Die Deutsche Bibliothek verzeichnet diese Publikation in der Deutschen Nationalbibliografie; detaillierte bibliografische Daten sind im Internet über <http://dnb.ddb.de> abrufbar.

Printed in the Federal Republic of Germany
Gedruckt auf säurefreiem Papier

Einbandgestaltung G. Schulz, Fußgönheim
Satz Manuela Treindl, Laaber
Druck betz-druck GmbH, Darmstadt
Bindung Litges & Dopf Buchbinderei GmbH, Heppenheim

ISBN-13: 978-3-527-31470-6
ISBN-10: 3-527-31470-9

Vorwort

Das Optimieren von Verhaltensweisen und Prozessen stellt eine notwendige Voraussetzung für langfristigen Erfolg dar. Das Ziel und die Beweggründe können dabei recht unterschiedlich sein: Selbsterhaltung bei Lebewesen, „Leben retten" beim Helfer in Afrika, Gewinnmaximierung beim Marketing-Strategen oder neue Erkenntnisse beim Wissenschaftler. Dieses Prinzip gilt natürlich auch in der Chemie und in der Analytik.

Das vorliegende Buch behandelt ausschließlich das Thema „Optimierung" in der HPLC. Es wird versucht, diesen wichtigen Aspekt der HPLC auf vielfältige Art und Weise zu beleuchten. Zum einen haben wir uns mit grundsätzlichen Fragen und mit prinzipiellen Überlegungen und Hintergründen auseinander gesetzt. Im gleichen Maße haben wir uns bemüht, möglichst viele Praxisbeispiele, Anregungen und Vorschläge für den HPLC-Alltag vorzustellen und zu diskutieren. Die Ausführungen sollen beim Planen effektiver Strategien zur Methodenentwicklung ebenso unterstützen und helfen wie in der täglichen Praxis vor Ort, wenn es um Konzepte für eine schnelle Optimierung geht. Das Ziel des Buches ist, einen Beitrag für eine zweckgerichtete, bezahlbare Vorgehensweise bei Methodenentwicklung und Optimierung in der HPLC zu leisten.

Dazu haben international renommierte Fachleute ihr Wissen und ihre Erfahrungen zur Verfügung gestellt. Diesen Kollegen gilt mein herzlicher Dank. Dem Verlag WILEY-VCH und insbesondere Steffen Pauly danke ich für die sehr gute Zusammenarbeit und Kooperationsbereitschaft.

Saarbrücken, Januar 2006 *Stavros Kromidas*

HPLC richtig optimiert: Ein Handbuch für Praktiker. Herausgegeben von Stavros Kromidas

ISBN: 3-527-31470-9

Inhaltsverzeichnis

HPLC richtig optimiert: Ein Handbuch für Praktiker. Herausgegeben von Stavros Kromidas

ISBN: 3-527-31470-9

Autorenverzeichnis

Klaus Albert
Institut für Organische Chemie
Universität Tübingen
Auf der Morgenstelle 18
72076 Tübingen

Bonnie A. Alden
Waters Corporation, CRD
34 Maple Street
Milford, MA 01757
USA

Mario Arangio
CarboGen AG
Schachenallee 29
5001 Aarau
Schweiz

Wolf-Dieter Beinert
VWR International GmbH
Scientific Instruments
Hilpertstraße 20A
64295 Darmstadt

Roberto Biancardi
Solvay Solexis SpA
Viale Lombardia, 20
20021 Bollate (MI)
Italien

Hans Bilke
Sandoz GmbH
Biochemiestraße 10
6250 Kundl
Österreich

Yung-Fong Cheng
Cubist Pharmaceuticals
65 Hayden Ave.
Lexington, MA 02421
USA

Maristella Colombo
Oncology – Analytical Chemistry
Nerviano Medical Sciences
Viale le Pasteur, 10
20014 Nerviano (MI)
Italien

Diane M. Diehl
Waters Corporation, CAT
34 Maple Street
Milford, MA 01757
USA

John W. Dolan
BASi Northwest Laboratory
3138 NE Rivergate
Building 301C
McMinnville, OR 97128
USA

HPLC richtig optimiert: Ein Handbuch für Praktiker. Herausgegeben von Stavros Kromidas

ISBN: 3-527-31470-9

Melvin R. Euerby
AstraZeneca R&D Charnwood
Analytical Development,
Pharmaceutical and Analytical R&D
Charnwood/Lund
Bakewell Road
Loughborough, Leicestershire,
LE11 5RH
United Kingdom

Sergey Galushko
Dr. S. Galushko Software
Entwicklung
Im Wiesengrund 49b
64367 Mühltal

Eric S. Grumbach
Waters Corporation, CAT
34 Maple Street
Milford, MA 01757
USA

Marc D. Grynbaum
Institut für Organische Chemie
Universität Tübingen
Auf der Morgenstelle 18
72076 Tübingen

Heidi Händel
Institut für Organische Chemie
Universität Tübingen
Auf der Morgenstelle 18
72076 Tübingen

Tom Hennessy
Biopolis
Biomedical Science Group
20 Biopolis way
Singapore 1 38668
Singapur

Pamela C. Iraneta
Waters Corporation, CRD
34 Maple Street
Milford, MA 01757
USA

Markus Juza
Chiral Technologies Europe
Parc d'Innovation
Boulevard Gonthier d'Andernach
BP 80140
67404 Illkirch Cedex
Frankreich

Marianna Kele
Waters Corporation, CRD
34 Maple Street
Milford, MA 01757
USA

Peter Kilz
PSS Polymer Standards Service
GmbH
Postfach 3368
55023 Mainz

Stavros Kromidas
Rosenstraße 16
66125 Saarbrücken

Manfred Krucker
Institut für Organische Chemie
Universität Tübingen
Auf der Morgenstelle 18
72076 Tübingen

Hans-Joachim Kuss
Psychiatrische Klinik der
Ludwig-Maximilians-Universität
Nussbaumstraße 7
80336 München

Jörg P. Kutter
MIC – Department of Micro and Nanotechnology
Technical University of Denmark
2800 Lyngby
Dänemark

Christiane Lohaus
Medizinisches Proteom-Center
Zentrum für Klinische Forschung
Ruhr-Universität Bochum
Universitätsstraße 150
44780 Bochum

Ziling Lu
Waters Corporation, CAT
34 Maple Street
Milford, MA 01757
USA

Egidijus Machtejevas
Institut für Anorganische Chemie und Analytische Chemie
Johannes Gutenberg-Universität
Duesbergweg 10–14
55099 Mainz

Jürgen Maier-Rosenkranz
GRACE Davison –
Alltech Grom GmbH
Discovery Sciences
Etzwiesenstraße 37
72108 Rottenburg-Hailfingen

Friedrich Mandel
Agilent Technologies
Hewlett-Packard-Straße 8
76337 Waldbronn

Katia Marcucci
Sienabiotech S.p.A.
Via Fiorentina, 1
53100 Siena
Italien

Katrin Marcus
Medizinisches Proteom-Center
Zentrum für Klinische Forschung
Ruhr-Universität Bochum
Universitätsstraße 150
44780 Bochum

Jeffrey R. Mazzeo
Waters Corporation, CAT
34 Maple Street
Milford, MA 01757
USA

Michael McBrien
Advanced Chemistry Development, Inc.
110 Yonge Street, 14th Floor
Toronto, Ontario
Canada M5C 1T4

Alberto Méndez
Waters Cromatografia S.A.
Parc Tecnològic del Vallès
08290 Cerdanyola del Vallès
Barcelona
Spanien

Helmut E. Meyer
Medizinisches Proteom-Center
Zentrum für Klinische Forschung
Ruhr-Universität Bochum
Universitätsstraße 150
44780 Bochum

Veronika R. Meyer
EMPA St. Gallen
Materials Science and Technology
Lerchenfeldstraße 5
9014 St. Gallen
Schweiz

Egbert Müller
Tosoh Bioscience GmbH
Zettachring 6
70567 Stuttgart

Uwe D. Neue
Waters Corporation, CRD
34 Maple Street
Milford, MA 01757
USA

Patrik Petersson
AstraZeneca R&D Lund
Analytical Development
Pharmaceutical and Analytical R&D
Charnwood/Lund
Lund 22187
Schweden

Michael Pfeffer
Schering AG
In-Process-Control
13342 Berlin

Karsten Putzbach
Institut für Organische Chemie
Universität Tübingen
Auf der Morgenstelle 18
72076 Tübingen

Oleg Pylypchenko
Institute of Bioorganic Chemistry of
Ukrainian National Academy of
Sciences
Murmanskaja str., 1
02660 Kiev-94, MCP-600
Ukraine

Milena Quaglia
LGC
Analytical Technology
Queens Road
Teddington, Middlesex, TW11 OLY
United Kingdom

Giuseppe Razzano
Via D. Manin,18
Magenta (Cap. 20013)
Milano
Italien

Vincenzo Rizzo
CISI – University of Milan
Via Fantoli, 16/15
20138 Milano
Italien

Heike Schäfer
Medizinisches Proteom-Center
Zentrum für Klinische Forschung
Ruhr-Universität Bochum
Universitätsstraße 150
44780 Bochum

Stefan Schömer
pro-isomehr
Altenkesseler Straße 17
66115 Saarbrücken

Irina Shishkina
Institute of Bioorganic Chemistry of
Ukrainian National Academy of
Sciences
Murmanskaja str., 1
02660 Kiev-94, MCP-600
Ukraine

Dirk Sievers
Waters GmbH
Hauptstraße 87
65760 Eschborn

Federico R. Sirtori
Nerviano Medical Sciences
Oncology – Analytical Chemistry
Viale Pasteur 10
20014 Nerviano (MI)
Italien

Urban Skogsberg
Cambrex Karlskoga AB
R&D Analysis
69185 Karlskoga
Schweden

Lloyd R. Snyder
LC Resources Inc.
26 Silverwood Ct.
Orinda, CA 94563
USA

Frank Steiner
Dionex Softron GmbH
Dornierstraße 4
82110 Germering

Cinzia Stella
Imperial College
Biological Chemistry Department
Biomedical Sciences Division
Sir Alexander Fleming Building
London, SW7 2AZ
United Kingdom

Vsevolod Tanchuk
Institute of Bioorganic Chemistry of
Ukrainian National Academy of
Sciences
Murmanskaja str., 1
02660 Kiev-94, MCP-600
Ukraine

KimVan Tran
Waters Corporation, CAT
34 Maple Street
Milford, MA 01757
USA

Klaus K. Unger
Institut für Anorganische Chemie
und Analytische Chemie
Johannes Gutenberg-Universität
Duesbergweg 10–14
55099 Mainz

Jean-Luc Veuthey
Faculty of Sciences
School of Pharmaceutical Sciences
University of Geneva
20, Bd d'Yvoy
1211 Genève 4
Schweiz

Knut Wagner
Pharma Analytical Laboratory
Merck KGaA
Frankfurter Straße 250
64293 Darmstadt

Michael G. Weller
Institut für Wasserchemie und
Chemische Balneologie
Technische Universität München
Marchioninistraße 17
81377 München

Norbert Welsch
Institut für Organische Chemie
Universität Tübingen
Auf der Morgenstelle 18
72076 Tübingen

Loren Wrisley
Analytical and Quality Sciences
Wyeth Research
401 N. Middletown Road
Pearl River, NY 10965
USA

Zum Aufbau des Buches

Das Buch besteht aus fünf Teilen.

Teil 1: Grundsätzliches zur Optimierung in der HPLC

Im Teil 1 wird versucht, wichtige Aspekte der Optimierung in der HPLC aus verschiedenen Blickwinkeln zu beleuchten. Im ersten Kapitel (1.1 *Stavros Kromidas*) werden die Grundsätze der Optimierung am Beispiel der RP-HPLC dargestellt und Vorschläge zur Methodenentwicklung gemacht. Schnelle Gradienten an kurzen Säulen führen häufiger als man zunächst annehmen würde zu ausreichender Auflösung bei kürzesten Analysenzeiten, diese Thematik wird in Kapitel 1.2 diskutiert (*Uwe D. Neue*). Der pH-Wert ist bei der Trennung von polaren/ionischen Substanzen mit Abstand der wichtigste Faktor im Optimierungsgeschehen. Diesem Aspekt sind die zwei nachfolgenden Kapitel gewidmet (1.3 *Uwe D. Neue*, 1.4 *Michael McBrien*). Optimierung bedeutet mehr als lediglich die „richtige" Wahl von Methodenparametern. Zur Optimierung gehören alle Bemühungen, möglichst die maximale – oder vielleicht die notwendige – Information zu gewinnen. So kommen der Auswertung von chromatographischen Daten und der Kalibrierung eine gewichtige Bedeutung zu. Diese Themen werden in Kapitel 1.5 (*Hans-Joachim Kuss*) und 1.6 (*Stefan Schömer*) behandelt.

Teil 2: Die Charakteristika der Optimierung in einzelnen HPLC-Modi

Im Teil 2 wird auf die Spezifika der Optimierung in einzelnen Techniken eingegangen. In der RP-Chromatographie (Abschnitt 2.1) stellt neben der Auswahl des Eluenten (s. dazu auch Kapitel 1.1 bis 1.4) vor allem die Säulenauswahl eine schwierige und zeitraubende Aufgabe dar. Das Thema „RP-Säule" wird von insgesamt sechs Autoren bearbeitet: Zwei Autoren (2.1.1 *Stavros Kromidas*, 2.1.2 *Uwe D. Neue*) gehen eher praktisch an diese Aufgabenstellung heran, während *Frank Steiner* (2.1.5) und *Lloyd R. Snyder* (2.1.6) zur Frage „Säulencharakterisierung" und „Säulenauswahl" grundsätzliche, theoretische Überlegungen – jedoch mit konkreter, praktischer Relevanz – vorstellen. Mit der Anzahl von experimentellen Daten nimmt naturgemäß die Aussagekraft zu, wobei das Handling der Zahlen und vor allem das Finden und Deuten von Korrelationen nur mit mathematischen Tools möglich ist. Chemometrie ist ein geeignetes Tool, um beispielsweise die Ähnlichkeit von Säulen anhand chromatographischer Daten herauszufinden. Die Anwendung der Chemometrie aus praktischer Sicht wird

HPLC richtig optimiert: Ein Handbuch für Praktiker. Herausgegeben von Stavros Kromidas

ISBN: 3-527-31470-9

kurz in Kapitel 2.1.1 (*Stavros Kromidas*) und ausführlich in Kapitel 2.1.3 (*Melvin R. Euerby*) und 2.1.4 (*Cinzia Stella*) dargestellt. Zum Abschluss des Abschnittes „RP-HPLC" zeigt *Urban Skogsberg* (2.1.7), wie durch Magic-Angle-Spinning-NMR-Spektroskopie genaue Informationen über die Wechselwirkungen und die Anordnung von funktionellen Gruppen an RP-Oberflächen erhalten werden können. Anschließend geht es um die Optimierung, aber auch um die Fehlersuche und die Fehlervermeidung in folgenden Bereichen der HPLC: Normal Phase (2.2 *Veronika R. Meyer*), GPC (2.3 *Peter Kilz*), Gelfiltration (2.4 *Klaus K. Unger*), Affinitätschromatographie (2.5 *Egbert Müller*) und Enantiomerentrennung (2.6 *Markus Juza*). Drei unterschiedliche Ansätze wurden gewählt, um sich mit dem Thema Miniaturisierung auseinander zu setzen: *Jürgen Maier-Rosenkranz* beschäftigt sich in Kapitel 2.7.1 mit der Micro/Nano-LC, in Kapitel 2.7.2 stellt *Jörg P. Kutter* Flüssig(chromatographische)-Trennungen auf Chips vor und in Kapitel 2.7.3 beschreibt *Uwe D. Neue* die Möglichkeiten und Grenzen einer neuen Variante der klassischen HPLC, der UPLC. Mit allen drei Techniken ist eine bemerkenswerte Zeitersparnis möglich – es werden allerdings auch Limitierungen und Schwierigkeiten genannt.

Teil 3: Kopplungstechniken

Teil 3 ist ausschließlich den Kopplungen vorbehalten. Je anspruchsvoller die analytische Fragestellung in der Separationstechnik ist (Komplexität und Anzahl der Probenkomponenten, große chemische Ähnlichkeit der zu trennenden Analyte usw.), umso notwendiger erscheinen Kopplungstechniken. Dabei führen zum einen Kopplungen zwischen verschiedenen Trenntechniken zu einer Verbesserung der chromatographischen Auflösung wie z. B. Immunochromatographie (3.1 *Michael G. Weller*) und LC-GPC-Kopplung (3.2 *Peter Kilz*). Zum anderen führt bei einer gegebenen Auflösung die Kopplung LC-Spektroskopie zu einer spezifisch(er)en Aussage. Die populärsten Kopplungstechniken sind LC-MS (3.3 *Friedrich Mandel*) und LC-NMR (3.4 *Klaus Albert*).

Teil 4: Computer-unterstützte Optimierung

Automatisierung kann generell zur Fehlervermeidung und Zeitersparnis führen. Die vollautomatische bzw. halbautomatische, Computer-unterstützte Methodenentwicklung und Optimierung in der HPLC hat in der Zwischenzeit einen beachtlichen Reifegrad erreicht. Anhand mehrerer realer Beispiele legt *Lloyd R. Snyder* (4.1) die Möglichkeiten der DryLab- und *Sergey Galushko* (4.2) die der ChromSword-Software dar. *Michael Pfeffer* (4.3) vergleicht die zwei Software-Konzepte aus Anwendersicht und präsentiert ein neues Software-Tool, in dem auch die automatische Säulenauswahl integriert ist.

Teil 5: „Anwender berichten"

Im letzten Teil kommen Anwender zu Wort. In vier unterschiedlichen Fällen werden zwar anspruchsvolle und/oder neue Techniken/Konzepte zur Lösung einer bestimmten Fragestellung vorgestellt – diese jedoch eben aus Anwendersicht und praxisnah. Der eine oder andere Lösungsansatz könnte für manche(n)

Leser(in) eventuell interessant sein. *Katrin Marcus* (5.1) stellt die Praxis der LC-MS/MS-Kopplung in der Proteomforschung vor, *Hans Bilke* (5.2) zeigt Wege zur Überprüfung der Robustheit in der RP-LC auf, *Knut Wagner* (5.3) beschreibt eine Hardware-Lösung zur Trennung komplexer Gemische und *Mario Arangio* (5.4) geht auf die Möglichkeit der Multidetektion (UV, MS, CLND) zur Charakterisierung neu synthetisierter Substanzen ein.

Die fünf Teile stellen thematische Einheiten dar, dennoch muss das Buch nicht unbedingt linear gelesen werden. Dazu wurden die einzelnen Kapitel so verfasst, dass sie abgeschlossene Module darstellen, ein „Springen" ist jederzeit möglich. Damit haben wir versucht, dem Charakter des Buches als Nachschlagwerk gerecht zu werden. Unterschiedliche Auffassungen der Autoren zu einem Thema wurden akzeptiert, auch wurde manche Wiederholung in Kauf genommen, um die Harmonie im textlichen Kontext nicht zu beeinträchtigen. Schließlich werden einige wichtige Inhalte von mehreren Autoren behandelt, die naturgemäß unterschiedliche Akzente setzen. So beispielsweise „pH-Wert" (*Uwe D. Neue, Michael McBrien*), „gewichtete Regression" (*Hans-Joachim Kuss, Stefan Schömer*), „Selektivität von stationären RP-Phasen" (*Stavros Kromidas, Uwe D. Neue, Melvin R. Euerby, Cinzia Stella, Lloyd R. Snyder*), „Chemometrie" (*Stavros Kromidas, Melvin R. Euerby, Cinzia Stella*) oder „LC-MS" (*Friedrich Mandel, Katrin Marcus*). Der Leser möge von der unterschiedlichen Darstellung des Themas und von der individuellen Gewichtung der Autoren profitieren.

1
Grundsätzliches zur Optimierung

HPLC richtig optimiert: Ein Handbuch für Praktiker. Herausgegeben von Stavros Kromidas

ISBN: 3-527-31470-9

1.1
Grundsätze der Optimierung in der HPLC am Beispiel der RP-Chromatographie

Stavros Kromidas

Zunächst werden einige Fragen diskutiert, die sinnvollerweise zu Beginn einer Methodenentwicklung zu klären sind. Anschließend wenden wir uns den prinzipiellen Möglichkeiten zur Verbesserung der Auflösung in der HPLC zu. Es folgt eine Diskussion über Effizienz und Abfolge der einzelnen Maßnahmen für den isokratischen und den Gradienten-Modus. Ein Schwerpunktthema der Ausführungen bilden Strategien und Konzepte zur Methodenentwicklung und Überprüfung der Peakhomogenität. Schließlich werden Wege zur Verfolgung weiterer Ziele als „besser trennen" aufgezeigt: „schneller trennen", „empfindlicher messen", „Geld sparen". Das Kapitel wird mit einer Zusammenfassung und einem Ausblick beendet.

1.1.1
Vor den ersten Optimierungsschritten

Es ist aus Gründen der Ökonomie sinnvoll, sich zu Beginn einer Methodenentwicklung/Trennungsoptimierung als erste Aktion mit folgenden Fragen zu befassen:

- *Was will ich?* Also: Was ist das eigentliche Ziel meiner Trennung?
- *Was habe ich?* Also: Über welche analytisch relevante Informationen bzgl. der Probe verfüge ich?
- *Wie mache ich es?* Also: Steht das, was ich bräuchte, zur Verfügung und ist das, was ich vorhabe, auch tatsächlich realisierbar?

Auch wenn auf den ersten Blick diese Fragen etwas (zu) theoretisch oder gar abgehoben erscheinen mögen, halte ich es für notwendig, zu Beginn eines Projekts die analytische Fragestellung und die realistischen Möglichkeiten zu deren Bewältigung bewusst wahrzunehmen. Ein frühes Gespräch mit meinem Chef, meinem Kollegen, meinem Kunden oder zur Not mit mir selbst kann späteren Ärger, Zeitvergeudung und letztendlich Kosten ersparen. Diese Zeit kann als eine sichere Investition angesehen werden.

Zur ersten Frage: Was will ich?

Wenn irgend möglich, sollten vor dem Start folgende oder ähnliche Fragen beantwortet werden:

- Brauche ich eine Methode, um *diesen* hochtoxischen Metaboliten auf jeden Fall zu quantifizieren, oder verfolge ich das Ziel, dass die Behörde meine Methode akzeptiert?

HPLC richtig optimiert: Ein Handbuch für Praktiker. Herausgegeben von Stavros Kromidas

ISBN: 3-527-31470-9

- Was ist im vorliegenden Fall wichtig: Schnelle Analysenzeiten, langlebige Säulen, robuste Bedingungen, oder steht im Vordergrund eine höchstmögliche Spezifität ohne Wenn und Aber?
- Warum darf der *VK* (*VK*: Variationskoeffizient) höchstens 2 % betragen? Um wie viel schlechter wird unser Produkt, wenn sich ein *VK* von 2,5 % ergeben würde? Gehen die Analysenkosten tatsächlich mit der Qualität des Produkts einher?

Es handelt sich, vereinfacht formuliert, um folgende Frage: Geht es im konkreten Fall um die Erfüllung von Anforderungen, oder geht es tatsächlich um „Wahrheit", d. h., stehen formale Aspekte oder die analytische Fragestellung im Vordergrund? Diese Frage sollte wegen möglicher Konsequenzen bewusst und ehrlich beantwortet werden. Wie schwer es in unserer Zeit ist, zu sinnvollen und durchdachten Entscheidungen zu stehen, ohne als Exot oder gar als Querulant zu gelten, wurde an anderer Stelle beschrieben [1].

Wenn (!) das Umfeld es ermöglicht, sollte man sich darin üben, alles zu hinterfragen. Unkonventionelle Fragen führen häufig zu einfachen, vernünftigen Lösungswegen.

Zur zweiten Frage: Was habe ich?

Informationen über die Probe erleichtern die Entwicklung eines geeigneten Methodendesigns, z. B.:

- Was steht im Bericht der Kollegen aus der chemischen Entwicklung über Lichtempfindlichkeit und Sorptionsverhalten des neuen Wirkstoffs gegenüber Glasoberflächen? Kann ich schnell dort anrufen? Das heißt, komme ich mit einem vertretbaren Aufwand an relevante Informationen heran?
- Stehen in der internen Datenbank (die bedauerlicherweise selten gepflegt und noch seltener in Anspruch genommen wird) nicht doch Informationen über ähnliche Trennungen aus der Vergangenheit, die seinerzeit nicht weiterverfolgt wurden?
- Ich kann doch schnell über die bekannte Struktur der Hauptkomponente ihren pK_s-Wert ausrechnen und so beim geeigneten pH-Wert die ersten Versuche starten (s. Kap. 1.4). Die entsprechende Software hatten wir doch vor kurzem gekauft, oder wie war es? Wie sind die Erfahrungen des Kollegen Miller aus der Nachbarabteilung, der früher mit ähnlichen Substanzen zu tun hatte?

Wenn die Widerstände nicht allzu groß sind, sollte man das Mittel der Kommunikation und des Austauschs nutzen – wenn es sein muss, ohne darüber zu sprechen.

Zur dritten Frage: Wie mache ich es?

Man sollte die Machbarkeit eines Vorhabens unbedingt realistisch abschätzen, mögen sonstige Fakten und Argumente objektiv auch noch so „richtig" sein, z. B.:

- Kann ich meinen Abteilungsleiter davon überzeugen, dass es aus Gesamt-Firmensicht sinnvoll wäre, im Vorfeld (!) mit den späteren Routineanwendern

über Methodendesign und weitere Details der Methode zu sprechen? Wenn allerdings Angst um Know-How-Verlust oder Budgetfragen oder sonstige psychosoziale Barrieren ein Gespräch mit den „anderen" de facto unmöglich machen, ist dies eine bittere, aber eine zu akzeptierende Realität. Oder: Ist es sinnvoll, um eine Änderung folgender allgemein bekannter und akzeptierter Situation zu kämpfen?: Ein Termin ist vorgegeben, also ist die Validierung in zwei Wochen durchzuziehen. Die späteren (immensen) Folgekosten durch Wiederholmessungen, Reklamationen usw., die unweigerlich dadurch entstehen, dass kaum eine analytische Methode unter realen Bedingungen in zwei Wochen zu validieren ist, belasten ja nicht „uns", sondern die Qualitätskontrolle. Als Prüfkosten gehen sie unter und werden mangels nüchterner, ganzheitlicher Betrachtung sowieso seit Jahrzehnten in Kauf genommen. Die Konsequenzen, oder positiv formuliert, das Verbesserungspotenzial möge der Leser sich selbst ausmalen.
- Ist es bei der Entwicklung einer späteren Routinemethode, die weltweit eingesetzt werden soll, wirklich sinnvoll, sich unbedingt für eine polare RP-Phase ob ihrer häufig besseren Selektivität zu entscheiden, wo doch aller Voraussicht nach Probleme mit der Chargenreproduzierbarkeit zu erwarten sind? Ist möglicherweise eine hydrophobe, robustere Säule mit einer geringeren, aber durchaus ausreichenden Selektivität die bessere Alternative?
- Ist es sinnvoll, mein analytisches „Können" unter Beweis zu stellen, indem ich den *VK* einer Methode, die später in diversen Betriebslabors eingesetzt werden soll, auf 0,7 % trimme?

Realitäten – und Meinungen sind auch Realitäten –, die über Erfolg und Misserfolg der analytischen Tätigkeit mitbestimmen, sollten, wenn irgend möglich, in das Methodendesign einfließen. So hilft es, wenn die Anzahl von Meetings zugunsten von „Kaffee-Runden" und „Zusammen essen gehen" herabgesetzt werden würde. Es gilt, die Kommunikation zu Lasten eines – in einer bestimmten Umgebung obligatorischen und erwarteten – „gekonnten" Austauschs von Argumenten, „sich einbringen zu müssen"-Mentalität sowie der Darstellung von ohnehin bekannten Ansichten zu erhöhen.

Zusammenfassend wären für eine erfolgreiche Methodenentwicklung folgende zwei Grundvoraussetzungen zu nennen:

1. Fachliche Kompetenz ist vorhanden bzw. sie kann „ausgeliehen" oder „eingekauft" werden.
2. Die analytischen Möglichkeiten passen zu den Anforderungen, und man kann darüber sprechen.

Klares Definieren von Vorgaben, unmissverständlich formulierte, für alle Beteiligten nachvollziehbare Ziele, kurze Informationswege und kritisches Abschätzen von Möglichkeiten/Risiken sind meines Erachtens (nicht nur) in der Analytik wichtiger als das Erreichen von „Spitzen"-Werten, wie niedrige Nachweisgrenzen, Korrelationskoeffizienten um 0,999, *VK*s kleiner 1 % oder um 30 % günstigere Geräte.

1.1.2 Was heißt eigentlich „Optimierung“?

Bei den Bemühungen um Optimierung einer Trennung werden grundsätzlich folgende Ziele avisiert:

- besser trennen (bessere Auflösung),
- schneller trennen (kürzere Retentionszeit),
- „mehr“ sehen (niedrigere Nachweisgrenze),
- billiger trennen (Ökonomie anstreben),
- mehr trennen (größerer Durchsatz).

Die drei erstgenannten Ziele dürften die wichtigsten sein, und von diesen wiederum liegt die Verbesserung der Auflösung wahrscheinlich an erster Stelle. Wir werden uns daher zunächst und ausführlicher mit diesem Punkt beschäftigen, bevor wir uns den anderen Aspekten widmen. Die präparative HPLC ist nicht Gegenstand dieses Buches.

Vorbemerkungen

Die Theorie der Chromatographie gilt prinzipiell für alle chromatographischen Techniken. Demzufolge werden im Grundsatz stets die gleichen Optimierungsprinzipien verfolgt. Es liegt allerdings auf der Hand, dass die Prioritäten und die Gewichtung der einzelnen Maßnahmen beispielsweise in der GPC und in der µ-LC-MS(MS) doch recht unterschiedlich ausfallen. Nachfolgend werden Optimierungsmöglichkeiten aufgezeigt sowie in kompakter Form Vorschläge für die populärste der flüssigchromatographischen Techniken, der RP-HPLC, gemacht. Die Charakteristika in den anderen Modi werden in Kap. 2.1 bis 2.7 behandelt.

Die chromatographischen Regeln und die Theorie der HPLC werden als bekannt vorausgesetzt und hier nicht ausführlich behandelt; bei Bedarf werden einige Begriffe kurz wiederholt.

Nachfolgende Ausführungen gelten für isokratische Trennungen.

1.1.3 Verbesserung der Auflösung („besser trennen“)

Auflösung („resolution“, *R*) ist, vereinfacht ausgedrückt, der Abstand zweier benachbarter Peaks an der Peakbasis. Das ist also das, was jeder Praktiker bei der Verbesserung einer Trennung im Alltag im Visier hat, nämlich diesen Abstand zu vergrößern.

Die entsprechende Gleichung lautet:

$$R = \frac{1}{4}\sqrt{N} \cdot \frac{\alpha - 1}{\alpha} \cdot \frac{k_2}{k_2 + 1}$$

N: *Bodenzahl*, sie ist ein Maß für die Trennleistung bzw. Säuleneffizienz. Die Bodenzahl ist letzten Endes ein Maß für die Verbreiterung der Substanzzone aufgrund von Diffusionsvorgängen. Hier geht es also um die Frage: Befinden sich die Analytmoleküle, die den Detektor erreichen, in einem kleinen oder in einem großen (Peak-)Volumen, d. h., erhalte ich schmale oder breite Peaks?

Genau genommen sollte man zwischen der theoretischen und der effektiven Bodenzahl unterscheiden. Die theoretische Bodenzahl ist die Bodenzahl einer inerten Komponente (s. unten) und damit eine charakteristische Größe, eine Konstante, für eine Säule bei definierten Bedingungen. Die effektive Bodenzahl ist die Bodenzahl einer bestimmten retardierten Komponente; in ihre Berechnung geht ihr Retentionsfaktor ein (s. unten). Heute wird allerdings dieser Unterschied nicht immer gemacht, die Rede ist lediglich von „der" Bodenzahl. In den meisten Fällen wird die theoretische Bodenzahl berechnet – allerdings von retardierten Substanzen. In diesem Zusammenhang sollte man sich im Klaren darüber sein, dass die Bodenzahl von vielen Faktoren abhängig ist. Dies sind z. B. Injektionsvolumen, Temperatur, Eluentenzusammensetzung, Fluss, Retentionszeit, Analyt und nicht zuletzt die Berechnungsformel: Peakbreite an der Peakbasis, bei 10 % oder bei 50 % Peakhöhe? Daher kann ein Vergleich von Bodenzahlen aus der Literatur problematisch sein.

α: *Trennfaktor*, früher: Selektivitätsfaktor. α ist ein Maß für die Trennfähigkeit eines chromatographischen Systems für zwei bestimmte Komponenten. (Chromatographisches System: die aktuelle Kombination aus stationärer Phase, mobiler Phase, Temperatur.) Der α-Wert ist der Quotient aus den zwei Netto-Retentionszeiten, also der Quotient der Aufenthaltszeit der zwei Komponenten an der stationären Phase. Es geht hier um die Frage: Ist *dieses* chromatographische System in der Lage, zwei bestimmte Substanzen zu unterscheiden? Das heißt, ist es selektiv für diese zwei Substanzen, kann ich sie prinzipiell trennen? Selektivität ist, vereinfacht ausgedrückt, der Abstand zwischen zwei Peaks von Peakspitze zu Peakspitze. Der Unterschied zur Auflösung besteht darin, dass bei der Selektivität die Peakform (also die Bodenzahl) nicht berücksichtigt wird. Denke: α ist lediglich der Quotient aus zwei (Retentions-)Zeiten. Der Trennfaktor ist nur von der „Chemie" abhängig (s. unten: Retentionsfaktor).

k: *Retentionsfaktor*, früher: Kapazitätsfaktor k'. k ist ein Maß für die Stärke der Wechselwirkung einer gegebenen Substanz in einem gegebenen chromatographischen System (chromatographisches System, s. oben.) Das heißt, um wie viel länger bleibt meine Substanz bei diesen Bedingungen an der stationären Phase im Vergleich zu der mobilen Phase? Der k-Wert ist ein Index (genauso wie der α-Wert) und unabhängig von apparativen Gegebenheiten wie Säulendimensionen und Fluss. Der k-Wert ändert sich nur, wenn Parameter verändert werden, die etwas mit Wechselwirkung zu tun haben, also mit der „Chemie": stationäre Phase, mobile Phase, Temperatur. Solange diese Parameter konstant bleiben, bleibt der k-Wert konstant, unabhängig z. B. davon, wie hoch der Fluss ist und ob ich eine 10 oder eine 15 cm Säule verwende.

Obschon die Totzeit in der Formel für die Auflösung nicht explizit auftaucht, ist diese Kenngröße für die folgenden Ausführungen hilfreich. Daher sei kurz auch auf diesen Begriff eingegangen.

t_m oder t_0: *Totzeit, Lösungsmittelpeak, Durchbruchszeit, Front, „Luftpeak"*. Das ist die Aufenthaltszeit einer inerten Komponente in der HPLC-Anlage. Als inert wird eine Komponente bezeichnet, die sterisch ungehindert überall „hinkommt", selbstverständlich auch in die Poren der stationären Phase, aber dort nicht festgehalten wird. Anders formuliert: Die Totzeit ist die Aufenthaltszeit einer jeden nicht ausgeschlossenen Komponenten in der mobilen Phase, auch in der stehenden mobilen Phase (d. h. innerhalb der Poren). Aber noch einmal: Es findet „keine" Wechselwirkung mit der stationären Phase statt. Die Totzeit ändert sich demnach nur, wenn etwas „Physikalisches", „Mechanisches" passiert, z. B. Änderung der Länge/des Innendurchmessers der Säule, der Packungsdichte (Menge an stationärer Phase in der Säule) oder des Flusses. Die Totzeit, also die Aufenthaltszeit einer nicht ausgeschlossenen Komponente in der mobilen Phase, ist eine stoffunspezifische Zeit: Alle Komponenten wandern im Eluenten gleich schnell, die Aufenthaltszeit der Komponenten im Eluenten stellt keinen Beitrag zur Trennung dar. Eine Trennung ist nur möglich, wenn sich die Substanzen unterschiedlich lang an/in der stationären Phase aufhalten.

Die *Auflösung R*, der Abstand von Peakbasis zu Peakbasis, hängt ausschließlich von folgenden drei Faktoren ab:

- wie stark die Wechselwirkung der Substanz mit der stationären Phase ist (eluiert der Peak „früh" oder „spät"), d. h. vom *k*-Wert;
- wie die Unterscheidungsfähigkeit des chromatographischen Systems für zwei mich interessierende Komponenten ist, d. h. vom α-Wert;
- und natürlich auch, ob die betreffenden Peaks schmal oder breit sind, d. h. von der Bodenzahl.

Die Konsequenz lautet: Wenn ich die Auflösung verbessern möchte, stehen mir prinzipiell nur (?!) folgende drei Möglichkeiten zur Verfügung:

- generelle Erhöhung der Wechselwirkung (*k*-Wert nimmt zu),
- eine stoffspezifische Veränderung der Wechselwirkung (α-Wert nimmt zu), oder
- eine Erhöhung der Trennleistung (Bodenzahl nimmt zu).

1.1.3.1 Prinzipielle Möglichkeiten zur Verbesserung der Auflösung

Das oben Geschilderte soll auf ein fiktives Beispiel angewandt werden (Abb. 1). Gehen wir von einer aktuell mangelnden Auflösung aus (Abb. 1, oberes Chromatogramm): Welche prinzipiellen Möglichkeiten haben wir, die Auflösung zu verbessern?

Bemerkung: Die Totzeit ändert sich nur bei Möglichkeit 1 („t_m"$\uparrow$).

Möglichkeit 1: Ich sorge dafür, dass alle Komponenten, einschließlich einer inerten Komponente (s. oben: Zunahme der Totzeit), später eluieren. Da nun auch die Totzeit zunimmt, kann hier nur etwas „Physikalisches" vorgelegen haben: längere Säule, größerer Innendurchmesser (in der Praxis: breitere Peaks, also unbrauchbar), Verringerung der Flussrate.

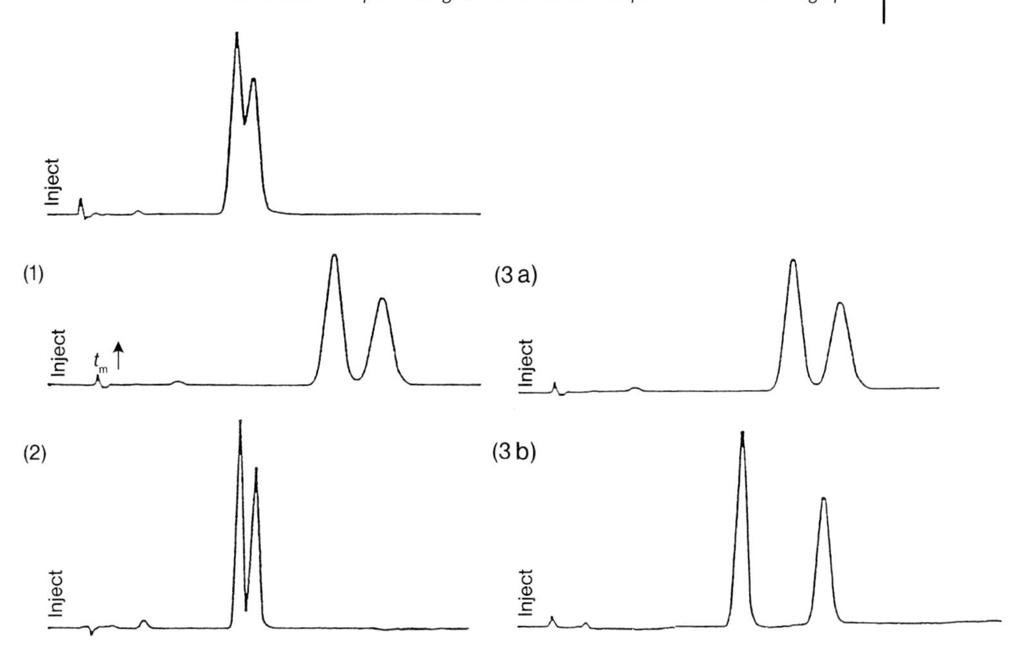

Abb. 1 Prinzipielle Möglichkeiten zur Verbesserung der Auflösung in der HPLC. Erläuterungen siehe Text.

Möglichkeit 2: Die Retentionszeit bleibt im Wesentlichen konstant, ich sorge lediglich für eine bessere Peakform. Hier gibt es etwas mehr Möglichkeiten: Verringerung des Totvolumens (z. B. dünnere Kapillaren, kleinere Detektorzelle), Verringerung des Injektionsvolumens (merke: eine lokale Überladung der Säule und damit Peakverbreiterung kommt häufiger vor, als man denkt: Die Bandenverbreiterung, verursacht durch die Injektion, verhält sich direkt proportional zum Injektionsvolumen.), bei Mischungen gleicher Elutionskraft Methanol gegen Acetonitril (ACN) austauschen – wegen der geringeren Viskosität – (bedingt konstante Retentionszeit), kleinere Teilchen verwenden, neue, besser gepackte Säule einsetzen. In diesem Zusammenhang sollte man auch an eine Optimierung der Injektion denken, die ebenfalls zu einer Verbesserung der Peakform und damit zur Erhöhung der Bodenzahl führt: Das Probenlösungsmittel sollte schwächer sein als der Eluent. Dazu verwende man zum Auflösen der Proben z. B. etwas mehr Wasser im Vergleich zur Eluentenzusammensetzung. Dadurch kann eine Aufkonzentrierung der Substanzzone am Säulenkopf erreicht werden. Das Ergebnis ist eine bessere Peakform.

Schließlich denke man auch an diverse Einstellungen wie „sample rate“, „bunching factor“, „peak width“, Spaltbreite bei einem Dioden-Array-Detektor usw. Auch dadurch kann man die Peakform merklich verbessern, ohne eine Änderung von „echten“ Methodenparametern, wie Säule oder Eluent, vorgenommen zu haben.

Möglichkeit 3a: Zunahme der Wechselwirkung zwischen Probe und stationärer Phase. Hier gibt es ja „nur“ die bereits erwähnten drei „chemischen“ Möglichkeiten: Änderung des Eluenten (z. B. Erhöhung des Wasseranteils), Erniedrigung der Temperatur, Änderung der stationären Phase (z. B. eine hydrophobere Phase verwenden).

Die Wechselwirkungen nehmen bei beiden zu trennenden Komponenten im gleichen Maße zu, die Retentionszeit nimmt ebenfalls gleichmäßig zu.

Möglichkeit 3b: Vorgehensweise wie unter Möglichkeit 3a, aber hier ist es gelungen, dass die Änderung der Wechselwirkungen für beide Komponenten unterschiedlich stark ausfällt: Die eine Komponente reagiert stärker auf die Änderung als die andere, z. B. durch Änderung des pH-Wertes.

Andere Möglichkeiten gibt es prinzipiell nicht. Denn noch einmal: $R = f(N,\alpha,k)$. Das bedeutet Folgendes: Wenn wir alle in der HPLC-Welt versuchen, die Auflösung zu verbessern, machen wir nichts anderes, als bewusst oder intuitiv an diesen drei Faktoren, die die Auflösung beeinflussen können, zu „drehen“:

1. Es gelingt uns, die Wechselwirkungen der uns interessierenden Komponenten mit der stationären Phase per se zu erhöhen, also „alles“ eluiert später (Möglichkeit 3a, Zunahme von k, z. B. Anteil von Wasser im Eluenten erhöhen). Oder es gelingt uns, die Wechselwirkung der Komponenten mit der stationären Phase individuell zu verändern, d. h., eine Komponente reagiert auf diese Änderung mehr/stärker als die andere (Möglichkeit 3b, Zunahme von α, z. B. pH-Wert-Änderung bei polaren/ionischen Komponenten). Beides hat mit „Chemie“ zu tun: Änderung der Temperatur oder Änderung des Eluenten (dazu gehören selbstverständlich der pH-Wert und sonstige Additiva) oder Änderung der stationären Phase.
2. Wir erhöhen die Bodenzahl, entweder bei (theoretisch) konstanter Retentionszeit, Möglichkeit 2 oder bei einer gleichzeitigen Zunahme der Retentionszeit, Möglichkeit 1.

Andere Möglichkeiten gibt es prinzipiell nicht!

Bemerkung: Selbstverständlich ändert sich bei einer Änderung von α und/oder k gleichzeitig auch N.

Nachdem wir gesehen haben, wie die Auflösung prinzipiell verbessert werden kann, stellen sich nun folgende zwei Fragen:

1. Welche der drei Möglichkeiten „bringt“ das meiste?
2. In welcher Reihenfolge sollte ich bei Optimierungsversuchen diese Parameter verändern, d. h., welche Vorgehensweise ist ökonomisch?

1.1.3.2 Was „bringt“ das meiste?

Betrachten wir erneut die Gleichung für die Auflösung:

$$R = \frac{1}{4}\sqrt{N} \cdot \frac{\alpha - 1}{\alpha} \cdot \frac{k_2}{k_2 + 1}$$

Wie man der Formel entnehmen kann, reagiert R auf eine Änderung von α am empfindlichsten.

Somit ist eine Veränderung der Selektivität die eleganteste, häufig allerdings auch die am schwierigsten zu realisierende Maßnahme zur Verbesserung der Auflösung. Betrachten wir zur besseren Veranschaulichung zwei Zahlenbeispiele:

1. Bei einem α-Wert von 1,01 für zwei benachbarte Peaks brauche ich für eine Basislinien-Trennung 160.000 Böden. Wäre es möglich, den α-Wert auf 1,05 zu erhöhen, bräuchte ich für die gleiche Trennung lediglich ca. 2000 Böden! Anders formuliert: Wenn es mir gelingt, die Selektivität auch nur minimal zu verbessern, brauche ich für eine gegebene Auflösung wenig Böden, d. h., ich kann mir leisten, den Fluss zu erhöhen oder eine kürzere Säule einzusetzen – und beides führt ja zu kürzeren Analysenzeiten: Die „paar" Böden, die ich durch die Flusserhöhung bzw. durch die Verkürzung der Säulenlänge verliere, stören mich auf Grund der verbesserten Selektivität nicht.

2. An einer Säule mit 9000 Böden eluiere die zweite der zu trennenden Komponenten mit einem k-Wert von 2, der α-Wert sei 1,05. Die aus diesen Werten errechnete Auflösung beträgt 0,75:

$$R = \frac{1}{4}\sqrt{9000} \cdot \frac{1{,}05 - 1}{1{,}05} \cdot \frac{2}{2+1} = 0{,}75$$

Die Forderung für diese Trennung laute: Auflösung, mindestens $R = 1$ oder größer.

Welche Möglichkeiten gibt es nun?

Gelingt es, bei ähnlich starker Wechselwirkung (also in etwa konstanter k-Wert) den α-Wert auf 1,10 zu erhöhen, ergibt sich eine um ca. Faktor 2 erhöhte Auflösung!

$$R = \frac{1}{4}\sqrt{9000} \cdot \frac{1{,}10 - 1}{1{,}10} \cdot \frac{2}{2+1} = 1{,}44$$

In der Abfolge der effektivsten Maßnahmen zur Verbesserung der Auflösung steht hinter der Selektivität direkt die Effizienz. Die Erhöhung der Bodenzahl gelingt entweder entsprechend dem klassischen Ansatz durch Erhöhung der Säulenlänge – wobei bei einer Verdoppelung der Säulenlänge und damit Verdoppelung der Retentionszeit und der Bodenzahl die Auflösung nur um $\sqrt{2}$, also um Faktor 1,4 erhöht wird – oder heute häufiger durch eine Abnahme der Korngröße bei konstanten Säulendimensionen und somit auch konstanter Retentionszeit.

Weitere Möglichkeiten zur Erhöhung der Bodenzahl, wie bessere Packungsqualität oder Verringerung des Totvolumens der Apparatur (s. oben), dürften allgemein geläufig sein und werden hier nur erwähnt. Ein Zahlenbeispiel zur Verbesserung der Auflösung über die Bodenzahl findet sich unten.

Die dritte, einfachste, jedoch ab einem k-Wert von ca. 4 recht uneffektive Maßnahme ist die Erhöhung des k-Wertes. Auch dies soll anhand unseres Zahlenbeispiels demonstriert werden. Man könnte mit dem Ziel einer besseren Auflösung die Wechselwirkung erhöhen, zuerst vom ursprünglichen k-Wert von 2 auf einen k-Wert von 4, dann auf 6.

Die Auflösung verbessert sich dadurch auf 0,90 bzw. 0,97:

$$R = \frac{1}{4}\sqrt{9000} \cdot \frac{1{,}05 - 1}{1{,}05} \cdot \frac{4}{4+1} = 0{,}90$$

$$R = \frac{1}{4}\sqrt{9000} \cdot \frac{1{,}05 - 1}{1{,}05} \cdot \frac{6}{6+1} = 0{,}97$$

Wir würden hier eine eher geringe Verbesserung der Auflösung bei einer allerdings merklichen Verlängerung der Analysenzeit erzielen (k-Wert von 6). Die Erhöhung der Wechselwirkung (z. B. Wasseranteil im Eluenten vergrößern) ist demnach eine im Alltag übliche, leicht zu realisierende, aber häufig recht uneffektive Maßnahme zur Verbesserung der Auflösung. Könnte ich jedoch bei einem k-Wert von 4 die Bodenzahl beispielsweise auf 15.000 erhöhen (kleinere Teilchen, Tricks beim Injizieren usw.), ließe sich die Auflösung immerhin auf 1,17 erhöhen:

$$R = \frac{1}{4}\sqrt{15\,000} \cdot \frac{1{,}05 - 1}{1{,}05} \cdot \frac{4}{4+1} = 1{,}17$$

1.1.3.3 Welche Reihenfolge der Maßnahmen ist bei Optimierungsversuchen sinnvoll?

Abbildung 2 zeigt vereinfacht eine ökonomische Vorgehensweise, die im Folgenden erläutert wird.

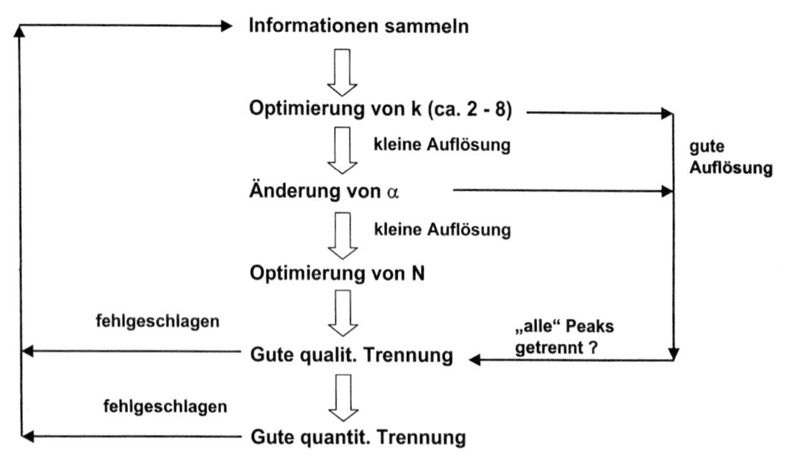

Abb. 2 Strategie einer Methodenentwicklung.

Bemerkung: Steht eine Kopplungstechnik, z. B. LC/MS, zur Verfügung, so sollte diese Möglichkeit direkt zu Beginn oder wenigstens in einem sehr frühen Stadium genutzt werden (s. auch Abschnitt 1.1.4.3).

1. Frage: „Vernünftige“ Wechselwirkungen, akzeptable Analysendauer?

Nach einem ersten „Schuss“ bei einer unbekannten Probe oder bei Übernahme einer bestehenden Methode sollte vor jeglichen weiteren Optimierungsschritten die erste Frage lauten: Habe ich „vernünftige" Wechselwirkungen? Die interessierenden Komponenten sollten bei isokratischen Trennungen im Bereich von ca. $k = 2–8$ eluieren, bei Gradiententrennungen mit einem $\bar{k}$ von ca. 5 für die Mitte des Chromatogramms (s. Abschnitt 1.1.3.4.2). Diese Bereiche stellen einen guten Kompromiss zwischen Analysendauer, Robustheit und Auflösung dar. Sind die Wechselwirkungen in Ordnung (k-Wert überprüfen!), aber die Analysendauer inakzeptabel, sollte der Fluss erhöht oder alternativ eine kürzere Säule eingesetzt werden.

2. Frage: Kann ich jetzt schnell über optimierte Einstellungen Informationen über die Peakhomogenität erhalten?

Bin ich mit der Analysendauer vorerst zufrieden, aber nicht mit der Auflösung, sollte ich zunächst klären, ob ich für die aktuelle Trennung (z. B. frühe/späte, schmale/breite Peaks) die Einstellungen wie „sampling time/period", „peak width", aber auch Wellenlänge usw. optimal gewählt habe. Anschließend gilt bei Bedarf meine Aufmerksamkeit dem effektivsten der drei Parameter, der Selektivität.

3. Frage: Ist die Selektivität ausreichend?

Habe ich nun eine kurze Analysenzeit und mit einem vertretbaren Aufwand eine zufrieden stellende Selektivität erreicht (Trennfaktor des kritischen Paares ca. 1,05–1,1), bin jedoch mit der Auflösung immer noch nicht zufrieden, so sollte ich jetzt die Effizienz erhöhen, also einfach ausgedrückt, die Peakform verbessern.

4. Frage: Kann ich die Bodenzahl erhöhen oder muss ich mich tatsächlich weiterhin mit der Selektivität beschäftigen, um eine bessere Auflösung zu erzielen?

Die Peakform zu verbessern – gleichbedeutend mit Bodenzahl erhöhen – ist häufig ökonomischer, als weiterhin zu versuchen, die Selektivität zu verbessern (Wechsel der „Chemie", also von Säule und Eluent), um die gewünschte Auflösung zu erzielen.

Zwei reale Beispiele, aus [1] entnommen, sollen die oben aufgeführten Aussagen veranschaulichen:

Beispiel 1

Abbildung 3a zeigt das Chromatogramm einer bestehenden, validierten Methode aus dem Pharmabereich.

Die Methodenparameter lauten: Linearer Gradient von 10 % auf 90 % Methanol, übliche C_{18}-Phase, 5 µm, Säule 125 × 4 mm, Fluss 1 mL/min, Raumtemperatur, Injektion von 30 µL Probe in Tetrahydrofuran (THF)/Acetonitril (ACN) gelöst. Der große Peak an der Totzeit wird von Matrixbestandteilen hervorgerufen und stört weiter nicht. Diese Trennung, die nicht als optimal zu bezeichnen ist, sollte auf schnelle und einfache Weise optimiert werden.

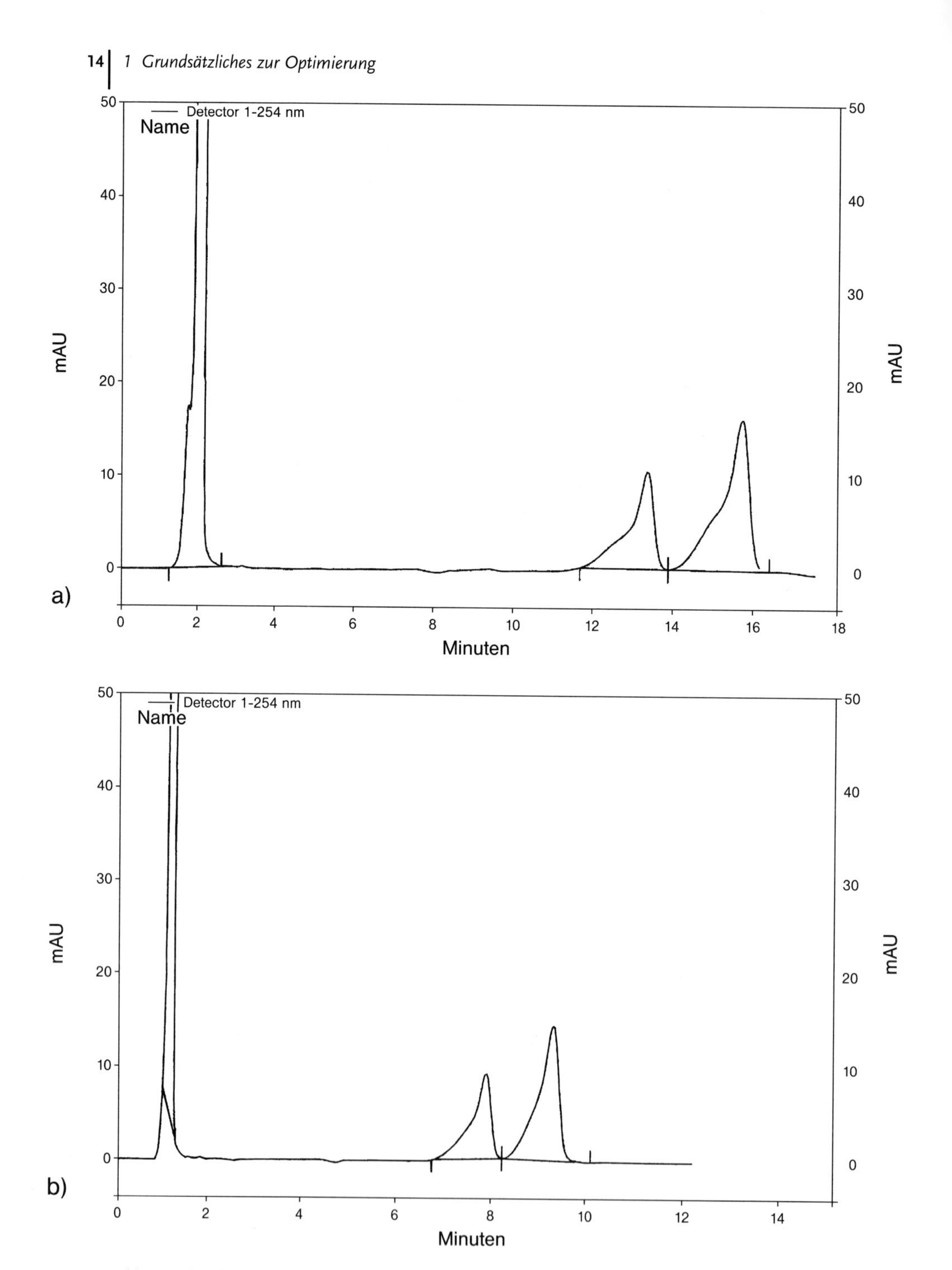

Abb. 3 Schnelle Optimierung einer bestehenden Methode; Erläuterungen siehe Text.

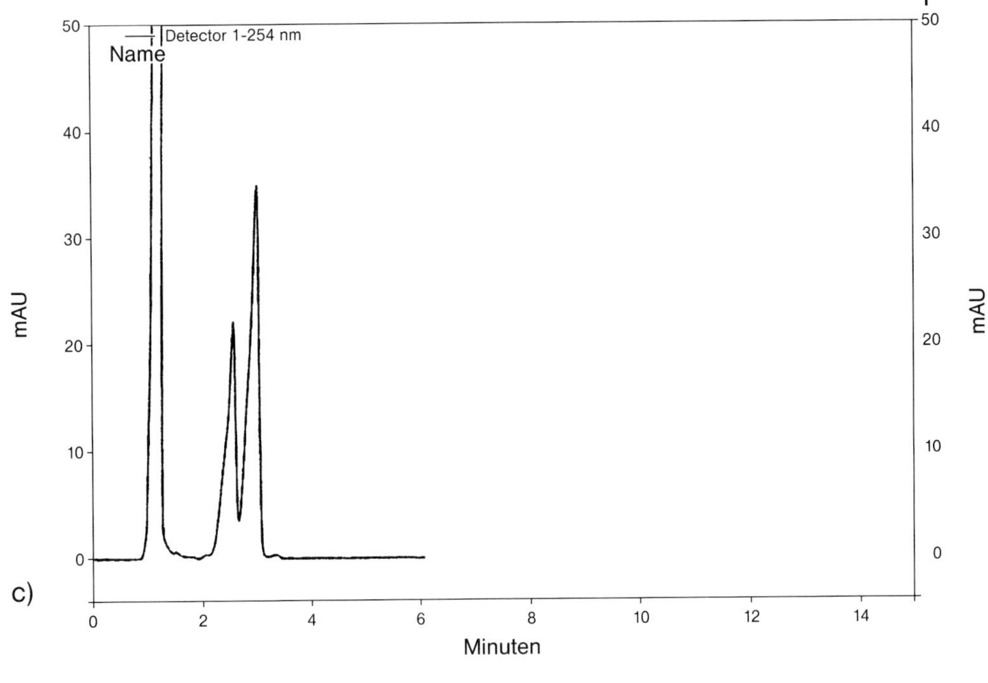

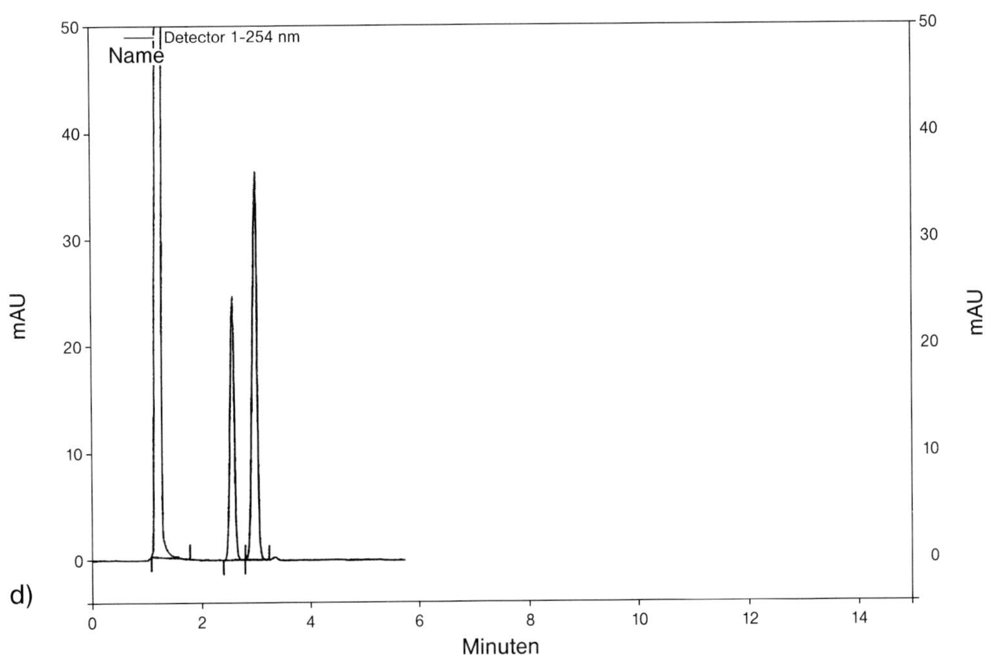

Abb. 3 (Fortsetzung)

1. Frage: Analysendauer OK?

Nein. Das Erste, was stört, ist in der Tat die lange Analysenzeit: 16 min für zwei Peaks bei einer Routinemethode ist heute kaum vertretbar. Zuerst wurde der Fluss auf 2,6 mL/min erhöht. Wie zu erwarten, ergab sich eine geringere Analysendauer – ohne dass die Auflösung schlechter wurde. Wir hatten den Gradienten so angepasst, dass sich das gleiche Gradientenvolumen ergab (Abb. 3b, s. Kap. 1.2).

Die Retentionszeit von 10 min ist jedoch für zwei Peaks immer noch zu lang. Nachdem der Druck bei dem aktuellen Fluss von 2,6 mL/min ca. 345 bar betrug, wurden als Nächstes die Anfangsbedingungen beim Gradienten verändert: Es wurde nicht bei 10 %, sondern bei 40 % Methanol begonnen (s. Abb. 3c). Mit der Retentionszeit von 3–4 min für zwei Peaks konnte man nun zufrieden sein.

2. und 3. Frage: Einstellungen OK, Selektivität OK?

Ja, s. Abstand zwischen den Peakspitzen in Abb. 3c (das ist vereinfacht die Selektivität). Die Auflösung ist jedoch immer noch nicht ausreichend. Obwohl die Selektivität offensichtlich nicht schlecht war, konnte die Auflösung aufgrund des Frontings nicht als zufrieden stellend bezeichnet werden.

4. Frage: Kann ich die Peakform verbessern und damit die Bodenzahl erhöhen?

Ja, wir haben hier etwas Einfaches getestet: Die Probenlösung wurde zweimal mit dem Eluenten verdünnt (40/60 MeOH/H_2O) und die resultierenden 120 µL erneut injiziert. Mit dem Ergebnis konnte man nun zufrieden sein (s. Abb. 3d).

Merke: Es ist besser, 100 oder 150 µL eluentähnliche Probenlösung als 20 oder 30 µL Probenlösung in einem im Vergleich zum Eluenten stärkeren Probenlösungsmittel zu injizieren.

Fazit: Im besprochenen Fall wurde zuerst die Analysenzeit optimiert und anschließend – da die Selektivität augenscheinlich ausreichend war – eine gute Auflösung lediglich durch eine Verbesserung der Peakform (Erhöhung der Bodenzahl) erreicht.

Beispiel 2

Abbildung 4 zeigt die isokratische Trennung von Metaboliten trizyklischer Antidepressiva. In Abb. 4a ist die Trennung an einer 5 µm Luna C_{18}-Säule dargestellt. Das kritische Paar (Peak 2 und 3 bei ca. 5,8 min) wird gerade angetrennt, der α-Wert beträgt 1,05.

Die Auflösung ist nicht ausreichend, es besteht Handlungsbedarf.

Hier können wir die 1. Frage, nämlich ob die Analysendauer OK ist, mit einem „ja" beantworten. Was die Selektivität betrifft, ist die Einschätzung zugegebenermaßen schwieriger.

Würde man hier direkt die Trennung durch Wechsel von Säule und/oder Eluent verbessern wollen (also via Selektivität, „Chemie"), wäre dies vermutlich keine sehr rasche Angelegenheit. In Abb. 4b wird die Trennung unter völlig gleichen

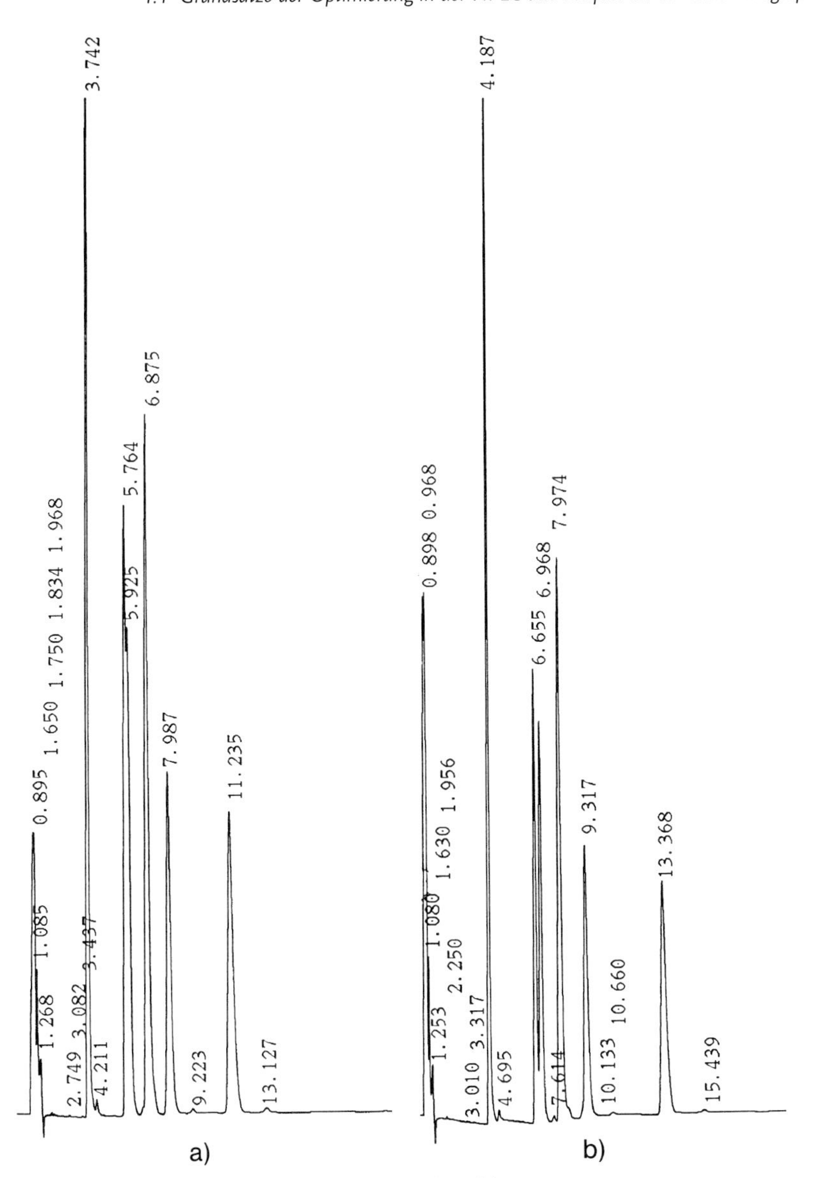

Abb. 4 Verbesserung der Auflösung über die Bodenzahl.

Bedingungen, allerdings an einer 3 µm-Säule dargestellt. Bei praktisch gleicher Selektivität (α-Wert = 1,04) wird nahezu eine Basislinien-Trennung erreicht. Das Einsetzen einer Säule mit einer geringeren Korngröße ist ein schneller und häufig auch ein ökonomischer Weg. *Merke*: Sogar bei einer erreichten Selektivität von „nur" 1,05 sollte man zunächst an eine Verbesserung der Auflösung über die Effizienz (*N*) denken, statt sich weiterhin den doch aufwendigeren „chemischen" Möglichkeiten zu widmen: Säule, Eluent, Temperatur.

Als vereinfachtes Fazit und als Extrakt aus Beispiel 1 und 2 kann Folgendes geschlussfolgert werden („*kαN*-Prinzip"):

1. Sorgen Sie aus Gründen der Ökonomie zunächst für „vernünftige" Wechselwirkungen (*k*) *und* akzeptable Retentionszeiten (z. B. durch Veränderung der Eluentenzusammensetzung, Flusserhöhung).
2. Versuchen Sie anschließend, mit einem vertretbaren Aufwand eine möglichst gute Selektivität zu erreichen: Das wären α-Werte um ca. 1,05–1,10 (z. B. organisches Lösungsmittel ändern, Modifier zusetzen, pH-Wert verändern).
3. Sind Sie mit der Auflösung immer noch nicht zufrieden, verbessern Sie jetzt die Peakform (*N*). Dies kann zum einen durch „wissenschaftliche" Maßnahmen erreicht werden, z. B. kleinere Teilchen, am effektivsten in folgender Kombination: Säulenlänge und Teilchengröße erniedrigen, Fluss und evtl. Temperatur erhöhen. Zum anderen sollte man auch an einfache, aber nicht minder Erfolg versprechende „Tricks" denken, die ebenfalls zu einer besseren Peakform führen: kleineres Injektionsvolumen, optimiertes Probenlösungsmittel, dünne/kurze Kapillaren.

1.1.3.4 Wie ändere ich *k*, α und *N*?

1.1.3.4.1 Isokratischer Modus

Bevor wir uns mit den Strategien zur Methodenentwicklung bei unbekannten Proben und zur Überprüfung der Peakhomogenität beschäftigen, schauen wir uns an, welche konkreten Maßnahmen zur Verfügung stehen, um *k*, α und *N* zu verändern bzw. zu erhöhen (s. Abb. 5).

Bemerkung: In der angegebenen Abfolge der einzelnen Maßnahmen in Abb. 5 nimmt die Effektivität (Zeitfaktor und Wichtigkeit) in der Regel ab. Das heißt natürlich nicht, dass beispielsweise die stationäre Phase bzgl. Selektivität eine untergeordnete Rolle spielt! Keinesfalls. Nur sollte man die anderen, schnelleren Möglichkeiten testen, bevor eine völlig neue Säule – in der Praxis häufig auf „gut Glück" – ausprobiert wird (s. auch unten).

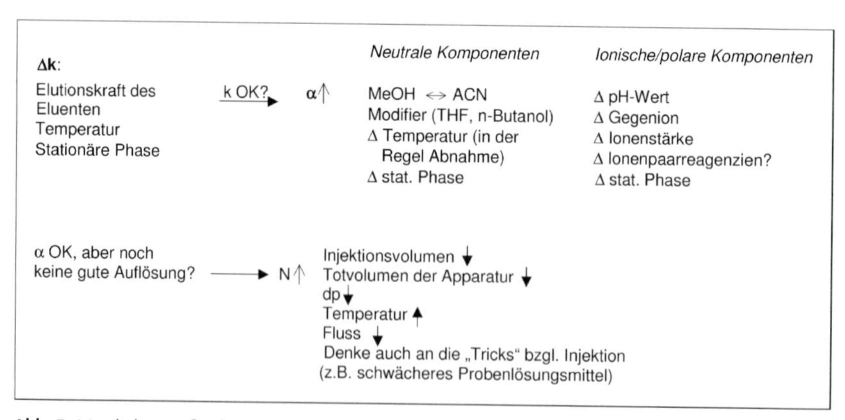

Abb. 5 Mögliche Maßnahmen zur Verbesserung der Auflösung.

1.1.3.4.2 Gradientenmodus

Vorbemerkung

Werden bei einer Gradiententrennung nicht mehr als 8–10 Peaks erwartet und liegt keine „schwierige" Matrix wie Fermenterbrühe, Urin, Creme, Pflanzenextrakt usw. vor, so sind 125 oder gar 100 mm lange Säulen in der Regel entschieden zu lang (s. [1] und Ausführungen in Kap. 1.2 und Kap. 2.7.3). Wir konnten tatsächlich in vielen Fällen an einer üblichen HPLC-Anlage problemlos 4–6 Peaks an einer 10 mm/2 mm/2 µm C_{18}-Säule trennen.

Für Gradiententrennungen gilt folgende Formel:

$$\bar{k} = \left(\frac{t_G}{\Delta\%B}\right) \cdot \left(\frac{F}{V_m}\right) \cdot \left(\frac{100}{S}\right)$$

$\bar{k}$ = mittlerer k-Wert; der Analyt befindet sich in der Mitte der Säule (Längsrichtung)
t_G = Gradientendauer [min]
F = Fluss [mL/min]
V_m = Säulenvolumen
$\Delta\%B$ = Änderung von B während der Gradientelution
S = Steigung der $\%B/t_G$-Kurve; für kleine Moleküle kann für S ein Wert von ca. 5 angenommen werden.

Der $\bar{k}$ - und natürlich auch der α-Wert können wie folgt verändert werden:

- Gradientenvolumen (über die Gradientendauer oder eleganter über die Flussrate);
- Steilheit des Gradienten;
- $\%B$, also Anfangs- und Endbedingungen;
- Gradientenprofil (linear, konvex, konkav).
  Bemerkung: Ist ein Methodentransfer geplant, sollten mit dem Ziel einer einfachen Übertragbarkeit nur lineare Gradienten verwendet werden. Der Einbau von isokratischen Stufen sollte dagegen kein größeres Problem darstellen;
- Temperatur;
- Stationäre Phase.

Aus pragmatischer Sicht sollte bei Gradientenläufen stets an einen höheren Fluss gedacht werden: Die Erhöhung des Flusses bei konstant gehaltener Gradientendauer führt zu einer besseren Auflösung, da das Gradientenvolumen (Gradientenvolumen = Fluss × Zeit) zunimmt. Die Peakkapazität (Peakkapazität: Anzahl der Peaks pro Zeiteinheit) und damit die Auflösung ihrerseits nehmen mit dem Gradientenvolumen ebenfalls zu. Auch für den Fall, dass die Auflösung zufrieden stellend ist, kann/sollte der Fluss erhöht werden: Eine Erhöhung beispielsweise um Faktor 2 bei gleichzeitiger Erniedrigung der Gradientendauer ebenfalls um Faktor 2 – und natürlich entsprechender Anpassung des Gradienten – ergibt die gleiche Auflösung, da das Gradientenvolumen konstant bleibt, allerdings in der Hälfte der Zeit! Der Nachteil, den eine erhöhte Flussrate mit sich bringt, ist der höhere Druck und die Abnahme der Peakflächen.

Die Erhöhung der Bodenzahl bei Gradiententrennungen stellt meist ein untergeordnetes Ziel dar, sind doch die Peaks in aller Regel per se schmal.

1.1.3.4.3 **Acetonitril oder Methanol?**

An anderen Stellen [1, 2] wurde diese Frage ausführlich diskutiert (s. dazu auch Kap. 2.1.4). Fassen wir hier das Ergebnis in Kurzform zusammen, das nach einer Reihe von Experimenten mit diversen Substanzklassen und bei unterschiedlichen Bedingungen erhalten wurde: Es scheint so zu sein, dass bei Mischungen gleicher Elutionskraft Methanol die bessere Selektivität liefert (protisches vs. aprotisches Lösungsmittel). Dies macht sich vor allem bei kleinen polaren Molekülen, wie primären Aminen, bemerkbar. Gleichzeitig wird wegen der erhöhten Viskosität im Vergleich zu Acetonitril in aller Regel eine schlechtere Peakform beobachtet. Das soll an zwei Beispielen, entnommen aus [2], demonstriert werden (s. Abb. 6 und 7).

In Abb. 6 geht es um die Injektion von Uracil, Pyridin, Benzylamin und Phenol, links im sauren Methanol/Phosphatpuffer, rechts im sauren Acetonitril/Phosphatpuffer. Dieser ungünstige Eluent (starke Basen im Sauren) wurde bewusst gewählt, um gerade die Selektivität von Methanol/Acetonitril für polare Analyten in „schwierigen“ Situationen zu testen. In Methanol werden die Basen immerhin angetrennt, in Acetonitril nicht. In Abb. 7 wird die gleiche Trennung im Neutralen demonstriert, links in Methanol, rechts in Acetonitril. Auch hier ist die bessere Selektivität in Methanol augenscheinlich: Zum einen werden in Methanol die polaren

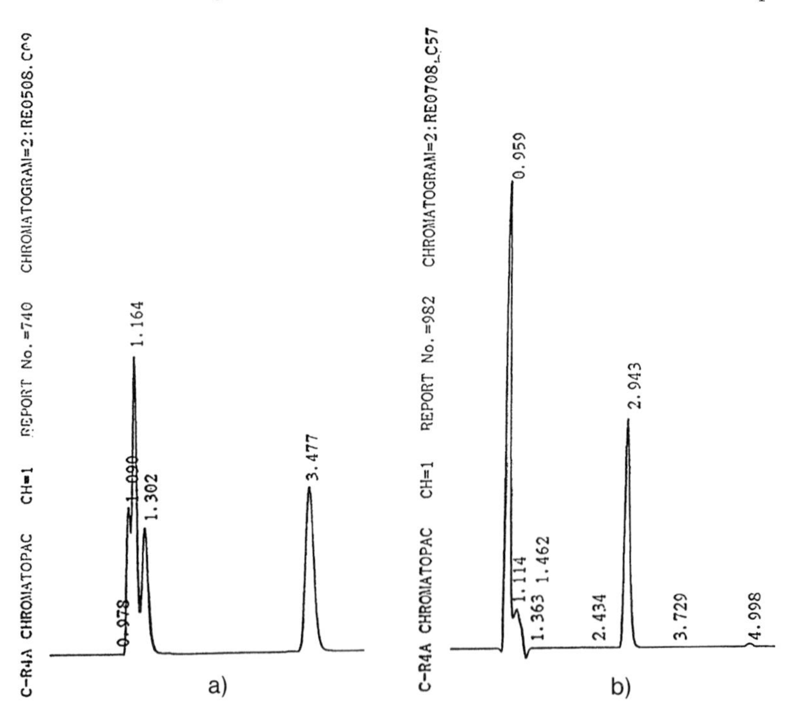

Abb. 6 Zur Selektivität im sauren Phosphatpuffer/Methanol (links) und im sauren Phosphatpuffer/Acetonitril (rechts); Erläuterungen siehe Text.

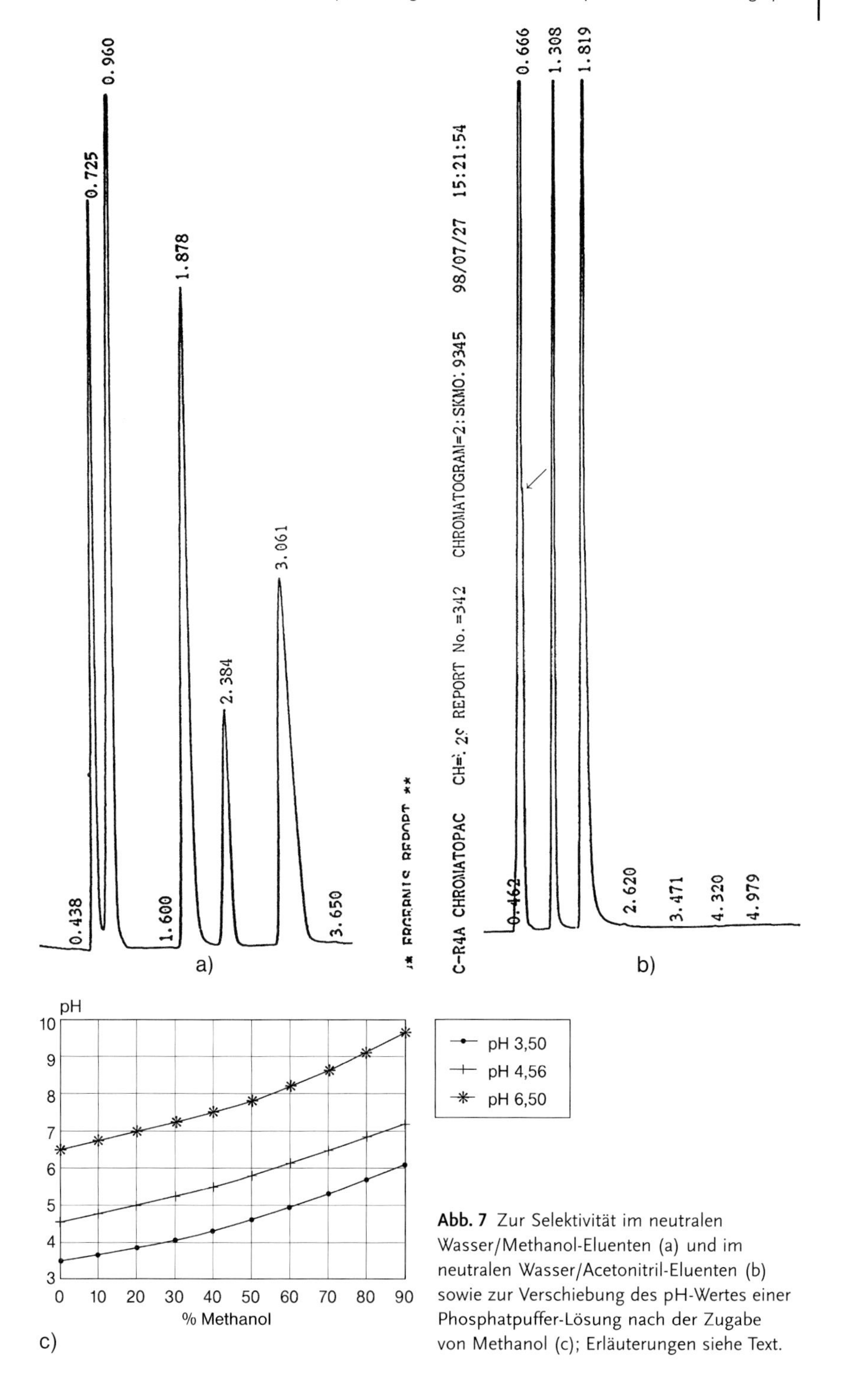

Abb. 7 Zur Selektivität im neutralen Wasser/Methanol-Eluenten (a) und im neutralen Wasser/Acetonitril-Eluenten (b) sowie zur Verschiebung des pH-Wertes einer Phosphatpuffer-Lösung nach der Zugabe von Methanol (c); Erläuterungen siehe Text.

Verunreinigungen fast vollständig von Uracil abgetrennt, während in Acetonitril gerade eine Antrennung erkennbar wird. Zum anderen wird in Methanol Phenol von Benzylamin abgetrennt, in Acetonitril nicht. Halten wir fest: In beiden Fällen erhalten wir in Methanol eine bessere Selektivität, in Acetonitril eine bessere Peaksymmetrie – eine Beobachtung, die auf viele Substanzklassen zutrifft.

Mögliche Erklärung:
Zur Zeit wird die Vorstellung diskutiert, dass an der Oberfläche eines RP-Materials so genannte aktive Zentren („high energy sites") existieren, die – trotz einer angenommenen Oberfläche dieser Zentren von ca. nur 0,4 % der zur Verfügung stehenden Gesamtoberfläche – eine dominante Rolle bzgl. Selektivität spielen. Und just jene Zentren stehen polaren/ionischen Komponenten bei Methanolgehalten im Eluenten von ca. 0–60 % zur Verfügung. Bei einer experimentell gemessenen Lösungsmittel-Schicht an der Oberfläche von ca. 2,5 Å bei Methanol bzw. ca. 13 Å bei Acetonitril kann der hydrophobe Rest von polaren/ionischen Molekülen in Acetonitril „nur" mit dem Ende der an der Oberfläche verankerten Alkylketten wechselwirken. Im Falle von Methanol im Eluenten können die Moleküle durch die wesentlich dünnere Lösungsmittel-Schicht hineindiffundieren und stärkere/zusätzliche Wechselwirkungen eingehen. Darüber hinaus könnte die Bildung von labilen Methanolaten polare Wechselwirkungen erleichtern, welche zu einer guten polaren Selektivität in Methanol führen. Es sei zum Schluss auf drei experimentell festgestellte Beobachtungen hingewiesen:

1. Bei kleinen Gehalten an Methanol/Acetonitril im Eluenten sind die Selektivitätsunterschiede recht schwach ausgeprägt.
2. Die Selektivitätsunterschiede zwischen Methanol- und Acetonitril-haltigen Eluenten machen sich vor allem bei stark hydrophoben stationären Phasen bemerkbar, am wenigsten bei polaren stationären Phasen wie z. B. CN.
3. Der pH-Wert einer Lösung driftet nach der Zugabe von Methanol stärker ins Alkalische als nach der Zugabe von Acetonitril (siehe auch Ausführungen in Kap. 1.3 und Tabelle 1 in Kap. 1.4).

In Abb. 7c wird die Änderung des pH-Wertes eines 20 mMol starken Na-Puffers nach der Zugabe von Methanol dargestellt. Dieser Fakt erklärt, warum häufig die Lebensdauer einer Säule, die bei einem nominellen pH-Wert des Eluenten von 6 oder 7 betrieben wird, zu wünschen übrig lässt: Nach der Zugabe von Methanol driftet der pH-Wert ins Alkalische und die meisten Kieselgele werden ab ca. pH 8 teilweise aufgelöst.

1.1.4
Überprüfung der Peakhomogenität – das Drei-Stufen-Modell

Die Frage könnte auch wie folgt lauten: *Ich erkenne gerade einen möglichen Aufsetzer an der Flanke, wie kann ich die Auflösung verbessern?*

Überprüfung der Peakhomogenität und Verbesserung der Auflösung sind verwandte Fragestellungen. Für beides kann als Lösungsansatz ein Drei-Stufen-Konzept angewandt werden.

Stufe 1: Schnelle und kostengünstige Maßnahmen zur Überprüfung der Peakhomogenität – die „1/2 Stunden-Methode"

Nehmen wir an, Sie verfügen über ein recht begrenztes Zeitpensum oder/und Sie sind an eine Prüfvorschrift bzw. an Kundenvorgaben gebunden, d. h., de facto sind Eluent, Temperatur und stationäre Phase „tabu". Welche Möglichkeiten hätte man dennoch, das Chromatogramm besser darzustellen bzw. die Trennung tatsächlich zu verbessern? Wir gehen von einer heute üblichen apparativen Ausstattung aus.

1. Nutzen Sie die Möglichkeiten des Dioden-Arrays/der Software aus, z. B.: Ratioplot, Contourplot, 3D-Plot, 1. und 2. Ableitung des in Frage kommenden Peaks bilden.
2. Stellen Sie sich die Frage: Sind die Einstellungen am Detektor/an der Software optimal, kann ich an der Hardware noch etwas optimieren?
   Nachfolgend einige Möglichkeiten bzw. Zahlenwerte als Vorschlag:
   Bei älteren Geräten: Herabsetzung der Zeitkonstanten auf 0,1 s und Verwendung des 10 bzw. 100 mV-Ausgangs des Detektors. Bei den moderneren Geräten erfolgt eine ähnliche Manipulation über die Einstellung „bunching factor" bzw. „bunching rate" an der Software.
   Peakbreite bei der Integration auf 0,01 min, „sample rate" auf ca. 5–10 Datenpunkte/s, „sampling period" auf 200 ms setzen. Diese Einstellungen sind bei frühen, schmalen Peaks besonders wichtig bzw. notwendig. Verwenden Sie sehr kurze/dünne Säulen und erhalten „wirklich" schnelle Peaks, so sind mindestens 20–40 Hz ein unbedingtes „Muss".
   Sind Wellenlänge, Spaltbreite, Referenzwellenlänge optimal eingestellt?
   Beträgt der Innendurchmesser der Kapillare zwischen Probengeber und Detektor 0,13 mm, höchstens 0,17 mm?
3. Denken Sie an die Injektion!
   Injizieren Sie zur Überprüfung der Peakhomogenität einfach 1 oder 2 µL – die Gefahr einer lokalen Überladung der Säule ist häufig gegeben. Verdünnen Sie die Probenlösung mit Wasser oder einfach mit dem Eluenten und injizieren Sie erneut.

Eine Änderung von Einstellungen oder die erneute Injektion ist eine Angelegenheit von Sekunden oder einigen Minuten. Es folgen drei Beispiele, die zeigen, dass es sich lohnt, auch an solche einfachen Maßnahmen zu denken.

Abbildung 8a zeigt eine Trennung bei einer Datenrateaufnahme von 1, Abb. 8b bei 10 Datenpunkten pro Sekunde: Bei früh eluierenden Peaks verliert man bei einer kleinen Datenrateaufnahme unnötig an Auflösung.

Abbildung 9b zeigt die Injektion von 20 µL Acetophenon in einem üblichen RP-System. Man würde spontan annehmen, dass der erste Peak einer Verunreinigung und der zweite eben dem Acetophenon entspricht. Erst die Injektion von 1 µL (linkes Chromatogramm) entlarvt, dass die Verunreinigung tatsächlich „rein", der Hauptpeak jedoch nicht homogen ist.

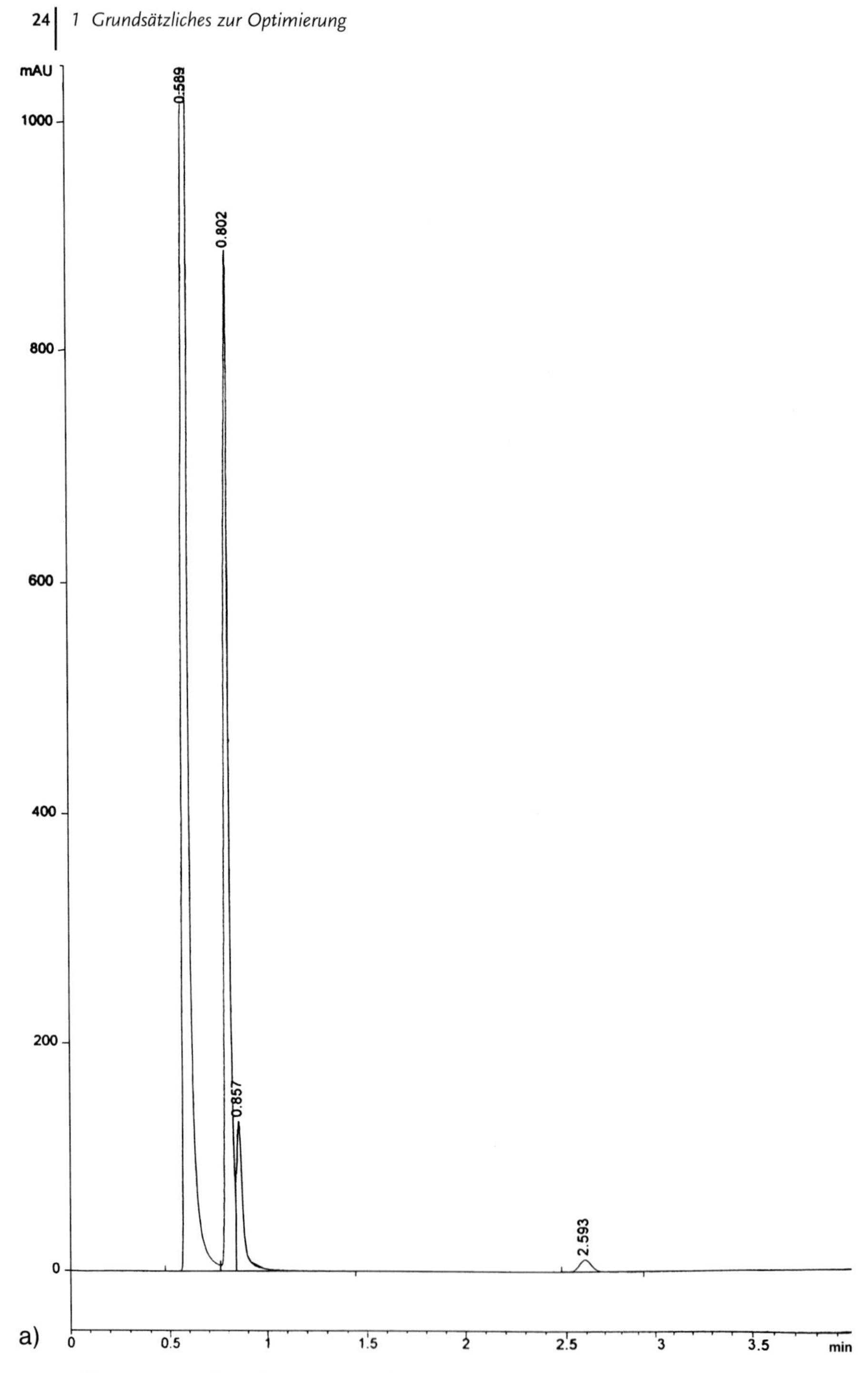

Abb. 8a Zum Einfluss der Datenrateaufnahme auf die Auflösung bei schnellen Peaks. (a) Chromatogramm aufgenommen bei 0,1 min Peakbreite.

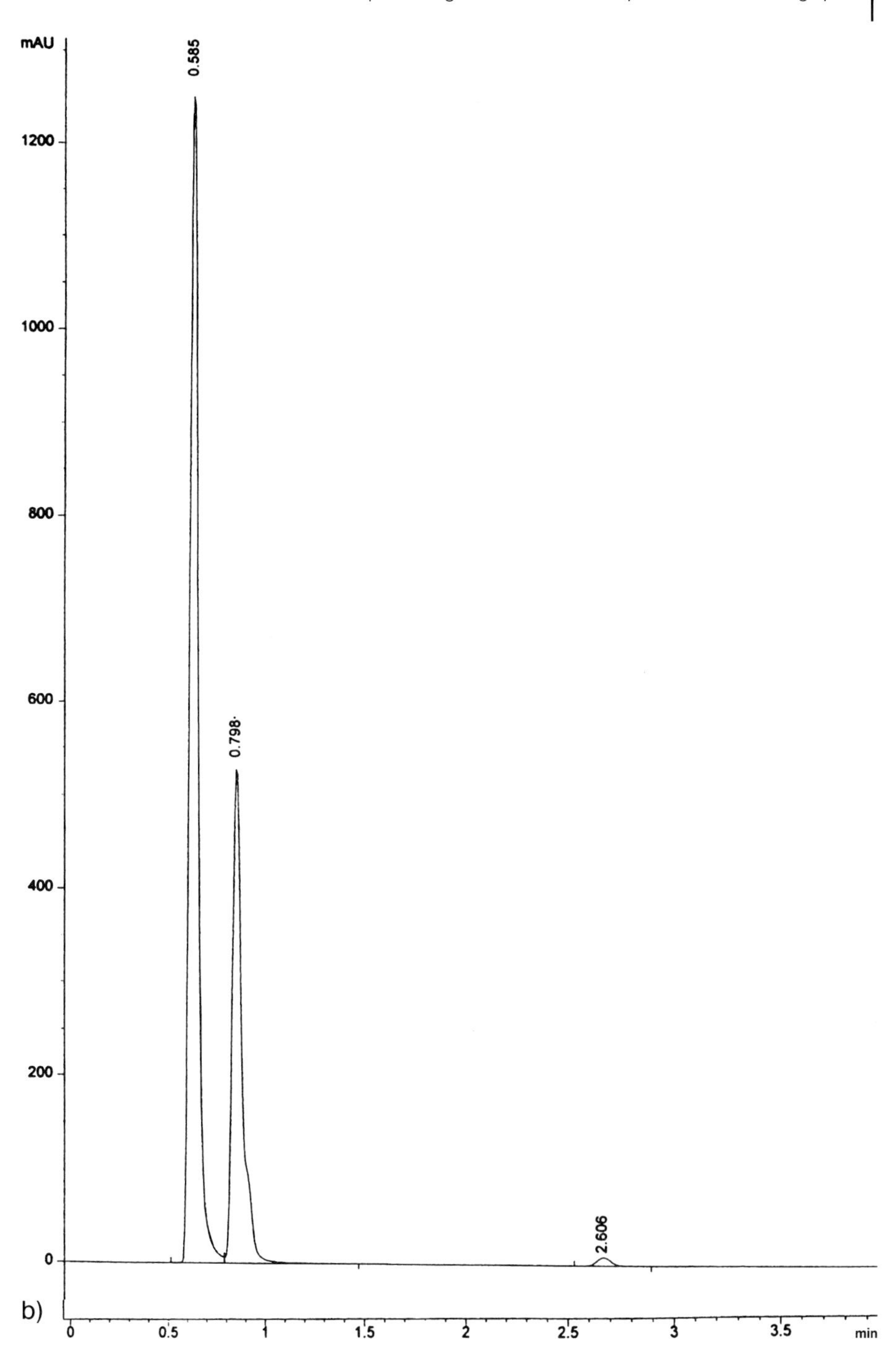

Abb. 8b Zum Einfluss der Datenrateaufnahme auf die Auflösung bei schnellen Peaks.
(b) Chromatogramm aufgenommen bei 0,01 min Peakbreite.

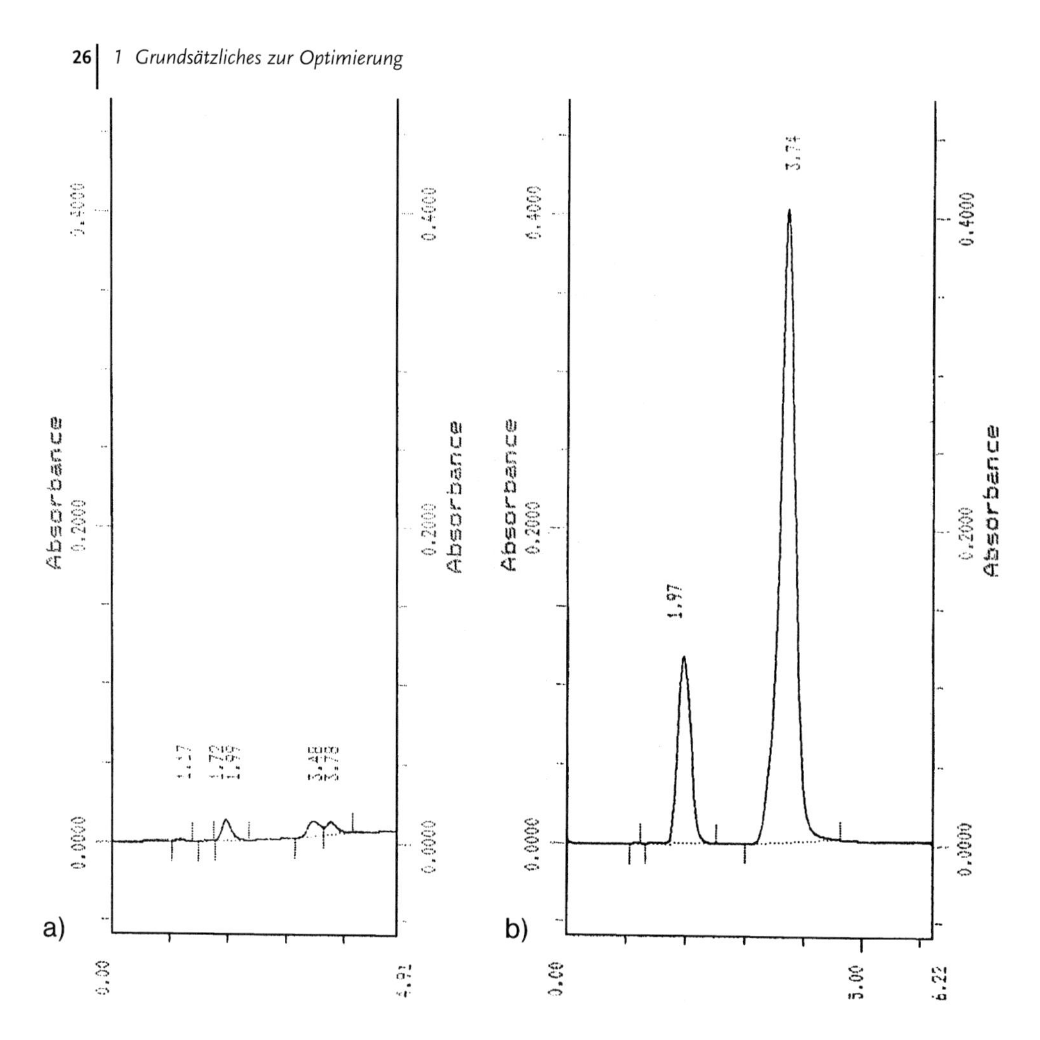

Abb. 9 Zum Einfluss des Injektionsvolumens auf die Auflösung von neutralen Komponenten; Erläuterungen siehe Text.

In Abb. 10b ist die Injektion von 20 µL Benzoesäure plus unbekannte Verunreinigung dargestellt. Die Auflösung ist äußerst dürftig. Die Injektion von 5 µL liefert eine wesentlich bessere Auflösung (Abb. 10a). Die Gefahr einer lokalen Überladung der Säule ist im Falle von polaren Komponenten besonders groß (multipler Wechselwirkungsmechanismus).

Stufe 2: Änderung von chromatographischen Parametern

Dieser Schritt umfasst die üblichen Maßnahmen, die im Rahmen einer Optimierung ergriffen werden. Hier ändert sich meist die Wechselwirkung zwischen Probe und stationärer Phase. Das Ziel ist dabei eine Änderung des Retentionsfaktors k (meist Zunahme), idealerweise auch die des Trennfaktors α.

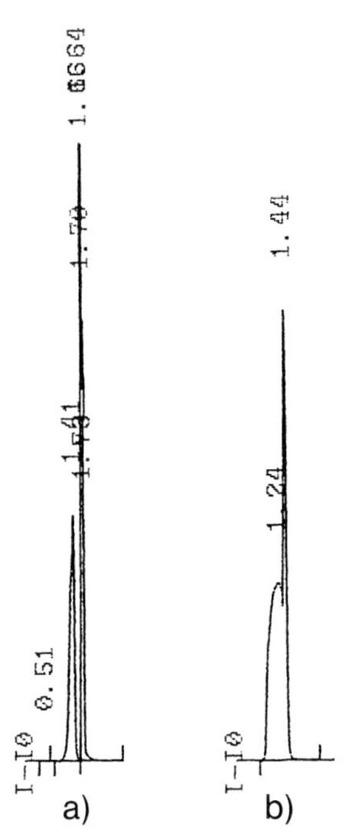

Abb. 10 Zum Einfluss des Injektionsvolumens auf die Auflösung von polaren Komponenten.

Oder aber man versucht bei konstant gehaltener Stärke der Wechselwirkung – „Chemie" und damit auch k und α konstant –, die Bodenzahl zu erhöhen bzw. durch Miniaturisierung die Verdünnung zu verhindern oder die relative Massenempfindlichkeit zu erhöhen.

Bei einer „trial and error"-Vorgehensweise beträgt der Zeitbedarf ca. 1–2 Wochen. Durch eine systematische Vorgehensweise, evtl. mithilfe von Optimierungsprogrammen, kann die Zeit merklich reduziert werden (s. Kap. 4).

Nachfolgend einige Möglichkeiten:

1. Eluent: Zum Beispiel Änderung der Polarität, Acetonitril durch Methanol ersetzen (oder umgekehrt), Modifier wie THF, Isopropanol oder *n*-Butanol bei neutralen bzw. Amin oder Säure bei polaren/ionischen Komponenten zugeben, pH-Wert, Pufferart und/oder -stärke variieren.

2. Stationäre Phase: Die Bandbreite an kommerziell erhältlichen Säulen ist heute ein Segen und ein Fluch zugleich. Zu einigen Regeln und zu theoretischen Hintergründen bei der Auswahl von RP-Säulen s. Ausführungen in Kap. 2.1. In diesem Zusammenhang soll an die Doppelsäulentechnik erinnert werden.

Dazu ein Beispiel: Die Trennung von fünf relativ polaren Komponenten an einer Nucleosil C_{18}-Säule eignet sich kaum, Begeisterung auszulösen (s. Abb. 11). An einer CN-Säule ist die Trennung noch dürftiger (s. Abb. 12). Beide Säulen mithilfe eines Verbindungsstücks in Serie geschaltet liefern bei sonst identischen Bedingungen eine sehr schöne Trennung (Abb. 13).

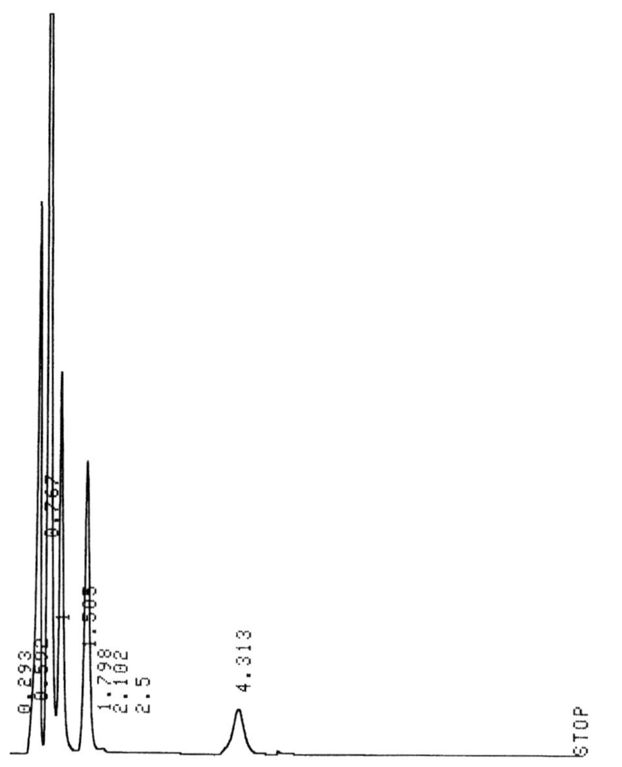

Abb. 11 Isokratische Trennung von 5 Peaks an einer Nucleosil C_{18}-Säule.

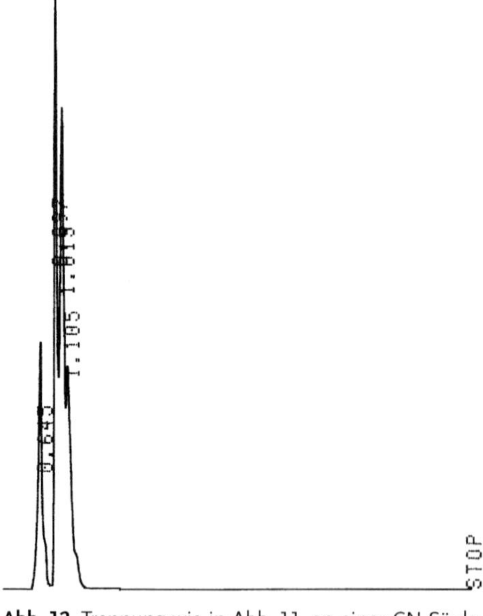

Abb. 12 Trennung wie in Abb. 11 an einer CN-Säule.

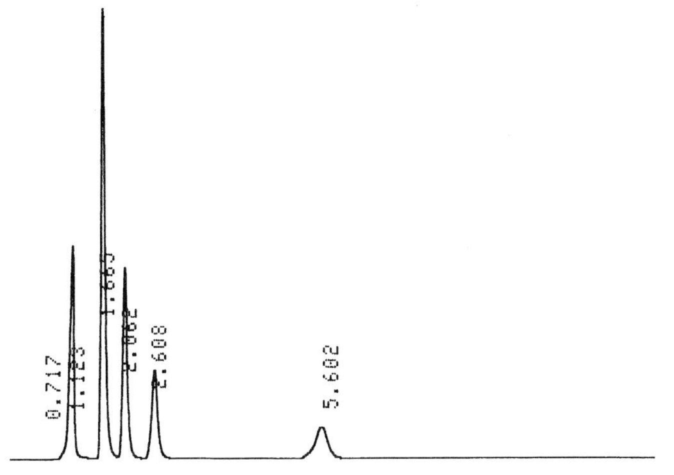

Abb. 13 Trennung wie in Abb. 11 und 12 an einer CN- und C_{18}-Säule, in Serie geschaltet.

Als Resultat kann eine bessere Auflösung vor allem im vorderen Bereich des Chromatogramms festgestellt werden. Der letzte, apolare Peak wird durch das polare CN-Material nur unwesentlich festgehalten, die geringe Verlängerung der Analysenzeit kann in Kauf genommen werden. Wir haben darüber hinaus trizyklische Antidepressiva und ihre Metaboliten (insgesamt 12 Peaks) in einem isokratischen Lauf mithilfe der Doppelsäulentechnik an Zorbax Bonus/Chromolith Performance sowie AQUA/Zorbax Extend erfolgreich trennen können.

3. Temperatur: Bei niedrigen Temperaturen dürfte der Einfluss der mobilen Phase in den Hintergrund geraten, die individuellen Eigenschaften der stationären Phasen dagegen in den Vordergrund: Die Enthalpiedifferenzen (nicht die absolute Werte!) bei der Wechselwirkung der einzelnen Komponenten mit der stationären Phase sind größer als bei höheren Temperaturen. Auch die Entropiedifferenzen machen sich bei niedriger Temperatur stärker bemerkbar. Somit ist eine Differenzierung (= Selektivität) öfter einfacher.

Bei einer Erniedrigung der Temperatur nimmt die Kinetik und damit die Bodenzahl ab, die Peaks werden breiter, die Selektivität dagegen nimmt in aller Regel zu. Der letztgenannte Vorteil überwiegt beispielsweise bei Isomerentrennungen im RP-Modus oder bei Enantiomerentrennungen (s. Kap. 2.6), sodass hier bei schwierigen Trennungen die beste Auflösung häufig bei niedrigen Temperaturen beobachtet wird. In Fällen, in denen aufgrund des Mechanismus eine besonders langsame Kinetik vorherrscht, sollte bei erhöhten Temperaturen gearbeitet werden. Bei Trennungen schließlich, die weit über 100 °C durchgeführt werden, herrscht eine derartig schnelle Kinetik, dass hier mit einer sehr guten Auflösung aufgewartet werden kann.

Halten wir folgendes fest: Eine Erniedrigung der Temperatur scheint für solche Trennungen von Vorteil zu sein, bei denen der sterische Aspekt bei sonst chemischer Ähnlichkeit der zu trennenden Komponenten eine wichtige Rolle spielt, z. B. Enantiomere, verdrillte Strukturen, Doppelbindungsisomere usw. Bei „klassischen“ RP-Trennungen jedoch sollte zunächst eine – merkliche! – Erhöhung der Temperatur in Betracht gezogen werden. Die Vorteile liegen auf der Hand: Eine Temperaturerhöhung führt zur Abnahme der Retentionszeit und des Rückdruckes; durch den zuletzt genannten Effekt können 3 oder gar 1,7–2 µm-Teilchen problemlos eingesetzt werden. Eine Verbesserung der Effizienz (höhere Bodenzahl) wird nicht nur durch den Einsatz von kleinen Teilchen sondern zusätzlich auch durch die Erniedrigung der Viskosität des Eluenten und der damit einhergehenden Erhöhung der Kinetik erreicht. So ergibt sich bei einem Fluss von 2 mL/min und 80 °C an vier Säulen zu 10 cm in Serie geschaltet die gleiche Retentionszeit wie an einer 25 cm langen Säule bei 30 °C und einem Fluss von 1 mL/min – allerdings bei einer um Faktor 4 höheren Effizienz! Darüber hinaus nimmt bei Temperatur-Erhöhung die Polarität des Eluenten ab und somit wird weniger organischer Anteil im Eluenten benötigt („grüne“ HPLC). Schließlich wird bei Verwendung von sauren Puffern die Ionisation von Basen unterdrückt. Dies führt zu einer Zunahme von hydrophoben Wechselwirkungen, und durch die sich ergebende schnellere Kinetik wird eine merkliche Verbesserung der Peakform von ionischen/ionisierbaren Spezies beobachtet.

Stufe 3: Kopplungen, orthogonale Trenntechniken

Sollte es sich beim aktuellen Trennproblem um eine wirklich wichtige, mitunter recht unbekannte Probe handeln, sollten noch sicherere Möglichkeiten zur Überprüfung der Peakhomogenität ins Kalkül gezogen werden. Da einige dieser Möglichkeiten in den nächsten Kapiteln ausführlich besprochen werden, seien sie hier nur kurz aufgeführt.

Kopplung HPLC-Spektroskopie, z. B. LC-MS(MS) (Kap. 3.3, 5.1 und 5.4), LC-NMR (Kap. 3.4).

Durch die Kopplung der HPLC mit einer spektroskopischen Methode wird naturgemäß nicht die Auflösung, sondern lediglich die Spezifität erhöht. Dennoch nimmt die Sicherheit der qualitativen Aussage enorm zu.

Orthogonale Trenntechniken (= Kombination von unterschiedlichen Trennprinzipien/Mechanismen), 2D- oder Multi-D-Chromatographie.

Durch die Kopplung zweier chromatographischer Verfahren, z. B. LC-GC, Gelfiltration-Ionenaustausch oder LC-DC (2D-Trennungen (s. Kap. 3.2), oder eines chromatographischen mit einem anderen Verfahren, z. B. Gelelektrophorese-HPLC, HPLC-ELISA (s. Kap. 3.1) oder HPLC-CE, erhöht sich die (chromatographische) Auflösung. Eine evtl. anschließende Kopplung mit der Spektroskopie, z. B. LC-GC-MS oder LC-CE-MS, führt zusätzlich zu einer Erhöhung der Spezifität.

Die Möglichkeiten der Kopplungstechnik seien hier am Beispiel der Kopplung LC-DC demonstriert:

Abbildung 14 zeigt die Gradiententrennung eines Emulgators an einer C_{18} 2 mm-Säule (Quelle: G. Burger, Bayer Dormagen): Man erhält viele, eher recht schlecht abgetrennte Peaks. Betrachten wir den letzten Peak „D“. Dieser Peak ist

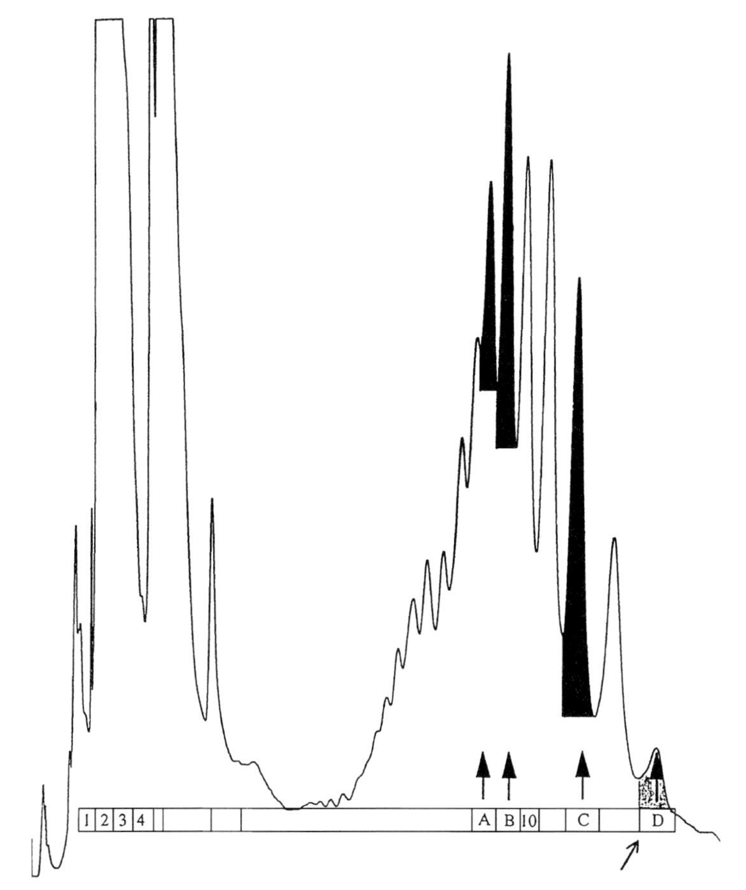

Abb. 14 Gradiententrennung eines Emulgators. Erläuterungen siehe Text.

zwar etwas breit, doch besteht nicht unbedingt ein zwingender Verdacht auf Peakinhomogenität. Wenn nun Peak D online auf eine DC-Platte aufgesprüht wird und mit dieser Fraktion eine DC-Trennung im 2D-Stufengradienten-Modus durchgeführt wird (Entwickeln, Trocknen, Entwickeln usw. und anschließend eine Entwicklung der Platte auf die gleiche Weise, allerdings um 90° gedreht), ergibt sich das Bild in Abb. 15. Ich denke, das bedarf keines weiteren Kommentars. Bei der Kopplung zweier chromatographischer Verfahren multiplizieren sich die Peakkapazitäten.

Eine „light"-Variante des orthogonalen Prinzips ist folgende: Man führt eine zweite Trennung auf einer „völlig" anderen Trennsäule, mit einem anderen Eluenten, reduziertem Injektionsvolumen und/oder bei einer anderen Wellenlänge durch. Die Wahrscheinlichkeit, dass sich zwei oder mehrere Substanzen bei unterschiedlichen Bedingungen gleich verhalten, d. h., dass sich ein gleiches Chromatogramm ergibt, ist recht gering. Zur Säulenauswahl für orthogonale Experimente s. Kap. 2.1.1, 2.1.3 und 2.1.6.

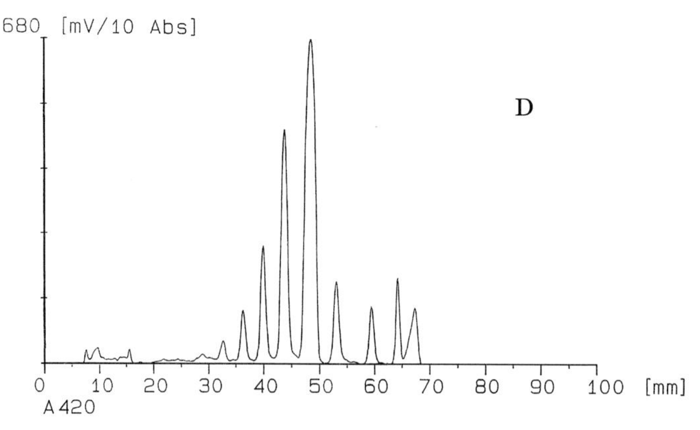

Abb. 15 Weitere Auftrennung der HPLC-Fraktion „D" (s. Abb. 17) mittels DC. Erläuterungen siehe Text.

Beispiel: Man ist beim letzten Schritt der Optimierung angelangt. Bei der Injektion von 20 µL Probe auf eine hydrophobe Phase, z. B. Symmetry, erhält man mit einem ACN/Wasser-Eluenten und einem pH-Wert von 3 ein „gutes" Chromatogramm. Zur Bestätigung der Peakhomogenität/Überprüfung der Selektivität verwendet man jetzt eine polare Säule, z. B. LiChrospher, einen MeOH/Wasser-Eluenten und injiziere 2 oder 5 µL. Erhält man die gleiche Anzahl von Peaks – bei wahrscheinlich unterschiedlicher Retentionszeit und unterschiedlicher Peakform – kann man davon ausgehen, dass wahrscheinlich „nichts" übersehen wurde. Im einfachsten Fall kann bei sonst konstanten Bedingungen lediglich eine Säule mit einer anderen Oberflächen-„Chemie" getestet werden.

Die Effektivität einer einfachen Überprüfung nach dem orthogonalen Prinzip soll an drei Beispielen demonstriert werden:

Beispiel 1

In Abb. 16c wird die Injektion einer Mischung bestehend aus Uracil, Pyridin, Benzylamin und Phenol in einem sauren Acetonitril/Phosphatpuffer (pH-Wert = 2,7) auf eine moderne, hydrophobe, endcappte Säule gezeigt.

Wüsste man nicht, dass vier Peaks zu erwarten sind, würde man nicht ohne weiteres vermuten, dass der erste, schmale, recht symmetrische Peak bei 1,1 min nicht homogen ist. Das ist er aber nicht! Es handelt sich um die zwei Basen Pyridin und Benzylamin, die koeluieren (sogar vor der Totzeit, also ausgeschlossen sind). Wie sollte man übrigens auch erwarten, dass eine hydrophobe Phase eine ausreichende polare Selektivität aufweist, sie also polare Analyten, zu denen nun einmal Basen gehören, sicher trennen kann? Ich erlebe, vor allem im Pharmabereich, recht häufig folgende Situation: Es werden moderne, hydrophobe Phasen ob ihrer guten Peaksymmetrie für die Trennung basischer Analyte verwendet. Man ist zufrieden mit dem Chromatogramm, der Dioden-Array liefert den erhofften Matchfaktor von 990 für den Hauptpeak, also wird automa-

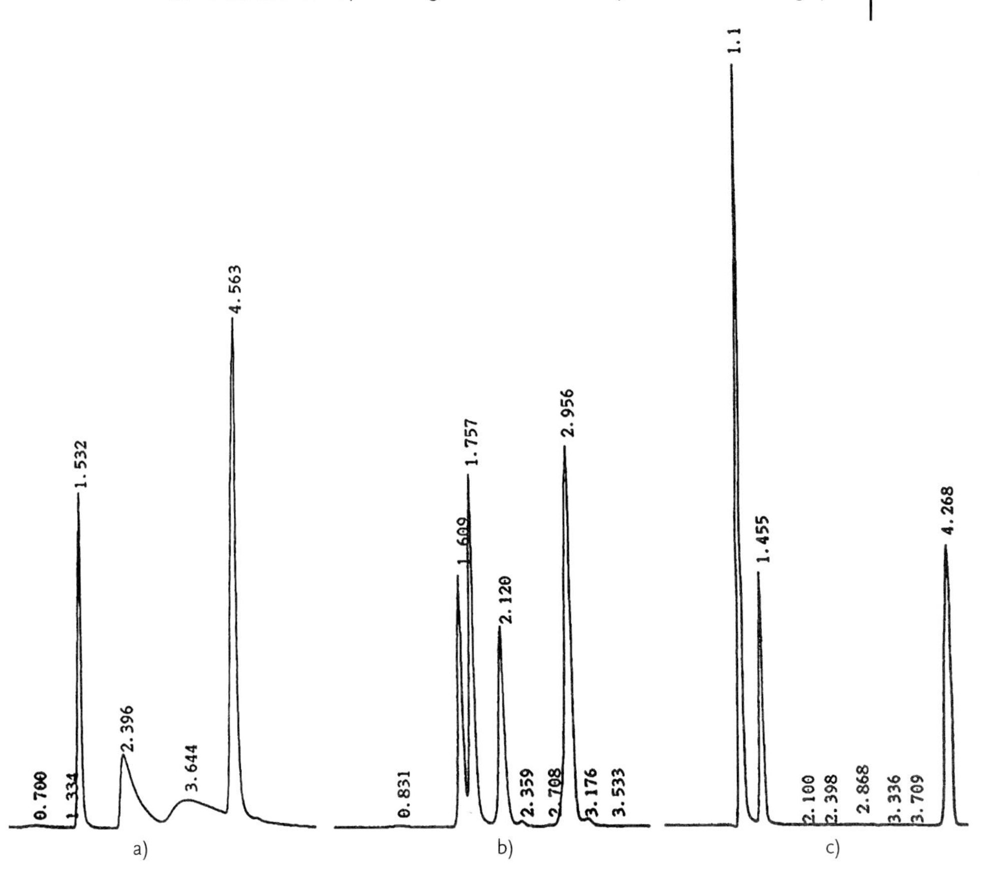

Abb. 16 Zur Überprüfung der Peakhomogenität mittels einer „orthogonalen" Säule; Pyridin/Benzylamin/Phenol-Test an drei Phasentypen im sauren Methanol/Phosphatpuffer. Erläuterungen siehe Text.

tisch Peakhomogenität angenommen: Die gute Peaksymmetrie suggeriert auch eine gute Selektivität. Erst die Verwendung von zwei polaren Phasen (Abb. 16b Fluofix, Abb. 16a Hypersil ODS) bei sonst gleichen Bedingungen hat hier Klarheit geschaffen. Übrigens, eine evtl. schlechte Peakform bei derartigen Bestätigungsexperimenten (s. Abb. 16a) sollte nicht stören – es geht ja hier nur um die Anzahl von Peaks, also um die Überprüfung von Peakhomogenitäten!

Beispiel 2

Abbildung 17 zeigt die Injektion von Metaboliten trizyklischer Antidepressiva auf drei Säulen im sauren Phosphatpuffer (s. oben). Bei diesen Analyten handelt es sich um kleine, polare Moleküle. Man testet also zwei polare Säulen, eine ältere und eine moderne: Lichrosorb (Abb. 17a), Reprosil AQ (Abb. 17b). Man erhält fünf mehr oder weniger gut abgetrennte Peaks; die kleinen Peaks in der Nähe der Totzeit stören weiter nicht. Man könnte meinen, es sei alles in Ordnung und man könnte nun mit der Validierung beginnen. Erst die Verwendung einer 300 Å-

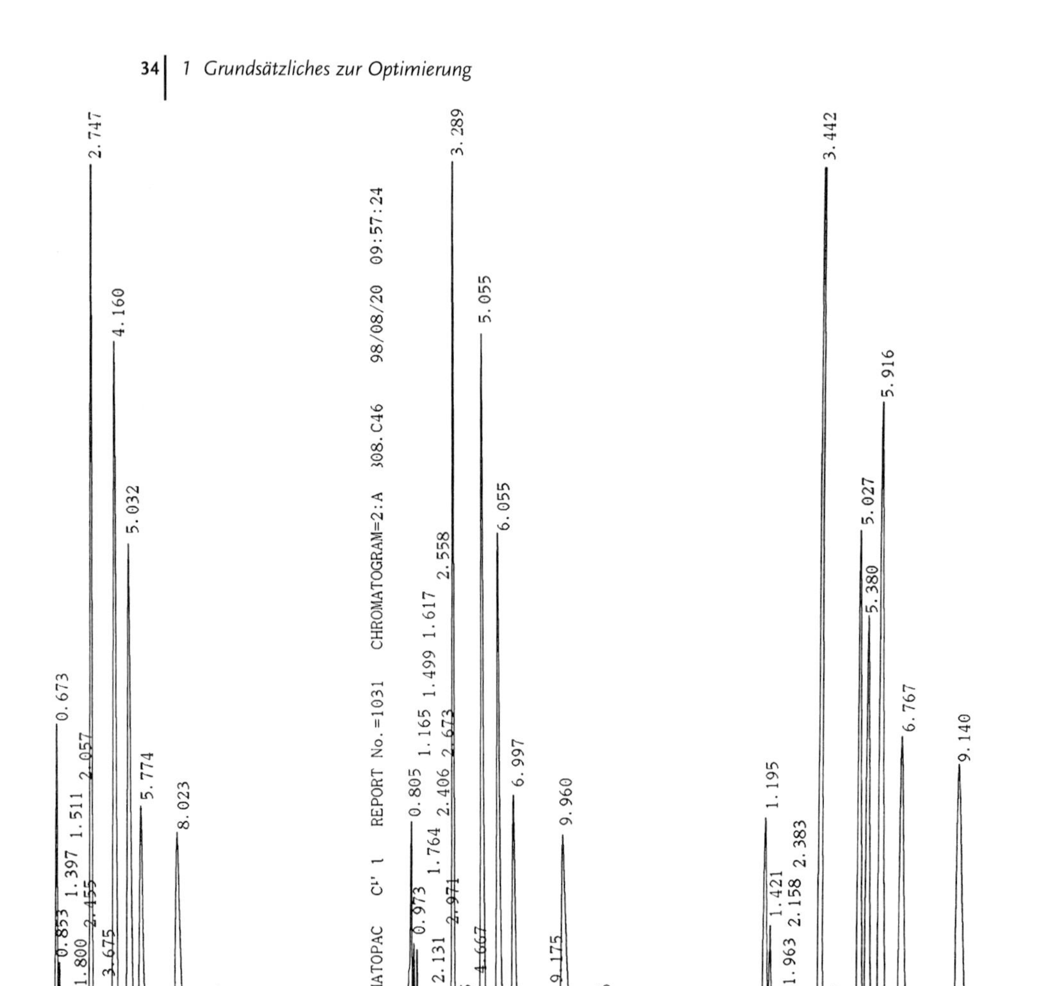

Abb. 17 Zur sterischen Selektivität auch bei kleinen Molekülen. Erläuterungen siehe Text.

Phase (Abb. 17c) (natürlich auch die Anwendung von anderen Phasen) offenbart, dass der zweite, „schöne", schmale Peak keinesfalls homogen ist! Sogar für kleine Moleküle kann der sterische Aspekt für die Selektivität entscheidend sein.

Eine weitere Variante des orthogonalen Prinzips mit nur einer Säule sieht wie folgt aus: Man benötigt dazu eine stationäre Phase, an deren Oberfläche sich zwei möglichst unterschiedliche funktionelle Gruppen befinden. Das könnte z. B. eine EPG-Phase mit einer hydrophoben Alkylkette und einer eingebauten, ionisch vorliegenden polaren Gruppe sein („embedded phase", *E*ingebaute *P*olare *G*ruppe). Oder aber eine Phase mit „üblichen" C_{18}/C_8-Alkylketten und gleichzeitig sehr polaren Gruppen, z. B. „aggressive" Silanolgruppen, Rest-Aminogruppen usw. Diese unterschiedlichen Gruppen sind erwartungsgemäß zu unterschiedlichen Wechselwirkungen in der Lage. Abhängig von der Eluentenzusammensetzung kann der eine oder andere Mechanismus dominieren, d. h., ich kann über die Wahl des Eluenten entscheiden, ob hydrophobe oder polare/ionische Wechselwirkungen aktuell vorherrschen. Ähnlich wie in der oben genannten Variante ist es recht unwahrscheinlich, dass die Analyten sich in beiden Fällen gleich verhalten. Bei diesen Versuchen kann natürlich gleichzeitig auch die Wellenlänge geändert werden. Auch diese Variante soll an einem Beispiel demonstriert werden (Quelle: SIELC Technologies).

Beispiel 3

In den Abb. 18 und 19 wird die Trennung von sechs Komponenten an Primesep A und zwei Eluenten gezeigt. Auf der Oberfläche dieser „mixed-mode"-Phase befindet sich eine hydrophobe Alkylkette mit einem hydrophilen Säurerest. Die zwei unterschiedlichen funktionellen Gruppen erlauben unterschiedliche Trennmechanismen – abhängig vom verwendeten Eluenten. Das bedeutet: Durch die Wahl des Eluenten kann der eine oder andere Trennmodus „erzwungen" werden.

In Abb. 18 wird die Trennung mit einem üblichen RP-Eluenten dargestellt, man erhält fünf Peaks. In Abb. 19 wird die gleiche Trennung an derselben Säule, allerdings mit einem NP-Eluenten und geänderter Wellenlänge gezeigt. Durch den unterschiedlichen Mechanismus wird zum Ersten eine inverse Elutionsreihenfolge beobachtet, zum Zweiten werden die Komponenten 3 und 4 Basislinie-getrennt.

Zusammenfassung der „light"-Varianten von orthogonalen Trennungen

1. Man teste mit einem Eluenten zwei möglichst unterschiedliche RP-Phasen. Variante: z. B. 50 % ACN gegen MeOH austauschen.
2. Man teste eine RP-Phase mit unterschiedlichen funktionellen Gruppen an der Oberfläche mit zwei möglichst unterschiedlichen Eluenten.

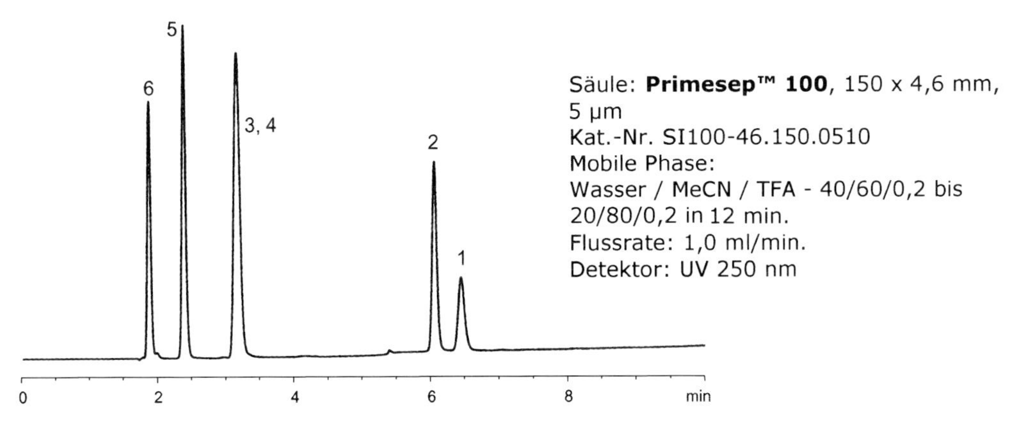

Abb. 18 Reversed Phase-Trennung: Trennung an einer „mixed-mode"-Phase mithilfe eines RP-Eluenten. Erläuterungen siehe Text.

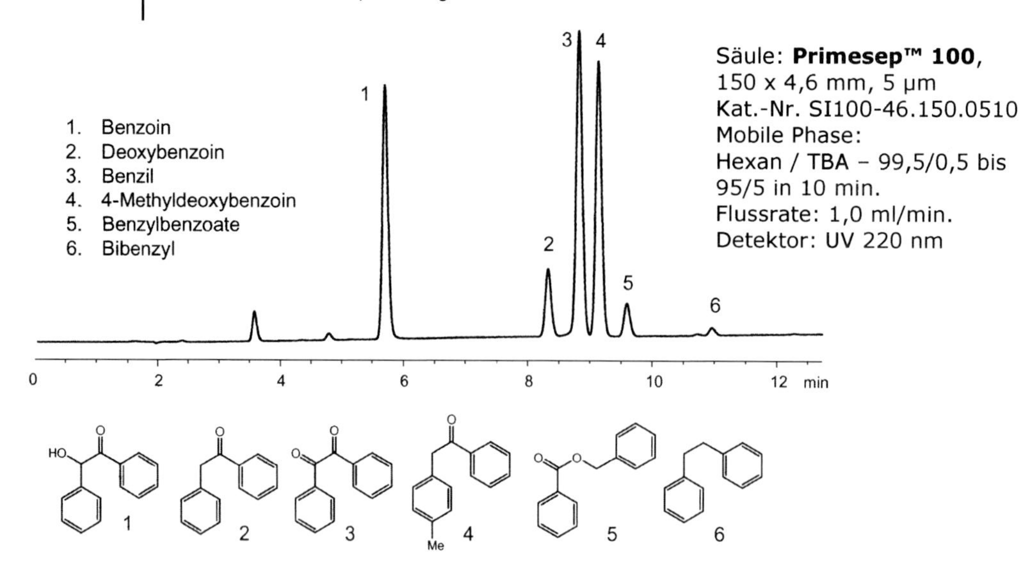

Abb. 19 Normal Phase-Trennung: Trennung an einer „mixed-mode"-Phase (gleiche Säule und Probe wie in Abb. 18) mithilfe eines Normal-Phase-Eluenten. Erläuterungen siehe Text.

Die Erfolgsaussichten bei dieser Überprüfung nehmen zu, wenn dabei gleichzeitig auch das Injektionsvolumen herabgesetzt und/oder die Wellenlänge verändert wird.

1.1.5
Unbekannte Probe – wie soll ich anfangen? Strategien und Konzepte

Selbstverständlich gibt es mehrere mögliche Konzepte, wie dieses Problem angegangen werden kann. Hat sich in Ihrem Labor eine auf Ihre Proben und Ihr Umfeld abgestimmte Vorgehensweise etabliert, die nach Ihren Kriterien als effektiv zu bezeichnen wäre, gibt es kaum einen Grund irgendetwas zu ändern. Dauert jedoch die grobe Methodenentwicklung für mehr oder weniger ähnliche Proben länger als ca. 2 Wochen, bestünde meines Erachtens Handlungsbedarf. Anders formuliert: Es liegt möglicherweise ein Verbesserungspotenzial vor, eine geänderte Herangehensweise könnte hier zu einer Zeitersparnis führen.

Nachfolgend werden einige Vorschläge für eine zügige Methodenentwicklung unterbreitet, doch seien zunächst zwei Vorbemerkungen vorgeschaltet.

1. Wenn möglich und für die Fragestellung sinnvoll, sollte der pH-Wert der Probenlösung gemessen werden, zur Not eignet sich auch die Leitfähigkeit. Der grobe Hinweis auf eine saure oder alkalische Reaktion der Probenlösung ist für die Vorauswahl von stationärer und mobiler Phase eine wichtige Information. Noch effektiver, man berechnet im Falle von bekannten zu erwartenden Substanzen über deren Struktur die pK_s-Werte. Ein pH-Wert-Bereich von

ca. ±0,5 pH-Einheiten um den pK_S-Wert ist der interessanteste Bereich sowohl für Selektivitäts- als auch für Robustheitsexperimente. Man sollte mit den ersten Versuchen gezielt in diesem pH-Wert-Bereich beginnen (s. auch Kap. 1.3 und 1.4).

2. Sofern die Möglichkeit besteht, kann ein LC-MS(MS)- oder gar ein LC-NMR-Lauf zu Beginn einer Methodenentwicklung schnell zu verdichteter Information führen. Überhaupt eignet sich die Kopplung LC-Spektroskopie sowohl als letzter Schritt der analytischen Kette zur Überprüfung der Peakhomogenität als auch als erster Schritt nach einer wie auch immer gelungenen chromatographischen Trennung (HPLC quasi als „Probenvorbereitung"), um ein erstes Gefühl für die Probe zu bekommen. Wenn man bedenkt, dass das aktuell erhaltene MS-Spektrum via Internet mit ca. 250.000 Spektren aus Spektrenbibliotheken (z. B. NIST) oder via des eigenen Intranets mit Spektren aus ähnlichen, firmenspezifischen Substanzen in kürzester Zeit verglichen werden kann, so sollten diese Möglichkeiten genutzt werden. Im Übrigen stehen die Kosten von ca. € 1000–2000, die bei einer Vergabe an einen externen Dienstleister zur Aufnahme eines LC-MS(MS)- oder eines (LC)NMR-Spektrums anfallen, in keinem Verhältnis zu den gesamten Prüfkosten einer wichtigen Probe.

1.1.5.1 Die „2-Tage-Methode"

Mit einer systematischen Vorgehensweise und mithilfe eines geeigneten Equipments ist es realistisch, innerhalb von zwei oder drei Tagen eine Methode grob zu entwickeln.

Gehen wir vom fiktiven Fall aus, dass keinerlei Informationen über die Probe vorliegen, lediglich die Auskunft, dass die Probe in einem MeOH-, ACN- oder THF-Wasser-Gemisch zu lösen ist, dass also offensichtlich eine RP-Trennung möglich ist. Nachfolgend wird eine mögliche Strategie kurz skizziert (s. auch [1]):

1. Schritt: Entwicklung eines „brauchbaren" Gradientenlaufs

Man könnte mit diesem Vorhaben nach dem Mittagessen, so gegen 13.00–13.30, beginnen. Sie fahren einen linearen Übersichtsgradienten, z. B. 10 % bis 90 % ACN im Sauren (pH-Wert ca. 2,5–3,5) bei ca. 30 °C. Der pH-Wert wird üblicherweise mit Phosphorsäure eingestellt, aber auch Perchlorsäure, Salzsäure oder Trifluoressigsäure sind durchaus interessante Alternativen. Sie werden sicherlich mit Ihrer „Lieblingssäule" beginnen wollen, was in Ordnung geht. Denken Sie nur daran – man weiß ja in diesem fiktiven Beispiel nicht, mit wie vielen Peaks zu rechnen ist –, dass die Säule doch um die 8000–10.000 Böden liefern sollte. Das ist mit einer 125 mm-Säule gefüllt mit 5 µm-Teilchen bzw. mit einer 100 mm-Säule gefüllt mit 3 µm-Teilchen zu erreichen. Werden nicht mehr als 5–10 Peaks erwartet, kann/sollte eine kürzere Säule verwendet werden. Der Fluss sollte ca. 2 mL/min und die Gradientendauer ca. 20 min betragen. Mit diesen Zahlen ergibt sich ein Gradientenvolumen von ca. 40 mL, was vorerst ausreichend ist: Theoretisch wären hier mindestens 30–35 Komponenten zu trennen. Sie sollten in jedem Fall eine recht verdünnte Lösung injizieren, das Injektionsvolumen sollte 20–30 µL nicht übersteigen. Dass Sie mindestens über einen DAD verfügen (LC-MS?), versteht sich von selbst. Also nutzen Sie seine Möglichkeiten aus – und das ist mehr, als nur bei unterschiedlichen Wellenlängen zu arbeiten. Sollte die Zeit es erlauben – was sehr wünschenswert wäre! – sollte man auch Methanol als organisches Lösungsmittel und einen pH-Wert von ca. 7–8 testen. Es dauert ca. 2,5–3 Stunden, bis man nach diesen Experimenten „irgendein" Chromatogramm erhält. Wenn nichts dazwischenkommt, ist es in der Zwischenzeit ca. 16.30 geworden.

2. Schritt: Grobe Auswahl einer selektiven Säule I

Sie bestücken nun Ihr Säulenschaltventil – was mittlerweile ein selbstverständliches Werkzeug in jedem Entwicklungslabor sein sollte – mit 6 (oder 12) Säulen. Bei einer wirklich völlig unbekannten Probe – eine Situation, die im „richtigen" Leben eher selten vorkommt – sollte man ein bisschen von „allem" verwenden, z. B.: zwei polare Phasen, zwei hydrophobe Phasen und je ein 60 Å- und ein 300 Å-Material. Für eine detaillierte Diskussion zur Säulenauswahl in der RP-LC s. Kap. 2.1. Sie lassen nun den „besten" Gradienten aus den ersten Versuchen über Nacht über die sechs Säulen laufen, wobei Sie auch, was die Gradientendauer betrifft, an einen „Puffer" denken; sagen wir, Sie wählen als Gradientendauer 45 min. Am nächsten Morgen werden Sie sicherlich aus Interesse einen Blick auf die sechs Chromatogramme werfen, die in der Nacht entstanden sind. Machen Sie nun an diesem Projekt nicht weiter, sondern gehen Sie Ihrer üblichen Arbeit nach.

3. Schritt: Grobe Auswahl einer selektiven Säule II

Am Ende Ihres Arbeitstags bestücken Sie das Säulenschaltventil mit sechs weiteren Säulen – vorzugsweise mit sechs Phasen, die der „besten" Säule aus dem ersten Nachtexperiment ähnlich sind; das wäre die Säule an der die meisten Peaks erhalten wurden.

4. Schritt: Feinoptimierung

Mithilfe der selektivsten der 12 Säulen aus den zwei Nachtexperimenten führen Sie nun weitere Experimente durch, um möglichst eine maximale Auflösung zu erzielen. Dazu gehört sowohl eine Änderung des Gradienten einschließlich des pH-Wertes als auch der Temperatur. Verfügen Sie über ein Optimierungsprogramm (s. Kap. 4), so gestaltet sich die Findung von optimalen Bedingungen als eine elegante und effektive Angelegenheit. Wird dieser letzte Schritt systematisch durchgeführt, ob mit oder ohne Optimierungsprogramm, ist es gut möglich, dass man am Ende des Tages eine „halbwegs" akzeptable Methode hat. Dass die erhaltene Trennung selbstverständlich unter die Lupe genommen und wahrscheinlich weiter optimiert werden muss, liegt auf der Hand.

Nachdem die Säulenauswahl mithilfe des Säulenschaltventils über Nacht läuft, beträgt nach diesem Schema die tatsächlich investierte Arbeitszeit (Mitarbeiterbindungszeit) lediglich ca. 1,5 Tage.

In letzter Zeit sind von bekannten Anbietern HPLC-Geräte vorgestellt worden, bei denen mithilfe einer entsprechenden Software sowohl die Bedienung des Säulenschaltventils als auch die Optimierung der Trennung nach den Anwendervorgaben (z. B. gewünschte Auflösung) automatisiert ist (s. dazu Ausführungen in Kap. 4).

Wie man sich leicht vorstellen kann, gibt es mehrere Varianten des soeben vorgestellten Schemas. Nachfolgend werden einige kurz erläutert. Der Leser möge entscheiden, welches Konzept am besten zu seinen Bedürfnissen passt.

(A) Die Philosophie bei diesem Konzept lautet vereinfacht:
„Wir möchten höchstens drei unterschiedliche Säulen zur Auswahl haben und die Optimierung im Wesentlichen über den Eluenten erreichen. Damit entfällt bei uns das Anschaffen von vielen Säulen". Man verwende in einem solchen Fall z. B. eine als „Universalsäule" zu bezeichnende hydrophobe Phase (Symmetry, Luna 2 C_{18}, YMC Pro C_{18}, Nucleodur Gravity, Purospher usw.), eine polare „Universalsäule" (LiChrospher, Zorbax SB C_8, Atlantis dC_{18}, SynergiPOLAR RP, Polaris usw.) und eine, mit der man in der Vergangenheit bei ähnlichen Fragestellungen gute Erfahrungen gemacht hat. Gibt es im Labor diesbezüglich keine Erfahrungswerte, könnte man als dritte Säule eine „ganz andere" verwenden, z. B. Nucleosil 50, Jupiter (in beiden Fällen ergibt sich durch den kleinen bzw. großen Porendurchmesser ein sterischer Effekt), SMT OD C_{18} (Polymerschicht), Fluofix (fluorierte Alkylkette), Hypercarb, ZircChrom (andere Matrix und damit andere „Chemie"). Ist es aufgrund einer diffizilen Problemstellung u. U. notwendig, auch bei extremen Bedingungen die Selektivität zu überprüfen, wäre an eine Säule zu denken, die im Sauren *und* im Alkalischen *und* bei sehr hohen Temperaturen stabil ist, z. B. Pathfinder MS/PS (Shimadzu) oder Blaze$_{200}$$C_{18}$ (Selerity Technologies).

Als Eluent würde man hier ebenfalls einen linearen ACN-Gradienten bei drei pH-Werten, z. B. ca. pH 2,5, 4,5 und 7,5/9 fahren, optional – und empfehlenswert! – auch Methanol. Sind die pK_S-Werte der zu erwartenden Komponenten bekannt oder können sie berechnet werden, kann der pH-Wert natürlich gezielt eingestellt werden. In jedem Fall sollte bei erwarteten neutralen und/oder schwach polaren Analyten auch ein neutraler Gradient mit 3–10 % Modifier gefahren werden; als Modifier eignen sich u. a. THF, Isopropanol, *n*-Butanol.

(B) Eine alternative Philosophie lautet:
„Wir variieren bei zwei recht unterschiedlichen Eluenten die stationäre Phase, um festzustellen, an welchem Phasentyp, und damit nach welchem Trennmechanismus wir die beste Selektivität erhalten. Anschließend erfolgt die Feinjustierung vorwiegend durch Variation von Eluent und Temperatur". Diese Vorgehensweise entspricht der, die weiter oben ausführlich beschrieben worden ist. Varianten davon wären folgende:

Variante 1

- Eine Nacht das Säulenschaltventil mit sechs polaren Säulen bestücken (z. B. von sehr polaren, wie Platinum EPS oder Hypersil ADVANCE, bis zu moderat polaren, wie Zorbax ODS oder XTerra).
- Eine Nacht teste man nur hydrophobe Phasen aus (z. B. von recht hydrophoben, wie Purospher und Discovery C_{18}, bis zu sehr hydrophoben, wie Ascentis C_{18} oder SynergiMAX RP).
- Eine Nacht ist einer „Besonderheit" in puncto Selektivität gewidmet. Folgende Möglichkeiten wären denkbar:
  - Man berücksichtige den sterischen Aspekt (z. B. von Novapak, Nucleosil 50 und Spherisorb ODS 1 bis hin zu Zorbax SB 300, ProntoSil 300 und Symmetry 300).
  - Man verwende sechs „völlig" unterschiedliche Säulen, z. B. eine mittlerer Hydrophobie, aber erhöhter Polarität (z. B. SynergiFUSION RP), einen Monolithen (z. B. Chromolith Performance), eine mit einer langen Alkylkette und hydrophilem Endcapping (z. B. Develosil), eine mit ionischen, eingebauten Gruppen (Primesep A) und zwei „high speed"-Säulen (20–30 mm, 2–3 mm, 1,5–2 µm).
  - Man fährt im Alkalischen und verwendet dazu alkalistabile Phasen, z. B. Gemini, Zorbax Extend, XTerra, Asahipak, Zirkonoxid, Hypercarb.

Man hätte so praktisch „über Nacht" immerhin mehrere recht unterschiedliche Phasen auf Selektivität für das vorliegende Trennproblem getestet, ohne sich während dieser Testphase aktiv mit der Trennung beschäftigen zu müssen.

Variante 2

Beim Vorhandensein eines quaternären Niederdruckgradienten und eines 6-Wege-Säulenschaltventils kann über Nacht je eine 2-Eluent-6-Säulen-Kombination getestet werden. Man könnte für die vier Mischkammer-Eingänge z. B. Folgendes vorsehen: ACN, „saures" Wasser, „alkalisches" Wasser, Spülflüssigkeit, z. B:

- Erste Nacht:
  Eluent 1: Saurer ACN/Wasser-Gradient
  Eluent 2: Alkalischer ACN/Wasser-Gradient ... und sechs Säulen
- Zweite Nacht:
  Eluent 3: Saurer MeOH/Wasser-Gradient
  Eluent 4: Alkalischer MeOH/Wasser-Gradient ... und sechs Säulen

Bei Bedarf sollten natürlich weitere Eluent/Säule-Kombinationen sowie pH-Wert-Profile getestet werden.

Zusammengefasst könnte ein Konzept zur Methodenentwicklung, Überprüfung der Peakhomogenität *und* der Robustheit wie folgt aussehen:

1.1.5.2 „Das 5-Schritte-Modell"

Dieses Konzept basiert auf den Erfahrungen aus unterschiedlichen Projekten zur Methodenentwicklung und Optimierung. Die Variationen in den ersten Schritten geben einerseits die individuellen Präferenzen in den beteiligten Labors und andererseits kleine Unterschiede in der vorhandenen Hardware wieder.

Vorbemerkungen

1. Es wird unterstellt, dass eine automatische, totvolumen-arme, leistungsfähige Gradientenanlage mit 2–4 Lösungsmittel-Eingängen bzw. entsprechendem Eluentenschaltventil, (kühlbarem) Säulenofen, Säulenschaltventil und PDA (Photo-Dioden-Array-Detektor) zur Verfügung steht – eine LC-DAD-MS-Kopplung wäre zweifelsohne von Vorteil. Obschon ein 12-Wege-Säulenschaltventil naturgemäß mehr Variationsmöglichkeiten bietet, wird im nachfolgenden Vorschlag das 6-Wege-Säulenschaltventil berücksichtigt, weil es bei den Anwendern am beliebtesten ist.
2. Es wird ferner aus Gründen der Ökonomie – zumindestens für die ersten Orientierungsversuche, siehe unten – dringend empfohlen, mit kurzen Säulen (20–30 mm; 1,8–2 µm) zu beginnen. So könnten auch an klassischen LC-Geräten mit Hilfe von Standards und schnellen Läufen in kürzester Zeit Trends erkannt bzw. wichtige Parameter wie pH-Wert, Lösungsmittel und Gradient grob festgelegt werden. Alternativ sollte natürlich, falls die Möglichkeit besteht, eine UPLC (Waters), Ultra-Fast-LC (Agilent), X-LC (Jasco), UltiMate (Dionex) usw. benutzt werden. In einem anschließenden zweiten Schritt erfolgt dann bei Bedarf der Transfer von z. B. Fast-LC oder UPLC auf die HPLC oder bei einer üblichen LC-Anlage die Adaption auf die spätere Alltags-Situation: Im Falle von zu erwartenden komplexen Proben in der Routine (Mutterlauge, Stresslösungen, kontaminierte Proben, komplexe Matrix etc.) könnten dann gemäß den gewonnenen Erkenntnissen zur Eignung der getesteten stationären Phasen längere und damit für diese Problematik eher geeignete, da robustere, Säulen eingesetzt werden.
3. In dem nachfolgend vorgestellten Schema wird vom „worst case" ausgegangen, dass nämlich keinerlei Informationen über die Probe vorliegen. Im Falle von bekannten oder zu erwartenden Substanzen in der Probe sollten mit einem vertretbaren Aufwand Informationen über deren chromatographisches Verhalten aus diversen Quellen (interne/externe Datenbanken, Internet, Softwaretools, z. B. acdlabs, ChromSword) geholt oder einfach Substanzdaten wie pK_S-Wert (s. Kap. 1.4) und Dissoziationsgrad (2.1.1.5.2) ermittelt werden. Daraus könnte u. U. eine erste Entscheidung über Säulentyp und Eluent getroffen werden. Schließlich wird vorausgesetzt, dass es für den Einsatz von kleinen Säulen keiner Überzeugungsarbeit mehr bedarf. Ansonsten erhöht sich der angegebene Zeitbedarf entsprechend.

1. Schritt: Orientierungsversuche (Tagesexperiment)

Man beginnt mit drei schnellen, linearen Gradienten (z. B. 5 % bis 95 % Acetonitril) bei drei pH-Werten (z. B. 3, 7, 9) an sechs unterschiedlichen Säulen (z. B. C_{18} Hersteller 1, C_{18} Hersteller 2, Phenyl, EPG 1 (EPG: Phase mit *E*ingebauter, *P*olarer *G*ruppe), EPG 2, „AQ" (AQ: hydrophil endcapped Phase) und bei optimaler Wellenlänge. Bei einer angenommenen Gradientendauer von 3–6 min ergibt sich in etwa folgender Zeitbedarf: 3 pH-Werte × 6 Säulen × ca. 14 min (10 min Trennzeit als „worst case" plus 4 min Spülzeit) = ca. 250 min, also ca. 4 Stunden. An der „besten" Kombination Säule-pH-Wert (Kriterium: An erster Stelle Anzahl und an zweiter Stelle Form der Peaks) wird nun wie folgt variiert:

1. Der pH-Wert wird mit Hilfe einer zweiten Säure/Base eingestellt (z. B. statt Phosphorsäure, nun Ameisen- oder Perchlorsäure, statt Natronlauge nun Ammoniak oder Triethylamin).
2. 50 % des Acetonitril-Anteils im Eluenten werden gegen 50 % Methanol (z. B. statt eines Gradienten von 5 % auf 95 % Acetonitril, nun von 2,5 % ACN plus 2,5 % MeOH auf 47,5 % ACN plus 47,5 % MeOH) bzw. gegen 10 % THF ausgetauscht. Zeitbedarf für diese drei Läufe: ca. 30 min.

Nach diesem ersten Schritt, der ca. 5–5,5 Stunden Messzeit in Anspruch nimmt, verfügt man über folgende Informationen: An welchem Phasentyp erhält man bei welchem pH-Wert mit welchem Modifier und mit welchem organischen Lösungsmittel im Eluenten die größte Anzahl an Peaks? Sollte sich andeuten, dass die beste Selektivität im Alkalischen zu erwarten ist, sollten bei drei höheren pH-Werten (z. B. 10, 11, 12) und mit Hilfe von zwei Modifiern (z. B. Ammoniak, Ammoniumcarbonat oder Boratpuffer) sechs Alkali-stabile Säulen getestet werden, z. B. Gemini, Pathfinder, Zorbax Extend, XBridge C_{18}/Shield, Kromasil, Hamilton PRP/Asahipak.

Hinweis: Bei bestimmten Applikationen (Ionenaustausch, RI-Detektion, Gelfiltration) werden mithilfe eines Eluentenschaltventils/Niederdruckventils natürlich isokratische Lösungsmittelgemische mit Variation, je nachdem, des Lösungsmittels, des pH-Wertes oder des Salzgehaltes über die sechs Säulen geschickt.

Variante

1. Mit Hilfe von schnellen Gradienten, siehe oben, teste man drei Säulen (z. B. C18, Phenyl, Diol) bei je einem Lösungsmittel (üblicherweise Acetonitril und Methanol bzw. statt reinem Methanol sinnvoller 50 % Acetonitril/50 % Methanol) und je drei pH-Werten, ansonsten gleiche Vorgehensweise wie oben beschrieben. Anzahl der Läufe: 3 Säulen × 2 Lösungsmittel × 3 pH-Werte = 18 Läufe, Zeitbedarf: 18 Läufe × 14 min (10 min Trennzeit plus 4 min Spülzeit) = ca. 4 Stunden.

2. Nach diesen Läufen wird anhand der Chromatogramme entschieden, welcher Parameter die größte Variation zeigt – das Lösungsmittel oder der pH-Wert? Anschließend werden entweder bei zwei pH-Werten und dem „besse-

ren" Lösungsmittel oder bei dem „besten" pH-Wert und zwei Lösungsmittelzusammensetzungen drei weitere Säulen getestet. Anzahl der Läufe: 3 Säulen × 2 pH-Werte oder 2 Lösungsmittelzusammensetzungen = 6 Läufe. Zeitbedarf: 6 Läufe × 14 min (10 min Trennzeit plus 4 min Spülzeit) ca. 1,5 Stunden.

3. Schließlich wird die „beste" Säule beim „optimalen" pH-Wert und dem „besseren" Lösungsmittel einem letzten kleinen Optimierungsschritt unterzogen: Man kombiniere je zwei Gradienten und zwei Temperaturen, das ergibt vier Läufe. Zeitbedarf: 4 Läufe × 14 min, siehe oben, ca. 1 Stunde.

Gesamt-Zeitbedarf für die drei Schritte: 4 + 1,5 + 1 = 6,5 Stunden. Berücksichtigt man auch einen Zeitpuffer für die Temperatureinstellung sowie allerlei kleinere Tätigkeiten, wären diese Tests u. U. an einem Tag durchführbar. Auch hier werden Trends erkannt und man erhält ähnliche Informationen wie oben: An welchem Phasentyp erhält man bei welchem pH-Wert mit welchem organischen Lösungsmittel bei welchem Gradienten und bei welcher Temperatur die größte Anzahl an Peaks?

2. Schritt: Säulenauswahl (Nachtexperiment)

Das Säulenschaltventil wird mit der „besten" der sechs getesteten Säulen und fünf weiteren bestückt (Details zur Säulenauswahl, s. Kap. 2.1). Die sechs Säulen werden über Nacht mit zwei Gradienten bei einem pH-Wert von ±0,5 vom bereits als „optimal" festgestellten pH-Wert gefahren: 2 pH-Werte × 6 Säulen = 12 Läufe.

3. Schritt: Feinoptimierung, Methodenrobustheit (Tagesexperiment)

Die bis dato „beste" Kombination Eluent, pH-Wert und Säule wird nun einer Feinoptimierung/Justierung unterzogen: Variation von Gradient (Anfangs-, Endbedingungen, Steigung, Gradientenvolumen und -profil), Temperatur und ggf. Teilchengröße und Säulenlänge. Zu diesem Zeitpunkt sollte aus ökonomischen Gründen sinnvollerweise – da ja chromatographische Parameter sowieso systematisch variiert werden – eine erste Überprüfung der Methodenrobustheit erfolgen (Einfluß z. B. von kleinen pH-Wert-Änderungen usw.). Es sollte der Vollständigkeit halber erwähnt werden, dass für derartige Optimierungsschritte wie auch Experimente zur Methodenrobustheit kommerzielle Optimierungsprogramme leistungsfähige Tools darstellen (s. Kap. 4 und 5.2). Aber auch ohne solche Optimierungshilfen ist es durch eine systematische Vorgehensweise realistisch, dass nach ca. zwei Tagen und einer Nacht die Methode grob „steht". Spätestens an dieser Stelle sollten die Ergebnisse mit einem nicht im Projekt involvierten Fachmann kritisch diskutiert werden.

4. Schritt: Überprüfung der Peakhomogenität, „cross-Experimente“ (Nachtexperiment)

Die Peakhomogenität kann grundsätzlich mit Hilfe der Spektroskopie und von orthogonalen Techniken, s. o., überpüft werden. Anstelle des PDA eignet sich eher die MS- (ESI-MS, TOF-MS, MALDI) und die NMR Off-Line/On-Line-Kopplung. 2D- bzw. Multi D-chromatographische Trennungen – häufig gekoppelt mit spektroskopischen Techniken – haben sich in letzter Zeit zu dem Tool „par excelence“ entwickelt, wenn es um die „ultimative“ Überprüfung der Peakhomogenität bzw. um die Trennung von sehr komplexen Proben und/oder komplexen Matrices geht (Details dazu s. Kap. 5.3). Welcher Aufwand gerechtfertigt ist, kann nur individuell entschieden werden. Es scheint so zu sein, dass orthogonale Experimente („cross-Experimente“) auch ohne aufwendige Kopplungstechniken eine ausreichende Sicherheit bieten. Eine Zuordnung der Peaks ist nicht notwendig, es geht lediglich um deren Anzahl. Das nachfolgende Schema gibt einen Überblick über einfache bis hin zu aufwendigeren Möglichkeiten zur Überprüfung der Peakhomogenität.

Bemerkung: Es wird unterstellt, dass für das aktuelle Trennproblem die optimale Hardware (Kapillaren, Detektorzelle) und die optimalen Einstellungen gewählt wurden, z. B. Wellenlänge, Referenzwellenlänge, Datenrateaufnahme, Bandbreite, Zeitkonstante usw.

Überprüfung der Peakhomogenität in der RP-HPLC

1. Zunächst Möglichkeiten der Apparatur ausnutzen ohne Methodenparameter zu ändern: PDA, ggfs. LC-MS
2. Bei isokratischen Läufen kann folgendes überprüft werden: Befinden sich die Quotienten Peakbreite/Retentionszeit aller Peaks auf einer Geraden? Im Falle eines Ausreißers besteht Verdacht auf Inhomogenität des entsprechenden Peaks.
3. Einfache und schnelle Überprüfungen: Injektionsvolumen verringern, Probe mit Wasser/Eluent verdünnen und erneut injizieren, gleiche stationäre Phase mit kleineren Teilchen einsetzen
4. Orthogonale Tests:
   - Gleiche Säule, anderer Eluent (z. B. statt Acetonitril nun Methanol bzw. statt pH-Wert X nun pH-Wert Y).
   - Gleicher Eluent, andere Säule (z. B. statt einer polaren, nun eine apolare stationäre Phase).
5. Hauptpeak fraktionieren (vordere Flanke, Peakspitze, hintere Flanke), das Einengen der Fraktionen dürfte selten notwendig sein.
   a) Die Fraktionen werden erneut einzeln injiziert.
   b) Die Fraktionen werden erneut einzeln injiziert, nachdem eine zweite Säule in Serie geschaltet wurde.
   c) Die Fraktionen werden mit Hilfe der GC, DC oder CE untersucht.
   d) Die Fraktionen werden mit Hilfe der IR-, MS-, NMR-Spektroskopie untersucht.

Die Tests 1 bis einschließlich 4 bzw. 5a oder 5b sollten bei wichtigen Proben stets durchgeführt werden. Der Aufwand von ca. einem Tag – für Prüfpunkt 1 bis 4 – bzw. von ca. zwei Tagen für zusätzlich Prüfpunkt 5a und b erscheint angemessen; ob der Aufwand für Prüfpunkt 5c–d gerechtfertigt ist, kann nur individuell entschieden werden.

5. Schritt: Methodenrobustheit (Tagesexperiment), Säulenstabilität („Wochenendexperiment")

Der letzte Schritt eines Methodenentwicklungsprojekts sollte die Überprüfung der Robustheit sein – falls betroffene Methode nicht für eine einmalige Anwendung gedacht ist. Aufwand und Umfang hängen naturgemäß von der konkreten Fragestellung ab. „Robustheit", obschon sehr wichtig, stellt kein explizites Thema des vorliegenden Buches dar, deswegen werden nachfolgend lediglich stichwortartig einige mögliche Tests genannt:

Dringender Hinweis: Die Überprüfung der Robustheit sollte unbedingt mit realen Proben erfolgen. Sollten solche nicht vorliegen, wären Proben anzusetzen, die den später in der Routine eingesetzten möglichst ähnlich sind: Matrix/Placebo/Lösungsmittel/Hilfsstoffe/Stresslösungen plus Analyt. Es macht wenig Sinn, die Robustheit von Methoden mit Standardlösungen überprüfen zu wollen – unangenehme zukünftige Überraschungen können in einem solchen Fall nicht ausgeschlossen werden.

(A) „Verträglichkeit" Probe-stationäre Phase

1. Katalytische Wirkung des Kieselgels?

Kieselgel, als stationäre Phase oder als Matrix bei RP-Phasen, ist ein sehr guter Feststoffkatalysator. Es zeigt sich immer wieder, dass viele kleine Peaks im Chromatogramm Substanzen darstellen, die „in situ" in der Säule durch die katalytische Wirkung des Kieselgels entstanden sind und nicht ursprünglich in der Probe vorhanden waren.

Überprüfung: Man injiziere die Probe wie gewohnt und während sich die Probe in der Säule befindet, schalte man die Pumpe aus. Nun lässt man die Probe ca. 20–30 min lang in der Säule stehen und schaltet anschließend die Pumpe erneut an. Frage: Bleiben die Anzahl der Peaks und die Peakflächen konstant?

2. Irreversible Sorption an der stationären Phase?

- Nachdem die Säule bereits equilibriert ist, injiziere man mehrmals die Probe. Frage: Bleibt die Peakfläche konstant?
- Man injiziere ein kleines Probenvolumen ohne Säule. Statt einer Säule wird ein Verbindungsstück zwischen Probengeber und Detektor verwendet. Ohne Säule erscheint natürlich nur ein Peak, man notiere die Peakfläche. Die Säule wird nun eingebaut und das gleiche Probenvolumen wird erneut injiziert. Man erhält je nach Selektivität 1, 2, 3 oder mehr Peaks. Nun werden alle Peakflächen addiert und man vergleicht die Peakfläche(n) mit/ohne Säule. Frage: Ergibt

sich eine Differenz von kleiner als ca. 5–8 %? Wenn ja, findet keine nennenswerte irreversible Sorption an der stationären Phase statt.

(B) Einfluss des Probenlösungsmittels

Das Probenlösungsmittel bzw. das Probenmedium kann die Retentionszeit, die Peakform und die Peakfläche beeinflussen. Man variiere in der Probenlösung je nachdem folgende Parameter im relevanten Bereich: pH-Wert, organischer Anteil, Matrix, Konstitution der Probe, Luftgehalt im Probenlösungsmittel. Werden Betriebsmuster analysiert, sollte man im Falle von problematischen Proben einen engen Kontakt mit den dortigen Kollegen pflegen, um stets aktuelle Informationen zu bekommen: „Kleine" Variationen von der Probenziehung bis hin zum aktuellen Medium der Probe, die im Betrieb als nicht erwähnenswert erachtet werden, können in der Analytik große Schwierigkeiten bereiten.

(C) „Verträglichkeit" Eluent-stationäre Phase (Säulenstabilität)

- Ein bewusst aggressiver Eluent wird übers Wochenende über die Säule gefördert – falls für den späteren Routineeinsatz der Methode eine hohe Lebensdauer der Säule wichtig ist. Durch diese Prozedur kann eine Alterung der Säule simuliert werden, und es ist fürwahr vernünftig, bereits nach zwei Tagen zu erfahren, dass man evtl. über eine selektive, aber nicht robuste/Routine-taugliche Methode verfügt, als dass diese Erkenntnis erst später im Routinebetrieb gewonnen wird. „Aggressive" Bedingungen sind individuell zu definieren und ergeben sich nach den bereits erfolgten Optimierungsversuchen, z. B.:
  - hoher Wasseranteil (z. B. 95–100 %);
  - extreme pH-Werte (z. B. pH 1,5/9,5);
  - hoher Salzgehalt (z. B. 50–100 mMol);
  - erhöhter Fluss (z. B. 2,5–3,5 mL/min);
  - hohe Temperatur (z. B. ca. 50 °C)

oder im extremen Fall alle diese Bedingungen simultan.

Im Falle von polaren RP-Phasen sollten darüber hinaus unbedingt 2–3 Chargen getestet werden. (Die Laborpräzision würde wahrscheinlich im Rahmen der „offiziellen" Validierung überprüft werden.)

Zusammenfassend ergeben sich für die oben beschriebene Vorgehensweise folgende Eckdaten:

Zeitbedarf: Vier Tage, zwei Nächte und ein Wochenende

Aufwand: Ca. 50–55 Läufe

Informationen: Folgendes hätte getestet/überprüft werden können:
- 5 pH-Werte inkl. Feinjustierung
- 15 Säulen inkl. den Säulen bei den „cross-Experimenten"
- 3 organische Lösungsmittel, zwei Modifier; Im Falle von starken Basen, drei weitere pH-Werte, sowie zwei Modifier und weitere Spezialsäulen

- Optimierung von Gradient und Temperatur sowie evtl. Säulendimensionierung und Teilchengröße
- Ferner hätten Informationen über die Peakhomogenität, die Methodenrobustheit und die Säulenstabilität gewonnen werden können

Selbstverständlich gibt es zu diesem Schema eine Reihe von Varianten, es seien hier nur zwei genannt:

Variante 1

Hardwarevoraussetzung: Niederdruckgradient mit Eluentenschaltventil, d. h. sechs Lösungsmittel-Eingänge oder im Falle eines Hochdruckgradienten zwei Pumpen à drei Lösungsmitteleingänge.

Statt Schritt 1–2 alternativ wie folgt:

1. *Nachtexperiment:* Ein Übersichtsgradient bei fünf pH-Werten (plus einer Spüllösung) und sechs Säulen (5 Gradienten × 6 Säulen = 30 Läufe)
2. *Tagesexperiment:*Die „beste“ Säule wird bei den „besten“ Bedingungen (beste“ Säure/Base, „bester“ Modifier, s. o.) nun als „Bezugs-/Referenzsäule“ mit fünf weiteren Säulen verglichen (6 Läufe).
3. *Nachtexperiment:* Sechs weitere Säulen werden bei zwei pH-Werten getestet (±0,5 pH-Einheiten vom „besten“ pH-Wert): 2 pH-Werte × 6 Säulen = 12 Läufe.

Schritt 3 bis 5 (Feinoptimierung und Säulenstabilität) wie oben.

Zeitbedarf: Vier Tage, drei Nächte, ein Wochenende

Aufwand: Ca. 54–58 Läufe

Informationen: Bei dieser Variante würden zwei pH-Werte mehr an mehr Säulen, ferner insgesamt 17 statt 11 Säulen getestet. Sie ist u. U. für „schwierige“ Proben mit vielen unterschiedlichen polaren/ionischen Spezies geeignet.

Variante 2

Hardwarevoraussetzung: Zwei quartenäre Pumpen

Statt Schritt 1–2 alternativ wie folgt:

1. *Nachtexperiment:* Drei pH-Werte, drei Eluenten (je ein Lösungsmitteleingang an den zwei Pumpen ist für eine Spüllösung reserviert), sechs Säulen: 6 Eluenten × 6 Säulen = 36 Läufe
2. *Nachtexperiment:* Die bis dato „beste“ Säule wird als Bezugs-/Referenzsäule bei zwei pH-Werten (±0,5 pH-Einheit vom „besten pH-Wert) und mit dem „optimalen“ Eluenten gegen fünf weitere Säulen verglichen (6 Läufe): 2 pH-Werte × 6 Säulen = 12 Läufe.

Schritt 3 bis 5 (Feinoptimierung und Säulenstabilität) wie oben.

Zeitbedarf: Drei Tage, drei Nächte, ein Wochenende

Aufwand: Ca. 50–53 Läufe

Informationen: Bei dieser Variante würden die Variationen an organischem Lösungsmittel an mehr Säulen getestet. Sie eignet sich u. U. für Labors mit Engpässen im Personal (drei Nächte und drei Tage gegenüber zwei Nächten und vier Tagen im Falle von Variante 1) und für Proben mit vielen, eher neutralen Komponenten.

Abschließende Bemerkungen

Der soeben vorgestellte Umfang für die fünf Schritte einer effektiven Methodenentwicklung/Optimierung geht vom „worst case" aus. Selbstverständlich sollten die fünf Schritte je nach individueller Situation evtl. modifiziert bzw. gekürzt werden. In der Regel liegen im Vorfeld diverse Informationen über die Probe vor, evtl. auch über den zukünftigen Anwendungsbereich. Diese Informationen sollten genutzt werden, um die Testbedingungen bewusst zu wählen, z. B:

- pK_S-Wert bekannt? Die Experimente mit dem pH-Wert können gezielt angegangen und deren Anzahl somit reduziert werden
- Mangelnde pH-Stabilität bei pH = X bzw. im Lösungsmittel Y? Der pH-Wert X bzw. das Lösungsmittel Y wäre zu vermeiden
- Viele Verunreinigungen in geringer Konzentration zu erwarten? Man sollte 3-µm-Material vorsehen
- Komplexe Matrix vorhanden? Der Probenvorbereitung ist größte Aufmerksamkeit zu schenken, man sollte eher 5- statt 3-µm-Material verwenden
- Sehr viele Komponenten in komplexer Matrix zu erwarten? Von Beginn an 2D-Chromatographie ins Auge fassen

Folgende Alternativen zum beschriebenen Konzept wären für bestimmte Fragestellungen oder in bestimmten Dienstleistungs-Labors in Betracht zu ziehen:

- Vollautomatische Methodenentwicklung (s. Kap. 4)
- Superschnelle Trennungen (s. Kap. 2.7)
- Direkt die Entwicklung einer schnellen LC-MS-Methode (s. Kap. 5.1)
- Gerade ausreichende chromatographische Selektivität (Verwendung sehr kurzer Säulen) in Kombination mit spektroskopischer Spezifität (NMR, MALDI-TOF, FTIR, Röntgenfluoreszenz)

Einen schnellen Überblick über erfolgreiche Kombinationen nach individuellen Kriterien könnte eine Darstellung wie in Tabelle 1 verschaffen. Diverse Optimierungsparameter (pH-Wert, Lösungsmittel, Säule usw.) in den Spalten und die entsprechenden chromatographischen Kenngrößen bzw. Resultate nach einem Optimierungsschritt in den Zeilen können so in einer Matrix zusammengefasst werden. Die Zeilen A bis D sind individuelle Kriterien, die nach Bedarf festgelegt und ergänzt werden können. Je größer z. B. der Zahlenwert der Zeile B ist, umso effektiver ist die Trennung (Peaks pro Zeiteinheit, Peakkapazität).

Selbstverständlich sollten nur solche Optimierungsparameter berücksichtigt werden, die brauchbare Ergebnisse geliefert haben, d. h. die Matrix sollte nach jedem Experiment aktuell erstellt werden. Ergibt sich beispielsweise mit dem

Tabelle 1 Überblick über die Resultate nach einem Optimierungsschritt

	Parameter					
	pH = 2	pH = 2	pH = 5	pH = 5	pH = 8	pH = 8
Kriterien	ACN	MeOH	ACN	MeOH	ACN	THF
A	4	5	3	5	usw.	usw.
B	0,4	0,5	0,3	0,6	usw.	usw.
C	1,3	1,5	1	1,1	usw.	usw.
D	gute Peak-form	Drift, hoher Druck	Tailing bei Peak X	breite Peaks	usw.	usw.

Beispiele für individuelle Kriterien bzgl. der Güte einer RP-Trennung:
A: Anzahl der Peaks absolut
B: Anzahl der Peaks pro Zeiteinheit, z. B. 4 Peaks in 10 min, 4/10 = 0,4
C: Auflösung des kritischen Paares
D: Kommentare, z. B., schmale Peaks, Basis-Linie-Drift, hoher Druck, tailende Peaks usw.

Lösungsmittel „THF" keine taugliche Trennung, so sollte Spalte 6 in Tabelle 1 gänzlich entfallen oder durch einen anderen Optimierungsparameter ersetzt werden. Gegebenenfalls kann für A bis D eine Gewichtung vorgenommen werden. Aber auch ohne Gewichtung kann ich auf einen Blick sehen, welche Säule-Eluent-Kombination beispielsweise meinen individuellen Kriterien genügt.

Eine ähnlich aufgebaute Matrix ermöglicht bei Robustheitsexperimenten einen schnellen Überblick über das Ausmaß von diversen Einflüssen (s. Abb. 20): Auf der linken Seite der Matrix werden die chromatographischen Kenngrößen aufgelistet, deren Beeinflussung durch Variation von Methodenparametern untersucht werden soll. In der Zeile im unteren Teil der Matrix werden die vorgenommenen Veränderungen eingetragen, auch diese Zeile ist individuell zu gestalten: Sowohl, was die zu untersuchenden Parameter betrifft (wie pH-Wert, Lösungsmittel), als auch das Ausmaß für die Veränderung (wie ±0,5 pH-Einheiten, X % B). Bei der Überprüfung der Laborpräzision ("intermediate precision") beispielsweise könnte als Parameter „Anwender 2", „Gerät 2" usw. stehen. Die horizontalen Linien entsprechen dem sich jeweils ergebenden Zahlenwert (Fläche, Retentionszeit, ...) bei den üblichen Trennbedingungen, also bei solchen, die nach erfolgter Methodenentwicklung festgelegt wurden. Die einzelnen Veränderungen werden durch schraffierte Flächen optisch dargestellt, der Maßstab kann ebenfalls in % oder als Zahlenwert individuell angelegt werden. Je nach Stärke der Veränderung kann anschließend entschieden werden, welche dieser Parameter als Systemeignungsparameter für den späteren Systemeignungstest in Frage kommen und welche Anforderungen (akzeptierte Bandbreite des jeweiligen Zahlenwertes) zu formulieren sind.

Die beispielhafte Darstellung in Abbildung 20 wäre kurz wie folgt zu interpretieren: Diese Komponente reagiert zum einen sehr empfindlich auf eine Abnahme des pH-Wertes, sie „rutscht" offensichtlich in die Nähe des pK_S-Bereichs.

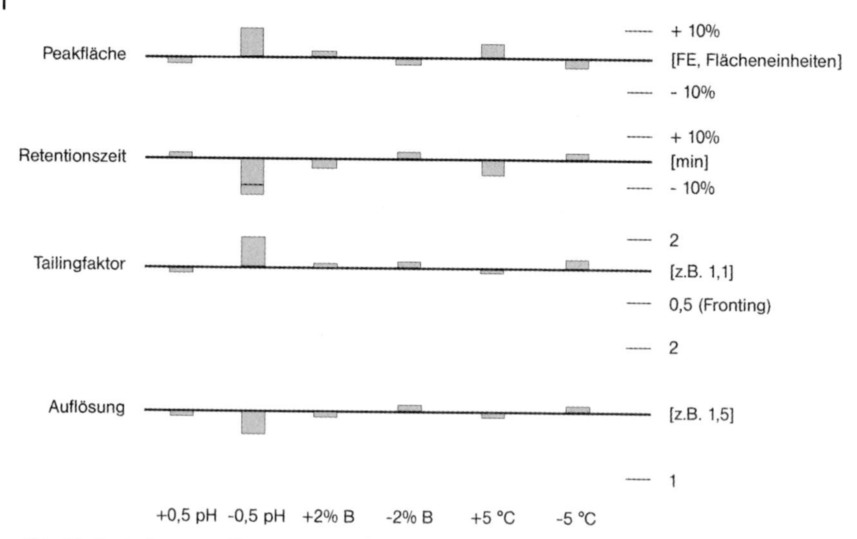

Abb. 20 Optische Darstellung der Einflüsse von Methodenparametern auf chromatographische Kenngrößen bei Robutheitsexperimenten. Erläuterungen s. Text.

Dadurch nimmt die Retentionszeit mehr als die üblichen 10 % für ähnliche Trennungen ab. Ebenso die Auflösung – hier wird offensichtlich ein benachbarter Peak schlecht abgetrennt. Darüber hinaus liegt eine pH-Wert-Abhängigkeit der UV-Absorption vor, vgl. Änderung der Peakfläche. Zum anderen ist scheinbar bei dieser Methode auch eine Zunahme der Temperatur kritisch (pH-Wert-Änderung durch Temperatur-Änderung?). Was die anderen Parameter betrifft, scheint die Methode recht robust zu sein. Eine derartige Darstellung kann dem Validierungsbericht beigelegt werden. Schließlich erleichtert eine solche auch die Entscheidung im Falle einer späteren Änderung in der Methode: Gilt diese Änderung noch als „Justierung" (Anforderung X erfüllt?) oder besteht tatsächlich Revalidierungsbedarf?

1.1.6
Verkürzung der Analysendauer („schneller trennen")

Mit einer Verkürzung der Retentionszeit geht – abgesehen von Gradientenläufen, bei denen das Gradientenvolumen konstant bleibt – eine Abnahme der Auflösung einher. Diese kann minimal ausfallen, z. B. Erhöhung des Flusses bei 3 µm-Materialien, oder aber merklich sein, z. B. pH-Wert-Änderungen. Es muss individuell entschieden werden, inwieweit im aktuellen Fall die Vor- bzw. Nachteile überwiegen. Die Erfahrung zeigt allerdings, dass man hier eher zurückhaltend agiert und unnötigerweise längere Retentionszeiten in Kauf nimmt, indem z. B. (zu) häufig bei 1 mL/min gearbeitet wird.

Viele der Möglichkeiten wurden bereits besprochen; sie seien hier kurz zusammengefasst:

- Fluss erhöhen;
- Säulenvolumen verkleinern (Säulenlänge und/oder -durchmesser verkürzen);
- Eluentenzusammensetzung ändern (z. B. Wasseranteil, Modifier, pH-Wert, Ionenstärke);
- Temperatur erhöhen;
- stationäre Phase ändern (z. B. eine polarere verwenden oder auf eine andere Matrix ausweichen, z. B. nichtporöses Material, Monolithen);
- Gradiententechnik verwenden (man denke z. B. auch an einen Flussgradienten);
- Gradienten verändern (z. B. Anfangsbedingungen, Steilheit, Gradientenvolumen).

Es soll noch einmal auf die Möglichkeiten der modernen Säulen mit den Dimensionen ca. 20–50 mm × 1,5–2,1 mm, 1,7–2,0 µm hingewiesen werden: 10–15 Peaks können unter 2–4 min getrennt werden (s. auch Kap. 2.7).

1.1.7 Empfindlichkeit erhöhen („mehr sehen“, d. h. Nachweisgrenze erniedrigen)

Auch über diese Möglichkeiten haben wir uns bereits unterhalten; sie sind in Tabelle 2 zusammengefasst.

Tabelle 2 Maßnahmen zur Erhöhung der Empfindlichkeit in der HPLC.

(a) Apparative Aspekte (z. B. „richtige“ Module einsetzen, Parameter optimal einstellen, Rauschen vermeiden usw.)
• Empfindlicher messen – das Peak/Rausch-Verhältnis wird besser (10 mV-Ausgang). • Kleine Zeitkonstante: < 0,5 s, eher 0,1 s (10 mV-Ausgang). • Optimale (Integrations-)Parameter: z. B. Sample Rate, Peak Width, Wellenlänge; ist überhaupt die gewählte Detektionsart die richtige? Ist vielleicht Derivatisierung vonnöten? • Pulsationsdämpfer, Netzentstörfilter, elektronische Dämpfer verwenden, Abschirmung von Kabeln/Interfaces OK? • Miniaturisierungsmöglichkeiten ausreizen: $L\downarrow$, $ID\downarrow$, $d_p\downarrow$; Zellenvolumen und -design „richtig“ für *diese* Applikation? • Sind die Detektorzelle und die Spiegel sauber, sind die Linsen OK?
(b) Chromatographische Bedingungen
• Bodenzahl erhöhen. • Steileren Gradienten verwenden. • Injektionsvolumen (-masse) erhöhen (Überladung?!). • Peakform verbessern (pH-Wert, Modifier); Merke: bei einem Tailingfaktor von 1,5 verliert man 1/3 an Peakhöhe und damit 1/3 an Empfindlichkeit! • Verdünnung verhindern – wenden Sie die Tricks beim Injizieren an, denken Sie evtl. an eine Aufkonzentrierung am Säulenkopf! • Eluent ausreichend entgast, ist die Membrane beim Degasser noch in Ordnung? • Basisliniendrift verhindern, Steilheit beim Gradienten der Wellenlänge anpassen, evtl. UV-Absorber im Eluent A verwenden.

1.1.8
Ökonomie in der HPLC („billiger trennen")

Vorbemerkung: Es liegt auf der Hand, dass „ökonomisch" mehr bedeutet als „billig". Somit spielen Aspekte am Rande der eigentlichen HPLC-Analytik eine weit wichtigere Rolle als lediglich analytische Gesichtspunkte. Mit einigen dieser Fragen haben wir uns am Anfang dieses Kapitels auseinander gesetzt.

Nachfolgend werden ohne jegliche Gewichtung Punkte genannt, an die man im Rahmen von Effizienzsteigerungs- und Kostensenkungsprojekten denken sollte. *Hier* liegen die großen Potenziale und nicht in den 20 oder 30 % Rabatt beim Kauf von Säulen oder auch von Geräten!

- Man sollte im Falle von Methodentransfer und bei Kontraktpartnern Gerätestandardisierung anstreben.
- Validierungen sollten unter realen und nicht unter optimalen Bedingungen durchgeführt werden! Welcher Informationsgewinn bzgl. Methodeneignung liegt vor, wenn ein erfahrener Mitarbeiter an einer optimalen Apparatur saubere Standardlösungen innerhalb einer Woche ein paar Mal vermisst und dabei einen *VK* von 1 % und einen Korrelationskoeffizienten von 0,999 feststellt? Es sei denn, die Eignung der Methode wurde mithilfe von realen Proben im Rahmen der Methodenentwicklung bereits untersucht, und die Validierung stellt jetzt einen lediglich letzten, formalen Akt dar.
- Ein Projektverantwortlicher begleitet das Projekt z. B. von der Substanzentwicklung bis zur Registrierung und nutzt sein Wissen und seine aktuellen Informationen beim Gespräch mit und zwischen den einzelnen Abteilungen. Eine derartige Person kann ein sehr wichtiger Mittler sein – sie muss natürlich können und dürfen.
- Arbeitsprozesse sollten den Anforderungen bzw. den Realitäten angepasst sein, einzelne Schritte im Laboralltag sind intelligent zu verschachteln.
- Man gestalte wiederkehrende Tätigkeiten wie Bestellwesen, Probenmanagement, Gerätequalifizierung effizient.
- Man bemühe sich um vernünftige Leitmotive für das Qualitätsmanagement.
- Es herrscht ein einigermaßen funktionierender Informationsfluss.

Diese Themen sind nicht Gegenstand dieses Buches, deswegen sei hier nur ein kurzer Hinweis auf Effektivität und Effizienz im HPLC-Umfeld erlaubt (für mehr Details s. [3]):

Wenn die Unternehmenskultur es erlaubt, sollte man stets Effektivität und Effizienz des eigenen Tuns hinterfragen – übrigens bei den restlichen Spezies in der Natur eine Selbstverständlichkeit, wenn auch eine unbewusste.

Bei der Effektivität geht es um die Frage nach der richtigen Wahl der Mittel („mache ich das Richtige?"), bei der Effizienz um den richtigen Einsatz der Mittel („mache ich es richtig?").

Einige Hinweise bzgl. Effektivität

Es sollte beispielsweise hinterfragt werden, ob es stets sinnvoll ist, HPLC bei der Rohstoff-Eingangskontrolle, bei Identitätsprüfungen, bei der Gehaltsbestimmung oder bei Freisetzungen einzusetzen. Es könnte sein, dass in einem aktuellen Fall für die zwei erstgenannten Fragestellungen NIRS (*N*ahe *I*nfra *R*ot *S*pektroskopie) und für die zwei letztgenannten eine Titration oder eine online UV-Messung ökonomischer wäre. Die benötigte Information muss nicht per se durch „Trennung" gewonnen werden. Bei Dissolutiontests liegt häufig nur ein Peak vor, der u. U. lediglich vom Lösungsmittel zu trennen ist. Hier sollte man sich evtl. folgende Fragen stellen:

- Brauche ich in diesem Fall überhaupt eine Säule, geht es wirklich um „Trennung" oder eher um „Bestimmung"? Könnte ich vielleicht wie bei der FIA (*F*ließ *I*njektions *A*nalyse) nur mit einer Kapillare arbeiten?
- Wenn es unbedingt eine Säule sein muss, reicht vielleicht eine 10 mm × 2,1 mm Vorsäule als Trennmedium aus?
- Muss ich für diesen Zweck die teueren und giftigen Lösungsmittel Acetonitril bzw. Methanol verwenden oder ginge es vielleicht auch mit Ethanol?

Einige Hinweise bzgl. Effizienz

Wird beispielsweise das vorhandene Equipment optimal be-/genutzt, so der DAD oder der Elusaver? Könnte man vielleicht Methoden so angleichen, dass Spül- und Umrüstzeiten reduziert werden können? Werden im Validierungsbericht „intelligente" Formulierungen verwendet, um im Falle von notwendigen, kleinen Änderungen in der Methode – bei Einhaltung der vorgegebenen Forderung! – jene als „Justierung" gelten zu lassen? Teure, aufwendige Revalidierungen können dadurch auf das absolut Notwendige beschränkt werden.

Die Erfahrung zeigt, dass der Spielraum, der von Organisationen wie FDA, EPA, Pharmeura usw. vorgegeben wird, nicht immer genutzt wird – im Gegenteil: Ängste und eine heute weit verbreitete Alibimentalität führen dazu, dass man häufig „päpstlicher als der Papst" wird.

Werfen wir nun einen Blick auf „reine" chromatographische Möglichkeiten, die zu Zeit- und/oder Kostenersparnis führen können:

Ist eine „gute" Trennung auch eine „optimale" Trennung?

Liegt eine isokratische Methode mit einem ACN-Anteil im Eluenten von beispielsweise 60 oder 80 % vor, so sollte man das Ganze etwas unter die Lupe nehmen. Ein so hoher ACN-Anteil könnte ein Hinweis auf Folgendes sein: Die Wechselwirkung der Substanz(en) mit der stationären Phase sind evtl. so stark, dass dieser hohe organische Anteil im Eluenten notwendig ist, um kurze, akzeptable Analysenzeiten zu erzielen. Ökonomischer wäre in diesem Fall, eine kürzere oder eine dünnere Säule zu verwenden; das wäre beispielsweise eine Hardware-Änderung um Faktor 2. Im ersten Fall (kürzere Säule) ergäbe sich ein Ersparnis im Eluentenverbrauch um Faktor 2, im zweiten Fall (dünnere Säule) um Faktor 4!

Bereits der Wechsel von einer 4 mm auf eine 3 mm-Säule führte zu einer Ersparnis an Lösungsmittel um ca. 45 %. Man sollte in diesem Zusammenhang nicht nur an den Kaufpreis für die Lösungsmittel, sondern und vor allem an die Entsorgungs- und Lagerkosten, an die Logistik, und wenn man möchte, auch an die Umwelt denken.

Zur „Ökonomie" gehören, wie bereits angemerkt, viele Aspekte, u. a. auch die Zeit. Vorausgesetzt, die Packungsqualität und die Eigenschaften der stationären Phase wären identisch, erzielte man an einer 150 mm, 5 µm-Säule die gleiche Auflösung wie an einer 100 mm, 3 µm-Säule bzw. 50 mm, 1,7 µm-Säule. Im zweiten Fall allerdings mit einer Zeitersparnis von etwa 1/3, im dritten Fall von etwa 2/3. Zu weiteren Maßnahmen für eine Zeitersparnis s. Abschnitt 1.1.6.

Zum Schluss noch folgende Bemerkung: Ein wie auch immer gearteter Optimierungsschritt fruchtet erst dann wirklich, wenn man bereit und in der Lage ist, daraus Konsequenzen zu ziehen. Dazu ein tagtägliches Beispiel: Man erhöht bei einer einfachen Trennung den Fluss, um die Retentionszeit zu verkürzen. Unter Umständen bringt dieser „Vorteil" absolut nichts. Denn wenn nichts anderes passiert, ist recht unwichtig, ob die Analysenserie um 12 Uhr nachts oder um 3 Uhr morgens beendet ist. Wenn allerdings der Laborablauf und sonstige Arbeitsprozesse (Verzahnung Labor-Produktion-Rohstofflieferungen usw.) der gewonnenen Zeitersparnis angepasst werden, so könnte z. B. abends der Probengeber erneut mit weiteren Proben bestückt werden, und der Betrieb könnte direkt morgens statt erst nachmittags die benötigte Information erhalten. Zehn Stunden Zeitersparnis im Labor können wichtig sein, zehn Stunden Zeitersparnis in der Produktion sind enorm. Das sind allerdings weitgehende Entscheidungen, für die das Management gefragt ist und die im Rahmen vorliegenden Buches nicht weiter besprochen werden.

1.1.9
Abschlussbemerkungen und Ausblick

Aus meiner Sicht wären zusammenfassend folgende Punkte erwähnenswert:

- Auch in einer stark reglementierten, strengen Umgebung ist Raum für „Warum eigentlich"-Fragen. Die ehrliche Auseinandersetzung mit Vorgaben im Zusammenhang mit den tatsächlichen Zielen erleichtert den Umgang untereinander und ist übrigens auch aus gesamtwirtschaftlicher Sicht sinnvoll.
- Einige Tests betreffend Robustheit sollten in einem frühen Stadium eines Projekts, eben während der Methodenentwicklung durchgeführt werden. Je später Schwachstellen einer Methode festgestellt werden, umso teuerer wird es.
- Eine minimale Verbesserung der Kommunikation – und Kommunikation bedeutet mehr, als Worte, Argumente, Meinungen austauschen – kann Beachtliches bewirken. 5 % echte (!) Verbesserung der Kommunikation kann zu einer 30 %igen Gewinnmaximierung führen [4]. Es ist jedoch zugegebenermaßen schwer (aber machbar!), einen derartigen Erfolg, oder umgekehrt, herrschenden Frust mit Zahlen zu belegen.

- Trauen Sie bei einer unbekannten Probe keinem, auch noch so schmalen, Peak! Verwenden Sie nach erfolgter Trennung im einfachsten Fall eine „gänzlich“ andere Säule-Eluent-Kombination und injizieren Sie 1–2 µL bei einer gleichzeitigen Nutzung der Möglichkeiten des DAD. Das bringt mehr Sicherheit als Matchfaktoren u. Ä. beim DAD nach einer eindimensionalen Trennung.
- Handelt es sich um eine wichtige Probe und geht es wirklich um „Wahrheit“, sind € 1000–2000 für eine LC-MS(MS)- oder LC-NMR/2D-NMR-Messung oder das Zu-Rate-Ziehen eines Spezialisten häufig eine lohnenswerte Investition.
- Ist mir bewusst, dass ich bei einer meist täglich erfolgenden sechsfachen Injektion von Standardlösungen zwar vom Systemeignungstest sprechen mag, dies allerdings ein Gerätetest zur Ermittlung der Messpräzision darstellt und mit Systemeignung nichts zu tun hat? Es sei denn, ich habe im Rahmen der Validierung bewiesen, dass die Matrix, sämtliche Hilfsstoffe, Zersetzungsprodukte usw. keinen Einfluss auf Auflösung und Empfindlichkeit haben. Stelle ich darüber hinaus fest, dass der VK nicht häufiger als ein- bis zweimal im Jahr überschritten wird – ich also über ein robustes Gesamtsystem verfüge – so könnte ich die Abstände für derartige Überprüfungen verlängern. Sowohl nationale Behörden als auch die FDA akzeptieren häufig längere Zeitabstände, wenn beispielsweise mit Hilfe von historischen Daten und Kontrollkarten zweifelsfrei dargelegt werden kann, dass jener Prozess ISK (*In Statistischer Kontrolle*) ist.
- Ist „Spitzenwerte“ gleichbedeutend mit „gute“ Analytik? Anders formuliert: Ist Maximum gleich Optimum? Viele von uns sind wahrscheinlich schon der Meinung, dass die Verhältnismäßigkeit u. U. in Frage zu stellen ist, wenn z. B. für eine Bahnstrecke von 500 m drei Fußgängerübergänge gebaut werden oder wenn die Dienstautos einer 30-Mann-AG 7-BMWs sein sollen. Ebenso wäre in folgenden Fällen ein Hinterfragen von Spitzenwerten/Spitzenleistungen in der Analytik angebracht: Ist es sinnvoll, lediglich aus Image- oder sonstigen Gründen, die Geräte in der Qualitätskontrolle mit DADs zu bestücken, wenn doch de facto seine Möglichkeiten nur zu ca. 20 % genutzt werden? Ist die Forderung „$R > 2$“ sinnvoll? Ist stets maximale Auflösung anzustreben oder eher eine optimale, die der konkreten Fragestellung durchaus genügt? Wie viele „out of spec“-Situationen „beschere“ ich meinen Kollegen in der Routine, wenn ich als Methodenentwickler bei einer Methode mit einer biologischen Matrix oder kontaminierten Betriebsprobe einen *VK* von 0,8 % vorgebe?

Ausblick

Aus heutiger Sicht sind folgende Entwicklungen in der HPLC mit Fokus auf „Methodenentwicklung/Optimierung“ denkbar:

Kopplungstechniken: Für die Trennung von komplexen Proben werden immer mehr Kopplungstechniken eingesetzt, z. T. in miniaturisierter Form, z. B. „RP-Ionenaustausch“ in µ-Bore-Ausführung und anschließend Online-Kopplung mit MS. Durch die Weiterentwicklung der Interfaces in der Massenspektrometrie wird ihr Einsatz als (dominante?) Partnerin der LC immer vielfältiger. Die LC-NMR-Kopplung behält – u. a. wegen des hohen Preises der 600–900 MHz-NMR-Geräte – ihre Vormachtstellung „nur" in den absoluten Forschungsbereichen. Zur Automatisierung im Zusammenhang mit Kopplungstechniken s. unten.

2D-/Multi-D-Chromatographie

Die 2D- bzw. Multi-D-Chromatographie dürfte weiter an Bedeutung gewinnen. Zwei Gründe, die dafür sprechen sind:

1. Solche Systeme sind leicht aus kommerziellen Modulen zusammenzustellen, die Steuerung kann jede übliche Software übernehmen, die Vielfalt der angebotenen Trennmedien (Säulen, Kapillaren) ermöglicht nahezu jede denkbare Kombination.
2. Die Komplexität der Proben und damit die Notwendigkeit, die chromatographische Auflösung zu erhöhen, nehmen zu. Die Kombinationsmöglichkeiten sind sehr vielfältig, die einzige prinzipielle Forderung lautet: Die zweite Dimension muss viel schneller sein als die erste. So macht sich im Falle einer Micro-Bore-Säule in der ersten Dimension und einem Injektionsvolumen von 1 µL eine mögliche Inkompatibilität der Eluenten bei der Kombination NP-RP kaum negativ bemerkbar. Bei einer angenommenen Peakkapazität von $n = 10$ in einer Säule führt eine Schaltung mit einer zweiten Säule in Serie zu einer Verbesserung der Peakhomogenität „nur" um Faktor 1,4 ($n \cdot \sqrt{2}$, also $10 \cdot 1{,}4 = 14$ Peaks), während die orthogonale Schaltung eine (theoretische) Erhöhung um Faktor 10 liefert ($n = 10^2 = 100$ Peaks). Nachfolgend werden einige erfolgreich eingesetzte Kombinationen aufgeführt:

   NP-RP, HILLIC-RP, ZrO_2-RP, SEC-LC, IC-LC, LC-GC, LC-GC-GC, LC-LC-APCI-MS.

Miniaturisierung: Die 20–30 mm-Säulen mit < 2 µm-Teilchen werden, zumindest in der Methodenentwicklung, ob der kurzen Analysenzeit und des geringen Lösungsmittelverbrauchs populärer. Der lang erwartete, jedoch wegen des bekannten Analytikumfelds äußerst langsam zu vollziehende Durchbruch könnte tatsächlich in den nächsten 5–8 Jahren einsetzen: Erst seit kurzem beschäftigen sich die großen HPLC-Anbieter „ernsthaft" mit Miniaturisierung – sowohl was das Säulenangebot als auch was die Instrumentenseite betrifft. UPLC (Ultra Performance Liquid Chromatography), Ultra Fast LC, HSC (High Speed Chromatography), RR- und RR-HT (Rapid Resolution High Throughput)-Säulen sind einige Belege dafür. Das Handling von Säulen – auch in miniaturisierter Form –, gefüllt mit partikulärem Material – auch als 1,5–1,8 µm-Teilchen – ist einfacher als von anderen Trennmedien. So dürften Kapillar-LC, CLC (mit partikulärem Material oder Monolithen), Chip-LC und Nicht-Poröse-Materialien (NPS, NPB) vorerst sehr interessante, dennoch Nischenprodukte bleiben.

Fazit: Die Zukunft der HPLC ist ohne Zweifel eine Zukunft der schnellen Trennungen. Die aus heutiger Sicht möglichen Wege dorthin heißen UPLC, Xtreme LC (Spezielle Hardware, hohe Drücke, ca. 1,7 µm Material), Ultra-Fast-LC (klassisches HPLC-Gerät, evtl. mit kleinen Hardware/Software-Modifikationen und 1,8–2 µm Material), Chip-HPLC und Monolithen, vorzugsweise in Kapillaren. Wir können festhalten, dass diese Techniken z. T. bereits recht ausgereift sind. Zur Entscheidungsfindung sollte der Anwender vielmehr sehr genau prüfen, ob ein Wechsel tatsächlich Sinn macht und welches der angebotenen Konzepte zu seinen eigenen, konkreten Bedürfnissen passt. Einige der Fragen, mit denen man sich im Vorfeld einer Entscheidung auseinandersetzen sollte, wären beispielsweise folgende:

- Hilft mir wirklich eine Retentionszeit von 30 oder 60 s, wenn die „Overhead-Time" (Injektion, „needle wash" etc.) 2 min bzw. die Probenvorbereitung gar 5 min dauert? Wie viele Proben habe ich eigentlich am Tag zu bewältigen?
- Bin ich bereit, mich längerfristig wegen einer – zweifelsfrei! – hervorragenden Technologie an ein Konzept/an eine Firma zu binden?
- Was sind meine Mitarbeiter/Kontraktpartner eher bereit zu akzeptieren: Einen Fluss von 10–20 µl/min oder von 5 ml/min? Bei entsprechender Matrix und entsprechender Dimensionierung der Säule/Kapillare gelange ich in beiden Fällen zu der gewünschten Verkürzung der Trennzeit.
- Wie sieht es mit Validierung/Methodentransfer aus? Welche Konsistenz werden die realen Proben später in der Routine haben und wie ist es um die Erfahrung des Personals bestellt?!
- Bin ich in der Lage, den enormen Zeitgewinn und die schnellere Information auszunutzen, oder beschränkt sich der Vorteil „nur" in einer sehr kurzen Analysenzeit?

Wenn(!) die schneller gewonnene Information zur Optimierung des Produktionsprozesses beitragen kann, wenn ich viel mehr Ansätze (z. B. Stressproben bei unterschiedlichen Bedingungen, Zwischenprodukte eines Syntheseschrittes usw.) analysieren und somit zu gesicherten Aussagen kommen kann, wenn die Zeit für die Methodenentwicklung um Faktor 5 reduziert werden kann/muss, wenn ich schließlich keine „schwierige" Matrix habe – dann sollte der Schritt zu schnellen Trennungen, welcher auch immer, lieber heute als morgen erfolgen. Es tut sich ein ungeahntes wissenschaftliches und wirtschaftliches Potential auf ...

Automatisierung: Ein hoher Automatisierungsgrad in der Methodenentwicklung sowie eine gezielte, Zeit sparende Vorgehensweise dürften immer mehr zu Selbstverständlichkeiten werden.

Dazu einige Beispiele:

1. Geräte für die automatische Methodenentwicklung über Nacht mithilfe von Optimierungsprogrammen und einem Säulenschaltventil haben mittlerweile einen hohen Robustheitsgrad erreicht, sie werden immer mehr eingesetzt. Auf Basis von errechneten Substanzdaten ist eine Software-unterstützte, „in-

telligente“ Auswahl von Säule und Eluent möglich, zumindest jedoch die „fleißige“ Wahl von Säule und Eluent bis die vorgegebene chromatographische Auflösung erreicht wird. In jedem Falle wird in der Zukunft, bevor gemessen wird, mehr gerechnet, so z. B. pK_S-, log P-Werte sowie weitere chromatographisch relevante Substanzdaten. Es ist damit zu rechnen, dass immer mehr Evolutions- und generische Algorithmen in Optimierungsprogrammen implementiert werden. Das chromatographische Milieu (Säule, Eluent, Temperatur) kann dann gezielt – manuell oder wie oben dargelegt automatisch via Software – ausgesucht werden. Die chromatographische Software der Zukunft wird ihr „Gedächtnis“ nutzen, um durch Interaktion zum einen mit einer Datenbank im Inter-/Intranet – versehen mit „intelligenten“, individuellen Filtern – und zum anderen mit den Modulen der HPLC-Anlage einschließlich Säule samt eingebautem Mikrochip die Trennung nach den Vorgaben zu optimieren. Die Kommunikation mit dem Anwender ist jederzeit möglich, die Software wird in schwierigen Situationen den Anwender nach dem weiteren Vorgehen „fragen“ können. Das Gerät selbst wird alleine starten, sich selbst prüfen, eigenständig kalibrieren und messen können, über eingebaute Diagnostik-Tools werden anbahnende Fehler erkannt und in einfachen Fällen selbst aufgehoben. So wird z. B. die Probe zu einer zweiten, parallel geschalteten, vorkonditionierten Säule geleitet – falls erste nicht mehr die erforderliche Qualität (Selektivität, Effizienz) für das aktuelle Trennproblem liefert. Die Herausforderungen technischer Natur heißen in der Zukunft:

- Handling von Mikro/Nano-Kapillaren und Nano-Verbindungen,
- Reproduzierbarkeit von Mikro-Säulen und Kapillaren,
- Packen von chiralen Mikro-Bore-Säulen und Kapillaren,
- Chip-Technologie.

2. Nach einer groben Trennung über eine 10–20 mm-Säule erhält man die benötigte Information durch einen anschließenden Schritt, der ein hohes Maß an Spezifität mit sich bringt: In einer Splitting-Vorrichtung kann die Probe parallel bzw. wahlweise zu DAD-MS(MS), NMR-MS, ICP/OES, ICP/MS, FTIR, Fluoreszenz/Röntgenfluoreszenz und bei Bedarf zu einem zweiten (chromatographischen) Trennsystem (z. B. IEC, GPC oder CE) geleitet werden. Mit leistungsfähigen LC-UV-NMR-MS-Kopplungen soll der Traum vieler Analytiker für ausgesuchte Fälle bereits Realität geworden sein: „Probe rein, Struktur raus“. Solche Systeme existieren in verschiedenen Varianten seit Jahren. Anders jedoch als bei den unter 1. beschriebenen Systemen sind solche Kopplungstechniken hoch komplex und nur von den Anwendern, die meist auch das individuelle Design entwickelt haben, souverän beherrschbar. Generell kann wie folgt festgehalten werden: Dort, wo es möglich ist, wird „Physik“ der „Chemie“ vorgezogen. Erste ist aus Anwendersicht bzgl. Handling im Alltag einfacher, die Messung/Prüfung enthält weniger Variablen und damit weniger Fehlerquellen, und das Ergebnis ist „sofort“ verfügbar. Häufig ist auch das Verhältnis Aufwand/Spezifität (= Information) günstiger.

„Chemie" in der Säule: Wie in Kap. 2.1.1 ausführlich dargelegt wird, spielen in der RP-HPLC bzgl. Selektivität polare/ionische Wechselwirkungen – da hochspezifisch – eine weit wichtigere Rolle als hydrophobe. Aus diesem Grunde sind in den letzten zehn Jahren mehr polare als „klassische" hydrophobe RP-Phasen entwickelt worden. Dieser Trend dürfte weiter anhalten. Zum Ersten wird wahrscheinlich auf der Phasenoberfläche weiterhin eine wie auch immer geartete Alkylkette existieren, die für die nötige Retention der Komponenten sorgt. Zum Zweiten befinden sich an der Oberfläche der stationären Phase polare Gruppen, die für eine Differenzierung von ionischen bis mittelpolaren Analyten wichtig sind. Der polare Charakter der Phase kann auf vielfältige Art erreicht werden: durch polare bis ionische Gruppierungen in der Alkylkette („embedded", EPG, Zwitterion-Chemie an der Alkylkette), polare Endgruppen, polare Gruppen auf der Matrixoberfläche, geringe Belegung, hydrophiles Endcapping, sterisch geschützte Oberfläche usw. Aufgrund des dualen Charakters derartiger Phasen kann der eine oder andere Mechanismus durch die Wahl des Eluenten gezielt „erzwungen" werden, die Anzahl der benötigten Säulen sinkt. Auch mit Fokus auf Kostensenkung bzw. auf umweltgerechte Arbeitsweise werden temperaturstabile Säulen entwickelt (in der Regel auf Zirkonium-, seltener auf Titandioxid- oder Polymerbasis), um bei Temperaturen von 100–200 °C arbeiten zu können:

1. Überkritisches Wasser und/oder Ethanol können als günstige, umweltfreundliche „hydrophobe" Eluenten verwendet werden.
2. Statt Lösungsmittel- können Temperaturgradienten bis 200 °C gefahren werden. Lösungsmittelschonend sind schließlich auch solche Ansätze, bei denen sich eine funktionelle Gruppe auf der Oberfläche abhängig von der Temperatur polar oder hydrophob verhält. Die Selektivität kann dadurch im Wesentlichen durch Temperaturänderung erreicht werden. Eine derartige Säule kann nun einmal mit einem polaren Eluenten bei niedriger und bei erhöhter Temperatur und einmal mit einem apolaren Eluenten ebenfalls bei niedriger und erhöhter Temperatur betrieben werden. Das Ziel lautet, mithilfe von vier Läufen eine große Selektivitätsbandbreite zu erreichen – und zwar bei Verwendung einer möglichst geringen Zahl von unterschiedlichen Säulen und unterschiedlichen (preiswerten, ungiftigen) Eluenten.

Abschlussbemerkungen

Man beobachtet in der Analytik eine Verlagerung der „High Throughput Analysis"-Mentalität zu einer „High Content of Information"-Mentalität: Das Erzeugen von lediglich vielen Daten einer Qualität (z. B. chromatographische Daten nach einer RP-Trennung) hat bis dato in schwierigen Fällen kaum die erhofften Ergebnisse geliefert, Stichwort Kombi-Chem. Wahrscheinlich erhöht sich die Informationsdichte und damit die Qualität von Aussagen, wenn weniger aber dafür fundiertere Daten einer Probe erzeugt werden, die dann in Korrelation miteinander gebracht werden („Multiple statistical approaches", „Improving data analysis techniques"): So kann mit einem vertretbaren Aufwand eine möglichst hohe chromatographische Auflösung erzielt und die Peakreinheit durch 2D-Trennungen überprüft werden. Mit Hilfe von spektroskopischen Daten (DAD, MS, ICP, MALDI-TOF) wird eine möglichst hohe Spezifität angestrebt, desweiteren werden frühzeitig weitere Informationen über die Zielkomponente herangezogen (Chiralität, Biorelevanz?). Chemometrie, generische Algorithmen, Optimierungstools etc. dürften als Werkzeuge immer mehr eingesetzt werden.

Man ist grundsätzlich aus Gründen der Ökonomie bestrebt, im Vorfeld etwas mehr zu rechnen, um Vorhersagen treffen, Zusammenhänge klarer erkennen und die Methodenentwicklung effizient gestalten zu können. Das „Vor-Denken" und das Rechnen werden dem fleißigen (und teureren) Messen vorgezogen. Statt einem Testen am Ende einer (Produktions-)Kette mit dem Ziel, „Qualität" zu dokumentieren, soll Qualität durch ein richtiges, der Fragestellung angepasstes Design des Prozesses generiert werden. Statt nachher zu prüfen (Qualitätskontrolle), sollen früh die einzelnen (Prozess-)Schritte kontinuierlich optimiert werden (Qualitätssicherung), um bei Bedarf früh korrigierend eingreifen zu können. Es gilt Qualität nach „vorne" zu verlagern. Je früher das Suchen und Prüfen von kritischen Faktoren ansetzt, umso robuster kann die Methode/der Prozess gestaltet werden, umso geringer wären dann die angefallenen Prüfkosten – etwas plakativ ausgedrückt: Nicht tun und dann messen, erst überlegen und dann tun. Nicht zum ersten Mal kommen solche Initiativen und Gedanken auch aus Ecken, die manch einer gar nicht erwartet: Nämlich von „der" Behörde, so z. B. von der FDA. Statt Druck auf die Einhaltung von formalen Forderungen und strenge Reglementierung (die nicht viel brachten) soll nun ein immer währender, sanfter Druck geübt werden, um Systeme zur Gewährleistung von Qualität bereits in einem frühen Stadium zu implementieren („Modern Quality Management Techniques", „Real Time Quality Assurance"). Ein weiteres Stichwort dazu wäre PAT (Process Analytical Technology): Die Analytik soll mit ihren Möglichkeiten den gesamten Prozess begleiten, dazu bedarf es nicht unbedingt hochkomplizierter Techniken. pH-Wert-, Temperatur-, Feuchtigkeits-, Partikelgrößemessungen usw. an der richtigen Stelle zum richtigen Zeitpunkt offenbaren die kritischen Stellen eines Prozesses. Die Devise lautet: Minimierung des Risikos durch ein frühes Prüfen mit Hilfe von intelligentem, einfachen Prüf-/Analysenequipment.

Es liegt auf der Hand, dass in der Analytik – wie auch anderswo – die Umsetzung von ausgereiften Lösungen von vielen Faktoren abhängig ist. So ist vieles realisierbar, aber nicht umsetzbar. Ein Großteil der oben beschriebenen Entwicklungen sind zwar heute schon Realität. Es ist jedoch kaum möglich, vorherzusagen, ob und was davon in größerem Maße den Weg in „real life"-Labors finden wird. Wirtschaftliche Zwänge können sowohl den Formalismus nähren als auch helfen, die Reglementierungspraxis auf ein vernünftiges Maß zu begrenzen. Nicht selten koexistieren beide Tendenzen. Man kann nur hoffen, dass Vernunft gegenüber Logik ein wenig mehr Chancen erhält.

Literatur

1 S. Kromidas, *More Practical Problem Solving in HPLC*, Wiley-VCH, Weinheim, 2004, ISBN 3-527-29842-8.

2 S. Kromidas, *HPLC-Tipps*, Band 2, Hoppenstedt Bonnier Zeitschriften GmbH, Darmstadt, 2003, ISBN 3-935772-07-6.

3 S. Kromidas, *Eigenschaften von kommerziellen C_{18}-Säulen im Vergleich*, Pirrot Verlag, Saarbrücken, 2002, ISBN 3-930714-78-7.

4 J. Guardiola, S. Kromidas, Das analytische Labor, Industrielabors an die Erfordernisse schlanker Unternehmen anpassen, *QZ* 41, S. 1410, 1996.

5 Unveröffentlichte Ergebnisse aus Projekten zur Kostensenkung und Effizienzsteigerung in der Analytik.

1.2 Schnelle Gradienten

Uwe Dieter Neue, Yung-Fong Cheng und Ziling Lu

1.2.1 Einleitung

In der heutigen pharmazeutischen Analytik, wie auch in anderen Bereichen der HPLC-Anwendungen, ist der Zeitbedarf einer Analyse von wesentlichem Interesse. Man versucht, die Analysenzeit so kurz wie möglich zu gestalten, um die Kosten niedrig zu halten und um den Probendurchsatz zu erhöhen. Gleichzeitig sollte die Qualität der Analyse, vor allem die Trennleistung und die Nachweisgrenze, nicht beeinträchtigt werden. In diesem Kapitel werden wir zeigen, wie die Auflösung bei sehr kurzen Analysenzeiten durch die richtige Wahl der Bedingungen bei ultraschnellen Gradiententrennungen optimiert werden kann. Dabei werden wir sowohl die theoretischen Grundlagen wie auch die Praxis der schnellen Analysen behandeln.

Die hier vermittelten Prinzipien sind vor allem auch für die schnelle HPLC-MS-Analyse von Plasma- und Urinproben anwendbar [1]. In den letzten Jahren ist das Verständnis derartiger Verfahren ständig gewachsen, und man hat erkannt, dass die Ionenunterdrückung in der HPLC-ESI-MS-Analyse oft eine nicht zu vernachlässigende Rolle spielt [2]. Durch Maximierung der chromatographischen Trennleistung lässt sich dieses Problem oft direkt vermeiden [3]. Gleichzeitig wird die Lösung des Problems durch die optimierte Leistungsfähigkeit des chromatographischen Systems vereinfacht. Die Gedanken dazu schließen eine drastische Veränderung der Trennung durch pH-Wert-Änderung wie auch die Optimierung apparativer Größen, wie der Gradientenverweilzeit oder der Datenaufnahmerate, ein.

1.2.2 Hauptteil

1.2.2.1 Theorie

Die Theorie der optimalen Auflösung im Falle schneller Gradienten ist bereits früher behandelt worden [4, 5]. Wir wiederholen hier nur die wichtigsten Ergebnisse. Als Messwert der Trennleistung verwenden wir die Peakkapazität P, die für Gradienten wie folgt definiert wird:

$$P = 1 + \frac{t_g}{w} \qquad (1)$$

t_g ist die eingegebene Gradientendauer, und w ist die (durchschnittliche) Peakbreite. Die Peakbreite selbst ist eine Funktion der Trennleistung der Säule N und des Retentionsfaktors k_e am Säulenausgang sowie der Säulentotzeit t_0:

HPLC richtig optimiert: Ein Handbuch für Praktiker. Herausgegeben von Stavros Kromidas

ISBN: 3-527-31470-9

$$w = 4 \cdot \frac{t_0 \cdot (k_e + 1)}{\sqrt{N}} \tag{2}$$

Der Retentionsfaktor am Säulenausgang hängt von der Gradientensteilheit (oder Gradientensteigung) G ab:

$$k_e = \frac{k_0}{G \cdot k_0 + 1} \tag{3}$$

k_0 ist der Retentionsfaktor einer Probesubstanz am Beginn des Gradienten, und die Gradientensteilheit G ist wie folgt definiert:

$$G = B \cdot \Delta c \cdot \frac{t_0}{t_g} \tag{4}$$

Δc ist der Unterschied in der Lösungsmittelzusammensetzung zwischen Anfang und Ende des linearen Gradienten, und B ist die Steigung der Geraden, die die Abhängigkeit des natürlichen Logarithmus des Retentionsfaktors von der Lösungsmittelzusammensetzung beschreibt. Das Verhältnis von Gradientendauer zu Säulentotzeit wird als Gradientenspanne bezeichnet.

In den praktischen Fällen, die hier von Interesse sind, also Gradienten über einen breiten Lösungsmittelbereich und Proben mit hohem Retentionsfaktor zu Beginn des Gradienten, lässt sich Gl. (3) weiter vereinfachen:

$$k_e = \frac{1}{G} \tag{5}$$

Wenn wir nun alle Gleichungen zusammenfassen und uns die Peakkapazität als Funktion der Gradientenführung anschauen, erhalten wir:

$$P = 1 + \frac{\sqrt{N}}{4} \cdot \frac{B \cdot \Delta c}{B \cdot \Delta \cdot \frac{t_0}{t_g} + 1} \tag{6}$$

Mit dieser Gleichung und den vorgegebenen Vereinfachungen lässt sich die Peakkapazität in Abhängigkeit von der Gradientenführung abschätzen. Es wird bis hierhin angenommen, dass die Bodenzahl konstant ist. Wir wollen aber bei konstanter Analysenzeit die Flussrate optimieren, was bedeutet, dass sich die Bodenzahl ebenfalls ändern wird. Zu diesem Zweck benutzen wir die van-Deemter-Gleichung:

$$H = A \cdot d_p + \frac{B \cdot D_M}{u} + \frac{d_p^2}{C \cdot D_M} \cdot u = A \cdot d_p + \frac{B \cdot D_M \cdot t_0}{L} + \frac{d_p^2}{C \cdot D_M} \cdot \frac{L}{t_0} \tag{7}$$

d_p ist die Teilchengröße, u die lineare Geschwindigkeit, L die Säulenlänge, und A, B, und C sind die Koeffizienten dieser Gleichung. Der Diffusionskoeffizient der Analyten D_M ist von der Probe und von der Zusammensetzung der mobilen Phase abhängig. Der Einfachheit halber werden typische Diffusionskoeffizienten für den Probentyp angenommen. Für die Koeffizienten der van-Deemter-Gleichung werden in der Literatur [6] die folgenden Zahlen als typische Werte angegeben: $A = 1{,}5$, $B = 1$, $C = 6$.

Mit Hilfe der Definition der Bodenzahl:

$$N = \frac{L}{H} \tag{8}$$

erhält man für die Peakkapazität:

$$P = 1 + \frac{1}{4} \cdot \sqrt{\frac{L}{A \cdot d_\mathrm{p} + \frac{B \cdot D_\mathrm{M} \cdot t_0}{L} + \frac{d_\mathrm{p}^2}{C \cdot D_\mathrm{M}} \cdot \frac{L}{t_0}}} \cdot \frac{B \cdot \Delta c}{B \cdot \Delta \cdot \frac{t_0}{t_\mathrm{g}} + 1} \tag{9}$$

Wir können diese Form der Gleichung benutzen, um abzuschätzen, wie sich die Gradiententrennleistung (= die Peakkapazität) bei Variation von Analysenzeit ($t_\mathrm{a} = t_0 + t_\mathrm{g}$) und Säulentotzeit (in der Praxis Flussrate) verändert. Wir werden diese Bedingungen in den nächsten Abschnitten behandeln.

1.2.2.2 Ergebnisse

1.2.2.2.1 Generelles

Aus Erfahrung weiß man, dass sich die Peakkapazität in Gradienten bei konstanter Flussrate mit der Gradientendauer verbessert. Das ist in Abb. 1 gezeigt. Hier wird die gemessene Peakkapazität einer kurzen 3,5 µm-Säule bei einem Wasser/Acetonitril-Gradienten gegen die Gradientenspanne aufgetragen. Die Probe war eine Mischung von typischen Pharmazeutika mit einem Molekulargewichtsbereich um 300. Man sieht, dass sich die Peakkapazität mit einer Erweiterung der Gradientenspanne verbessert. Man sollte hier erwähnen, dass die typischen Gradienten in einem HPLC-Labor eine Gradientenspanne von rund 20 bis höchstens 40 besitzen.

Die in Abb. 1 gezeigte Abhängigkeit der Peakkapazität von der Gradientenspanne bei konstanter Flussrate geht aus Gl. (6) hervor. Die Gradientenspanne lässt sich jedoch auf zwei Arten erweitern: Zum einen kann man bei konstanter Flussrate die Gradientendauer erhöhen. Zum anderen können wir die Säulentotzeit erniedrigen, und zwar durch Veränderung der Flussrate. Eine Änderung der Flussrate bringt aber eine Änderung der Bodenzahl mit sich. Wenn wir nun bei konstanter Analysenzeit den Einfluss der Flussrate auf die Peakkapazität erfassen wollen, müssen wir auf Gl. (9) zurückgreifen und uns die Peakkapazität in einer dreidimensionalen Graphik als simultane Funktion der Flussrate und der Gradientendauer anschauen. Dies wird in Abb. 2 für eine 4,6 mm × 50 mm, 5 µm-Säule gezeigt. Die Skalen der Flussrate und der Gradientendauer sind logarithmisch. Die Skala der Flussrate überstreicht einen Bereich von 0,1 bis 10 mL/min, und die Gradientendauer reicht von 1 min bis zu 32 min. Bei langen Gradienten liegt die optimale Flussrate etwas unterhalb von 1 mL/min. Dabei wird eine Peakkapazität von rund 150 erzielt. Wenn man einen schnellen,

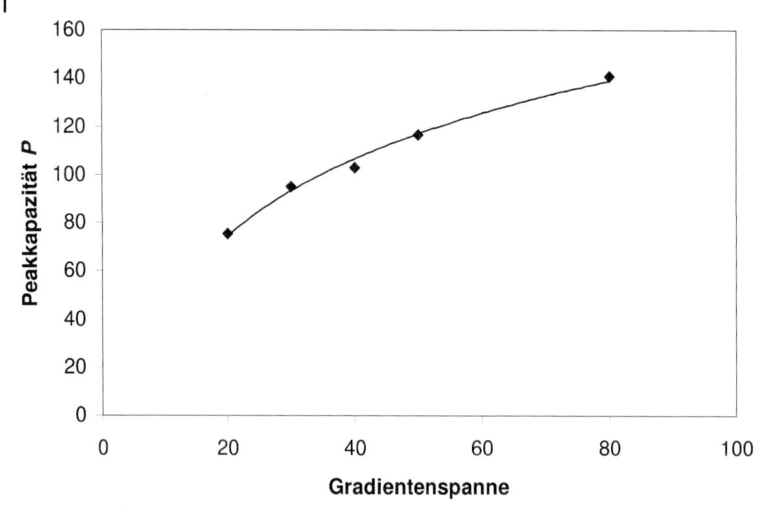

Abb. 1 Peakkapazität als Funktion der Gradientenspanne.

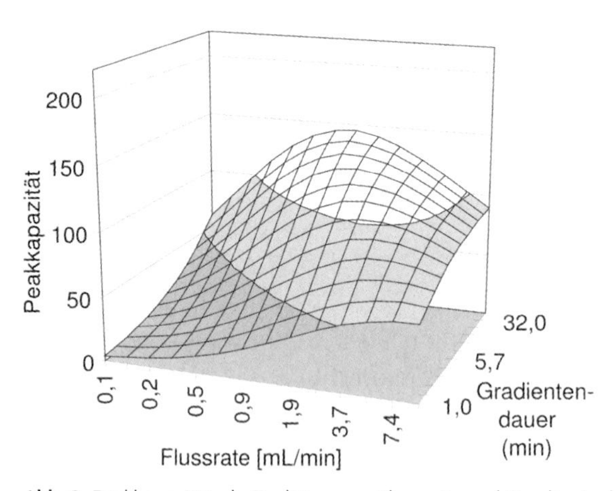

Abb. 2 Peakkapazität als Funktion von Flussrate und Gradientenlaufzeit.

einminütigen Gradienten bei der gleichen Flussrate fährt, ist die Trennleistung nicht gut: Man erreicht nur eine Peakkapazität von rund 20. Für einen einminütigen Gradienten liegt die optimale Flussrate bei dieser Säule bei etwa 5 mL/min. Die dann erzielbare Peakkapazität ist mit einem Wert von rund 65 wesentlich besser als bei niedriger Flussrate. Für weniger extreme Gradienten mit einer Gradientendauer zwischen 2 und 4 Minuten sollte man Flussraten zwischen 4 mL/min und 2,5 mL/min wählen. Die Peakkapazitäten reichen von rund 75 bis über 90. Das heißt, dass die Trennleistung bei einem 2-minütigen optimierten Gradienten nur halb so groß ist wie bei einem 30-minütigen Gradienten, bei einer Zeitersparnis von einem Faktor 15 sicherlich kein großer Nachteil.

1.2.2.2.2 **Kurze Säulen, kleine Teilchen**

Wie wir gesehen haben, soll man bei schnellen Gradienten höhere Flussraten einsetzen, um optimale Trennungen zu erzielen. Das bedeutet generell, dass man kurze Säulen einsetzen soll. Wir wollen diese Anforderung in diesem Abschnitt etwas genauer behandeln.

Die Kurve in Abb. 2 endet bei einer Flussrate von rund 10 mL/min. Der Grund dafür ist der, dass bei dieser Flussrate die Druckgrenze des HPLC-Geräts erreicht wird. Was passiert, wenn wir die 5 cm-Säule mit kleineren Teilchen packen? Das wird in Abb. 3 gezeigt. Wir haben das gleiche, eben beschriebene dreidimensionale Diagramm für eine 5 µm-, eine 3,5 µm- und eine 2,5 µm-Säule aufgestellt. Wie man sieht, steigt die Trennleistung bei langsamen Analysen mit abnehmender Teilchengröße. Während die 5 µm-Säule eine Trennleistung von fast 150 bei einer 30-minütigen Analyse zeigt, erreicht die 3,5 µm-Säule einen Wert von rund 180. Die 2,5 µm-Säule liefert eine noch bessere Trennleistung: eine Peakkapazität von rund 220 in einer halbstündigen Analyse. Für sehr schnelle Analysen beschränkt der erreichbare Druckabfall jedoch die Trennleistung. Für eine einminütige Trennung erzielt die 3,5 µm-Säule eine etwas bessere Trennleistung als die 5 µm-Säule, aber die Peakkapazität der 2,5 µm-Säule ist wegen der Druckbegrenzung niedriger als die der 3,5 µm-Säule. Das liegt vor allem daran, dass die Säulen mit den kleineren Teilchen bei konstantem Druckabfall nur eine niedrigere Flussrate erlauben, wie in Abb. 3 angezeigt ist. Auf der anderen Seite ist die 5 cm 3,5 µm-Säule ideal für Analysenzeiten von 2 bis 4 Minuten. Sie er-

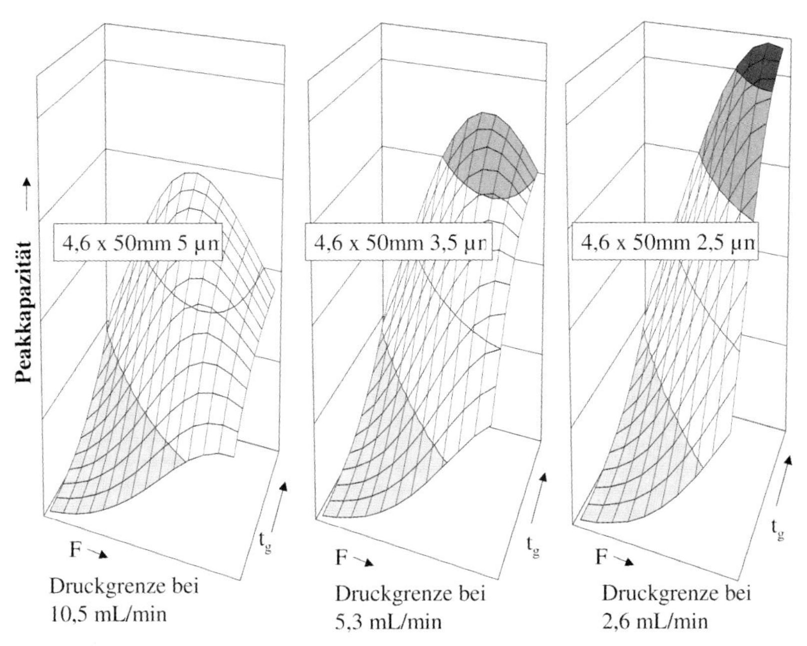

Abb. 3 Peakkapazität als Funktion von Flussrate und Gradientenlaufzeit für drei 5 cm-Säulen gepackt mit 5 µm-, 3,5 µm- und 2,5 µm-Teilchen.

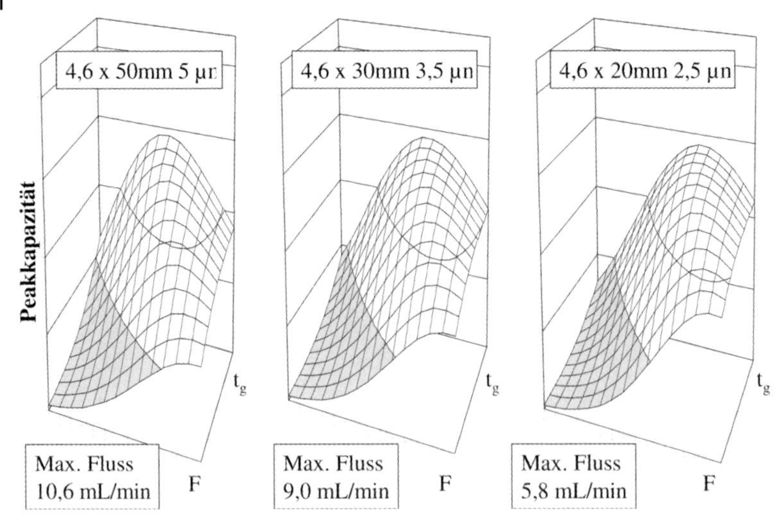

Abb. 4 Peakkapazität als Funktion der Flussrate für drei Säulen mit fast gleichem Verhältnis von Säulenlänge zu Teilchengröße. Gradientenlaufzeit t_g von 1 min bis 30 min.

zielt eine bessere Trennleistung als die 5 µm-Säule und übertrifft in diesem Analysenzeitraum noch die 2,5 µm-Säule.

Es gibt aber trotzdem eine Möglichkeit, die Trennleistung auch bei den extrem schnellen einminütigen Analysen zu erhöhen. Das macht man am besten dadurch, dass man die Säulenlänge und die Teilchengröße gleichzeitig ändert [6, 7]. Wenn man bei einem konstanten Verhältnis von Säulenlänge zu Teilchengröße die Partikelgröße variiert, bleibt die maximal erreichbare Bodenzahl konstant. So haben eine 10 cm 10 µm-, eine 5 cm 5 µm- und eine 3 cm 3 µm-Säule die gleiche maximale Bodenzahl und den gleichen Druckabfall für dieselbe Säulentotzeit. Der Unterschied liegt ausschließlich darin, dass diese maximale Bodenzahl mit kleineren Teilchen bei einer höheren Analysengeschwindigkeit erzielbar ist [6, 7]. Der gleiche Gedankengang kann auf Gradiententrennungen angewendet werden (Abb. 4). Hier werden drei Säulen mit fast gleichem Verhältnis von Länge zu Teilchengröße verglichen: 5 cm 5 µm, 3 cm 3,5 µm und 2 cm 2,5 µm. Die Peakkapazität für eine 30-Minuten-Trennung ist für diese drei Säulen praktisch gleich. Bei einminütigen Trennungen werden jedoch bessere Ergebnisse mit der kürzeren, mit kleineren Teilchen gepackten Säule erzielt. Die 2 cm 2,5 µm-Säule erzielt eine Peakkapazität von fast 90, wohingegen die 5 cm 5 µm-Säule nur einen Wert von rund 65 erreicht. Die kürzere Säule erreicht das Maximum bei einer um einen Faktor von etwa 2 niedrigeren Flussrate, noch genügend weit weg von der Druckgrenze des HPLC-Geräts. Man sollte also für schnelle Trennungen die kürzeste Säule mit den kleinsten Teilchen einsetzen, es sei denn, dass die Bandenverbreiterung außerhalb der Säule und verwandte Faktoren diesen Versuch unmöglich machen (s. unten).

1.2.2.2.3 Ein konkretes Beispiel

Für den Praktiker ist es oft am besten, eine Problemstellung anhand von konkreten Beispielen zu sehen. Wir haben dazu eine Trennung von fünf Pharmaka auf einer 3 cm 3,5 µm XTerra MS C_{18}-Säule gewählt (Abb. 5). Mit 1,5 mL/min lag die Flussrate für die verwendete 2,1 mm-Säule sehr hoch. Die Gradientendauer wurde bei konstanter Flussrate geändert, d. h., dass wir uns parallel zur y-Achse in den Abb. 2 bis 4 bewegen. Bei einem 4-minütigen Gradienten lag die Peakkapazität bei 140, bei 2 Minuten knapp über 100, und bei dem 1-Minuten-Gradienten bei 75. Dieser Trend entspricht vollkommen den Erwartungen. Man erkennt aus den Chromatogrammen, dass die Trennung bei der Beschleunigung des Gradienten erhalten bleibt, aber bei dem schnellen Gradienten nicht so gut ist wie bei dem langsameren Gradienten.

In Abb. 6 wird gezeigt, wie sich dieselbe Trennung bei gleicher Gradientendauer mit der Flussgeschwindigkeit ändert. Als Gradientendauer wurde 1 min gewählt. Die Flussrate wurde von 0,5 mL/min bis 2,0 mL/min in Schritten von 0,5 mL/min variiert. Die Peakkapazität stieg dabei von 36 bei 0,5 mL/min über 57 bei 1 mL/min zu 75 bei 1,5 mL/min und 2 mL/min. Das heißt, dass das Maximum der Peakkapazität bei dieser Flussrate zwischen 1,5 mL/min und 2 mL/min lag. Auch dieser Wert entspricht den Erwartungen aus der Theorie.

Dieses konkrete Beispiel zeigt also, dass die Gedankengänge, die oben ausgeführt wurden, durchaus ihre Richtigkeit haben. In unserem Labor sind diese Bedingungen häufig bestätigt worden, allerdings nicht in dem gleichen Umfang,

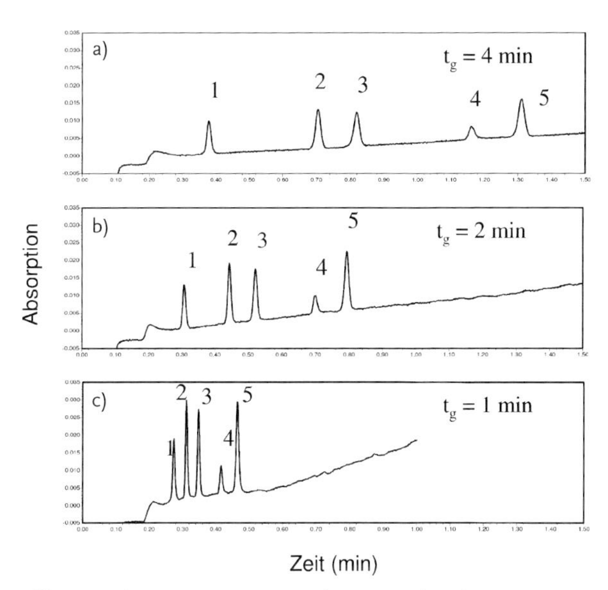

Abb. 5 Gradiententrennung von Lidocain, Prednisolon, Naproxen, Amitriptylin und Ibuprofen auf einer 2,1 mm × 30 mm 3,5 µm XTerra MS C_{18}-Säule bei 60 °C. Gradient von 8 bis 95 % Acetonitril. Flussrate 1,5 mL/min. (a) über 4 min, (b) über 2 min, (c) über 1 min.

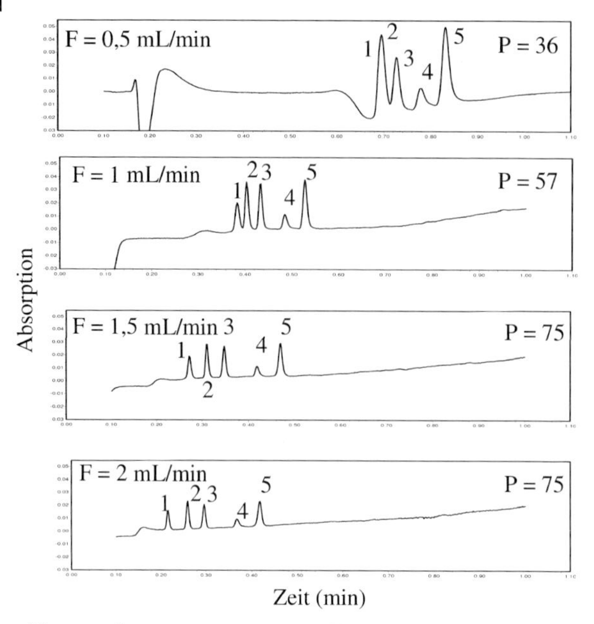

Abb. 6 Gradiententrennung wie in Abb. 5. Gradientendauer: 1 min. Flussraten (von oben nach unten): 0,5 mL/min, 1,0 mL/min, 1,5 mL/min, 2,0 mL/min.

der hier gezeigt wurde. Um gute Trennleistungen bei schnellen Trennungen zu erreichen, muss man mit hohen Flussraten arbeiten. Oft liegen diese Flussraten an der Grenze des Druckbereichs der heute erhältlichen HPLC-Systeme. Dieses Thema wird im nächsten Abschnitt diskutiert.

1.2.2.3 **Optimale Flussraten und Grenzen der heutigen Technologie**

Tabelle 1 enthält Faustregeln für die Wahl der optimalen Bedingungen für schnelle Gradienten über einen breiten Lösungsmittelbereich. Mehrere kurze Säulen mit den gängigen Durchmessern von 4,6 mm und 2,1 mm mit Längen von 50 mm, 30 mm und 20 mm wurden dafür ausgewählt. Das kommerziell erhältliche XTerra-Material stand Pate für die Wahl der Teilchengrößen: 5 µm, 3,5 µm und 2,5 µm. Die Tabelle zeigt die ungefähren optimalen Flussraten für Gradienten mit einer Gradientendauer von rund einer Minute, zwei Minuten und vier Minuten für einen Wasser/Acetonitril-Gradienten von 0 % bis 100 %.

Die Tabelle zeigt zudem, dass die optimalen Flussraten für schnelle Gradienten außerhalb des Druckbereichs der derzeitigen HPLC-Technologie liegen, sobald man Säulen mit einer Länge von 5 cm (oder länger) einsetzen möchte (s. dazu Kap. 2.7.3). Es ist zu betonen, dass diese Berechnung nur für die Trennung typischer Pharmaka mit Molekulargewichten zwischen rund 250 und 600 gilt. Sie ist zudem nur eine Abschätzung. Die genauen Werte hängen von der Lösungsmittelzusammensetzung ab, bei der die Probesubstanz eluiert. Höhere Flussraten können bei Gradienten eingesetzt werden, die mit einer höheren Acetonitrilkonzen-

Tabelle 1 Optimale Flussraten als Funktion der Gradientendauer und der Säulendimensionen.

d_p	5 µm			3,5 µm			2,5 µm		
t_g	1 min	2 min	4 min	1 min	2 min	4 min	1 min	2 min	4 min
4,6 × 50	7,5	5,0	2,5	10,0 [a]	6,0 [a]	3,5	10,0 [a]	6,0 [a]	3,5 [a]
4,6 × 30	5,0	3,0	2,0	6,5	3,5	2,5	7,0 [a]	4,0	3,0
4,6 × 20	4,5	2,0	1,5	5,0	2,5	2,0	6,0	3,0	2,0
2,1 × 50	1,5	1,0	0,5	2,0 [a]	1,2 [a]	0,7	2,0 [a]	1,2 [a]	0,7
2,1 × 30	1,0	0,6	0,4	1,3	0,7	0,5	1,4 [a]	0,8	0,6
2,1 × 20	0,9	0,4	0,3	1,0	0,5	0,4	1,2	0,6	0,4

[a] Außerhalb des Druckbereichs der derzeitigen Technologie.

tration beginnen. In der Praxis empfiehlt es sich daher, die empfohlene Flussrate als Richtlinie anzusehen und die tatsächlich optimale Flussrate experimentell zu bestimmen. Trotzdem deuten diese Werte klar darauf hin, dass man für sehr schnelle, optimierte Trennungen höhere Drücke braucht, als sie heute zur Verfügung stehen. Man bedenke, dass die Analysenzeit auch kürzer als eine Minute werden kann (s. Kap. 2.7.3).

1.2.2.4 Apparative Schwierigkeiten und Lösungen

Die optimale Ausführung von sehr schnellen Gradienten erfordert, dass man sich eine Reihe von apparativen Parametern genau anschaut und das Gerät entsprechend optimiert. Wir werden einige wichtige Einzelheiten im folgenden Abschnitt besprechen.

1.2.2.4.1 Umgehung des Gradientenverweilvolumens

Um schnelle Gradiententrennungen auszuführen, muss der Gradient am Anfang der Säule so schnell wie möglich, am besten sofort, eintreffen. Die meisten modernen Geräte arbeiten jedoch mit einer einzigen Pumpe und benutzen Niederdruckmischkammern, um den Gradienten zu mischen. Das bedeutet, dass der Gradient zuerst durch die Mischkammer, die Zuleitung zur Pumpe, die Pumpenköpfe, die Zuleitung zum Einspritzkopf und endlich durch die Säuleneingangskapillare transportiert werden muss, ehe er die Trennung auf der Säule beeinflussen kann. Die Summe dieser Volumina wird als „Gradientenverweilvolumen“ bezeichnet. Die Zeit, die bei einer bestimmten Flussrate benötigt wird, um das Gradientenverweilvolumen zu spülen, wird die „Gradientenverweilzeit“ genannt. Ältere Geräte haben oft ein Gradientenverweilvolumen von mehreren Millilitern. Bei modernen HPLC-Geräten ist das Verweilvolumen oft rund 1 mL. Bei 4,6 mm-Säulen spielt ein Verweilvolumen von einem Milliliter nur eine untergeordnete Rolle. Auf der anderen Seite hat eine kurze, 2 cm-Säule mit einem Innendurchmesser von zwei Millimetern ein Totvolumen von nur 40 µL. Das heißt, dass das Gradientenverweilvolumen des Geräts rund 20-mal größer ist als das Säulentotvolumen. Das führt zu einem erheblichen Zeitverzug, bevor der Gradient auf der Säule eintrifft, und bedeutet, dass die eigentliche Analyse eine wesentliche längere Zeit beansprucht als vorgesehen. Was kann man tun?

Die Lösung dieses Problems liegt in einer verzögerten Probenaufgabe. Die Probe wird erst kurz vor dem Eintreffen des Gradientenanfangs auf die Säule aufgegeben. Nun beginnt der Gradient wie geplant und gewünscht sofort nach der Probenaufgabe, und eine verlängerte Analysendauer wird vermieden. Bei normalem, kontinuierlichem Betrieb kann man außerdem die eingesparte Zeit, in der die Säule unter den Anfangsbedingungen des Gradienten steht, zur Reäquilibrierung einsetzen. Das heißt, man programmiert das Gradientenende wie gewünscht, vielleicht mit einer kurzen Spülung der Säule mit dem organischen Lösungsmittel, und stellt dann sofort auf die Lösungsmittelzusammensetzung zu Beginn des Gradienten um. Die Reäquilibrierung setzt dann genauso ein, wie sie ohne ein übergroßes Verweilvolumen stattgefunden hätte. Am besten lässt sich das Verfahren in einem Diagramm zeigen (Abb. 7). Im oberen Fall wird der Verlauf der Analyse ohne den Trick der verzögerten Probenaufgabe gezeigt. Der Gradient erreicht die Säule, nachdem das Gradientenverweilvolumen gespült worden ist. Anschließend wird der Gradient ausgeführt, danach die Säule gespült, und reäquilibriert. Erst nach Abschluss des gesamten Verfahrens kann der zweite Gradient gestartet werden. Im unteren Diagramm wird das gleiche Trennverfahren mit verzögerter Probenaufgabe gezeigt. Die erste Injektion der Probe erfolgt kurz bevor der Gradient die Säule erreicht. In allen weiteren Gradienten wird der Gradientenverlauf, die Spülzeit, und die Reäquilibrierzeit genauso programmiert, als wäre das Gradientenverweilvolumen nicht vorhanden. Man muss lediglich berechnen, wann der Gradient die Säule erreicht, und die Probenaufgabe kurz vor diesem Zeitpunkt programmieren. Mit diesem Verfahren kann man den Einfluss des Gradientenverweilvolumens auf die Analysendauer fast komplett ausschalten.

Um das Prinzip der verzögerten Probenaufgabe nutzen zu können, muss man das Gradientenverweilvolumen des Geräts kennen. Dieses wird dadurch gemessen, dass man einen Gradienten programmiert, der im Detektor erfasst werden

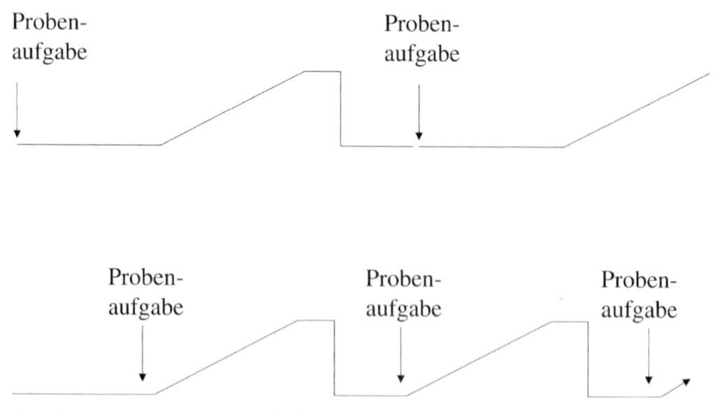

Abb. 7 Verzögerte Probenaufgabe zur Vermeidung der Gradientenverweilzeit.

kann. Zum Beispiel kann man einen linearen Gradienten von Wasser auf Wasser mit einem UV-Absorber (z. B. 1 % Aceton) programmieren. Dieser Versuch wird ohne HPLC-Säule durchgeführt. Die Gradientenverweilzeit ist dann der Unterschied zwischen der Zeit, für die der Anfang des Gradienten programmiert wurde, und der Zeit, die man durch Extrapolation der linearen Basislinienverschiebung im Detektor erhält. Das Gradientenverweilvolumen wird dann durch Multiplikation der gemessenen Verweilzeit mit der Flussrate berechnet.

1.2.2.4.2 Zeitkonstante und Datenaufnahmerate

Bei sehr schnellen Gradiententrennungen liegt die Peakbreite oft in der Größenordnung von einer Sekunde. Im oben erwähnten Beispiel sehr schneller Gradienten war der Peak nur 0,8 s breit. Man nimmt generell an, dass ein Peak gut dargestellt wird und nur eine geringe Bandenverbreiterung erleidet, wenn rund 40 Datenpunkte über die Peakbreite eingelesen werden. Das bedeutet, dass die Datenaufnahme nicht mehr als 20 ms pro Datenpunkt in Anspruch nehmen sollte. Das Gleiche gilt für die Zeitkonstante, die bei älteren Detektoren ein Maß für die Geschwindigkeit der Datenaufnahmerate darstellt. Der Wert der Zeitkonstante sollte ebenfalls unterhalb von 50 ms liegen. Heute wird das Detektorrauschen mit Digitalfiltern unterdrückt, die über eine Aufsummierung benachbarter Datenpunkte arbeiten. Maßgebend für das Verhalten des Filters ist die Breite des Filters (die Anzahl der aufsummierten Datenpunkte) wie auch der Filteralgorithmus (die Bewertung benachbarter Datenpunkte in der Summierung).

Zwei dieser Phänomene kann ein erfahrener Analytiker sofort erkennen. Eine zu niedrige Datenaufnahmerate erkennt man daran, dass jeder Datenpunkt sichtbar wird, und die Peaks meist recht eckig werden. Ein Problem mit der Zeitkonstante macht sich durch starkes Peaktailing bemerkbar, das sich bei höheren Analysengeschwindigkeiten noch weiter verstärkt. Eine zu große Peakverbreiterung durch den Digitalfilter ist schwerer zu erkennen, weil die Peaks nicht sichtbar verformt werden. Am besten ist es in diesem Fall, zwei Trennungen mit verschiedenen Filterbreiten zu fahren. Sobald ein Unterschied in der Peakbreite sichtbar wird, sollte die Breite des Digitalfilters verringert werden. Sollten diese Schwierigkeiten auftreten, kann ein Blick in die Bedienungsanleitung des Detektors oder des Datensystems helfen, die Probleme einzuengen oder zu beseitigen.

1.2.2.4.3 Messung der Ionenunterdrückung mithilfe der Nachsäuleninfusion

Ein ganz anderes Problem tritt auf, wenn man quantitative Analysen in komplexen Probematrizen mithilfe der Massenspektrometrie durchführen möchte. Ein Beispiel ist die Analyse von Pharmaka in tierischen oder menschlichen Plasmaproben. Der Einsatz der LC/MS-Kopplung hat für diese Problemstellung einen erheblichen Durchbruch erzielt. Man kann heute mit Analysenzeiten im Zeitbereich von einer Minute rechnen. Die Einfachheit der Analyse hat aber bald zu einer vollkommenen Vernachlässigung der chromatographischen Trennleistung geführt. Im Laufe der Zeit hat sich dann allerdings herausgestellt, dass die mitlaufenden Probenverunreinigungen zu einer Veränderung der Analysenwerte durch Signalverfälschung, vor allem durch Signalunterdrückung führen [1, 2].

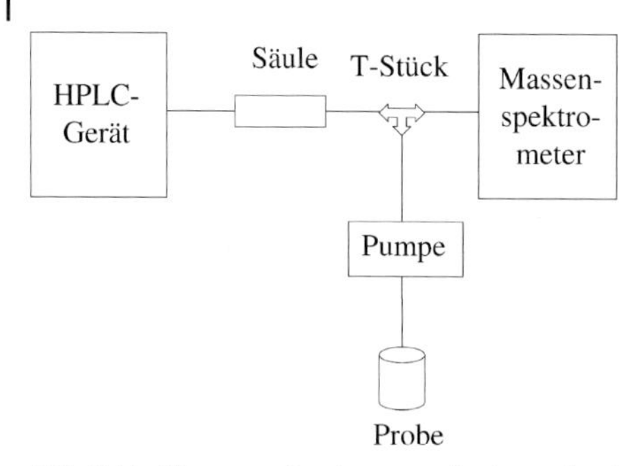

Abb. 8 Verfahren zur Bestimmung der Unterdrückung der Ionisierung der Probe.

Diese Probleme können durch den Einsatz von guten Probenvorbereitungsmethoden und guten HPLC-Trennmethoden eingeschränkt werden. Es empfiehlt sich aber oft, die Signalunterdrückung direkt zu messen. Dann kann unter Umständen eine bessere Analysenmethode oder eine effizientere Probenvorbereitungsmethode ausgearbeitet werden.

Die Methode der Bestimmung der Signalunterdrückung (Abb. 8) ist recht einfach, und der relativ geringe Aufwand ist leicht zu rechtfertigen. Man mischt nach der Säule über ein T-Stück eine Lösung der Probesubstanz mit der mobilen Phase, die aus der Säule fließt. Die Konzentration der Probe sollte im mittleren Bereich der Peakkonzentration liegen. Eine Plasmablindprobe (ohne Probesubstanz) wird auf die Säule aufgegeben. Man verfolgt das MS-Signal der Probe, während auf der Säule die Analyse ausgeführt wird. Das Verfahren lässt sich sowohl auf isokratische Trennungen als auch auf Gradiententrennungen anwenden. Wenn die aus der Säule eluierenden Substanzen eine Unterdrückung der Ionenbildung hervorrufen, sinkt das MS-Signal. Wenn keine Unterdrückung stattfindet, ändert sich das Signal nicht. Man weiß, bei welcher Retentionszeit die Probesubstanz eluiert. Wenn in diesem Zeitraum keine oder eine nur geringfügige Ionenunterdrückung sichtbar ist, kann das Trennverfahren für die Analyse von Plasmaproben eingesetzt werden. Falls eine hohe Ionenunterdrückung stattfindet, muss man entweder die Probenvorbereitungsmethode verbessern oder die HPLC-Trennmethode ändern (z. B. mit einer Änderung des pH-Wertes). Es ist empfehlenswert, mehrere Analysenmethoden vorzubereiten, die dann alle zur gleichen Zeit bezüglich Ionenunterdrückung miteinander verglichen werden können. Die hier beschriebene Methode ist generell anwendbar. Der einzige Nachteil ist der, dass die Probe oft in einer bestimmten Salzform vorliegt, wohingegen sie bei der HPLC-Trennung nur mit dem Gegenion des HPLC-Puffers eluiert. Es sind allerdings keine nachteiligen Folgen dieses Fakts bekannt.

Dank

Die Autoren danken Herrn Dr. Dirk Sievers, Waters GmbH, für die Durchsicht des Manuskriptes.

Literatur

1 P. R. Tiller, L. A. Romanyshyn, U. D. Neue, Fast LC/MS in the analysis of small molecules, *Analytical and Bioanalytical Chemistry* 377 (2003), 788–802.

2 B. K. Matuszewski, Strategies for the Assessment of Matrix Effect in Quantitative Bioanalytical Methods Based on HPLC-MS/MS, *Anal. Chem.* 75 (2003), 3019–3030.

3 Y.-F. Cheng, Z. Lu, U. D. Neue, Ultra-Fast LC and LC/MS/MS Analysis, *Rapid Commun. Mass Spectrom.* 15 (2001), 141–151.

4 U. D. Neue, J. L. Carmody, Y.-F. Cheng, Z. Lu, C. H. Phoebe, T. E. Wheat, Design of Rapid Gradient Methods for the Analysis of Combinatorial Chemistry Libraries and the Preparation of Pure Compounds, in: *Advances in Chromatography* (Eds. E. Grushka and P. Brown) Vol. 41, 93–136, Marcel Dekker, New York, Basel, 2001.

5 U. D. Neue, J. R. Mazzeo, A Theoretical Study of the Optimization of Gradients at Elevated Temperature *J. Sep. Sci.* 24 (2001), 921–929.

6 U. D. Neue, *HPLC Columns – Theory, Technology, and Practice*, Wiley-VCH, New York, 1997.

7 U. D. Neue, B. A. Alden, P. C. Iraneta, A. Méndez, E. S. Grumbach, K. Tran, D. M. Diehl, HPLC Columns for Pharmaceutical Analysis, in *Handbook of HPLC in Pharmaceutical Analysis* (Eds. M. Dong, S. Ahuja), 77–122, Academic Press, Elsevier, Amsterdam, 2005.

1.3 Selektivitätsänderung in der RP-HPLC mithilfe des pH-Wertes

Uwe Dieter Neue, Alberto Méndez, KimVan Tran und Diane M. Diehl

1.3.1 Einleitung

Die Mehrzahl der Probesubstanzen in der Reversed Phase-Chromatographie (RP-HPLC) besitzt ionisierbare funktionelle Gruppen, wie z. B. Carbonsäure-, Sulfonsäure- oder Aminogruppen. Die Retention der Probe hängt sehr stark vom Ionisierungsgrad der funktionellen Gruppe(n) ab [1]. Oft besteht ein 30facher Unterschied zwischen der Retentionszeit der ionisierten und der neutralen Form der gleichen Probesubstanz. Der Ionisierungsgrad wird vom pH-Wert der mobilen Phase bestimmt. Es ist wichtig, die verschiedenen Einflüsse zu verstehen, wenn man gute und reproduzierbare Trennungen erzielen möchte.

In diesem Kapitel werden wir diese Einflüsse im Detail diskutieren. Dabei werden wir den neuesten Wissensstand berücksichtigen, wie z. B. die Änderung von pH- und p*K*-Werten durch den organischen Anteil der mobilen Phasen in der Umkehrphasenchromatographie. Wir werden sowohl klassische Puffer als auch MS-kompatible Puffer behandeln. Einige Regeln zur Änderung der Retentionszeiten in Abhängigkeit von den funktionellen Gruppen der Probe werden auch mit einbezogen.

1.3.2 Hauptteil

1.3.2.1 Ionisierung und pH

Die Retention einer ionisierbaren Probe hängt vom Ionisierungsgrad ab. Für einfache Substanzen gilt, dass die nicht ionisierte Form eine wesentlich höhere Retention besitzt als die ionisierte Form. Wenn mehrere Ionisierungsstufen vorliegen, zeigt meist die Form mit dem höheren Ionisierungsgrad die niedrigere Retention. Der Ionisierungsgrad einer Probe ist abhängig vom pH-Wert der Lösung und den p*K*-Werten der Ionisierungsstufen.

Die Abhängigkeit der Retention vom Ionisierungsgrad ist in Abb. 1 für eine saure und eine basische Probesubstanz gezeigt. Für beide Substanzen ändert sich die Retention um mehr als eine Größenordnung. Ein Faktor von rund 10 bis rund 30 ist typisch für den Unterschied in den Retentionsfaktoren zwischen der geladenen und der ungeladenen Form einer Probe. Die ionisierte Form der Probe hat in der RP-HPLC stets einen niedrigeren Retentionsfaktor. Das gilt bei saurem pH-Wert für die basische Probe und bei alkalischem pH-Wert für die saure Probe. Dagegen werden hohe Retentionsfaktoren für die neutrale Form beider Proben erzielt, d. h. im sauren pH-Wert-Bereich für die Säure und im alkalischen pH-Wert-Bereich für die Base. Zwischen den beiden Extremwerten

HPLC richtig optimiert: Ein Handbuch für Praktiker. Herausgegeben von Stavros Kromidas

ISBN: 3-527-31470-9

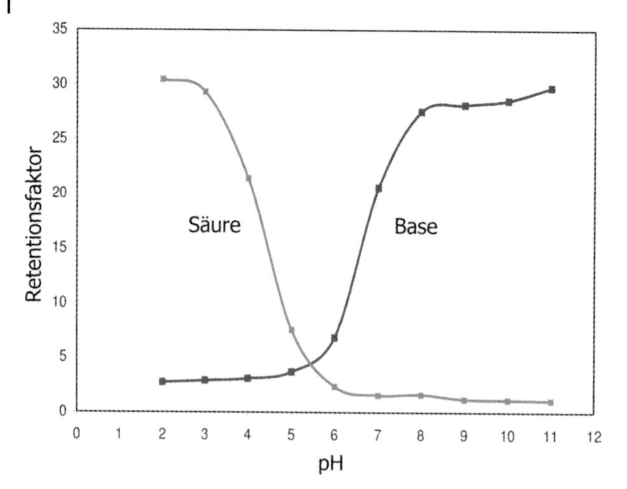

Abb. 1 Retentionszeitverhalten einer sauren und einer basischen Probesubstanz in Abhängigkeit vom pH-Wert. Säule: XTerra® RP_{18}, 3,9 × 20 mm.

der Retention gibt es einen Übergangsbereich, in dem die Retention vom Ionisierungsgrad der Probe abhängt. Die folgenden Gleichungen beschreiben dieses Verhalten [1, 2]:

$$k = \frac{k_0 + k_1 \cdot d}{1 + d} \tag{1}$$

k ist der Retentionsfaktor der Probe, k_0 ist der Retentionsfaktor der protonierten Form der Probe und k_1 der Retentionsfaktor der deprotonierten Form. d ist der Grad der Deprotonierung und ist wie folgt definiert:

$$d = 10^{\mathrm{pH} - \mathrm{p}K_\mathrm{S}} \tag{2}$$

pH ist der pH-Wert der Lösung, und pK_S ist der pK-Wert für die relevante Dissoziationsstufe der Probe. Für mehrfach geladene Probesubstanzen erweitert sich die Gleichung in einfacher Weise. Das wird hier für eine zweifach geladene Form, wie Säuren und Basen mit zwei Dissoziationsstufen oder eine zwitterionische Substanz, gezeigt:

$$k = \frac{k_0 + k_1 \cdot d_1 + k_2 \cdot d_1 \cdot d_2}{1 + d_1 + d_1 \cdot d_2} \tag{3}$$

Die Retentionsfaktoren sinken generell mit der Anzahl der Ladungen. So wird z. B. ein Zwitterion weniger retardiert als die einfach geladenen Formen der gleichen Probe. In Abb. 2 ist ein solches Beispiel gezeigt. Die Probe ist Fexofenadin, eine Substanz mit einer Carbonsäuregruppe und einer tertiären Aminogruppe. Im stark Sauren ist die Säuregruppe protoniert und somit nicht geladen. Es liegt dann nur die einfache Ladung der Aminogruppe vor. Im mittleren pH-Wert-Bereich sind sowohl die Säuregruppe als auch die Aminogruppe ionisiert. Aufgrund

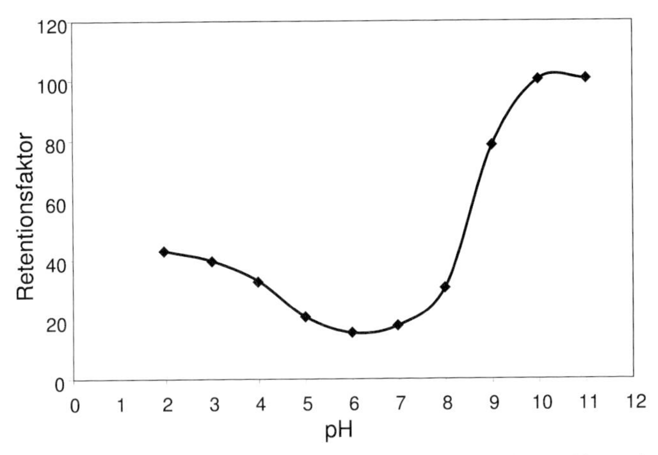

Abb. 2 Retentionszeitverhalten einer zwitterionischen Probe in Abhängigkeit vom pH-Wert [1]. Säule: XTerra® RP_{18}, 3,9 mm × 20 mm. Mobile Phase: 20 % Acetonitril, 80 % 30 mM Puffer. (Übernommen aus [1] mit freundlicher Genehmigung von Elsevier Science B. V.).

der zweifachen Ladung ist die Retentionszeit niedrig. Im Alkalischen wird nun die Aminogruppe deprotoniert, es liegt nur eine Ladung, die der Säuregruppe, vor, und die Retention steigt wieder an.

Die p*K*-Werte einer Probesubstanz bestimmen den pH-Wert-Bereich, in dem sich die Ladung und damit die Retention ändert. Wenn der pH-Wert außerhalb von zwei Einheiten um den p*K*-Wert liegt, ist die Probe entweder über 99 % dissoziiert oder undissoziiert. Das heißt, dass sich die Retentionszeit außerhalb dieses Bereichs nicht ändert. Innerhalb dieses Bereichs jedoch, vor allem ±1,5 Einheiten um den p*K*-Wert der Probe, ändert sich die Retention stark. In der Praxis bedeutet das, dass eine gute Kontrolle des pH-Wertes in diesem Bereich unabdingbar ist, um reproduzierbare Retentionswerte zu erzielen. Darauf werden wir unten etwas genauer eingehen.

Aliphatische Carbonsäuren haben pK_S-Werte um 5. Ibuprofen hat einen pK_S-Wert von 5,2 [3, 4]. Typische pK_S-Werte für aliphatische Amine liegen um 9. Ein Beispiel ist Amitriptylin mit einem pK_S-Wert von 9,4 [3, 4]. Phenole sind, andererseits schwache Säuren (der pK_S-Wert von Phenol ist 10,0). Ebenso sind Aniline sehr schwache Basen (pK_S-Wert von Anilin: 4,7). Diese Anhaltspunkte sind gute Referenzpunkte für die Abschätzung von p*K*-Werten von Substanzen, für die die Messwerte nicht vorliegen. Wenn man den p*K*-Wert einer aromatischen Substanz schätzen möchte, muss man die Konjugation mit anderen funktionellen Gruppen, die über das aromatische Ringsystem gekoppelt sind, mit in Betracht ziehen.

1.3.2.2 Mobile Phase und pH-Wert

In Abb. 1 wurde gezeigt, dass die Retention einer Probe sehr stark vom pH-Wert der mobilen Phase abhängen kann. Um den pH-Wert stabil und reproduzierbar zu halten, werden in der HPLC daher oft Puffer eingesetzt. Puffer sind Lösungen ionogener Substanzen, die ein konjugiertes Protonendonator/Protonenakzeptor-Paar enthalten und den pH-Wert gegen den Zusatz kleiner Mengen von Säure oder Base stabilisieren [5]. Als Beispiel soll uns der Acetatpuffer dienen. Er besteht aus einer gleichen molaren Konzentration an Essigsäure, dem Protonendonator, und einem Acetat, dem Protonenakzeptor. Der pH-Wert einer solchen Lösung ist in Wasser 4,75. Der pH-Wert ändert sich kaum, wenn man eine kleine Menge an Base oder Säure unterhalb der Pufferkonzentration zugibt. Stellt man eine Lösung von Natriumdihydrogenphosphat in Wasser her, erhält man auch einen pH-Wert von rund 4,5. Diese Lösung ist jedoch kein Puffer, denn sie stabilisiert den pH-Wert nicht. Wenn man dieser Natriumdihydrogenphosphat-Lösung eine kleine Menge Säure zusetzt, bewegt sich der pH-Wert zum sauren Bereich. Dagegen bewegt er sich zum Neutralbereich, wenn man eine kleine Menge Base zusetzt. Beides findet bei dem eben erwähnten Acetatpuffer nicht statt. Ein Puffer ist also dann ein Puffer, wenn er den pH-Wert stabilisiert. Ist das nicht der Fall, handelt es sich nicht um einen Puffer, sondern nur um eine Salzlösung.

Die pK_S-Werte einiger häufig verwendeter HPLC-Puffer sind in Tabelle 1 aufgelistet. Die Tabelle besteht aus zwei Teilen: Puffer, die auf Säuren aufgebaut sind, und Puffer, die auf Basen aufgebaut sind. Natürlich ließe sich diese Liste beliebig erweitern. Die hier angegebenen Puffersubstanzen überstreichen den gesamten für die HPLC interessanten pH-Wert-Bereich. Alle organischen Puffer sowie Hydrogencarbonat und Ammoniumpuffer sind flüchtig und somit MS-kompatibel, vorausgesetzt dass ein geeignetes Gegenion eingesetzt wird.

Tabelle 1 HPLC-Puffer.

(a) Puffersäuren (neutrale oder anionische Protonendonatoren)	
Name	pK_S
Trifluoracetat	0,5
Phosphat I	2,15
Phosphat II	7,20
Phosphat III	12,38
Acetat	4,75
Formiat	3,75
Hydrogencarbonat	10,25
Borat I	9,24
(b) Pufferbasen (kationische Protonendonatoren)	
Name	pK_S
Ammonium	9,24
Trimethylammonium	9,80
Triethylammonium	10,72
Pyrrolidinium	11,30

1.3.2.2.1 **Pufferkapazität**

Das Maß für die Qualität eines Puffers ist die Pufferkapazität. Sie ist definiert als der reziproke Wert der Steigung der pH-Kurve [5]. Sie hängt von zwei Faktoren ab: (a) von der Konzentration des Puffers; (b) von der Distanz zwischen dem pH-Wert und dem pK_S-Wert des Puffers. Abbildung 3 zeigt die Pufferkapazitäten für Acetatpuffer in Konzentrationen von 5 mM, 10 mM, 20 mM und 40 mM. Die größte Pufferkapazität wird um pH 4,75 erreicht. Sie steigt mit der Pufferkonzentration. Gleichzeitig ist der Bereich, in dem eine gewünschte Pufferkapazität erzielt wird, bei höheren Konzentrationen breiter. So kann ein 10 mM Acetatpuffer eine Pufferkapazität von 0,005 im Bereich von pH 4,5–5 haben, wohingegen ein 40 mM Puffer die gleiche Pufferkapazität zwischen pH 3,5 und 6 erreicht. Diese Erkenntnis ist wichtig für die Abschätzung der Qualität eines Puffers. Die Grenzbereiche der Abbildung bei niedrigem und hohem pH-Wert werden durch die Pufferkapazitäten der Hydronium- und Hydroxidionen bei den gegebenen pH-Werten gebildet.

Abbildung 4 zeigt die Pufferkapazitäten der MS-kompatiblen Puffer Formiat, Acetat, Ammonium und Ammoniumhydrogencarbonat bei einer Konzentration von 20 mM. Ameisensäure oder Ammoniumformiat werden bevorzugt im sauren pH-Wert-Bereich eingesetzt. Essigsäure und Acetat eignen sich für einen etwas höheren pH-Wert, werden allerdings weniger häufig verwendet. Im alkalischen Bereich kann man Ammoniak oder Ammoniak mit einem flüchtigen Salz (Formiat, Acetat oder Hydrogencarbonat) einsetzen. Ammoniumhydrogencarbonat ist ein bevorzugter Puffer mit einer guten Pufferkapazität (die Puffereigenschaften des Ammoniumions und des Hydrogencarbonatanions überschneiden sich). Ammoniumhydrogencarbonat ist besonders gut für LC/MS-Trennungen geeignet. Oberhalb von 60 °C zerfällt es in die leicht flüchtigen Stoffe CO_2, NH_3 und H_2O.

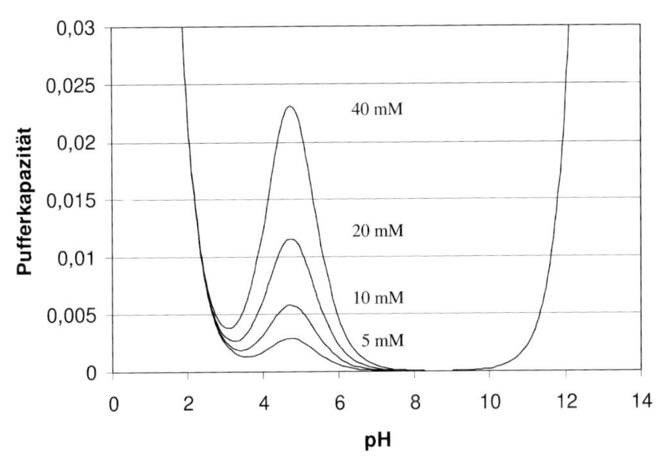

Abb. 3 Pufferkapazitäten von Acetatpuffern verschiedener Konzentration. Von oben nach unten: 40 mM, 20 mM, 10 mM, 5 mM.

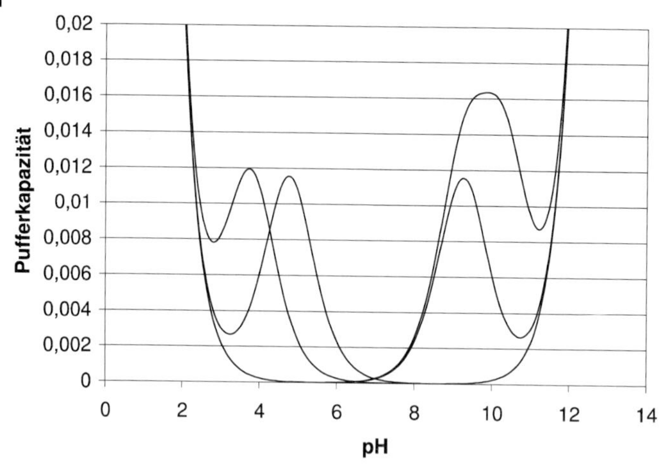

Abb. 4 MS-kompatible Puffer, 20 mM; von links nach rechts: Formiat, Acetat, Ammonium, Ammoniumhydrogencarbonat.

1.3.2.2.2 Änderung von p*K*- und pH-Werten durch den Zusatz des organischen Lösungsmittels

Die in der Literatur angegebenen pH-Werte eines Puffers sowie die pK_S-Werte von Proben beziehen sich normalerweise auf Wasser als das Lösungsmittel. Es ist wichtig zu wissen, dass beide Werte sich mit dem Zusatz eines organischen Lösungsmittels verschieben [6]: Generell erhöhen sich die pK_S-Werte von Säuren, wohingegen sich die pK_S-Werte von Basen bei Zusatz eines organischen Lösungsmittels erniedrigen. Dieses Phänomen wurde im Detail von Rosés und Bosch beschrieben [6]. Für den Praktiker ist es entscheidend, dass sich die Pufferkapazität eines Puffers bei Zusatz des organischen Lösungsmittels nicht ändert: Ein guter Puffer im Wässrigen bleibt auch ein guter Puffer nach Zusatz des organischen Lösungsmittels. Im Gegensatz zu den Empfehlungen in der Literatur [6] raten wir daher für die alltägliche Praxis der HPLC generell davon ab, den pH-Wert nach Zugabe des organischen Lösungsmittels zu messen. Der pK_S-Wert des Puffers und damit der optimale pH-Wert ändern sich bei Zusatz des organischen Lösungsmittels, aber die Pufferkapazität bleibt erhalten. Der „echte" pH-Wert nach Zusatz des organischen Lösungsmittels ist sicherlich für den Theoretiker interessant, für den Praktiker spielt jedoch einzig und allein die Pufferkapazität eine Rolle, und diese kann leicht durch Bezug auf die wässrigen p*K*- und pH-Werte des Puffers abgeschätzt werden. Die wässrigen p*K*-Werte findet man in Lehrbüchern.

Trotzdem ist es nützlich, einen kurzen Überblick über die in Ref. [6] beschriebenen Phänomene zu geben. Wenn man die Grundlagen für Retentionszeitverschiebungen in Abhängigkeit vom pH-Wert verstehen will, ist es unumgänglich, den pH-Wert nach Zugabe des organischen Lösungsmittels zu messen. Dazu lassen sich zwei pH-Wert-Skalen verwenden. Bei der ersten pH-Wert-Skala wird das pH-Meter mit Standardpuffern *nach* Zusatz des organischen Lösungsmittels kalibriert. Diese Skala wird als die ${}^{s}_{s}$pH-Skala bezeichnet, wobei der hochgestellte Index die Messmethode und der tiefgestellte die Kalibriermethode beschreibt. Wenn man das pH-Meter in Wasser mit Standardpuffern kalibriert und die Messung nach Zusatz des organischen Lösungsmittels durchführt, erhält man pH-Werte der ${}^{s}_{w}$pH-Skala. Die beiden Skalen unterscheiden sich durch den Aktivitätskoeffizienten des Hydroniumions γ^{0}_{H}

$$ {}^{s}_{w}\mathrm{pH} = {}^{s}_{s}\mathrm{pH} - \log({}^{s}_{w}\gamma^{0}_{H}) \qquad (4) $$

Die Unterschiede zwischen den pH-Werten in Wasser und in Mischungen von organischen Lösungsmitteln mit Wasser werden dagegen durch die Änderung der Autoprotolysekonstanten des Wassers bei Zusatz des organischen Lösungsmittels hervorgerufen.

Abbildung 5 zeigt die Änderung der p*K*-Werte einiger Puffersubstanzen in Abhängigkeit von der Zusammensetzung von Methanol/Wasser-Gemischen. Die Daten für diese Abbildung wurden aus [7, 8] übernommen. Die pK_S-Werte der Puffer, die auf Säuren wie z. B. Ameisensäure aufgebaut sind, erhöhen sich bei Zusatz des organischen Lösungsmittels. Bei Puffern, die auf Basen aufgebaut sind, verschiebt sich der p*K*-Wert über einen großen Bereich der Lösungsmittelzusammensetzung in den sauren Bereich. Das heißt, dass der Zusatz des organischen Lösungsmittels bewirkt, dass sowohl Säuren als auch Basen schwächer werden. Abbildung 6 zeigt die von uns gemessene Änderung des pH-Wertes für gepufferte mobile Phasen, die auf Acetonitril aufgebaut sind. Alle hier gezeigten Puffer sind auf Säuren aufgebaut. Deswegen verschieben sich alle pH-Werte in den alkalischen Bereich, wenn sich die Acetonitrilkonzentration erhöht. Ein interessantes Ergebnis erhält man, wenn sich bei einem Puffer die pK_S-Werte einer Säure und einer Base überlagern. Das ist bei einem Ammoniumhydrogen-

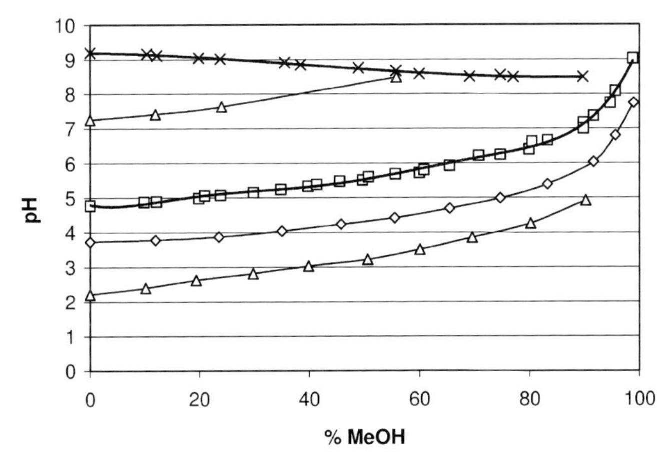

Abb. 5 ${}^{s}_{s}$pK_S-Werte verschiedener Puffer in Methanol/Wasser-Gemischen. △ Phosphat (wässrige pH-Werte 2 und 7), ◇ Formiat, □ Acetat, × Ammonium. (Daten aus [8] übernommen mit Genehmigung der Autoren).

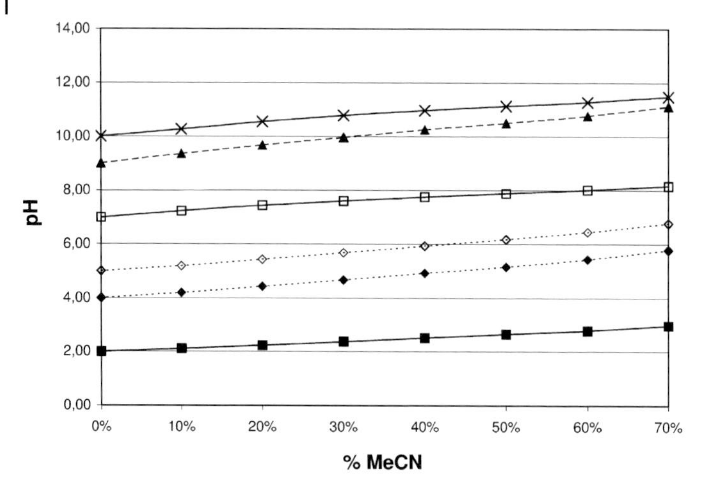

Abb. 6 ${}^{s}_{w}$pH-Werte verschiedener Puffer in Acetonitril/Wasser-Gemischen. ■□ Phosphat (wässrige pH-Werte 2 und 7), ♦◇ Acetat (wässrige pH-Werte 4 und 5), ▲ Borat, × Hydrogencarbonat.

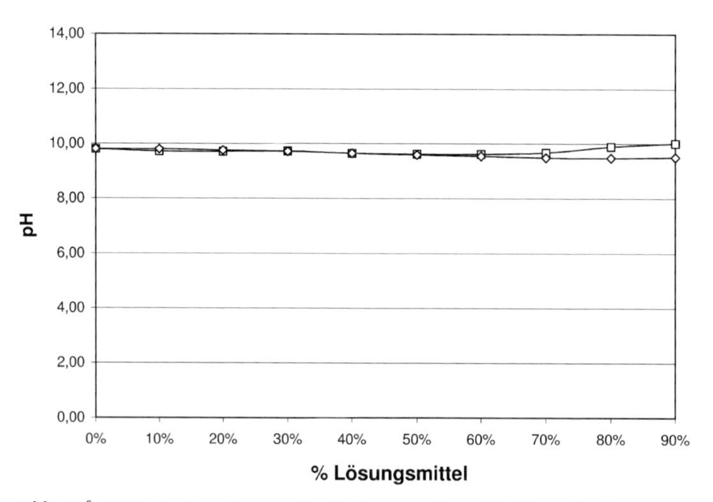

Abb. 7 ${}^{s}_{w}$pH-Werte eines Ammoniumhydrogencarbonat-Puffers mit einem wässrigen pH-Wert von 9,8. ◇ Methanol, □ Acetonitril.

carbonat-Puffer der Fall (Abb. 7). Der ${}^{s}_{w}$pH-Wert dieses Puffers ändert sich nur wenig in Abhängigkeit von der Lösungsmittelzusammensetzung, weil sich der pK_S-Wert des Hydrogencarbonats in den basischen Bereich, der pK_S-Wert des Ammoniumions in den sauren pH-Bereich verschiebt.

Wie sich die pK_S-Werte der Puffer bei Zusatz eines organischen Lösungsmittels ändern, so verschieben sich auch die pK_S-Werte der Proben. Dieses Thema wird unten in der Diskussion des Einflusses des pH-Wertes auf die Retention noch einmal aufgegriffen.

1.3.2.3 Puffer

1.3.2.3.1 Klassische Puffer

Welche Puffer in der HPLC bevorzugt verwendet werden, hängt vor allem von der Wahl des Detektors ab. Deswegen unterscheiden wir zwischen klassischen Puffern, die bei Verwendung von UV-Detektoren eingesetzt werden, und MS-kompatiblen Puffern, die sich durch eine hohe Flüchtigkeit auszeichnen. Wir werden hier zuerst die klassischen Puffer behandeln.

Bevorzugte Puffer für die UV-Detektion sind Phosphatpuffer mit pK_S-Werten von 2,15 und 7,20. Diese Puffer können ohne Schwierigkeiten bei niedrigen UV-Wellenlängen, z. B. 210 nm, eingesetzt werden. Im schwach alkalischen pH-Bereich können Ammoniumpuffer (pK_S-Wert 9,24) mit geeigneten Gegenionen mit niedriger UV-Absorption verwendet werden. Im gleichen pH-Bereich liegt die erste Dissoziationskonstante eines Boratpuffers mit ebenfalls niedriger UV-Absorption. Im stärker alkalischen Bereich liegen die pK_S-Werte einfacher Amine: Pyrrolidin und Triethylamin haben pK_S-Werte von 11,3 bzw. 10,7 und sind beide im niedrigen UV-Bereich einsetzbar. Bei allen Aminen ist die Reinheit ein wichtiger Faktor für die Verwendbarkeit bei kleinen Wellenlängen.

Andere Puffer haben meist eine erhebliche UV-Absorption im Bereich unterhalb 215 nm. Für den normalen UV-Bereich um 254 nm steht eine große Auswahl an Puffern zur Verfügung. Acetat ist der populärste Puffer für pH 4,75, genau in der Mitte zwischen der ersten und zweiten Dissoziationsstufe der Phosphatpuffer. Ammoniumhydrogencarbonat ist besonders geeignet für den pH-Wert-Bereich 9–10, weil sich die Pufferbereiche des Ammoniumions ($pK_S = 9{,}24$) und des Carbonations ($pK_S = 10{,}25$) überlagern.

1.3.2.3.2 MS-kompatible pH-Wert-Kontrolle

Die wichtigsten MS-kompatiblen Lösungen zur pH-Kontrolle sind bereits oben beschrieben worden. Wesentlich ist eine ausreichende Flüchtigkeit der Substanz. Vor allem werden die flüchtigen Säuren Ameisensäure und Essigsäure verwendet, ebenso die echten Puffer Ameisensäure/Ammoniumformiat und Essigsäure/Ammoniumacetat. Im Alkalischen werden bevorzugt Ammoniak oder Ammoniumhydrogencarbonat eingesetzt. Ebenso kann das Ammoniumion mit flüchtigen Anionen wie Acetat oder Formiat für die Erstellung von Puffern um den pK_S-Bereich des Ammoniumions ($pK_S = 9{,}24$) verwendet werden. In der Literatur findet man manchmal den Einsatz von Ammoniumacetat und -formiat bei neutralem pH-Wert. Man sollte sich vergegenwärtigen, dass derartige Lösungen mit pH-Kontrolle nichts zu tun haben, weil diese Lösungen bei pH 7 keine Pufferkapazität besitzen!

Trifluoressigsäure (TFA) wird im stark Sauren eingesetzt. Dazu ist zu bemerken, dass TFA oft erheblich zur Ionenunterdrückung beiträgt. Man sollte nur im Notfall dazu greifen. In unserem Labor sind auch halbflüchtige Puffer wie Ammoniumphosphat bei pH 7 erfolgreich eingesetzt worden. Es wird eine sehr niedrige Konzentration empfohlen, und es sollte eine häufigere Reinigung des Einlassventils eingeplant werden.

1.3.2.4 Einfluss der Proben auf die Retention

Ob eine Probesubstanz ionisiert oder nicht ionisiert vorliegt, spielt eine wesentliche Rolle für die Retention der Probe. Die nicht ionisierte Form der Probe hat eine um eine Größenordnung, oft um einen Faktor 30, höhere Retention. Allerdings ist der Unterschied in der Retention nicht für alle Analyten gleich. Für manche Proben ändert sich die Retention mehr, für andere weniger. Das ist allgemein in Abb. 8 gezeigt. Aufgetragen sind die Retentionszeiten von über 70 Proben in einer Gradientenanalyse bei saurem und alkalischem pH-Wert. Die x-Achse zeigt die Retentionszeit bei pH 3, die y-Achse bei pH 10. Im Zentrum der Abbildung wurde eine Gerade durch die Daten von nichtionisierbaren Proben gelegt. Die Retention dieser Proben wird vom pH-Wert nicht beeinflusst. Proben mit sauren funktionellen Gruppen sind im sauren pH-Bereich neutral und werden also stärker retardiert. Entsprechend sind basische Proben im Alkalischen neutral und zeigen daher eine erhöhte Retention in diesem pH-Wert-Bereich.

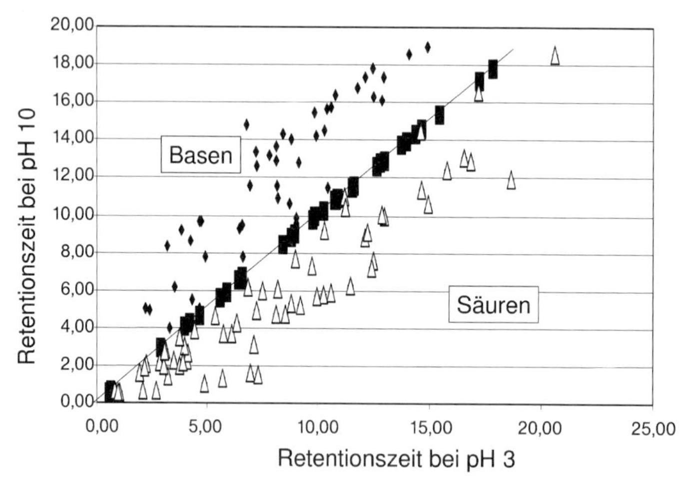

Abb. 8 Unterschiede in den Retentionswerten einer großen Anzahl von Proben in Abhängigkeit vom pH-Wert unter Gradientbedingungen.
■ Neutralsubstanzen, △ Säuren, ♦ Basen.

1.3.2.4.1 Der Probentyp: Säuren, Basen, Zwitterionen

Wie stark sich die Retention einer Probe ändert, hängt sowohl vom Ionisierungsgrad als auch von strukturellen Parametern der Probe ab. Sulfonsäuren sind sehr sauer. Benzolsulfonsäure hat einen pK_S-Wert von 0,7. Die pK-Werte aliphatischer Sulfonsäuren liegen höher. Aliphatische Carbonsäuren haben pK-Werte um 4,5 bis 5, aromatische Carbonsäuren sind etwas stärker sauer. Sulfonamide sind schwach sauer. Die pK_S-Werte von Phenolen liegen im schwach alkalischen Bereich (Phenol: 9,99) und hängen stark von der Substitution am Benzolring ab.

Basische Proben sind im sauren pH-Wert-Bereich protoniert und verlieren ihre Ladung im alkalischen pH-Bereich. Aniline sind sehr schwache Basen. Der pK_S-Wert von Anilin selbst ist 4,6. Pyridin ist ebenfalls eine sehr schwache Base mit einem pK_S-Wert von 5,2. Auf der anderen Seite sind aliphatische Amine sehr starke Basen: Methylamin pK_S = 10,6, Dimethylamin pK_S = 10,8, Trimethylamin pK_S = 9,8. Eine Analyse der Retentionszeitänderung der starken Basen in Abb. 8 hat gezeigt, dass sich die Retentionszeit tertiärer Amine stärker verschiebt als die der sekundären Amine. Das ist möglicherweise darauf zurückzuführen, dass die Protonierung eines Amins eine stark gebundene Hydrathülle um die Aminfunktion hervorruft, die die Methylgruppen „versteckt". Andererseits tragen die Methylgruppen zur Retention bei, wenn die Aminogruppe deprotoniert ist. Eine andere Möglichkeit ist, dass unter den Messbedingungen nur die tertiären Basen voll deprotoniert sind.

Die Retention von Zwitterionen ändert sich ebenfalls vorhersagbar mit dem pH-Wert. Das Beispiel von Fexofenadin ist schon eingangs gezeigt worden. Bei dieser Probe sank die Retention um rund Faktor 3 vom sauren zum neutralen pH-Wert-Bereich und stieg dann um Faktor 7 vom neutralen zum alkalischen pH-Wert-Bereich. Für Proben mit einer Anilingruppe und einer Phenolgruppe erhält man das umgekehrte Ergebnis. Im sauren pH-Wert-Bereich ist die Probe einfach positiv geladen. Im mittleren pH-Wert-Bereich geht diese Ladung verloren, das Probemolekül ist neutral, und die Retention steigt an. Im alkalischen pH-Wert-Bereich erwirbt die Phenolgruppe eine negative Ladung, und die Retention sinkt wieder. Wie man sieht, können mit einer pH-Wert-Änderung erhebliche Verschiebungen in der Retention und damit der Selektivität einer Trennung erreicht werden.

1.3.2.4.2 Der Einfluss des organischen Lösungsmittels auf die Ionisierung der Proben

Wie sich die pH-Werte eines Puffers mit dem Zusatz eines organischen Lösungsmittels ändern, so ändern sich auch die pK_S-Werte einer Probe. Es ist wichtig, dass man diese Vorgänge im Auge behält, wenn man HPLC-Methoden entwickelt. Die kombinierten Effekte der pH-Wert-Verschiebung eines Puffers und der pK_S-Verschiebung einer Probe können überraschende Folgen haben. Nehmen wir z. B. die Retention von Amitriptylin in 65 % Methanol in einem Phosphatpuffer [9]. Der pH-Wert des Phosphatpuffers wurde in Wasser gemessen und betrug 7,0. Der in der Literatur [4] angegebene pK_S-Wert für Amitriptylin ist 9,4. Bei dem gegebenen Unterschied zwischen dem pK_S-Wert und dem pH-Wert von 2,4 Einheiten erwartet man, dass Amitriptylin in diesem Puffer vollkommen protoniert ist. Untersuchungen bzgl. Retentionszeitverhalten zeigen jedoch [9], dass unter den Messbedingungen, d. h. in 65 % Methanol, nur rund ein Drittel der Amitriptylinmoleküle in ionisierter Form vorliegt. Unter diesen Messbedingungen liegt der zweite pK_S-Wert der Phosphorsäure bei rund 9 [8]. Das heißt, dass sich der pK_S-Wert des Amitriptylins auf rund pH 8,5 verschoben hat. Die Kombination beider Effekte führt dazu, dass Amitriptylin nur beschränkt ionisiert ist.

Es ist also wichtig, dass man bei der Methodenentwicklung die pH- und pK_S-Wert-Verschiebungen im Auge behält, weil eine gute Kontrolle des Ionisierungsgrads der Analyten eine wichtige Voraussetzung für die Reproduzierbarkeit und damit der Robustheit einer Methode ist.

1.3.3 Anwendungsbeispiel

Für die Trennung ionisierbarer Substanzen spielt der pH-Wert also eine wesentliche Rolle. Das heißt, man kann und soll den pH-Wert in der Methodenentwicklung schon früh berücksichtigen. Zu diesem Zweck haben wir eine Methode ausgearbeitet, die schon früh zeigt, welche Kombination von mobiler Phase und pH am meisten Erfolg verspricht [10]. Die Grundlagen dieser Gedanken wurden schon früher dargelegt [11].

Bei dieser Methode wird eine Trennung bei zwei pH-Werten, mit zwei Lösungsmitteln und mehreren Säulen mit guten Selektivitätsunterschieden im Gradientenverfahren erprobt. Wenn Hybridmaterialien wie XTerra® eingesetzt werden, kann man aufgrund der pH-Stabilität der Packung einen alkalischen pH-Wert (pH 10 mit Ammoniumhydrogencarbonat) zusammen mit einem sauren pH-Wert (z. B. pH 3,5 mit einem Ammoniumformiatpuffer) verwenden. Diese modernere Methode kann auch bei massenspektrometrischer Detektion eingesetzt werden [10]. Bei klassischen Säulen auf Kieselgelbasis und UV-Detektoren werden stattdessen Phosphatpuffer bei pH 2,5 und 7,0 vorgeschlagen [11]. In beiden Fällen führt der große pH-Sprung zu einer Veränderung der Ionisierung der Proben und damit zu einer deutlichen Verschiebung der Selektivität der Trennung.

Als Lösungsmittel werden Acetonitril und Methanol verwendet. Methanol ist ein Protonendonator und Acetonitril ein Protonenakzeptor. Mit diesen beiden Lösungsmitteln lassen sich erhebliche Selektivitätsunterschiede erzielen. Weiterhin lässt sich die Selektivität der Lösungsmittel kontinuierlich variieren, und eine Feineinstellung der Selektivität ist mit der Mischung der beiden Lösungsmittel möglich. Klassisch wurde auch Tetrahydrofuran eingesetzt, aber das ist in den meisten Fällen nicht notwendig. Zusätzlich kann man auch die Feineinstellung des pH-Wertes – in der Umgebung der pK_S-Werte der Puffer – zur Verbesserung der Trennung verwenden. Das ist allerdings nur möglich, wenn die pK_S-Werte der Analyten von Interesse nicht zu weit von dem pH-Wert weg liegen.

Weiterhin lässt sich die Säulenselektivität mit dieser Methode schnell erfassen. Wir haben generell drei XTerra®-Säulen verwendet: die XTerra® MS C_{18} mit einer trifunktionellen C_{18}-Kette, die XTerra® RP_{18} mit eingebauter Carbamatgruppe und die XTerra® Phenyl-Säule mit der aromatischen Phenylgruppe. Durch die Verwendung dieser drei Phasen wird die Phasenselektivität gezielt maximiert. Alternativ kann man die auf Kieselgelbasis aufgebauten Packungen Symmetry® C_{18} und SymmetryShield® RP_{18} mit sauren und neutralen Puffern verwenden. Die Unterschiede in der Säulenselektivität von Säulen mit und ohne eingebaute polare Gruppe werden in anderen Kapiteln dieses Buches diskutiert.

Als Beispiel soll die folgende Entwicklung einer Trennmethode für 9 Diuretika dienen. Um die Einflüsse von pH-Wert, Lösungsmittel und Säule schnell zu erfassen, werden die gleichen Gradienten (von 0 bis 80 %B in 15 min) mit Methanol und Acetonitril im Sauren (pH 3,64) und im Alkalischen (pH 9,0) auf drei kurzen 4,6 mm × 50 mm-Säulen, XTerra® MS C_{18}, XTerra® RP_{18} und XTerra® Phenyl, gefahren. Diese Trennungen werden in Abb. 9 gezeigt.

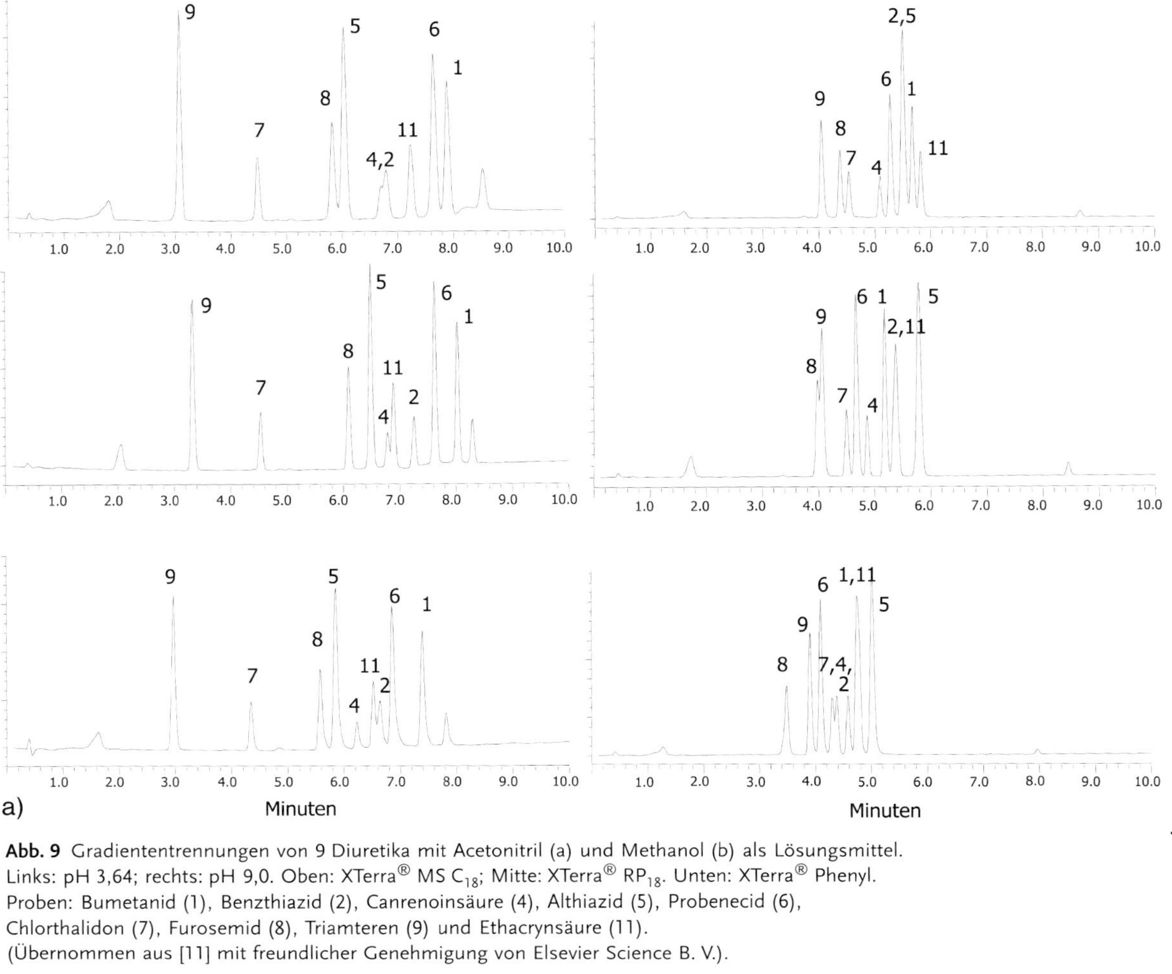

Abb. 9 Gradiententrennungen von 9 Diuretika mit Acetonitril (a) und Methanol (b) als Lösungsmittel. Links: pH 3,64; rechts: pH 9,0. Oben: XTerra® MS C_{18}; Mitte: XTerra® RP_{18}. Unten: XTerra® Phenyl. Proben: Bumetanid (1), Benzthiazid (2), Canrenoinsäure (4), Althiazid (5), Probenecid (6), Chlorthalidon (7), Furosemid (8), Triamteren (9) und Ethacrynsäure (11).
(Übernommen aus [11] mit freundlicher Genehmigung von Elsevier Science B. V.).

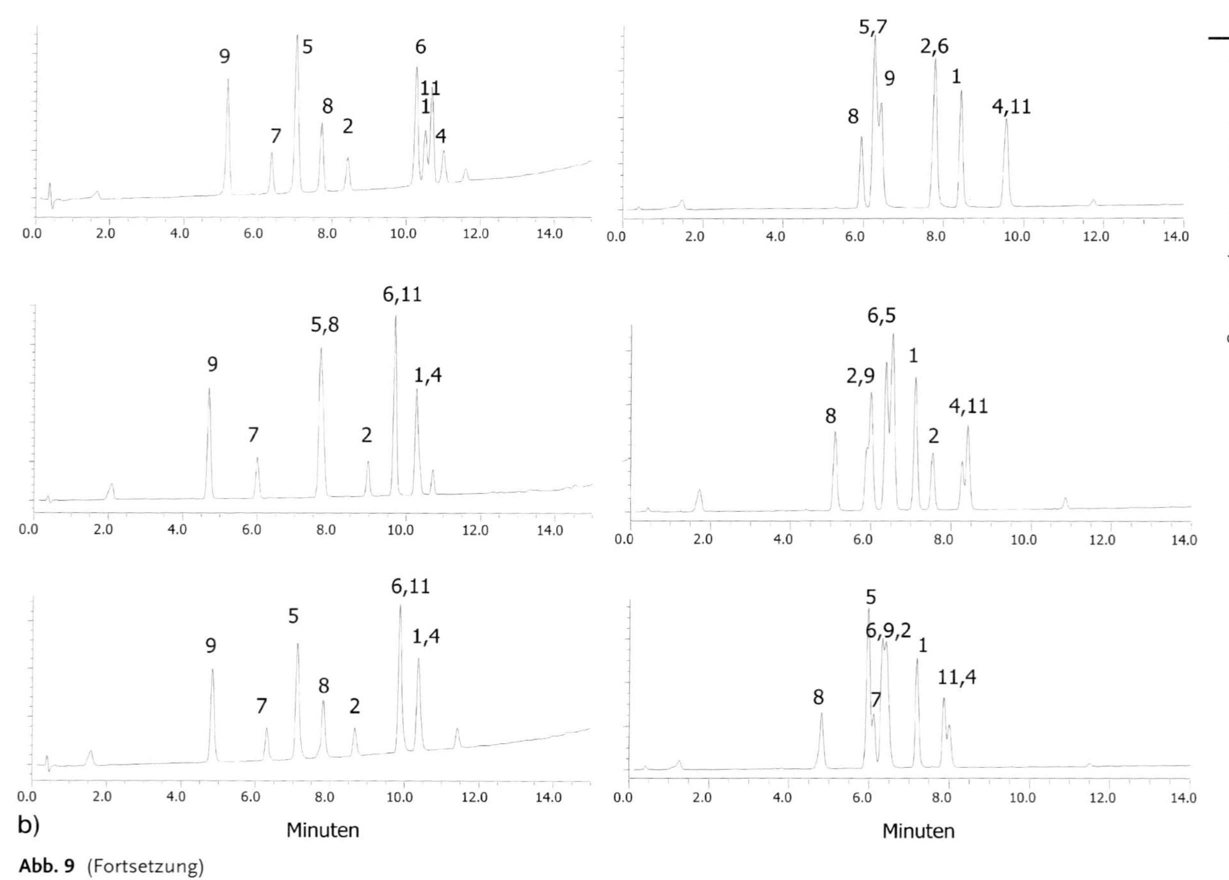

Abb. 9 (Fortsetzung)

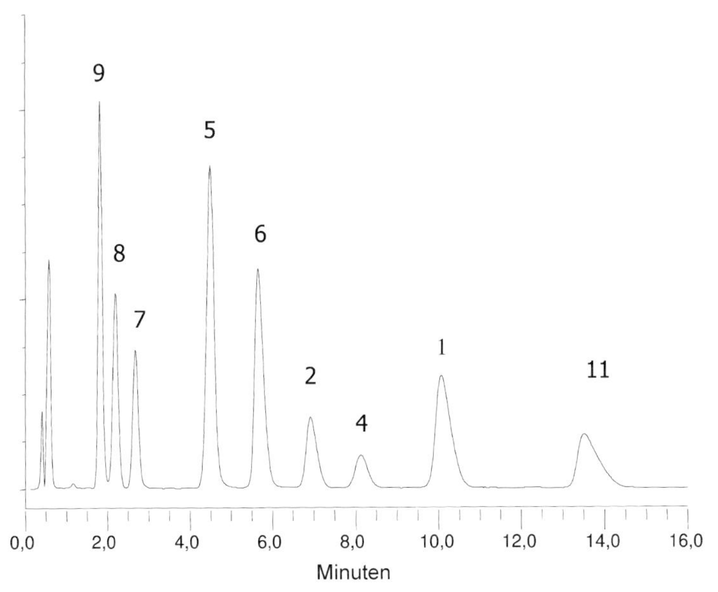

Abb. 10 Isokratische Trennung der 9 Diuretika.
Säule: XTerra® MS C_{18}, 4,6 mm × 50 mm, 3,5 µm.
Mobile Phase: 13 % Acetonitril, 4 % Methanol, 73 % Wasser, 10 % 100 mM Ammoniumformiat, pH 9,0.
Detektion: 254 nm. Proben wie in Abb. 9.
(Übernommen aus [11] mit freundlicher Genehmigung von Elsevier Science B. V.).

Man erkennt deutlich den Einfluss des pH-Wertes auf die Trennungen. Generell ist die Trennung im Sauren über einen größeren Bereich der Lösungsmittelzusammensetzung ausgedehnt als im alkalischen Bereich. Wenn die endgültige Trennung eine Gradiententrennung sein darf, wird man den sauren pH-Bereich wählen. Man konnte tatsächlich ohne große Mühe die Trennung auf der XTerra® MS C_{18}-Säule optimieren. Für eine isokratische Trennung ist der alkalische pH-Wert-Bereich vielversprechender. In diesem Falle müsste man dann aber noch zusätzlich auf die Lösungsmittelselektivität zurückgreifen, um eine optimale isokratische Trennung zu erhalten.

Diese Trennung wird in Abb. 10 gezeigt. Es wurde eine Mischung von 13 % Acetonitril und 4 % Methanol verwendet. Der pH-Wert wurde mit 10 mMol Ammoniumhydrogencarbonat auf pH 9,0 eingestellt. Eine kurze, 50 mm lange XTerra® MS C_{18}-Säule reichte für diese Trennung aus. Alle Peaks sind sauber getrennt. Man erkennt also die Bedeutung der Manipulation des pH-Wertes für die Trennung von ionogenen Substanzen. Dieses Prinzip der Methodenentwicklung ist generell anwendbar.

1.3.4 Troubleshooting

1.3.4.1 Reproduzierbarkeitsprobleme

Bei chromatographischen Trennungen von ionisierbaren Substanzen treten neue Probleme auf, die bei einfachen Neutralsubstanzen nicht bekannt sind. Wie in diesem Kapitel gezeigt wurde, ändern sich die Retentionszeiten in der RP-Chromatographie erheblich mit dem Ionisierungsgrad der Probesubstanzen. Um reproduzierbare Ergebnisse zu erhalten, ist es also wichtig, den Ionisierungsgrad konstant zu halten. Der Ionisierungsgrad, und damit die Retention, ist außerhalb ±1,5 pH-Einheiten um den pK_S-Wert der Probe stabil. Wenn die Analyten einfache Säuren oder Basen sind, werden gute Ergebnisse bei niedrigen oder hohen pH-Werten erzielt. So sind fast alle Basen in einem Phosphatpuffer bei pH 2 komplett protoniert und geladen. Unter den gleichen Bedingungen sind die meisten, aber nicht alle Säuren ungeladen. Umgekehrt sind in einem Ammoniumhydrogencarbonat-Puffer bei pH 10 alle Säuren geladen, und viele, aber nicht alle Basen ungeladen. Wenn die Ladung der Proben eindeutig ist, ist es nicht erforderlich, einen Puffer zu verwenden. So ist der Einsatz von Trifluoressigsäure ($pK_S = 0{,}5$) im sauren pH-Bereich oft ausreichend, um einen einheitlichen Protonierungsgrad zu erzielen.

Wenn die Analyten mehrere Funktionen enthalten, die dissoziieren können, ist es oft unmöglich, einen pH-Wert zu finden, bei dem die Dissoziation nicht mit kleinen Änderungen des pH-Wertes schwankt. Das gilt auch generell für den mittleren pH-Wert-Bereich. Unter diesen Bedingungen ist es unbedingt erforderlich, den pH-Wert genau zu kontrollieren. Das heißt, dass echte Puffer eingesetzt werden müssen, um den gewünschten pH-Wert konstant zu halten. Wenn dies nicht getan wird, treten Probleme mit der Reproduzierbarkeit der Retentionszeit auf, und oft erscheinen auch problematische Peakformen (Tailing). Weiterhin ist es nicht nur erforderlich, einen echten Puffer einzusetzen, sondern darüber hinaus ist eine genaue Einstellung des pH-Wertes eine wesentliche Voraussetzung für reproduzierbare Trennergebnisse. Auf der einen Seite ist die Änderung des pH-Wertes der beste Weg, eine Trennung von ionisierbaren Proben zu erzielen. Auf der anderen Seite ist die genaue pH-Kontrolle unumgänglich.

1.3.4.2 Pufferstärke und Löslichkeit

Um eine gute Reproduzierbarkeit der Trennung zu erzielen, sollten die eingesetzten Puffer eine ausreichende Pufferkapazität haben. Eine gute Pufferkonzentration liegt bei rund 50 mM. Bei einem hohen Anteil an organischem Lösungsmittel in der mobilen Phase kann es bei diesen Konzentrationen schon zu einem Ausfällen des Puffers kommen. Wegen der Vielzahl an möglichen Puffern und Lösungsmittelzusammensetzungen gibt es leider keine Tabellen, die die Löslichkeit verschiedener Puffer in typischen mobilen Phasen der Umkehrphasenchromatographie beschreiben. Wenn man mit einem neuen Puffer arbeiten möchte, ist es daher empfehlenswert, die Löslichkeit nach dem Zusatz des organischen Lösungsmittels sicherzustellen. Ein Test kann schnell und ohne

Schwierigkeiten durchgeführt werden und erspart eine Menge Ärger, der durch das Ausfällen eines Puffers in den Ventilen der HPLC-Pumpe entstünde.

Bei der LC/MS-Kopplung werden heute meist Puffer mit einer Konzentration von rund 10 mM eingesetzt. Das führt zu einer mangelnden Konstanz der Retentionszeit im Vergleich zu der klassischen HPLC. Auf der anderen Seite kompensiert die Spezifität des Massenspektrometers die Ungenauigkeiten in der Chromatographie.

1.3.4.3 Konstante Pufferkonzentration

In vielen Fällen wird heute das HPLC-Gerät dazu verwendet, eine wässrige Pufferlösung mit dem organischen Anteil der mobilen Phase zu mischen. Bei isokratischer Analyse ist das eine Option – bei Gradientelution unumgänglich. Im Normalfall ändert sich dabei die Pufferstärke mit dem Gehalt an wässriger Phase. Es gibt allerdings noch einen anderen Weg, der es ermöglicht, die Pufferkonzentration auch bei Gradienten konstant zu halten. Das HPLC-Gerät benötigt zu diesem Zweck drei Eingangsventile zur Gradientenmischkammer. An eines der Ventile ist Wasser angeschlossen, durch das zweite Ventil fließt der organische Anteil an mobiler Phase und der dritte Eingang ist für den Puffer vorgesehen. Der Puffer wird konstant mit 10 % der Gesamtflussrate gefördert. Die Konzentration des Puffers ist 10-mal höher als die Endkonzentration in der mobilen Phase. Der Gradient wird wie gewohnt gemischt. Im Allgemeinen steht noch ein viertes Ventil zur Verfügung. Man kann dann über ein Ventil z. B. Methanol fördern und über das vierte Ventil Acetonitril zumischen. Damit hat man schon die Grundlagen für eine automatische Methodenentwicklung gelegt.

1.3.5 Ausblick

Die Mehrzahl der Trennprobleme in der Umkehrphasenchromatographie erfordert eine gepufferte mobile Phase. Wir haben hier gezeigt, welche Möglichkeiten bestehen und wo Komplikationen auftreten können. Das Wissen um die Pufereigenschaften nach Zusatz der organischen Lösungsmittel ist noch lange nicht vollständig und wird sich sicherlich in den nächsten Jahren erweitern. Wir hoffen, in diesem Kapitel die wesentlichen Probleme aufgezeigt zu haben.

Dank

Die Autoren danken Herrn Dr. Dirk Sievers, Waters GmbH, für die Durchsicht des Manuskriptes.

Literatur

1. U. D. Neue, C. H. Phoebe, K. Tran, Y.-F. Cheng, Z. Lu, Dependence of Reversed-Phase Retention of Ionizable Analytes on pH, Concentration of Organic Solvent and Silanol Activity, *J. Chromatogr.* A 925 (2001), 49–67.
2. Cs. Horváth, W. Melander, I. Molnár, *Anal. Chem.* 49 (1977), 142.
3. W. O. Foye, T. L. Lemke, D. A. Williams, *Principles of Medicinal Chemistry*, Lippincott Williams & Wilkins, Philadelphia, 1994.
4. J. N. Delgado, W. A. Remers, *Wilson and Gisvold's Textbook of Organic Medicinal and Pharmaceutical Chemistry*, Lippincott-Raven, Philadelphia, 1998.
5. F. Seel, *Grundlagen der analytischen Chemie*, Verlag Chemie, Weinheim, 1968.
6. M. Rosés, E. Bosch, *J. Chromatogr.* A 982 (2002), 1–30.
7. E. Bosch, P. Bou, H. Allemann, M. Rosés, *Anal. Chem.* 68 (1996), 3651–3657.
8. I. Canals, J. A. Portal, E. Bosch, M. Rosés, *Anal. Chem.* 72 (2000), 1802–1809.
9. U. D. Neue, E. Serowik, P. Iraneta, B. A. Alden, T. H. Walter, *J. Chromatogr.* A 849 (1999), 87–100.
10. U. D. Neue, E. S. Grumbach, J. R. Mazzeo, K. Tran, D. M. Wagrowski-Diehl, Method Development in Reversed-Phase Chromatography, *Handbook of Analytical Separations* Vol. 4 (I. D. Wilson Ed.), Elsevier Science, Amsterdam, 2003.
11. U. D. Neue, *HPLC-Columns – Theory, Technology, and Practice*, Wiley-VCH, New York, 1997.

1.4
Auswahl des richtigen pH-Wertes in der HPLC

Michael McBrien
(Übersetzung aus dem Englischen von Sven Fischer)

1.4.1
Einleitung

Der pH-Wert der mobilen Phase ist eine der wichtigsten Variablen, um die Selektivität in der Reversed Phase (RP)-HPLC zu beeinflussen. Es ist durchaus möglich, dass bei einem Wechsel des pH-Wertes der mobilen Phase eine Veränderung des Retentionsfaktors um eine Größenordnung beobachtet wird. Darüber hinaus kann der pH-Wert einen starken Einfluss auf Peakverbreiterung und Peaktailing haben.

Der starke Einfluss des pH-Wertes auf die Auflösung hat auch Auswirkungen auf die Robustheit der chromatographischen Methoden. Die Beeinflussung der Retentionszeit durch kleine Veränderungen des pH-Wertes (s. den pH-Wert-Bereich nahe pK_S in Abb. 1) führt zu Problemen bzgl. Reproduzierbarkeit von Trennungen. Deshalb ist systematisches Herangehen, was die Wahl des pH-Wertes betrifft, besonders wichtig, wenn stabile, reproduzierbare Ergebnisse angestrebt werden. Glücklicherweise hat sich in jüngster Zeit der anwendbare pH-Wert-Bereich, der dem Chromatographie-Anwender zur Verfügung steht, mit der Einführung von alkalistabilen stationären Phasen erheblich erweitert.

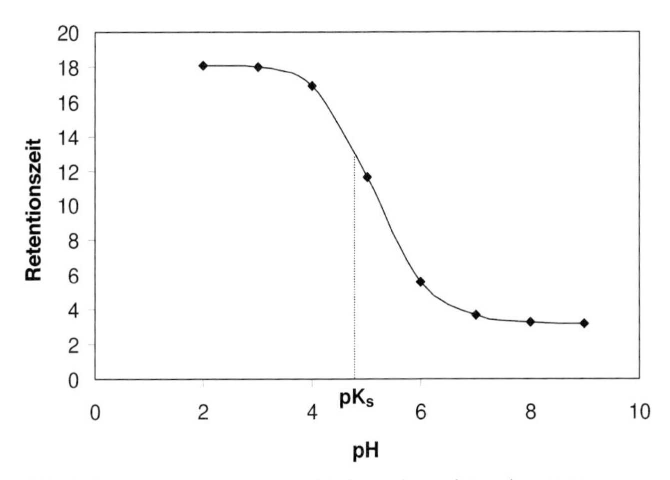

Abb. 1 Retention einer sauren Verbindung als Funktion des pH-Wertes bei einer Reversed Phase-Trennung. Bei niedrigem pH-Wert liegt die neutrale, protonierte Form vor, und die Verbindung hat eine relativ lange Retentionszeit. Bei hohem pH-Wert liegt die Verbindung in ionisierter Form vor und wird nur schwach zurückgehalten.

HPLC richtig optimiert: Ein Handbuch für Praktiker. Herausgegeben von Stavros Kromidas

ISBN: 3-527-31470-9

Effektive pH-Werte können auf rein experimenteller Basis ermittelt werden, jedoch kann dieses Vorgehen stark erleichtert werden durch die Verwendung von Informationen, die der Anwender bzgl. erwarteter Struktur(en) und/oder funktioneller Gruppen der interessierenden Verbindungen zur Verfügung haben kann.

1.4.2
Typische Vorgehensweisen zur Wahl des pH-Wertes

Veränderungen in der Reversed Phase-Chromatographie als Funktion des pH-Wertes können verursacht sein durch einen Wechsel in der Solvatation, durch Modifizierung der stationären Phase oder durch Veränderungen im Ionisierungszustand des Analyten. In diesem Kapitel wird das Hauptaugenmerk auf die Auswirkungen wechselnder Hydrophobizität aufgrund des Ionisierungszustands gerichtet sein. Die Veränderung in der Hydrophobizität einer Verbindung als Funktion des pH-Wertes kann, abhängig von Typ und Anzahl der Ionisierungsstellen besagter Verbindung, sehr komplex sein. Aus diesem Grunde kann die Optimierung des pH-Wertes nicht einfach mit denselben Softwareoptimierungs-Werkzeugen betrieben werden, die normalerweise für die Optimierung anderer Parameter angewandt werden, wie die Konzentration organischer Modifier in der mobilen Phase oder die Säulentemperatur [1]. Abbildung 2 zeigt die Verän-

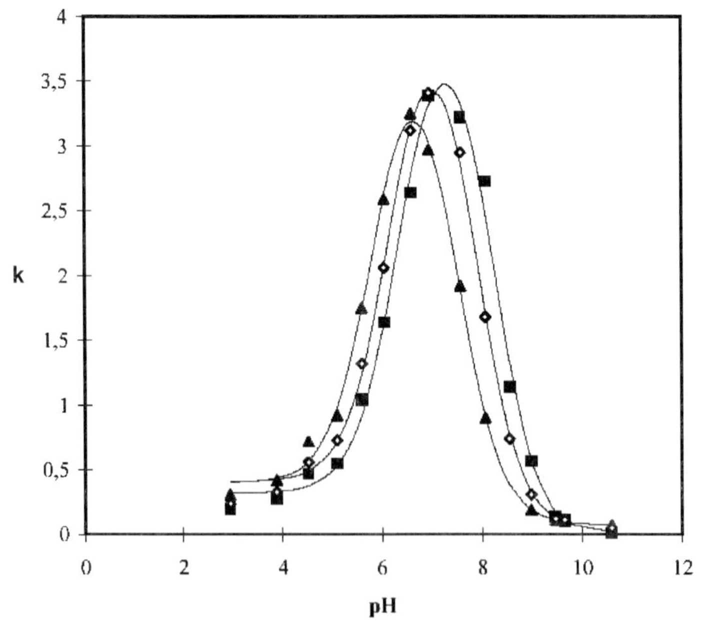

Abb. 2 Veränderung des Retentionsfaktors für ionisierbare Spezies in Abhängigkeit vom pH-Wert: □ Norfloxacin, ▲ Fleroxacin, ○ Ofloxacin [2].

derung des k-Wertes als eine Funktion des pH-Wertes für Norfloxazin, Fleroxazin und Ofloxazin. Es ist offensichtlich, dass eine lineare (oder quadratische) Abhängigkeit zwischen pH-Wert und Retentionszeit nur in sehr kleinen pH-Wert-Bereichen herrscht. Aus diesem Grunde ist es ratsam, die chemische Struktur der zu trennenden Analyte zu berücksichtigen, wenn man Trennungen gezielt optimieren will. Diese Information kann ein sehr guter Ausgangspunkt für den Beginn einer Methodenentwicklung sein. Wenn eine weitere Feinabstimmung des pH-Wertes notwendig ist, kann dieser pH-Wert-Bereich passend klein gewählt werden, sodass eine möglichst genaue Überprüfung von Selektivität und Robustheit möglich wird.

1.4.3 Auswahl des Anfangs-pH-Wertes

In Kap. 1.3 wurden die Optionen für den Puffergehalt diskutiert. Es gibt eine Anzahl von Wegen, um jegliche zur Verfügung stehende Information bzgl. Strukturinformation zu nutzen, die bei der Auswahl von geeigneten Eluenten/Puffern helfen könnte. Diese können in die zwei folgenden Möglichkeiten zusammengefasst werden:

1. Applikationsdatenbanken

Das weltweite Volumen an Publikationen über Chromatographie ist schlichtweg erstaunlich. In jüngerer Zeit gab es eine Anzahl von Anstrengungen, um wenigstens Unterbereiche dieses Wissens als abrufbaren Fundus zusammenzufassen. Applikationsdatenbanken können sehr schnell Einblicke in die Auswahl von pH-Werten und anderer Parameter bieten, besonders wenn chemische Strukturen mit den entsprechenden Trennungen gespeichert sind. Selbst wenn nur partielle Strukturen bekannt sind, gewährt die Suche nach funktionellen Schlüsselgruppen in den Unterstrukturen (besonders, wenn sie ionisierbar sind) eine gute Abschätzung der Methoden, die in früheren Arbeiten für ähnliche Verbindungen funktionierten. Ein Nachteil dieser Vorgehensweise ist, dass kleine Unterschiede in der chemischen Struktur die pK_S-Werte signifikant verändern und damit die gewählte Methode unbrauchbar machen können. Jedoch ist dieses Vorgehen eine sehr schnelle Möglichkeit, um vernünftige Ausgangsbedingungen für eine zu entwickelnde Methode zu schaffen, und kann nach anschließender Feinoptimierung recht erfolgreich sein.

2. Suchen bzw. Vorhersage (Errechnen) des pK_S-Wertes

Wenn wir Abb. 1 näher betrachten, so wird offenbar, dass die größten Veränderungen in der Retentionszeit dann stattfinden, wenn der pH-Wert der mobilen Phase nahe dem pK_S-Wert der zu analysierenden Substanz liegt. Darüber hinaus können die sekundären Gleichgewichte, die in einer Peakverbreiterung resultieren (dualer Mechanismus), in der Nähe dieses pH-Wertes stark ausgeprägt sein. Für dieses Problem gibt es eine recht einfache Lösung: Wenn die pK_S-Werte der

zu analysierenden Substanz bekannt sind, kann der Anwender diese Werte einfach nachschlagen und sicherstellen, dass er wenigstens 2 pH-Einheiten über oder unter dem pK_S-Wert arbeitet. Chromatographische Wechselwirkungen sollten in diesem Gebiet relativ frei von sekundären Gleichgewichtseffekten sein, d. h., die zu untersuchenden Substanzen sollten entweder in vollständig ionisierter oder in unionisierter (neutraler) Form vorliegen. Dies führt zu einer besseren Peakform und einer reproduzierbaren Chromatographie.
Über das bekannte CRC-Handbuch [4] hinaus gibt es Software-basierte Quellen zum Nachschlagen von pK_S-Werten [5]. Deren Vorteil liegt darin, dass man typischerweise auch Substrukturen nachschlagen kann und dass sie sogar für neuartige Verbindungen nützlich sind. Die Suche nach Substrukturen für ionisierbare Gruppen sollte eine vernünftige Vorstellung von den erwarteten pK_S-Werten dieser Gruppen ergeben, die in neuartigen chemischen Verbindungen vorhanden sind.

Angenäherte pK_S-Werte für individuelle funktionelle Gruppen können von jedem standardisierten Referenzsystem erhalten werden. Der Anwender kann, mit einigem Vertrauen, die pK_S-Werte für neue Spezies basierend auf diesen Verbindungen abschätzen. Irrtümer können jedoch entstehen, wenn sekundäre Effekte durch andere funktionelle Gruppen nicht zu vernachlässigen sind. Ein sichereres Vorgehen stellt die Verwendung von kommerziell erhältlicher Vorhersage-Software dar. Vorhergesagte, also aus der Substanzstruktur errechnete pK_S-Werte können aus verschiedenen Quellen erhalten werden, sogar online [5], als „stand alone"-Paket [6] oder als Teil einer entsprechenden chromatographischen (Auswerte-)Software [7]. All diese Quellen bieten Vorhersagen an, die auf einem Modus ähnlich dem unten beschriebenen beruhen.

1.4.4
Grundlage für die Vorhersage/Berechnung eines pK_S-Wertes

Der ACD/pK_S-Algorithmus ist bis heute in der Literatur noch nicht beschrieben worden. Die allgemeine Struktur des Algorithmus beinhaltet eine Klasseneinteilung, die durch eine lineare Freie Energiebeziehung (Hammett-Gleichung) ergänzt wird. Hier werden die gut bekannten Sigma-Konstanten als Deskriptoren der Elektronen anziehenden und/oder der Elektronen spendenden, via Elektronen mit dem Ionisationszentrum verbundenen Substituenten verwendet (s. auch Kap. 2.1.5). Mehrere zusätzliche komplexe Gegebenheiten müssen jedoch berücksichtigt werden: ionisierte Formen für Polyelektrolyte, Referenzverbindungen und Transmissionseffekte für Unterklassen von Verbindungen mit weiter entfernten Substituenten (s. Abb. 3 zur Verdeutlichung). Die Klassen, Unterklassen, Referenzverbindungen, Sigma-Parameter und Transmissionskoeffizienten wurden durch das Studium von nahezu 16.000 Verbindungen mit über 3000 pK_S-Werten abgeleitet. Weitere Effekte, wie tautomere Gleichgewichte, Protonenwanderung, kovalente Hydratisierung, Vinylologie, Öffnung von aromatischen Ringen, Ringgröße-Korrekturfaktoren, sterische Effekte und variable Ladungseffekte müssen berücksichtigt werden, sind aber jenseits der Zielsetzung dieses Beitrags.

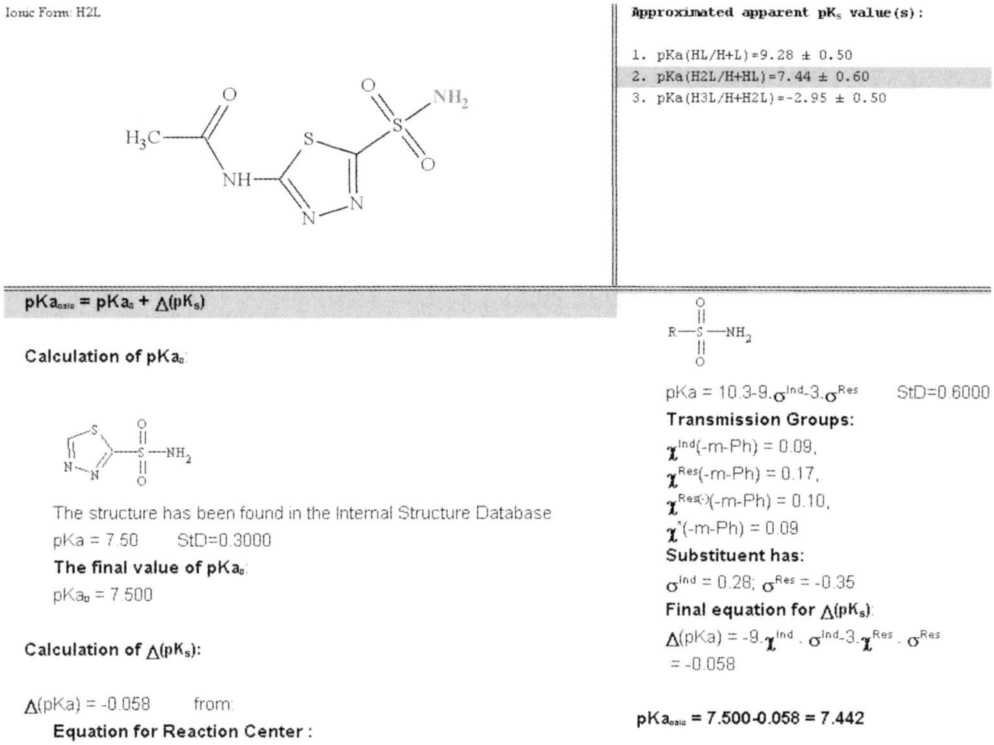

Ionic Form: H2L

Approximated apparent pK_S value(s):

1. pKa(HL/H+L)=9.28 ± 0.50
2. pKa(H2L/H+HL)=7.44 ± 0.60
3. pKa(H3L/H+H2L)=-2.95 ± 0.50

$pKa_{calc} = pKa_0 + \Delta(pK_S)$

Calculation of pKa_0:

The structure has been found in the Internal Structure Database
pKa = 7.50 StD=0.3000
The final value of pKa_0:
pKa_0 = 7.500

Calculation of $\Delta(pK_S)$:

Δ(pKa) = -0.058 from:
Equation for Reaction Center :

R—S(=O)(=O)—NH_2

pKa = 10.3-9.σ^{Ind}-3.σ^{Res} StD=0.6000
Transmission Groups:
χ^{Ind}(-m-Ph) = 0.09,
χ^{Res}(-m-Ph) = 0.17,
$\chi^{Res(-)}$(-m-Ph) = 0.10,
χ^{*}(-m-Ph) = 0.09
Substituent has:
σ^{Ind} = 0.28; σ^{Res} = -0.35
Final equation for $\Delta(pK_S)$:
Δ(pKa) = -9.χ^{Ind} . σ^{Ind}-3.χ^{Res} . σ^{Res}
= -0.058

pKa_{calc} = 7.500-0.058 = 7.442

Abb. 3 Illustration der Computerisierung des pK_S für Acetazolid. ACD/pK_a DB 8.0.

1.4.5
Korrektur des pH-Wertes aufgrund des organischen Anteils im Eluenten

Organische Laufmittel als mobile Phasen beeinflussen bei der Reversed Phase Chromatographie die Auswahl des pH-Wertes in zweierlei Hinsicht. Zum einen gibt es Unterschiede im pK_S-Wert der Verbindungen, je nachdem ob organische Lösungsmittel oder reine wässrige Phasen zugegen sind. Zum anderen ändert sich der effektive pH-Wert der mobilen Phase in Gegenwart von organischen Lösungsmitteln (s. auch Kap. 1.3). Diese pH-Wert-Verschiebung beruht auf einer Veränderung der Ionisierung des Puffers und nicht auf Veränderungen der Konzentration oder der Kapazität des Puffers. Aufgrund dieser pH-Wert-Verschiebung sollte ein Korrekturfaktor angewandt werden, bevor man den pH-Wert der mobilen Phase basierend auf den pK_S-Werten auswählt (Tabelle 1) [8, 9]. Der Korrekturfaktor liegt in der Größenordnung von 0,2 Einheiten pro 10 % Veränderung für Acetonitril und 0,1 Einheiten pro 10 % Methanol in Abhängigkeit vom Puffersystem und funktioniert in jedem Falle gut zwischen 0–60 % organischen Anteil im Eluenten.

Tabelle 1 Korrekturfaktoren für sauren Puffer, Acetonitril und pH-Wert der mobilen Phase.

Acetonitril %	*Korrekturfaktor für saure Analyten*	*Korrekturfaktor für basische Analyten*	*Korrekturfaktor für sauren Puffer*	*Gesamt-Korrekturfaktor*
10	+0,2	–	–0,2	0
20	+0,4	–	–0,4	0
30	+0,6	–	–0,6	0
40	+0,8	–	–0,8	0
50	+1,0	–	–1,0	0
60	+1,2	–	–1,2	0
10	–	–0,2	–0,2	–0,4
20	–	–0,4	–0,4	–0,8
30	–	–0,6	–0,6	–1,2
40	–	–0,8	–0,8	–1,6
50	–	–1,0	–1,0	–2,0
60	–	–1,2	–1,2	–2,4

Die Korrektur des pH-Wertes in Gegenwart von organischem Lösungsmittel sollte in zwei einfachen Schritten geschehen. Der erste beruht auf der Auswirkung des Laufmittels auf den Puffer. Der zweite beruht auf seiner Auswirkung auf die ionisierbaren Spezies.

Man sollte beachten, dass sich die Faktoren zum großen Teil gegenseitig aufheben, wenn Puffer und Analyt beide sauer oder beide basisch sind. In Fällen, in denen der Analyt basisch und der Puffer sauer ist oder umgekehrt, wird der Effekt jedoch sehr ausgeprägt sein.

Ein Beispiel soll dies veranschaulichen. Wenn wir einen sauren Analyten/sauren Puffer in Betracht ziehen, können wir im Allgemeinen den wässrigen pK_S-Wert als Indikator für den pH-Wert benutzen, bei dem wir den wässrigen Puffer ansetzen. Die Veränderungen im pK_S-Wert für den Puffer und den Analyten werden sich aufheben. Man müsste sich nur vergegenwärtigen, dass man den effektiven pH-Gradienten beobachtet. Im Falle nun einer basischen Verbindung mit saurem Puffer – wenn also der pK_S-Wert der Spezies darauf hinweist, dass der pH-Wert Bereich von 3 bis 5 nicht brauchbar ist, und wir beabsichtigen, mit 50 % Acetonitril zu arbeiten – müssen wir die stattgefundene Verschiebung ebenso im Auge behalten. Aus Tabelle 1 können wir entnehmen, dass der Korrekturfaktor etwa 2 pH-Einheiten sein wird. Dies bedeutet, dass unser effektiver, nicht benutzbarer pH-Wert-Bereich stattdessen tatsächlich 1–3 ist. Vorausgesetzt dass wir die mobile Phase mit einem pH-Wert größer als 5 ansetzen, können wir hier stabile Retentionszeiten und vernünftige Peakformen erwarten.

0% MeCN

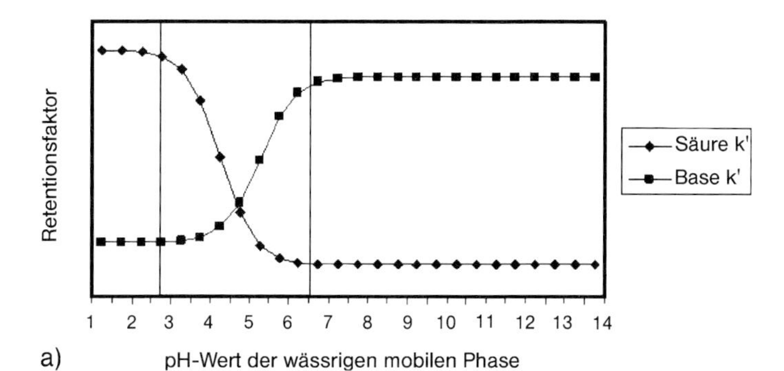

50% MeCN

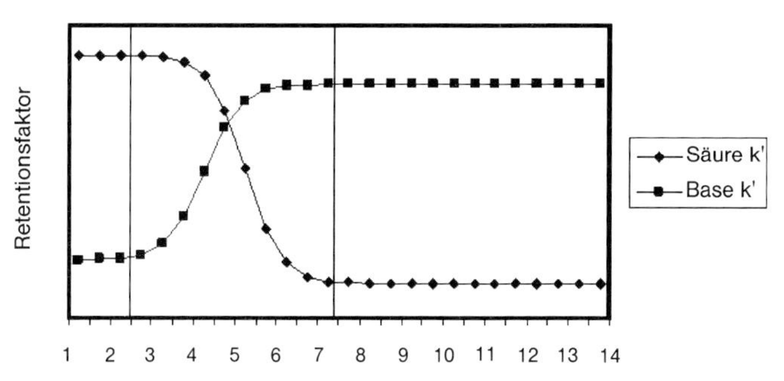

50% MeCN

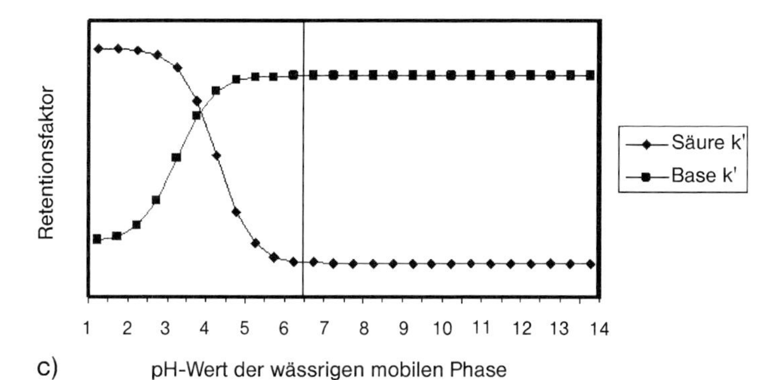

Abb. 4 Retention von Säure und Base als Funktion des pH-Wertes.
(a) pH-Wert-Bereiche für gute Robustheit und Peakform.
(b) Unter Hinzufügen von Acetonitril als Modifier werden die Wendepunkte der Säure und der Base in entgegengesetzte Richtung bewegt. Dies heißt, dass der Anwender seinen Puffer so angesetzt hat, dass er den Einfluss des organischen Lösungsmittels quasi „korrigiert" hat.
(c) Vorausgesetzt, dass die Puffer in wässriger Lösung angesetzt sind, ist dies das resultierende Profil. Der akzeptierte wässrige Bereich liegt über pH 6,5.

Besonders interessant ist eine Probenmischung bestehend aus einer Säure und einer Base, wobei wir dann explizit den Wechsel im pK_S-Wert der Base und der mobilen Phase modellieren müssen. Anfangs betrachten wir die „wässrigen" Systeme, die in Abb. 4a und b gezeigt sind. Dort sind die pH/Retentionsfaktoren für eine Säure und eine Base ohne Acetonitril abgebildet. Hierauf basierend könnte die Auswahl des pH-Wertes entweder kleiner als 2,5 oder größer als 7,5 lauten. Die meisten Anwender würden einen pH-Wert von 2,5 oder ähnlich wählen. Wenn wir jedoch eine beträchtliche Konzentration eines organischen Lösungsmittels/Modifiers verwenden wollen, ändert sich das Bild. Wenn wir annehmen, dass wir einen säurebasierten Puffer ansetzen wollen, bleibt das Elutionsprofil der Säure dasselbe; für die Base jedoch wird die pH-Wert-Verschiebung für Puffer und Analyt in der entgegengesetzten Richtung liegen. Das Elutionsprofil wird sich verschieben.

Basierend auf diesem Ergebnis ist ein pH-Wert erst über 6,5 zu akzeptieren.

Halten wir fest: Die Gegenwart organischer Modifier beeinflusst die Ionisierung sowohl der Analyten als auch der Puffer. Die Auswirkung von Acetonitril und Methanol ist gebührend untersucht worden und in der Zwischenzeit bekannt. Die Korrektur des pH-Wertes der mobilen Phase ist besonders dann wichtig, wenn Analyt und Puffer nicht vom selben Typus sind, z. B., wenn Basen mit einer sauer gepufferten mobilen Phase untersucht werden. In diesen Fällen ist die effektive Veränderung zweifach: Der pK_S-Wert der Base verschiebt sich die pH-Skala hinab, der pK_S-Wert der Säure hinauf.

1.4.6 Optimierung des pH-Wertes der mobilen Phase ohne Kenntnis der chemischen Struktur der Analyte

Viele Anwender sind wahrscheinlich mit der systematischen Optimierung leicht zu verändernder Variablen bei der chromatographischen Methodenauswahl wie der Konzentration des organischen Modifiers in der mobilen Phase und der Säulentemperatur vertraut. Dieses Thema wird in Kap. 1.1 behandelt. Es ist möglich, das Problem der pH-Wert-Optimierung in ähnlicher Weise anzugehen, vorausgesetzt, dass dies mit Vorsicht geschieht. Abbildung 2 zeigt den Einfluss von Veränderungen des pH-Wertes der mobilen Phase auf eine Reihe ionisierbarer Verbindungen. Es ist klar, dass das Verhalten dieser Verbindungen über den gesamten pH-Wert-Bereich nicht basierend auf einem Paar einfacher Experimente herausgearbeitet werden kann. Jedoch ist – aufgrund der gewaltigen Rolle des pH-Wertes bzgl. Veränderung von Retentionszeiten ionisierbarer Verbindungen – die Optimierung des pH-Wertes von entscheidender Bedeutung, wenn es um die Entwicklung einer robusten Methode geht. Wo Methoden in der Routine angewandt werden, wie in der Qualitätskontrolle, ist es vernünftig, dass der Methodenentwickler den Einfluss des pH-Wertes in einem engen Bereich überprüft (sagen wir, drei oder vier Experimente um eine pH-Einheit herum), um die Robustheit der Methode zu testen. Dieser empirische Ansatz stellt eine effektive

Ergänzung zum experimentellen Vorgehen basierend auf den pK_S-Werten dar. Solvatisierung und Effekte des pH-Wertes werden so im Falle von unbekannten ionisierten Spezies berücksichtigt. Der Schlüssel liegt hier in einem klein gewählten pH-Wert-Bereich; die Extrapolation über einen weiten pH-Wert-Bereich wird kaum erfolgreich sein können.

1.4.7 Eine systematische Vorgehensweise zur Auswahl des pH-Wertes

Den pH-Wert für eine Analyse einer vorgegebenen Probe auszuwählen, ist ein relativ einfacher Prozess, auch in Fällen, in denen eine oder mehrere Verbindungen nicht bekannt sind. Im Allgemeinen kann erwartet werden, dass Verbindungen, für die keine funktionelle Gruppe bekannt ist, nur in Spuren vorhanden sind und daher ihre Peakform häufig weniger kritisch ist. Darüber hinaus haben unbekannte Verbindungen oft ähnliche funktionelle Gruppen wie andere Verbindungen in der Probe. Aus diesem Grunde ist es vernünftig, die pK_S-Werte bekannter Verbindungen, wo immer möglich, als Ausgangsinformation zurate zu ziehen.

Eine effektive Vorgehensweise wäre folgende:

1. Besorgen Sie sich Strukturinformationen für die in Frage kommenden Probenkomponenten.
2. Suchen Sie in internen/externen Datenbanken die pK_S-Werte für die in Frage kommenden Verbindungen oder rechnen Sie sie mithilfe der Struktur und entsprechenden Software-Tools aus. In Fällen, wo nur teilweise Strukturen bekannt sind, ziehen Sie ionisierbare funktionelle Gruppen in Betracht.
3. Teilen Sie die pH-Wert-Skala in Bereiche „brauchbar/unbrauchbar“ basierend darauf, dass sich jede Verbindung im undissoziierten Zustand befindet. Dies bedeutet 2 pH-Einheiten vom pK_S-Wert entfernt. Im Falle von „unklaren“ komplexen Verhältnissen, wählen Sie die Hauptkomponenten zuerst aus und gehen Sie auf Bereiche über, bei denen sich die anderen Verbindungen, wo immer möglich, im voll ionisierten Zustand befinden. Schätzen Sie die erforderliche Elutionsstärke ab und korrigieren Sie den pH-Wert, wie in Abschnitt 1.4.4 ausgeführt. Beachten Sie, dass evtl. geringes „Nachjustieren“ des pH-Wertes immer noch durchgeführt werden muss.
4. Führen Sie ein „slow-gradient“-Experiment beim angezeigten pH-Wert durch, schätzen Sie die Elutionsstärke, bei der die Verbindungen eluieren und korrigieren Sie den pH-Wert dementsprechend, wenn erforderlich.
5. Bereiten Sie den neuen Puffer vor und injizieren Sie wieder.
6. Wenn nötig, optimieren Sie den pH-Wert über einen kleinen Bereich und/oder führen Sie die Optimierung durch Änderung anderer Parameter durch. Achten Sie auf auffallend breite Peaks. Wenn das kritische Peaks sind (zwei nächst zueinander eluierende, wichtige Peaks) sollte die Peakhomogenität geprüft werden. Denken Sie daran, dass mehr als lediglich der pH-Wert variiert werden kann, und suchen Sie nach Bedingungen, die robust sind. Wenn

der passende pH-Wert-Bereich empfindlich ist, ziehen Sie eine geringe Modifizierung zu einem günstigeren pH-Wert-Bereich in Betracht. Falls dies nicht möglich ist, kann es notwendig sein, andere Faktoren sehr sorgfältig zu überprüfen, einschließlich der Säulenparameter und der Temperatur.

7. Wenn die endgültige Methode validiert werden soll, bereiten Sie die Puffer auf gravimetrische Weise zu und benutzen Sie kein pH-Meter, um den pH-Wert durch Titration mit Säure oder Base einzustellen. Der aktuelle Zustand des pH-Meters wird oft vernachlässigt, was in Fehlern bei der Messung resultiert.

1.4.8
Beispiel: Trennung von 1,4-Bis[(2-pyriden-2-ylethyl)thio]butan-2,3-diol von seinen Verunreinigungen

Ein Beispiel dieser Vorgehensweise zur pH-Wert-Auswahl wird für eine Modellverbindung, 1,4-Bis[(2-pyriden-2-ylethyl)thio]butan-2,3-diol (s. Abb. 5), und drei unbekannte Verunreinigungen gezeigt.

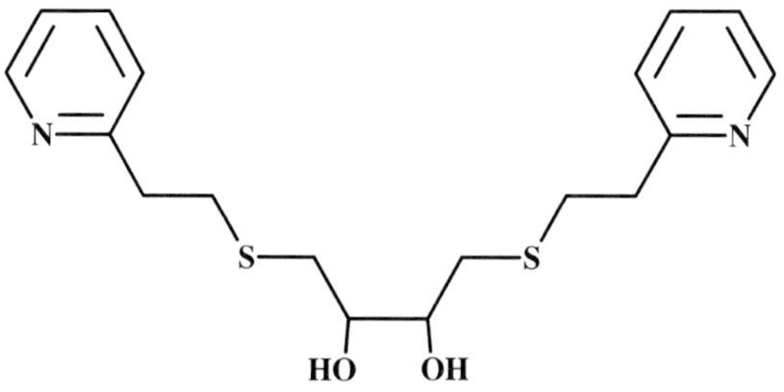

Abb. 5 Chemische Struktur von 1,4-Bis[(2-pyriden-2-ylethyl)thio]butan-2,3-diol.

Der errechnete sauerste pK_S-Wert dieser Spezies ist 5,1 (ACD/LC Simulator V 8.04, Advanced Chemistry Development, Inc.). Man kann folgern, dass ein pH-Wert $< 3{,}1$ zur Untersuchung dieser Spezies günstig sein sollte. Wenn wir die Strukturen der Verunreinigungen kennen würden, könnten wir natürlich auch für diese Voraussagen treffen. Unser nächster Schritt ist nun, ein Gradientenexperiment in der Nähe dieses pH-Wertes durchzuführen.

Abbildung 6 zeigt das resultierende Chromatogramm. Ausgehend von der Elutionszeit der bekannten Verbindung könnten wir Korrekturfaktoren für den pK_S-Wert basierend auf dem Lösungsmittelgehalt verwenden. Der Einfachheit halber wollen wir dies hier nicht tun. Es ist zu beachten, dass wir eine vernünftige Auflösung für alle vier Verbindungen haben, aber es steht noch nicht fest, ob dies eine robuste Auftrennung sein wird und/oder wir eine noch bessere Auflösung erzielen können. Bevor wir andere Parameter optimieren, sollten wir den pH-Wert weiter in Augenschein nehmen; wir injizieren bei pH 2,5 und 3,8, um eine optimale Trennung zu erzielen (Abb. 7). In diesem Stadium können wir einen optimalen pH-Wert bestimmen, indem wir eine Optimierungs-Software benutzen.

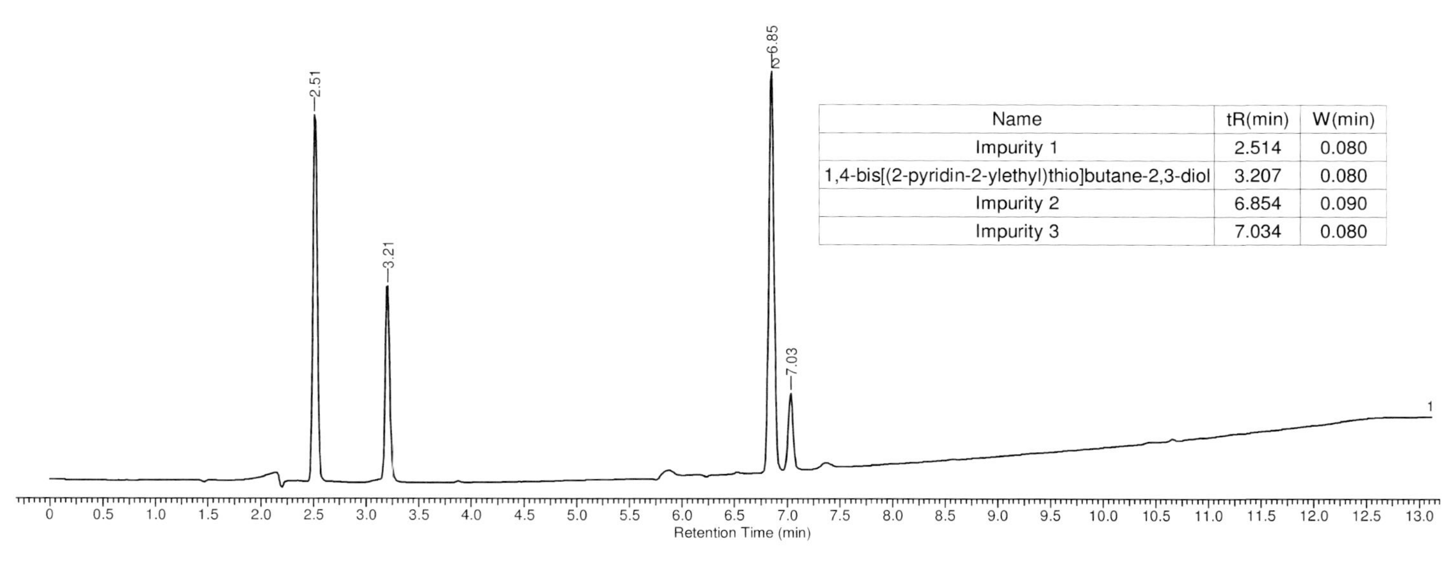

Name	tR(min)	W(min)
Impurity 1	2.514	0.080
1,4-bis[(2-pyridin-2-ylethyl)thio]butane-2,3-diol	3.207	0.080
Impurity 2	6.854	0.090
Impurity 3	7.034	0.080

Abb. 6 Anfänglicher Übersichtsgradient für 1,4-Bis[(2-pyriden-2-ylethyl)thio]butan-2,3-diol und drei unbekannte Verunreinigungen.
Bedingungen: 11-Minuten-Gradient von 10 bis 80 % Acetonitril; der Puffer war 50 mM $HCOOH/HCOONH_4$.

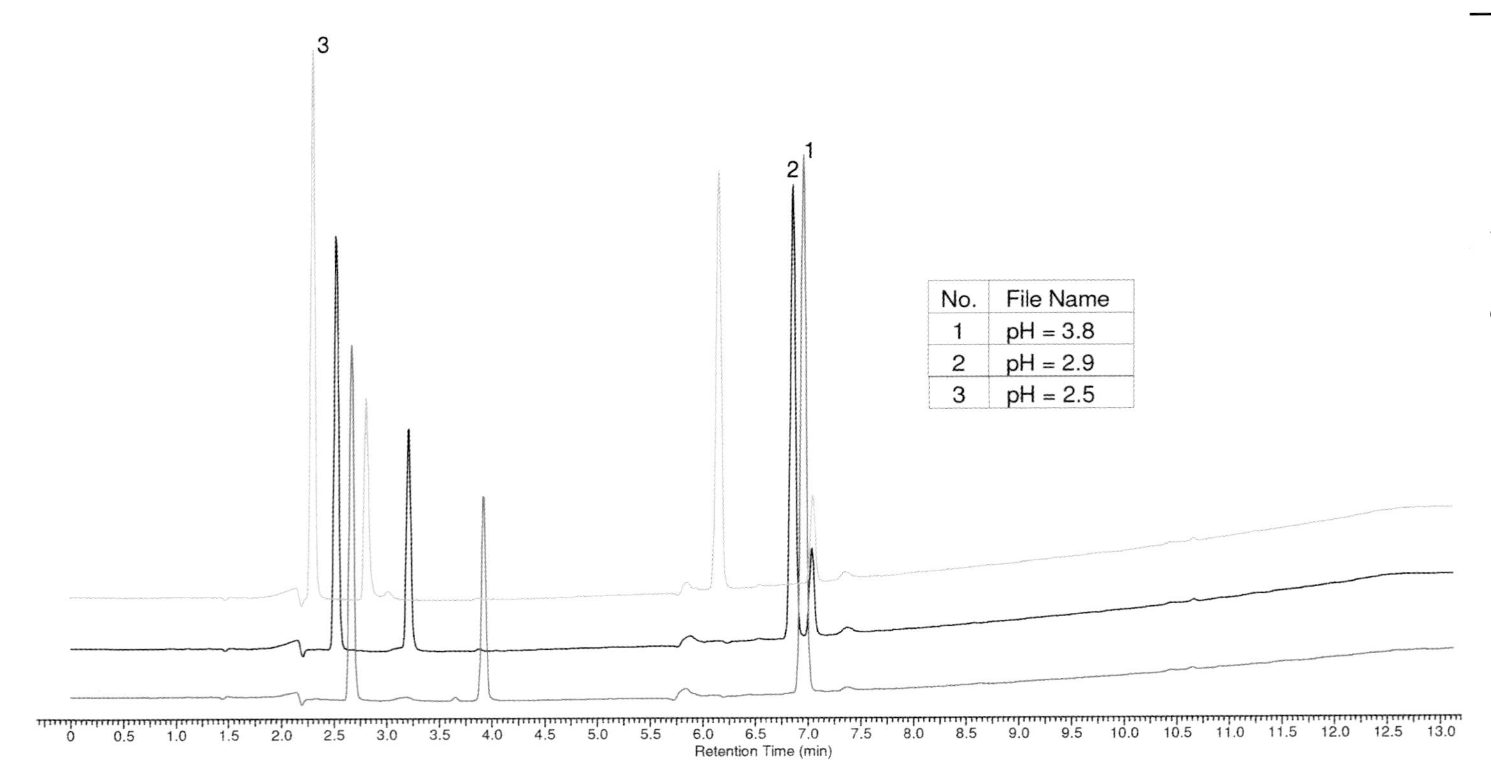

Abb. 7 Vergleich der Chromatogramme mit variierendem pH-Wert; Probe und andere HPLC-Bedingungen wie in Abb. 6.

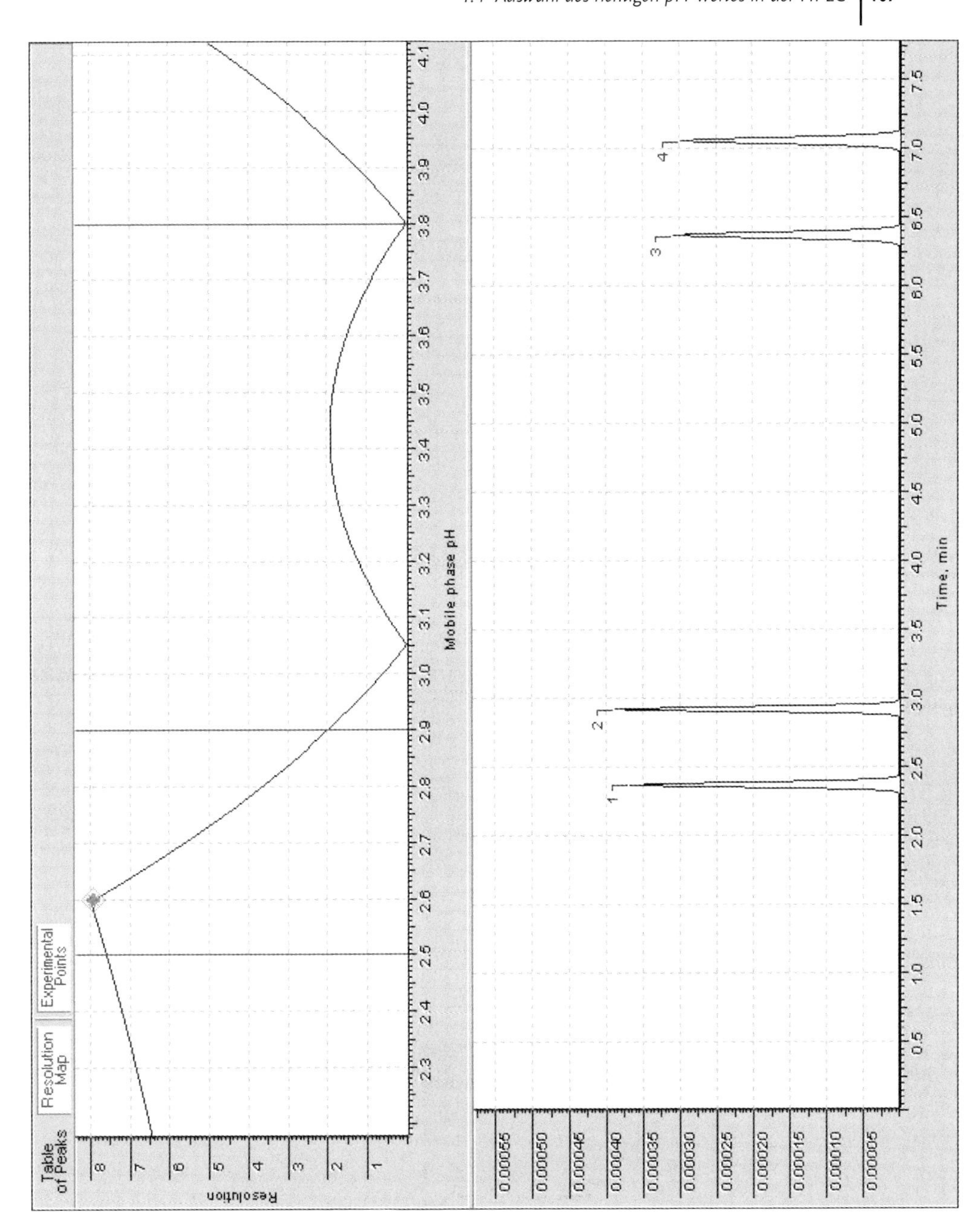

Abb. 8 Optimierung des pH-Wertes für 1,4-Bis[(2-pyriden-2-ylethyl) thio]butan-2,3-diol und drei unbekannte Verunreinigungen. ACD/LC Simulator V 8.04, Advanced Chemistry Development, Inc.

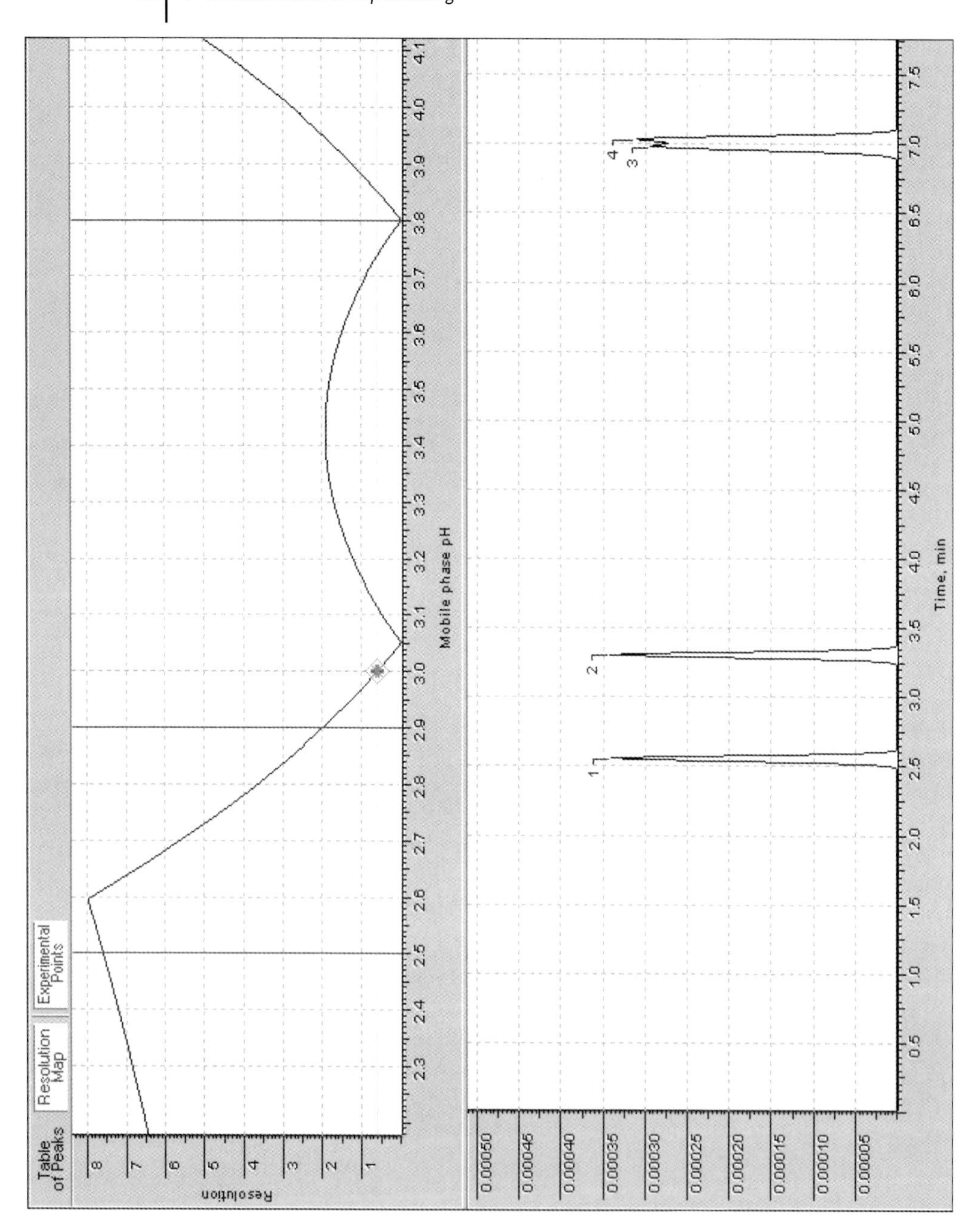

Abb. 9 Das vorhergesagte Signal bei pH 3,0.
Beachten Sie, dass die Komponenten 3 und 4 wahrscheinlich koeluieren.

Abbildung 8 zeigt die Auflösungskarte („resolution map"), die den Einfluss des pH-Wertes auf das System beschreibt. Obwohl wir eine vernünftige Auflösung aller Komponenten in unserem ersten Experiment hatten (pH = 2,9), ist offensichtlich, dass eine kleine Veränderung im pH-Wert (Abb. 9) in einer Koelution der Komponenten 3 und 4 resultieren würde. Ein pH-Wert von 2,6 scheint ein guter Wert zu sein. Wir können mit der weiteren Optimierung fortfahren, indem wir weiterhin eine isokratische und/oder eine schnellere Gradienten-Trennung prüfen.

Dieses Vorgehen hat uns in die Lage versetzt, einen pH-Wert-Bereich zu erzielen, der relativ stabil gegen kleine Veränderungen ist, es hat aber auch den Optimierungsprozess beschleunigt und das Auftreten von Schwierigkeiten bei der Validierung verringert. Die Optimierung weiterer Variablen dürfte zu einer recht selektiven Methode führen.

1.4.9
Fehlersuche beim pH-Wert der mobilen Phase

Wegen der ungeheuren Empfindlichkeit der Selektivität gegenüber Veränderungen des pH-Wertes der mobilen Phase sind Robustheitsprobleme oft das Resultat relativ geringer pH-Wert-Verschiebungen in der Nähe des effektiven (also „selektiven") pH-Wertes. Dies kann ganz gewöhnliche Ursachen haben wie Temperaturveränderungen und fehlerhafte Pufferzubereitung oder noch subtilere Gründe. Die Entwicklung robuster Methoden sollte zur Verminderung dieser Probleme führen. Sollte dies jedoch fehlschlagen, kann es oft nützlich sein, die Bedingungen der ursprünglichen Methode zu überdenken.

Es kann bei der Fehlersuche hilfreich sein, die Optimierung des pH-Wertes, die während der Methodenentwicklung durchgeführt wurde, noch einmal zu überarbeiten. Möglicherweise kann ein reales Chromatogramm eines fehlgeschlagenen Testlaufs mit einem simulierten Chromatogramm verglichen werden, das z. B. auf 0,3 Einheiten pH-Wert-Unterschied von der ursprünglichen Optimierung „erzeugt" wurde. Das erlaubt dann die Folgerung, dass der pH-Wert der mobilen Phase der Grund für das Problem gewesen ist. Wo solche Optimierungen nicht verfügbar sind (aber die chemischen Strukturen), können „strukturbasierte" Systeme schnell entwickelt werden, indem pH-Wert/Hydrophobizitäts-Kurven mit experimentellen Retentionszeiten verknüpft werden. Die wohl bekannten Auflösungskarten („resolution maps") enthalten extrapolierte Chromatogramme, die schnell überprüft und den beobachteten Chromatogrammen angeglichen werden können. Der Leser sollte daran erinnert werden, dass eine geringe Veränderung des pH-Wertes das Trennproblem augenblicklich lösen kann, aber es handelt sich um eine nichtrobuste Methode. Wiederum kann die Kontrolle der Säulentemperatur oder die gravimetrische Zubereitung der mobilen Phase dazu führen, künftige Fehler der Methode zu reduzieren.

1.4.10
Ein Blick in die Zukunft

Um die biologische Aktivität einer gegebenen Verbindung einzuschätzen, ist es wichtig, den Ionisierungsgrad im interessierenden Medium abzuschätzen. Besonders die Löslichkeit ist von großem Interesse und stark vom pK_S-Wert abhängig. Aus diesem Grunde nimmt in vielen Gebieten der Chemie das Interesse an einer erfolgreichen Vorhersage/einem Errechnen des pK_S-Wertes anhand der bekannten oder erwarteten Struktur der Substanz zu. Daher werden Anstrengungen unternommen, die pK_S-Werte z. B. für potenzielle Arzneimittel zu messen. Der Algorithmus zur Vorhersage des pK_S-Wertes, der in Abschnitt 1.4.3 beschrieben wurde, basiert z. T. auf experimentellen Daten. Je umfassender und chemisch relevanter die Messungen sind, umso bessere Vorhersagen sind zu erwarten. Man kann damit rechnen, dass diese Bemühungen zur Messung des pK_S-Wertes fortgesetzt werden. Es ist möglich, diese Messungen der betreffenden Abteilung zugänglich zu machen, indem die Vorhersage des pK_S-Wertes in einigen Fällen auf „Nachschlagen" beschränkt wird. Im ungünstigen Fall kann man die Vorhersagealgorithmen für wichtigere Verbindungen mit experimentellen Werten „füttern" und so die Genauigkeit erhöhen. Dieses Akkumulieren chemischen Wissens sowohl innerhalb als auch außerhalb des eigenen Labors sollte in der Zukunft ein übliches Ziel von Chemikern sein. Weiterhin ist die einfache, auf Regeln basierende Korrektur des pH-Wertes bzgl. des organischen Lösungsmittelgehalts, die in Abschnitt 1.4.4 beschrieben wurde, ein Problem, das mit pK_S-Vorhersage-Software zu lösen sein sollte. Dies gilt besonders dann, wenn die Software speziell für die chromatographische Methodenentwicklung entwickelt wurde.

1.4.11
Zusammenfassung

Der pH-Wert der mobilen Phase ist eine der wichtigsten Möglichkeiten, um die Selektivität von HPLC-Trennungen zu optimieren. Ein systematischer Auswahlprozess für den pH-Wert kann den Unterschied zwischen einer schnellen, robusten Methode und einer langwierigen, mitunter nichtrobusten Methode ausmachen. Während es normalerweise nicht üblich ist, die pK_S-Werte von zu trennenden Substanzen vor der Methodenentwicklung zu messen, kann die Kombination von Literatursuche, Experimenten und Anwendung entsprechender Software zu einer erfolgreichen, gezielten pH-Wert-Auswahl in sehr kurzer Zeit führen. Ein vorrangiges Ziel bei der Pufferauswahl sollte eine selektive, aber auch eine robuste Trennung sein, die gegenüber kleinen, ungewollten Änderungen des pH-Wertes stabil ist. Wo dies nicht möglich ist, müssen die Methodenentwickler fair die Empfindlichkeit der Methode klar betonen und strenge experimentelle Vorgaben machen.

Literatur

1 Einige Experimentaloptimierungsprogramme sind verfügbar. Dazu gehören: DryLab 2000 (www.lcresources.com), ACD/LC Simulator 8.0 (www.acdlabs.com) und ChromSword (www.chromsword.com).

2 Barbosa, J., Rosa, B., Sanz-Nebot, V., *J. Chromatogr.* A 823 (1998).

3 Beispiele sind: CP ScanView; ChromAccess und ACD/ ChromManager.

4 D. R. Lide (Ed.), *CRC Handbook of Chemistry and Physics*, 84th edn., CRC Press Boca Raton (2003).

5 Chemical Abstracts Service (www.cas.org), the Merck Index Online, MDL® Comprehensive Medicinal Chemistry (www.mdl.com), ACD/ILab (http://www.acdlabs.com/ilab/) u. a.

6 ACD/pKa DB 8.0; (www.acdlabs.com), und pKalc 3.1, Compudrug (www.compudrug.com).

7 ACD/LC Simulator 8.0; (www.acdlabs.com).

8 LoBrutto, R., Jones, A., Kazakevich, Y., McNair, H., *J. Chromatogr.* A, 913 (2001) 173–187.

9 Espinosa, S., Bosch, E., Roses, M., *Anal. Chem. 74* (2002) 3809–3818.

1.5 Optimierung der Auswertung in der Chromatographie

Hans-Joachim Kuss

1.5.1 Auswertung und Bewertung chromatographischer Daten – eine Einführung

Die Chromatographie ist ein sehr wichtiges Teilgebiet der instrumentellen Analytik mit speziellen Gegebenheiten. Optimierung bezeichnet Verbesserung oder auch optimale Ausnutzung des Vorhandenen. Der Stolz eines analytischen Chemikers liegt häufig zu sehr in einer erfolgreichen Optimierung der Chromatographie. Wenn die Chromatographie optimal durchgeführt wird, ist es notwendig, auch die Auswertung optimal zu gestalten, um keine Information zu verschenken. Die Integrations-Software ist ein schnelles und flexibles Hilfsmittel. Entscheidungen kann aber nur der Anwender treffen, Beurteilungen kann nur er vornehmen.

Die wichtigste Information ist das Chromatogramm. Es sollte selbstverständlich sein, dass sich derjenige, der die Analysenresultate „verantwortet", die entsprechenden Chromatogramme angesehen hat. Hier ist der Spezialist für Chromatographie gefordert, nicht der Computerspezialist oder der Statistiker.

Aber natürlich muss man zusätzlich die Möglichkeiten der Datenverarbeitung nutzen. Stellen Sie die Werte für den Internen Standard einer Serienanalyse grundsätzlich graphisch dar, um einen möglichen Trend zu erkennen. Automatisieren Sie die Berechnung des Flächen/Höhen-Verhältnisses für jeden Peak und überprüfen Sie die (graphisch) ermittelten Extremwerte erneut im Chromatogramm. Arbeiten Sie möglichst mit zwei Detektionssignalen: zwei UV-Wellenlängen, besser noch mit zwei unabhängigen Detektoren wie UV und zusätzliches Fluorimeter, FID und NFID, zwei Massenspuren usw. Werten Sie beide Spuren unabhängig voneinander aus und überprüfen Sie, ob die Ergebnisse in einem vorgegebenen Fenster liegen. Das ist zwar keine Forderung gesetzlich verankerter Richtlinien, kann aber bei vertretbarem Aufwand die Qualität Ihrer Resultate wesentlich verbessern.

1.5.2 Arbeitsbereich

Die Ausrechnung und Auswertung der Messsignale kann nur nach vorhergehender Kalibrierung geschehen. Am Anfang der Kalibrierung steht die Auswahl des voraussichtlich benötigten Arbeitsbereichs *ABx*, der durch die untere Konzentration x_u und die obere Konzentration x_o begrenzt ist. Das Gewünschte muss in das Machbare umgesetzt werden.

Man möchte die Empfindlichkeit des Geräts ausnutzen und auch geringe Konzentrationen messen, andererseits könnten vielleicht auch einmal sehr hohe Konzentrationen vorkommen. Dann ist es ärgerlich, wenn ein Wert nur mit viel

HPLC richtig optimiert: Ein Handbuch für Praktiker. Herausgegeben von Stavros Kromidas

ISBN: 3-527-31470-9

Zusatzaufwand quantifiziert werden kann, weil er oberhalb des Arbeitsbereichs ABx liegt.

$$ABx = \frac{x_o}{x_u}$$

Überschreitet eine Probe doch einmal die obere Arbeitsbereichsgrenze, sollte geprüft werden, ob eine Verdünnung mit (Leer-)Matrix zulässig ist [1].

Die Quantifizierung ist nach unten durch die Bestimmungsgrenze BG limitiert. Wenn Sie sehr empfindlich messen müssen, können Sie Probleme mit der BG bekommen. Es ist dann gut, die BG möglichst früh in der Methodenentwicklung abzuschätzen.

$$x_u > BG$$

In der Chromatographie gibt es die Möglichkeit, aus dem Chromatogramm das Rauschen R einer aufgearbeiteten Probe zu bestimmen. Die BG ergibt sich als mindestens 10faches Signal/Rausch-Verhältnis aus der Höhe des Peaks Hx geteilt durch die Höhe (Spitze zu Spitze) des Rauschens – in der Praxis sollte man das 20fache Rauschen verwenden, um keine Probleme bei geringen Verschlechterungen apparativer Art zu bekommen.

$$BG \approx \frac{20 \cdot x \cdot R}{Hx}$$

Natürlich können Sie einen beliebigen Peak bekannter Konzentration x auswerten und seine Höhe in Relation zum Rauschen setzen, um die BG abzuschätzen. Diese Methode sollte in der Chromatographie grundsätzlich benutzt werden, sofern sie nach eventuell vorliegenden Richtlinien zulässig ist.

1.5.3
Interner Standard

Im nächsten Schritt zur Vorbereitung einer Validierung kann man drei (oder mehr) Proben gleicher Konzentration mit der avisierten niedrigsten Konzentration x_u einschließlich Probenvorbereitung unter Beachtung einer zunächst geschätzten Wiederfindungsrate messen. Wenn es irgendwie geht, sollte man zu den Proben einen Internen Standard hinzufügen. Die Entscheidung, ob die endgültige Methode mit einem Internen Standard durchgeführt wird, kann dann später getroffen werden. Der Interne Standard ist potenziell das beste Qualitätskontrollinstrument überhaupt. Fast ohne Zusatzaufwand wird jede Analysenprobe individuell kontrolliert.

Bereits aus drei Messungen lässt sich der Mittelwert My, die Standardabweichung SDy und der Variationskoeffizient $VK(\%)$ sowohl für die Externe als auch die Interne Standardmethode berechnen, der für eine Ausgleichsgerade mit nicht signifikant von Null verschiedenem Achsenabschnitt – wie es in der Chromatographie die Regel ist – angenähert auch für die relativen Abweichungen in der Konzentrationsebene x gilt.

$$\frac{SDy_u}{My_u} = VK(\%) \approx \frac{SDx_u}{Mx_u} \approx \frac{MU_u}{1{,}5\,t}$$

MU_u ist die Messunsicherheit am untersten Kalibrierpunkt und t der Student'sche t-Wert, der von der Zahl der Messpunkte abhängig ist.

So lässt sich MU_u aus dem Produkt $1{,}5 \cdot t \cdot VK$ grob abschätzen. Wenn die Richtlinien eine MU_u von 25 %, 33 % oder 50 % erlauben, ist nach Division durch $1{,}5 \cdot t$ der maximal mögliche VK sofort klar. Da MU korrekt aus VSD und x errechnet wird und $VSD > SDx$, ist obige Abschätzung etwas zu großzügig.

Für die Interne Standardmethode werden statt der Peakflächen(-höhen) die durch die Flächen (Höhen) des dazugehörigen Internen Standards dividierten Peakflächen(-höhen) genommen. Man sieht sofort, ob der Interne Standard den VK verringert, was ja der Sinn ist.

Auch eine xy-Graphik der Peakflächen der Analysensubstanz gegen die Peakflächen des Internen Standards gibt einen optischen Eindruck, ob beide Größen miteinander korrelieren – darauf beruht die Idee der Internen Standardisierung. Ganz generell muss eine (signifikante) positive Korrelation zwischen Analysensubstanz und Internem Standard gegeben sein [2].

1.5.4
Kalibrierung

Nach der (vorläufigen) Festlegung des Arbeitsbereichs sollte mit mehreren Kalibrierkonzentrationen zwischen x_U und x_O im Arbeitsbereich eine lineare Beziehung zwischen Signal und Konzentration verifiziert werden.

$$y = b \cdot x + a$$

Die Berechnung des Achsenabschnitts a und der Steigung b für die Kalibriergerade sowie die Rückrechnung der Konzentration für die Analysenproben nach

$$x = \frac{y - a}{b}$$

ist essenzieller Bestandteil jedes Integrationsprogramms. Es ist vorstellbar, dass viele Analytiker hierbei die gewichtete Regression benutzen, ohne dass sie dem besondere Aufmerksamkeit schenken. Bei den üblichen Integrationssystemen gibt es die Möglichkeit, mit $1/y$ bzw. $1/y^2$ zu gewichten. Diese Einstellung wird mit einem Mausklick bestätigt und arbeitet bei der weiteren Auswertung quasi im Verborgenen, sodass sie in Vergessenheit geraten kann. Beim Übertragen der Werte in ein Validierungsprogramm, das häufig keine Gewichtung vorsieht, sind dann Unstimmigkeiten unvermeidbar. In der Chromatographie erbringt die Gewichtung in vielen Fällen einen Vorteil, der aber demonstriert werden muss.

Es müssen zur Validierung einige weitere Parameter berechnet werden bis hin zur Berechnung der Messunsicherheit MU aus der Kalibriergeraden. Das ist bisher nicht in den Integrationsprogrammen enthalten. Wenn es irgendwie geht, wird man sich dazu eines Validierungsprogramms bedienen. Leider ist es ohne grundsätzliches Verständnis schwer zu durchschauen, wie die errechneten Größen zustande kommen. Der prinzipielle Gedankengang ist einfach, allerdings in Vorschriften und Richtlinien fast immer unnötig verkompliziert dargestellt.

1.5.5
Lineare Regression

Die lineare Regression wird auch Methode der kleinsten Quadrate genannt. Damit sind die Quadrate der Residuen gemeint, d. h. der senkrechte (y-)Abstand der Kalibrierpunkte von der berechneten Geraden. Es wird vorausgesetzt, dass die Ungenauigkeit der Konzentrationen der Kalibrierproben so gering ist, dass sie in der Berechnung gegenüber der Ungenauigkeit der Messsignale nicht berücksichtigt werden muss.

$$y_k - yx_k = R \qquad \sum R^2 = \min$$

y_k = Signalwert an einem Kalibrierpunkt
yx_k = aus der Geradengleichung berechneter Signalwert an einem Kalibrierpunkt

Diese Berechnung beruht auf einer Gleichwertigkeit der Residuen R und auf der Annahme gleicher Standardabweichungen bei verschiedenen Konzentrationen (Abb. 1). Ist diese Annahme nicht erfüllt, werden die Residuen an den Kalibrierpunkten mit höheren Standardabweichungen SD aufgrund ihrer im Mittel höheren Werte die Lage der berechneten Geraden stärker beeinflussen als die Punkte mit geringerer SD (Abb. 2). In diesen Fällen ist es notwendig, die

$$\sum \frac{(y_k - y\,x_k)^2}{SD_k^2} = \sum \frac{1}{SD_k^2}(y_k - y\,x_k)^2 = \sum w\,(y_k - y\,x_k)^2$$

zu minimieren, um die Gleichwertigkeit der Residuen wiederherzustellen. In der allgemeinen Form werden die einzelnen Residuen mit einem Wichtungsfaktor w multipliziert, der üblicherweise so normiert wird, dass die Summe der Wichtungsfaktoren gleich der Anzahl der Kalibrierpunkte ist.

$$\sum w = n$$

Das lässt sich nur in zwei Schritten durchführen, indem zunächst eine vorläufige Gewichtung g berechnet wird, dann deren Summe und schließlich die endgültige Gewichtung w mit der Normierung.

$$g = \frac{1}{y^{WE}} \qquad w = \frac{g \cdot n}{\sum g}$$

Das Rechenverfahren zur linearen Regression geht von gleichen Standardabweichungen im gesamten Arbeitsbereich aus. In der Chromatographie sind wir mehr prozentual gleiche Abweichungen gewöhnt. Eine Methode hat eine Genauigkeit von so und so viel Prozent in einem bestimmten Messbereich. Zu kleineren Konzentrationen werden dann die Abweichungen größer, bis sie (z. B. bei 33 % MU) nicht mehr tolerierbar sind, weil die Bestimmungsgrenze unterschritten wird.

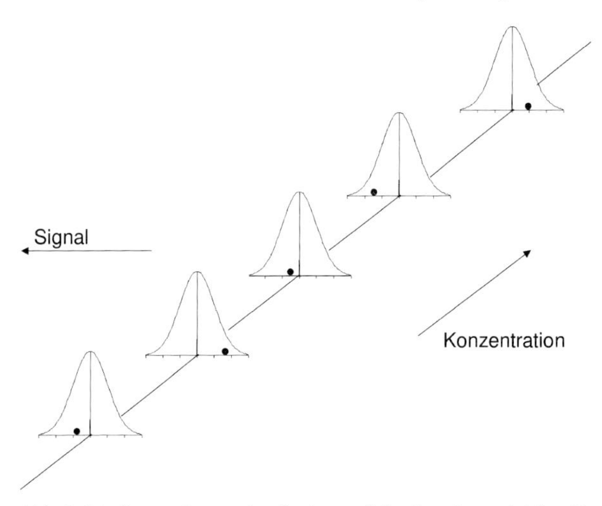

Abb. 1 Die lineare Regression basiert auf der Annahme gleicher Standardabweichungen bei allen Kalibrierpunkten. Das heißt, alle Abweichungen müssen gleich wichtig sein – gleiches Gewicht haben. Die Verschiedenheit der Residuen wird als zufallsbedingt angesehen.

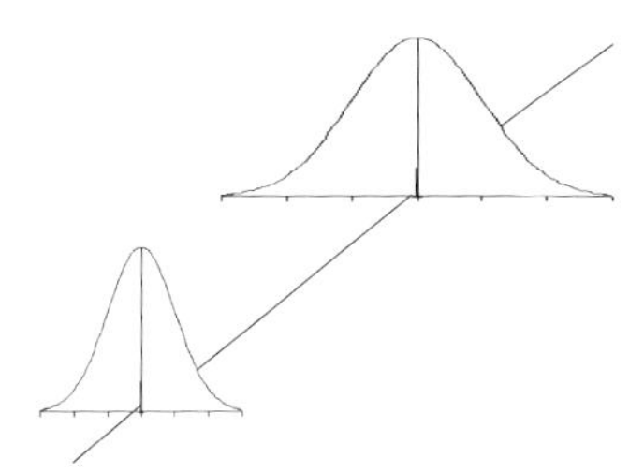

Abb. 2 Wenn wir wissen, dass die Annahme gleicher Standardabweichungen nicht stimmt, müssen wir das dadurch entstandene Ungleichgewicht durch einen Faktor ausgleichen – den Wichtungsfaktor. Andernfalls wird die Rechnung falsch. Die doppelt so große Standardabweichung des oberen Punktes führt im Mittel zu doppelt so hohen Residuen. Dadurch wird sich die Gerade (2^2) 4-mal so sehr an dem oberen Punkt orientieren als am unteren Punkt. Der Wichtungsfaktor muss deshalb den unteren Punkt 4-mal so hoch wichten.

Gehen wir von einem Arbeitsbereich von 100 aus und nehmen wir an, dass der *VK* in der Mitte des Arbeitsbereichs 1 % beträgt (Abb. 3). Gemäß der (ungewichteten) linearen Regression liegt die Reststandardabweichung *RSD* als konstantes Band um die Regressionsgerade. Dann muss der *VK* bei x_U 10 % sein und der *VK* bei x_O 0,1 %. Da die *VK*s mit dem Student'schen *t*-Wert multipliziert werden müssen, um den Vertrauensbereich zu erhalten, sind 10 % die äußerste Grenze, die für die *BG* zulässig ist. Einen *VK* von 0,1 % zu erreichen, ist in der Chromatographie auch bei hohen Konzentrationen unrealistisch. Schon 1 % ist schwer erreichbar. Es ergibt sich: Bei chromatographischen Verfahren und einem Arbeitsbereich größer als 10 ist die (ungewichtete) lineare Regression ein Modell, das mit großer Wahrscheinlichkeit nicht funktioniert.

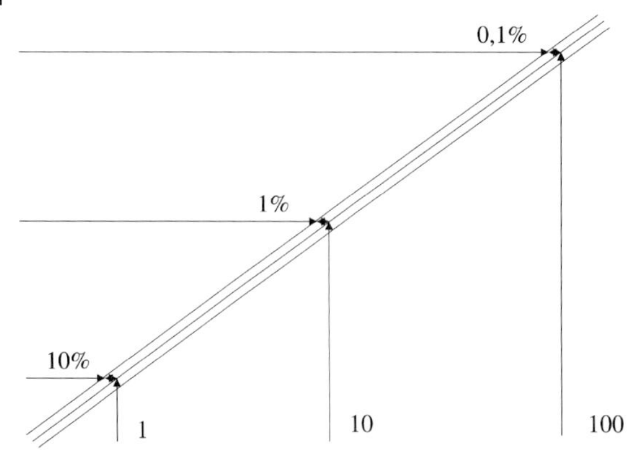

Abb. 3 Derselbe Absolutwert der Standardabweichung bei allen Konzentrationen (1, 10, 100) ergibt große Unterschiede des VK (10 %, 1 %, 0,1 %).

Nehmen wir an, wir hätten bei chromatographischen Untersuchungen mit Mehrfachmessungen gefunden, dass der Variationskoeffizient $VK(\%)$ im gesamten Konzentrationsbereich x_u bis x_o gleich ist. Dann ist

$$\frac{SDx_k}{My_k} = VK(\%) = \text{const.}$$

Das bedeutet, dass über die gesamte Kalibrationsgerade ein konstantes Verhältnis zwischen Signalwert y_k und der entsprechenden Standardabweichung SDy_k besteht. Dann kann $w = 1/SD^2$ ersetzt werden durch $w = 1/y^2$. Die oben genannte Normierung auf n gleicht zahlenmäßige Unterschiede aus. Die unbekannte Standardabweichung wird aus den bekannten Signalwerten abgeschätzt.

Eine $1/y^2$ Gewichtung entspricht gerade dem Fall, dass der VK im Arbeitsbereich konstant ist. Dies ist experimentell nur angenähert zu finden und bleibt damit eine Modellannahme. Der Vorteil des Modells ist aber, dass die unbekannten Signalwerte der Analysenproben eine leicht zu errechnende Gewichtung erhalten. Mit aufwendig gemessenen Standardabweichungen an jedem Kalibrierpunkt müsste man bei unbekannten Signalwerten interpolieren.

1.5.6
Wichtungsexponent

Mit $1/y^2$ ist der Wichtungsexponent WE gleich 2. Ist WE gleich 0, liegt der ungewichtete Fall der „normalen" Regression vor, weil alle Wichtungsfaktoren w gerade 1 sind.

Wie kann man sich diese beiden Grenzfälle veranschaulichen?

Wir haben in der Chromatographie einerseits eine „Apparatevarianz", die unabhängig von der Konzentration ist, die durch das Rauschen des Detektors bedingt ist oder durch die Schwankungen der HPLC-Pumpe. Diese Varianz ist bei hohen und niedrigen Konzentrationen gleich und wird durch $WE = 0$ $(1/y^0 = 1)$

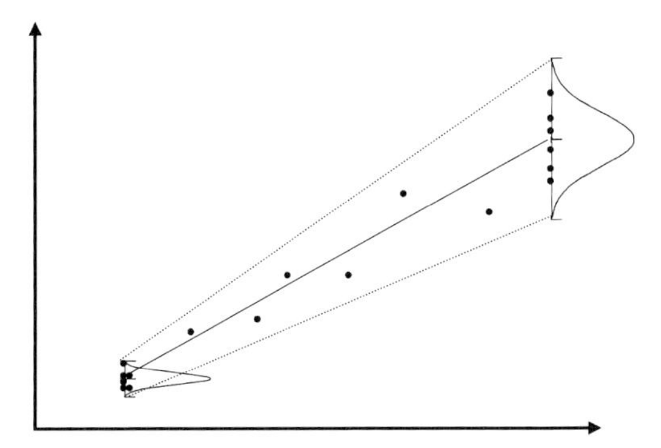

Abb. 4 Der Wichtungsfaktor interpoliert die Standardabweichungen zwischen den gemessenen Werten am unteren und oberen Ende des Arbeitsbereichs.

beschrieben. Weiterhin haben wir eine „Probenvorbereitungsvarianz", die gleiche prozentuale Abweichungen (*VKs*) bei allen Konzentrationen ergibt (charakterisiert durch $WE = 2$). Die dominierenden Volumeneffekte durch die Probenvorbereitung oder den Injektionsfehler führen dazu, dass die Standardabweichung linear mit den Konzentrationen und bei nichtsignifikantem Achsenabschnitt auch linear mit den Signalwerten nach oben läuft. Die chromatographische Realität kann je nach Dominanz der Effekte zwischen beiden Extremen liegen, d. h., alle Werte zwischen 0 und 2 sind möglich. Bei sehr einfacher Probenvorbereitung ist ein Wert nahe $WE = 0$ zu erwarten, bei mehreren Volumenübertragungsschritten zur Probenvorbereitung ein Wert in der Nähe von $WE = 2$ (Abb. 4).

$$w = \frac{1}{y^{\mathrm{WE}}} \qquad WE = 0 \text{ bis } WE = 2$$

Je größer der Arbeitsbereich ABx ist, desto eher ist eine Abweichung von der „normalen" linearen Regression nachweisbar. Als Unterscheidungsmerkmal der homogenen zur heterogenen Varianz wird der *F*-Test verwendet.

$$F = \frac{\mathrm{Varianz_o}}{\mathrm{Varianz_u}}$$

Nun lassen sich die Varianzen so gewichten, dass F gerade 1 wird. Dazu wird WE ausgerechnet:

$$WE = \frac{\log F}{\log ABy} = \frac{\log SDo^2 - \log SDu^2}{\log yo - \log yu}$$

Da hierbei der Varianzquotient benutzt wird, könnte dieses Verfahren Varianzquotientengewichtung [3] genannt werden.

1.5.7
In der Praxis

In der Qualitätskontrolle mit einem Arbeitsbereich von etwa 2 ist bei gleichem *VK* die Varianz am obersten Kalibrierpunkt gerade $2^2 = 4$-mal so hoch wie die Varianz am untersten Kalibrierpunkt. Wurde bei beiden Konzentrationen jeweils 6-mal gemessen, haben wir auf dem 95 %igen Vertrauensniveau (noch) keine Signifikanz. Dies bedeutet, dass in einem so kleinen Arbeitsbereich die Unterschiede so gering sind, dass sie keine praktische Bedeutung haben.

Bereits bei einem Arbeitsbereich von 10 und gleichem *VK* ergibt sich mit $F = 100$ immer ein signifikanter F-Test, d. h. Varianzenheterogenität. In der DIN 32 645 [4] steht unter *Mathematische Voraussetzungen*: „Im Bereich zwischen Leerwert und höchstem Kalibrierwert besteht Homogenität der Varianzen", und weiter hinten: „Erfahrungsgemäß können in diesem begrenzten Bereich die Varianzen als homogen angesehen werden." Genau das ist bei chromatographischen Verfahren normalerweise nicht der Fall. Natürlich hat sich hier nicht die Realität der Theorie zu beugen, sondern umgekehrt. Findet man heterogene Varianzen, muss mit Gewichtung der Varianzen gerechnet oder der Arbeitsbereich verkleinert werden.

1.5.8
Pharmaanalytik

Bei der Messung von Medikamentenkonzentrationen ist der Arbeitsbereich um den Faktor 10 meist zu klein. Häufig wird ein Faktor von ungefähr 100 benötigt. Eine Äquidistanz der Kalibrierpunkte ist dann kaum möglich. Es besteht häufig Unsicherheit darüber, ob eine logarithmische Abstufung der Kalibrierpunkte erlaubt ist. Der gesunde Analytikerverstand spricht dafür. Die berechneten Kenngrößen, außer dem Verfahrensvariationskoeffizienten, ändern sich kaum.

In der Praxis der sehr leistungsfähigen chromatographischen Verfahren ist ein Arbeitsbereich von 100 oder sogar 1000 erreichbar. Dann ergeben die von der Reststandardabweichung *RSD* abhängigen Größen Bestimmungsgrenze *BG*, Prognoseintervall *PI* und Messunsicherheit *MU* ohne Gewichtung im unteren Konzentrationsbereich unsinnig hohe Werte. Die mit komplizierten Gleichungen ermittelten Werte erwecken den Anschein hoher Genauigkeit, sie gelten aber nur bei definierten Rahmenbedingungen.

Die FDA-Richtlinie zur *Bioanalytical Method Validation* [5] enthält nicht nur die Forderung nach einer Präzision von mindestens 15 %, sondern sinnvollerweise auch eine maximale Abweichung der rückgerechneten Kalibrierproben vom Sollwert von 15 %. Diese Forderung der Richtigkeit ist bei heterogener Varianz ohne Gewichtung praktisch nicht zu erreichen, weil die unteren Kalibrierpunkte mit normaler Regression häufig systematische Abweichungen wegen ihres zu geringen Gewichts haben. Die FDA-Richtlinie akzeptiert die Anwendung der Gewichtung, sofern eine Begründung dafür existiert.

$$RE(\%) = \frac{x_{\text{ber}} - x_{\text{k}}}{x_{\text{k}}}$$

Es wurde vorgeschlagen [6], eine Graphik zu erstellen, bei der die prozentuale relative Abweichung der Kalibrierkonzentrationen *RE*(%) gegen den Logarithmus der Kalibrierkonzentrationen aufgetragen wird. Damit wird vermieden, dass bei logarithmischer Abstufung die kleinen Konzentrationen graphisch in einem Punkt zusammenfallen. Dies trägt der Konstanz der prozentualen statt der absoluten Abweichungen in der Chromatographie Rechnung. Auf diese Art kann auch der Vorteil der gewichteten Regression (wenn vorhanden) veranschaulicht werden.

1.5.9
Messunsicherheit

Misst man wie häufig üblich sechs gleiche Proben bei x_u und x_o, ist die Messunsicherheit an diesen beiden Werten bekannt. Durch schlichte lineare Interpolation ist eine nicht allzu schlechte Abschätzung der *MU* möglich. Auf jeden Fall ist das besser, als ein Festhalten an einer gleichen *RSD* (und *MU*) im Arbeitsbereich (die die normale lineare Regression nur liefern kann), wenn die Messung (signifikanter *F*-Test) das Gegenteil zeigt.

Die *MU* bei x_u ist gleichzeitig ein Maß für die Bestimmungsgrenze: Liegt *MU* unter 33 %, ist x_u größer als *BG*. Mehr Information ist im Grunde nicht notwendig. Die verschiedentlich zu findenden inkonsistenten statistischen Betrachtungen zur Nachweis-, Erfassungs- und Bestimmungsgrenze schaffen im Wesentlichen Verwirrung und Verärgerung.

Mit der linearen Regression lassen sich nach der Geradengleichung leicht die *yx*-Werte bei den Kalibrationskonzentrationen berechnen. Die Residuen *R* ergeben sich als Differenz aus *y* und *yx*.

$$RSD = \sqrt{\frac{\sum (y - y\,x)^2}{n - 2}}$$

Die Summe der Residuenquadrate wird mit zunehmender Anzahl *n* von Kalibrierpunkten immer größer. Deshalb muss *n* im Nenner stehen. Die Wurzel aus der Summe der Residuenquadrate geteilt durch die Freiheitsgrade ($n - 2$) ist die Reststandardabweichung *RSD*, d. h. ein charakteristischer Wert für ein mittleres Residuum. In der normalen linearen Regression geht man davon aus, dass sich die *RSD* als konstantes Band zu beiden Seiten der Geraden anschmiegt, d. h. die Unterschiedlichkeit der Residuen zufallsbedingt ist.

Mehr noch als die Abweichung in Signalrichtung interessiert die daraus direkt resultierende Abweichung der Konzentrationen. Graphisch betrachte ich das *RSD*-Band für ein gemessenes Signal in y- (senkrecht) oder in x-Richtung (waagerecht) (Abb. 5). Die entsprechende Standardabweichung in x-Richtung ist die Verfahrensstandardabweichung *VSD*, die gleich *RSD* dividiert durch die Steigung *b* ist. Die *VSD* ist das zentrale Gütekriterium [3].

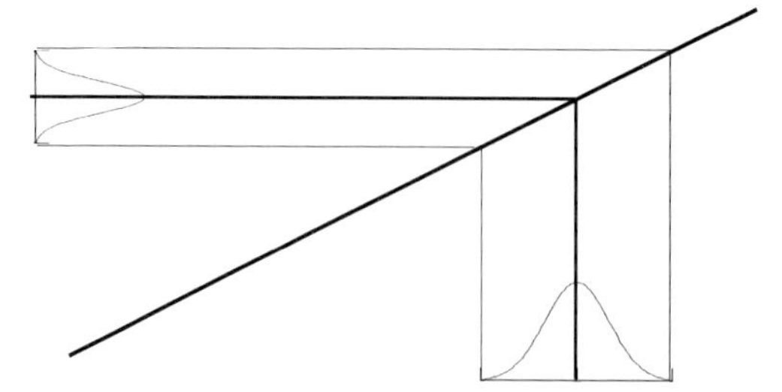

Abb. 5 Das Signal einer Analysenprobe hat ein 99 %-iges Prognoseintervall, das umgelenkt an der Kalibriergeraden die 99 %-ige Messunsicherheit auf der Konzentrationsachse ergibt.

$$VSD = \frac{RSD}{b}$$

Bisher haben wir Standardabweichungen betrachtet, d. h. mittlere Abweichungen, die bei Normalverteilung etwa 66 % der Werte beinhalten. Um den 95 %(99 %)-igen Vertrauensbereich der einzelnen y (PI)- oder x (MU)-Werte zu bekommen, muss mit dem entsprechenden Student'schen t-Wert multipliziert werden.

Prognoseintervall: $\pm PI(95\%) = t(95\%) \cdot RSD \cdot \sqrt{1}$

Messunsicherheit: $\pm MU(95\%) = t(95\%) \cdot VSD \cdot \sqrt{2}$

Die vollständigen Gleichungen können Ref. [7] oder den dort zitierten Arbeiten entnommen werden. Die beiden Wurzeln werden hier zunächst durch einen Faktor von 1,2 ersetzt, wodurch (mit ungewichteter) linearer Regression eine konstante Vertrauenslinie zu beiden Seiten der Regressionsgeraden entsteht. Stellen Sie sich vor, die Vertrauenslinien würden an beiden Enden federnd festgehalten und in der Mitte geringfügig eingedrückt. Genau diesen Effekt hat der exakte Wurzelterm.

Nehmen wir an, dass VSD im Arbeitsbereich gleich bleibt (homogene Varianzen). Dann ist $VSD > SDx_u$, weil Mx_u meist nicht exakt auf der Geraden liegt und dadurch eine zusätzliche Streuung (um die Gerade) hinzukommt. Nehmen wir weiter an, dass die VSD von x_o bis x_u abnimmt, aber nicht größer wird (Varianzeninhomogenität). Dann ist $VSD \gg SDx_u$.

Die Nachweisgrenze NG nach DIN 32 645 kann als $4 \cdot VSD$ abgeschätzt werden, da der Student'sche t-Wert für 8 Freiheitsgrade und 99%-ige Sicherheit 3,35 und der Wurzelterm etwa 1,2 ist. Die BG ist angenähert die 3fache NG.

$$NG = t \cdot VSD \cdot \sqrt{1 + \frac{1}{n} + \frac{M\,x^2}{\sum(x - M\,x)^2}}$$

$$BG \approx 3 \cdot NG \approx 12 \cdot VSD \qquad \frac{VSD}{BG} \approx 8\,\%$$

Deshalb darf der Wert für den *VK* maximal 8 % sein. Wegen $VSD > SDx_u$ ist realistischerweise ab einem *VK* von 4 % ein Überschreiten der *BG* zu erwarten, bei Varianzeninhomogenität sogar erheblich früher. Das kann in der Spurenanalytik zu großen Problemen führen.

Die nahe liegende Lösung wäre, die SDx_u direkt zu verwenden. Es wird ja kaum eine bessere Schätzung der Standardabweichung an diesem Punkt geben, als die Messung derselben. Division der maximal tolerierten Abweichung von 33 % durch den *t*-Wert von 3,3 führt zu einem tolerierten *VK* von 10 %. Am Aufwand, ein Verfahren von 10 % auf 4 % Präzision zu bringen, kann eine Methode scheitern.

Die Idee der DIN 32 645, eine lineare Regression mit 10 Werten um die *BG* herum zu berechnen, erhöht den Messaufwand immens. In der Chromatographie werden die Integrationssysteme bei Konzentrationen unter der *BG* meist gar keine Flächenwerte mehr liefern können, und diese Methode (auch zu Vergleichszwecken) entfällt. Die Bestimmungsgrenze sollte man nur dann nach der Kalibriergeradenmethode ermitteln, wenn weder Signal/Rausch-Verhältnis noch Leerwertverfahren möglich sind.

Das Problem, sich mit viel Rechenaufwand eine erhöhte Sicherheit vorzuspiegeln, liegt zum geringeren Teil im erhöhten Aufwand. Wichtiger ist die unnötige Undurchsichtigkeit, die mit komplizierten Gleichungen erzeugt wird. Jeder Qualitätsanspruch ist sinnlos, der im Formalen erstickt. Er wird nur erhoben, weil die Vorschriften zu befolgen sind. Gut gemeinter, aber undurchschaubarer Perfektionismus wirkt demotivierend.

1.5.10 **Nullpunktsgerade**

Welchen Vorteil haben wir in der Chromatographie dadurch, dass eine Gerade mit Achsenabschnitt berechnet wird? Im Chromatogramm darf ich mit einer Leerprobe an der Stelle des sonst zu erwartenden Peaks nur eine Basislinie finden. Wenn das nicht der Fall ist, ist die Methode schlecht. Zur Absicherung ist es sowieso sinnvoll, immer wieder mal eine Leerprobe in die Analysenserie einzustreuen. Damit kann man beispielsweise Memory-Effekte erkennen, aber nicht verhindern, dass doch in irgendeiner Analysenprobe ein Untergrundpeak vorhanden sein könnte. Die Anpassung einer Geraden mit Achsenabschnitt verhindert dies aber genauso wenig. Nur eine Messung mit zwei verschiedenen Detektoren kann das Vorhandensein von Interferenzen weitestgehend ausschließen.

Bei nichtchromatographischen Analysen mit einem messbaren Signal für einen Leerwert ist eine Gerade mit Achsenabschnitt natürlich unabdingbar. Wenn ein Achsenabschnitt eine konkrete Bedeutung hat, verfälsche ich mein Ergebnis, wenn ich den Achsenabschnitt nicht zulasse.

Umgekehrt verfälsche ich mein Ergebnis aber auch, wenn ich in der Chromatographie einen (nichtsignifikanten) Achsenabschnitt berücksichtige, obwohl er weder physikalisch noch statistisch eine Bedeutung hat. Der Achsenabschnitt ist ja quasi eine systematische Abweichung, die man (insbesondere im unteren Konzentrationsbereich wichtig) hineinrechnet, obwohl er durch Zufall mal positive und mal negative Werte haben kann. Eine Rückrechnung der Signalwerte für die Kalibriergerade in Konzentrationen zeigt dies deutlich.

Ein Analytiker, der in der Lage ist, seine Probenvorbereitung und HPLC-Analyse zu optimieren, kann sehr gut selbst entscheiden, ob er einen Internen Standard verwenden will, ob er die Regression mit oder ohne Gewichtung rechnen will und ob er die Anpassung an eine Gerade mit oder ohne Achsenabschnitt bevorzugt, insbesondere wenn er seine Entscheidung begründen kann.

Es ist zu hoffen, dass zukünftige Richtlinien zunehmend dem Gedanken Rechnung tragen, konkrete Hilfestellung zu vermitteln (wozu nicht noch eine Anleitung gehört, wie man Mittelwerte berechnet) und die Flexibilität zu erlauben, die bei den unterschiedlichen Anwendungen in der Analytik dringend notwendig ist.

Literatur

1. Shah, V. P. et al., *Pharm. Res.* 17 (2000), 1554.
2. Haefelfinger, P., *J. Chromat.* 218 (1981), 73–81.
3. Kuss, H. J., in: *Handbuch Validierung in der Analytik* (Hrsg.: Kromidas, S.), Wiley-VCH, Weinheim, 2000, S. 182.
4. *DIN 32645,* Beuth Verlag, Berlin, 1994.
5. *Guidance for Industry: Bioanalytical Method Validation*; http://www.fda.gov/cder/guidance/Index.htm.
6. Johnson, E. L. et al., *J. Chrom. Sci.* 26 (1988), 372–379.
7. Kuss, H. J., in: *HPLC Tipps 2* (Hrsg.: Kromidas, S.), Hoppenstedt, 2003, S. 288.

1.6
Gütekennwerte der Kalibration und Messunsicherheit als Indikatoren für Optimierungspotenzial

Stefan Schömer

1.6.1
Optimierung der Kalibration – was ist das Ziel?

Als Ziel jeder Optimierung ist der möglichst effiziente Einsatz von Ressourcen (Zeit, Geräte, Personal) entscheidend. Für die Kalibrierung kann das bedeuten:

- den Messaufwand zu minimieren, ohne Einbußen in Präzision und Richtigkeit in Kauf zu nehmen, oder
- bessere Präzision und/oder Richtigkeit zu erreichen, ohne den Messaufwand zu erhöhen.

In sechs ausgewählten Beispielen wollen wir Antworten auf Fragen zur Optimierung einer Kalibration ergründen:

1. Bedeutet eine höhere Empfindlichkeit auch eine bessere Methode?
2. Ist ein konstanter Variationskoeffizient gut oder schlecht – oder einfach unvermeidbar?
3. Matrixeffekte nachweisen – ist die Wiederfindungsfunktion ersetzbar?
4. Matrixeffekte nachgewiesen – ist ein Aufstockverfahren immer notwendig?
5. Der Linearitätstest – muss eine Kalibration denn linear sein?
6. Richtigkeit optimieren – robuste Kalibrationsfunktion mit Gewichtung ermitteln.

Das Hinterfragen üblicher Praxis wird dabei beachtliches Optimierungspotenzial zutage fördern. Wir beachten das vorrangige Ziel jeder Kalibrierung, die Richtigkeit von Ergebnissen sicherzustellen. Damit ist ein gewisser Aufwand zur Kalibration einer Analysenmethode zweifellos und prinzipiell unumgänglich.

Die Bewertung der Richtigkeit muss auf Grundlage von Präzisionsangaben erfolgen, um letztendlich die Rückführbarkeit von Ergebnissen auf anerkannte Normale nachzuweisen.

Richten wir also in unseren Beispielen unser Augenmerk auf Präzision und Richtigkeit aus Kalibrationsmessungen einer Methode.

Wozu eine Kalibration noch weiter optimieren?

Wem nutzt es, ausgerechnet dort zu optimieren, wo tatsächlich vergleichsweise geringe Fehler eine Rolle spielen? Die Antwort ist einfach, denn mit verbesserter Präzision und Richtigkeit ist der effizientere Einsatz der Ressourcen, nicht nur in der Kalibration selbst, sondern in der anschließenden Routine erst ermöglicht. Natürlich darf dabei die Balance zwischen verschiedenen Ansatzpunkten zur Optimierung nicht außer Acht geraten.

HPLC richtig optimiert: Ein Handbuch für Praktiker. Herausgegeben von Stavros Kromidas

ISBN: 3-527-31470-9

1.6.2 Der zentrale Gütekennwert einer Kalibration

Der zentrale Güteparameter ist die Verfahrensstandardabweichung (DIN 32 645, DIN 38 402 T51). Sie resultiert aus dem Quotienten von Reststandardabweichung und Empfindlichkeit und bestimmt die maximale Präzision, mit der Konzentrationen ermittelt werden können. Die Verfahrensstandardabweichung liefert uns somit den Maßstab, um die Richtigkeit einer Methode auf Grundlage der ermittelten Kalibrationsfunktion zu bewerten.

Wir nennen an dieser Stelle keine Berechnungsgrundlagen, da Ergebnisse der mitunter komplexen Rechnungen in der Praxis meist mit Software ermittelt werden. Graphiken der Kalibrationsfunktion und vor allem der Residuen mit Bereichen vertrauenswürdiger Ergebnisse liefern uns eine transparente Diskussionsgrundlage. Mehr noch als der Vertrauensbereich der Kalibrationsfunktion ermöglicht der Vorhersagebereich eine Bewertung der Richtigkeit und Präzision. Aus diesem Grunde sind die Vorhersagegrenzen in die Residuengraphik in der Darstellung nach [1] aufgenommen.

1.6.3 Beispiele

1.6.3.1 Bedeutet eine höhere Empfindlichkeit auch eine bessere Methode?

Das Erreichen einer höheren Empfindlichkeit erscheint auf den ersten Blick in jedem Fall als wünschenswertes Optimierungsziel. Eine bessere Response, genauer: eine stärkere Signaländerung in Abhängigkeit der Konzentration, sollte doch eine präzisere Messung erwarten lassen. Ein Wechsel des Reagens erreicht so z. B. eine intensivere Färbung, der Austausch des Detektorsystems oder die Wahl einer anderen Wellenlänge zur Detektion ist ebenfalls möglich.

Unser Ziel ist es, detektorseitig ein bestehendes HPLC-Verfahren zu optimieren. Welcher Kennwert ist tatsächlich geeignet, eine erzielbare Verbesserung zu kennzeichnen? Mit unserem Beispiel stellen wir geeignete Kennwerte und Kriterien zur visuellen Bewertung der Kalibrationsfunktion und der zugehörigen speziellen Residuendarstellung [1, 2] vor. Eine tatsächliche Verbesserung einer Methode wird auf einen Blick zu erkennen sein.

Die Messergebnisse der Kalibration zweier Methoden sind in Tabelle 1 gegenübergestellt. Die Antwortfunktion (Response) der Methode 2 scheint deutlich besser. Der verwendete Detektor arbeitet hier mit elektronischer Verstärkung.

Die Empfindlichkeit wird durch die Steigung der Kalibrationsfunktion im Arbeitspunkt definiert. Sie ist für Kalibrationsgeraden natürlich konstant. Um in späteren Beispielen auch andere Kalibrationsfunktionen mit konzentrationsabhängiger Empfindlichkeit in Betracht zu ziehen, wählen wir in unseren Graphiken die Arbeitsbereichsmitte als repräsentativen Arbeitspunkt und geben die Empfindlichkeit in diesem Arbeitspunkt an.

Wie die Kennwerte (Tabelle 2) und der annähernd gleich große Unsicherheitsbereich der Konzentrationsangaben in den Graphiken zeigen (Abb. 1), ist eine

Tabelle 1 Messdaten der Kalibration zweier Methoden unterschiedlicher Empfindlichkeit.

Nr.	*x-Werte* Konzentration [mmol]	*Methode 1* *y-Werte* Signal [arb.]	*Methode 2* *y-Werte* Signal [arb.]
1	0,15	9,17	22,32
2	0,30	20,75	44,21
3	0,45	31,58	61,43
4	0,60	39,09	85,19
5	0,75	52,50	101,64
6	0,90	59,54	124,98
7	1,05	69,82	142,47
8	1,20	82,11	163,00
9	1,35	88,66	175,61
10	1,50	100,21	198,70

Tabelle 2 Entscheidende Kennwerte beider Kalibrationen.

	Methode 1	*Methode 2*
Empfindlichkeit [arb./mmol]	66,53	129,71
Verfahrensstandardabweichung [mmol]	0,0214	0,01980
Messunsicherheit im Arbeitspunkt [mmol]	0,825 ± 0,0753	0,825 ± 0,0700

höhere Empfindlichkeit nicht automatisch gleichbedeutend mit besseren Ergebnissen. Die Residuengraphik weist den Gewinn an Empfindlichkeit um etwa den Faktor 2 verbunden mit einer ebenso erhöhten Empfindlichkeit auf Störeinflüsse aus. Auch der Bereich der Signalschwankungen ist um den Faktor 2 erhöht. Beide Effekte kompensieren sich fast vollständig.

Eine detektorseitige Optimierung muss also Fehlerquellen und Querempfindlichkeiten ausschließen.

Fazit

Eine stärkere Response ist nicht automatisch mit einem besseren Analysenverfahren verbunden. Diese sicherlich bekannte Tatsache ist wohl einer der Gründe, weshalb in der bisherigen Praxis die weitaus meisten Labors den Nachweis der Verbesserung einer Methode unbedingt mit dem erheblichen Aufwand eigener Wiederhol- und Vergleichsmessungen verbinden. Solcher Aufwand kann getrost ersatzlos entfallen.

Die ohnehin notwendige oder bereits vorliegende Kalibration weist die Methode mit der signifikant kleineren Verfahrensstandardabweichung als die bessere Methode aus. Auch der Verfahrensvariationskoeffizient (Methode 1 mit 2,59 %, Methode 2 mit 2,41 %) ist zum Verifizieren einer tatsächlichen Verbesserung hilfreich, allerdings nur unter der Voraussetzung eines mit der Arbeitsbereichsmitte gleichen Bezugspunkts für beide Angaben.

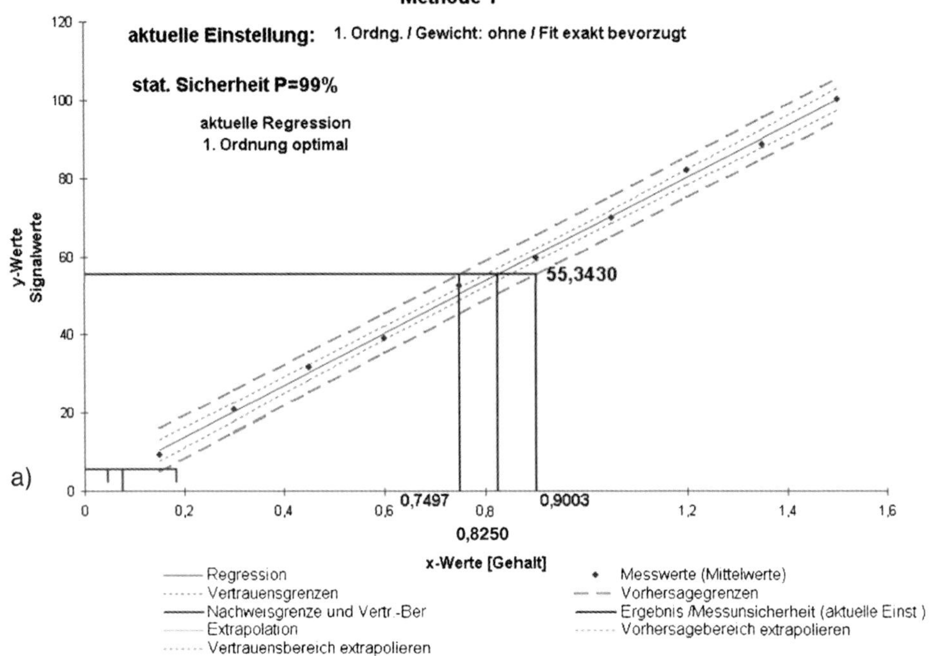

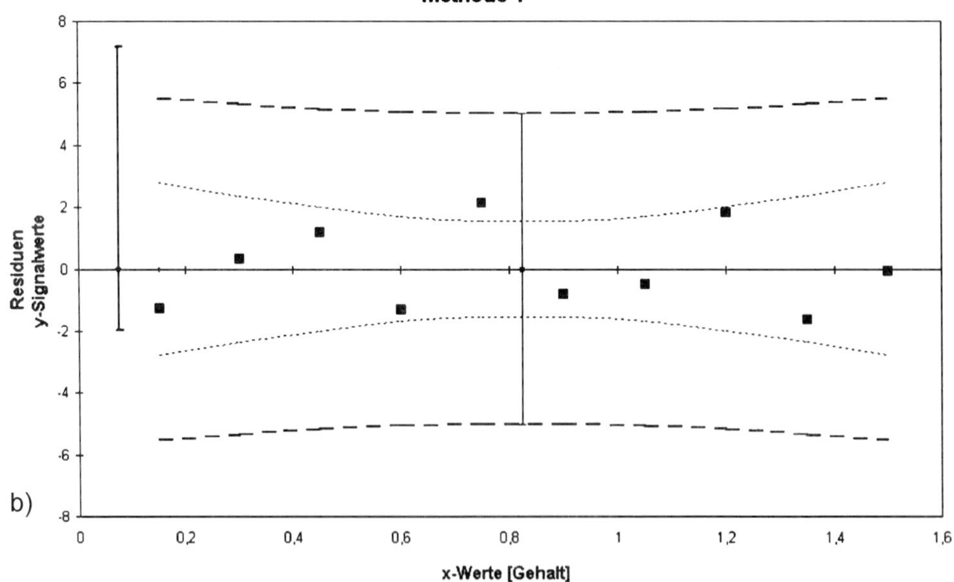

Abb. 1 Vergleich der Kalibrationsfunktion und Residuen; Optimierungskriterium Messunsicherheit.

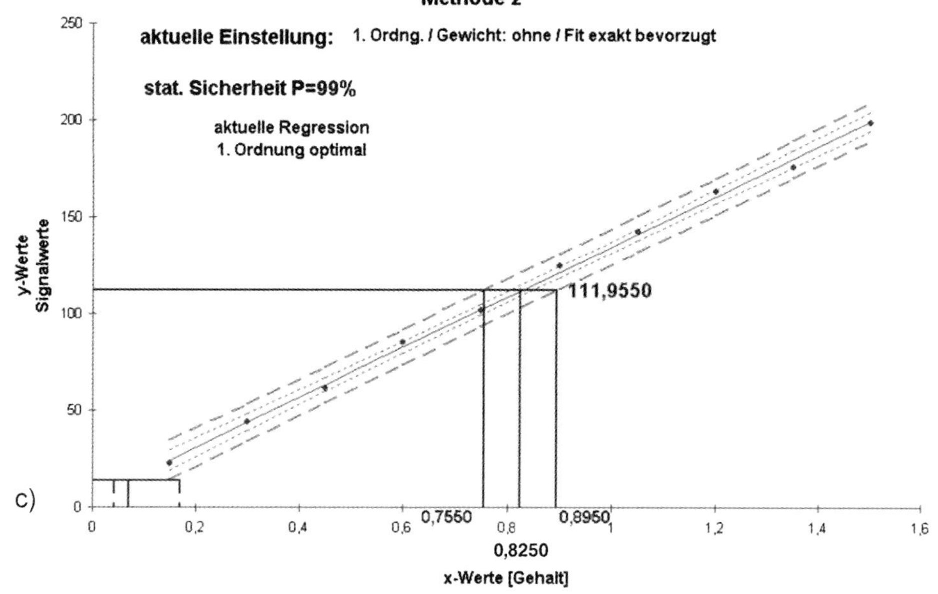

Kalibrierung und Messunsicherheit
Methode 2
aktuelle Einstellung: 1. Ordng. / Gewicht: ohne / Fit exakt bevorzugt
stat. Sicherheit P=99%
aktuelle Regression
1. Ordnung optimal
y-Werte
Signalwerte
111,9550
0,7550
0,8950
0,8250
x-Werte [Gehalt]

c)

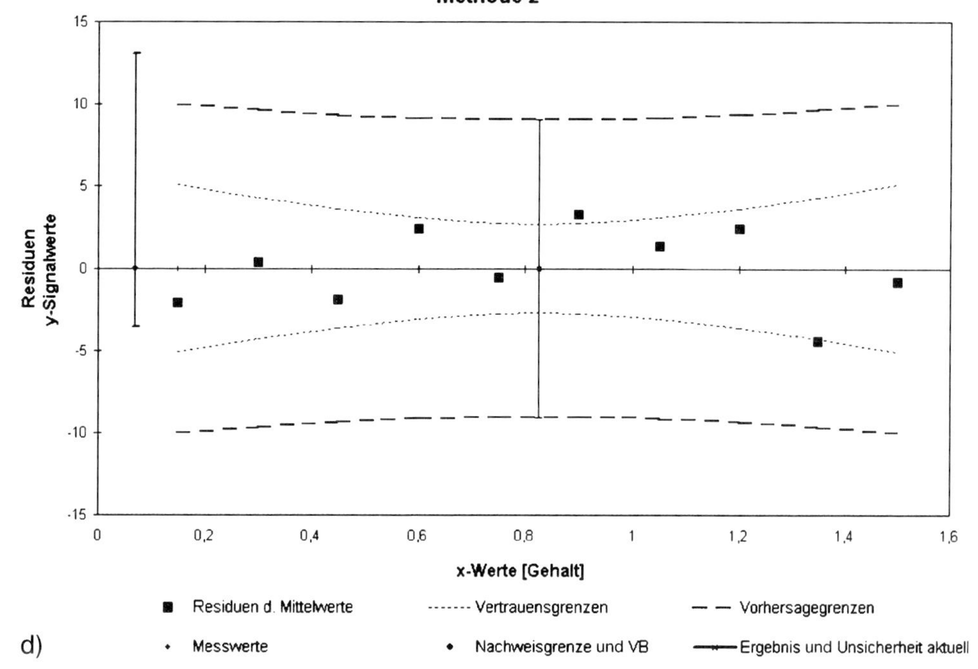

Residualdarstellung der Kalibrierfunktion und Messunsicherheit
Methode 2
Residuen
y-Signalwerte
x-Werte [Gehalt]
Residuen d. Mittelwerte
Vertrauensgrenzen
Vorhersagegrenzen
Messwerte
Nachweisgrenze und VB
Ergebnis und Unsicherheit aktuell

d)

Abb. 1 (Fortsetzung)

Ausreichende Angaben zu Empfindlichkeit und Signalpräzision der in unserem Beispiel zur Auswahl stehenden Detektorsysteme sind sicher auch vom Hersteller direkt zu erfragen. Auch wenn die Gerätequalifizierung beim Hersteller nicht die gleiche Analysemethode verwendet, ist die Güte der Detektorsysteme im Vergleich doch ausreichendes Entscheidungskriterium und erspart eigene Kalibrationen. Vorsicht ist bei Angaben des Variationskoeffizienten geboten, denn mit der Wahl des Bezugspunkts der Konzentration kann jede prozentuale Angabe leicht in die gewünschte Richtung verändert werden.

Für die anstehende Entscheidung zur Auswahl der besseren Methode liefern umfangreiche Testserien keine neuen Erkenntnisse. Allein für die Methode der Wahl sind solche Untersuchungen zur Validierung geeignet, um die in der Praxis des eigenen Labors unter Routinebedingungen relevante Performance möglichst real zu beschreiben.

1.6.3.2 Ist ein konstanter Variationskoeffizient gut oder schlecht – oder einfach unvermeidbar?

Mithilfe der im vorangehenden Beispiel als zentraler Güteparameter vorgestellten Verfahrensstandardabweichung ist es möglich, schon mit der Kalibration die erwartete Unsicherheit eines Analysenergebnisses im gesamten Arbeitsbereich zu beschreiben. Wiederholmessungen sind zu diesem Zweck nicht unbedingt notwendig.

Aus der Praxis chromatographischer Methoden erwarten wir im gewählten Arbeitsbereich normalerweise einen konstanten Variationskoeffizienten (*VK*). Die Messunsicherheit in absoluten Konzentrationseinheiten steigt also direkt proportional mit der Konzentration der Proben an. Was bedeutet dieser konstante Variationskoeffizient im Hinblick auf das Optimierungspotenzial, das wir bereits sehr früh auf Grundlage der Kalibrationsmessungen in der Praxis erkennen wollen? In unserem Beispiel soll als Optimierungsziel der Arbeitsbereich über eine Größenordnung hinaus erweitert werden.

Die Kalibrationsfunktion in Abb. 2 ist auf den ersten Blick durchaus geeignet, im avisierten Arbeitsbereich zu quantifizieren. Die Residuengraphik lässt mit den beiden durch Ihre Restwerte markierten Punkte allerdings bereits vermuten, dass die mit steigender Konzentration ansteigende Streuung durch die Verfahrensstandardabweichung nicht mehr treffend beschrieben werden kann. Gemessene Signale drohen zunehmend, den aus der Kalibration vorhersagbaren Bereich für Messsignale zu über- oder unterschreiten. Im Sinne eines richtigen Analysenergebnisses drohen also Über- bzw. Unterbefunde, insbesondere wenn Analysenproben im oberen Arbeitsbereich quantifiziert werden. Diese Gefahr systematischer Fehler, die letztendlich nur durch zufällige, aber unterschätzte Streuungen verursacht werden, wird mit den üblichen Einfachmessungen leicht übersehen [3].

Dieses Verhalten einer Methode mit konstantem Variationskoeffizient wird deutlicher, wenn wir die betreffende Methode mit einer 4fachen Wiederholbestimmung für jeden Standard erneut kalibrieren. Das Ergebnis zeigt Abb. 3.

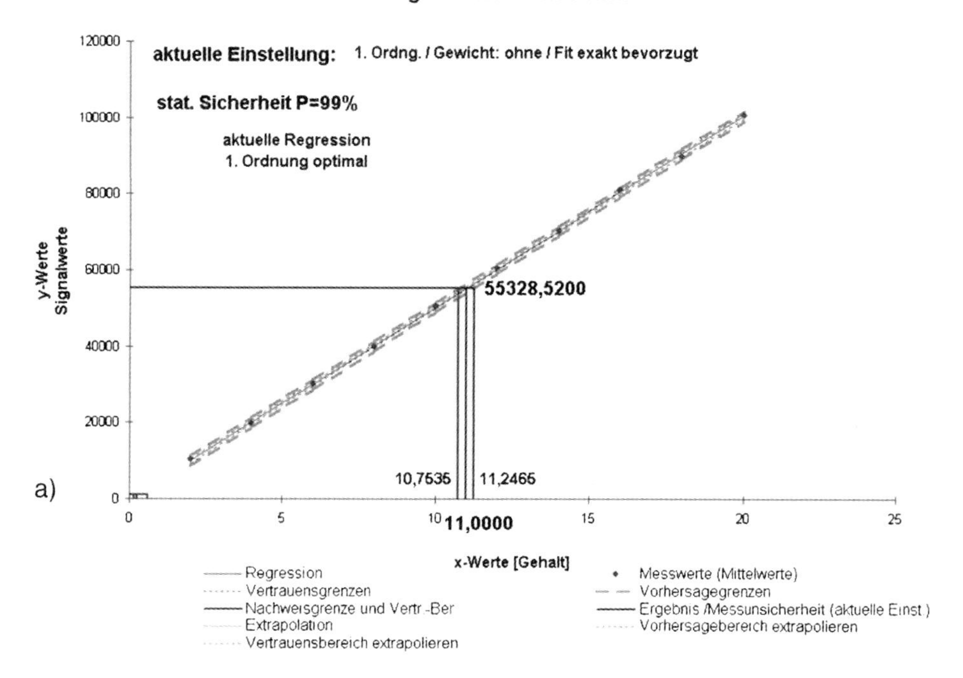

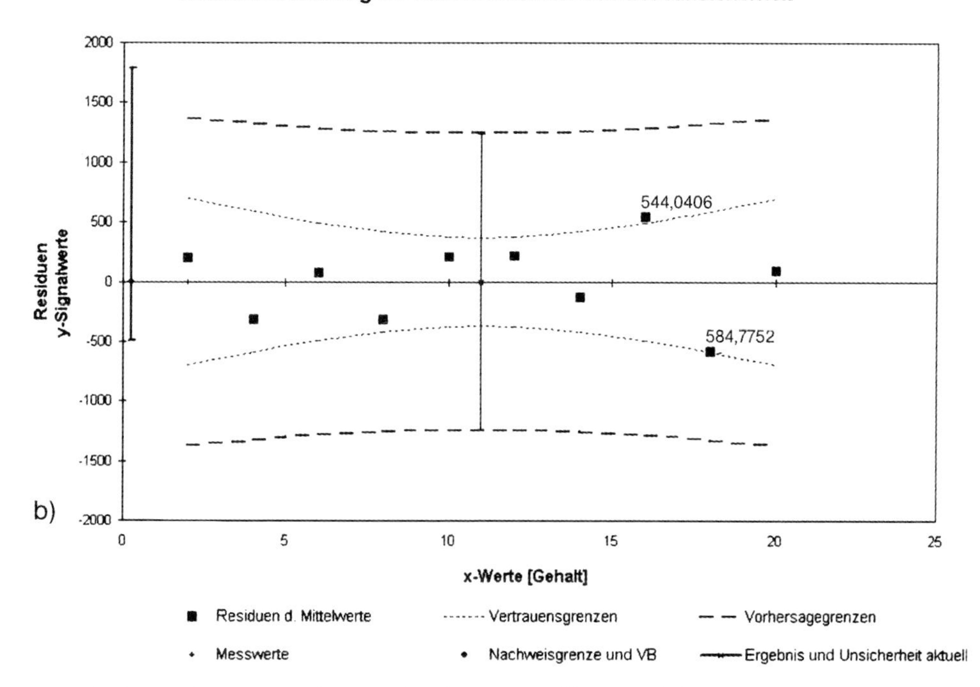

Abb. 2 10 Kalibrierpunkte mit konstantem Variationskoeffizient; Einfachmessung.

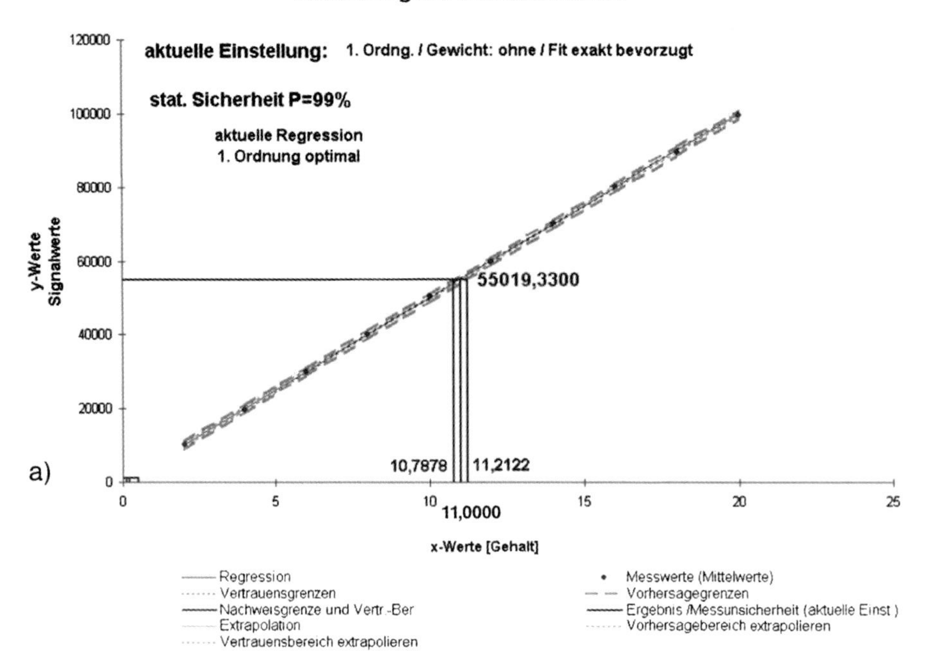

Kalibrierung und Messunsicherheit
aktuelle Einstellung: 1. Ordng. / Gewicht: ohne / Fit exakt bevorzugt
stat. Sicherheit P=99%
aktuelle Regression
1. Ordnung optimal
y-Werte Signalwerte
55019,3300
10,7878
11,2122
11,0000
x-Werte [Gehalt]
Regression
Vertrauensgrenzen
Nachweisgrenze und Vertr.-Ber
Extrapolation
Vertrauensbereich extrapolieren
Messwerte (Mittelwerte)
Vorhersagegrenzen
Ergebnis /Messunsicherheit (aktuelle Einst.)
Vorhersagebereich extrapolieren
a)

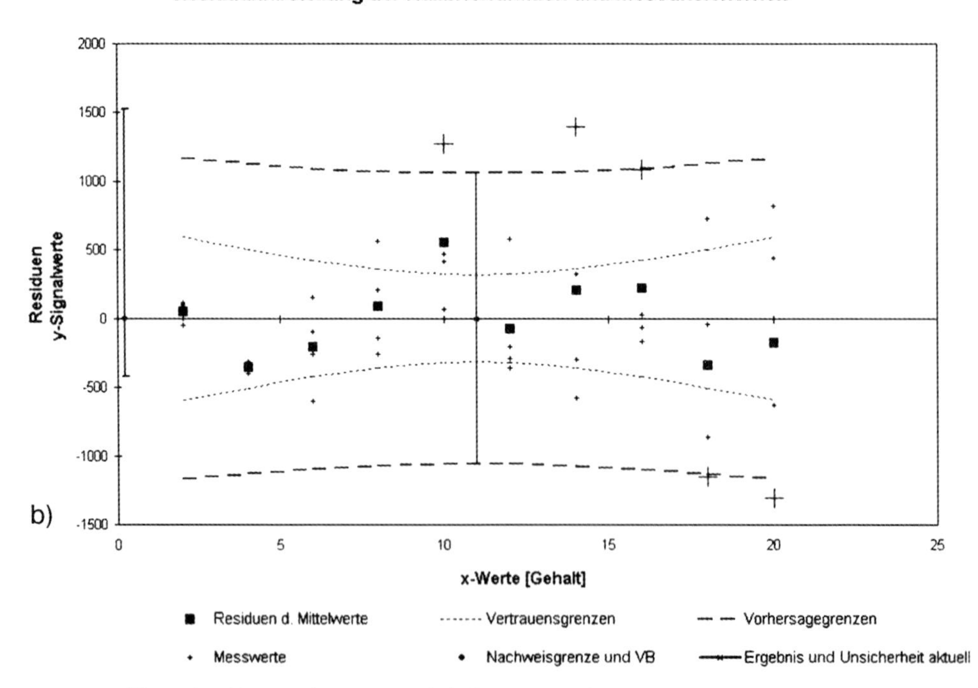

Residualdarstellung der Kalibrierfunktion und Messunsicherheit
Residuen y-Signalwerte
x-Werte [Gehalt]
Residuen d. Mittelwerte
Vertrauensgrenzen
Vorhersagegrenzen
Messwerte
Nachweisgrenze und VB
Ergebnis und Unsicherheit aktuell
b)

Abb. 3 10 Kalibrierpunkte mit 4 Wiederholmessungen; konstanter *VK*.

Die in der Residuengraphik markierten fünf Messungen zeigen deutlich die Gefahr, falsch zu quantifizieren, selbst wenn die gleichen Kalibrationsstandards als Probe analysiert würden.

Um den Messaufwand weiter reduzieren zu können, fassen wir in den folgenden Beispielen 4 Größenordnungen der Konzentration in einem Arbeitsbereich zusammen. Die Wahl eines solch weitgefassten Arbeitsbereiches ist zur Reinheitsprüfung mit Bestimmung der Konzentration von Produkt (100 %) und Verunreinigung (bis 0,01 %) in einem chromatographischen Lauf durchaus übliche Praxis [4].

Arbeitsbereich 0,01 %–100 % mit homogenen Varianzen

Selbst mit einer 4 Größenordnungen umspannenden Kalibration stellt unser Beispiel aus Abb. 4 die Leistungsfähigkeit der Kalibrationsauswertungen unter Beweis. Die Realität der Messung wird korrekt bereits mit der Kalibration beschrieben. Eine im gesamten Arbeitsbereich zutreffende Verfahrensstandardabweichung wird ermittelt, einzig unter der Voraussetzung tatsächlich homogener Varianzen. Die Residuen zeigen lediglich einen einzigen Wert (von 60 insgesamt gemessenen Proben), der die geschätzten Vorhersagebereiche überschreitet (Irrtumswahrscheinlichkeit).

Eine Optimierung für den gesamten Arbeitsbereich zu erreichen, ist einfach unmöglich. Völlig unabhängig von Kenndaten müssen wir uns die Frage stellen, ob denn im konkreten Fall unterhalb 1 % überhaupt noch weitere Verdünnungen gemessen werden sollten.

Es braucht keinen Experten, um mit den zahlreichen, dicht überlagerten Stützpunkten in diesem Konzentrationsbereich den nahe liegenden Optimierungsgedanken einfach umzusetzen:

Mit erheblich weniger Kalibrationsmessungen, z. B. einer einzigen Messung im Bereich < 1 %, ist der Messaufwand ohne weitere Qualitätseinbußen schnell um nahezu 50 % reduziert. Selbstverständlich können dann Konzentrationen im Bereich unter 1 % nicht mehr beliebig genau quantifiziert werden, denn es bleibt schließlich nur noch ein Stützpunkt, z. B. bei 0,5 %. Diese Konsequenz zu ziehen, ist nur eine Frage des gesunden Menschenverstands, und nicht von Richtlinien oder Regressionsrechnungen, wie mancher Autor glaubt, dies vermitteln zu müssen. Bisweilen wird eine halblogarithmische Auftragung gewählt, um den dargestellten Sachverhalt zu kaschieren. Wir wollen an dieser Stelle im Interesse unserer Leser auf die Trickkiste möglicher Umrechnungen verzichten, denn es bliebe Augenwischerei. Schließlich werden in Berichten auch nicht logarithmierte Konzentrationen angegeben.

Die Unsicherheit im für die Reinheitsprüfung interessanten Arbeitspunkt von 100 % ist, wie Ihnen sicher in Abb. 4 auffällt, tatsächlich unsymmetrisch und korrekt angegeben [1, 5]. Die in Normen und Richtlinien (z. B. ISO 8466, DIN 38 402, DIN 32 654) genannten Näherungsformeln weichen hiervon ab und sind in diesem Fall nicht mehr exakt gültig.

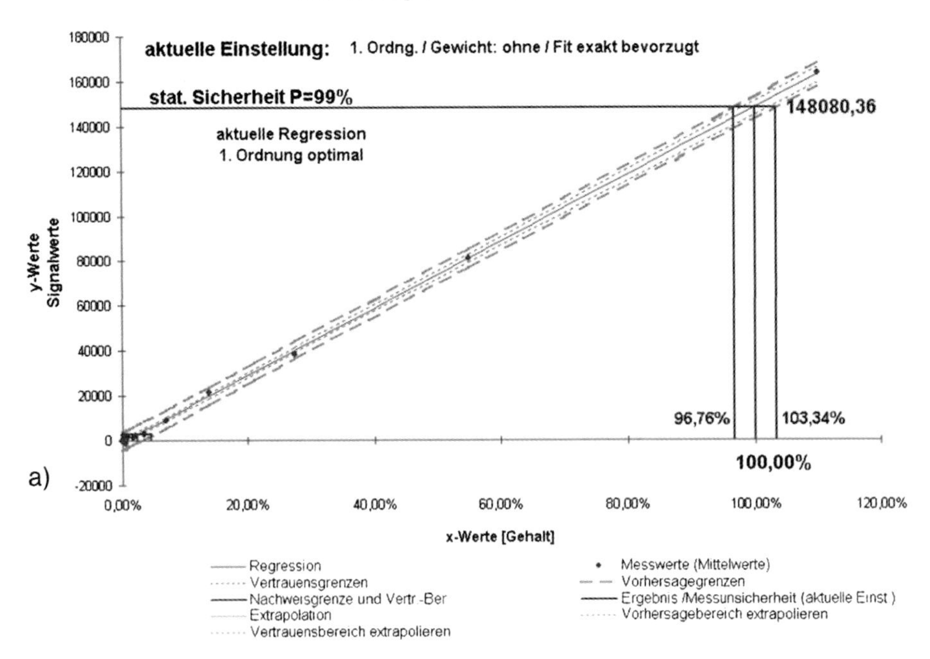

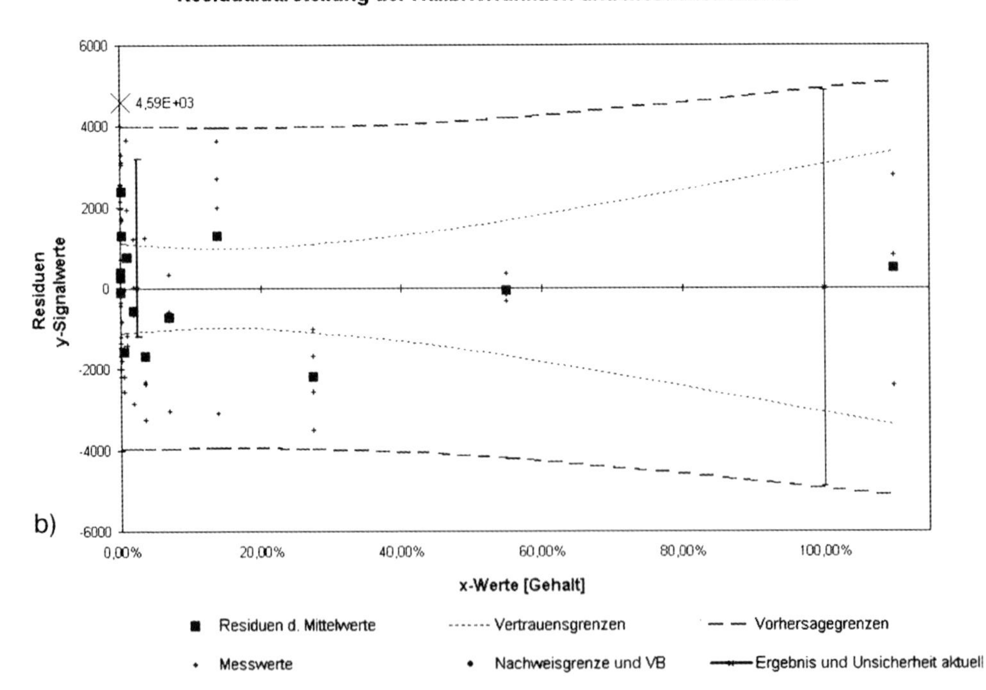

Abb. 4 Homogene Varianzen im Arbeitsbereich 0,01 % bis 100 %.

Arbeitsbereich 0,01 %–100 % mit konstantem Variationskoeffizienten

Noch drastischer sind die Auswirkungen im Fall konstanter Variationskoeffizienten im gewählten Arbeitsbereich. Eine sinnvolle Aussage zur Quantifizierung von Proben mit einer Kalibration über 4 Größenordnungen der Konzentration treffen zu wollen, nimmt ganz erhebliche Risiken systematischer Fehler in Kauf. Sicher und aus prinzipiellen Gründen wird keine noch so ausgefeilte und optimierte chemische Analytik in absehbarer Zukunft in der Lage sein, trotz konstanter Variationskoeffizienten solch weite Arbeitsbereiche in treffender Art zu charakterisieren. Auch Grenzen der Optimierungsmöglichkeiten und Anforderungen an eine moderne leistungsfähige Analytik sollten an dieser Stelle erkannt und nicht verheimlicht werden. Das Ergebnis einer Kalibration unter diesen Bedingungen veranschaulicht Abb. 5.

Keine Regressionsrechnung der Welt ist in der Lage, dieses Verhalten eines analytischen Verfahrens über mehr als 4 Größenordnungen mit Kennwerten realistisch zu beschreiben. Das hat eine einleuchtende und einfache Ursache. Jedwede Auswertung einer Kalibration geht davon aus, ein Analysenverfahren mit einer einzigen (!) Reststandardabweichung und damit einer einzigen (!) Verfahrensstandardabweichung beschreiben zu können. Um es mathematisch zu formulieren, ist dieses Ziel zwingend verbunden mit der Voraussetzung vergleichbarer Normalverteilungen der Messungen im gesamten (!) Arbeitsbereich einer Kalibration. Der konstante *VK* bedeutet aber das genaue Gegenteil.

Der Versuch, diese Voraussetzungen zu ignorieren, führt in der Praxis späterer Routineanalysen zu zahlreichen und vielfältigen Problemen. So werden in der Folge ständig wiederkehrende Normabweichungen von Analysenergebnissen nur selten mit der aus Kalibrationsrechnungen zu optimistisch geschätzten Präzision in Verbindung gebracht. Glücklicherweise hat diese Tatsache kaum praktische Auswirkungen, wenn Arbeitsbereiche nur eine Größenordnung der Konzentration umspannen, denn die Präzision wird durch die Rechnung, insbesondere in der Arbeitsbereichsmitte noch relativ gut geschätzt.

Wie die folgende Beispielauswertung belegt (Abb. 6 und 7), ist auch die Gewichtung einer Kalibrationsfunktion keine Lösung, sondern verschärft das Problem. Auch hier werden jegliche Berechnungsgrundlagen überfordert.

Die Einschätzung der Leistungsparameter, also der Verfahrensstandardabweichung, wird mit jeglicher Gewichtung weiter verfälscht. Die unvermeidbare Folge sind Falschanalysen, die in mehr als ¾ des Arbeitsbereichs häufiger auftreten werden als richtige Ergebnisse. In der Fokussierung auf Konzentrationen zwischen 0,01 % und 1 % in Abb. 6 wird die Gefahr von Falschanalysen ebenso evident. Der Kalibrationsstandard bei 0,27 % würde in 3 von 4 Messungen falsch quantifiziert.

Nur ein rein empirischer Ansatz – entwickelt von Kuss [6] – ermöglicht es, mit den Stützpunkten der Präzision an den Arbeitsbereichsgrenzen, die Rechnung und Präzisionsparameter auf die tatsächlich gemessenen Präzisionen einzustellen. Allerdings erfordert dieser Ansatz naturgemäß eine bereits bekannte Präzision des Verfahrens. Es werden also Wiederholmessungen erforderlich, die unserem ursprünglichen Ziel, möglichst wenig Messaufwand zu betreiben, entgegenstehen.

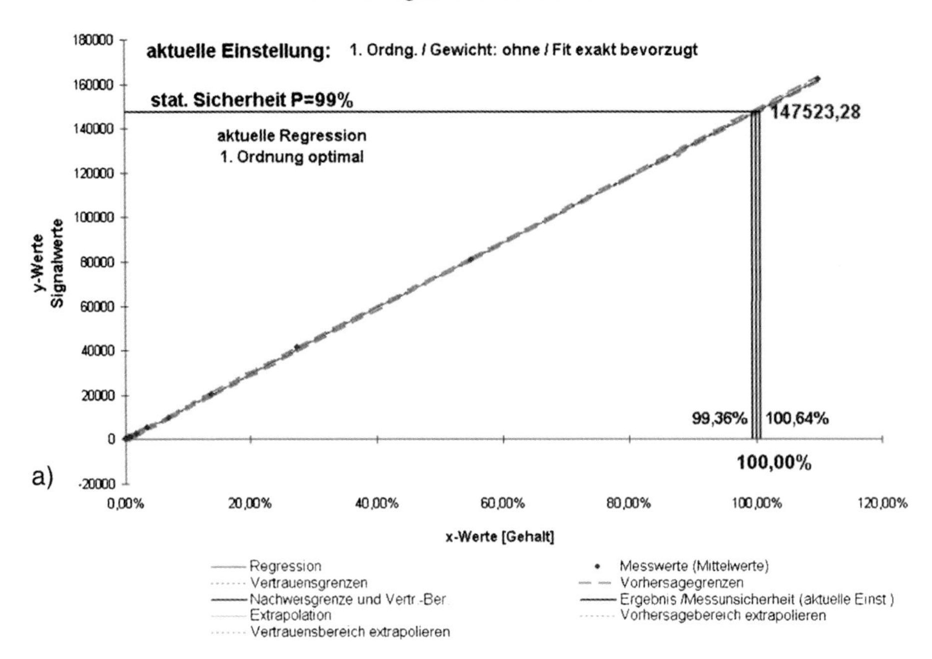

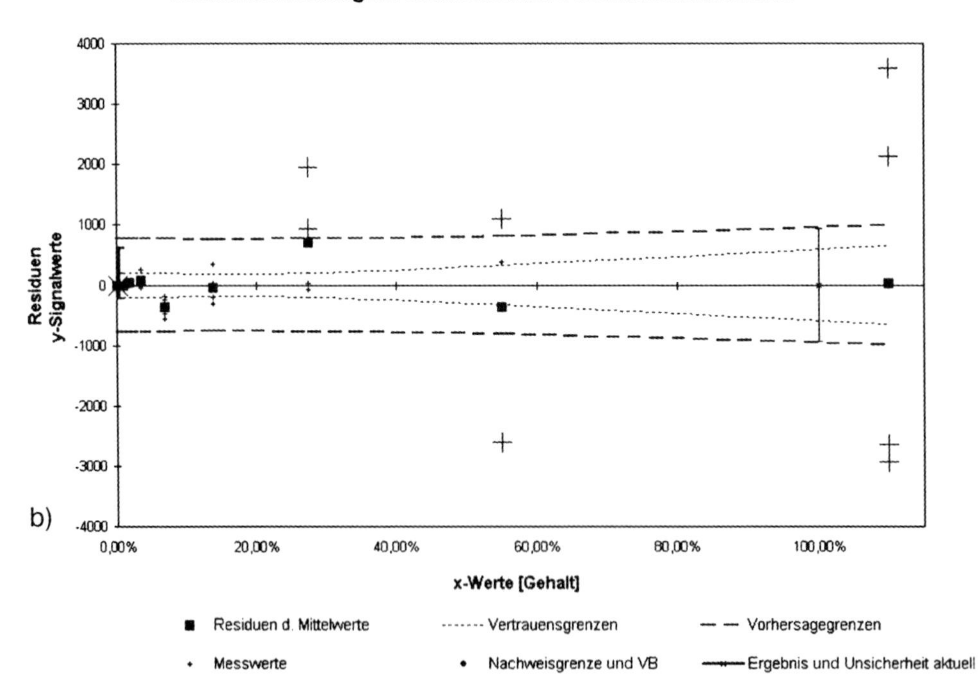

Abb. 5 Konstanter Variationskoeffizient im Arbeitsbereich 0,01 % bis 100 %.

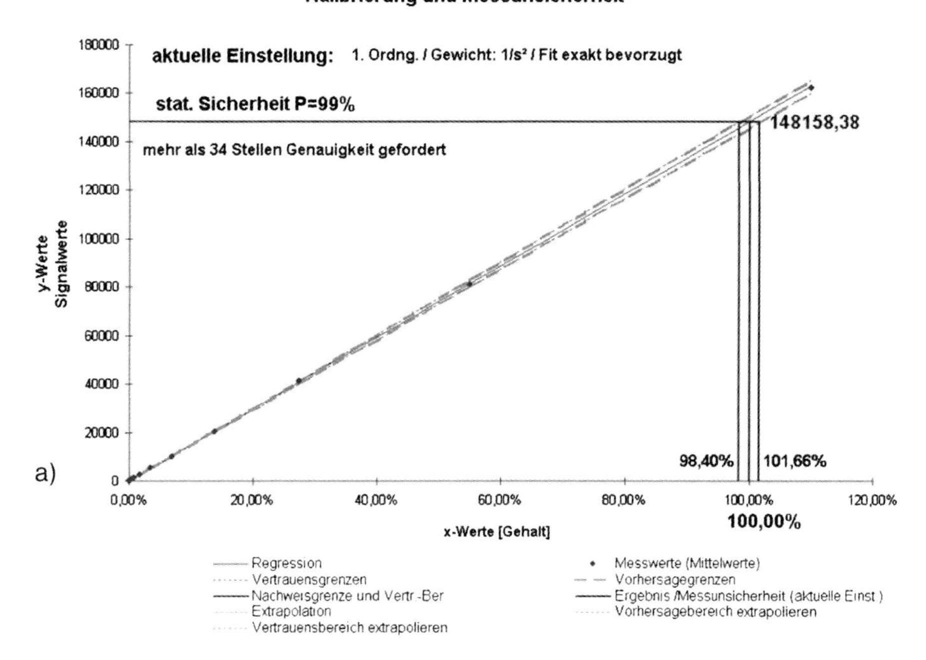

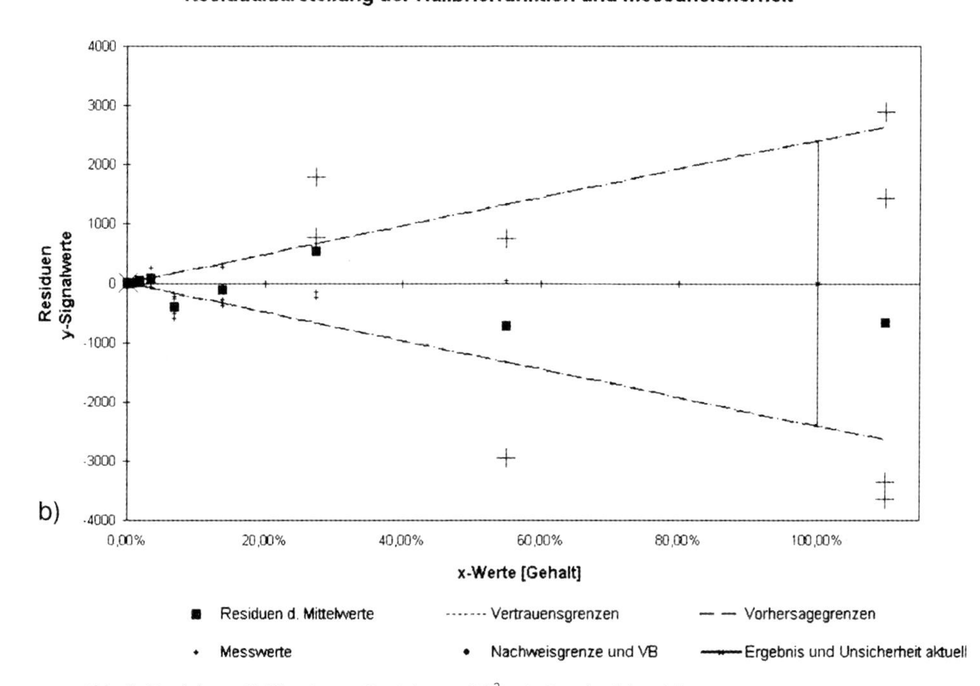

Abb. 6 Gewichtete Kalibration – Gewichtung $1/s^2$ mit Standardabweichungen s proportional der Konzentration, der mittlere Variationskoeffizient der Methode war 1,88 %.

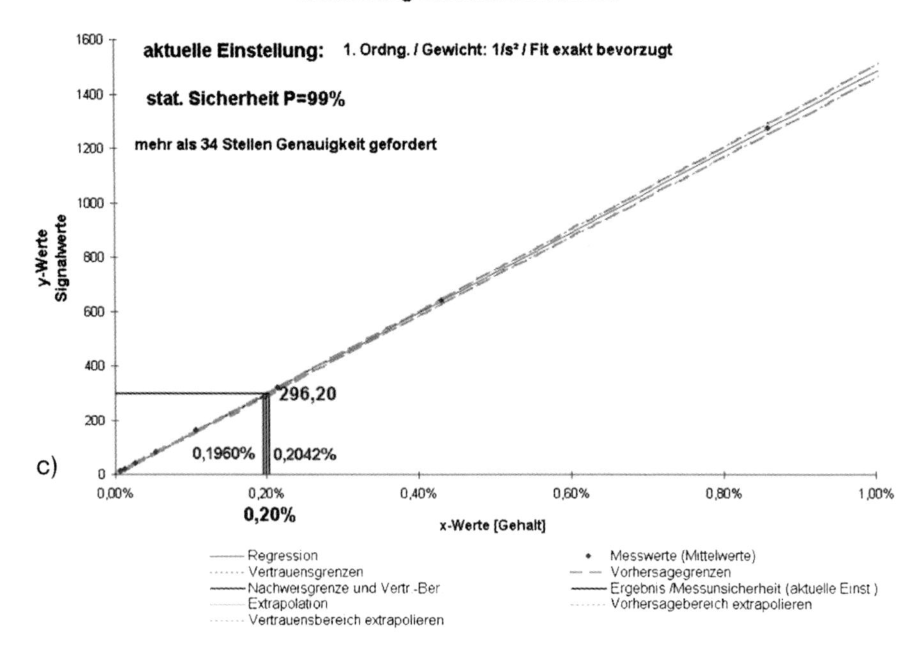

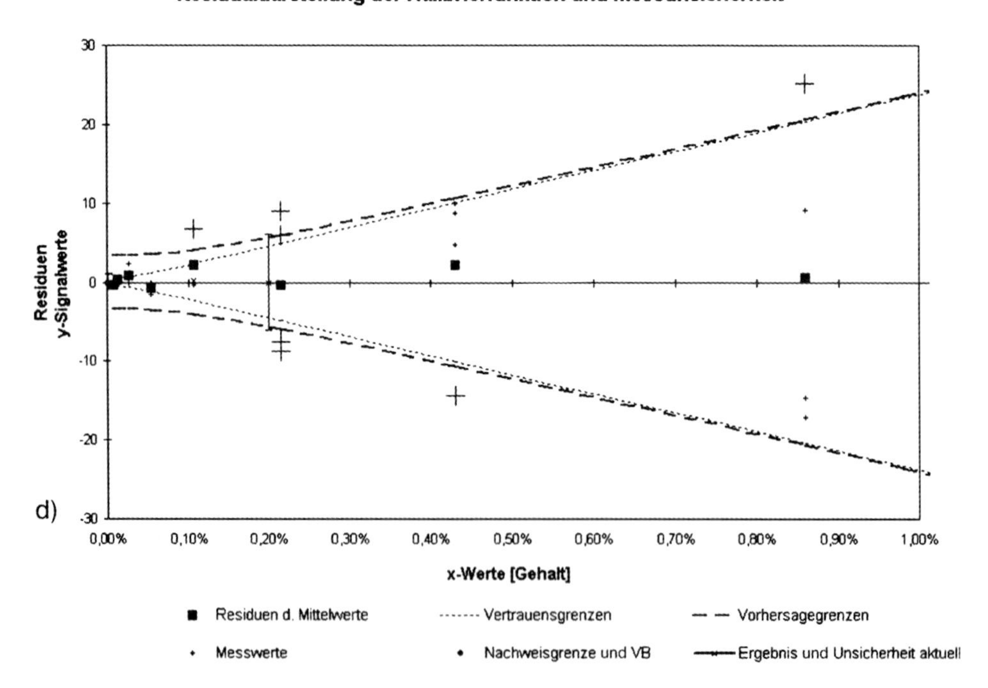

Abb. 6 (Fortsetzung)

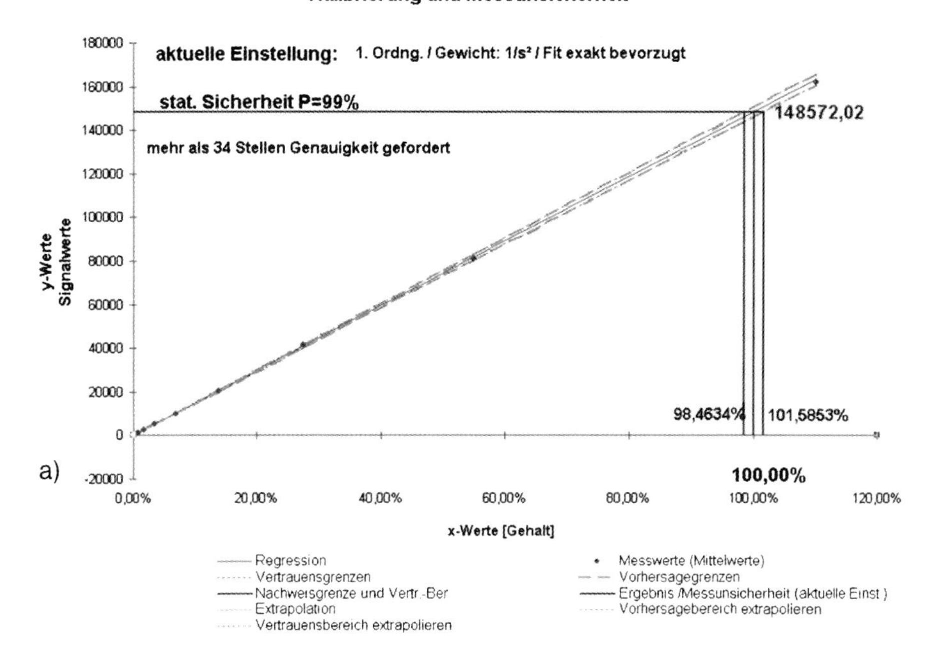

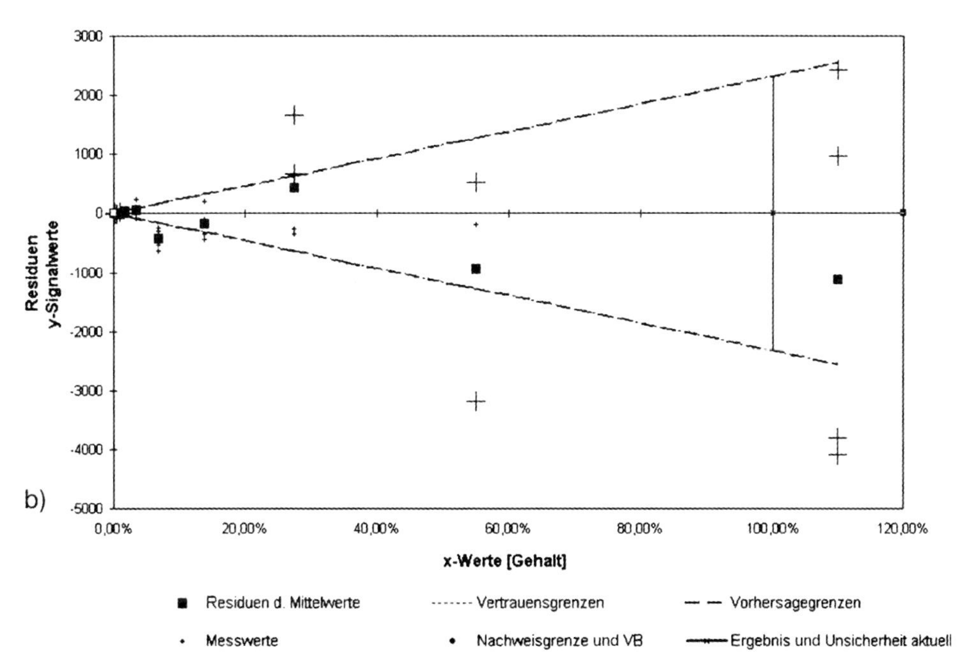

Abb. 7 Gewichtung mit Konzentrationen x als $1/x^2$ in echten Konzentrationsanteilen [% · 1/100]. Das Ergebnis unterscheidet sich nicht wesentlich von Abb. 6.

Leider wird diese Präzisionsangabe aus der Kalibrationsrechnung nicht mehr erhalten, in diesem Fall aber auch nicht mehr gefordert.

Fazit

Der konstante Variationskoeffizient chromatographischer Verfahren bedeutet eine konzentrationsabhängige Verfahrensstandardabweichung. Zwingende Folge ist die Ungültigkeit der Verfahrensstandardabweichung aus Kalibrationsmessungen. Da wir diesen Wert als zentralen Gütekennwert zur Optimierung bereits kennen, ist somit auch nachweisbar, dass Analysenmethoden mit konstantem Variationskoeffizienten prinzipiell nicht gleichzeitig für den gesamten Arbeitsbereich optimiert werden können. Dies ist übrigens auch Stand der Technik in verschiedenen Richtlinien.

Man sollte sich also festlegen, welcher Teil des Arbeitsbereichs optimiert werden muss, und für diesen Teil eine eigene Verfahrensstandardabweichung ermitteln. Nur Wiederholmessungen können die tatsächliche Präzision zum jeweiligen Arbeitspunkt ermitteln. Rechnungen und auch Gewichtungen müssen dann auf gemessenen Wiederholpräzisionen basieren, um mit diesen Randbedingungen die tatsächliche Spannweite vertrauenswürdiger Analysenergebnisse in Abhängigkeit der Konzentration realistisch zu beschreiben. Ohne dieses Wissen aus tatsächlichen Messungen führen Kalibrationsrechnungen leicht zu willkürlichen Ergebnissen, ja zu Falschanalysen. Das Optimierungspotenzial solcher Methoden ist damit deutlich eingeschränkt, weil mit der Kalibrationsauswertung allein keine zuverlässigen Präzisionsdaten erhalten werden.

1.6.3.3 Matrixeffekte nachweisen – ist die Wiederfindungsfunktion ersetzbar?

Das Ermitteln der Wiederfindungsfunktion erfordert zweifelsfrei einen zusätzlichen Aufwand.

Der Ablauf nach den möglichen Verfahren A und B ist in Tabelle 3 gegenübergestellt. Nach Verfahren B ist der Aufwand bereits auf zwei Verfahrensschritte eingegrenzt, allerdings nur, wenn die Wiederfindungsfunktion, also das Auftragen der Sollkonzentration gegen die ermittelte Konzentration, nicht signifikant von der erwarteten Steigung ‚1' und dem Achsenabschnitt ‚0' abweicht. Zeigt die

Tabelle 3 Aufwand zum Aufstellen der Wiederfindungsfunktion nach Verfahren A und B.

Verfahren A Eine etwas umständliche Variante	***Verfahren B*** Etabliert, relativ schnell und effizient
1. Kalibration in reinem Lösungsmittel.	1. Kalibration in reinem Lösungsmittel.
2. Kalibration in Matrix.	2. Kontrollproben, unabhängig von Kalibrationsproben hergestellt, mit Kalibrationsfunktion ausgewertet.
3. Kontrollproben: Proben in Matrix, ausdrücklich unabhängig von Kalibrationsproben, werden auf Grundlage beider Kalibrationen ausgewertet.	3. Kalibration in Matrix, nur wenn Wiederfindungsfunktion abweicht von Steigung ‚1' und Achsenabschnitt ‚0'[a].

Wiederfindungsfunktion signifikante Unterschiede, so mündet auch Verfahren B im dritten Verfahrensschritt. Es wird erforderlich, eine Kalibrationsreihe in Matrix aufzustellen, denn die Kalibrationsproben sind unabhängig herzustellen. Die Verwendung der vorhandenen Kontrollproben scheidet also aus.

Optimierungspotenzial

In unserem Beispiel wird der Aufwand auf höchstens zwei Kalibrationsserien minimiert.

Wird eine Wiederfindungsfunktion nicht ausdrücklich in für Sie geltenden Richtlinien gefordert, so können Sie sich mit dem direkten Vergleich der Kalibrationsfunktionen in reinem Lösungsmittel und in Matrix die Herstellung und Aufnahme einer unabhängigen Kontrollserie ersparen. Die Aussagekraft der Ergebnisse ist absolut identisch (Abb. 8).

Ergebnis des graphischen Vergleichsverfahrens

Schneidet die Kalibrationsfunktion in matrixfreiem Lösungsmittel (kleinere Reststandardabweichung) den Vertrauensbereich der Kalibrationsfunktion in Leermatrix (größere Reststandardabweichung) oder liegt gar außerhalb dieses Bereichs, so ist ein Matrixeffekt signifikant. Dies ist in Abb. 8 der Fall.

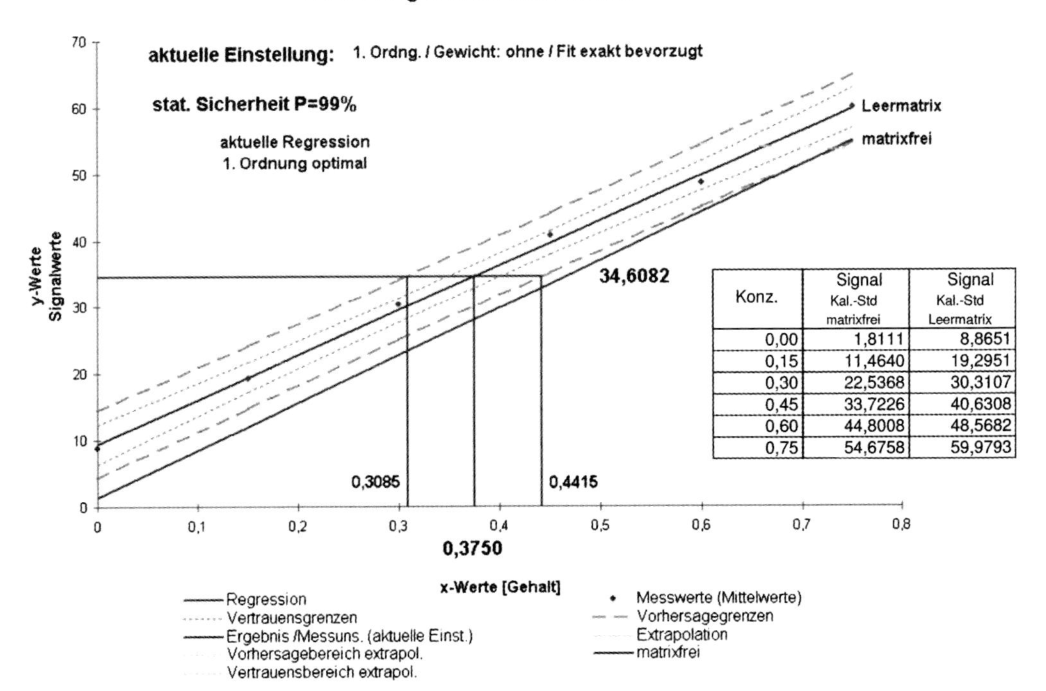

Konz.	Signal Kal.-Std matrixfrei	Signal Kal.-Std Leermatrix
0,00	1,8111	8,8651
0,15	11,4640	19,2951
0,30	22,5368	30,3107
0,45	33,7226	40,6308
0,60	44,8008	48,5682
0,75	54,6758	59,9793

Abb. 8 Beispieldaten mit Kalibrationsgraphik, hier mit sichtlich konstantem Matrixeffekt, und dem Signal einer Leerprobe.

Tabelle 4 Ergebnisse – Statistischer Vergleich von Kalibrationsfunktionen [7].

Wshstve3.xls [Schreibgeschützt]

Vergleich zweier Kalbriergeraden (Regression 1. Ordnung)				
Werte in Einheiten x	Kalibrierreihen Nr.			
Kennwerte	erste Kalibration		zweite Kalibration	
Anzahl Kal.-Pkte.:	6		6	
	Steigung	Achsenabschnitt	Steigung	Achsenabschnitt
Koeffizient:	71,52757 [y/x]	1,34568 [y]	67,37339 [y/x]	9,34317 [y]
Standardabw.	0,83061 [y/x]	0,37722 [y]	1,42809 [y/x]	0,64856 [y]
Reststandardabw:	0,5212 [y]		0,89612 [y]	
Abw.Quadratsumme Q_x:	0,39375 $[x]^2$		0,39375 $[x]^2$	
Quadratsumme S_{xx}:	1,2375 $[x]^2$		1,2375 $[x]^2$	
FG der Kalibrierung:	4		4	

stat.Sicherh. P=99,00%	Präzisionen vergleichen / Prüfung auf Varianzenhomogenität		
F-Test:	Restvarianz	Präzision Steigung	Präzision Achsenabschnitt
s^2_{max}:	0,80303 $[y]^2$	2,03944 $[y/x]^2$	0,42063 $[y]^2$
s^2_{min}:	0,27165 $[y]^2$	0,14229 $[y/x]^2$	0,14229 $[y]^2$
FG (s_{max}):	4	4	4
FG (s_{min}):	4	4	4
$F_{krit.}$:	15,97709343	15,97709343	15,97709343
$F_{Prü.}$:	2,956081711	14,33251739	2,956081711
Ergebnis:	Varianzen homogen (ok)	Varianzen homogen (ok)	Varianzen homogen (ok)
Freigabe:	Reststabw. homogen: (●) Ja ( ) Nein	s^2-Steigung homogen: (●) Ja ( ) Nein	s^2-Achse homogen: (●) Ja ( ) Nein
Vorraussetzung für Koeffizientenvergleich: Restvarianzen homogen!	F-Test bestanden	F-Test bestanden	F-Test bestanden

stat.Sicherh. P=99,00%	Koeffizienten vergleichen / Prüfung auf Homogenität	
t-Test:	Steigung	Achsenabschnitt
	gültig für homogene Restvarianzen	
$FG_{prü.}$:	8	
$s^2_d = s^2_{prü.}$:	2,72935 $[y/x]^2$	0,56293 $[y]^2$
$t_{krit.}$:	3,355380613	
$t_{Prü.}$:	2,514524209	10,65926659
Ergebnis:	Steigungen gleich	Achsenabschn. verschieden
Freigabe:	Steigungen homogen: (●) Ja ( ) Nein	Achsenabschn. homogen: ( ) Ja (●) Nein
	t-Test bestanden	t-Test nicht bestanden

Ist eine Leermatrix nicht verfügbar, so kann das gleiche Prinzip durchaus auch auf eine Referenzmatrix (Probenmatrix) mit bekanntem Leerwert angewandt werden. Es sei ausdrücklich erwähnt, dass das Einbeziehen der Leerprobe in die Kalibration entgegen den üblichen Richtlinien für Kalibrationen erfolgte, um die Ergebnisse in unserem Beispiel transparenter darstellen zu können (Tabelle 4).

Die zusätzlichen Angaben der Summen aus quadratischen Abweichungen der Konzentrationswerte von der Arbeitsbereichsmitte (Q_{xx}) und aus den Konzentrationsquadraten (S_{xx}) reichen aus, um den Vergleich von linearen Kalibrationsfunktionen [5] vorzunehmen. Die notwendigen Eingaben von Koeffizienten und Reststandardabweichungen resultieren aus Standardauswertungen. Die Vorgehensweise der Berechnung [7] im relevanten linken Teil der Tabelle 4 folgt exakt dem im chemischen Labor weithin bekannten Muster zum Vergleich von Präzision und Mittelwert zweier Analysenserien (*F*-Test, *t*-Test).

Der in Gerätesoftware oder Validierungssoftware verwendete *t*-Test der Achsenabschnitte oder *t*-Test der Wiederfindungsfunktion gegen die Steigung 1 ist hier leider nicht sachgerecht anwendbar und kann in die Irre führen.

Fazit

Mit Aufnahme von höchstens zwei Kalibrationsserien kann gleichzeitig ein Matrixeffekt als signifikant nachgewiesen und die bereits bestehende Matrixkalibration direkt angewandt werden. Letzteres wollen wir im folgenden Beispiel nachweisen.

Die Aufnahme einer Wiederfindungsfunktion liefert keine weiteren Erkenntnisse. Der Aufwand zum Ermitteln der Wiederfindungsfunktion mit unabhängigen Kontrollproben kann in dieser Phase ersatzlos unterbleiben.

Kontrollproben der mittel- und langfristigen Validierung („low", „middle", „high") oder die Langzeitbeobachtung in Regelkarten werden diese Tatsache ohnehin in der Routine noch zusätzlich nachweisen.

Unser Motto ist also, bestehende Elemente des Qualitätsmanagements effizient zu nutzen und zu kombinieren, um so zu optimieren und den Messaufwand auf das aussagekräftige Mindestmaß zu reduzieren.

1.6.3.4 Matrixeffekte nachgewiesen – ist ein Aufstockverfahren immer notwendig?

Im vorangehenden Beispiel wurde eine konstante Abweichung der Kalibration durch einen Matrixeffekt hervorgerufen und nachgewiesen. Natürlich können proportionale Abweichungen allein oder zusätzlich auftreten. Unsere prinzipielle Vorgehensweise ist auch für diese Fälle anwendbar. Die tatsächlich für die Angabe von Analysenergebnissen relevante Unsicherheit ist als Entscheidungskriterium auch hier gültig. Die Betrachtung führt uns zum Ziel, im Grenzfall den erheblichen Aufwand eines Aufstockverfahrens zu vermeiden (Abb. 9).

Wie erwartet ist die Kalibrationsfunktion in Abb. 9 im Vergleich zur Kalibration in Leermatrix (Abb. 8) natürlich durch die Konzentration der Probe nach oben verschoben und mit einer zusätzlichen Unsicherheit behaftet.

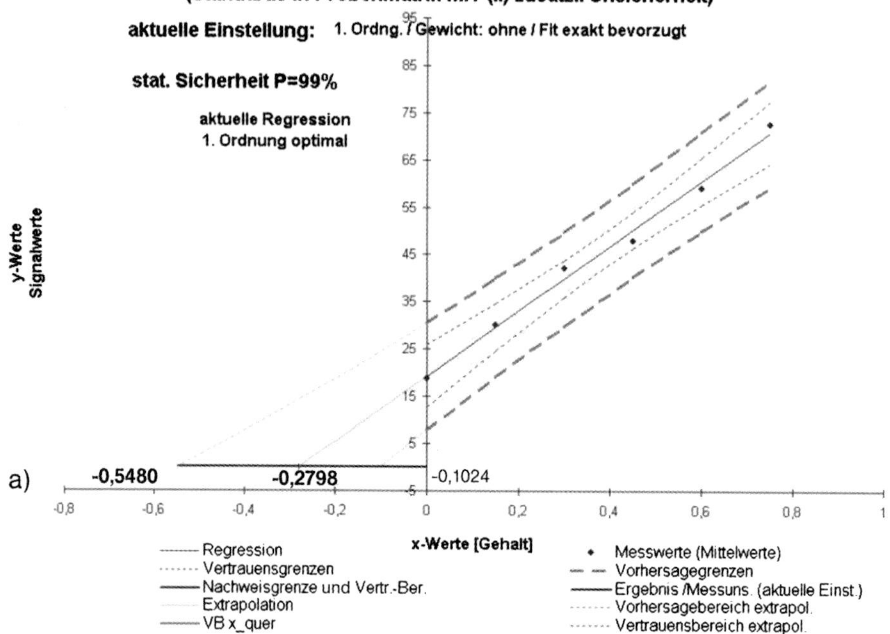

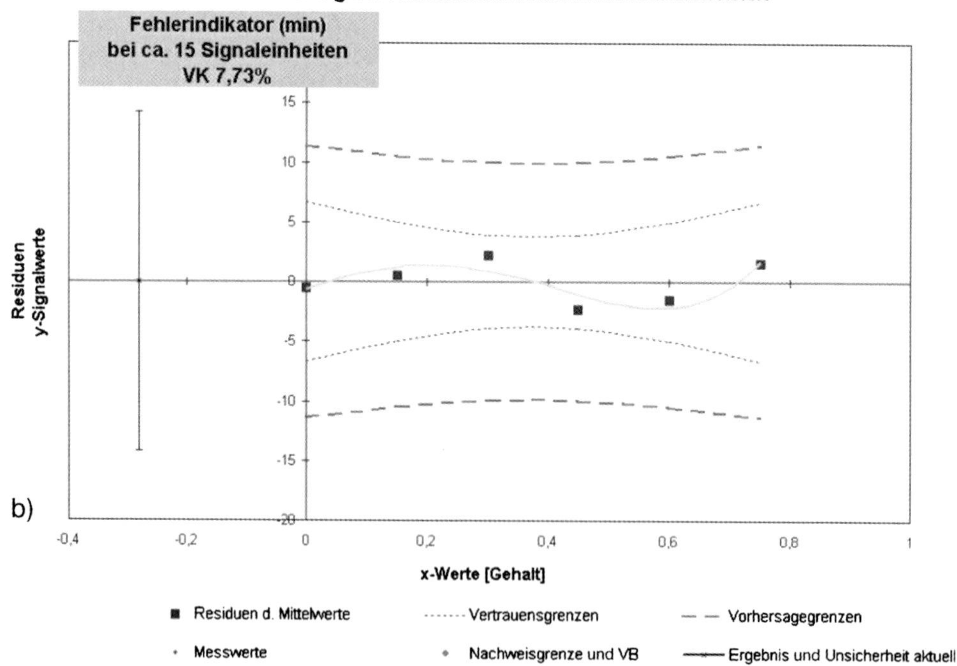

Abb. 9 Kalibration im Standardadditionsverfahren (Aufstockverfahren).

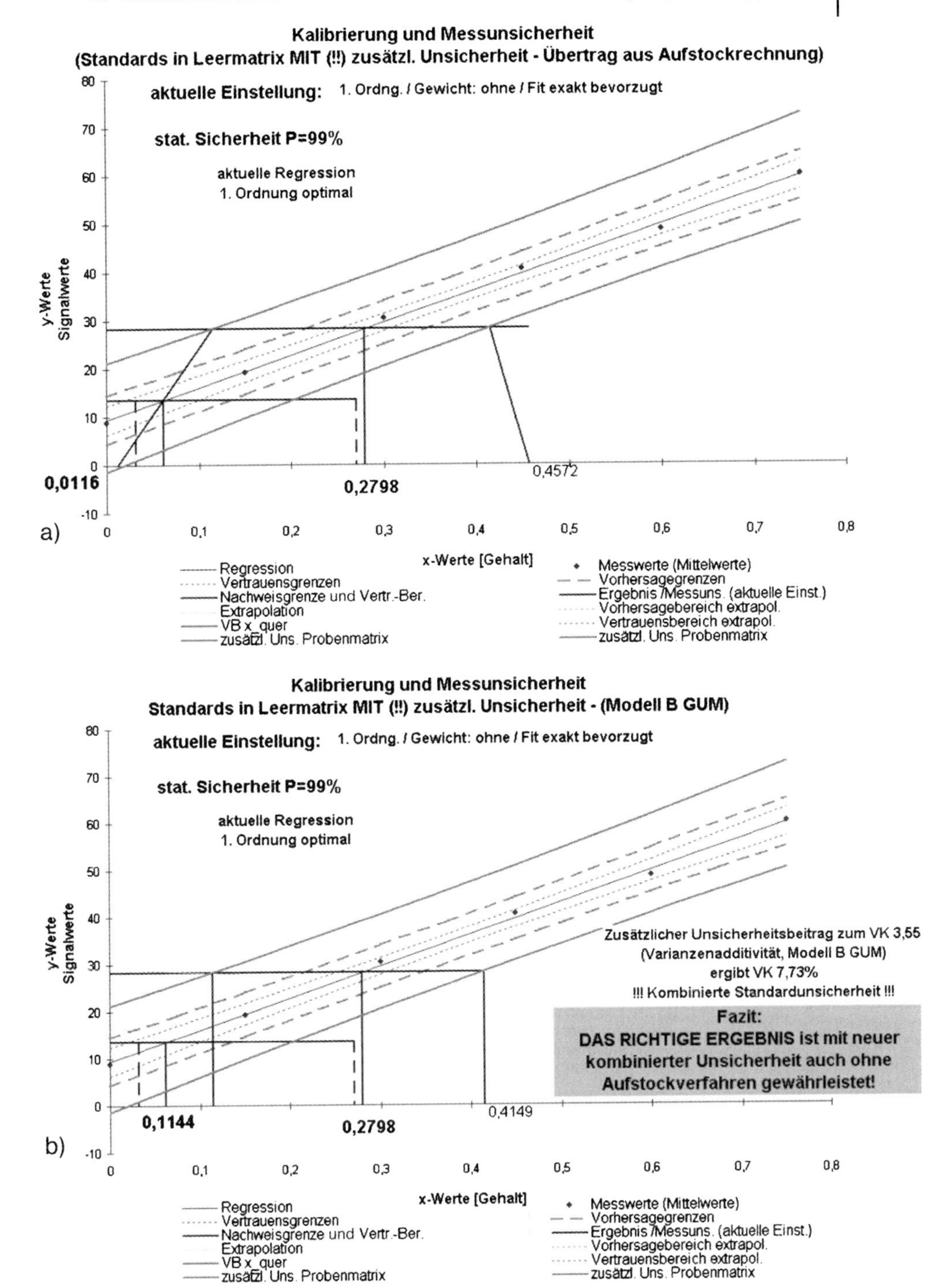

Abb. 10 Kalibration in Leermatrix mit erhöhter Unsicherheit aus einem Aufstockversuch.

Hinzu kommt eine zusätzliche Unsicherheitskomponente, allein verursacht durch die Auswertung außerhalb des eigentlichen „Arbeitsbereichs“ der zugesetzten Standards, also durch die notwendige Extrapolation. Die Extrapolation ist für die exakte Regressionsrechnung zulässig [1, 5]. Die exakte Rechnung ist normgerecht und notwendig, denn die Extrapolation in Kalibrationsrechnungen ist normalerweise mit den in Normen zitierten Näherungsformeln nicht erlaubt und nicht gültig. Die Residuen der Abb. 9 zeigen die Gesamtunsicherheit in Signaleinheiten bei einem tatsächlichen Variationskoeffizienten von 7,73 %.

Entgegen der unsymmetrischen Unsicherheitsangaben für Konzentrationswerte ist die Signalunsicherheit natürlich wieder symmetrisch anzugeben.

Nachdem auf Basis eines einmalig angewandten Aufstockverfahrens die tatsächlich relevante Unsicherheit der Kalibration bekannt ist, kann diese Unsicherheit natürlich auf unsere Kalibration in Leermatrix angewandt werden.

Die aus der Extrapolation resultierende erhöhte Unsicherheit ist in Abb. 10a zum Vergleich dargestellt. Diese Unsicherheitskomponente (Trapez) entfällt, da zukünftige Auswertungen im Arbeitsbereich keiner Extrapolation nach DIN 32 633 mehr bedürfen.

Fazit

Ein Aufstockverfahren erweist sich trotz der Matrixeffekte als nicht notwendig. Der Aufwand wäre reine Verschwendung von Ressourcen. Wie die in Abb. 10 gegenübergestellten Kalibrationen nachweisen, wird darüber hinaus die Qualität unseres Analysenergebnisses mit geringerem Aufwand sogar verbessert. Bei gleich bleibend richtigem Ergebnis kann die Konzentration mit besserer Präzision im Bericht aufgenommen werden.

Unsere Strategie liefert also eine bessere Methode bei erheblich vermindertem Aufwand. Somit gelingt es hier sogar, zwei auf den ersten Blick konkurrierende Optimierungsziele (Präzision und Messaufwand) gleichzeitig umzusetzen.

1.6.3.5 Der Linearitätstest – muss eine Kalibration denn linear sein?

Ein Test der Linearität gemessener Kalibrationsdaten ist etablierter Teil der Kalibrierung analytischer Methoden. Moderne apparative Analysenmethoden liefern mit Software unterstützt wie selbstverständlich auch nichtlineare Kalibrationsfunktionen. Leider werden solche Kalibrationen bislang in Normen nur vereinzelt beschrieben. Prinzipiell steht aber ihrer Anwendung nichts im Wege. Ja selbst Kennwerte wie die Nachweisgrenze oder die Bestimmungsgrenze sind dem Sinn von Richtlinien entsprechend auch für Kalibrationen zu ermitteln, die nicht einer Geraden folgen. Soll eine Analysenmethode nicht ausdrücklich für Bestimmungen in der Nähe der Nachweisgrenze dienen, so sind auch auf Grundlage nichtlinearer Kalibrationen ermittelte Nachweis- und Bestimmungsgrenzen sicher zum Eignungsnachweis tauglich. Auch wenn diese Ergebnisse in Normen bislang nur für Kalibrationsgeraden definiert sind, nennen selbst ICH-Richtlinien ausdrücklich die Möglichkeit, statistisch fundierte Methoden anzuwenden.

Unser Beispiel nimmt diese Möglichkeit wahr. Mit dem Ziel einer Optimierung richten wir unser Augenmerk auf die für Analysenergebnisse erwartete Messunsicherheit.

Tabelle 5 Kalibrationsdaten zur Linearitätsprüfung.

***x*-Werte** (Vorgabe)	***Messgröße y*-Werte** Mittelwerte
0,15	0,0448
0,3	0,0886
0,45	0,1317
0,6	0,1716
0,75	0,2179
0,9	0,2556
1,05	0,2939
1,2	0,3388
1,35	0,3764
1,5	0,4124

Die Methode soll für eine Grenzwertüberwachung eingesetzt werden. Unser Optimierungsziel, eine möglichst hohe Präzision zu erreichen, wird uns in der späteren Anwendung der Methode einen größeren Spielraum am Grenzwert eröffnen, ohne die Entscheidungssicherheit einzuschränken. Betrachten wir die Kalibration mit Messwerten in Tabelle 5.

Ziel des Linearitätstest ist es, eine möglichst einfache Kalibrationsfunktion vorzuschlagen. Sowohl der Korrelationskoeffizient als auch die Reststandardabweichung bieten hier kein geeignetes Entscheidungskriterium für die Auswahl der optimalen Kalibrationsordnung. Unsere Entscheidungsgrundlage ist ein Test der F-Statistik beider möglichen Funktionen analog dem besser bekannten Mandel-Test. Dieser Test liefert normalerweise eine praxisgerechte Entscheidungshilfe und favorisiert in unserem Fall die lineare Regression 1. Ordnung (Abb. 11). Eine visuelle Prüfung der Residuen lässt uns schnell die Möglichkeit erkennen, trotz des Linearitätstests eine Kalibrationsfunktion 2. Ordnung zu wählen.

Der deutlich gekrümmte Verlauf der Residuen ist uns ausreichend Anlass, das Ergebnis des Linearitätstests aus Expertensicht in Frage zu stellen und damit unser Ziel einer erheblich höheren Präzision unserer zukünftigen Analysenergebnisse zu erreichen.

Wie Abb. 12 belegt, können wir tatsächlich die Präzision im Arbeitsbereich mit einer quadratischen Kalibrationsfunktion erheblich verbessern.

Fazit

Eine Optimierung der Methode kann durch Anwenden einer Kalibrationsfunktion 2. Ordnung erreicht werden. Die erzielte Verbesserung der Präzision des Analysenverfahrens beträgt in unserem Beispiel immerhin mehr als 35,2 % und eröffnet in der Produktanalytik einen größeren Spielraum für Unsicherheiten der Produktion selbst. Sie lässt im Grenzfall den Eignungsnachweis einer Analysenmethode erst zu, wenn mit der höheren Unsicherheit bei Anwenden der linearen Kalibration z. B. die Überwachung eines Grenzwertes eigentlich nicht mehr sinnvoll möglich war. Auch mit hohen Anforderungen an die Präzision einer Methode kann so eine Validierung der Methode ermöglicht oder ein größerer Spielraum für Entscheidungen am Grenzwert eröffnet werden.

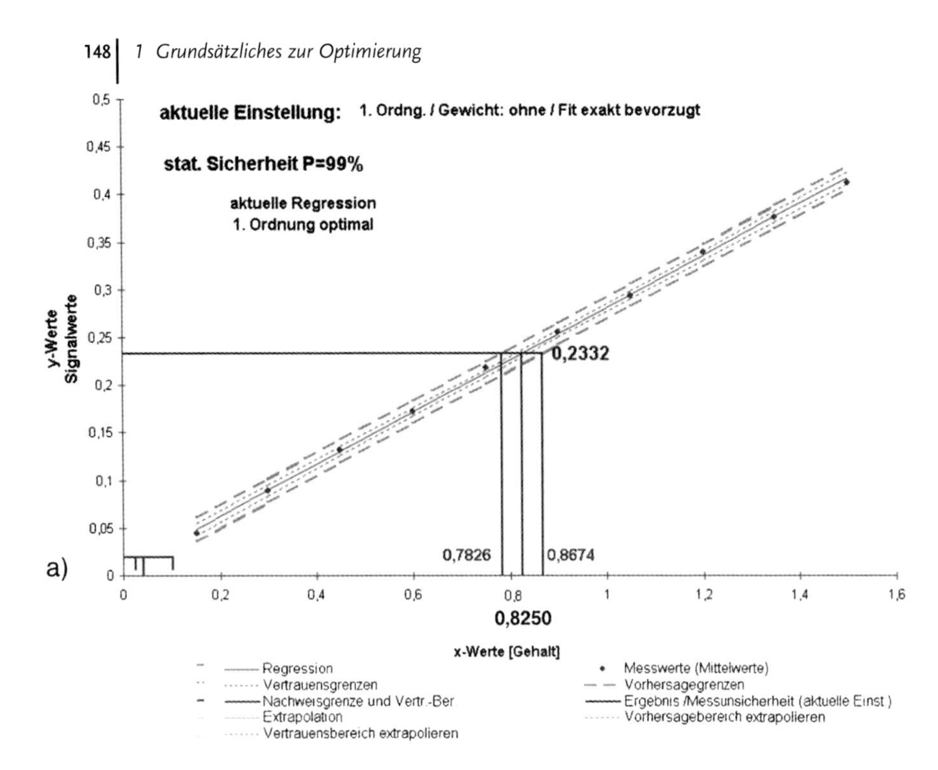

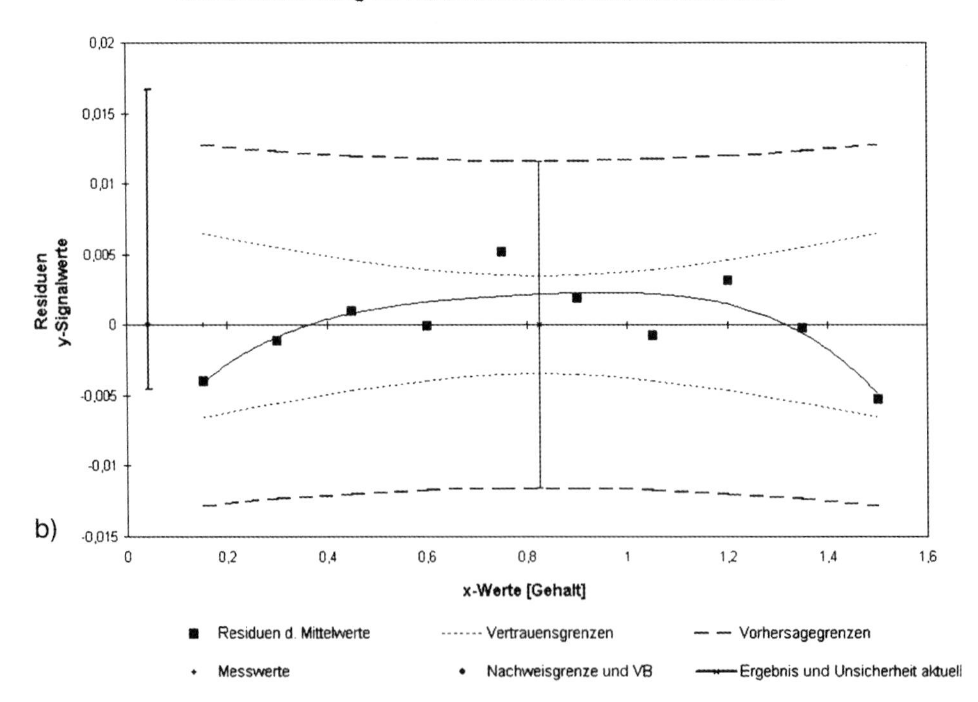

Abb. 11 Kalibration 1. Ordnung mit Residuen.

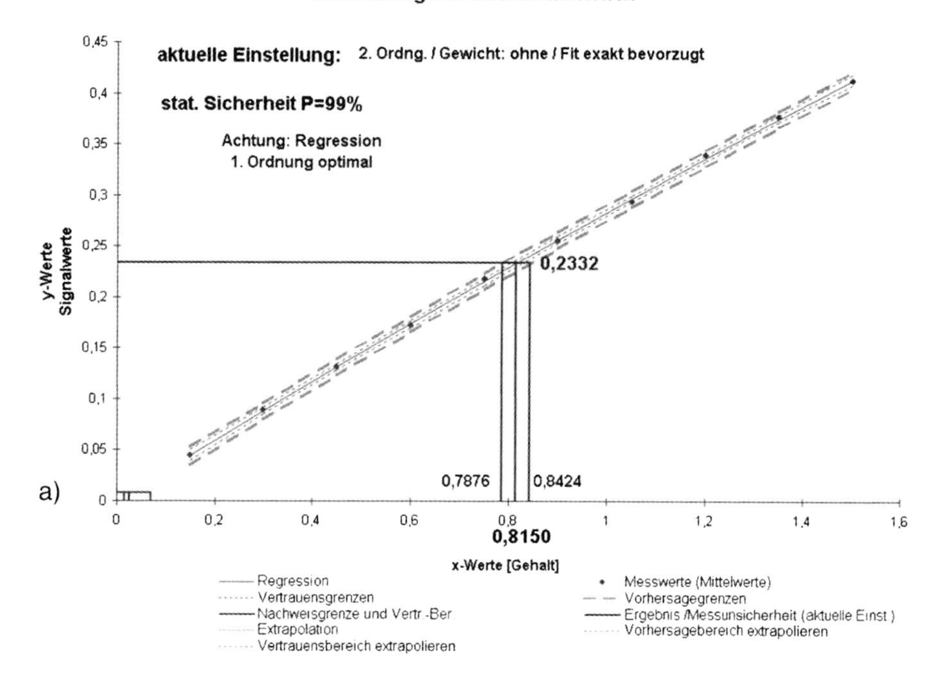

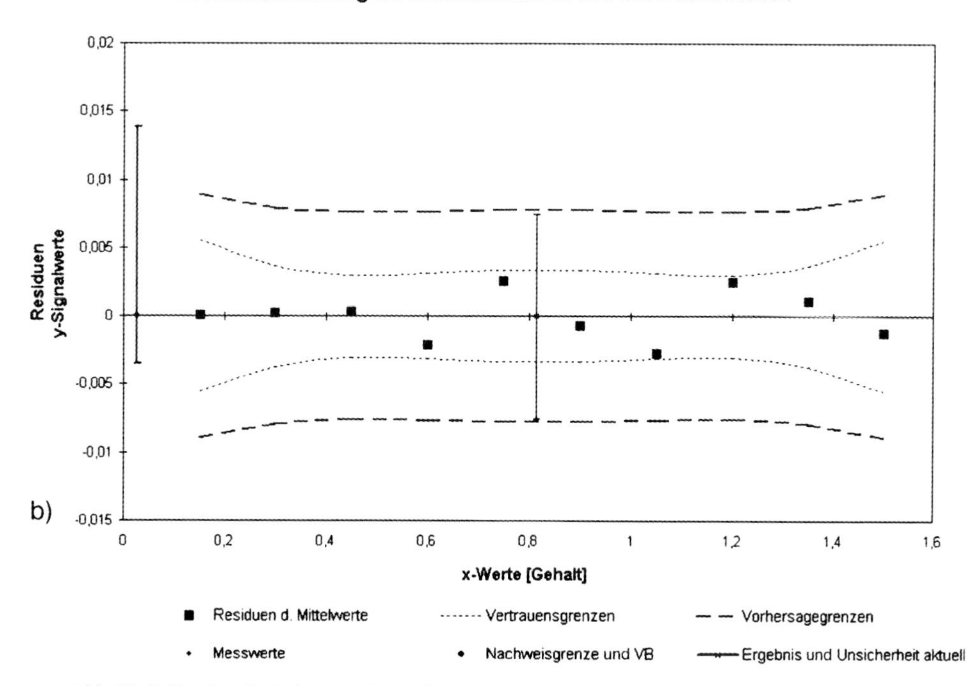

Abb. 12 Kalibration 2. Ordnung mit Residuen.

1.6.3.6 Richtigkeit optimieren – robuste Kalibrationsfunktion mit Gewichtung ermitteln

Die Kalibration ist der Garant der Richtigkeit, letztendlich der Rückführbarkeit von Analysenergebnissen. Fehler in der Kalibration drohen, sich auf alle zukünftigen Analysenergebnisse als systematische Fehlerkomponenten auszuwirken. Aus diesem Grunde findet sich beispielsweise in DEV-39, 1997 „Strategien für die Wasseranalytik" die Empfehlung, für den Fall erkannter Ausreißer der Regression die gesamte Kalibration zu wiederholen.

Dieses Verfahren bedeutet jedoch einen erheblichen Mehraufwand. Das Klären der tatsächlichen Ursachen ist für eine Routineanwendung natürlich zuallererst wünschenswert. Dabei ist nicht in jedem Fall auszuschließen, dass empfindliche Methoden an sich auch empfindlich auf Störeinflüsse reagieren. Dabei ist gleichgültig, ob solche Störeinflüsse durch die Probenmatrix selbst verursacht sind oder durch Abweichungen in der Anwendung der Methode hervorgerufen werden.

Besonders in der Methodenentwicklung ist es nicht zielführend, bereits in den ersten Entwicklungszyklen ausreißerverdächtigen Werten auf die Spur zu kommen oder gar so lange neu zu kalibrieren, bis verdächtige Kalibrationsabweichungen nicht mehr auftreten. Fehlerursachen sollen ja nun während der fortschreitenden Entwicklung der Methode erst erkannt werden, um solche Einflüsse in der Routineanwendung ausschließen zu können. Trotzdem drohen mit jeder Kalibrationsabweichung natürlich auch hier schon systematische Analysenfehler, die es zu vermeiden gilt.

Die Frage, ob abweichende Kalibrationswerte nun eliminiert oder belassen werden sollen, stört das Fortschreiten im Projekt ebenso wie erneute Kalibrationen für den Fall nachgewiesener Abweichungen.

Um die Richtigkeit der Kalibration, unabhängig von etwaig auftretenden Ausreißern zu gewährleisten, bietet sich die gewichtete Regression in unserem abschließenden Beispiel an (Tabelle 6).

Tabelle 6 Kalibriermessung, Residuen und Gewichtungsfaktoren (Methodenentwicklung).

x-Werte (Vorgabe)	*Messgröße y-Werte* Mittelwerte	*Gewichtung* $1/s^2$	*Residuen* ungewichtet
0,15	10,92	1	2,21
0,3	18,81	1	–0,76
0,45	31,67	1	1,25
0,6	40,38	1	–0,89
0,75	51,6	1	–0,52
0,9	60,43	1	–2,54
1,05	77,58	3,76	3,76
1,2	79,36	1	–5,31
1,35	90,41	1	–5,12
1,5	114,3	7,92	7,92

Auf den ersten Blick ist schon die hohe Unsicherheit der Kalibrationsfunktion unbefriedigend. Die Residuen in Abb. 13 zeigen noch deutlicher einen Ausreißerverdacht für die Kalibrationspunkte 7 und 10, der sich übrigens mit den Tests für Regressionsausreißer nach DEV leicht bestätigen lässt. Die Residuenwerte der übrigen 8 Kalibrationspunkte lassen deutlich die geringere Steigung der „richtigen" Kalibration vermuten.

Statt die ausreißerverdächtigen Werte zu eliminieren, wenden wir eine „gewichtete Regression" an [5, 8]. Da uns als Abstandsmaß nur die Residuen zur Verfügung stehen, gewichten wir mit den reziproken Abstandsquadraten. Nach Tabelle 6 werden alle übrigen Werte mit dem Faktor 1 als Abstandsmaß gleich gewichtet, was letztendlich einer normalen ungewichteten Regression für diese 8 „unverdächtigen" Kalibrationswerte entspricht. Andere Gewichtungen als die reziproken Abstandsquadrate verbieten sich prinzipiell, da die Kontrolle der Einheiten der gewichteten Regressionsrechnung nur so gelingt. Dieses in den Naturwissenschaften hilfreiche Prinzip sei hier in Erinnerung gerufen. Seine Anwendung hat zusätzlich zum theoretischen Hintergrund sehr erhebliche praktische Auswirkungen, denn Ergebnisse werden ohne diese Technik leicht zu willkürlichen Zahlenwerten einer formalen Rechnung.

Fazit

Die gewichtete Regression (s. Abb. 14) ist robust gegen mögliche Kalibrationsausreißer und ermittelt nicht nur die „richtige" Kalibrationsfunktion, sondern auch die „richtige" Präzision. Die Präzision ist durch das „Herausgewichten" der ausreißerverdächtigen Werte im Beispiel um den Faktor 3 kleiner, also um 300 % verbessert. Wiederholmessungen werden diese bessere Präzision bestätigen, sobald die Methode für den Routineeinsatz im weiteren Verlauf validiert wird. Nochmals möchten wir auf die Voraussetzung hinweisen, entsprechend der Primärliteratur, z. B. [5], Abstandsquadrate als Gewichtung heranzuziehen. Wie bereits erwähnt, laufen andere Gewichtungen Gefahr, zu willkürlichen Ergebnissen zu führen. Insbesondere ist die weit verbreitete Gewichtung mit Konzentrationen wohl auf ein Missverständnis zurückzuführen, denn die in der Primärliteratur mit „c" bezeichneten Gewichtungsfaktoren bezeichnen keineswegs Konzentrationen, sondern sind durch $1/c = 1/s^2$ definiert, mit s als Standardabweichung. Adäquate Schätzungen von s mit anderen Abstandsmaßen sind damit ebenso erlaubt.

Nach Abschluss der Entwicklungsphase und Validierung des Verfahrens werden Ursachen für Ausreißer der Kalibration kaum noch eine Rolle spielen. Die gewichtete Regression liefert also eine verlässliche und richtige Arbeitskalibration bereits in der ersten Entwicklungsphase. Verfrühte Fragestellungen nach Eliminieren von Kalibrationswerten oder gar nach einer erneuten Aufnahme von Kalibrationen werden so vermeidbar. Die Entwicklung der Methode kann ungestört fortschreiten, um zielorientiert im weiteren Projektverlauf unerwünschte Einflüsse auf die Methode ohnehin aufzuspüren und zu vermeiden.

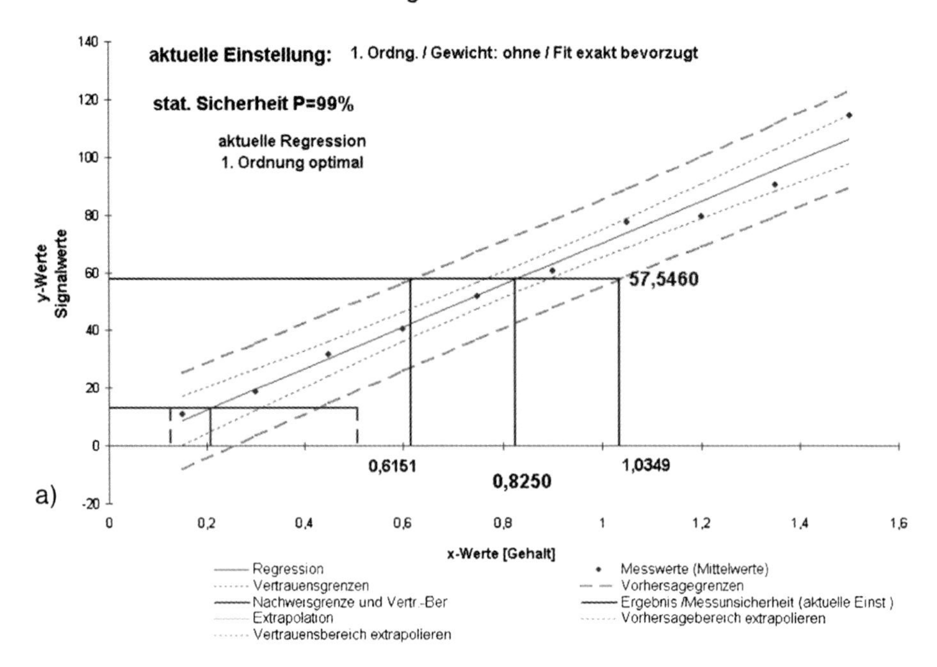

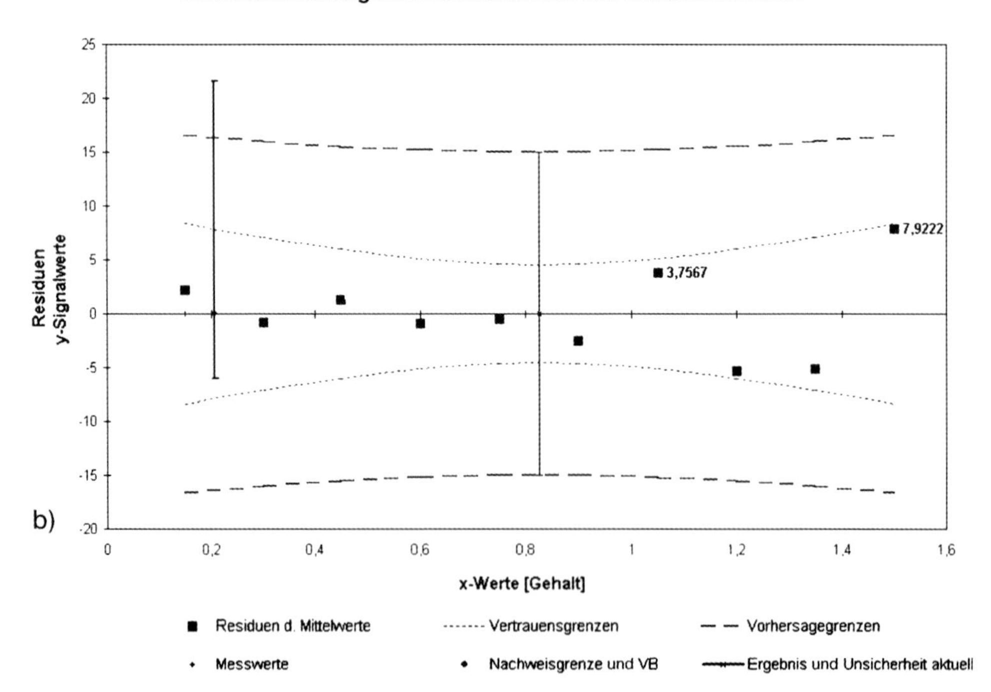

Abb. 13 Ungewichtete Kalibration mit Ausreißerverdacht.

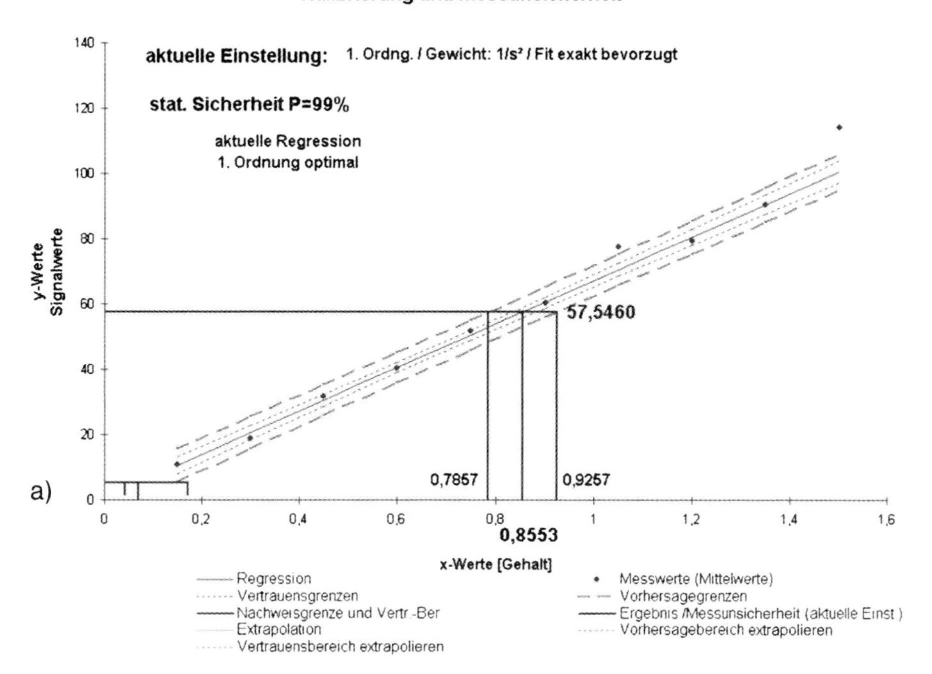

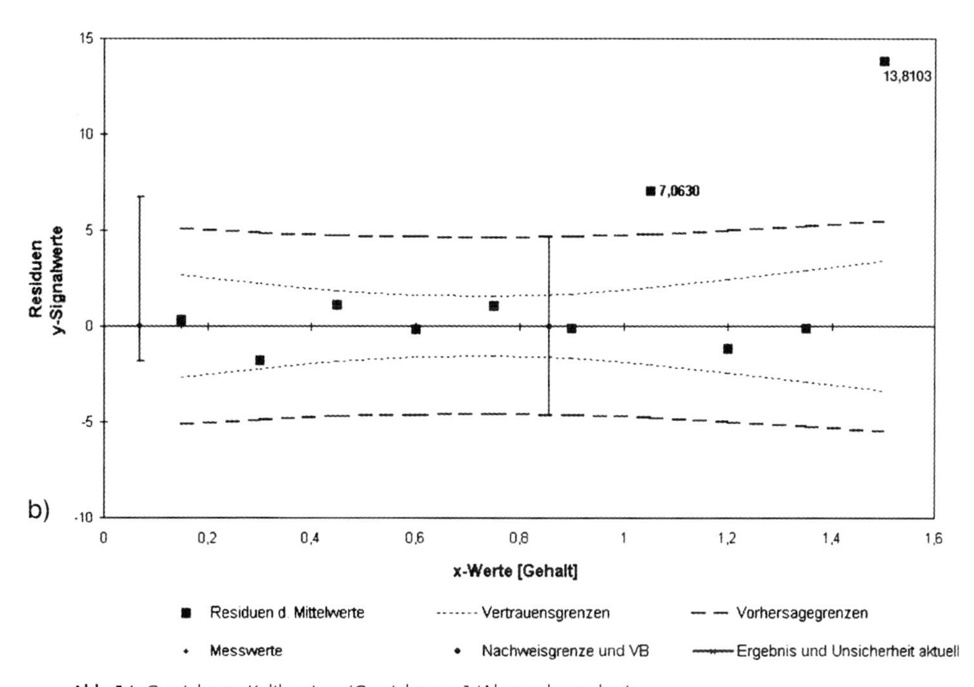

Abb. 14 Gewichtete Kalibration (Gewichtung 1/Abstandsquadrat).

Literatur

1 St. Schömer, Programmdokumentation ProControl® 4.0 – Angewandte Statistik für Prüflabors und Industrie, © 2004.
2 St. Schömer, *Pharma International* 2 (2001), 55.
3 St. Schömer, *GIT Fachz. Lab.* 9 (1996), 904.
4 M. M. Kiser, J. W. Dolan, *LCGC Europe* 17(3) (2004), 138–143.
5 U. Graf, H.-J. Henning, K. Stange, P.-T. Wilrich, *Formeln und Tabellen der angewandten mathematischen Statistik*, 3. Aufl., Springer-Verlag, Berlin, 1987.
6 H.-J. Kuss, *LCGC Europe* 16(12) (2003), 819–823.
7 St. Schömer, *Kalibrierung chemisch-analytischer Prüfverfahren*, Seminarunterlagen, ©1996–2004.
8 St. Schömer, *GIT Fachz. Lab.* 9 (2000), 1043.

2
Die Charakteristika der Optimierung in einzelnen HPLC-Modi

HPLC richtig optimiert: Ein Handbuch für Praktiker. Herausgegeben von Stavros Kromidas

ISBN: 3-527-31470-9

2.1 RP-HPLC

2.1.1 Säulenvergleich und -auswahl in der RP-HPLC

Stavros Kromidas

2.1.1.1 Einleitung

Die Vielfalt von RP-Phasen ist eine bekannte Tatsache und Gegenstand zahlreicher Publikationen. Im vorliegenden Kapitel wird in komprimierter Form über eigene Untersuchungen zu den Eigenschaften kommerzieller Säulen und über einen Säulenvergleich berichtet. Der Fokus der Ausführungen liegt auf experimentellen Ergebnissen und auf Schlussfolgerungen aus Anwendersicht. Die drei Themenbereiche, mit denen wir uns nachfolgend beschäftigen werden, lauten:

1. Gibt es allgemein gültige Regeln, die es erlauben, eine gezielte Vorauswahl von Säulen abhängig vom Analyttyp zu treffen?
2. Welche kommerziellen Säulen haben ähnliche Eigenschaften? Wie könnte dies getestet werden?
3. Wie sollte mein persönliches Säulen-Portfolio aussehen?

2.1.1.2 Gründe für die Vielfalt von kommerziellen RP-Säulen – erste Konsequenzen

Eine RP-Phase entsteht üblicherweise durch chemische Modifizierung der Oberfläche eines geeigneten Trägers, in den meisten Fällen Kieselgel. Der Umsetzungsgrad beträgt dabei – mit Ausnahmen wie polymerisierte Phasen – ca. 50–70 %. Es ist nun so, dass die physikalisch-chemischen Eigenschaften der verwendeten Kieselgele, die eine chromatographische Relevanz haben, recht unterschiedlich ausfallen können. In Tabelle 1 sind die physikalisch-chemischen Eigenschaften einiger kommerzieller Säulen aufgelistet. Die Zahlenwerte stammen teilweise aus eigenen Messungen, teilweise handelt es sich um Literaturangaben.

Nachdem nun die Kieselgeloberfläche in der RP-HPLC eine aktive Rolle spielt – da ja immerhin 30–50 % von dieser den Analyten zur Verfügung stehen –, stellt das verwendete Kieselgel (oder in abgeschwächter Form die sonstige Matrix) eine wichtige Variable im chromatographischen Geschehen dar. Weiterhin ist auch bei einer so „einfachen" RP-Phase wie der C_{18}-Phase nachvollziehbar, wieso die Modifizierung keinesfalls einen konstanten, überall gleich ablaufenden Prozess darstellt: Jeder Hersteller verfügt über ein mehr oder weniger eigenes „Kochrezept", z. B. Umsetzung des Kieselgels mit den Silanen mit/ohne Katalysator, Wasserspuren im Reaktionsmedium Toluol, Reinheit der verwendeten Silane, Umsetzungstemperatur, mono-, di- oder trifunktionale Bindung an die Alkylkette usw. Wenn man bedenkt, welche Kombinationsmöglichkeiten zwischen den unterschiedlichen Kieselgelen und der unterschiedlichen „Chemie" bei einzelnen Hersteller denkbar sind, lässt sich die Anzahl und Vielfalt von kommerziellen RP-C_{18}-Säulen – geschweige denn von RP-Säulen überhaupt – leicht erklären.

HPLC richtig optimiert: Ein Handbuch für Praktiker. Herausgegeben von Stavros Kromidas

ISBN: 3-527-31470-9

Tabelle 1 Physikalisch-chemische Eigenschaften einiger kommerzieller RP-Phasen.

Nr.	*Name*	*Hersteller/Lieferant*	*Teilchen-form*	*Teilchengröße [µm]*	*Packungsdichte [g/ml]*	*Endcapped?*	*Porendurch-messer [Å]*	*spezifische Oberfläche [m²/g]*	*Kohlenstoff-gehalt [%C]*	*spez. Poren-volumen [ml/g]*	*pH*	*Bedeckungsgrad [µmoles/m²]*	*Bedeckungs-dichte [µmol/g]*
60	Aqua	Phenomenex	rund	5		ja (hydrophil)	125	320	15	1,05	4,8–5,1	2,42	774
1	Bondapak	Waters	gebro-chen	10	0,40	ja	125	330	10	1	Porasil 5,4	1,42	469
61	Chromolith Performance	Merck	(Mono-lith)			ja	130	300	18	1		3,43	1029
2	Discovery Amid C_{16}	Supelco	rund	4		ja	180	200	11,34	0,94		2,55	510
3	Discovery C_{18}	Supelco	rund	4		ja	180	200	12,31	0,93		2,92	584
4	Fluofix IEW	Neos/Dr. Maisch	rund	5		ja	120	300		1			
5	Fluofix INW	Neos/Dr. Maisch	rund	5		nein	120	300		1			
6	Gromsil AB	Grom	rund	5	0,60	ja	100	200	11	0,5	8,7	2,40	480
7	Gromsil CP	Grom	rund	5	0,55	Polymer-schicht	120	320	15	0,8	4,4	2,80	896
8	Hypercarb	Thermo Electron		5			250	120		0,75			
9	Hypersil BDS	Thermo Electron	rund	4,62		ja	136	169	11,1	0,65		3,20	541
11	Hypersil ODS	Thermo Electron	rund	5		nein	120	170	10	0,7		2,86	486
62	HyPURITY Advance	Thermo Electron	rund	5			180	190		1	7		
10	HyPURITY C_{18}	Thermo Electron	rund	5		ja	183	193	12,4	1		3,19	616
12	Inertsil ODS 2	GL Sciences/MZ	rund	5	0,58	ja	150	320	18,5	1,2	6,5	2,13	682

Tabelle 1 (Fortsetzung)

Nr.	Name	Hersteller/Lieferant	Teilchen-form	Teilchengröße [µm]	Packungsdichte [g/ml]	Endcapped?	Porendurch-messer [Å]	spezifische Oberfläche [m^2/g]	Kohlenstoff-gehalt [%C]	spez. Poren-volumen [ml/g]	pH	Bedeckungsgrad [µmoles/m^2]	Bedeckungs-dichte [µmol/g]
13	Inertsil ODS 3	GL Sciences/MZ	rund	5	0,58	ja	100	450	15	1,1		1,30	585
14	Jupiter	Phenomenex	rund	5	0,46	ja	300	157	13,65	1,5	5,7	4,40	691
15	Kromasil	Akzo Nobel/MZ	rund	5		ja	100	340	19	0,9	5,6 Si	3,09	1051
16	LiChrosorb	Merck	gebro-chen	5	0,50	nein	100	300	16,2	1,1	6,5	2,70	810
17	LiChrospher	Merck	rund	5	0,50	nein	100	350	21	1,25	3,5	3,62	1267
18	LiChrospher Select B	Merck	rund	5	0,60	nein	60	360	11,5	0,9	3,5	3,55	1278
19	Luna	Phenomenex	rund	5	0,56	ja	108	440	18	1	5,7	3,00	1320
20	MP-Gel	Omnichrom	rund	5	0,64	ja	120	340	13,3	1,05	5,5±0,5	2,92	993
21	Nova-Pak	Waters	rund	4,6	0,80	ja	60	120	7	0,3	5,1	2,67	320
22	Nucleosil 100	Macherey-Nagel	rund	5		ja	100	350	14	1,1	5,9	2,50	875
23	Nucleosil 50	Macherey-Nagel	rund	5		ja	50	400	14,5	0,8	6,3	2,30	920
24	Nucleosil Ab	Macherey-Nagel	rund	5		ja	100	350	24	1,1	5,5	4,80	1680
25	Nucleosil HD	Macherey-Nagel	rund	5		ja	100	350	21	1,1	5,6	3,80	1330
63	Nucleosil Nautilus	Macherey-Nagel	rund	5		ja	120	350	16	0,5		3,67	1285
26	Nucleosil Protect 1	Macherey-Nagel	rund	5		ja	100	350	11	1	5,8	2,27	795
27	Platinum C_{18}	Alltech	rund	5	0,66	ja	100	207	6,2	0,516	6,2	1,33	275
28	Platinum EPS	Alltech	rund	5	0,66	nein	100	207	4,8	0,516	6,2	1,03	213

Tabelle 1 (Fortsetzung)

Nr.	Name	Hersteller/Lieferant	Teilchen-form	Teilchengröße [µm]	Packungsdichte [g/ml]	Endcapped?	Porendurch-messer [Å]	spezifische Oberfläche [m^2/g]	Kohlenstoff-gehalt [%C]	spez. Poren-volumen [ml/g]	pH	Bedeckungsgrad [µmoles/m^2]	Bedeckungs-dichte [µmol/g]
29	Prodigy	Phenomenex	rund	5	0,56	ja	100	450	15,5	1,2	5,7	1,80	810
64	ProntoSil ACE	Bischoff	rund	5	0,59	ja	120	300	18,5	1	5,9	2,87	861
30	ProntoSil AQ	Bischoff	rund	5	0,59	ja (hydrophil)	120	300	13	1	5,3	2,17	651
31	ProntoSil C_{18}	Bischoff	rund	5	0,59	ja	120	300	17	1	5,3	3,03	909
32	Purospher	Merck	rund	5	0,50	ja	120	340	18,5	1,1	4,0	3,14	1068
65	Purospher Star	Merck	rund	5		ja	125	330	17	1,05		2,90	957
33	Repro-Sil AQ	Maisch	rund	5		ja (hydrophil)	120	300	15	1	4	2,01	603
34	Repro-Sil ODS 3	Maisch	rund	5		ja	120	300	17	1	4	3,20	960
35	Resolve	Waters	rund	5	0,60	nein	90	200	10	0,5		2,39	478
36	SMT OD C_{18}	ICT	rund	5		nein (Polymer-schicht)	100	340	24	0,9	6,0	7,40	2516
37	Spherisorb ODS 1	Waters	rund	5	0,60	nein	80	220	6,2	0,5	6,1	1,56	343
38	Spherisorb ODS 2	Waters	rund	5	0,60	ja	80	220	11,5	0,5	6,1	2,84	625
39	Supelcogel TRP	Supelco		5			100						
40	Supelcosil ABZ plus	Supelco	rund	5		ja	120	170	12	0,6		3,21	546
41	Superspher	Merck	rund	4	0,40	nein	100	350	21	1,25	3,5	3,62	1267

Tabelle 1 (Fortsetzung)

Nr.	*Name*	*Hersteller/Lieferant*	*Teilchen-form*	*Teilchengröße [µm]*	*Packungsdichte [g/ml]*	*Endcapped?*	*Porendurch-messer [Å]*	*spezifische Oberfläche [m^2/g]*	*Kohlenstoff-gehalt [%C]*	*spez. Poren-volumen [ml/g]*	*pH*	*Bedeckungsgrad [µmoles/m^2]*	*Bedeckungs-dichte [µmol/g]*
42	Superspher Select B	Merck	rund	4	0,50	nein	60	360	11,5	0,9	3,5	3,55	1278
43	Symmetry C_{18}	Waters	rund	5	0,45	ja	100	335	19	0,9		3,14	1052
66	Symmetry Shield C_{18}	Waters	rund	5		ja	100	335	17,5	0,9		3,24	1085
80	Synergi MAX RP	Phenomenex	rund	4		ja	80	475	15	1,05		2,36	1121
81	Synergi POLAR RP	Phenomenex	rund	4		ja (hydrophil)	80	475	11	1,15		2,09	993
44	TSK	TosoHaas	rund	5	0,40	ja	80	198	15	0,6	3,5–4,0	1,50	297
45	Ultrasep ES	Sepserv	rund	5		nein	120	280		0,8	6,2	3,20	896
46	VYDAC	Vydac	rund	10		nein	90	275	12	0,65		2,15	591
67	XTerra	Waters	rund	5		ja	125	175	14,95	0,68		2,32	406
68	XTerra MS	Waters	rund	5		ja	125	175	15,45	0,68		2,35	411
47	YMC ODS AQ	YMC	rund	5		ja (hydrophil)	120	300	14,6	1	5,5±0,5	2,50	750
48	YMC Pro C_{18}	YMC	rund	5			120	320	16,8	1,06	5,5±0,5	2,59	829
69	Zorbax Bonus RP	Agilent Technologies	rund	5		ja	80	180		0,5		3,00	540
70	Zorbax Extend	Agilent Technologies	rund	5		ja	80	180		0,5		3,80	684
49	Zorbax ODS	Agilent Technologies	rund	5	1,00	ja	70	300	17	0,48		2,80	840
50	Zorbax SB C_{18}	Agilent Technologies	rund	5	1,00	nein	80	180	10	0,45		2,08	374
51	Zorbax SB C_8	Agilent Technologies	rund	5	1,00	nein	80	180	5,5	0,45		2,00	360

2.1.1.2.1 **Über polare Wechselwirkungen**

Die in [1–5] erwähnten Autoren sowie weitere Forschungsgruppen haben anhand umfangreicher Messungen bei unterschiedlichen experimentellen Bedingungen gezeigt, dass die dominanten Faktoren für die Selektivität in der RP-HPLC, neben den allgemein angenommenen und erwarteten hydrophoben Wechselwirkungen, sterische Aspekte und insbesondere polare Wechselwirkungen sind. Gerade Letztere spielen häufig die wichtigste Rolle. Der Grund dafür liegt in der Vielfalt von möglichen polaren Gruppen an der Oberfläche einer „üblichen" C_{18}-Phase. Man könnte von einer nicht zu unterschätzenden „polaren Heterogenität" sprechen: absolute Konzentration an Silanolgruppen abhängig vom Bedeckungsgrad der Phasenoberfläche, Art der verbliebenen Silanolgruppen (freie, vicinale, geminale), Konzentration und Art von Metallionen im Kieselgelgerüst bzw. auf der Kieselgeloberfläche (Alkali-, Erdalkali- und Schwermetallionen sowie Al, das bei älteren Kieselgelen als saures Zentrum einen wichtigen Einfluss haben kann [6]), Siloxanbindungen, Rest-Amino- und sonstige polare Gruppen usw. Die Unterschiede zwischen diversen C_{18}/C_8-Phasen können dadurch enorm sein. Die Vielfalt an polaren Gruppierungen führt unweigerlich zu einer entsprechenden Vielfalt an möglichen polaren Wechselwirkungen: Ionenaustausch, Wasserstoffbrückenbindung, Dipol-Dipol- sowie Ion-Dipol-Wechselwirkungen, London-Kräfte, π...π-Wechselwirkungen oder Komplexbildung. Derartige polare Wechselwirkungen zwischen den Analyten und einer stationären RP-Phase sind eher der Normalfall, denn es gibt kaum Moleküle, die beispielsweise keinen Sauerstoff, Stickstoff oder eine Hydroxylgruppe enthalten – von Substanzklassen wie Alkanen vielleicht abgesehen, die in der HPLC sicherlich eine untergeordnete Rolle spielen. Bei einigen moderneren Phasen kommen weitere polare Elemente hinzu: zusätzliche polare Gruppen, um die polare Selektivität zu erhöhen (z. B. Platinum EPS, *E*nhanced *P*olar *S*electivity, SynergiFUSION RP, Nucleodur Sphinx), polare oder gar ionische Gruppen in der Alkylkette (EPG, *E*ingebaute *P*olare *G*ruppe, z. B. Symmetry Shield, Primesep A), polare Endgruppe an der Alkylkette (z. B. SynergiPOLAR RP), hydrophiles Endcapping (z. B. ProntoSIL AQ, YMC AQ), kurze, fluorierte Ketten (z. B. Fluofix) und vieles mehr. Im Gegensatz dazu sind hydrophobe/lipophile Wechselwirkungen mehr oder weniger einheitlich. Dadurch ist bei deren Dominanz während der Trennung nur eine geringe Differenzierung zwischen den Analyten möglich.

2.1.1.2.2 **Erste Konsequenzen**

Diese Tatsachen führen zu folgenden Konsequenzen:

1. Wenn bei einer Trennung vorwiegend hydrophobe Wechselwirkungen herrschen, werden nur geringe Selektivitätsunterschiede zwischen den Phasen beobachtet.
2. Je polarer die Phase, umso größer ist die Selektivitätsbandbreite bei der Trennung polarer Substanzen.

Diese Aussagen sollen mithilfe zweier Beispiele visualisiert werden:

a) In Abb. 1a sind die Trennfaktoren bei der Trennung Ethylbenzol/Toluol (EB/T) (Methylengruppen-Selektivität, „reiner" RP-Mechanismus) an ca. 50 stationären Phasen dargestellt. Bis auf die sehr polaren Phasen zeigen auch sonst recht unterschiedliche Phasen ähnliche Selektivitäten. Die α-Werte bewegen sich zwischen $\alpha = 1{,}35–1{,}45$. Dieses Experiment wurde mit neueren, recht unterschiedlichen stationären Phasen sowie einigen Phasen aus früheren Untersuchungen wiederholt – letztere als eine Art „interner Standard". Die oben genannte Beobachtung wurde bestätigt (s. Abb. 1b).

b) Abbildung 2a zeigt die Trennfaktoren bei der Trennung Ethylbenzol/Fluorenon. Hier sind (neben einer Differenz in der Molekülgröße) durch die zusätzliche C=O-Gruppe bei Fluorenon polare Wechselwirkungen möglich. Dadurch können die Phasen ihren individuellen Charakter „entfalten". Das Ergebnis lautet: Die Trennfaktoren bewegen sich zwischen $\alpha = 1{,}00–1{,}65$. Bei den polaren Phasen Spherisorb ODS 1, Fluofix und SynergiPOLAR RP wird sogar Elutionsumkehr beobachtet. Die Messung mit den neueren stationären Phasen führte zum gleichen Ergebnis (s. Abb. 2b). Die Bandbreite in den Selektivitäten erstreckt sich zwischen 1 und 1,75. Elutionsumkehr wird bei den polaren Phasen Acclaim PA C_{16}, XBridge Shield und Primesep C 100 beobachtet.
So verfügen stationäre Phasen im linken Teil der Abb. 2a bzw. 2b über eine gute hydrophobe Selektivität. Solche Phasen sind in der Lage, Analyte mit geringen Unterschieden in ihrem hydrophoben Charakter zu trennen, z. B. Unterschiede in der Alkylkettenlänge („Methylengruppenselektivität"), homologe Reihen, Aldehyde, Ketone. Darüber hinaus sind sie selektiv auch für Analyte mit einer Differenz in ihrem polaren Charakter. Diese Differenz kann z. B. durch das Vorhandensein/nicht Vorhandensein einer polaren Gruppe (z. B. Keto- oder Hydroxylgruppe) oder aber durch Isomerie zustande kommen. Wenn polare/ionische Wechselwirkungen dominieren bzw. eine Trennung erst über den unterschiedlichen ionischen Charakter der Analyte möglich ist, kämen eher stationäre Phasen aus dem rechten Bereich der Abb. 2a bzw. 2b in Frage. Solche zeigen eine gute polare/hydrophile sowie aromatische Selektivität, d. h. sie sind geeignet für die Trennung von z. B. polaren Molekülen des Typs Phenol und Coffein, Aromaten, ionisch vorliegenden kleinen Basen wie Aminen, polaren Zersetzungsprodukten, Metaboliten.

Wie oben ausgeführt, sollte man sich vergegenwärtigen, dass ausschließlich hydrophobe Wechselwirkungen, also ein „idealer" RP-Mechanismus, auch und gerade in ungepufferten Systemen selten dominiert. Sogar große, hydrophobe, unsubstituierte Aromaten sind über induzierte Dipole zu polaren Wechselwirkungen in der Lage. In Abb. 3a und b sind die Retentions- und Trennfaktoren (Balken bzw. Linie) bei der Trennung von Chrysen/Perylen dargestellt.

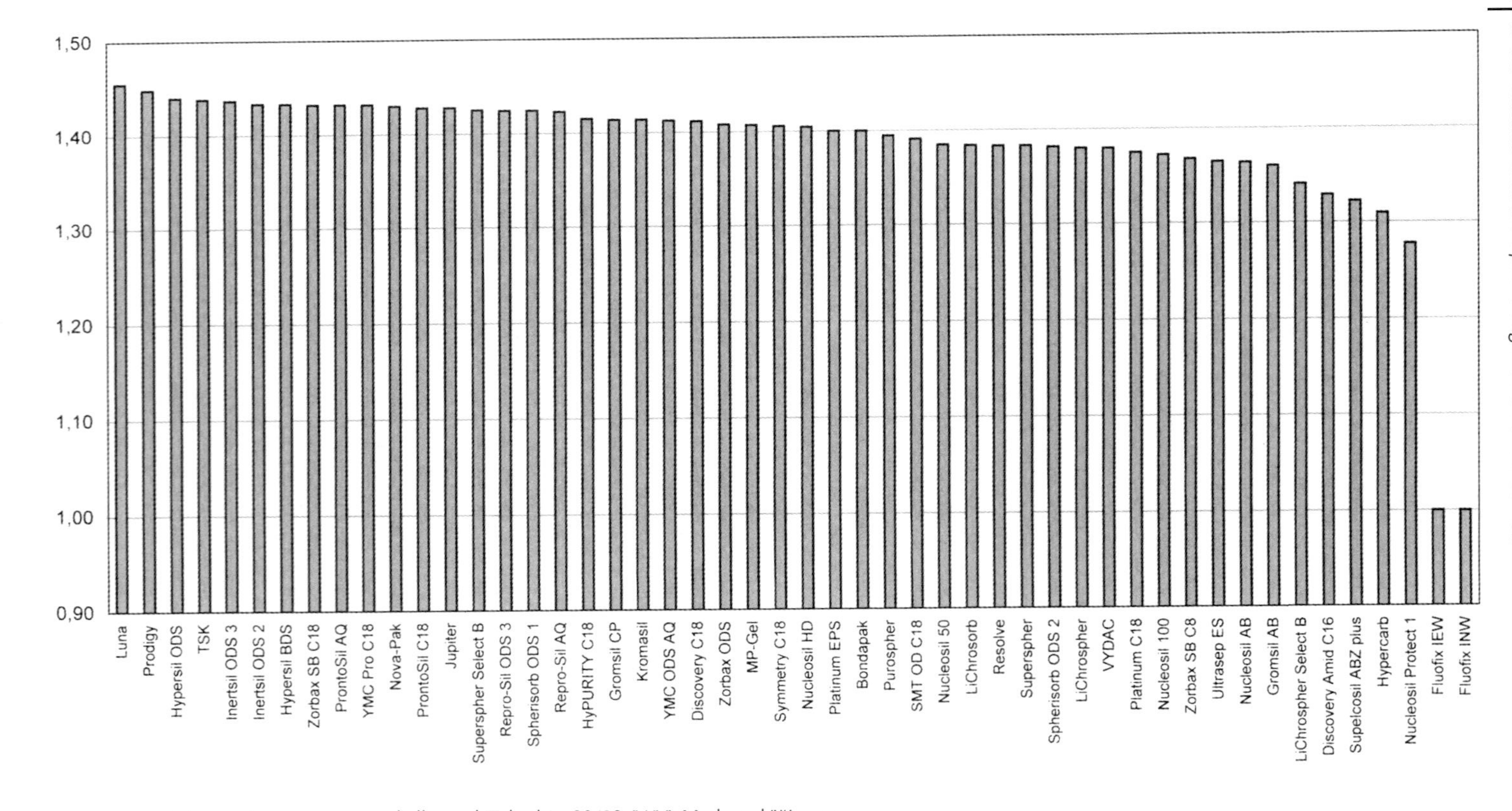

Abb. 1 Trennfaktoren (α-Werte) von Ethylbenzol/Toluol in 80/20 (V/V) Methanol/Wasser, (a) an ca. 50 gebräuchlichen kommerziellen RP-Phasen.

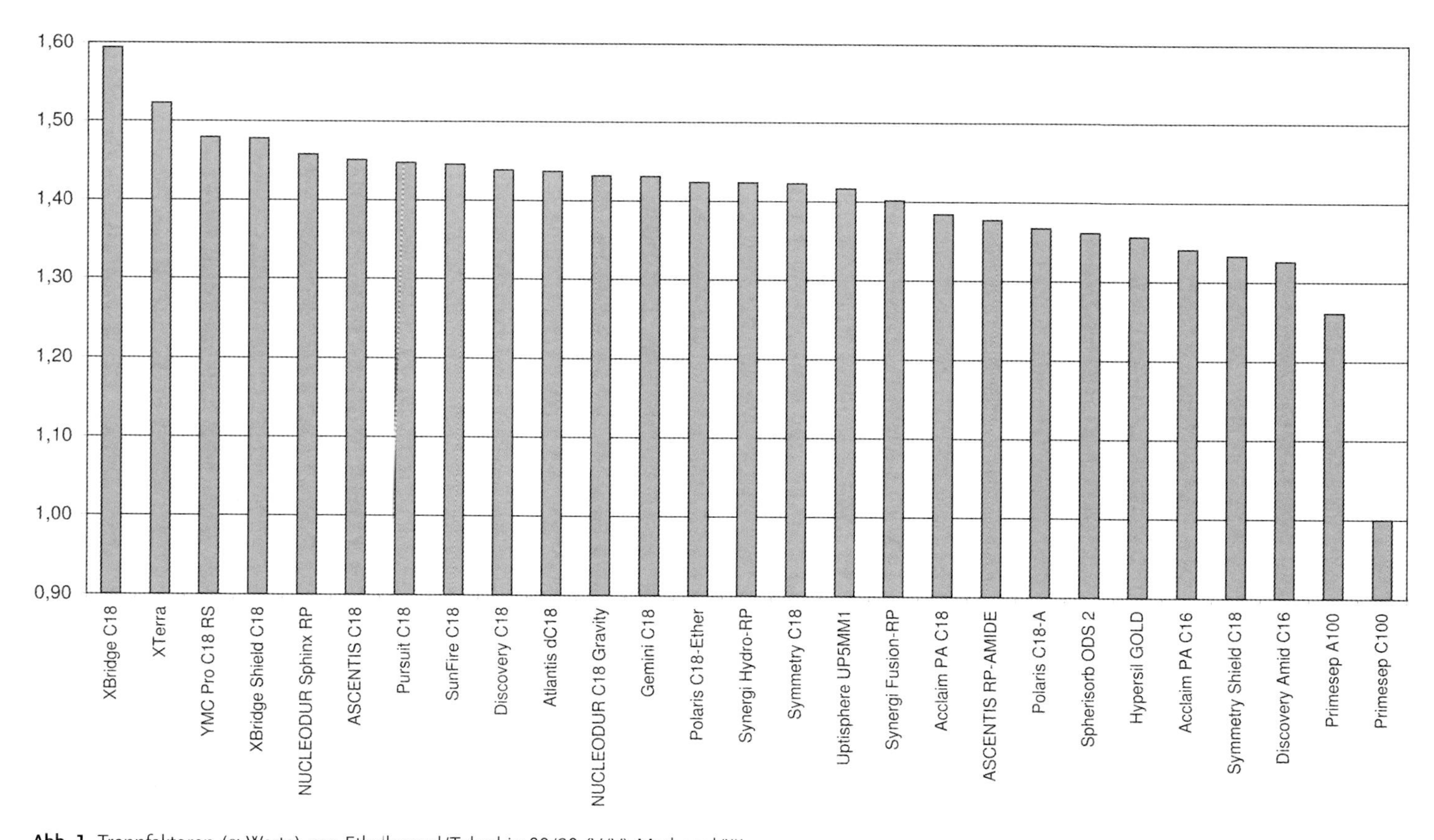

Abb. 1 Trennfaktoren (α-Werte) von Ethylbenzol/Toluol in 80/20 (V/V) Methanol/Wasser, (b) an 27 neueren kommerziellen RP-Phasen.

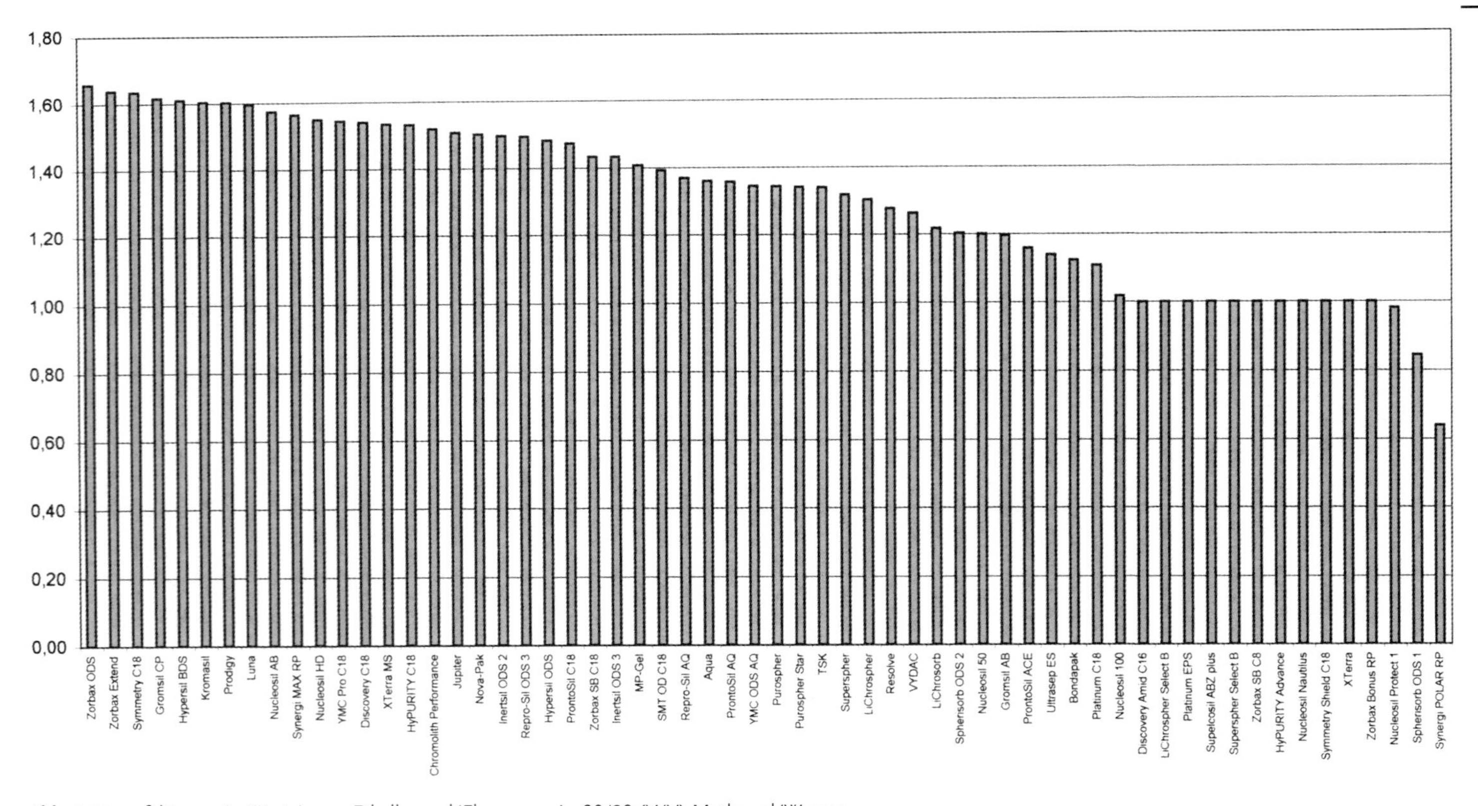

Abb. 2 Trennfaktoren (α-Werte) von Ethylbenzol/Fluorenon in 80/20 (V/V) Methanol/Wasser, (a) an ca. 50 gebräuchlichen kommerziellen Phasen.

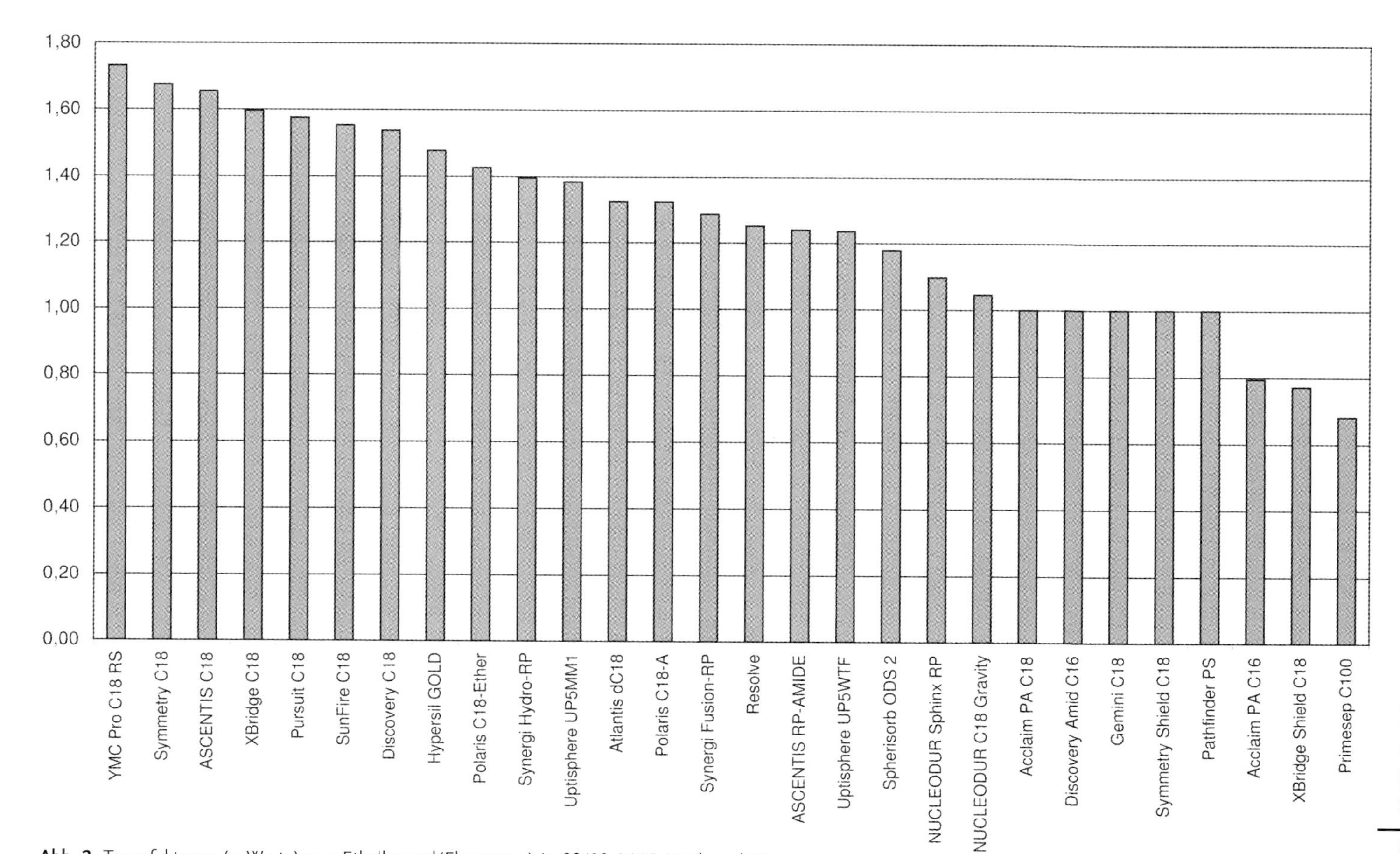

Abb. 2 Trennfaktoren (α-Werte) von Ethylbenzol/Fluorenon) in 80/20 (V/V) Methanol/Wasser, (b) an 27 neueren kommerziellen RP-Phasen.

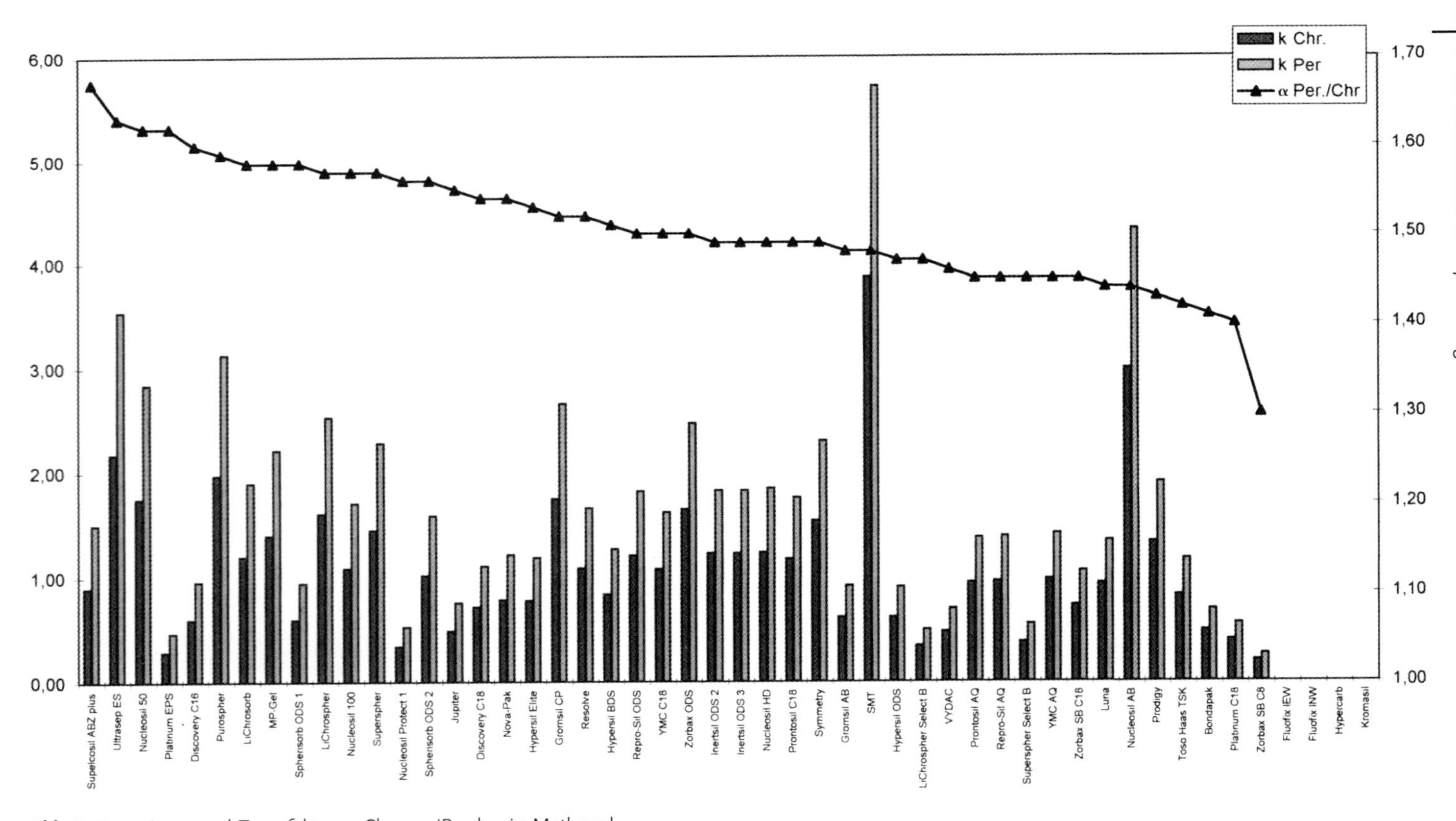

Abb. 3 Retentions- und Trennfaktoren Chrysen/Perylen in Methanol, (a) an ca. 50 gebräuchlichen kommerziellen Phasen. Erläuterungen siehe Text.

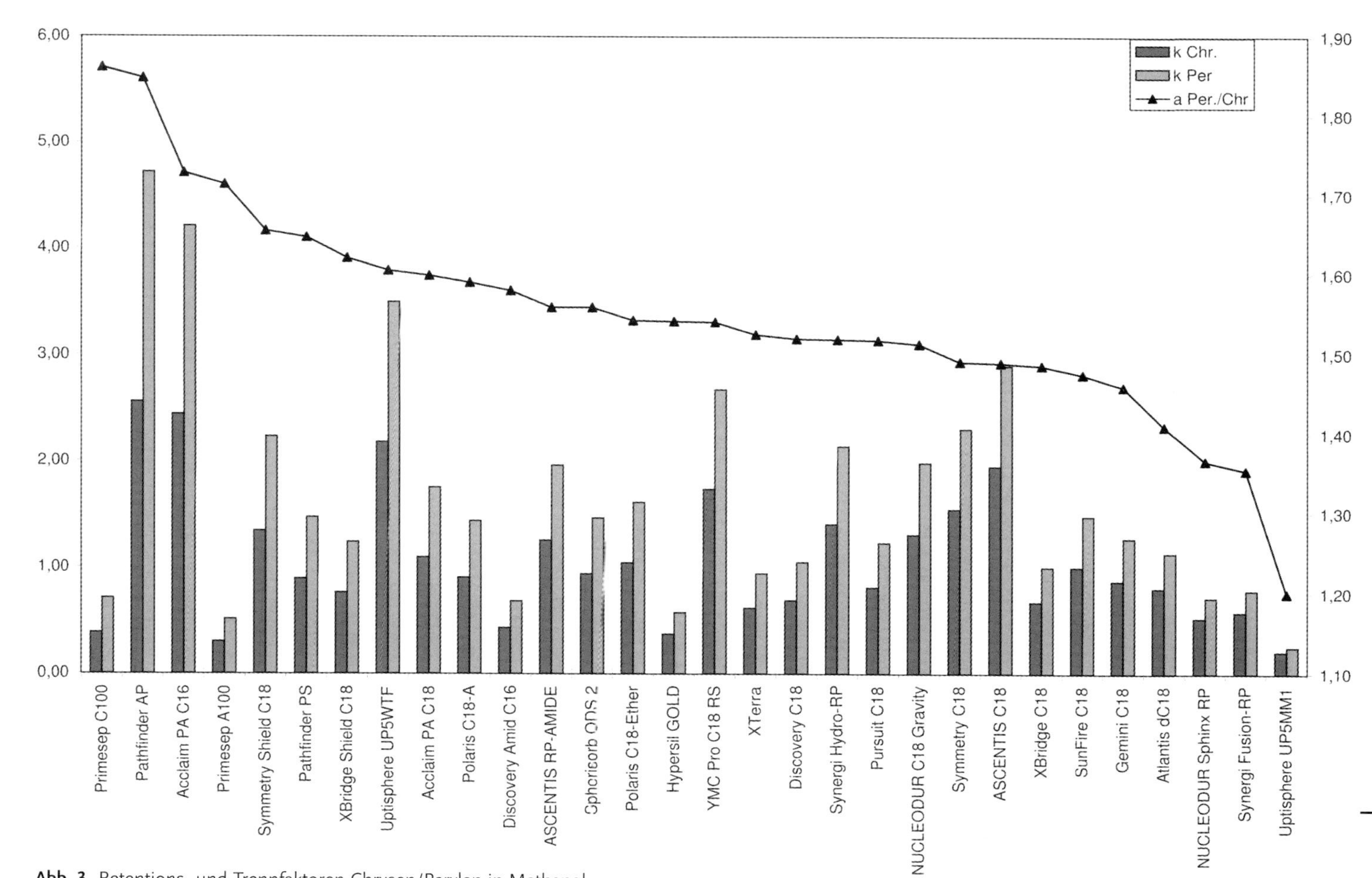

Abb. 3 Retentions- und Trennfaktoren Chrysen/Perylen in Methanol, (b) an 27 neueren kommerziellen RP-Phasen. Erläuterungen siehe Text.

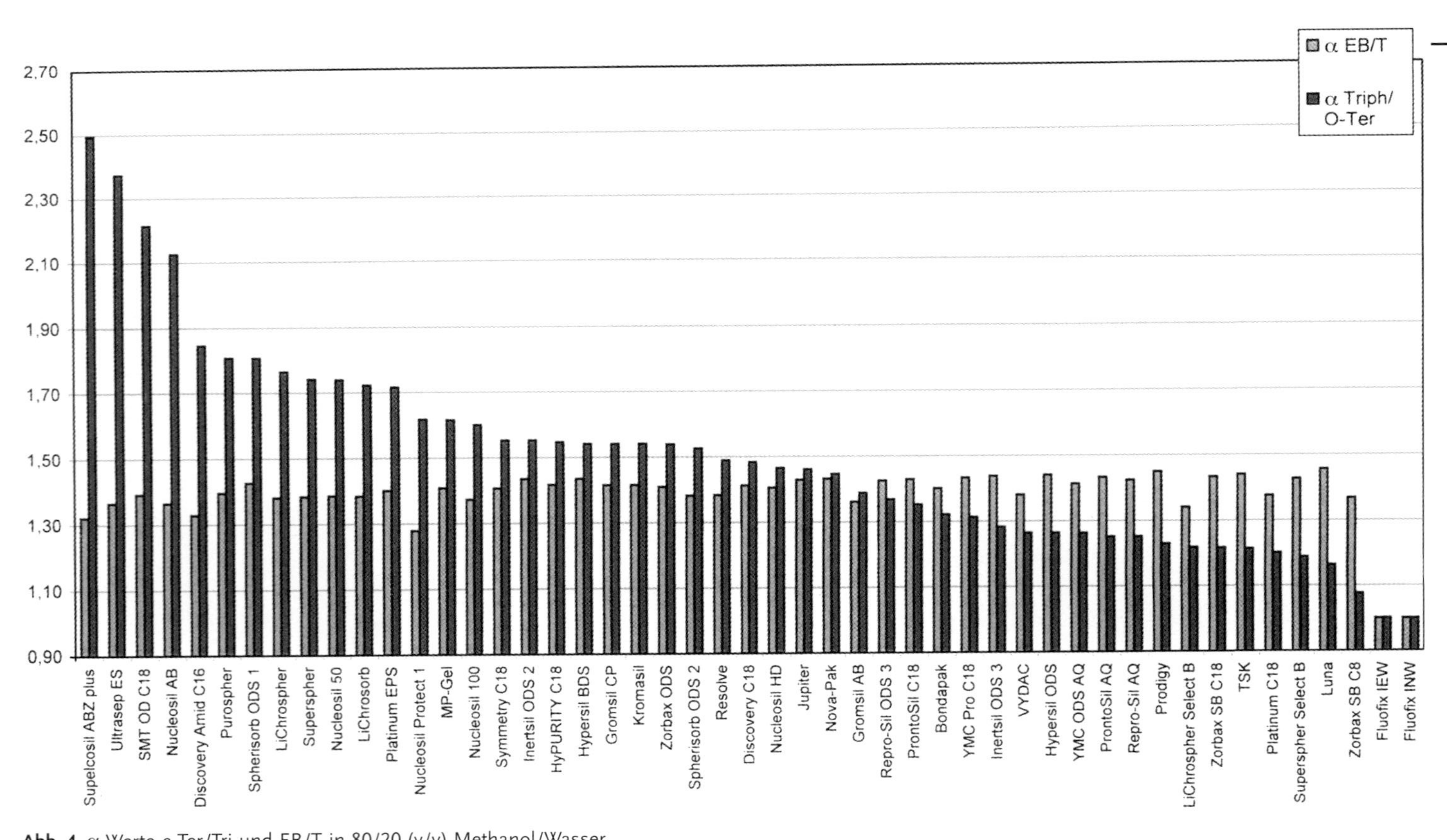

Abb. 4 α-Werte *o*-Ter/Tri und EB/T in 80/20 (v/v) Methanol/Wasser, (a) an ca. 50 gebräuchlichen kommerziellen Phasen.

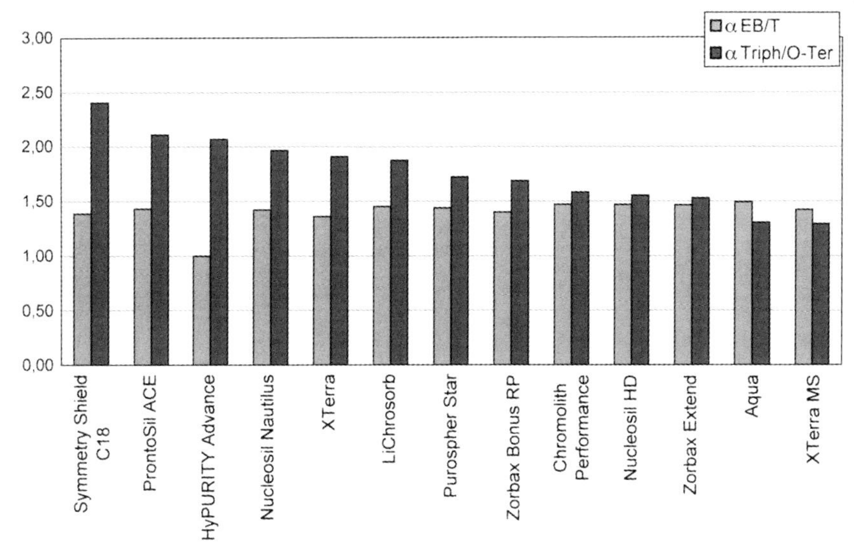

Abb. 4a (Fortsetzung)

Neben Phasen mit einer Polymerschicht an der Phasenoberfläche weisen gerade polare RP-Phasen eine sehr gute aromatische Selektivität auf. Hydrophobe, moderne, gut abgedeckte Phasen – die naturgemäß kaum polare Wechselwirkungen eingehen können – zeigen dagegen nur eine befriedigende Selektivität.

Es sei ein letztes Beispiel zur Trennung von aromatischen Verbindungen aufgeführt: Trennung planarer/nichtplanarer Moleküle, sterische Selektivität.

In den 1990er Jahren wurde der sterischen Selektivität („shape selectivity") große Aufmerksamkeit geschenkt (Wise, Sander, Tanaka). Es handelt sich dabei um die Fähigkeit einer Phase, zwischen planaren und nichtplanaren Molekülen zu unterscheiden. Man spricht von molekularem Erkennungsmechanismus. Nach Wise, Sander und Tanaka geht eine gute, sterische Selektivität mit dem Polymercharakter der Phase einher. Es bestehe ein Zusammenhang zwischen sterischer Selektivität und Polymercharakter der Phase bzw. Belegungsgrad. Als Modellsubstanzen wurden vielfach polykondensierte Aromaten, vor allem Triphenylen/*o*-Terphenyl (*o*-Ter/Tri), verwendet. Letztgenannte Analyte besitzen als Modellsubstanzen den Vorteil, dass sie das gleiche Molekulargewicht und nahezu die gleiche Größe besitzen. Während jedoch Triphenylen planar aufgebaut ist, besitzt *o*-Terphenyl eine verdrillte Molekülstruktur. Abbildung 4 zeigt die α-Werte *o*-Ter/Tri sowie zum Vergleich auch die α-Werte EB/T für eine Reihe von Säulen.

Tatsächlich zeigen zwei Phasen mit einer Polymerschicht (Nucleosil AB, SMT) eine hervorragende Selektivität für *o*-Ter/Tri. Eine gute Selektivität zeigen jedoch auch und gerade Phasen, die über polare Funktionalitäten verfügen (linker Teil der Abb. 4a und b). Diese Feststellung kann nicht mit dem Postulat der oben erwähnten Autoren in Einklang gebracht werden.

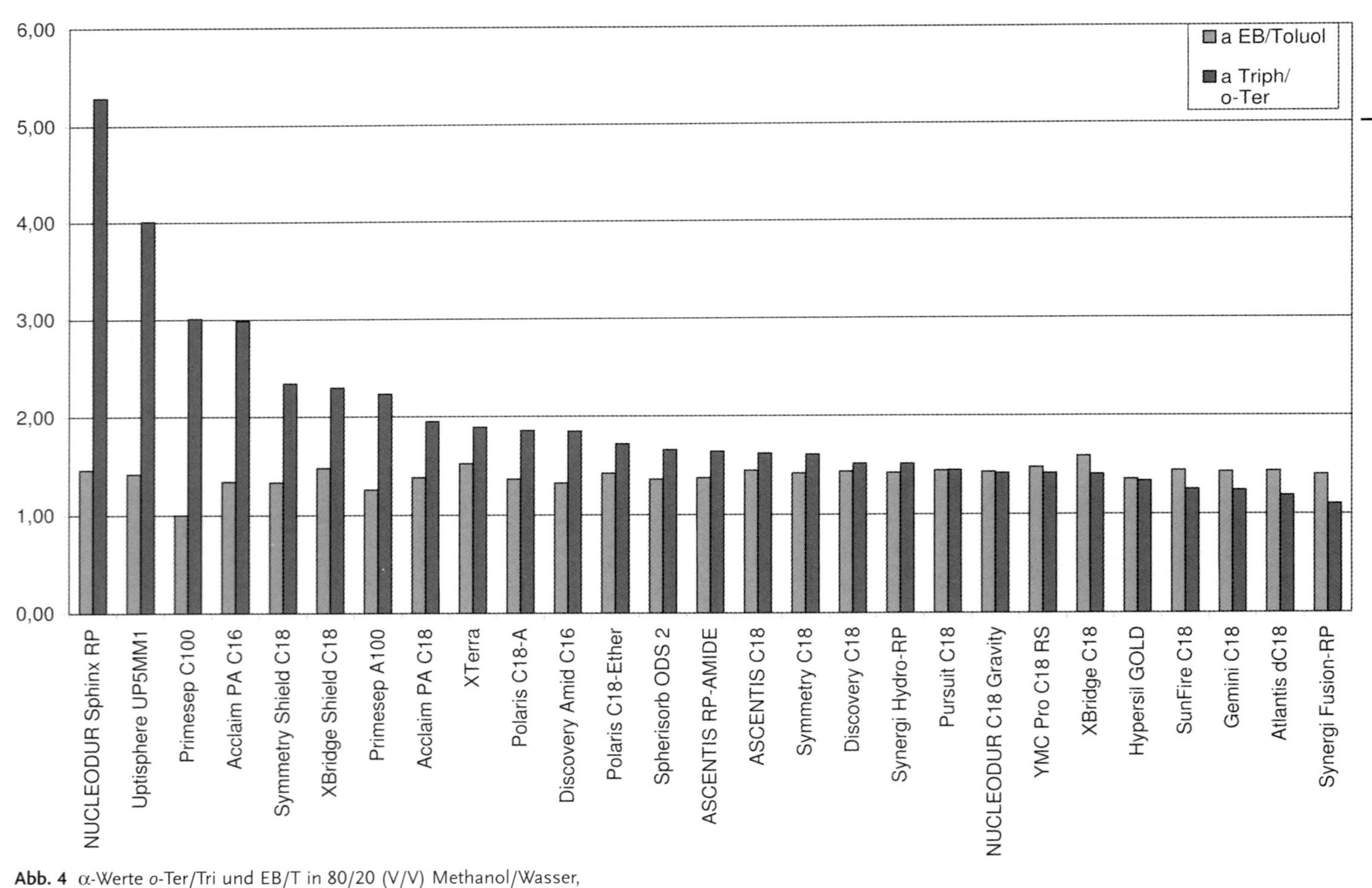

Abb. 4 α-Werte *o*-Ter/Tri und EB/T in 80/20 (V/V) Methanol/Wasser, (b) an 27 neueren kommerziellen RP-Phasen.

Mögliche Erklärung: *o*-Ter/Tri sind Aromaten. Ähnlich wie bei Chrysen/Perylen sind auch hier polare Wechselwirkungen mit deren π...π-System möglich. (Eine chemometrische Analyse, die wir mit 9 Substanzeigenschaften durchgeführt haben, zeigte eine starke Ähnlichkeit dieser 4 Substanzen [7].) Der Unterschied in der Konformation bedingt auch einen Unterschied in der Aromatizität der beiden Analyte und damit auch in ihrem polaren Charakter und führt schließlich zu einer unterschiedlichen Affinität gegenüber polaren Gruppen der stationären Phase. Abbildung 5 zeigt die Trennung einer Mischung aus Uracil, unbekannte Verunreinigung, Methyl-/Ethylbenzoat, Toluol, Ethylbenzol, Triphenylen,

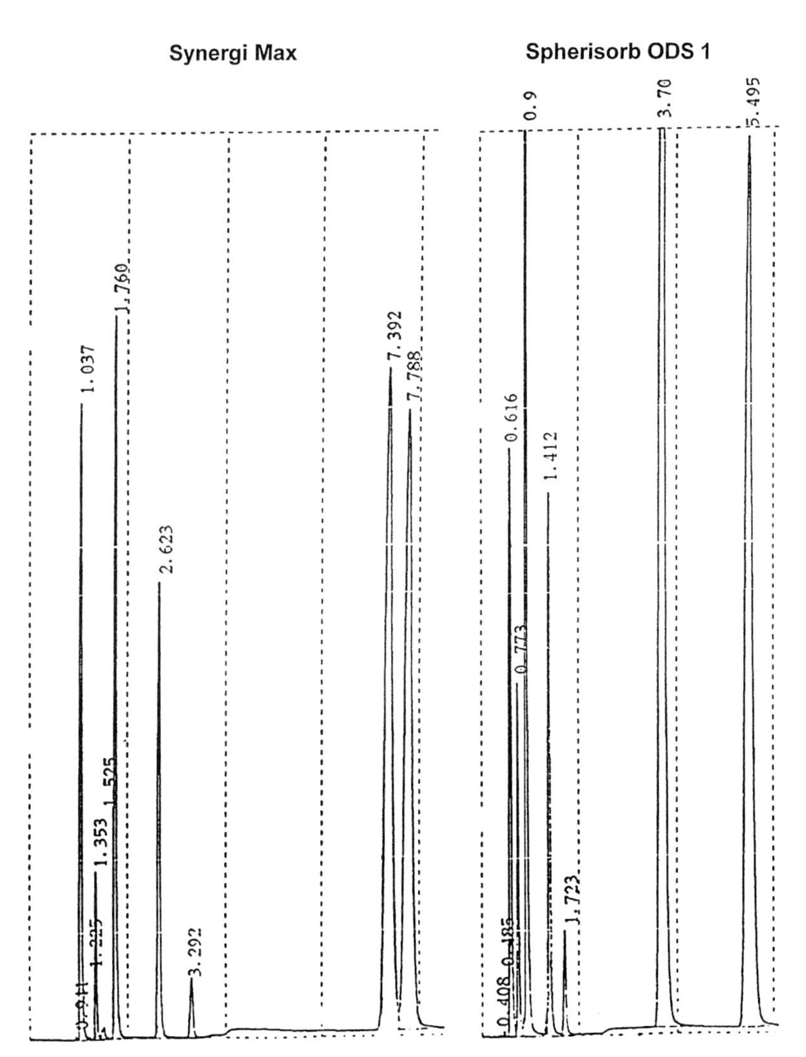

Abb. 5 Trennung von Uracil, Methyl-/Ethylbenzoat, Toluol, Ethylbenzol, Triphenylen und *o*-Terphenyl in 80/20 (v/v) Methanol/Wasser an zwei C_{18}-Säulen. Erläuterungen siehe Text.

o-Terphenyl an einer modernen, sehr gut abgedeckten, hydrophoben Phase (SynergiMAX RP) und an einer nicht endcappten, niedrig belegten Phase (Spherisorb ODS 1). An SynergiMAX RP werden die einkernigen, kleinen Aromaten sehr gut abgetrennt, die Selektivität für die Trennung *o*-Ter/Tri ist jedoch gerade noch ausreichend (zwei letzte Peaks). Am stark silanophilen, niedrig belegten, nicht endcappten Spherisorb ODS 1 sind die Verhältnisse genau umgekehrt.

Dieser Befund wurde durch mehrere Experimente bestätigt: Phasen mit einer polaren Funktionalität zeigen eine gute sterische Selektivität (s. Abb. 6). So können an hydrophoben Phasen isomere Steroide (Doppelbindungsisomere) nicht selektiv getrennt werden (Koelution von Peak 2 und 3 im oberen und mittleren Chromatogramm), wohl aber, wenn polare Gruppierungen an der Oberfläche der stationären Phase vorhanden sind. So im unteren Chromatogramm der Abb. 6. Es handelt sich bei der stationären Phase um Resolve, ein nicht endcapptes Material.

Ein RP-Mechanismus kann über den pH-Wert „erzwungen" werden. Wird bei einem bestimmten pH-Wert ein einheitlicher Ionisierungszustand der zu trennenden Analyte erzielt – d. h konkret: die Ionisierung unterdrückt – gerät ihr individueller, polarer Charakter in den Hintergrund. Die Trennung erfolgt nun nach ihrem unterschiedlichen organischen Charakter. Und, wie oben erwähnt, führen apolare Wechselwirkungen zu einer geringen Selektivitätsbandbreite: Die α-Werte sind klein und ähnlich. Abbildung 7 zeigt die Retentions- und Trennfaktoren bei der Trennung von trizyklischen Antidepressiva in einem sauren Phosphatpuffer an diversen Phasen.

Bei recht unterschiedlichen Retentionsfaktoren (Balken) erhält man, abhängig vom hydrophoben Charakter der Phasen, sehr ähnliche Trennfaktoren (Linie). In solchen chromatographischen Systemen degradiert die stationäre Phase zu einem zweitrangigen Faktor im Optimierungsgeschehen (s. Abb. 8): große Bandbreite bei den Retentionsfaktoren (Retentionszeiten), eine sehr kleine bei den Trennfaktoren (Selektivitäten).

Abbildung 9 soll dieses „Gleichwerden" der stationären Phasen in Anwesenheit von Puffern selbst für nichtionische Analyte demonstrieren. In Abb. 9a wird die Trennung von Nitroanilin-Isomeren an vier recht unterschiedlichen stationären Phasen mithilfe eines alkalischen Acetonitril-Puffers gezeigt. Bis auf kleine Unterschiede in der Retentionszeit sieht die Trennung der drei Peaks bei allen vier Säulen recht ähnlich aus. In Abb. 9b ist die Trennung der Nitroaniline an Symmetry Shield und Zorbax Bonus in einem Methanol/Wasser-Gemisch dargestellt. Die Chromatogramme sehen völlig anders aus. Es wird sogar Elutionsumkehr beobachtet. Das bedeutet: Will man die individuellen Eigenschaften der stationären Phasen bzgl. Selektivität „herauskitzeln", so sollte in Fällen, in denen es um ultimative Selektivität geht, auf Puffer verzichtet werden – nicht jedoch in der Routine, wo ja in der Regel reproduzierbare Retentionszeiten verlangt werden. Man sollte bei orthogonalen Tests (s. unten) allerdings daran denken. Diese Phänomene werden auch bei weiteren einfachen polaren, also nichtionisierbaren Analyten wie Ketonen beobachtet (s. Abb. 10).

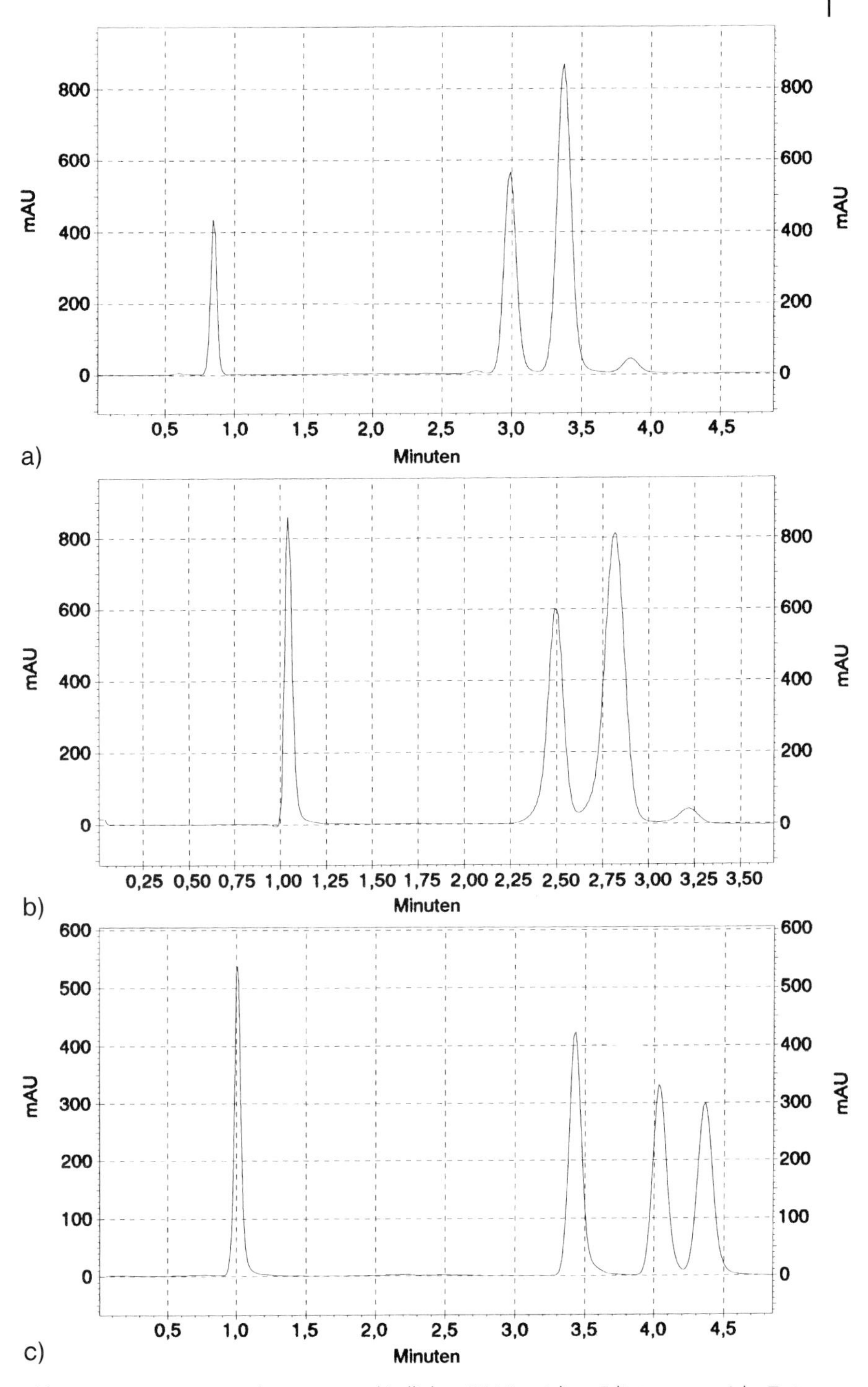

Abb. 6 Trennung von Steroiden an unterschiedlichen RP-Materialien. Erläuterungen siehe Text.

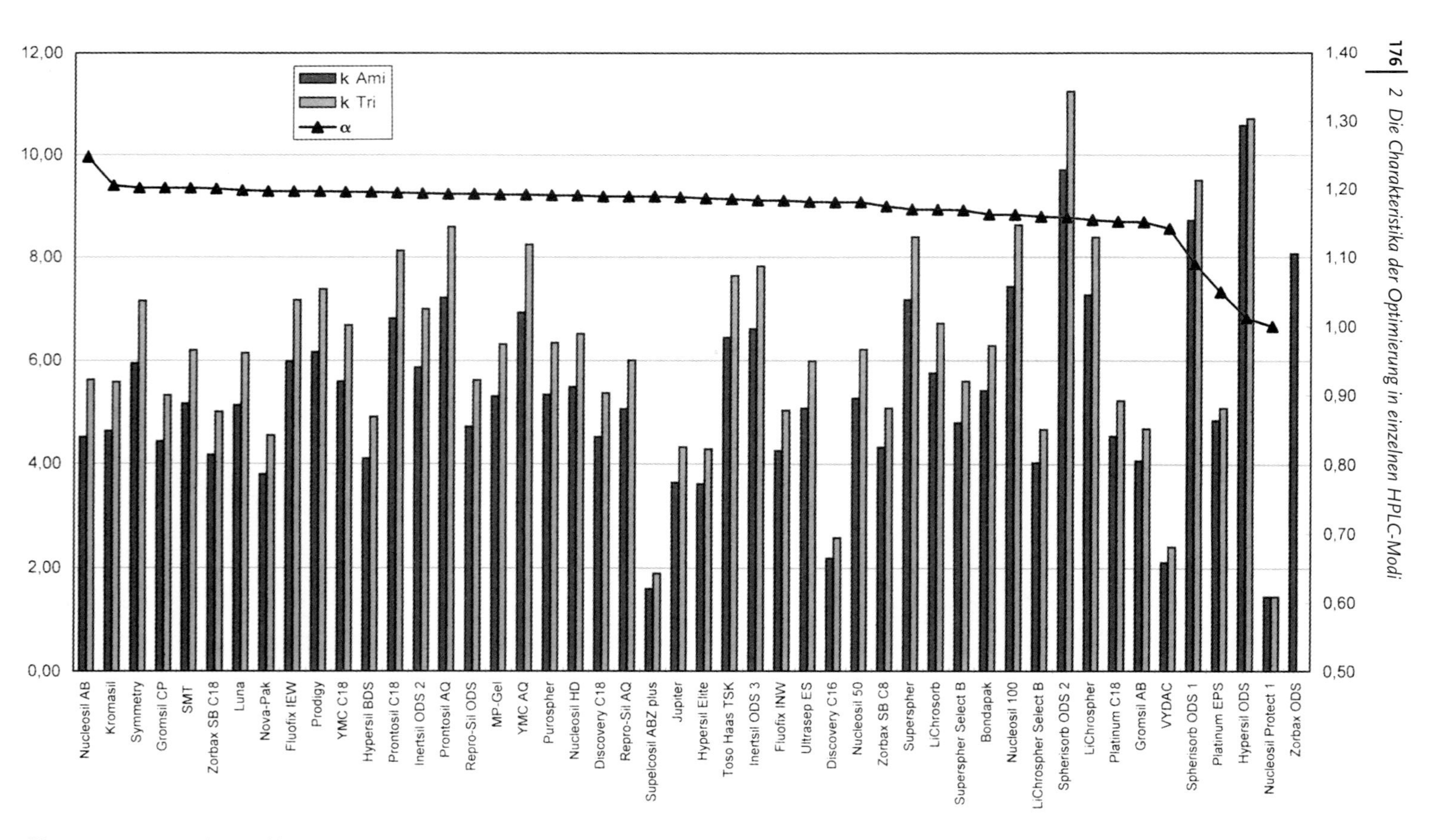

Abb. 7 Retentions- und Trennfaktoren von trizyklischen Antidepressiva im sauren Acetonitril/Phosphatpuffer.

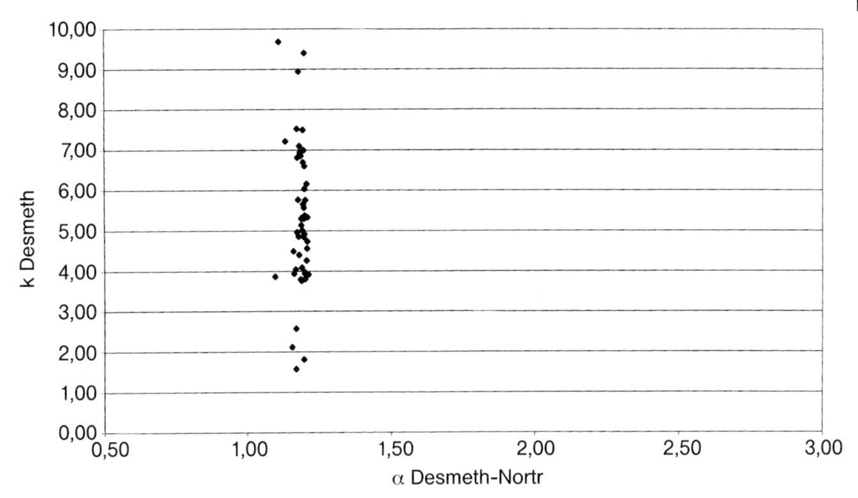

Abb. 8 Zur Bandbreite von Retentions- und Trennfaktoren bei der Trennung von Metaboliten trizyklischer Antidepressiva im sauren Acetonitril/Phosphatpuffer. Erläuterungen siehe Text.

Wenn andererseits aufgrund eines bestimmten pH-Wertes im Eluenten die (oder ein Teil der) Analyte in ionischer Form vorliegen, so ist eine Differenzierung einfacher: Sind dadurch unterschiedliche Wechselwirkungen möglich, ist dies gleichbedeutend mit einer größeren Chance auf eine Diskriminierung von (ähnlichen) Analyten, also auf eine bessere Selektivität.

Das Nicht-Ermöglichen von polaren Wechselwirkungen bei hydrophoben, gut abgedeckten Phasen, häufig im Zusammenhang mit einer Neutralisation von ionisierbaren Analyten über den pH-Wert, kann zwar zu einer guten Peaksymmetrie, häufig aber zu einer mangelnden Selektivität führen (s. Abb. 19, Kap. 1.1). Hier birgt sich konkret folgende Gefahr: An gut abgedeckten, hydrophoben Phasen täuscht häufig eine gute Peaksymmetrie eine ebenfalls gute Selektivität vor.

Zusammenfassend kann bereits geschlussfolgert werden:

- Sind polare Wechselwirkungen möglich bzw. werden sie durch einen entsprechenden pH-Wert ermöglicht, so wird stets eine bessere Selektivität festgestellt.
- Einheitlicher Mechanismus bedeutet: schnelle Kinetik bei gleichzeitig geringer Differenzierung, d. h. gute Peaksymmetrie, häufig mangelnde/geringe Selektivität.
- Dualer Mechanismus führt häufig zur langsamen Kinetik und damit zur schlechten Peaksymmetrie, aber in aller Regel zu einer guten Selektivität.

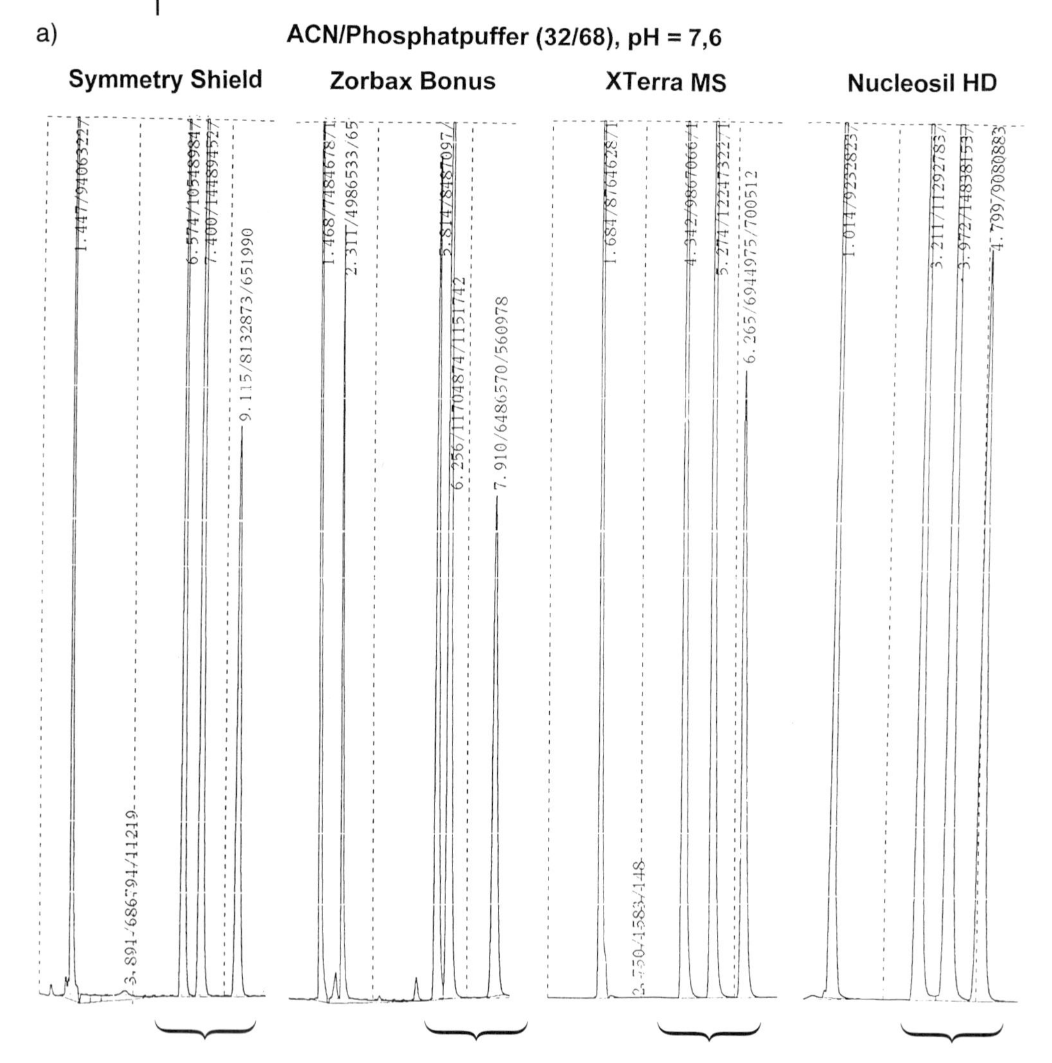

Abb. 9 Trennung von Nitroanilin-Isomeren im gepufferten (a) und im ungepufferten Eluenten (b). Erläuterungen siehe Text.

b) MeOH/H_2O (40/60)

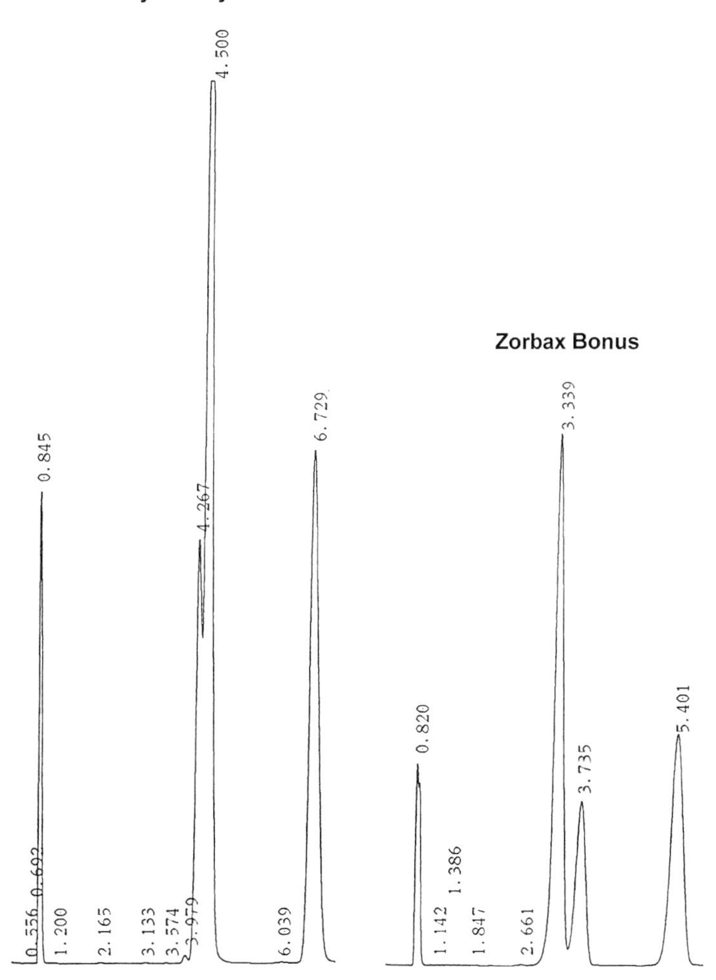

Abb. 9 (Fortsetzung)

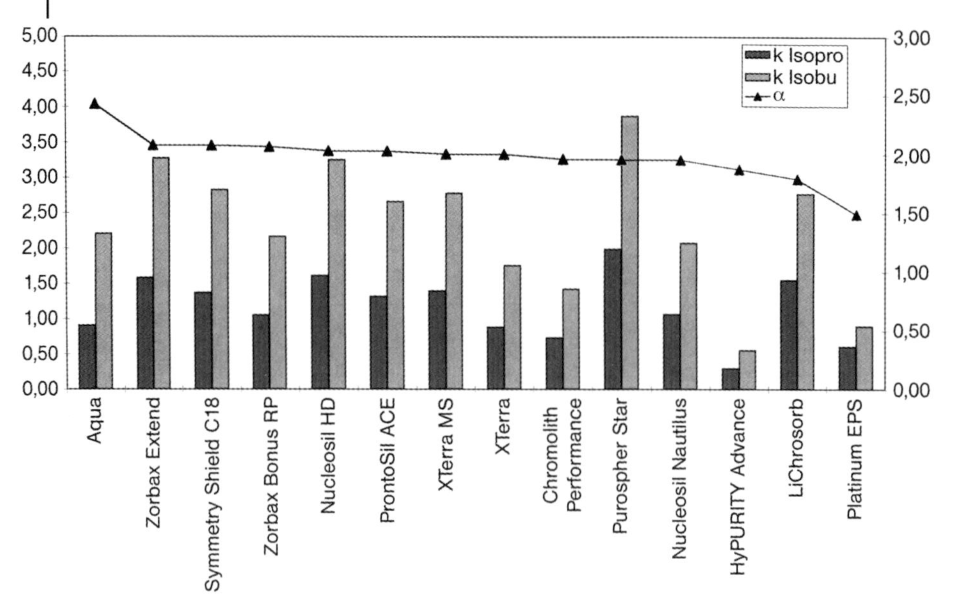

Abb. 10 Retentions- und Trennfaktoren Isobutyl-/Isopropylmethylketon. Erläuterungen siehe Text.

So lautete die Forderung z. B. für die Trennung stark polarer Analyte (Metabolite, Zersetzungsprodukte): Polare Wechselwirkungen ja, aber sie sollten nicht mit einer langsamen Kinetik einhergehen. Letzteres ist jedoch der Fall bei Anwesenheit von dissoziationswilligen (freien) Silanolgruppen und/oder weiteren, direkt an der Phasenoberfläche verankerten polaren Gruppierungen. Das Problem mit den freien, „aggressiven" Silanolgruppen bei vielen älteren Materialien ist, dass sie unter den C_{18}-Gruppen „versteckt" und deswegen schwer zugänglich sind. Nach einer Wechselwirkung mir ihnen gestaltet sich die anschließende Desorption eines polaren/ionischen Analyten zu einem kinetisch langsamen Prozess (Ionenaustauschmechanismus). Silanolgruppen dagegen – und natürlich auch andere polare Gruppierungen–, die leicht zugänglich sind erzeugen kein Tailing (Beispiel: HILIC an Kieselgel, wie z. B. Atlantis HILIC oder bei SynergiFUSION RP). Die Lösung könnte also lauten: Polare Gruppen an/in der Alkylkette, was ja schnelle Kinetik bedeutet, sterischer Schutz und entweder „keine" freien Silanolgruppen an der Oberfläche der stationären Phase oder aber eine derart große Anzahl sterisch ungehinderter Silanolgruppen/weiterer polarer Gruppen, dass sie bei einer evtl. Wechselwirkung mit den Analyten nicht überladen sind, z. B. Zorbax SB C_8, Fluofix, SynergiPOLAR RP.

Eine weitere Schlussfolgerung lautete demnach: Es sind nicht die ionischen Wechselwirkungen per se, die zum chemischen Tailing führen. Tailing entsteht, wenn durch bestimmte Mechanismen – hier Ionenaustausch – die Kinetik bei der Desorption des Analyten von der Oberfläche der stationären Phase verlangsamt wird.

2.1.1.3 Kriterien zum Vergleich von RP-Phasen

2.1.1.3.1 Ähnlichkeit über die physikalisch-chemischen Eigenschaften

Als Kriterien für die Ähnlichkeit von Phasen eignen sich ihre physikalisch-chemischen Eigenschaften sowie ihr chromatographisches Verhalten. Letzteres ist zweifelsohne das aussagekräftigere. Von den physikalisch-chemischen Daten sind die spezifische Oberfläche, der Porendurchmesser und der Kohlenstoffgehalt (genauer: der Bedeckungsgrad) die wichtigsten (s. Tabelle 1). In umfangreichen chemometrischen Analysen, auf die hier nicht eingegangen werden soll [7], zeigt sich eindeutig, dass diese drei Eigenschaften den größten Einfluss auf das Retentions- und Trennverhalten einer RP-Phase haben. Obschon auch die Packungsdichte und das Porenvolumen für einen differenzierten Vergleich unerlässlich sind – da daraus beispielsweise die absolute „Menge" an stationärer Phase in einer Säule errechnet werden kann, von der wiederum die Retentionszeit abhängt –, kann Folgendes festgehalten werden: Zeigen zwei Phasen vergleichbare Zahlenwerte für spezifische Oberfläche, Porendurchmesser und Bedeckungsgrad und gehören sie darüber hinaus zum gleichen Typus (z. B. „hydrophob"/ silanophil"), so kann man erwarten, dass sie recht ähnliche Eigenschaften aufweisen.

2.1.1.3.2 Ähnlichkeit über das chromatographische Verhalten, Aussagekraft von Retentions- und Selektivitätsfaktoren

Die chromatographischen Kenngrößen, die das chromatographische Verhalten von Phasen charakterisieren und sich somit als Kriterien zu Vergleichszwecken eignen, sind

- die Bodenzahl (Maß für die Bandenverbreiterung);
- der Retentionsfaktor (Maß für die Stärke der Wechselwirkung eines Analyten bei gegebenen Bedingungen);
- der Trennfaktor (Maß für die Trennfähigkeit des chromatographischen Systems für zwei Analyten bei gegebenen Bedingungen);
- darüber hinaus wird häufig auch der Asymmetriefaktor herangezogen.

Wenn man diese Parameter für sich alleine betrachtet, welcher dieser vier Parameter ist der „beste"?

In der Literatur werden bei vielen Tests zur Charakterisierung von RP-Phasen Letztere u. a. über die *k*-Werte von diversen, häufig „idealen" RP-Analyten nach ihrem hydrophoben Charakter sortiert. Unabhängig von den verwendeten Analyten sollte man sich mit der prinzipiellen Frage auseinander setzen, ob Retentionsfaktoren überhaupt ein geeignetes Vergleichskriterium darstellen: Das Retentionsverhalten (also ein Maß für die Hydrophobie) interessiert aus praktischer Sicht nun eher am Rande. Bei Vergleichstests suche ich ja nach Säulen, die bestimmte Analyten „ähnlich" (gut) trennen, und ein Maß für die Trennfähigkeit ist die Selektivität. Neben dem Retentionsfaktor erscheint der dritte Aspekt, die Bodenzahl, ebenso wenig geeignet zu sein: Sie hängt von so vielen Faktoren ab, dass es einer sehr aufwendigen Normierung bedarf, um festgestellte Unterschiede in den Bodenzahlen ausschließlich den Unterschieden in der Packungsqualität diverser Säulen zuzuordnen. Man denke nur an den einfachen Fall, dass die nächste Säule besser/schlechter gepackt sein kann. Es ist recht arbeitsintensiv, hier zu statistisch relevanten Ergebnissen zu kommen. Auch bei der Angabe von Asymmetriefaktoren wird in der Regel eine Korrelation zwischen Asymmetrie und Silanophilie als selbstverständlich angenommen. Diese existiert zweifelsohne – aber nicht ausschließlich. Auch wenn ein Säulenvergleich nach diesen Kriterien „richtig" erfolgte: Was hilft mir letzten Endes die Information, dass *diese* zwei Säulen ähnlich gut gepackt sind und einen ähnlichen silanophilen Charakter gegenüber zwei Modellbasen aufweisen?

Fazit: Wenn einzelne chromatographische Größen als Vergleichskriterien für Säulen herangezogen werden sollen, dürfte der Trennfaktor aus Anwendersicht der aussagekräftigste sein.

Differenzierte Vergleichskriterien

Vorbemerkung: Im Folgenden und in Abschnitt 2.1.1.3 werden wir auf Einzelheiten eingehen. Die Ausführungen wenden sich an Leser, die sich speziell für Säulentests und ihre Aussagekraft interessieren. Leser, die an Details weniger interessiert sind, mögen ihr Augenmerk auf den nächsten Seiten nur auf das *Fazit, Aussagekraft der vorgestellten Tests* und *einfache Säulentests für RP-Säulen* richten.

Wir haben uns in letzter Zeit intensiv mit der Frage beschäftigt, ob kombinierte Größen zu differenzierteren Aussagen führen können. Nachfolgend werden hier zum ersten Mal einige Ergebnisse in verdichteter Form vorgestellt:

1. Bodenzahl und Retentionsfaktor

Die Bodenzahl ist u. a. von der Retentionszeit bzw. von dem Retentionsfaktor der verwendeten Analyte abhängig. Bei gegebenen Vesuchsbedingungen und zufällig ähnlichen Retentionsfaktoren können die ermittelten Bodenzahlen an unterschiedlichen Säulen direkt miteinander verglichen werden. Bei unterschiedlichen Retentionsfaktoren (evtl. hervorgerufen durch unterschiedliche Eigenschaften der betreffenden Säulen) erscheint ein direkter Vergleich problematisch. Als Ausweg kann folgende Normierung vorgenommen werden: Bodenzahl geteilt durch den k-Wert bzw. Bodenzahl geteilt durch die quadratische Wurzel des k-Wertes. Ohne hier auf die exakte Korrelation zwischen k und N eingehen zu wollen, könnte man festhalten, dass das „In-Bezug-Setzen" der zwei Größen einen „ehrlicheren" Vergleich der Säulen erlaubt, als wenn lediglich Bodenzahlen verglichen werden (s. Abb. 11 und 12).

Eine Säule ist umso effizienter, je niedriger der k-Wert ist, bei dem eine bestimmte Bodenzahl erreicht wird.

Beispiel: Die Bodenzahl von Perylen beträgt bei einem k-Wert von 1,35 an Säule X etwa 10.000, während sie an Säule Y trotz eines k-Wertes von 2,21 ebenfalls „nur" 10.000 beträgt. Der Quotient N_{Analyt}/k_{Analyt} ist quasi ein Maß für die Effizienz, mit der *dieser* Analyt an *dieser* Säule bei *diesem* Retentionsfaktor eluiert.

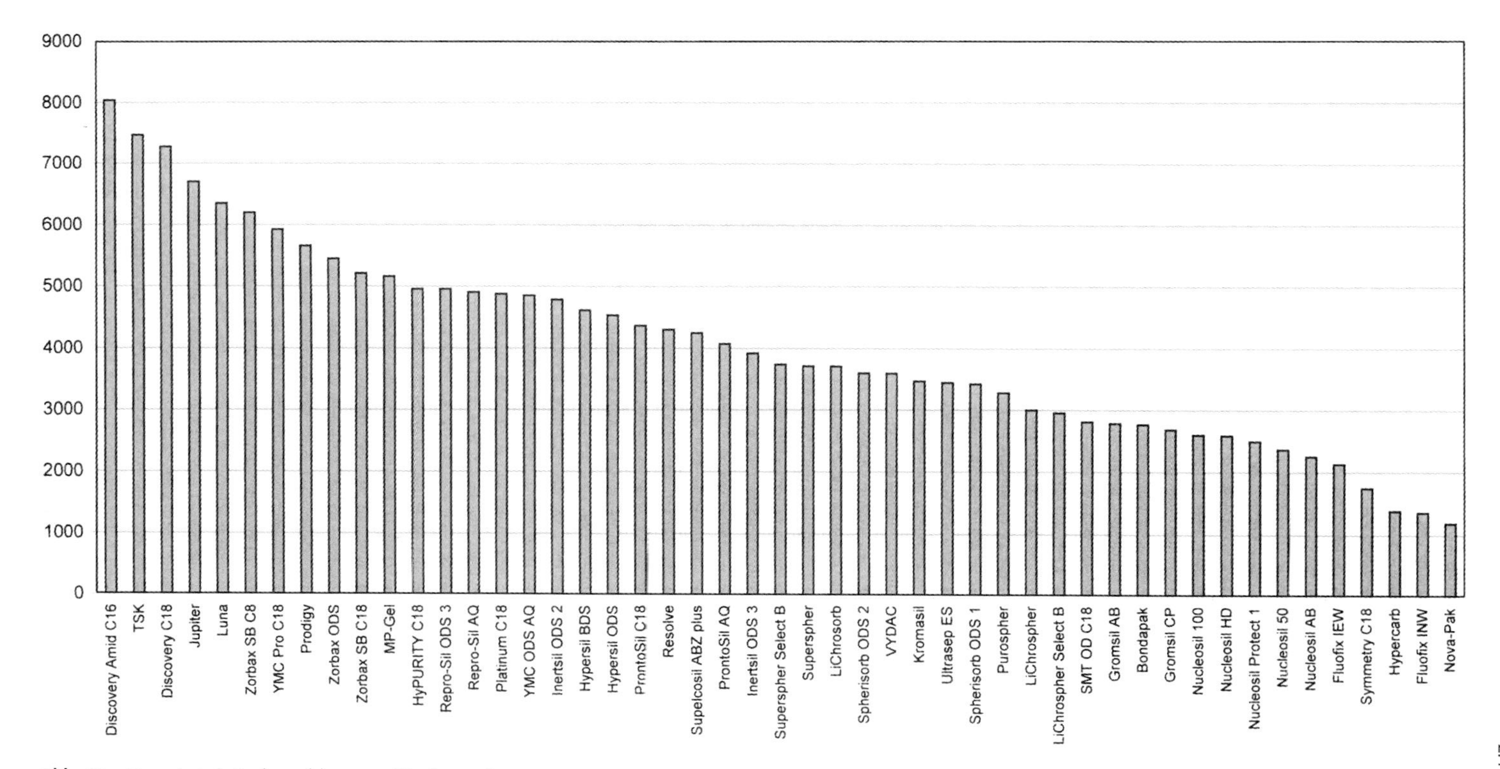

Abb. 11 „Normierte" Bodenzahlen von Ethylbenzol.

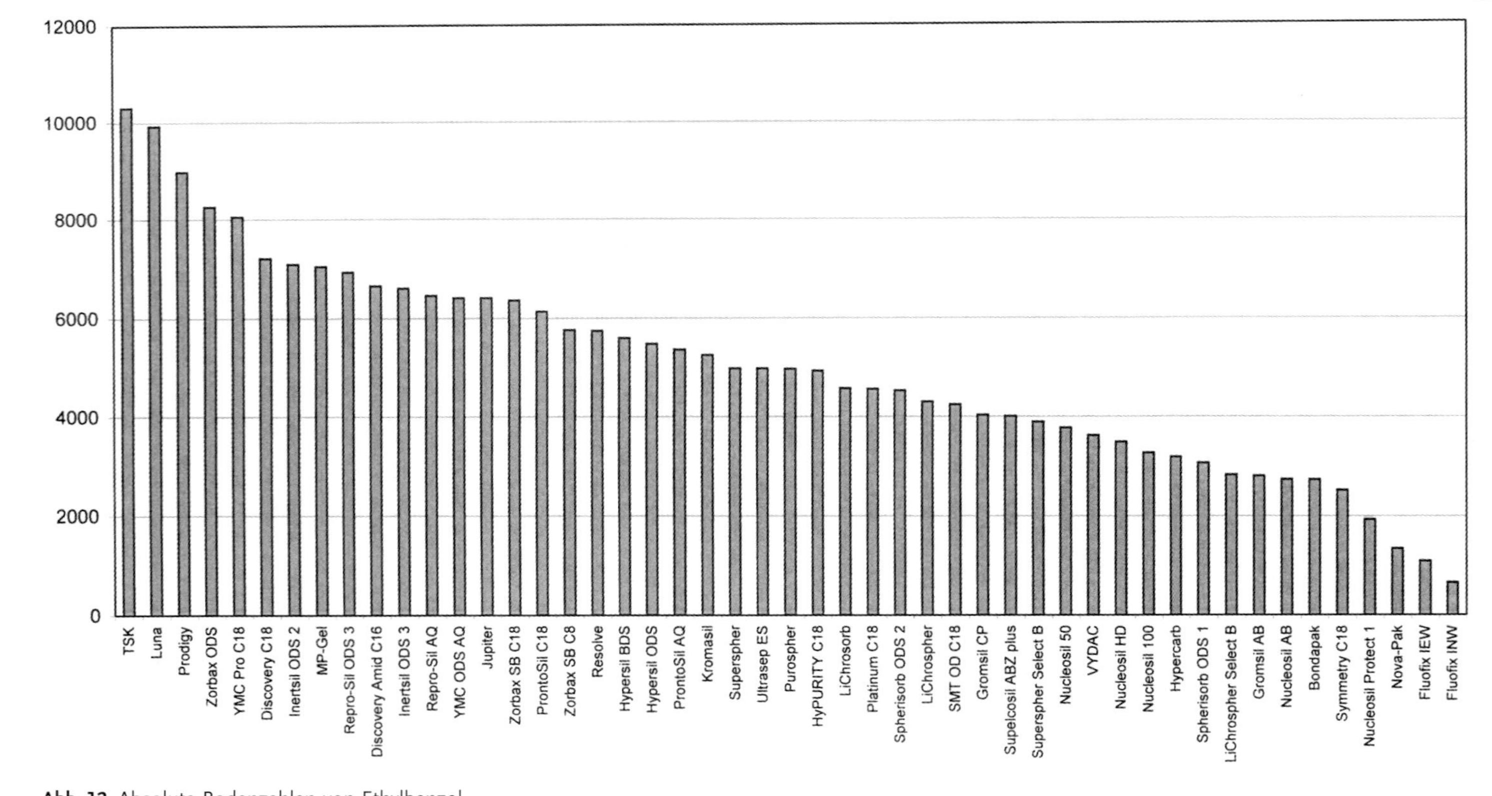

Abb. 12 Absolute Bodenzahlen von Ethylbenzol.

Betrachten wir Säule A und Säule B in einem weiteren Beispiel.

Bei gleicher Korngröße von 10 µm und einer ähnlichen Bodenzahl von Uracil um die 3000 an beiden Säulen zeigt erst der Quotient $N_{\text{Perylen}}/k_{\text{Perylen}}$, dass A mit 4689 effizienter ist (eine bessere Trennleistung hat) als B mit einem Quotienten von 3983. Es soll darauf hingewiesen werden, dass eine gegebene „bessere“ Effizienz nur eine aktuell bessere bedeuten kann. So wird nur im vorliegenden Fall (für den Analyten Perylen) an A eine bessere Effizienz im Vergleich zu B festgestellt. Für andere Analyte (z. B. Ethylbenzol) zeigt B die bessere Effizienz. In diesen Beispielen zeigt sich, wie wichtig die spezifischen Wechselwirkungen einer Substanz mit einer Phase im Hinblick auf die resultierende Bodenzahl sind. Das heißt konkret, dass der Mechanismus und damit die aktuelle Kinetik die Bodenzahl wie erwartet stark beeinflusst. Praxisbezogen formuliert (bzw. „Marketing-optimiert“ handelnd) bedeutet dies Folgendes: Die „intelligente“ Wahl des Analyten – und natürlich auch der übrigen experimentellen Bedingungen – kann einer Säule mittlerer Qualität eine sehr gute Effizienz bescheren.

Große Quotienten N/k weisen bei gleichen k-Werten auf eine kleine Korngröße oder auf gut gepackte Säulen hin. Auffallend kleine Quotienten schließlich zeugen von einem gehemmten Massentransfer.

Zum Schluss noch ein drittes Zahlenbeispiel:
Betrachten wir die Werte für Ethylbenzol und *o*-Terphenyl an zwei Säulen A und B. Beide zeigen vergleichbare k-Werte für Ethylbenzol (0,99 bzw. 0,92) und für *o*-Terphenyl (2,68 bzw. 2,64).

Der Quotient N/k ist für Ethylbenzol an B größer (6699 gegenüber 4954 bei A), der Quotient N/k für *o*-Terphenyl ist dagegen identisch bzw. an A etwas größer (3696 gegenüber 3516). Offensichtlich ist die Säuleneffizienz von B besser, was mithilfe „unproblematischer“ Analyte wie Ethylbenzol festgestellt werden kann. Sobald jedoch ein spezifischer Effekt zu einer langsamen Kinetik führt, nimmt der entsprechende Quotient, hier $N_{\text{o-Terpheny}}/k_{\text{o-Terphenyl}}$, relativ stark ab. Das ist hier der Fall aufgrund der räumlich relativ anspruchsvollen Struktur von *o*-Terphenyl.

Fazit

Der direkte Vergleich von Bodenzahlen trotz unterschiedlicher Retentionsfaktoren an den einzelnen Säulen ist zwar eine übliche Praxis, erscheint jedoch aus den dargelegten Gründen problematisch, da falsche Rückschlüsse bzgl. Packungsqualität gezogen werden können.

Eine Normierung unter Berücksichtigung von Retentionsfaktoren (N/k) könnte einen akzeptablen Kompromiss darstellen. Der Vergleich N mit N/k bzw.

N_1/k_1 mit N_2/k_2 liefert darüber hinaus interessante Hinweise auf eine besondere Affinität eines Analyten zu einer gegebenen Phase (C-Term der Van-Deemter-Gleichung). So kann eine Säule für bestimmte Analyttypen eine hervorragende Bodenzahl liefern, für andere Analyte jedoch aufgrund ionischer Wechselwirkungen oder sterischer Effekte eine dürftige. Manch andere Säule ähnlicher Packungsqualität zeigt dagegen für unterschiedliche Analyte einen stets schnellen Massentransfer und damit stets eine gute, gleich bleibende Trennleistung.

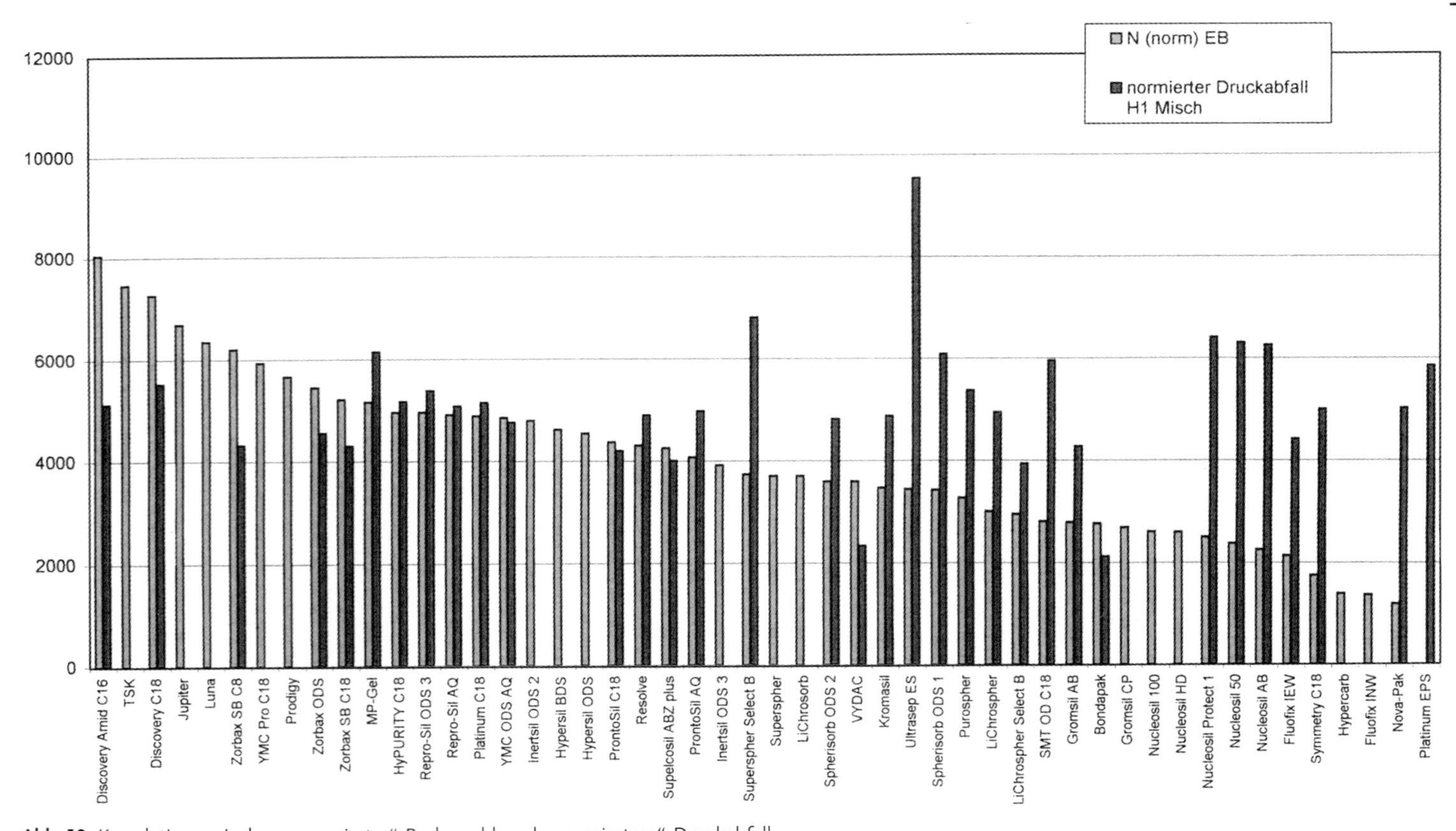

Abb. 13 Korrelation zwischen „normierter" Bodenzahl und „normiertem" Druckabfall.

Eine derartige Säule wäre – bei vergleichbarer Selektivität – den Konkurrenzprodukten vorzuziehen.

2. Bodenzahl und Druck

In der Praxis ist auch folgender Aspekt wichtig: Man möchte gerne mit Säulen arbeiten, die zwar eine hohe Bodenzahl aufweisen, gleichzeitig aber auch einen moderaten Druckabfall erzeugen. In Abb. 13 ist der normierte Druckabfall und die normierte Bodenzahl für einige Säulen aufgetragen. Manch eine Säule baut – bei einer mittleren Bodenzahl – einen verhältnismäßig hohen Druck auf.

3. Retentions- und Trennfaktoren

Eine gute Selektivität bedeutet bekanntlich nicht automatisch auch eine „gute" Trennung. Neben einer geringen Effizienz (Bandenverbreiterung, Tailing), was zu ungenügender Auflösung führen kann, könnte sich auch ein großer Retentionsfaktor (Analysendauer!) als Nachteil erweisen. Als Kriterium für die „Effektivität" einer Trennung könnte der Quotient aus Retentions- und Trennfaktor fungieren. Ein Beispiel zeigt Abb. 14.

Optimal sind Trennungen, die in einem robusten Bereich eine möglichst gute Selektivität zeigen. Dies wird im vorliegenden Beispiel durch Hypersil BDS und Nucleosil AB ermöglicht: In einem robusten k-Wert-Bereich von ca. 2–4 zeigen beide Säulen einen α-Wert größer 3. Für isokratische Trennungen und mit Fokus auf kurze Analysenzeiten sollten sich diese Quotienten in einem Bereich zwischen ca. 1,3 und 2,5 bewegen. Bei schwierigen Trennungen und/oder einer großen Anzahl von Peaks kann dieser Wert durchaus 3–4 betragen. Ebenso interessante Auftragungen, die hier nicht gezeigt werden, sind Auflösung gegen Retentionszeit bzw. gegen Retentionsfaktor.

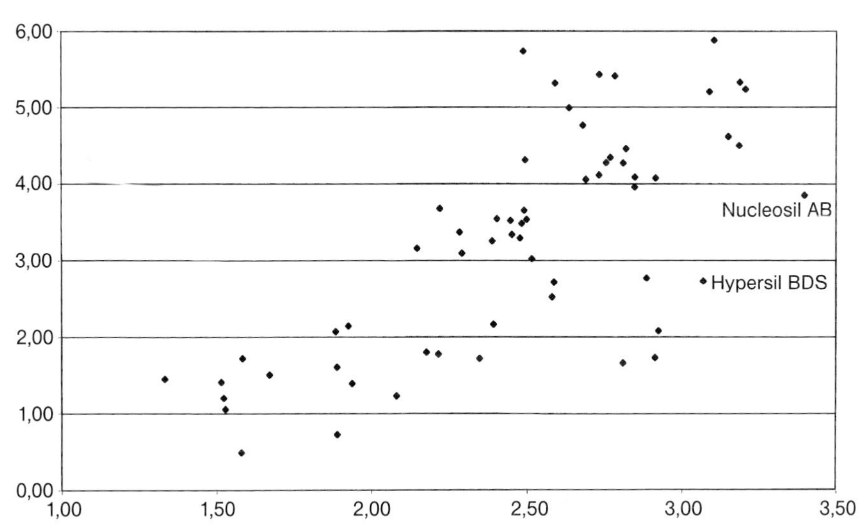

Abb. 14 Korrelation zwischen Retentionsfaktoren Fluoren (y-Achse) und Trennfaktoren Fluoren/Fluorenon (x-Achse). Erläuterungen siehe Text.

2.1.1.3.3 Tests zum Vergleich von Säulen und deren Aussagekraft

Als wichtigstes Kriterium für einen Vergleich von RP-Säulen wird der chemische Charakter der Phase angesehen, also ob sie eher polar oder eher apolar reagiert. Deswegen zielen nahezu alle in der Literatur beschriebenen Tests auf die Überprüfung der Silanophilie bzw. der Hydrophobie. Walters, Sander, Tanaka und andere haben bereits in den 1980er und Anfang der 1990er Jahre auch den sterischen Aspekt in die Diskussion gebracht. Die Effizienz wird eher beiläufig mit überprüft. Nachfolgend wird kurz die Aussagekraft solcher Tests zur „Silanophilie"/Hydrophobie" diskutiert sowie einige Ergebnisse vorgestellt. Von mehreren neu entwickelten Tests schließlich, wird hier nur einer, der Informationen über die Homogenität der Oberfläche liefert, beschrieben.

Silanophilie

In den letzten Jahren wurden mehrere Tests entwickelt, um RP-Phasen nach ihrem silanophilen Charakter zu charakterisieren. Diese Tests basieren meist auf dem Verhalten der Phasen gegenüber basischen Substanzen. So z. B. beim Engelhardt-Test, bei dem saure, neutrale und basische Komponenten verwendet werden. Als Maß für die Silanophilie wird die Elution einer Base gegenüber Phenol (wenn die Base früher als Phenol eluiert, weist jene Phase eine geringe Silanophilie auf) bzw. der Asymmetriefaktor von *p*-Ethylanilin in einem Methanol/Wasser-Eluenten herangezogen. Es hat sich in der Zwischenzeit jedoch gezeigt, dass eine Klassifizierung nach diesen Kriterien bestenfalls eine recht grobe sein kann: „silanophil"/„hydrophob". Die Nicht-Differenzierung zwischen aciden und „milden" Silanolgruppen, die Nicht-Berücksichtigung von (fast immer herrschenden) Mischmechanismen und die Verwendung von eher schwachen Basen führen zu fragwürdigen Ähnlichkeiten zwischen den Phasen. Manche, nach den weniger strengen Kriterien des Engelhardt- oder ähnlicher Tests als silanophil zu bezeichnende Phase findet sich in unmittelbarer Nähe einer hydrophoben Phase. Ohne eine differenzierte Betrachtung ist es nicht statthaft, von *der* Silanophilie zu sprechen. Dazu ein Beispiel: Zorbax ODS verfügt über sehr acide Silanolgruppen. In Zusammenhang mit der Anwesenheit von Metallionen am Kieselgel liegen solche Silanolgruppen sogar in einem sauren Milieu teilweise dissoziiert vor. Das Ergebnis ist ein starkes Tailing von Basen. Auf der anderen Seite weist Zorbax ODS durch den relativ hohen Bedeckungsgrad gleichzeitig einen recht ausgeprägten hydrophoben Charakter auf. Dies wurde in mehreren Tests bestätigt. Es erscheint daher sinnvoll, mindestens folgende Unterscheidung zu treffen, wenn es um eine Zuordnung von Phasen nach dem Kriterium „Silanophilie" geht (vgl. auch Tabelle 1 in Kap. 2.1.3.1):

1. Konzentration an aciden Silanolgruppen? Das sind solche, die sogar im Sauren dissoziiert vorliegen und mit protoniert vorliegenden Basen wechselwirken können (Ionenaustausch).
2. Konzentration an überhaupt verfügbaren Silanolgruppen? Also: Wie ist der Grad der Abschirmung der Oberfläche, die Gesamt-Silanolgruppenaktivität (Wasserstoffbrückenbindungen, Dipol-Dipol-Wechselwirkungen usw.)?

In [5] werden eine Reihe neuer Tests beschrieben, die solche Unterscheidungen ermöglichen. Darauf soll hier allerdings nicht näher eingegangen werden.

Folglich sollte im Labor bewusst entschieden werden, ob man – ähnlich wie einige Hersteller aus verständlichen Gründen – die Phasen tatsächlich folgendermaßen nach *der* (!) Hydrophobie/Silanophilie klassifizieren möchte: Es werden x/y-Diagramme aufgestellt, bei denen z. B. auf der y-Achse als Maß für die Hydrophobie der k-Wert einer neutralen Komponente und auf der x-Achse der Asymmetriefaktor einer Base aufgetragen werden. Das heißt, die Phasen werden mithilfe von Größen verglichen, die unterschiedliche Merkmale einer Phase charakterisieren: nämlich Asymmetriefaktor und Retentionsfaktor, ohne zwischen entropischem und enthalpischem Beitrag zu unterscheiden, und dies für unterschiedliche Analyte. Es besteht die Gefahr, dass hier falsche Schlussfolgerungen gezogen werden. Auch wenn ein solcher Test „richtig" durchgeführt wird, gewinne ich anschließend folgende Informationen: Der Retentionsfaktor der hydrophoben Substanz A ist an dieser Säule um so viel größer/kleiner als an jener Säule, und der Asymmetriefaktor der Modellbase B ist eben um so viel größer/kleiner – und zwar bei diesen ganz konkreten Bedingungen. Die Eignung einer Säule für ein Trennproblem bleibt in der Regel im Verborgenem.

Hydrophobie

Der Begriff „Hydrophobie" wird nicht einheitlich benutzt. Hier verwenden wir folgende Sprachregelung:

- *Hydrophobie*: Stärke der Wechselwirkung einer apolaren Komponente mit der stationären Phase. Als Maß kann beispielsweise der Retentionsfaktor von Toluol dienen.
- *Hydrophobe Selektivität*: Fähigkeit einer Phase, zwei apolare Komponenten zu trennen.

„Apolar" ist zweifelsohne ein „dehnbarer" Begriff, insbesondere, wenn zwei Analyte betroffen sind, was ja bei den Trennfaktoren der Fall ist. Wir verwenden in unseren Tests insgesamt sechs Analytpaare, um die hydrophobe Selektivität der Phasen zu untersuchen. Ohne auf Details eingehen zu wollen, hat sich nach zahlreichen Messungen und chemometrischer Analyse herausgestellt, dass die Darstellungen in den Abb. 15, Abb. 2b und 16 die hydrophobe Selektivität der Phasen recht gut wiedergeben. Dort sind einige kommerzielle Phasen nach abnehmender hydrophober bzw. abnehmender polarer (Abb. 16) Selektivität aufgelistet.

Unter Berücksichtigung von Retentionsfaktoren gegenüber diversen hydrophoben Analyten, der hydrophoben Selektivität sowie des Bedeckungsgrads können kommerzielle Säulen in „stärker hydrophob" bzw. „stärker polar" eingeteilt werden (s. Tabelle 2).

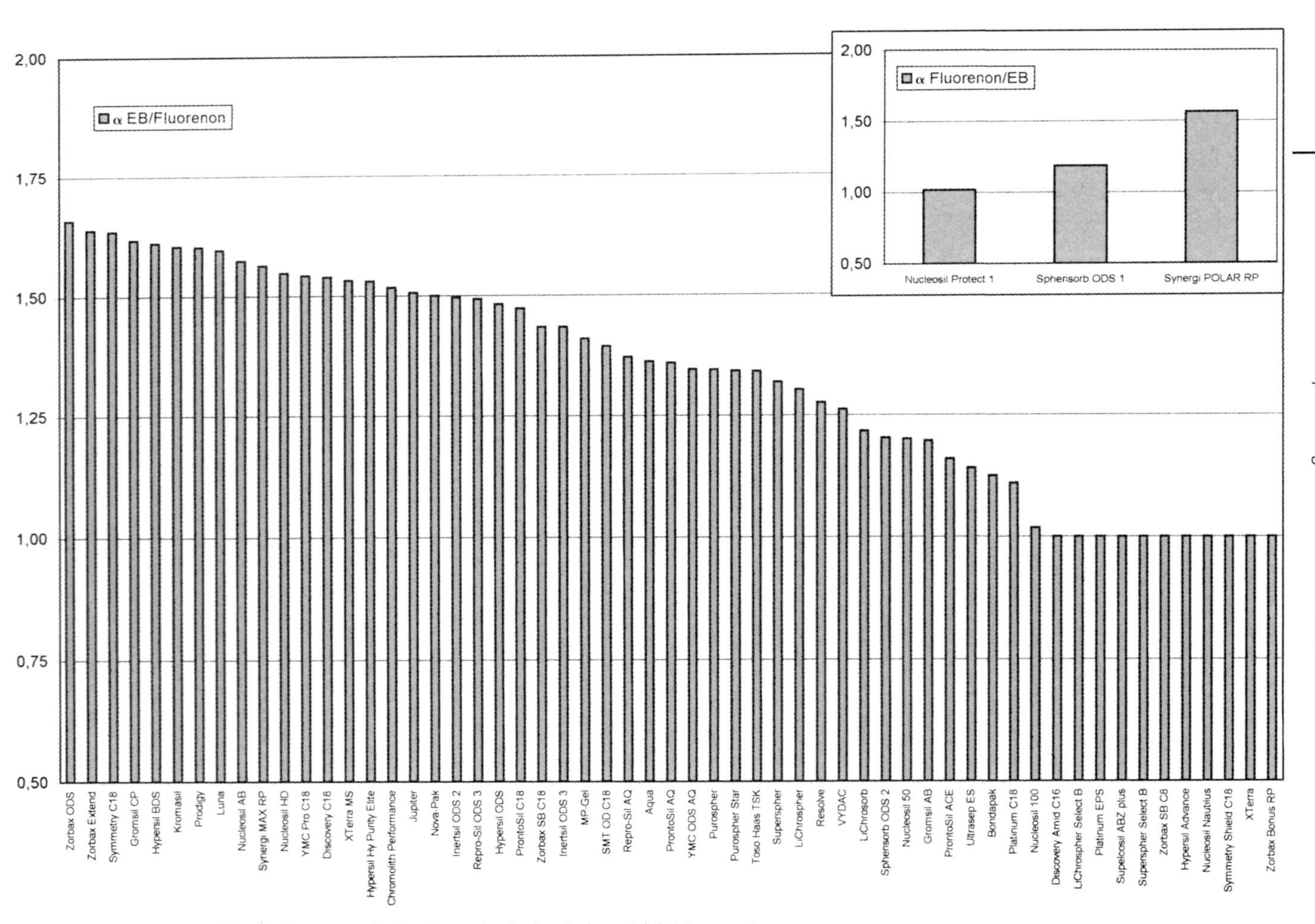

Abb. 15 Kommerzielle RP-Phasen nach abnehmender hydrophoben Selektivität sortiert.

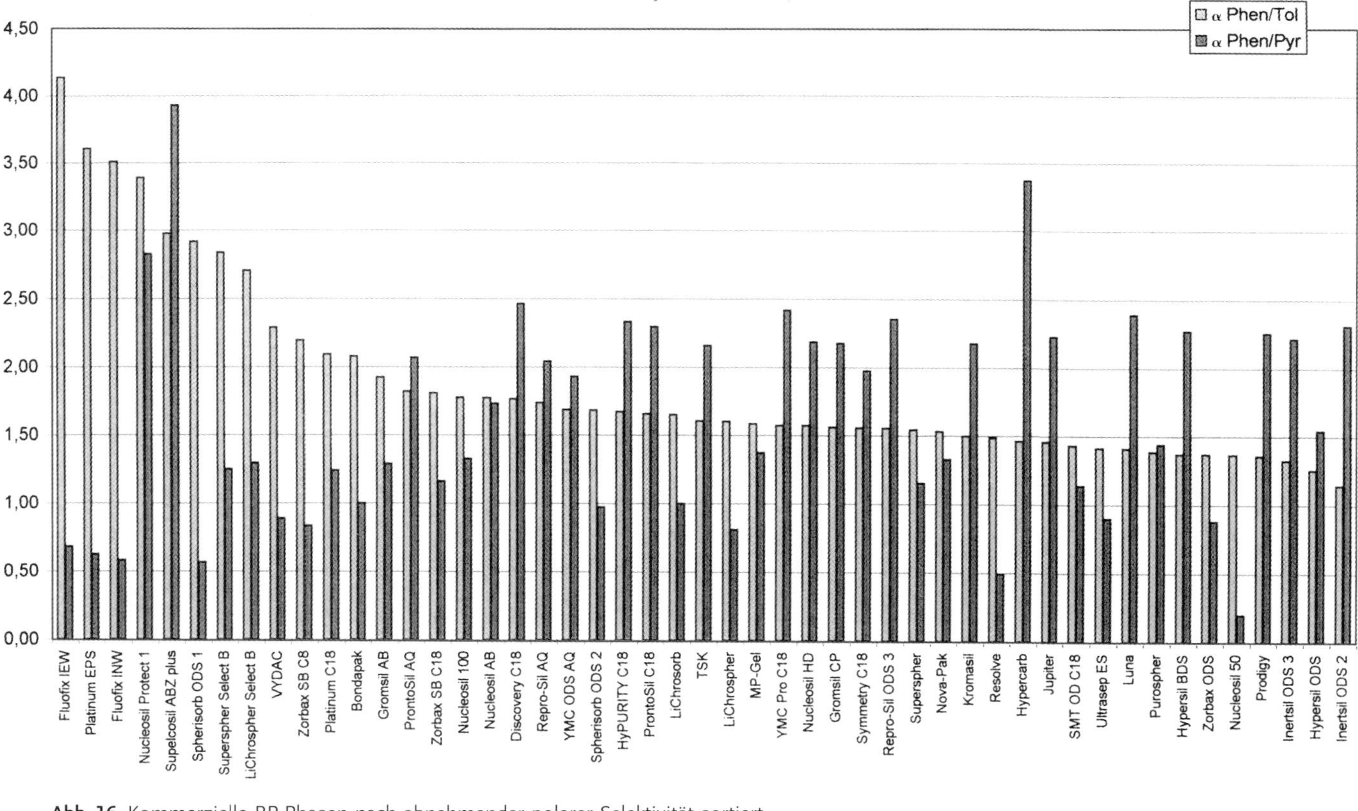

Abb. 16 Kommerzielle RP-Phasen nach abnehmender polarer Selektivität sortiert.

Tabelle 2 Beispiele von hydrophoben und polaren RP-Phasen.

Hydrophobe RP-Phasen	*Polare RP-Phasen*
Gromsil CP	Synergi POLAR RP
SMT OD C18	HyPURITY Advance
Nucleosil AB	Platinum EPS
Nucleosil HD	Fluofix IEW
Luna	Fluofix INW
Prodigy	Nucleosil Protect 1
Zorbax Extend	Zorbax SB C8
Zorbax ODS	LiChrospher Select B
Synergi MAX RP	Superspher Select B
Symmetry C18	Supelcosil ABZ plus
Kromasil	Spherisorb ODS 1
Hypersil BDS	Zorbax Bonus RP
HyPURITY C18	LiChrosorb
YMC Pro C18	Discovery Amid C16
Discovery C18	Symmetry Shield C18
Jupiter	Nucleosil Nautilus
Repro-Sil ODS 3	XTerra
ProntoSil C18	Spherisorb ODS 2
Chromolith Performance	ProntoSil ACE
XTerra MS	Resolve
YMC Pro C18 RS	Acclaim PA C16
Ascentis C18	Nucleodur Sphinx RP
Pursuit C18	Primesep C100
SunFire C18	XBridge Shield
Hypersil GOLD	Uptisphere UP5MM

Die Hydrophobie/hydrophobe Selektivität soll hier auch aus einem anderen Blickwinkel beleuchtet werden. In Tabelle 3 sind die Retentions- und Trennfaktoren mehrerer Analyten aufgeführt. Anhand dieser Werte wird der Einfluss der Belegung auf das Trennverhalten verschiedener Phasen gezeigt, die auf Basis gleichen Kieselgels hergestellt wurden. Bei den Phasen handelt es sich stets um eine hydrophobe und um eine polare Version auf Basis gleichen Kieselgels (Tabelle 4).

Ergebnisse

- Retentionsfaktor
  Bei einer „reinen" RP-Trennung wie z. B. bei Ethylbenzol/Toluol, ergibt sich an der hydrophoben Phase stets der größere Retentionsfaktor. Bei Zorbax SB C_{18}/Zorbax SB C_8 beträgt der Faktor ca. 2; bei Reprosil Pur/Reprosil AQ ist er nur unwesentlich größer. Je größer das Verhältnis der Retentionsfaktoren „apolare Phase"/„polare Phase" ist, umso eher kann von „reinen" RP-Wechselwirkungen gesprochen werden. Ein kleiner Quotient zeugt von ähnlichen hydrophoben Eigenschaften der zwei stationären Phasen.

Tabelle 3 Chromatographische Daten aus unterschiedlichen Trennungen an Säulen auf der Basis gleichen Kieselgels. Erläuterungen s. Text.

Name	***k Toluol***	***α EB/T***	***k Prop.benzol***	***α Prop.benzol/Eth.benzol***	***k Tri***	***α Tri/o-Ter***	***k Steroid C***	***α Steroid B/C***	***k Steroid D***	***α Steroid D/E***
Zorbax SB C 18	1,04	1,43	0,78	1,44	5,29	1,22	3,36	1,08	6,27	1,19
Zorbax SB C 8	0,50	1,44	0,50	1,32	1,70	1,08	3,35	1,09	4,91	1,08
Discovery C 18	0,70	1,41	0,46	1,44	4,03	1,48	1,55	1,06	3,44	1,25
Discovery Amid C 16	0,52	1,33	0,38	1,34	3,20	1,85	1,45	1,00	5,83	1,00
Spherisorb ODS 2	1,15	1,38	0,88	1,38	6,74	1,52	3,17	1,08	4,72	1,09
Spherisorb ODS 1	0,56	1,43	0,56	1,29	3,44	1,81	3,01	1,00	4,94	1,04
Zweite Messung										
Zorbax Bonus	0,89	1,40	0,73	1,97	3,33	1,69	3,17	1,00	12,58	1,00
Zorbax SB C 18	1,23	1,46	0,53	2,41	6,56	1,20				
Zorbax SB C 8	0,63	1,37	0,38	2,00	2,18	1,09				
Zorbax Extend	1,61	1,46	0,57	2,35	7,43	1,53	3,26	1,07	7,27	1,27
Spherisorb ODS 2	1,27	1,39	0,53	2,21	7,87	1,58	2,94	1,08	6,59	1,06
Spherisorb ODS 1	0,63	1,33	0,31	2,38	3,94	1,97	2,38	1,00	5,06	1,06
XTerra	0,89	1,36	0,60	1,81	3,15	1,91	2,53	1,00	7,85	1,05
XTerra MS	1,23	1,42	0,35	1,65	4,94	1,29	2,76	1,00	6,21	1,23
Reprosil AQ	1,22	1,42	0,91	1,41	6,47	1,42	3,81	1,05	7,81	1,18
Reprosil Pur	1,38	1,43	0,94	1,41	7,83	1,43	3,41	1,06	7,41	1,21

Tabelle 4 Polare und hydrophobe Version von RP-Phasen auf Basis gleichen Kieselgels.

Lange/kurze Alkylkette	Zorbax SB C_{18}/Zorbax SB C_8
Endcapped/nicht endcapped	Spherisorb ODS 2/Spherisorb ODS 1
Klassisches Endcapping/hydrophiles Endcapping	Reprosil Pur/Reprosil AQ
Klassische Belegung/„embedded phases" (Zorbax Bonus: plus sterischer Schutz)	XTerra MS/XTerra, Zorbax Extend/Zorbax Bonus
Klassische Belegung/„embedded phase" plus kürzere Alkylkette	Discovery C_{18}/Discovery Amid C_{16}

- Trennfaktor
  Bei „reinen“ RP-Wechselwirkungen (z. B. Unterschied nur in einer zusätzlichen CH_2-Gruppe) ist die stationäre Phase fast ohne Bedeutung: Die Säulenauswahl ist zweitrangig. Deswegen beobachtet man auch zwischen Zorbax Bonus und Zorbax Extend, zwei völlig unterschiedlichen Phasen, nur eine kleine Differenz bei den Trennfaktoren. Sobald die Analyte über polare Gruppierungen verfügen – wie z. B. die Hydroxybenzoate –, wird eine Differenzierung zwischen den Phasen eher möglich, die Trennfaktoren zeigen eine größere Bandbreite. Bei Triphenylen/*o*-Terphenyl (zusätzlicher sterischer Effekt) ist die Bandbreite noch größer. Wenn die polare Phase ihre Fähigkeit zu polaren Wechselwirkungen „ausspielen“ kann, wird stets eine bessere Selektivität beobachtet. Liegt der Unterschied lediglich in einer kürzeren Alkylkette wie z. B. bei Zorbax SB C_8, zeigen sich keine ausgeprägten positiven Einflüsse.

„Sterische“ Selektivität („shape selectivity“)

Mithilfe der Analyte Triphenylen und *o*-Terphenyl, zwei Moleküle mit praktisch gleichem Molekulargewicht und nahezu gleicher Größe, aber unterschiedlicher räumlichen Anordnung (planar/helikal verdrillt), wurden mehrere Säulen auf ihre Fähigkeit untersucht, sterisch anspruchsvolle Moleküle zu trennen. Es zeigte sich, dass neben Phasen mit einer „Polymerschicht“ (z. B. SMT OD, Nucleosil AB/HD) auch polare Phasen eine gute „sterische“ Selektivität besitzen.

Homogenität der Oberfläche – Hinweis auf unterschiedliche aktive Gruppen

Es herrscht bekanntlich eine Korrelation zwischen log P und k-Wert. Diese Korrelation ist umso besser (großer Korrelationskoeffizient), je einheitlicher der Mechanismus ist. Gute Korrelation bedeutet also einheitlicher Mechanismus, für den im Wesentlichen *eine* funktionelle Gruppe verantwortlich ist. Wenn nun bewusst eine Mischung von Analyten unterschiedlicher chemischer Natur verwendet wird, so müsste die Retention durch mehrere funktionelle Gruppen der dann inhomogenen Oberfläche beeinflusst werden. Anders ausgedrückt: Die unterschiedlichen funktionellen Gruppen zeigen eine differenzierte Selektivität für unterschiedliche Analyttypen. Zur Erinnerung sei angemerkt, dass silanophile *und* hydrophobe Eigenschaften bei einer Phase in keinem Widerspruch zueinander stehen. Man denke nur an die hoch belegten, aber gleichzeitig Metallionen-haltigen, silanophilen Zorbax ODS und LiChrospher oder an die sehr hydrophobe C_{30} Alkylborste und gleichzeitig das hydrophile Endcapping bei Develosil oder schließlich an Acclaim PA C16 mit einer „embedded“ Gruppe, aber auch ca. 16–18 % Kohlenstoffbeladung.

Man kann nun den Korrelationskoeffizienten für eine lineare und eine quadratische Regression ermitteln. Je größer die Differenz beider Werte ist, umso stärker der Hinweis auf unterschiedliche funktionelle Gruppen an der Oberfläche, die natürlich für den verwendeten Analyttypen relevant sind.

Dies wurde für mehrere Mischungen und bei unterschiedlichen Bedingungen an mehreren Säulen überprüft. Abbildung 17 zeigt die säulenspezifischen Diffe-

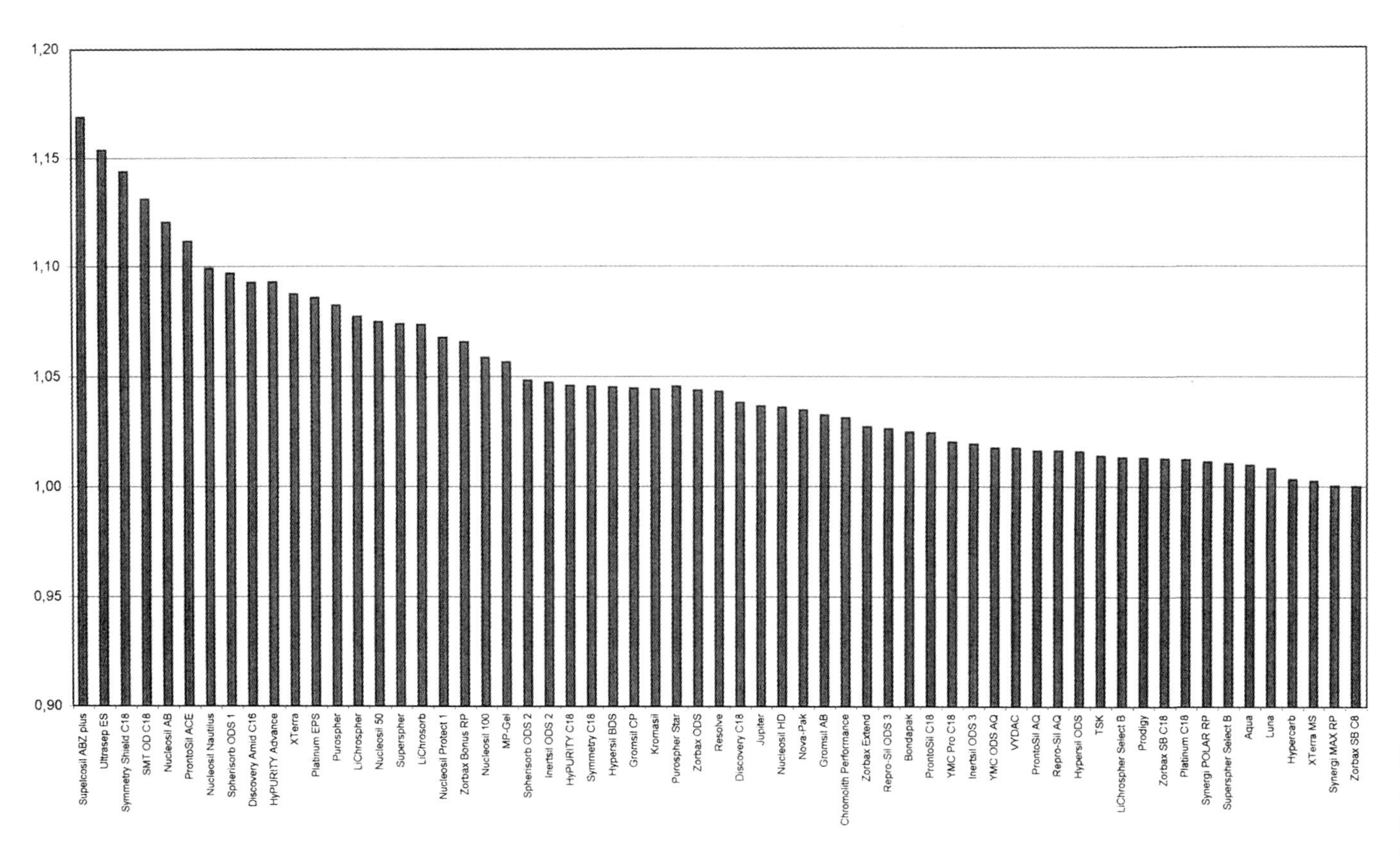

Abb. 17 RP-Phasen nach deren Oberflächenhomogenität sortiert, (a) an ca. 50 gebräuchlichen kommerziellen Phasen. Erläuterungen siehe Text.

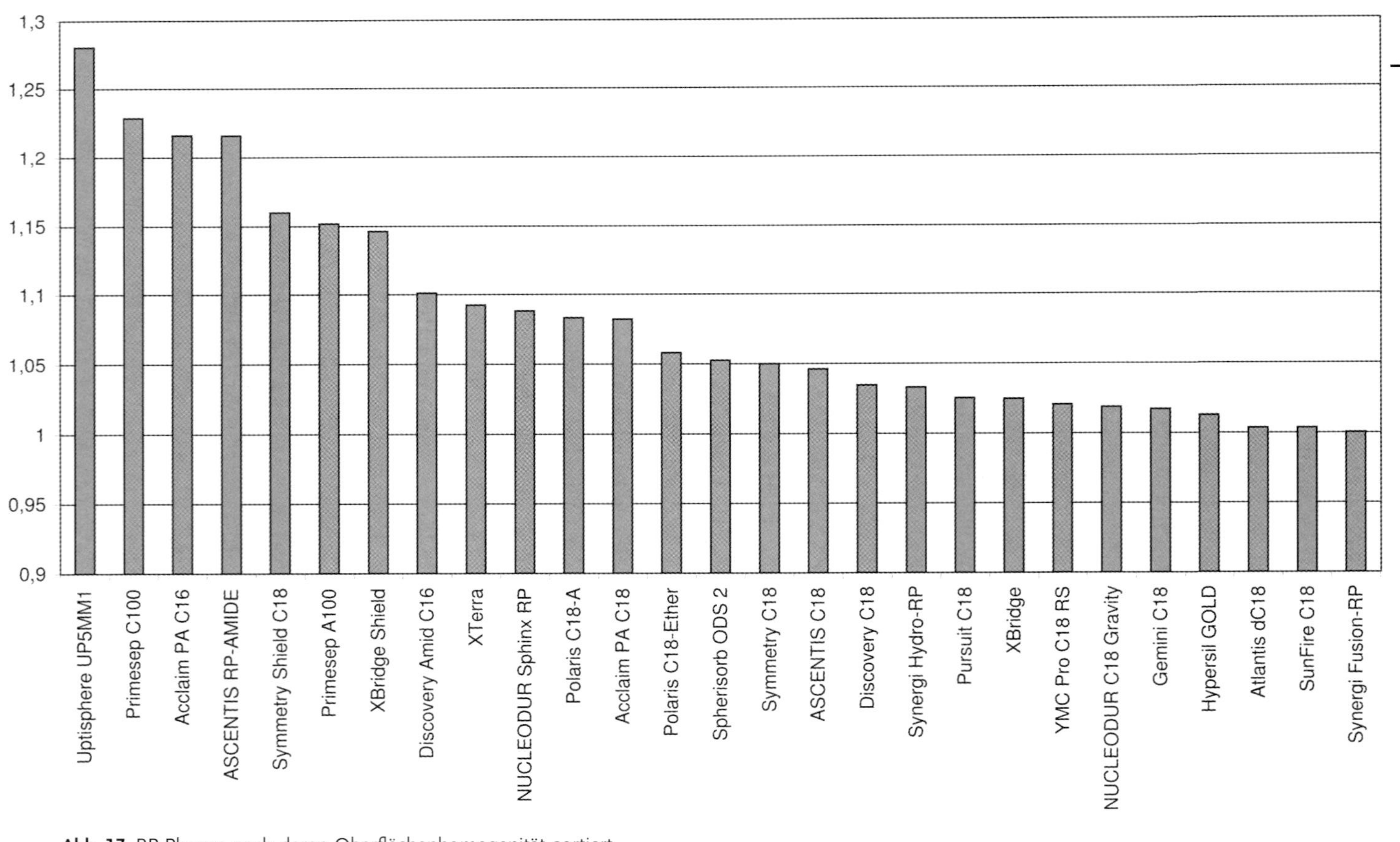

Abb. 17 RP-Phasen nach deren Oberflächenhomogenität sortiert, (b) an 27 neueren kommerziellen RP-Phasen. Erläuterungen siehe Text.

renzen für die Trennung aus dem Experiment „Hydrophobie". Es geht hier um die Trennung von neutralen Komponenten (Ethylbenzol und Toluol) und aromatischen planaren/nichtplanaren Molekülen (Triphenylen und *o*-Terphenyl).

Im linken Teil der Abb. 17a und b befinden sich Phasen, bei denen polare Wechselwirkungen dominant sind. Polare Gruppen als Ursache für den polaren Charakter der Phase sind entweder beabsichtigt („embedded phases", Platinum EPS, Ascentis RP-Amid, Uptisphere UP5MM) oder ergeben sich durch den Herstellungsprozess (Supelcosil ABZ PLUS). Oder sie stellen einfach die Restsilanolgruppen bei den nicht oder nicht vollständig endcappten Phasen dar. Solche Phasen zeigen in der Tat eine sehr gute „shape selectivity". Im rechten Teil von Abb. 17 sind Phasen anzutreffen, die dieser Probenmischung keine spezielle Wechselwirkung „anbieten". Es sind Phasen mit einer recht homogenen, gut abgedeckten Oberfläche; ihre „shape selectivity" hält sich jedoch gerade deswegen in Grenzen. So auch in Abb. 17b: In dieser Abbildung befindet sich beispielsweise im Bereich von Spherisorb ODS 2 bis Synergi Fusion RP keine einzige Phase, die über eine ausgesprochen polare Gruppe verfügte. Solche Phasen sind kaum zu ionischen/π···π-Wechselwirkungen in der Lage, was allerdings für bestimmte Trennungen (s. weiter unten) von Vorteil sein kann.

Aussagekraft der vorgestellten Tests

Die Relevanz der Aussagen aus diesen Tests für die eigene Arbeit hängt von der konkreten Fragestellung und der Absicht ab. Dazu folgende Beispiele:

- Die Injektion von stärkeren Basen (z. B. Benzylamin) in einem ungepufferten Methanol/Wasser-Eluenten ist ein sehr strenger Test: Nur bei sehr gut abgedeckten Phasen wird man über einen längeren Zeitraum eine stabile Retentionszeit und einen symmetrischen Peak erhalten können.
- Andererseits gibt es kaum eine derart „schlechte" Säule auf dem Markt, an der „harmlose" Analyte wie Toluol, Ethylbenzol oder Anthracen nicht einen hervorragenden Peak zeitigen.
- Oder man denke an die Injektion von Basen in einem sauren Puffer. Hier machen sich nur stark acide Silanolgruppen bemerkbar: Die Silanolgruppen von z. B. Zorbax ODS, Resolve, Hypersil ODS oder Spherisorb ODS 1 sind derart „aggressiv", dass sie sogar im sauren Bereich dissoziiert vorliegen. Das bedeutet allerdings auch Folgendes: Wird eine Phase – die bei diesem Test nicht so gut „abschneidet" – in einem Acetonitril/Phosphatpuffer ausreichender Pufferkapazität und bei dem „richtigen" pH-Wert betrieben, kann sie für schwächere organische Basen durchaus gute Resultate erzielen: gute Selektivität bei ausreichender Peaksymmetrie.

Halten wir Folgendes vereinfachend fest:

An einer silanophilen Phase erhält man bei der Trennung von protonierten Basen große Retentions- und Trennfaktoren bei allerdings geringer Peaksymmetrie. An einer hydrophoben Phase erhält man kleine Retentions- und Trennfaktoren bei guter Peaksymmetrie – es sei denn, man sorgt mithilfe des pH-Wertes für fast ausschließlich hydrophobe Wechselwirkungen.

Bei der Wahl von Säule und Eluent handelt es sich letzten Endes um einen Kompromiss. Der Kompromiss bzgl. Säulenwahl kann mithilfe des pH-Wertes stark positiviert werden.

Und schließlich: Den „besten" Test gibt es nicht. Es existieren lediglich strenge (z. B. primäre/sekundäre Amine und ungepufferte Eluenten) und weniger strenge Tests (z. B. tertiäres Amin und gepufferte Eluenten). Es kommt bei der Wahl des Tests auf die Absicht an.

Ob solche Tests den eigenen Bedürfnissen genügen, oder ob durch eine eigene reale Probe die Säulen auf Eignung für die eigene Fragestellung hin untersucht werden sollten, kann nur individuell entschieden werden. Letzteres halte ich für den praxisrelevanteren Ansatz.

Einfache Tests zur Charakterisierung von RP-Phasen

Mit Hilfe aufwendiger Tests (siehe oben) können RP-Phasen recht gut charakterisiert werden. Dieser Aufwand lohnt sich für die Mehrzahl der Labors jedoch nicht. Die Idee war nun zu prüfen, ob vielleicht mit ein bis zwei Tests, die einfach und schnell durchzuführen sind (isokratische Läufe, kein Puffer, Retentionszeit unter ca. 10 Min.), möglichst viele Informationen gewonnen werden können.

Die Daten aus früheren Messungen wurden mit Fokus auf die oben formulierte Forderung erneut geprüft. Es scheint tatsächlich so zu sein, dass mit lediglich zwei einfachen Tests eine Reihe von Informationen gewonnen werden können: von der Säulencharakterisierung (hydrophober/polarer Charakter?) über die Zuordnung der Säulen zu Gruppen mit ähnlichen Eigenschaften bis hin zu deren Eignung für die Trennung bestimmter Analyttypen. Um diese Feststellung zu verifizieren, wurden 25 neuere Säulen mit recht unterschiedlicher „Chemie" der Oberfläche und damit unterschiedlichem Charakter ausgesucht und zusammen mit bereits untersuchten getestet – letztere als eine Art „interner Standard". Für die zwei Tests bedarf es zweier Läufe und zweier Eluenten:

Test 1:

Eluent: 80/20 Methanol/Wasser
Fluss: 1 mL/min
Temperatur: 35 °C
Detektion: 254 nm
Injektion von Ethylbenzol und Fluorenon

Informationen aus Test 1: Durch die Auftragung des Trennfaktors Ethylbenzol/Fluorenon wird der hydrophobe Charakter der Phasen sichtbar, vgl. Abb. 2a und b sowie 15: Phasen im linken Teil dieser Abbildungen haben einen hydrophoben Charakter (genauer: sie verfügen über eine gute hydrophobe Selektivität), Phasen im rechten Teil wären als polar zu bezeichnen.

Test 2:

Eluent: 40/60 Methanol/Wasser
Fluss: 1 mL/min
Temperatur: 35 °C
Detektion: 254 nm
Injektion von Phenol, Pyridin, Benzylamin

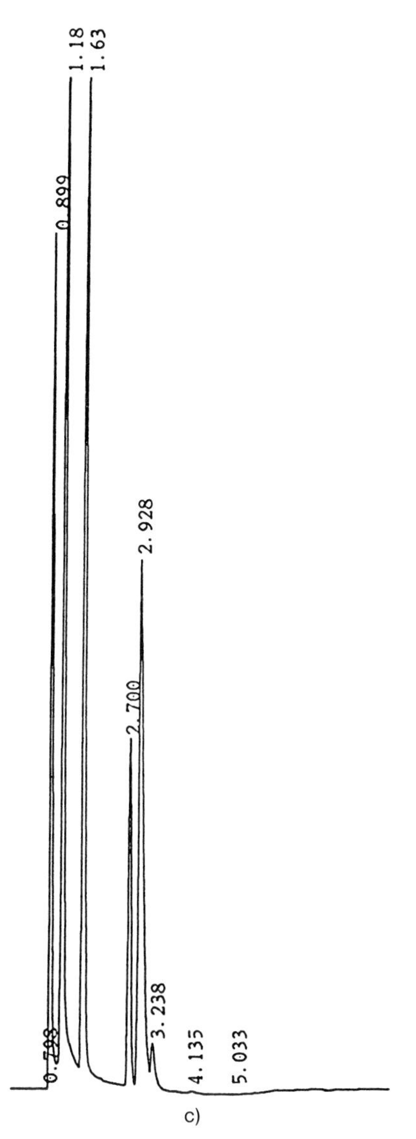

Abb. 17c Injektion von polaren Komponenten in Methanol/Wasser an YPC-Pro C18. Erläuterungen siehe Text.

Informationen aus Test 2:

1. Je später das Benzylamin im Vergleich zu Phenol eluiert, umso stärker ist der polare Charakter der Phase (genauer: die Fähigkeit zu stark polaren/ionischen Wechselwirkungen). Eine Koelution mit Phenol zeugt von einer hydrophoben, die Elution gar vor Phenol von einer sehr hydrophoben, gut abgedeckten RP-Oberfläche (siehe Abb. 17d).

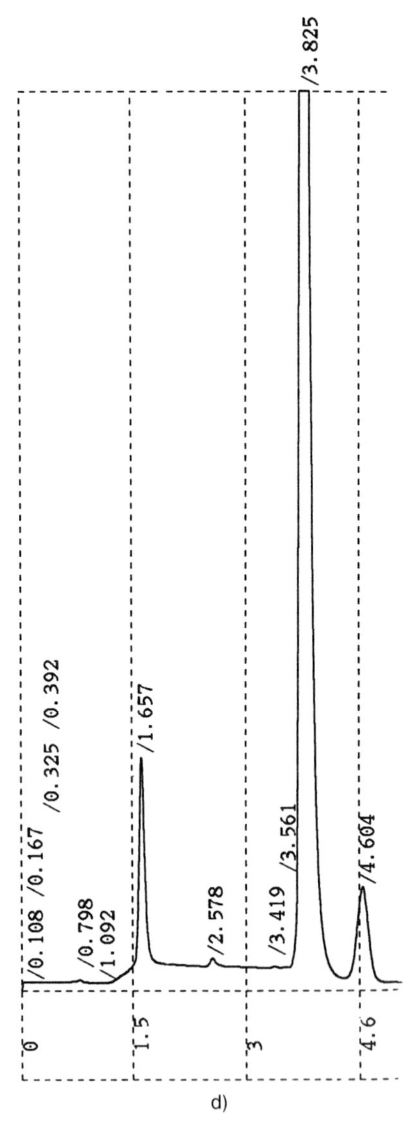

Abb. 17d Injektion von Uracil, Benzylamin und Phenol in Methanol/Wasser an XBridge. Erläuterungen siehe Text.

2. Als zweites Kriterium kann die Peakform von Benzylamin dienen, wobei hier betont werden muss, dass nur frisch angesetzte Lösungen injiziert werden sollten; das Injektionsvolumen sollte ca. 10 µL nicht überschreiten. Das ist ein sehr strenger Test: Nur an wenigen Säulen wird ohne Puffer eine wirklich gute Peaksymmetrie für Benzylamin fsetgestellt (s. dazu Abb. 17c und d): In Abb. 17c wird die Injektion von Uracil, polare Verunreinigung, Pyridin, Phenol, Benzylamin (Retentionszeit bei 2,928 min), unbekannte Verunreinigung an YMC Pro C_{18}, gezeigt. In Abb. 17d ist die Injektion von Uracil, Benzylamin (Retentionszeit bei 3,825 min) und Phenol an XBridge C_{18} dargestellt, die Peaksymmetrie ist gut, obwohl die Säule bewusst überladen wurde.

Informationen aus Daten beider Tests: Die Auftragung des Trennfaktors Ethylbenzol/Fluorenon (Y-Achse) gegen den Trennfaktor Ethylbenzol/Phenol ergibt eine so genannte Selektivitätskarte: Die Säulen können in Gruppen mit ähnlichem Charakter eingeteilt werden (s. Abb. 19 und 20 und die Erläuterungen dort).

Bemerkung: In Abb. 19a und b sowie in Abb. 20 ist zwar auf der Abszisse der Trennfaktor Phenol/Toluol aufgetragen, die Verwendung des Trennfaktors Ethylbenzol/Phenol führt jedoch zu identischen Ergebnissen.

Somit können mit Hilfe zweier einfacher Läufe RP-Säulen wie folgt charakterisiert werden:

- hydrophober Charakter
- erwartete Selektivität gegenüber bestimmten Substanzklassen (s. weiter oben und Abschnitt 2.1.1.5)
- Ähnlichkeit gegenüber anderen RP-Säulen (Säulenvergleich)

Bei Zeitmangel kann auf die Erstellung der Selektivitätskarte verzichtet werden: Lediglich die Injektion von Ethylbenzol/Fluorenon bei 80/20 Methanol/Wasser und Phenol/Benzylamin bei 40/60 Methanol/Wasser reicht für manche Information durchaus aus: Die Abbildungen 2 und 15 zeigen den hydrophoben Charakter und indirekt die Eignung der Phasen für bestimmte Substanzklassen, während die Peakform von Benzylamin in Kombination mit der Elution gegenüber Phenol offenbart, ob jene Säule über stark polare/ionische Gruppierungen auf der Oberfläche verfügt oder nicht.

Test 1 ergibt natürlich Sinn, wenn man bereit ist, mehrere Säulen zu testen: Es gibt nicht *den* hydrophoben Charakter als absolute Größe, sondern man kann Säulen nur in direktem Vergleich sehen. Oder aber man vergleicht im Falle einer neuen Säule den sich mit dieser Säule ergebenden Trennfaktor Ethylbenzol/Fluorenon direkt mit den Zahlenwerten aus Abb. 2. Damit ist ein grober Vergleich der betroffenen Säule mit immerhin ca. 90 kommerziellen Säulen bzgl. des hydrophoben Charakters möglich. Test 2 dagegen kann auch für einzelne Säulen angewandt werden: Elution von Benzylamin nach Phenol – wahrscheinlich als breiter, tailender Peak – ist der Hinweis auf einen polaren Charakter der Phase, eine Koelution oder gar Elution vor Phenol wird dagegen bci hydrophoben, gut abgedeckten Phasen beobachtet.

2.1.1.4 Ähnlichkeit von RP-Phasen

Oben wurde dargelegt, dass nach meiner Auffassung bei einer Trenntechnik wie der HPLC die Selektivität das wichtigste bzw. aussagefähigste Kriterium ist, wenn es um Säulenvergleich bzw. um Ähnlichkeit von RP-Phasen geht. Erst an zweiter Stelle können auch Retentionsfaktoren zurate gezogen werden. Um diese Annahme zu verifizieren, wurde eine chemometrische Analyse (s. unten) mit umfangreichem Datenmaterial (sehr unterschiedliche Trennbedingungen und unterschiedliche Analyte) durchgeführt (s. dazu Abb. 18). Je weiter entfernt sich die Variablen – hier k- und α-Werte – um den 0-Punkt auf der y-Achse befinden, umso größer ist deren Einfluss auf die Differenzierung von Objekten, hier von Säulen. Wie leicht zu erkennen ist, sind dazu tatsächlich die α-Werte geeignet. Will man dennoch k-Werte verwenden, eignen sich dafür höchstens „problematische" Substanzen, z. B. polare Analyte in ungepufferten Eluenten (z. B. *k* Cos, Coffein) oder starke Säuren in gepufferten Eluenten (*k* Phs, Phthalsäure und *k* Tes, Terephthalsäure).

Die Ergebnisse aus diversen Untersuchungen zur Ähnlichkeit von Phasen können auf vielfältige Art und Weise visualisiert werden. Als gute Visualisierungs-Tools eignen sich die Selektivitätskarten, die Selektivitätsplots, die Selektivitätshexagone und die Dendrogramme. Nachfolgend wird die Ähnlichkeit kommerzieller Phasen anhand einiger Beispiele diskutiert. Zu einem anderen Konzept bzw. Tool zur Überprüfung der Ähnlichkeit von RP-Säulen siehe u. a. Kap. 2.1.6.

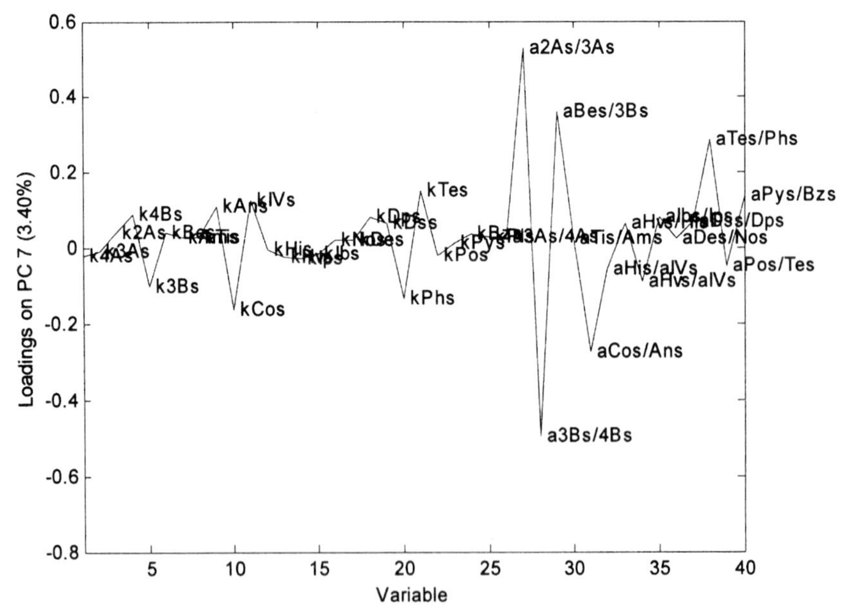

Abb. 18 Zur Eignung von *k*- bzw. α-Werten für eine Differenzierung von Phasen. Erläuterungen siehe Text.

2.1.1.4.1 **Selektivitätskarten**

Die Selektivitätskarten dienen in erster Linie dazu, ähnliche Phasen ausfindig zu machen, und zwar über deren Selektivität gegenüber bestimmten Analyten bei definierten Bedingungen. Dazu werden die Trennfaktoren bei der Trennung unterschiedlicher Analyte gegeneinander aufgetragen. Phasen, die bei diesen Auftragungen in unmittelbarer Nähe zueinander stehen, sind bzgl. ihrer Selektivität für die betrachteten Analyttypen ähnlich. Nachfolgend wird dieses Tool an einem Beispiel vorgestellt. Je unterschiedlicher die Analytpaare sind, umso treffsicherer sollte die Ähnlichkeit der Phasen festgemacht werden.

Beispiel: Neutrale Moleküle, ungepufferte Eluenten

Man betrachte Abb. 19a und b sowie Abb. 20, in denen die Zuordnung kommerzieller RP-Phasen aus drei Messserien entsprechend ihrer Ähnlichkeit nach dem Kriterium Selektivität (s. unten) zu sehen ist.

y-Achse: Selektivität für die Trennung von hydrophoben/polaren Analyten. Das wäre die Selektivität für Analyte, die sich in ihrer Größe bzw. in ihrem polaren Charakter, z. B. durch eine C=O-Gruppe, unterscheiden (Ethylbenzol/Fluorenon).

x-Achse: Selektivität für polare/hydrophobe Analyten (Phenol/Toluol).
Große α-Werte in der x-Achse weisen auf polare Phasen hin, große Werte in der y-Achse auf hydrophobe Phasen.

Die Säulen können grob in drei Cluster, A, B und C eingeordnet werden:

A) Hydrophobe Phasen
Bei diesen Phasen dominiert der hydrophobe Charakter. Dieser kommt z. B. durch eine starke Belegung, eine Metallionen-arme Kieselgelmatrix oder eine Polymerschicht zustande.

B) Mittelpolare Phasen
Das sind Phasen, die sowohl einen hydrophoben als auch einen polaren Charakter aufweisen. Der beobachtete polare Charakter dieser Phasen ergibt sich z. B. durch eine geringe Belegung, durch freie Silanolgruppen oder durch weitere polare Gruppierungen an der Oberfläche.

C) Polare Phasen
Der für diese Phasen charakteristische stark polare Charakter ist z. B. das Resultat von kurzen Alkylketten, von polaren Gruppen an der Oberfläche oder von einer eingebauten polaren Gruppe in der Alkylkette.

Anwendung einer Selektivitätskarte

Wird beispielsweise bei einer Trennung mit einer Säule aus der Gruppe A eine mangelnde Selektivität festgestellt, so sollte bei einem erneuten Versuch eher keine Säule getestet werden, die sich auf der Selektivitätskarte in unmittelbarer Nähe der betroffenen Säule befindet. Vermutlich hat sie ähnliche Eigenschaften, und sie wäre für diese Substanzklasse u. U. ebenso wenig geeignet.

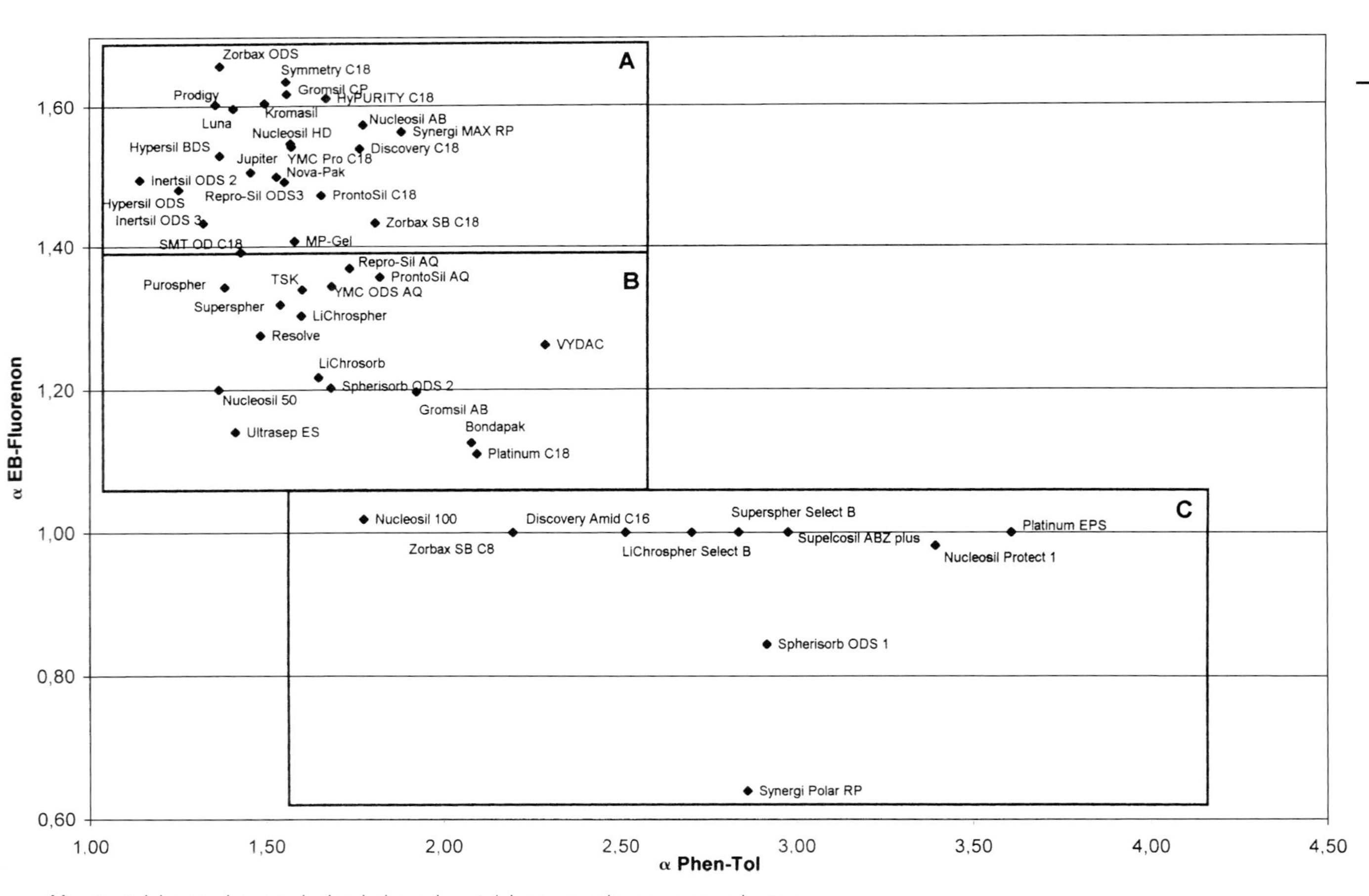

Abb. 19a Selektivitätskarte 1 „hydrophobe/polare Selektivität". Erläuterungen siehe Text.

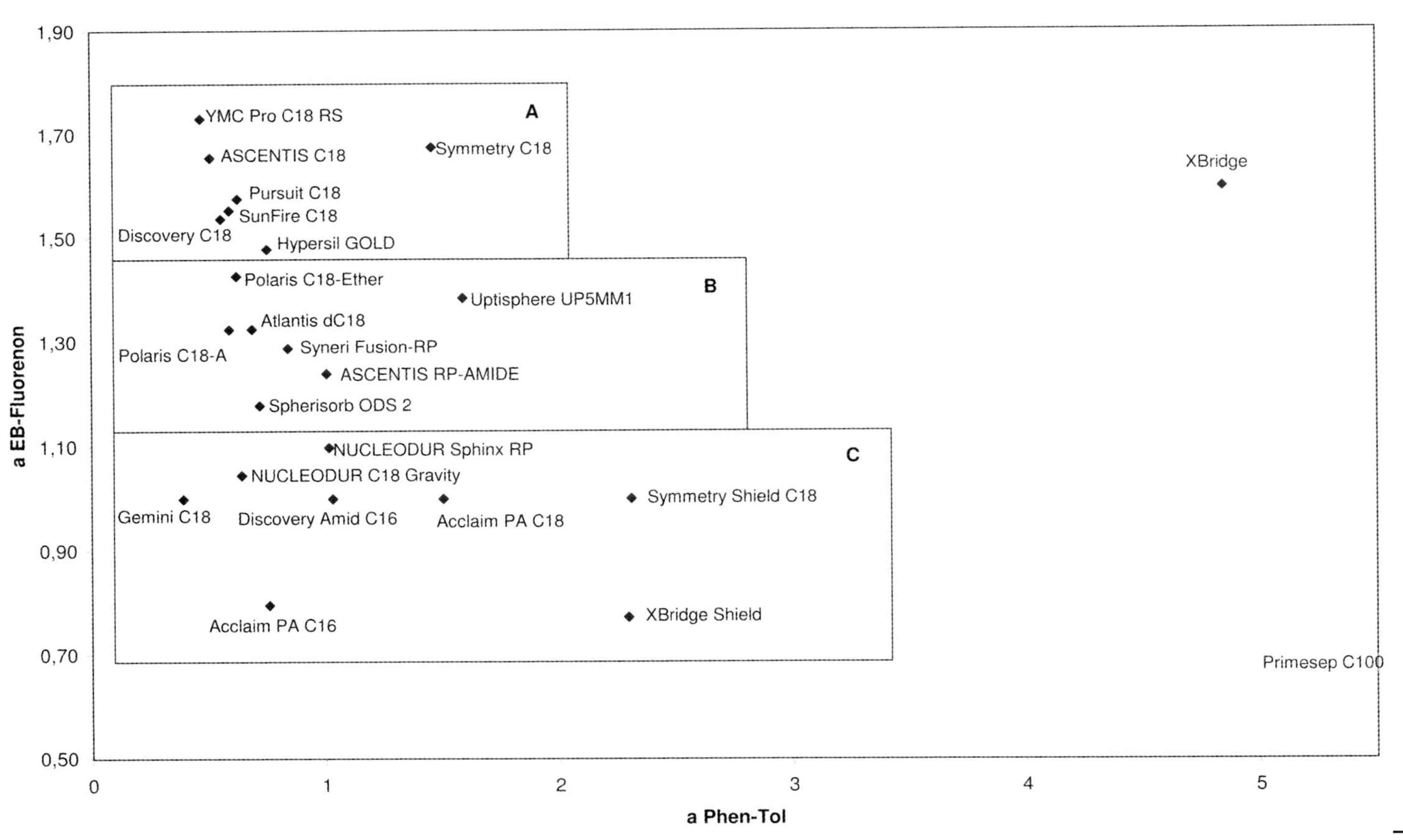

Abb. 19b Selektivitätskarte 2 („hydrophobe Selektivität"). Erläuterungen siehe Text.

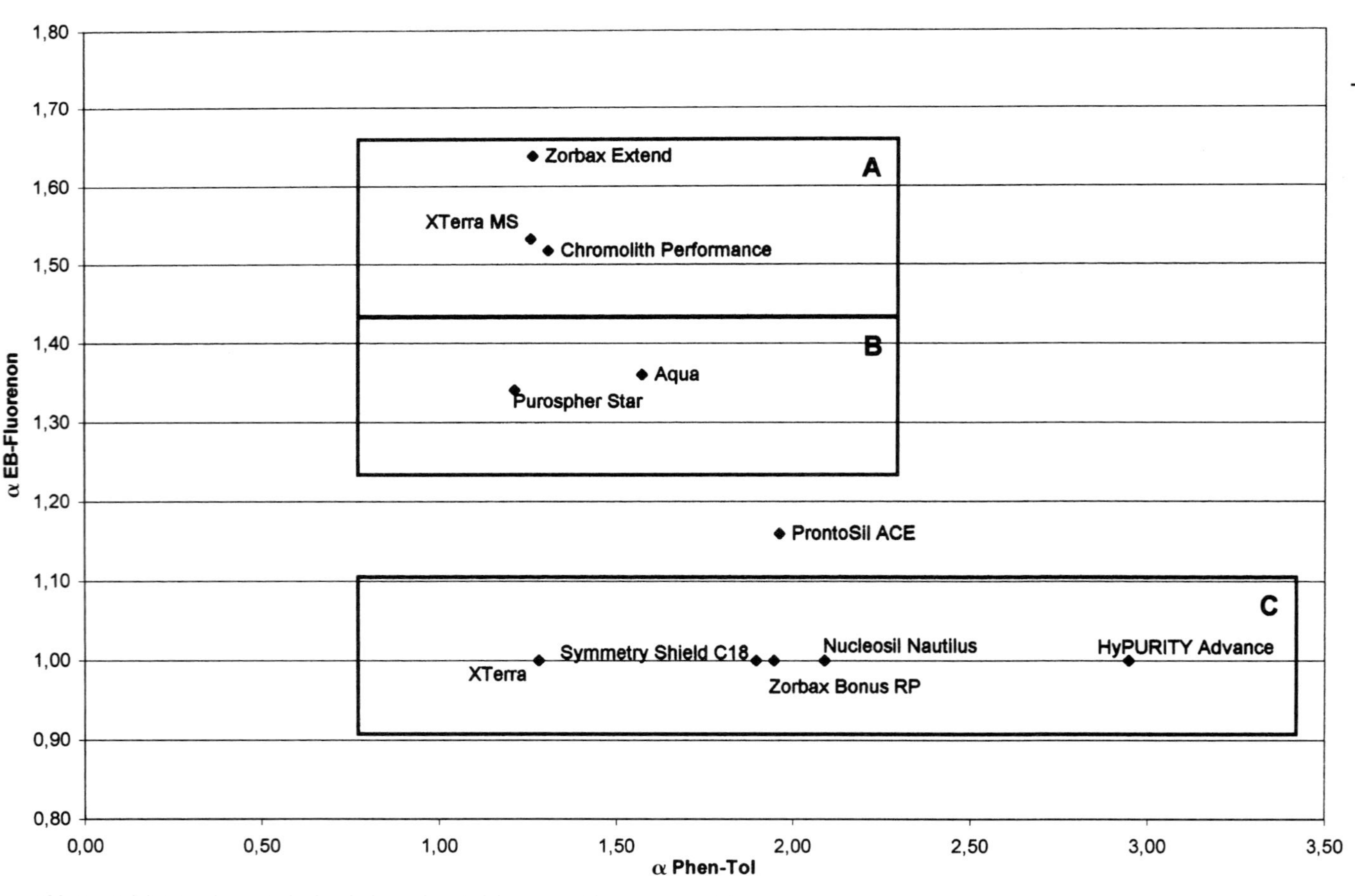

Abb. 20 Selektivitätskarte 3 „hydrophobe/polare Selektivität". Erläuterungen siehe Text.

Die Chancen mit einer Säule aus der Gruppe B oder C mit diametral anderen Eigenschaften wären wahrscheinlich besser. Diverse Cross-Experimente haben gezeigt, dass Selektivitätskarten wie in Abb. 19–20 die Ähnlichkeit von stationären Phasen recht gut wiedergeben.

2.1.1.4.2 **Selektivitätsplots**

Zu ähnlich interessanten Erkenntnissen führt das Gegeneinander-Auftragen von Trennfaktoren (α-Werte), die bei Trennungen mit vermeintlich ähnlichen Phasen ermittelt wurden. Je ähnlicher die Phasen sind, umso näher sollten sich die einzelnen Werte an die resultierende Diagonale anschmiegen. In einer Versuchsreihe wurden 68 unterschiedliche Analytpaare unter bewusst unterschiedlichen chromatographischen Bedingungen (9 unterschiedliche Eluenten) getrennt und die ermittelten α-Werte gegeneinander aufgetragen. Durch die große Anzahl der Werte und durch die unterschiedlichen experimentellen Bedingungen gelangt man zu recht gesicherten Aussagen bzgl. Ähnlichkeit. Ein Beispiel für einen derartigen Plot stellen Abb. 21 und 22 dar, wo Symmetry C_{18} und Purospher e miteinander verglichen werden.

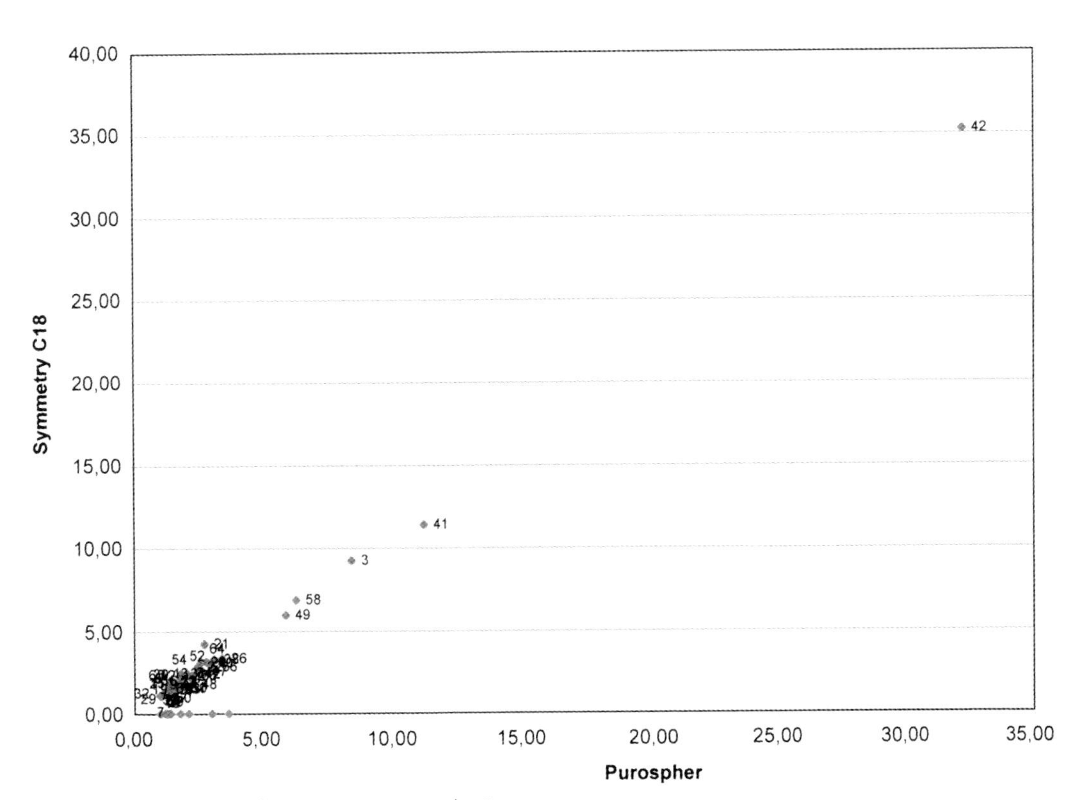

Abb. 21 Selektivitätsplot „Symmetry/Purospher".

Einige Kommentare

Nach Abb. 21, die alle Werte enthält, kann vermutet werden, dass beide Säulen einen ähnlichen Charakter aufweisen. Das ist auch zu erwarten, denn bei beiden handelt es sich um zwei hydrophobe C_{18}-Phasen mit klassischer, hoher Belegung und auf Basis hochreinen Kieselgels. Um eine differenziertere Betrachtung zu ermöglichen, wurde für die Darstellung der 68 α-Werte eine andere Skalierung gewählt (s. Abb. 22).

Auffallend ist der „Ausreißer" 21. Der α-Wert entspricht der Trennung 2,2'-/4,4'-Bipyridyl nach einem Säulenbetrieb von 4 Wochen. Ein großer α-Wert ist der Hinweis auf das Vorhandensein von Schwermetallionen, denn 2,2'-Bipyridyl ist ein Komplexbildner, 4,4'-Bipyridyl dagegen nicht.

Im Laufe des Säulenbetriebs reicherten sich offensichtlich an der Kieselgeloberfläche von Symmetry mehr Metallionen an (Metallfritte?), die Neigung zur Komplexbildung nimmt zu. Weiterhin fällt bei Symmetry der etwas höhere hydrophobe Charakter auf (s. Trennung „31": α Phenol/Pyridin; „64": α Fluoren/Fluorenon). Purospher dagegen zeigt eine etwas bessere Selektivität für die Tren-

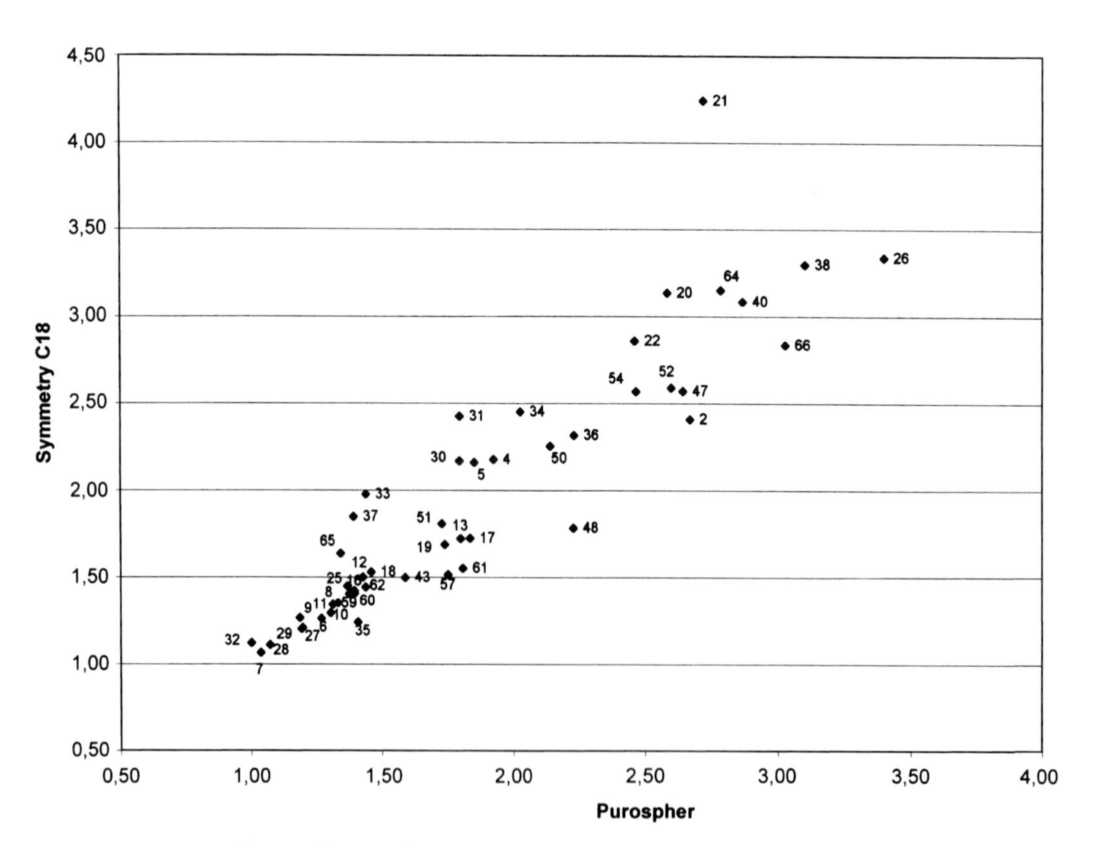

Abb. 22 Selektivitätsplot wie in Abb. 21, andere Skalierung; Erläuterungen, siehe Text.

nung von organischen Säuren, hier HVS/HIES (Hydroxyvanillin- und Hydroxyindolessigsäure), „48"; sein zusätzlich polarer Charakter macht sich bemerkbar.

Derartige Auftragungen sind besonders gut geeignet, um die Ähnlichkeit von Säulen bzgl. Trennverhalten exakt zu ermitteln. Die Selektivitätsplots visualisieren unmissverständlich, für welche Substanzklassen zwei Säulen sich ähneln und bei welchen sie sich vielleicht doch anders verhalten. Das Erstellen mehrerer Selektivitätsplots, von denen hier nur wenige gezeigt werden, führte zu folgenden Ergebnissen:

Man stellt generell Folgendes fest: Unterschiede zwischen den Phasen sind besonders dann ersichtlich, wenn bei den betreffenden Komponenten ionische Wechselwirkungen mit den stationären Phasen möglich sind. Dies war in allen Selektivitätsplots klar zu erkennen. Die Konsequenz daraus lautet: Zur „ehrlichen" Überprüfung der Chargenreproduzierbarkeit einer Phase, der Überprüfung der Stabilität einer Säule im Routinebetrieb oder für den Vergleich zweier vermeintlich ähnlicher Säulen sollten polare (noch besser: ionische) Analyte verwendet werden. Die „Strenge" des Tests – und damit verbunden die Relevanz der Aussage – nimmt zu, wenn darüber hinaus nicht gepufferte Methanol/Wasser-Eluenten eingesetzt werden.

Einige Beispiele:

- Prontosil und Reprosil sind sehr ähnliche Phasen (s. Abb. 23).
- Superspher und LiChrospher sind praktisch identisch (s. Abb. 24).
- Hypersil ODS und Hypersil BDS verhalten sich vielfach ähnlich. Die Deaktivierung der Phasenoberfläche bei Hypersil BDS („milde" Silanolgruppen) macht sich – bzgl. Peakform! – „nur" bei der Trennung von basischen Substanzen bemerkbar.
- Die hoch belegten Phasen Zorbax ODS und Hypersil BDS zeigen bei vielen Trennungen ähnliches Selektivitätsverhalten. Die Konsequenzen nach einer Deaktivierung der Phasenoberfläche (Herabsetzung der Silanolgruppenaktivität) bei Hypersil BDS ist bei der Trennung von basischen Substanzen klar erkennbar (s. Abb. 25).
- Hypersil ODS verfügt offensichtlich über „acidere", „aggressivere" Silanolgruppen als das (hoch belegte) Zorbax ODS-Material; die Wechselwirkungen mit basischen Substanzen sind stärker.
- Zorbax Bonus ist eine „hydrophobere" „embedded phase" als HyPURITY ADVANCE.
- Symmetry Shield und XTerra zeigen aufgrund der gemeinsamen Carbamatgruppe als „shield"-Funktion erwartungsgemäß ein vergleichbares Selektivitätsverhalten. Der Unterschied in der Matrix, synthetisches Kieselgel bei Symmetry, Hybridmaterial bei XTerra, macht sich erwartungsgemäß bei polaren Analytpaaren bemerkbar: XTerra ist zwar ein niedrig belegtes Material, die „Aktivität" dieser Matrix gegenüber Basen ist jedoch gering (s. Abb. 26).

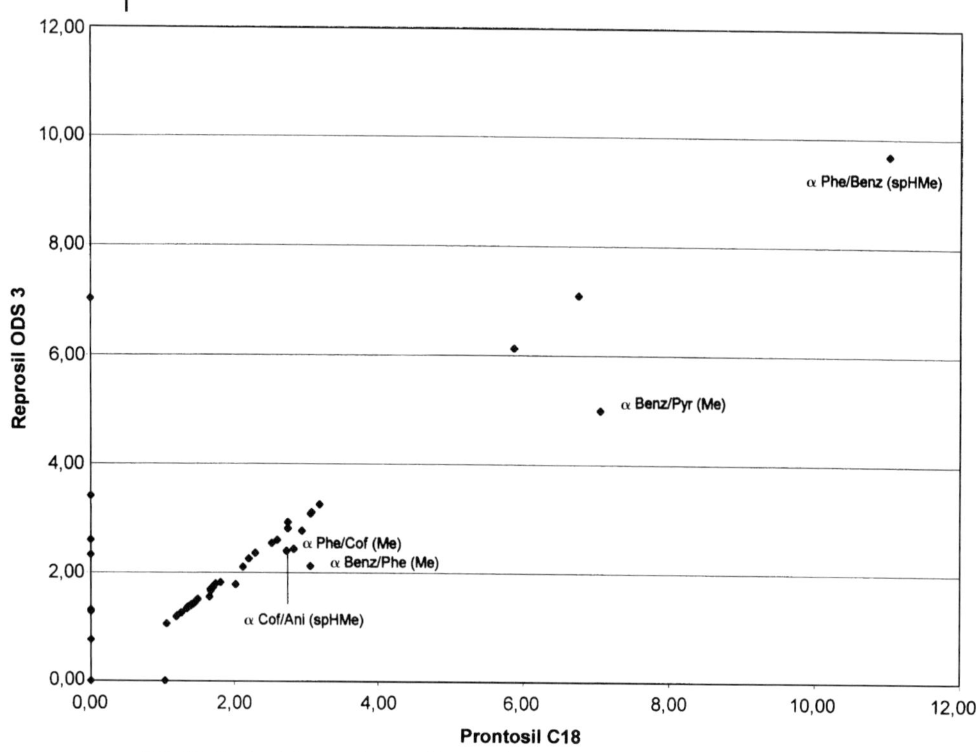

Abb. 23 Selektivitätsplot Reprosil/Prontosil.

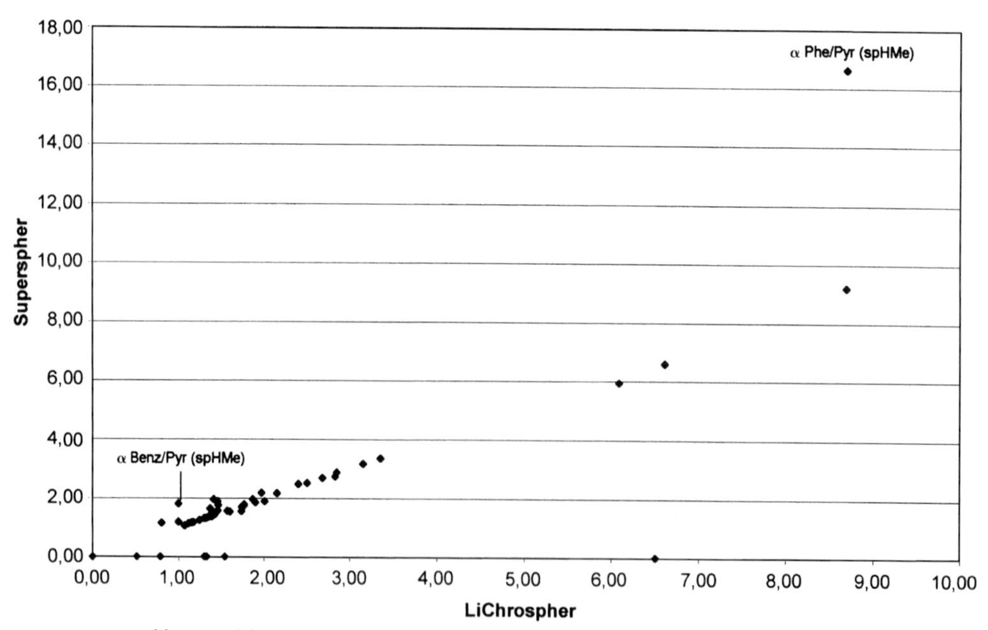

Abb. 24 Selektivitätsplot LiChrospher/Superspher.

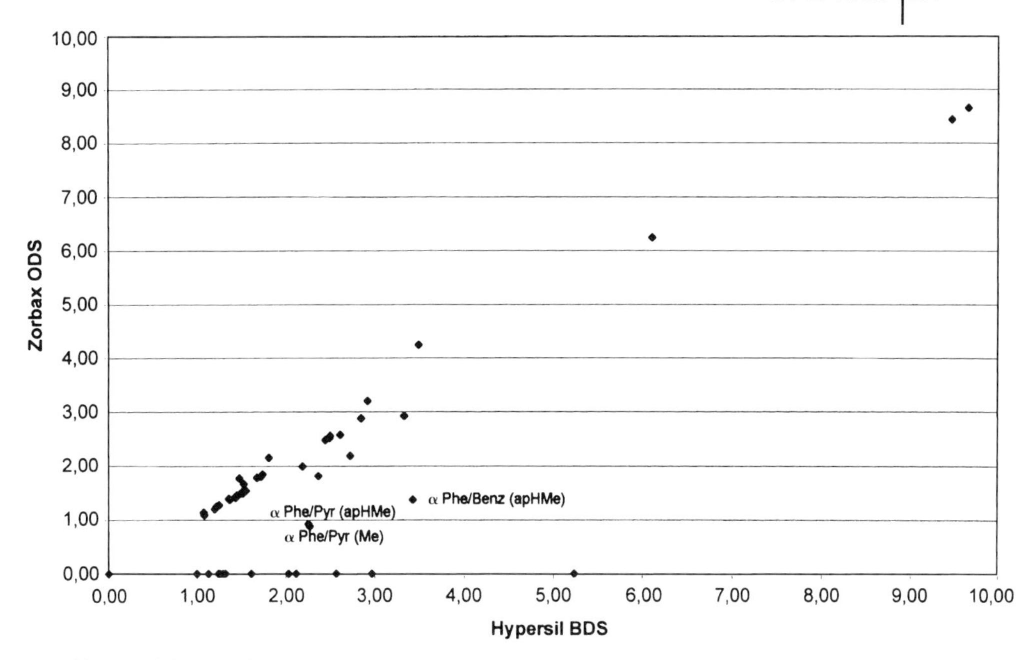

Abb. 25 Selektivitätsplot Zorbax ODS/Hypersil BDS.

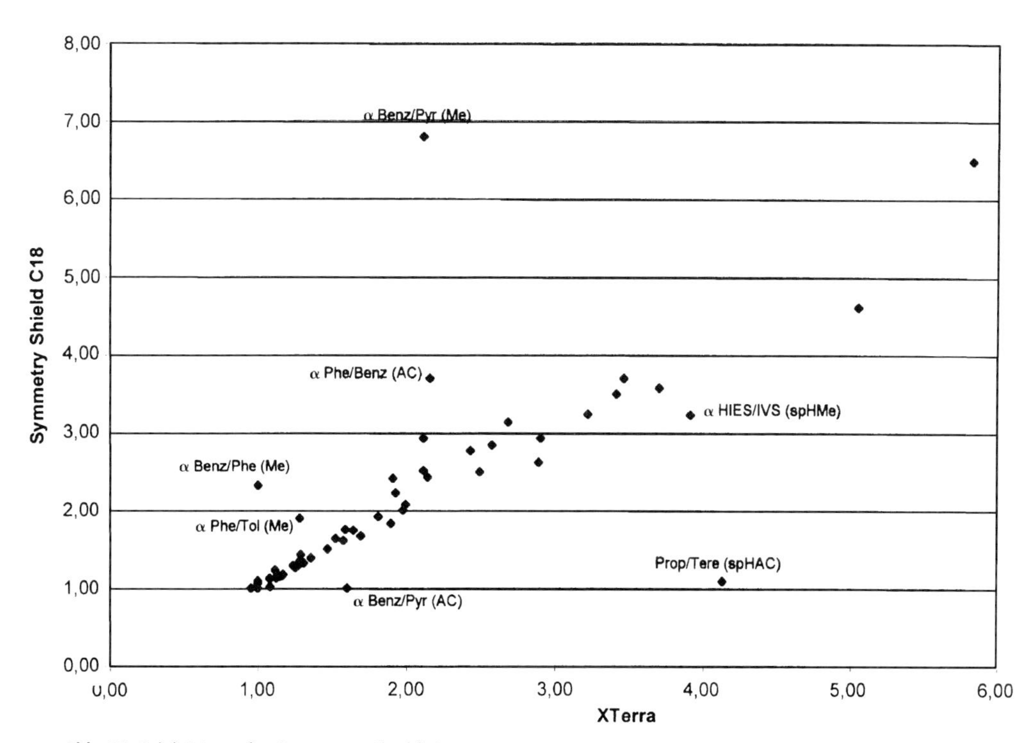

Abb. 26 Selektivitätsplot Symmetry Shield C_{18}/XTerra.

2.1.1.4.3 **Selektivitätshexagone**

Selektivitätshexagone sind ein weiteres Visualisierungs-Tool, welches die Ähnlichkeit der Phasen untereinander auch rein optisch gut darstellt. Es wurden mehrere solcher Hexagone für eine schnelle Entscheidung bzgl. der Eignung einer Phase für die Trennung einer bestimmten Substanzklasse in einem bestimmten Eluenten (Methanol/Acetonitril) oder bei einem bestimmten pH-Wert (saurer/alkalischer Phosphatpuffer) erstellt. Weiterhin kann man der Darstellung leicht entnehmen, welche Säule für eine bestimmte Zielsetzung und unter gegebenen Bedingungen gegenüber welcher anderen Säule ähnliche oder diametral entgegengesetzte Eigenschaften besitzt.

Dabei stellen normierte α-Werte, die bei der Trennung von bestimmten Analytpaaren ermittelt wurden, die Ecken von Hexagonen dar.

Nehmen wir als Beispiel sechs unterschiedliche Analytpaare, alle mit einem aromatischen Ring (Basen, Säuren, Isomere usw.), die bei unterschiedlichen Bedingungen (Methanol, Methanol/Wasser, Methanol/Puffer) getrennt wurden. Je symmetrischer ein Hexagon ist, umso eher ist die entsprechende Phase für die Trennung von aromatischen Verbindungen universell einsetzbar. Des Weiteren kann leicht entschieden werden, welche Säule z. B. für die Trennung von mittelstarken aromatischen Säuren (Phthal-/Terephthalsäure, „Tere/Phthal“), welche für schwächere aromatische Säuren (3-Hydroxy-/4-Hydroxybenzoesäure, „3/4 OH“) und welche für planare/nichtplanare Aromaten (Triphenylen/*o*-Terphenyl, „Triph/*o*-Ter“) geeignet wäre.

Schließlich lässt sich durch die verdichtete Information – ähnlich den Piktogrammen z. B. im Straßenverkehr – die Ähnlichkeit von Phasen unmissverständlich erkennen; es ergeben sich charakteristische Bilder (s. unten).

Beispielhaft werden nachfolgend drei Abbildungen mit mehreren Hexagonen (Säulen) für unterschiedliche Analytpaare und Eluenten gezeigt und deren Ähnlichkeit/Unähnlichkeit kurz kommentiert.

Hinweis: Bei einigen Hexagonen fehlen bestimmte α-Werte. Der Grund liegt in diversen Problemen während der Messung (Luftblasen, verstopfte Injektionsnadeln u. Ä.). Mit dem Ziel, die Ähnlichkeit der Säulen unter wirklich identischen Bedingungen zu vergleichen, wurde auf Wiederholmessungen verzichtet.

Beispiel 1: Aromatische Verbindungen in Methanol/Wasser

Man betrachte dazu Abb. 27.

Wie bereits erwähnt, liegt das wesentliche Unterscheidungsmerkmal der Phasen in ihrer Fähigkeit, polare/ionische Wechselwirkungen einzugehen. Fehlt es bzw. ist es nur wenig „gefragt“, wie es häufig bei neutralen Analyten der Fall ist, verhalten sich viele Phasen ähnlich. Hier rücken andere Eigenschaften der Phasen, wie z. B. der Bedeckungsgrad, in den Vordergrund.

Ergebnisse

- Inertsil ODS 2 ist zu polaren Wechselwirkungen eher in der Lage als Inertsil ODS 3; s. dazu die bessere Selektivität für das planare/nichtplanare Analytpaar Triphenylen/*o*-Terphenyl.
- LiChrospher, Superspher und Purospher e zeigen aufgrund des ähnlich hohen Bedeckungsgrads und vorhandener polaren Gruppierungen an der Oberfläche vergleichbare Selektivitätsmuster. Die zweifelsohne vorhandenen Metallionen und freien Silanolgruppen an LiChrospher und Superspher machen sich hier nicht bemerkbar. So verhalten sich auch Symmetry und Zorbax ODS ähnlich, zwei Phasen, die sich bei einer Trennung von ionischen Analyten sehr stark unterscheiden.
- Bei folgenden hydrophoben Phasen ist eine Feindifferenzierung möglich, in folgender Reihenfolge nimmt der apolare Charakter zu:
  HyPURITY C_{18}, Hypersil BDS = Inertsil ODS 3, Luna 2.
- Aus diversen Experimenten ist bekannt, dass Hypersil ODS und Zorbax ODS über sehr acide Silanolgruppen verfügen. Werden keine basische Analyte getrennt, so wird der hydrophobere Charakter von Zorbax ODS gegenüber Hypersil ODS offenkundig. Des Weiteren wird ebenfalls ersichtlich, dass beide Phasen zwar über acide Silanolgruppen verfügen, die Gesamtkonzentration an Silanolgruppen jedoch gering ist. Andere Phasen verfügen über eine wesentlich höhere Gesamtkonzentration an polaren Gruppierungen, z. B. LiChrospher, Superspher, Discovery Amid, Spherisorb ODS 1. Das macht sich in deren guter Selektivität bei der Trennung Triphenylen/*o*-Terphenyl bemerkbar.
- Die Ähnlichkeit der „C_8-Phasen“ LiChrospher Select B, Superspher Select B und Zorbax SB C_8 ist klar erkennbar.
- Die beste Selektivität für aromatische Verbindungen per se zeigen Phasen mit einer Polymerschicht an der Oberfläche (SMT OD, Nucleosil AB) sowie an zweiter Stelle Ultrasep ES.
- Starke Ähnlichkeiten weisen die Phasen Bondapak, Gromsil AB und Platinum C_{18} auf.
- XTerra MS ähnelt Purospher Star – bis auf die polaren Gruppierungen bei letzterer Phase. Diese sind die Ursache für die gute Selektivität von Purospher bei der Trennung Triphenylen/*o*-Terphenyl.
- Klar ersichtlich ist die größere Hydrophobie von XTerra MS gegenüber XTerra.
- Die polarsten Phasen hier (und auch bei anderen Trennungen) stellen Nucleosil Protect 1, Spherisorb ODS 1 und Platinum EPS dar.

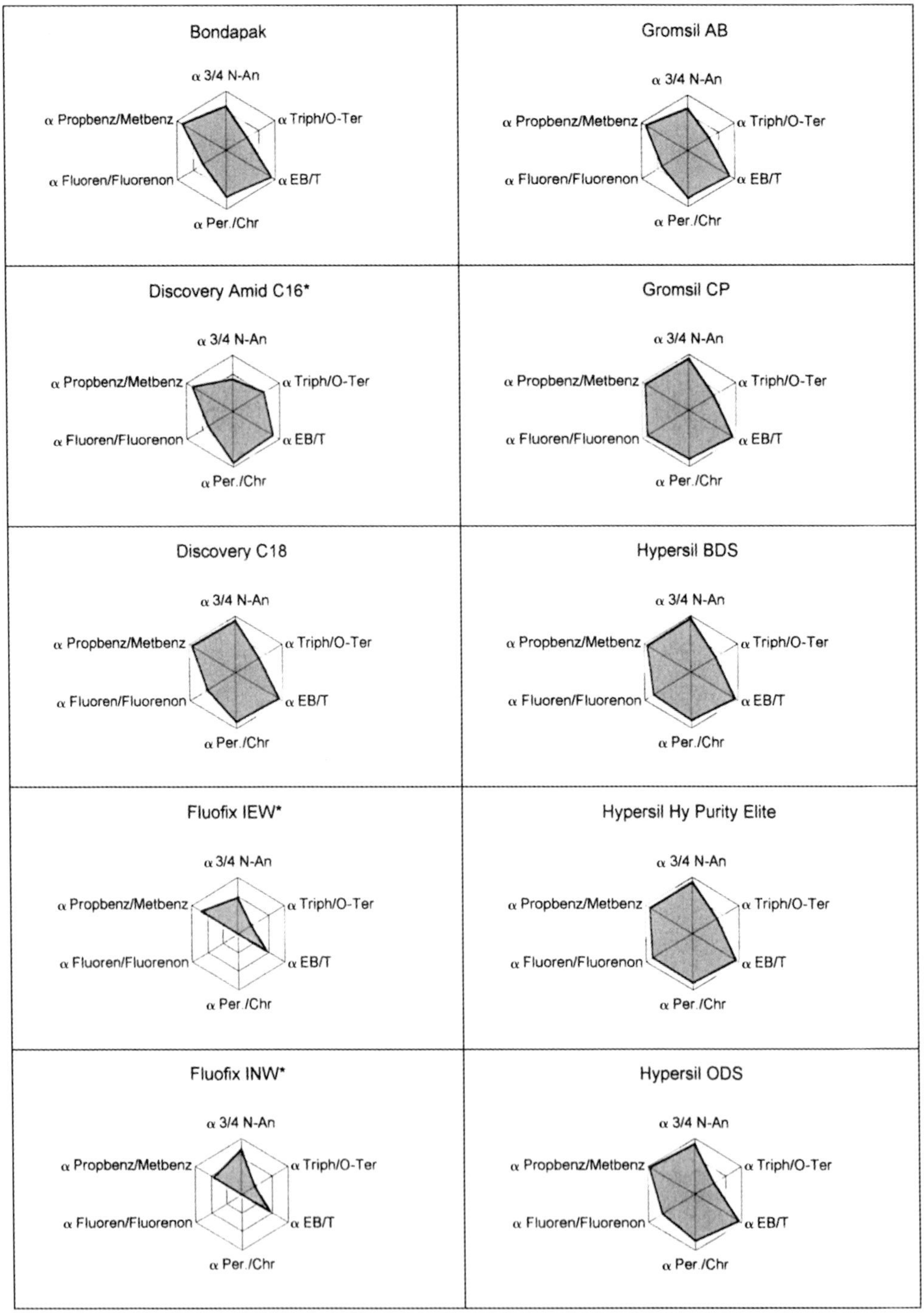

Bondapak

α 3/4 N-An
α Triph/O-Ter
α EB/T
α Per./Chr
α Fluoren/Fluorenon
α Propbenz/Metbenz

Gromsil AB

α 3/4 N-An
α Triph/O-Ter
α EB/T
α Per./Chr
α Fluoren/Fluorenon
α Propbenz/Metbenz

Discovery Amid C16*

α 3/4 N-An
α Triph/O-Ter
α EB/T
α Per./Chr
α Fluoren/Fluorenon
α Propbenz/Metbenz

Gromsil CP

α 3/4 N-An
α Triph/O-Ter
α EB/T
α Per./Chr
α Fluoren/Fluorenon
α Propbenz/Metbenz

Discovery C18

α 3/4 N-An
α Triph/O-Ter
α EB/T
α Per./Chr
α Fluoren/Fluorenon
α Propbenz/Metbenz

Hypersil BDS

α 3/4 N-An
α Triph/O-Ter
α EB/T
α Per./Chr
α Fluoren/Fluorenon
α Propbenz/Metbenz

Fluofix IEW*

α 3/4 N-An
α Triph/O-Ter
α EB/T
α Per./Chr
α Fluoren/Fluorenon
α Propbenz/Metbenz

Hypersil Hy Purity Elite

α 3/4 N-An
α Triph/O-Ter
α EB/T
α Per./Chr
α Fluoren/Fluorenon
α Propbenz/Metbenz

Fluofix INW*

α 3/4 N-An
α Triph/O-Ter
α EB/T
α Per./Chr
α Fluoren/Fluorenon
α Propbenz/Metbenz

Hypersil ODS

α 3/4 N-An
α Triph/O-Ter
α EB/T
α Per./Chr
α Fluoren/Fluorenon
α Propbenz/Metbenz

Abb. 27 Selektivitätshexagone „Verschiedene aromatische Verbindungen in Methanol/Wasser".

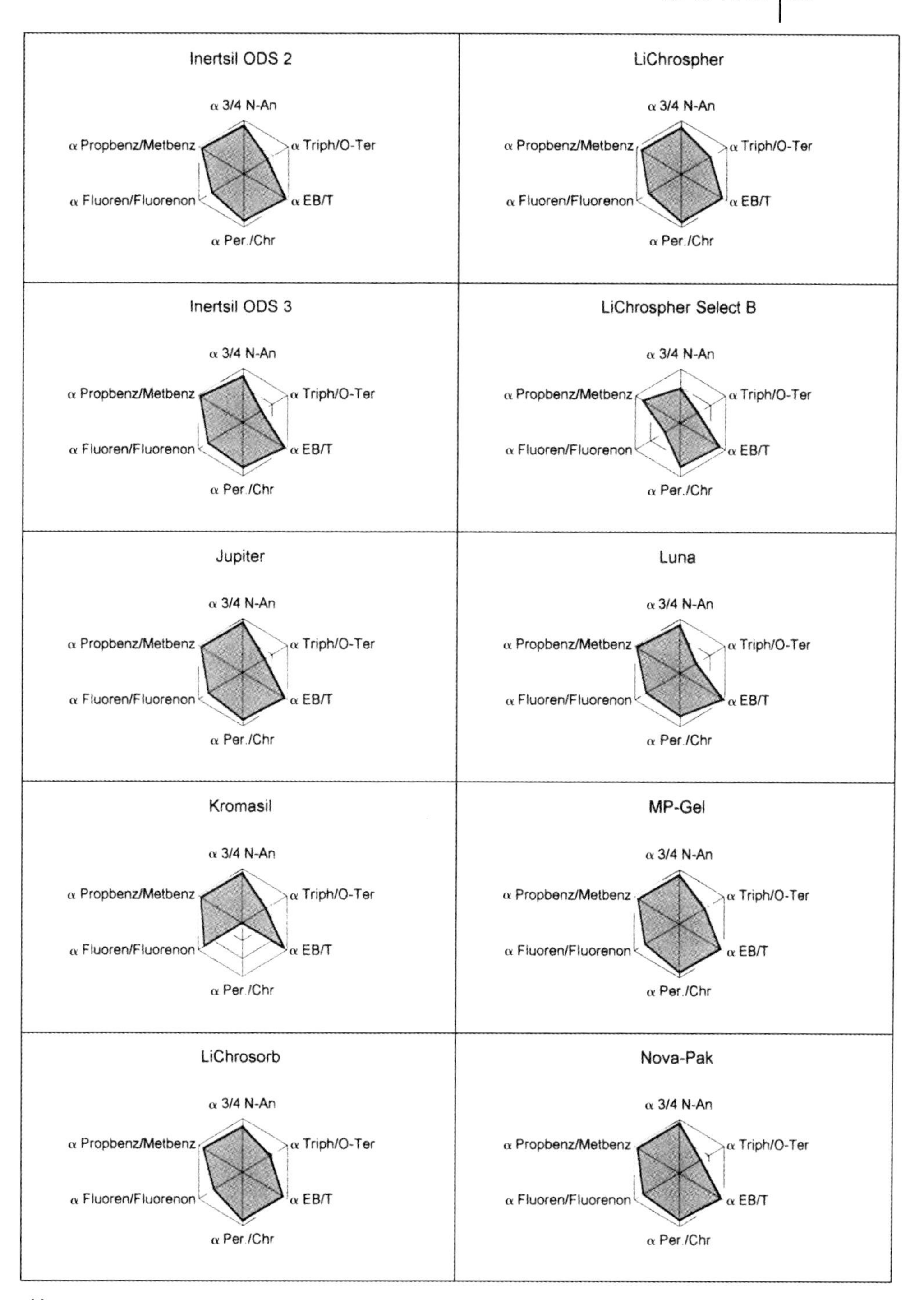

Abb. 27 (Fortsetzung)

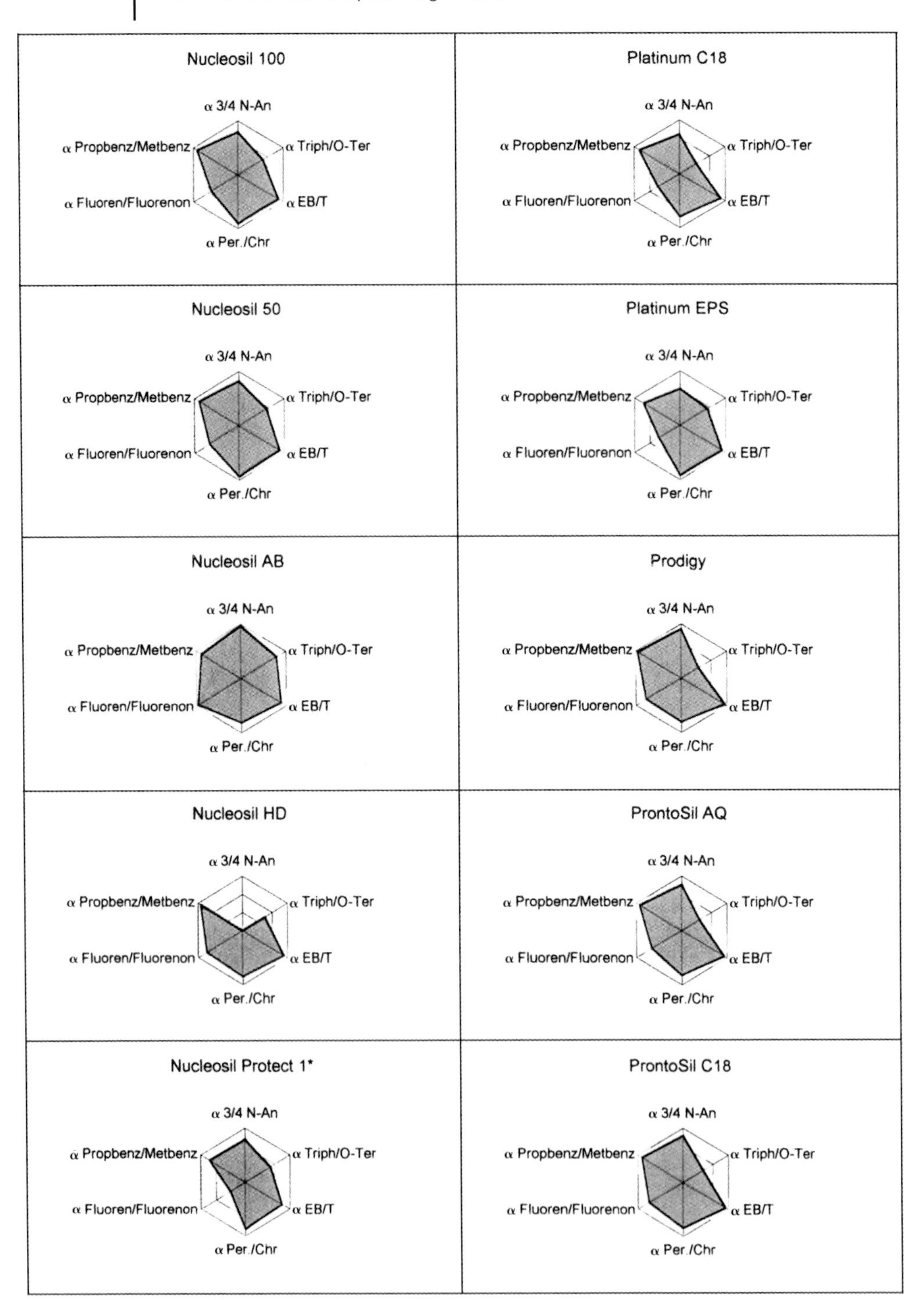

Abb. 27 (Fortsetzung)

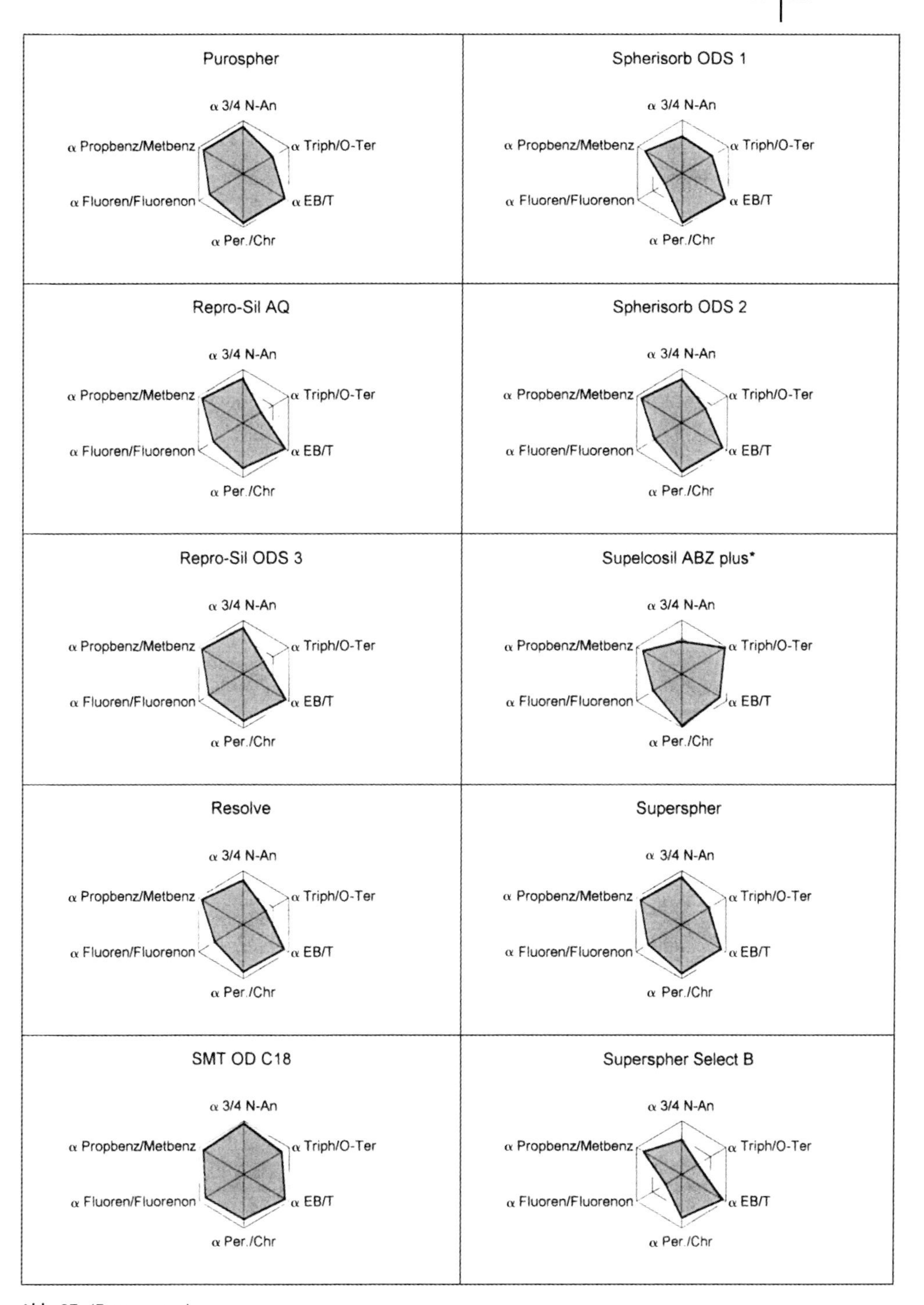

Abb. 27 (Fortsetzung)

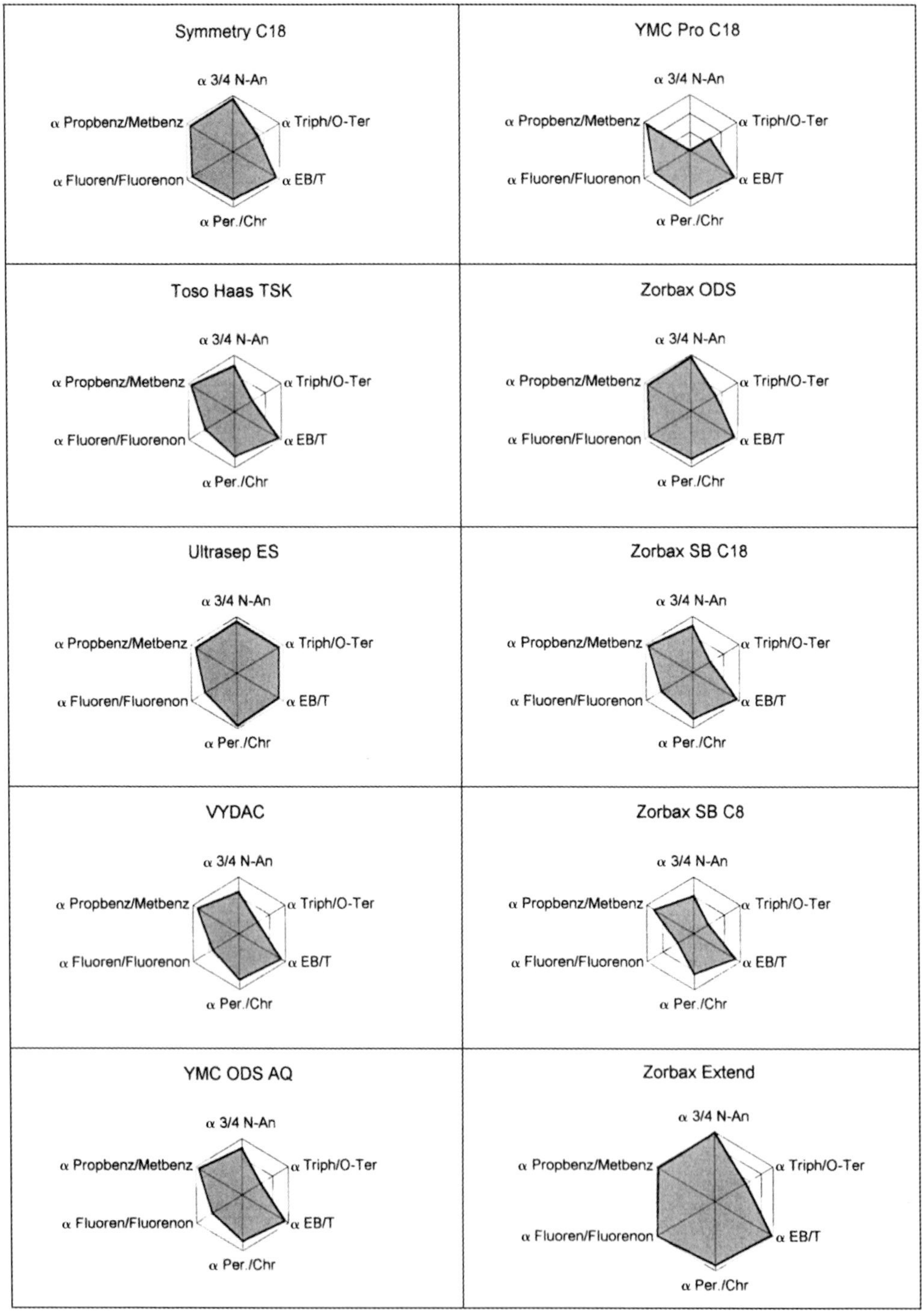

Symmetry C18

α 3/4 N-An
α Triph/O-Ter
α EB/T
α Per./Chr
α Fluoren/Fluorenon
α Propbenz/Metbenz

YMC Pro C18

α 3/4 N-An
α Triph/O-Ter
α EB/T
α Per./Chr
α Fluoren/Fluorenon
α Propbenz/Metbenz

Toso Haas TSK

α 3/4 N-An
α Triph/O-Ter
α EB/T
α Per./Chr
α Fluoren/Fluorenon
α Propbenz/Metbenz

Zorbax ODS

α 3/4 N-An
α Triph/O-Ter
α EB/T
α Per./Chr
α Fluoren/Fluorenon
α Propbenz/Metbenz

Ultrasep ES

α 3/4 N-An
α Triph/O-Ter
α EB/T
α Per./Chr
α Fluoren/Fluorenon
α Propbenz/Metbenz

Zorbax SB C18

α 3/4 N-An
α Triph/O-Ter
α EB/T
α Per./Chr
α Fluoren/Fluorenon
α Propbenz/Metbenz

VYDAC

α 3/4 N-An
α Triph/O-Ter
α EB/T
α Per./Chr
α Fluoren/Fluorenon
α Propbenz/Metbenz

Zorbax SB C8

α 3/4 N-An
α Triph/O-Ter
α EB/T
α Per./Chr
α Fluoren/Fluorenon
α Propbenz/Metbenz

YMC ODS AQ

α 3/4 N-An
α Triph/O-Ter
α EB/T
α Per./Chr
α Fluoren/Fluorenon
α Propbenz/Metbenz

Zorbax Extend

α 3/4 N-An
α Triph/O-Ter
α EB/T
α Per./Chr
α Fluoren/Fluorenon
α Propbenz/Metbenz

Abb. 27 (Fortsetzung)

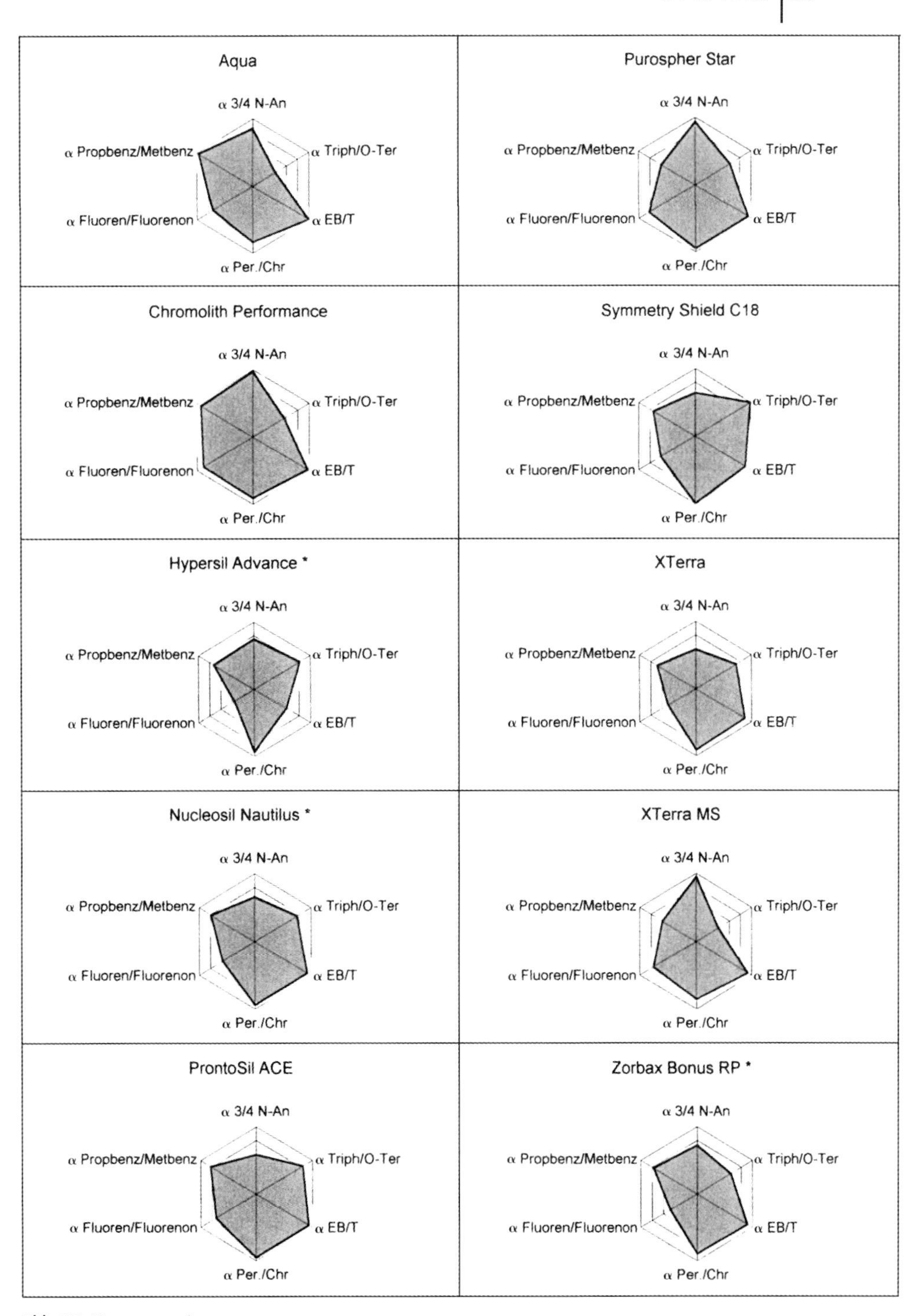

Abb. 27 (Fortsetzung)

Beispiel 2: Neutrale und saure aromatische Verbindungen in ungepuffertem Eluenten/im sauren Phosphatpuffer

Man betrachte Abb. 28.

Ergebnisse

- Das im Vergleich zu Prontosil C_{18} hydrophilere Prontosil AQ trennt das polare Paar Phthal-/Terephthalsäure besser, ansonsten sind die beiden Phasen recht ähnlich.
- Praktisch identische Phasen stellen Reprosil AQ und Prontosil AQ dar.
- Das polare XTerra-Material („embedded phase") trennt Triphenylen/*o*-Terphenyl und Phthal-/Terephthalsäure gut, während das apolare XTerra MS (klassische Belegung) für 3-/4-Nitroanilin und 3-Hydroxy-/4-Hydroxybenzoesäure selektiver ist.
- LiChrospher ist bekanntlich identisch mit Superspher; der einzige Unterschied liegt in der Korngröße (5 μm gegenüber 4 μm). Die Hexagone sind praktisch gleich. Ähnlich verhält sich LiChrospher Select B und Superspher Select B.
- Bei den Zorbax SB-Materialien ist die Oberfläche durch die sperrige Diisopropylgruppe sterisch gut abgeschirmt. Sie zeigen damit eine geringe Selektivität für die Trennung Triphenylen/*o*-Terphenyl.

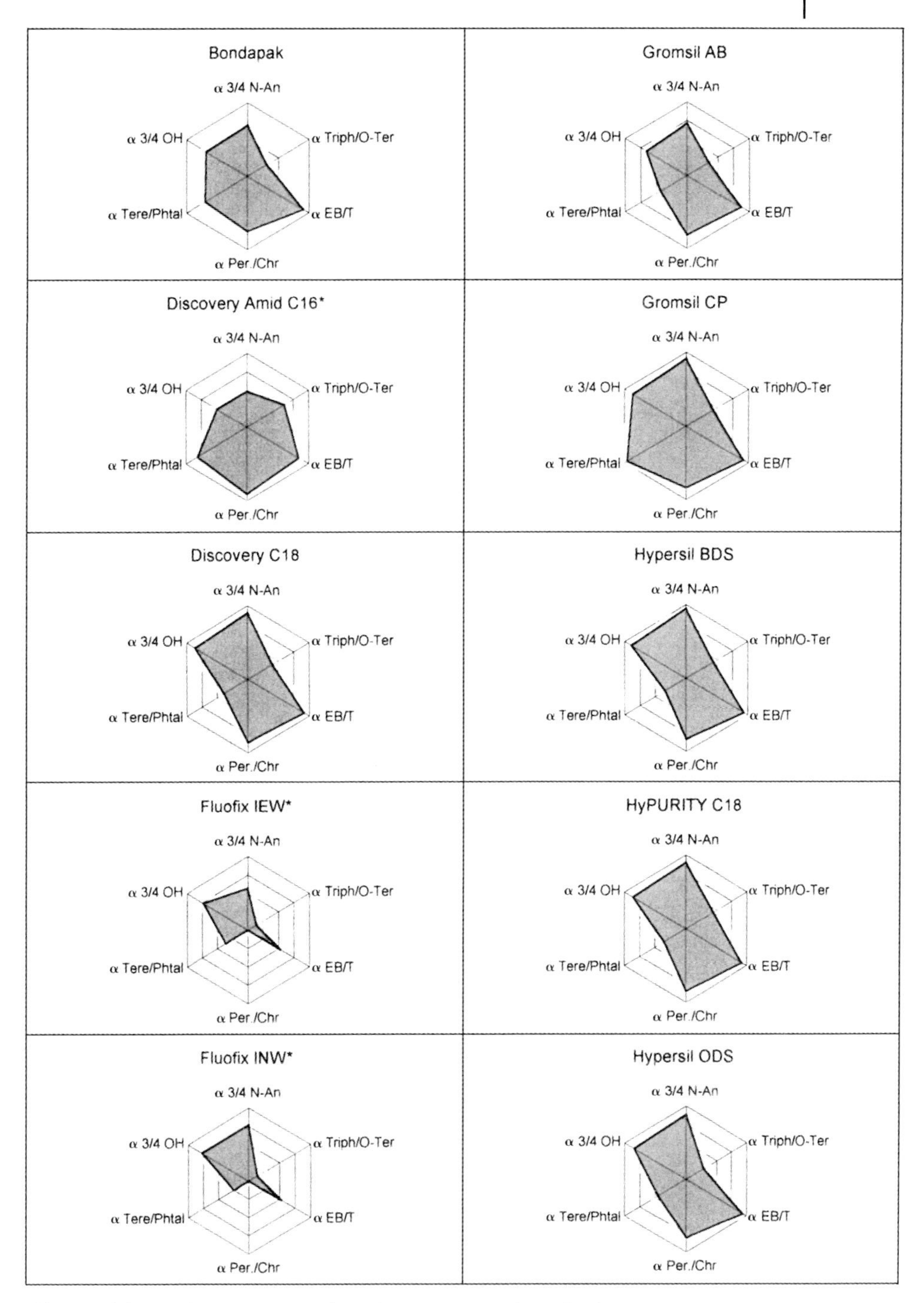

Abb. 28 Selektivitätshexagone „Neutrale und saure aromatische Verbindungen in ungepuffertem Eluenten/im sauren Phosphatpuffer".

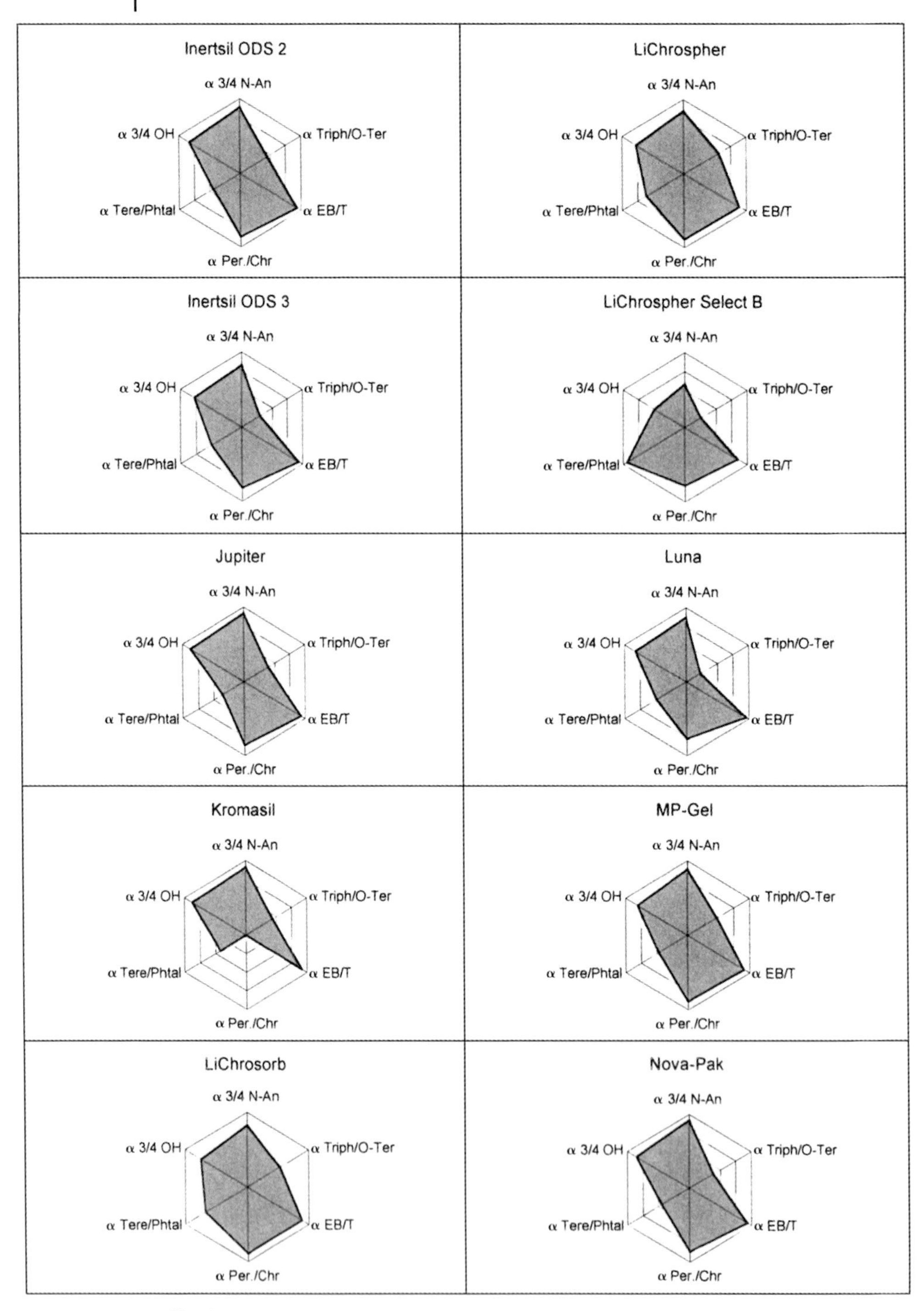

Abb. 28 (Fortsetzung)

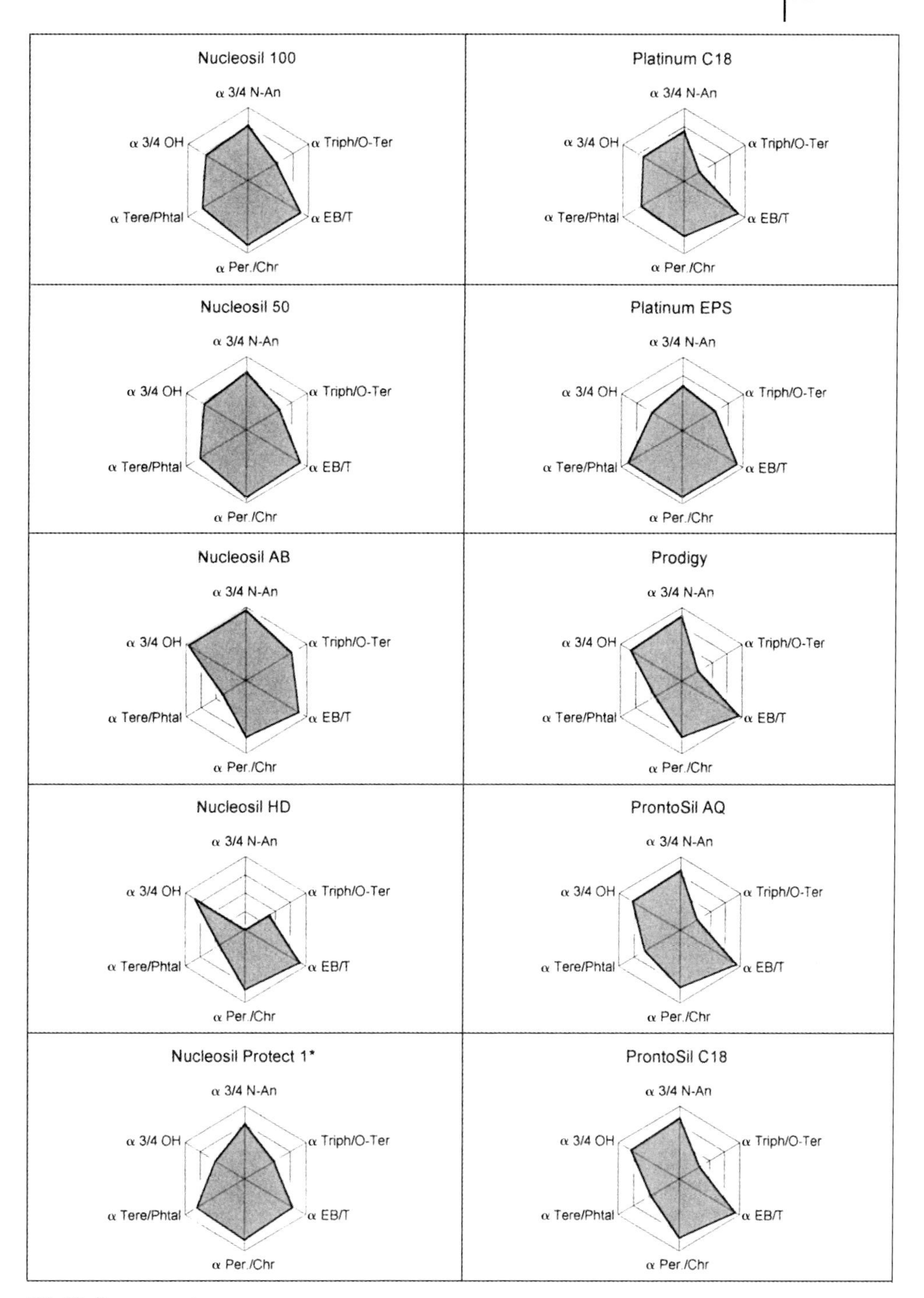

Abb. 28 (Fortsetzung)

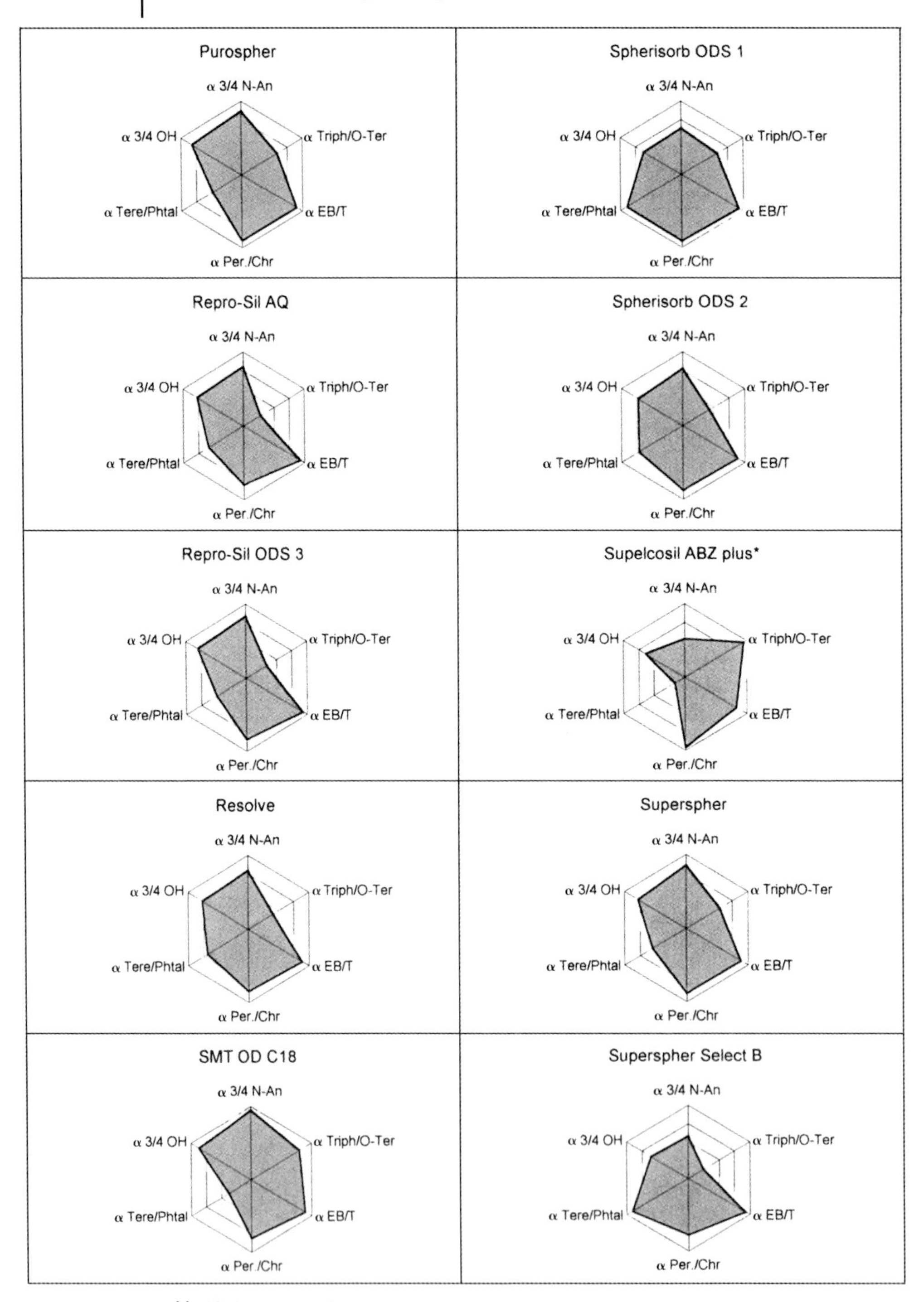

Abb. 28 (Fortsetzung)

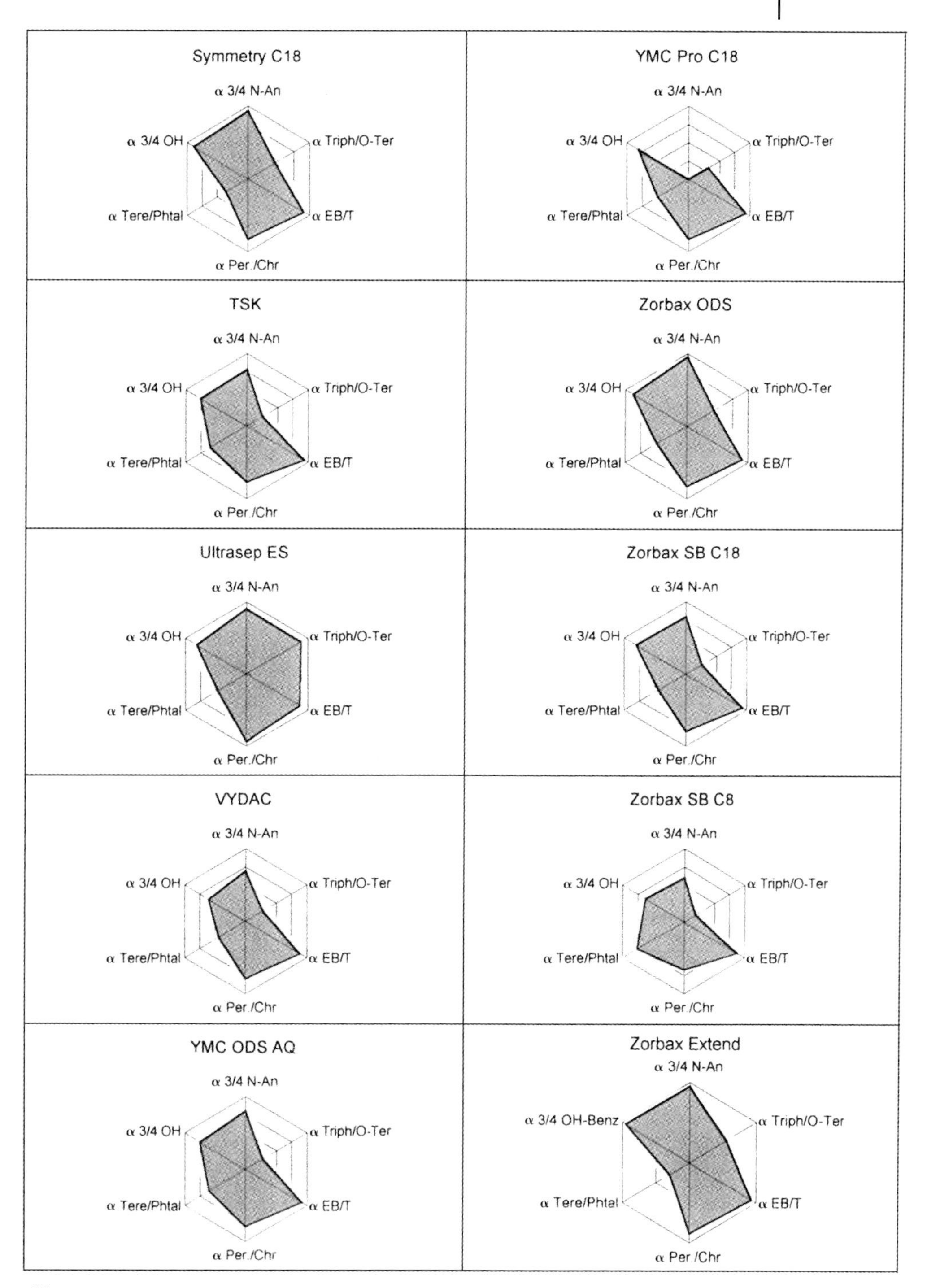

Abb. 28 (Fortsetzung)

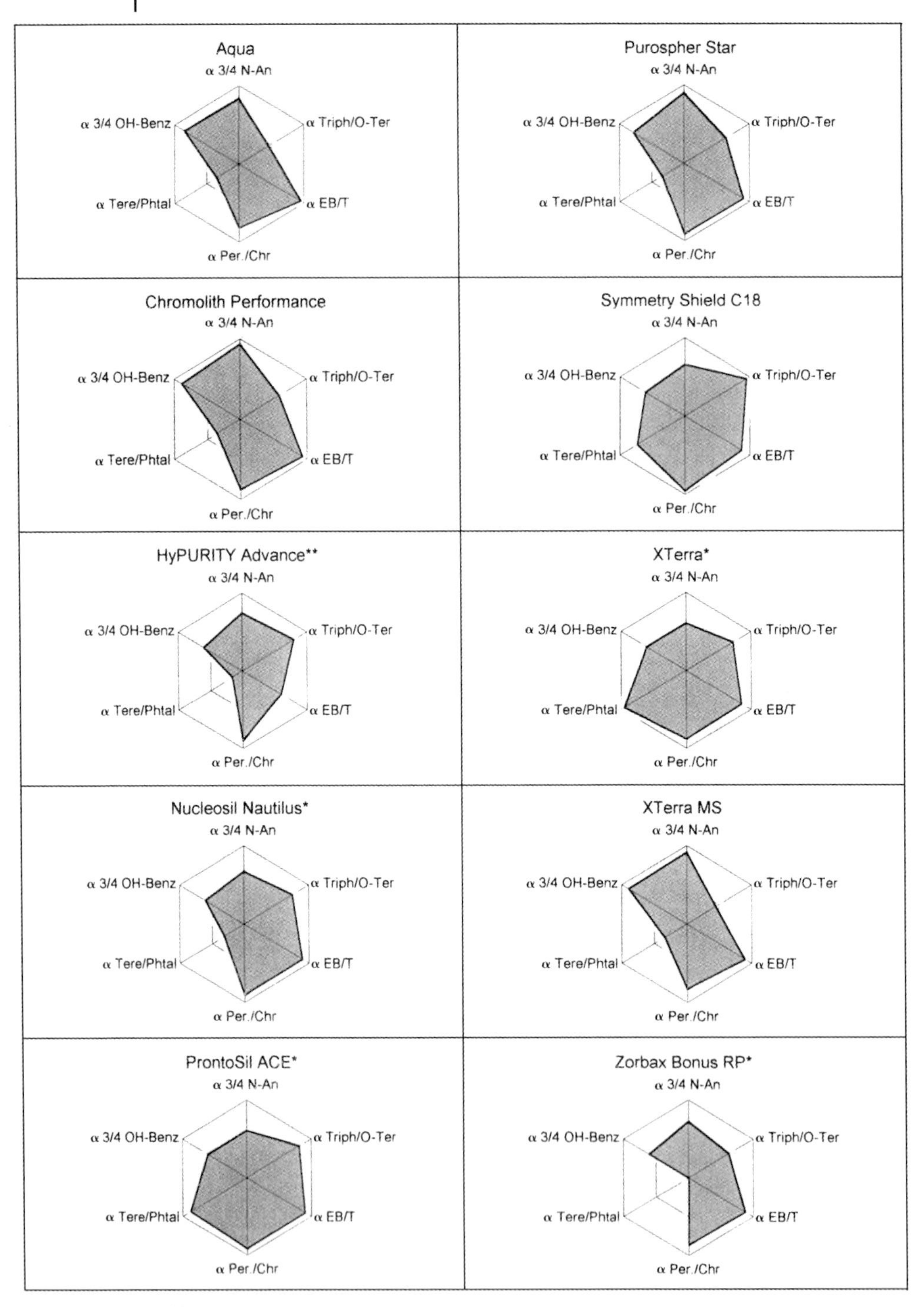

Abb. 28 (Fortsetzung)

Beispiel 3: Aromatische Säuren in ungepuffertem Eluenten/im sauren Phosphatpuffer

Man betrachte Abb. 29.

Für die Erstellung dieses Hexagons wurden bewusst sowohl sich stark unterscheidende Analytpaare (z. B. hydrophob/polar) als auch stark unterschiedliche Eluenten (Methanol/Wasser, saurer Puffer) verwendet. Es soll so die Selektivität der Säulen für unterschiedliche Fragestellungen dargestellt werden, d. h. der Einsatz einer Säule als „Universalsäule“ für saure, aromatische Verbindungen.

Ergebnisse

- Für eine gute Selektivität bei der Trennung von planaren/nichtplanaren Molekülen werden polare Gruppierungen an der Oberfläche benötigt. Ein lediglich polarer Charakter der Phase, wie z. B. durch eine kurze C_8-Alkylkette, reicht nicht aus.
- Inertsil ODS 2 hat einen höheren Bedeckungsgrad, zeigt aber gleichzeitig auch einen polareren Charakter (polare „Verunreinigungen“ an der Oberfläche?) als Inertsil ODS 3 mit einer „besser“ abgedeckten, jedoch niedriger belegten Oberfläche.
- Purospher e scheint die „polarste“ der hydrophoben Phasen zu sein, es verhält sich unwesentlich apolarer (bei Abwesenheit von Basen!) als LiChrospher/Superspher.
- Prontosil AQ verhält sich – wenn als Eluent nicht mehr als ca. 90 % Wasser/Puffer verwendet wird – kaum polarer als Prontosil, Reprosil AQ kaum polarer als Reprosil. Diese Materialien sind – auch nach den Ergebnissen aus anderen Experimenten – untereinander als sehr ähnlich zu bezeichnen. Prontosil ACE ist das mit Abstand polarste der „Prontosil-Familie“. YMC AQ dagegen verhält sich anders als YMC Pro C_{18}. Das ist auch verständlich, handelt es sich doch um unterschiedliche Basiskieselgele.
- SynergiMAX RP und Luna 2 sind zwei stark hydrophobe RP-Materialien.
- Symmetry, ein klassisches Material auf Basis von Kieselgel, ist für die Trennung von Triphenylen/*o*-Terphenyl selektiver als das Hybridmaterial XTerra MS. Bei letzterem ist die Silanolgruppen-Dichte an der Oberfläche offensichtlich geringer.
- Symmetry Shield ist zwar hydrophober als das niedrig belegte XTerra (s. α-Werte von Isobutyl-/Isopropylmethylketon und 3-/4-Nitroanilin), verfügt aber offensichtlich genau wie Symmetry über mehr Oberflächen-Silanolgruppen als XTerra.
- Zorbax Bonus ist hydrophober als Nucleosil Nautilus, Letzteres hydrophober als Prontosil ACE, und als polarste „embedded phase“ mit einer langen Alkylkette kann Symmetry Shield mit Carbamat als eingebaute, polare Gruppe angesehen werden.
- Die polarsten „embedded phases“ überhaupt sind solche mit noch kürzeren Alkylketten: HyPURITY ADVANCE und SynergiPOLAR RP.

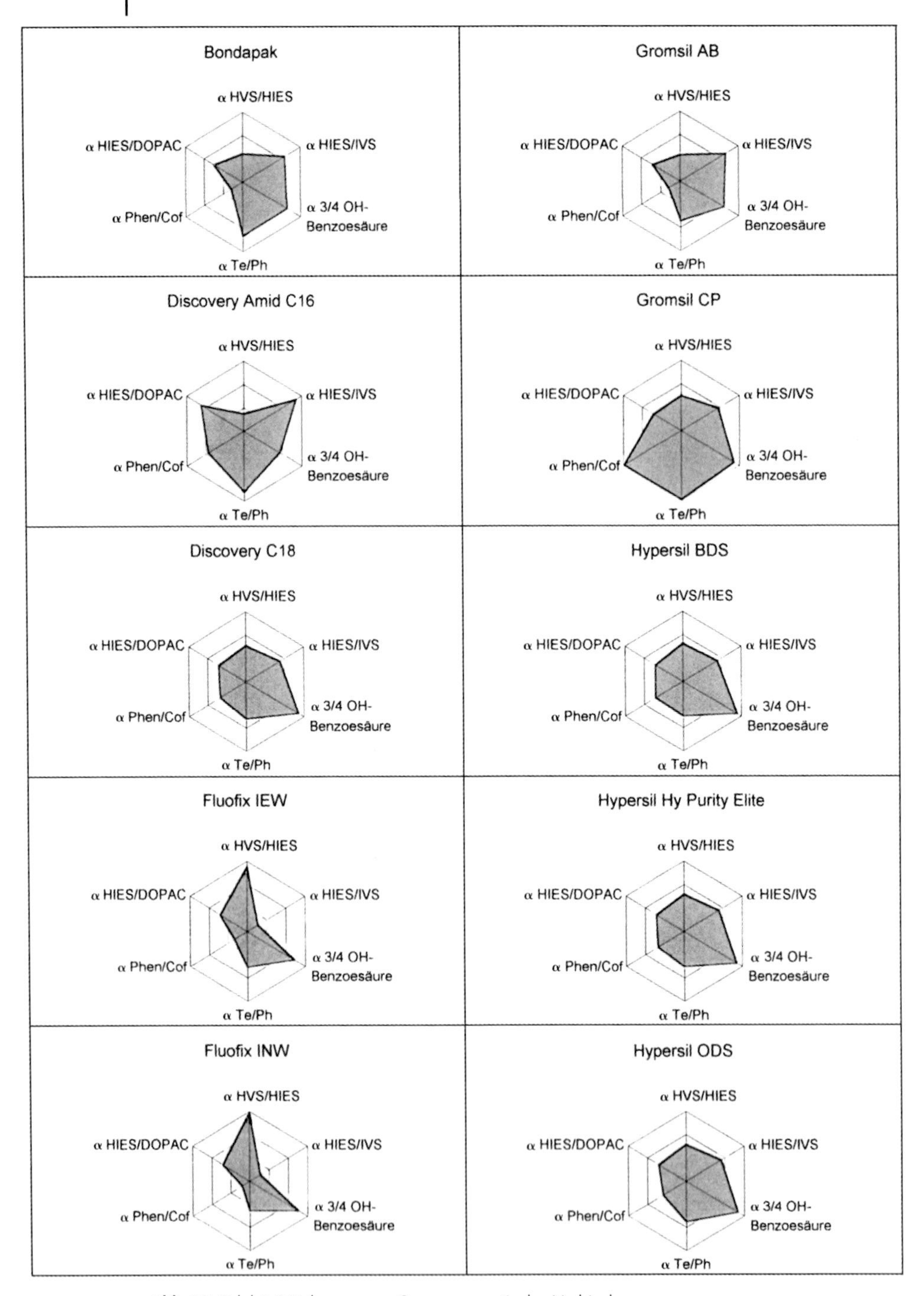

Abb. 29 Selektivitätshexagone „Saure aromatische Verbindungen in ungepuffertem Eluenten/im sauren Phosphatpuffer".

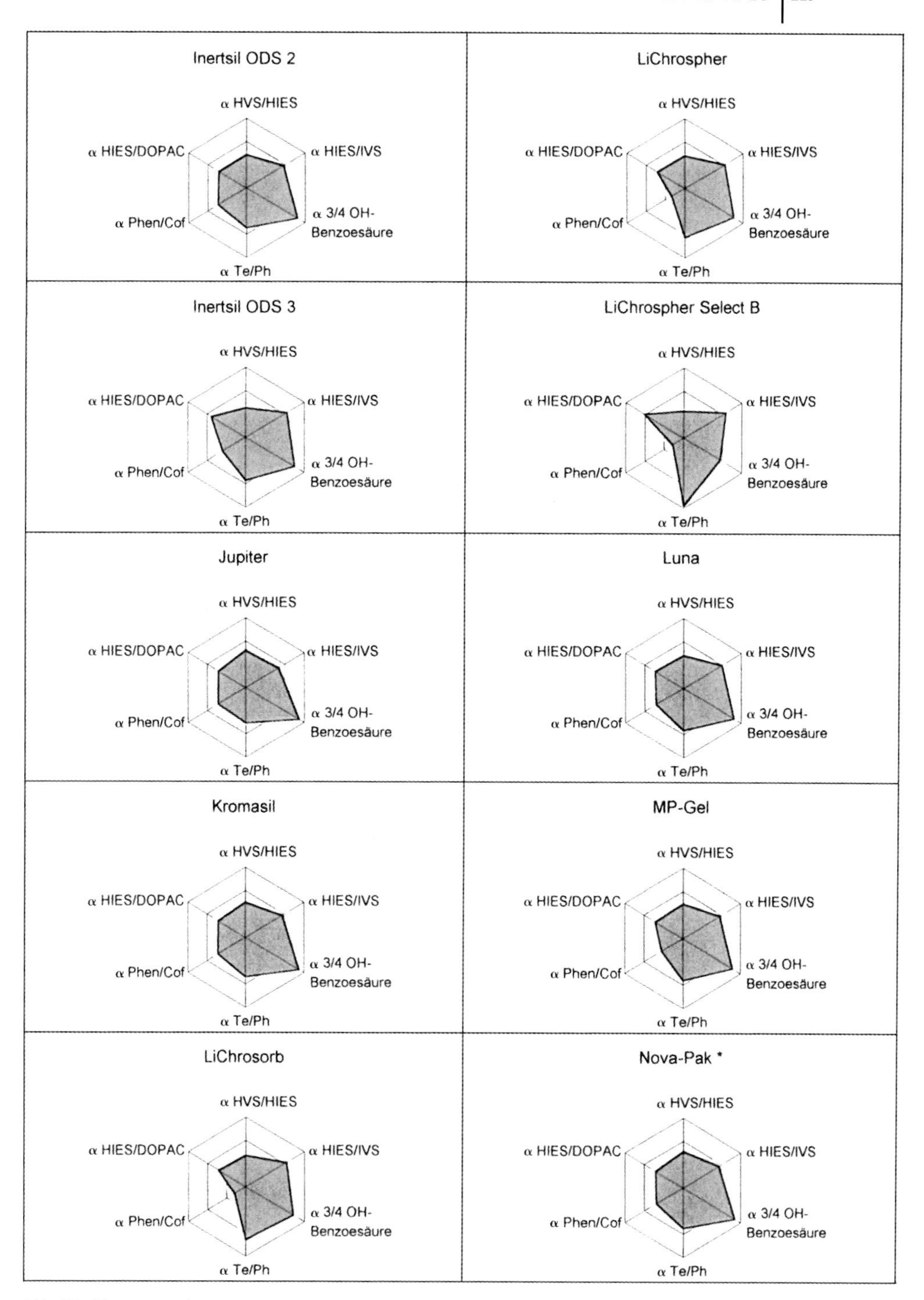

Abb. 29 (Fortsetzung)

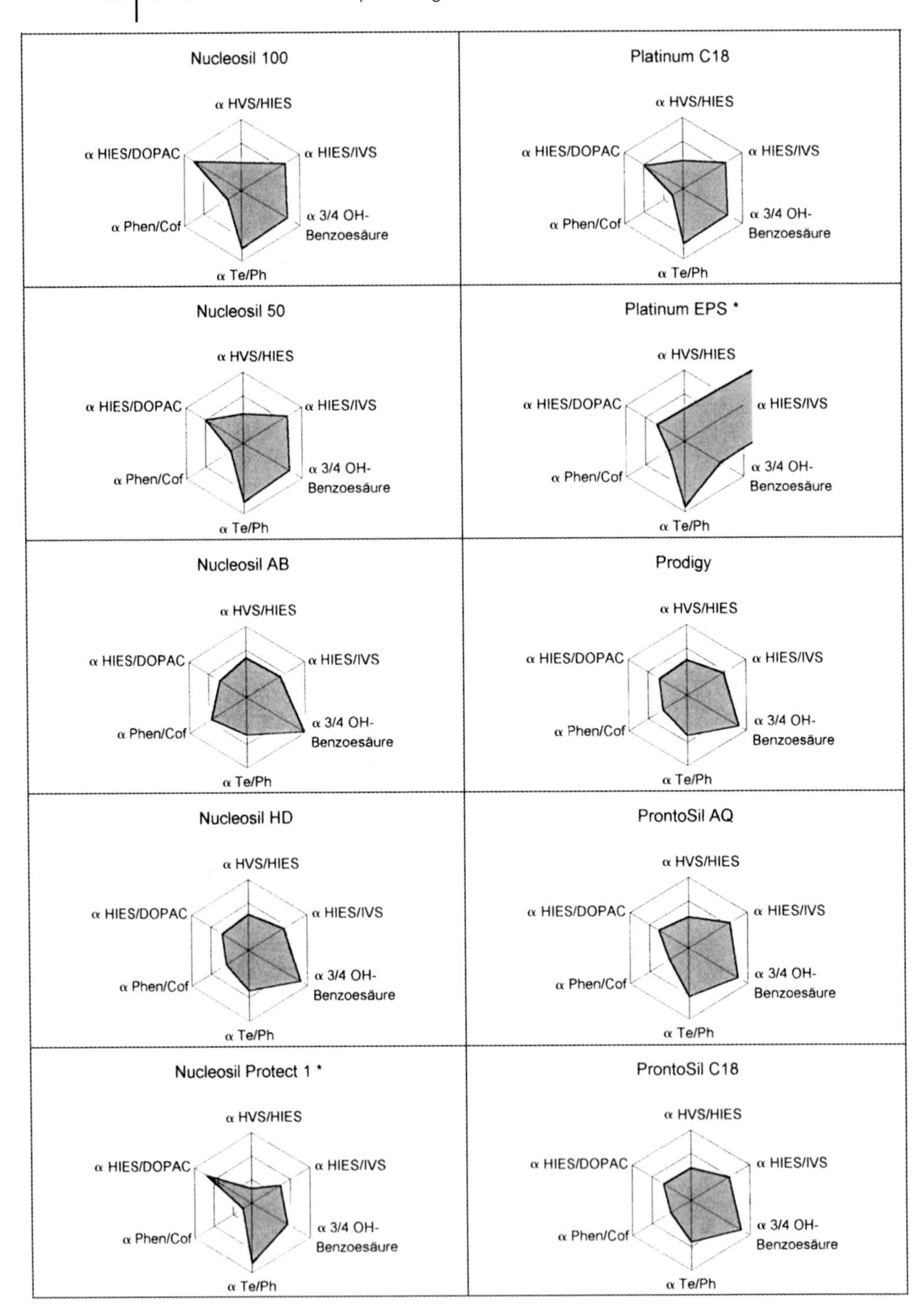

Abb. 29 (Fortsetzung)

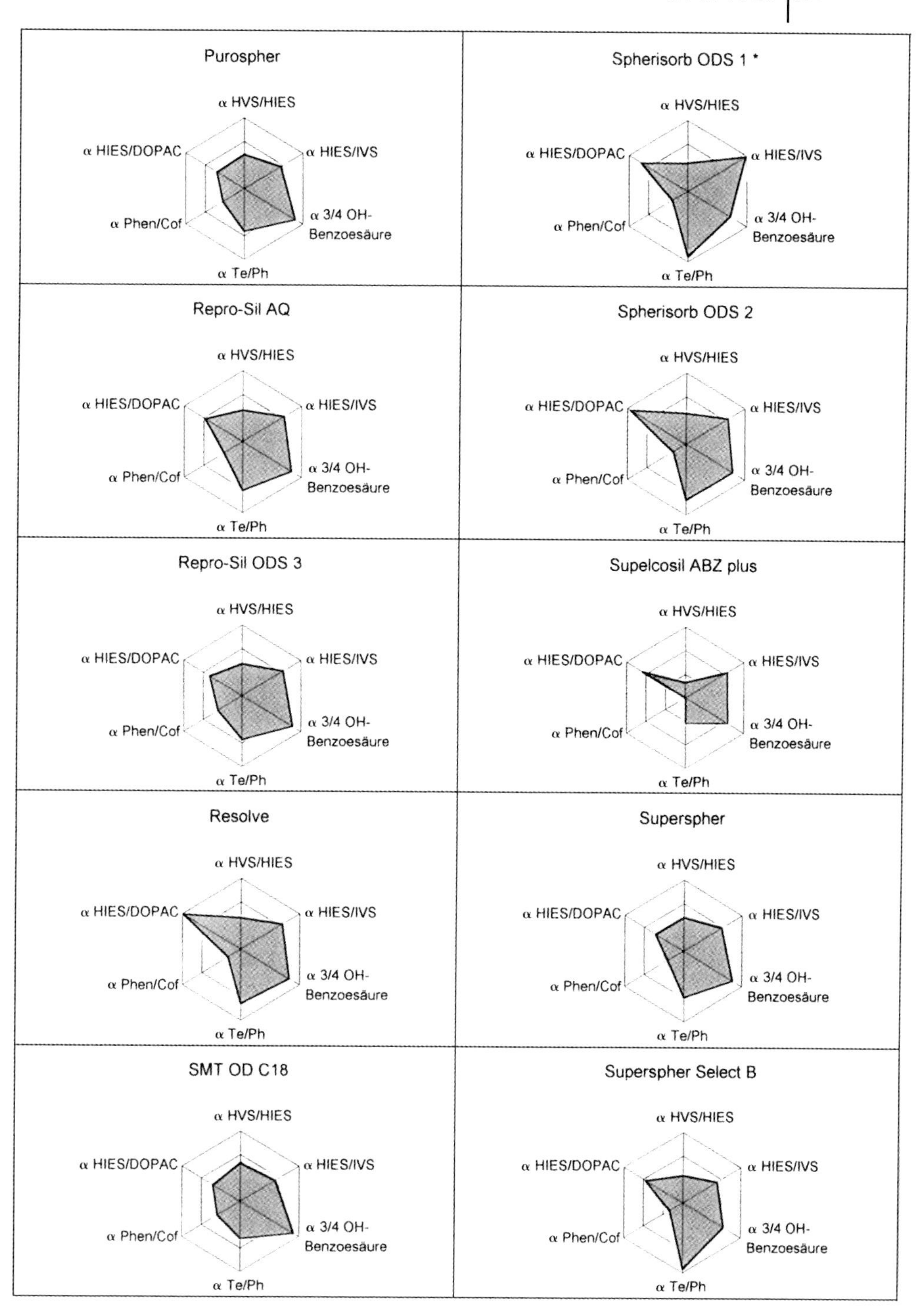

Abb. 29 (Fortsetzung)

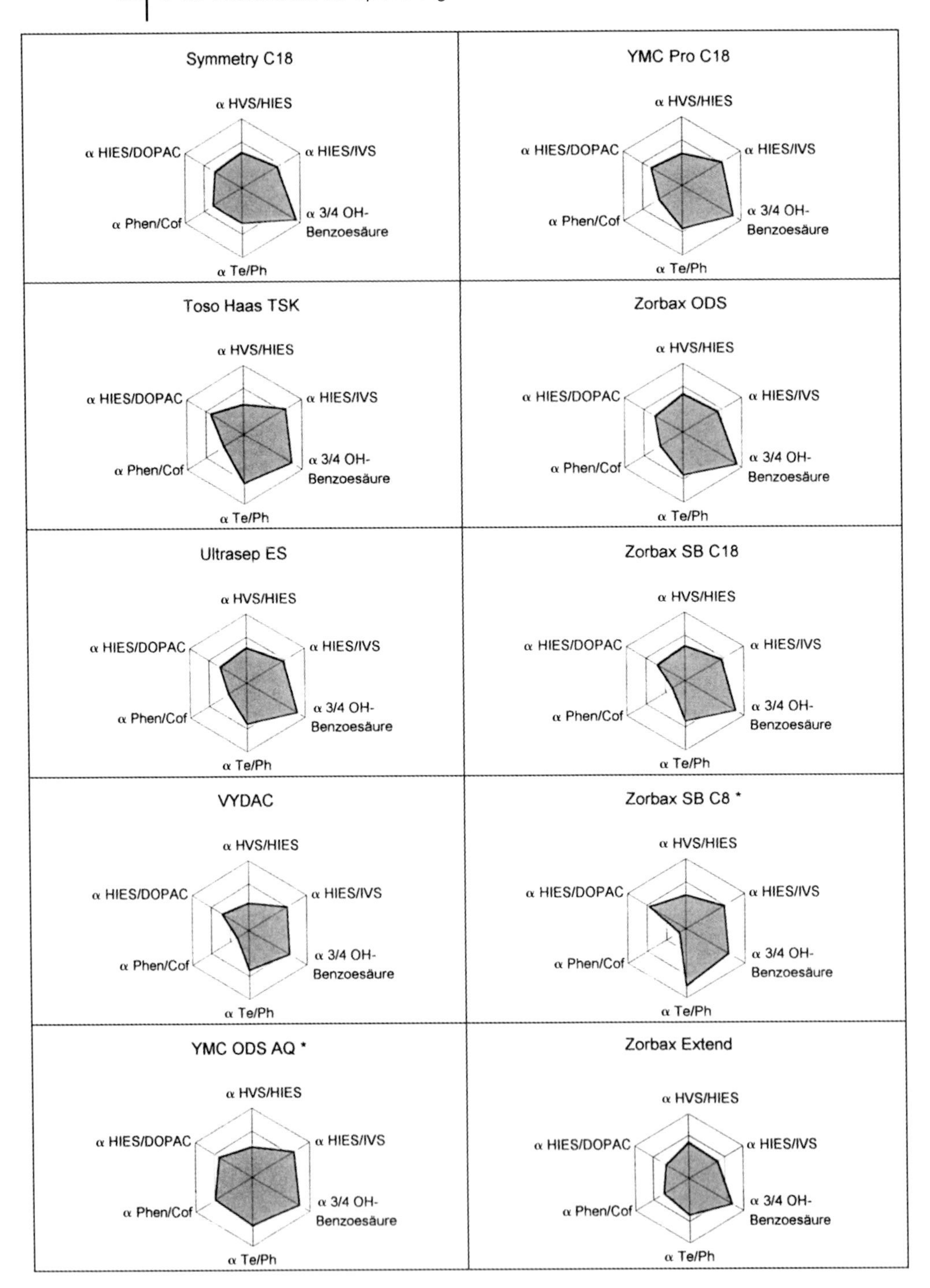

Abb. 29 (Fortsetzung)

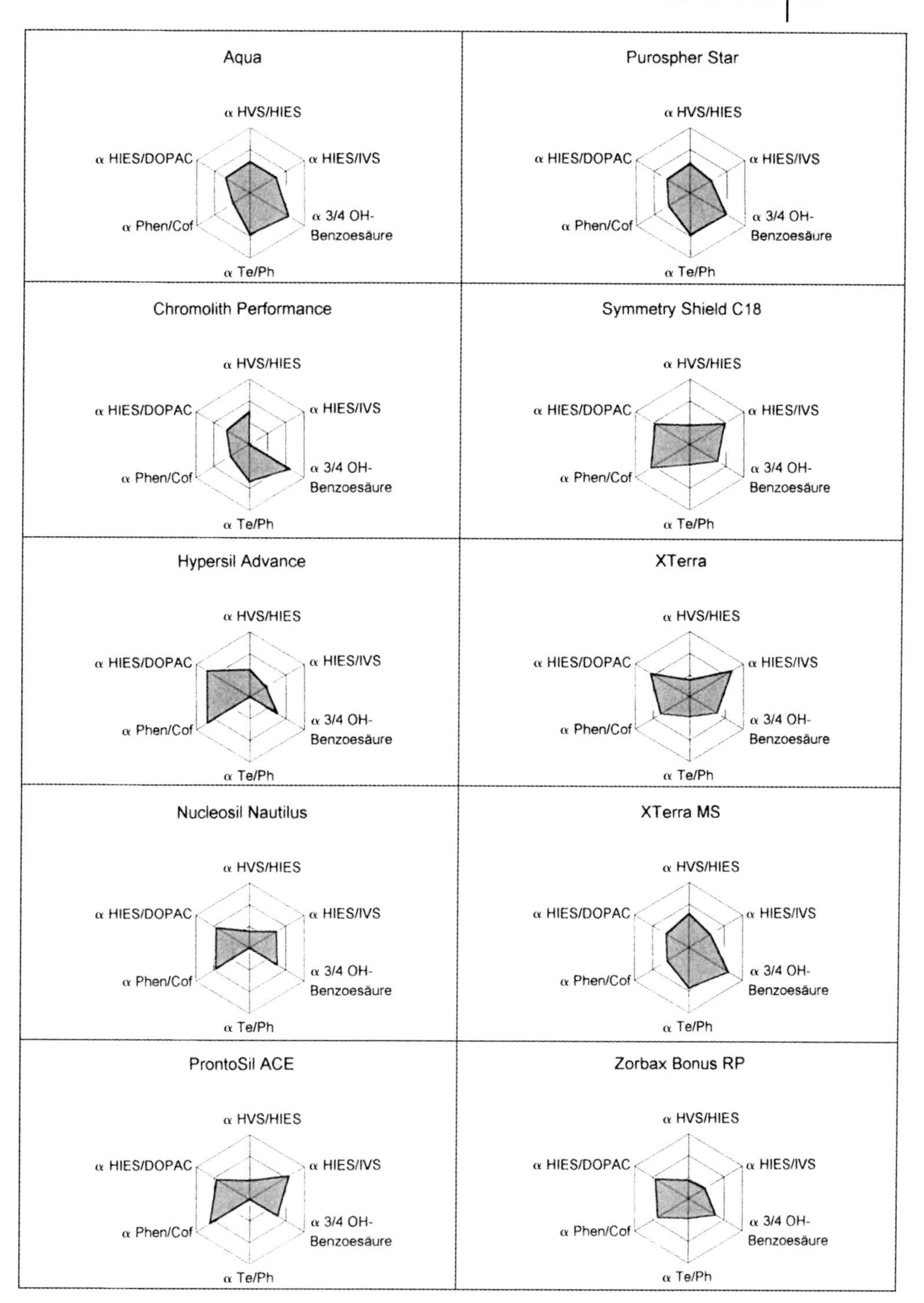

Abb. 29 (Fortsetzung)

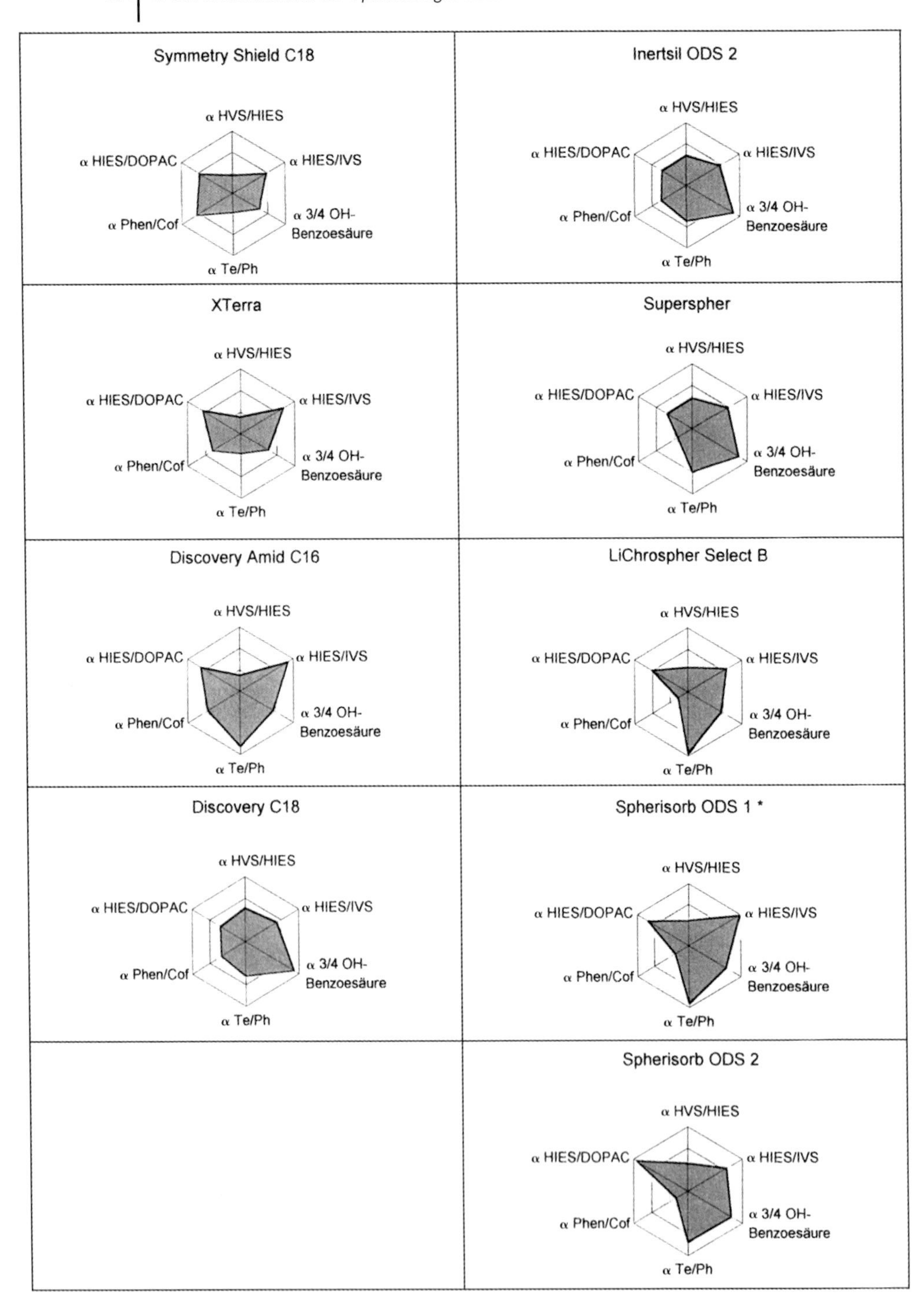

Abb. 30 Ausgesuchte Säulen aus Abb. 29. Erläuterungen siehe Text.

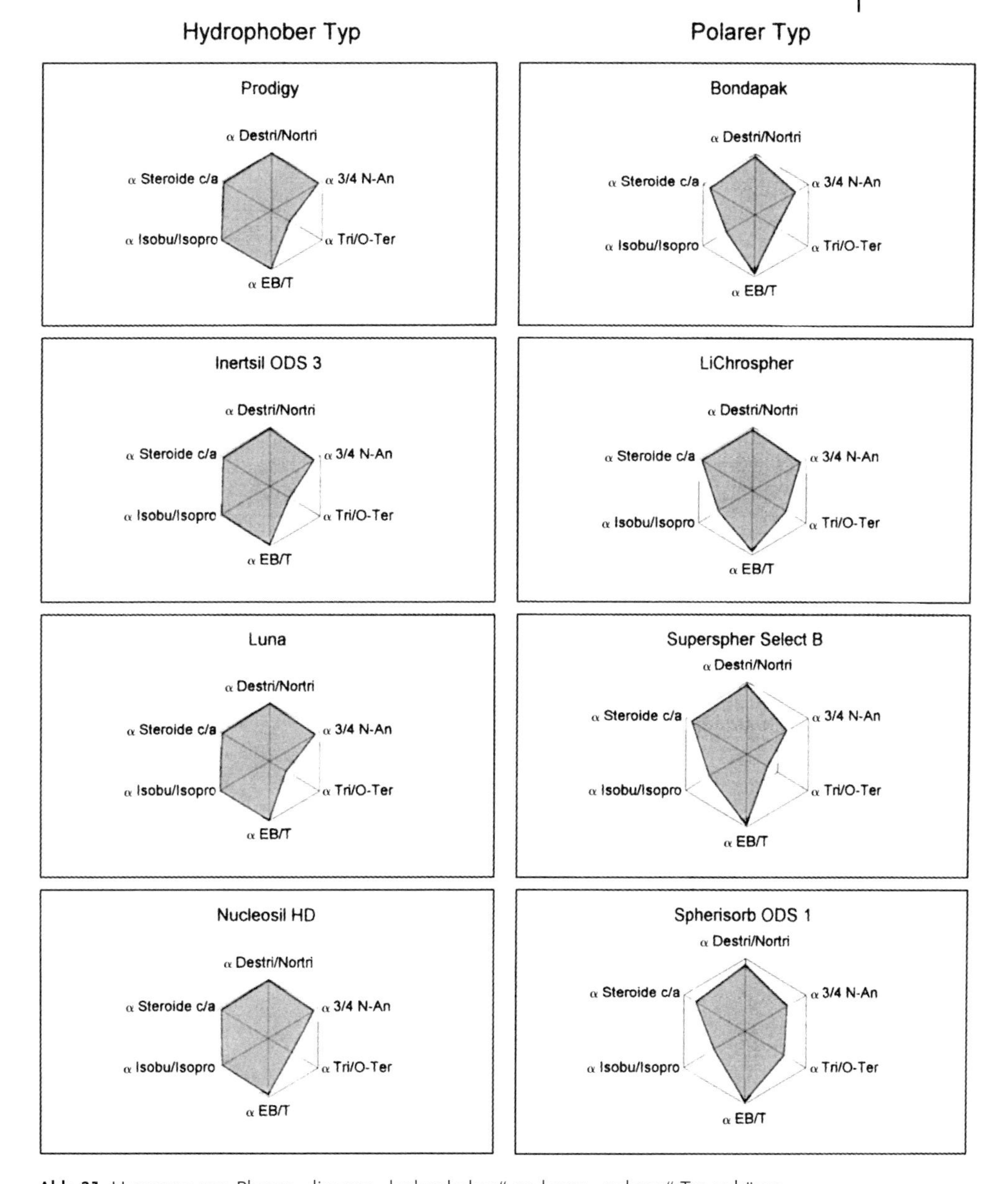

Abb. 31 Hexagone von Phasen, die zum „hydrophoben" und zum „polaren" Typ gehören.

Einige Hexagone aus Abb. 29 sind in Abb. 30 unmittelbar nebeneinander dargestellt. In der linken Spalte ist die erhöhte Hydrophobie von Discovery C_{18} gegenüber Discovery Amid C_{16} klar erkennbar: Gute Selektivität bei der Trennung von schwächeren Säuren (α3/4OH-Benzoesäure), aber eine dürftige für stärker dissoziiert vorliegende Säuren (αHIES/IVS). Discovery Amid C16 verhält sich genau umgekehrt. Symmetry Shield, auf Basis von Kieselgel hergestellt, zeigt gegenüber Phenol eine höhere Affinität als das niedrig belegte Hybridmaterial XTerra (mittlere Spalte). In der rechten Spalte ist der Übergang vom hydrophoben Inertsil ODS 2 – s. Ähnlichkeit mit Discovery C_{18} – über Superspher zu den recht polaren ODS-Phasen optisch klar erkennbar.

Schließlich werden in Abb. 31 charakteristische Hexagone dargestellt, die zum „hydrophoben" und zum „polaren" RP-Typ gehören. Solche Pictogramme können der schnellen, optischen Zuordnung einer Phase bzgl. ihres Selektivitätsverhaltens für bestimmte Substanz(klass)en bei gegebenen Bedingungen dienen.

2.1.1.4.4 **Chemometrische Analyse der chromatographischen Daten**

Chemometrische Tools sind Werkzeuge, die anhand charakteristischer Zahlen (Eigenschaften) die Ähnlichkeit von Objekten, hier Säulen, sichtbar machen. Ihre Stärke liegt in dem Handling von großen Datenmengen in einem mehrdimensionalen Raum. Darüber hinaus erlauben sie eine Gewichtung der Kriterien (Faktoren), die zur Überprüfung der Ähnlichkeit herangezogen werden. Die Anwendung dieses Tools auf die HPLC wird ausführlich in Kap. 2.1.3 und 2.1.4 beschrieben. Nachfolgend werden aus unseren eigenen Arbeiten einige Ergebnisse vorgestellt. Wir haben dabei Variablen verwendet, die die unterschiedlichen chromatographischen Eigenschaften der Phasen charakterisieren.

Eine kurze Erläuterung zu den verwendeten Tools findet der Leser im Anhang. Für mehr Details über die Hintergründe der Chemometrie/multivariaten Analyse wird auf die weiterführende Literatur verwiesen. Zunächst wird kurz auf eine Datenanalyse eingegangen, die freundlicherweise von Prof. Dr. Zwanziger erstellt wurde. Obwohl bei dieser Analyse nur die Daten eines einzigen Experiments („Hydrophobie") berücksichtigt wurden, zeigen nachfolgende Befunde die Aussagekraft chemometrischer Tools.

In Abb. 32 ist die Clusterung von 24 Variablen für 30 Säulen dargestellt. Es sind zwei Cluster erkennbar. Im ersten Cluster („a") befinden sich die *k*-Werte sowie die Werte für die spezifische Oberfläche und der Kohlenstoffgehalt. Im zweiten Cluster („b") sind die restlichen Variablen wie z. B. die Asymmetriefaktoren (*AS*), die Bodenzahlen (*N*) und der Porendurchmesser enthalten.

Erkenntnisse/Anmerkungen

- Der *k*-Wert wird im Wesentlichen von der spezifischen Oberfläche und dem Kohlenstoffgehalt bestimmt.
- Während nun spezifische Oberfläche und Kohlenstoffgehalt für das Retentionsverhalten zuständig sind, erweisen sich diese Eigenschaften der Phasen bzgl. Selektivität – sogar für „typische" RP-Analyte wie Ethylbenzol/Toluol – nicht signifikant, für Triphenylen/*o*-Terphenyl („shape selectivity") nicht einmal relevant.
- Der Porendurchmesser ist verantwortlich für die Peaksymmetrie von verdrillten Strukturen wie *o*-Terphenyl.
- Es herrscht keine zwangsläufige Korrelation zwischen Bodenzahl und Asymmetriefaktor.

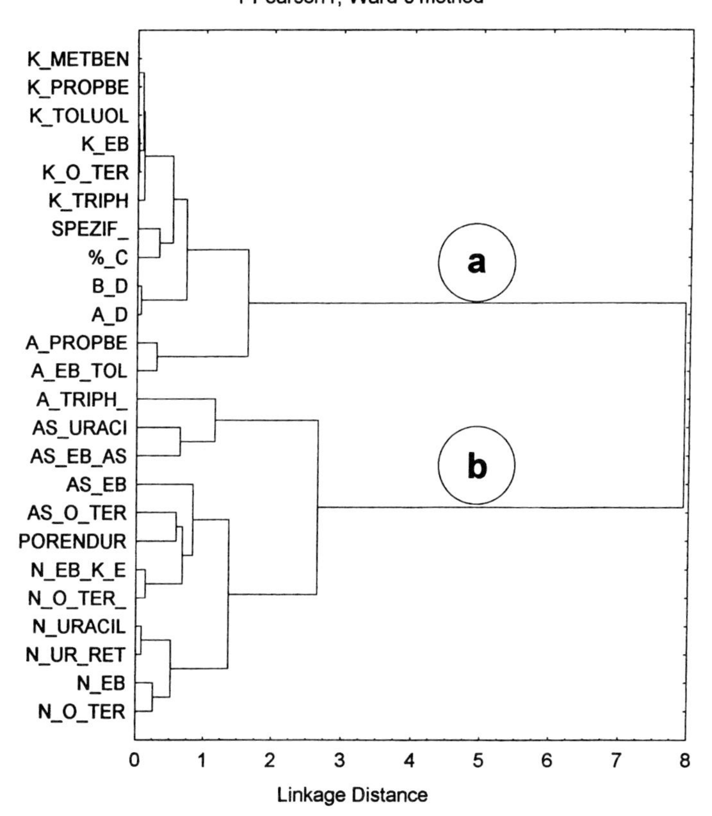

Abb. 32 Cluster-Bildung mit den Variablen „Analyte", „chromatographische Daten" (z. B. Retentionsfaktor) und „physikalische Eigenschaften der Phasen" (z. B. Porendurchmesser). Erläuterungen siehe Text.

Die Cluster-Analyse für 30 Säulen ergab ferner Folgendes:

- Wenn keine ionischen Wechselwirkungen „im Spiel sind", verhalten sich Hypersil BDS und Hypersil ODS ähnlich.
- Des Weiteren ist die Ähnlichkeit zwischen Prontosil und Reprosil sowie Luna und Prodigy augenscheinlich.

Wir haben ein recht umfangreiches Datenmaterial erstellt; es wurden insgesamt mehrere Tausend Werte für die Berechnungen verwertet. Einige aussagekräftige Graphiken, auf die unten Bezug genommen wird, befinden sich im Anhang.

Anmerkungen in Kurzform

- Es hat sich herausgestellt, dass die Ähnlichkeit der Säulen von dem zugrunde liegenden Parameter abhängig ist. Werden beispielsweise die Säulen über das Kriterium „Ähnlichkeit im Retentionsverhalten" verglichen (s. im Anhang Abb. Chem. 1, Retentionsfaktoren), so ergibt sich ein anderes Muster, als wenn das Kriterium „Ähnlichkeit in der Selektivität" gilt (s. Chem. 2, Trennfaktoren). Steht beispielsweise „nur" das Selektivitätsverhalten im Vordergrund, so sollten Dendrogramme wie Chem. 2 in Betracht gezogen werden. Soll als Kriterium für die Ähnlichkeiten auch das Retentionsverhalten (Analysendauer) gelten, so sollten für einen Vergleich Dendrogramme wie Chem. 3 herangezogen werden.

- Im Alkalischen werden die Phasen bzgl. Selektivität „ähnlicher". Es ergeben sich kleine Differenzen in den Trennfaktoren, die Verzweigung in den Dendrogrammen setzt verhältnismäßig früh an. Die Unterschiede der Phasen kommen dagegen im Neutralen und im Sauren zum Vorschein: Es gilt: $\Delta\alpha_{sauer} > \Delta\alpha_{neutral} > \Delta\alpha_{alkalisch}$. Folglich spielt im alkalischen Puffer das Säulenmaterial eine untergeordnete Rolle, die Säulenauswahl ist zweitrangig. Betrachten wir dazu Chem. 5 und 7, Chem. 15 und 19, Chem. 22 und 23 sowie Chem. 26 und 25. Nehmen wir als Beispiel Platinum EPS und HyPURITY ADVANCE. Beide sind stark polare Phasen; dies bestätigte sich in vielen Experimenten. Ihre „Sonderstellung" zeigt sich eindeutig in Chem. 4. Dort wird die Ähnlichkeit der Säulen unter Berücksichtigung aller Variablen demonstriert: Retentions- und Trennfaktoren im sauren/alkalischen Methanol/Acetonitril-Phosphatpuffer. Wird jedoch nicht im Sauren, sondern im Neutralen oder im Alkalischen gearbeitet, d. h., können die Phasen ihre „Individualität" nicht entfalten, so verhalten sich die besprochenen Phasen ähnlich wie alle anderen. Sie gehören nun der „Familie" an (s. Chem. 6). Im Übrigen ist eine Differenzierung zwischen HyPURITY ADVANCE und Platinum EPS im Neutralen möglich (s. Chem. 11). Platinum EPS ist die einzige der in Chem. 11 aufgeführten Phasen, die über eine große Anzahl polarer Gruppen auf der Oberfläche verfügt; ihre „Außenseiterrolle" ist offensichtlich. Chem. 8 (Ähnlichkeit im Sauren und im Neutralen) ähnelt stark Chem. 4. Dies ist ein weiterer Beweis, dass der alkalische Bereich keine Variabilität bietet. Mit anderen Worten: Trennungen mit Puffern im neutralen/schwach alkalischen Bereich sind nicht sehr geeignet, um zuverlässige Aussagen über die Ähnlichkeit von Phasen zu machen.

- In der Regel ist die Bandbreite der Selektivität in Methanol größer als in Acetonitril (vgl. dazu Chem. 21 und 24). Das bedeutet Folgendes: Ist man bestrebt, die maximale Selektivitätsbandbreite aus den Phasen „herauszuholen", sollte man in Methanol/Wasser bzw. in Methanol/saurer Puffer arbeiten.

- Es sei noch einmal betont: Es ergeben sich andere Ähnlichkeiten in Methanol vs. Acetonitril und im Sauren vs. Alkalischen. Dazu folgendes Beispiel: Nucleosil HD und XTerra MS verhalten sich im Sauren ähnlich (s. Chem. 7). Im Neutralen dagegen zeigt Nucleosil HD eine starke Ähnlichkeit mit Zorbax

Extend (Chem. 9). Die starke Ähnlichkeit zwischen Nucleosil HD und Zorbax Extend im Neutralen zeigt sich darin, dass sie sowohl unter Berücksichtigung nur der Trennfaktoren (Chem. 9) als auch der Trenn- und Retentionsfaktoren besteht (Chem. 10). Das bedeutet, dass zwei Säulen, die sich beispielsweise im Neutralen ähnlich verhalten, nicht unbedingt auch im sauren Puffer diese Ähnlichkeit zeigen. Für die Praxis könnte dies Folgendes bedeuten: Nehmen wir an, Säule A wird mit Eluent A getestet und als ungeeignet befunden; Säule B ebenso. Eine „negative" Ähnlichkeit ist also gegeben. Ändert man nun den Eluenten, z. B. jetzt neu: Eluent B (neutral oder sauer), so wäre es angebracht, *beide* Säulen mit dem neuen Eluenten zu testen. Ist eine Ähnlichkeit (als Kriterium gilt das Chromatogramm) auch mit dem zweiten Eluenten festzustellen, so handelt es sich tatsächlich um zwei sehr ähnliche Säulen. Daraus ergibt sich bzgl. Optimierung folgende effektive Vorgehensweise für die Praxis: Man führe zunächst mit der Kombination Säule A und Eluent A (z. B. eine hydrophobe Phase und ein Methanol/Wasser-Eluent) eine Trennung durch. In einem zweiten Lauf verwendet man nun eine möglichst diametral entgegengesetzte Kombination, also sagen wir Säule B und Eluent B (z. B. eine polare Phase und einen Acetonitril/Wasser-Eluenten). Bleibt die Anzahl der Peaks gleich, könnte man als Bestätigung 5 % Acetonitril gegen 5 % Tetrahydrofuran austauschen bzw. in gepufferten Eluenten den pH-Wert um ±0,5 pH-Einheiten verschieben. Bleibt die Anzahl der Peaks weiterhin konstant, so liegt die Vermutung nahe, keine „versteckten" Peaks übersehen zu haben. (Zum „orthogonalen" Prinzip s. auch Ausführungen in Kap. 1.1 und 2.1.6.)

- Biplots sind gut geeignet, um bei Ähnlichkeitsbetrachtungen von Objekten die Gewichtung einzelner Variablen zu ermitteln. In unserem Fall lautet die entsprechende Frage: Welches Analytpaar ist besonders gut geeignet, um die Unterschiede zwischen den Phasen möglichst genau aufzuzeigen? (S. dazu Chem. 13.)

Befunde

1. Hypercarb und die zwei Fluofix-Säulen sondern sich auffallend von den übrigen Säulen ab, was kein Wunder ist, stellen diese Phasentypen doch keine „klassischen" RP-Phasen dar.
2. Aussagekräftige Analytpaare sind Benzylamin/Pyridin, 4,4′-/2,2′-Bipyridyl und *o*-Terphenyl/Toluol.

Die Konsequenz lautet: Für einen strengen Säulenvergleich sollten solche Analyte verwendet werden, die spezifisch diejenigen Eigenschaften der Phasen ansprechen, welche besonders für die Unterschiede zwischen den Phasen verantwortlich sind. Solche Analyte wären beispielsweise Basen (Benzylamin/Pyridin), Komplexbildner (2,2′-Bipyridyl) oder auch ein Analytpaar, dessen Wechselwirkungen mit der stationären Phase ein unterschiedlicher Mechanismus zugrunde liegt, z. B. Raumbeanspruchung/Van-der-Waals-Wechselwirkungen (*o*-Terphenyl/Ethylbenzol).

Im Anschluss werden einige Phasen vorgestellt, die sich bei unterschiedlichen Bedingungen immer wieder als recht ähnlich erweisen. Doch zunächst soll auf eine (erwartete) Clusterung zweier unterschiedlicher Phasentypen hingewiesen werden: In Chem. 24 sind zwei Cluster klar erkennbar. Im oberen Cluster, Symmetry Shield bis Nucleosil Nautilus, handelt es sich um „embedded phases", im unteren, XTerra MS bis Chromolith Performance, um Phasen mit einer klassischen Belegung.

Selbstverständlich beziehen sich die hier besprochenen Befunde zunächst nur auf die untersuchten Analytpaare und die experimentellen Bedingungen. Eine Übertragung der Aussagen auf andere Analyte und Eluenten ist womöglich mit Unsicherheiten verbunden.

Ähnliche Phasen:

- Nucleosil AB, Gromsil CP, zwei Phasen mit einer „Polymerschicht" (Chem. 12 und 17).
- Symmetry, Purospher e (Chem. 20); Purospher zeigt darüber hinaus bei bestimmten Trennungen immer wieder Ähnlichkeit mit MP-Gel. Bei den zwei Letzteren handelt es sich um hoch belegte Phasen; beide weisen darüber hinaus noch einen polaren Charakter auf (Chem. 18).
- Ähnlichkeit untereinander (und teilweise zu Purospher und zu MP-Gel) sowie einen gewissen polaren Charakter zeigen Prodigy und Inertsil ODS 2.
- SMT, Ultrasep ES, zwei Phasen vom „Polymertyp".
- Prontosil, Reprosil.
- Prontosil AQ, Reprosil AQ, in zweiter Linie auch YMC AQ.
- Zorbax ODS, LiChrospher, in zweiter Linie auch Ultrasep ES (Chem. 14 und 20). Es handelt sich um hoch belegte Phasen mit zusätzlich freien Silanolgruppen. Hypersil ODS, das ebenfalls über acide Silanolgruppen verfügt, kann aufgrund der geringen Belegung nicht zu dieser Gruppe dazugerechnet werden.
- Gromsil AB, Bondapak, Platinum C_{18}, Vydac (Chem. 14 und 16).
- HyPURITY C18, Discovery C_{18}, Jupiter (Chem. 16). Die Ähnlichkeit basiert auf dem hydrophoben Charakter und auf dem verhältnismäßig großen Porendurchmesser. Wird im Neutralen gearbeitet, so nimmt die Bedeutung eines „extremen" Porendurchmessers als ein besonderes Selektivitätsmerkmal offensichtlich zu. Novapak (60 Å) gesellt sich hier zu den drei oben genannten Säulen (Chem. 14).
- Zorbax Extend, Nucleosil HD, XTerra MS, Purospher Star (Chem. 24).
- „Sonderlinge" sind: Hypercarb (Graphit), Nucleosil 50 (hohe Belegung in Verbindung mit einem kleinen Porendurchmesser), Fluofix INW und IEW (kurze Alkylkette mit Fluoratomen).

2.1.1.5 Eignung von RP-Phasen für bestimmte Analyttypen und Vorschläge zur Säulenauswahl

2.1.1.5.1 Polare und hydrophobe RP-Phasen

Zu Beginn dieses Abschnitts wurde dargelegt, dass aufgrund der unterschiedlichen „Chemie" der Phasenoberfläche und der Analytstruktur unterschiedliche Wechselwirkungen vorherrschen können. Diese können selbstverständlich über die Eluentenzusammensetzung bzw. über den pH-Wert gezielt beeinflusst werden. Der sich ergebende Trennmechanismus bestimmt die Selektivität des aktuellen chromatographischen Systems und ebenso die Kinetik, also auch die Peakform.

Interessant ist nun sicherlich die Frage, welche physikalisch-chemischen Eigenschaften der zu trennenden Substanzen überhaupt eine (große) chromatographische Relevanz haben. Dazu haben wir eine chemometrische Analyse folgender Eigenschaften von 42 recht unterschiedlichen Substanzen durchgeführt: Molare Masse (*MM*), Bildungswärme (*BW*), Dipolmoment (*DM*), Molekülfläche (*FA*), Molekülvolumen (*VO*), Hydratationsenergie (*HE*), log *P*-Wert (*LP*), Polarisation (*PO*) und Molrefraktion (*MR*). Anschließend wurde untersucht, welche dieser Eigenschaften für eine chromatographische Diskriminierung am wichtigsten sind. Es zeigte sich, dass offensichtlich die chromatographisch relevantesten Eigenschaften das Dipolmoment, die Bildungswärme, die Hydratationsenergie und der log *P*-Wert sind (s. Abb. 33 und 34).

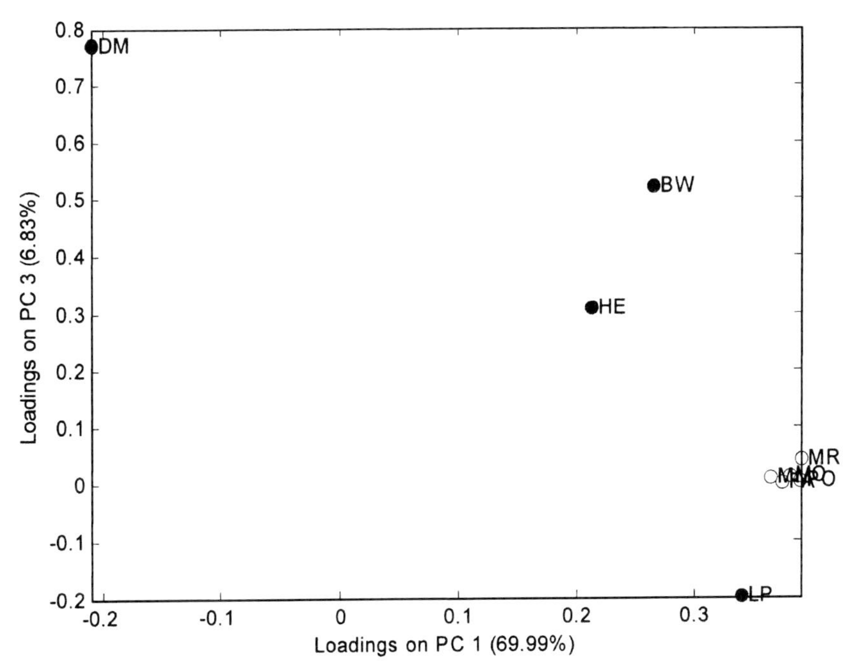

Abb. 33 PCA (Principal Component Analysis) von physikalisch-chemischen Eigenschaften diverser Substanzen. Erläuterungen siehe Text.

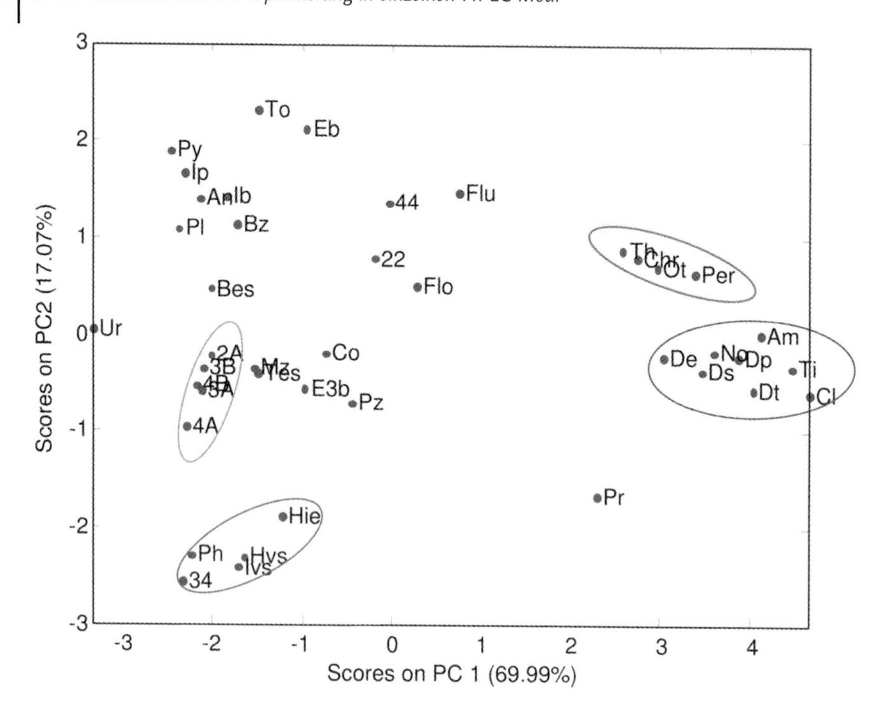

Name	Abkz.
2,2'-Bipyridyl	22
2-Nitroanilin	2A
3,4-Dihydroxyphenylessigsäure	34
3-Hydroxybenzoesäure	3B
3-Nitroanilin	3A
4,4'-Bipyridyl	44
4-Hydroxybenzoesäure	4B
4-Nitroanlin	4A
5-Hydroxyindol-3-essigsäure	Hie
Amitriptylin	Am
Anilin	An
Benzoesäure	Bes
Benzylamin	Bz
Chrysen	Chr
Clomipramin	Cl
Coffein	Co
Desipramin	Ds
Desmethyldoxepin	De
Desmethylmaprotylin	Dp
Desmethyltrimipramin	Dt
Ethyl-3-hydroxybenzoat	E3b

Name	Abkz.
Ethylbenzol	Eb
Fluoren	Flu
Fluorenon	Flo
Homovanillinsäure	Hvs
Isobutylmethylketon	Ib
Isohomovanillinsäure	Ivs
Isopropylmethylketon	Ip
Methyl-3-hydroxybenzoat	Mz
Nortriptylin	No
o-Terphenyl	Ot
Perylen	Per
Phenol	Pl
Phthalsäure	Ph
Propranolol	Pr
Propyl-3-hydroxybenzoat	Pz
Pyridin	Py
Terephthalsäure	Tes
Toluol	To
Trimipramin	Ti
Triphenylen	Th
Uracil	Ur

Abb. 34 Score-Plot mit der Variable „physikalisch-chemische Eigenschaften diverser Substanzen". Erläuterungen siehe Text.

Was heißt das? Je größer die Differenz der entsprechenden Zahlenwerte der zu trennenden Komponenten ist, umso einfacher wären sie zu trennen. So sind beispielsweise zwei Komponenten mit sonst ähnlichen Eigenschaften, aber unterschiedlichem Dipolmoment und unterschiedlichen log *P*-Werten vermutlich an polaren Phasen gut zu trennen. Dagegen könnte eine größere Differenz in der Bildungswärme zweier Komponenten ein Hinweis auf eine gute Selektivität von hydrophoben Phasen für deren Trennung sein.

Nachfolgend werden „polare“ und „apolare“ RP-Phasen kurz vorgestellt und anschließend deren Eignung für die Trennung bestimmter Substanzklassen diskutiert. Zum Schluss werden einige Vorschläge zur Säulenauswahl gemacht.

Polare RP-Phasen

Folgende Phasentypen weisen aus unterschiedlichen Gründen einen mehr oder weniger polaren Charakter auf:

- nicht endcappte, Metallionen-kontaminierte Phasen;
- polare (Rest-)Gruppen an der Matrixoberfläche;
- geringe Belegung, dadurch hohe Gesamt-Silanolgruppenkonzentration;
- eingebaute polare/ionische Gruppen, Zwitterionen;
- hydrophil endcappte Phasen;
- fluorierte Phasen;
- kurze Alkylketten;
- Kombinationen, z. B. kurze Alkylkette + eingebaute polare Gruppe + polare Endgruppe + hydrophiles Endcapping;
- sterisch geschützte Phasen;
- polare Klassiker, z. B. Phenyl, Nitril, Diol.

Unter Berücksichtigung mehrerer Kriterien und einer Gewichtung, auf die hier nicht näher eingegangen werden soll, können folgende Phasen als einige der polarsten bezeichnet werden. Diese Phasen zeigen nicht nur eine geringe Affinität gegenüber hydrophoben Analyten, sondern auch eine erhöhte Selektivität gegenüber stark ionischen Analytpaaren in gepufferten Eluenten:

Fluofix INW	Spherisorb ODS 1	Acclaim PA C16
Fluofix IEW	Nucleosil Protect 1	XBridge Shield
Platinum EPS	Supelcosil ABZ PLUS	Primesep C100
Hypersil ADVANCE	Zorbax SB C_8	
SynergiPOLAR RP	Zorbax Bonus	

Selbstverständlich zeigen RP-Phasen mit einer polaren Gruppe wie CN oder Diol einen ebenso stark polaren Charakter.

Kommentare

1. Hydrophiles Endcapping („AQ", „AQUA") verleiht einer Phase einen nur geringfügig polareren Charakter gegenüber ihrem Analogon ohne hydrophiles Endcapping. Derartige Phasen können als die „polarsten" Vertreter der hydrophoben Phasen bezeichnet werden.

2. Polare Gruppierungen direkt an der Oberfläche wie bei Spherisorb ODS 1, Platinum EPS, Supelcosil ABZ PLUS, evtl. in Kombination mit einer kurzen Alkylkette wie bei SynergiPOLAR RP, bescheren einer Phase den stärksten polaren Charakter, was die Einführung einer polaren Gruppe in die Alkylkette („embedded phases") nicht vermag.

3. Das wichtigste Unterscheidungsmerkmal zwischen C_{18}-Phasen ist ihre Fähigkeit zu polaren/ionischen Wechselwirkungen mit polaren Analyten. Entfällt dieses Unterscheidungsmerkmal, verhalten sich die Phasen zunehmend ähnlich. So zeigen in ungepufferten Systemen und bei Abwesenheit basischer Analyten Hypersil BDS und Hypersil ODS einerseits, Superspher, LiChrospher und Purospher andererseits, sowie Spherisorb ODS 1 und Spherisorb ODS 2 vielfach ein recht ähnliches Trennverhalten.

4. Eine geringe Belegung bei einem gleichzeitig „gründlichen" Endcapping (z. B. Atlantis d C_{18}) oder das Vorhandensein von zusätzlichen, kurzen Ketten mit polarer Gruppe (z. B. Synergi FUSION RP) führen nicht zu einem ausgesprochen polaren Charakter. Solche Phasen nehmen vielmehr eine interessante Zwischenstellung ein.

Hydrophobe Phasen

Ein hydrophober Charakter ergibt sich im Wesentlichen aus folgenden drei Faktoren:

1. Starke Belegung; Der hydrophobe Charakter wird durch eine Metallionenfreie Kieselgelmatrix verstärkt, vgl. z. B. dazu die recht hoch belegten, aber Metallionen-haltigen Phasen Zorbax ODS und LiChrospher einerseits mit SunFire und SynergiMAX RP oder Ascentis C_{18} andererseits.
2. Polymerschicht an der Oberfläche, z. B. SMT OD, Nucleosil HD/AB, GromSil CP.
3. Hydrophobe Matrix, z. B. Graphit oder Polymer.

In einer Reihe von Experimenten hat sich gezeigt, dass folgende RP-Phasen einen ausgeprägten hydrophoben Charakter aufweisen:

Luna 2	YMC Pro C_{18} RS	Hypersil GOLD
SynergiMAX RP	Ascentis C_{18}	SMT OD
Hypersil BDS	Pursuit C_{18}	Gromsil CP
Symmetry C_{18}	SunFire C_{18}	Zorbax Extend
Nucleosil HD	XBridge C_{18}	

2.1.1.5.2 Eignung von RP-Phasen für bestimmte Substanzklassen

Eine Reihe von Experimenten unter unterschiedlichen experimentellen Bedingungen ergab folgende Resultate:

1. Organische, neutrale Analyte, „typische" RP-Trennungen

(z. B. kleine, einkernige aromatische Verbindungen, Methylengruppen-Selektivität, Aldehyde, Ketone, Ester)

Hierfür eignen sich apolare Phasen, wobei die Selektivitätsunterschiede in der Regel eher gering ausfallen (s. Abb. 1).

2. Große, hydrophobe Aromaten ohne Substituenten

(z. B. Chrysen, Perylen)

Eine gute Selektivität für große, hydrophobe, aromatische Verbindungen ohne Substituenten wird in erster Linie mit polymerisierten sowie mit polaren Phasen festgestellt, genauer: mit Phasen, die über polare Gruppen verfügen. Polare Gruppierungen an der Oberfläche oder an der Alkylborste („embedded phases") können mit dem $\pi...\pi$-Elektronensystem der Aromaten wechselwirken. Lediglich die Abnahme der Hydrophobie z. B. durch eine Verkürzung der Alkylborste (z. B. Zorbax SB C_8, LiChrospher Select B, Superspher Select B) oder durch einen geringen Kohlenstoffgehalt (Bondapak, Platinum C_{18}) führt hier nicht zu selektiven Wechselwirkungen. Gut abgedeckte, hydrophobe Phasen nehmen eine Mittelstellung ein. Eine ebenso gute aromatische Selektivität zeigen Phasen, die ein besonderes sterisches Merkmal aufweisen: Das wäre ein kleiner/großer Porendurchmesser.

3. Planare/nichtplanare Moleküle, Steroide

(„Sterische Selektivität")

Gute Selektivität wird an Phasen beobachtet, die eine Polymerschicht aufweisen, sowie an Phasen, die über polare Gruppierungen verfügen (s. Abb. 6).

4. Organische Basen

Beispiel: Kleine Moleküle, z. B. einkernige, primäre bis tertiäre Amine

- Die beste Selektivität wird in ungepufferten Methanol/Wasser-, die beste Peaksymmetrie in Acetonitril/saurer Puffer-Eluenten beobachtet.
- Auch in ungepufferten Eluenten wird an modernen Phasen („reines" Kieselgel, gute Abdeckung der Oberfläche) eine hervorragende Peakform z. B. von Benzylamin und Propranolol festgestellt.
- Wird man sich wegen der Robustheit und der besseren Peaksymmetrie für einen Puffer und wegen der besseren Selektivität für den alkalischen Bereich entscheiden, so scheint eher Acetonitril als Methanol geeignet zu sein. Die nicht endcappten Phasen zeigen hier zwar eine bessere Peakform im Vergleich zu den ungepufferten Eluenten, aber keine befriedigende. Eine solche wird bei

hydrophoben, gut abgedeckten Phasen sowie bei „embedded phases" beobachtet. An solchen Phasen sehen die Chromatogramme an unterschiedlichen Phasen allerdings recht ähnlich aus.

- Je ausgeprägter der polare/ionische Charakter der Analyten ist, umso selektiver sind Phasen, die zu solchen Wechselwirkungen befähigt sind. So zeigen Phasen mit stark aciden Silanolgruppen gegenüber Basen die beste Selektivität. Spherisorb ODS 1 und Resolve sind beispielsweise in der Lage, sogar im sauren Puffer mit Methanol als organischem Lösungsmittel starke Basen zu diskriminieren; in Acetonitril dagegen eluieren die Basen inert oder sogar ausgeschlossen. Die gute Selektivität wird jedoch häufig mit einer starken Asymmetrie „bezahlt".

Für die Praxis könnte sich folgendes Procedere als vorteilhaft erweisen: Man trennt wie üblich mit Acetonitril/Phosphatpuffer und/oder – im Falle von stark ionischen Spezies – Ionenpaar-Reagenzien basische Komponenten ab. Bei wichtigen (kritischen) Peaks kann anschließend die Peakhomogenität mit Methanol/Wasser an einer polaren Phase überprüft werden. Für diese Zielsetzung wäre die (vermutlich schlechte) Peakform zweitrangig, die Sicherheit der Aussage allerdings steigt (s. Abb. 16, Kap. 1.1).

Beispiel: „Große", organische Basen, z. B. trizyklische Antidepressiva

Ist die Selektivität ausreichend, so sind saure Puffer und moderne, gut abgedeckte Phasen für die Trennung organischer Basen die erste Wahl. Im Alkalischen wird in der Regel eine bessere Selektivität bei häufig längerer Retentionszeit festgestellt.

Beispiel: Polarere Basen, z. B. Metabolite trizyklischer Antidepressiva

Hydrophobe Phasen sind selektiv für die Trennung von weniger polaren Metaboliten, polare Phasen für die Trennung von polaren Metaboliten.

Das soll an drei Beispielen demonstriert werden:

An dem modernen, gut abgedeckten Inertsil ODS 3 (Abb. 35, oben) sind polare Metabolite von trizyklischen Antidepressiva nicht optimal zu trennen, wohl aber am älteren, mit polaren „Verunreinigungen" versehenen Inertsil ODS 2 (Abb. 35, unten). Siehe dazu auch Abb. 36: Am polaren Discovery Amid C_{16} (oben) wird eine bessere Selektivität als am hydrophoben Discovery C_{18} (unten) beobachtet. An einer polaren CN-Phase (Abb. 37) befindet sich „vorne" genügend „Platz" für polare Komponenten, bereits schwach hydrophobe Analyte werden allerdings nur angetrennt.

Etwas vereinfacht könnte man wie folgt festhalten: Man nehme polare Phasen für polare Analyte (vordere Peaks) und apolare, hydrophobe Phasen für apolare Analyte (hintere Peaks).

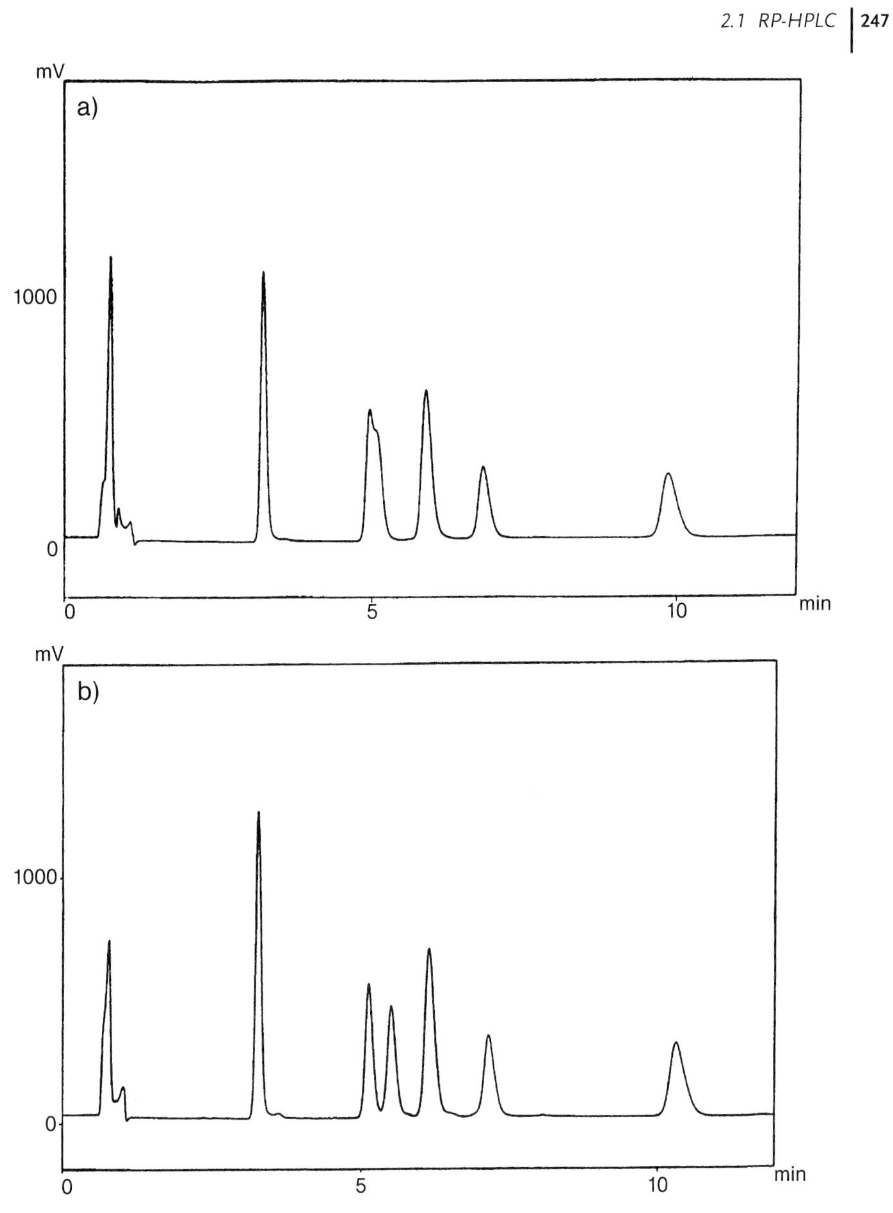

Abb. 35 Zur Selektivität von polaren und hydrophoben RP-Phasen für die Trennung von polaren und apolaren Analyten. Erläuterungen siehe Text.

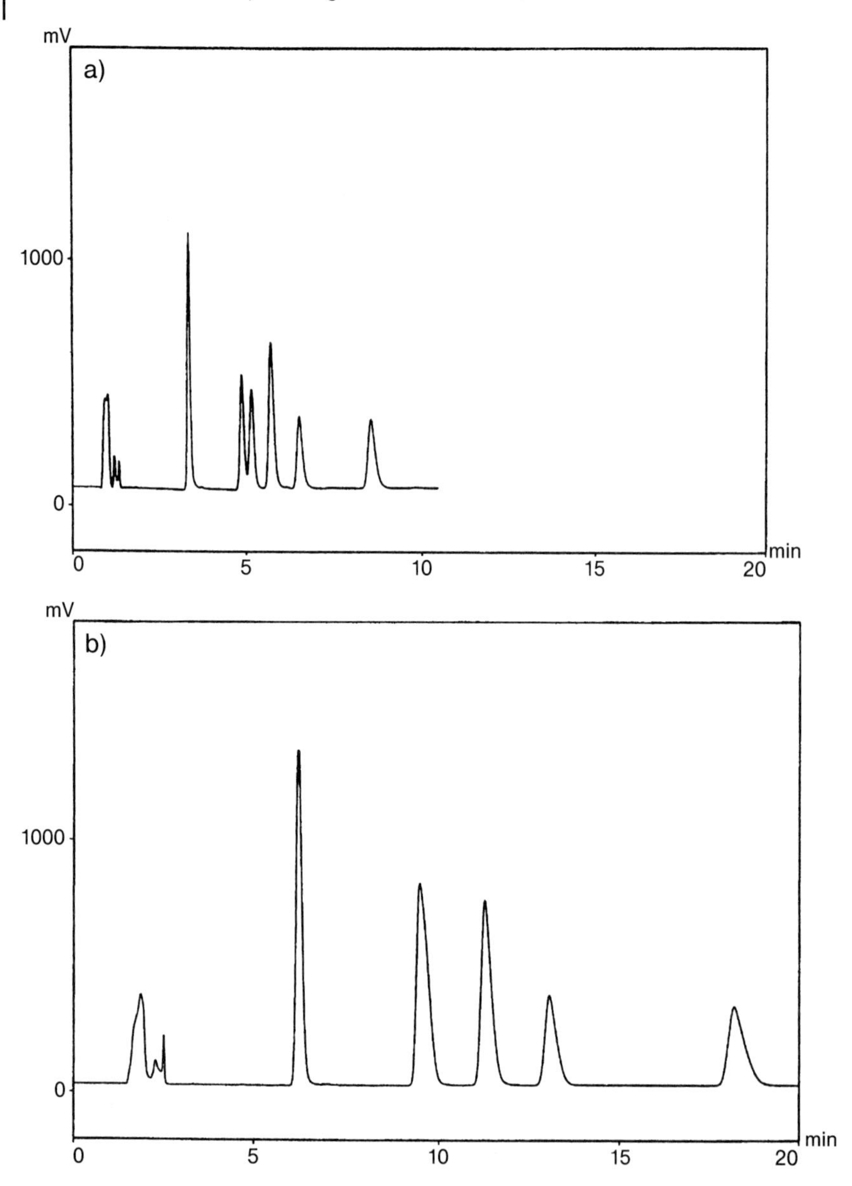

Abb. 36 Zur Selektivität von polaren und hydrophoben RP-Phasen für die Trennung von polaren und apolaren Analyten. Erläuterungen siehe Text.

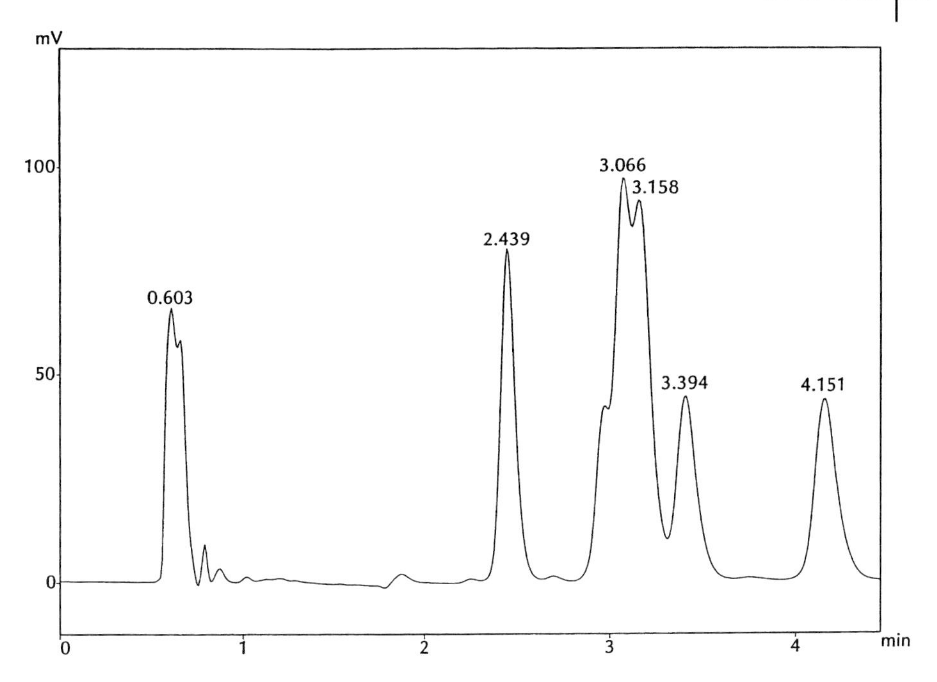

Abb. 37 Zur Selektivität von polaren und hydrophoben RP-Phasen für die Trennung von polaren und apolaren Analyten. Erläuterungen siehe Text.

5. Organische Säuren

Die Trennung ionisierbarer Komponenten hängt grundsätzlich stark von ihrem Dissoziationszustand ab. Dieser wiederum ist von dem pK_S/pK_B-Wert der Säure/der Base und von dem aktuellen (!) pH-Wert des Eluenten abhängig (s. Kap. 1.3 und 1.4). Darüber hinaus spielt die „Polarität" der Substanz eine Rolle. Einen Hinweis liefert der Log *P*-Wert, wobei anzumerken ist, dass zum einen stickstoffhaltige Komponenten einen auffallend kleinen Log *P*-Wert im Vergleich zu ähnlichen Strukturen ohne Stickstoff aufweisen, und zum anderen die „Polarität" der Substanz von der Solvatisierung, d. h. letzten Endes vom Eluenten mitbestimmt wird. Die Verhältnisse sind also recht komplex, und wir fangen gerade erst an, sie ein wenig zu verstehen.

Entsprechend einem Vorschlag in Ref. [5] stellt eher der Ionisierungsgrad einer Säure/Base bei einem bestimmten pH-Wert ein Maß für die „Stärke"/„Schwäche" einer Säure/Base dar als der pK_S- bzw. der Log *P*-Wert. Der Ionisierungsgrad kann mit folgender Formel berechnet werden:

$$\text{Ionisierungsgrad (\%)} = \frac{100}{(1 + 10\,e^{\mathrm{pK-pH}})}$$

Während sich die pK_S-Werte der nachfolgend aufgeführten Säuren kaum unterscheiden, ergeben sich merkliche Unterschiede im Ionisierungsgrad:

Benzoesäure	3,1 %
4-Hydroxybenzoesäure	1,3 %
3-Hydroxybenzoesäure	4 %
Homovanilinsäure	2 %
Isohomovanilinsäure	2,1 %
Terephthalsäure	14 %
Phthalsäure	36 %

Bei den „schwächeren" Säuren bleibt die Dissoziation, trotz saurem Puffer, deutlich unter 10 %.

Die erste (einfache) Frage lautet also: Liegt die Dissoziation meiner Säuren in der Probe über oder unter ca. 10 %? Bei Werten unter 10 % verhalten sich die Säuren eher wie neutrale, organische Komponenten; es herrschen klassische RP-Verhältnisse vor. Die besten Selektivitäten weisen hydrophobe, klassische RP-Phasen auf (s. Abb. 38), denn: Im für solche Trennungen üblichen sauren Puffer rücken die polare Unterschiede der Phasen in den Hintergrund (s. oben) und deren Hydrophobie in den Vordergrund. Das ist z. B. bei der Trennung von 4-Hydroxy- und 3-Hydroxybenzoesäure der Fall. Beide Säuren liegen bei pH = 2,7 weitestgehend undissoziiert vor.

Umgekehrt bedeutet dies, dass polare/„embedded phases" hier nicht besonders selektiv sind. Es braucht nur kurz wiederholt zu werden, dass hier, wie auch sonst häufig, Methanol gegenüber Acetonitril eine bessere Selektivität bei längerer Retentionszeit und geringerer Effizienz zeigt. Liegen dagegen stark saure Komponenten dissoziiert, also ionisch vor, so zeigen Phasen mit zusätzlicher polarer Funktionalität eine bessere Selektivität.

Drei Beispiele dazu:

Man betrachte dazu Abb. 39: An Discovery C_{16} Amid wird eine unzureichende Selektivität beobachtet (oberes Chromatogramm, Peak 2), an Discovery C_{18} dagegen eine hervorragende (unteres Chromatogramm) bei der Trennung von 4-Hydroxy-/3-Hydroxybenzoesäure.

Discovery C_{16} Amid zeigt dagegen eine gute Selektivität (oberes Chromatogramm in Abb. 40), Discovery C_{18} eine gerade ausreichende (unteres Chromatogramm in Abb. 40) bei der Trennung von Phthal-/Terephthalsäure. Stärkere Säuren (in Abb. 41 früh eluierend) werden am polaren Symmetry Shield C_{18}, schwache Säuren – die sich wie neutrale Moleküle verhalten und damit spät eluieren – am hydrophoben SynergiMAX RP besser getrennt: Stärkere Säuren können an hydrophoben Phasen nicht selektiv getrennt werden (s. 5 Peaks an Symmetry Shield gegenüber 4 an SynergiMAX RP).

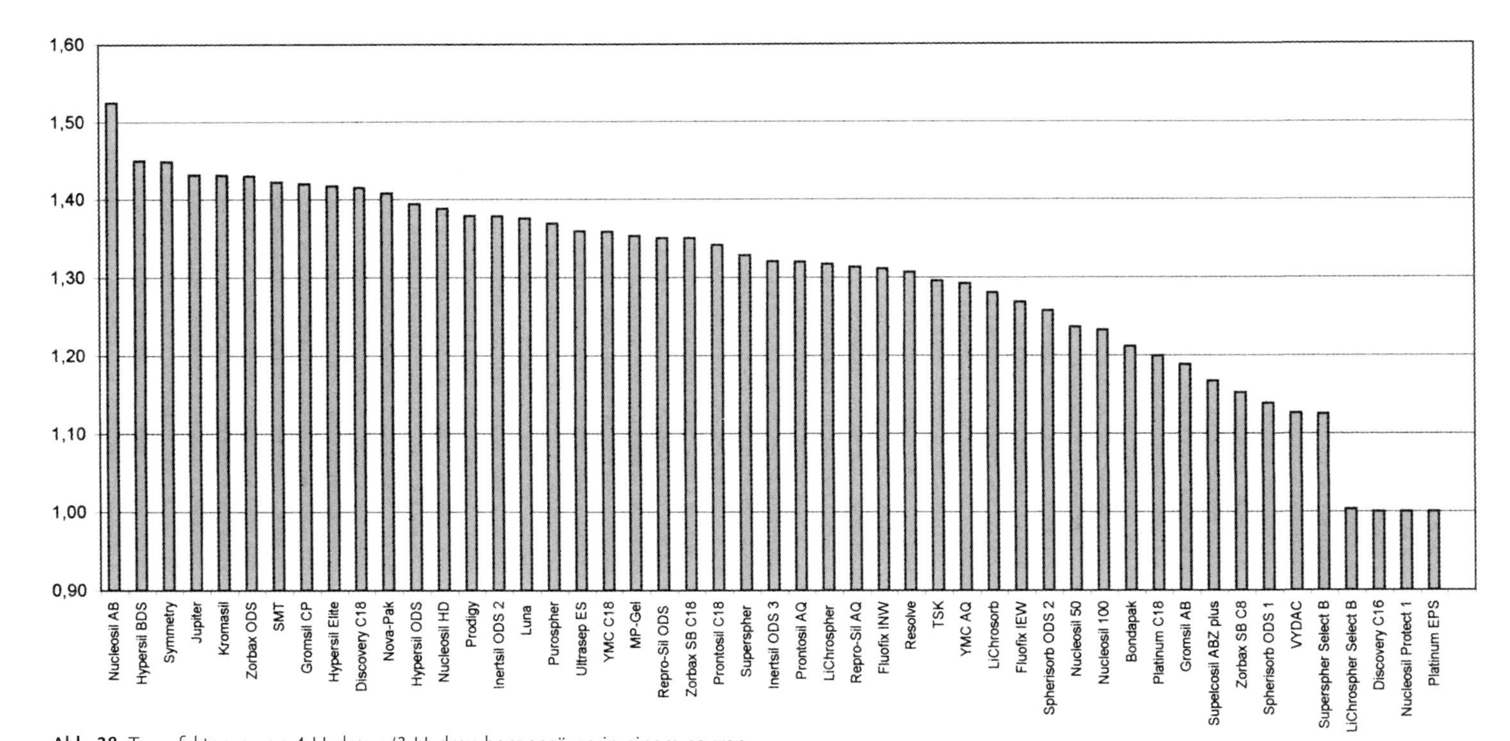

Abb. 38 Trennfaktoren von 4-Hydroxy-/3-Hydroxybenzoesäure in einem sauren (pH = 2,7) 40/60 (v/v) Methanol/20 mMol Phosphatpuffer.

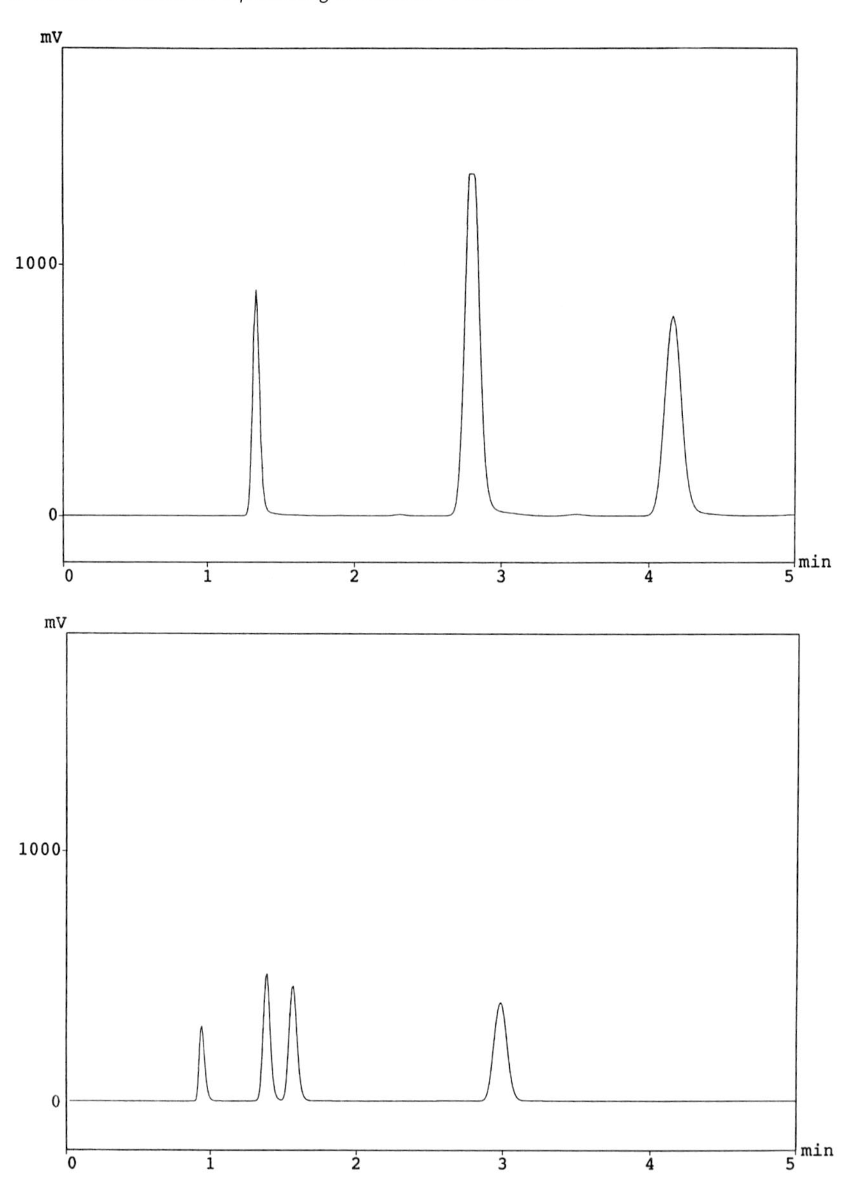

Abb. 39 Trennung von 4-Hydroxy-/3-Hydroxybenzoesäure an einer polaren (oben) und an einer apolaren (unten) RP-Phase. Erläuterungen siehe Text.

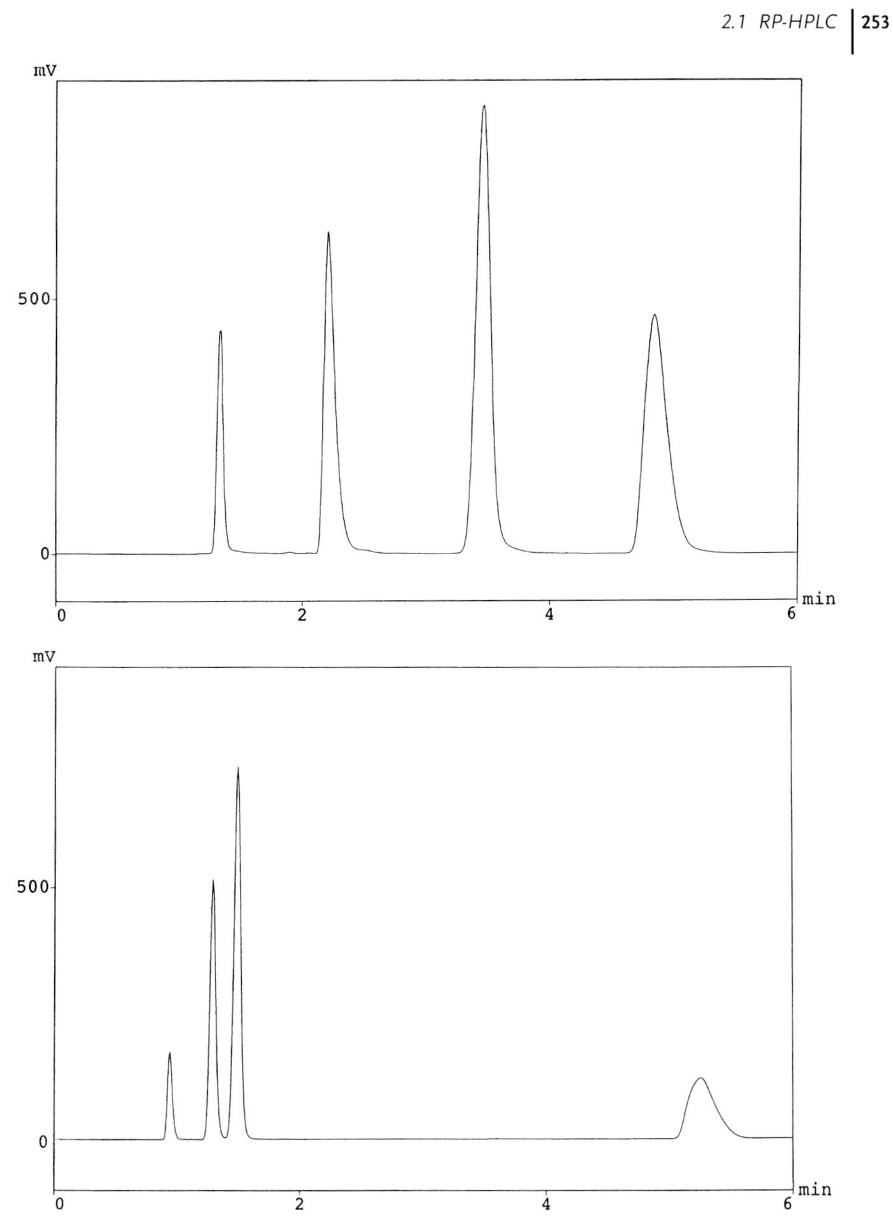

Abb. 40 Trennung von Phthal-/Terephthalsäure an einer polaren (oben) und an einer apolaren (unten) RP-Phase. Erläuterungen siehe Text.

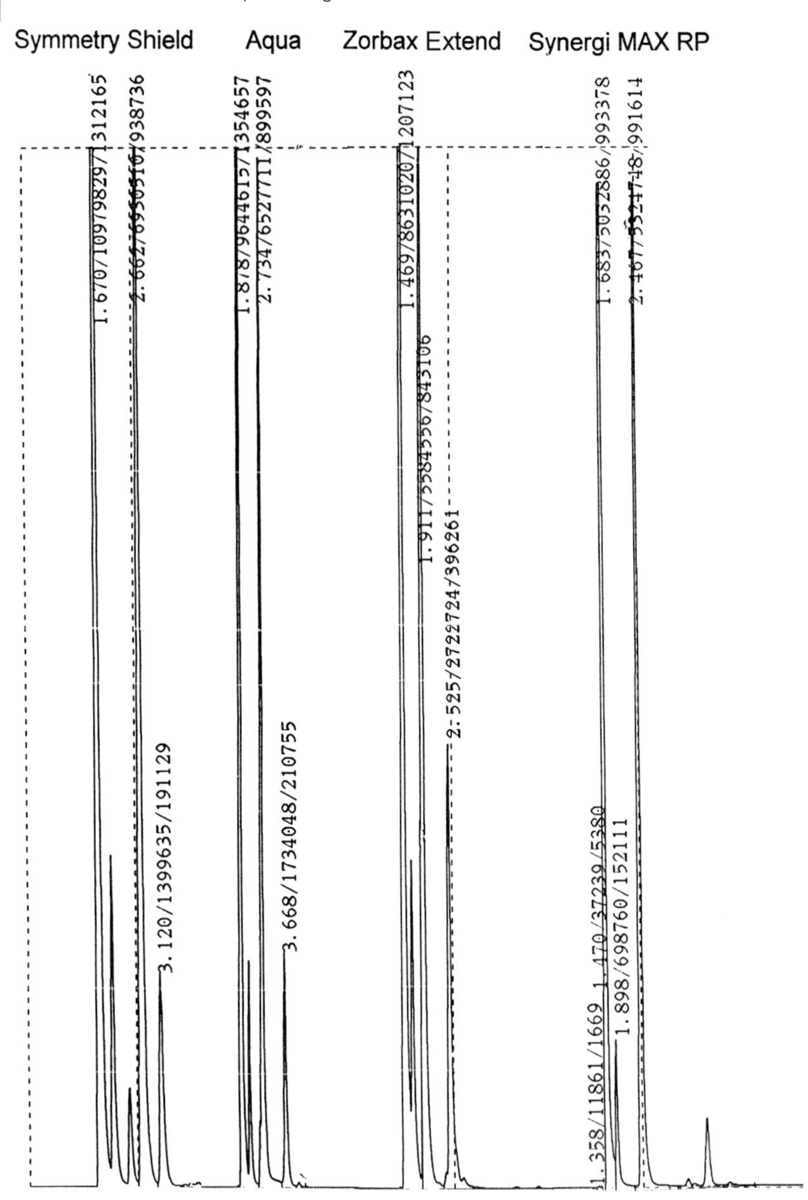

Abb. 41 Trennung von schwachen und starken aromatischen Säuren an unterschiedlichen RP-Phasen. Erläuterungen siehe Text.

Zusammenfassung

Aus diesen Untersuchungen leiten sich folgende Regeln ab:

Eignung polarer Phasen:

1. Ungepufferte Eluenten
   - hydrophobe, unsubstituierte, „große" Aromaten;
   - planare/nichtplanare Aromaten;
   - Isomere (Stellungs-, Doppelbindungsisomere).
2. Gepufferte Eluenten
   - basische Substanzen; die gute Selektivität rückt jedoch durch die häufig schlechte Peakform in den Hintergrund;
   - mittelstarke (dissoziiert vorliegende) Säuren;
   - stark polare Metabolite, Zersetzungsprodukte), kleine, polare Verunreinigungen.

Eignung hydrophober Phasen:

1. Ungepufferte Eluenten
   - polare bis apolare, kleine, neutrale organische Moleküle (Aldehyde, Hydroxybenzoate, einkernige Aromaten);
   - Analyte unterschiedlicher Polarität; die Differenz im polaren Charakter kann sowohl durch eine Gruppe (C=O, CH_2 usw.) als auch durch Isomerie hervorgerufen werden.
2. Gepufferte Eluenten
   - schwache Säuren (undissoziiert vorliegend);
   - organische, schwache Basen.

Vereinfacht kann wie folgt geschlussfolgert werden:

- Apolare Substanzen können an polaren Phasen selektiv getrennt werden. In gleichem Maße, wie der polare Charakter der Analyten zunimmt, werden apolare(re) Phasen benötigt.
- Polare Substanzen können in ungepufferten Eluenten an apolaren Phasen gut getrennt werden. Das gilt auch für solche, die durch Isomerie oder durch einen Substituenten eine Differenz in ihrem polaren Charakter aufweisen, z. B.: OH bzw. H vs. CH_3 oder CH_2 vs. C=O.
- Polare Substanzen werden in gepufferten Eluenten an polaren, apolare Analyte an apolaren Phasen gut getrennt.
- Je mehr Wasser der Eluent enthält, umso eher beeinflussen hydrophobe Wechselwirkungen die Selektivität; je höher der organische Anteil in der mobilen Phase, umso mehr nimmt die Wichtigkeit von polaren Wechselwirkungen (z. B. Wasserstoffbrückenbindung) zu.

Für eine gute Selektivität wird im ungepufferten Eluenten Gegensätzlichkeit, im gepufferten Eluenten Gleichheit zwischen dem Charakter des Analyten und dem der stationären Phase benötigt.

Hinweis: Die „Eignung“ bezieht sich hier ausschließlich auf die Selektivität, nicht auf die Peaksymmetrie.

Eine RP-Phase mit einer hydrophoben, gut abgedeckten, homogenen Oberfläche hat zweifelsohne Vorteile, wenn es um die Trennung neutraler oder über den pH-Wert bzw. mithilfe von Ionenpaar-Reagenzien neutralisierter Moleküle in der Routine geht – wenn (!) die Selektivität gegeben ist. Deren Eignung dagegen sollte in folgenden Fällen kritisch beurteilt und die Selektivität durch „cross-Experimente“ mit polaren Phasen überprüft werden (orthogonale Bedingungen):

- dissoziiert vorliegende Säuren und Basen;
- stark polare Metabolite und Zersetzungsprodukte;
- „schwierige“ Isomere;
- mehrkernige, hydrophobe Aromaten (bedingt);
- planare/nichtplanare Moleküle.

2.1.1.5.3 Vorschläge zur Säulenauswahl

Bezüglich Säulenauswahl spielen naturgemäß mehrere Faktoren eine Rolle: Preis, Stabilität in der Routine, Chargenreproduzierbarkeit, (weltweite) Verfügbarkeit im Falle von Methodentransfer, Auswahl an Säulendimensionen, bei Bedarf problemloses „scale up“, Lieferantenverlässlichkeit usw. Hier werden wir uns hauptsächlich mit der prinzipiellen Frage der Selektivität befassen.

„Universalsäule“?

Selbstverständlich gibt es *die* „Universalsäule“ nicht – vermutlich auch in der Zukunft nicht. Welche Eigenschaften sollte nun eine fiktiv-ideale Säule mit einem universalen Selektivitätscharakter besitzen?

Stark vereinfacht formuliert, bräuchte man eine Art modernes LiChrospher oder Zorbax ODS auf Basis eines alkaliresistenten Kieselgels in zwei Ausführungen: 50 und 300 Å.

Was wird also benötigt?

- ein mittlerer Bedeckungsgrad von ca. 2,5 $\mu mol/m^2$ – um eine ausreichende Retention zu gewährleisten;
- polare Gruppierungen, um auch polare Analyte selektiv „ansprechen“ zu können;
- ein kleiner (z. B. 50 Å bis 80 Å) oder ein großer (z. B. 180 Å bis 300 Å) Porendurchmesser, um einem evtl. notwendigen sterischen Aspekt gerecht zu werden.

Erläuterungen

Wie oben angemerkt, sind für die Selektivität folgende drei Faktoren relevant: Hydrophobie, Silanophilie und sterische Aspekte. Eine Phase, die über diese drei Eigenschaften verfügte, würde für nahezu jeden Analyttyp in der RP-HPLC die notwendigen Voraussetzungen für eine Trennung bieten.

- „Modern“: synthetisches, Metallionen-armes Kieselgel, weitgehend reproduzierbare Herstellung möglich.
- „Alkaliresistent“: bei Bedarf Trennungen im Alkalischen möglich.
- 50 Å, 300 Å: für evtl. notwendige sterische Aspekte (sterische Selektivität) wird vorgesorgt.
- Säule à la „LiChrospher“, „Zorbax ODS“:
  - stark belegte Phasen: hydrophobe Wechselwirkungen möglich;
  - nicht endcappte Materialien, acide Silanole: Ionenaustausch-Wechselwirkungen möglich;
  - hohe Gesamt-Silanolgruppenkonzentration: polare Wechselwirkungen wie Wasserstoffbrückenbindungen und Dipol-Dipol-Wechselwirkungen möglich.

Die Wechselwirkungen würden dann für jede Substanzklasse individuell über den Eluenten gesteuert, z. B. ±5 % Tetrahydrofuran, n-Butanol, Isopropanol usw. für neutrale Komponenten, ±0,5 pH-Einheiten für ionische Komponenten. Die letztendliche Trennungsoptimierung – vor allem mit Fokus auf die Analysenzeit – würde über den Gradienten (Anfangs- und Endprozente an B, Steilheit, Gradientenvolumen) und die Temperatur erfolgen.

Nachdem nun höchstwahrscheinlich kaum eine einzige Säule alle selektivitätsrelevanten Eigenschaften aufweisen kann, sollte man bei unbekannten Proben an folgende drei Haupttypen von RP-Phasen für die Erstellung des individuellen Säulen-Portfolios denken:

- „Polare“ Phasen, das wären Phasen mit einem eher geringen Bedeckungsgrad und/oder einer zusätzlichen polaren Funktionalität, z. B. Spherisorb ODS 1, Atlantis d C_{18}, Platinum EPS, SynergiPOLAR RP usw.
- „Mittelpolare“ Phasen mit sowohl ausreichendem hydrophoben als auch polaren Charakter, z. B. LiChrospher, Nucleosil 100, SynergiFUSION RP, Acclaim PA usw.
- „Hydrophobe“ Phasen, das sind Phasen mit einem ausgesprochen hydrophoben Charakter, hervorgerufen durch einen hohen Bedeckungsgrad und einer weitgehend fehlenden polaren Funktionalität, z. B. Discovery C_{18}, Symmetry C_{18}, Synergi MAX RP, YMC Pro C18 RS, Hypersil GOLD usw.

Optimal wären darüber hinaus je zwei Phasen mit einem kleinen Porendurchmesser (z. B. NovaPak, Nucleosil 50) und einem großen Porendurchmesser (z. B. Zorbax SB 300, Jupiter). Wenn man von vornherein mit notwendigen Trennungen im Alkalischen rechnen muss, sollte man z. B. an XBridge/XTerra, Gemini, Zorbax Extend, Pathfinder denken, u. U. auch an eine Hypercarb, Zirkoniumdioxid- oder Polymer-Phase.

Möglicherweise möchte man nun bei einem Anbieter bleiben und ein Portfolio aus, sagen wir, fünf Säulen zusammenstellen. Mit diesen fünf Säulen würde man anschließend über Nacht mithilfe eines Säulenschaltventils Testläufe mit der zu trennenden unbekannten Probe fahren. Dafür eignen sich beispielsweise Übersichtsgradienten bei verschiedenen pH-Werten, unterschiedlichen Gradientenvolumina und gegebenenfalls Modifier. Tatsächlich bieten die meisten großen Säulenanbieter eine breite Palette an stationären Phasen, aus der das individuelle Säulen-Portfolio ausgewählt werden kann. Alternativ kann man auf fertige Säulenkits („Methodenentwicklungskits) zurückgreifen. Sollten Sie einen bestimmten Phasentyp bei Ihrem Lieferanten vermissen, können/sollten Sie natürlich ein Fremdfabrikat einsetzen. Nachfolgend werden beispielhaft für einige Anbieter derartige Säulenkombinationen aufgeführt. Es soll betont werden, dass es sich hier nicht um eine Empfehlung oder gar eine Gewichtung handelt, sondern lediglich um Beispiele von Säulen unterschiedlicher Funktionalität. In Klammer wird je eine Alternativsäule und eine „Spezialsäule" genannt.

- **Phenomenex**
  SynergiMAX RP/SynergiHydro, Jupiter, SynergiFUSION RP, SynergiPOLAR RP, Luna Phenyl Hexyl (LiChrospher, im Alkalischen: Gemini)
- **Waters**
  SunFire, Symmetry C_{18}, NovaPak, Symmetry Shield, Atlantis d (Resolve, im Alkalischen: XTerra/XTerra MS/XBridge)
- **Macherey-Nagel**
  Nucleosil AB/HD, Nucleodur C18 Gravity, Nucleosil 100, Nucleosil C_{18} Pyramid, Nucleodur Sphinx (Nucleosil Protect 1, bei Bedarf Nucleosil 50)
- **Agilent**
  Zorbax SB C_{18}/300, Zorbax Eclipse XDB, Zorbax ODS, Zorbax SB C_8, Zorbax Bonus (Zorbax SB AQ, im Alkalischen: Zorbax Extend)
- **Supelco**
  Discovery C_{18}, Discovery Amid C_{16}, Ascentis C_{18}, Ascentis RP-Amid, Supelcosil ABZ PLUS/Discovery HS F5
- **Varian**
  Pursuit C_{18}, Polaris C_{18} A, Polaris C_8-Ether, Polaris C_{18} Amid, Polaris NH_2 (MetaSil Basic, MetaSil AQ)
- **YMC**
  YMC-Pro C_{18} RS, YMC-Pro C_{18}, YMC AQ, Hydrosphere C_{18}, YMCbasic

Bis auf wenige Ausnahmen handelt es sich bei diesen Säulen um Alkylphasen. Selbstverständlich könnte bei sehr polaren Komponenten auch an eine CN-, Phenyl- oder an eine Diol-Phase oder sogar an unmodifiziertes Kieselgel (!) gedacht werden, das in Kombination mit einem RP-Eluenten sehr interessante Selektivitätseffekte offenbart. Schließlich eignen sich für die Trennung von sehr polaren Komponenten gut stationäre Phasen mit einer Zwitterion-Funktionalität wie ZIC-HILIC oder für den alkalischen Bereich ZIC-pHILIC.

Die Tabellen 5 und 6 zeigen Vorschläge zur Säulenauswahl für den Fall, dass mehrere Anbieter in Frage kommen.

Wie in Kap. 1.1 dargelegt, stellt ein Säulenschaltventil – evtl. in Kombination mit einem Optimierungsprogramm (s. Kap. 4) – ein leistungsstarkes Tool in der Methodenentwicklung bzw. Trennungsoptimierung dar. Es scheint nun so zu sein, dass das 6-Wege-Ventil das populärste ist. Welchen 6 Säulen sollte nun für

Tabelle 5 Unterschiedliche RP-Phasentypen I.

Selektivitätsmerkmal	***Beispiele von Säulen***	***Charakteristik der betreffenden Säule***
Sterischer Aspekt	Jupiter Nucleosil 50	großer Porendurchmesser kleiner Porendurchmesser
Hydrophobe Oberfläche	YMC-Pro C18 RS Gromsil CP	klassische Belegung Polysiloxanschicht
Freie Silanolgruppen	Spherisorb ODS 1 Zorbax ODS	acide Silanolgruppen und geringe Belegung acide Silanolgruppen und hohe Belegung
Polare Gruppe am Alkylrest („embedded phases")	HyPURITY ADVANCE Prontosil ACE	„polare" „embedded phase" „hydrophobe" „embedded phase"
Stark polare Oberfläche	SynergiPOLAR RP Platinum EPS	kurze Alkylkette, eingebaute polare Ethergruppe, polare Phenyl-Endgruppe, hydrophiles Endcapping polare Gruppen auf der Oberfläche
Freie Auswahl nach Bedarf	z. B. Hypercarb Fluofix IEW/INW Gemini/XBridge ZirChrom-MS Primesep A Acclaim PA ZIC-HILIC Pathfinder AP/PS	 sehr hydrophob sehr polar, Fluoratome alkalistabil „ganz" andere Chemie ionische „embedded" Gruppe ausgeprägter hydrophober und polarer Charakter Alkylkette mit Zwitterionen Polymerschicht, Temperatur-stabil

Tabelle 6 Unterschiedliche RP-Phasentypen II.

Hydrophobe Phasen, teilw. plus sterischer Aspekt	***„Polare" Phasen aus der Gruppe der Hydrophoben***	***„Hydrophobe" Phasen aus der Gruppe der Polaren***	***Polare Phasen***
Luna 2 (Inertsil ODS 3, Kromasil)	Purospher	Spherisorb ODS 2	HyPURITY Advance
SMT (Gromsil CP, Nucleosil HD)	Synergi Fusion RP	Platinum C_{18}	SynergiPOLAR RP
SynergiMAX RP (Zorbax Extend, XTerra MS)	Acclaim PA C18	Nucleosil Nautilus	XBridge Shield
Nucleosil 50 (Novapak)	Zorbax ODS	Symmetry Shield	Acclaim PA C16
Zorbax SB 300 (Nucleodur C18 Gravity)	Reprosil AQ	Zorbax Bonus	Fluofix INW
Discovery C_{18} (YMC Pro, Hypersil BDS)	LiChrospher	Polaris C_{18}-Ether	Platinum EPS

ein erstes Experiment der Vorzug gegeben werden (s. dazu Tabellen 5 und 6)? In Tabelle 5 sind Phasen aufgeführt, die unterschiedliche Retentionsmechanismen in der RP-HPLC abdecken. Tabelle 6 zeigt eine größere Auswahl von hydrophoben bis hin zu polaren RP-Phasen mit jeweils einigen typischen Vertretern.

Die aufgeführten Säulen sind nicht als Empfehlung zu verstehen, sie stellen vielmehr Beispiele für den jeweiligen Phasentyp dar.

Bemerkungen zur gezielten Säulenauswahl

Die Zusammenstellung eines „Säulen-Portfolios" hängt naturgemäß von der konkreten Aufgabenstellung ab. So kann beispielsweise die Zahl der polaren Phasen in Tabelle 5 zugunsten zusätzlicher hydrophober Phasen herabgesetzt werden.

Ist beispielsweise bekannt, dass es sich bei der Probe um neutrale, kleine, organische Moleküle handelt, kann getrost vorerst auf polare Phasen verzichtet werden. Ist andererseits bekannt, dass hier Komponenten ähnlicher Polarität, aber unterschiedlicher Struktur vorliegen, erscheinen klassische, hydrophobe RP-Materialien wenig aussichtsreich. Man sollte dafür lieber nicht endcappte oder überhaupt „polare" RP-Phasen testen, dabei jedoch an diverse Typen von „polaren" Phasen denken, so z. B. auch an Develosil (C-30-Kette *plus* hydrophiles Endcapping). Wenn es sich bei der Probe um basische Komponenten handelt, würde man möglicherweise gleich beim ersten Experiment drei hydrophobe Phasen, zwei „embedded phases" und (unbedingt!) eine „richtig" polare Phase als „Aufpasser" verwenden (s. Abb. 19 in Kap. 1.1).

Je mehr über die Probe bekannt ist, umso gezielter kann naturgemäß das Säulensortiment gewählt werden. Sollten tatsächlich – was wohl seltenst der Fall sein dürfte – keinerlei Informationen vorliegen, so wäre angebracht, je eine Säule unterschiedlichen Typus zu testen.

Ein 12-Wege-Ventil könnte man beispielsweise wie folgt bestücken:

- endcapped/nicht endcapped
- Si 60 Å/Si 300 Å
- sterisch oder chemisch geschützt/hydrophil endcapped („SB"/„embedded", „AQ")
- ca. 8 % C/ca. 20 % C
- Diol/Phenyl
- Amin/Nitril

Es seien zum Schluss noch einmal einige Gesetzmäßigkeiten kurz zusammengefasst:

- Für neutrale bzw. über den pH-Wert neutralisierte Moleküle oder für Moleküle, die durch unterschiedliche Substituenten oder Isomerie eine Differenz im polaren Charakter oder Größe aufweisen, eignen sich zunächst hydrophobe, moderne, gut abgedeckte Phasen.
  Merke: Hydrophobe Phasen sind am unproblematischsten und sollten stets, vor allem für eine Routinemethode, die erste Wahl sein – wenn die Selektivität gegeben und durch „cross"-Experimente überprüft worden ist!

- Hydrophobe Phasen eignen sich ebenfalls für die Trennung schwach basischer Komponenten, aber auch für starke Basen, die mittels Ionenpaar-Reagenzien neutralisiert/„maskiert" worden sind. Hier kann in jedem Falle eine gute Peaksymmetrie erwartet werden. Häufig erhält man bei basischen Komponenten mit ausgeprägtem organischen Charakter auch eine ausreichende Selektivität – sogar im Sauren. Liegen basische Komponenten im Eluenten protoniert vor und handelt es sich darüber hinaus um „kleine" Moleküle wie einkernige Amine, so sind polare Phasen selektiver – bei allerdings geringer Peaksymmetrie.
  Merke: Gute Selektivität *und* schnelle Kinetik sind bei unterschiedlichen Mechanismen häufig nicht vereinbar.
- Liegen die zu trennenden Analyte ionisch vor, sind Phasen, die über polare/ionisierbare Gruppierungen verfügen, besonders selektiv. So kommen z. B. für saure Komponenten mit einem hohen Ionisierungsgrad eher polare Phasen in Frage.
  Merke: Ermögliche bei „schwierigen" Trennungen polare Wechselwirkungen!
- Es ist ratsam, stets den sterischen Aspekt zu berücksichtigen. Man teste dazu z. B. eine hydrophobe Phase mit einem großen Porendurchmesser (Jupiter, Zorbax SB 300, Discovery C_{18}, Hypersil BDS) und auch eine Phase mit hydrophoben und/oder polaren Eigenschaften und einem kleinen Porendurchmesser, z. B. Nucleosil 50, Novapak, Superspher Select B.
  Merke: Auch bei „kleinen" Molekülen kann die Selektivität durch eine gehinderte/ungehinderte Diffusion in unterschiedlich großen Poren beeinflusst werden.
- Sind für die Trennung polare *und* apolare Wechselwirkungen notwendig (z. B. Komponenten mit aminischen und sauren Gruppen), so kämen Phasen in Frage, die zwar eine ausreichende Hydrophobie aufweisen, aber über polare Gruppen auch zu polaren Wechselwirkungen in der Lage sind, z. B. Spherisorb ODS 2, LiChrospher, Polaris C18-A, Ascentis RP-Amide, Purospher, Uptisphere UP5MM, Nucleodur Sphinx RP, Atlantis d C_{18}, SynergiFUSION RP, Acclaim PA. Die „Feinjustierung" für eine bessere Selektivität erfolgt hier am effektivsten über den pH-Wert des Eluenten *und* Variation der dafür verwendeten Säure/Base. Eine gegebenenfalls mangelnde Robustheit der Methode müsste in solchen Systemen in Kauf genommen werden.
  Merke: Bei der Trennung polarer Komponenten geht häufig eine gute Selektivität mit einer geringen Robustheit einher.

Literatur

1 J. J. Gilroy, J. W. Dolan, L. R. Snyder, *J. Chromatogr. A*, 1026 (2004) 77.

2 M. R. Euerby, P. Petersson, *J. Chromatogr. A*, 994 (2003), 13.

3 U. D. Neue, Column Technology, in: *Encyclopedia of Analytical Science*, P. Worsfold, A. Towneshend, C. Poole, Editors, Vol. 5, pp. 118–125, Academic Press, Elsevier, Amsterdam, 2005.

4 C. Stella, Vortrag anlässlich der „HPLC 2003", Nice.

5 S. Kromidas, *Eigenschaften von kommerziellen C_{18}-Säulen im Vergleich*. Pirrot Verlag, Saarbrücken, 2002.

6 H. Zobel, GIT Spezial Separation, 2000.

7 S. Kromidas, U. Panne, unveröffentlichte Ergebnisse.

2.1.2
Grundlagen der Selektivität von RP-Säulen

Uwe Dieter Neue, Bonnie A. Alden und Pamela C. Iraneta

In diesem Abschnitt werden wir die wesentlichen Einflüsse auf die Selektivität einer stationären Phase aufzeigen. Der erste Parameter ist die Hydrophobie der Phase, die über die Retention einer rein hydrophoben Probe messbar ist. Der zweite Messwert ist die Silanolaktivität, die besonders bei basischen Proben eine bedeutende Rolle spielt. Die Silanolaktivität wird dementsprechend am besten mit einer basischen Probe bestimmt, wobei die Retentionswerte der Base für die hydrophobe Wechselwirkung korrigiert werden. Die dritte Größe ist die polare Selektivität, die die Wasserstoffbrückenbildung einer Probe mit der stationären Phase misst. Mit diesen Werten lassen sich Selektivitätskarten aufbauen, die die Wahl der besten stationären Phase für ein Analysenproblem unterstützen. Diese Karten sollten bei der Entwicklung neuer Methoden helfen, wenn man entweder gezielt eine sehr ähnliche oder eine sehr unterschiedliche stationäre Phase sucht. Am Ende dieses Abschnitts werden wir kurz die Problematik der Phasenreproduzierbarkeit behandeln.

2.1.2.1 Einleitung

Bei der Entwicklung von Reversed Phase (RP)-HPLC-Methoden wird bevorzugt die Selektivität der mobilen Phase variiert. Die chromatographische Trennung wird durch die Wahl des organischen Lösungsmittels, hauptsächlich Acetonitril und Methanol, oder durch Variation von pH-Wert oder Puffertyp beeinflusst. Anleitungen zur Methodenentwicklung mit diesen Variablen sind in der Literatur beschrieben und stehen zur Verfügung [1, 2]. Vor allem die Selektivitätseinflüsse des pH-Werts sind bekannt und leicht vorhersagbar [3]. Der Einfluss der stationären Phase auf die Trennung ist wohlbekannt, aber oft nicht gut verstanden. Der Grund dafür ist, dass gute Methoden, die die Selektivität der stationären Phasen beschreiben, bis vor kurzer Zeit nicht weit bekannt waren. In der letzten Zeit sind mehrere Publikationen veröffentlicht worden, die sich systematisch mit der Selektivität der stationären Phase beschäftigen [4–9] oder eine Datensammlung darstellen, die sich auf ältere Methoden stützt [10–15]. In diesem Abschnitt werden wir unsere Methode im Einzelnen beschreiben. Danach werden wir unsere Selektivitätskarten behandeln und im Detail erklären. Es sollte aber schon vorweg hervorgehoben werden, dass Selektivitätskarten nur unter den gegebenen Messbedingungen eine genaue Beschreibung des Charakters einer stationären Phase darstellen. Außerhalb des Bereichs der Messung liefern sie nur gröbere Anhaltspunkte über die Selektivitätsunterschiede zwischen verschiedenen Säulen.

2.1.2.2 Hauptteil

2.1.2.2.1 Hydrophobie und Silanolgruppenaktivität (Ionenaustausch)

Ein Packungsmaterial für die Umkehrphasenchromatographie (Reversed Phase-Chromatographie) hat mehrere Eigenschaften, die die Wechselwirkung mit den Probesubstanzen beeinflussen. Die erste Eigenschaft ist die Hydrophobie der Phase. Diese Eigenschaft wird am besten einfach über die Retention einer unpolaren Probe ohne polare Gruppen bestimmt. Geeignet dazu sind Kohlenwasserstoffe, bevorzugt Benzolderivate mit aliphatischen Seitenketten, oder einfache Aromaten. Wir haben für unsere Methode die Aromaten Naphthalin und Acenaphthen gewählt. Wir haben gezeigt, dass die Logarithmen der Retentionsfaktoren dieser beiden Substanzen linear miteinander korrelieren, wenn man eine große Anzahl an stationären Phasen miteinander vergleicht [13]. Das heißt, dass die Hydrophobie einer Phase einfach über die Retention von Acenaphthen bestimmt werden kann. In der Literatur wird oft die Methylengruppenselektivität als ein Maß der Hydrophobie einer stationären Phase verwendet. Dieses Maß schließt den Einfluss der spezifischen Oberfläche auf die Retention aus. Wir sind der Auffassung, dass der Retentionsfaktor in der Praxis ein besseres Maß der Hydrophobie ist, und verwenden deswegen den Retentionsfaktor als unseren Messwert der Hydrophobie einer stationären Phase.

Die meistverwendeten stationären Phasen für die Reversed Phase-Chromatographie sind auf Kieselgel oder eng verwandten Hybridmaterialien aufgebaut. Solche stationären Phasen enthalten Silanolgruppen, die die Retention von basischen Probesubstanzen beeinflussen können. Wie stark dieser Einfluss ist, hängt sowohl von der mobilen Phase, als auch von der Probe oder der stationären Phase ab. Der pH-Wert der mobilen Phase spielt dabei die größte Rolle. Im sauren pH-Wert-Bereich sind die meisten Silanolgruppen protoniert und treten mit Basen nicht oder nur schwach in Wechselwirkung. Im neutralen pH-Wert-Bereich sind sie negativ geladen und treten mit positiv geladenen Basen in Ionenaustauschwechselwirkungen. Das heißt, dass auch der *pK*-Wert der Base eine Rolle spielt, weil nicht geladene Basen diese Wechselwirkung nicht zeigen. Im neutralen pH-Wert-Bereich sind im Normalfall mehr als die Hälfte der Silanolgruppen ionisiert. Eine komplette Ionisierung ist nur im alkalischen pH-Wert-Bereich möglich. Allerdings sind unter diesen Bedingungen die gebundenen Phasen nicht stabil. Deswegen haben wir für die Messung der Silanolaktivität pH 7,0 als den Bezugswert eingesetzt. Als Puffer wird ein Kaliumphosphatpuffer (30 mM) verwendet [11]. Auch spielen sterische Faktoren eine Rolle, das Tailing von basischen Probesubstanzen hängt stark von der Probe ab. Wir haben aus diesem Grund spezifische Proben gewählt, die bei pH 7,0 ein ausgeprägtes Tailing zeigen, das auf eine starke Wechselwirkung mit den Silanolgruppen hinweist. Die von uns gewählten Proben sind trizyklische Antidepressiva, wie Amitriptylin, oder andere starke Basen, wie Propranolol. Die Wahl von trizyklischen Antidepressiva hat sich heute allgemein durchgesetzt. Letztlich ist die Silanolgruppenaktivität der stationären Phase selbst der von uns gewünschte Messwert. Wir bestimmen die Silanolaktivität aus der Retention der Base Amitriptylin, nach Korrektur für den hydrophoben Anteil an der Retention [13] dieser Probe:

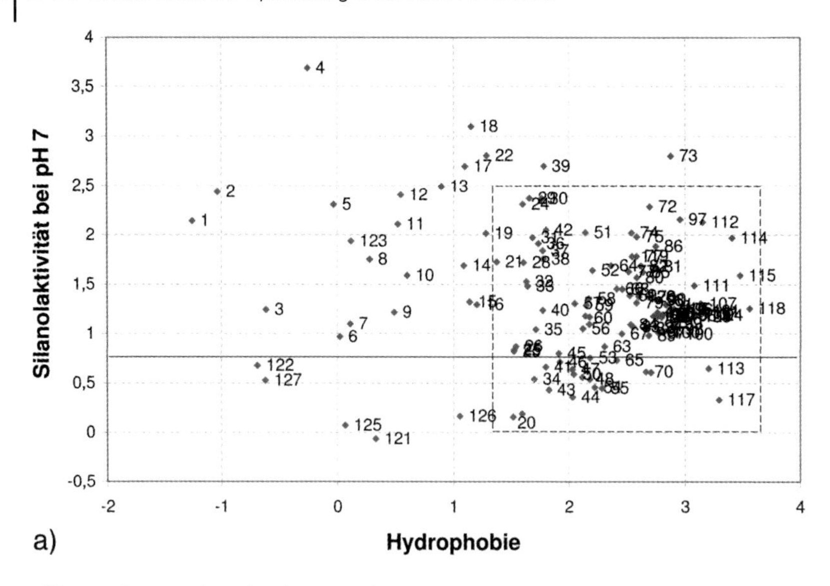

Abb. 1 Auftragung der Silanolgruppenaktivität gegen die Hydrophobie der stationären Phase. *Bezeichnung:* (1) Nova-Pak CN HP, (2) Waters Spherisorb CN RP, (3) Hypersil CPS CN, (4) Waters Spherisorb Phenyl, (5) Keystone Fluofix 120N, (6) YMC-Pack CN, (7) Ultra PFP, (8) Zorbax SB-CN, (9) Hypersil BDS Phenyl, (10) Inertsil 3 CN, (11) Fluophase RP, (12) Hypersil Phenyl, (13) Zorbax SB-Aq, (14) YMC-Pack Ph, (15) YMC Basic, (16) Ultra Phenyl, (17) Inertsil Ph3, (18) Platinum EPS C_{18}, (19) Synergi Polar-RP, (20) XTerra RP_8, (21) Nova-Pak Phenyl, (22) Zorbax SB-Phenyl, (24) Zorbax Rx C_8, (25) XTerra MS C_8, (26) Prodigy C_8, (28) Zorbax Eclipse XBD Phenyl, (29) Zorbax SB C_8, (30) µBondapak C_{18}, (31) YMC J'Sphere L80, (32) Supelcosil LC DB-C_8, (33) ZirChrom PBD, (34) Discovery RP Amide C_{16}, (35) Hypersil BDS C_8, (36) HydroBond AQ, (37) Lichrospher Select B, (38) Allure Ultra IBD, (39) Platinum C_{18}, (40) Nova-Pak C_8, (41) Capcell Pak C_{18}, (42) Alltima C_8, (43) Discovery RP AmideC_{16}, (44) XTerra RP_{18}, (45) Symmetry300 C_{18}, (46) Spectrum, (47) Zorbax Bonus RP, (48) Supelcosil LC-ABZ Plus, (50) SymmetryShield RP_8, (51) Lichrosorb Select B, (52) PolyEncap A, (53) Prism, (54) Supelcosil LC-ABZ+, (55) Supelcosil LC-ABZ, (56) Luna C_8(2), (57) Inertsil C_8, (58) Kromasil C_8, (59) Zorbax Eclipse XDB C_8, (60) Symmetry C_8, (63) Hypersil HyPurity Elite C_{18}, (64) Hypersil ODS, (65) Polaris C_{18}-A, (66) Luna Phenyl-Hexyl, (67) Hypersil BDS C_{18}, (68) Supelcosil LC DB-C_{18}, (69) Aqua C_{18}, (70) SymmetryShield RP_{18}, (72) Nucleosil C_{18}, (73) Waters Spherisorb ODS-2, (74) Waters Spherisorb ODSB, (75) YMC J'Sphere M80, (77) Zorbax SB-C_{18}, (78) Synergi Max RP, (79) YMC Hydrosphere C_{18}, (80) Nova-Pak C_{18}, (81) PolyEncap C_{18}, (82) TSK-Gel 80Ts, (83) Ace C_{18}, (84) XTerra MS C_{18}, (85) Fluophase PFP, (86) Purospher RP_{18}, (87) Develosil C30 UG 5, (88) Develosil ODS UG 5, (89) Hypersil Elite C_{18}, (90) Zorbax Rx C_{18}, (91) Zorbax Eclipse XDB C_{18}, (92) L-Column ODS, (93) YMC ODS AQ, (94) Prodigy C_{18}, (95) Luna C_{18}(2), (96) Kromasil C_{18}, (97) Allure PFP Propyl, (98) Discovery HS C_{18}, (99) Inertsil ODS-2, (100) Symmetry C_{18}, (101) L-column ODS, (102) Puresil C_{18}, (103) Cadenza CD-C_{18}, (105) Luna C_{18}, (106) Zorbax Extend C_{18}, (107) Inertsil ODS-3, (109) Zorbax Eclipse XDB C_{18}, (110) YMC Pack Pro C_{18}, (111) Purospher RP_{18}e, (112) Alltima C_{18}, (113) ODPerfect, (114) YMC J'Sphere H80, (115) Develosil ODS SR 5, (116) Nucleodur Gravity C_{18}, (117) Inertsil ODS-EP, (118) YMC-Pack Pro C_{18} RS, (119) Discovery HS F5, (120) Atlantis dC_{18}, (121) Discovery HS PEG, (122) Discovery Cyano, (123) Luna CN, (124) Cadenza CD-C_{18}, (125) experimental carbamate-CN packing, (126) experimental carbamate-phenyl packing, (127) Imtakt Presto FT C_{18}, (128) Aquasil C_{18}.

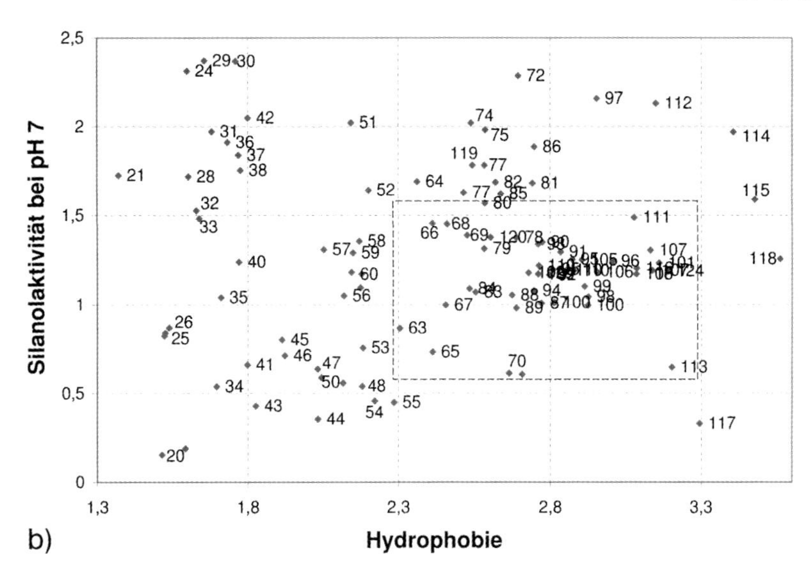

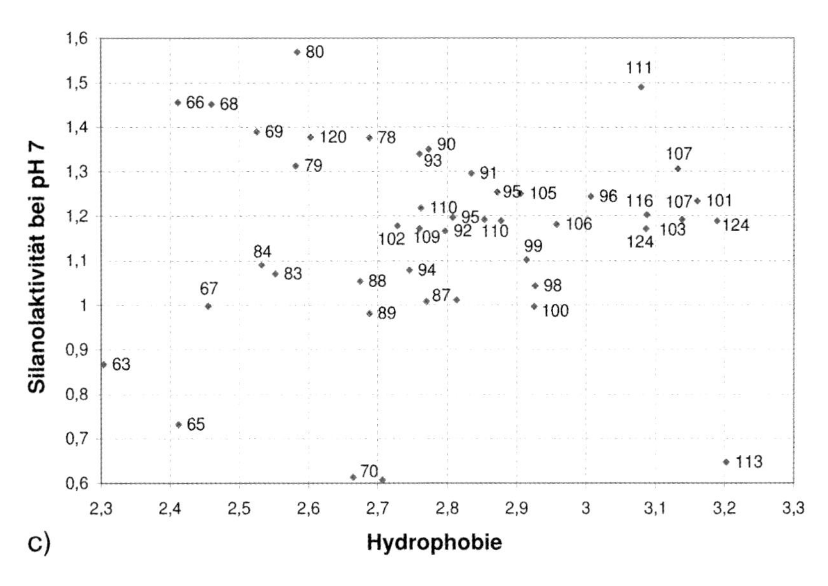

Abb. 1 (Fortsetzung)

$$S = \ln(k_{\text{Amitriptylin}}) - 0{,}7124 \times \ln(k_{\text{Acenaphthen}}) + 1{,}9748 \quad (1)$$

Wir haben nun zwei Werte, die die wichtigsten Eigenschaften von Umkehrphasen beschreiben: der natürliche Logarithmus des Retentionsfaktors der Neutralprobe Acenaphthen für die Hydrophobie, und der eben spezifizierte Wert für die Silanolgruppenaktivität. Mit diesen beiden Werten kann man nun die erste Selektivitätskarte erstellen (Abb. 1). Beide Achsen in Abb. 1 sind logarithmisch. In Abb. 1a überstreicht die *x*-Achse einen 400fachen Bereich des Retentionsfaktors von Acenaphthen, und die *y*-Achse erfasst einen 80fachen Wert der Silanolgruppenaktivität. Abbildung 1b und c sind Vergrößerungen der vorhergehenden Abbildung. Im Ganzen stellt diese Abbildung 117 verschiedene stationäre Phasen von Herstellern aus aller Welt und zwei experimentelle Phasen aus unserer Entwicklungsabteilung dar.

In Abb. 1a findet man stationäre Phasen mit einer geringen Hydrophobie auf der linken Seite. Die Phasen mit der niedrigsten Hydrophobie sind Cyano-Phasen, gefolgt hauptsächlich von Phenyl-Phasen. Ein Beispiel einer recht polaren Phase ist Nova-Pak CN HP, #1. Auf der rechten Seite findet man C_{18}-Phasen mit der stärksten Hydrophobie, z. B. Develosil ODS SR5, #115, YMC J'Sphere H80, #114 und YMC-Pack Pro C_{18} RS, #118. Packungen mit einer hohen Silanolgruppenaktivität sind Waters Spherisorb Phenyl, #4, und Waters Spherisorb ODS-2, #73, im oberen Bereich der Karte. Säulen mit einer hohen Silanolgruppenaktivität sind im Allgemeinen Phasen, die auf älteren Kieselgelen aufgebaut sind. Ältere Kieselgele enthalten einen nicht zu vernachlässigenden Anteil an Metallionen wie Aluminium oder Eisen in der Matrix. Diese Metallionen erhöhen die Azidität der Oberflächensilanole und verstärken so die Wechselwirkung mit basischen Proben. Im unteren Bereich der Karte befinden sich Phasen, die eine sehr niedrige Silanolgruppenaktivität aufweisen. Dazu gehören vor allem Phasen mit eingebauter polarer Gruppe, wie z. B. die experimentellen Carbamat-Packungen, #125 und #126, das kommerziell erhältliche XTerra RP_8, #20, das ebenfalls mit einer eingebauten Carbamatgruppe versehen ist, oder Discovery HS PEG, #121, das auf Polyethylenglycol aufgebaut ist. Es wird angenommen, dass die polare Gruppe Wasser sehr stark bindet und dadurch die Wechselwirkung mit Oberflächensilanolgruppen unterdrückt. In Abb. 1 ist auch eine horizontale Linie eingezeichnet. Oberhalb dieser Linie befinden sich klassische gebundene Phasen, unterhalb dieser Linie findet man alle Phasen mit eingebauter polarer Gruppe oder andere Phasen mit besonders niedriger Silanolaktivität, wie z. B. ODPerfect, #113, das nicht auf Kieselgelbasis aufgebaut ist. Außerhalb der hier gezeigten Karte findet man Phasen mit sehr hoher Silanolaktivität, wie z. B. das klassische Zorbax C_{18} oder Resolve C_{18}, beides Phasen, die auf klassischen Kieselgelen aufgebaut sind und nicht nachsilanisiert worden sind.

Die Eigenschaften der genannten Phasen zeigen, dass die Methode, nach der diese Karte aufgestellt wurde, insgesamt mit den Erwartungen übereinstimmt und die praktischen Erfahrungen generell reflektiert. Die Reproduzierbarkeit der angegebenen Werte hängt sicherlich von der Phase und dem Hersteller ab. Man sollte also eine gewisse Bandbreite erwarten. Für den Retentionsfaktor einer einfachen hydrophoben Substanz sollte man heute eine relative Standardabweichung von rund 5 % erwarten. Kele [16] hat gezeigt, dass für Symmetry C_{18} ein Wert von 1,3 % erreicht wurde. Für die Silanolaktivität kann man im ungünstigsten Fall eine Standardabweichung von rund 15 % erwarten. Für eine hochreproduzierbare Phase wie Symmetry C_{18} ist eine relative Standardabweichung von 2,2 % gemessen worden [17]. Man sieht daher, dass sich die Position einer stationären Phase im Vergleich zu einer anderen Phase durchaus verschieben kann, vor allem bei Phasen deren Reproduzierbarkeit nicht dem neuesten Stand der Technik entspricht. Man sollte also die relative Position der Datenpunkte auf der Karte nicht überbewerten oder überinterpretieren.

Darüber hinaus ist es wesentlich, sich zu vergegenwärtigen, dass diese Messungen eine eindeutige Aussagekraft nur für die Zusammensetzung der mobilen Phase des Tests haben. In anderen mobilen Phasen mit einer anderen Zusammensetzung, sowohl bezüglich der Konzentration als auch der Art des organischen Lösungsmittels, ändern sich die relativen Positionen der verschiedenen stationären Phasen. Das liegt daran, dass die Selektivität einer Trennung aus der Kombination der stationären and der mobilen Phase entsteht. Wenn die Zusammensetzung einer mobilen Phase sehr verschieden von den Testbedingungen ist, kann man eine Änderung der relativen Positionen der verschiedenen Säulen erwarten. Es bleibt nach wie vor richtig, dass eine Symmetry-C_{18}-Säule eine niedrigere Silanolgruppenaktivität als eine Spherisorb-ODS-2-Säule zeigt, aber ob eine Luna-C_{18}(2)-Säule oder eine YMC-Pack-Pro-C_{18}-Säule die niedrigere Silanolgruppenaktivität oder die höhere Hydrophobie besitzt, hängt mit Sicherheit von den Messbedingungen ab.

Nach diesen vorausgehenden Bemerkungen wollen wir uns jetzt die Selektivitätskarte 1 etwas genauer anschauen. Mit den Vergrößerungen von Abb. 1a in 1b und 1c lassen sich die Messwerte für alle 119 gemessenen Säulen genau lokalisieren. Die stationären Phasen im Zentrum von Abb. 1c sind alle Umkehrphasen, die auf einem hochreinen Kieselgel aufgebaut sind, mit den hydrophoberen Phasen auf der rechten Seite. Beispiele aus dem Zentrum sind die L-Column ODS, #92, Luna C_{18}(2), #95, YMC Pack Pro C_{18}, # 110, oder Discovery HS C_{18}, #98, Inertsil ODS 2, #99, Symmetry C_{18}, #100, und Luna C_{18}, #105. Wie man sieht, sind Luna C_{18} und Luna C_{18}(2) zwei deutlich verschiedene Packungsmaterialien. Auf der anderen Seite ist der Unterschied nicht so groß wie z. B. der Unterschied zwischen Symmetry C_{18}, #100, und SymmetryShield RP_{18}, #70. Symmetry C_{18} ist eine monofunktionelle C_{18}-Phase auf einem hochreinen Kieselgel, und SymmetryShield RP_{18} ist eine Phase mit eingebauter polarer Gruppe auf dem gleichen Kieselgel. Man sieht, dass die Art der Oberflächenbelegung einen wesentlichen Einfluss auf die Trenneigenschaften einer stationären Phase hat. Nicht nur die Hydrophobie ist unterschiedlich, sondern auch die Silanolaktivität. Diese Unterschiede kann man in der Methodenentwicklung neben der Selektivität der mobilen Phase zur Verbesserung einer Trennung nutzen.

2.1.2.2.2 Polare Wechselwirkungen (Wasserstoffbrückenbindung)

Andere polare Wechselwirkungen können mit der gleichen Messmethode [11] erfasst werden. Einige Phasen mit eingebauter polarer Gruppe bilden Wasserstoffbrücken, sowohl mit der wässrigen Komponente der mobilen Phase als auch mit Proben. Diese Eigenschaft kann mit geeigneten Probenpaaren gemessen werden. Wir verwenden zu diesem Zweck die beiden Proben Dipropylphthalat und Butylparaben. Dipropylphthalat ist die hydrophile Referenzsubstanz. Butylparaben tritt über die Phenolgruppe mit der polaren Gruppe der stationären Phase in Wechselwirkung. Diese Wechselwirkung wurde von uns zuerst „polare Selektivität" oder „Phenolaktivität" getauft. Snyder [9] misst eine gleiche oder jedenfalls sehr ähnliche Eigenschaft und nennt sie Wasserstoffbrückenbasizität. Gleichung (2) enthält unsere Messvorschrift [13]:

$$P = \ln(k_{\mathrm{Butylparaben}}) - 0{,}8962 \times \ln(k_{\mathrm{Dipropylphthalat}}) \quad (2)$$

Andere Probensubstanzen gehen ähnliche Wechselwirkungen wie die Phenole ein. Beispiele dafür liefern Sulfonamide oder Carbonsäuren in der ungeladenen Form, d. h. im sauren pH-Wert-Bereich, mit Acetonitril als der organischen Komponente der mobilen Phase. Durch diese Wechselwirkung erhöht sich die Retention der betroffenen Proben.

Diese Wechselwirkung ist in Abb. 2 gezeigt. Wie in Abb. 1 erfolgt die Auftragung gegen die Hydrophobie der Säule. Die Bezeichnung der stationären Phasen ist die gleiche wie in Abb. 1. In der Karte ist eine waagerechte Linie eingezeichnet. Sie bildet die Trennlinie zwischen klassischen stationären Phasen und besonderen Phasen. In der rechten unteren Hälfte schließt ein Kasten eine Gruppe klassischer C_{18}-Phasen ein. Unter den besonderen Phasen oberhalb der Trennlinie befinden sich vor allem die Phasen mit eingebauter polarer Gruppe, wie z. B. die Amidphasen Discovery RP Amide C_{16}, #34, und Supelcosil LC-ABZ Plus, #48, die Harnstoffphasen Spektrum, #46, und Prism, #53, und die Carbamatphasen SymmetryShield RP_8 und RP_{18}, #50 und #70. #117 ist das Inertsil ODS EP, das auf einer Diolphase aufgebaut ist. Knapp oberhalb der Linie sind Spezialphasen wie z. B. PolyEncap A, #52, PolyEncap C_{18}, #81, oder die mit einem Aminosilan nachsilanisierte Version von Purospher RP_{18}, #86. In der linken oberen Ecke ist das Fluofix 120 N, #5, am unteren Rand findet man Fluophase RP, #11. Beides sind fluorierte Phasen, deren genaue Zusammensetzung uns nicht bekannt ist. In der linken oberen Ecke befindet sich auch das Discovery HS PEG, #121, das auf Polyethylenglycol aufgebaut ist. #122 ist die Discovery Cyano Phase.

Man sieht, dass die „polare Selektivität" eine ganz andere Gruppierung der Säulen erlaubt als die Gruppierung über Silanolaktivität. Das beweist, dass die Säulenselektivität mehrdimensional ist. Wir haben hier drei Dimensionen behandelt, wohingegen Snyder [4–9] fünf Dimensionen aufzeigt. Weitere Dimensionen sind möglich (wie z. B. die „extended polar selectivity" in [13]). Allerdings sind wir der Auffassung, dass die hier behandelten drei Dimensionen die stärksten Einflüsse darstellen.

Wie gut diese Gruppierungen funktionieren und welche Übereinstimmungen erzielbar sind, kann der Leser selbst entscheiden. Es gibt sicherlich in vielen La-

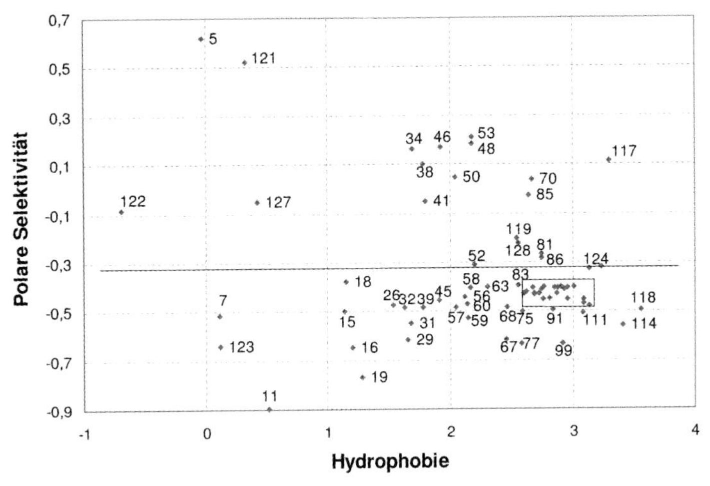

Abb. 2 Auftragung der polaren Selektivität gegen die Hydrophobie der stationären Phase. Bezeichnungen wie in Abb. 1.
Der Kasten schließt die folgenden stationären Phasen ein:
78, 82, 88, 89, 94, 96, 97, 100, 102, 103, 105, 107 und 110.

bors Trennungen, die auf verschiedenen stationären Phasen ausgeführt werden können. Unsere Säulenauswahl ist recht groß, und es wird dem Leser sicher gelingen, für ihn geeignete Säulen zu finden, die hier beschrieben sind. Mit dieser Information kann der interessierte Leser dann feststellen, wie unsere Klassifizierung auf seine Trennung anwendbar ist. Mit Sicherheit spielt die hydrophobe Wechselwirkung eine bedeutende Rolle. Die Silanolaktivität ist bei basischen Proben besonders ausgeprägt. Wenn die Probenmischung keine basischen Proben enthält, ist der Wert der Silanolaktivität nur von untergeordneter Bedeutung. Ähnliches gilt für die polare Selektivität. Wie ähnlich verschiedene stationäre Phasen sind, hängt generell von der Art der Probe ab. Zum Beispiel sind die Phasen Hypersil Elite C_{18},#89, und Synergi MAX RP, #78, identisch bezüglich Hydrophobie und polarer Selektivität, aber die Silanolaktivität im neutralen pH-Bereich ist wesentlich geringer bei Hypersil Elite C_{18}. Man erwartet also unterschiedliche Trennungen, wenn die Silanolaktivität eine Rolle spielt, und identische Trennungen, wenn sie einen vernachlässigbaren Einfluss hat (s. auch Kap. 2.1.1). Auf der anderen Seite, wenn man an einer neuen Trennung arbeitet und in einem automatischen Verfahren die Selektivitätsunterschiede zwischen verschiedenen Säulen ausnutzen möchte, helfen diese Selektivitätskarten sicher bei der Wahl von geeigneten Säulen mit generell unterschiedlichen Selektivitäten.

2.1.2.2.3 **Reproduzierbarkeit der Selektivität**

Wir haben oben bereits erwähnt, dass die Reproduzierbarkeit von stationären Phasen ihre Grenzen hat. Wie eng diese Grenzen sind, hängt von der Art der stationären Phase, den Herstellungsbedingungen und dem Hersteller ab. Wir wollen dieses Kapitel nicht schließen, ohne ein paar Worte über die Reproduzierbarkeit von Methoden und stationären Phasen zu verlieren.

Die Reproduzierbarkeit von Phasen hängt von der Erfahrung des Herstellers und der Qualität der Säulentestmethode ab. Unter einer Säulentestmethode verstehen wir hier eine Methode, die die Selektivität einer Säule misst, nicht die Bodenzahl. Die hier beschriebene Methode der Säulencharakterisierung ist auf einer empfindlichen Methode der Reproduzierbarkeitsmessung aufgebaut. Gute, moderne Säulenhersteller benutzen derartige hochempfindliche Methoden. Allerdings hat man mit diesen Methoden auch gelernt, dass Chargenunterschiede messbar und quantifizierbar sind.

Wenn Schwierigkeiten mit der Reproduzierbarkeit einer Methode mit der gleichen Säulenmarke auftreten, sollte man jedoch nicht sofort auf den Säulenhersteller schimpfen. Wenn es sich um eine neue Methode handelt, d. h. eine Methode, die nicht schon mit vielen Säulen gefahren worden ist, kann es sich einfach um einen Unterschied zwischen einer viel benutzten und einer funkelnagelneuen Säule handeln. Um diese Tatsache zu klären, empfiehlt es sich, festzustellen, ob die beiden Säulen die gleiche Charge Packungsmaterial enthalten. Diese Information ist von dem Säulenhersteller erhältlich, und findet sich auch oft auf den mit den Säulen gelieferten Analysenzertifikaten. Wenn die fraglichen Säulen mit der identischen Charge an Säulenmaterial gepackt sind, muss die Selektivität der Trennung identisch sein. Wenn das nicht der Fall ist, handelt es sich mit absoluter Gewissheit um eine Situation, in der die Trennung auf einer gealterten oder alternden Säule entwickelt worden ist. Das ist eine peinliche Situation, die von dem Säulenhersteller nicht gelöst werden kann. Es bleibt nichts anderes übrig, als die Trennung neu zu entwickeln. Viele Reproduzierbarkeitsprobleme hängen mit dieser Problematik zusammen. Falls es sich bei der neuen Säule um eine andere Charge an Säulenmaterial handelt, empfiehlt es sich, von dem Hersteller eine weitere Säule von der gleichen Charge wie die erste Säule anzufordern. Das sollte ohne große Schwierigkeiten möglich sein, es sei denn, dass die „alte" Säule tatsächlich ein paar Jahre alt ist.

Wenn diese Untersuchung tatsächlich zeigt, dass Unterschiede in der Charge die Selektivitätsunterschiede hervorrufen, gibt es zwei Möglichkeiten, das Problem zu lösen. Die eine Möglichkeit besteht darin, dass der Hersteller eine genügende Menge an Packungsmaterial oder eine ausreichende Anzahl Säulen an den Kunden liefert oder für ihn zurücklegt. Das ist am besten, wenn die Trennung nur über einen beschränkten Zeitraum gebraucht wird. Wenn es sich um eine Trennung für eine langjährige Qualitätskontrolle handelt, ist es besser, die Methode neu zu entwickeln. Oft ist nur eine geringe Änderung der Trennbedingungen notwendig. Die Chargenreproduzierbarkeit kann dann mit mehreren Chargen überprüft werden. Mehrere Säulenhersteller bieten Reproduzierbarkeitstestkits an, die mehrere Chargen enthalten und eine derartige Untersuchung von vornherein ermöglichen.

Der für alle Beteiligten schwierigste Fall tritt dann auf, wenn eine Trennung, die jahrelang auf vielen verschiedenen Chargen gelaufen ist, plötzlich auf einer neuen Charge nicht mehr funktioniert. Bei hochreproduzierbaren Packungsmaterialien tritt dieses Problem nur selten auf, aber es ist im Bereich auch der besten Reproduzierbarkeit nicht unmöglich. Dann stellt sich die Frage, wie sich dieses Problem bereinigen und in der Zukunft vermeiden lässt. Da dies ein schwieriger Fall ist, ist es unumgänglich, ganz zu Beginn alle möglichen Fehler auszuschließen. Eine enge und offene Zusammenarbeit zwischen Säulenhersteller und Säulenbenutzer ist hier sehr wichtig. Es ist gegebenenfalls möglich, dass eine genügende Menge der älteren, für die Trennung geeigneten Chargen zur Verfügung steht. Wenn die Chargentestmethoden gut sind, kann man möglicherweise anhand der Testergebnisse zeigen, welche Chargen geeignet sind und welche nicht. Dann kann man mit dem Hersteller ein Verfahren arrangieren, mit dem Säulen der „guten" Chargen zur Seite gelegt werden. Es ist allerdings auch möglich, dass die Testmethoden die Eignung einer Phase nicht belegen können. Dann kann der Hersteller bei neuen Chargen eine Säule zum Test zur Verfügung stellen. Dieses Verfahren ist allerdings ein Glücksspiel, von dem man generell abraten muss. Eine andere, weniger riskante, aber erheblich aufwendigere Lösung ist eine Neuentwicklung oder Variation der Trennmethode.

Dank: Die Autoren danken Herrn Dr. Dirk Sievers, Waters GmbH, für die Durchsicht des Manuskriptes.

Literatur

1. U. D. Neue, E. S. Grumbach, J. R. Mazzeo, K. Tran, D. M. Wagrowski-Diehl, „Method development in reversed-phase chromatography", *Handbook of Analytical Separations* Vol. 4, I. D. Wilson ed., pp. 185–214, Elsevier Science, 2003.
2. M. Z. El Fallah, in U. D. Neue, *„HPLC-Columns – Theory, Technology, and Practice"*, Wiley-VCH, Weinheim (1997).
3. U. D. Neue, *Selektivitätsänderung mit pH*, Kap. 1.3 dieses Buch.
4. N. S. Wilson, M. D. Nelson, J. W. Dolan, L. R. Snyder, R. G. Wolcott, P. W. Carr, *J. Chromatogr. A* 961 (2002), 171–193.
5. N. S. Wilson, M. D. Nelson, J. W. Dolan, L. R. Snyder, P. W. Carr, *J. Chromatogr. A* 961 (2002), 195–215.
6. N. S. Wilson, M. D. Nelson, J. W. Dolan, L. R. Snyder, P. W. Carr, L. C. Sander, *J. Chromatogr. A* 961 (2002), 217–236.
7. J. J. Gilroy, J. W. Dolan, L. R. Snyder, *J. Chromatogr. A* 1000 (2003), 757–778.
8. J. J. Gilroy, J. W. Dolan, P. W. Carr, L. R. Snyder, *J. Chromatogr. A*, 1026 (2004), 77–89.
9. N. S. Wilson, J. J. Gilroy, J. W. Dolan, L. R. Snyder, *J. Chromatogr. A*, 1026 (2004), 91–100.
10. M. R. Euerby, P. Petersson, *J. Chromatogr. A* 994 (2003), 13–36.
11. U. D. Neue, B. A. Alden, and T. H. Walter, *J. Chromatogr. A* 849 (1999), 101–116.
12. U. D. Neue, *„HPLC-Columns – Theory, Technology, and Practice"*, Wiley-VCH, Weinheim (1997).
13. U. D. Neue, K. Tran, P. C. Iraneta, B. A. Alden, *J. Sep. Sci.* 26 (2003), 174–186.
14. U. D. Neue, „Column Technology", in *Encyclopedia of Analytical Science* (Eds. P. Worsfold, A. Touneshend, C. Poole), Vol. 5, pp. 77–122, Academic Press, Elsevier, Amsterdam, 2005.
15. U. D. Neue, B. A. Alden, P. C. Iraneta, A. Méndez, E. S. Grumbach, K. Tran, D. M. Diehl, „HPLC Columns for Pharmaceutical Analysis", in *Handbook of HPLC in Pharmaceutical Analysis*, M. Dong, S. Ahuja Eds., Elsevier, Amsterdam, 2005.
16. M. Kele and G. Guiochon, *J. Chromatogr. A*, 830 (1999), 55–79.
17. U. D. Neue, E. Serowik, P. Iraneta, B. A. Alden, T. H. Walter, „A Universal Procedure for the Assessment of the Reproducibility and the Classification of Silica-Based Reversed-Phase Packings; 1. Assessment of the Reproducibility of Reversed-Phase Packings", *J. Chromatography A* 849 (1999), 87–100.

2.1.3
Charakterisierung von Umkehrphasen in der Flüssigkeitschromatographie mittels Hauptkomponentenanalyse

Melvin R. Euerby und Patrik Petersson
(Übersetzung aus dem Englischen von Ulrich Panne)

2.1.3.1 Einleitung

Umkehrphasen („reversed phase", RP) sind heute die gebräuchlichsten stationären Phasen für die Flüssigkeitschromatographie mit weltweit mehr als 700 unterschiedlichen kommerziell erhältlichen Varianten. Neue wie erfahrene Anwender sehen sich damit einer fast unüberschaubaren Auswahl von stationären Phasen für eine bestimmte Applikation gegenüber. Die Situation wird durch die unterschiedlichen und zum Teil widersprüchlichen Angaben der Hersteller weiter verkompliziert. Bisher sind nur wenige Arbeiten zum Vergleich von stationären Phasen und standardisierter Auswahl von Phasen bekannt. So bleibt häufig die Auswahl einer stationären Phase das schwächste Glied in der Entwicklung einer neuen chromatographischen Methode.

Tabelle 1 Beschreibung der chromatographischen Parameter für die Charakterisierung der Trennsäulen (weitere Details in [2]).

Chromatographischer Parameter	*Abkürzung*	*Beschreibung*
Retentionsfaktor für Pentylbenzol	k_{PB}	Entspricht der spezifischen Oberfläche und Belegung der Oberfläche (Dichte der Liganden).
Hydrophobie oder hydrophobische Selektivität	α_{CH2}	Retentionsfaktor zwischen Pentylbenzol und Butylbenzol, $\alpha_{CH2} = k_{PB}/k_{BB}$. Stellt ein Maß für die Belegung der Oberfläche der Phase dar, da die Selektivität zwischen Alkylbenzolderivaten, welche sich durch eine Methylgruppe unterscheiden, unabhängig von der Dichte der Liganden ist.
„shape selectivity" (sterische Selektivität)	$\alpha_{T/O}$	Verhältnis der Retentionsfaktoren zwischen Triphenylen und o-Terphenyl, $\alpha_{T/O} = k_T/k_O$. Dieser Parameter ist ein Maß für die „shape selectivity", die durch den Abstand der Liganden und die Funktionalität der Silylierungsreagenzien gegeben ist.
Kapazität für Wasserstoffbrückenbindungen	$\alpha_{C/P}$	Verhältnis der Retentionsfaktoren zwischen Coffein und Phenol, $\alpha_{C/P} = k_C/k_P$. Dieser Parameter beschreibt die Anzahl an verfügbaren Silanolgruppen und das Ausmaß des Endcappings.
Gesamte Ionenaustauschkapazität	$\alpha_{B/P}$ bei pH 7,6	Verhältnis der Retentionsfaktoren zwischen Benzylamin und Phenol bei pH 7,6, $\alpha_{B/P}$ bei pH 7,6 = k_B/k_P. Dieser Parameter beschreibt die gesamte Silanolaktivität.
Saure Ionenaustauschkapazität	$\alpha_{B/P}$ bei pH 2,7	Verhältnis der Retentionsfaktoren zwischen Benzylamin und Phenol bei pH 2,7, $\alpha_{B/P}$ bei pH 2,7 = k_B/k_P. Dieser Parameter beschreibt die saure Aktivität der Silanolgruppen.

Zur Charakterisierung der chromatographischen Eigenschaften von unterschiedlichen stationären Phasen müssen eine Reihe von Parametern erfasst werden. In unserem Ansatz, der auf einer Modifikation der Arbeiten von Tanaka [1] basiert, werden sechs chromatographische Parameter verwendet (vgl. Tabelle 1). In unserem jüngsten Vergleich [2] von 135 unterschiedlichen RP Materialien müssen somit 810 Werte dieser Parameter miteinander verglichen werden. Für eine Vereinfachung der Datenauswertung dieser und anderer chromatographischer Datenbanken wurde schon in der Vergangenheit die Hauptkomponentenanalyse („principal component analysis“, PCA) als chemometrisches Werkzeug erfolgreich eingesetzt [3–10].

2.1.3.2 Theorie der Hauptkomponentenanalyse

Die Hauptkomponentenanalyse, PCA, erlaubt eine einfache graphische Interpretation von multivariaten Datensätzen und Tabellen. Das Prinzip der Methode wird im Folgenden kurz beschrieben; eine ausführliche Darstellung der zugrunde liegenden Algebra ist in [11] und [12] zu finden.

Eine Tabelle besteht aus Zeilen und Spalten, jede Zeile bezeichnet dabei ein Objekt (stationäre Phase), jede Spalte eine Variable (Parameter zur Charakterisierung der stationären Phase). Eine Tabelle mit drei Variablen kann somit in einer dreidimensionalen Darstellung wie Abb. 1 visualisiert werden, jedes Objekt entspricht einem Punkt im dreidimensionalen Koordinatensystem der Variablen. Um alle Variablen gleich zu gewichten – und damit allen Variablen die gleiche Chance zu geben die PCA zu beeinflussen –, werden die Daten zumeist vor der PCA „autoskaliert“. Dies wird dadurch erreicht, dass jede Variable durch

	Variable 1	Variable 2	Variable 3
Object 1	$x_{1,1}$	$x_{1,2}$	$x_{1,3}$
Object 2	$x_{2,1}$	$x_{2,2}$	$x_{2,3}$
Object 3	$x_{3,1}$	$x_{3,2}$	$x_{3,3}$
Object 4	$x_{4,1}$	$x_{4,2}$	$x_{4,3}$
Object 5	$x_{5,1}$	$x_{5,2}$	$x_{5,3}$
Object 6	$x_{6,1}$	$x_{6,2}$	$x_{6,3}$
Object 7	$x_{7,1}$	$x_{7,2}$	$x_{7,3}$
Object 8	$x_{8,1}$	$x_{8,2}$	$x_{8,3}$
Object 9	$x_{9,1}$	$x_{9,2}$	$x_{9,3}$
Object 10	$x_{10,1}$	$x_{10,2}$	$x_{10,3}$
Object 11	$x_{11,1}$	$x_{11,2}$	$x_{11,3}$
Object 12	$x_{12,1}$	$x_{12,2}$	$x_{12,3}$
Object 13	$x_{13,1}$	$x_{13,2}$	$x_{13,3}$
Object 14	$x_{14,1}$	$x_{14,2}$	$x_{14,3}$

a)

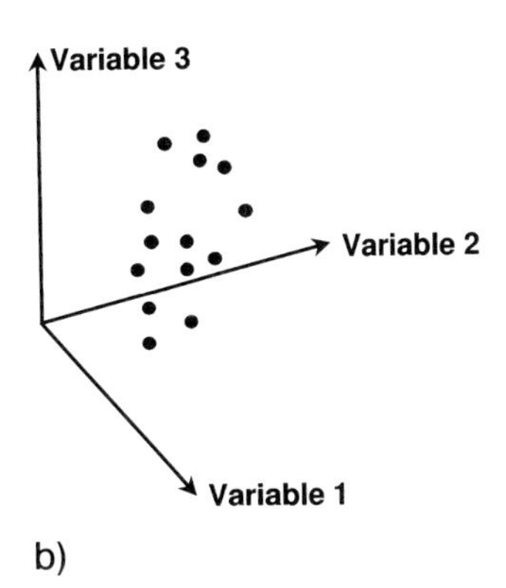

b)

Abb. 1 Verschiedene Möglichkeiten, den gleichen Datensatz zu beschreiben:
(a) Eine Tabelle mit 14 Zeilen und 3 Spalten.
(b) 14 Punkte in einem 3-dimensionalen Variablenraum.

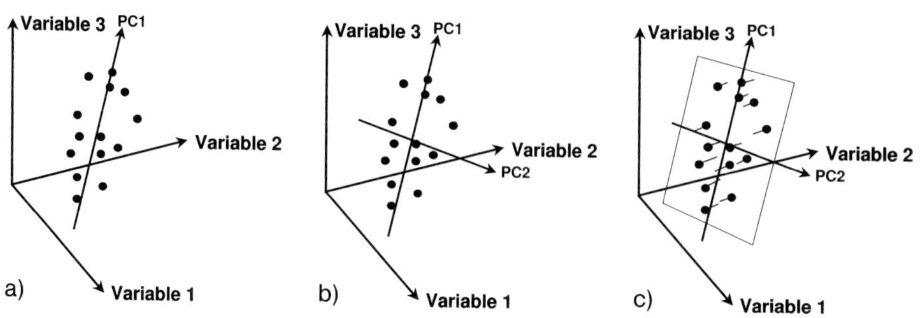

Abb. 2 Die PCA reduziert die Anzahl der Variablen durch eine Projektion der Objekte auf eine geringere Anzahl neuer Variablen, die als Hauptkomponenten („principal components", PC) bezeichnet werden.
(a) Die PCs sind so orientiert, dass die erste Hauptkomponente so gut wie möglich die Varianz zwischen den Objekten beschreibt.
(b) Die zweite PC ist orthogonal zur ersten PC orientiert und beschreibt so viel wie möglich von der verbleibenden Varianz zwischen den Objekten. Beide PCs verlaufen durch den Mittelwert der Objekte.
(c) Die Projektion der Objekte auf eine PC beschreibt Koordinaten, die als „scores" bezeichnet werden. Die Scoreplots erlauben einen einfachen graphischen Vergleich von Ähnlichkeiten und Unterschieden zwischen Objekten.

ihre Standardabweichung dividiert wird, anschließend wird der entsprechende Mittelwert subtrahiert. Auf diese Weise haben alle Variablen eine Varianz von eins und einen Mittelwert von null.

Die PCA reduziert die Anzahl der Variablen durch eine Projektion der Objekte auf eine geringere Anzahl neuer Variablen, die als Hauptkomponenten („principal component", PC) bezeichnet werden. Die PCs sind so orientiert, dass die erste Hauptkomponente durch den Mittelwert aller Objekte verläuft und so gut wie möglich die Varianz zwischen den Objekten beschreibt (Abb. 2a). Die zweite Hauptkomponente ist orthogonal zum ersten PC, verläuft durch den Mittelwert aller Objekte und beschreibt so viel wie möglich von der verbleibenden Varianz zwischen den Objekten (Abb. 2b).

Die Projektion der Objekte auf die Hauptkomponenten ergibt die neuen reduzierten Koordinaten, auch als „scores" bezeichnet. Eine Auftragung der Projektion der Objekte auf die ersten beiden PCs ergibt einen Scoreplot (Abb. 2c). Mit diesen Scoreplots können auf grafische Weise anschaulich Unterschiede zwischen den Objekten, hier den stationäre Phasen, identifiziert werden. Der Abstand von Objekten in einem Scoreplot stellt dabei ein Maß für die Ähnlichkeit dieser Objekte dar. Objekte mit geringem Abstand sind einander ähnlicher als Objekte mit großem Abstand zueinander.

Eine Abschätzung des Einflusses der ursprünglichen Variablen auf die einzelnen Hauptkomponenten ergibt sich aus den „loadings" der Variablen für jede Hauptkomponente. Durch eine Auftragung der Loadings für zwei PCs kann die relative Bedeutung (Wichtigkeit) der ursprünglichen Variablen beurteilt werden (größter Abstand vom Ursprung) und ob eine Korrelation zwischen Variablen herrscht (gleiche oder entgegengesetzte Richtung auf einer Geraden durch den

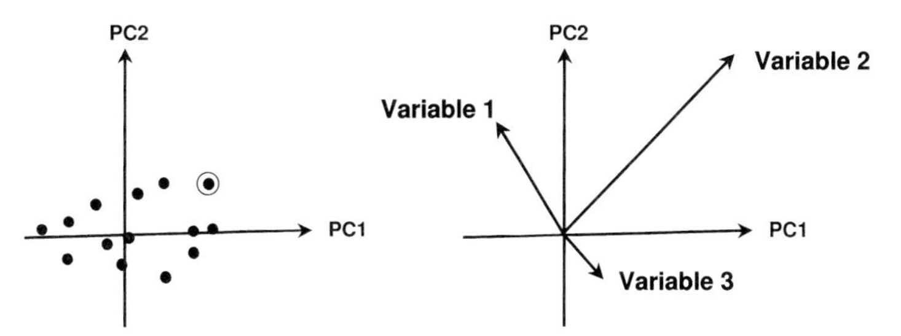

Abb. 3 Der Beitrag jeder Variable zu einer PC wird durch den Begriff „loadings" beschrieben. Auftragen der Loadings für zwei PCs lässt erkennen, welche der Variablen am wichtigsten sind (größter Abstand vom Ursprung – in diesem Beispiel Variable 2) und ob eine Korrelation zwischen Variablen herrscht (gleiche oder entgegengesetzte Richtung auf einer Geraden durch den Ursprung – in diesem Beispiel zeigen Variablen 3 und 1 eine negative Korrelation). Es ist auch möglich, die Position eines Objekts im Scoreplot zu erklären – in diesem Beispiel ist das im Scoreplot gekennzeichnete Objekt durch einen hohen Wert von Variable 2 charakterisiert.

Ursprung). Durch einen Vergleich von Score- und Loadingplots kann die Position eines Objektes im Scoreplot erklärt werden (Abb. 3).

In der Literatur finden sich zahlreiche Beispiele für den Einsatz der PCA zur Charakterisierung von Chromatographiesäulen [2–10, 13]. Angemerkt werden sollte ebenfalls, dass die PCA ein sehr potentes Werkzeug für die Analyse beliebiger Datenbanken ist. Die folgenden Daten von stationären Phasen wurden einer PCA unterworfen, um die Möglichkeiten der Identifizierung von orthogonalen Selektivitäten und äquivalenten Phasen bzw. eines verbesserten Verständnisses des Retentionsmechanismus und der Bindungstechnologie zu demonstrieren.

2.1.3.3 **PCA der Datenbank mit RP-Kieselgel-Materialien**

Die Unterschiede von kommerziellen RP Materialien können durch eine PCA einer Datenbank mit den chromatographischen Parametern der Säulen belegt werden. In einer unserer Veröffentlichungen konnten wir diesen Ansatz mit 135 Säulen, was 810 Datenpunkten entspricht, erfolgreich demonstrieren [2]. Der Scoreplot der ersten beiden Hauptkomponenten PC1 und PC2 in Abb. 4 zeigt eine große Anzahl ähnlicher Phasen nahe dem Ursprung. Deutlich wird jedoch auch, dass zahlreiche Phasen fundamentale Unterschiede in ihren chromatographischen Eigenschaften zueinander aufweisen. Der entsprechende Score- und Loadingplot für Phasen aus der Gruppe A deuten auf eine hohe Aktivität der Silanolgruppen ($\alpha_{C/P}$, $\alpha_{B/P}$ bei pH 2,7 und 7,6) und geringe Retention (k_{PB} und α_{CH2}, vgl. Tabelle 1 für eine Erklärung der chromatographischen Begriffe und Abkürzungen). Diese Gruppe besteht vornehmlich aus Nicht-C_{18}-Phasen und konventionellen C_{18}-Phasen auf der Basis von saurem Kieselgel, wie z. B. die Resolve C_{18}-Säule (Nr. 87).

Im Gegensatz dazu besteht die Gruppe B aus C_{18}-Materialien der neueren Generation mit einer geringen Aktivität der Silanolgruppen und einer hohen Retention (z. B. die Ultracarb ODS 30-Säule, Nr. 112). Die Gruppe C besteht aus „polar

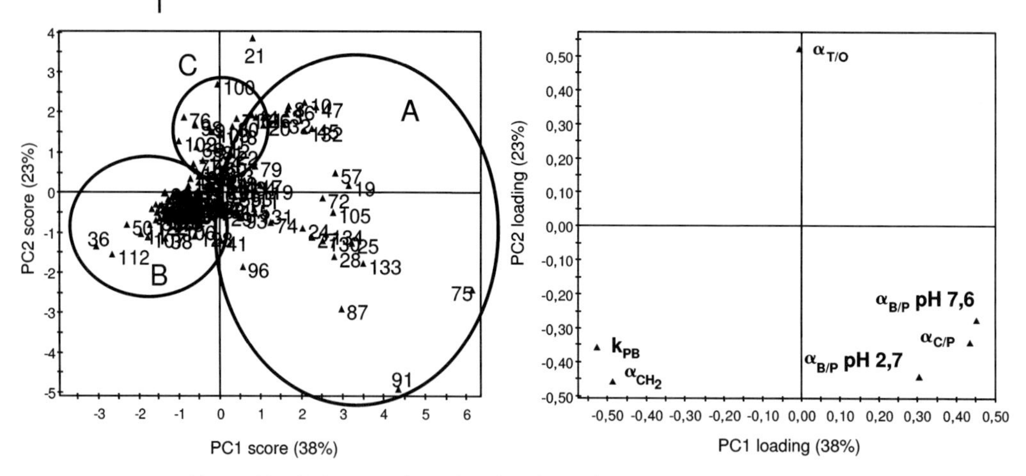

Abb. 4 PC1-PC2 Score- und Loadingplots für Säulen [2].
A = hauptsächlich Nicht-C_{18} und konventionelle saure (Typ A) C_{18} Kieselgel-Phasen
B = hauptsächlich nicht saure (Typ B) C_{18}-Kieselgel-Phasen
C = „polar embedded" Phasen

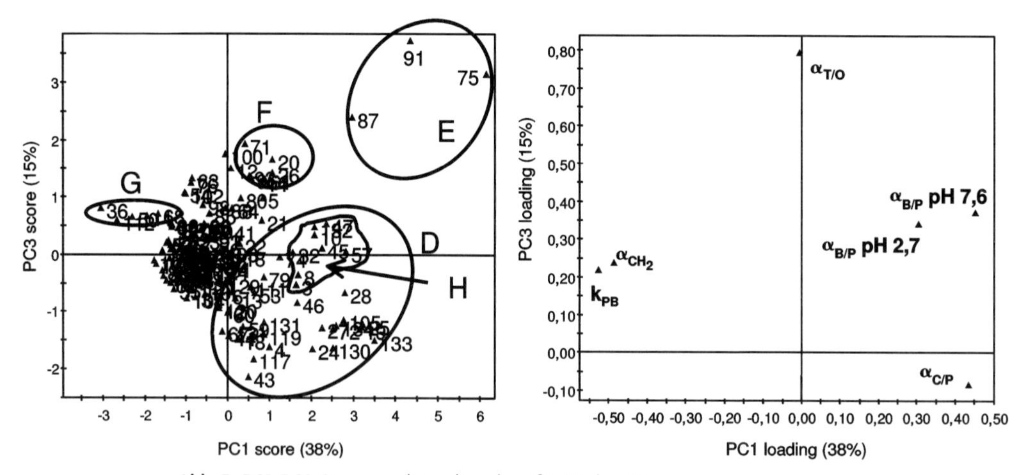

Abb. 5 PC1-PC3 Score- und Loadingplots für Säulen [2].
D = Nicht-C_{18}-Phasen
E = saure Phasen
F = Perfluorphenyl-Phasen
G = stark hydrophobe Phasen
H = Cyano-Phasen

embedded" Materialien (z. B. die Suplex pkb 100-Säule, Nr. 100) und unterscheidet sich von den anderen Gruppen vornehmlich durch ihre große „shape selectivity" ($\alpha_{T/O}$). Da die Berücksichtigung der ersten beiden Hauptkomponenten PC1 und PC2 nur 61 % der gesamten Varianz innerhalb der Datenbank erklären konnte, wurde auch die dritte Hauptkomponente PC3 ausgewertet (vgl. Abb. 5). PC3 trägt weitere 15 % zur gesamten Varianz und damit zur weiteren Differenzierung zwischen den Phasen bei, wie auch die Auftragung von PC1 vs. PC3 unterstreicht. Die „sauren" Phasen wie z. B. die Säulen Resolve C_{18}, Spherisorb ODS 1 und Platinum EPS C_{18} (Nr. 87, 91 und 75) konnten auf diese Weise in eine Gruppe E zusammengefasst werden, die sich durch hohe Acidität und hohe Aktivität der Silanolgruppen auszeichnet ($\alpha_{C/P}$, $\alpha_{B/P}$ bei pH 2,7 und 7,6).

Innerhalb der Nicht-C_{18}-Phasen (Gruppe D) konnte die Mehrheit der Cyano-Phasen einer Untergruppe H zugeordnet werden. Mittels PC1 und PC3 konnten ebenfalls die Perfluorphenyl-Phasen (Gruppe F) aufgrund des „shape selectivity"-Parameters ($\alpha_{T/O}$) differenziert werden. Die Phasen mit einer hohen Retention wie z. B. Ultracarb ODS, BetaMax Neutral C_{18}, Gromsil ODS pH 7, J'sphere ODS JH und die Omnisphere C_{18}-Phasen besitzen einen hohen Kohlenstoffgehalt (d. h. > 22 %) und zeichnen sich durch hohe Retentionsfaktoren für Pentylbenzol (k_{PB}) und eine hohe hydrophobe Selektivität aus (α_{CH2}).

2.1.3.3.1 PCA von „polar embedded"-Phasen, „AQ"-Phasen und Phasen mit erhöhter polarer Selektivität

In jüngster Zeit sind eine Vielzahl von neuen kommerziellen Phasen verfügbar, welche besonders vorteilhaft für die Chromatographie mit rein wässrigen mobilen Phasen sein sollen. Seitens der Hersteller werden diese Phasen typischerweise in „polar-embedded"-Phasen, „AQ" (Aqua)-Phasen und Phasen mit erhöhter polarer Selektivität („enhanced polar selectivity") unterteilt. Die zwei Letzteren werden je nach Bindungstechnik häufig auch als „polar"- oder „hydrophil-endcappte" Phasen bezeichnet. Bedauerlicherweise ist über den Chemismus der funktionellen Gruppe kaum Information zugänglich [2].

Die Auftragung der beiden Hauptkomponenten PC1 und PC2 differenziert die untersuchten 31 Phasen, welche seitens der Hersteller für rein wässrige Bedingungen spezifiziert wurden, in drei Gruppen mit unterschiedlichen chromatographischen Eigenschaften (vgl. die Scores- und Loadingplots in Abb. 6).

- **Gruppe A:** Phasen mit einer erhöhten polaren Selektivität, die sich durch eine große Fähigkeit zu Wasserstoffbrückenbindungen (d. h. $\alpha_{C/P}$ Werte > 1) auszeichnen, wie z. B. die Platinum C_{18} EPS, SynergiPOLAR RP, Zorbax SB AQ und Aquasil-Phasen (Nr. 75, 105, 134 und 5).
- **Gruppe B:** Phasen, welche die Testanalyten auf der Basis ihrer Lipophilie zurückhalten und eine große Retention (k_{PB}) und geringe „shape selectivity" ($\alpha_{T/O}$) aufweisen (z. B. Genesis AQ, Hichrom RPB Phenonemex AQUA, Nr. 29, 37 und 73).
- **Gruppe C:** Phasen mit einer erhöhten „shape selectivity" ($\alpha_{T/O}$) und einer geringen Retention (k_{PB}) werden typischerweise als „polar-embedded"-Phasen bezeichnet (z. B. Suplex pk_b 100, HyPURITY Advance, Polaris Amide C_{18} und BetaMax Acidic, Nr. 100, 46, 76 und 9).

Die erhöhte polare Selektivität der Phasen aus der Gruppe A ergibt sich entweder aus dem polaren Endcapping (z. B. Aquasil, SynergiPOLAR RP, Nr. 5 und 105), der geringen Oberflächenbedeckung und einem Verzicht auf ein Endcapping

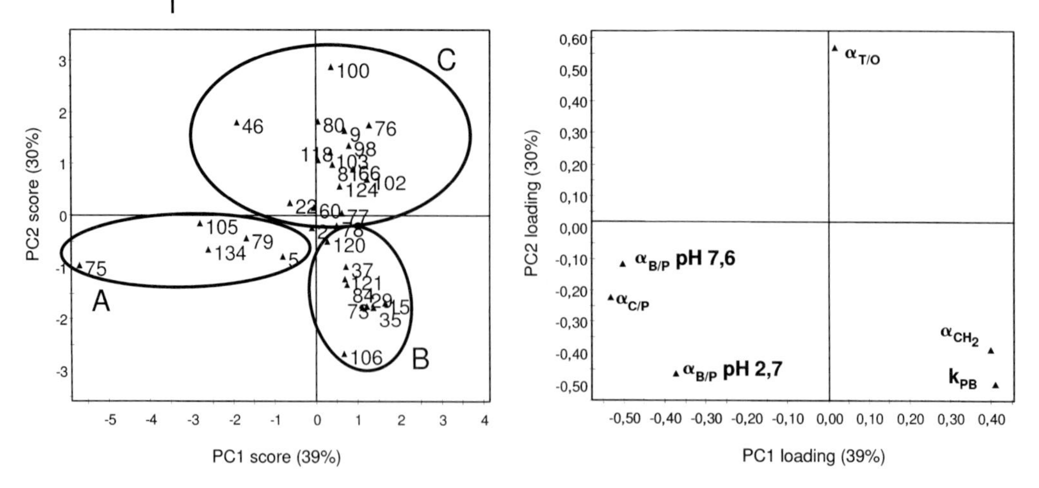

Abb. 6 PC1-PC2 Score- und Loadingplots für „polar embedded", „enhanced polar selectivity" und „Aqua"-Phasen.
A = „enhanced polar selectivity"
B = high lipophilic retention
C = „polar embedded" Phasen

der Phasen (z. B. Platinum C_{18} EPS, Nr. 75) oder aus dem Silylierungsreagenz bei der Umsetzung des Kieselgels (z. B. Zorbax SB AQ, Nr. 134).

Eine Reihe von Phasen der Gruppe B sind gemischte Alkylphasen (z. B. Genesis AQ, Hichrom RPB, Nr. 29 und 37), bei denen durch dieses gemischte „Bonding" (zwei funktionelle Gruppen an der Phasenoberfläche) ein „Kollabieren" (d. h. keine Benetzung der Poren mehr) in stark wässrigen mobilen Phasen verhindert wird. Im Gegensatz dazu besitzen andere Phasen, wie z. B. YMC ODS-AQ, Prontosil C_{18}-AQ, Phenonemex AQUA und Synergi-Hydro-RP (Nr. 121, 84, 73 und 106), laut Herstellerangaben einen C_{18}-Liganden und eine zusätzliche hydrophile bzw. polare Endcapping-Funktionalität. Die PCA-Analyse deutet darauf hin, dass diese Phasen vergleichbar mit den gemischten Alkylphasen sind und sicherlich keine zusätzliche Kapazität für Wasserstoffbrückenbindungen haben. Die Art der polaren Endcapping-Komponente ist derzeit jedenfalls noch unklar.

2.1.3.3.2 **PCA von perfluorierten Phasen**

Der Einsatz von perfluorierten Phasen ist in jüngster Zeit auf besonderes Interesse gestoßen, da diese Phasen im Vergleich zu den üblichen RP Alkylmaterialien orthogonale Trennmechanismen bieten. Konsequenterweise hat auch die Zahl der kommerziell verfügbaren Phasen stark zugenommen. In einer unserer letzten Arbeiten wurden zehn Alkyl- und Phenylphasen mit perfluoriertem Kieselgel als stationäre Phasen charakterisiert und mit einem modifizierten Tanaka-Ansatz mittels PCA klassifiziert, um einen Vergleich der Retention mit konventionellen Alkyl- und Phenylphasen zu erhalten [13].

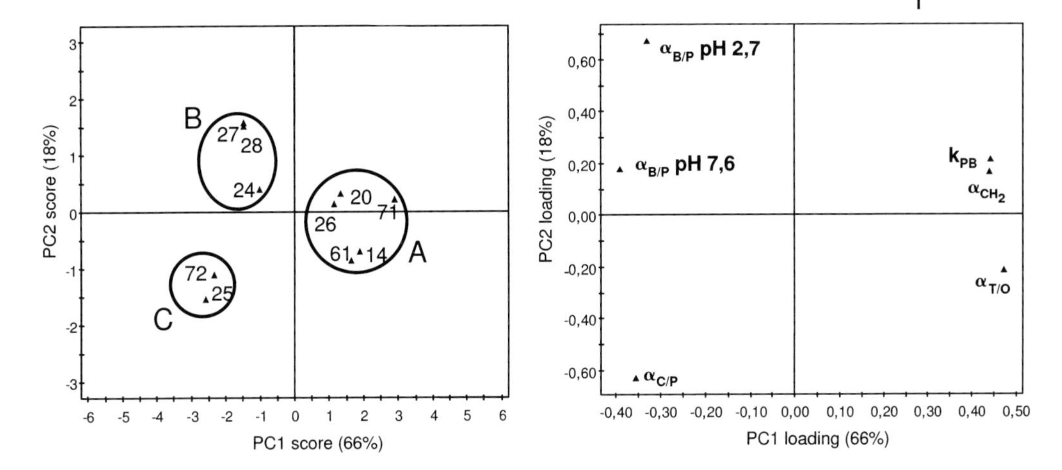

Abb. 7 PC1-PC2 Score- und Loadingplots von perfluorierten Phasen [13].
A = Perfluorphenyl-Phasen
B = Perfluor C6- oder C8-Phasen
C = Perfluor C6 „non endcapped" und C3 Perfluor-Phasen

Ein Modell mit zwei Hauptkomponenten konnte 84 % der Varianz in der chromatographischen Datenbank beschreiben. Der Scoreplot in Abb. 7 verdeutlicht, dass die perfluorierten Phasen in drei Untergruppen eingeteilt werden können. Die Gruppe A enthält die perfluorierten Phenylphasen (z. B. Discovery F5 HS und Fluophase PFP, Nr. 20 und 26), Gruppe B die perfluorierten Hexylphasen mit Endcapping (z. B. Fluofix, Nr. 24) und die perfluorierten Octylphasen (z. B. Fluophase RP und FluoroSep RP Octyl, Nr. 27 und 28) und Gruppe C die perfluorierten Hexylphasen ohne Endcapping (z. B. Fluofix, Nr. 25) und die perfluorierten Propylphasen (z. B. Perfluorpropyl ESI, Nr. 72). Die Loadingplots deuten auf folgende chromatographische Eigenschaften der einzelnen Untergruppen hin:

A) Große spezifische Oberfläche/Hydrophobizität, große „shape selectivity" (k_{PB}, α_{CH2} und $\alpha_{T/O}$) und eine geringe Ionenaustausch-Kapazität bzw. geringe Kapazität für Wasserstoffbrückenbindungen ($\alpha_{C/P}$, $\alpha_{B/P}$ bei pH 2,7 und 7,6).
B) Geringe Oberflächenbedeckung/Hydrophobizität, geringe „shape selectivity" (k_{PB}, α_{CH2} und $\alpha_{T/O}$) und hohe Ionenaustausch-Kapazität ($\alpha_{B/P}$ bei pH 2,7 und 7,6).
C) Geringe Oberflächenbedeckung/Hydrophobie, geringe „shape selectivity", geringe Ionenaustausch-Kapazität (k_{PB}, α_{CH2}, $\alpha_{T/O}$ und $\alpha_{B/P}$ bei pH 2,7 und 7,6) und hohe Kapazität für Wasserstoffbrückenbindungen ($\alpha_{C/P}$).

2.1.3.4 **PCA zur Identifizierung der Ähnlichkeit/Äquivalenz von Säulen und Phasen**

Die Frage der Äquivalenz von Säulen ist von entscheidender Bedeutung für gesetzgebende Körperschaften wie die Food & Drug Administration (FDA), die

United States Pharmacopoeia (USP) und die European Pharmacopoeia (EP)-Kommissionen. Im allgemeinen Kapitel zur Chromatographie (621) nennt die USP 52 unterschiedliche Typen von HPLC-Füllmaterialien (L1–L52); kürzlich wurde eine Erweiterung um weitere sieben L-Klassen vorgeschlagen [14]. Einige der L-Klassen sind äußerst spezifisch, z. B. lautet die USP L57-Säulenangabe *„spherical, porous silica gel, 3–5 μm diameter, the surface of which has been covalently modified with palmitamidopropyl groups and endcapped with acetamidopropyl groups to a ligand density of about 6 μmoles per* m^2*“*. Bis zum heutigen Zeitpunkt erfüllt nur die Discovery Amide C_{16}-Phase diese Kriterien. Im Vergleich dazu erfüllen über 200 unterschiedliche kommerzielle Säulen die Kriterien für die USP L1-Säulenangaben, *„a packing of octadecyl silane chemistry chemically bonded to porous silica or ceramic microparticles, 3 to 10 μm in diameter“*. Dieses Problem wurde mittlerweile seitens der USP erkannt und in ihrer jüngsten Konferenz zusammenfassend bestätigt *„Currently USP classifies all* C_{18} *columns as type L1, and USP monographs do Not differentiate the myriad differences among columns within this classification“* [15].

Eine PCA von 42 Säulen (vgl. Tabelle 2), welche nach Herstellerangaben dem USP L1-Kriterium entsprechen, zeigt deutlich, dass die Säulen nicht äquivalent sind [16] (vgl. Abb. 8a und b). Annähernd 82 % der Varianz der L1-Phasen konnte durch drei Hauptkomponenten beschrieben werden. Die Unterschiede zwischen den Säulen sind besonders in einer Auftragung PC1 vs. PC3 ersichtlich. Die Unterschiede zwischen den L1-Phasen lässt sich exemplarisch an der chromatographischen Güte einer Trennung von hydrophilen Basen demonstrieren (vgl. Abb. 9a und b).

Der Loadingplot deutet auf Untergruppen mit folgenden besonderen chromatographischen Eigenschaften hin:

- **Gruppe A:** Durchschnittliche spezifische Oberfläche/Hydrophobizität und „shape selectivity“, geringe Ionenaustauschkapazität und Kapazität für Wasserstoffbrückenbindungen, z. B. C_{18} Kieselgel-Phasen der neuen Generation (d. h. BetaBasic C_{18}, ACE C_{18}, Symmetry C_{18}, XTerra MS C_{18}, Purospher RP18e, Superspher RP18e, HyPURITY C_{18}, Discovery C_{18}, Nr. 7, 1, 101, 116, 86, 99, 42 und 16).

- **Gruppe B:** Große Oberflächenbedeckung/Hydrophobizität, geringe „shape selectivity“, geringe Ionenaustauschkapazität und Kapazität für Wasserstoffbrückenbindungen, z. B. Phasen mit hohem Kohlenstoffgehalt (z. B. Ultracarb ODS30, YMC Pro C_{18}, J'Sphere ODS, Prodigy ODS 3, BetaMax Neutral C_{18}, Luna C_{18}(2), Zorbax Rx C_{18}, Zorbax XDB Eclipse C_{18}, Zorbax Extend C_{18}, Nr. 112, 122, 50, 83, 11, 56, 127, 125 und 126).

- **Gruppe C:** Geringe Oberflächenbedeckung/Hydrophobizität, große „shape selectivity“, geringe Ionenaustauschkapazität und hohe Kapazität für Wasserstoffbrückenbindungen, z. B. die „polar embedded“ Symmetrie und XTerra Materialien, welche Carbamat als integrale polare Gruppe besitzen [17] (d. h. XTerra RP18 und Symmetry Shield RP18, Nr. 118 und 102).

Tabelle 2 Liste der als USP L1 bezeichneten Phasen und ihre chromatographischen Eigenschaften (zur detaillierten Erklärung siehe [2]).

Säule Nr.	***Beschreibung***	***Referenz***	k_{PB}	α_{CH2}	$\alpha_{T/O}$	$\alpha_{C/P}$	$\alpha_{B/P}$ ***pH 7.6***	$\alpha_{B/P}$ ***pH 2.7***
1	Ace 5C18	HICHROM	4,58	1,46	1,52	0,40	0,47	0,13
5	Aquasil C18	Hypersil	4,14	1,41	1,84	1,18	2,29	0,16
7	Betabasic C18	Hypersil	4,49	1,47	1,56	0,39	0,80	0,12
11	BetaMax Neutral C18	Hypersil	10,62	1,49	1,50	0,40	1,00	0,10
16	Discovery C18	Supelco	3,32	1,48	1,51	0,39	0,28	0,10
17	Discovery C18 HS	Supelco	6,68	1,49	1,55	0,40	0,38	0,10
39	Hypersil C18 BDS	Agilent, Hypersil	4,50	1,47	1,49	0,39	0,19	0,17
40	Hypersil Elite C18	Hypersil	4,76	1,49	1,52	0,37	0,30	0,14
41	Hypersil ODS	Agilent, Hypersil	4,44	1,45	1,28	0,38	1,04	0,64
42	HyPURITY C18	Hypersil	3,20	1,47	1,60	0,37	0,29	0,10
48	Inertsil ODS3	Ansys	7,74	1,45	1,29	0,48	0,29	0,01
50	J'Sphere ODS	YMC	10,60	1,51	1,59	0,39	0,43	0,06
51	Jupiter C18 300A	Phenomenex	2,26	1,48	1,65	0,37	0,47	0,27
52	Kromasil C18	Hypersil	7,01	1,48	1,53	0,40	0,31	0,11
54	Lichrosphere RP18	Agilent, Merck	7,92	1,48	1,73	0,54	1,39	0,19
55	Luna C18	Phenomenex	5,97	1,47	1,17	0,40	0,24	0,08
56	Luna C18(2)	PHenomenex	6,34	1,47	1,23	0,41	0,26	0,06
62	Novapak C18	Waters	4,49	1,49	1,44	0,48	0,27	0,14
64	Nucleosil C18	Agilent, Hypersil	4,80	1,44	1,68	0,70	2,18	0,13
65	Nucleosil C18 HD	Hypersil	6,04	1,48	1,54	0,40	0,47	0,10
74	Platinum C18	Alltech	2,12	1,39	1,23	0,81	2,82	0,21

Tabelle 2 (Fortsetzung)

Säule Nr.	***Beschreibung***	***Referenz***	k_{PB}	α_{CH2}	$\alpha_{T/O}$	$\alpha_{C/P}$	$\alpha_{B/P}$ pH 7.6	$\alpha_{B/P}$ pH 2.7
75	Platinum C18 EPS	Alltech	0,97	1,31	1,98	2,62	10,11	0,26
82	Prodigy ODS2	Phenomenex	4,94	1,49	1,43	0,37	0,50	0,01
83	Prodigy ODS3	Phenomenex	7,27	1,49	1,26	0,42	0,27	0,09
86	Purospher RP18e	Agilent	6,51	1,48	1,75	0,46	0,34	0,08
87	Resolve C18	Waters	2,40	1,46	1,59	1,29	4,06	1,23
91	Spherisorb ODS1	Hypersil, Waters	1,78	1,47	1,64	1,57	2,84	2,55
92	Spherisorb ODS2	Hypersil, Waters	3,00	1,51	1,56	0,59	0,76	0,23
99	Superspher RP18e	Agilent	5,47	1,47	1,64	0,44	0,42	0,11
101	Symmetry C18	Waters	6,51	1,46	1,49	0,41	0,68	0,01
102	Symmetry Shield RP18	Waters	4,66	1,41	2,22	0,27	0,20	0,04
106	Synergi Hydro-RP	Phenomenex	7,63	1,47	1,47	0,58	0,83	0,25
111	uBondpak	Waters	1,97	1,39	1,28	0,78	1,12	0,15
112	Ultracarb ODS(30)	Phenomenex	13,27	1,52	1,39	0,48	0,73	0,06
116	XTerra MS C18	Waters	3,52	1,42	1,26	0,42	0,35	0,10
118	XTerra RP18	Waters	2,38	1,29	1,83	0,33	0,20	0,07
121	YMC ODS-AQ	YMC	4,44	1,46	1,25	0,57	0,41	0,11
122	YMC ProC18	YMC	7,42	1,53	1,29	0,46	0,26	0,08
125	Zorbax Eclipse XDB-C18	Agilent	5,79	1,50	1,30	0,47	0,35	0,09
126	Zorbax Extend C18	Agilent	6,66	1,50	1,49	0,38	0,20	0,08
127	Zorbax Rx C18	Agilent	5,68	1,57	1,61	0,54	0,55	0,11
128	Zorbax SB-C18	Agilent	6,00	1,49	1,20	0,65	1,46	0,13

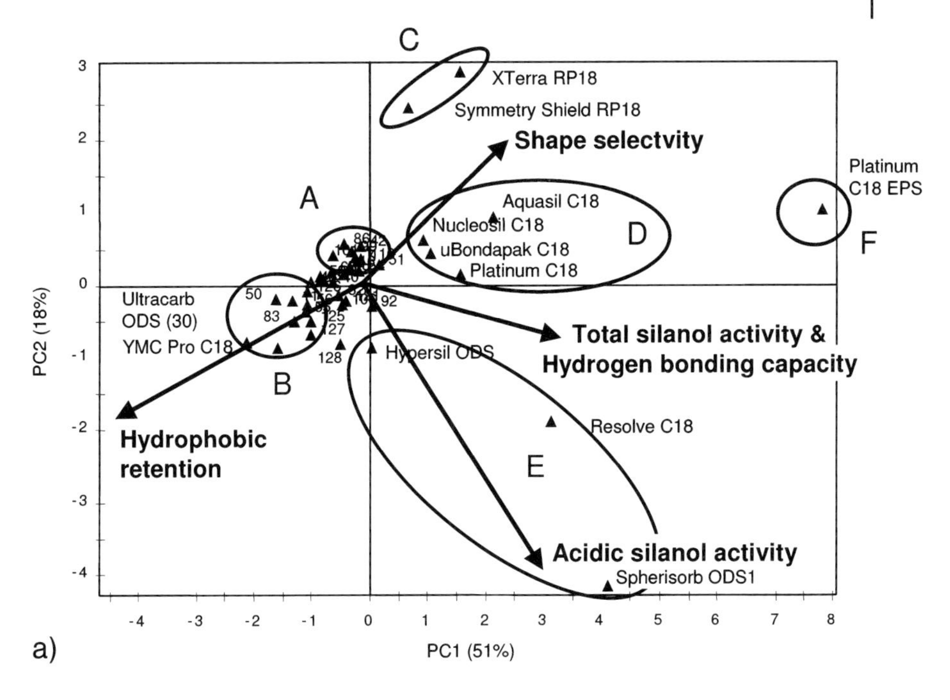

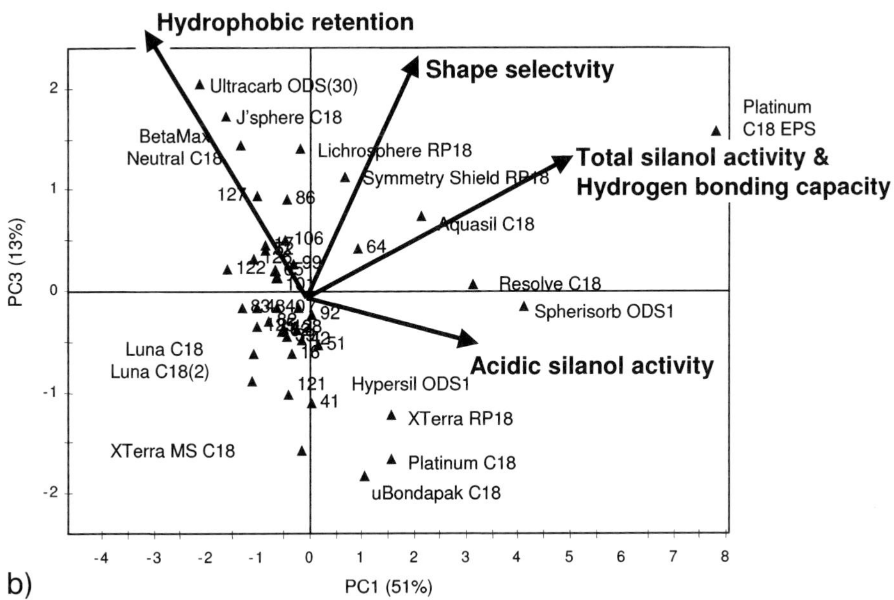

Abb. 8 Kombinierte PC1-PC2 (a) und PC1-PC3 (b) Score- und Loadingplots der als USP L1 bezeichneten Phasen.

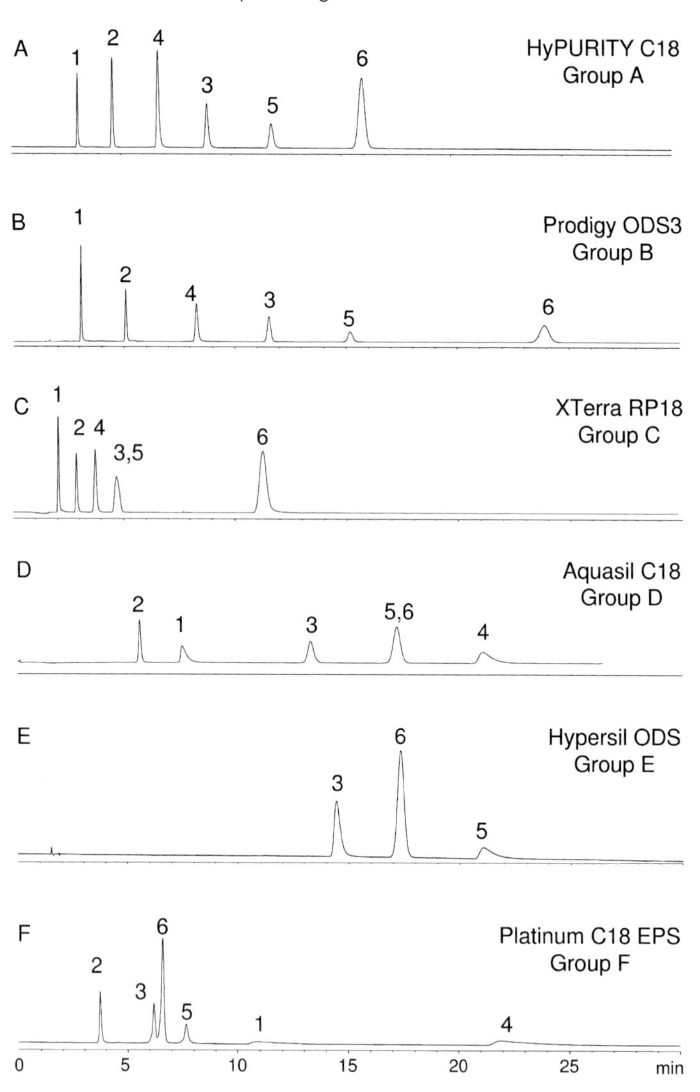

Abb. 9 Vergleich der mit L1 bezeichneten Phasen für die Analyse einer Reihe von hydrophilen Basen (1 = Nicotin, 2 = Benzylamin, 3 = Terbutalin, 4 = Procainamid, 5 = Salbutamol, 6 = Phenol [neutraler Marker]). 20 mM KH_2PO_4, pH 2,7 in 3.3 : 96.7 v/v MeOH : H_2O, 1 mL/min (bei 150 × 4.6 mm Säulenformat), 60 °C, Detektion 210 nm. Experimentelle Bedingungen siehe [2].

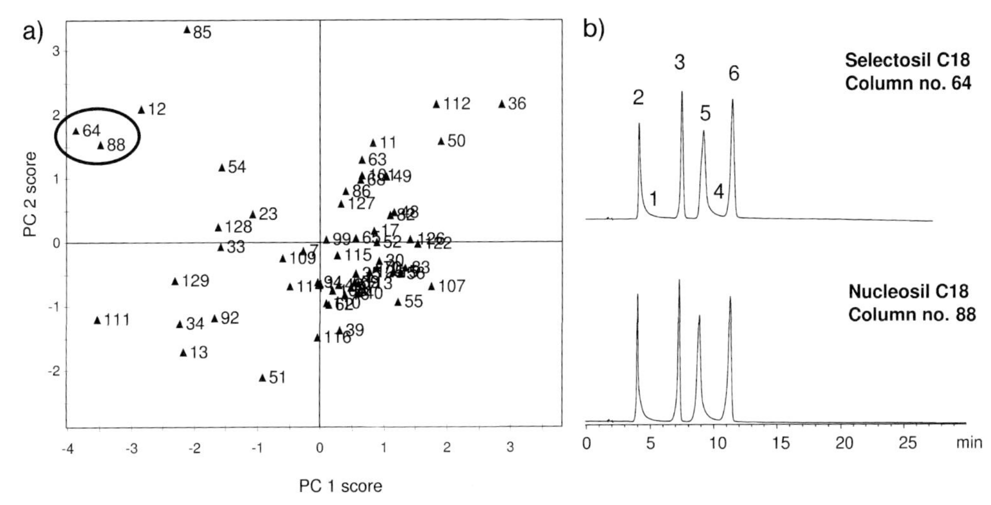

Abb. 10 PC1-PC2-Scoreplot der Datenbank zur Charakterisierung von C_{18}-Säulen und die Analyse von hydrophilen Basen auf zwei ähnlichen Säulen, wie sie durch PCA identifiziert wurden. Zu Peakzuordnung und chromatographischen Bedingungen siehe Legende zu Abb. 9.

- **Gruppe D:** Durchschnittliche Oberflächenbedeckung/Hydrophobizität, „shape selectivity" und Kapazität für Wasserstoffbrückenbindungen, geringe Ionenaustauschkapazität, z. B. Phasen moderater Hydrophobie und Silanolaktivität (d. h. Nucleosil C_{18}, Aquasil C_{18}, Platinum C_{18}, und µBondapak C_{18}, Nr. 64, 5, 74 und 111).
- **Gruppe E:** Große Ionenaustauschkapazität bei pH 2,7, wie z. B. die Phasen mit einem großen Anteil an sauren Silanolgruppen (d. h. Hypersil ODS 1, Resolve C_{18} und Spherisorb ODS 1, Nr. 41, 87 und 91).
- **Gruppe F:** Große Kapazität für Wasserstoffbrückenbindungen und eine geringe Oberflächenbedeckung/Hydrophobizität, z. B. bei Phasen mit hoher polarer Selektivität (d. h. Platinum C_{18} EPS, Nr. 75).

Die Klassifizierung von Säulen ist schwierig, da die PCA große Unterschiede und Überlappungen zwischen Phasen mit ähnlichen USP-Angaben zeigt [16]. Die Identifizierung von Backup-Säulen wird von gesetzgeberischer Seite verlangt, wenn eine chromatographische Methode registriert wird. Scoreplots können dazu dienen, geeignete äquivalente Phasen zu identifizieren. Aus Abb. 10a wird deutlich, dass Selectosil C_{18} (Phenomenex) und Nucleosil C_{18} (Macherey-Nagel) (Nr. 88 und 64) ähnliche chromatographische Eigenschaften haben [2]. Dies wurde chromatographisch dadurch bestätigt, dass beide Phasen vergleichbare Ergebnisse bei der Trennung einer Mischung aus hydrophilen Basen erbrachten (vgl. Abb. 10b).

Ein alternativer Ansatz zur Identifizierung von vergleichbaren Trennsäulen wurde in [2] beschrieben: In einem 6-dimensionalen Variablenraum wurde der Abstand zwischen der fraglichen Trennsäule und vergleichbaren Säulen berech-

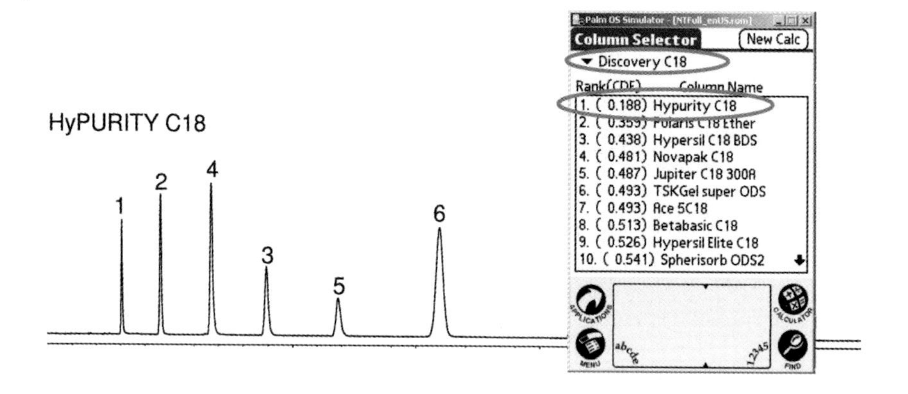

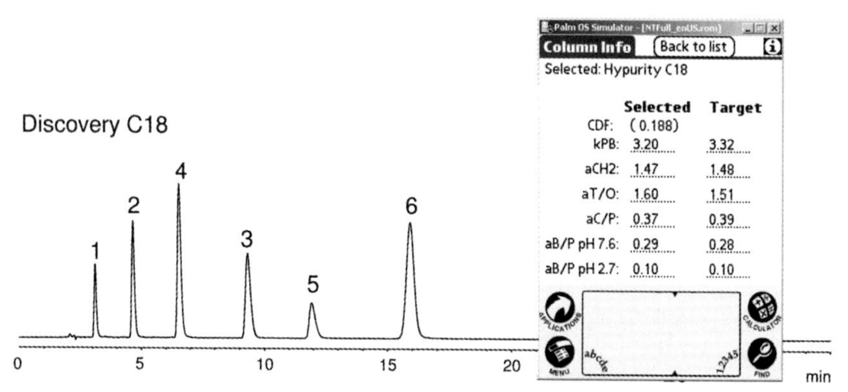

Abb. 11 Beispiel des Web-gestützten Programms zur Identifizierung von ähnlichen Säulen basierend auf der Datenbank von Ref. [2] und die Analyse der hydrophilen Basen auf zwei ähnlichen Säulen, wie sie durch das kostenlose Programm aus dem Internet [18] identifiziert wurden. Zu Peakzuordnung und chromatographischen Bedingungen siehe Legende zu Abb. 9.

net. Dieser Ansatz und die dazugehörige Datenbank sind im Internet frei verfügbar [18] und erlauben den Anwendern, vergleichbare Trennsäulen zu identifizieren und Säulen mit orthogonalen Retentionsmechanismen (orthogonale Selektivitäten) für die Methodenentwicklung zu finden. Abbildung 11 verdeutlicht die Nützlichkeit dieses Ansatzes für die Identifizierung von Säulen, die äquivalent zur Discovery C_{18} sind.

2.1.3.5 PCA für eine systematische Auswahl von stationären Phasen für die Methodenentwicklung

Die PCA von chromatographischen Säuleneigenschaften ist ein ideales Werkzeug, um Phasen mit unterschiedlichen Selektivitäten zu identifizieren, die für eine Methodenentwicklung ausgenützt werden können. Abbildung 12 demonstriert die Selektivitätsunterschiede zwischen stationären Phasen, welche durch eine Auswahl aus den Score- und Loadingplots erreicht werden können. Die aus-

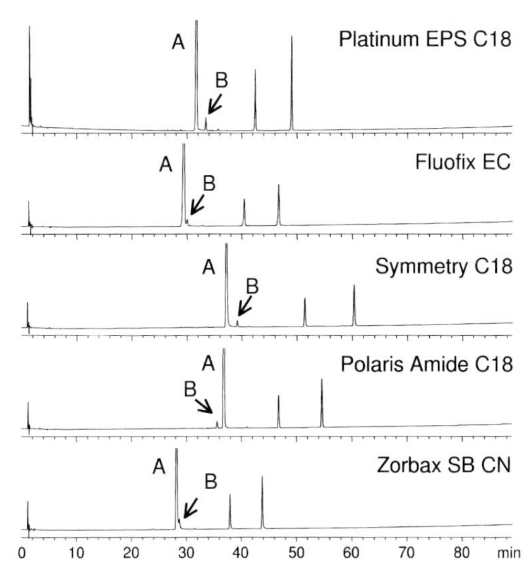

Abb. 12 Unterschiede in der Selektivität von stationären Phasen bei der Analyse der Abbauprodukte von Ketoprofen unter identischen chromatographischen Bedingungen. Beachten Sie die Umkehr der Elutionsreihenfolge der mit A und B gekennzeichneten Peaks bei der polar embedded Phase – Polaris Amide C_{18}.

gewählten Phasen zeigten unterschiedliche Selektivitäten für die Trennung von Abbauprodukten des nichtsteroidalen, entzündungshemmenden Medikaments „Ketoprofen".

2.1.3.5.1 **Optimierungsstrategie für Eluent und stationäre Phase**

1. Verwendung von PCA und von chromatographischen Säulendaten für eine Auswahl von geeigneten stationären Phasen und Phasen mit orthogonalen Trennungsmechanismen/Selektivitäten. Phasen auf der Basis von saurem Kieselgel sind für basische Verbindungen wahrscheinlich nicht geeignet. Darüber hinaus sind „polar embedded" Phasen mit Rest-Aminogruppen wahrscheinlich ebenso wenig geeignet für dissoziierte Säuren.

2. Automatisches Screening einer Anzahl von stationären Phasen mit unterschiedlichen Selektivitäten in kurzen Trennsäulen, schnelle Gradienten mit einigen organischen Modifiern bei unterschiedlichen pH-Werten entsprechend den physikochemischen Eigenschaften der Analyte, sowie Verwendung von niedrigen und erhöhten Temperaturen.

3. Peakidentifizierung und Überprüfung der Peakhomogenität mithilfe vom Diodenarray, von Peakflächen und Retentionszeiten und insbesondere der Massenspektrometrie.

5. Die optimalen isokratischen und/oder Gradientenbedingungen können dann durch eine Computer-Optimierung mittels der Retentionszeiten und Peak-

breiten modelliert werden (z. B. Drylab, LC Resources, BASi Northwest Laboratory Services, Walnut Creek, CA, USA; LC Simulator, Advanced Chemistry Development, Toronto, Canada; ChromSword, VWR International, Darmstadt, Germany).

Dieser und vergleichbare Ansätze werden derzeit von einer Reihe von Herstellern in Systeme für die automatische Methodenentwicklung umgesetzt (z. B. AMDS, Waters Milford, MA; AutoChrom, Advanced Chemistry Development, Toronto, Canada; ChromSmart MS, Intelligent Laboratory Solutions Inc. Naperville, IL, USA; ChromSword Auto, VWR International, Darmstadt, Germany). Zukünftige Systeme werden sich durch eine besondere Flexibilität auszeichnen. Unerfahrene Benutzer können die Systeme in einem vollautomatischen Modus einsetzen – man beginnt mit der Eingabe der chemischen Struktur des Analyten. Für komplexere Proben wird der erfahrene Analytiker das flexible System mit einer Reihe von unterschiedlichen Einstiegsmöglichkeiten in die Methodenentwicklungs-Plattform nutzen können.

Literatur

1 K. Kimata, K. Iwaguchi, S. Onishi, K. Jinno, R. Eksteen, K. Hosoya, M. Arki, N. Tanaka, *J. Chromatogr. Sci.* 27 (1989), 721.

2 M. R. Euerby, P. Petersson, *J. Chromatogr. A* 994 (2003), 13.

3 B. A. Olsen, G. R. Sullivan, *J. Chromatogr. A* 692 (1995), 147.

4 M. R. Euerby, P. Petersson, *LC•GC*, 13 (2000), 665.

5 D. V. McCalley, R. G. Brereton, *J. Chromatogr. A* 828 (1998), 407.

6 R. J. M. Vervoort, M. W. J. Derksen, A. J. J. Debets, *J. Chromatogr. A* 765 (1997), 157.

7 A. Sandi, A. Bede, L. Szepesy, G. Rippel, *Chromatographia* 45 (1997), 206.

8 R. G. Brereton, D. V. McCalley, *Analyst* 123 (1998), 1175.

9 E. Cruz, M. R. Euerby, C. M. Johnson, C. A. Hackett, *Chromatographia* 44 (1997), 151.

10 T. Ivanyi, Y. Vander Heyden, D. Visky, P. Baten, J. De Beer, I. Lazar, D. L. Massart, E. Roets, J. Hoogmartens, *J. Chromatogr. A* 954 (2002), 99.

11 L. Eriksson, E. Johansson, N. Kettaneh-Wold, S. Wold, *Multi- and Megavariate Data Analysis: Principles and Applications*, Umetrics AB, Umeå, Sweden (2001).

12 K. Esbensen, S. Schönkopf, T. Midtgaard, *Multivariate Analysis in Practice*, Camo AS, Trondheim, Norway (1994).

13 M. R. Euerby, A. P. McKeown, P. Petersson, *J. Sep. Sci.* 26 (2003) 295.

14 *Pharmacopeial Forum* 29 (2003) 170.

15 Output from a discussion group at US Pharmacopoeia Conference, Philadelphia, USA (June 2003).

16 M. R. Euerby, P. Petersson, *Is the USP classification satisfactory? – A comparison of manufacturer's USP recommended RP materials with that of a simple RP characterisation procedure using principal component analysis.* Presented at HPLC 2003, Nice, France (June 2003).

17 J. E. O'Gara, D. P. Walsh, B. A. Alden, P. Casellini, T. H. Walter, *Anal. Chem.* 71 (1999), 2992.

18 www.acdlabs.com/columnselector

2.1.4
Chemometrie – ein geeignetes Werkzeug für die Verarbeitung von großen Datensätzen

Cinzia Stella und Jean-Luc Veuthey
(Übersetzung aus dem Englischen von Ulrich Panne)

2.1.4.1 Einleitung

Die Flüssigkeitschromatographie mit Umkehrphasen (RP-LC) ist die Methode der Wahl für die Analyse von basischen Verbindungen. Aufgrund von Problemen mit Peakasymmetrie und einer geringen Wiederholpräzision bei der Analyse dieser Verbindungen mit konventionellen chromatographischen Trägermaterialien wurden basisch deaktivierte („base deactivated") Phasen eingeführt. Die Chromatographie von basischen Substanzen wird durch ihre Struktur und viele zusätzliche Faktoren, wie pH-Wert, Molarität und Zusammensetzung der mobilen Phase, beeinflusst. Mit einem Satz basischer Testverbindungen mit sehr unterschiedlichen physikochemischen Eigenschaften können entsprechende Trennsäulen bewertet werden. Die Hauptkomponentenanalyse („principal component analysis", PCA) ist ein chemometrisches Hilfsmittel zur Auswahl geeigneter Testverbindungen mit unterschiedlichen physikochemischen und strukturellen Eigenschaften, wie z. B. der Lipophilie, des pK_S-Wertes und der Zugänglichkeit basischer Gruppen. Sind geeignete Verbindungen ausgewählt worden, können sie mit einer entsprechenden Methodik zur Beurteilung unterschiedlicher basisch deaktivierter Phasen herangezogen werden. Aufgrund der großen Datenmenge, welche mit chromatographischen Tests erzeugt werden, ist auch hier die PCA ein geeignetes Werkzeug zur Beschreibung von Unterschieden und Ähnlichkeiten der Trennsäulen. Weiterhin kann ein solches chemometrisches Werkzeug auch zu einer sinnvollen Reduktion der Anzahl der Testverbindungen und Optimierung der chromatographischen Methode eingesetzt werden.

2.1.4.2 Chromatographische Tests und ihre Bedeutung für die Auswahl der Trennsäule

Die Auswahl einer geeigneten stationären Phase ist eine der größten Herausforderungen für den Chromatographie-Anwender. Zahlreiche Ansätze sind daher für die Klassifizierung von Trennsäulen entsprechend ihren Trennmechanismen entwickelt worden. Im Allgemeinen wird zur Differenzierung von stationären Phasen in Bezug auf ihre Selektivität und Peakasymmetrie ein chromatographischer Test einer physikochemischen Charakterisierung der Trennsäulen durch Parameter wie Kohlenstoffgehalt oder spezifische Oberfläche vorgezogen. Dieser chromatographische Ansatz untersucht einzelne spezifische Wechselwirkungen mit der stationären Phase. In den letzten Jahren sind zahlreiche Tests zum besseren Verständnis des chromatographischen Verhaltens von Füllmaterialien veröffentlicht worden, die eine Grundlage für die Auswahl von Trennsäulen schaffen sollen. Zu diesem Zwecke wird üblicherweise ein Satz von Testverbindungen ausgewählt. Im Falle von basisch deaktivierten Trennsäulen sollte dabei besondere Sorgfalt auf die Auswahl eines geeigneten Satzes verwendet werden. Das chromatographische Verhalten von basischen Verbindungen ist mit ihren physikochemischen Eigenschaften verknüpft und kann leicht durch weitere Faktoren wie den pH-Wert und die Zusammensetzung der mobilen Phasen beeinflusst werden [1, 2].

Nach der Auswahl geeigneter Verbindungen werden die Trennsäulen mit mindestens zwei unterschiedlichen mobilen Phasen bei zwei unterschiedlichen pH-Werten (z. B. pH 7,0 und pH 3,0) untersucht. Für jede Verbindung werden die chromatographischen Parameter wie der Retentionsfaktor (k), die Asymmetrie (As) und die Effizienz (N)[1] bei den unterschiedlichen chromatographischen Bedingungen gemessen. Für die Bewältigung der großen Datenmengen und einen Überblick über die Unterschiede und Ähnlichkeiten zwischen den chromatographischen Trägermaterialien sowie eine Bewertung der chromatographischen Leistungsfähigkeit sind chemometrische Verfahren, wie die PCA, hilfreich.

2.1.4.3 Der Einsatz der Hauptkomponentenanalyse (PCA) für die Bewertung und Auswahl von Testverbindungen

2.1.4.3.1 Physikochemische Eigenschaften der Testverbindungen

Die Auswahl der geeigneten Testverbindungen ist der Schlüssel zur Beurteilung von stationären Phasen. Nur Testverbindungen mit unterschiedlichen physikochemischen und strukturellen Eigenschaften führen zu unterschiedlichen Wechselwirkungen mit der stationären Phase und erlauben so eine Beurteilung ihrer chromatographischen Leistungsfähigkeit/Eignung. Ein chemometrisches Verfahren wie die Hauptkomponentenanalyse, PCA, erlaubt die Auswahl der geeigneten Verbindungen.

Wie schon in Kap. 2.1.3 diskutiert, kann die PCA in Form von zweidimensionalen Tabellen mit „Objekten“ (hier die Testverbindungen) und „Variablen“ (hier deren physikochemische Eigenschaften) angewendet werden. Das wesentliche Ziel der PCA ist die Untersuchung der Ähnlichkeit zwischen den einzelnen Objekten. Zwei Objekte sind sich ähnlich, wenn ihre Werte ähnlicher sind im Vergleich zu der Gesamtgrundheit der übrigen Variablen. Für eine Verdeutlichung des Konzeptes wird das Verfahren am Beispiel der Auswahl der geeignetsten Testverbindungen demonstriert.

Um zu gewährleisten, dass die ausgewählten Testverbindungen (Tabelle 1) ausreichende Unterschiede für eine Beurteilung der chromatographischen Trägermaterialien besitzen, erfolgte eine PCA ihrer physikochemischen Eigenschaften:

V	Molvolumen
S_{pol}	Polare Oberfläche
$\log D^{7,0}$	Verteilungskoeffizient bei pH 7,0
$\Sigma\alpha$	Wasserstoffbrückenbindung – Donorkapazität
$\Sigma\beta$	Wasserstoffbrückenbindung – Akzeptorkapazität

[1] Wenn Trennsäulen mit unterschiedlichen Längen und Partikelgrößen miteinander verglichen werden, sollte h statt N verwendet werden. Es gilt: $H = H/d_p = L/(N \cdot d_p)$, mit der Partikelgröße d_p, der Länge der Trennsäule L und der Effizienz N.

Tabelle 1 Physikochemische Eigenschaften der Testverbindungen.

Molekül	***Abkürzung***	***V***	S_{pol}	***log D***	$\Sigma\alpha$	$\Sigma\beta$
Benzylamin	BZ	115,3	23,8	–1,21	0,62	0,16
Chloroprocain	CL	252,5	22,78	0,37	1,49	0,26
Codein	CO	277,9	23,24	–0,06	1,99	0,30
D-Amphetamin	DX	149,9	14,75	–1,15	0,62	0,16
Diphenhydramin	DP	265,9	6,03	1,28	1,18	0,00
Fentanyl	FN	345,5	5,57	2,44	1,09	0,00
Mepivacain	MP	255,2	9,11	1,14	1,4	0,50
Methadon	MT	329,7	6,06	1,63	1,24	0,00
Morphin	MO	261,1	28,43	–0,3	2,02	0,60
Nicotin	NI	168,3	20,31	0,08	1,25	0,00
Nortriptylin	NO	274,9	8,83	1,31	0,7	0,08
Procainamid	PR	243,5	24,87	–1,46	1,87	0,61
Pyridin	PY	82,1	26,17	0,64	0,52	0,00
Quinin	QN	315,1	22,36	1,95	2,21	0,33

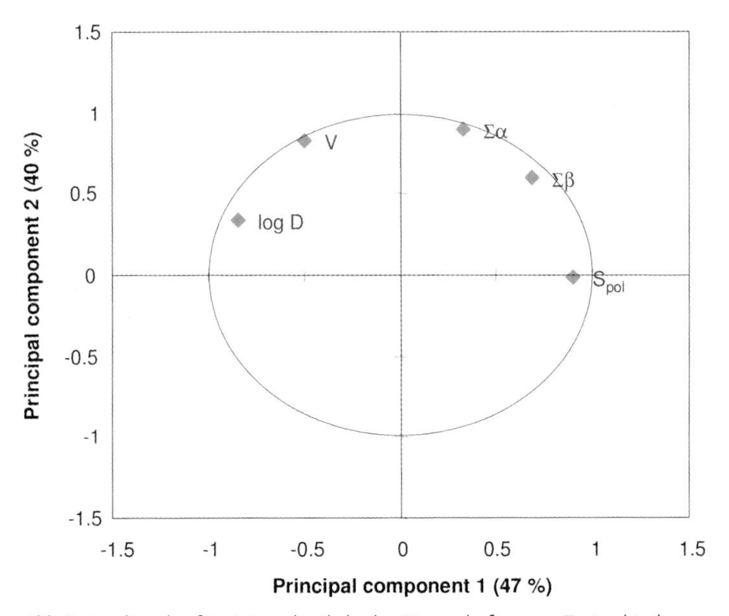

Abb. 1 Loadingplot für einige physikalische Eigenschaften von Testverbindungen.

Für die Auswertung der Ähnlichkeiten und Unterschiede zwischen den basischen Verbindungen („scores“, Abb. 2) sind der „Loadingplot“ (Abb. 1) und die Beiträge der einzelnen Variablen zu den Hauptkomponenten (PC, Tabelle 2) notwendig. Alle Variablen lassen sich in einem zweidimensionalen Koordinatensystem repräsentieren, d. h., es wird mit zwei Hauptkomponenten die relevante Varianz der Daten beschrieben. Die Richtung der S_{pol}- und log D-Vektoren und ihr Bei-

Tabelle 2 Prozentualer Beitrag der Variablen zu den Hauptkomponenten (PC).

Variable	*PC1*	*PC2*	*PC3*	*PC4*	*PC5*
V	10,423	35,247	1,908	12,026	40,396
S_{pol}	34,215	0,014	43,413	0,137	22,221
log D	30,355	5,666	24,643	39,050	0,285
$\Sigma\alpha$	4,677	41,145	7,306	10,245	36,627
$\Sigma\beta$	20,330	17,928	22,729	38,543	0,471

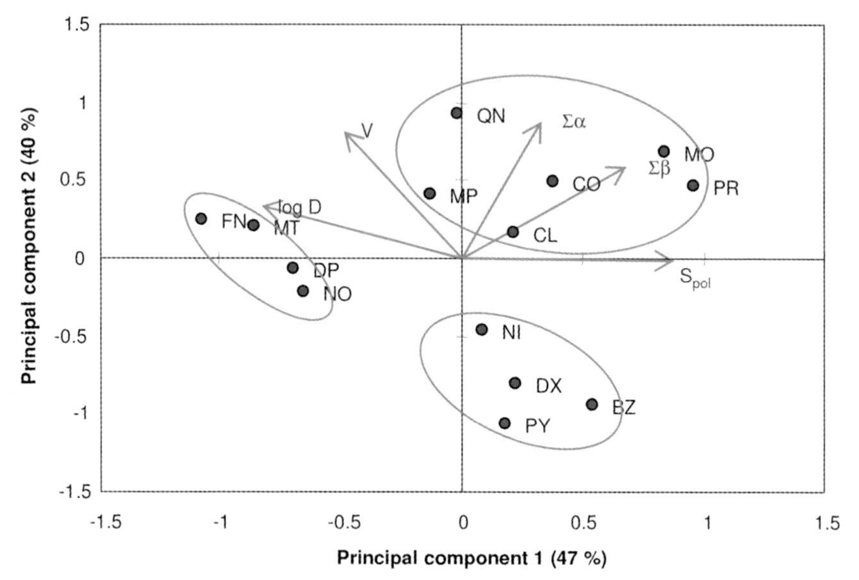

Abb. 2 Scoreplot für einige Testverbindungen in Abhängigkeit von ihren physikochemischen Eigenschaften.

trag zu PC1 führen zu einer Reihung der Verbindungen entsprechend ihrer Polarität. In derselben deutet die Richtung des Vektors V (Abb. 1) und der Beitrag zu PC2 (Tabelle 2) an, dass die Testverbindungen entsprechend ihrer Größe klassifiziert werden. Analog können aus den $\Sigma\alpha$ und $\Sigma\beta$ Vektoren Rückschlüsse auf ihre Eigenschaften als Wasserstoffdonor bzw. -akzeptor gezogen werden.

Auf diese Art und Weise lassen sich die Testverbindungen in folgende Gruppen einteilen, die aufgrund ihrer unterschiedlichen physikochemischen Eigenschaften einen Satz sinnvoller Testverbindungen darstellen:

- große polare Moleküle (Morphin, Quinin, Procainamid, Chloroprocain, Codein und Mepivacain);
- große unpolare Moleküle (Methadon, Fentanyl, Diphenhydramin und Nortriptylin);
- kleine polare Moleküle (Nicotin, Benzylamin, Amphetamin und Pyridin).

2.1.4.3.2 Chromatographische Eigenschaften der Testverbindungen

Diese Testverbindungen können nun zur Bewertung der basisch deaktivierten Trägermaterialien unter Verwendung unterschiedlicher mobiler Phasen verwendet werden. Die erhaltenen chromatographischen Parameter, wie der Retentionsfaktor und der Asymmetriefaktor, erlauben es, die Eigenschaften der chromatographischen Trägermaterialien zu bestimmen.

In diesem Beispiel wurden fünf unterschiedliche RP-Phasen bei zwei pH-Werten (pH 3,0 und pH 7,0) und drei isokratischen mobilen Phasen untersucht [3, 4]:

- Mobile Phase 1: Acetonitril – pH 7,0, 0,0375 M Phosphatpuffer (40 : 60, v/v)
- Mobile Phase 2: Methanol – pH 7,0, 0,0643 M Phosphatpuffer (65 : 35, v/v)
- Mobile Phase 3: Acetonitril – pH 3,0, 0,0265 M Phosphatpuffer (15 : 85, v/v)

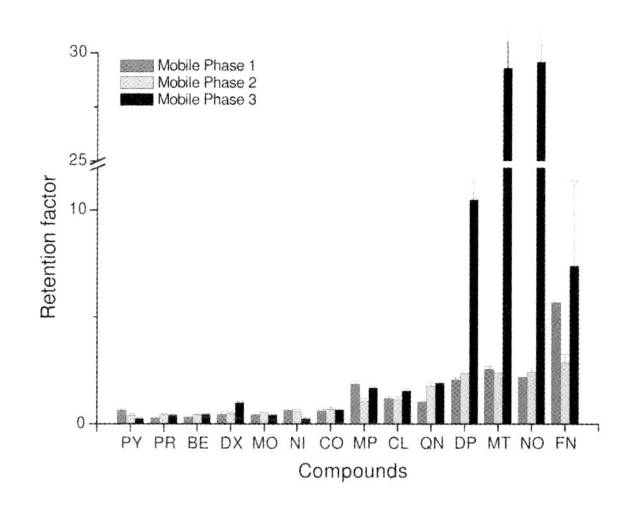

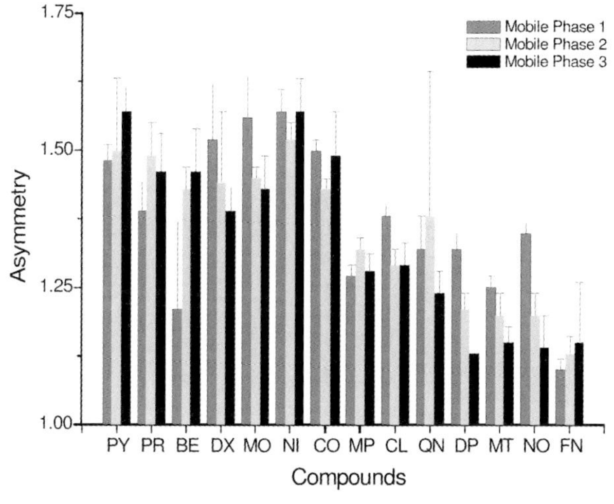

Abb. 3 Verteilung der chromatographischen Parameter.

Die ausgewählten 14 Testverbindungen wurden einzeln injiziert und ihre chromatographischen Parameter für die jeweiligen Bedingungen bestimmt. Die beobachteten chromatographischen Parameter gestatten ein besseres Verständnis der Bedeutung der Auswahl der richtigen Testverbindungen. Abbildung 3 verdeutlicht, dass die gemessenen Retentionsfaktoren und Asymmetriewerte für die untersuchten fünf Trägermaterialien aufgrund der unterschiedlichen physikochemischen Eigenschaften der ausgewählten Testverbindungen über einen großen Bereich streuen. Beispielsweise wurden einige der Testverbindungen (Diphenhydramin, Methadon, Nortriptylin und Fentanyl) stark zurückgehalten, besonders in der mobilen Phase 3. Dieses Verhalten korreliert stark mit ihren physikochemischen Eigenschaften – diese Analyten sind groß und lipophil. Auf der anderen Seite wurden kleine polare Moleküle unter allen chromatographischen Bedingungen nur geringfügig zurückgehalten. Damit wird deutlich, dass nur mit Testsubstanzen, die ein breites Spektrum an unterschiedlichen physikochemischen Eigenschaften aufweisen, eine umfassende Evaluierung der „Güte" von stationären Phasen möglich ist.

2.1.4.4 Der Einsatz der Hauptkomponentenanalyse (PCA) für die Beurteilung von chromatographischen Trägermaterialien

Wie kann nun die PCA eingesetzt werden, um chromatographische Ähnlichkeiten und Differenzen von stationären Phasen zu beschreiben? In dem Beispiel hier wurden fünf deaktivierte Phasen (Tabelle 3) untersucht. Entsprechend der bereits beschriebenen Methode für die chromatographischen Tests wurden die ausgewählten stationären Phasen mit drei mobilen Phasen bei zwei pH-Werten (pH 3,0 und pH 7,0) untersucht. Von besonderem Interesse ist die Frage, ob die Unterschiede im chromatographischen Verhalten zwischen den stationären Phasen von ihrer Struktur (elektrostatische Abschirmung, difunktionale Bindung der funktionellen Gruppe, C_{18}-Kohlenstoffkette usw.) oder von der Zusammensetzung der mobilen Phasen abhängen. Damit wird die Entscheidung einfacher, ob für eine bestimmte Trennung die Wahl der geeignetsten stationären Phase oder die besten chromatographischen Bedingungen entscheidend sind. Aus der

Tabelle 3 Liste der untersuchten chromatographischen Trägermaterialien.

Säule	*Abkürzung*	*Hersteller*	*Eigenschaften*	*Dimensionen (mm)*	*Partikelgröße (µm)*
Supelcosil ABZ Plus	ABZ	Supelco	elektrostatisch abgeschirmt	150 × 4,6 I.D.	5
Discovery C_{16} RP Amide	DIS	Supelco	elektrostatisch abgeschirmt	150 × 4,6 I.D.	5
Nautilus C_{18}	NAU	Macherey Nagel	elektrostatisch abgeschirmt	125 × 4,6 I.D.	5
Nucleosil AB	AB	Macherey Nagel	C_{18}-Kohlenstoffkette	125 × 4,6 I.D.	5
Zorbax Extend C_{18}	EXT	Agilent	zweizähliges Bonding (C_{18})	150 × 4,6 I.D.	5

Hauptkomponentenanalyse ergibt sich diese Information über die „Scores", die Scores sind Kombinationen „mobile Phase" und „chromatographische Säule" (z. B. ABZ – mobile Phase 1).

Im „Scoreplot" (Abb. 4) scheint jede Koordinatenachse mit einer mobilen Phase verknüpft zu sein: Die erste Achse mit pH 7,0 (stationäre Phasen mit der mobilen Phase 1 und 2) und die zweite Achse mit pH 3,0 (stationäre Phasen mit der mobilen Phase 3). Zusätzlich deuten die einzelnen Gruppierungen darauf hin, dass im Vergleich das chromatographische Verhalten der „polar embedded" Phasen (DIS, NAU und ABZ) in geringerem Ausmaß vom pH-Wert abhängig ist als das der beiden anderen Phasen (AB und EXT). Für pH 7,0 und pH 3,0 sind beide Gruppierungen der „polar embedded" Phasen benachbart. Da die Asymmetrie und reduzierte Trennstufenhöhe eine starke Gewichtung für die erste Achse haben, sind die Positionen im Scoreplot entlang der ersten Hauptkomponente PC1 mit der Silanolaktivität korreliert. Auf der anderen Seite erfolgt entlang der zweiten Achse, PC2, eine Gruppierung der Trennsäulen entsprechend ihrer Hydrophobie, da der Retentionsfaktor maßgeblich bestimmend ist für PC2.

Ein weiterer wichtiger Punkt aus dieser Betrachtung ist die Vergleichspräzision von Säule zu Säule bzw. von Charge zu Charge. Für die untersuchten Trägermaterialien wurden fünf Säulen (drei aus derselben Charge und zwei aus unterschiedlichen Chargen) verglichen. Die Ergebnisse illustriert der Scoreplot, aus dem klar ersichtlich wird, wie die Variabilität zwischen den Säulen bzw. den einzelnen Chargen von den chromatographischen Bedingungen abhängt.

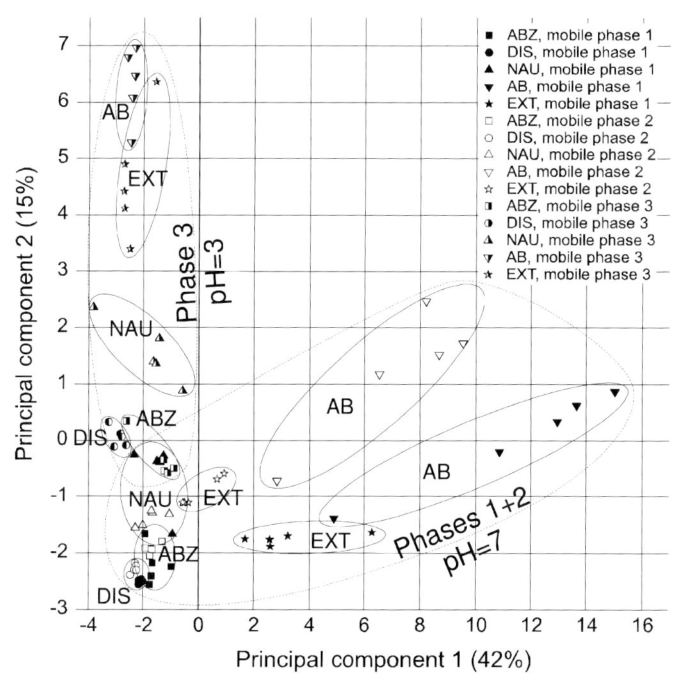

Abb. 4 Scoreplot mit allen chromatographischen Parametern.

2.1.4.4.1 Bewertung der stationären Phasen mit Phosphatpuffer bei pH 7,0 als mobiler Phase

Aufgrund der vorherigen Beobachtungen (Abb. 4) sollten die chromatographischen Daten für jede mobile Phase unabhängig voneinander betrachtet werden, um eine bessere Diskriminierung zwischen den stationären Phasen bezüglich ihrer Silanolaktivität (pH 7,0) oder Hydrophobie (pH 3,0) zu gewährleisten.

Die Bestimmung der Silanolaktivität ist ein essenzieller Schritt für die Auswahl einer stationären Phase für die Analyse von basischen Verbindungen. Die Silanolaktivität beschreibt eine Reihe von Wechselwirkungen zwischen der stationären Phase und den gelösten Substanzen wie die Ion-Ion- (Ionenaustausch), Ion-Dipol- und Dipol-Dipol-Wechselwirkungen wie Wasserstoffbrückenbindungen bzw. Wechselwirkungen zwischen induzierten Dipolen (London-Kraft). Von diesen sind die Ion-Ion-Wechselwirkungen und Wasserstoffbrückenbindungen wahrscheinlich am wichtigsten [2].

Chromatographische Parameter (wie Asymmetriefaktoren usw.), die in einer mobilen Phase mit einem pH-Wert von 7,0 ermittelt werden, sind daher ein guter Indikator für Wechselwirkungen zwischen geladenen Silanolgruppen und geladenen basischen Verbindungen (abhängig von deren pK_S-Wert). Als Beispiel betrachten wir im Folgenden nur die Trennsäulen mit der mobilen Phase 1; die Daten mit der mobilen Phase 2 (hier nicht gezeigt) sind vergleichbar.

Der Loadingplot (Abb. 5) und der Beitrag der einzelnen Variablen zu den Achsen der berücksichtigten Hauptkomponenten (Tabelle 4) zeigt, dass PC1 repräsentativer ist für den Asymmetriefaktor und die reduzierte Trennstufenhöhe, während PC2 maßgeblich vom Retentionsfaktor bestimmt wird. Unterschiede

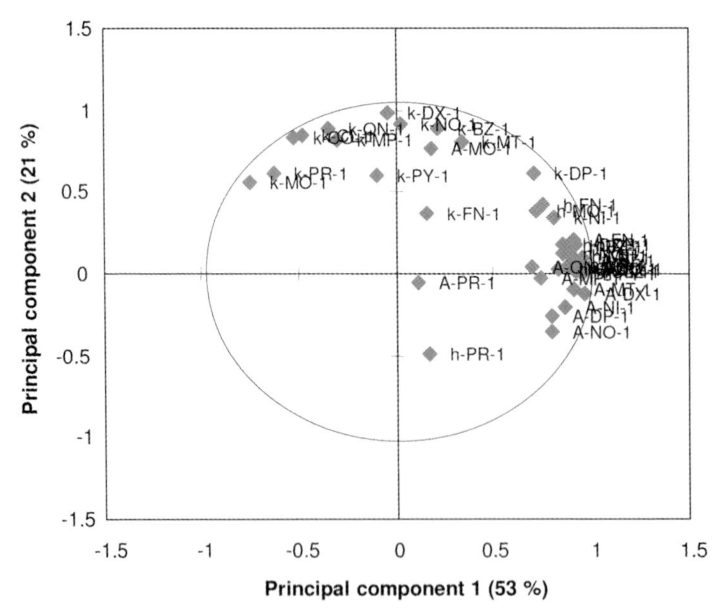

Abb. 5 Loadingplot mit der mobilen Phase 1.

Tabelle 4 Beitrag der Variablen zu den Achsen der Hauptkomponenten (PCs).

Variable	*F1*	*F2*	*Variable*	*F1*	*F2*
A-BZ-1	3,972	0,068	h-MP-1	3,516	0,038
A-CL-1	4,171	0,004	h-MT-1	3,634	0,121
A-CO-1	3,920	0,011	h-NI-1	4,085	0,089
A-DP-1	2,864	0,698	h-NO-1	3,286	0,172
A-DX-1	4,198	0,151	h-PR-1	0,129	2,604
A-FN-1	3,746	0,438	h-PY-1	4,082	0,000
A-MO-1	0,154	6,237	h-QN-1	3,142	0,011
A-MP-1	2,474	0,005	k-BZ-1	0,209	8,442
A-MT-1	3,674	0,094	k-CL-1	1,009	7,599
A-NI-1	3,322	0,421	k-CO-1	1,227	7,434
A-NO-1	2,877	1,290	k-DP-1	2,289	4,002
A-PR-1	0,066	0,027	k-DX-1	0,008	10,138
A-PY-1	4,304	0,005	k-FN-1	0,110	1,456
A-QN-1	2,175	0,013	k-MO-1	2,451	3,364
h-BZ-1	3,574	0,262	k-MP-1	0,390	7,227
h-CL-1	3,800	0,001	k-MT-1	0,535	6,922
h-CO-1	3,475	0,021	k-NI-1	2,952	1,250
h-DP-1	3,767	0,345	k-NO-1	0,004	8,893
h-DX-1	3,288	0,331	k-PR-1	1,708	4,036
h-FN-1	2,515	1,848	k-PY-1	0,044	3,902
h-MO-1	2,348	1,541	k-QN-1	0,507	8,485

Tabelle 5 Beitrag der Variablen zu den Achsen der Hauptkomponenten (PCs).

Variable	*F1*	*F2*	*Variable*	*F1*	*F2*
A-BZ-3	4,805	0,401	h-MP-3	1,500	5,841
A-CL-3	0,076	0,615	h-MT-3	0,002	4,492
A-CO-3	0,036	1,221	h-NI-3	1,733	2,738
A-DP-3	4,872	0,379	h-NO-3	1,930	2,222
A-DX-3	0,296	5,666	h-PR-3	2,971	2,680
A-FN-3	3,926	0,602	h-PY-3	3,064	2,899
A-MO-3	0,996	0,021	h-QN-3	0,000	6,795
A-MP-3	0,105	2,859	k-BZ-3	0,285	6,492
A-MT-3	4,029	0,014	k-CL-3	1,933	1,816
A-NI-3	0,694	0,077	k-CO-3	0,417	4,332
A-NO-3	3,929	0,001	**k-DP-3**	**6,519**	0,011
A-PR-3	3,215	0,974	k-DX-3	3,603	2,168
A-PY-3	0,588	0,243	**k-FN-3**	**6,671**	0,026
A-QN-3	5,191	0,063	k-MO-3	0,466	6,648
h-BZ-3	2,407	2,739	k-MP-3	5,137	0,886
h-CL-3	0,958	6,895	**k-MT-3**	**6,698**	0,008
h-CO-3	0,817	2,380	k-NI-3	3,457	2,978
h-DP-3	0,345	4,806	**k-NO-3**	**6,589**	0,008
h-DX-3	0,018	1,483	k-PR-3	0,261	6,954
h-FN-3	0,000	2,922	k-PY-3	3,837	2,392
h-MO-3	2,644	1,948	k-QN-3	2,979	1,305

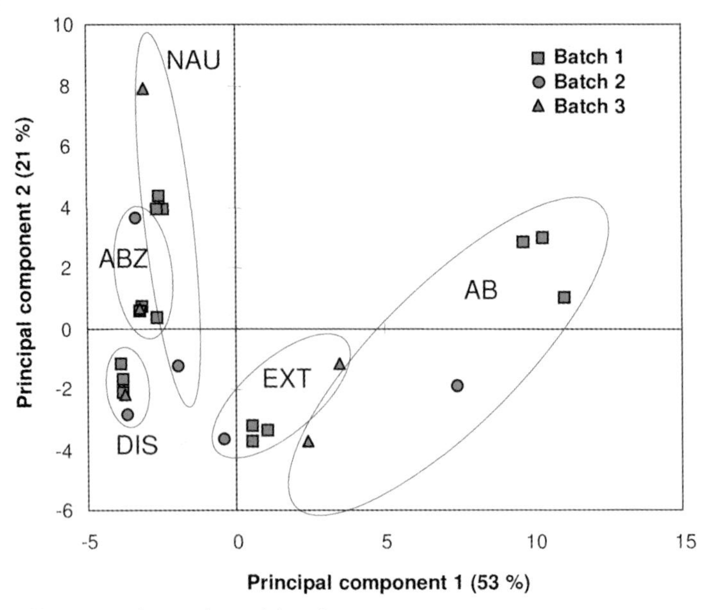

Abb. 6 Scoreplot mit der mobilen Phase 1.

zwischen NAU, ABZ und DIS sind daher auf Unterschiede in den Retentionsfaktoren zurückzuführen. Der größte Anteil der Varianz der Daten wird durch PC1 beschrieben, sodass die Klassifizierung der stationären Phasen entlang dieser Hauptkomponente im Wesentlichen durch die Abschirmung der Silanolkapazität bestimmt wird.

Zusätzlich illustriert der Scoreplot (Abb. 6), dass einige der untersuchten Trägermaterialien (ABZ, DIS, NAU und ABZ) im Vergleich eine bessere Vergleichspräzision zwischen den Chargen und Trennsäulen zeigten (AB). Diese Ergebnisse demonstrieren, dass die neue Generation von stationären Phasen („polar embedded“ Phasen und Phasen mit zweizähligem Bonding) für die Analyse von basischen Verbindungen selbst unter diesen „kritischen“ chromatographischen Bedingungen geeignet sind.

2.1.4.4.2 Bewertung der chromatographischen Phasen mit Phosphatpuffer bei pH 3,0 als mobiler Phase

In einer mobilen Phase bestehend aus einem Phosphatpuffer, pH 3,0, sind die Silanolgruppen zum größten Teil nicht dissoziiert. Ionenaustausch-Wechselwirkungen, verantwortlich für ein unerwünschtes Peaktailing, sind daher limitiert und die Trennsäulen können entsprechend ihrer hydrophoben Eigenschaften klassifiziert werden.

Im Gegensatz zu dem vorherigen Loadingplot (Abb. 5) sind nun die Vektoren mehr verteilt (Abb. 7), und einige von ihnen werden entlang der dargestellten Achsen nicht gut repräsentiert (Länge < 1,0). Da im vorliegenden Fall bekannt ist, dass bei dieser mobilen Phase die Silanolgruppen nicht dissoziiert vorliegen

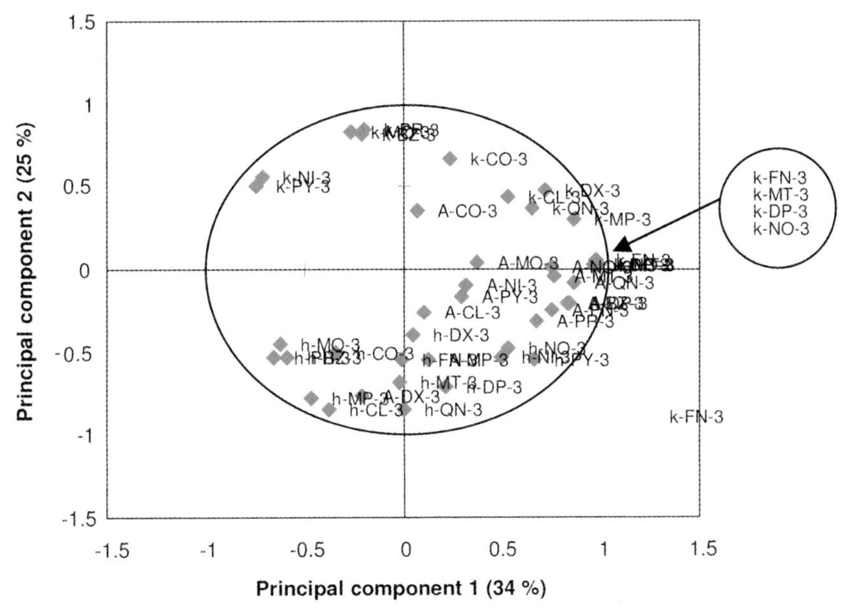

Abb. 7 Loadingplot mit der mobilen Phase 3.

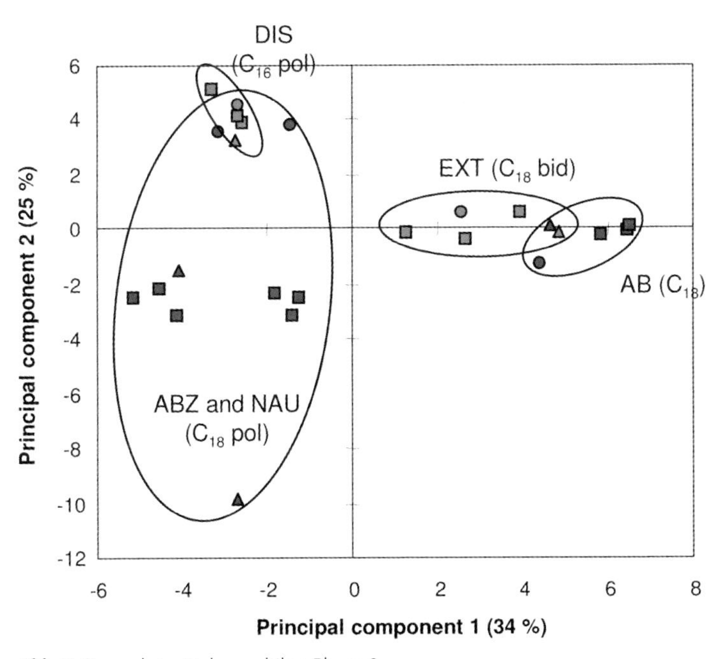

Abb. 8 Scoreplot mit der mobilen Phase 3.

und die Trennsäulen entsprechend ihrer Hydrophobie klassifiziert werden, tragen die signifikant miteinander korrelierten Retentionsfaktoren von großen unpolaren Verbindungen wesentlich zu PC1 bei (Tabelle 5). Chromatographische Trägermaterialien entlang dieser Achse (AB und EXT in Abb. 8) sind sicherlich hydrophober als Trägermaterialien, die entlang der anderen Achse orientiert sind. Diese Beobachtung wird durch die hohen Retentionsfaktoren für unpolare Verbindungen unter diesen chromatographischen Bedingungen unterstützt. Basische Verbindungen unterliegen starken hydrophoben Wechselwirkungen mit der stationären Phase aufgrund ihrer unpolaren Struktur, selbst wenn sie hier positiv geladen in einer gepufferten mobilen Phase mit einem pH-Wert von 3,0 vorliegen.

In Bezug auf die Variabilität von Charge zu Charge werden in dieser mobilen Phase vergleichbare Ergebnisse für konventionelle chromatographische Trägermaterialien und Trägermaterialien der neuen Generation beobachtet. Dies unterstreicht, dass die Vergleichspräzision zwischen Chargen und Säulen nicht nur durch die Art des Bondings beeinflusst wird, welches mehr oder weniger für die Analyse von basischen Verbindungen adaptiert ist, sondern auch durch die chromatographischen Bedingungen.

2.1.4.5 **Optimierung eines chromatographischen Verfahrens durch Chemometrie**

Nach der Charakterisierung der basisch deaktivierten stationären Phasen durch chromatographische Tests ist die Optimierung der Methode ein weiterer wichtiger Schritt. Eine simple und einfach anwendbare Methode ist ein wichtiger Aspekt für die Qualität eines chromatographischen Tests. Mit einer minimalen Anzahl an Injektionen sollte dabei ein Maximum an Informationen erhalten werden.

2.1.4.5.1 **Testverbindungen**

Zunächst sollte die Anzahl der eingesetzten Testverbindungen so gering wie möglich sein. Das Beispiel hier belegt, dass ein Satz von 14 Testverbindungen auf 7 Verbindungen reduziert werden kann, ohne dass die Qualität der Bewertung der Trennsäulen darunter leidet. Die ausgewählten 14 Testverbindungen besitzen unterschiedliche physikochemische Eigenschaften und können auf der Basis ihrer Größe und Polarität klassifiziert werden (s. oben). Werden zwei Verbindungen, welche kommerziell leicht erhältlich sind, pro physikochemische Gruppe ausgewählt, ist die physikochemische Dimension für eine Beurteilung der Trennsäulen ausreichend repräsentiert.

Zur Unterstützung dieser Hypothese wurden die Trennsäulen mit dem kompletten bzw. reduzierten Satz an Verbindungen untersucht und anschließend beide Ansätze miteinander verglichen. Beispielhaft sollen hier die Ergebnisse mit der mobilen Phase 1 berücksichtigt werden (Abb. 5 und 9). In beiden Scoreplots ist die Varianz für die ausgewählten Hauptkomponenten vergleichbar, nämlich 73 % (52 % für PC1 und 21 % für PC2) mit 14 Testverbindungen und 71 % (53 % für PC1 und 18 % für PC2) mit 7 Testverbindungen. Damit ist die Bewertung von Trennsäulen mit dem reduzierten Satz an Testverbindungen nahezu identisch zur Bewertung mit dem gesamten Satz.

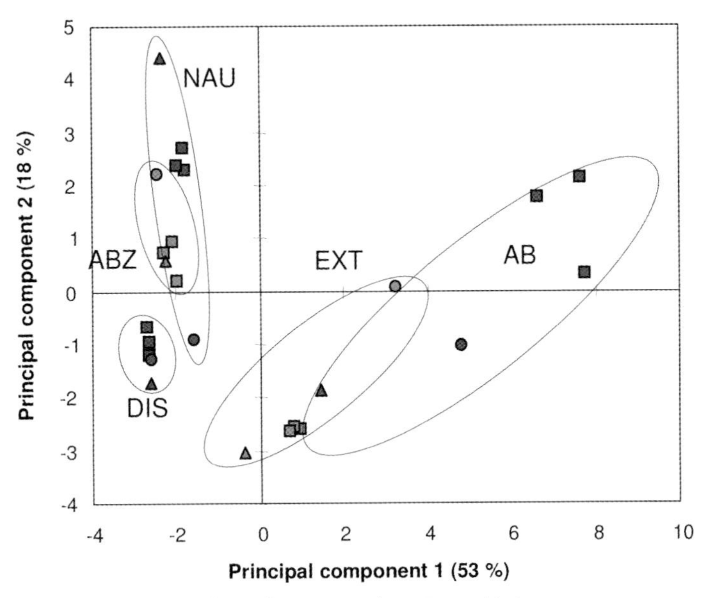

Abb. 9 Scoreplot mit den sieben untersuchten Testverbindungen.

2.1.4.5.2 **Mobile Phasen**

Ein weiterer wichtiger Punkt bei der Optimierung von chromatographischen Tests ist die Auswahl der geeigneten chromatographischen Bedingungen, um eine Testverbindung zu analysieren. Besonders in Abhängigkeit von der mobilen Phase können unterschiedliche Informationen über das chromatographische Verhalten von stationären Phasen gewonnen werden. In einem ersten Versuch wurden zwei mobile Phasen aus einem pH 7,0 Phosphatpuffer (jeweils eine mit Acetonitril und eine mit Methanol) und einem pH 3,0 Phosphatpuffer untersucht. Die Bewertung der Trennsäulen mit den mobilen Phasen 1 und 2 ist auf den ersten Blick sehr ähnlich und beide erscheinen geeignet für die Bewertung der Silanolaktivität der jeweiligen stationären Phasen. Methanol als Modifier scheint jedoch geeigneter zu sein, um die Variabilität von Chargen untereinander sichtbar zu machen. Diese Beobachtung deutet darauf hin, dass bei der Ermittlung von optimalen chromatographischen Bedingungen für basische Verbindungen Methanol als organisches Lösungsmittel Acetonitril vorzuziehen ist, besonders im Hinblick auf den Asymmetriefaktor. Als protisches Lösungsmittel spielt Methanol aufgrund der Wechselwirkungen mit den freien Silanolgruppen und den basischen Verbindungen eine aktive Rolle im chromatographischen Geschehen. Acetonitril als aprotisches Lösungsmittel wechselwirkt andererseits nicht mit den freien Silanolgruppen und den basischen Verbindungen. Daher ist Acetonitril für eine Bewertung der Trennsäulen selbst vorzuziehen, da es durch die sekundären Wechselwirkungen zwischen den Silanolgruppen und den basischen Verbindungen eine bessere Diskriminierung der stationären Phasen in Bezug auf die Silanolaktivität erlaubt.

Die dritte mobile Phase aus einem pH 3,0 Phosphatpuffer und Acetonitril erlaubt eine detaillierte Diskriminierung der stationären Phasen in Bezug auf ihre hydrophoben Wechselwirkungen. Dies verbessert damit die Auswahl der geeignetsten stationären Phase, da in Abhängigkeit von der zu analysierenden Verbindung für eine größere Retention ein hydrophobes Material einem weniger Hydrophoben vorgezogen werden kann.

2.1.4.5.3 Chromatographische Parameter und Vergleichspräzision der Chargen und Trennsäulen

In einem chromatographischen Test werden stationäre Phasen auf der Basis der gemessenen chromatographischen Parameter bewertet. Daher sollten die Retentions- und Asymmetriefaktoren und die reduzierte Trennstufenhöhe in jeder mobilen Phase untersucht werden. Berücksichtigen wir zunächst die Loadingplots für die mobile Phase 1 (Abb. 6 und 10): Die Vektoren für den Asymmetriefaktor und die reduzierte Trennstufenhöhe haben dieselbe Richtung und werden durch die ausgewählten Hauptkomponenten gut repräsentiert (Länge von ungefähr 1). Damit sind in dieser mobilen Phase die beiden chromatographischen Parameter miteinander korreliert und eine gewonnene Information wird bereits nur durch einen der beiden Parameter wiedergegeben.

In der mobilen Phase 3 ist der wichtigste chromatographische Parameter der Retentionsfaktor, da die Trennsäulen entsprechend ihrer Hydrophobie und der Art der funktionellen Gruppe bewertet werden. In dieser sauren mobilen Phase sind die Silanolgruppen zumeist ungeladen (in Abhängigkeit von ihrem pK_S-

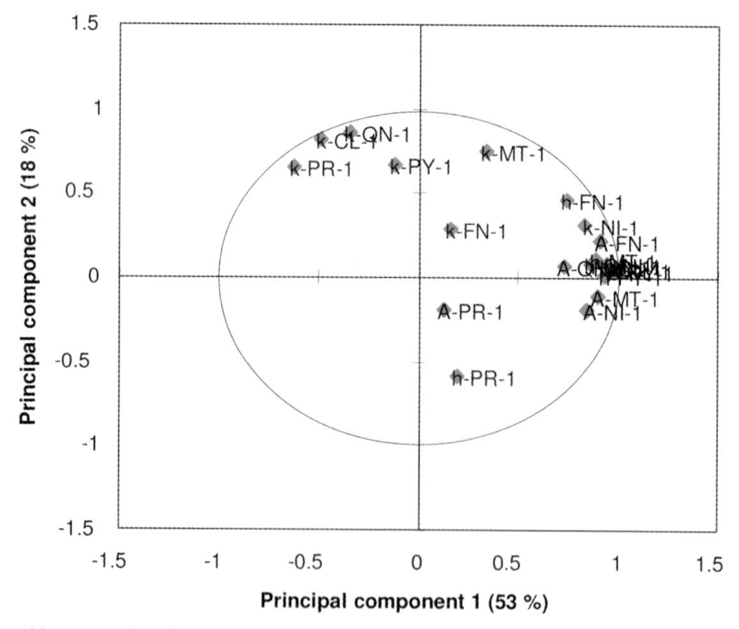

Abb. 10 Loadingplot mit der mobilen Phase 1 und den sieben untersuchten Testverbindungen.

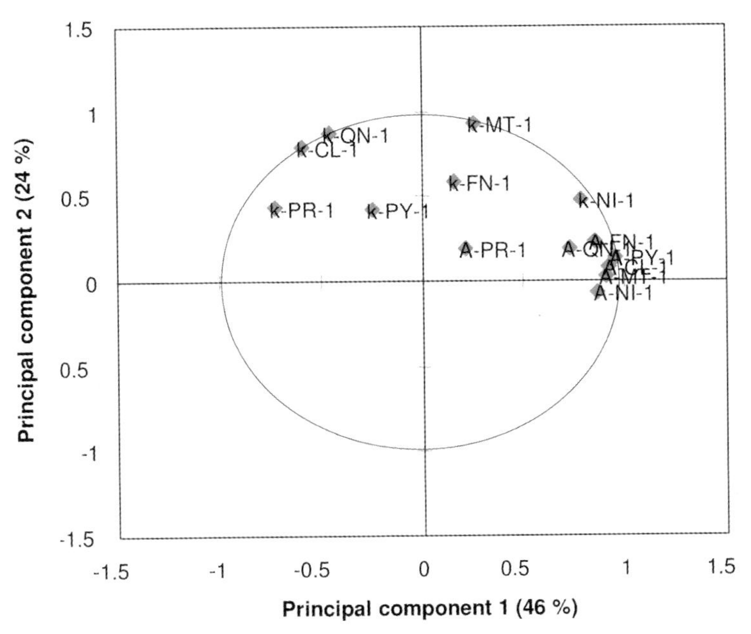

Abb. 11 Loadingplot mit der mobilen Phase 1 und den *k*- und α-Werten der sieben untersuchten Testverbindungen.

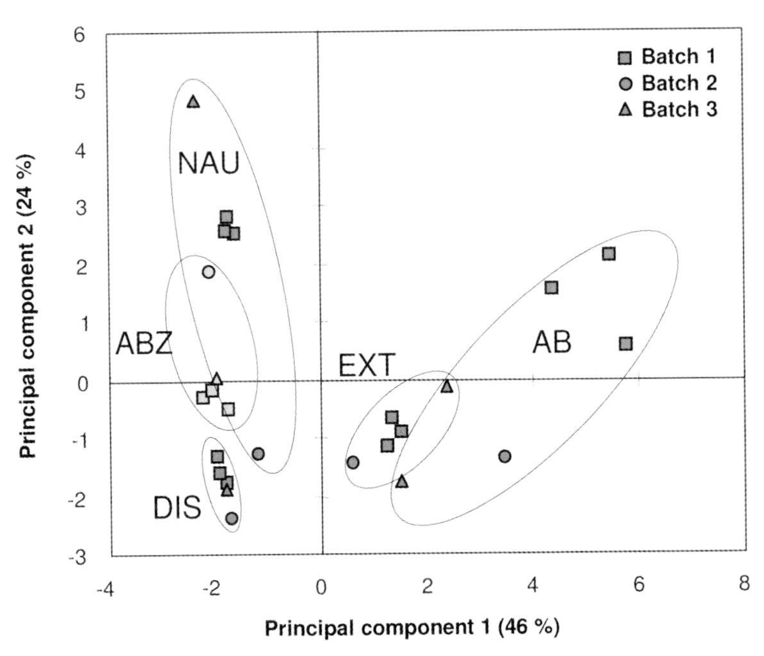

Abb. 12 Scoreplot mit der mobilen Phase 1 und den *k*- und α-Werten der sieben untersuchten Testverbindungen.

Wert) und sekundäre Wechselwirkungen mit geladenen basischen Verbindungen finden kaum statt. Nichtsdestotrotz ist die Messung der Asymmetriefaktoren der basischen Verbindungen auch unter diesen chromatographischen Bedingungen sinnvoll, da sie einen guten Anhaltspunkt dafür geben, ob die stationären Phasen eine Silanolaktivität selbst bei niedrigen pH-Werten aufweisen.

Die Ergebnisse für die Trennsäulen mit den mobilen Phasen 1 und 3 (vgl. den Loading- und Scoreplot mit der mobilen Phase 1 in den Abb. 11 und 12) mit der Auswertung des Retentions- und Asymmetriefaktors waren identisch zur vorherigen Auswertung mit dem gesamten Datensatz. Bezüglich der Vergleichspräzision der Chargen und Trennsäulen belegen die Ergebnisse (Scoreplots von den unterschiedlichen chromatographischen Bedingungen), dass die Trägermaterialien der neuen Generation eine bessere „Charge zu Charge"-Vergleichspräzision im Vergleich zu den konventionellen Trägermaterialien aufweisen. Es liegt damit nahe, nur die Vergleichspräzision zwischen den Chargen bei Untersuchungen von basisch deaktivierten Trägermaterialien der neuen Generation zu berücksichtigen. Diese Optimierung führte zu einer wesentlichen Verringerung der gemessenen chromatographischen Parameter pro stationärer Phase, d. h. 252 Parameter (7 Verbindunge × 3 Injektionen × 3 Trennsäulen × 2 mobile Phasen × 2 chromatographische Parameter) anstatt von 1890 Parametern (14 Verbindungen × 3 Injektionen × 5 Trennsäulen × 3 mobile Phasen × 3 chromatographische Parameter). Weiterhin ist für die Analyse von basischen Verbindungen nur die mobile Phase bei pH 7,0 notwendig, um eine Bewertung der Abschirmung der Silanolaktivität des chromatographischen Trägermaterials vorzunehmen. Eine zweite mobile Phase (bei pH 3,0) wird nur dann benötigt, wenn eine Bewertung der hydrophoben Eigenschaften der stationären Phase notwendig ist.

2.1.4.6 **Zusammenfassung und Ausblick**

Mittels PCA bzw. chemometrischen Methoden ist eine schnelle Visualisierung von Differenzen und Ähnlichkeiten zwischen individuellen Objekten (Testverbindungen oder chromatographischen Trägermaterialien) möglich. Es konnte gezeigt werden, dass PCA die Identifizierung der geeignetsten Testverbindungen, eine methodische Verbesserung der chromatographischen Tests und die Auswahl der besten Trennsäule für eine definierte Applikation (z. B. die Analyse von basischen Verbindungen) erlaubt. Dies ist besonders für den Analytiker relevant, der selten die Möglichkeit hat, viele Trennsäulen zu testen, bevor die „beste" Trennsäule identifiziert werden kann. Daher hat auch die Popularität von Software zugenommen, welche die Optimierung einer entsprechenden Trennung oder die Auswahl der geeignetsten Trennsäule erlaubt [5].

In derselben Weise wird die chemometrische Auswertung von Trennsäulen auch die Entwicklung neuer stationärer Phasen, die für bestimmte Klassen von Verbindungen angepasst sind (z. B. basische Verbindungen), beeinflussen. Es werden Datenbanken mit möglichst vielen chromatographischen Trägermaterialien auch im Hinblick auf eine Weiterentwicklung von neuen stationären Phasen aufgebaut.

Literatur

1 D. V. McCalley, R. G. Brereton, *J. Chromatogr. A* (1998), 828, 407.
2 J. Nawrocki, *J. Chromatogr. A* (1997), 779, 29.
3 C. Stella, P. Seuret, S. Rudaz, P.-A. Carrupt, J. Y. Gauvrit, P. Lantéri, J.-L. Veuthey, *J. Sep. Sc.* (2002), 25, 1351–1363.
4 D. V. McCalley, *J. Chromatogr. A* (1996), 738 169–179.
5 M. R. Euerby, P. Petersson, *J. Chromatogr. A* (2003), 994, 13.

2.1.5
Lineare Freie Enthalpiebeziehungen (LFER) – Werkzeuge zur Säulencharakterisierung und Methodenoptimierung?

Frank Steiner

2.1.5.1 Charakterisierung und Auswahl stationärer Phasen für die HPLC

In der Flüssigchromatographie ist die Komplexität der zur Retention beitragenden Parameter sehr groß. Ursächlich sind dafür die vielfältigen Wechselwirkungen zwischen stationärer Phase und Analytmolekül einerseits und mobiler Phase und Analytmolekül andererseits. Zudem tritt die mobile Phase mit der stationären Phase in Wechselwirkung und moduliert so deren Eigenschaften. Innerhalb dieses komplexen Gefüges stellt die stationäre Phase mit ihren speziellen Eigenschaften die zentrale Komponente dar. Der schematische Aufbau eines Umkehrphasensystems ist in Abb. 1 dargestellt.

Die richtige Auswahl der für ein bestimmtes Trennproblem geeigneten Umkehrphase ist aufgrund der enormen Vielfalt kommerziell erhältlicher RP-Materialien außerordentlich schwierig. Neben der Vorgehensweise nach Versuch und Irrtum beruht sie eigentlich immer auf der systematischen Charakterisierung der Phaseneigenschaften. Von besonderem Interesse sind dabei die chromato-

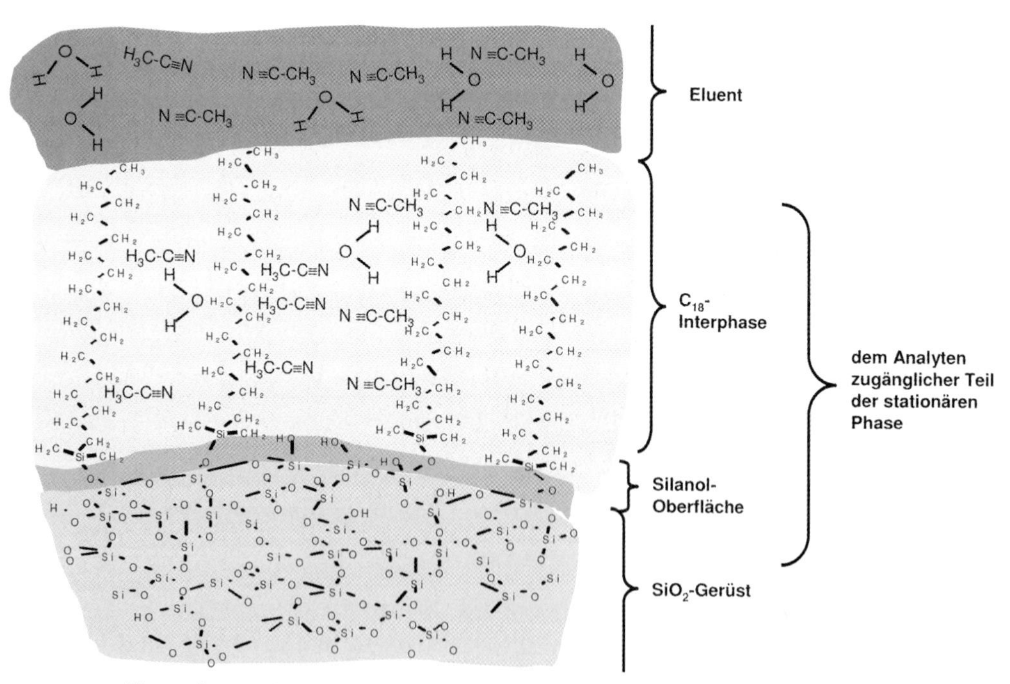

Abb. 1 Schematische Darstellung einer RP-C18-Phase im Gleichgewicht mit einem Wasser/Acetonitril-Eluenten nach dem Konzept einer Alkyl-Interphase.

graphischen Säulentests, liefern sie doch direkt Daten, die bei der späteren Methodenentwicklung relevant sind. Primär werden dabei Retentionswerte, in manchen Fällen auch Peakformen charakteristischer Substanzen gemessen. Jedoch erst die geeignete Auswertung dieser Primärdaten erlaubt es, aus den Messwerten hilfreiche Schlüsse für eine spätere Phasenauswahl zu ziehen. Chemometrische Mustererkennungsverfahren wie die Hauptkomponentenanalyse oder die Clusteranalyse können auf die Rohdaten sämtlicher Säulentests angewendet werden (s. Kap. 2.1.3 und 2.1.4). Im Hinblick auf das Erkennen von Ähnlichkeiten zwischen Phasen, aber auch wesentlichen Unterschieden, wie orthogonaler Charakteristik, eröffnen sie Möglichkeiten, die weit über die Analyse und Diskussion der Primärdaten hinausgehen. Die Rückführbarkeit des chromatographischen Verhaltens auf strukturelle Merkmale von Phase und Analyt sowie die Diskussion von Retentionsmechanismen wird durch die Chemometrie allerdings meist nicht unterstützt.

Ein anders gearteter, systematischer Ansatz der Phasencharakterisierung ist die Korrelation von Analytstruktur und Retention mithilfe der quantitativen Struktur-Retentionsbeziehungen (QSRR), die als spezielle Anwendung Linearer Freie Enthalpiebeziehungen anzusehen sind. Dabei wird die Gesamtretention in Beiträge, die im Einzelnen z. B. auf Dispersions-, Dipol-Dipol, π-π-, Säure-Base- usw. Wechselwirkungen beruhen, zerlegt. Es wird damit eine relativ strenge Rückführbarkeit der Retention auf mechanistische Aspekte angestrebt, die dem Anwender ein vertieftes physikalisch-chemisches Verständnis der Phaseneigenschaften und der chromatographischen Vorgänge selbst vermitteln kann.

2.1.5.2 **Was sind LFER und warum sind sie für die HPLC von Bedeutung?**

Der Retentionsfaktor k, das gängige Maß zur quantitativen Beschreibung der Retention in der Chromatographie, hängt von der Gleichgewichtskonstanten K bzgl. der Verteilung des Analyten zwischen mobiler und stationärer Phase sowie dem Verhältnis des „Raumangebotes“ beider Phasen in der Säule (Phasenverhältnis Φ) gemäß Gl. (1) ab.

$$k = K \cdot \Phi \tag{1}$$

Er unterliegt somit den Gesetzmäßigkeiten der Gleichgewichtsthermodynamik, d. h., die Retention ist eine Funktion der Änderung der Freien Enthalpie des Analytmoleküls beim Übergang aus der mobilen Phase in die stationäre Phase, entsprechend der allgemeinen Beschreibung von Gleichgewichtszuständen mithilfe Freier Standard-Enthalpien ΔG^0 (Gl. (2) mit der universellen Gaskonstante R und der absoluten Temperatur T).

$$\Delta G^0 = -R \cdot T \cdot \ln K \tag{2}$$

Die Hammett-Beziehung gilt als der Ursprung der Linearen Freie Enthalpie Relationen (LFER). Sie korreliert die Reaktionsgeschwindigkeit der Verseifung verschieden substituierter Benzoesäureester mit der Azidität der ebenso substituierten Benzoesäurederivate. Es wird dabei eine lineare Beziehung zwischen

Bezug der Verseifungsgeschwindigkeit eines substituierten Esters $\boldsymbol{k_x}$ auf jene eines unsubstituierten $\boldsymbol{k_H}$ und Zusammenhang mit den entsprechenden Azididätskonstanten $\boldsymbol{K_x}$ und $\boldsymbol{K_H}$	$\log \frac{k_x}{k_H} = \rho \cdot \log \frac{K_x}{K_H}$

Definition der Substituentenkonstante σ_x:	$\sigma_x = \log \frac{K_x}{K_H}$

Hammett-Gleichung mit Reaktionskonstante ρ:

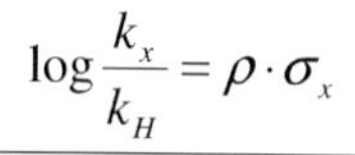

$$\log \frac{k_x}{k_H} = \rho \cdot \sigma_x$$

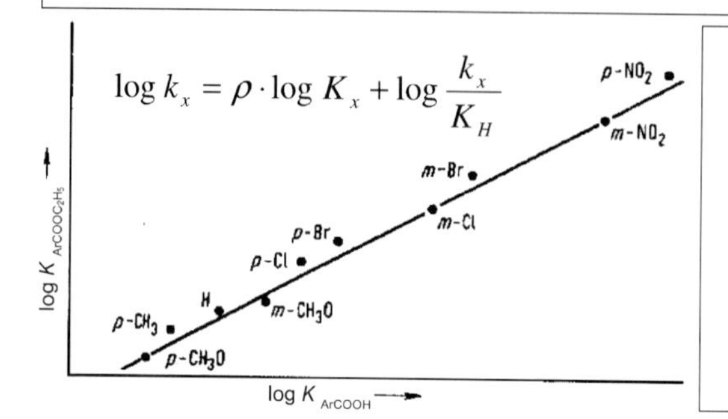

Beschreibung mit Freien Enthalpien:

$$\log K = -\frac{\Delta G^0}{2{,}303 \cdot R \cdot T}$$

$$\log k = \frac{\Delta G^{\neq}}{2{,}303 \cdot R \cdot T} + \log\left[\frac{k' T}{h}\right]$$

ΔG^0: Freie Reaktionsenthalpie
$\Delta G^{\neq}$: Freie Aktivierungsenthalpie
R: Gaskonstante
k': Boltzmann-Konstante
h: Planck-Konstante
T: absolute Temperatur

Abb. 2 Ableitung der Hammett-Gleichung zur linearen Korrelation des Logarithmus der Geschwindigkeitskonstante der Verseifung unterschiedlich substituierter Benzoesäuretests mit dem Logarithmus der entsprechenden Säurekonstanten. Es handelt sich um die Korrelation der Freien Aktivierungsenthalpien der Verseifung der Ester mit den Freien Reaktionsenthalpien der Dissoziation der Säuren.

der Freien Reaktionsenthalpie der Säuredissoziation und der Freien Aktivierungsenthalpie der Esterverseifung aufgestellt. Das Ausmaß der Erhöhung der Azidität bzw. der Beschleunigung der Verseifung ist von den Elektronen verschiebenden Einflüssen des jeweiligen Substituenten abhängig und wird durch die Substituentenkonstante σ beschrieben, die einen sog. molekularen Deskriptor darstellt. Die Systematik der Hammett-Beziehung ist Abb. 2 zu entnehmen.

Analog zur Hammett-Beziehung und den prinzipiell daraus abgeleiteten, aufwendigeren linearen Beziehungen zwischen Strukturdeskriptoren und Reaktivitäten von Molekülen, trachtet man auch in der Flüssigchromatographie danach, die Retention bzw. den Retentionsfaktor k auf der Basis Linearer Freie Enthalpiebeziehungen zu beschreiben. Einen allgemein formulierten Ansatz zur Beschreibung der Retention in einem gegebenen HPLC-System stellt Gl. (3) dar:

$$\log k = \log k_0 + m(\delta_s^2 - \delta_m^2)V_2 + s(\pi_s^* - \pi_m^*)\pi_2^* + a(\beta_s - \beta_m)\alpha_2 + b(\alpha_s - \alpha_m)\beta_2 \quad (3)$$

mit den nachfolgend beschriebenen Deskriptoren für die physikalisch-chemischen Eigenschaften von stationärer Phase (Index $_s$), mobiler Phase (Index $_m$) und Analytmolekül (Index $_2$):

V Intrinsisches molares Volumen des Analytmoleküls
δ Hildebrand-Löslichkeitsparameter für mobile bzw. stationäre Phase
π^* Dipolaritäts/Polarisierbarkeitsparameter
α H-Akzeptor-Basizitätsparameter
β H-Donator-Aziditätsparameter

log k_0 ist der Achsenabschnitt der multivariaten (hier 4-dimensionalen) linearen Regression, der einerseits das Phasenverhältnis des Systems beinhaltet, aber auch andere Eigenschaften des Trennsystems, die nicht vom Analyten oder genauer dessen Deskriptoren abhängen. Die Koeffizienten *m, s, a* und *b* beschreiben das Ausmaß des jeweiligen Beitrags einer bestimmten Art von Wechselwirkung (Mechanismus) zur Retention. Dabei ist die Differenz der Deskriptoren für die stationäre (z. B. δ_S^2) und mobile Phase (z. B. δ_m^2) multipliziert mit dem Deskriptor des Analyten (z. B. V_2) proportional der partiellen Änderung der Freien Übergangs-Enthalpie bzgl. eines bestimmten Wechselwirkungsmechanismus. Diese Beiträge addieren sich zur gesamten Änderung der Freien Enthalpie, die nach den Gesetzen der Thermodynamik linear mit dem Logarithmus des Retentionsfaktors k zusammenhängt (siehe Gl. 2). Die einzelnen Beiträge zur Retention lassen sich entsprechend dem oben beschriebenen Modell beispielsweise in hydrophobe Einflüsse, Wechselwirkungen aufgrund elektrischer Dipole sowie das jeweils komplementäre Zusammenspiel von Wasserstoffbrückenbindungs-Aktivitäten aufgliedern, wobei sowohl der Analyt als auch das chromatographische Phasensystem die Donor- oder Akzeptorrolle übernehmen können. In der Umkehrphasenchromatographie muss den hydrophoben Beiträgen eine besondere Aufmerksamkeit geschenkt werden. Als diesbezüglich relevante Deskriptoren für das Phasensystem werden die Quadrate der Hildebrand-Löslichkeitsparameter eingesetzt, die man auch als die Kohäsionsenergiedichte bezeichnet. Der Wert für δ^2 berechnet sich als Quotient aus der inneren Verdampfungswärme ΔE und dem molaren Volumen V_m des Stoffes, der die jeweilige Phase bildet. Als Deskriptor für das Analytmolekül wird dessen intrinsisches molares Volumen herangezogen, das z. B. nach McGowan über eine Inkrementrechnung aus der atomaren Zusammensetzung und Bindungsstruktur abgeschätzt werden kann [1]. Die molekulare Vorstellung zum hydrophoben Retentionsmechanismus ist der Übergang des Analyten aus einer Kavität (einem molekularen Hohlraum) im Gefüge des Lösemittels der mobilen Phase hin zu einer Kavität, die innerhalb der stationären Phase geschaffen werden muss. Abbildung 3 zeigt schematisch diesen Übergang. Es liegt nahe, dass der Energieaufwand zur Schaffung einer molekularen Kavität mit zunehmender Kohäsionsenergiedichte des Lösemittels und zunehmendem Molekularvolumen des Soluten ansteigt. Im Falle der Kieselgel-RP-Chromatographie ist die „stationäre Kavität“ innerhalb einer sog. Interphase der solvatisierten Alkylketten an der Kieselgeloberfläche lokalisiert (s. Abb. 3). Verlässt der Analyt die Kavität in der mobilen Phase, so kann sich diese schließen und aufgrund der relativ hohen Kohäsionsenergiedichte dieses teilweise wässrigen Systems wird dabei recht viel Energie frei. Die Schaffung einer Kavität in der weniger kohäsiven stationären Phase ist zwar erforderlich, aber wegen der schwächeren Wech-

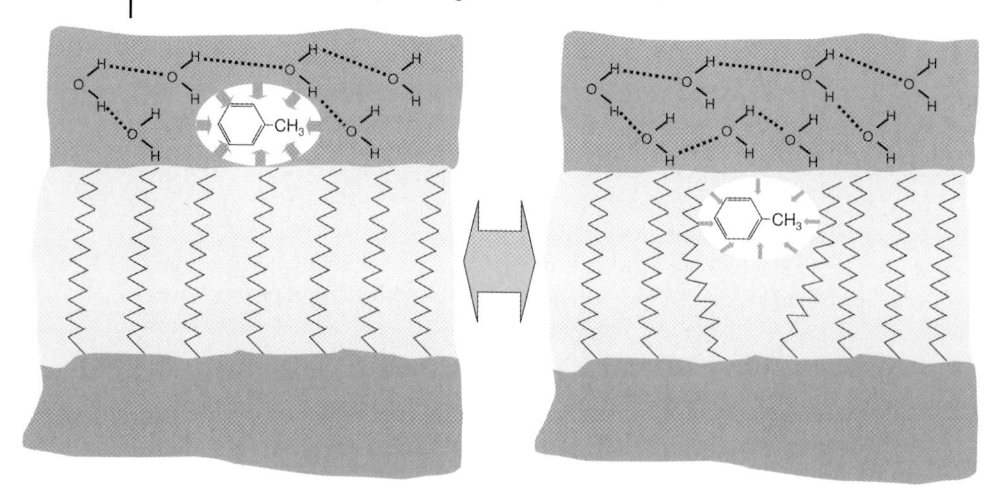

Abb. 3 „Reversed Phase Retention" nach dem Modell der Interphase und des solvophoben Effektes. Aufgrund der höheren Kohäsionsenergiedichte in der teilweise wässrigen mobilen Phase wird bei der Schließung der dortigen Kavität mehr Energie frei als zur Schaffung einer Kavität in der Alkyl-Interphase aufgewendet werden muss.

selwirkung der Alkylketten untereinander mit geringerem Energieaufwand verbunden. Man spricht nach diesem Modell von einer solvophoben Wechselwirkung, bei welcher das Analytmolekül dazu angetrieben wird, aus der stärker kohäsiven mobilen Phase, dessen innere Wechselwirkung es abhängig von seiner Apolarität entsprechend stark stört, in die weniger kohäsive und seiner eigenen Polarität ähnlicheren stationären Phase (bzw. Interphase) zu fliehen.

2.1.5.3 **Der Weg zu molekularen Deskriptoren für die multivariate Regression**

Die Bestimmung der entsprechenden Regressionsparameter für ein gegebenes chromatographisches System erfolgt durch multivariate Regression aus einer Vielzahl experimentell gemessener Retentionsfaktoren von sinnvoll ausgewählten Analytmolekülen, mit deren jeweiligen Deskriptoren für alle relevanten molekularen Eigenschaften. Neben der Schwierigkeit, die für die Retention Ausschlag gebenden molekularen Eigenschaften festzulegen, liegt das Problem vor allem in der Bestimmung solcher Deskriptoren. Besonders im Falle der Deskriptoren für die stationäre Phase ist der experimentelle Zugang durch physikalisch-chemische Messungen nahezu unmöglich.

Einen Lösungsansatz bietet die Strategie der Zusammenfassung der Wichtungsfaktoren und der Deskriptorendifferenzen des Phasensystems (siehe Gl. 3) in Form von Gl. (4):

$$\log k = \log k_0 + m' V_2 + s' \pi_2^* + a' \alpha_2 + b' \beta_2 \tag{4}$$

mit einer zu Gl. (3) analogen Symbolik. Es muss aber betont werden, dass die Parameter m', s', a' und b' keinesfalls mit den Koeffizienten m, s, a und b aus

Gl. (3) identisch sein können. Die neuen Regressionsparameter fassen die Eigenschaften des Phasensystems und die Gewichtung des Beitrags der betreffenden Wechselwirkung zusammen, beschreiben also das Verhalten des chromatographischen Systems komplett. Sie können aus einem Satz gemessener Retentionsfaktoren einer Reihe von Analyten in einem gegebenen chromatographischen Trennsystem bestimmt werden, sofern die Deskriptoren für die Analytmoleküle bekannt sind. Üblicherweise werden für Analytdeskriptoren, wie π^*, α und β usw. aus der Literatur [2–5] entnommene, empirisch aus spektroskopischen Messungen ermittelte (relative) Werte eingesetzt. Diese beruhen auf der Verschiebung von Absorptionsbanden der jeweiligen Moleküle aufgrund solvatochromer Effekte bei Variation der dipolaren bzw. Wasserstoffbrückendonor- oder -akzeptor-Eigenschaften des bei der Spektroskopie verwendeten Lösemittels. Sie stellen demnach keine echten thermodynamischen Parameter dar. Abraham und Mitarbeiter bestimmten weitere Deskriptoren z. B. aus GC-Retentionsdaten oder Oktanol-Wasser-Verteilungskoeffizienten [6–9]. Die Verwendung solcher Daten für LFER-Ansätze führte zur sog. Solvatationsgleichung (Gl. 5) [10, 11]:

$$\log k = c + r \cdot R_2 + s \cdot \pi_2^* + a \cdot \sum \alpha_2^H + b \cdot \sum \beta_2^H + \upsilon \cdot V_x \qquad (5)$$

mit den Deskriptoren Molrefraktion des Analyten (R_2), Dipoleigenschaften bzw. Polarisierbarkeit des Analyten (π_2^*), H-Brücken-Azidität des Analyten ($\Sigma\, \alpha_2^H$), H-Brücken-Basizität des Analyten ($\Sigma\, \beta_2^H$) und dem charakteristischen Molvolumen des Analyten nach McGowan (V_x). Als Regressionsparameter ergeben sich, neben dem Achsenabschnitt c, die jeweils zugehörigen Eigenschaften des chromatographischen Trennsystems wie Unterschiede in Wechselwirkungen über n- und π-Elektronen (r), Unterschiede in der Dipolarität und Polarisierbarkeit (s), Unterschiede in der H-Brücken-Basizität (a), Unterschiede in der H-Brücken-Azidität (b) und Unterschiede in der Hydrophobie bzw. im Energieaufwand zur Kavitätenbildung (υ) zwischen stationärer und mobiler Phase.

Eine recht prägnante Abhandlung zur Anwendung der LFER in der HPLC findet sich auch am Anfang des nachfolgenden Kapitels von Dolan und Snyder (s. Kap. 2.1.6).

2.1.5.4 **Beispiel für eine LFER-Prozedur mittels der Solvatationsgleichung**

2.1.5.4.1 **Vergleich stationärer Phasen basierend auf LFER-Parametern**

Die Verwendung solvatochromer Deskriptoren in LFER-Regressionsanalysen zur Beschreibung chromatographischer Systeme ist in der Literatur in zahlreichen Beispielen dokumentiert. Zum besseren Verständnis der Vorgehensweise und zur Demonstration des Nutzens dieser Ansätze für den Chromatographie-Anwender, wird in diesem Abschnitt ein Beispiel aus der Literatur stellvertretend vorgestellt. Der Ansatz und die wesentlichen Ergebnisse einer Reihe von drei Arbeiten von Sandi et al. [12–14] sollen dazu erläutert werden.

Die Durchführung einer multivariaten linearen Regressionsrechnung kann mit zahlreichen gängigen Statistik-Programmen vorgenommen werden; im hier beschriebenen Beispiel wurde Statistica 5,0 (StatSoft) verwendet. Eine Berechnung erfolgt jeweils aus dem Datensatz einer Vielzahl gemessener Retentionsfaktoren ausgewählter Analyten in einem HPLC-System mit festgelegter stationärer Phase und definierten Elutionsbedingungen. Als Eluent wurde Acetonitril/Wasser (30/70, v/v) ohne Pufferzusatz gewählt, über eine Temperaturkontrolle werden keine Angaben gemacht. Auf einen Puffer wurde bewusst verzichtet, da er gemäß den Arbeiten von Engelhardt und Mitarbeitern die Eigenschaften der stationären Phase verfälschend moduliert [15]. Die Durchflusszeiten t_M aller Säulen zur Berechnung der Retentionsfaktoren wurden mit 0,05 mM Natriumnitratlösung bestimmt, was wegen möglicher Anionenausschlusseffekte des Nitrations aufgrund dissoziierter Silanolgruppen an der Oberfläche der porösen Phasen durchaus kritisch zu bewerten ist. Die Auswahl der Testanalyten (durchweg einfach verfügbare Substanzen) erfolgte mit der Maßgabe, einen weiten Bereich an Polarität und struktureller Vielfalt abzudecken sowie auch phenolische und schwach basische Analyten einzubringen. Die Liste aller Analyte ist mit den zugehörigen Deskriptoren, welche aus den Arbeiten von Abraham entnommen wurden [6–9], in Tabelle 1 wiedergeben. Stärkere Säuren oder Basen fehlen, sie würden sich aber ohne Pufferzusatz auch nicht sinnvoll chromatographieren lassen. Mit der Regressionsanalyse müssen 6 Parameter gemäß Gl. (5) für jedes Trennsystem bestimmt werden. Dazu wird ein lineares Gleichungssystem mit 34 Gleichungen entsprechend der 34 gemessenen Retentionsfaktoren aufgestellt. Diese hohe mathematische Überbestimmung der 6 Parameter ist wichtig für eine sinnvolle statistische Absicherung der Werte, die später das chromatographische System beschreiben.

Die Messung der Retention der 34 Testsubstanzen erfolgte auf insgesamt 15 stationären Phasen, mit denen eine entsprechende Vielfalt an Porenweiten, spezifischen Oberflächen, Belegungsdichten und Arten der Belegung abgedeckt wurde. Tabelle 2 listet die Phasen zusammen mit den charakteristischen Daten auf. Neben dem Anspruch an die Vielfältigkeit der Eigenschaften, wurden gleichzeitig auch Phasen, die sich untereinander nur geringfügig unterscheiden (z. B. endcapped/nicht endcapped, aber sonst identisch) in die Liste aufgenommen. Neben den 14, teilweise auch polar modifizierten Umkehrphasen, ist noch eine Phase mit rein polarer Modifizierung (Nitril) zu finden.

Abbildung 4 zeigt die 6 durch multivariate Regression gemäß Gl. (3) berechneten Parameter aller 15 stationären Phasen (bei gegebenem Eluenten) in Form von Balkendiagrammen einschließlich der jeweiligen Vertrauensbereiche für 95 % Signifikanz. Es wird im Folgenden gezeigt, dass die Diskussion dieser Parameter dem Anwender durchaus Einblicke in den Retentionsmechanismus auf den verschiedenen Phasen erlaubt.

Der Parameter υ (s. Abb. 4a) ist für alle Phasen positiv, was bedeutet, dass die hydrophobe Wechselwirkung in der stationären Phase größer ist als in der mobilen bzw. der Energieaufwand zur Kavitätbildung dort geringer sein muss. Sieht man einmal von der Nitril-Phase ab, so hat υ für alle Phasen betragsmäßig den größten Wert, was auf die erwartete Dominanz hydrophober Effekte in der RP-Chromatographie schließen lässt. Beim Vergleich der einzelnen Phasen fällt auf, dass Phasen mit großem Kohlenstoffgehalt und hoher Belegungsdichte auch starke hydrophobe Beiträge leisten. Weiterhin zeigen C_{18}-Phasen (Mittelwert

Tabelle 1 Testanalyten und molekulare Deskriptoren der Solvatationsgleichung (Gl. 5).

Verbindung	R_2	π_2^*	$\Sigma\alpha_2^H$	$\Sigma\beta_2^H$	V_x
Ethylbenzol	0,613	0,50	0	0,15	0,9982
Toluol	0,613	0,52	0	0,14	0,8573
Brombenzol	0,882	0,73	0	0,09	0,8914
Chlorbenzol	0,718	0,65	0	0,07	0,8388
Koffein	1,500	1,60	0	1,33	1,3632
Dimethylphthalat	0,780	1,41	0	0,88	1,4288
Pyridin	0,631	0,84	0	0,52	0,6753
Acetophenon	0,818	1,01	0	0,48	1,0139
Methylbenzoat	0,733	0,85	0	0,46	1,0726
Ethylbenzoat	0,689	0,85	0	0,46	1,2135
Benzylcyanid	0,751	1,15	0	0,45	1,012
N,N-Dimethylanilin	0,957	0,84	0	0,42	1,098
Anisol	0,708	0,75	0	0,29	0,916
o-Nitrotoluol	0,866	1,11	0	0,27	1,032
Nitrobenzol	0,871	1,11	0	0,26	0,891
Hydrochinon	1,000	1,000	1,16	0,60	0,834
p-Nitrophenol	1,070	1,72	0,82	0,26	0,9493
Methylparaben	0,90	1,37	0,69	0,45	1,1313
Ethylparaben	0,86	1,35	0,69	0,45	1,2722
Propylparaben	0,86	1,35	0,69	0,45	1,4131
Butylparaben	0,86	1,35	0,69	0,45	1,554
β-Naphthol	1,520	1,08	0,61	0,45	1,144
α-Naphthol	1,520	1,05	0,60	0,37	1,144
Phenol	0,805	0,89	0,60	0,30	0,7751
p-Cresol	0,820	0,87	0,57	0,32	0,916
o-Cresol	0,840	0,86	0,52	0,31	0,916
p-Ethylphenol	0,800	0,90	0,55	0,36	1,0569
3,5-Dimethylphenol	0,82	0,84	0,57	0,36	1,0569
2,6-Dimethylphenol	0,860	0,79	0,39	0,39	1,0569
p-Nitroanilin	1,220	1,91	0,42	0,38	0,991
Benzylalkohol	0,803	0,87	0,33	0,56	0,916
Anilin	0,955	0,96	0,26	0,50	0,8162
o-Toluidin	0,966	0,92	0,23	0,59	0,9571
α-Naphthylamin	1,670	1,26	0,20	0,57	1,185

Tabelle 2 Liste der untersuchten stationären Phasen und deren charakteristische Parameter.

Stationäre Phase	*Hersteller*	*Ligandentyp*	*Partikelgröße (μm)*	*Porengröße (nm)*	*Oberflächengröße (m^2/g)*	*%C ca.*	*Abkürzung*
Lichrospher 100 RP-18e	Merck	C18	5,0	10	350	21,6	M-C18e
Lichrospher 100 RP-18	Merck	C18	5,0	10	350	21,0	M-C18
Purospher 100 RP-18	Merck	C18	5,0	12	350	18,0	M-PURe
Purospher	Merck	C18	5,0	8	500	18,5	M-PUR
Lichrospher PAH	Merck	C18	5,0	15	200	20,0	M-PAH
Symmetry Shield RP-C18	Waters	C18	5,0	10	340	n. b.	SYM-C18
Symmetry Shield RP-C8	Waters	C8	5,0	10	340	15,0	SYM-C8
LiChrosorb RP-selectB	Merck	C8	5,0	6	300	11,4	M-RP-B
LiChrospher 100 RP-8	Merck	C8	5,0	10	350	12,5	M-C8
Aquapore OD-300	Applied Biosystems	C18	7,0	30	100	n. b.	A-C18
Synchropak RP-C18	Synchrom	C18	6,5	30	n. b.	7,5	S-C18
Aquapore Butyl	Applied Biosystems	C4	7,0	30	100	n. b.	A-C4
Synchropak RP-C4	Synchrom	C4	6,5	30	n. b.	7,5	S-C4
Zorbax SB 300 C8	Rockland Technologies	C8	5,0	30	45	1,5	Z-C8
Zorbax SB 300 CN	Rockland Technologies	CN	5,0	30	45	1,2	Z-CN

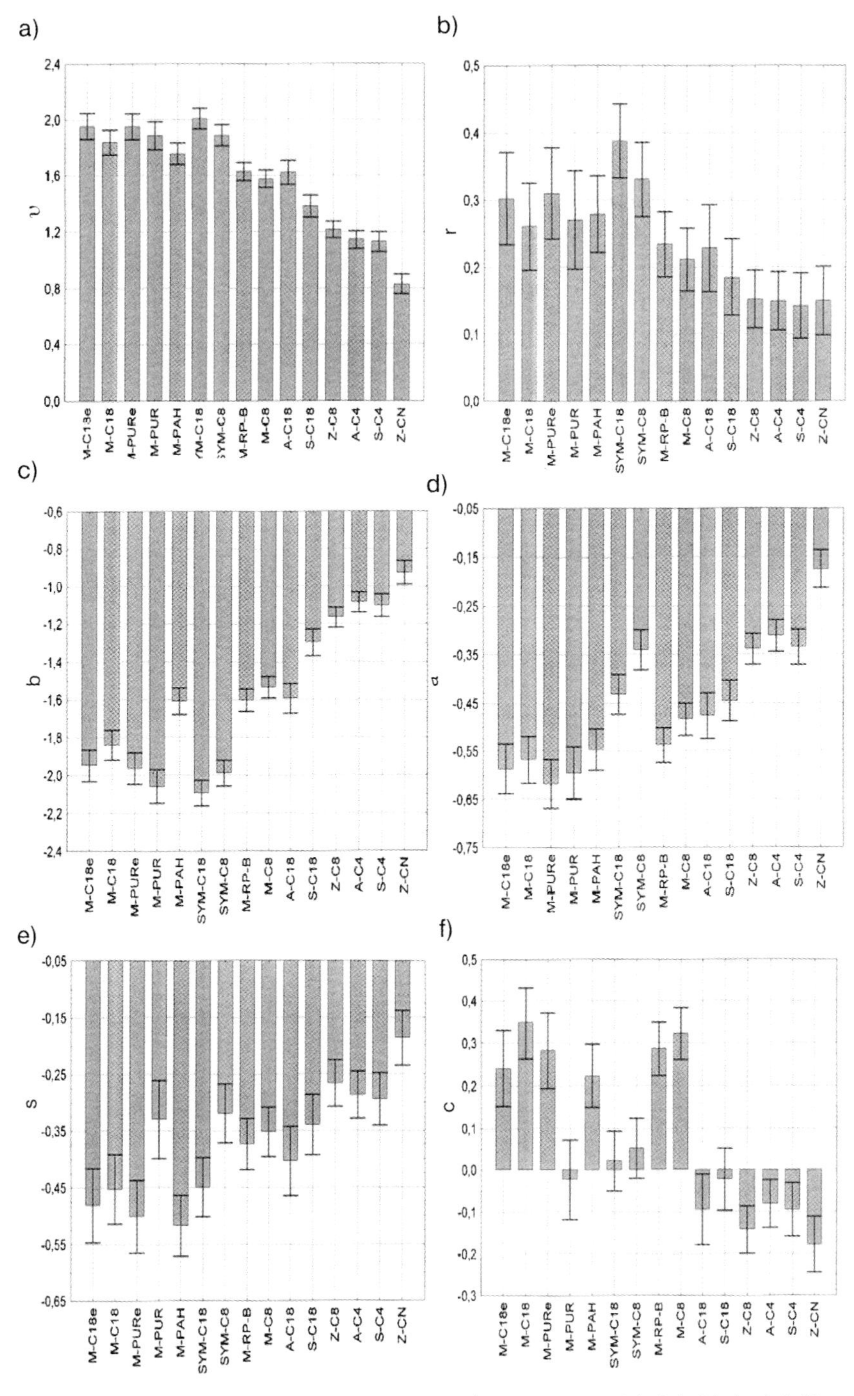

Abb. 4 Darstellung der mithilfe von Gl. (5) aus Messungen mit 34 Modellsubstanzen ermittelten Phasenparameter Hydrophobie (υ), n- und π-Elektronen-Aktivität (*r*), H-Brücken-Donor-Azidität (*b*), H-Brücken-Akzeptor-Basizität (*a*), Polarisierbarkeit (*s*) und Achsenabschnitt (*c*) für 15 verschiedene Packungsmaterialien. Die Fehlerbalken stellen Vertrauensbereiche bei 95 % Signifikanz dar (aus [12]).

ca. 1,9) einen geringeren Energieaufwand zur Kavitätbildung als C_8-Phasen (Mittelwert ca. 1,7) und engporige Materialien geringeren Energieaufwand als die weitporigen (Mittelwert ca. 1,2). Diese Erkenntnisse weisen auf die unterschiedliche Hydrophobie unabhängig vom jeweiligen Phasenverhältnis, auf Basis dessen man üblicherweise Retentionsunterschiede zwischen diesen Phasentypen erklärt, hin. Es fällt zudem auf, dass die über ein „polymeres Bonding" verfügende PAH-Säule einen in Anbetracht ihrer hohen Belegungsdichte niedrigen υ-Parameter aufweist. Einerseits ist sie unter den „engporigen" Materialien die Phase mit der größten Porenweite (15 nm), zweitens sollte die zu ihrer Shape Selectivity für PAK's führende, gemäß allgemein üblichen Annahmen rigidere Anordnung der Alkylketten die Kavitätbildung erschweren.

Neben dem Parameter υ zeigt nur noch der Parameter *r* (s. Abb. 4b) positive Werte. Dies bedeutet, dass auch die Wechselwirkungen über n- und π-Elektronen in der stationären Phase stärker ausgebildet sind als in der mobilen, was weniger trivial erscheint als das Ergebnis bzgl. der hydrophoben Effekte. Die Werte sind betragsmäßig durchweg gering, was auf einen diesbezüglich geringen Unterschied zwischen stationärer und mobiler Phase zurückgeführt werden kann und auf einen nur geringfügigen Beitrag dieser Wechselwirkung zur Gesamtretention hinweist. Beim Vergleich der Phasen fällt auf, dass die Werte für die Symmetry Shield-Phasen besonders groß sind, was auf die Elektronenstruktur der eingebetteten Carbamat-Funktion zurückzuführen ist. Auch die Nitril-Phase weist bzgl. des *r*-Wertes eine Besonderheit auf, die bei einer Phase mit einer π-Elektronen-reichen Oberflächenfunktionalität jedoch nicht überrascht. Während alle anderen Parameter bei dieser Phase deutlich kleiner als bei allen Umkehrphasen ausfallen, liegt der *r*-Parameter durchaus in der Größe der weitporigen C_4- und C_8-Phasen und hat entsprechend bei dieser Phase einen wesentlich größeren Anteil an der Gesamtretention als bei allen anderen Phasen. Dennoch hat auch bei der Nitril-Phase der *r*-Parameter den kleinsten Wert aller Parameter. Ihr υ-Parameter, welcher die hydrophobe Wechselwirkung charakterisiert, ist beispielsweise 5,5-mal so groß. Die Nitril-Phase verhält sich demnach im vorliegenden System vornehmlich wie eine Umkehrphase.

Mit dem *b*-Koeffizienten (Abb. 4c), der eine Aussage über den Beitrag unterschiedlicher Wasserstoffbrücken-Azidität oder -donoraktivität zwischen mobiler und stationärer Phase macht (komplementär zur H-Brücken-Basizität des Analyten), beginnt die Liste der Parameter mit negativem Vorzeichen. Das negative Vorzeichen zeigt an, dass diese Wechselwirkung in der wasserreichen mobilen Phase wesentlich stärker ausgeprägt ist als in der stationären. In der stationären Phase können lediglich in der Alkyl-Interphase immobilisierte H_2O-Moleküle und Restsilanolgruppen der Kieselgel-Oberfläche zu diesem Parameter beitragen. Weiterhin bedeutet ein negatives Vorzeichen, dass mit Zunahme dieses Parameters (bei Konstanz aller weiteren) die Retention des betreffenden Analyten *geringer* wird. Vergleicht man die Zahlenwerte mit denen in Abb. 4a, so wird klar, dass dieser Parameter einen ähnlich wichtigen Beitrag liefert wie die hydrophoben Effekte. Das Ausmaß des Einflusses einer bestimmten Wechselwirkung auf die Retention hängt jedoch, neben dem Wert des Regressionsparameters, auch von der Größe des jeweiligen Deskriptors des Analyten ab. Betrachtet man Tabelle 1 bzgl. des hier relevanten Deskriptors $\Sigma\beta_2^H$, so stellt man fest, dass die H-Brücken-Basizität nicht direkt mit der Brönstedt-Basizität korreliert ist. Die Brönstedt-Basen wie Anilin, Toluidin oder Naphthylamin zeigen nur mittelgroße Werte, während Koffein und Dimethylphthalat die größten Deskriptoren aufweisen, aber keine Basen im Sinne der Brönstedt-Theorie sind. Betrachtet man für die Phase Symmetrie Shield C_{18} die Koeffizienten υ und b, sowie den Basizitäts-Deskriptor ($\Sigma\beta_2^H$) und das McGowan-Volumen (V_x) für Koffein, so führt die Summe dieser beiden Beiträge zu einem negativen Wert von log k, also einem Retentionsfaktor kleiner 1. Tatsächlich ist der gemessene Retentionsfaktor von Koffein auf dieser Phase nur 0,65. Beim Vergleich der b-Parameter in der Reihe aller 15 Phasen fallen die stark negativen Werte der beiden Symmetry Shield-Phasen auf. Ein großer negativer Wert bedeutet, dass die stationäre Phase relativ wenig H-Azidität zeigt, was als Hinweis auf eine funktionierende Abschirmung der Silanolgruppen durch die Carbamat-Funktion interpretiert werden kann. Weiterhin zeigt ein Vergleich der b-Parameter der beiden Phasen Lichrospher RP-18 und RP-18e in erwarteter Weise die Wirksamkeit des Endcappings, also die Reduktion H-azider Restsilanolgruppen. Interessant ist der kleine Wert für die PAH-Phase, der auf eine recht große Restsilanolaktivität hinweist, die auch bei den weitporigen Materialien und vor allem den kurzkettigen Phasen vorliegt. Eine einfache Interpretation ist hier nicht möglich.

Der zu b komplementäre Parameter a beschreibt die Unterschiede in der H-Brücken-Basizität zwischen den beiden Phasen und ist in Abb. 4d dargestellt. Auch diese Wechselwirkung mit H-Donor-aktiven Analyten ist in der mobilen Wasser-Acetonitril-Phase stärker ausgeprägt als in der stationären solvatisierten Alkyl-Interphase, worauf das negative Vorzeichen hindeutet. Der deutlich geringere Betrag von a relativ zu b zeigt, dass diese Aktivität in beiden Phasen des Systems einander ähnlicher ist als die umgekehrt gerichtete Donor-Akzeptor-Wechselwirkung. Die Bedeutung für die Gesamtretention ist weniger ausgeprägt. Weiterhin hat der entsprechende Deskriptor ($\Sigma\,\beta_2^H$) für alle Analyten, die nicht über einen Heteroatom-gebundenen Wasserstoff verfügen, den Wert 0. Im Falle einer Umkehrphase ohne spezielle Gruppierungen ist es eigentlich kaum möglich, eine H-Brücken-Akzeptor-Aktivität chemisch plausibel zu machen. Anders ist dies allerdings bei Vorhandensein polarer Gruppierungen. Der Vergleich der 15 Phasen zeigt auffällig kleine a-Werte für die beiden Symmetry Shield-Phasen. Hier ist die H-Brücken-Akzeptor-Aktivität der stationären Phase aufgrund der Carbamat-Gruppen stärker ausgeprägt als bei allen anderen Umkehrphasen und der Unterschied zur stärker akzeptoraktiven mobilen Phase somit relativ gering. Der stärker ausgeprägte Unterschied im a-Parameter zwischen Shield C_{18} und Shield C_8 im Vergleich zum b-Parameter ist mit der größeren Abschirmung der Carbamatgruppen-Analyt-Wechselwirkung durch die C_{18}-Kette zu erklären, während beim b-Parameter eher der Silanol-Carbamat-Abstand (in beiden Fällen C3-Spacer) relevant ist. Die Nitril-Phase mit ihrer akzeptorfähigen Gruppierung zeigt erwartungsgemäß hier einen sehr kleinen Wert. Es ist bei ihr der Parameter mit der deutlichsten Abstufung zu allen anderen Phasen.

Als letzter Wechselwirkungsparameter ist der Beitrag der Dipolarität bzw. Polarisierbarkeit der beiden Phasen anhand des Koeffizienten s in Abb. 4e dargestellt. Auch hier deutet der negative Wert auf die stärker ausgeprägten Dipolwechselwirkungen in der mobilen Phase hin. Grundsätzlich zeigen dabei die Phasen mit hohem Kohlenstoffgehalt betragsmäßig große Werte, also geringe dipolare Wechselwirkungen auf Seiten der stationären Phasen. Wieder fallen die polar eingebetteten Phasen und die polare Nitril-Phase durch besonders kleine Werte aus der Reihe. Der deutliche Unterschied zwischen den beiden Shield-Phasen spiegelt einmal mehr die ausgeprägte Abschirmung des polaren Zentrums durch die lange Alkylkette wider.

Die Achsenabschnitte der multivariaten Regression sind für alle Phasen in Abb. 4f aufgetragen. Sie beinhalten einerseits das jeweilige Phasenverhältnis des Trennsystems, andererseits aber auch die Summe aller analytabhängigen chromatographischen Beiträge, für die im vorliegenden Experiment kein geeigneter Deskriptor zugrunde gelegt wurde. Die Werte sind deshalb nur schwer interpretierbar. Es fällt jedoch auf, dass alle weitporigen Phasen, die aufgrund der geringen spezifischen Oberfläche kleinere Phasenverhältnisse erzeugen sollten, negative Achsenabschnitte ergeben, während bei den engporigen Materialien mit großer Oberfläche diese Werte meist positiv sind. Zudem sind die berechneten c-Werte, wie die relativ großen Fehlerbalken zeigen, von allen Regressionsparametern bzgl. ihrer Unterschiede am wenigsten signifikant. Eine weiterführende Diskussion ihrer Werte sollte deshalb keinen Informationsgewinn erbringen.

Betrachtet man die Fehlerbalken aller 6 Parameter in Abb. 4 vergleichend, so stellt man fest, dass die anteilmäßig bedeutendsten Parameter, wie hydrophobe (υ) und H-Brücken-Aziditäts-Effekte (b) des Trennsystems auch mit der besten Präzision bestimmt werden konnten. Die Präzision der Parameter soll später noch einmal aufgegriffen werden, sie ist aber grundsätzlich bei Anwendungen der Solvatationsgleichung zur Korrelation der Retention mit verfügbaren Analytdeskriptoren unbefriedigend.

2.1.5.4.2 Beschreibung des Einflusses der mobilen Phase mit LFER-Regressionsparametern

In der oben beschriebenen Arbeit wurde die mobile Phase bei der Bestimmung der Parameter konstant gehalten und der Vergleich der 15 stationären Phasen unter einer einzigen Elutionsbedingung vorgenommen. Der Einfluss der Zusammensetzung des Eluenten wurde jedoch von denselben Autoren mit einem weiteren Satz von Experimenten untersucht [14]. Dabei dienten 31 Testanalyten zur Charakterisierung von 5 stationären Phasen (LiChrospher 100 RP-18e, Purospher RP-18e, LiChrospher 100 RP-8, Symmetry Shield RP-C_{18} und Symmetry Shield RP-C_8, weitere Angaben sind Tabelle 2 zu entnehmen) unter 12 verschiedenen Eluentenbedingungen. Dazu wurde jeweils eine Reihe von 30 bis 70 % (v/v) Methanol oder Acetonitril in 10 %-Schritten gemessen, wobei wiederum kein Pufferzusatz verwendet wurde. Auf die Einzelergebnisse und Diskussion der verschiedenen Phasen unter unterschiedlichen Elutionsbedingungen soll in diesem

Text nicht weiter eingegangen werden. Es ergaben sich grundsätzlich wieder mittels allgemeiner Annahmen zu Retentionsmechanismen interpretierbare Abhängigkeiten aus den erhaltenen Daten. Um den Einfluss des Eluenten möglichst allgemein darzustellen, ist der Verlauf der Mittelwerte der jeweiligen Parameter aller 5 Säulen aufgetragen (Abb. 5). Er ist in Abb. 5a für die Eluentenmischungen mit Acetonitril dargestellt, in Abb. 5b für die entsprechenden Mischungen mit Methanol. Diese Abbildung zeigt auf einen Blick den Eluenteneinfluss, die Unterschiede zwischen Methanol und Acetonitril sowie den jeweiligen Beitrag der einzelnen Parameter. In beiden Eluententypen ändern sich die Koeffizienten bei Erhöhung des organischen Anteils zu deutlich kleineren Werten. Dies bedeutet, dass sich die Eigenschaften von stationärer und mobiler Phase einander angleichen. Der Effekt ist in Acetonitril stärker ausgeprägt als in Methanol, was darauf zurückzuführen ist, dass Methanol als protisches Lösemittel dem Wasser etwas ähnlicher ist als das aprotische Acetonitril. Die Dominanz der Parameter Hydrophobie (υ) und H-Donoraktivität (b) ist klar zu erkennen, allerdings verschieben sich die Verhältnisse mit zunehmendem organischem Anteil.

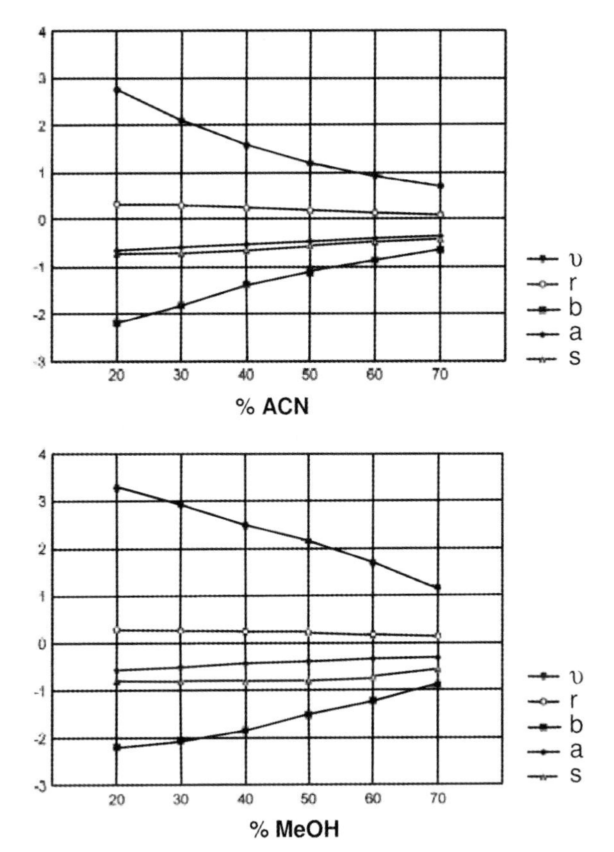

Abb. 5 Verlauf der Phasenparameter (Mittelwerte der Parameter von fünf verschiedenen Phasen) bei Variation der Eluentenzusammensetzung (aus [14]).

Während bei 70 % Wassergehalt die Parameter υ und b noch fast 90 % der Varianz des Systems beschreiben, decken sie bei 30 % Wassergehalt deutlich weniger als 80 % ab. Der zunehmende Einfluss von s und r ist als ein Trend in Richtung zum Normalphasenmechanismus zu verstehen, der aus der Veränderung des Phasensystems auch zwangsläufig folgt. Auch die Unterschiede in den Parametern zwischen Methanol und Acetonitril lassen sich physikalisch-chemisch interpretieren. Die höheren υ-Werte in Methanol resultieren aus dessen etwa 50 % größerer Kohäsionsenergiedichte (relativ zu Acetonitril). Damit wird beim Schließen der Kavität in der mobilen Phase entsprechend mehr Energie frei, der Analyt also stärker in die stationäre Phase gedrängt und die Retention erhöht. Dem steht allerdings der bei hohem Anteil organischer Komponente ebenfalls in Methanol größere b-Parameter entgegen. Dieser wächst mit zunehmender H-Donoraktivität in der mobilen Phase, welche bei Methanol-Zugabe weniger abnimmt als bei Acetonitril-Zugabe.

Wenngleich sich die Ergebnisse gut interpretieren lassen, ist der Informationsgewinn aus der Entwicklung der Parameter bei Eluentvariation für den Anwender eher bescheiden, da sich keine wesentlichen zusätzlichen Erkenntnisse über die Eigenschaften der Phasen gewinnen lassen und die Beobachtungen weitgehend allgemeines Chromatographie-Wissen darstellen. Soll eine vergleichende LFER-unterstützte Beschreibung stationärer Phasen möglichst umfassend erfolgen, ist es sicher ausreichend bei zwei „extremen" Eluentenzusammensetzungen zu messen. Prinzipiell ist die Charakterisierung bei relativ hohem Wasseranteil (z. B. 70 %), wo die Ausprägung der Parameter stärker ist, am sinnvollsten, wobei aber die Solvatation der Alkylketten noch gewährleistet sein sollte.

2.1.5.4.3 Die Vorhersagbarkeit von Selektivitäten mittels LFER-Parametern

In der HPLC ist die Selektivität das wichtigste Optimierungskriterium bei der Entwicklung oder Anpassung einer Methode an die analytische Aufgabenstellung. Die Schwierigkeit besteht darin, die Selektivität einer bestimmten Säule-Eluent-Kombination zur Trennung eines bestimmten Substanzenpaares abzuschätzen. Bei Vorliegen geeigneter Deskriptoren für die betreffenden Analytmoleküle und der entsprechenden Koeffizienten für das Trennsystem sollten sich Selektivitäten im Rahmen der Genauigkeit der LFER-Regression vorhersagen lassen. Die Übereinstimmung von gemessener und vorhergesagter Selektivität wurde von Sandí et al. im Rahmen ihrer LFER-Experimente mit 5 Säulen, 31 Analyten und je 6 Eluentenzusammensetzungen von Wasser-Acetonitril und Wasser-Methanol untersucht [14]. Abbildung 6a zeigt die entsprechende Auftragung der aus den LFER-Parametern berechneten Selektivitäten von 9 ausgewählten Substanzpaaren auf einer Merck Lichrospher 100 RP-18e-Säule im Wasser-ACN-System gegen die tatsächlich gemessenen Werte, Abb. 6b das Entsprechende für das Wasser-Methanol-System. Diese Auftragung stellt aber keine echte Vorhersage von Selektivitäten dar, denn schließlich dienten die hier aufgetragenen Messwerte bereits zur Bestimmung der Parameter, aus welchen die theoretischen Selektivitäten dann berechnet wurden. Selbst unter diesen unkritischen Bedingungen sind Abweichungen (Distanz von der Bestgerade in x-Richtung) aufgrund der großen Resi-

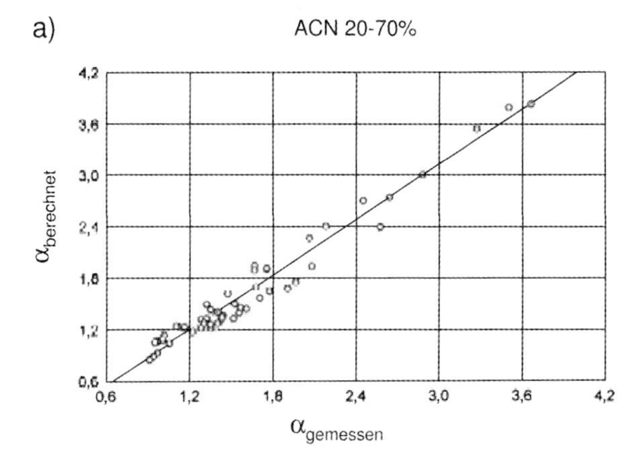

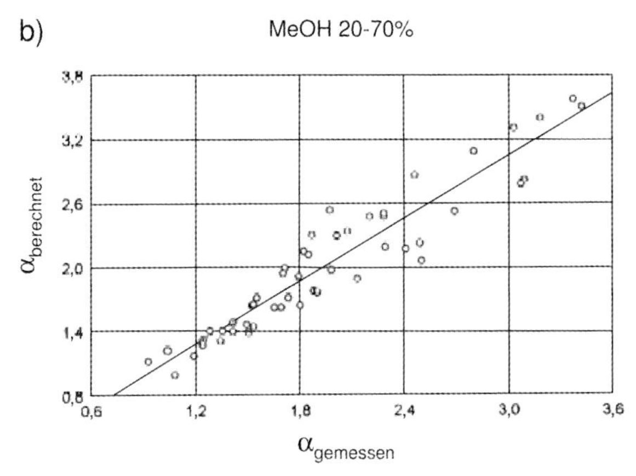

Abb. 6 Korrelation der bei fünf verschiedenen Eluentenzusammensetzungen für neun Substanzenpaare auf einer Lichrospher 100 RP-18e (Merck, Darmstadt) gemessenen Selektivität mit den aus für entsprechende Bedingungen ermittelten Parametern und Deskriptoren berechneten Selektivitäten (aus [14]).

duen bei der Regression von 5 bis 20 % zu beklagen. Man betrachte dazu konkret die Streuung der Werte im Bereich einer Selektivität von 1,3 und diskutiere die möglichen Folgen einer Abweichung der tatsächlichen Selektivität um 10 % nach unten zu 1,17. Wäre unter gegebenen chromatographischen Bedingungen die Auflösung zunächst bei $R = 1{,}5$ (also optimal) so würde ihr theoretischer Wert beim Übergang auf $\alpha = 1{,}17$ auf $R = 0{,}95$ einbrechen und die Trennung wäre für die Anwendung völlig unbrauchbar.

Diese relativ schlechte Vorhersagegenauigkeit aufgrund einer recht großen Unschärfe der Regression ist bei LFER-Ansätzen mit vorgegebenen Deskriptoren der Normalfall. Die Ursache dafür liegt in einer unzureichenden Relevanz, Genauigkeit, Orthogonalität und Vollständigkeit der verwendeten Deskriptoren, die weitgehend mit Methoden bestimmt werden, die weitab von den flüssigchromatographischen Bedingungen sind. Insofern vertiefen diese Arbeiten zwar durchaus das Verständnis der Retentionmechanismen und bieten eine physikalisch-chemische Basis zum Vergleich und zur Charakterisierung stationärer Phasen, zumindest im Rahmen der erreichbaren Präzision. Als Werkzeuge zur wesentlichen Zeitersparnis bei der Methodenentwicklung sind sie aufgrund ihrer unzulänglichen Genauigkeit jedoch nicht geeignet. Zudem können sie nur auf Analyten angewendet werden, für die entsprechende Deskriptoren verfügbar sind. Dies ist beispielsweise für einen neu entwickelten Pharmawirkstoff prinzipiell nicht der Fall.

2.1.5.5 Empirischer Ansatz zur Bestimmung von Analytdeskriptoren (und Phasenparametern) mittels HPLC

2.1.5.5.1 Das Prinzip im Unterschied zur Strategie mit vorgegebenen Deskriptoren

Eine recht erfolgreiche, in der aktuelleren Literatur beschriebene Variante der Anwendung Linearer Freie Enthalpiebeziehungen löst sich von der Verwendung vorgegebener Deskriptoren und modifiziert weiterhin die Auswahl der berücksichtigten mechanistischen Beiträge zur Retention [16]. Bezüglich der bei dieser Methode bestimmten Parameter wird a priori keine Annahme über eine bestimmte Art von Wechselwirkung gemacht. Diese Zuordnung wird erst im Rahmen der anschließenden Interpretation des ermittelten Parameters festgelegt. Der wesentliche Unterschied zu der im vorherigen Kapitel dargestellten Vorgehensweise besteht in der Tatsache, dass alle Daten allein mithilfe der HPLC bestimmt werden. An dieser Stelle sei darauf hingewiesen, dass die Senior-Autoren John Dolan und Lloyd Snyder, die den hier vorgestellten Ansatz in ihren Arbeiten beschrieben, auch im nachfolgenden Kapitel dieses Buches auf detaillierte Ergebnisse der Anwendung ihrer Strategie auf eine Vielzahl stationärer Phasen näher eingehen. In dem aktuellen Kapitel wird ihre Vorgehensweise erläutert und die Leistungsfähigkeit ihres Ansatzes kritisch bewertet.

Es soll hier direkt die zur LFER-Beschreibung verwendete Gleichung vorgestellt werden, um die später zugewiesene Bedeutung der ermittelten Parameter im Vergleich zu Gl. (5) zu veranschaulichen. Neben der Vernachlässigung der weniger relevanten Beiträge von Parametern wie s (Dipolarität/Polarisierbarkeit) und r (n- und π-Elektronen-Aktivität) in Gl. (5) wird zwei wesentlichen Sachverhalten Rechnung getragen. Einerseits führt die Ausbildung von Oberflächenladungen durch Dissoziation der Restsilanolgruppen der stationären Phase in partiell wässrigen Eluenten und die mögliche Protolyse der Analytmolküle auch zu ionischen Wechselwirkungen, welche in dem oben beschriebenen Modell nicht berücksichtigt sind, wenngleich sie energetisch sehr große Beiträge liefern können. Andererseits ist die chromatographische Wechselwirkung immer zu einem gewissen Maße von Unterschieden im molekularen Aufbau von Analyt und stationärer Phase beeinflusst. Diese sog. molekulare oder sterische Erkennung ist zugleich eine wesentliche Ursache der teilweise ausgezeichneten Selektivitäten, die in der Flüssigchromatographie erzielt werden können. Auf einer so gearteten Basis beruht die Beschreibung der Retention mittels der folgenden Gleichung, welche die gemessene Retention eines beliebigen Analyten auf die Retention eines Referenzwertes bezieht und deshalb ohne Achsenabschnitt (er enthält z. B. das Phasenverhältnis) auskommt:

$$\log(k/k_{ref}) = \log \alpha = \boldsymbol{H}\,\eta' + \boldsymbol{S}\,\sigma' + \boldsymbol{A}\,\beta' + \boldsymbol{B}\,\alpha' + \boldsymbol{C}\,\kappa' \quad (6)$$

Die Deskriptoren der Analyten (η', σ', β', α', κ') werden bei diesem Ansatz nicht vorgegeben, sondern empirisch aus chromatographischen Messungen bestimmt. Sie werden von den Autoren auch nicht als Deskriptoren, sondern als Substanzparameter bezeichnet. In diesem Text soll jedoch in Analogie zur Solvatationsgleichung (s. Gl. 5) der Begriff Deskriptor beibehalten werden.

Die im Rahmen der vorliegenden Strategie weitgehend sogar vor den Deskriptoren ermittelten Parameter des chromatographischen Systems gestalten sich nach der Interpretation wie folgt:

H Hydrophober Beitrag des Phasensystems
S Sterische Hinderung der Insertion des Analyten in die stationäre Phase
A H-Donator-Aziditätsparameter des Phasensystems
B H-Akzeptor-Basizitätsparameter des Phasensystems
C Beitrag durch Kationenaustausch an dissoziierten Silanolgruppen

2.1.5.5.2 Die experimentelle Durchführung

Die Bestimmung der Parameter und Deskriptoren ist mit relativ großem experimentellen und mathematischen Aufwand verbunden. Der Satz an chromatographisch vermessenen Testanalyten ist recht groß und beträgt in den ersten hierzu beschriebenen Arbeiten 60 bis 90 Substanzen. Neben einer umfangreichen Zusammenstellung neutraler Substanzen sehr verschiedener Polarität wurden schwach basische Stoffe wie Pyridin- und Anilinderivate, aber auch starke Basen, wie trizyklische Antidepressiva und andere sekundäre und tertiäre Amine, vermessen. Darüber hinaus wurden im Rahmen einer weiteren Verfeinerung der Methode auch permanent positiv geladene Stoffe, wie Berberin, eingesetzt. Aus dem Bereich der sauren Substanzen wurden lediglich Carbonsäuren, wie zahlreiche, unterschiedlich am Aromaten substituierte Benzoesäurederivate oder carboxylische Pharmaka, wie Ketoprofen, in die Reihe aufgenommen.

Die experimentelle Strategie wurde zunächst auf ein recht enges Spektrum von 10 stationären Phasen angewendet, welche teilweise Reihen unterschiedlicher Modifizierungen auf dem gleichen Kieselgel-Basismaterial darstellten. Phasen mit speziellen Modifizierungen, wie polar embedded- oder Shield-Phasen bzw. polare oder hydrophile Endcappings, waren in dieser ersten Liste nicht enthalten. Die Elutionsbedingungen blieben im ersten Ansatz konstant. Alle Neutralsubstanzen wurden mit einem H_2O/CH_3CN 1/1 (v/v) Eluenten ohne Pufferzsatz chromatographiert, für die basischen und sauren Analyte wurde ein Phosphatpuffer von 31,2 mM und pH 2,8 zugesetzt. Dieser sehr niedrige pH-Wert ist grundsätzlich kritisch zu bewerten, führt er doch zu einer weitestgehenden Protonierung der Restsilanolgruppen und könnte damit die Phasen einander ähnlicher erscheinen lassen, als dies unter neutralen Elutionsbedingungen der Fall wäre. Auf eine Variation der Elutionsbedingungen soll in einem gesonderten Abschnitt eingegangen werden.

2.1.5.5.3 Bestimmung der fünf LFER-Parameter – eine Strategie in acht Schritten

Die Strategie zur mathematischen Bestimmung der Parameter soll im Folgenden erläutert werden. Im **1. Schritt** wird die Retention aller i ausgewählten Testsubstanzen auf allen Phasen unter den gegebenen Elutionsbedingungen durchgeführt und die Retention jeweils auf jene von Ethylbenzol (ausgewählte Referenzsubstanz) bezogen. Es ergibt sich für jede Phase P:

$$\log \alpha_{i,P} = \log \frac{k_{i,P}}{k_{Et,P}} \tag{7}$$

Im **2. Schritt** wird eine Phase als Bezugsphase (BP) ausgewählt, im vorliegenden Beispiel wurde dazu die mit SB 100 codierte HP Zorbax SB C_{18} herangezogen, wobei die Zahl 100(%) für maximale Silanolderivatisierung steht. Dann werden die log $\alpha_{i,P}$-Werte aller anderen Säulen mit den log $\alpha_{i,BP}$-Werten der Bezugsphase korreliert. Beim Vergleich mit einer der Bezugsphase sehr ähnlichen stationären Phase (HP Zorbax SB C_{18} mit 90 % Alkylbelegung) ergibt sich erwartungsgemäß eine sehr gute Korrelation der Werte ($r = 0{,}9996$). Wird hingegen eine Inertsil ODS-3 Phase gegen die Bezugsphase verglichen, eregibt sich eine um Faktor 7 höhere Reststandardabweichung s_y und der Korrelationskoeffizient sinkt auf $r = 0{,}9822$. Dabei zeigt sich, dass die basischen Substanzen Amitriptylin, Nortriptylin, Diphenhydramin und Propranolol, aber auch N,N'-Dimethylacetamid die lineare Korrelation der Mehrzahl der Substanzen besonders stark stören. Diese ersten Korrelationsexperimente erlauben es, aus dem verwendeten Substanzenpool alle „ideal neutralen" Substanzen zu identifizieren. Als Kriterium wird festgelegt, dass die Substanzen bei der Korrelation aller 9 Phasen mit der Bezugsphase BP eine s_y von 0,01 (in log α-Einheiten) nicht überschreiten dürfen. Dies ist für 24 Substanzen aus dem Ausgangsset von 67 Stoffen der Fall. Für diese 24 Substanzen wird nun in erster Nährung ein rein hydrophober Retentionsmechanismus angenommen, sodass die relative Retention dieser Stoffe vornehmlich mit einem als Hydrophobie interpretierten Phasenparameter $\boldsymbol{H}$ und einem entsprechenden Analytdeskriptor η' gemäß Gl. (8) für die Substanz i und die Phase P zu beschreiben ist.

$$\log \alpha_{i,P} \approx \eta_i' \cdot H_P \tag{8}$$

Im **3. Schritt** wird aus dem Datensatz aller i Idealsubstanzen (24), unter der Annahme eines H_P-Wertes der Bezugsphase (H_{BP}) von 1000 für jede der Phasen P gemäß Gl. (9) ein H-Parameter berechnet.

$$\log \alpha_{i,P} = \frac{H_P}{H_{BP}} \cdot \log \alpha_{i,BP} \tag{9}$$

Im **4. Schritt** wird nach Gl. (10) aus den für *alle 67 Substanzen* gemessenen α-Werten aller Phasen P analog zu Gl. (8) ein für jede Phase individueller Approximationswert $\eta''_{i,P}$ des Hydrophobiedeskriptors des Analyten i berechnet.

$$\log \alpha_{i,P} = \eta''_{i,P} \cdot H_P \tag{10}$$

Anschließend wird daraus durch Mittelwertbildung über alle Phasen ein η_i"(avg) der Substanz i mit der zugehörigen Standardabweichung s bestimmt. Je größer der Wert von s, desto stärker streut die Retention des Stoffes auf den verschiedenen Phasen und umso mehr weicht diese Substanz vom ideal hydrophoben Verhalten ab. Solche Substanzen sollten signifikante Beiträge der weiteren Retentionsterme $\boldsymbol{S}\sigma'$, $\boldsymbol{A}\beta'$, $\boldsymbol{B}\alpha'$ und $\boldsymbol{C}\kappa'$ aufweisen und zu deren Berechnung hilfreich sein. Mit dem Kriterium $s > 0{,}017$ werden nun 35 dieser „*nicht* idealen" Substanzen ausgewählt.

Im **5. Schritt** wird nach Gl. (11) für jede nicht ideale Substanz i auf einer Phase P die Abweichung der logarithmierten relativen Retention $\Delta_{i,P}$ von einem analog Gl. (10) mit gemitteltem Hydrophobiedeskriptor η_i"(avg) beschriebenen ideal hydrophoben Verhalten berechnet.

$$\Delta_{i,P} = \log\alpha_{i,P} - \eta_i''(\text{avg}) \cdot H_P \tag{11}$$

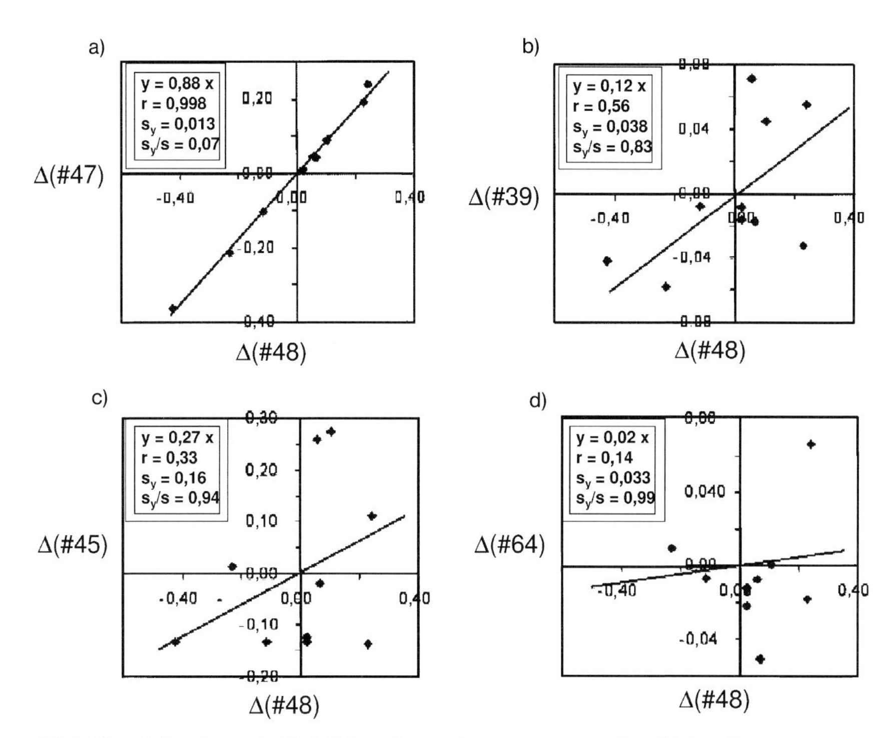

Abb. 7 Korrelation der nach Gl. (11) berechneten Abweichungsmaße Δ (Testsubstanz #) vom ideal hydrophoben Verhalten (s. Text). Ist die Korrelation gut wie in (a), weichen beide Substanzen in gleicher Weise von ideal hydrophober Retention ab, sie gehören in eine Gruppe und können zur Berechnung eines bestimmten Phasenparameters gemeinsam herangezogen werden. (b) bis (d) zeigen Substanzenpaare mit signifikant verschiedenem Retentionsverhalten. Die Testsubstanzen sind Propranolol (#48), Diphenhydramin (#47), Prednison (#39), *N*,*N*-Dimethylacetamid (#45), das mit keiner anderen Substanz gute Korrelation zeigte, und die 2-Nitrobenzoesäure (#64) (aus [16]).

Abbildung 7 zeigt für vier verschiedene Substanzpaare aus dem nicht idealen Pool die Korrelation der Abweichungsmaße $\Delta_{i,P}$ über alle 10 Säulen. Sie ist im Falle von Diphenhydramin (#47) und Propranolol (#48) sehr gut (Abb. 7a), für die in Abb. 7b–d dargestellten Substanzen Prednison (#39), *N,N*-Dimethylacetamid (#45) und die 2-Nitrobenzoesäure (#64) ist die Korrelation mit dem Verhalten von Propranolol jedoch schlecht. Daraus lässt sich der Schluss ziehen, dass über den Quotienten aus der Reststandardabweichung s_y (Maß für Ähnlichkeit des chromatographischen Verhaltens) zur mittleren Streuung s der $\eta_{i,P}$"-Werte über alle Phasen (Maß für Nicht-Idealität) der Analyte mit dem Kriterium $s_y/s < 0{,}5$ bei gleichzeitig hohem Korrelationskoeffizienten r, Substanzgruppen gebildet werden können, die zur Berechnung der weiteren Retentionsbeiträge dienen.

Im **6. Schritt** beginnt, durch eine auf der chemischen Struktur basierende Zuordnung von Probesubstanzen zu den weiteren mechanistischen Retentionsbeiträgen (Parametern), der interpretierende Teil. Es soll an dieser Stelle noch einmal betont werden, dass zur Berechnung aller Parameter keine a priori Annahmen über zugrunde liegende Wechselwirkungsmechanismen gemacht wurden. Diese sind erst das Ergebnis einer nachträglichen Interpretation der berechneten Werte aufgrund der Charakteristik der Stoffe, mittels derer die Retentionsdaten ermittelt wurden. Als Approximationswerte der weiteren Parameter werden die Abweichungsmaße vom ideal hydrophoben Verhalten der folgenden Substanzen herangezogen:

- $\Delta_{i,P}$ von *N,N*-Dimethylacetamid (#45) als Parameter ***A*** (H-Donator-Azidität der Phase). Es wurde keine weitere Substanz gefunden, die sich mit #45 gruppieren ließ. Diese stellt andererseits auch das einzige nicht zyklische Carbonsäureamid in der gesamten Liste dar.
- Der Mittelwert der $\Delta_{i,P}$ von Amitriptylin (#46), Diphenhydramin (#47), Propranolol (#48), Nortriptylin (#49) und Prolintan (#50) als Parameter ***C*** (Kationenaustausch an dissoziierten Silanolgruppen). Diese Substanzen stellen als sekundäre und tertiäre Amine durchweg starke Brönstedt-Basen dar.
- Der Mittelwert der $\Delta_{i,P}$ von Diclophenacsäure (#56), Mefenaminsäure (#57), Ketoprofen (#58), 4-*n*-Butylbenzoesäure (#60), 4-*n*-Pentylbenzoesäure (#61), 4-*n*-Hexylbenzoesäure (#62), 3-Cyanobenzoesäure (#63), 2-Nitrobenzoesäure (#64) und 3-Nitrobenzoesäure (#65) als Parameter ***B*** (H-Akzeptor-Basizität der Phase). Diese Substanzen sind als schwache Säuren potente H-Donoren.
- Der Mittelwert der $\Delta_{i,P}$ von Benzophenon (#32), *cis*-Chalkon (#33), *trans*-Chalkon (#34), *cis*-4-Nitrochalkon (#35), *trans*-4-Nitrochalkon (#36), *cis*-4-Methoxychalkon (#37), *trans*-4-Methoxychalkon (#38), Prednison (#39), Hydrocortison (#40), Flunitrazepam (#43) und 5,5-Diphenylhydantoin (#44) als Parameter ***S*** (sterische Hinderung der Insertion des Analyten in die stationäre Phase). Die hier aufgelisteten Substanzen grenzen sich von der Referenzsubstanz Ethylbenzol (#3) in erster Linie durch ihren sterisch anspruchsvollen Molekülbau ab.

Auf diese Art und Weise ist ein vorläufiger Satz von Parametern zur erschöpfenden Beschreibung des chromatographischen Systems gegeben. Es sollte hier noch klargestellt werden, dass alle diese Parameter nicht allein die Eigenschaften der stationären Phase beschreiben, sondern exakter formuliert die Unterschiede zwischen dieser und der mobilen Phase.

Im **7. Schritt** erfolgt mit den in den Schritten 3 und 6 ermittelten Parametern ***H***, ***S***, ***A***, ***B*** und ***C*** sowie den auf allen 10 Säulen gemessenen log α-Werten aller Substanzen dann schließlich eine erste multivariate Regression zur Bestimmung der molekularen Deskriptoren aller Substanzen (hier jetzt Regressionsparameter) gemäß Gl. (6). Die Standardabweichung in diesen Parametern beträgt durchweg nur ca. 0,005 und bemisst sich dabei entsprechend in log α-Werten.

Im **8. Schritt** wird wiederum Gl. (6) für eine multivariate Regression herangezogen. In diesem Fall werden jedoch die Substanzdeskriptoren (η', σ', β', α', κ') vorgegeben und nun der endgültige Satz der Phasenparameter ***H***, ***S***, ***A***, ***B*** und ***C*** als Regressionsparameter ermittelt. Die Standardabweichung dieser wichtigen Parameter beträgt 0,004 in logarithmischen Einheiten. Für den mit der beschriebenen Methode berechneten Beitrag einer bestimmten Wechselwirkung zur Gesamtselektivität in einer Größenordnung von z. B. $\alpha = 1{,}2$ ergibt sich aus diesen Werten nach den Gesetzen der Fehlerfortpflanzung ein relativer Fehler von etwas mehr als 1,3 %. Dieses Ergebnis muss, im Vergleich zu den in der Literatur beschriebenen LFER-Ansätzen mit vorgegebenen Deskriptoren, als eine theoretische Beschreibung der Selektivität mit ausgezeichneter Präzision bewertet werden. Die Präzision dieser Daten ist der eigentliche Erfolg dieses sehr aufwendigen LFER-Ansatzes. Die Streuung der Selektivitätswerte (relative Standardabweichung) beträgt lediglich 1–2 %. Die einzelnen Werte der Parameter der 10 untersuchten Phasen sollen hier nicht diskutiert werden. Sie haben im Falle der Hydrophobie (***H***) die größten und durchweg positiven Werte. Die Werte für H-Donor- (***A***), H-Akzeptor- (***B***), Kationenaustauschaktivität (***C***) und sterische Diskriminierung (***S***) schwanken stark zwischen den Phasen und nehmen dabei alle sowohl positive, als auch negative Werte an. Den geringsten Beitrag liefern die Parameter ***B*** und ***S***.

2.1.5.5.4 **Variation der Elutionsbedingungen**

Ein LFER-System, das Systemparameter mit großer Präzision zu bestimmen erlaubt, sollte auch zur Beschreibung stationärer Phasen unter verschiedenen chromatographischen Bedingungen von Interesse sein. Auf der Basis der oben beschriebenen Methode wurde von denselben Autoren ein Satz von drei Phasen (zwei unterschiedlich belegte Zorbax C_{18} und eine Symmetry C_{18}) mit verschiedenen organischen Komponenten im Eluenten (Acetonitril, Methanol, Tetrahydrofuran), verschiedenen Gehalten an organischer Komponente, verschiedenen Temperaturen und verschiedenen pH-Werten [17] charakterisiert. Es wurden wiederum Analytdeskriptoren und Säulenparameter, diesmal für die verschiedenen Elutionsbedingungen, bestimmt. Das Ergebnis ist in gewisser Weise überraschend. Der überwiegende Beitrag zur Retentionsänderung unter verschiedenen Elutionsbedingungen rührt aus einer Veränderung der Analytdeskriptoren und nur eingeschränkt aus der Variation der Säulenparameter. Die Beiträge der Säulenparameter zur Retentionsänderung betragen anteilmäßig maximal 25 %. Dies zeigt, dass die Analytdeskriptoren, unter zugrunde legen des hier beschriebenen Ansatzes, keine Konstanten für einen bestimmten Analyten sind, sondern stark systemabhängige Werte. Dieses Ergebnis erklärt sofort, warum die hier gefundenen Säulenparameter deutlich unterschiedlichen Charakter im Vergleich zu dem oben beschriebenen LFER-System mit vorgegebenen (also invarianten) Deskriptoren haben müssen. Bei der Beschreibung der Retention mit der Solvationsgleichung (Gl. 5) müssen diese die Variabilität des Eluenten allein repräsentieren. Dennoch ist das gefundene Ergebnis mit der solvophoben Theorie gut in Einklang zu bringen. Es ist nachvollziehbar, dass sich eine Variation des Eluenten stärker auf die Änderung der Solvatation des Analyten in der mobilen Phase und auf die Veränderung der frei werdenden Energie beim Schließen der dortigen Kavität auswirkt als auf Veränderungen seitens der Alkyl-Interphase. Das bedeutet, dass das Ergebnis der Phasencharakterisierung (nicht der Charakterisierung des gesamten Trennsystems) nur sehr eingeschränkt von der Auswahl der Elutionsbedingungen abhängt. Zu dieser Aussage muss jedoch eine entscheidende Einschränkung gemacht werden. Sie gilt zwar bzgl. Art und Konzentration der organischen Eluentenkomponente und der Temperatur, nicht jedoch für den pH-Wert des Eluenten. Dieser hat einen starken Einfluss auf den ***C***-Parameter der stationären Phase, welcher für deren Kationenaustauschaktivität steht. Dieses Ergebnis ist mit chemischem Sachverstand betrachtet auch unbedingt zu erwarten, steuert der pH-Wert doch direkt den Dissoziationsgrad der Restsilanolgruppen und damit die aktuelle negative Oberflächenladung einer Phase, welche deren Kationenaustauschaktivität bestimmt.

Ausschlaggebend für den ***C***-Parameter ist die Messung der Retention starker Basen wie Amitriptylin (#46) oder Nortriptylin (#49), aber auch permanent positiv geladener Testsubstanzen mit quartärer Ammoniumfunktion, wie Berberin (#91) oder Bicucullin Methiodid (#92). Abbildung 8 stellt den Einfluss des pH-Wertes auf die Retention dieser Substanzen auf drei sehr unterschiedlichen stationären Phasen dar und zeigt sowohl das Ausmaß der Abhängigkeit als auch die Komplexität der zugrunde liegenden Mechanismen auf. Es sollte erwähnt werden, dass der pH-Wert bei dieser Messreihe mit einem 60 mM Na-Citratpuffer eingestellt wurde, weil die enger als bei Phosphorsäure zusammenliegenden *pK*s-Werte der Citronensäure eine gute Basis für kontinuierlichen Puffereffekt über den gesamten Bereich bieten. Auffällig ist die Abnahme der Retention mit zunehmendem pH-Wert bei Inertsil, die im Widerspruch zu der einfachen Interpretation mittels Kationenaustausch an schwach aziden Silanolgruppen steht. Es ist jedoch sowohl bei Symmetry als auch bei Inertsil zu bemerken, dass die Retention sehr gering ist ($k \ll 1$), was die Genauigkeit der Bestimmung beeinflusst haben wird. Weiterhin weisen die Autoren darauf hin, dass bei Verwendung eines Phosphatpuffers und Messung bei pH = 3 und pH = 7 eine Umkehrung des Trends bei Inertsil zu beobachten ist. Die Komplexität des Retentionsmechanismus bei Überlagerung starker ionischer Wechselwirkungen gestaltet sich eben üblicher Weise so groß, dass Interpretationen hier eher hypothetisch sind.

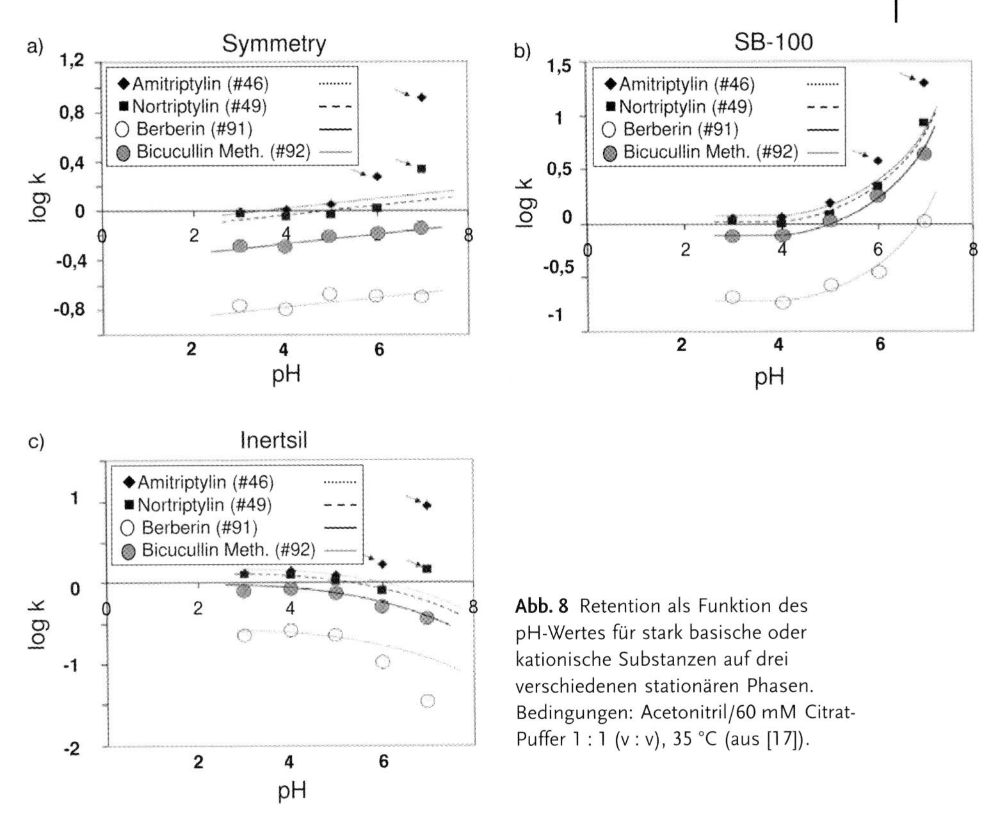

Abb. 8 Retention als Funktion des pH-Wertes für stark basische oder kationische Substanzen auf drei verschiedenen stationären Phasen. Bedingungen: Acetonitril/60 mM Citrat-Puffer 1 : 1 (v : v), 35 °C (aus [17]).

Tabelle 3 gibt die berechneten *C*-Parameter für 8 verschiedene Phasen und die beiden „extremen" pH-Werte 2,8 und 7 an. Die von den Autoren beschriebene statistische Prozedur zeigte klar, dass die relative Retentionsänderung von Berberin (Normierung auf Toluol) ein direktes Maß für den *C*-Parameter der stationären Phase ist. Darauf basierend lässt sich mithilfe von Gl. (12) aus der Messung der Berberinretention und Normierung auf dessen Retention bei pH = 2,8 bei bekanntem *C* (pH = 2,8) der *C*-Parameter anderer pH-Werte unter Annahme eines linearen Zusammenhanges direkt berechnen. Die Messung bei beiden pH-Werten erfolgte in diesem Fall mithilfe eines 30 mM Phosphatpuffers.

$$C\,(\mathrm{pH} = x) = C\,(\mathrm{pH} = 2.8) + \log(k_x / k_{2.8}) \qquad (12)$$

Die dritte Spalte von Tabelle 3 stellt die Zunahme des *C*-Parameters bei Übergang von pH = 2,8 zu pH = 7 dar, also die damit verbundene Steigerung der Ionenaustauschaktivität. Hier fallen besonders die beiden Zorbax-Phasen SB-100 und SB-90 auf, die nicht über ein Endcapping verfügen, was eine größere Anzahl dissoziationsfähiger Silanolgruppen nahe legt.

Tabelle 3 Werte des C-Parameters für 7 charakteristische Phasen bei ph = 2,8 und pH = 7,0.

Phase	$C_{2.8}$	$C_{7.0}$	$C_{7.0} - C_{2.8}$
Inertsil	–0,35	–0,32	0,03
Symmetry	–0,21	–0,05	0,16
SB-100	0,09	0,85	0,76
SB-90	0,05	0,78	0,73
Eclipse	0,04	0,17	0,13
YMC 15	–0,10	–0,15	–0,05
YMC 16	0,01	0,02	0,01

Sieht man einmal von der Variation des pH-Wertes und dem *C*-Parameter im engeren Sinne ab, so kann aus den in diesem Abschnitt dargestellten Ergebnissen die Schlussfolgerung gezogen werden, dass eine Phasencharakterisierung auch bei nur einer Elutionsbedingung schon zu einer erschöpfenden Beschreibung der Phaseneigenschaften beitragen kann.

2.1.5.5.5 **Phasencharakterisierung mittels empirischer LFER-Parameter**

Die hohe Präzision des oben beschriebenen empirisch basierten LFER-Modells sollte dazu motivieren, die Methodik zur systematischen Beschreibung stationärer Phasen für die HPLC bzw. deren spezieller Selektivitäten heranzuziehen. Zudem sollten diese Daten zu einem vertieften Verständnis von Retentionsmechanismen verhelfen. In einer weiterführenden Arbeit diskutieren die betreffenden Autoren die physikalisch-chemische Basis der Selektivität in der HPLC auf der Grundlage der bestimmten Parameter. Dazu werden im engeren Sinne die Korrelationen dieser Parameter mit chemischen und physikalischen Eigenschaften der Phasenmaterialien in Korrelation gebracht. Dies sind im Wesentlichen die Alkylkettenlänge, die Alkylkettendichte, die mittlere Porenweite, die An- oder Abwesenheit eines Endcappings, der Metallgehalt (aus der Herstellungsweise des Kieselgels rührend) und die Einbindung polarer Gruppen (polares Endcapping oder polar embedded).

In einer ersten weiterführenden Arbeit [18] werden grundsätzliche Untersuchungen dazu beschrieben, dann werden in drei weiteren Publikationen zunächst 87 stationäre Phasen auf der Basis eines ultrareinen (Typ-B) Kieselgels [19], nachfolgend ebenfalls 87 stationäre Phasen auf der Basis eines (Typ-A) Kieselgels mit hohem Metallgehalt [20] und schließlich 21 Umkehrphasen mit eingebetteter polarer Gruppe oder polarem Endcapping [21] charakterisiert.

Der Hydrophobieparameter $\boldsymbol{H}$, der auch gut mit der Methylengruppenselektivität und dem Solvatationsparameter v (anderes Modell) korreliert ist, wächst mit steigender Alkylkettenlänge, zunehmender Belegungsdichte und abnehmendem Porenradius. Für Phasen mit eingebrachten polaren Gruppierungen ist $\boldsymbol{H}$ auch bei vergleichbaren Alkylbedeckungsparametern prinzipiell kleiner. Ebenso ist dies für Typ-A im Vergleich zu Typ-B-Materialien der Fall. Man mag diese Ergebnisse als trivial werten, sollte aber dabei nicht übersehen, dass mit ***H*** ein gut statistisch abgesichertes, quantitatives Maß für das hydrophobe Retentionsvermögen vorliegt.

Der sterische Parameter ***S*** beschreibt den „Widerstand" der stationären Phase bzgl. der Retention von Molekülen mit hohem Länge zu Breite Verhältnis. Er gestaltet sich in seiner Abhängigkeit von den Phasenparametern identisch wie ***H*** und kann nicht klar mit dem nach Sander und Wise definierten Parameter der Shape Selectivity (Differenzierung zwischen planaren und verdrillten polykondensierten Aromaten ähnlicher Hydrophobie) in Einklang gebracht werden, er unterscheidet sich von diesem sogar signifikant.

Der Parameter zur Beschreibung der Wasserstoffbrücken-Azidität ***A*** ist bei Typ-A-Phasen deutlich größer als bei Typ-B-Phasen. Eingebettete polare Gruppen senken ihn weiter, während polares Endcapping ihn eher erhöht. Ganz deutlich ist zudem die Abnahme dieses Wertes nach Aufbringen eines Endcappings. Allgemein stützen diese Ergebnisse die Annahme, dass der ***A***-Parameter auf die Donoraktivität undissoziierter Silanolgruppen zurückgeführt werden kann. Dies sollte aber zur Folge haben, dass dieser Parameter bei Erhöhung des pH-Wertes, besonders bei Typ-A-Materialien abnehmen sollte, weil das zur Wechselwirkung essentielle Proton die stationäre Phase bereits verlassen hat, was einzig die erwähnte Zunahme der Kationenaustauschaktivität (***C***-Parameter) bei steigendem pH-Wert erklärt. Diese Abhängigkeit wird jedoch nicht gefunden, wofür die Autoren eine wirklich schlüssige Erklärung schuldig bleiben. Offensichtlich ist das allgemeine Verständnis der Rolle von Restsilanolgruppen in der RP-Chromatographie noch immer sehr unzulänglich.

Am schwierigsten chemisch zu interpretieren, zumindest im Falle einer einfachen, Kieselgel-basierten Umkehrphase, ist der die Wasserstoffbrücken-Basizität beschreibende Parameter ***B***, also das Maß für ihre H-Akzeptoraktivität. Bei Typ-B-Kieselgel-Phasen wird dieser Parameter hauptsächlich auf adsorbiertes Wasser zurückgeführt. Bei einigen Typ-A-Phasen zeigt sich eine Korrelation mit dem Metallgehalt, eine Verallgemeinerung dieser Aussage ist aber nicht möglich. Die polar modifizierten Phasen zeigen teilweise ausgeprägte ***B***-Werte, aber auch hier ist eine eindeutige Korrelation mit der chemischen Identität der polaren Gruppen leider nicht gegeben.

Es verbleibt noch der bereits aufgrund seiner pH-Wert-Abhängigkeit bereits diskutierte ***C***-Parameter, welcher die Kationenaustauschaktivität einer Umkehrphase beschreibt. Erwartungsgemäß ist der ***C***-Wert, ebenso wie dessen pH-Wert-Abhängigkeit auf einem „klassischen" Typ-A-Kieselgelmaterial deutlich ausgeprägter und er reduziert sich nach Durchführung eines Endcappings. Das Einbetten einer polaren Gruppe in die Alkylkette führt erwartungsgemäß zu sehr niedrigen ***C***-Werten, bei polarem Endcapping ist dies allerdings weniger ausgeprägt und eindeutig.

Die Autoren geben weiterhin eine Reihung der Bedeutung der einzelnen Parameter bzgl. ihres Einflusses auf die individuelle Selektivität einer Umkehrphase zur Lösung spezieller Trennprobleme an. Wenngleich die absolute Retention hauptsächlich durch den Hydrophobieparameter $\boldsymbol{H}$ determiniert wird, so leistet dieser den geringsten Beitrag zur Selektivität. Die Rolle der hier ausschlaggebenden, sog. Sekundärwechselwirkungen, nimmt nach den Ergebnissen dieser umfangreichen LFER-Studie folgendermaßen zu:

$$H < B < S < A \ll C \tag{13}$$

2.1.5.6 Abschließende Betrachtung zur LFER-Anwendung in der HPLC

Grundsätzlich ist mit den Linearen Freie Enthalpiebeziehungen die Charakterisierung von chromatographischen Trennsystemen bzgl. der einzelnen mechanistischen Beiträge möglich. Dies erlaubt eine detaillierte Erfassung von Eigenschaften der stationären und mobilen Phasen und führt zu neuartigen Klassifizierungen von Phasenmaterialien. Der praktische Nutzen für den Anwender und den Phasenentwickler ist vielfältig. Die Auswahl der stationären Phase bei der Methodenentwicklung sollte zielgerichteter erfolgen können. Ebenso sollte ein präziser LFER-basierter Vergleich von Phasen die Übertragung bestehender Methoden auf andere Phasen erleichtern. Anwender und Hersteller verfügen damit über exaktere Werkzeuge zum Vergleich verschiedener Chargen eines Materials, die zugleich Informationen liefern, in welchem Parameter sich die Chargen unterscheiden.

In den zum Zeitpunkt der Schriftstellung sehr aktuellen Arbeiten [19–21] wird auch eine Korrelation der ermittelten Parameter mit Phaseneigenschaften wie Porenweite, Alkylkettenlänge, Belegungsdichte, polarer Modifizierung usw. beschrieben. Diese Ergebnisse sollten zu einem erweiterten Verständnis der flüssigchromatographischen Retentionsmechanismen führen, was wiederum alternative Strategien zur Planung der Entwicklung neuartiger und verbesserter stationärer Phasen auslösen könnte.

Eine zielführende Unterstützung bei der Methodenentwicklung auf der Basis der Modellierung von Retentionswerten in verschiedenen Trennsystemen ist bisher noch nicht in Sicht. Diese würde, neben einem relativ großen experimentellen Aufwand zur Bestimmung der jeweiligen Deskriptoren für die zu analysierenden „neuen“ Stoffe, auch sehr hohe Ansprüche an die Genauigkeit der Vorhersage stellen, wie sie bisher auch mit den leistungsfähigeren Ansätzen noch nicht ganz erreicht werden kann. Die Autoren der Arbeiten über die zuletzt beschriebene, rein chromatographisch basierte LFER-Strategie bringen in der Einleitung zu ihren Publikationen explizit zum Ausdruck, dass eine Vorhersage von Retentionswerten neuer Substanzen im gegebenen und charakterisierten Trennsystem auf der Basis ihres LFER-Konzeptes *nicht* avisiert ist. Das Interesse an einer derartigen Strategie für retentionsmodellierende HPLC-Optimierungssoftwares ist jedoch offenkundig. Die Zukunft wird zeigen, ab diese Strategie weiter verfolgt wird und Lineare Freie Enthalpierelationen den HPLC-Anwender der Wunschvorstellung einer computerunterstützten korrekten Retentionsvorhersage auf physikalisch-chemischer Basis näher bringen kann.

Literatur

1 M. H. Abraham, J. C. McGowan, *Chromatographia* 23, **1987**, 243.
2 M. J. Kamlet, R. W. Taft, *J. Am. Chem. Soc.* 98, **1976**, 377.
3 M. J. Kamlet, R. W. Taft, *J. Am. Chem. Soc.* 98, **1976**, 2886.
4 M. J. Kamlet, J. L. M. Abboud, R. W. Taft, *Prog. Phys. Org. Chem.* 99, **1977**, 6027.
5 M. J. Kamlet, J. L. M. Abboud, R. W. Taft, *Prog. Phys. Org. Chem.* 13, **1981**, 485.
6 M. H. Abraham, *Chem. Soc. Rev.* 22, **1993**, 73.
7 M. H. Abraham, *J. Phys. Org. Chem.* 7, **1994**, 672.
8 M. H. Abraham, *Pure Appl. Chem.* 65, **1993**, 2503.
9 M. H. Abraham, J. Andonian-Haftvan, G. S. Whiting, A. Leo, *J. Chem. Soc., Perkin Trans. II*, **1994**, 1777.
10 P. C. Sadek, P. W. Carr, R. M. Doherty, M. J. Kamlet, R. W. Taft, M. H. Abraham, *Anal. Chem.* 57, **1985**, 2971.
11 M. H. Abraham, *Chem. Soc. Rev.* 23, **1993**, 660.
12 A. Sandi, L. Szepesy, *J. Chromatogr. A* 818, **1998**, 1.
13 A. Sandi, L. Szepesy, *J. Chromatogr. A* 818, **1998**, 19.
14 A. Sandi, M. Nagy, L. Szepesy, *J. Chromatogr. A* 893, **2000**, 215.
15 H. Engelhardt, H. Low, W. Götzinger, *J. Chromatogr. A* 544, **1991**, 371.
16 N. S. Wilson, M. D. Nelson, J. W. Dolan, L. R. Snyder, R. G. Wolcott, P. W. Carr, *J. Chromatogr. A* 961, **2002**, 171.
17 N. S. Wilson, M. D. Nelson, J. W. Dolan, L. R. Snyder, P. W. Carr, *J. Chromatogr. A* 961, **2002**, 195.
18 N. S. Wilson, M. D. Nelson, J. W. Dolan, L. R. Snyder, P. W. Carr, L. C. Sander, *J. Chromatogr. A* 961, **2002**, 217.
19 J. J. Gilroy, J. W. Dolan, L. R. Snyder, *J. Chromatogr. A* 1000, **2003**, 757.
20 J. J. Gilroy, J. W. Dolan, P. W. Carr, L. R. Snyder, *J. Chromatogr. A* 1026, **2004**, 77.
21 N. S. Wilson, J. J. Gilroy, J. W. Dolan, L. R. Snyder, *J. Chromatogr. A* 1026, **2004**, 91.

2.1.6
Säulenselektivität von RP-Säulen

L. R. Snyder und J. W. Dolan
(Übersetzung aus dem Englischen von Hans-Joachim Kuss)

Die Selektivität von RP-Säulen kann bekanntlich stark variieren – auch innerhalb eines Typs, z. B. C_{18}-Säulen. Die Selektivität kann sich trotz gegenteiliger Behauptungen des Herstellers auch von Charge zu Charge ändern. Aus unterschiedlichen Gründen ist es also manchmal notwendig, eine Ersatzsäule (Alternativsäule) zu kennen, die die gleiche Trennung wie die ursprüngliche erlaubt. In anderen Fällen, so in der Methodenentwicklung, wird eine Säule benötigt, die eine gänzlich andere Selektivität aufweist, um Peaküberlappungen festzustellen. Für solche Fälle ist es erforderlich, dass Möglichkeiten existieren, um Säulen anhand ihrer Selektivität vergleichen zu können. Bis vor kurzem konnte kein Test zur Charakterisierung der Säulenselektivität garantieren, dass zwei unterschiedliche Säulen die gleiche Trennung für jede Probe oder jede Trennbedingung erlauben.

Dieser Beitrag beschreibt das „Hydrophobie-Substraktions"-Modell für die RP-LC, in dem die Säulenselektivität mit Hilfe von fünf fundamentalen Säuleneigenschaften (Phasencharakteristika, **H**, **S***, **A**, **B**, **C**) definiert wird. Da dieses Modell Retentionsfaktoren mit einer Abweichung von nur wenigen Prozenten voraussagen kann, sollten Säulen mit ähnlichen Werten für **H**, **S*** usw. ähnliche Trennungen für jede Probe zeigen. Es wurden bereits mehrere Beispiele zur Auswahl ähnlicher Säulen anhand der Werte für **H**, **S*** usw. publiziert. Einige werden nachfolgend diskutiert. Im Beitrag wird auch die Selektivität unterschiedlicher RP-Typen (z. B. Alkyl-, Phenyl-, Cyanosäulen usw.) miteinander verglichen und es werden Werte für **H**, **S*** usw. für eine Reihe von kommerziellen C_{18}-Säulen vorgestellt.

2.1.6.1 Einleitung

In den frühen 1990er Jahren entwickelte sich eine allgemein akzeptierte Vorstellung vom Prinzip der Reversed Phase (RP-)Flüssigkeitschromatographie mit Alkyl-Säulen auf Kieselgelbasis. Die Retention wurde vorwiegend auf solvophobe oder hydrophobe Wechselwirkungen [1, 2] zurückgeführt, allerdings mit Beiträgen weiterer Molekül-Säule-Wechselwirkungen [3–5]. Demgemäß können ionisierte Silanole (-SiO^-) protonierte Basen durch Kationenaustausch zurückhalten, und neutrale Silanole (-SiOH) können mit gelösten Substanzen als Protonenakzeptoren durch Wasserstoffbindungen wechselwirken.

Einige der obigen (und andere) Anteile der Säulenselektivität für gelöste neutrale Moleküle wurden in einer Solvatationsgleichung [6] als Modell für die RP-LC-Retention zusammengefasst.

$$\log k = \underset{\text{(i)}}{C_1} + \underset{\text{(ii)}}{r\,R_2} + \underset{\text{(iii)}}{s\,\pi_2^{\mathrm{H}}} + \underset{\text{(iv)}}{a\sum\alpha_2^{\mathrm{H}}} + \underset{\text{(v)}}{b\sum\beta_2} + \underset{\text{(vi)}}{\nu\,V_x} \qquad (1)$$

Hier ist C_1 eine von den gelösten Molekülen unabhängige Konstante, und die Größen *r*, *s*, *a*, *b* und *v* charakterisieren die Säulenselektivität für eine gegebene Kombination von Trennbedingungen (s. Nomenklatur am Kapitelende). Entsprechend beschreiben die Terme (ii), (iii) und (vi) zusammen die hydrophobe Wechselwirkung zwischen gelösten Molekülen und der Säule, der Term (iv) beschreibt die Effekte der Wasserstoffbrückenbindung zwischen sauren (Donor-)Gruppen in Lösung und basischen (Akzeptor-)Gruppen auf der Säule und Term (v) repräsentiert den Beitrag der Wasserstoffbrückenbindung zwischen basischen Gruppen in Lösung und sauren Gruppen auf der Säule. Gleichung (1) ignoriert Beiträge zur Retention durch sterische Selektivität, Kationenaustausch und einige andere weniger gut dokumentierte Molekül-Säulen-Wechselwirkungen; sie ist außerdem für eine quantitative Säulencharakterisierung nicht genau genug (±10–15 % Standardabweichung für *k*).

Eine alternative, häufig benutzte Näherung zur Spezifizierung der Säulenselektivität basiert auf Messungen der Retention von geeigneten Testsubstanzen, die charakteristisch sind für die oben genannten Molekül-Säulen-Wechselwirkungen: hydrophobe Wechselwirkung, sterische Selektivität, Wasserstoffbrückenbindung von (a) basischen Gruppen mit sauren Säulenkomponenten oder

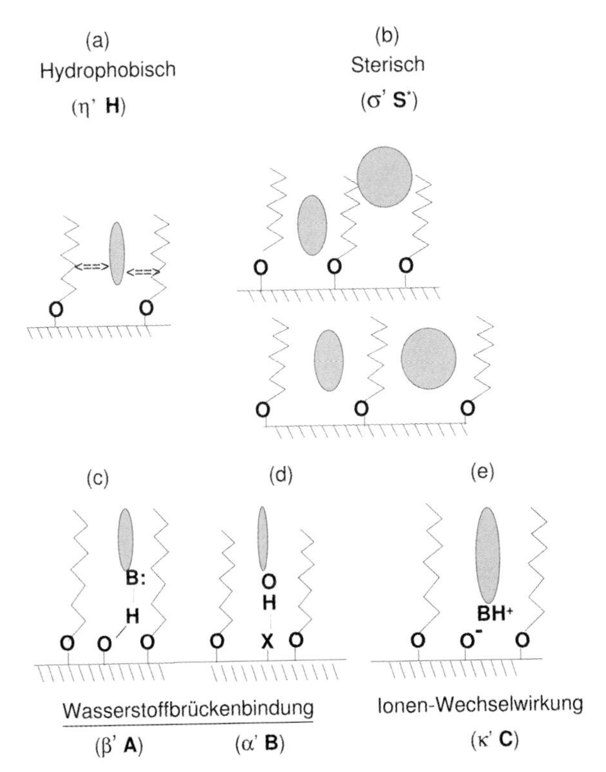

Abb. 1 Graphische Darstellung von fünf Molekül-Säulen-Wechselwirkungen aus Gl. (2). „X" für α'**B**-Wechselwirkung variiert mit dem Säulentyp.

(b) sauren Gruppen mit basischen Gruppen der Phasenoberfläche und Kationenaustausch mit ionisierten Silanolgruppen (s. Abb. 1). Die Messung der Selektivität von 135 verschiedenen RP-LC-Säulen in der beschriebenen Art wurde kürzlich publiziert [7]. Jedoch wurde die Zuverlässigkeit dieser und anderer früherer Näherungen zur Charakterisierung der Säulenselektivität in Frage gestellt [8].

Während der letzten Jahre wurde eine alternative Methode zur Spezifizierung der Säulenselektivität vorgeschlagen [9–19], die die Basis der nachfolgenden Diskussion bildet. Es soll betont werden, dass es die „beste" Selektivität nicht geben kann, weil eine Trennung immer von den zu trennenden Molekülen und der Säule abhängt. Eine Säule, die für eine bestimmte Probe am besten geeignet ist, ist deshalb nicht die beste für alle anderen Proben.

2.1.6.2 Das „Subtraktions-Modell" für die Selektivität in der RP-LC

Wir haben oben erwähnt, dass die hydrophobe Wechselwirkung zwischen gelöster Substanz und der Säule den hauptsächlichen Beitrag zur Retention und Säulenselektivität in der RP-LC liefert. Das „Subtraktions-Modell" geht davon aus, dass wir zuerst diesen Hauptbeitrag (Hydrophobizität) für die Retention in der RP-LC subtrahieren, damit die Beiträge verbleibender Molekül-Säulen-Wechselwirkungen zur Retention besser erkennbar sind. Das Studium dieser geringeren Beiträge führt dann zu einer generellen Gleichung für die Retention und die Selektivität in der RP-LC [9, 13].

$$\log\alpha = \log(k/k_{\text{ref}}) = \underset{(i)}{\eta'\,\mathbf{H}} - \underset{(ii)}{\sigma'\,\mathbf{S}^*} + \underset{(iii)}{\beta'\,\mathbf{A}} + \underset{(iv)}{\alpha'\,\mathbf{B}} + \underset{(v)}{\kappa'\,\mathbf{C}} \tag{2}$$

Hier ist k der Retentionsfaktor einer bestimmten gelösten Substanz, k_{ref} ist der Wert für eine nichtpolare Referenzsubstanz (in der vorliegenden Betrachtung Ethylbenzol). Die restlichen selektivitätsbezogenen Symbole repräsentieren entweder empirische eluentenabhängige Eigenschaften der gelösten Substanz (η', σ', β', α', κ') oder eluentenunabhängige Eigenschaften der Säulen (**H**, **S***, **A**, **B**, **C**). Die Terme *(i)* bis *(v)* entsprechen den verschiedenen Molekül-Säulen-Wechselwirkungen in Abb. 1. Demnach beziehen sich die verschiedenen Säulenparameter auf folgende Säuleneigenschaften: **H**, *H*ydrophobizität; **S***, *S*terischer Widerstand gegen das Eindringen sperriger gelöster Moleküle in die stationäre Phase (ähnlich der „shape selectivity" [4], aber nicht dasselbe); **A**, Wasserstoffbrückenbindung durch Säulen-*A*zidität, hauptsächlich durch nicht ionisierte Silanole; **B**, Wasserstoffbrückenbindung (*B*asizität), zur Zeit gedeutet (zumindest für einige Säulen) durch adsorbiertes Wasser in der stationären Phase; **C**, K(*C*)ationenaustauschaktivität der Säule infolge ionisierter Silanole. Die Parameter η', σ', usw. zeigen ergänzende Eigenschaften der gelösten Substanzen an (s. Nomenklatur am Kapitelende)). Die fünf hier besprochenen Wechselwirkungsarten der Moleküle mit dem Säulenmaterial entsprechend Gl. (2) sind zusätzlich in Abb. 1 dargestellt.

Gleichung (2) wurde mithilfe von ca. 150 verschiedenen Substanzen und einer vergleichbaren Zahl moderner Alkyl-Säulen aus hochreinem (Typ-B) Kieselgel überprüft. Die mittlere Treffergenauigkeit (rel. Standardabweichung) für die nach Gl. (2) errechneten α-Werte für diese Moleküle und Säulen war ±1 % [12]. Auf-

Tabelle 1 Werte für **H**, **S*** usw. für einige gängige C_{18}-Säulen vom Typ B-Kieselgel (Angaben aus [12]).

Säule[a)]	*H*	*S**	*A*	*B*	*C(2,8)*	*C(7,0)*
Agilent						
Zorbax Eclipse XDB-C_{18}	1,077	0,024	–0,064	–0,033	0,054	0,088
Zorbax Extend C_{18}	1,098	0,05	0,012	–0,041	0,030	0,016
Zorbax Rx-18	1,076	0,04	0,307	–0,039	0,096	0,414
Akzo Nobel						
Kromasil 100-5C_{18}	1,051	0,035	–0,069	–0,022	0,038	–0,057
Alltech						
Alltima C_{18}	0,993	–0,014	0,037	–0,013	0,093	0,391
Beckman						
Ultrasphere ODS	1,085	0,014	0,174	0,068	0,279	0,382
Dionex						
Acclaim C_{18}	1,033	0,017	–0,142	–0,026	0,086	–0,003
ES Industries						
Chromegabond WR C_{18}	0,979	0,026	–0,159	–0,003	0,320	0,283
GL Science						
Inertsil ODS-2	0,994	0,032	–0,045	–0,005	–0,116	0,773
Inertsil ODS-3	0,991	0,021	–0,142	–0,021	–0,473	–0,333
Hamilton						
HxSil C_{18}	0,847	–0,073	0,302	0,014	0,230	1,055
HiChrom/ACT						
ACE5 C_{18}	1,000	0,026	–0,095	–0,006	0,143	0,096
Higgins Analytical						
Targa C_{18}	0,977	–0,019	–0,070	0,000	0,013	0,175
Jones						
Genesis C_{18} 120A	1,005	0,003	–0,068	–0,006	0,139	0,124
Macherey Nagel						
Nucleodur 100-C_{18} Gravity	0,868	0,032	–0,240	0,000	–0,158	0,631
Nucleodur C_{18} Gravity	1,056	0,041	–0,097	–0,025	–0,080	0,316
MacMod/Higgins						
PRECISION C_{18}	1,003	0,003	–0,041	–0,009	0,079	0,341

a) 1. Angabe: Hersteller oder Lieferant; 2. Angabe: einzelne Säulen.

Tabelle 1 (Fortsetzung)

Säule[a]	*H*	*S**	*A*	*B*	*C(2,8)*	*C(7,0)*
Merck						
Chromolith RP18e	1,003	0,028	0,009	–0,014	0,103	0,187
LiChrospher 60 RP-Select B	0,747	–0,060	–0,042	0,006	0,108	1,773
Purospher RP-18	0,585	0,254	–0,560	–1,309	–1,934	1,109
Purospher STAR RP18e	1,003	0,013	–0,069	–0,035	0,018	0,044
Superspher 100 RP-18e	1,030	0,025	–0,028	–0,011	0,352	0,266
Chromolith RP18e	1,003	0,028	0,009	–0,014	0,103	0,187
Nacalai Tesque						
COSMOSIL AR-II	1,017	0,011	0,128	–0,028	0,116	0,494
COSMOSIL MS-II	1,032	0,041	–0,129	–0,012	–0,117	–0,027
Nomura						
Develosil ODS-MG-5	0,964	–0,039	–0,163	–0,002	–0,012	0,051
Develosil ODS-UG-5	0,997	0,025	–0,145	–0,003	0,150	0,155
Phenomenex						
Luna C_{18}(2)	1,003	0,023	–0,121	–0,006	–0,269	–0,173
Prodigy ODS (3)	1,023	0,024	–0,129	–0,011	–0,195	–0,133
SynergiMAX RP	0,989	0,028	–0,008	–0,013	–0,133	–0,034
Restek						
Allure C_{18}	1,115	0,043	0,112	–0,045	–0,048	0,066
Restek Ultra C_{18}	1,055	0,030	–0,068	–0,021	0,008	–0,066
SGE						
Wakosil II 5C_{18}AR	0,998	0,075	–0,055	–0,034	0,070	0,010
Supelco						
Discovery C_{18}	0,985	0,026	–0,126	0,005	0,176	0,154
Thermo/Hypersil						
Hypersil Beta Basic-18	0,993	0,032	–0,097	0,003	0,163	0,126
Hypersil BetamaxNeutral	1,098	0,036	0,067	–0,031	–0,039	0,011
HyPURITY C_{18}	0,981	0,025	–0,089	0,004	0,192	0,168
Varian						
OmniSpher 5 C_{18}	1,055	0,050	–0,033	–0,029	0,121	0,057
Waters						
Atlantis dC_{18} b	0,918	–0,032	–0,191	0,003	0,036	0,087
DeltaPak C_{18} 100A	1,028	0,018	–0,017	–0,010	–0,051	0,024
J'Sphere H80	1,132	0,060	–0,023	–0,067	–0,242	–0,161
J'Sphere L80	0,763	–0,039	–0,214	0,000	–0,399	0,346
J'Sphere M80	0,927	–0,027	–0,121	–0,003	–0,293	0,140
Symmetry C_{18}	1,053	0,062	0,020	–0,020	–0,302	0,124
XTerra MS C_{18}	0,985	0,012	–0,141	–0,014	0,133	0,051
YMC Basic	0,821	–0,006	–0,235	0,028	0,070	0,093
YMC Pro C_8	0,890	0,014	–0,214	0,007	–0,322	0,020

grund der bewusst weit gewählten Variabilität der untersuchten Molekülstrukturen, dem Einsatz von Säulen mit variabler Ligandendichte, Porendurchmesser und Ligandenlänge (C_1–C_{30}, aber hauptsächlich C_8 und C_{18}) kann davon ausgegangen werden, dass Gl. (2) offensichtlich alle signifikanten Molekül-Säulen-Wechselwirkungen erfasst. Nach unserer Kenntnis kann keine frühere Methode zur Charakterisierung der Säulenselektivität dies für sich in Anspruch nehmen. Tabelle 1 zeigt die Werte von **H**, **S*** usw. für verschiedene übliche C_{18}-Säulen des Kieselgels Typ-B.

Gleichung (2) wurde auch mit anderen, häufig benutzten RP-LC-Säulen getestet: (a) ältere Alkyl-Kieselgel-Säulen aus weniger reinem (Typ-A) Kieselgel, (b) Säulen mit polaren Gruppen wie Amid oder Carbamat, die entweder in die Säulenliganden eingebettet sind oder zum Endcapping reaktiver Silanole mit konventioneller Bindung benutzt wurden, (c) Cyano-Säulen, (d) Phenyl-Säulen, (e) Säulen mit Perfluoralkyl oder -phenyl-Gruppen und (f) chemisch modifizierte Zirkoniumsäulen. Tabelle 2 fasst die Mittelwerte von **H**, **S*** usw. für verschiedene Arten von RP-LC-Säulen zusammen. In der Tabelle ist erkennbar, dass die mittleren Werte der Säulenparameter in einem weiten Bereich variieren: **H**, 0,41–1,03; **S***, –0,16–0,14; **A**, –0,58–0,12; **B**, –0,01–0,17; **C**(2,8), –0,65–2,08; **C**(7,0), 0,13–1,98.

Bisher sind die Werte von **H**, **S*** usw., die die Säulenselektivität charakterisieren, für etwa 200 Säulen bekannt [12–16]. Die Werte für ca. weitere Hundert Säulen sind Teil einer kommerziellen Datenbank (Column Match®; Rheodyne LLC, Rohnert Park, CA). Eine Methode zur Messung der Werte **H**, **S*** usw. ist beschrieben worden und ergibt vergleichbare Werte für dieselbe Säule bei einem vergleichenden Test in verschiedenen Laboratorien [17]. Tabelle 2 fasst die Mittelwerte **H**, **S*** usw. für verschiedene Arten von RP-Säulen zusammen. Innerhalb einer definierten Säulengruppe gibt es weitere, typische Unterschiede in den Werten dieser Säulenparameter, wie in Tabelle 1 für einige Typ-B C_{18}-Säulen demonstriert wird.

Tabelle 2 Vergleich der Selektivitäten verschiedener Säulentypen (Mittelwerte aus[12–16]).

Säule	*H*[b]	*S**	*A*	*B*	*C(2,8)*	*C(7,0)*
Typ B C_8	0,83	–0,01	–0,16	0,02	0,02	0,31
Typ B C_{18}	1,00	0,01	–0,07	–0,01	0,05	0,17
Typ A C_{18}	0,84	–0,06	0,12	0,05	0,78	1,13
Polar group embedded [25]	0,68	0,00	–0,54	0,17	–0,65	0,13
Polar group endcapped [25]	0,94	–0,02	–0,01	0,01	–0,14	0,27
Cyano [26]	0,41	–0,11	–0,58	–0,01	0,07	0,67
Phenyl [27]	0,60	–0,16	–0,23	0,02	0,16	0,74
Fluoroalkyl [27]	0,7	–0,03	0,1	0,04	1,03	1,42
Fluorophenyl [27]	0,63	0,14	–0,26	0,01	0,55	1,1
Bonded zirconia [11]	1,03	–0,01	–0,43	0,05	2,08	1,98

2.1.6.3 Anwendungen

Mit diesem Weg zur Charakterisierung der relativen Selektivität verschiedener Säulen (Werte von **H**, **S*** usw.) sind verschiedene Anwendungen der Säulenselektivitätsdaten möglich.

2.1.6.3.1 Auswahl äquivalenter Säulen [18]

Routine-RP-LC-Methoden werden oft während langer Zeiten wie Monate oder Jahre durchgeführt, auch in verschiedenen Labors und in verschiedenen Ländern. Während der Anwendung einer solchen Methode über längere Zeit sind viele Säulen erforderlich. Aus verschiedenen Gründen kann es sich als schwierig oder unmöglich erweisen, eine Ersatzsäule mit ausreichend ähnlicher Selektivität von dem Originalhersteller zu erhalten. In diesen Fällen ist es notwendig, eine ähnliche Ersatzsäule von einem anderen Hersteller oder eine andere Säule von demselben Hersteller ausfindig zu machen (Alternativsäule). Es ist anzuraten, im Rahmen der Entwicklung einer RP-LC-Methode eine oder mehrere Säulen mit gleicher Selektivität (von verschiedenen Herstellern) exakt anzugeben. Deshalb ergibt sich häufig die Notwendigkeit, eine Säule mit ähnlicher Selektivität wie die Originalsäule zu kennen bzw. zu finden.

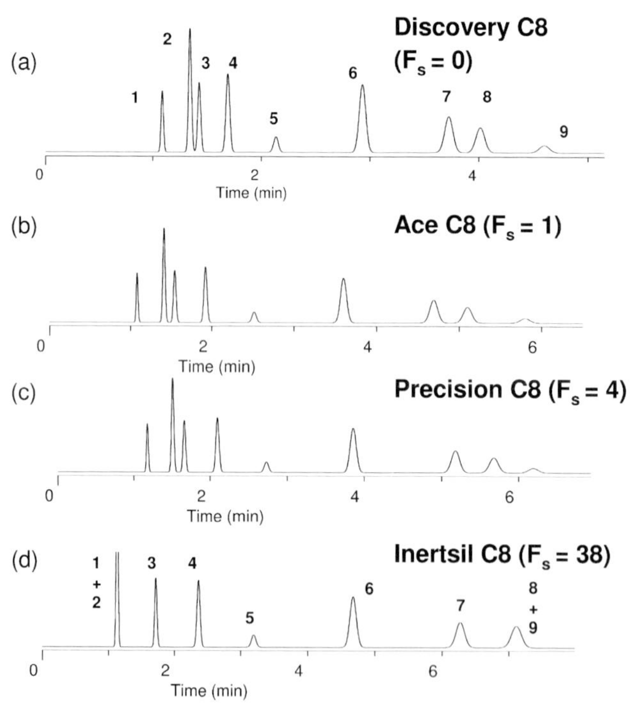

Abb. 2 Vergleich der Säulenselektivität für eine spezielle Probe und RP-LC-Methode. Probe: (1) *N,N*-Diethylacetamid; (2) Nortriptylin; (3) 5,5-Diphenylhydantoin; (4) Benzonitril; (5) Anisol; (6) Toluol; (7) *cis*-Chalcon; (8) *trans*-Chalcon; (9) Mefenaminsäure. Die Säule (15 × 0,46 cm, 5 μm-Teilchen) ist in der Abbildung beschrieben. Experimentelle Bedingungen: 50 % Acetonitril/pH 2,8 Puffer, 35 °C, 2,0 mL/min (aus [18]).

Es wurde eine Funktion zum Vergleich von Säule1 und 2 basierend auf den Werten **H**, **S*** usw. entwickelt [12]:

$$F_s = \{[12.5\,(\mathbf{H}_2 - \mathbf{H}_1)]^2 + [100\,(\mathbf{S}_2^* - \mathbf{S}_1^*)]^2 + [30\,(\mathbf{A}_2 - \mathbf{A}_1)]^2 + [143\,(\mathbf{B}_2 - \mathbf{B}_1)]^2 + [83\,(\mathbf{C}_2 - \mathbf{C}_1)]^2\}^{1/2} \quad (3)$$

$\mathbf{H}_1$ und $\mathbf{H}_2$ bedeuten hier die Werte von **H** für Säule 1 und Säule 2. Entsprechendes gilt für die Werte $\mathbf{S}_1^*$ und $\mathbf{S}_2^*$ usw. F_s kann als der Abstand zwischen zwei Säulen betrachtet werden, deren Werte **H**, **S*** usw. im 5-dimensionalen Raum mit Wichtungsfaktoren (12,5; 100 usw.) addiert zu einer Probe „mittlerer" Zusammensetzung eingezeichnet wurden. Es wurde festgestellt [12], dass bei $F_s \leq 3$ für Säule 1 und 2 die Differenz in der Selektivität $\alpha \leq 3$ % war, sodass die zwei Säulen höchstwahrscheinlich gleiche Selektivität und damit eine gleiche Trennung für verschiedene Proben und Bedingungen liefern.

Ein Beispiel zur Anwendung von Gl. (3) ist in Abb. 2 für die Trennung einer Mischung von neutralen, basischen und sauren Verbindungen auf vier verschiedenen Säulen gezeigt. Mit Gl. (3) berechnete Werte für F_s sind für die drei Säulen der Abb. 3b–d gezeigt, wobei alle mit der Discovery C_8-Säule in Abb. 3a verglichen werden. Die F_s-Werte für die ACE C_8- (b) und Precision C_8- (c) Säule sind relativ

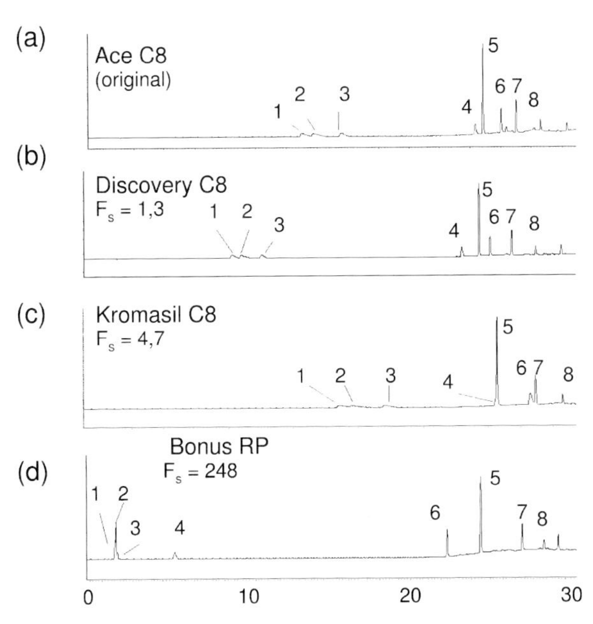

Abb. 3 Vergleichende Trennungen einer pharmazeutischen Probe auf einer Originalsäule (a) und drei möglichen Ersatzsäulen (b–d). Die Probe enthält starke Basen und Carbonsäuren. Die Säule (15 × 0,46 cm, 5 μm-Teilchen) ist in der Abbildung beschrieben. Chromatographische Bedingungen: Gradient mit A als pH 2,7 Puffer, B Acetonitril; Gradientenverlauf: 10/10/22/88/88 %B in 0/5/15/25/27 min; 1,0 mL/min. Für weitere Details siehe [18] und Text. Die Probenzusammensetzung und nähere experimentelle Bedingungen sind geheim (aus [18]).

klein ($F_s \leq 4$), und es ist deshalb eine sehr ähnliche Trennung an diesen Säulen im Vergleich zu der Discovery C_8-Säule zu erwarten (was auch der Fall ist). Für die Inertsil C_8-Säule ist $F_s = 38$, was darauf hin deutet, dass diese Säule eine ganz andere Selektivität im Vergleich zu der Discovery C_8-Säule hat, was tatsächlich auch der Fall ist. Beachten Sie die Koelution der Peaks 1/2 und 8/9 in Abb. 3d.

Die Probe in Abb. 2 wurde aus den benutzten Testsubstanzen ausgewählt, um die Werte von **H**, **S*** usw. in Gl. (3) zu messen. Kürzlich wurde ein besserer Test für Gl. (3) und die Werte von **H**, **S*** usw. als Maß für die Säulenselektivität vorgestellt [18]. Es wurden 12 verschiedene Routine-RP-LC-Trennungen aus drei verschiedenen pharmazeutischen Laboratorien ausgewählt, mit denen (erfolgreiche) Versuche auf Basis von Gl. (3) gemacht worden sind, um äquivalente Ersatzsäulen für jede Trennung zu erhalten. Eine dieser Trennungen ist in Abb. 3 gezeigt, bei der die Original-Trennung auf einer ACE C_8-Säule (a) mit der Trennung an drei anderen Säulen (b–d) mit $1{,}3 \leq F_s \leq 248$ verglichen wurde. Die Trennung mit der Discovery C_8-Säule (b) ist bemerkenswert ähnlich zu der in (a), wie mit einem Wert von $F_s = 1{,}3$ zu erwarten war. Demgegenüber ist die Trennung an der Kromasil C_8 und der Bonus RP-Säule (c und d) ziemlich unterschiedlich, wie aus einem Wert von $F_s > 4{,}7$ vorauszusehen war.

Es ist zu beachten, dass die Trennungen in Abb. 3 unter anderen Bedingungen entstanden sind als die zur Messung von **H**, **S*** usw.! Wie auch immer, die Werte von **H**, **S*** usw. werden von geänderten experimentellen Bedingungen nur wenig beeinflusst, stark jedoch vom pH-Wert. Das gilt ganz besonders für sehr ähnliche Säulen (kleine Werte für F_s^*) und für Bedingungen in der Nähe derer, die zur Messung von **H**, **S*** usw. benutzt werden (50 % Acetonitril/Puffer; 35 °C). Der Term C variiert mit dem pH-Wert der mobilen Phase und kann durch lineare Interpolation zwischen den Werten für pH 2,8 (C[2,8] und pH 7,0 (C[7,0]) abgeschätzt werden.

Modifikation von Gleichung (3) als eine Funktion der Probesubstanzen

Gleichung (3) gilt für jede mögliche Substanz in einer Probe. Wenn dies der Fall ist, kann jeder der Säulenparameter (**H**, **S*** usw.) für die Selektivität bei der Trennung besagter Substanz wichtig sein. Wenn einer oder mehrere Parameter einen geringen oder keinen Effekt auf die Trennung haben, ist es sinnvoll, den endgültigen Wert von F_s um diesen Anteil zu reduzieren, weil mit kleinen Werten von F_s die Wahrscheinlichkeit zunimmt, dass eine geeignete Säule (also eine mit $F_s \leq 3$) gefunden wird. Exakter ausgedrückt führt die Anwesenheit oder Abwesenheit von bestimmten Verbindungen in der Probe zu einer Rückgewichtung der beiden letzten Terme in Gl. (1):

$$F_s^* = \{[12.5\,(\mathbf{H}_2 - \mathbf{H}_1)]^2 + [100\,(\mathbf{S}_2^* - \mathbf{S}_1^*)]^2 + [30\,(\mathbf{A}_2 - \mathbf{A}_1)]^2 + [143\,x_B(\mathbf{B}_2 - \mathbf{B}_1)]^2 + [83\,x_C(\mathbf{C}_2 - \mathbf{C}_1)]^2\}^{1/2} \tag{4}$$

Dabei entsprechen x_B und x_C (mit Werten zwischen 0 und 1) möglichen Korrekturfaktoren, die von der Probenzusammensetzung abhängen. Sind beispielsweise keine Basen in der Mischung, ist der Term $x_C \approx 0$, weil die Werte von **C** hauptsächlich die Retention gelöster ionisierter basischer Substanzen bestimmen. Aus ähnlichen Gründen ist $x_B = 0$, wenn keine Carbonsäuren in der Probe vorhanden sind. Es muss beachtet werden, dass die höchsten Werte für F_s^* entstehen, wenn angenommen werden muss, dass x_B und x_C gleich 1 sind (gleichbedeutend mit $F_s^* = F_s$). Dies führt zu einer Abnahme der Zahl möglicher Ersatzsäulen (Säulen mit ähnlichen Eigenschaften) mit $F_s \leq 3$. Wenn eine basische Substanz teilweise ionisiert ist, ist der Einfluss von **C** auf die Trennung reduziert. Als grobe Regel gilt: Schwache Basen wie Aniline oder Pyridine haben in einer mobilen Phase mit pH < 6 ein $x_C \approx 0{,}1$ und ein $x_C \approx 0$ für pH ≥ 6. Analog haben starke Basen (Aminoalkylverbindungen) $x_C \approx 0{,}1$ für pH ≥ 7 und $x_C \approx 1$ für pH < 6 (s. [18] für Einzelheiten).

Ein Beispiel aus einer Studie [18], das die Anwendung von Gl. (4) demonstriert, wird für die Gradiententrennung einer komplexen Mischung mit Carboxylsäuren, aber ohne Basen in Abb. 4 gezeigt. Elf Komponenten in der Probe sind von Interesse (bezeichnet mit *), wobei es notwendig war, jede dieser Verbindungen mit Basislinien-Auflösung (*Rs* > 1,5) von benachbarten Peaks zu trennen. Die Originaltrennung auf einer Luna C_{18}(2)-Säule erfüllt diese Anforderung (Abb. 4a). Drei andere Säulen mit 0,8 ≤ *Fs* ≤ 10,1 wurden als mögliche Ersatzsäulen ausgesucht. Die Trennung mit jeder dieser Säule ist in den Abb. 4b–d gezeigt. Man sieht, dass scheinbar dieselbe Trennung mit der Prodigy ODS-3 (b) und der Inertsil ODS-3 (c) Säule erhalten wird, wie aus den niedrigen Werten

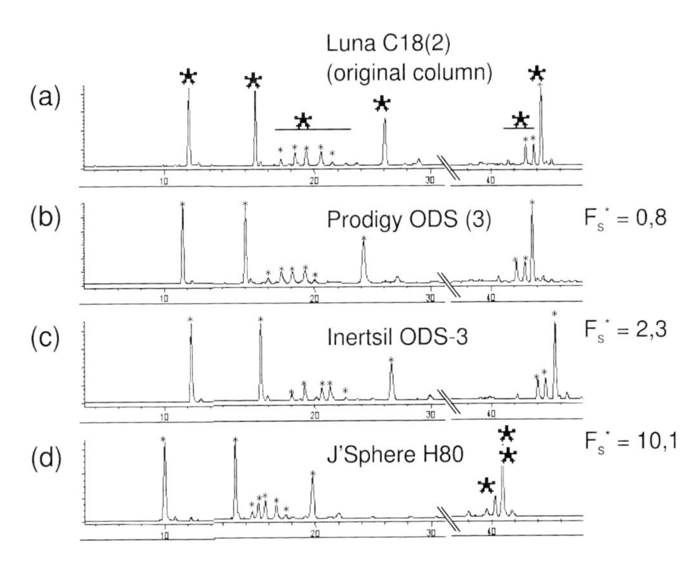

Abb. 4 Vergleichende Trennungen einer pharmazeutischen Probe auf einer Originalsäule (a) und drei möglichen Ersatzsäulen (b–d). Die Probe enthält Carbonsäuren und keine Basen. Die Säule (15 × 0,46 cm, 5 µm-Teilchen) ist in der Abbildung beschrieben. Chromatographische Bedingungen: Gradient mit A als 5 % Acetonitril/pH 6,8 Puffer und B als 95 % Acetonitril/Puffer; Gradientenverlauf: 0/19/25/50/100 % B in 0/5/28/40/60 min; 0,2 mL min^{-1}. Nähere Details in [18] und im Text. Die Probenzusammensetzung und weitere experimentelle Bedingungen sind geheim (aus [18]).

von F_s^* (0,8 und 2,3) zu erwarten war. Demgegenüber ergibt die J'Sphere H80-Säule mit $F_s = 10{,}1$ eine schlechte Trennung (völlige Überlappung der letzten zwei Peaks). In den meisten der anderen 10 gezeigten Trennungen in Literatur [18] konnten eine oder mehrere erfolgreiche Ersatzsäulen in derselben Art wie in den Abb. 3 und 4 gefunden werden. Welche Versuche, die Originalsäule zu ersetzen, nicht erfolgreich waren, konnte aus den F_s^*-Werten der anderen Säulen verglichen mit der Originalsäule vorausgesagt werden.

Säulen mit Werten für F_s oder F_s^* geringfügig höher als 3 sind häufig ein passender Ersatz, was bedeutet, dass Säulen mit $F_s^* < 6$ als *mögliche* Ersatzsäulen betrachtet werden können. Wenn die kritische Auflösung (Wert von R_s für das am schlechtesten getrennte Peakpaar) größer als 2 ist, dann sind für die Ersatzsäule normalerweise größere Veränderungen im α-Wert tolerierbar. Dies bedeutet als grobe Regel, dass für äquivalente Säulen ein akzeptabler Wert F_s^* 1,5-mal so groß sein kann wie die kritische Auflösung. Beispielsweise besteht mit einer kritischen Auflösung $R_s = 4$ bis zu $F_s^* = 6$ eine gute Wahrscheinlichkeit für eine geeignete Säule als Ersatz der Originalsäule. Sogar Säulen mit $F_s^* \leq 12$ sind mögliche Kandidaten für eine Trennung mit einer kritischen Auflösung von 4.

2.1.6.3.2 **Auswahl von Säulen mit sehr unterschiedlicher Selektivität**

Während der RP-LC-Methodenentwicklung stößt man häufig auf die Notwendigkeit, die Selektivität zu verändern [20]. In einigen Fällen ist sogar eine orthogonale Trennung gefordert (s. auch Kap. 1.1), um mit einer möglichst abweichenden Säulenselektivität die Anwesenheit von Peaks festzustellen, die während der Methodenentwicklung nicht zu sehen waren. In jedem Fall ist eine stark unterschiedliche Säulenselektivität eine der Möglichkeiten, die Peakhomogenität zu überprüfen. Dazu sind in den Abb. 2–4 aussagekräftige Beispiele gezeigt.

Die Mittelwerte von **H**, **S*** usw. aus Tabelle 2 können benutzt werden, um die Selektivität verschiedener RP-LC-Säulentypen mithilfe ihrer F_s-Werte (Gl. 3) zu vergleichen, wie in Tabelle 3 zusammengefasst. Beispielsweise sind Typ-B C_8- und C_{18}-Säulen im Mittel ziemlich ähnlich und ergeben etwa ein $F_s = 6$ beim Vergleich. Dies bedeutet aber nicht, dass jede C_8- und C_{18}-Säule eine ähnliche Selektivität hat (s. beispielsweise Tabelle 1 für Typ-B C_{18}), sondern dass im Mittel kein großer Unterschied in der Selektivität zwischen den C_8- und C_{18}-Säulen besteht. Entsprechend sind polar endcapped Säulen („PE" in Tabelle 3) relativ ähnlich den Typ-B C_8- ($F_s = 14$) oder C_{18}-Säulen ($F_s = 16$). Nimmt man eine Typ-B C_{18}-Säule als Ausgangspunkt, so hat man die größtmögliche mittlere Veränderung in der Selektivität mit einer chemisch modifizierten Zirkoniumsäule (Zr; $F_s = 170$) oder mit einer Fluoroalkylsäule (F-alk; $F_s = 82$). Da sich die F_s-Werte in Tabelle 3 mit der mobilen Phase oder der Probenzusammensetzung (Anwesenheit von Säuren oder Basen) ändern, sind diese Vergleiche der Säulenselektivität hauptsächlich als qualitative Leitlinien anzuwenden. Die aktuellen Werte von F_s^* für zwei definierte Säulen sind viel bessere Prädiktoren der relativen Säulenselektivität oder Orthogonalität.

Sobald eine anfängliche RP-LC-Methode ausgewählt ist, lässt sich eine orthogonale Trennung leicht entwickeln [21]. Eine Säule mit stark abweichender Se-

Tabelle 3 Vergleich mittlerer Säulenselektivitäten nach Säulentyp.
F_s-Werte bei pH 2,8 für die verschiedenen Säulentypen aus Tabelle 2 (Gl. 15).

	F_s								
	C_{18} B[a]	C_8 B[a]	C_{18} A[b]	EPG[c]	PE[d]	CN[e]	Phenyl[f]	F-alk[g]	F-phen[h]
C_8 B[a]	6								
C_{18} A[b]	62	64							
EPG[c]	65	61	122						
PE[d]	16	14	77	51					
CN[e]	21	18	64	66	27				
Phenyl[f]	21	19	54	73	30	15			
F-alk[g]	82	85	21	143	98	83	74		
F-phen[h]	44	47	31	104	60	48	44	45	
Zr[i]	170	172	110	228	186	168	161	89	129

[a] Typ B C_{18}- oder C_8-Säule; [b] Typ A C_{18}-Säule; [c] embedded polar group-Säule;
[d] polar endcapped Säule; [e] Cyano-Säule; [f] Phenyl-Säule; [g] Perfluoralkyl-Säule;
[h] Perfluorphenyl- Säule; [i] bonded zirconia-Säule.

lektivität wird ausgewählt anhand eines großen F_s-Wertes im Vergleich zu der Säule, die in der anfänglichen Methode verwendet wurde. Der Gebrauch einer anderen Säule sowie ein Wechsel des organischen Lösungsmittels der mobilen Phase (z. B. Methanol anstelle von Acetonitril) gewährleisten in der Regel eine ausreichend große Änderung der Selektivität, um die in der anfänglichen Trennung überlappenden Peaks aufzulösen. Diese Vorgehensweise wurde eingesetzt, um für 9 Ausgangsmethoden orthogonale Trennungen zu entwickeln [21]. Bei acht dieser Ausgangsmethoden war die Selektivitätsänderung ausreichend. Um die Selektivität weiter zu vergrößern, kann zusätzlich der pH-Wert der Säule oder der mobilen Phase verändert werden.

2.1.6.4 **Fazit**

Das Verständnis der Säulenselektivität ist aus verschiedenen Gründen wichtig, ganz besonders aber, wenn es notwendig ist, eine Säule entweder durch eine ähnliche oder eine sehr unterschiedliche Säule zu ersetzen. Die Säulenselektivität kann mit fünf messbaren Säuleneigenschaften exakt charakterisiert werden: **H**, *H*ydrophobizität; **S***, *S*terischer Widerstand gegen das Eindringen sperriger gelöster Moleküle in die stationäre Phase; **A**, Wasserstoffbrücken-*A*zidität der Säule; **B**, Wasserstoffbrücken-*B*asizität der Säule; **C** K(*C*)ationenaustauschaktivität der Säule. Die Werte dieser Säulenparameter (**H**, **S*** usw.) wurden inzwischen für eine große Zahl verschiedener RP-LC-Säulen gemessen. Mit diesen Werten **H**, **S*** usw. ist es möglich, zwei Säulen mit einer Säulenvergleichsfunktion F_s auf ihre Selektivität hin zu vergleichen. Es ist eine kommerzielle Software verfügbar

(Column Match®; Rheodyne LLC, Rohnert Park, CA, USA), die den bequemen Vergleich beliebiger Säulenselektivitäten erlaubt. Diese Software enthält auch die Werte **H**, **S*** usw. für etwa 300 verschiedene Säulen.

Nomenklatur

a	Wasserstoffbrückenbindungs-Basizität der stationären Phase (Gl. 1)
A	relative Wasserstoffbrückenbindungs-Azidität der Säule, bezogen auf die Zahl und Zugänglichkeit der Silanolgruppen in der stationären Phase (Gl. 2)
b	Wasserstoffbrückenbindungs-Azidität der stationären Phase (Gl. 1)
B	relative Wasserstoffbrückenbindungs-Basizität der Säule (Gl. 2)
C	relative Kationenaustauschaktivität der Säule, bezogen auf die Zahl und Zugänglichkeit der ionisierten Silanolgruppen in der stationären Phase (Gl. 2)
C(2,8)	Wert für **C** bei pH = 2,8
C(7,0)	Wert für **C** bei pH = 7,0
F_s	Säulen-Vergleichsfunktion (Gl. 3)
F_s^*	F_s-Wert korrigiert auf Abwesenheit von Säuren oder Basen (Gl. 4)
H	relative Säulen-Hydrophobizität (Gl. 2)
RP-LC	Reversed Phase-Flüssigkeitschromatographie
s	Polarisierbarkeitsparameter für die stationäre Phase (Gl. 1)
S*	relativer sterischer Widerstand gegen das Eindringen gelöster sperriger Moleküle in die stationäre Phase; wenn **S*** ansteigt, steigt der Widerstand gegen sperrige Moleküle (Gl. 2)
x_B, x_C	Korrekturfaktoren in Gl. (4)
α	Trennfaktor für zwei Substanzen; auch k/k_{ref} (Gl. 2)
α'	relative Wasserstoffbindungs-Azidität der gelösten Substanz (Gl. 2)
α_2^H	Wasserstoffbindungs-Azidität der Substanz, die sich in Lösung befindet (Gl. 1)
β'	relative Wasserstoffbindungs-Basizität der gelösten Substanz (Gl. 2)
β_2	Wasserstoffbindungs-Basizität der Substanz in Lösung (Gl. 1)
η'	relative Hydrophobizität der gelösten Substanz (Gl. 2)
κ'	relative Ladung eines gelösten Moleküls (positiv für Kationen, negativ für Anionen) (Gl. 2)
π_2^H	Polarisierbarkeitsparameter für die gelösten Moleküle (Gl. 1)
σ'	relativer sterischer Widerstand gelöster Moleküle gegen das Eindringen in die stationäre Phase (σ' ist größer für sperrigere Moleküle (Gl. 2)
ν	Freie Energie zur Bildung eines Hohlraums in der stationären Phase (Gl. 1)

Literatur

1 W. R. Melander, Cs. Horvath, *High-performance Liquid Chromatography. Advances and Perspectives*, Vol. 2, Cs. Horvath, ed., Academic Press, New York, 1980, 113.

2 P. W. Carr, D. M. Martire, L. R. Snyder, eds., *Retention in Reversed-phase Liquid Chromatography*, *J. Chromatogr.* 656 (1993).

3 K. Kimata, K. Iwaguchi, S. Onishi, K. Jinno, R. Eksteen, K. Hosoya, M. Araki, N. Tanaka, *J. Chromatogr. Sci.* 27 (1989) 721.

4 L. C. Sander, S. A. Wise, *J. Chromatogr.* 656 (1993), 335.

5 E. Cruz, M. R. Euerby, C. M. Johnson, C. A. Hackett, *Chromatographia* 44 (1997), 151.

6 C. F. Poole, S. K. Poole, *J. Chromatogr. A* 965 (2002), 263.

7 M. R. Euerby, P. Petersson, *J. Chromatogr. A* 994 (2003) 13

8 H. A. Claessens, *Trends Anal. Chem.* 20 (2001), 563.

9 N. S. Wilson, M. D. Nelson, J. W. Dolan, L. R. Snyder, R. G. Wolcott, P. W. Carr, *J. Chromatogr. A* 961 (2002), 171.

10 N. S. Wilson, M. D. Nelson, J. W. Dolan, L. R. Snyder, P. W. Carr, *J. Chromatogr. A* 961 (2002), 195.

11 N. S. Wilson, M. D. Nelson, J. W. Dolan, L. R. Snyder, P. W. Carr, L. C. Sander, *J. Chromatogr. A* 961 (2002) 217.

12 J. J. Gilroy, J. W. Dolan, L. R. Snyder, *J. Chromatogr. A* 1000 (2003), 757.

13 J. J. Gilroy, J. W. Dolan, L. R. Snyder, *J. Chromatogr. A* 1026 (2004), 77.

14 N. S. Wilson, J. Gilroy, J. W. Dolan, L. R. Snyder, *J. Chromatogr. A* 1026 (2004), 91.

15 D. H. Marchand, K. Croes, J. W. Dolan, L. R. Snyder, *J. Chromatogr. A*, 1062 (2005), 57.

16 D. H. Marchand, K. Croes, J. W. Dolan, L. R. Snyder, R. A. Henry, K. M. R. Kallury, S. Waite, P. W. Carr, *J. Chromatogr. A*, 1062 (2005), 65.

17 L. R. Snyder, A. Maule, A. Heebsch, R. Cuellar, S. Paulson, J. Carrano, L. Wrisley', C. C. Chan, N. Pearson, J. W. Dolan, J. J. Gilroy *J. Chromatogr. A*, 1057 (2004), 49.

18 J. W. Dolan, A. Maule, D. Bingley, L. Wrisley, C. C. Chan, M. Angod, C. Lunte, R. Krisko, J. Winston, B. Homeier, D. M. McCalley, L. R. Snyder, *J. Chromatogr. A*, 1057 (2004), 59.

19 L. R. Snyder, J. W. Dolan, P. W. Carr, *J. Chromatogr. A*, 1060 (2004), 77.

20 L. R. Snyder, J. J. Kirkland, J. L. Glajch, *Practical HPLC Method Development*, 2nd edn., Wiley-Interscience, New York, 1997.

21 J. Pellett, P. Lukulay, Y. Mao, W. Bowen, R. Reed, M. Ma, R. C. Munger, J. W. Dolan, L. Wrisley, K. Medwid, N. P. Toltl, C. C. Chan, M. Skibic, K. Biswas, K. A. Wells, L. R. Snyder, *J. Chromatogr. A*, 1101 (2006), 122.

2.1.7
Selektivität verstehen durch Suspended-State-High-Resolution-Magic-Angle-Spinning NMR-Spektroskopie

Urban Skogsberg, Heidi Händel, Norbert Welsch und Klaus Albert

2.1.7.1 Einführung

Mit dem Ziel, die Elutionsreihenfolge einer Serie von Analyten auf einer chromatographischen Trennphase vorherzusagen, ist es von entscheidender Bedeutung, eine Vorstellung über den Retentionsmechanismus zwischen Analyt und stationärer Phase zu haben. Um die Interaktionen zwischen Analyten und chromatographischer Trennphase zu untersuchen, werden oft langwierige Versuchsreihen durchgeführt, bei denen Analyten auf einer gepackten Säule injiziert und die Peaks bezüglich ihrer Retentionsfaktoren untersucht werden. Auch wenn die Testanalyten sorgfältig ausgewählt werden, ist ein direkter Beweis der Art der Interaktionen zwischen Analyt und stationärer Phase auf dieser Basis mehr oder weniger Spekulation. Natürlich wird die Vorhersage der Retentionsreihenfolge noch schwieriger, wenn die stationäre Phase die Möglichkeit hat, auf mehr als eine Weise mit dem Analyten zu interagieren.

Die Retention eines Analyten ist abhängig vom Bruchteil des Analyten, der sich an der stationären Phase aufhält, verglichen mit dem Anteil des Analyten in der mobilen Phase. Das heißt, eine hohe Gleichgewichtskonstante K zwischen Analyt und stationärer Phase führt zu einer langen Retentionszeit. Der makroskopisch beobachtete chromatographische Peak repräsentiert also die Summe aller Interaktionen, die zwischen dem Analyten und der Trennphase stattfinden. Das bedeutet: Zur Retention tragen nicht nur die Interaktionen bei, die für die Selektivität verantwortlich sind, die selektiven Interaktionen, sondern ebenso die unselektiven, die die Selektivität der Trennung verschlechtern.

Da K proportional zum Retentionsfaktor k ist, lässt sich die Summe aller möglichen Interaktionen zwischen Analyt und stationärer Phase durch Gl. (1) wiedergeben, bei der die Indexzahlen 1, 2, 3, 4, 5 usw. für die Art der Interaktion zwischen Analyt und stationärer Phase stehen.

$$k = k_1 + k_2 + k_3 + k_4 + k_5 + k_{\text{usw.}} \quad (1)$$

Das chromatographische Ergebnis bezüglich der Retentions- und Selektivitätsfaktoren für eine Serie von Analyten, die von verschiedenen stationären Phasen eluiert werden, hängt also davon ab, welche der Interaktionen zwischen den jeweiligen Analyten und den stationären Phasen dominieren. Dies wird beispielhaft an der Elutionsreihenfolge einer Serie von Vitamin-A-Metaboliten auf vier verschiedenen stationären Phasen gezeigt (s. Abb. 1) [1].

In Chromatogramm A werden alle Analyten entsprechend ihrer Unterschiede in den hydrophoben Wechselwirkungen von der C_{18}-Phase eluiert.

Geht man hingegen über zu einer C_{18}-Phase mit eingebundenen polaren Gruppen (B), zu einer Calix[4]arene basierten Trennphase (C) oder zu einer C_{30}-Phase

(D), so zeigen sich signifikante Änderungen der Selektivität, obwohl die Zusammensetzung der mobilen Phase in allen Experimenten dieselbe ist. Hier zeigt sich, dass es zu einer Umkehrung der Elutionsreihenfolge bestimmter Peaks kommt, sobald die Möglichkeit einer Interaktion über Wasserstoffbrückenbindungen gegeben ist (s. Abb. 1b). Außerdem ist zu beobachten, dass sich der Retentionsmechanismus für starre Analyten ändert, wenn Einschlussverbindungen gebildet werden können (s. Abb. 1c).

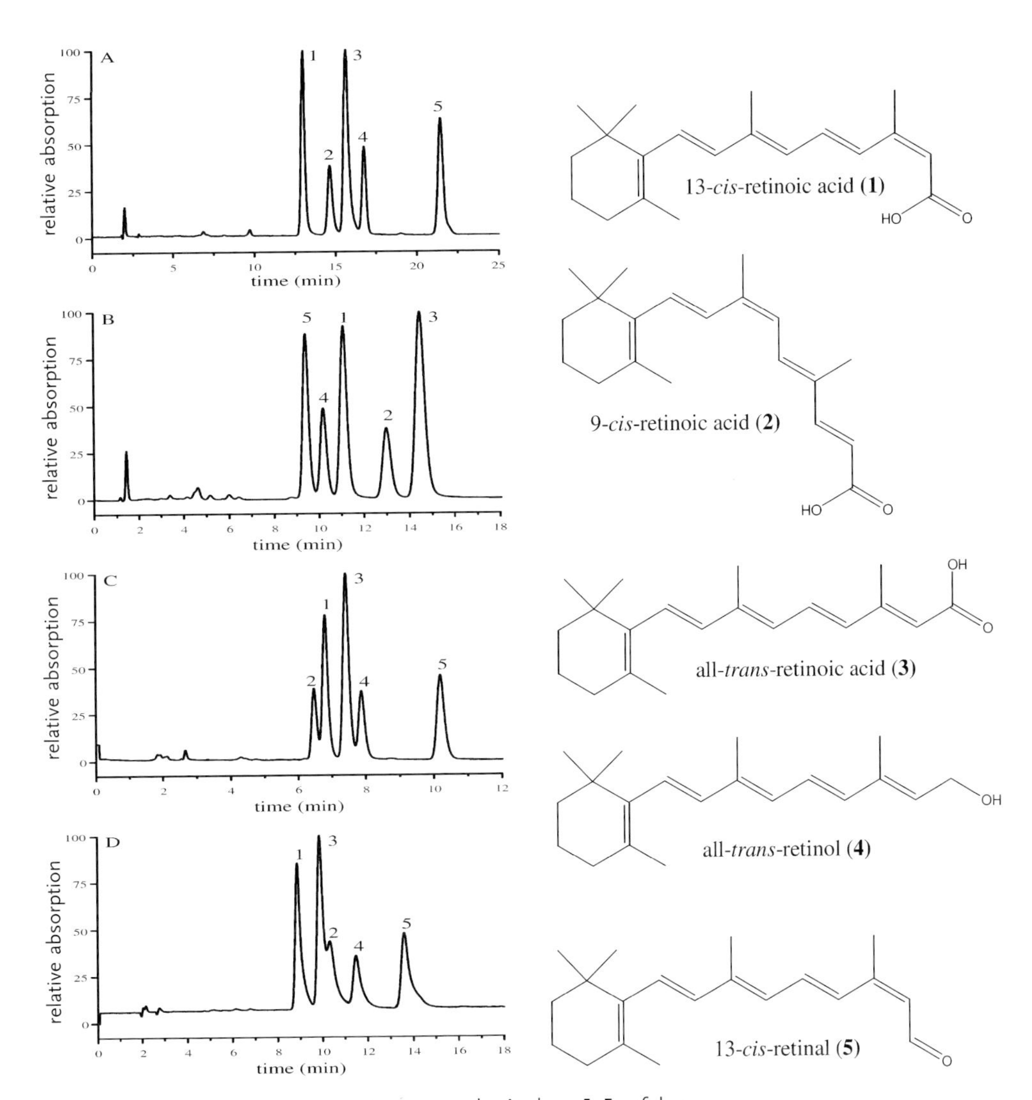

Abb. 1 Chromatogramme von Trennungen der Analyten **1–5** auf den Phasen **I–IV**. (a) Phase **I**; (b) Phase **II**; (c) Phase **III**; (d) Phase **IV**. Bedingungen: Mobile Phase, Acetonitril (80 %) in Wasser unter Zusatz von Trifluoressigsäure (TFA) (0,1 %).

Wenn eine Trennphase die Möglichkeit hat, auf mehr als eine Art und Weise mit Analytmolekülen zu interagieren, sollte es möglich sein, die chromatographischen Trennbedingungen so einzustellen, dass eine der Interaktionen verstärkt wird und auf diese Weise eine andere Selektivität zwischen den Analyten zu erreichen. Dies wird hier anhand einer Serie von Vitamin-A-Metaboliten gezeigt, die auf einer stationären Phase mit eingebetteten polaren Gruppen bei verschiedenen Zusammensetzungen der mobilen Phase eluiert wurden (Abb. 2).

Es konnte gezeigt werden, dass sich die Analysenzeit von 22 Minuten auf 7 Minuten verkürzen lässt, wenn für die Trennung eine stationäre Phase zum Einsatz kommt, die neben hydrophoben Wechselwirkungen auch Wasserstoffbrückenbindungen als Retentionsmechanismus erlaubt.

Um sowohl intramolekulare als auch intermolekulare Interaktionen beobachten zu können, ist NMR ohne Zweifel die Methode der Wahl [2]. Es wurde vielfach berichtet, dass ^{1}H-NMR-Spektroskopie in flüssiger Phase geeignet ist, Nachbarschaftsbeziehungen zwischen stationärer Phase und Analyten zu erfassen und daraus wertvolle Informationen über das Retentionsverhalten abzuleiten [3]. Allerdings liegen bei der Flüssigphasen-NMR sowohl der Selektor als auch der Analyt in gelöster Form vor, was einen direkten Vergleich zum chromatographischen System schwierig macht. Das heißt, NMR-Untersuchungen in flüs-

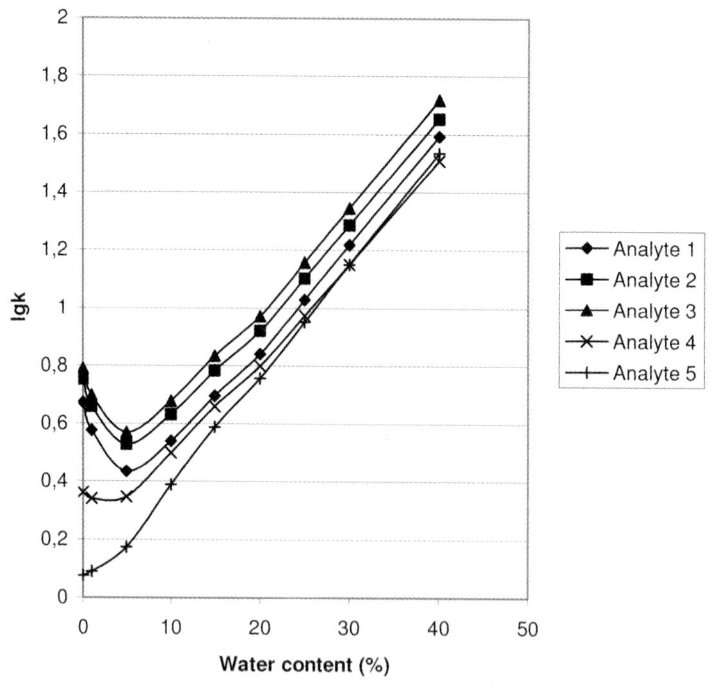

Abb. 2 Das Diagramm zeigt die Abhängigkeit der lg *k*-Werte vom Wassergehalt bei der Elution der Analyten **1**–**5** von einer Phase mit eingebetteten polaren Gruppen bei verschiedenen Konzentrationen von Acetonitril in der mobilen Phase.

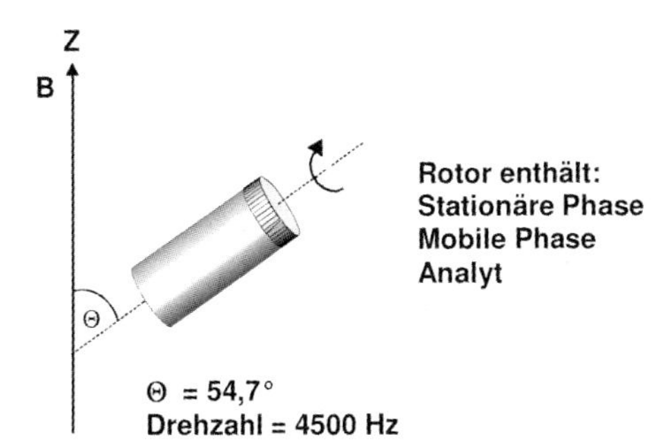

Abb. 3 Experimenteller Aufbau des Suspensions-HR/MAS-NMR-Rotors.

siger Phase berücksichtigen nicht in ausreichendem Maße die Komplexität und den Einfluss der tatsächlichen Trennphase, so etwa Probleme in Zusammenhang mit der verwendeten Immobilisierungstechnik und Interaktionen mit Silanolgruppen des Kieselgel-Trägermaterials. Ebenso kann die Festphasen-NMR-Technik (Solid-State-MAS-NMR) wegen des Fehlens der mobilen Phase beim NMR-Experiment allein kein vollständiges Bild des Retentionsverhaltens liefern.

Aus diesen Gründen ist die Suspensions-NMR (Suspended-State-High-Resolution-Magic-Angle-Spinning, HR/MAS-NMR-Spektroskopie) die Methode der Wahl, wenn NMR zur Untersuchung des chromatographischen Retentionsverhaltens eingesetzt werden soll (s. experimentellen Aufbau, Abb. 3) [4]. Bei diesem Experiment wird die chromatographische Trennphase in Gegenwart des Analyten in deuteriertem Lösungsmittel suspendiert. Der Rotor wird dann im magischen Winkel von 54,7° zum Magnetfeld rotiert (B).

Die schnelle Drehung (4500 Hz) des Rotors im „magischen Winkel" reduziert sowohl Anisotropien der chemischen Verschiebung als auch die Dipol-Dipol-Wechselwirkungen innerhalb der Festkörperstruktur und ermöglicht es, ^{13}C-Spektren in guter Auflösung zu erhalten. Um jedoch die dipolaren Wechselwirkungen zwischen Protonen zu reduzieren und auch die Aufzeichnung von Protonenspektren eines Festkörpers zu ermöglichen, müssen deutlich höhere Rotationsfrequenzen verwendet werden. Im Suspensions-NMR-Experiment erhöht die Zugabe eines Lösungsmittels die Mobilität der Oberflächenstrukturen und Liganden und minimiert auf diese Weise Suszeptibilitätsstörungen und verbleibende dipolare Wechselwirkungen zwischen Protonen. Dies führt zu verbesserter Auflösung des ^{1}H-NMR-Spektrums (Abb. 4) [5].

Damit bietet diese NMR-Technik die Möglichkeit, NMR-Spektren eines gelösten Analyten in Gegenwart einer chromatographischen Trennphase aufzunehmen und so eine statische chromatographische Situation zu simulieren. Im Suspensions-HR/MAS-NMR-Experiment entspricht die Auflösung des gelösten Analyten derjenigen im Flüssig-NMR-Experiment. Die HR/MAS-NMR-Spektroskopie erlaubt die Aufnahme hochaufgelöster Protonen-NMR-Spektren von an Kieselgel gebundenen stationären Phasen, verglichen mit den entsprechenden Festkörper-NMR-Spektren. Das ^{1}H-HR/MAS-NMR-Spektrum einer kovalent an Kieselgel gebundenen *tert*-Butylcarbamoyl-Chinin-Phase, suspendiert in Methanol-d_4, zeigt, dass eine vollständige Strukturaufklärung des Selektors möglich ist (Abb. 4).

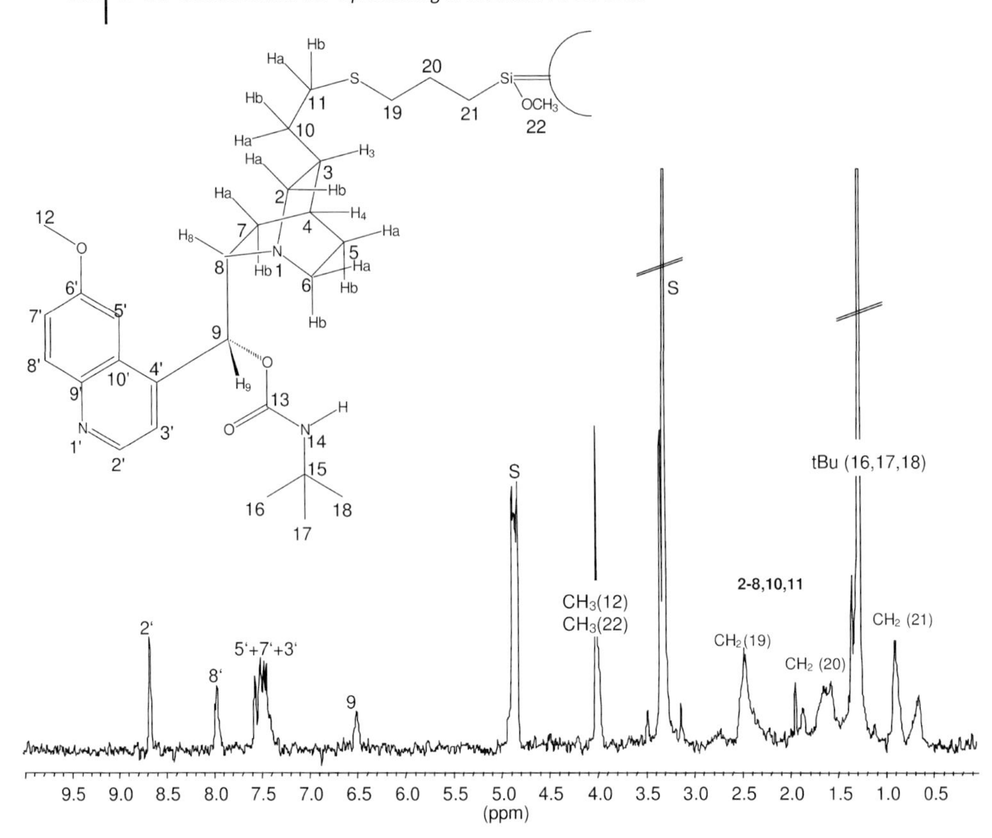

Abb. 4 Suspensions-HR/MAS-NMR-Spektrum einer in Methanol-d_4 suspendierten chromatographischen Phase.

2.1.7.2 Ist der Vergleich zwischen NMR und HPLC zulässig?

Da die mathematische Behandlung der chemischen Verschiebungsdaten die Grenzen dieses Beitrages sprengen würde, sollen hier nur einige Hinweise gegeben werden. (Für interessierte Leser findet sich reichlich Literatur [6, 7].) Es ist trotzdem wichtig anzumerken, dass die mathematische Behandlung der hier präsentierten NMR-Daten nur Gültigkeit hat, wenn zwischen Selektor und Analyt ein 1 : 1-Komplex gebildet wird.

Ein Signal in einem NMR-Spektrum hat auf der chemischen Verschiebungsskala eine Position, die entsprechend Gl. (2) von der elektronischen Umgebung des Kerns abhängt, wobei B_0 die externe Magnetfeldstärke, σ die Elektronendichte und γ das gyromagnetische Verhältnis bezeichnet [8].

$$\nu_1 = (\gamma / 2\,\pi)\,(1 - \sigma)\,B_0 \qquad (2)$$

Es ist offensichtlich, dass sich die Position des NMR-Signals verändert, wenn die Elektronendichte (σ) in der Umgebung des Kerns in einem Analyten einer Störung unterliegt.

Wenn also ein Proton eines Analyten mit der Oberfläche der stationären Phase, die sich im Suspensions-NMR-Rotor befindet, wechselwirkt, wird sein Signal gegenüber der ursprünglichen Position auf der chemischen Verschiebungsskala verschoben sein.

Sowohl bei der Chromatographie als auch beim NMR-Experiment bilden sich verschiedene Komplexe zwischen stationärer Phase (S) und den Analyten (A_1, A_2, usw.) aus, wobei sich die Gleichgewichtsreaktion wie folgt beschreiben lässt (Gl. 3).

$$\mathrm{S} + \mathrm{A} \xrightleftharpoons{K} \mathrm{SA} \tag{3}$$

Die chromatographische Selektivität für eine Reihe von Analyten, die man auf einer stationären Phase beobachtet, ist also abhängig von den Unterschieden in den Bindungsstärken der Komplexe, die sich zwischen der stationären Phase und den Analyten ausbilden.

Um die Gleichgewichtskonstante K für die Reaktion zwischen der stationären Phase und einem Analyten berechnen zu können, muss die Konzentration des freien und des gebundenen Analyten ebenso bekannt sein wie die Menge der stationären Phase, die auf dem Träger immobilisiert wurde (Gl. 4).

$$K = [\mathrm{SA}]/([\mathrm{S}][\mathrm{A}]) \tag{4}$$

Im NMR-Experiment müssen allerdings zwei Fälle unterschieden werden, nämlich ob die Reaktion zwischen dem Analyten und der stationären Phase schnell oder langsam ist im Vergleich zur NMR-Zeitskala.

Ist der Austausch langsam gegenüber der NMR-Zeitskala, so sollten zwei Signale mit verschiedener chemischer Verschiebung auftreten, eines für den freien Analyten und eines für den gebundenen Analyten. Da die Menge an stationärer Phase bekannt ist, ist es kein Problem, K aus den im NMR-Spektrum gemessenen Integralen für den freien Analyten und die gebundene Form zu berechnen.

Eine kompliziertere Situation liegt vor, wenn der Austausch zwischen freiem und gebundenem Analyten schnell gegenüber der NMR-Zeitskala ist. Dann ist es nicht möglich, die Signale des freien und gebundenen Analyten direkt zu integrieren, denn sie erscheinen als zeitgemitteltes Spektrum des freien und gebundenen Analyten. Dennoch kann die Gesamtkonzentration von A als Molenbruch des freien und gebundenen Analyten ausgedrückt werden (Gl. 5)

$$\mathrm{X_A} + \mathrm{X_{SA}} = 1 \tag{5}$$

Die im NMR-Spektrum beobachtete chemische Verschiebung von A (δ_A^{obs}) lässt sich als Linearkombination der Molenbrüche des freien (δ_A) und gebundenen (δ_{SA}) Analyten ausdrücken (Gl. 6).

$$\delta_A^{obs} = \mathrm{X_A}\delta_A + \mathrm{X_{SA}}\delta_{SA} \tag{6}$$

Für den Fall, dass zwei Enantiomere (A_1 und A_2) mit einer chiralen stationären Phase (S) wechselwirken, ist unter Umständen eine Differenz in der chemischen Verschiebung zu beobachten (Gl. 7).

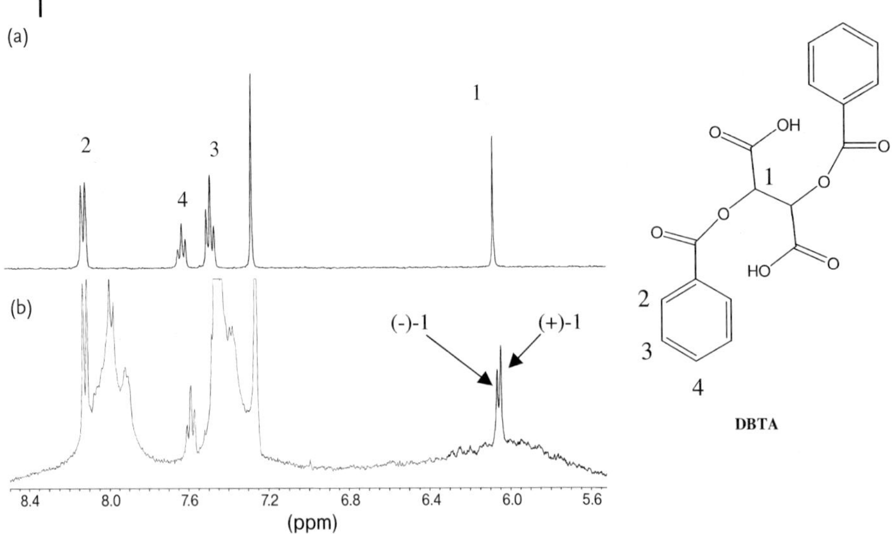

Abb. 5 Suspensions-HR/MAS-NMR-Spektrum von (a) (±)-DBTA, gelöst in $CDCl_3$; (b) (±)-DBTA, gelöst in $CDCl_3$ in Gegenwart von Kromasil-TBB.

$$\Delta\delta = X_{SA1}(\delta_{SA1} - \delta_0) - X_{SA2}(\delta_{SA2} - \delta_0) \tag{7}$$

In Abb. 5 ist eine Differenz in der chemischen Verschiebung zwischen den Methin-Protonen einer Mischung von (±)*O,O′*-Dibenzoylweinsäure [DBTA = *O,O′*-dibenzoyl-tartaric acid] in Gegenwart der stationären Phase Kromasil-TBB [TBB = *N,N′*-diallyl-L-tartardiamide *bis*-(4-*tert*-butylbenzoate)] zu beobachten.

Die Aufspaltung des Signals beruht auf der gleichzeitigen Ausbildung zweier verschiedener diastereomerer Komplexe, eines zwischen (+)-DBTA und Kromasil-TBB und eines zwischen (–)-DBTA und Kromasil-TBB. Die Größe dieser Aufspaltung ist sowohl abhängig von der Menge der stationären Phase, also vom Konzentrationsverhältnis zwischen Selektor und Analyt, als auch vom eingesetzten Lösungsmittel. Das beweist, dass zwischen stationärer Phase und Analyt ein Gleichgewichtszustand herrscht. Das Experiment ist ein direkter Beleg für die Fähigkeit der stationären Phase zu chiraler Erkennung.

Allerdings ist unter den Bedingungen des schnellen Austauschs nur δ_A bekannt, weder δ_{AS} noch X_{AS} ist direkt zugänglich. Deshalb wird die beobachtete Änderung der chemischen Verschiebung des Analyten-Peaks dazu herangezogen, K zu errechnen, indem man zu einer gegebenen Menge des Analyten zunehmend mehr stationäre Phase gibt. Die Interaktionen zwischen Analyten und stationärer Phase können also sowohl in einer HPLC-Säule als auch in einem Suspensions-NMR-Rotor durch die Gleichgewichtskonstante K beschrieben werden. Damit ist ein Vergleich von NMR-Daten und Retentionsfaktoren k möglich.

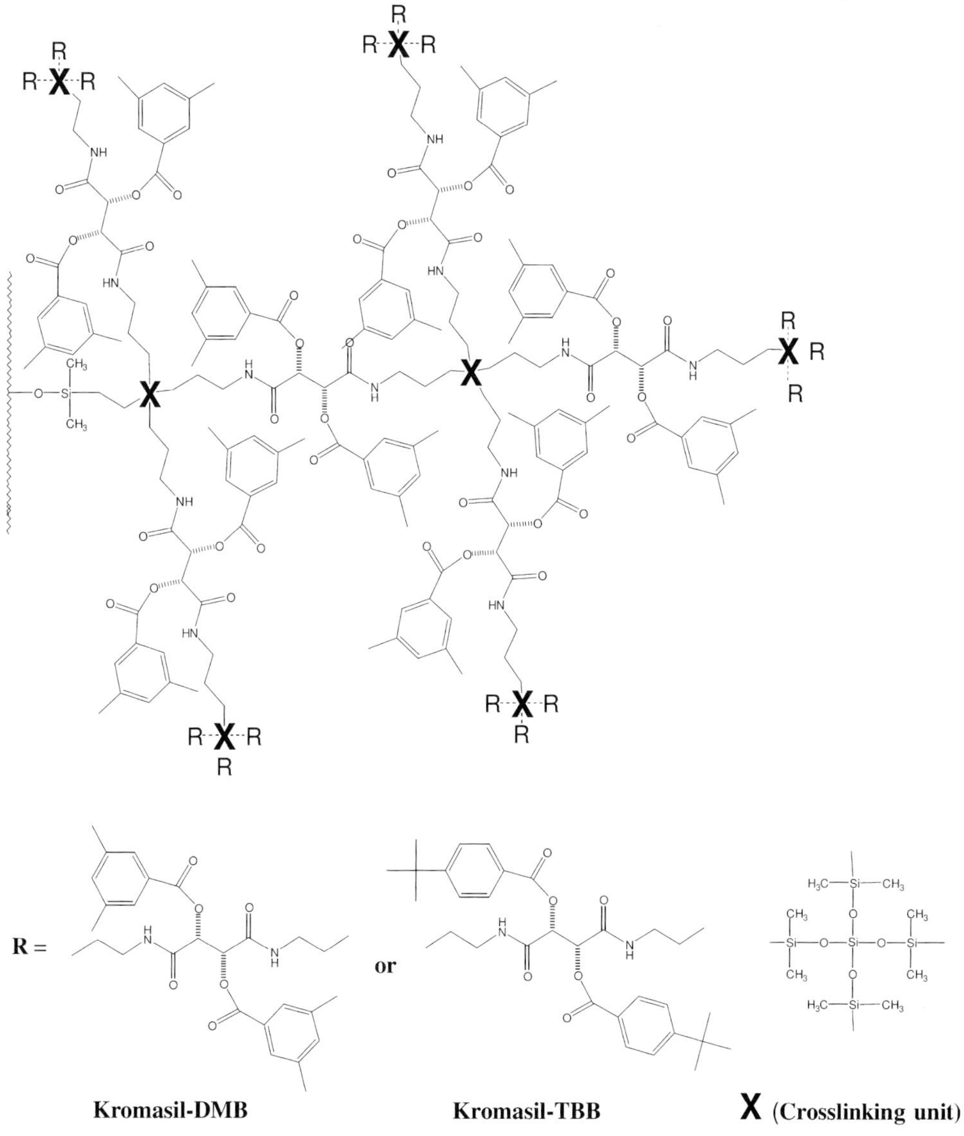

Abb. 6 Schematische Darstellung der stationären Phasen Kromasil-DMB und Kromasil-TBB.

2.1.7.3 Der transfer-Nuclear-Overhauser-Effekt (trNOE)

Wie können wir sicher sein, dass ein Analyt und eine stationäre Phase im NMR-Rotor miteinander wechselwirken, wenn wir keine Differenzen in der chemischen Verschiebung beobachten? Das NOESY-Experiment ist heute ein bewährtes NMR-Experiment, um intramolekulare und intermolekulare Distanzen durch den Raum zu messen.

Mithilfe des NOE ist es möglich zu ermitteln, wie weit Spinsysteme voneinander entfernt sind, da die Stärke des NOE stark von der Distanz der Spinsysteme abhängt (r^{-6}). Es ist bekannt, dass das Vorzeichen des NOE, entweder positiv oder negativ, aufgrund verschiedener Relaxationsmechanismen in einem großen (Zero Quantum) bzw. kleinen (Double Quantum) Molekül, von der Molekülgröße abhängt [2].

Dieser Effekt rührt daher, dass ein kleines Molekül eine kleine Korrelationszeit (τ_c) besitzt, d. h. das Molekül rotiert schnell, während ein großes Molekül eine langes τ_c aufweist. Die Relaxationsmechanismen ändern sich bei einer Molekülmasse von ungefähr 1000 Da. Moleküle mit einer Molekülmasse über 1000 Da zeigen also negative NOE-Crosspeaks während Moleküle mit einer Molekülmasse kleiner 1000 Da positive NOE-Crosspeaks haben.

Wenn jedoch ein Analyt mit niedrigem Molekulargewicht mit einem großen Molekül der stationären Phase wechselwirkt, kann der NOE des großen Moleküls auf das kleine Analytmolekül übertragen werden. Das niedermolekulare Analytmolekül wird für eine kurze Zeit (ca. 100 ms) einen negativen NOE-Crosspeak in den aufgezeichneten Spektren haben [4, 5, 9]. Dies kommt daher, dass das kleine Molekül dasselbe τ_c wie das große Molekül der stationären Phase hat, solange die Interaktion andauert. Es ist wichtig anzumerken, dass kein trNOE gemessen werden kann, wenn die Interaktion zu schwach ist, was heißt, dass zu wenige Moleküle den Memory-Effekt zeigen. Ebenso wenig kann ein trNOE nachgewiesen werden, wenn die Interaktion zu stark ist, das heißt nämlich, in diesem Fall existieren zu wenige freie Moleküle, gegenüber denen der Effekt gemessen werden könnte.

Wenn man die Stärke des trNOE für einen gegebenen Crosspeak eines Analyten vergleicht, kann man die Interaktionsstärke zu verschiedenen stationären Phasen bestimmen. Es konnte eine Korrelation zur Chromatographie nachgewiesen werden, indem die trNOE-Intensitäten für Norethisteroneacetat (**6**) und Chlormadinonacetat (**7**) in Gegenwart der stationären Phasen Caltrex AIII (Phase **A**) und Caltrex BIII (Phase **B**) mit den entsprechenden Retentionsfaktoren aus der HPLC verglichen wurden (s. Tabellen 1 und 2).

Aus Tabelle 1 geht klar hervor, dass Analyt **6** in Gegenwart der Phasen **A** und **B** die gleiche Stärke des trNOE-Crosspeaks zeigt, während Analyt **7** in Gegenwart von Phase **A** einen stärkeren trNOE-Crosspeaks zeigt als in Gegenwart von Phase **B**. Das heißt, dass Analyt **6** gleich stark mit den Phasen **A** und **B** wechselwirkt, während Analyt **7** eine stärkere Wechselwirkung mit Phase **A** im Vergleich zu Phase **B** zeigt. Dies wird durch die chromatographischen Daten in Tabelle 2 [10] bestätigt. Anzumerken ist, dass ein Vergleich zwischen NMR und chromatographischen Daten nur erlaubt ist, wenn in den NMR-Experimenten dieselbe Lösungsmittelzusammensetzung verwendet wird, die als mobile Phase im chromatographischen Experiment zum Einsatz kommt.

Allerdings lässt sich die Stärke der Wechselwirkungen zwischen Analyt **6** und Analyt **7** nicht vergleichen, da der trNOE an verschiedenen Atomen gemessen wurde. Da die Stärke des trNOE umgekehrt proportional zur sechsten Potenz (r^{-6}) der intramolekularen Entfernung (r) ist, werden verschiedene Stärken des

Tabelle 1 Vergleich von trNOE-Crosspeaks aus Suspensions-HR/MAS-NMR-Experimenten mit Analyten **6** bzw. **7** in Gegenwart der Phasen **A** bzw. **B**, suspendiert in $MeOD_4$ (80 %) und D_2O.

Analyten (gewählter Crosspeak)	*Stärke des Crosspeaks in Gegenwart von Phase A*	*Stärke des Crosspeaks in Gegenwart von Phase B*
6 [H-4-H-2]	–0,01	–0,01
7 [H-4-H-7]	–0,20	–0,10 –0,12[a]

[a] Wiederholung der Messung.

Tabelle 2 *k*-Werte der Analyten **6** und **7**, eluiert von Phase **A** und **B** bei verschiedenen Konzentrationen von Methanol und Wasser in der mobilen Phase.

Phase	*Analyt*	*MeOH 80 %*	*MeOH 75 %*	*MeOH 70 %*	*MeOH 65 %*	*MeOH 60 %*
		k	*k*	*k*	*k*	*k*
A	6	1,61	2,64	4,47	8,37	14,21
	7	1,78	2,88	4,84	9,13	15,40
B	7	1,39	2,41	4,17	7,64	14,55
	6	1,61	2,83	4,91	9,18	17,76

NOE beobachtet, wenn *r* zwischen den Molekülen variiert. Für eine Vergleichbarkeit ist es nötig zu wissen, dass die intramolekularen Distanzen zwischen den Gruppen, die dem trNOE-Crosspeak entsprechen, die gleichen sind. Daher ist diese Technik besonders gut geeignet für Untersuchungen zur Stereospezifität, wenn verschiedene Enantiomere mit einer chiralen stationären Phase wechselwirken. In allen anderen Fällen kann nur dasselbe Molekül in verschiedenen Umgebungen untersucht werden (Abb. 7). Die verschiedenen trNOE-Stärken wurden für die Wechselwirkung zwischen Methylphenylhydantoin (**9**) und mit Polyvinylamin (Phase **C**) beschichtetem Kieselgel erhalten, die in verschiedenen Wasser/Acetonitril-Mischungen suspendiert waren [4].

Es ist erkennbar, dass die Stärke des NOE-Crosspeaks in Wasser/Acetonitril die Retentionsreihenfolge widerspiegelt. Eine interessante Zunahme in der Stärke der Interaktion tritt auf, wenn die Wasserkonzentration von 10 % auf 0 % reduziert wird. Vermutlich beruht dies auf einem Übergang des Retentionsmechanismus von einem durch hydrophobe Wechselwirkungen dominierten Mechanismus bei einem Wassergehalt oberhalb 10 % zu einem durch Wasserstoffbrücken dominierten Mechanismus bei einem Wassergehalt von weniger als 10 %.

2.1.7.4 Suspensions-^{1}H HR/MAS-T_1-Relaxations-Messungen

Die T_1-Relaxationszeit für Protonen, messbar durch die Inversion-Recovery-Puls-Sequenz, ist bekanntermaßen kürzer, wenn die Anzahl der Relaxationswege zu-

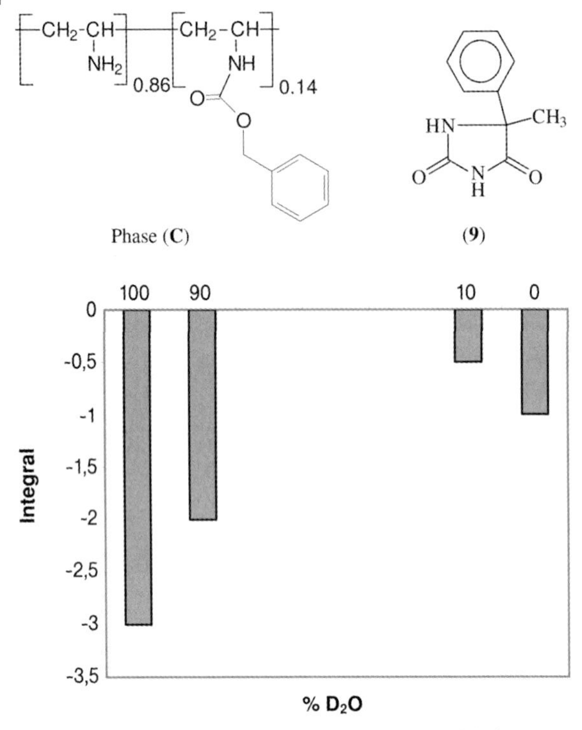

Abb. 7 Relative Integrale für den negativen intramolekularen NOE-Crosspeak zwischen den Phenyl- und Methylgruppen von Methylphenylhydantoin (**9**) in einer Suspension von **9** und Phase (**C**) in D_2O/Acetonitril-D_3 Lösungsmittelgemisch.

nimmt. Das heißt, wenn das Proton des Analyten zu einem Selektor näheren Kontakt hat als zu einem anderen, sollte sich dies in einer kürzeren T_1-Relaxationszeit des entsprechenden Protons äußern. Messungen der T_1-Relaxationszeit durch Suspensions-^{1}H-HR/MAS-NMR können deshalb dazu dienen, Nachbarschaftsbeziehungen zwischen Analyten und chromatographischen Selektoren zu untersuchen. Wenn aber die intramolekularen Abstände in zwei Molekülen gleich sind, etwa bei Enantiomeren, können ihre T_1-Zeiten verglichen und dazu herangezogen werden, die Retentionsreihenfolge vorherzusagen. Ein Vergleich der T_1-Werte von (*R*)- bzw. (*S*)-1,1′-Binaphthyl-2,2′-diol (**8**) in Gegenwart von Kromasil-DMB (DMB = *N,N′*-Diallyl-L-tartardiamide *bis*-(3,5-dimethylbenzoate) wie in Tabelle 3 gezeigt ergibt, dass für (*R*)-**8** gegenüber (S)-**8** bei jedem der entsprechenden Signale signifikant kürzere Werte beobachtet werden [9]. Dies weist auf eine engere Nachbarschaft des (*R*)-**8** zu Kromasil-DMB hin und darauf, dass stärkere Wechselwirkungen zwischen (*R*)-**8** und Kromasil-DMB stattfinden.

Dies wurde durch die Retentionsreihenfolge einer Mischung von (*R*)- und (S)-**8** bestätigt, die sich bei der Elution von einer mit Kromasil-DMB-Trennphase gepackten Säule mit der gleichen mobilen Phase wie im NMR-Experiment ergibt (Abb. 8).

1,1'-Binaphthyl-2,2'-diol (**8**)

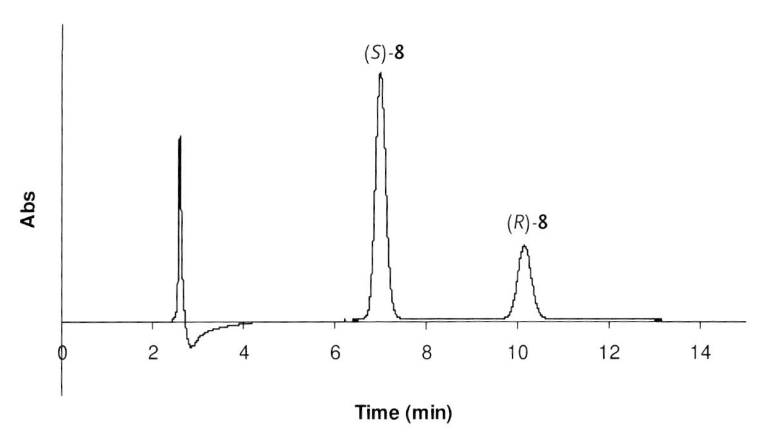

Abb. 8 Trennung von (*R*)-**8** und (*S*)-**8** mit Kromasil-DMB als stationärer Phase und 2-Propanol (5 %) in Cyclohexan als mobile Phase, Fluss = 1 mL/min.

Tabelle 3 Suspensions-HR/MAS-NMR-T_1-Messungen von (*R*)-**8** oder (*S*)-**8** in Gegenwart von Kromasil-DMB mit 2-Propanol-d_8 (5 %) in C_6D_{12} als Lösungsmittel.

Analyt Signal	*T_1-Werte für (R)-8 (s)*	*T_1-Werte für (S)-8 (s)*
H-1	1,7	2,3
H-2	1,4	1,9
H-3	1,4	1,9
H-4	1,5	1,9
H-6	1,6	2,2

2.1.7.5 **Wo finden die Wechselwirkungen statt?**

Um Informationen darüber zu erlangen, wo exakt die Wechselwirkungen zwischen einem Analyten und einem Selektor stattfinden, können mehrere verschiedene Suspensions-HR/MAS-NMR-Experimente herangezogen werden. Das Suspensions-HR/MAS-trNOESY-Experiment von (*S*)-**8** gelöst in $CDCl_3$ in Gegenwart von Kromasil-DMB (Abb. 5), zeigt gleichzeitig sowohl die negativen intramolekularen trNOE-Crosspeaks (blau), die die Wechselwirkung mit dem Sorbent bestätigen und intermolekulare Crosspeaks (rot) zwischen dem aromatischen Rest des Selektors und dem aromatischen Ring des Analyten (Abb. 9) [9].

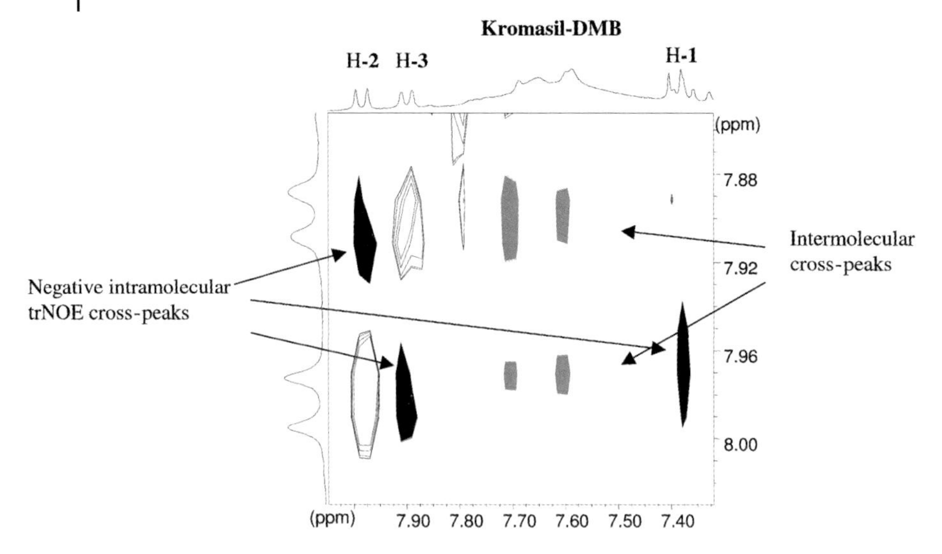

Abb. 9 Suspensions-HR/MAS-trNOESY-Spektrum von (S)-**8** gelöst in $CDCl_3$ in Gegenwart von Kromasil-DMB mit intramolekularen Crosspeaks (schwarz) und intermolekularen Crosspeaks (grau).

2.1.7.6 Wasserstoffbrückenbindungen

Suspensions-^{1}H-HR/MAS-NMR-Spektroskopie kann auch dazu dienen, Wasserstoffbrückenbindungen zwischen Analyten und stationären Phasen zu erkennen. Funktionelle Gruppen wie Alkohole, Amine usw., die Möglichkeiten für Wasserstoffbrückenbindungen bieten, können eine Änderung der chemischen Verschiebung oder eine Signalverbreiterung bewirken. In Abb. 10 ist deutlich zu erkennen, dass das der Hydroxylgruppe entsprechende Signal in (*S*)-**8** signifikant verbreitert wird, wenn Kromasil-DMB in den Rotor gegeben wird [9].

Das Ausmaß der Verbreiterung bzw. der Änderung der chemischen Verschiebung ist natürlich vom S/A-Verhältnis abhängig, das im Experiment benutzt wird.

2.1.7.7 Einige praktische Gesichtspunkte

Da nicht alle als mobile Phasen benutzten Lösungsmittel deuteriert verfügbar oder unnötig teuer sind, müssen die chromatographischen Bedingungen so gewählt werden, dass die Benutzung einer für NMR geeigneteren Lösungsmittelmischung möglich ist.

Im Allgemeinen stellt dies bei der Reversed Phase-Chromatographie kein Problem dar, da Wasser, Methanol und Acetonitril deuteriert erhältlich sind. Unter Normalphasen-Bedingungen hingegen kann es sehr nützlich sein, etwa *n*-Hexan gegen Cyclohexan auszutauschen oder wenn möglich Chloroform zu benutzen; diese Änderungen werden natürlich die Retention und Selektivität in den Chromatogrammen beeinflussen. Die Wahl des Lösungsmittels wird auch die Art der Wechselwirkung beeinflussen, etwa mehr Wasserstoffbrücken, wenn unpolarere Lösungsmittel verwendet werden.

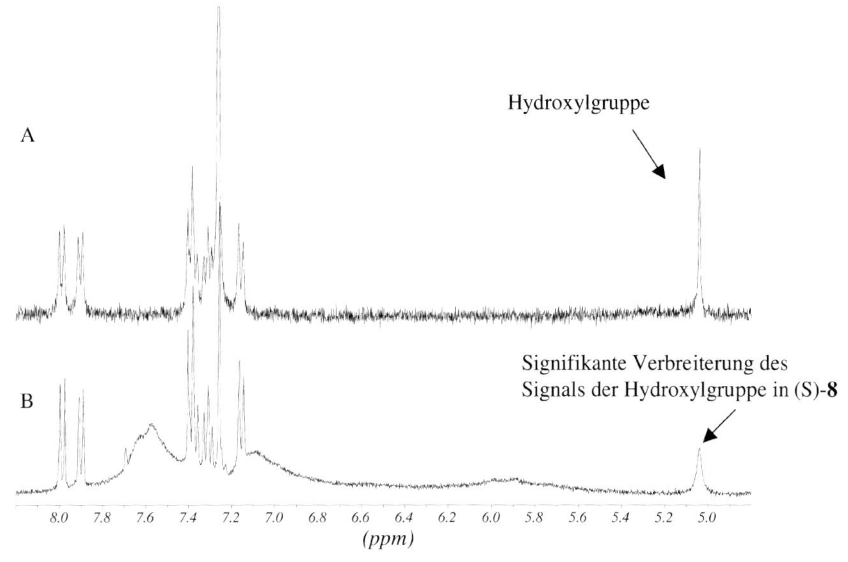

Abb. 10 Suspensions-^{1}H-HR/MAS-NMR-Spektren von (a) freiem (*S*)-**8** gelöst in $CDCl_3$ und (b) (S)-**8** gelöst in $CDCl_3$ in Gegenwart von Kromasil-DMB.

Deshalb wird bei Experimenten mit Lösungsmittelgemischen, wie z. B. 2-Propanol-d_8 und Cyclohexan-d_{12}, die Menge der polaren Komponente die Stärke der Wechselwirkung bestimmen. Da NMR unempfindlicher ist als der in der HPLC benutzte UV-Detektor, müssen im NMR-Experiment höhere Mengen Analyt eingesetzt werden. Deshalb müssen Probleme mit zu geringer Löslichkeit des Analyten beachtet werden.

Weiterhin muss man daran denken, dass das NMR-Experiment ein statisches Experiment ist, deshalb im Gegensatz zur Situation im Durchfluss kein aufeinander folgendes Knüpfen und Lösen von Bindungen stattfindet. Daher ist es erforderlich, während des NMR-Experiments das richtige Selektor- zu Analyt-Verhältnis (S/A-Wert) zu wählen. Sowohl die Wahl des Lösungsmittels als auch das S/A-Verhältnis beeinflusst die Menge des komplexierten Analyten über die Gleichgewichtslage zwischen stationärer Phase und Analyt.

Man muss weiterhin darauf achten, dass es nicht zu ungewollter Signalüberlappung der Analyten- und Selektorsignale kommt. Da ein Gleichgewicht vorliegt, ist es wichtig, saubere Lösungsmittel zu benutzen, um konkurrierende Wechselwirkungen mit möglichen Verunreinigungen des Lösungsmittels zu vermeiden. Es ist außerdem wichtig, dass die Wechselwirkung mit dem Selektor nicht zur einer Konformationsänderung des Analyten und damit zu einer Änderung der intramolekularen Distanzen führt.

2.1.7.8 Ausblick

Die Anwendung von Suspensions-HR/MAS-NMR-Spektroskopie zum Studium von Wechselwirkungen zwischen stationären chromatographischen Phasen und interessierenden Analyten steht noch ganz am Anfang. Prinzipiell können alle hoch entwickelten NMR-Experimente, die für die Untersuchung des Protein-Liganden-Austauschs entwickelt wurden, auch für die Untersuchung von Trennphasen zur Anwendung kommen. Folglich können Experimente wie Saturation-Transfer-Difference (STD)-NMR, mit denen sich der Teil des Analyten identifizieren lässt, der mit einem Substrat wechselwirkt, wertvolle Hinweise auf Retentionsmechanismen liefern.

Literatur

1 U. Skogsberg, D. Zeeb, and K. Albert, *Chromatographia* 59 (2004), 1.
2 D. Neuhaus, P. Williamson, The Nuclear Overhauser Effect in *Structural and Conformational Analysis*, VCH, Weinheim (2000).
3 C. Yamamoto, E. Yashima, Y. Okamoto, *J. Am. Chem. Soc.* 124 (2002), 12583.
4 H. Händel, E. Gesele, K. Gottschall, K. Albert, *Angew. Chem.* 115 (2003), 454; Angew. Chem. Int. Ed., 42 (2003), 438.
5 C. Hellriegel, U. Skogsberg, K. Albert, M. Lämmerhofer, N. M. Maier, W. Lindner, *J. Am. Chem. Soc.* 126 (2004), 3809–3816.
6 I. Fielding, *Tetrahedron.* 56 (2000), 6151.
7 K. A. Connors, *Binding Constants,* John Wiley & Sons, USA (1987).
8 Claridge T. D. W. *High Resolution NMR Techniques in Organic Chemistry*; Pergamon, Netherlands (1999).
9 U. Skogsberg, H. Händel, D. Sanchez, K. Albert, *J. Chromatogr. A* 1023 (2004), 215–223.
10 U. Skogsberg, H. Händel, E. Gesele, T. Sokoließ, U. Menyes, T. Jira, U. Roth, K. Albert, *J. Sep. Sci.* 26 (2003), 1–6.

2.2
Optimierung in der Normalphasen-Chromatographie

Veronika R. Meyer

2.2.1
Einleitung

Normalphasen-HPLC (NP) fristet ein Schattendasein, vermutlich weil ihr der Ruf anhaftet, kompliziert und sogar unzuverlässig zu sein. Das stimmt nicht, sondern sie ist eine wertvolle Technik für die Trennung einer großen Gruppe von Analyten. Kieselgel, der Prototyp einer NP-Phase, ist hervorragend für die Trennung von Isomeren (*cis-trans*, Stellungsisomere, Diastereomere) geeignet. Abbildung 1 zeigt ein Beispiel. Die Kieselgeloberfläche ist starr (im Gegensatz zu den flexiblen Kohlenwasserstoffketten der üblichen Umkehrphasen-Materialien) und die Analyten treten in eine sterisch definierte Wechselwirkung mit den dort vor-

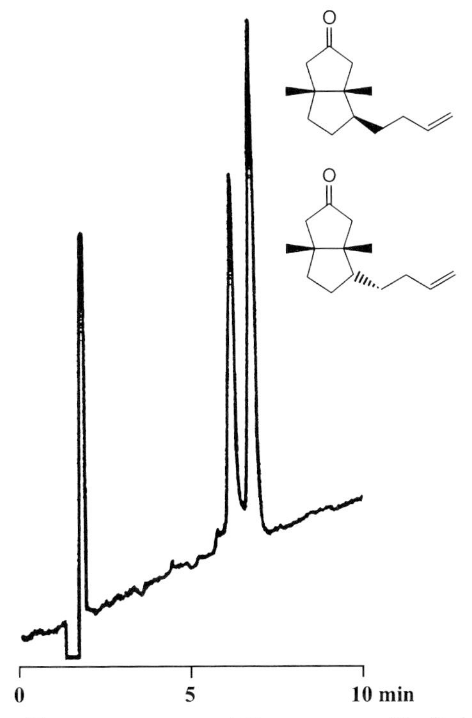

Abb. 1 Trennung von zwei Diastereomeren (bicyclische Ketone, Synthese durch M. Thommen, Universität Bern, Organische Chemie, 1994).
Säule: 25 cm × 3,2 mm; stationäre Phase: LiChrosorb SI 60 5 μm; mobile Phase: *n*-Hexan/Isopropanol 99 : 1, 1 mL/min; Temperatur: Raumtemperatur; Detektion: Brechungsindex.

HPLC richtig optimiert: Ein Handbuch für Praktiker. Herausgegeben von Stavros Kromidas

ISBN: 3-527-31470-9

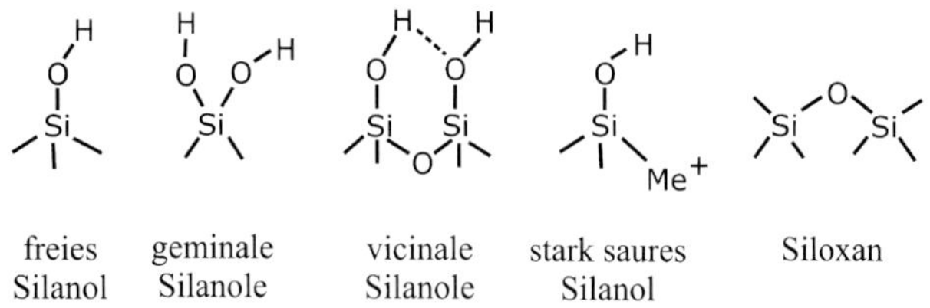

freies Silanol | geminale Silanole | vicinale Silanole | stark saures Silanol | Siloxan

Abb. 2 Die verschiedenen polaren Gruppen auf der Silicageloberfläche.

liegenden polaren Gruppen (Abb. 2): freie, geminale, vicinale (mit Wasserstoffbrückenbindung) und stark saure Silanole mit einem Kation wie Fe^{3+} in der Nähe, dazu auch die Siloxangruppen. Geminale und vicinale Silanole sind neutral, wogegen die freien Silanole schwach sauer sind. Die sauren Gruppen können als Kationenaustauscher wirken und dadurch Anlass zu Problemen mit basischen Analyten geben. Hochreine Kieselgele sind nahezu frei von kationischen Verunreinigungen, sodass auch keine stark sauren Silanole vorkommen.

In der Normalphasen-HPLC beruht die Optimierung auf den Eigenschaften der als Eluenten möglichen Lösungsmittel, nämlich auf ihrer Lokalisierung und Basizität. Ein lokalisierendes Lösungsmittel tritt mit den aktiven Zentren der stationären Phase in deutliche Wechselwirkung. Ein basisches Lösungsmittel wirkt in einer Wasserstoffbrückenbindung als Protonenakzeptor. In den meisten Fällen wird ein schwaches und daher nicht-basisches und nicht-lokalisierendes Lösungsmittel als erste Komponente eingesetzt, beispielsweise Hexan. Das zweite Lösungsmittel kann Dichlormethan (nicht-basisch, nicht-lokalisierend), Acetonitril oder Ethylacetat (nicht-basisch, lokalisierend) oder *tert.*-Butylmethylether (basisch, lokalisierend) sein.

2.2.2
Eluenten in der NP-HPLC

In der NP-HPLC steht eine viel größere Auswahl an Lösungsmitteln mit verschiedenen Eigenschaften zur Verfügung als im Umkehrphasen-Modus. Tabelle 1 gibt eine Übersicht mit den folgenden Daten:

- Stärke $\varepsilon°$: ein Parameter, der mit der Adsorptionsenergie des Lösungsmittels verknüpft ist.
- Viskosität: einer der Vorteile der NP-HPLC liegt in der Tatsache, dass die Viskosität ihrer Eluenten klein ist (Dioxan und Isopropanol sind Ausnahmen), was kleinen Druck und hohe Trennstufenzahlen zur Folge hat.
- UV-Grenze.
- Lokalisierung: die Fähigkeit, mit den adsorptiven Zentren der stationären Phase in starke Wechselwirkung zu treten.
- Basizität: die Fähigkeit, in einer Wasserstoffbrückenbindung als Protonenakzeptor zu agieren. Für nicht-lokalisierende Lösungsmittel ist dieser Parameter irrelevant, und die Alkohole haben andere Selektivitätseigenschaften.

Tabelle 1 Lösungsmitteleigenschaften.

Lösungsmittel	*Stärke* ε°	*Viskosität [mPa s]*	*UV-Grenze [nm]*	*Lokalisierung*	*Basizität*
Hexan	0	0,33	190	–	
Heptan	0	0,41	190	–	
Diisopropylether	0,22	0,37	220	–	
Diethylether	0,29	0,24	205	+	+
Dichlormethan	0,30	0,44	230	–	
Chloroform	0,31	0,57	245	–	
1,2-Dichlorethan	0,38	0,79	230	–	
Triethylamin	0,42	0,38	230	+	+
Aceton	0,43	0,32	330	+	–
Dioxan	0,43	1,54	220	+	+
THF	0,48	0,46	220	+	+
tBME	0,48	0,35	220	+	+
Ethylacetat	0,48	0,45	260	+	–
Acetonitril	0,50	0,37	190	+	–
Isopropanol	0,60	2,3	210	+	
Ethanol	0,68	1,2	210	+	
Methanol	0,73	0,6	205	+	
Essigsäure	groß	1,26	260	+	

Die Lösungsmittel können in einem Selektivitätsdreieck nach ihren sauren, basischen und Dipol-Eigenschaften angeordnet werden (s. Abb. 3). Offensichtlich lassen sich größere Unterschiede in der Selektivität erwarten, wenn die eingesetzten Lösungsmittel im Dreieck möglichst weit voneinander entfernt sind.

Lösungsmittel von gleicher Stärke geben ähnliche k-Werte der Analyten, doch können in der Praxis die beobachteten Retentionszeiten und Auflösungen dank der Selektivitätsunterschiede differieren. Beispielsweise haben *tert.*-Butylmethylether (tBME) und Acetonitril ähnliche Stärke, aber tBME ist basisch, Acetonitril ist es nicht. Dasselbe gilt für Lösungsmittelmischungen. Die in Abb. 1 gezeigte Trennung von zwei Diastereomeren wurde mit verschiedenen Mischungen versucht, wobei (auf LiChrosorb SI 60) die folgenden Ergebnisse gefunden wurden:

- Hexan/Isopropanol 99 : 1, $k_1 = 3{,}4$, $\alpha = 1{,}14$; das ist die gezeigte Trennung.
- Hexan/*tert.*-Butylmethylether 80 : 20, $k_1 = 4{,}2$, $\alpha = 1{,}12$.
- Hexan/Ethylacetat 90 : 10, $k_1 = 7{,}2$, $\alpha = 1{,}11$.
- Hexan/Tetrahydrofuran 90 : 10, $k_1 = 2{,}5$, $\alpha = 1{,}07$.

Mit Umkehrphasen-Chromatographie war die Trennung nicht möglich (auf LiChrospher 100 RP-18 und Wasser/Methanol 30 : 70, was $k = 3{,}4$ ergab).

Für eine rationale Methodenentwicklung und Optimierung verwendet man ein schwaches sog. A-Lösungsmittel und ein stärkeres B-Lösungsmittel. A ist normalerweise Hexan oder Heptan. Drei verschiedene Typen von B-Lösungsmitteln werden als zweite Komponente ausprobiert:

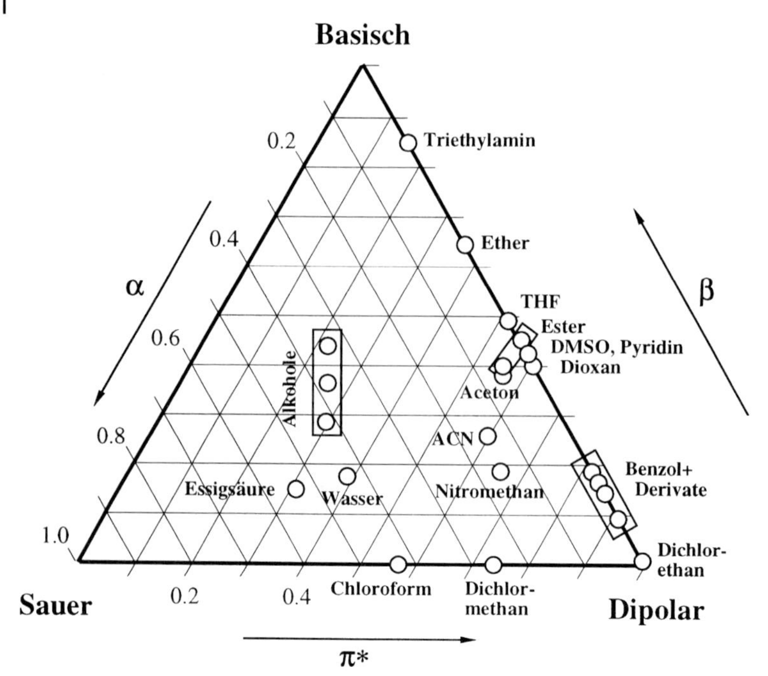

Abb. 3 Das Selektivitätsdreieck der organischen Lösungsmittel.
α = saure Eigenschaften; β = basische Eigenschaften; π* = Dipoleigenschaften.

a) Nicht-lokalisierendes Lösungsmittel, z. B. Dichlormethan.
b) Nicht-basisches, lokalisierendes Lösungsmittel, z. B. Acetonitril oder Ethylacetat. Acetonitril löst sich nur schlecht in Alkanen und es kann notwendig sein, ein wenig Dichlormethan als Lösungsvermittler zuzufügen. Man beachte die hohe UV-Grenze von Ethylacetat, was den möglichen Anteil beschränkt, wenn man mit UV-Detektion arbeitet.
c) Basisches, lokalisierendes Lösungsmittel, z. B. *tert.*-Butylmethylether.

Abbildung 4 zeigt binäre Mischungen gleicher Stärke. Beispielsweise haben die Mischungen mit 40 % Dichlormethan, 2 % *tert.*-Butylmethylether, 4 % THF, 2 % Ethylacetat oder weniger als 0,5 % Isopropanol in Hexan eine ähnliche Stärke von ungefähr $\varepsilon^\circ = 0{,}22$. Wenn wegen stärker polarer Analyten eine höhere Stärke notwendig ist, so können auch andere Lösungsmittel als Hexan als A-Komponente eingesetzt werden. Wenn z. B. *tert.*-Butylmethylether das B-Lösungsmittel ist, so geben 60 % in Hexan die gleiche Stärke wie 20 % in Dichlormethan ($\varepsilon^\circ = 0{,}4$), aber die Selektivität kann eine andere sein.

Um nicht alle diese Mischungen für die HPLC herstellen zu müssen, kann es einfacher (und billiger) sein, die ersten Tests auf kleinen DC-Platten mit Kieselgel durchzuführen. Ein Eluent ist nur brauchbar, wenn die resultierenden R_F-Werte zwischen 0,1 und 0,5 liegen. Ein R_F-Wert von 0,3 sollte einen k-Wert von ungefähr 2 auf der Säule geben.

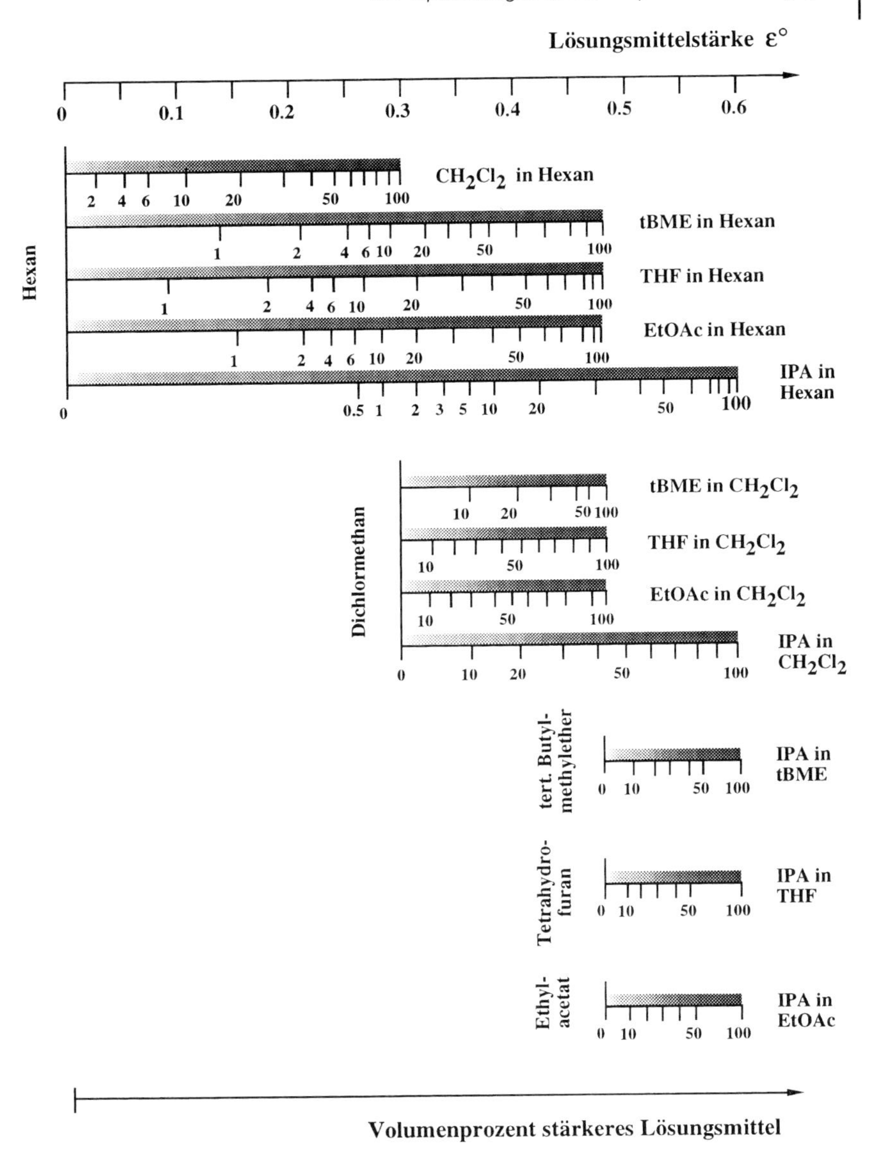

Abb. 4 Elutionsstärke von binären Mischungen.
Zieht man eine vertikale Linie durch das Nomogramm, so sind alle gefundenen Lösungsmittelmischungen gleich stark. tBME: *tert.*-Butylmethylether.

Man beachte die Mischungseigenschaften der verschiedenen Lösungsmittel, wie in Abb. 5 dargestellt. Eine beschränkte Anzahl von Lösungsmitteln ist mit allen anderen von Hexan bis Wasser mischbar: Aceton, konz. Essigsäure, Dioxan, abs. Ethanol, Isopropanol und THF.

Es kann nötig sein, ein wenig Triethylamin der mobilen Phase beizufügen, wenn basische Analyten getrennt werden müssen. Analog kann eine Spur

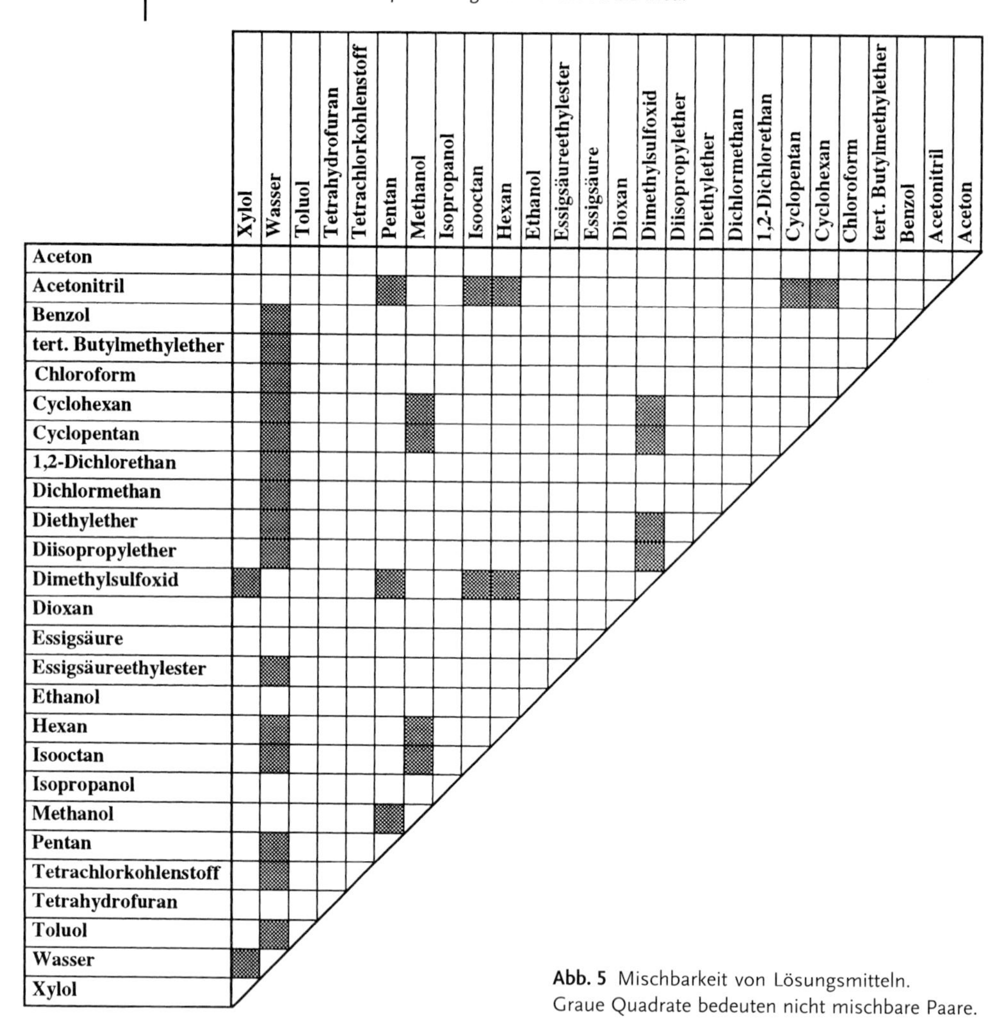

Abb. 5 Mischbarkeit von Lösungsmitteln. Graue Quadrate bedeuten nicht mischbare Paare.

Essig-, Trifluoressig- oder Ameisensäure für die Trennung von sauren Stoffen nützlich sein. Allerdings sollten Additiva nur wenn wirklich nötig eingesetzt werden (denn einfache Eluenten sind weniger fehleranfällig bei der Herstellung).

2.2.3
Stationäre Phasen in der NP-HPLC

Kieselgele sind basisch, neutral oder sauer, so kann es vorteilhaft sein, die Produkte verschiedener Hersteller zu testen. Eine basische stationäre Phase ist für saure Analyten nicht geeignet und umgekehrt. Darüber hinaus differieren die verschiedenen kommerziell erhältlichen Kieselgele in ihrer Reinheit in Bezug auf den Gehalt an Schwermetallen (vor allem Eisen), was unterschiedliche Selek-

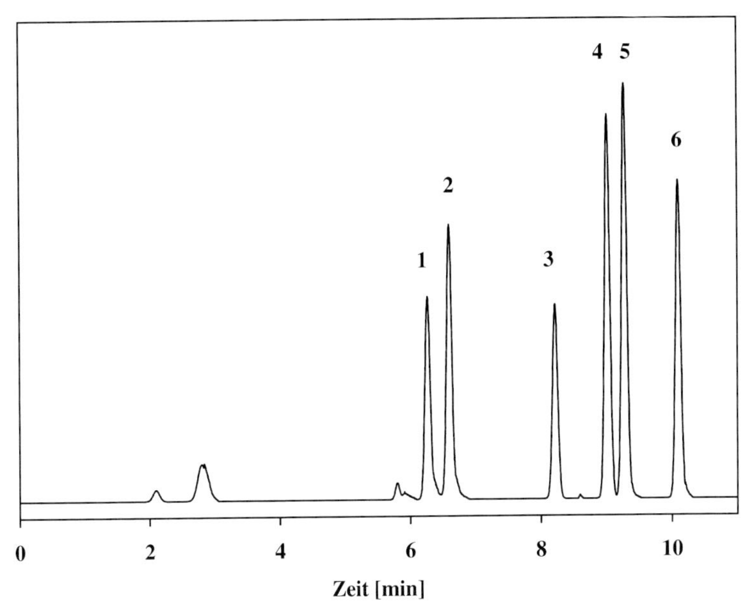

Abb. 6 Gradiententrennung auf Silicagel. Säule: 25 cm × 3,2 mm; stationäre Phase: LiChrosorb SI 60 5 μm; Eluent A: *n*-Hexan; Eluent B: Dichlormethan; Gradient: 0–2 min 100 % A, 2–12 min 0–80 % B; Fluss: 1 mL/min; Temperatur: Raumtemperatur; Detektion: UV 254 nm. Analyten: 1 = 2-Phenylethylbromid, 2 = 1,4-Diphenylbutan, 3 = Phenetol, 4 = Nitrobenzol, 5 = *trans*-Chlorstilbenoxid, 6 = Sudanrot 7B.

tivität zur Folge haben kann. Nicht zu vergessen: je größer die spezifische Oberfläche der stationären Phase, die je nach Porengröße zwischen 400 und 900 m^2/g variieren kann, desto größer sind die *k*-Werte, wenn die gleiche mobile Phase eingesetzt wird.

Gradiententrennungen auf Kieselgel sind möglich, siehe Abb. 6 als Beispiel. Mit der Rück-Äquilibrierung sollten keine Probleme zu erwarten sein, wenn das B-Lösungsmittel nicht lokalisierend ist, beispielsweise Dichlormethan. Andere Lösungsmittelsysteme wurden ebenfalls erfolgreich eingesetzt; unter Umständen ist strikte Temperaturkontrolle notwendig. Es ist möglich (aber nicht untersucht worden), dass sich Kieselgele mit tieferem Metallgehalt eher für Gradiententrennungen eignen und dass eine gebrauchte Säule (mit etwas Schmutz auf der Oberfläche der Packung) robuster ist als eine neue.

Die anderen polaren Phasen, d. h. die Kieselgele mit chemisch gebundener Nitril-, Nitro-, Amin- oder Diolphase, sind wertvolle Alternativen zu Kieselgel. Sie sind weniger polar (weshalb die mobile Phase schwächer sein kann) und zeigen eine andere Selektivität. Sie werden jedoch meistens im Umkehrphasen-Modus mit wässriger mobiler Phase verwendet. Normalphasen-Applikationen von einiger Wichtigkeit sind die Trennung von Aromaten auf der Nitrophase und von nichtionischen Tensiden auf der Diolphase. Die erreichbaren Trennstufenzahlen sind meist kleiner als auf nicht-derivatisiertem Kieselgel. Aktivitätskontrolle (s. den Abschnitt über das Troubleshooting von NP-Trennungen) ist nicht nötig. Die Stabilität der chemischen Bindung kann beschränkt sein.

Eine selten benützte polare stationäre Phase ist Aluminiumoxid (Alox). Es hat eine andere Selektivität als Kieselgel, aber die Säulen zeigen größere theoretische Trennstufenhöhen (d. h. die Zahl der Trennstufen pro Längeneinheit ist kleiner). Im Gegensatz zu Kieselgel kann die irreversible Adsorption von Analyten ein Problem darstellen.

2.2.4
Troubleshooting in der Normalphasen-Chromatographie

Einer der Gründe, weshalb Kieselgel in vielen Laboratorien nicht verwendet wird (auch nicht für Trennprobleme, für die es am besten geeignet wäre), liegt in der Existenz von Jahrzehnte alten Berichten der Art:

- die Äquilibrierungszeiten nach Lösungsmittelwechsel seien sehr lang,
- die Retentionszeiten seien schlecht reproduzierbar,
- die Linearität der Adsorptionsisotherme sei schlecht und damit der brauchbare Bereich der Probengröße beschränkt.

Die Ursache derartiger Probleme liegt in der Heterogenität der Kieselgeloberfläche bzw. der unterschiedlichen Aktivität ihrer Silanolgruppen. Die Effekte steigen mit abnehmender Polarität des Eluenten. Allerdings fehlen neue Studien über dieses Thema und es kann angenommen werden, dass diese Probleme in der Vergangenheit überschätzt wurden. Um sie zu vermeiden wurde vorgeschlagen, der mobilen Phase einen Moderator (Modifier) beizufügen, d. h. einen kleinen Anteil eines Lösungsmittels mit hoher Lokalisierung. Eine Möglichkeit besteht darin, dem A-Lösungsmittel (Hexan) 0,05 % Acetonitril beizufügen. Man beachte, dass sich selbst so wenig Acetonitril nicht sofort in einem Alkan löst, sodass man die Mischung genügend lange schütteln muss, bis sich die Tröpfchen des Moderators gelöst haben. Ein anderer Ansatz ist die Verwendung von Eluenten, die zur Hälfte mit Wasser gesättigt sind. Am einfachsten erreicht man dies mit der Herstellung von gesättigtem Eluenten, indem man in einer Flasche genügend Wasser beifügt, sodass ein Zweiphasensystem entsteht; dieser wird dann 1 : 1 mit trockenem Eluenten gemischt.

Es ist zu vermuten, dass derartige Probleme eher mit neuen Säulen zu beobachten sind als mit gebrauchten, bei denen die am stärksten adsorptiven Zentren durch Verunreinigungen aus vorhergehenden Injektionen blockiert sind.

Während es scheint, dass eine gewisse geringe Kontamination der Säule von Vorteil sein könnte, wünscht natürlich niemand die stationäre Phase wirklich zu verschmutzen. Ein einfacher dünnschichtchromatographischer Test zeigt, ob stark retardierte Stoffe in einer Probe vorliegen. Sollte dies der Fall sein, so ist der Einsatz einer Vorsäule zu empfehlen. Es kann sogar vorteilhaft sein, die Probe durch eine Festphasenextraktions-Kartusche mit Kieselgel oder eine selbst gefüllte, kurze Glassäule mit Kieselgel zu reinigen.

Lösungsmittel mit tiefem Siedepunkt wie Pentan oder Diethylether sind eher ungünstig. Üblicherweise ist es kein Problem, dafür einen höher siedenden Ersatz zu finden. In den genannten Fällen sind dies Hexan bzw. *tert.* Butylmethylether. Wenn ein tief siedender Eluent verwendet werden muss, so ist es empfehlenswert, am Detektorausgang einen Druckrestriktor (Restriktorkapillare) zu installieren. Ein 10 m langer Teflonschlauch von 0,25 mm Innendurchmesser genügt meist.

Um Probleme mit der Kontamination durch Wasser zu vermeiden, ist es am besten, ein HPLC-Instrument für Normalphasen-Trennungen zu reservieren. Wird dasselbe Instrument sowohl für Umkehr- wie auch für Normalphasen-Trennungen verwendet, so muss es bei einer Umstellung sehr gründlich mit Tetrahydrofuran oder Isopropanol gespült werden. Wird nachher eine Normalphasen-Trennung mit hohem Gehalt an apolarem Lösungsmittel durchgeführt (d. h. mit tiefem Gehalt an polarem B-Lösungsmittel), so ist auch mit dem neuen Eluenten lange zu spülen.

Obwohl das Abenteuer Chromatographie vor über 100 Jahren mit Normalphasen-Trennungen begann, wird dieser Modus heute unterschätzt und weniger oft gebraucht als er verdient. Er ist eine elegante Technik für eine große Zahl von Analyten, die in nichtwässrigen Lösungsmitteln löslich sind.

Weiterführende Literatur

H. Engelhardt, The role of moderators in liquid-solid chromatography. *J. Chromatogr. Sci.* 15 (1977), 380–384.

L. R. Snyder, J. J. Kirkland, *Introduction to Modern Liquid Chromatography*, Chap. 9: Liquid-solid chromatography. Wiley-Interscience, New York, 2nd ed. (1979), 349–409.

K. Ballschmiter, M. Wössner, Recent developments in adsorption liquid chromatography (NP-HPLC). Fresenius *J. Anal. Chem.* 361 (1998), 743–755.

F. Geiss, *Fundamentals of Thin Layer Chromatography*, Chap. X: Transfer of TLC Separations to Columns. Hüthig, Heidelberg (1987), 398–419.

P. Jandera, Gradient elution in normal-phase high-performance liquid chromatographic systems. *J. Chromatogr. A* 965 (2002), 239–261.

P. Jandera, Gradient elution in liquid column chromatography, in: *Advances in Chromatography*, P. R. Brown, E. Grushka, S. Lunte (Eds.), Dekker, New York, Vol. 43 (2005), 1–108.

J. L. Glajch, J. J. Kirkland, L. R. Snyder, Practical optimization of solvent selectivity in liquid-solid chromatography using a mixture-design statistical technique. *J. Chromatogr.* 238 (1982), 269–280.

V. R. Meyer, An example of gradient elution in normal-phase liquid chromatography. *J. Chromatogr. A* 768 (1997), 315–319.

M. D. Palamareva, V. R. Meyer, New graph of binary mixture solvent strength in adsorption liquid chromatography. *J. Chromatogr.* 641 (1993), 391–395.

L. R. Snyder, *Principles of Adsorption Chromatography*. Marcel Dekker, New York (1968).

L. R. Snyder, P. W. Carr, S. C. Rutan, Solvatochromically based solvent-selectivity triangle. *J. Chromatogr. A* 656 (1993), 537–547.

L. R. Snyder, J. J. Kirkland, J. L. Glajch, *Practical HPLC Method Development*. Chap. 6.6: Retention in normal-phase chromatography, 268–282. Chap. 6.7: Optimizing the separation of non-ionic samples in normal-phase chromatography, 282–288. Wiley-Interscience, New York, 2nd ed. (1997).

2.3 Optimierung von GPC-Analysen durch geeignete Wahl von stationärer Phase und Detektionsverfahren

Peter Kilz

2.3.1 Einleitung

Gelpermeationschromatographie (GPC, auch Größenausschlusschromatographie SEC genannt) ist die meistetablierte Methode zur Eigenschaftsbestimmung von synthetischen und natürlichen Makromolekülen in Lösung. Der Großteil aller makromolekularen Proben ist heterogen bezüglich der Molmasse, chemischen Zusammensetzung, Endgruppenfunktionalität usw., wie in Abb. 1 gezeigt wird. Die GPC ist die einzige Methode, mit der die Verteilung dieser Eigenschaften für eine große Anzahl verschiedenster Anwendungen einfach und zuverlässig bestimmt werden kann. Damit ist die GPC anderen Methoden wie Viskosimetrie, Osmometrie oder Lichtstreuung, die nur Mittelwerte der Produkteigenschaften liefern, überlegen. Die genaue und vollständige Kenntnis der Eigenschaftsverteilungen ist für polydispers aufgebaute Materialien von größter Wichtigkeit, da gewünschte und unerwünschte makroskopische Produkteigenschaften direkt davon beeinflusst werden. Im Allgemeinen kann mit einem Trennverfahren nur

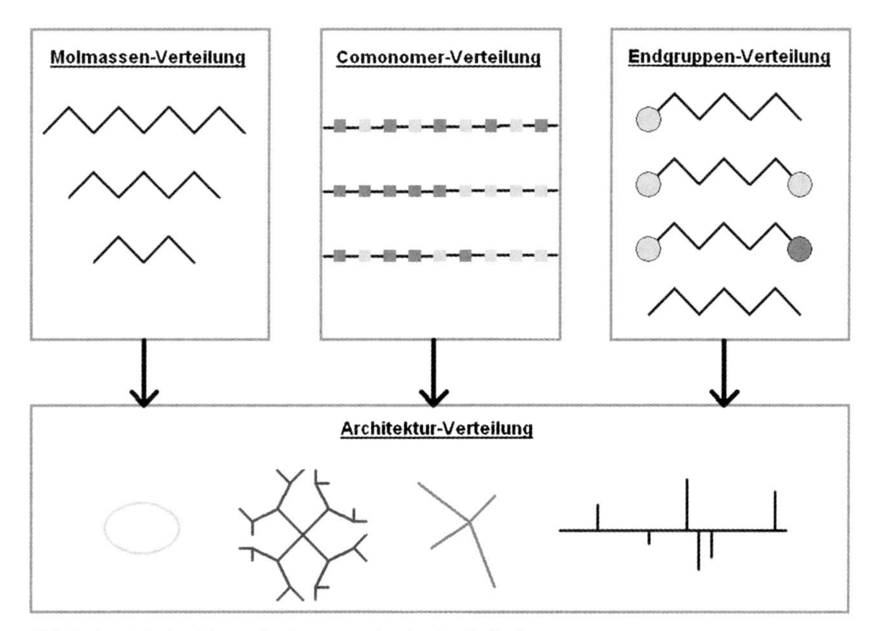

Abb. 1 Analytische Herausforderungen durch physikalische, chemische und strukturelle Komplexität von makromolekularen Proben.

HPLC richtig optimiert: Ein Handbuch für Praktiker. Herausgegeben von Stavros Kromidas

ISBN: 3-527-31470-9

Tabelle 1 Wichtige Unterschiede zwischen Wechselwirkungschromatographie (HPLC) und Größenausschlusschromatographie (GPC)

	HPLC	*GPC*
Probenvorbereitung	schnelle Löslichkeit, Probenabbau unwahrscheinlich	langsame Löslichkeit, Vermeidung von Scherung, Mikrowelle, usw.
Aussehen der Chromatogramme	viele enge Peaks	(ein) breiter Peak (evtl. Peaks von Verunreinigungen im RI)
Gewünschte Ergebnisse	a) qualitative Analyse b) quantitative Analyse	a) Molmassenmittelwerte b) Molmassenverteilung
Information erhalten aus	a) Peakreihenfolge b) Peakfläche	a) absoluter Peakposition b) Peakform
Kalibration	Detektorsignal → Konzentration	Retention → Molmasse
Detektion	üblicherweise Einzeldetektor (UV, DAD), immer mehr LC-MS-Kopplung	Multidetektion (UV, RI, LS, Viskosimetrie, FTIR, usw.)

eine Eigenschaftsverteilung exakt ermittelt werden. In diesem Kapitel werden GPC-Methoden vorgestellt, welche die gleichzeitige Messung der Molmassenverteilung (MWD), deren Mittelwerte und der Verteilung der chemischen Zusammensetzung (CCD) mit Mittelwerten erlauben. Außerdem werden Möglichkeiten zur Bestimmung von Funktionalitäten aufgezeigt, sowie wichtige GPC-Einflussgrößen und Detektions- bzw. Trenntechniken besprochen, die für einen fachgerechten GPC-Betrieb nötig sind.

Da die meisten Leser im Allgemeinen mit HPLC-Anwendungen besser vertraut sind, sind in Tabelle 1 die wichtigsten Unterschiede zur GPC zusammengefasst. Die GPC-Trennung erfolgt nach dem bekannten Größenausschluss-Mechanismus, die Grundlagen dazu sind in der einschlägigen Literatur zu finden [1]. Im Idealfall wird die Retention nur durch Entropieunterschiede hervorgerufen, sekundäre enthalpische Wechselwirkungen sollten durch die geeignete Wahl von stationärer und mobiler Phase möglichst vermieden werden. Da die GPC die Molmassen nicht direkt misst, muss die Retentionsachse mit sog. Polymerstandards kalibriert werden, damit eine Peakposition mit einer Molmasse korreliert werden kann. Die absolute Lage und die Form der Peaks werden dann zur Bestimmung der Molmassenverteilungen und mittleren Molmassen herangezogen.

2.3.2 Grundlagen der GPC-Trennung

Für effektive GPC-Trennungen sind wechselwirkungsfreie Phasensysteme notwendig. Die Trenneffizienz ist in der GPC direkt proportional zum Volumen der Trennporen, die Dimension der Trennsäule kann deshalb nicht beliebig verkleinert werden. Daher werden viele GPC Analysen auch mithilfe einer Kombination von mehreren Säulen durchgeführt, die seriell hintereinander geschaltet sind.

Für die meisten Anwendungen in der GPC sind Kieselgele und oberflächenmodifizierte Kieselgele nicht gut geeignet, hier sind polymere Gelmaterialien vorzuziehen. Die wichtigsten Eigenschaften von GPC-Säulenmaterialien sind hohe chemische Beständigkeit, gute Porenzugänglichkeit, ein großes Porenvolumen und schnelle Diffusion (optimaler Massentransport) [1a].

Es gibt nur eine kleine Anzahl von Säulen- und Trennmaterialherstellern, die Packmaterialien speziell für GPC-Säulen entwickeln. Wenn möglich, sollten nur solche Säulen für GPC-Analysen verwendet werden, da jene auf eine Erfüllung der Kriterien für GPC-Trennungen optimiert sind. Einige Unterschiede in den Anforderungen von GPC- und HPLC-Säulen sind in Tabelle 2 aufgelistet.

Tabelle 3 gibt einen Überblick über die wichtigsten Säulenmaterialien und Anwendungen (die Tabelle erhebt keinen Anspruch auf Vollständigkeit und soll

Tabelle 2 Anforderungen an Säulenmaterialien in HPLC und GPC Applikationen.

Eigenschaft des Säulenmaterials	*Anforderung an*	
	HPLC-Säulen	*GPC-Säulen*
Porengrößenverteilung	eng	mittel
Porengröße	weniger wichtig	klein bis groß
Porenvolumen	weniger wichtig	groß
Partikelgrößenverteilung	eng	eng
Spezifische Oberfläche	groß	weniger wichtig
Chemische Beschaffenheit der Oberfläche	einheitlich	inert
Porenarchitektur	große Oberfläche	gute Zugängigkeit
Massentransfer	hoch	hoch
Axialdispersion	niedrig	niedrig

Tabelle 3 Zusammenfassung wichtiger GPC-Säulenmaterialen.

	Polymere Säulenmaterialien			*Anorganische Matrices*		
Polarität	unpolar	mittel	polar	unpolar	mittel	polar
Chemie	St-DVB	Acrylat	Hydroxyacrylat (ionisch)	SiO_2-C_{18}	SiO_2-Diol	SiO_2
Eluente	unpolar-mittel	alle Polaritäten	wässrige Medien	ausgewählte Laufmittel		
Hersteller	wenige	drei	wenige	viele		
Beispiele	PSS SDV PSS Polefin PL Gel Styragel TSK-H Shodex A,K	PSS HEMA PSS GRAM PSS Novema Shodex ToSo	PSS HEMA Bio PSS Suprema PL Aquagel UltraHydrogel TSK-PW Shodex OH (ionisch: SO_3H, Amide)	sehr viele		
Anwendung	lipophile Proben	universell	OH: universell SO_3H: Saccharide	be-grenzt	einige Pro-teine	sehr be-grenzt

nur die wichtigsten Eigenschaften und Anwendungsmöglichkeiten demonstrieren) [2].

2.3.2.1 **Trennmechanismen in der Säule**

Die GPC-Trennung erfordert eine wechselwirkungs- und barrierefreie Diffusion der Probenmoleküle in die Poren und aus den Poren des Säulenmaterials heraus. Im Allgemeinen kann diese Forderung in organischen mobilen Phasen besser erfüllt werden als in wässrigen Eluenten. Dies liegt daran, dass wässrige Medien deutlich mehr Parameter besitzen, die korrekt an die stationäre Phase angepasst werden müssen (z. B. Art des Fremdsalzes, Salzkonzentration, pH-Wert, organische Zusätze, Konzentration anderer Lösungsmittel). Außerdem besitzen wasserlösliche Makromoleküle eine größere Anzahl von Möglichkeiten, um mit der stationären Phase in Wechselwirkung zu treten, z. B. durch geladene funktionelle Gruppen, hydrophobe und/oder hydrophile Bereiche im Molekül, usw. Alle diese Parameter müssen optimal eingestellt werden, um eine „saubere" GPC-Trennung zu ermöglichen. Um eine Trennung im „reinen" GPC-Mechanismus zu erzielen, müssen die Polarität der stationären Phase, die Lösungsmittelpolarität und die Polarität der Probe exakt aufeinander abgestimmt werden. Abbildung 2 zeigt dieses sog. „Magische Dreieck". Eine Trennung nach Größenausschluss erhält man nur im Zentrum des Dreiecks, wenn das Phasensystem ausbalanciert ist. Anderenfalls treten spezifische, meist unerwünschte Nebenwechselwirkungen auf, die zu einer Überlagerung mit der normalen GPC-Elution führen.

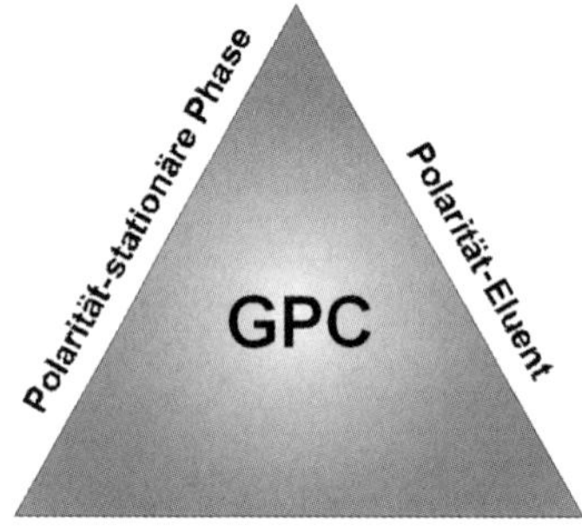

Abb. 2 Zusammenspiel der Polaritäten im Phasensystem zur Erzielung wechselwirkungsfreier GPC-Trennungen.

Die Grundlagen der Chromatographie lassen sich thermodynamisch durch den Verteilungskoeffizienten K beschreiben:

$$K = a_s / a_m = \exp(\Delta G / RT) \qquad (1)$$

a Aktivität (Konzentration) des Moleküls in der stationären (Index s) und mobilen Phase (Index m)

ΔG Differenz der freien Energie von Spezies in der stationären und mobilen Phase

In GPC-Trennungen verschwindet der enthalpische Beitrag, wenn keine Wechselwirkungen zwischen Analyt und Sorptionsmittel vorliegen:

$$K_{SEC} = \exp(\Delta S/R), \quad 0 < K_{SEC} \leq 1, \quad \Delta H = 0 \tag{2}$$

ΔS Entropieverlust eines Molekels beim Eintritt in eine Pore

Findet keine sterische Hinderung der Moleküle in der stationäre Phase statt, wird die Retention durch den enthalpischen Term alleine beschrieben:

$$K_{HPLC} = \exp(\Delta H/RT), \quad K_{HPLC} \geq 1, \quad \Delta S \approx 0 \tag{3}$$

ΔH Enthalpieänderung durch Adsorption eines Moleküls auf der stationären Phase

Diese Gleichungen beschreiben die zwei Idealfälle der Chromatographie (GPC und HPLC) – wenn keine Änderungen der Entropie oder der Enthalpie stattfinden. Daneben gibt es noch einen dritten Chromatographie-Modus, die Flüssigkeitschromatographie am kritischen Punkt der Adsorption (LACCC). Hier heben sich entropische und enthalpische Effekte gerade auf und die Änderung der freien Energie verschwindet ($\Delta G = 0$). Dies bedeutet für eine polymere Probe, dass die Chemie der Wiederholungseinheiten keinen Einfluss auf die Retentionszeit der Moleküle hat. Nur Unregelmäßigkeiten wie Endgruppen, Co-Monomere, Verzweigungspunkte usw. tragen zur Retention der Probe bei. Abbildung 3 illustriert dieses Verhalten und zeigt für die drei Chromatographiefälle die Abhängigkeit des Retentionsvolumens von der Molmasse.

Mit Hilfe der theoretischen Grundlagen der chromatographischen Trennung [1d] ist es nun möglich, durch gezielte Änderungen der experimentellen Bedingungen die Trennung in den gewünschten chromatographischen Modus zu verschieben. In vielen Fällen ist dies bereits ohne den Kauf neuer Säulen allein durch die Anpassung der Polarität der mobilen Phase zu erreichen.

Betrachten wir exemplarisch die Trennung von Poly(methylmethacrylat) (PMMA) auf einer unmodifizierten Kieselgel-Säule:

In THF (Eluent mittlerer Polarität) eluiert PMMA im GPC-Modus, da die Dipolmomente der Methylmethacrylat-Einheiten durch die Dipole des THF abge-

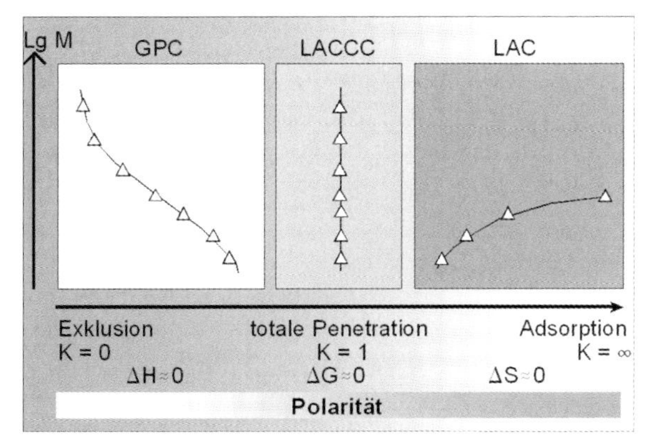

Abb. 3 Chromatographie-Moden mit Elutionsreihenfolge von Proben unterschiedlicher Molmassen.

schirmt werden. Verwendet man unpolares Toluol als Eluent, wird die Trennung durch Adsorption bestimmt, da die Dipole der Carbonylfunktion mit den Dipolen an der Oberfläche der stationären Phase wechselwirken. Die Trennung von PMMA am kritischen Punkt der Adsorption kann hingegen durch die Wahl eines geeigneten THF/Toluol-Gemisches erreicht werden. Hier eluieren alle PMMA Proben unabhängig von ihrer Molmasse zur selben Zeit und es erfolgt eine selektive Trennung aufgrund der unterschiedlichen Molekülendgruppen ohne durch Größenausschlusseffekte beeinflusst zu werden.

2.3.2.2 Kriterien zur Auswahl von GPC-Säulen und Optimierung von GPC-Trennungen

Das Hauptkriterium zur Auswahl einer GPC-Säule ist die gewünschte Anwendung [1, 2]. Es gilt, die Polarität von mobiler und stationärer Phase optimal an die Polarität der Probe anzupassen, um eine Trennung im reinen GPC-Mechanismus zu erreichen. Da im Allgemeinen der zu verwendende Eluent durch die Art der Probe vorgegeben ist, wird die Säulenauswahl meistens durch den Eluenten bestimmt.

Ein anderer wichtiger Aspekt ist die Wahl der richtigen Porengröße des Säulenmaterials, da sie den Trennbereich der Säule bestimmt. Am besten zieht man hierzu die vom Hersteller zu den Säulen veröffentlichten Kalibrierkurven heran.

Tabelle 4 zeigt eine Übersicht von Möglichkeiten, GPC-Trennungen zu optimieren.

Tabelle 4 Optimierung der Trennung in der GPC.

Aufgabe	*Optimierung durch*
Bessere Peaktrennung	Verlängerung der Trennstrecke durch Hinzufügen gleicher Säulen; Einsatz von 3 µm Säulen, wenn M < 100 kg/mol; Verwendung von 2D-Chromatographie (vgl. Kap. 3.2)
Bessere Trennung früher Peaks (hochmolekular)	Hinzufügen einer/mehrerer Säule(n) mit größerer Porenweite
Bessere Abtrennung von kleinen Molekülen, Additiven, Lösungsmittel, Eluent, usw.	Hinzufügen einer/mehrerer Säule(n) mit kleinerer Porenweite
Vermeidung von Ausschlusspeaks	Hinzufügen einer Säule mit größerer Porenweite
Nicht alle Substanzen erfasst	Anpassung des Phasensystems (Säule, Eluent); Verwendung eines universellen Detektors
Schnellere Analysen	Einsatz von HighSpeed-Säulen (10× schneller)
Schnellere Kalibrationen	Einsatz von Kalibriermischungen („ReadyCal")
Schnelles Screening von unbekannten Proben	Einsatz von (weniger) Linear-Säulen
Bessere Reproduzierbarkeit	Verwendung interner Standard-Korrektur (Flussmarker)

2.3.2.2.1 **Auswahl von Porengröße und Trennbereich**

Primär bestimmt der Molmassenbereich der zu vermessenden Proben die Porosität der Säule, um eine effiziente Trennung zu erhalten. Im Allgemeinen können mit steigender Porengröße größere Moleküle mit höheren Molmassen charakterisiert werden. Leider gibt es keine allgemein gültigen Säulenbezeichnungen, die eine einfache Auswahl der geeigneten Porengröße ermöglichen, die Hersteller verwenden meist untereinander inkompatible Systeme zur Benennung der Porengrößen. Die einfachste Methode, um die richtigen Säulen für eine bestimmte Applikation zu finden ist, die vom Hersteller veröffentlichten Kalibrierkurven heranzuziehen. Abbildung 4 zeigt die Kalibrierkurven (links) und die dazugehörigen empfohlenen Molmassenbereiche (rechts) für PSS SDV-Säulen.

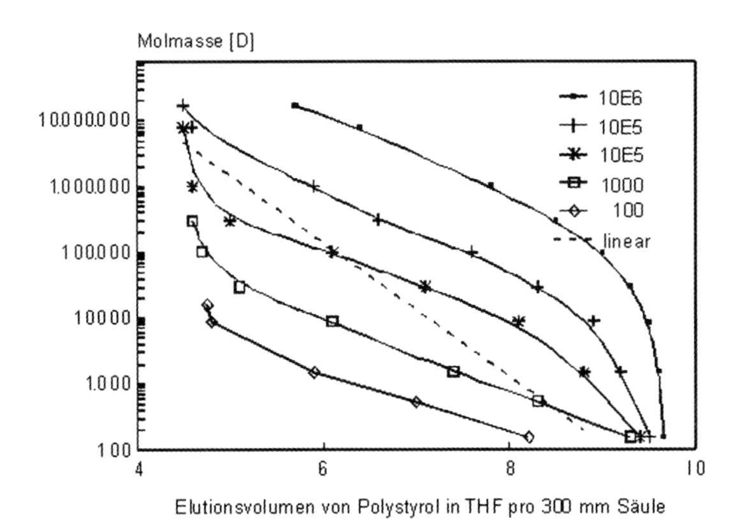

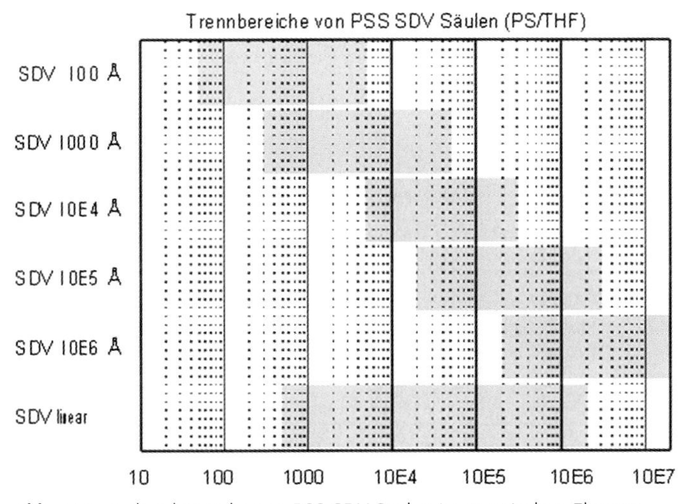

Abb. 4 Trenncharakteristika von PSS SDV-Säulen in organischen Eluenten.

Die größtmögliche Trenneffizienz ergibt sich im Bereich der geringsten Steigung der Kalibrierkurve.

2.3.2.2.2 Vor- und Nachteile von Linearsäulen

Seit geraumer Zeit wird die Frage diskutiert, ob Säulenmaterialien mit nur einer Porosität oder Säulen mit Mischungen verschiedener Porositäten (Linearsäulen) zur Verwendung in der GPC besser geeignet sind. Beide Säulentypen haben typische Vor- und Nachteile wie Tabelle 5 zeigt.

Ein Beispiel aus dem Arbeitsumfeld des Verfassers macht die Unterschiede der beiden Konzepte im Laboralltag deutlich. Die darin verwendeten Säulenkombinationen zur Untersuchung THF-löslicher Proben werden in vielen Laboratorien für die allgemeine Routineanalytik eingesetzt.

(A) *Konventionelle Säulensätze bestehend aus Säulen mit verschiedenen Einzelporositäten:*

1. „Universeller" Säulensatz:
   PSS SDV 5 µm 10^6, 10^5, 10^3 Å — Trennbereich: 10^7 bis 200 D; Auflösung: $R_{sp} \approx 15$; Bodenzahl: $N_{th} \approx 50.000$
2. Säulensatz zur optimierten Oligomerentrennung:
   PSS SDV 3 µm 1000, 100, 50 Å — Trennbereich: 30.000 bis 50 D; Auflösung: $R_{sp} \approx 25$; Bodenzahl: $N_{th} \approx 85.000$

(B) *Linearsäulenkombination mit:*

PSS SDV 5 µm linear (3×) — Trennbereich: $3\ 10^6$ bis 500 D; Auflösung: $R_{sp} \approx 15$; Bodenzahl: $N_{th} \approx 50.000$

Die Leistungsfähigkeit von Säulensatz (A1) und (B) ist vergleichbar, wobei Satz B deutlich teurer ist. Verwendet man einen speziell ausgewählten Säulensatz (Satz A2) zur Trennung von Oligomeren, erhält man eine deutlich verbesserte

Tabelle 5 Vergleich von GPC-Säulen mit Einzelporosität und Linearsäulen.

Porentyp	*Vorteil*	*Nachteil*
Einzelporosität	effizient, optimiert, flexibel, geringe Kosten, geeignet für QS	viskositätsbedingte Verbreiterung („viscous fingering")
Mischbett- bzw. Linear-Säulen	schnell (Screening), universell, schnelle Verteilung des Injektionsbands	geringe Effizienz, Säulenkombination notwendig

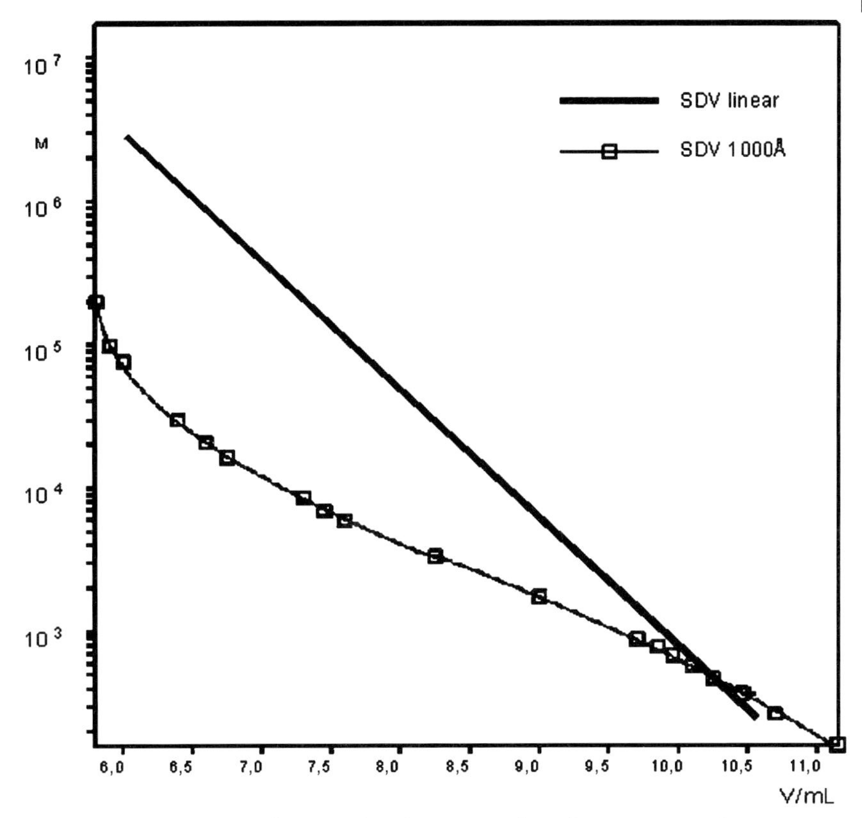

Abb. 5 Vergleich von Trenneffizienz und Molmassentrennbereich einer Linearsäule und einer Säule mit einzelner Porosität.

Auflösung und der Trennbereich ist optimal an die zu vermessenden Proben angepasst. Im Fall der Linearsäulen wird der Trennbereich alleine von der Säule bestimmt und nicht von der Anwendung oder dem Benutzer, was zu einem Verlust an Flexibilität führt. Dies macht Abb. 5 deutlich.

Die Linearsäule (PSS SDV 5 μm linear, Abb. 5) besitzt einen größeren Molmassentrennbereich bei vergleichbarer Analysenzeit. Die Steigung der Kalibrierkurve ist darum viel steiler und die Auflösung schlechter. Die Säule mit einer einzelnen Porengröße (PSS SDV 5 μm 1000 Å, Abb. 5) trennt nur Molmassen unterhalb 50.000 D, dies in der gleichen Zeit aber sehr effektiv.

2.3.2.3 **Hochgeschwindigkeits (HighSpeed)-GPC-Trennungen**

Einer der Hauptfaktoren zur Beeinflussung des Auflösungsverhaltens von Säulenmaterialien in der GPC ist das Porenvolumen [1, 2]. Echte HighSpeed-Trennungen mit guter Auflösung erfordern spezielle, auf große Flussraten optimierte HighSpeed-Säulen mit großen Porenvolumina und guter Porenzugänglichkeit des Eluenten [3]. PSS ist momentan der einzige Anbieter von GPC HighSpeed-

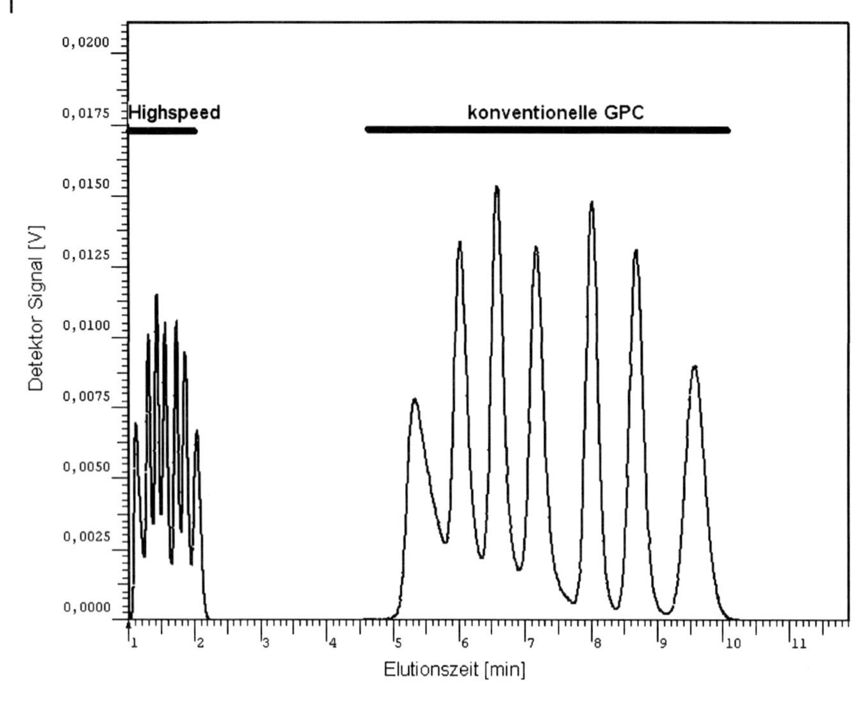

Abb. 6 Vergleich von GPC-Chromatogrammen (Polystyrol-Standards in THF) aufgenommen am gleichen Gerät auf einer konventionellen (rechts) und einer HighSpeed-Säule (links).

Säulen, die ohne weitere Methodenoptimierung Eins zu Eins gegen konventionelle analytische Säulen ausgetauscht werden können. Das macht den Methodenwechsel von einer konventionellen zu einer HighSpeed-Anwendung problemlos durchführbar. Die HighSpeed-GPC reduziert die Analysenzeit auf ungefähr 1 Minute (Reduktion auf ca. 10 % einer analytischen Säule) bei einer nahezu vergleichbaren Auflösung, wobei einfach auf die schon vorhandene Ausstattung zurückgegriffen werden kann. Abbildung 6 zeigt den Vergleich der GPC-Trennung von Polystyrol-Standards in THF auf einer konventionellen und einer HighSpeed-Säule, wobei die Analyse mit dem gleichen Instrument durchgeführt wurde.

Die Genauigkeit und Reproduzierbarkeit von HighSpeed-Säulen wurde für viele verschiedene Applikationen überprüft, sie sind den analytischen Säulen bezüglich der Molmassenergebnisse vergleichbar [3b]. Beschränkungen in der Auflösung haben diese Art der HighSpeed-Säulen im Oligomerbereich kleiner ca. 2000 g/mol, wo sie konventionellen GPC Säulen unterlegen sind.

Abbildung 7 zeigt 10 Überlagerungen von insgesamt 60 GPC-Läufen einer kommerziellen Polycarbonat-Probe in THF, die Übereinstimmung ist nahezu perfekt. Jeder einzelne Lauf benötigte eine Analysenzeit von ca. 2,5 Minuten, die gesamten 60 Messungen waren nach gut 2 Stunden abgeschlossen.

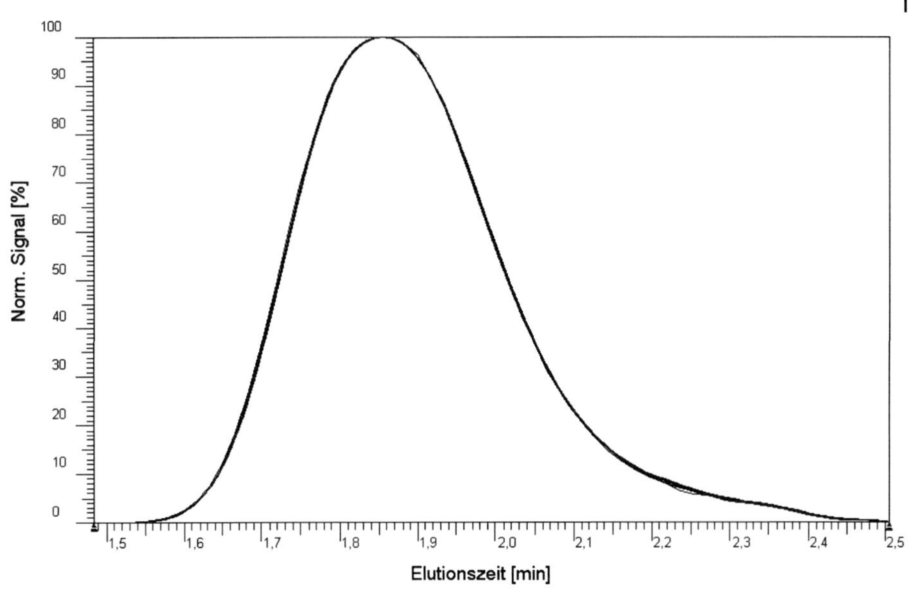

Abb. 7 10 Überlagerungen von insgesamt 60 Messungen eines kommerziellen Polycarbonats in THF auf PSS SDV 5 µm HighSpeed, 10^3 und 10^5 A; gemessenes M_w = (29.610 ± 150) g/mol (nominelle Herstellerangabe: 30.000 g/mol).

Die Zeitersparnis fällt sogar noch größer aus, wenn man den gesamten analytischen Prozess in Betracht zieht. Die Gesamtlaufzeit einer Anlage besteht aus der Zeit zur Vorbereitung und Konditionierung des Systems, sowie der Zeit zur Messung der Kalibrierstandards und der unbekannten Proben. Werden 10 einzelne Kalibrierstandards und 10 Proben vermessen, beträgt die Gesamtlaufzeit mit einer konventionellen GPC-Anlage ungefähr 2 Tage und eine Nacht. Vermisst man dieselben Proben mit einem HighSpeed-System, benötigt man nur ca. 3 Stunden und die komplette Analyse kann an einem Tag durchgeführt werden.

Die Kostenersparnis solcher High-Throughput GPC-Techniken kann beträchtlich sein und wurde in verschiedensten Szenarien bestätigt.

Polyolefine, andere synthetische Polymere und wasserlösliche Makromoleküle wurden bereits mit HighSpeed-GPC untersucht. HighSpeed-GPC kann auch eine große Zeitersparnis in Anwendungen der 2-dimensionalen Chromatographie bringen, wo für Kreuzfraktionierungen Analysezeiten von 10 Stunden typisch waren. Diese Zeit kann man auf ca. 1 Stunde reduzieren, was für viele Laboratorien von großem Interesse ist. Details zu dieser und zusätzlichen Anwendungen der HighSpeed-GPC findet man in [3b, 4].

2.3.3 Umfassende Detektionsmöglichkeiten zur Aufklärung makromolekularer Materialien

Die meisten heutigen Kunststoffe sind komplexe Materialien, deren Zusammensetzung und Molmassen auf vielfältige Weise von der Polymerisationskinetik, der Reaktionsführung und den Verarbeitungsbedingungen abhängen. Besonders die Verarbeitungsparameter müssen sorgfältig beobachtet und kontrolliert werden, um einem Produkt die gewünschten Materialeigenschaften zu verleihen. Deshalb ist es sehr wichtig, den Einfluss molekularer Parameter auf die Eigenschaften des Polymers und der Endprodukte zu verstehen. In vielen Fällen sind hierzu Informationen über Molmassenverteilung und mittlere chemische Zusammensetzung alleine nicht mehr ausreichend, um eine umfassende Prozess- und Qualitätskontrolle oder gar Struktur-Eigenschafts-Beziehungen abzuleiten. Moderne Charakterisierungsmethoden verlangen darum nach Ansätzen für mehrdimensionale Analysentechniken, die nicht nur Mittelwerte, sondern detaillierte Einzelinformationen für eine Probe liefern [5].

Die Voraussetzungen zur Charakterisierung komplexer Makromoleküle sind grundlegend verschieden von denen niedermolekularer organischer Proben, wo diskrete Einzelmoleküle vorliegen. Das Hauptziel der Polymeranalytik ist die umfassende Bestimmung der Eigenschaftsverteilungen einer Probe. Die molekulare Heterogenität eines komplex aufgebauten Polymers kann graphisch entweder in einem dreidimensionalen Diagramm (Abb. 8a) oder in einem sog. Höhenlinien-Diagramm (Kontur-Plot, Abb. 8b) dargestellt werden. Hierzu muss unter Verwendung geeigneter Analysemethoden die Art und die Konzentration der unterschiedlich funktionalisierten Probenfraktionen und für jede Funktionalität die Molmassenverteilung bestimmt werden. Man kombiniert dazu zwei verschiedene Charakterisierungsmethoden, die vorzugsweise nur auf einen Typ von Heterogenität ansprechen. So kann man z. B. eine chromatographische Methode, die nur nach Funktionalität trennt, mit einer molmassensensitiven Methode kombinieren. Ein anderer Ansatz ist die Auftrennung der Probe in Fraktionen unterschiedlicher Molmasse, welche dann auf ihre Funktionalität untersucht werden [6].

Es wurden bisher eine Vielzahl von Techniken zur Bestimmung der Änderung von chemischer Zusammensetzung in Abhängigkeit von der Molmassenverteilung entwickelt [6, 7]. Neben anderen Methoden beinhalten sie unter anderem Fällungs-, Trenn- und Kreuzfraktionierungstechniken (s. Kap. 3.2 zur 2-dimensionalen Chromatographie in diesem Buch). Diese Verfahren haben die Gewinnung von Fraktionen mit engen Zusammensetzungs- und/oder Molmassenverteilungen

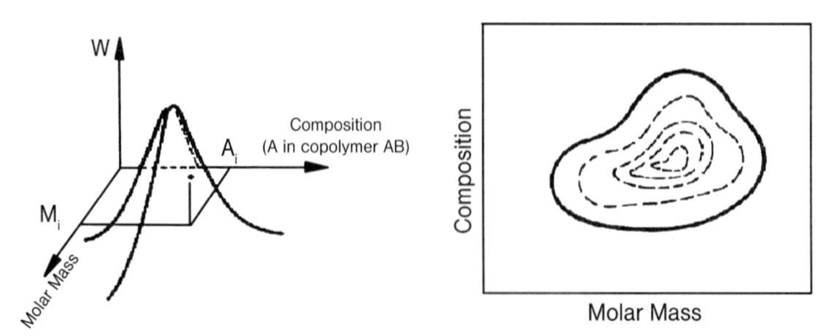

Abb. 8 Darstellung der Eigenschaftsverteilungen eines polydispersen Makromoleküls; (a) 3-D-Diagramm, (b) Kontur-Plot (Aufsicht auf a).

Tabelle 6 Optimierung der Detektionsverfahren in der GPC [12].

Aufgabe	*Optimierung durch*
Nicht alle Substanzen detektiert	Einsatz eines unspezifischen Detektors (RI); Verwendung eines anderen Eluenten
Untersuchung chemischer Zusammensetzung	Verwendung von zwei Konzentrationsdetektoren (vgl. Abschnitt 2.3.3); Nutzung von informationsreichen Detektoren (vgl. Abschnitt 2.3.3.1)
Identifizieren von Komponenten	Einsatz FTIR-Detektion (vgl. Abschnitt 2.3.3.3) Verwendung MS- bzw. NMR-Detektion (wenn niedermolekular)
Bestimmen von Additiven, Pigmenten, Zuschlagstoffen	Verwendung von RI/DAD und FTIR-Detektion (vgl. Abschnitt 2.3.3.4)
Bestimmung von Endgruppen und/oder Funktionalität	Einsatz eines universellen *und* eines spezifischen Detektors (z. B. RI und UV)
Molmassenbestimmung ohne Verwendung von Standards	Einsatz von Lichtstreudetektion (vgl. Abschnitt 2.3.3.4.1); Einsatz von Viskositätsdetektion (vgl. Abschnitt 2.3.3.4.2)
Bestimmung absoluter Molmassen von Copolymeren/ Mischungen	Einsatz von Viskositätsdetektion (vgl. Abschnitt 2.3.3.4.2)
Untersuchung von (hyper-) verzweigten Substanzen	Einsatz von Lichtstreudetektion (vgl. Abschnitt 2.3.3.4.1); Einsatz von Viskositätsdetektion (vgl. Abschnitt 2.3.3.4.2)
Untersuchung komplexer Strukturen/Architekturen	gleichzeitiger Einsatz von Lichtstreu- und Viskositätsdetektion

zum Ziel, die anschließend mit Spezialdetektoren oder Detektorkombinationen sequentiell auf spezielle Probeninformationen hin untersucht werden können. Eine Übersicht zur Auswahl und Optimierung geeigneter Detektionsverfahren in der GPC zeigt Tabelle 6.

2.3.3.1 Anwendung informationsreicher Detektoren in der Flüssigchromatographie

Flüssigkeitschromatographie an Makromolekülen wird häufig mit Größenausschlusschromatographie gleichgesetzt. Die GPC trennt Polymere durch entropische Wechselwirkungen nach ihrem hydrodynamischen Volumen und erlaubt so die Bestimmung der Molmassenverteilung einer Probe. Es können zusätzlich aber auch andere Wechselwirkungsarten zwischen Probe, mobiler und stationärer Phase eines chromatographischen Systems zur Auftrennung der Probe genutzt werden. Die Adsorptionsflüssigkeitschromatographie (LAC) nutzt enthalpische Effekte, um z. B. Copolymere bezüglich der chemischen Zusammensetzung zu trennen. Die Flüssigkeitschromatographie am kritischen Punkt der Adsorption (LACCC) kann hingegen zur Trennung nach Funktionalität benutzt werden, indem entropische und enthalpische Wechselwirkungen im chromatographischen System ausgeglichen werden [1b].

Größenausschlusschromatographie ist die Methode der Wahl zur Bestimmung von Molmassenverteilungen. Für Homopolymere, Kondensationspolymere und streng alternierende Copolymere findet man eine eindeutige Beziehung zwischen Elutionsvolumen und Molmasse, weshalb auch chemisch ähnliche Polymere bekannter Molmasse zur Kalibrierung verwendet werden können. Für die GPC-Trennung von statistischen und Block-Copolymeren sowie verzweigten Polymeren ist eine einfache Korrelation von Elutionsvolumen und Molmasse nicht möglich, da in diesen Materialien Zusammensetzungsheterogenitäten auftreten können. Im Allgemeinen kann das Elutionsverhalten von Makromolekülen in einer Dimension nur dann eindeutig mit einer Molmassenverteilung korreliert werden, wenn nur eine Art von Heterogenität vorliegt. Besteht eine Probe aus Molekülen unterschiedlicher chemischer Zusammensetzung, repräsentiert die gemessene Verteilung den Mittelwert über die Einzelverteilungen der verschiedenen Moleküle und kann deshalb nicht einer bestimmten Art von Makromolekül zugeordnet werden [5].

Die Limitierung der GPC zur Bestimmung von Molmassenverteilungen von Polymerblends oder Copolymeren macht folgende Betrachtung deutlich: Liegt ein lineares Homopolymer vor, das eine Polydispersität nur bezüglich der Molmasse aufweist, findet man nach der GPC-Trennung in jedem Elutionsvolumen nur eine Molmasse vor, das Polymer ist also an jedem Elutionsvolumen monodispers. Trennt man eine Mischung von zwei linearen Homopolymeren, können in einer analytischen Fraktion zwei unterschiedliche Molmassen vorliegen. Vermisst man Copolymere mittels GPC, sind sogar eine Vielzahl von Eigenschaftskombinationen aus Molmasse, Zusammensetzung, Sequenzlänge usw. möglich, die alle zu ein und demselben hydrodynamischen Volumen führen können. Tritt dieser Fall ein, ist eine Trennung nach der Molekülgröße zur Gewinnung von Molmassen- oder Zusammensetzungsinformationen im Allgemeinen nutzlos.

In GPC-Anwendungen werden hauptsächlich drei Online-Detektionsverfahren zur Bestimmung der Molekulargewichtverteilung und/oder Zusammensetzung von Copolymeren eingesetzt:

1. Konventionelle GPC mit mehreren Konzentrationsdetektoren.
2. Online-Analyse von GPC-Fraktionen mit einem Lichtstreudetektor.
3. Online-Viskosimetrie.

Des weiteren wurden andere verschiedenartige Trennverfahren erfolgreich zur umfassenden Charakterisierung von komplex polydispersen Makromolekülen kombiniert (Näheres dazu s. Kap. 3.2).

2.3.3.2 **Analyse von Copolymeren mit Multidetektions-GPC**

Die konventionelle Auswertung von GPC-Daten gestattet nicht die Bestimmung wichtiger Copolymereigenschaften wie z. B. die Zusammensetzung oder die Molmasse des Copolymeren. Da die GPC nach hydrodynamischem Volumen der Moleküle trennt und nicht nach Molmasse, ist die Molmassenkalibrierung nur für Polymere mit identischer Struktur gültig. Dies bedeutet, dass die Topologie des Polymeren (linear, Stern, Kamm, Ring, verzweigt), die Copolymerzusammensetzung und die Kettenkonformation (Isomerisierung, Taktizität usw.) die *apparente* Molmasse bestimmen. Das Hauptproblem der Copolymeranalyse mittels GPC ist die Kalibrierung der Anlage bei unterschiedlichen Comonomeranteilen. Selbst wenn die Gesamtzusammensetzung einer Probe konstant ist, müssen sekundäre Heterogenitäten wie die Änderung der Comonomeranteile mit der Kettenlänge in Betracht gezogen werden.

Es wurden zahlreiche Versuche unternommen dieses Dilemma zu lösen. Einige basieren auf einem für Copolymere erweiterten Konzept der universellen Kalibrierung, während eine andere Methode die Online-Multidetektion zur Copolymerkalibrierung ausnutzt. Die Multidetektor-Technik liefert die Molmasse und die Zusammensetzungsverteilung des untersuchten Copolymers und bietet als weiteren Vorteil eine flexible Anwendbarkeit [7]. Benötigt wird nur die Molmassenkalibrierung und eine zusätzliche Kalibrierung des Detektor-Ansprechverhaltens, um jedem Punkt des Elutionsprofils die entsprechende chemische Zusammensetzung zuordnen zu können. Sonstige Informationen und Parameter oder spezielle Ausrüstung sind nicht notwendig, um mit dieser Methode den Zusammensetzungsverlauf, die mittlere chemische Zusammensetzung und die Molmasse des Copolymers zu ermitteln [7a].

Um ein Copolymer bestehend aus k Comonomeren zu charakterisieren, müssen ebenso viele unabhängige Detektorsignale d im GPC-Experiment vorhanden sein. Im Fall eines binären Copolymers sind zwei unabhängige Detektoren (z. B. UV- und RI-Detektor) notwendig, um die Zusammensetzungsverteilung $w_k(M)$ und die Gesamtzusammensetzung der Probe berechnen zu können. Das Detektorsignal U_d der einzelnen Detektoren ist eine Superposition der Einzelbeiträge aller Comonomere in der Detektorzelle in einem bestimmten Elutionsvolumen. Deshalb gilt:

$$U_d(V) = \sum_d f_{dk} \cdot c_k(V) \tag{4}$$

Hierbei ist f_{dk} der Responsefaktor von Detektor d auf Comonomer k und c_k die wahre Konzentration von Comonomer k in der Detektorzelle beim Elutionsvolumen V. Die Detektorkonstanten bestimmt man normalerweise durch Injektion der den Comonomeren entsprechenden Homopolymere und korreliert die korrespondierenden Peakflächen mit den bekannten Konzentrationen. Sind keine Homopolymere verfügbar, müssen geeignete Modellverbindungen gefunden werden, um die Responsefaktoren zu ermitteln.

Im Fall eines binären Copolymers ist der Gewichtsbruch w_A von Comonomer A durch Gl. (2) gegeben:

$$W_A(V) = \left\{1 + \frac{\left[U_1(V) - \frac{f_{1B}}{f_{2B}} \cdot U_2(V)\right]\left[f_{1A} - \frac{f_{1B}}{f_{2B}} \cdot f_{2A}\right]}{\left[U_1(V) - \frac{f_{1A}}{f_{2A}} \cdot U_2(V)\right]\left[f_{1B} - \frac{f_{1A}}{f_{2A}} \cdot f_{2B}\right]}\right\}^{-1} \tag{5}$$

Die Summe alle Comonomer-Gewichtsbrüche ergibt wie erwartet Eins. Die exakten Copolymerkonzentrationen und die Comonomerverteilung über das gesamte Chromatogramm werden aus dem apparenten Chromatogramm anhand der individuellen Comonomerkonzentrationen berechnet.

Die Genauigkeit der Information über die Probenzusammensetzung wird nicht von der Polymerarchitektur beeinflusst. Abweichungen von den wahren Comonomerverhältnissen können nur dann auftreten, wenn die detektierten Eigenschaften von der lokalen Umgebung beeinflusst werden, wie z. B. bei Existenz von Nachbargruppeneffekten. Die Wahrscheinlichkeit des Auftretens elektronischer Wechselwirkungen als Ursache solcher Abweichungen ist als sehr gering anzusehen, da sich zu viele chemische Bindungen zwischen zwei Monomereinheiten befinden. Andere langreichweitige Wechselwirkungsarten hingegen (z. B. Charge-Transfer-Wechselwirkungen) könnten die Genauigkeit der Zusammensetzungsbestimmung möglicherweise negativ beeinflussen.

Die größte Schwierigkeit in der Bestimmung der Molmassenverteilung von Copolymeren bereitet die Tatsache, dass die GPC-Trennung auf der Molekülgröße der Copolymerketten beruht. Ihr hydrodynamischer Radius hängt aber von den im Makromolekül eingebauten Comonomerarten und ihrer Platzierung in der Kette (Sequenzverteilung) ab. Somit ist es möglich, dass Spezies mit unterschiedlicher Kettenlänge *und* chemischer Zusammensetzung co-eluieren. Der Einfluss verschiedener, in ein Copolymer einpolymerisierter Comonomere auf die Kettengröße kann durch GPC-Messungen der zu den Comonomeren korrespondierenden Homopolymer-Standards erfolgen. Leider gibt es bisher keine Theorie, die den Einfluss der Sequenzverteilung von Comonomeren auf den hydrodynamischen Radius von Copolymeren explizit beschreibt. Es gibt jedoch einige Grenzfälle, in denen der Einfluss der Comonomerverteilung in der Polymerkette diskutiert werden kann.

Das einfachste Copolymer aus Sicht der GPC ist ein streng alternierendes Copolymer $(AB)_n$, es kann nämlich als Homopolymer aus (AB) Wiederholungseinheiten aufgefasst werden. Eine weitere Copolymer-Architektur ist das AB Blockcopolymer, hier folgt auf eine Sequenz von Comonomer A ein Block von B Wiederholungseinheiten. Die Größe des Makromoleküls kann hier nur von dem Kontakt der ungleichen Monomereinheiten der A–B-Verknüpfung beeinflusst werden. Ansonsten verhalten sich das A und das B Segment des AB Blockcopolymers wie reine Homopolymere mit gleicher Kettenlänge. Sind beide Segmente lang genug, wirkt die Stelle der A–B-Verknüpfung nur wie ein lokaler Defekt und beeinflusst das hydrodynamische Gesamtverhalten nicht. Somit kann die Molmasse der Copolymerkette näherungsweise durch die Molmassen der entsprechenden Segmente bestimmt werden. Ähnliche Überlegungen gelten auch für ABA, ABC und andere blockartige Strukturen sowie für Kammpolymere mit geringer Seitenkettendichte. In solchen Fällen kann die Molmasse des Copolymers M_c durch Interpolation der Kalibrierkurven der Homopolymere $M_k(V)$ und Gewichtsbrüche w_k der k Comonomere approximiert werden:

$$\lg M_c(V) = \sum_k w_k(V) \cdot \lg M_k(V) \tag{6}$$

Die Berechnung der mittleren Molmassen $M_{n,c}$, $M_{w,c}$ usw. und der Polydispersität D_c eines Copolymers ist die gleiche wie in konventionellen GPC-Messungen, wobei die Copolymermolmassen zu einem Elutionsvolumen mithilfe von Gl. (6) berechnet werden.

Ist die Anzahl der Kontaktstellen unterschiedlicher Monomereinheiten nicht mehr zu vernachlässigen, kann dieses vereinfachte Modell nicht mehr angewendet werden und die Molmasse des Copolymeren ist mit einer einfachen GPC-Messung alleine nicht mehr bestimmbar. Dies trifft z. B. für statistische Copolymere, Polymere mit kurzen Comonomersequenzen und hohen Seitenkettendichten zu. In diesen Fällen müssen universellere und leistungsfähigere Methoden wie z. B. 2D-Trennverfahren (s. Kap. 3.2) angewandt werden.

Blockcopolymere sind eine wichtige Polymerart mit weitem Einsatzgebiet, z. B. als thermoplastische Elastomere oder Stabilisatoren in Polymerblends. Sie werden oft in ionischen Polymerisationprozessen hergestellt, die meist kostspielig und schwer zu kontrollieren sind. Ihre Eigenschaften hängen sehr stark von Parametern wie chemische Zusammensetzung, Blocklänge und Blockeffektivität ab. Diese Copolymerparameter lassen sich in einer einzigen Messung durch GPC mit Multidetektion ermitteln.

Abbildung 9 zeigt die Molmassenverteilung eines Styrol-MMA Blockcopolymers, bestimmt durch RI- und UV-Detektion. Zum RI-Signal tragen sowohl die Styrol- als auch die MMA-Einheiten bei, während das UV-Signal bei einer Wellenlänge von 260 nm hauptsächlich durch den Aromaten im Styrol verursacht wird. Nach Kalibrierung der Detektoren kann der Styrol- und MMA-Anteil in jedem chromatographischen Streifen berechnet werden. Die so ermittelte Vertei-

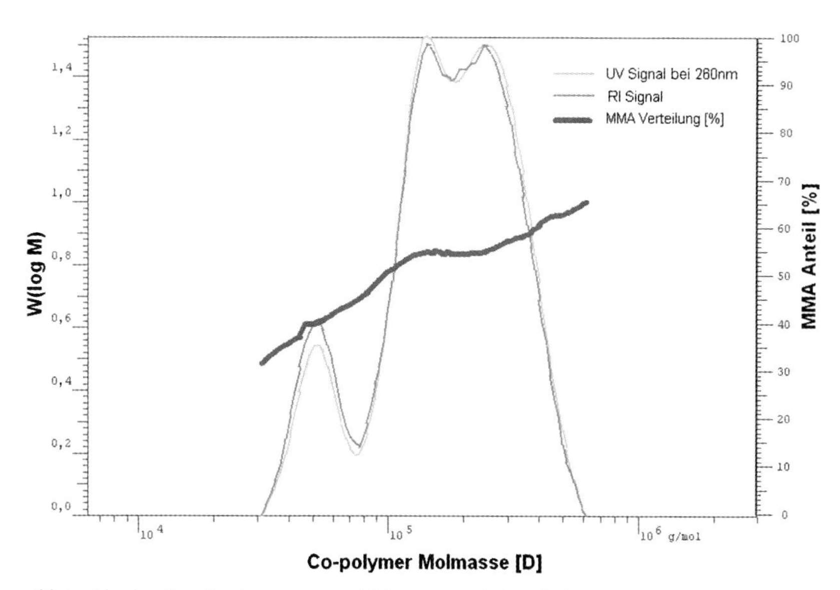

Abb. 9 Gleichzeitige Bestimmung von Molmasse und chemischer Zusammensetzung eines Styrol-MMA Blockcopolymers durch GPC mit kombinierter RI- und UV-Detektion.

lung des MMA-Anteils (schwarze durchgezogene Linie) ist in Abb. 9 der Molmassenverteilung überlagert. Offensichtlich ist der MMA-Gehalt über die Molmassenverteilung hinweg nicht konstant, sondern steigt stetig mit der Molmasse an, wobei die trimodale Massenverteilung auf die Präsenz von drei verschiedenen Spezies im Copolymer hinweist. Des weiteren macht der MMA-Gehalt deutlich, dass die Copolymerisation keine Blockstruktur hervorgebracht hat, sondern dass das MMA an Polystyrolketten unterschiedlicher Länge addiert wurde.

2.3.3.3 Simultane Trennung und Identifizierung durch GPC-FTIR-Kopplung

Wie in den vorherigen Abschnitten gezeigt, ist die GPC ein mächtiges Instrument, um verschiedenste Makromoleküle nach ihrer Größe zu trennen. In ihrer Fähigkeit Produktzusätze wie Additive, Verarbeitungshilfsmittel, Restmonomere, Lösungsmittel u. a. zu identifizieren, ist sie allerdings stark limitiert. Die Infrarotspektroskopie (FTIR) ist hier mit ihrer Fähigkeit, unterschiedliche Strukturelemente (funktionelle Gruppen, Konformationen usw.) von Reinsubstanzen zu detektieren, die ideale Ergänzung. Die Kombination aus GPC als Trennverfahren und einem FTIR-Detektor zur Identifizierung der getrennten Substanzen erlaubt eine schnelle Online-Deformulierung komplexer Verbindungen und Gemische.

Unglücklicherweise zeigen die meisten GPC-Eluenten starke Absorptionsbanden im Infrarot, deshalb können brauchbare IR-Spektren im Durchflussbetrieb meist nur in halogenierten Lösungsmitteln wie Dichlormethan, Chloroform oder Tetrachlorkohlenstoff aufgenommen werden.

Eine universelle FTIR-Detektion kann durch Entfernen des Lösungsmittels vor der IR-Analyse erreicht werden, die Probenfraktionen liegen dann in einem reinen Zustand ohne mögliche Störeinflüsse des Eluenten vor [8]. Ein gebräuchliches, kommerziell erhältliches LC-FTIR-Interface ist der LC-Transform der Firma LabConnection. Dieses Gerät entfernt die leicht flüchtige mobile Phase, indem es den Eluenten vernebelt und auf eine rotierende Germanium-Scheibe (IR durchlässig) aufsprüht, wo sich die festen Inhaltsstoffe zeitaufgelöst niederschlagen. In einem zweiten Schritt kann die Analyse offline an jeder gewünschten Position im Reflektions-Modus in einem gewöhnlichen FTIR-Gerät erfolgen, die so erhaltenen Spektren besitzen eine Qualität vergleichbar mit KBr-Presslingen. Abbildung 10 veranschaulicht schematisch den Aufbau eines solchen LC-FTIR-Interfaces.

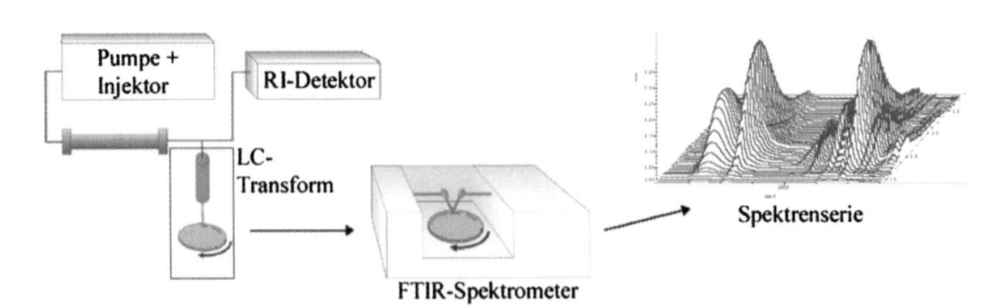

Abb. 10 Experimenteller Aufbau einer HPLC-FTIR-Kopplung mit Online-Probensammlung auf einer Ge-Scheibe und spektroskopischer Offline-Analyse. (Mit freundlicher Genehmigung von M. Adler, Dissertation, Darmstadt 2004).

Abbildung 11 zeigt die Deformulierung einer Verpackungsfolie aus dem Lebensmittelbereich. In einer einzigen GPC-FTIR-Messung wurden folgende Probeninformationen erhalten:

- verwendete Polymerart (Peak A: PVC),
- Molmasse und Molmassenverteilung des Polymers (Peak A),
- Identifizierung der zugesetzten Additive (Peak B–E),
- Quantitative Bestimmung des Additivgehalts,
- Identifizierung und Quantifizierung des Verarbeitungshilfsmittels (Peak F).

Zu einem unverzichtbaren Hilfsmittel wird die GPC-FTIR-Kopplung, wenn Blends aus Copolymeren untersucht werden müssen. Sehr häufig werden in Blends Komponenten mit ähnlichen Molmassen verwendet, in diesen Fällen ist die Auflösung der GPC zu gering, um eine vollständige Peaktrennung aller Komponenten zu erreichen.

Viele Arbeitsgruppen haben die synergetische Kombination aus GPC-Trennung und IR-Detektion zur Charakterisierung von Proben aus unterschiedlichsten Anwendungsgebieten genutzt, Details finden sich in [6b, 6c]. Willis und Wheeler analysierten so die Vinylacetat-Verteilung in Ethylen-Vinylacetat-Copolymeren, die Verzweigung von Hochdruck-Polyethylen und sie klärten die Inhaltsstoffe eines Schmieröls für Düsentriebwerke auf. Provder et al. konnte durch GPC-FTIR-Kopplung die Additive in Pulverbeschichtungen zweifelsfrei durch Vergleich mit den Spektren der Reinsubstanzen identifizieren. Sogar Biozide wurden in kommerziellen Haushaltslacken nachgewiesen. Der Vergleich eines PS-PMMA-Blends

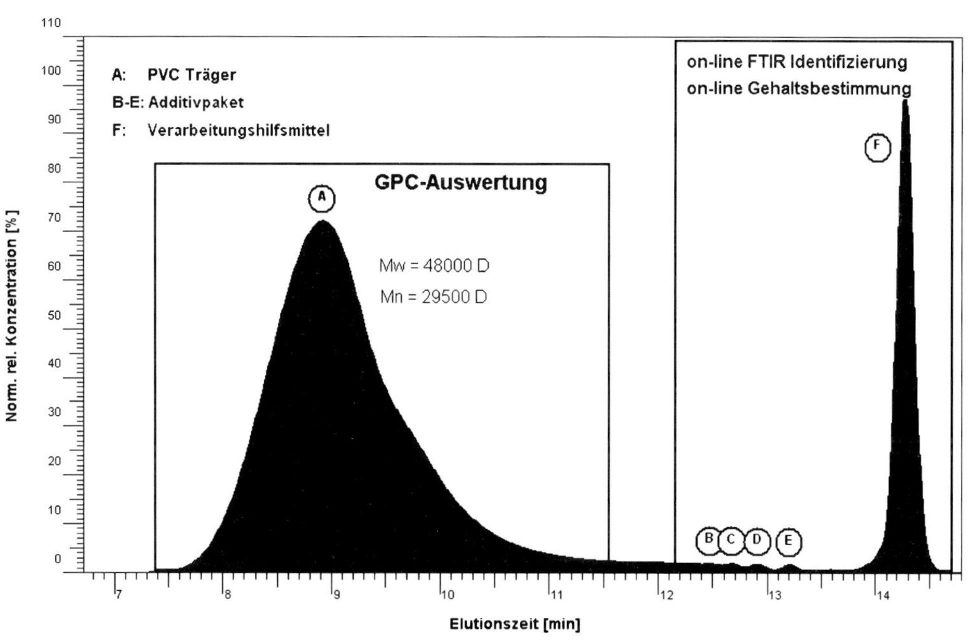

Abb. 11 Simultane Bestimmung von Molmasse, Identifizierung und Quantifizierung der Inhaltsstoffe einer Lebensmittelfolie durch GPC-FTIR-Kopplung.

mit dem entsprechenden Copolymer ergab Informationen über die Änderung der chemischen Eigenschaften. Die Untersuchung eines modifizierten Vinylpolymers durch GPC-FTIR ergab ohne größeren Aufwand einige Bestandteile des Binders (Vinylchlorid, Ethylmethacrylat und Acrylonitril), außerdem wurde ein Öltrocknungsmittel auf Epoxidbasis gefunden. Pasch et al. untersuchte Styrol-Butadien Copolymere auf ihr Zusammensetzungsverhältnis und die Mikrostruktur der Butadien-Einheiten (*cis/trans-*, 1,2- bzw. 1,4-Verknüpfung).

2.3.3.4 Anwendung molmassensensitiver Detektoren in der GPC

Um die Probleme der klassischen GPC mit komplexen Proben zu überwinden, wurden molmassensensitive Detektoren in GPC-Systeme eingeführt [9]. Da diese Detektoren sowohl auf die Probenkonzentration als auch auf die Molmasse ansprechen, müssen sie mit einem weiteren Konzentrationsdetektor kombiniert werden. Sie erlauben die direkte Messung der Molmasse in jeder analytischen Fraktion und sind nicht länger auf Kalibrierkurven aus Polymerstandards angewiesen. Als Funktionsprinzip nutzen diese Detektoren entweder die Messung von Rayleigh-Streulicht oder der intrinsischen Viskosität. Besonders häufig werden folgende Typen von molmassensensitiven Detektoren verwendet:

- Kleinwinkel-Lichtstreudetektoren (LALLS),
- Vielwinkel-Lichtstreudetektoren (MALLS),
- Differential-Viskosimeter.

2.3.3.4.1 Lichtstreudetektoren

Online-Lichtstreumessungen lösen das Problem der Kalibrierung in der GPC, da eine direkte Molmassenbestimmung unabhängig von der Art oder Struktur der Probe erfolgt. Es werden folglich keine Kalibrierstandards benötigt, um eine Umrechnung der Molekülgröße in Molmassen vorzunehmen.

Ein Lichtstreudetektor misst unter verschiedenen Beobachtungswinkeln das Streulicht eines Laserstrahls, das beim Passieren einer Durchflusszelle entsteht. Die (exzess) Intensität des Streulichts $R(q)$ bei einem Winkel q ist folgendermaßen mit der gewichtsmittleren Molmasse verknüpft:

$$K^* \, c / R(q) = [1/M_w + P(q)] + 2\,A_2 c \tag{7}$$

Hier ist c die Polymerkonzentration, A_2 der zweite Virialkoeffizient und $P(q)$ beschreibt die Winkelabhängigkeit des Streulichts. Die optische Konstante K^* enthält die Avogadrozahl N_A, die Wellenlänge λ, den Brechungsindex des Lösungsmittel n_0 und das Brechungsindexinkrement dn/dc der Probe:

$$K^* = 4\,\pi^2 n_0^2\,(dn/dc)^2/(\lambda_0^4/N_A) \tag{8}$$

Durch eine Auftragung von $K^* \, c/R(q)$ gegen $\sin^2(q/2)$ erhält man aus dem Achsenabschnitt das Gewichtsmittel M_w und aus der Steigung den Trägheitsradius R_g. Durch Messung des Streulichts unter mehreren Winkeln können zusätzliche Informationen zur Molekülgröße, Struktur, Konformation, Aggregation usw. erhalten werden.

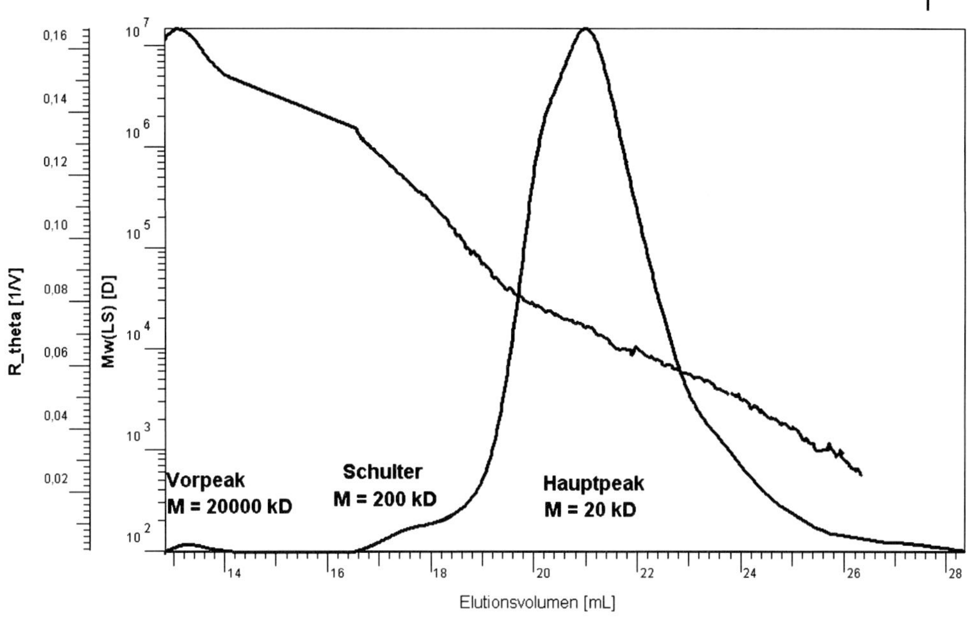

Abb. 12 Von strukturellen Unterschieden unabhängige Direktmessung der Molmasse einer PVB-Probe (diagonale Linie) durch GPC-MALLS.

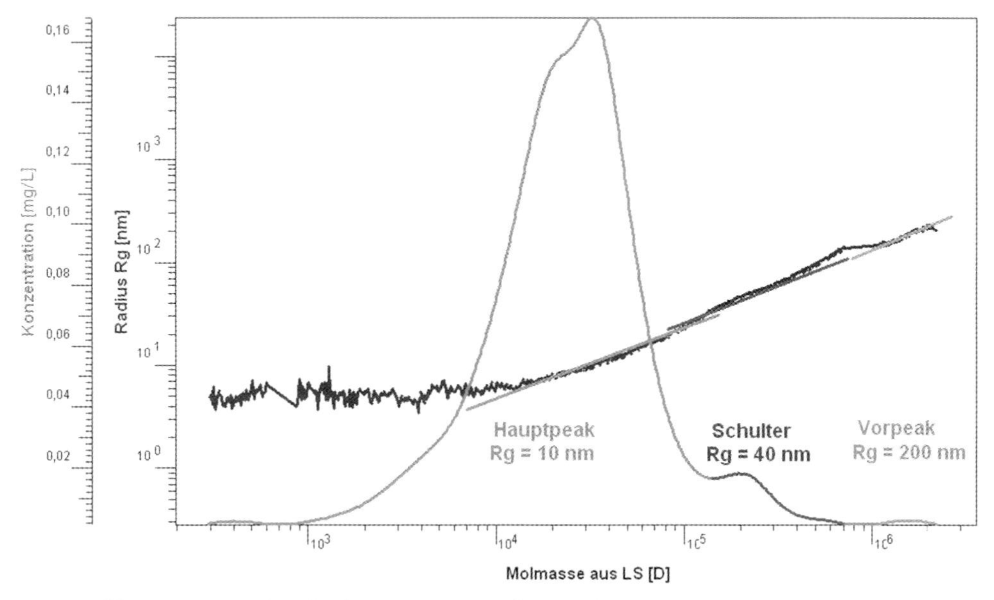

Abb. 13 Strukturanalyse durch GPC-MALLS-Kopplung, direkte Messung von Molmasse und Molekülgröße (R_g).

Abbildung 12 illustriert die direkte Molmassenbestimmung von Polyvinylbutyral durch ein GPC-Lichtstreuexperiment. Der Lichtstreudetektor bestimmt für jede analytische Fraktion (Streifen im Elutionsvolumen) das korrekte M_w, woraus ohne weitere Annahmen die Ableitung der Molmassenverteilung folgt. Diese Probe enthält offensichtlich Moleküle mit stark unterschiedlicher Molmasse *und* Struktur, was durch Messung der Molekülgrößen in einem Vielwinkel-Lichtstreuexperiment herausgefunden werden kann.

Es wurden bisher einige verschiedene Arten von Lichtstreudetektoren für diese Analysen benutzt. Am brauchbarsten haben sich moderne Vielwinkel-Lichtstreudetektoren (MALLS) erwiesen (Abb. 13), da sie eine große Vielseitigkeit und hohe Genauigkeit besitzen. Lichtstreudetektoren mit nur einem Messwinkel sind dagegen weniger universell einsetzbar, sie sind meist auf bestimmte Molmassenbereiche oder Probenarten begrenzt.

2.3.3.4.2 **GPC-Viskosimetrie-Kopplung**

Eine weitere interessante Methode, Molmasseninformationen von komplex aufgebauten Polymerproben zu gewinnen, ist die GPC-Viskosimetrie-Kopplung (GPC-Visko). Die Viskosität einer Polymerlösung ist eng mit der Molmasse (und der Architektur) der Polymermoleküle verknüpft. Das Produkt aus intrinsischer Polymerviskosität $[\eta]$ und Molmasse M ist proportional zur Größe des Polymermoleküls (hydrodynamisches Volumen). Basierend auf der Stokes-Einstein-Beziehung kann die Molmasse, M, einer unbekannten Probe unabhängig von der Polymerart oder Architektur in einer GPC-Messung mit der gemessenen intrinsischen Viskosität, $[\eta]$, und mithilfe der bekannter Molmasse, M_{std}, eines Polymerstandards bestimmt werden:

$$M = [\eta]_{std}\ M_{std}/[\eta] \tag{9}$$

Dieser Zusammenhang wird im Allgemeinen als „universelle Kalibrierung" bezeichnet [10]. In konventionellen Kalibrierkurven wird der Logarithmus der Molmasse gegen das Elutionsvolumen aufgetragen, wobei verschiedene Proben unterschiedliche Kalibrierkurven ergeben. In der universellen Kalibrierung trägt man den Logarithmus des Produkts aus intrinsischer Viskosität und Molmasse gegen das Elutionsvolumen auf. In dieser Auftragung fallen alle, auch sehr unterschiedliche Proben auf eine einzige Kurve (die sog. universelle Kalibrierkurve, Abb. 14).

Online-Viskositätsmessungen in der GPC sind durch Messung des Druckabfalls entlang einer Kapillare durchführbar, dieser ist proportional zur Viskosität η der Lösung (die Viskosität der reinen mobilen Phase wird mit η_0 bezeichnet). Die relevante Größe, die intrinsische Viskosität $[\eta]$, ist als Grenzwert der spezifischen Viskosität $[\eta_{sp} = ((\eta - \eta_0)/\eta_0)]$ bei verschwindender Konzentration c definiert:

$$[\eta] = \lim(\eta - \eta_0)/\eta_0 c = \lim \eta_{sp}/c \quad \text{für } c \to 0 \tag{10}$$

Somit liefert das Konzept der universellen Kalibrierung eine Möglichkeit, Kalibrierkurven für Polymere zu erstellen, für die keine geeigneten Kalibrierstandards existieren (s. auch Abb. 14).

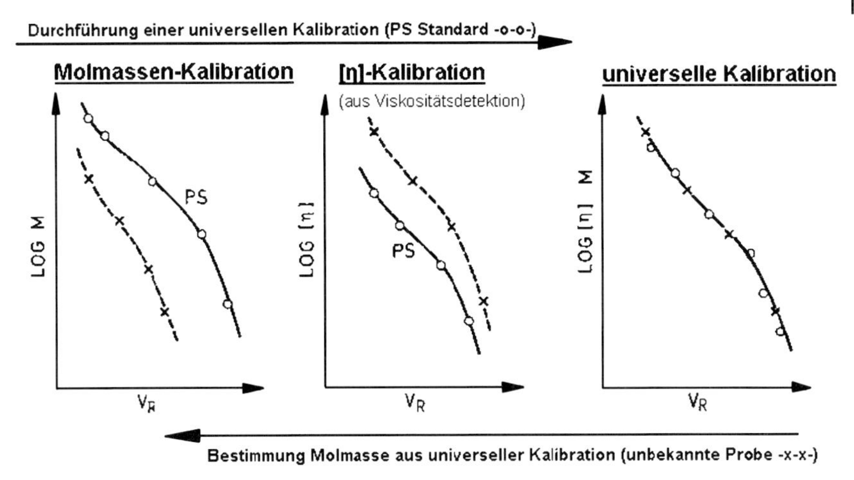

Abb. 14 Vergleich von konventioneller mit universeller Kalibrierkurve und Abhängigkeit von Molmasse und intrinsischer Viskosität von der Molekülstruktur.

Seit den 1960er Jahren wurden zahlreiche Typen von Online-Viskositätsdetektoren entwickelt und untersucht. Das bisher brauchbarste Konzept stellt ein symmetrisches oder asymmetrisches Brückendesign mit vier Kapillaren dar. Signalartefakte und zum Teil starke Flussabhängigkeiten machen die anderen Messprinzipien für einen universellen Einsatz in der GPC wenig attraktiv.

Um etwaigen Problemen der Einzeltechniken von GPC-LS und GPC-Visko zu begegnen, wurde eine Kombination beider Techniken entwickelt, in der drei Detektoren online in ein GPC-System integriert sind. Zusätzlich zu einem Konzentrationsdetektor werden ein Lichtstreudetektor und ein Online-Viskosimeter in die GPC eingekoppelt (auch Tripeldetektion genannt). Dieses Setup erlaubt die Bestimmung absoluter Molmassen auch für Polymere mit sehr unterschiedlicher chemischer Zusammensetzung und Molekülstruktur, sein Potenzial konnte bereits in zahlreichen Anwendungen gezeigt werden [11].

2.3.4 Zusammenfassung

Fortgeschrittene GPC-Methoden sind mittlerweile etabliert und erlauben die umfassende Analyse komplexer Makromoleküle. Moderne Detektortechnologien ermöglichen die chromatographische Untersuchung verschiedenster Polymereigenschaften mit hoher Empfindlichkeit selbst im Bereich niedrigster Konzentrationen. Chromatographische Kopplungsmethoden sind im Moment die vielversprechendsten und leistungsfähigsten Instrumente zur Trennung und Charakterisierung komplexer Probengemische bezüglich verschiedener Eigenschaftskoordinaten. Dieses Kapitel konnte die Thematik und damit das Potenzial der Methoden nur anreißen, neu entwickelte Techniken wie die LC-NMR- und diverse LC-MS-Kopplungen werden die Möglichkeiten der Polymercharakterisierung in Zukunft sicherlich noch beträchtlich erweitern (s. dazu Kap. 3.3 und 3.4).

Literatur

1 (a) W. W. Yau, J. J. Kirkland, D. D. Bly, *Modern Size-Exclusion Liquid Chromatography*, Wiley, New York, 1979; (b) Glöckner, G., *Liquid Chromatography of Polymers*, Hüthig, Heidelberg, 1982; (c) S. Mori, H. G. Barth, *Size Exclusion Chromatography*, Springer, Berlin, 1999; (d) H. Pasch, B. Trathnigg, *HPLC of Polymers*, Springer, Berlin, 1997.

2 P. Kilz, Design, Properties and Testing of Columns and Optimization of SEC Separations, in: *Column Handbook for Size Exclusion Chromatography*, Chi-san Wu (Ed.), Academic Press, San Diego, 1999.

3 (a) P. Kilz, HighSpeed GPC Methodologies, in: *Encyclopedia of Chromatography*, J. Cazes (Ed.), Dekker, New York, 2002 (online edition); (b) P. Kilz, Methods and Columns for HighSpeed SEC Separations, in: *Handbook for Size Exclusion Chromatography and Related Techniques*, Chi-san Wu (Ed.), Marcel Dekker, New York, 2003.

4 (a) H. Pasch, P. Kilz, Fast Liquid Chromatography for High-Throughput Screening of Polymers, *Macromolec. Rapid Comm.* **24**, 104, 2003; (b) J. C. Meredith, A current perspective on high-throughput polymer science, *J. Mat. Sci.* **38**, 4427, 2003.

5 H. G. Barth, „Hyphenated Polymer Separation Techniques. Present and Future Role". In: T. Provder, H. G. Barth, M. W. Urban (Eds.), *Chromatographic Characterization of Polymers. Hyphenated and Multidimensional Techniques*, Chapter 1, Adv. Chem. Ser. 247, American Chemical Society, Washington, DC, 1995.

6 (a) G. Glöckner, *Gradient HPLC of Copolymers and Chromatographic Cross-Fractionation*. Springer, Berlin, 1991; (b) H. Pasch, *Adv. Polym. Sci.* **150**, 1, 2000; (c) P. Kilz, H. Pasch; *Coupled LC Techniques in Molecular Characterization*; in: Encyclopedia of Analytical Chemistry; R. A. Myers (Ed.); Wiley, Chichester, 2000; (d) P. Kilz, *Chromatographia* **59**, 3, 2004.

7 (a) F. Gores, P. Kilz, Copolymer Characterization Using Conventional SEC and Molar Mass-Sensitive Detectors, in: T. Provder (Ed.), *Chromatography of Polymers*, Chapter 10, ACS Symp Ser 521, American Chemical Society, Washington, DC, 1993; (b) P. Kilz, Copolymer Analysis by LC Methods including 2D, in: *Encyclopedia of Chromatography*, 195, J. Cazes (Ed.), Dekker, New York, 2001; (c) H. Schlaad, P. Kilz, Determination of MWD of Diblock Copolymers with Conventional SEC, *Anal. Chem.* **75**, 1548, 2003.

8 (a) J. N. Willis, L. Wheeler, in: T. Provder, H. G. Barth, M. W. Urban (Eds.), *Chromatographic Characterization of Polymers. Hyphenated and Multidimensional Techniques*, Chapter 17, Adv. Chem. Ser. 247, American Chemical Society, Washington, DC, 1995; (b) P. C. Cheung, S. T. Balke, T. C. Schunk, in: T. Provder, H. G. Barth, M. W. Urban (Eds.), *Chromatographic Characterization of Polymers. Hyphenated and Multidimensional Techniques*, Chapter 19, Adv. Chem. Ser. 247, American Chemical Society, Washington, DC, 1995.

9 (a) C. Jackson, H. G. Barth, in: Chi-san Wu (Ed.), *Molecular Weight Sensitive Detectors for Size Exclusion Chromatography*, Chapter 4, Marcel Dekker, New York, 1995; (b) H. G. Barth, *Hyphenated Polymer Separation Techniques. Present and Future Role.* In: T. Provder, H. G. Barth, M. W. Urban (Eds.), Chromatographic Characterization of Polymers. Hyphenated and Multidimensional Techniques, Chapter 1, Adv. Chem. Ser. 247, American Chemical Society, Washington, DC, 1995.

10 H. Benoit, P. Rempp, Z. Grubisic, *J. Polym. Sci.* B5, 753, 1967.

11 W. W. Yau, *Chemtracts-Macromol. Chem.* 1 (1), 1990.

12 Beispiele unter www.polymer.de/applications

2.4
Gelfiltration – Größenausschluss-Chromatographie von Biopolymeren – Optimierungsstrategien und Fehlersuche

M. Quaglia, E. Machtejevas, T. Hennessy und K. K. Unger

Die Gelfiltration (englisch *size exclusion chromatography* (SEC)) ist eine häufig angewandte Trennmethode für Biopolymere, heute jedoch mit etwas anderen Anwendungsfeldern als bei ihrer Einführung.

Es werden zunächst im Abschnitt 2 und 3 die spezifischen Aspekte der SEC von Biopolymeren im Vergleich zu anderen HPLC-Varianten herausgestellt. Schwerpunkt des Beitrages sind die Aspekte bei der Optimierung der chromatographischen Auflösung von Gemischen: Säulenauswahl, optimale Flussrate, Fließmittelzusammensetzung, Probenvorbehandlung, Injektion und Detektionsmethoden. Eine Übersicht über Fehlersuche und Fehlerbehebung schließt sich an. Im letzten Kapitel werden die z. Z. aktuellen Anwendungsfelder der SEC vorgestellt: Bestimmung des Molekulargewichts, die SEC als Werkzeug zum Studium von Konformationsänderungen, die SEC in der nachgelagerten Produktaufbereitung und -reinigung (downstream processing) und eine spezielle Anwendung von SEC-Säulen mit eingeschränkter Zugänglichkeit, sogenannte Restricted-Access-Säulen für die automatisierte Probenaufbereitung von Peptid- und Proteingemischen.

2.4.1
Ausgangssituation und gegenwärtige Trends

Die Gelfiltration als Methode zur Bestimmung der Molekülgröße bzw. des Molekulargewichts von Biopolymeren wurde durch die bahnbrechenden und zielführenden Arbeiten von Porath und Flodin entwickelt und eingeführt [1]. Porath und Flodin synthetisierten vernetzte hydrophile Dextrane mit abgestufter Porenweite als Packungsmaterialien und verwendeten diese, gepackt in Säulen, mit wässrigen, gepufferten Eluenten zur Größenausschluss-Chromatographie („size exclusion chromatography“, SEC) von Biopolymeren. Die Produkte wurden von Pharmacia AB, Uppsala, Schweden unter dem Namen Sephadex (*Se*paration *Pha*rmacia *Dex*tran) auf den Markt gebracht. Sephadex ist das klassische Packungsmaterial für die Gelfiltration von Biopolymeren. Die später daraus entwickelten Produkte unterscheiden sich von dem Originalprodukt durch eine kleinere Korngröße, eine höhere Vernetzung und damit eine bessere mechanische Stabilität [2]. Später wurden andere hydrophile vernetzte synthetische Polymere hergestellt sowie Kieselgele mit gebundenen hydrophilen elektroneutralen Liganden eingeführt [3–7].

Packungsmaterialien für die SEC von Biopolymeren werden von Amersham Bioscience, Tosoh Bioscience, Merck, Bio Rad und anderen Firmen vertrieben.

Im Laufe der Zeit hat sich das Anwendungsgebiet der SEC verschoben. Die SEC als Methode der Molekulargewichtsbestimmung von Biopolymeren wurde

HPLC richtig optimiert: Ein Handbuch für Praktiker. Herausgegeben von Stavros Kromidas

ISBN: 3-527-31470-9

weitgehend durch die Massenspektrometrie (MS) verdrängt. Aufgrund der einfachen Methodenentwicklung und Handhabung wird die SEC vorzugsweise bei der Isolierung und Reinigung von Biopolymeren in der nachgelagerten Produktaufarbeitung und -reinigung dem sog. Down Stream Processing heute noch mit großem Erfolg eingesetzt [8, 9]. Die Reinigung von synthetischem Insulin ist ein typisches Beispiel. In letzter Zeit hat sich das Interesse – entsprechend aktuellen biologischen und medizinischen Forschungsschwerpunkten – auf die Trennung von Konformeren von Proteinen sowie auf die Trennung von aggregierten Proteinen mittels SEC fokussiert. Die Mikro-SEC mit gepackten Kapillaren findet dagegen häufiger Anwendung bei der Analyse synthetischer Polymergemische als bei Proteintrennungen.

Seit einigen Jahren werden Packungsmaterialien auf Kieselgel- und Polymerbasis entwickelt, die sowohl SEC Eigenschaften als auch retardierende Eigenschaften in einem Teilchen vereinen. Sie wurden von Pinkerton und Boos [10, 11] entwickelt und von Boos und Unger und Mitarbeitern [12, 13] für die Probenaufbereitung von Biopolymeren aus biologischen Flüssigkeiten optimiert.

Die Sorbentien werden als Teilchen mit eingeschränkter Zugänglichkeit („Restricted Access Materials", RAM) bezeichnet und besitzen eine topochemisch bifunktionelle Modifizierung: Die äußere Oberfläche weist gebundene hydrophile, elektroneutrale Diol-Gruppen auf. An der inneren Oberfläche sind entweder hydrophobe Gruppen (n-Butyl, n-Octyl, n-Octadecyl) oder ionogene Gruppen (stark sauer bzw. stark basisch) chemisch gebunden. Die Wirkungsweise dieser RAM-Säulen ist die folgende: Bei der Aufgabe der Probe gelangen nur die Bestandteile der Probe in das Korninnere, die ein Molekulargewicht kleiner als das Ausschluss-Molekulargewicht besitzen. Das Ausschlussmolekulargewicht wird dabei durch den mittleren Porendurchmesser des Packungsmaterials bestimmt. Aufgrund der hydrophilen äußeren Oberfläche werden ausgeschlossene Bestandteile minimal verzögert und erscheinen im Waschschritt im Totvolumen der Säule. Die in das Korninnere eingedrungenen Substanzen werden unter den gegebenen Bedingungen adsorbiert und angereichert. Nach dem Waschschritt werden durch Eluieren mit einem Fließmittel höherer Fließmittelstärke als bei der Adsorption (Beladung) die Substanzen eluiert (Desorption). Die aufgezählten Schritte (Beladen, Waschen, Eluieren und Regenieren) können automatisch mithilfe eines Schaltventils und diverser Pumpen vorgenommen werden, bevor das Eluat auf die eigentliche Trennsäule gelangt.

Auf dem RAM-Prinzip entwickelte Produkte werden bereits bei der automatisierten Probenaufbereitung von Körperflüssigkeiten wie Plasma, Urin, Serum und anderen Gemischen gekoppelt mit multidimensionaler LC/MS erfolgreich eingesetzt [13].

2.4.2 Spezifische, grundlegende Aspekte der SEC von Biopolymeren

Üblicherweise werden bei der Gelfiltration Gemische von Proteinen und anderen Biopolymeren aufgetrennt. Der Trennmechanismus besteht – in vereinfachter Form dargestellt – in einer selektiven Permeation der gelösten Biomakromoleküle in das verfügbare Porensystem des Packungsmaterials der Säule. Dabei werden drei Fälle unterschieden (Abb. 1):

Fall A: Große Moleküle, deren hydrodynamisches Volumen größer ist als der mittlere Porendurchmesser des Packungsmaterials; sind nicht in der Lage, in das Korninnere zu diffundieren und werden ausgeschlossen. Sie werden mit dem Zwischenkornvolumen, V_0, der Säule eluiert.

Fall B: Kleine Moleküle, die aufgrund ihres geringen hydrodynamischen Volumens nahezu das gesamte Volumen der Poren der Teilchen des Packungsmaterials durchdringen, werden mit einem Volumen eluiert, das der Summe von Kornzwischenvolumen, V_0, und dem Gesamtporenvolumen der Säule, V_p, entspricht. Dies wird als Totvolumen der Säule, V_t, bezeichnet:

$$V_t = V_0 + V_P \quad (1)$$

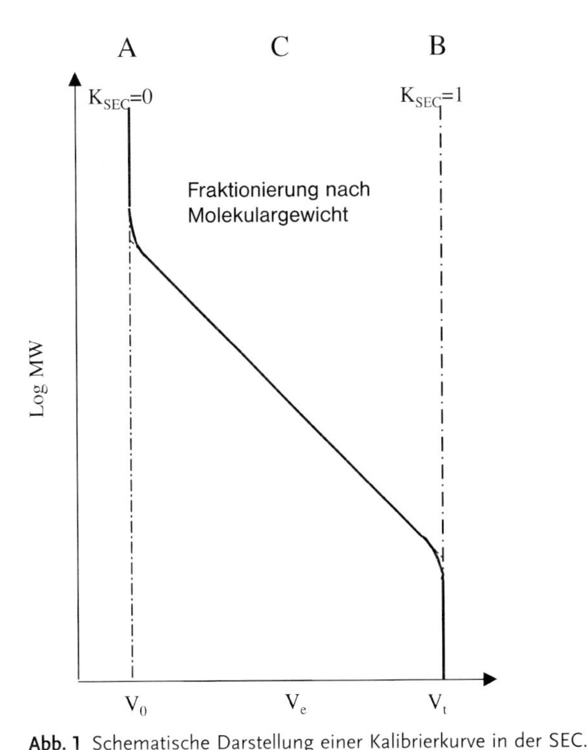

Abb. 1 Schematische Darstellung einer Kalibrierkurve in der SEC. (a) Ausschluss, (b) vollständige Durchdringung des Porensystems, (c) Fraktionierbereich.

Fall C: Je nach hydrodynamischem Volumen sind Biopolymere mit einem Wert zwischen diesen beiden Grenzen in der Lage, Teile des Porenvolumens, V_p, zu durchdringen. Dabei nimmt das Elutionsvolumen, V_e, mit abnehmendem hydrodynamischen Volumen der gelösten Substanz zu. In der Praxis wird statt des hydrodynamischen Volumens in erster Näherung das Molekulargewicht, MW, des Biopolymeren verwendet. Dabei wird vernachlässigt, dass Biopolymere bei gegebenem Molekulargewicht je nach Zusammensetzung der Lösung (pH-Wert, Ionenstärke) unterschiedliche Molekülgröße aufgrund von Konformationsänderungen besitzen können.

Im Gegensatz zu anderen Varianten der Säulenflüssig-Chromatographie variiert das Elutionsvolumen, V_e, der Substanzen in der SEC zwischen zwei festgesetzten Werten: dem Zwischenkornvolumen und dem Totvolumen der Säule. In allen anderen Varianten der HPLC werden die Substanzen üblicherweise nach dem Totvolumen eluiert.

Zum Vergleich von Säulen kann man das Elutionsvolumen normieren und durch einen Verteilungskoeffizienten, K_{SEC}, ausdrücken, der wie folgt definiert ist:

$$V_e = V_0 + K_{SEC} V_i \qquad (2)$$

Für ausgeschlossene Biopolymere ist dieser Verteilungskoeffizient 0, für vollständig permeierende 1. Im Bereich der Trennung nach hydrodynamischem Volumen, Molekülgröße bzw. Molekulargewicht variieren die Werte des Verteilungskoeffizienten zwischen 0 und 1. Zwischen dem hydrodynamischen Volumen bzw. dem dekadischen Logarithmus des Molekulargewichts und dem Verteilungskoeffizienten ergibt sich eine lineare Beziehung ($0{,}15 < K_{SEC} < 0{,}8$), die als Kalibrierkurve bezeichnet wird (Abb. 1). Der lineare Teil dieser Kalibrierkurve wird als Fraktionierbereich bezeichnet und umspannt bei einer SEC-Säule üblicherweise zwei Dekaden des Molekulargewichts. Es ist leicht einzusehen, dass die Selektivität einer SEC-Säule bezüglich des Molekulargewichts umso besser ist, je flacher die Kalibrierkurve ist. Um einen Fraktionierbereich von 1000 bis 10 Millionen Da zu erfassen, sind mindestens zwei gekoppelte Säulen mit unterschiedlichem Ausschlussmolekulargewicht notwendig. Anders ausgedrückt heißt das, dass die Packungsmaterialien dieser zwei Säulen sich im mittleren Porendurchmesser um den Faktor 10 bis 20 unterscheiden müssen [3].

Es muss darauf hingewiesen werden, dass die Kalibrierkurve log MW als Funktion des Elutionsvolumens bzw. des Verteilungskoeffizienten nur für Proteine mit ähnlicher Form, z. B. globuläre und symmetrische Proteine gilt und spezifisch für eine bestimmte SEC-Säule ist. Die Kalibrierkurve der Säule wird üblicherweise vom Säulenhersteller mitgeliefert. Es ist jedoch ratsam, diese Kurve mit reinen Proteinstandards unter konstanten Bedingungen (Eluenszusammensetzung, Flussrate) zu messen.

Geeignete Marker-Proteine zur Bestimmung des Zwischenkornvolumens (Ausschlussvolumens), V_0, sind Apoferritin (467 kDa), Thyroglobulin (670 kDa), Glutamat Dehydrogenase (998 kDa). Als Totvolumenmarker werden Natriumazid sowie DNP-Alanin verwendet [14, 15].

Bei der Wahl eines solchen Totvolumenmarkers wird vorausgesetzt, dass dieser keine Wechselwirkungen mit der Oberfläche des SEC-Packungsmaterials eingeht. Untersuchungen über den Einfluss der Molekülgröße von V_t-Markern auf ihr Elutionsvolumen wurden von Dai et al. durchgeführt [16].

Die Erstellung einer Kalibrierkurve für globuläre Proteine setzt voraus, dass ein Puffer mit entsprechendem pH-Wert sowie mit einer ausreichenden Ionenstärke verwendet wird, um adsorptive Wechselwirkungen zu unterdrücken. Beim Auftreten von Wechselwirkungsphänomenen, welcher Art auch immer, werden die Elutionsvolumina entweder zusätzlich vergrößert (Adsorption) oder zusätzlich verringert (enthalpischer Ausschluss).

In diesem Zusammenhang sollte auf eine neuere Arbeit verwiesen werden, bei der zur Gelfiltration unporöse Partikel mit einer chemisch gebundenen Schicht von Polymeren verwendet werden, also kein Packungsmaterial mit Poren eingesetzt wird. Die Trennung nach abnehmendem Molekulargewicht wird mit einer Entropie-kontrollierten Verteilung der gelösten Biopolymeren zwischen dem Fließmittel in der mobilen Phase und der polymeren Schicht erklärt [17].

In der SEC wird der Retentionsfaktor k üblicherweise durch eine Größe k^* ausgedrückt, d. h. das Elutionsvolumen wird auf das Zwischenkornvolumen der Säule normiert:

$$k^* = (V_e - V_0)/V_0 \tag{3}$$

Der Unterschied zwischen Retentionsfaktor k und der Größe k^* ist, dass letztere einen maximalen Wert erreicht, der wie folgt definiert ist:

$$k^*_{max} = V_P/V_0 \tag{4}$$

Die maximale Elution wird vom Verhältnis des Porenvolumens der Säule zu ihrem Zwischenkornvolumen bestimmt.

Ziel jeder chromatographischen Trennung ist eine maximale Auflösung, R_s, die wie folgt definiert ist:

$$R_s = 2(V_{e2} - V_{e1})/w_2 + w_1 \tag{5}$$

w_1 und w_2 sind die Peakbreiten der Substanzen 1 und 2 in 10 % der Peakhöhe. Für Substanzen mit ähnlicher Peakbreite und Peakhöhe gilt:

$$R_s = (V_{e2} - V_{e1})/2(\sigma_2 + \sigma_1) \tag{6}$$

wobei σ_1 und σ_2 die Standardabweichungen der Peaks der Substanz 1 und 2 sind.

Die Gleichung für die Kalibrierkurve log MW als Funktion von V_e kann nach MW aufgelöst werden. Man erhält:

$$M_w = D_1 e^{-D_2 V_e} \tag{7}$$

wobei D_1 der Ordinatenabschnitt und D_2 die Steigung der Kalibriergeraden sind. Wenn man Gl. (6) und (7) kombiniert, erhält man:

$$R_s = \ln(M_{w2}/M_{w1})/2\,D_2(\sigma_2 + \sigma_1) \tag{8}$$

wobei M_{W1} und M_{W2} die Molekulargewichte zweier Standards sind. D_2 ist abhängig vom Packungsmaterial der SEC-Säule und umgekehrt proportional der Säulenlänge L. σ ist proportional der Wurzel aus der Säulenlänge [4]. Eine hohe Auflösung wird deshalb bei einer SEC-Säule mit einem kleinen Wert von D_2 $(\sigma_2 + \sigma_1)$ erhalten. Eine Verlängerung der Säule führt somit zu einer Zunahme der chromatographischen Auflösung.

Die Peakdispersion, d. h. die Bandenverbreiterung von Peaks, ausgedrückt durch die theoretische Bodenhöhe bzw. die Bodenzahl ist abhängig von der Qualität der Packung der Säule, von der mittleren Teilchengröße des Packungsmaterials, den Säulendimensionen und der linearen Flussgeschwindigkeit. Bei der HPLC hat man es gewöhnlich mit niedermolekularen Analyten mit Molekulargewichten bis 1000 g/mol zu tun. Bei der SEC liegt der Bereich des Molekulargewichts jedoch um einige Zehnerpotenzen höher; das bedeutet, dass die Diffusionskoeffizienten der gelösten Biopolymere wesentlich geringer sind als die der niedermolekularen Analyte. Die Einstellung des Verteilungsgleichgewichtes zwischen mobiler und stationärer Phase bleibt davon selbstverständlich nicht unbeeinflusst. Im Klartext bedeutet dies, dass die optimale lineare Geschwindigkeit, bei der die Bandenverbreiterung am geringsten ist, mit abnehmendem Diffusionskoeffizienten abnimmt und die Trennungen von hochmolekularen Analyten bei wesentlich niedrigeren Flussgeschwindigkeiten durchgeführt werden müssen. Bei 4 mm ID (Innendurchmesser) Säulen liegt der optimale Volumenfluß bei 0,1 bis 0,5 mL/min und geringer [18] statt bei 1 mL/min und höher. Die Verringerung der Flussgeschwindigkeit führt zwingend zu längeren Analysenzeiten.

2.4.3
Vergleich der SEC mit anderen HPLC Varianten

Der Trennmechanismus bei der SEC ist Entropie-kontrolliert, während bei allen anderen HPLC-Varianten im Wesentlichen enthalpische Effekte die Trennung bewirken, d. h. Wechselwirkungen des gelösten Analyten mit der stationären Phase, der Grenzfläche zwischen Oberfläche des Packungsmaterials und dem Fließmittel in den Poren. Um enthalpische Effekte in der SEC minimal zu halten, wird ein starkes Fließmittel entsprechend einer hohen Fließmittelstärke (Elutionsstärke) benutzt. In der SEC von Biopolymeren ist dies in aller Regel ein Puffer mit eingestelltem pH-Wert und Salzzusatz.

Bei den Packungsmaterialien der SEC ist somit nicht die spezifische Oberfläche die für die Retention entscheidende Größe, sondern der mittlere Porendurchmesser (Fraktionierbereich) und das spezifische Porenvolumen (Größe des Elutionsfensters).

Wie schon vorher erwähnt, eluieren die gelösten Biopolymeren an einer SEC-Säule in einem bestimmten Elutionsfenster, das zwischen dem Wert des Zwischenkornvolumens und dem Wert des Totvolumens der Säule liegt. Bei einer Säule mit 4 mm ID und 100 mm Länge beträgt das Säulenleervolumen 1,2 mL. Das Zwischenkornvolumen beträgt ca. 40 % dieses Wertes, das Totvolumen ca. 80 %. Das Elutionsfenster berechnet sich somit zu 0,48 mL. Das begrenzte Volumen, das zur Trennung nach Molekulargewichtsunterschieden zur Verfügung steht, ist auch eine Ursache für die geringe Selektivität einer SEC-Säule. Das Volumen wird erhöht, wenn mehrere Säulen gekoppelt werden. Dies hat noch den zusätzlichen Effekt, dass die Bodenzahl erhöht wird, allerdings auf Kosten der Analysenzeit. Im Unterschied zu allen anderen HPLC-Varianten, in denen kurze Säulen eingesetzt werden, werden in der SEC lange Säulen verwendet.

Im Gegensatz zu anderen Varianten der HPLC von Biopolymeren (Ionenaustausch-, hydrophobe Interaktions-, Umkehrphasen-Chromatographie), die alle im Gradientenmodus betrieben werden, ist die SEC gemeinhin eine isokratische Methode. Es wird mit konstanter Fließmittelzusammensetzung gearbeitet.

Eine weitere Besonderheit ist die Beladbarkeit von SEC-Säulen. Hohe Probenkonzentrationen müssen vermieden werden, da sonst die Viskosität der Injektionslösung leicht zu hoch werden kann. Einen Ausweg bietet die Injektion größerer Volumina von verdünnten Lösungen.

Besondere Beachtung muss dem Erhalt der biologischen Aktivität der zu trennenden Biopolymere gewidmet werden, vor allem, wenn an die Isolierung bei präparativer Arbeitsweise gedacht wird. Das Trennsystem (Säule, Fließmittel) sollte biokompatibel sein, d. h. die Oberfläche des SEC-Packungsmaterials und des Säulenmaterials sollte keine irreversiblen Wechselwirkungen mit der Probe eingehen und die Zusammensetzung des Fließmittels sollte so gewählt werden, dass keine Denaturierung der nativen Proteine erfolgt. Das betrifft darüber hinaus auch die gesamte System-Hardware (Probengefäß, Probengeber, Injektor, Injektionsschleife, Verbindungen usw.).

2.4.4 Aspekte bei der Optimierung der SEC

Der Anwender wählt eine SEC-Säule aus, die zur Lösung seines entsprechenden Problems geeignet ist. Der Weg zum Erfolg liegt dann in der Auswahl eines geeigneten Fließmittels, eines optimalen Flusses, des Injektionsvolumens und der Dosierkonzentration sowie in der Behandlung der Säule, sowohl beim Betrieb als auch der „außerbetrieblichen" Handhabung (Regeneration und Aufbewahrung).

2.4.4.1 Säulenauswahl und optimale Flussrate

Gelfiltrations-Packungsmaterialien werden üblicherweise in Stahlsäulen von 4 bis 25 mm Innendurchmesser und einer Länge von 30 bis 60 cm gepackt. Die primären Faktoren bei Packungsmaterialien in der Gelfiltration sind die Porengröße und Porengrößenverteilung sowie die mittlere Teilchengröße und die Teilchengrößenverteilung. Die mittlere Porengröße und die Porengrößenverteilung bestimmen den Fraktionierbereich der Säule, das Ausschlussmolekulargewicht und letztendlich die chromatographische Auflösung in Bezug auf das Molekulargewicht. Der Anwender erkennt diese Parameter anhand der Kalibrierkurve, die er entweder vom Säulenhersteller mitgeliefert bekommt oder mit entsprechenden Standardproteinen unter definierten Bedingungen selbst bestimmt.

Für ein gegebenes Trennproblem bedient man sich vorzugsweise einer Säule, deren Fraktionierbereich die zu erwartenden Fraktionen im linearen Bereich umspannt bzw. bei präparativem Arbeiten und Isolationsbestrebungen, deren Porensystem-Korngrößenverhältnis Zielanalyten von Matrixbestandteilen separiert. Bei Trennungen in einem weiten Molekulargewichtsbereich sind zwei (oder mehr) Trennsäulen auszuwählen, die gekoppelt werden und zwar in der Reihenfolge abnehmenden Ausschlussmolekulargewichts.

Der Molekulargewichtsbereich von Proteingemischen bewegt sich üblicherweise zwischen 10 und 500 KDa. Dies erfordert Packungsmaterialien mit mittleren Porengrößen zwischen 10 und 50 nm. Die SEC von Peptiden mit Molekulargewichten kleiner als 40 kDa erfordert Porenweiten von ungefähr 5 nm. Proteine mit M_W von 1000 kDa erfordern Porenweiten von 100 nm. Packungsmaterialien mit kleinen Porenweiten von ca. 5 nm besitzen relativ hohe spezifische Oberflächen, die zu zusätzlichen Adsorptionswechselwirkungen führen können und damit die Fraktionierung überlagern. Mit Hilfe einer geeigneten Fließmittelzusammensetzung, z. B. durch Einstellen einer optimalen Salzkonzentration des Puffers, kann man solche Adsorptionseffekte minimal halten.

Makroporöse Packungsmaterialien mit Porenweiten größer als 50 nm besitzen üblicherweise eine relativ geringe mechanische Stabilität. In diesem Falle sind besonders die Anwendungsbedingungen, die vom Säulenhersteller in Bezug auf Flussrate und Säulengegendruck gemacht werden, zu beachten.

Für eine optimale Auflösung sind neben mittlerem Porendurchmesser des Packungsmaterials die Volumenverhältnisse in der Säule entscheidend und zwar das Verhältnis des Porenvolumens der Teilchen, $V_{i,}$ zum Zwischenkornvolumen der Säule, V_0, dem sog. Phasenverhältnis. Üblicherweise beträgt das Zwischenkornvolumen bei gut gepackten Säulen 40 % des Leersäulenvolumens. Das Porenvolumen der Teilchen der Säule bewegt sich um Werte zwischen 15 und 40 % des Leersäulenvolumens. In der Gelfiltration beläuft sich das Phasenverhältnis auf Werte zwischen 0,5 und 1,5. Je höher das Phasenverhältnis, desto höher ist die Auflösung (siehe Gl. 7). Die Erhöhung des Phasenverhältnisses kann bei gegebenem Packungsmaterial durch eine Verlängerung der Säule oder durch Koppeln zweier Säulen desselben Typs erreicht werden. Eine Verdopplung der Säulenlänge führt zu einer Verringerung der Steigung der Kalibrierkurve (D_2) ebenfalls um den Faktor 2. Die Auflösung wird verbessert entsprechend Gl. (7), während der Fraktionierbereich unverändert bleibt. Eine Verlängerung der Säule hat jedoch zwei weitere Konsequenzen: Die Analysenzeit wird erhöht, ebenso der Säulenrückdruck. Man muss folglich einen Kompromiss schließen.

Die mittlere Teilchengröße sowie die Teilchengrößenverteilung bestimmen die Trennleistung der Säule, die in der Anzahl der theoretischen Böden pro Säulenlänge angegeben wird. Die mittleren Teilchengrößen von SEC-Packungsmaterialien bewegen sich im Bereich von 5 bis 15 µm und liegen meistens bei 10 µm. Die relative Standardabweichung der Verteilung um den Mittelwert beträgt 10–20 %. Im Vergleich zur konventionellen HPLC mit niedermolekularen Analyten muss man bei der Gelfiltration von Biopolymeren in Bezug auf die Trennleistung diverse Faktoren beachten:

1. Biopolymere mit Molekulargewichten von beispielsweise 100 kDa besitzen im Vergleich zu niedermolekularen Substanzen mit $D_m = 10^{-9}$ m^2/s kleine Diffusionskoeffizienten von ungefähr $D_m = 10^{-11}$ m^2/s. Dies hat zur Folge, dass der Massentransfer zwischen mobiler und stationärer Phase bei Biopolymeren langsamer erfolgt als bei niedermolekularen Substanzen. Die Kinetik des Massentransfers nimmt mit steigendem Molekulargewicht ab, d. h größere Biopolymere diffundieren langsamer in das poröse Korn und heraus als kleinere Moleküle. Die Kinetik bestimmt direkt die Trennleistung: Je schneller die Kinetik, desto höher ist die Trennleistung. Die optimale Flussgeschwindigkeit, bei der die Säule die höchste Trennleistung zeigt, ist dem Diffusionskoeffizienten umgekehrt proportional.
   Um folglich zu angemessenen Trennleistungen zu kommen, muss die Flussrate niedrig gehalten werden. Das hat jedoch die Konsequenz, dass sich die Analysenzeiten relativ lang ausnehmen (Abb. 2 zeigt ein Beispiel).

2. Aufgrund der vorher erwähnten Tatsachen muss auch geprüft werden, ob das Elutionsvolumen oder der Verteilungskoeffizient eines Biopolymeren abhängig von der Flussrate ist. Es ist durchaus möglich, dass sich bei höheren Flussraten kein Verteilungsgleichgewicht einstellt. Die Konstanz von K_{SEC} muss deshalb durch Versuche, bei denen die Flussrate variiert wird, überprüft werden.

Bei der Gelfiltration liegen immer Proteingemische vor, die über einen weiten Bereich des Molekulargewichts variieren können. Deshalb müssen die Flussrate und die Trennleistung auf diese Gegebenheiten eingestellt bzw. optimiert werden.

Die klassischen Packungsmaterialien in der Gelfiltration bestehen aus vernetzten hydrophilen Polymeren wie Dextranen, Agarose und Polyacrylamid. Sie haben den Nachteil, dass sie in bestimmten physikalisch, chemischen Umgebungen quellen und demnach mechanisch nicht ausreichend stabil sind, um hohen Säulenrückdrucken standzuhalten. In der Hochleistungs-Gelfiltration, bei der mikropartikuläre Packungsmaterialien verwendet werden, werden deshalb chemisch modifizierte Kieselgele sowie vernetzte, synthetische, organische Polymergele bevorzugt.

Kieselgele sind zwar mit abgestuften Porendurchmessern und kontrolliert einstellbarer Porosität verfügbar, sie müssen jedoch chemisch modifiziert werden, da Proteine an nativen Kieselgelen adsorbiert werden. Als funktionelle Oberflächengruppen kommen alkoholische Hydroxyl-, Ether-, bzw. Amid-Gruppen in Frage, die über kurze Kohlenwasserstoffketten als Spacer gebunden sind. Es muss darauf hingewiesen werden, dass ungeachtet der Modifizierung kieselgelbasierende Packungsmaterialien nur in einem pH-Bereich von 2 bis 9 eingesetzt werden können.

Die ersten Versuche kieselgelbasierende Träger einzusetzen gehen auf Pfankoch et al. zurück [15]. In der Folgezeit wurden von den führenden Firmen auf diesem Gebiet umfangreiche Entwicklungsarbeiten durchgeführt, die zu verschiedenen leistungsfähigen Produkten führten, die weiterhin optimiert wurden. Marktführer

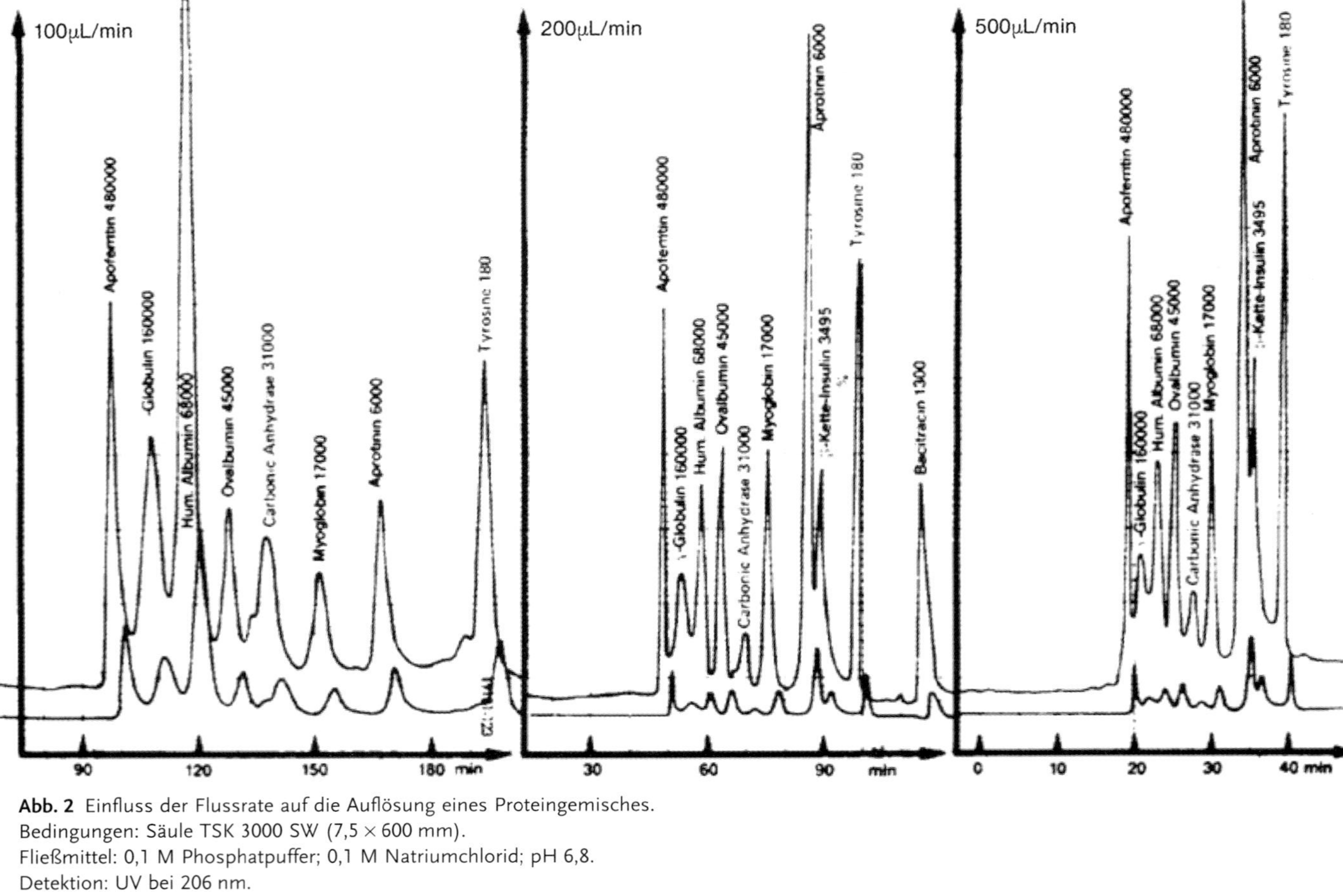

Abb. 2 Einfluss der Flussrate auf die Auflösung eines Proteingemisches.
Bedingungen: Säule TSK 3000 SW (7,5 × 600 mm).
Fließmittel: 0,1 M Phosphatpuffer; 0,1 M Natriumchlorid; pH 6,8.
Detektion: UV bei 206 nm.
(Mit Genehmigung von Prof. G. Földi, vormals LKB Instrument GmbH, Karlsruhe).

auf diesem Gebiet ist Pharmacia AB, Uppsala, jetzt Amersham Biosciences, Toyo Soda, jetzt Tosoh Biosciences, Bio-Rad, Dupont de Nemors, später Rockland Technologies, jetzt Agilent Technologies, Merck und andere.

Amersham Biosciences vertreibt eine Reihe von leistungsfähigen Materialien wie Superdex, Sepacryl Superose und Sephadex. Superdex-Säulen, basierend auf hochverenetzten Agaroseteilchen, ergeben kurze Analysenzeiten und hohe Wiederfindungsraten. Sephacryl ist ein alternatives Packungsmaterial zu Superdex, das speziell für präparative Zwecke entwickelt wurde. Es besteht aus Allyldextran kovalent vernetzt mit *N,N'*-Methylenbisacrylamid und besitzt hydrophile Eigenschaften sowie eine hohe mechanische Stabilität. Superose besitzen einen breiten Fraktionierbereich. Sie sind jedoch nicht für Anwendungen in der nachgelagerten Produktaufbereitung und -reinigung geeignet. Das Packungsmaterial besteht aus hochvernetzter Agarose.

Sephadex ist ein Material, das durch Vernetzung von Dextran mit Epichlorhydrin gewonnen wird. Je nach Vernetzung entstehen Produkte mit unterschiedlichem Quellungsgrad und abgestuftem Ausschlussmolekulargewicht bzw. Fraktionierbereich.

Tosoh Biosciences vertreibt eine Reihe von Säulen für die Gelfiltration von Proteinen und Peptiden wie z. B. die TSK-Gel SW- und TSK-SWXL-Serien. TSK-SW- und TSK-SWXL-Säulen sind mit kieselgelbasierenden Packungsmaterialien gefüllt, die eine hydrophile Oberflächemodifizierung besitzen. Die Serie der TSK-Gel- SuperHZ-Säulen enthält oberflächenmodifizierte 3 µm Kieselgelteilchen, die sich durch eine hohe Auflösung bei kurzer Analysenzeit auszeichnen.

Weitere Ausführungen über kommerzielle Produkte bzw. Säulen würden den Rahmen dieses Beitrages sprengen. Der interessierte Leser möge sich an die Säulenhersteller wenden.

Bemerkungen zur Handhabung von SEC Säulen

Grundregel ist: Man halte sich strikt an die Angaben des Säulenherstellers!

Wenn die Säule nicht über Nacht betrieben wird, sollte man das Fließmittel mit geringer Flussrate durch die Säule pumpen.

Vor dem Aufbewahren der Säulen sollte man diese zunächst mit verdünntem Puffer und dann mit Wasser, das 0,05 % Natriumazid enthält spülen und die Säule in diesem Zustand aufbewahren.

Arbeitsbedingungen für Gelfiltrations-Säulen bezüglich Flussrate und Säulenrückdruck

Grundsätzlich sind die Flussraten, mit denen die Säulen in der Gelfiltration betrieben werden, geringer als in der konventionellen HPLC. Für Säulen mit 4 mm ID liegt die optimale Flussrate statt bei 1–2 mL/min bei 0,5 mL/min und geringer.

Bei Säulen mit quellbaren Gelen sind vom Hersteller oft maximale Flussraten oder ein optimaler Bereich angegeben.

Geringe Flussraten führen zu langen Analysenzeiten, sodass hier ein Kompromiss geschlossen werden muss.

Die optimale Flussrate ist auch abhängig davon, ob Säulen mit Feinkorn für die Hochleistungs-Gelfiltration verbunden mit kurzen Analysenzeiten, oder Säulen mit Grobkorn für präparatives Arbeiten betrieben werden. Als Faustregel gilt, dass bei konstantem Säuleninnendurchmesser die optimale Flussrate mit steigendem Partikeldurchmesser des Packungsmaterials proportional zunimmt.

2.4.4.2 **Optimierung der Fließmittelzusammensetzung**

Das Fließmittel in der Gelfiltration soll in erster Linie die Probe vollständig lösen, des weiteren soll das Fließmittel so zusammengesetzt sein, dass es im chromatographischen Sinne eine hohe Fließmittelstärke besitzt und damit Wechselwirkungen der Probenbestandteile mit der Oberfläche des porösen Packungsmaterials minimiert. Bei den Wechselwirkungen handelt es sich einmal um elektrostatische, die durch die Ladung der Biopolymeren und die Oberflächenladung des Packungsmaterials hervorgerufen werden, zum anderen um hydrophobe Wechselwirkungen.

Das Fließmittel in der Gelfiltration besteht aus einem Puffer mit gegebenem pH-Wert, einem Salz und einem stabilisierenden Reagens. Letzteres dient dazu, das Bakterienwachstum z. B. in einem Phosphatpuffer zu verhindern. Elektrostatische Wechselwirkungen zwischen den Probebestandteilen und der Oberfläche des Packungsmaterials sind immer vorhanden, sowohl abstoßender als auch anziehender Natur. Die Minimierung der elektrostatischen Wechselwirkungen wird durch Einstellen einer entsprechend hohen Salzkonzentration bzw. Ionenstärke und durch den pH-Wert des Puffers erreicht. Üblicherweise arbeitet man mit Puffern, die einen pH-Wert von 5–8 aufweisen und mit einer Salzkonzentration von 0,02 bis 0,2 M. Abbildung 3 zeigt den Einfluss der Salzkonzentration des Puffers auf die Verteilungskoeffizienten von ausgewählten Proteinen an zwei kommerziellen Gelfiltrations-Säulen [18].

Es ist zu erkennen, dass bei niedrigen Salzkonzentrationen die Verteilungskoeffizienten wesentlicher höher sind als erwartet und diese teilweise Werte über 1 annehmen. Dies ist ein Hinweis, dass zwischen Protein und Oberfläche zusätzlich Wechselwirkungskräfte vorhanden sind.

Als Puffer werden Phosphat-, Acetat-, Citrat- und Tris-Acetat-Puffer verwendet. Zur Einstellung der Ionenstärke werden Natriumchlorid, Ammoniumsulfat, Ammoniumacetat und Ammoniumformiat benutzt.

Der Zusatz von denaturierenden Agentien kann sehr nützlich sein im Hinblick auf die Aufklärung der Proteinstruktur oder zur Unterdrückung hydrophober Wechselwirkungen. Starke Denaturierungsagentien wie Natriumdodecylsulfat („sodium dodecyl sulfate", SDS) und Guanidinhydrochlorid verursachen eine Strukturänderung vom nativen Zustand in die statistische Knäuel-Konformation. Im denaturierten Zustand können Proteine eine einheitliche Konformation bzw. Ladung besitzen. Das führt unter Umständen zu einer höheren Peakkapazität und einer höheren Präzision bei der Molekulargewichtsbestimmung mittels Gelfiltration. Im denaturierten Zustand weisen Proteine allerdings ein vom nativen Zustand verschiedenes hydrodynamisches Volumen auf. Folglich sind auch die Verteilungskoeffizienten unterschiedlich. Über die unterschiedlichen Einflüsse

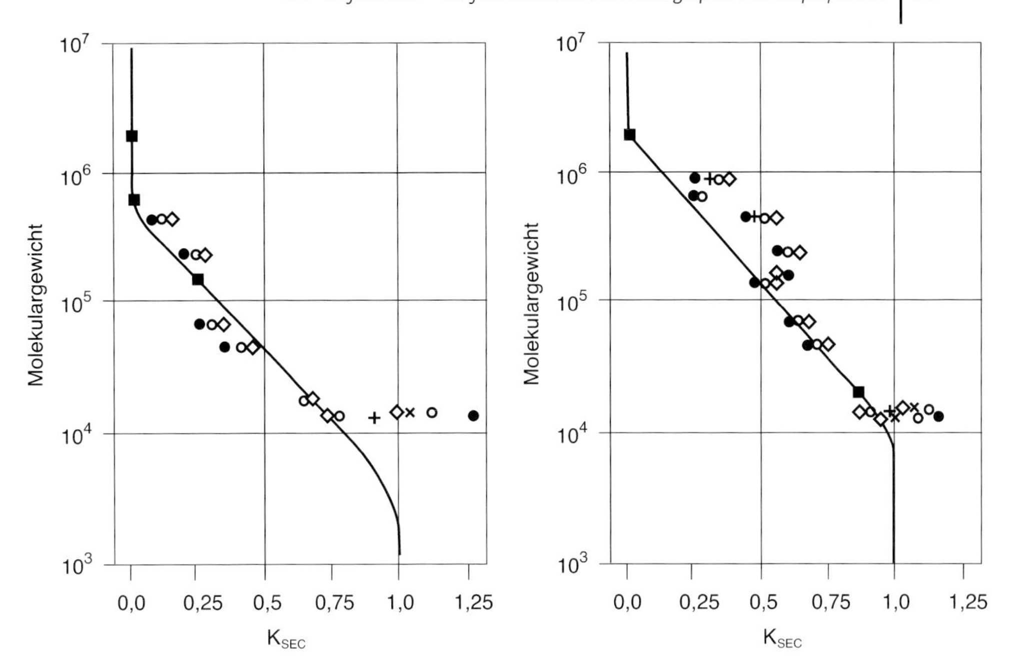

Abb. 3 SEC-Kalibrierkurven für Proteine an einer Zorbax Bio series GF 250 Säule (links) und an einer Zorbax Bio series GF 450 Säule (rechts) bei 308 K.
Säulendimensionen: 9,4 × 250 mm.
Fließmittel: Phosphatpuffer, pH 7 mit abgestuften Salzgehalten
(□) 0 mM Natriumchlorid, (●) 100 mM Natriumchlorid,
(+) 200 mM Natriumchlorid, (○) 300 mM Natriumchlorid,
(×) 400 mM Natriumchlorid und (◇)500 mM Natriumchlorid.

von SDS und Guanidinhydrochlorid bei der Gelfiltration von Proteinen informiert Referenz [19]. Denaturierende Reagenzien sind ebenfalls nützlich bei der Untersuchung von hochkomplexen Strukturen wie Zellorganellen, Viren oder multimeren Enzymen, da sie die nicht-kovalenten Bindungen zwischen Proteinen eliminieren. Denaturierende Reagenzien werden vorzugsweise auch dann eingesetzt, wenn es nicht gelingt, durch Einstellung des pH-Wertes und der Ionenstärke des Puffers hydrophobe Wechselwirkungen zu unterdrücken. Dies ist der Fall bei stark hydrophoben Proteinen, wie z. B. Membranproteinen. Das bevorzugte Agens ist Natriumdesoxycholat vor allem, weil es eine geringe Absorption bei der Wellenlänge zeigt, bei der Proteine üblicherweise detektiert werden [20]. Andere häufig benutzte Reagenzien sind Triton X-100 und Nonidet P 40, die aber den vorgenannten Vorteil nicht aufweisen.

Organische Lösemittel können ebenfalls dem Fließmittel beim Arbeiten unter denaturierenden Bedingungen zugesetzt werden. Acetonitril beispielsweise ist flüchtig und transparent im UV-Bereich. Man muss jedoch dabei die schlechte Löslichkeit von Proteinen bei Zusätzen von mehr als 30 Vol.% berücksichtigen, ein Umstand, der bei der Trennung von Peptiden keine Rolle spielt.

Zusammenfassende Bewertung

Obwohl auf den ersten Blick die Fließmittelzusammensetzung in der Gelfiltration sehr einfach erscheint, ist sie doch mit Tücken verbunden im Hinblick auf das Erzielen reproduzierbarer Resultate.

Regel Nummer eins ist, immer frisch hergestellte Fließmittel zu verwenden. Der pH-Wert und die Ionenstärke müssen auf die vorliegende Probe optimiert werden.

Äußerst problematisch ist die SEC von stark hydrophoben Proteinen und hier insbesondere von Membranproteinen, die sehr viel Erfahrung erfordert. Membranproteinanalytik ist eines der schwierigsten Felder auf dem Gebiet der Analytik überhaupt und würde daher den Rahmen dieses Textes sprengen. Es sei daher davor gewarnt, sich als Anfänger auf diesem Gebiet zu üben.

2.4.4.3 Probenvorbehandlung

Grundsätzlich sollten die Proben für die Gelfiltration frisch hergestellt werden und durch einen Filter mit einer mittleren Porenweite von 1 µm filtriert werden. Auch nach dem Filtrieren kann es passieren, dass aus den Lösungen Proteine ausfallen, da ihre Stabilität in üblichen Solventien häufig nur sehr begrenzt ist. Aus diesem Grund sollten Proben stets im Kühlschrank und verschlossen aufbewahrt werden.

Als Lösemittel muss das Fließmittel benutzt werden, außer bei Spezialapplikationen, wie z. B. Renaturierungsprozessen oder RAM-Separationen. Diese Vorgehensweise verhindert beispielsweise Salz-Präzipitation (Niederschlag).

Bei der Probenvorbehandlung werden gleichzeitig Detergentien zugegeben, um die Löslichkeit der Proteine zu gewährleisten. Oft liegen multimere Proteinkomplexe vor, die zerlegt werden müssen. Proteine mit Disulfidbrücken werden durch Zugabe von 2-Mercaptoethanol denaturiert, wobei die Disulfidbindungen reduziert werden.

2.4.4.4 Viskosität und Volumen der Probenlösung – zwei kritische Parameter bei der Dosierung

Eine Besonderheit beim chromatographischen Arbeiten mit Lösungen von Biopolymeren, ist die Viskosität der Proben. Bei Lösungen von hochmolekularen Proben muss die Probenkonzentration so eingestellt werden, dass diese um den Faktor zwei geringer ist als die des Fließmittels [2]. Proben mit zu hoher Viskosität führen zu nicht reproduzierbaren Analysenergebnissen.

Wenn Proteine mittels Gelfiltration isoliert werden sollen und die Säule überladen wird, ist es ratsam, statt konzentrierten Lösungen ein großes Volumen einer verdünnten Lösung zu dosieren. Die maximale Volumenbeladbarkeit beim analytischen Arbeiten beträgt ca. 1–5 % des Leersäulenvolumens. Im Falle einer Entsalzung der Lösung kann das Volumen bis auf 30 % des Leersäulenvolumens erhöht werden [2].

2.4.4.5 Detektionsmethoden

Als Detektoren werden Lichtstreu-, UV- sowie refraktometrische Detektoren eingesetzt [21]. Unlösliche Peptide aus einem tryptischen Verdau können nach Zusatz von SDS zum Fließmittel in Lösung gebracht und gehalten werden und auf diese Weise schließlich detektiert und nachgewiesen werden. Die überwiegende Zahl der SEC-Trennungen sind nicht geeignet für eine Detektion mittels Massenspektrometrie (MS). Zu diesem Zweck müssen flüchtige Puffer verwendet werden. P. Lecchi und F. P. Abramson testeten zu diesem Zweck verschiedene Fließmittelgemische unter Berücksichtigung der Ionenstärke, der Löslichkeit der Proteine und der Flüchtigkeit des Solvens. Als optimales Fließmittel erwies sich eine 1 M Tetraethylammoniumfluorid (TEAF) Lösung in Wasser/Tetrahydrofuran, pH = 3 im Verhältnis 2/1 (*v*/*v*). Die Ergebnisse waren vergleichbar mit denen, die mit 50 mM Phosphatpuffer (K_2HPO_4) und 0,2 M Natriumchlorid bei pH = 6,5 erhalten wurden [22].

Für die SEC von Polysacchariden und Nukleinsäuren wurden Ammoniumacetatlösungen als flüchtige Puffer verwendet.

Da die Gelfiltration auf einem Entropie-basierenden Trennmechanismus beruht, können nicht-kovalent gebundene undissoziierte Proteinkomplexe getrennt werden. Da bei der SEC nicht-flüchtige Salze der Puffer entfernt werden, ist diese Methode geeignet, direkt solche Komplexe mittels MS zu detektieren. Bei dieser Entsalzung werden nicht-flüchtige durch flüchtige Salze ersetzt und dabei Alkalikationen durch Ammoniumionen ersetzt. Dabei wird gleichzeitig die Empfindlichkeit der massenspektrometrischen Detektion erhöht. Große Biomakromoleküle tragen gewöhnlich eine hohe Ladung und werden durch Adduktbildung

Tabelle 1 Fehlersuche und Fehlerbehebung.

Symptom	*Ursachen*	*Maßnahmen zur Behebung*
Geringe Auflösung	1. Nicht geeignete Säule	1. Verwende eine Säule mit engerem Fraktionierbereich oder kleineren Teilchen.
	2. Säulendimensionen	2. Verwende eine längere Säule oder kopple zwei Säulen miteinander.
	3. Nicht optimale Flussrate, Dosierkonzentration, Dosiervolumen	3. Reduziere die Flussrate, verringere die Konzentration und/oder das Volumen.
Hoher Säulenrückdruck	Ausfallen von Proteinen während der Analyse	Filtriere die Lösung oder setze ein Denaturierungsagenz zu.
Keine symmetrischen Peaks	1. Adsorption von Proteinen.	1. Salz zum Puffer geben.
	2. Luftblasen in der Säule	2. Packe die Säule neu und entgase das Fließmittel.
	3. Kein geeigneter Puffer	3. Wähle einen anderen Puffer.
Verlust der biologischen Aktivität des Proteins	1. Adsorption des Proteins an der Säule	1. Salzzusatz
	2. Trennung von Untereinheiten	2. Wechsel des Fließmittels

mit anorganischen Ionen stabilisiert. Die SEC dient hier der Trennung dieser Proteinkomplexe nach hydrodynamischem Volumen unter schonenden Bedingungen. Die Molekülmasse wird massenspektrometrisch ermittelt. Die SEC ist folglich eine elegante Methode, um nicht-flüchtige Salze oder Puffer vor der massenspektrometrischen Analyse zu entfernen. Eine Übersicht über Fehlerursachen und Fehlerbehebung gibt Tabelle 1.

2.4.5 Anwendungsfelder der SEC von Biopolymeren

2.4.5.1 High Performance SEC

Mit Hilfe kleinkörniger SEC-Materialien wurden Methoden zur präparativen Trennung und quantitativen Bestimmung der relativen Verhältnisse für eine Reihe von Polypeptiden und Reismehlproteinen entwickelt [25]. Der Vorteil der High Performance SEC liegt darin, dass die chromatographische Auflösung durch die Anwendung eines stark Dissoziations-fördernden Lösemittels, das sowohl ein Detergenz als auch ein chaotropes Agens zur Trennung und Isolierung der Proteine enthält (0,1 M Essigsäure, 3 M Harnstoff, 0,01 M Cetyltrimethylammoniumbromid), nicht herabgesetzt wird. Hamada konnte zeigen [25], dass die Ladung des Proteins und die Flussrate V_e stark beeinflussen. Eine Erhöhung der Flussrate führte zu einer Zunahme der Retention der Peaks um 9 %. Die Erhöhung der Injektionsmenge an Protein führte zu einer Erhöhung der V_e-Werte. Eine Abnahme dagegen der injizierten Konzentration von 175 auf 1,75 mg/mL hatte eine Abnahme des M_r-Wertes von 220 auf 130 kDa zur Folge.

2.4.5.2 Bestimmung des Molekulargewichtes

Das Molekulargewicht eines Porteins wird anhand seines Elutionsvolumens und mithilfe einer Kalibrierkurve bestimmt. Diese Aussagen sind jedoch mit Vorsicht zu genießen. Das Elutionsvolumen wird durch das hydrodynamische Volumen des Biomakromoleküls und damit von seiner Konformation bestimmt. Veränderungen der Konformation können beim Wechsel des pH-Wertes, der Ionenstärke und durch andere Einflüsse stattfinden. Außerdem kann es während der Trennung zu Protein-Protein-Wechselwirkungen kommen. Bei Glycoproteinen hat die Modifikation einen beträchtlichen Einfluss auf das Elutionsvolumen. Das wahre Molekulargewicht des Sternzellen-Faktors von Ovarien chinesischer Hamster beträgt 53,1 kDa, während das mittels Gelfiltration ermittelte Molekulargewicht 113 kDa betrug [21]. Der Unterschied um den Faktor zwei resultiert wahrscheinlich aus der Tatsache, dass dieses Biomakromolekül stark asymmetrisch ist und sich somit in der SEC scheinbar größer verhält als ein symmetrisches.

Zur Bestimmung des Molekulargewichts eines Biopolymeren sollte deshalb die MS herangezogen werden.

2.4.5.3 Die Gelfiltration als ein Werkzeug zum Studium von Konformationsänderungen von Proteinen

Die SEC hat sich als ein wertvolles Instrument zur Verfolgung und der Kontrolle von Proteinfaltung und Proteinaggregation erwiesen. Da ist zunächst der Umstand zu erwähnen, dass die milden Bedingungen der Elution und der Einsatz massenspezifischer Detektoren basierend auf Lichtstreuung ideale Bedingungen darstellen, um Aggregation und Konformationsänderungen zu verfolgen. Die Gelfiltration wurde beispielsweise eingesetzt, um einen Pufferwechsel von einem solubilisierenden („lösungsfähigen") zu einem rückfaltenden („refolding") Puffer vorzunehmen [23]. Während der Elution wurde ungefaltetes Lysozym stufenweise rückgefaltet. Ein oft beobachtetes Phänomen bei Proteinfaltungsvorgängen ist die Abnahme der Größe des Proteinensembles. So wurde der Radius von nativen, intermediären und ungefalteten Konformeren der Tryptophan-Synthase mit verschiedenen Techniken gemessen: SEC, Ultrazentrifuge, dynamische Lichtstreuung und Röntgenkleinwinkelstreuung [24]. Für die native Form ergaben sich folgende Standardabweichungen bei der Radienbestimmung für die jeweiligen Methoden in obiger Reihenfolge: 4,8 % 9,2 %, 3,4 % und 17,3 %, für die statistische Knäuel-Konformation: 8,1 %, 9,7 %, 13,1 % und 30,8 %.

Ein Größenausschluss-Rückfaltungsprozess wurde zur vollständigen Renaturierung von Lysozym bei hohen Konzentrationen eingesetzt. Dieser Prozess basiert auf den verschiedenartigen hydrodynamischen Charakteristika der gefalteten und ungefalteten Proteine. Änderungen im Stokes'schen Radius und daraus resultierend des hydrodynamischen Radius und des Verteilungskoeffizienten treten während der Rückfaltung des Lysozyms aus Harnstoff in der SEC Säule auf.

Physikalische Strategien zur Verbesserung der Protein-Rückfaltung basieren auf der Retention faltender Moleküle bis sie in einer stabilen (nativen), nicht-aggregierten Konformation existieren. Diese Methode gründet auf kontrolliertem Pufferaustausch vom Lösungs- zum Rückfaltungspuffer, Aggregatbeseitigung und Mechanismen der Proteinfaltung *per se*. Die reduzierte Diffusion von Proteinen in Gegenwart von SEC-Packungsmaterialien konnte, durch den Nachweis der Unterdrückung von nicht-spezifischen Wechselwirkungen von partiell gefalteten Proteinen und damit Reduzierung der Aggregation, erfolgreich zur Renaturierung von Proteinen eingesetzt werden. So wurden unter anderem Lysozym (Hühnereiweiß) und Carboxy-Anhydrase (Rind) aus Proteineingangskonzentrationen von bis zu 80 mg/mL auf einer Sephacryl S-100 Säule rückgefaltet [23].

Eingangs besitzt das denaturierte, ungefaltete Protein statistische Knäuel („random-coil")-Formation und damit einen großen hydrodynamischen Radius. Infolgedessen wird es von der Mehrzahl der Poren des Packungsmaterials ausgeschlossen. In Gegenwart des Rückfaltungspuffers wirkt die lokale Umgebung des Proteins weniger denaturierend und das Protein erfährt den Rückfaltungsprozess. Das Resultat ist ein reduzierter hydrodynamischer Radius im Verlauf der Proteinfaltung, der sich durch zunehmend kompakte Radii auszeichnet. In diesem Stadium steht dem partiell gefalteten Protein vorher unzugängliches Porenvolumen zur Verfügung. Es sei ausdrücklich darauf hingewiesen, dass sich der Verteilungskoeffizient des Proteins zwischen Eluens und stationärer Phase in Abhängigkeit von der Zeit ändert, während das Protein faltet und kompakter wird.

Es liegt in der Natur poröser Packungsmaterialien, dass der Massentransfer bezüglich der Poren diffusionskontrolliert ist. Dieser Umstand wirkt sich förderlich auf den Rückfaltungsprozess aus, da intermolekulare Aggregation entsprechend unwahrscheinlicher wird. Innerhalb der Poren herrschen demzufolge beste Bedingungen für den Prozess der Proteinrückfaltung, deren Endpunkt idealerweise das Erreichen der kompakten, nativen Proteinstruktur darstellt. Der Größenausschlusscharakter einer solchen Proteinrückfaltungsprozedur manifestiert sich in der Elutionsreihenfolge: aggregierte Proteine, native Proteine und schließlich chaotrope Reagenzien.

Abschließend sei bemerkt, dass durch die gesteigerte Zugänglichkeit des Porensystems für partiell gefaltete Proteine ein verstärkender Effekt bezüglich der Minimierung der Protein-Protein-Aggregation erzielt wird, der die Rückfaltungsausbeute steigert. Je größer die Unterschiede zwischen denaturierter und nativer Proteinspezies, desto größer sind auch die Unterschiede in den Elutionsvolumina zu erwarten, wobei der Gesamterfolg der Trennung letztlich inhärent bezüglich des Größenausschluss-Packungsmaterials ist. Temperaturkontrolle in der SEC spielt eine weitgehend untergeordnete Rolle, so wird im besprochenen Beispiel, der Rückfaltung von Lysozym, bei einer Temperaturerhöhung um 30 °C (von 20 auf 50 °C) eine Reduzierung des Elutionsvolumens um 2,3 % (8 mL) bei reduzierter spezifischer Aktivität von 5 % erhalten [23].

2.4.5.4 Die Gelfiltration in der präparativen und Prozesschromatographie (Down Stream Processing)

Biotechnologisch hergestellte Produkte wie rekombinante Proteine, Plasmide, usw. erfordern eine intensive Produktaufbereitung, um bestimmte Reinheitskriterien zu erfüllen (s. auch Kap. 2.5). Zu diesem Zweck werden mehrere chromatographische und nicht auf Chromatographie basierende Prozesse durchgeführt, die Verunreinigungen selektiv entfernen und die Zielsubstanz anreichern. Üblicherweise sind dies die Ionenaustausch-Chromatographie, Affinitäts-Chromatographie und die Gelfiltration, die in einer bestimmten Reihenfolge angewandt werden [9]. Die besonderen Anforderungen sind: es handelt sich um große Volumina, folglich müssen Säulen mit großem Durchmesser und geringem Säulenrückdruck verwendet werden, die mit Grobkorn des jeweiligen Materials gepackt sind.

Die Gelfiltration wird bei diesen Prozessen zur Entsalzung, zum Umpuffern und zur Fraktionierung von Gruppen von Biopolymeren verwendet.

Das Dosiervolumen beträgt ungefähr 5 % des Leersäulenvolumens bei einer Fraktionierung nach Molekulargewicht, bei einer Entsalzung 15–30 %. Die Säulenlänge variiert zwischen 60 und 180 cm bei Innendurchmessern von 5–180 cm [9].

2.4.5.5 SEC-Säulen basierend auf dem Prinzip der eingeschränkten Zugänglichkeit (Restricted Access Principle) und ihr Einsatz in der Proteomanalyse

Das Prinzip der Restricted Access Materialien (RAM) beruht darauf, dass poröse Teilchen verwendet werden, die eine topochemisch bifunktionale Oberfläche besitzen: an der äußeren Oberfläche sind hydrophile, elektroneutrale Diol-Gruppen chemisch gebunden, die innere Oberfläche enthält Liganden wie z. B. hydrophobe Gruppen (C_{18}, C_8, C_4) oder ionische Gruppen (kationische oder anionische). Der mittlere Porendurchmesser ist variierbar. Er beträgt beispielsweise 6, 12 oder 30 nm. Der mittlere Teilchendurchmesser ist 25 µm. Es handelt sich also nicht um ein feinkörniges Hochleistungsmaterial der HPLC. Abbildung 4 zeigt ein Schema des Aufbaus eines solchen RAM-Teilchens. Zweck dieser mit diesen Teilchen gepackten Säulen mit den Dimensionen 25 × 4 mm ist die Probenaufbereitung von biologisch aktiven Substanzen aus biologischen Matrices wie Urin, Serum, Plasma u. a. Die Wirkungsweise der Säulen ist wie folgt (s. auch Kap. 5.3) [13].

a) Beladen der Säule mit der Probe

Die Probe wird aus wässrigem Medium auf den Säulenkopf dosiert. Dabei werden Proteine, Lipide und andere Matrixbestandteile, deren Molekulargewicht oder Molekülgröße größer ist als das Ausschlussmolekulargewicht aus den Poren ausgeschlossen und wandern nahezu unverzögert durch die Säule. Sie erscheinen im Totvolumen der Säule. Gleichzeitig gelangen die Bestandteile der Probe, die aufgrund ihrer Größe das Porensystem teilweise oder ganz durchdringen, an die innere Oberfläche und werden dort adsorbiert, da die Probelösung ein schwa-

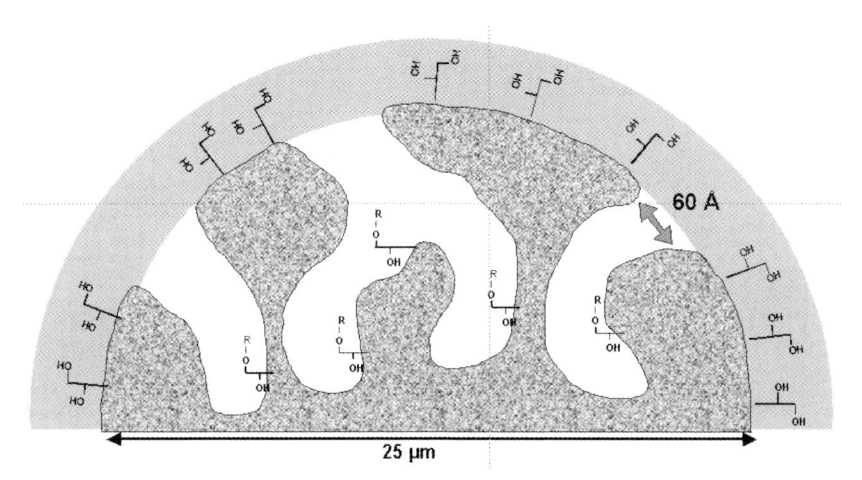

Abb. 4 Schematische Darstellung eines Teilchens mit eingeschränkter Zugänglichkeit.
Mittlerer Teilchendurchmesser: 25 µm.
Mittlerer Porendurchmesser: 6 nm.
Äußere Teilchenoberfläche: chemisch gebundene Diol-Gruppen.
Innere Porenoberfläche: funktionelle Gruppen wie C18, C8, C4 bzw. Kationenaustauscher- oder Anionenaustauscher-Gruppen.

ches Fließmittel darstellt. Im Fall hydrophober Oberfläche sind es hydrophobe Wechselwirkungen, im Fall von Kationen austauschenden Gruppen sind es elektrostatische Anziehungskräfte zwischen kationischen Probemolekülen und den anionischen Festionen an der inneren Oberfläche. Die Bedingungen im Beladungsschritt sollten so eingestellt sein, dass die adsorbierten Bestandteile einen großen Retentionskoeffizienten besitzen und nicht am Ende der Säule durchbrechen. Entscheidend ist somit auch die Kenntnis der Beladungskapazität der Säule.

b) Waschen der Säule

Das Waschen der Säule mit einem Fließmittel geringer Elutionskraft hat zum Ziele die ausgeschlossenen Matrixkomponenten zu beseitigen, die dann die nachfolgende Trennung nicht mehr stören. Mit anderen Worten, durch diese Probenaufbereitung wird eine höhere Selektivität, Trennleistung und Empfindlichkeit erreicht.

c) Eluieren der Probebestandteile

Nach dem Waschen wird das Fließmittel gewechselt: Es wird ein stärkeres Fließmittel, z. B. ein Puffer mit einer höheren Salzkonzentration verwendet, um die auf der RAM-Säule angereicherten Probenbestandteile zu desorbieren und auf die nachfolgende Trennsäule über ein Schaltventil zu transportieren. Dies kann mittels isokratischer Arbeitsweise oder auch durch Gradientenelution geschehen.

d) Regenerieren der Säulen

Die Säulen werden mit dem starken Fließmittel gewaschen und dann auf die Anfangsbedingungen konditioniert. Die Säule ist dann bereit für die nächste Injektion.

Alle Schritte a) bis d) können unter Zuhilfenahme einer HPLC-Pumpe und eines Schaltventils automatisch durchgeführt werden und erfordern beim Verwenden eines Probengebers keine manuelle Bedienung. Die nächste Probe kann dosiert werden, wenn die Analyse an der nachfolgenden Trennsäule abgeschlossen ist. Über die Porenweite des Trägermaterials wird das Ausschlussmolekulargewicht gesteuert. Im Fall von 6 nm-Poren beträgt das Ausschlussmolekulargewicht 15 kDa für globuläre Proteine, wie Abb. 5 zeigt.

Restricted Access Materialien auf Kieselgelbasis mit hydrophoben Gruppen sind als LiChrospher ADS (Alkyldiolsilica) kommerziell erhältlich (Merck KGaA, Darmstadt). Die Säulen verfügen über eine lange Lebensdauer von mehreren tausend Injektionen in automatisierten HPLC-Anlagen. In der Folgezeit wurden RAM-Säulen auf der Basis von stark sauren Kationenaustauschergruppen (RAM-SCX) entwickelt, die für die Probenaufbereitung von peptidischen Gemischen und Proteingemischen aus biologischen Matrices erfolgreich eingesetzt werden. Abbildung 6 zeigt das Elutionsprofil einer RAM-SCX-Säule. Die analytischen Systeme für den mehrdimensionalen Betrieb bestehen aus einer RAM-SCX-Säule, einer nachgeschalteten Kationenaustauscher-Säule und evtl. einem weiteren zweiten Säulensystem mit Reversed Phase-Säulen. Aus der Kationenaustauscher-Säule werden Fraktionen mit gleichem Volumen aufgefangen. Jede dieser Fraktionen wird dann

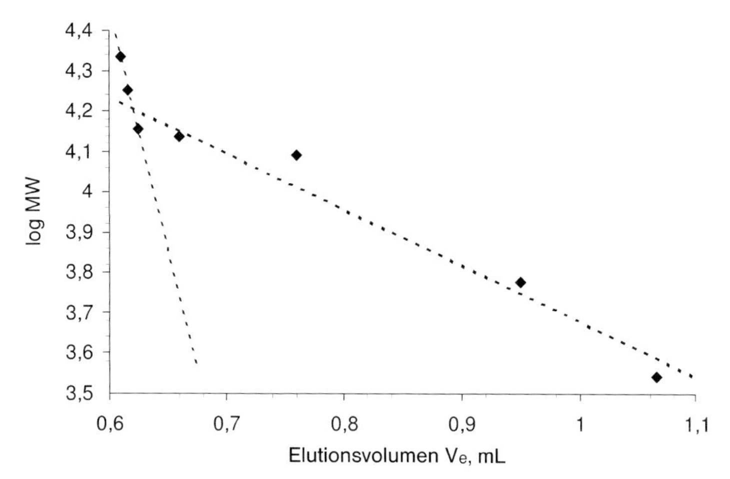

Abb. 5 Kalibrierkurve für eine Säule (4 × 25 mm) mit einem Restricted Access Sulfonsäure Kationenaustauschermaterial. (RAM-SCX). Fließmittel: 20 mM Phosphatpuffer mit 1 M Natriumchlorid, pH 3,1, Acetontril/Wasser (10/90 v/v). Proteine: α-Chymotrypsinogen, Myoglobin, Lysozym, Ribonuclease, Cytochrom C, Insulin (subunit) Insulin (Chain B).

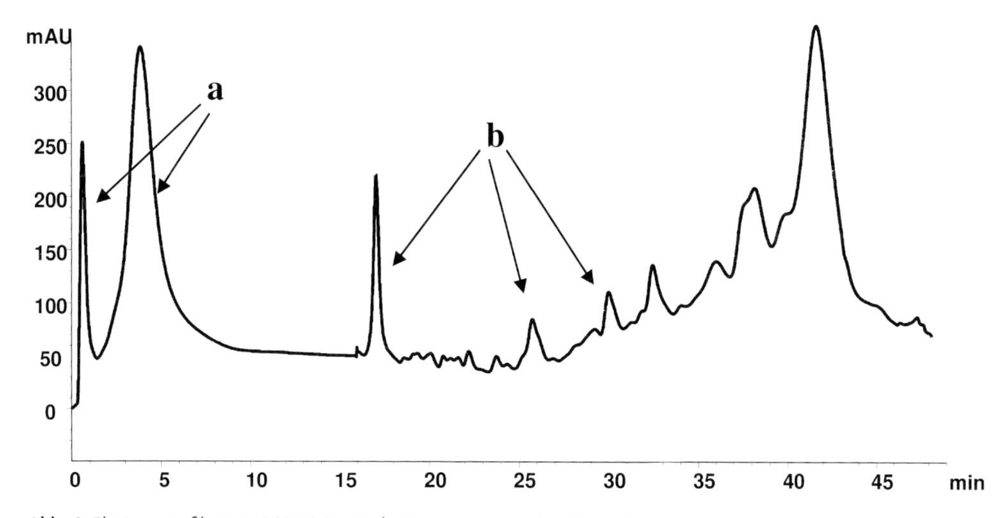

Abb. 6 Elutionsprofil einer RAM-SCX Säule (Dimensionen: 4 × 25 mm).
(a) sind die ausgeschlossenen makromolekularen Bestandteile (Ausschlussmolekulargewicht 20 kDa) aus dem Waschschritt.
(b) sind die durch Gradientenelution desorbierten Analyte.
Probe: humanes Hämofiltrat von IPF Pharmaceuticals, Hannover.
Dosiervolumen 100 μL, Dosierkonzentration 3,7 mg/mL.
Eluent A: 20 mM Kaliumhydrogenphosphatpuffer pH 2,5, Acetonitril/Wasser 5/95 (v/v).
Eluent B: 20 mM Kaliumhydrogenphosphatpuffer pH 2,5, 1 M Natriumchlorid, Acetonitril/Wasser 5/95 (v/v), Gradientendauer: 30 min.
Flussrate: 0,5 mL/min. Detektion: UV 214 nm.

auf der nachfolgenden Reversed Phase-Säule weiter aufgetrennt, wobei ebenfalls Fraktionen geschnitten werden. Diese Fraktionen werden auf MALDI MS Platten aufgegeben und aufbereitet und dann offline analysiert. Aufgrund dieser multidimensionalen Arbeitsweise ist es möglich, mehrere tausend Peptide in einer einzigen Analyse zu trennen und bezüglich ihrer Masse zu identifizieren.

Literatur

1 J. Ch. Janson, *Chromatographia* 1987, 23, 361.

2 *Gel Filtration: Principles and Methods*, Amersham Biosciences AB, Uppsala, 2002.

3 W. W. Yau, J. J. Kirkland, D. D. Bly, *Modern Size Exclusion Chromatography*, John Wiley and Sons, New York, 1979.

4 K. K. Unger, High-Performance Size Exclusion Chromatography in W. B. Jakoby (Ed.), *Enzyme Purification and Related Techniques*, Academic Press, Orlando, 1984.

5 P. L. Dubin, *Aqueous Size Exclusion Chromatography*, Elsevier, Amsterdam, 1988.

6 V. Dawkings, Packings in Size Exclusion Chromatography in K. K.Unger (Ed.), *Packings and Stationary Phases in Chromatographic Techniques*, M. Dekker, New York, 1990.

7 K. M. Gooding, F. E. Regnier, Size Exclusion Chromatography in K. M. Gooding and F. E. Regnier (Eds.), *HPLC of Biological Macromolecules*, M. Dekker; New York, 2002.

8 J. Ch. Janson, P. Hedman, Large Scale Chromatography in *Advances in Biochemical Engineering*, Volume 25, A. Fiechtler (Ed.), Springer Verlag, Heidelberg, 1982.

9 G. Jagschies, Process-Scale Chromatography, in *Ullmanns Encyclopedia of Industrial Chemisty*, Vol B, VCH, Weinheim, 1988.

10 K. S. Boos, C. H. Grimm, *Trends Anal. Chem.* 1999, 18, 175.

11 K. S. Boos, A. Rudolphi, *LC&GC International* 1997, 15, 602.

12 K. K Unger, *Chromatographia* 1991, 31, 507.

13 O. Willemsen, E. Machtejevas, K. K. Unger, *J. Chromatogr. A* 2004, 1025, 209.

14 M. E. Himmel, P. G. Squire, *Int. J. Pept. Protein Res.* 1981, 17, 365.

15 E. Pfankoch, K. C. Lu, F. E. Regnier, H. G. Barth, *J. Chromatogr. Sci.* 1980, 18, 430.

16 H. Dai, P. L. Dublin, T. Andersson, *Anal. Chem.* 1998, 70, 1576.

17 D. E. Brooks, C. A. Haynes, D. Hritcu. B. M. Steels, W. Müller, *PNAS* 2000, 97, 7064.

18 B. Anspach, H. U. Gierlich, K. K. Unger, *J. Chromatogr.* 1988, 443, 45.

19 R. Montecarlo, *Aqueous Size-Exclusion Chromatography* 1988, 40, 10.

20 C. Tanford, *Advan. Protein Chem.* 1968, 23, 121.

21 J. Wen, T. Arakawa, J. S. Philo, *Anal. Biochem.* 1996, 240, 155.

22 P. Lecchi, F. P. Abramson, *Anal. Chem.* 1999, 71, 2951.

23 B. Batas, H. R. Jones, J. B. Chaudhuri, *J. Chromatogr. A* 1997, 766, 109.

24 P. J. Gualfetti, M. Iwakura, J. C. Lee, H. Hihara, O. Bilsel, J. A. Zitzewitz, C. R. Matthews, *Biochemistry* 1999, 38, 13367.

25 J. S. Hamada, *J. Chromatogr. A* 1996, 734, 195.

2.5
Optimierung in der Affinitätschromatographie

Egbert Müller

2.5.1
Einführung und Grundlagen der Affinitätschromatographie

Die Verwendung der Affinitätschromatographie zur Reinigung von Proteinen wurde 1968 in einer Arbeit von Cuatrecasas beschrieben [1]. Dieses Kapitel charakterisiert wichtige Einzelheiten dieser Technik, welche erst später detaillierter herausgearbeitet wurden. Zu dieser Zeit waren andere Methoden wie Ionenaustauschchromatographie und die Gelfiltration schon etablierte Reinigungstechniken. Welche grundlegenden Verbesserungen bei der Reinigung von Biomolekülen wurden damals von der Affinitätschromatographie erwartet und welchen Stellenwert hat diese Technik heute?

Ziel einer jeden bio-chromatographischen Reinigung ist die Isolierung eines einzelnen Moleküls aus einer sehr großen Zahl von Verunreinigungen (bei einem Zellaufschluss handelt es sich um ca. 10.000–50.000 verschiedene Komponenten). Die statistische Wahrscheinlichkeit, eine Verbindung in nur einem Reinigungsschritt aus einem Gemisch zu isolieren, gehorcht einer Poisson-Verteilung [2] und nimmt mit zunehmender Anzahl der Komponenten exponentiell ab. Die einzige Möglichkeit eine hohe Reinheit zu erzielen, ist die Verwendung von Liganden mit hoher Selektivität. Die Selektivität eines Liganden kann durch die Gleichgewichtskonstante quantitativ beschrieben werden:

Die Gleichgewichtskonstante K_{Aff} ist definiert als [3]:

$$K_{\mathrm{Aff}} = \frac{[L \cdot P]}{[P] \cdot [L]} \tag{1}$$

$[P]$ Konzentration des zu reinigenden Proteins im Gleichgewicht
$[L]$ Konzentration des Liganden im Gleichgewicht
$[L \cdot P]$ gebundenes Protein im Gleichgewicht (dabei wird vorausgesetzt, dass ein Ligand ein Proteinmolekül bindet)

Ihr reziproker Wert wird als Dissoziationskonstante bezeichnet. Beim Ionenaustausch von Proteinen liegt der K_D Wert z. B. im Intervall von 10^{-6} bis 10^{-7} M [4]. Nur bei diesen Werten haben Trägermaterialien eine praktisch nutzbare spezifische Proteinbindungskapazität. Problematisch ist, dass Begleitproteine ebenfalls ionische Ladungen tragen und vergleichbare Affinitäten zu erwarten sind. Der Reinigungseffekt kann deshalb nicht notwendig hoch sein. Es ist deshalb von Vorteil, dass man Methoden bereitstellen kann, welche Bindungskonstanten aufweisen, die um den Faktor 1000 kleiner sind [5] und damit auch höher sind als Gleichgewichtskonstanten aller Begleitsubstanzen. Nur dies könnte eine sehr definierte Abtrennung einer Substanz aus einem großen Pool von Verunreini-

HPLC richtig optimiert: Ein Handbuch für Praktiker. Herausgegeben von Stavros Kromidas

ISBN: 3-527-31470-9

gungen gewährleisten. Die Wechselwirkung sollte so spezifisch sein, dass im Idealfall tatsächlich nur eine Komponente bindet. Die Interaktion zwischen Antikörpern und Antigenen kommt dieser Vorstellung sehr nahe. Die oben beschriebene Ein-Schritt-Reinigung war das eigentliche Ziel der Affinitätschromatographie. Dabei handelt sich jedoch um einen idealisierten Prozess, da unspezifische Wechselwirkungen mit der Trägermatrix einfach nicht zu vermeiden sind und somit eine 100 %ige Reinheit nicht erreicht werden kann. Es hat sich gezeigt, dass man mit Größenordnungen von Gleichgewichtskonstanten gut arbeiten kann, welche zwischen denen von Ionenaustauschermaterialien und unter den sog. biospezifischen Liganden (die im Allgemeinen Proteinliganden sind) liegen. Man bezeichnet diese Gele als gruppenspezifische Trägermaterialien [6].

Man kann die üblicherweise verwendeten Affinitätsliganden grob in niedermolekulare und hochmolekulare Molekülgruppen unterteilen. Häufig verwendete niedermolekulare Liganden sind [7]:

- *p*-Aminobenzamidin zur Reinigung von Serinproteasen [8], Phenylboronat [9] zur Reinigung von Glykoproteinen, Cibacron Blue F3GA (ein Reaktivfarbstoff) zur Isolierung von Kinasen, Phosphatasen Dehydrogenasen sowie Albumin, Plasmaproteinen und Interferon [10], Iminodiessigsäure und Triscarboxyethylendiamin (Komplexbildner) für die Metallchelat-Affinitätschromatographie [11], Thiopyridin und Liganden für die thiophile Adsorption (Sulfongruppen in der Nähe von einem Thioether) [12], die Aminosäuren Lysin zur Reinigung von Plasminogen [13], Arginin, Biotin, Peptide und Nucleotide (ATP). Es können aber auch Zucker wie Mannose oder bestimmte Steroide immobilisiert werden [14]. Prinzipiell kann jedes Molekül mit einer reaktiven Gruppe an eine Matrix gebunden werden.

Die Palette der höhermolekularen Liganden ist weitaus größer. Sie kann in die Gruppen der Kohlenhydrate, Peptide, Proteine und Nukleinsäuren unterteilt werden. Bekannte Beispiele sind:

- Kohlenhydrate
  wie Heparin, Dextransulfat zur Reinigung von Plasmaproteinen und DNA-bindenden Proteinen [15].

- Proteine, Peptide
  Streptavidin [16], Proteasen (Pepsin, Papain, *Staphylococcus aureus* V8 Protease) [17], Antikörper, Antikörper-bindende Proteine wie Protein A, Protein G oder Protein M [18], Glykoprotein-bindende Lektine wie Concanavalin und Jacalin [19].

Die Zahl der beschriebenen Reinigungen für verschiedene Zielmoleküle geht in die Tausende. Viele spezifische Liganden werden heute mittels kombinatorischer Methoden hergestellt [20, 21]. Dabei handelt es sich überwiegend um Kohlenhydrate, Peptide und Polynucleotide. Die Moleküle werden zuerst mittels statistischer Methoden hergestellt und ihre Eignung zur Bindung von Zielproteinen mittels schneller Screening-Methoden geprüft. Erst anschließend wird die chemische Struktur der Verbindung aufgeklärt und der Ligand synthetisiert, um präparative Trennungen durchführen zu können. Das grundsätzliche Problem bei der Verwendung der Affinitätschromatographie für die Reinigung von Molekülen besteht häufig darin, dass man sich die sehr spezifischen Trägermaterialien selber herstellen muss. Das ist zeitaufwendig, schwierig und teuer und wird deshalb nur von wenigen Anwendern gemacht. Es kommt noch hinzu, dass man bei einer Verwendung von Affinitätsmaterialien im industriellen Maßstab eine hohe Robustheit der Trägermaterialien gegen die unumgänglichen Reinigungsprozesse gewährleisten muss, was dazu führte, dass in diesem Bereich auch nur eine begrenzte Zahl von Affinitätstechniken verwendet wird. Dazu gehören z. B. Gele mit immobilisiertem Protein A zur Antikörperreinigung, Heparin in der Plasmafraktionierung, Farbstoffgele (überwiegend Cibacron Blue) sowie immobilisierte Komplexbildner wie Iminodiessigsäure und Triscarboxyethylendiamin) für die Reinigung von Fusionsproteinen [22]. Dabei hat insbesondere die Verwendung von Protein A-Medien in letzter Zeit sehr stark zugenommen und hat einen Anteil von ca. 80 % bezüglich aller Applikationen in der Prozesschromatographie. Grund dafür ist das gewachsene Interesse an der Verwendung von Antikörpern als pharmazeutische Wirkstoffe [23]. Obwohl manche dieser Reinigungsverfahren seit mehr als zwanzig Jahren in Verwendung sind, haben die Anwender damit weitaus mehr Probleme als z. B. mit Ionenaustauschern. Hauptproblem ist das sog. Ausbluten. Ausbluten ist ein schleichendes Ablösen der hochmolekularen Liganden, welches bei der Lagerung, der Reinigung und im Betrieb von Affinitätssäulen beobachtet wird. Bei gebundenen Proteinen ist dieses Phänomen seit langem bekannt [24], aber auch niedermolekulare Liganden bluten aus. Farbstoffliganden werden zum Teil nicht kovalent, sondern nur adsorptiv an die Matrix gebunden und kontaminieren das Produkt [25], oder Metallionen wie Kupfer werden während eines Reinigungsprozesses von einer Metallchelatmatrix desorbiert. Trotz dieser Nachteile hat sich die Affinitätschromatographie als Methode etablieren können. Affinitätsmaterialien werden neben den industriellen Anwendungen auch in der Analytik häufig verwendet.

Seit den 1980er Jahren benutzt man den Begriff der sog. Hochauflösenden Affinitätschromatographie (HPAFC) [26]. Hochauflösung ist mit der Partikelgröße verknüpft und nur mit Partikeln unter 20 µm sind hochauflösende Trennungen möglich. Hochauflösung ist bei der biospezifischen Affinitätschromatographie nicht das bestimmende Kriterium, da gerade im Gegensatz zu den anderen Trenntechniken, wie bei der Reversed Phase-Chromatographie oder der Ionenaustauschchromatographie, die Partikelgröße der Trägermedien nicht entscheidend ist, da die Affinität zu den Liganden so groß ist, dass die Abtrennung von Verunreinigungen durch einen einfachen Beladungs- und Elutionsprozess möglich ist. Das ist jedoch anders bei den gruppenspezifischen Liganden. Hier spielt die Partikelgröße eine bedeutendere Rolle und gute Trennungen werden nur unter Verwendung von kleinen Partikeln erzielt (10–20 µm) [27]. Die hochauflösenden Trennungen sind aber eher im analytischen und Forschungsbereich von Bedeutung. Der Trend geht hier zu immer kleineren Teilchen.

Im Prozessbereich ist die Partikelgröße eine Funktion des Reinigungsschrittes. Das sog. Down-Stream-Processing bei der Proteinreinigung setzt sich aus folgenden Phasen zusammen [28] (s. auch Kap. 2.4).

1. Capture Process (Grobreinigung zur Wasserentfernung und Ankonzentrierung)
2. Intermediate Polishing (Reinigung mit mittlerer Selektivität)
3. Final Polishing (Entfernung von wenigen Spurenkomponenten)

Jeder dieser Phasen kann eine Partikelgröße zugeordnet werden:

Für den Capture Process verwendet man häufig Partikel mit einem mittleren Durchmesser von 100 µm, für Intermediate Polishing Prozesse werden Partikel mit 60 µm und für das Final Polishing Partikel mit 30 µm verwendet [29].

Aus Kostengründen möchte man jedoch auf das Intermediate Polishing verzichten. Das geht aber nur, wenn Liganden mit höherer Selektivität den Reinigungsverlust wettmachen. Diesen Platz könnten Affinitätsliganden einnehmen. Bei der Antikörperreinigung mittels Protein A wird das schon in dieser Weise in vielen Prozessen praktiziert [30]. Man verwendet ein Protein A-Gel an erster Stelle in einer Reinigungssequenz und erhält häufig Reinheiten und Ausbeuten von 95 %. Da im Capture Process ein sehr hoher Volumendurchsatz gefordert wird, muss die Partikelgröße folglich groß sein (ca. 100 µm), damit der Druckabfall gering ist. Die Partikelgröße ist jedoch nur eine von vielen Parametern, welche die Eigenschaften eines Affinitätsmaterials bestimmen. Die Herstellung eines guten Affinitätsmaterials ist eine Feinabstimmung zwischen Applikation, Matrix, Ligand und Oberflächenchemie. Je nach Verwendung der Gele kann zwischen fertigen Trägermaterialien und sog. aktivierten Trägermaterialien (oder Plattformmaterialien) zur Immobilisierung von verschiedenen Liganden unterschieden werden. Der Reinigungserfolg wird in großem Maße durch die Applikation bestimmt. Es ist z. B. nicht zu erwarten, dass ein Immunoaffinitätsgel, welches zur Reinigung eines rekombinanten Faktor VIII aus Säugerzellkulturen dient, für die Abtrennung von Faktor VIII aus Humanplasma genau so gut geeignet ist. Ein universelles Trägermaterial zur Reinigung von Proteinen, welches für jede biologische Flüssigkeit verwendet werden kann, existiert bis heute nicht, da die Wechselwirkungen zwischen Protein und Matrix sowie zwischen den Proteinen untereinander sehr komplex sind und bis heute im Gesamtzusammenhang nicht verstanden sind. Es ist deshalb erforderlich, spezifisches Trägermaterial für die jeweils verschiedenen Anwendungen zu „designen“. Das kostet Zeit. Man ist deshalb gezwungen, die Herstellung und auch die Verwendung von Affinitätsmaterialien zu optimieren. Auf diese Problematik wird weiter unten eingegangen. Im Folgenden werden die Eigenschaften von Basismaterialien für die Affinitätschromatographie und der Einfluss der Oberflächenchemie beschrieben.

2.5.2
Auswahl der Basismaterialien

Es gibt eine große Zahl von fertigen Affinitätsträgern auf dem Markt. Falls man jedoch vor dem Problem steht, ein Affinitätsgel neu herzustellen, so muss man sowohl die Trägermatrix als auch die Immobilisierungsmethode für den Liganden auswählen. Welches Trägermaterial sollte man nun nehmen?

Es gibt Gele, welche aus natürlichen Ausgangsmaterialien hergestellt werden, und auch synthetische Gele. Neben den Polymergelen gibt es in der Affinitätschromatographie auch Kieselgel und „Controlled Pore Glass", deren Eigenschaften aber hier nicht weiter betrachtet werden. Eine Auswahl von Trägermaterialien zeigt Tabelle 1.

Diese Trägermaterialien werden für die verschiedenen Methoden als Basismaterialien verwendet: Ionenaustauschchromatographie, IEX, Hydrophobic Interaction Chromatography, HIC, Gelfiltration, GF und Affinitätschromatographie, AFC.

Einige dieser Materialien sind nicht underivatisiert erhältlich. Meistens sind aber Träger für die Gelfiltration von Proteinen auch gute Kandidaten für Affinitätsmaterialien. Man sollte jedoch bestimmte, spezielle Anforderungen an Trägermaterialien für die Affinitätschromatographie berücksichtigen [31]. Eine elementare Voraussetzung ist das Vorhandensein von derivatisierbaren Gruppen (möglichst OH-Gruppen). Die Matrix muss chemisch und physikalisch stabil sein. Das bedeutet: Das Gel sollte sowohl unter den Bedingungen der Immmobilisierung von Liganden als auch bei der Anwendung nicht schwellen, schrumpfen oder hydrolysieren. Das Gel sollte druckstabil sein. Trägermaterialien für die Biochromatographie müssen hydrophil sein. Unspezifische Wechselwirkungen zwischen Matrix und Protein sind unerwünscht. Interessanterweise sind die mechanische Stabilität und die Hydrophilie eines Gels zwei einander ausschließende Faktoren. Die mechanische Stabilität von Polymeren ist an das Vorhandensein von aromatischen Ringen sowie an einen hohen Vernetzungsgrad geknüpft [32]. Aromatische Ringe erhöhen aber die Tendenz zur hydrophoben Wechselwirkung,

Tabelle 1 Basismaterialien für die Biochromatographie

Hersteller	*Markenname*	*Material*
Amersham Bioscience	Sepharose®	Agarose
Amersham Bioscience	Sephadex®	Dextran
Amersham Bioscience	Ressource®/Source®	Polystyrol
Biorad	Macro-Prep®	Methacrylat
TOSOH	TSK-Gel, Toyopearl®	Methacrylat
Millipore	Cellufine®	Cellulose
Ciphergen	Trisacryl®	Acrylamid

und der Quervernetzungsgrad in hydrophilen OH-Gruppen-haltigen Polymeren verringert den Anteil der OH-Gruppen, was den hydrophoben Charakter eines Gels steigert.

Man kann das an zwei Materialien erläutern: Sepharosegele sind aufgrund der vielen OH-Gruppen ausgesprochen hydrophile Gele. Die Gele sind aber nur bis zu linearen Flussraten von ca. 700–1000 cm/Stunde mechanisch stabil [33]. Polystyrolgele ermöglichen Flussraten von bis zu 10.000 cm/Stunden sie sind jedoch so hydrophob, dass eine Abschirmung der Oberfläche nur schwer möglich ist [34]. Ein guter Kompromiss zwischen Stabilität und Hydrophilie ist bei den Methacrylatgelen gegeben.

Die Partikelgröße von Affinitätsträgern als Entscheidungskriterium wurde schon diskutiert. In diesem Zusammenhang spielt auch die mittlere Porengröße eine Rolle. Trägermaterialien für die Affinitätschromatographie zeigen Transportwiderstände [35]. Diese Transportwiderstände hemmen den Transport der Proteine innerhalb der Matrix. Typische Transportwiderstände sind der Filmwiderstand, Oberflächen- oder Porendiffusion sowie eine langsame Reaktionskinetik zwischen Ligand und Zielprotein. Ein häufiges Problem ist die langsame Diffusion der Proteinmoleküle in die Matrix. Dieses Problem versuchte man durch Vergrößerung der Poren auf Werte von größer als 100 nm zu lösen. Das hat jedoch den Nachteil, dass die derivatisierbare Oberfläche und damit die Bindungskapazität stark verringert wird. Synthetische Gele haben dazu häufig eine sehr verwinkelte Porenstruktur, welche eine ungehinderte Porendiffusion erschwert und nur eine Adsorption im Außenbereich des Gels ermöglicht. Dieses Dilemma kann nur durch Verwendung von polymeren Derivatisierungsmethoden gelöst werden, was im nächsten Abschnitt näher erläutert wird [36].

Es ist außerdem zu berücksichtigen, dass die Entscheidung für eine Matrix nicht nur von den obigen Kriterien abhängt, sondern bei einer geplanten Anwendung in einem industriellen Reinigungsprozess von ganz anderen Faktoren bestimmt wird, welche auch das beste Gel ungeeignet werden lassen können. Dazu gehören solche Fragestellungen wie die Verfügbarkeit über einen längeren Zeitraum in ausreichenden Mengen, der Preis und die Reproduzierbarkeit der Herstellung.

2.5.3 Immobilisierungsmethoden

Wie schon erwähnt, kann man eine Reihe von Gelen mit immobilisierten Liganden für die Affinitätschromatographie kaufen. Das ist jedoch nicht immer der Fall, also muss man die Liganden selbst immobilisieren. Das kann sicher durch einen Gelhersteller im Lohnverfahren gemacht werden, jedoch sollte diese Herstellung nicht nach dem „Black-Box"-Verfahren ablaufen in der Weise, dass man den Liganden hinliefert und ein fertiges Gel bekommt. Ein Affinitätsgel erfordert eine sorgfältige Optimierung und Testung. Es ist für den Anwender deshalb immer von Vorteil zu wissen, welche Aktivierungsmethoden verwendet werden und welcher Spacer verwendet wurde.

2.5.4 Aktivierungsmethoden

Um ein Gel zu aktivieren, lässt man derivatisierbare Gruppen auf der Geloberfläche mit bifunktionellen Reagenzien reagieren (Abb. 1). Die immobilisierten aktiven Gruppen werden dann weiter mit den Liganden umgesetzt:

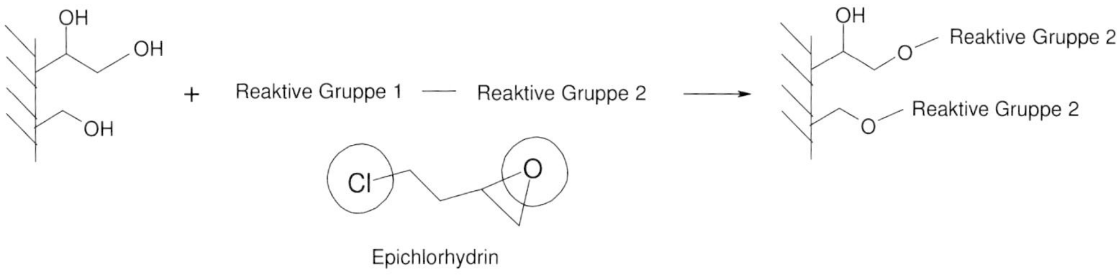

OH OH OH + Reaktive Gruppe 1 — Reaktive Gruppe 2 → OH O Reaktive Gruppe 2 O Reaktive Gruppe 2

Cl O

Epichlorhydrin

Abb. 1 Herstellung eines aktivierten Gels (als Beispiel wurde Epichlorhydrin gewählt).

Die Reaktionen und Reaktionsprodukte auf der Oberfläche sind schwer zu charakterisieren, weil geeignete analytische Methoden fehlen. Erschwerend ist, dass viele Gele nicht nur gleichartige Populationen von Liganden enthalten, z. B. gibt es neben isolierten Hydroxygruppen auch Diolgruppen auf der Geloberfläche. Das Reaktionsprodukt ist nicht einheitlich, da eine Umsetzung mit sekundären und primären Hydroxygruppen möglich ist. Solche Effekte sind schon für die klassische Umsetzung von Bromcyan beschrieben worden [37]. Diolgruppen sind in Kohlenhydratgelen im Allgemeinen reichlich vorhanden, während sie bei synthetischen Gelen durch das Monomer Glycidylmethacrylat geliefert werden. Bestimmte Aktivierungsmethoden wie die Oxidation von Diolgruppen mit Perjodat zum Aldehyd können auch nur mit diolgruppenhaltigen Gelen durchgeführt werden [36].

Im Folgenden sind einige ausgewählte, häufig verwendete Aktivierungsmethoden dargestellt:

1. Bromcyanaktivierung [38]

Die Bromcyanaktivierung (Abb. 2) ist eine der ältesten Immobilisierungsmethoden. Sie ist einfach und man erzielt erstaunlicherweise häufig gute Resultate, wenn andere Methoden versagen. Allerdings ist die Giftigkeit des Bromcyans so hoch, dass sich eine Aktivierung außerhalb des Forschungslabors für den Anwender verbietet. Auch ist das aktivierte Gel hydrolyseempfindlich und kann nur bedingt reproduzierbar gelagert werden.

Wie schon oben erwähnt und in Abb. 2 gezeigt, erhält man bei der Aktivierung eine Mischpopulation an aktivierten Gruppen und auch bei der anschließenden Kopplung aminogruppenhaltiger Proteine resultieren verschiedene Derivate.

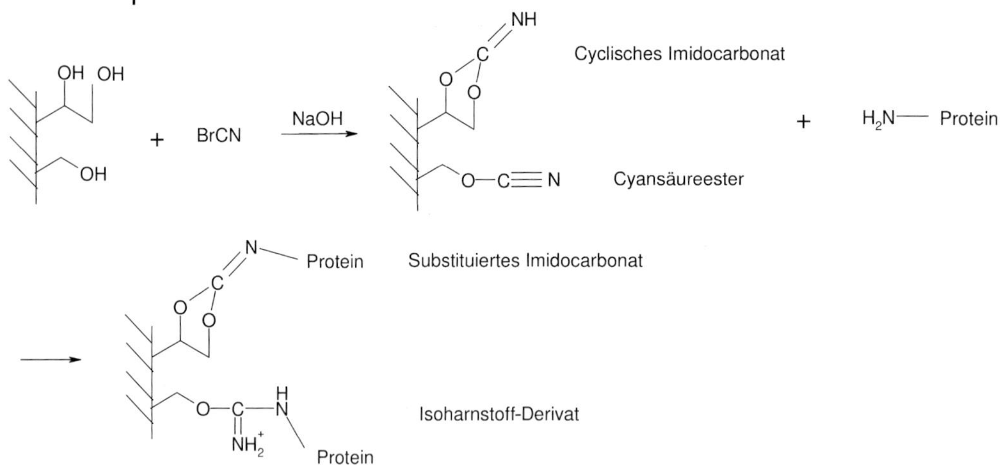

Abb. 2 Bromcyanaktivierung.

2. *N*-Hydroxysuccinimid-Aktivierung

Eine weitere häufig verwendete Methode ist die Aktivierung mit N-Hydroxysuccinimid [39] (Abb. 3).

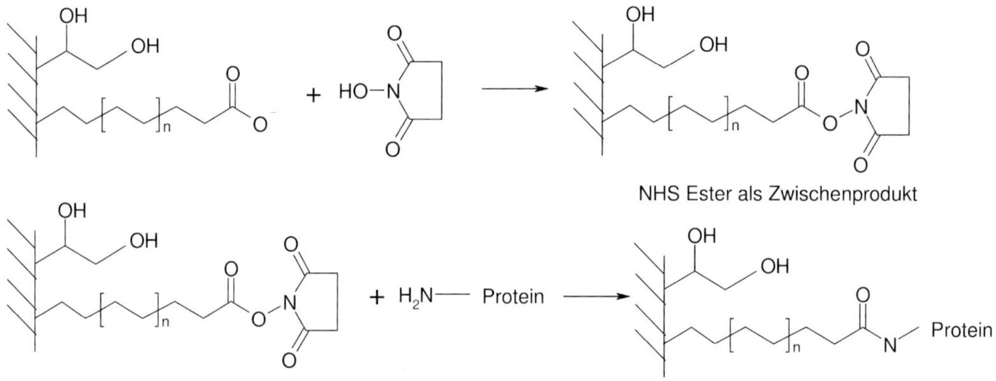

Abb. 3 Aktivierung einer carboxylgruppenhaltigen Matrix mit *N*-Hydroxysuccinimid.

Im Gegensatz zur Bromcyanaktivierung, bei der eine labile und positiv geladene Isoharnstoffbindung entsteht, ist die Amidbindung der N-Hydroxysuccinimid-Aktivierung stabil (Abb. 3). Man kann eine hydroxygruppenhaltige Matrix auch direkt aktivieren; dazu verwendet man *N,N′*-Disuccinylcarbonat [40].

3. Tresylaktivierung

Bei der Tresylaktivierung (Abb. 4) [41] ist die resultierende Knüpfung des Proteins oder Peptids eine sekundäre Aminbindung. Diese könnte aufgrund ihrer Basizität Ionenaustauschwechselwirkungen unterstützen. Da aber bei den meisten Anwendungen in der Affinitätschromatographie in Gegenwart von Salz gearbeitet wird, hat dieser Effekt keine Auswirkung. Interessanter ist, dass nach Untersuchungen von Jennissen [42] sich bei der Kopplung von Proteinen an tresylaktivierte Gele nicht eine sekundäre Aminbindung, sondern ein Sulfonamid ausbildet.

Ein großer Vorteil aller drei vorher beschriebenen Methoden ist die Möglichkeit, die Immobilisierung bei physiologischen pH-Werten von 6–8 durchzuführen, was eine Inaktivierung des Zielmoleküls verhindert. Deshalb sind die drei Methoden für die Kopplung von Proteinen zu empfehlen.

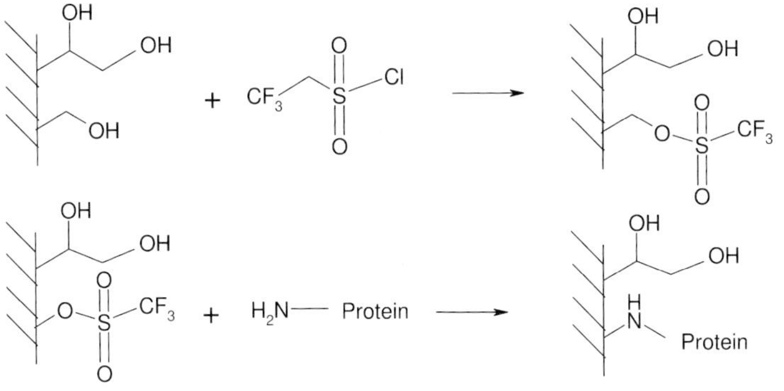

Abb. 4 Tresylaktivierung.

Für die Immobilisierung von niedermolekularen Komponenten oder sehr stabilen Proteinen empfiehlt sich die Epoxyaktivierung, in Abb. 5 dargestellt mit dem Immobilisierungsreagenz 1,4-Butandioldiglycidether [43]

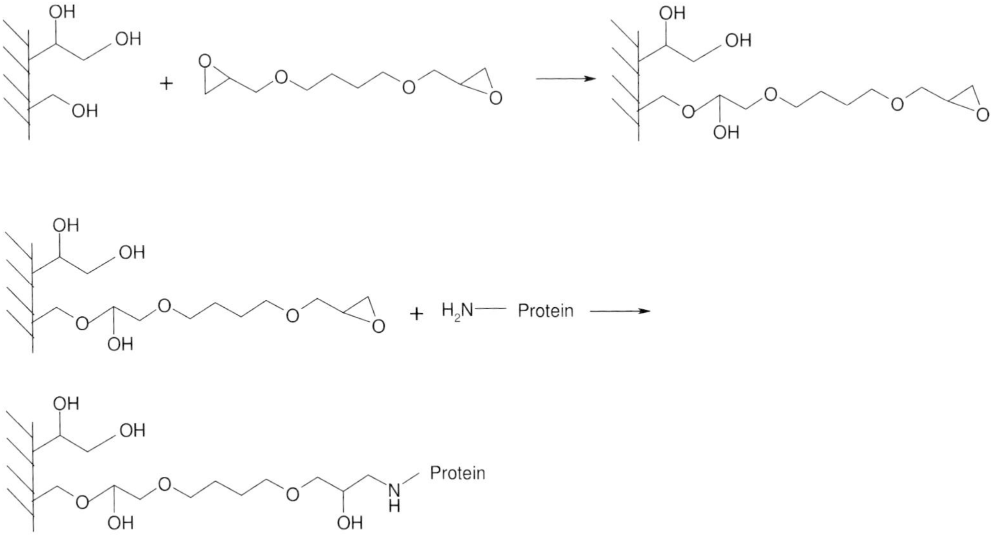

Abb. 5 Epoxyaktivierung mit 1,4-Butandiglycidether.

Neben der sekundären Aminbindung bildet sich eine benachbarte Hydroxygruppe, welche die Hydrophilie des Gels steigert. Der generelle Nachteil dieser Methode ist, dass der Immobilisierungs pH-Wert größer als 9 sein sollte. Hohe Konzentrationen und Temperaturerhöhung steigern die Ausbeute zusätzlich. Verschiedene gruppenspezifische Gele wie IDA (Iminodiessigsäure)- Gele werden mittels dieser Methode hergestellt.

Ohne Anspruch auf Vollständigkeit kann eine Liste von weiteren Immobilisierungsmethoden angegeben werden:

1. Hydrazid	Immobilisierung von Zuckern und Glykoproteinen [44]
2. Formyl	Immobilisierung von aminogruppenhaltigen Komponenten [45] und Reduktion des intermediären Azomethins mit Borhydrid
3. Cyanurchlorid	Immobilisierung von Reaktivfarbstoffen [46]
4. Divinylsulfon	ähnlich der Epoxyaktivierung [47]
5. Carbonyldiimidazol	ähnlich der NHS-Aktivierung [48]
6. Azlacton	schonende Ringöffnungsreaktion [49]
7. Carbodiimid	für die Kopplung von Proteinen ist ein wasserlösliches Carbodiimid erforderlich [50]

Die Liste ist verlängerbar. Das Problem besteht darin, dass der Anwender nicht weiß, welche Methode für sein Problem die beste Lösung ist. Er muss deshalb auf Erfahrungswerte oder „trial-and-error"-Verfahren zurückgreifen. Deshalb ist es von Vorteil, eines der vier oben beschriebenen Verfahren (Bromcyan, N-Hydroxysuccinimid, Tresyl, Epoxy) zu versuchen, bei denen ein fertiges Gel und ein Immobilisierungsprotokoll käuflich erhältlich sind, und erst dann weitere Methoden auszuprobieren. Dabei ist die Verwendung eines einfachen Grundpuffers für die Immobilisierung zu empfehlen. Notwendige Zusätze zur Erhaltung der biologischen Aktivität des Liganden müssen vom Anwender zugegeben werden. Für ein erstes Screening bei der Immobilisierung von Liganden haben sich folgende Pufferlösungen bewährt:

Für empfindliche Proteine empfiehlt sich die Benutzung eines Phosphatpuffers, pH = 6–8, mit einer Konzentration von 50 mM. Für Immobilisierungen bei pH-Werten größer 9 kann ein Borat-, Carbonat- oder Hydrogencarbonatpuffer verwendet werden. Zur Unterdrückung von ionischen Wechselwirkungen kann 150 mM Kochsalz zugegeben werden. In der Literatur wird manchmal auch die Zugabe von einer größeren Menge Salz, 1–3 M Kochsalz oder 0,5 M Natrium- oder Ammoniumsulfat sowie Phosphatpuffer empfohlen [51]. Das kann von Vorteil sein, da das Protein vermutlich hydrophob mit dem Liganden oder der Matrix interagiert. Es muss auf jeden Fall aber gründlich mit Wasser nachgewaschen werden, um adsorbiertes und nicht kovalentes Protein sauber zu entfernen.

2.5.5 Spacer

Eine häufig diskutierte Fragestellung in der Biochromatographie ist die Verwendung eines Spacers [52]. Ein Spacer sollte die Zugänglichkeit der bindenden Gruppen auf Proteinen zu den Liganden verbessern. Dabei ist zwischen der Interaktion von niedermolekularen Liganden mit Proteinen und zwischen gebundenen Proteinen und Proteinen in Lösung zu unterscheiden. Während im ersten Fall eine deutliche Verbesserung der Bindungskapazität erzielt werden kann, ist es offensichtlich klar, dass bei Proteinen auch der längste Spacer keine Verbesserung bringt.

Es gibt heute grundsätzlich drei Möglichkeiten, Liganden an einer Trägeroberfläche zu befestigen [36]:

1. Direkte Verbindung zur Geloberfläche.
2. Spacer mit jeweils einem Liganden am Ende.
3. Spacer mit mehreren Liganden in der Seitenkette (polymere Spacer).

Die Architektur dieser Bindungsmöglichkeiten ist in Abb. 6 veranschaulicht:

Die verschiedenen Möglichkeiten der Ligandenbefestigung sollen am Beispiel der Epoxyaktivierung erläutert werden:

Einige Gelhersteller verwenden als Monomer Glycidylmethacrylat oder Allylglycidylether. Die fertigen Gele enthalten somit nach der Synthese eine große Menge Epoxygruppen (Beispiel: Toyopearl Epoxy HW70 EC ca. 5 mmol/g, Eupergit C ca. 2 mmol/g (Fa. Röhm Darmstadt) und SepaBeads FP-HP (Fa. Mitsubishi ca. 3 mmol/g). Die Epoxygruppengehalte wurden nach der Methode von Pribl bestimmt [53]. Der Nachteil dieser Materialien ist, dass ein großer Teil dieser Epoxygruppen in Bereichen des Porenraums lokalisiert ist, welcher für Proteine unzugänglich ist. Diese Materialien sind aber sehr kostengünstig und werden zur Immobilisierung von Enzymen für die enzymatische Katalyse verwendet.

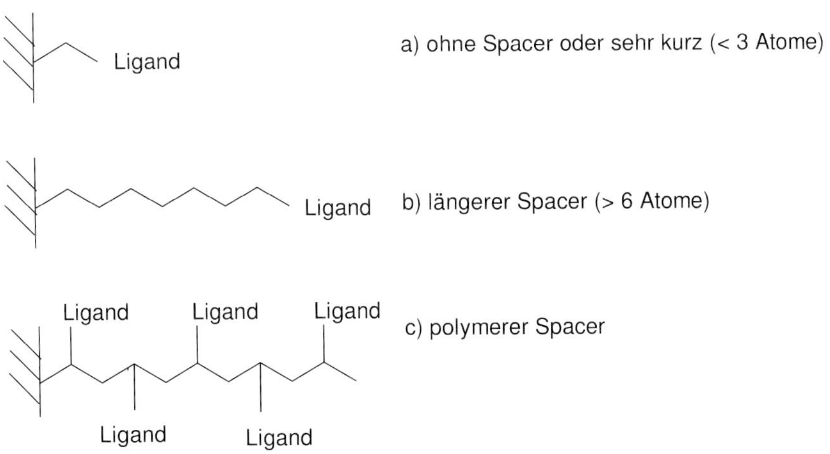

Abb. 6 Ligandenarchitektur an einer Geloberfläche.

Jedoch sind diese Gele zur Herstellung von gruppenspezifischen Trägermaterialien durch Immobilisierung von niedermolekularen Komponenten eher ungeeignet. Manche Hersteller aktivieren ihre Trägermaterialien auch mit Epichlorhydrin. Damit erhält man einen sehr kurzen, „3-Kohlenstoffatome-Spacer“, der nach der klassischen Vorstellung von 6 Kohlenstoffatomen eigentlich kein guter Spacer sein kann:

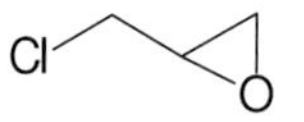

Abb. 7 Epichlorhydrin.

Längere Spacermoleküle mit jeweils einem Liganden am Ende gibt es zahlreich, z. B. 6-Aminocapronsäure, 1,6-Diaminohexan, Diaminodipropylamin, 1,4-Butandioldiglycidether oder Polyethylenglykol. Die möglichen Ligandendichten der so aktivierten Gele liegen jedoch ca. 1 Größenordnung unter denen, welche wie oben beschrieben, durch die Gelpolymerisation direkt hergestellt werden (ca. < 0,2 mmol/g). Die meisten Firmen stellen ihre Materialien nach dieser Methode her (z. B. Fa. Amersham-Bioscience, Fa. BIO RAD, Fa. PIERCE, Fa. NOVAGEN und Fa. TOSOHBIOSCIENCE). Die Ligandendichten der fertigen Affinitätsträger sind für die meisten Applikationen ausreichend.

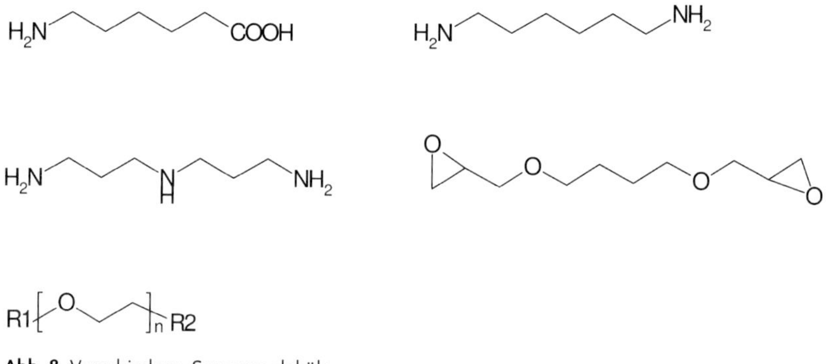

Abb. 8 Verschiedene Spacermoleküle.

Ein geeigneter Spacer ist 1,4-Butandioldiglycidyether (oder 1,4-Bis-(2,3-epoxypropoxy)-butan) [43]. Das Molekül ist aufgrund der zwei Ethergruppen hydrophil. Einziger Nachteil ist der notwendige hohe pH-Wert bei der Kopplung von Liganden.

Die dritte Möglichkeit sind polymere Spacer: Diese können auf verschiedene Weise hergestellt werden. Ausgewählte Beispiele sind mit Dextran gecoatete Beads [54] oder mit Polyvinylalkohol modifizierte Partikel [55]. Eine weitere Möglichkeit ist die Herstellung von synthetischen Pfropfpolymerisaten auf Geloberflächen durch radikalische Polymerisation geeigneter Monomere [56]. Bei der Verwendung von Glycidylmethacrylat hat das gepfropfte Polymer die in Abb. 9 dargestellte kettenartige Struktur.

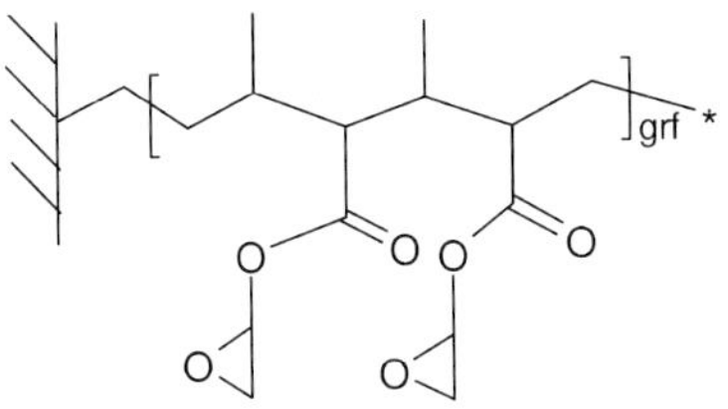

Abb. 9 Struktur eines gepfropften Epoxypolymerisates.

Durch Pfropfpolymerisate sind Ligandendichten von 1–2 mmol/g erreichbar. Der Vorteil dieser Aktivierungsmethode ist, dass ein Großteil der Liganden an der Oberfläche gebunden ist und damit auch gut zugänglich ist. Als einziger Hersteller bietet die Fa. Merck KGaA ein derartiges Material kommerziell an.

Es wurde versucht, die Eigenschaften von Affinitätsgelen für die Metallchelat-Affinitätschromatographie experimentell zu charakterisieren, welche mittels der verschiedenen Aktivierungsmethoden hergestellt wurden. Zum Vergleich wurden aus drei aktivierten Epoxygelen auf Toyopearl 650M [56]:

1. Reaktion von Toyopearl 650M mit Epichlorhydrin,
2. Reaktion von Toyopearl 650M mit 1,4-Butandioldiglycidyether,
3. Cer-initiierte Pfropfpolymerisation von Glycidylmethacrylat auf Toyopearl 650M

durch Reaktion mit Iminodiessigsäure (IDA) im alkalischen Medium Gele für die Metallchelat-Affinitätschromatographie hergestellt. Die Reaktionen wurden unter optimierten Bedingungen durchgeführt, also mit den maximal möglichen Ligandendichten bei jeder Methode. Die Ergebnisse sind in Tabelle 1 aufgeführt:

Die Ausnutzung der Liganden zur Bindung von Proteinen kann durch das Verhältnis von Lysozymbindungskapazität zur Ligandendichte charakterisiert werden. Dies ist in Abb. 10 für die verschiedenen Spacermethoden dargestellt.

Die Benutzung von 1,4-Bisglycidylether als Spacer bringt eine enorme Verbesserung der Ausnutzung der Ligandendichte gegenüber dem sehr kurzen Spacer. Die polymere Beschichtung ist jedoch noch etwas besser als der Ein-Punkt-Spacer. Für die Wechselwirkung eines niedermolekularen, gruppenspezifischen Liganden mit einem Protein ist die Benutzung eines Spacers grundsätzlich von Vor-

Tabelle 2 Vergleich verschiedener Epoxy-Aktivierungsmethoden.

Gel	*Epoxygruppendichte [mmol/g]*	*Ligandendichte IDA [mg/mL]*	*Lysozymkapazität Cu^{2+}-Gel [mg/mL]*
Epichlorhydrin (3 C-Atome-Spacer)	0,9	4,4	5
1,4.Butandiol- Diglycidyether (12 Atome-Spacer)	0,5	5,4	35
Glycidylmethacrylat (polymerer Spacer)	1,3	5,2	50

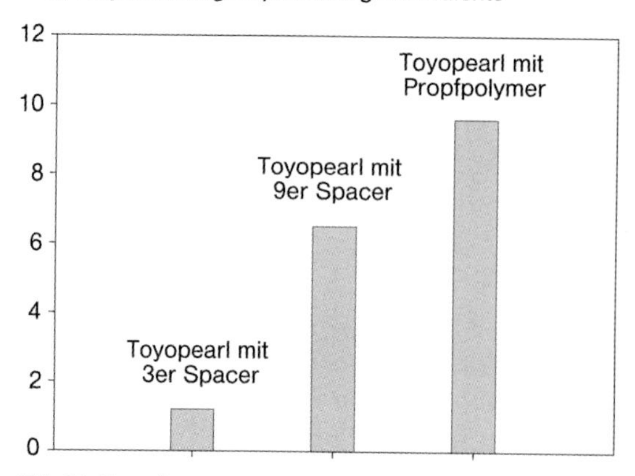

Abb. 10 Ligandenausnutzung von verschiedenen Spacermethoden.

teil. Zu ähnlichen Ergebnissen gelangt R. Hahn bei der experimentellen Untersuchung der Einflüsse von verschiedenen Epoxyspacern auf die Affinität von Faktor VIII-spezifischen Peptiden [57].

2.5.6
Gerichtete Immobilisierung

Gerichtete Immobilisierung bedeutet die Anordnung von Affinitätsliganden in der Weise, dass die Wechselwirkung mit einem Zielmolekül ungehindert möglich ist. Das Problem soll an einem Beispiel mit einem künstlichen Peptid erläutert werden (Abb. 11).

Ein Oktapeptid enthalte neben zwei Lysinresten die Aminogruppe und ein Cystin. Es wird angenommen, dass in der Erkennungsregion zwei Aminogruppen enthalten sind. Diese sollten bei der Immobilisierung keinesfalls gebunden werden. Das kann vermieden werden, indem man bei der Reaktion dieses Peptids mit einem epoxidaktivierten Gel die unterschiedlichen Reaktionsgeschwindigkeiten von Aminogruppen und Mercaptogruppen ausnutzt. Aminogruppen binden erst bei pH 9 und nach längerer Reaktionszeit als eine Stunde quantitativ mit Epoxiden. Folglich lässt man das Peptid nur ca. eine Stunde bei pH 8 reagieren. Das führt zu einer quantitativen Umsetzung mit der Mercaptogruppe und zu keinem Aktivitätsverlust. Wenn kein Cystinrest in einer Peptidsequenz enthalten ist, dann muss man Schutzgruppen für die Lysinreste einführen, was die Immobilisierung kompliziert und teuer macht.

Bei der Immobilisierung von Proteinen ist die gerichtete Immobilisierung schwieriger, da es mehr Bindungsgruppen gibt. Ein eleganter Weg ist die gerichtete Immobilisierung von Antikörpern über vorhandene Kohlenhydratketten (Glykosilierungsmuster). Das kann durch Oxidation der Kohlenhydrate mittels Perjodat und nachfolgender reduktiver Aminierung oder direkter Reaktion mit Hydrazin erfolgen [58].

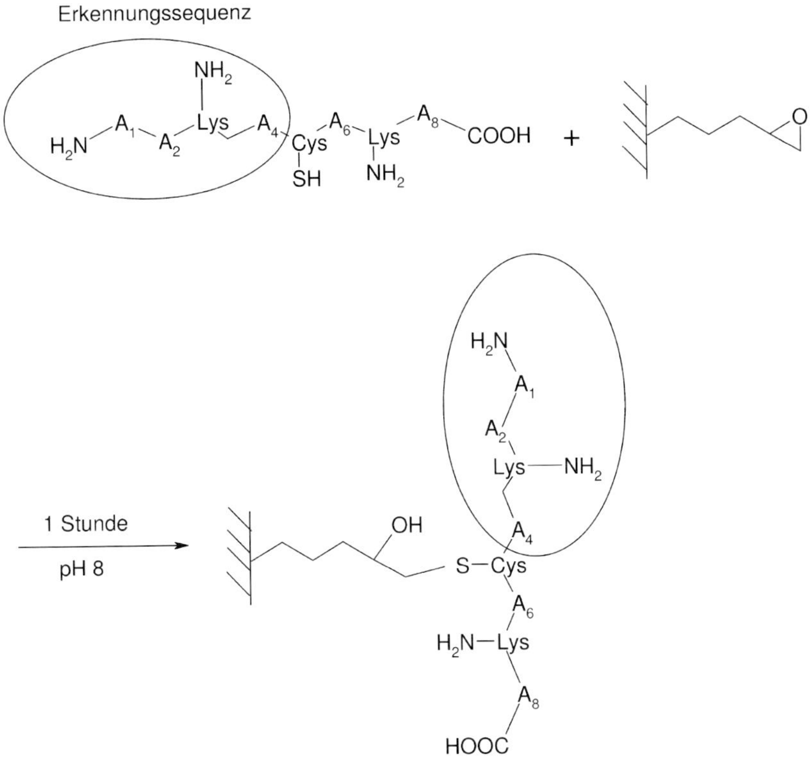

Abb. 11 Gerichtete Immobilisierung eines künstlichen Peptids.

Die Notwendigkeit der gerichteten Immobilisierung von Proteinen ist umstritten. In einer Arbeit von Wilchek und Taron wurde gezeigt, dass die Bindung von Proteinen meistens nur über einen an der Oberfläche exponierten Liganden erfolgt und das aufgrund der Größe der Proteine kein Vorteil durch die gerichtete Immobilisierung erreicht wird [59].

2.5.7 Nicht-partikuläre Affinitätsträger

Geometrische Formen von Affinitätsträgern für die Chromatographie

Affinitätsmedien können nicht nur mit Gelpartikeln, sondern auch mit einer ganzen Reihe weiterer poröser Strukturen hergestellt werden. Das können Membrane [60], polymere Formkörper – sog. Monolithe – aus Kieselgel [61] oder Polymere [62] sein. Diese neuen Materialien haben den Vorteil, dass der Transport der Moleküle innerhalb der porösen Strukturen durch Konvektion und nicht durch Diffusion, wie bei den Partikeln, stattfindet. Die dynamische Proteinbindungskapazität ist folglich keine Funktion des linearen Flusses, wie dies bei den meisten partikulären Trägermaterialien der Fall ist, sondern ist konstant, was einen hohen Volumendurchsatz ermöglicht. Obwohl diese Medien in Zukunft von Bedeutung sein können, werden in der Produktion heute überwiegend partikuläre Trägermaterialien verwendet.

2.5.8
Durchführung einer Affinitätsreinigung

Wie bei jeder Durchführung einer ersten, orientierenden chromatographischen Reinigungsprozedur will der Anwender möglichst schnell und ohne größeren Aufwand ein Resultat (ein gereinigtes Produkt) haben. Nach der Abzentrifugation und (oder) Filtration der biologischen Probe wird die Lösung auf eine kleine Säule aufgeben, da gewöhnlich auch nur eine geringe Menge Probe (einige mL) verfügbar ist. Wie bereits erwähnt, ist die Herstellung von spezifischen Affinitätsträgern nicht ganz einfach und kann nicht routinemäßig in einem Aufarbeitungslabor für jedes Target durchgeführt werden. Es empfiehlt sich deshalb, bestimmte „Standardaffinitätsmaterialien" auf Vorrat zu haben. Dazu gehören ein oder mehrere IMAC-Gele, *p*-Aminobenzamidin, ein „Blue-Farbstoffgel", Heparin, Protein A zur Antikörperreinigung und aktivierte Gele wie Tresyl, Epoxy oder N-Hydroxysuccinimid. Die meisten Gele können bei einer Lagerung in geschlossenen Behältern bei 4 °C mindestens 1–2 Jahre (oder länger) aufbewahrt werden [63]. Jedoch sollte insbesondere berücksichtigt werden, dass die aktivierten Gele nach Öffnung gleich verbraucht werden sollten, da diese hydrolyseempfindlich sind.

Normalerweise besteht eine Affinitätstrennung aus einem Äquilibrierungsschritt mit einem Bindungspuffer, dem Probenauftrag, dem Nachwaschen mit dem Bindungspuffer und der Elution des gebundenen Proteins.

Das schematische Elutionsprofil einer Affinitätsreinigung mittels eines Konzentrationssprunges ist in Abb. 12 dargestellt.

Man äquilibriert mit einigen Säulenvolumina die Säule vor, lädt die Probe auf, spült mit einigen Säulenvolumina nach, eluiert und regeneriert dann.

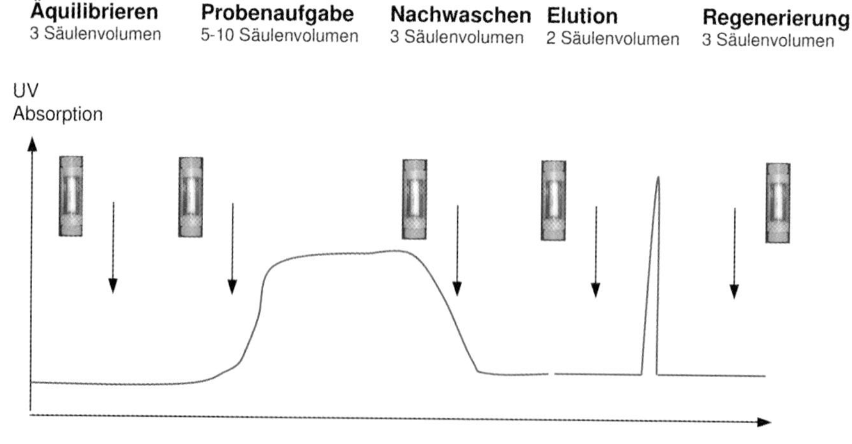

Abb. 12 Schematischer Ablauf einer Affinitätsreinigung.

Diese Verfahrensweise ist in vielen Monographien schon ausführlich beschrieben worden und soll hier nicht in allen Einzelheiten wiederholt werden [9]. Wichtig in der Ausarbeitung eines Reinigungsprotokolls sind die Auswahl von optimalen Beladungs- und Elutionsbedingungen. Die Beladungsbedingungen sollten so gewählt werden, dass eine selektive und gleichzeitig starke Bindung des Zielmoleküls zum Liganden erfolgt. Das erfordert eine sorgfältige Einstellung der Ionenstärke, des pH-Wertes sowie die Auswahl von zusätzlichen Pufferkomponenten wie z. B. Chelatbildner, Detergentien und Lösungsmittel. Die Probe sollte im Beladungspuffer gelöst werden. Für Zielmoleküle mit hoher Affinität kann das Beladungsvolumen groß sein, wohingegen bei schwach bindenden Substanzen nicht mehr als mit 1 Säulenvolumen beladen werden sollte. Niedrige Flussraten (< 30 cm/Stunde) können von Vorteil sein, da die Adsorptionskonstanten von Makromolekülen gewöhnlich klein sind. Es gibt zwei Arten von Elutionsbedingungen in der Affinitätschromatographie: 1. Selektive und 2. Nichtselektive. Selektive Bedingungen kann die Zugabe von Substraten oder substratanalogen Molekülen von Enzymen sein, z. B. die Elution von Alkoholdehydrogenase von Farbstoffgelen mit $NADP^+$ [64] oder die Verwendung von Zuckern für die Elution von Kohlenhydraten oder Glykoproteinen von einer Lectinsäule [65]. Bei dieser Art der Elution konkurrieren die zugesetzten Substanzen mit den gebundenen Liganden um die Bindungsplätze. Nichtselektive Elutionsbedingungen sind Änderungen des pH-Wertes, der Salzkonzentration und der Temperatur. Es gibt in der Affinitätschromatographie also grundsätzlich mehr experimentelle Möglichkeiten, den Erfolg einer Trennung zu beeinflussen als bei anderen Techniken, was selbstverständlich den Zeitaufwand für die Ausarbeitung der Methode erhöht.

Welche Möglichkeiten stehen dem Anwender zur Verfügung, um schneller zu seinem gewünschten Produkt zu kommen?

Das ist zum einen die Möglichkeit der Verwendung von kleinen, mit verschiedenen Affinitätsmaterialien vorgepackten Säulen. Der Anwender muss dann nicht noch auf technische Probleme (Säulenpacken und Fritten mit schnell verstopfenden Poren) bei der Trennung achten und kann sofort beginnen.

Auf dem Markt werden sog. Screening-Kits von verschiedenen Firmen angeboten. Screening-Kits bestehen aus einer Anzahl von Gelmaterialien, welche gepackt in kleine Säulen von 1–5 mL von verschiedenen Herstellern erhältlich sind. Es handelt sich dabei nicht um sehr teure analytische Säulen, welche im Allgemeinen zum „Up-Scalen“ von Prozessen benutzt werden, sondern um kostengünstige Versionen mit Volumina von 1–5 mL. Solche Screening-Kits werden von verschiedenen Firmen verkauft z. B. HiTrap® von Amersham Bioscience oder ToyoScreen von TOSOH BIOSCIENCE (Abb. 13). Diese Säulchen ermöglichen eine schnelle Untersuchung von Affinitätsmedien auf ihre Eignung. Eine andere Möglichkeit ist die Verwendung von 96 „well plates“ mit verschiedenen Affinitätsmedien, jedoch ist diese Art des Screening keine Elutionschromatographie, sondern eher mit einem Rührkesselverfahren vergleichbar und kann nur bedingt auf chromatographische Bedingungen übertragen werden.

Eine weitere Möglichkeit die Entwicklungszeiten für Affinitätstrennungen abzukürzen, ist die Benutzung von mathematischen Optimierungsmethoden.

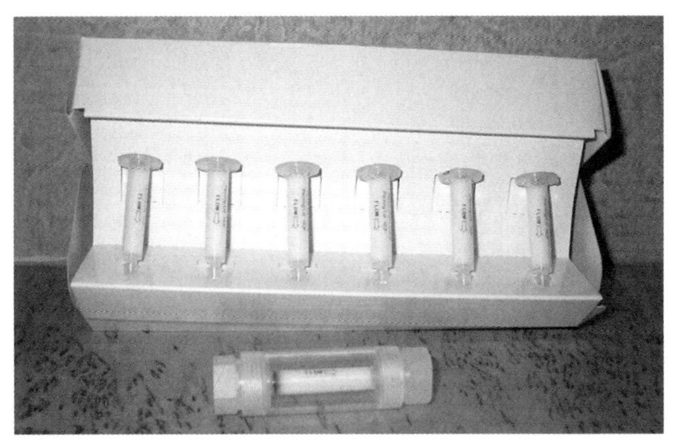

Abb. 13 1 mL-Säulen mit Kartusche für Screening-Untersuchungen (ToyoScreen).

2.5.9
Anwendung von mathematischen Optimierungsmethoden

Aufgrund der sehr vielen verschiedenen Einflussgrößen bei der Herstellung und Anwendung von Affinitätsmedien handelt es sich um ein multidimensionales Optimierungsproblem. Das macht die Einführung von mathematischen Methoden erforderlich. In der Fachliteratur wird die Herstellung und Verwendung der verschiedensten Affinitätsträgern beschrieben. Das so hergestellte Gel sollte dann gut geeignet sein. Doch wie „gut" ist gut? Kann man das Gel nicht doch noch wesentlich verbessern bei der Immobilisierung mit verschiedenen pH-Werten, durch Salzzusatz oder variierende Ligandendichten, oder welchen Effekt hat eine Veränderung des pH-Wertes oder die Art des kompetitiven Liganden auf meine Ausbeute bei der Isolierung? Gewöhnlich versucht man dem Optimierungsproblem aus dem Weg zu gehen, indem man nur einen Parameter variiert und die anderen konstant hält, das ist jedoch bei z. B. 20 verschiedenen Einflussgrößen ein hoffnungsloses Unterfangen.

Ein mehr systematisches Herangehen an solch komplexe Probleme kann durch die Verwendung von Versuchsplänen erreicht werden [66]. Einfache Möglichkeiten sind die „Box Hunter"-Pläne. Es werden nur zwei Level für die Versuchsgrößen verwendet (z. B. 6 und 8 für den pH-Wert oder 1 mg/mL und 5 mg/mL für die Ligandenkonzentration). Diese Werte können dann über folgende Formeln in –1 und +1 für die Versuchsplanvariable z transformiert werden (hier pH-Wert und Ligandenkonzentration). Die Transformation vereinfacht die Berechnung und macht die Benutzung der Pläne übersichtlicher:

$$z_{\mathrm{pH}} = \left[\mathrm{pH} - \frac{\mathrm{pH}_{\mathrm{Oben}} + \mathrm{pH}_{\mathrm{Unten}}}{2}\right] \cdot \frac{1}{(\mathrm{pH}_{\mathrm{Oben}} - \mathrm{pH}_{\mathrm{Unten}})/2} \tag{2}$$

$$z_{C} = \left[C - \frac{C_{\mathrm{Oben}} + C_{\mathrm{Unten}}}{2}\right] \cdot \frac{1}{(C_{\mathrm{Oben}} - C_{\mathrm{Unten}})/2} \tag{3}$$

Tabelle 3 „Box Hunter"-Plan für zwei Parameter.

pH-Wert	*Ligandenkonzentration C [mg/mL]*	*Wechselwirkung (WW) pH-Wert Ligandenkonzentration*	*Bindungskapazität Q [mg/mL]*
–	–	+	Y_1
–	+	–	Y_2
+	–	–	Y_3
+	+	+	Y_4

Eine ähnliche Gleichung kann für jede beliebige Versuchsgröße einfach abgeleitet werden. Es kann nun eine schematische Versuchsplanmatrix (in + und –-Werten) aufgestellt werden, welche die Bindungskapazität als Funktion von dem pH-Wert und der Ligandenkonzentration zu berechnen gestattet (s. Tabelle 3).

Der Effekt der Änderung des pH-Wertes oder der Ligandenkonzentration auf die Änderung der Bindungskapazität des fertigen Trägers kann sehr leicht aus den folgenden Formeln ermittelt werden:

$$\text{pH Effekt} = \frac{1}{2} \cdot [(Y_3 - Y_1) + (Y_4 - Y_2)] \tag{4}$$

$$\text{Ligandenkonzentration Effekt} = \frac{1}{2} \cdot [(Y_2 - Y_1) + (Y_4 - Y_3)] \tag{5}$$

In der Tabelle ist auch die Wechselwirkung zwischen pH-Wert und Ligandenkonzentration enthalten. Eine solche Wechselwirkung könnte die Hydrolyse des Liganden bei hohem oder niedrigem pH-Wert sein, was für Proteine und Peptide durchaus zutreffen könnte:

$$\text{WW pH-Ligandenkonzentration} = \frac{1}{2} \cdot [(Y_1 - Y_2) + (Y_4 - Y_3)] \tag{6}$$

Die Vorzeichen in den Gleichungen für die Y_i können aus den Spalten der Tabelle 3 abgelesen werden.

Der Wert der Bindungskapazität für einen beliebigen experimentellen Punkt ergibt sich dann aus folgender Gleichung:

$$Q = \frac{Y_1 + Y_2 + Y_3 + Y_4}{2} + \text{pH Effekt} \cdot z_{\text{pH}} + \text{Ligandenkonzentration Efekt} \cdot z_C + \text{pH Effekt} \cdot \text{Ligandenkonzentration Effekt} \cdot z_{\text{pH}} \cdot z_C \tag{7}$$

Das oben aufgeführte Beispiel ist ein vollständiger Faktorplan für den man 2^2 Experimente braucht. Mit wachsender Anzahl von Faktoren steigt der Versuchsaufwand stark an, so werden für einen vollständigen Plan bei 6 Parametern schon $2^6 = 64$ Versuche benötigt, was sicherlich zu viel ist. Werden Wechselwirkungen vernachlässigt, so kommt man mit wesentlich weniger Versuchen aus. An einem praktischen Beispiel soll nun gezeigt werden, wie man die Versuchsplantechnik zur Optimierung der Herstellung von Affinitätsträgern verwenden kann.

Immobilisierung von Trypsininhibitor auf Toyopearl AF Tresyl 650M

Die Kapazität des erhaltenen Affinitätsträgers wurde durch Bindung von Trypsin an den immobilisierten Trypsininhibitor bestimmt.

Immobilisierungsbedingungen

10 oder 80 mg Sojabohnen-Trypsininhibitor wurden in 4 mL einer Lösung aus 0,1 M Phosphatpuffer und 0,5 M Kochsalz für Experimente bei pH 6 oder 0,1 M Carbonat Puffer und 0,5 M Kochsalz für Experimente bei pH 8 gelöst und anschließend 0,4 g trockenes Toyopearl-Tresyl zugegeben (ca. 2 mL gequollenes Gel). Nicht umgesetzte Tresyl-Gruppen wurden durch Reaktion mit 10 mL einer 0,1 M Tris-HCl Lösung (pH 8,5), Reaktionszeit 1 Stunde, deaktiviert.

Kapazitätsbestimmung

Das gesamte Gel wurde anschließend in eine Säule gepackt (Gesamtvolumen 1 mL) und die Kapazität durch Beladung mit 10 mg Trypsin (vom Schwein) in 0,05 M Tris-HCl Puffer, 0,5 M Kochsalz und 20 mM $CaCl_2$ (pH 7,5) und Elution mit 0,1 M Essigsäure und 0,5 M Kochsalz (pH 3) bestimmt. Als Parameter wurden die Konzentration des Liganden, die Temperatur, die Reaktionszeit und der pH-Wert variiert. Das Modell ist beliebig auf andere Einflussgrößen erweiterbar, z. B. die Art der Immobilisierungsmethode, die Abhängigkeit von der Salzkonzentration, die kontinuierliche Immobilisierung in einer Säule oder das Batchverfahren, wobei neben quantitativen Größen auch qualitative verwendet werden können (z. B. Gelhersteller 1 und Gelhersteller 2):

Es wurden folgende Werte für die Parameter Konzentration, Temperatur, Reaktionszeit und pH gewählt:

Tabelle 4 Oberer und unterer Grenzwert.

	Konzentration [mg mL^{-1}]	*pH*	*Temperatur [°C]*	*Reaktionszeit [h]*
Oberer Wert	20	8	25	16
Unterer Wert	2,5	6	4	0,5

Die Wahl der Level sind reine Erfahrungswerte – hier hilft ein Computerprogramm nicht. Die Level sollten so gewählt werden, dass sie nicht zu weit auseinander liegen (z. B. pH 1 und pH 13). Man sollte berücksichtigen, dass die Faktormodelle nur über begrenzte Bereiche gültig sein können.

Tabelle 5 Versuchsplanmatrix für die Immobilisierung von Trypsininhibitor.

Versuch	*Konzentration [mg mL^{-1}]*	*Temperatur [°C]*	*Reaktionszeit [h]*	*pH-Wert*	*Kapazität [mg mL^{-1}]*
1	2,5	4	0,5	6	0,1
2	20	4	0,5	8	0,5
3	2,5	25	0,5	8	2,1
4	20	25	0,5	6	0,3
5	2,5	4	16	8	2,1
6	20	4	16	6	0,4
7	2,5	25	16	6	0,5
8	20	25	16	8	5,4

Die in Tabelle 5 gezeigte Versuchsplanmatrix ist ein Teilfaktorplan, in dem der Vektor für den pH-Wert gleich der unwahrscheinlichen Dreierwechselwirkung (Konzentration, Temperatur und Reaktionszeit) gesetzt wurde. Diese Information geht allerdings verloren. Für Einzelheiten zur Aufstellung und Verwendung von diesen Plänen sei hier auf die Literatur verwiesen [67]. Falls jemand jedoch gar kein Interesse hat, den Hintergrund zu verstehen, kann man auf Programme zurückgreifen, welche ohne Vorkenntnisse mittels eines Assistenten benutzt werden können.[1] Die berechneten Effekte sind in Tabelle 6 dargestellt.

Tabelle 6 Effekte der Reaktionsbedingungen.

Variable	*Effekt*
Konzentration	0,45
Temperatur	1,3
Reaktionszeit	1,35
pH	1,95

[1] Folgende (ausgewählte) Versuchsplanprogramme sind zu empfehlen: Cornerstone™ (www.brooks-pri.com), Design-Expert® (www.statease.com), Minitab™(www.minitab.com), Statistica™(www.statsoft.de), Systat™ (www.spssscience.com), Stavex™ (www.aicos.com).

Diskussion

Bei einer Änderung der Konzentration von 2,5 auf 20 mg/mL ändert sich die Bindungskapazität nur um 0,45 mg/mL. Das ist ein überraschendes und sehr nützliches Ergebnis. Man kommt also bei der Immobilisierung mit weniger Protein aus.

Der pH-Wert hat den stärksten Einfluss auf das Immobilisierungsresultat. Bei der Änderung von 6 auf 8 erzielt man einen Zuwachs von ca. 2 mg/mL an Bindungskapazität. Es kann folgende lineare Gleichung für die Abhängigkeit der Bindungskapazität von den verschiedenen Versuchsgrößen aufgestellt werden:

$$\text{Kapazität} = 0{,}0514\,[\text{Konz.}] + 0{,}1238\,[\text{Temp}] + 0{,}1742\,[\text{Zeit}] + 1{,}95\,[\text{pH}] - 16{,}0356$$

Die Abhängigkeit der Bindungskapazität als Funktion von pH-Wert und Reaktionszeit ist in Abb. 14 dargestellt:

Die hier erläuterte Versuchsplantechnik hat den Vorteil, dass man Einflüsse getrennt diskutieren kann, da die verwendeten Versuchspläne die Eigenschaft der Orthogonalität besitzen. Aus Abb. 14 kann auch abgelesen werden, dass man bei optimalen Werten der anderen Größen schon nach einer halben Stunde Reaktionszeit ca. 50 % der maximalen Kapazität erzielt. Das bedeutet, die Tresylaktivierung ist eine ziemlich schnelle Reaktion. Was hier jedoch nicht gezeigt wird ist die Tatsache, dass Extrapolationen über den betrachteten Versuchsbereich hinaus problematisch sein können. Nach dem oben entwickelten linea-

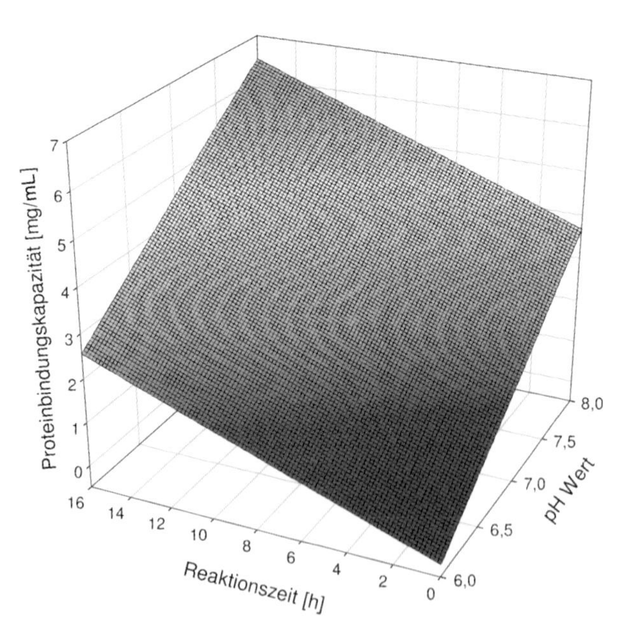

Abb. 14 Trypsinbindungskapazität eines mit Toyopearl AF Tresyl 650M hergestellten Antitrypsingels als Funktion von Reaktionszeit und pH Wert (Reaktionszeit 20 Stunden, Konzentration 20 mg/mL).

ren Modell sollte die Kapazität mit dem pH-Wert zunehmen. Experimentelle Daten zeigen jedoch, dass die Bindungskapazität bei pH 9 wieder abnimmt.

Man sieht, dass man schnell und einfach zu nützlichen Resultaten kommt. Eine wichtige Voraussetzung für die Anwendung der Versuchsplantechnik ist eine konsequente Durchführung der geplanten Experimente. Es soll auch nicht verschwiegen werden, dass lineare Pläne häufig zu einfach sind und nach dem sog. Screening mit den oben beschriebenen linearen Planen quadratische Pläne angewendet werden müssen, wo die Level der experimentellen Bedingungen nicht mehr willkürlich gewählt werden können, weil die Orthogonalität erhalten bleiben muss. Die Versuchsplantechnik stellt jedoch trotzdem ein geeignetes Werkzeug dar, um den Versuchsaufwand und die Entwicklungszeit von neuen Affinitätsträgermaterialien zu minimieren.

2.5.10
Empfehlungen zur Immobilisierung in Kurzform

1. Literaturstudium, Datenbanksuche. Falls gleiche oder ähnliche Verbindungen schon mal immobilisiert wurden, kann diese Vorschrift nachgekocht werden.
2. Bei der Immobilisierung von Proteinen sollte eine Auswahl von Amino-, Hydroxy-, Mercapto- und Carboxygruppen-spezifischen Methoden versucht werden. Zum Beispiel: Bromcyan, Tresyl, N-Hydroxysuccinimid, Epoxy, Divinylsulfon, Cyanurchlorid und Carbodiimid. Bei Erfolg kann mit der jeweiligen Methode weiter optimiert werden.
3. Wenn möglich, einfache Immobilisierungspuffer verwenden z. B. Phosphat oder Carbonat.
4. Testen der Stabilität des Liganden im Immobilisierungspuffer ohne Gel.
5. Das Gel sollte nach der Immobilisierung gründlich mit Puffern von unterschiedlichem pH (z. B. Acetat-sauer und Tris oder Carbonat-basisch) und 1 M Kochsalz gewaschen werden. Man beobachtet manchmal das Phänomen, dass Gele direkt nach der Immobilisierung Kapazität haben, diese ist aber nicht stabil.
6. Nicht umgesetzte reaktive Gruppen müssen deaktiviert werden. Geeignete Lösungen sind 1 M Ethanolamin, Tris oder Mercaptoethanol.
7. Ist die Kapazität zu gering, versuche ein Gel mit Spacern.
8. Falls überhaupt keine Kapazität gefunden wird, kontaktiere einen Gelhersteller.

Literatur

1 P. Cuatrecasas, M. Wilchek, C. B. Anfinsen, Selective Enzyme Purification by Affinity Chromatography, *Proc. Natl. Acad. Sci.*, 61, 636–643, 1968.

2 J. C. Giddings, *Unified Separation Science*, Wiley, New York, 131, 1992.

3 G. Skidmore, B. J. Horstmann, H. A. Chase, Modelling single-component protein adsorption to the cation exchanger Sepharose® FF, *J. Chrom. A*, 498, 113–128, 1990.

4 J.-C. Janson, L. Ryden *Protein purification*, VCH, Weinheim, 283, 1989.

5 W. H. Scouten, *Affinity Chromatography*, Wiley, New York, 141, 1981.

6 X. Wu, K. Haupt, M. A. Vijayalakshmi, Separation of Immunoglobulin G by high performance pseudoaffinity chromatography with immobilized histidine, *J. Chromatogr.*, 584, 35, 1992.

7 C. R. Lowe, P. D. G. Dean, *Affinity Chromatography*, Wiley, New York, 1974.

8 P. D. G. Dean, F. A. Middle, C. Longstaff, A. Bannister, J. J. Dembinski, in: *Affinity Chromatography and Biological Recognition*; (I. M. Chaiken, M. Wilchek, I. Parikh, Eds.) Academic Press, Orlando, 433–443, 1983.

9 *Affinity Chromatography: Principles and Methods*; Handbook published by Amersham Bioscience, Uppsala, Sweden, 1988.

10 M. D.Scawen, Dye Affinity Chromatography, *Anal. Proc.*, 28, 143, 1991.

11 J. Porath, IMAC-immobilized metal affinity based chromatography, *Trends Anal. Chem.*, 7, 254, 1988.

12 A. Liehme, P. Heegard, Thiophilic adsorption chromatography: the separation of serum proteins, *Anal. Biochem.*, 192(1), 64, 1991.

13 I. Blomquist, *Characterization of ECH-Lysine Sepharose FF a New Affinity Support*, Poster at the Interlaken Conference Series, 2003.

14 J. H. Pazur, Affinity chromatography for the purification of lectins (a review), *J. Chrom.*, 215, 361, 1981.

15 *Heparin-Sepharose® CL-6B for Affinity Chromatography*; Amersham Bioscience, Uppsala, Sweden, 1988.

16 E. A. Bayer, M. Wilchek, *Meth. Biochem. Anal.*, 26,1, Wiley, New York, 1980.

17 S. J. Gutcho, *Immobilized Enzymes: Preparation and Engineering Techniques*, Noyes Data Corporation, Park Ridge, New Jersey, 1974.

18 J. J. Langone, Protein A of *Staphylococous aureus* and related immunoglobulin receptors produced by streptococci and pneumonococcoi, *Adv. Immunol., 32*, 157–252, 1982.

19 P. J. Hogg, D. J. Winzor, Studies on lectin-carbohydrate interactions by quantitative affinity chromatography systems with galactose and ovalbumin as saccharidic ligand, *Anal. Biochem.*,163, 331–338, 1987.

20 Z. Zhang, W. Zhu, T. Kodadek, Selection and application of peptide-binding peptides, *Nature Biotechnology*, 18, 71–74, 2000.

21 L. B. McGown, M. J. Joseph, J. B. Pitner, G. P. Vonk, C. P. Linn, The nucleic acid ligand. A new tool for molecular recognition, *Anal. Chem.* 67, 663A–668A, 1995.

22 F. H. Arnold, Metal-Affinity separations: A new dimension in protein processing, *Bio/Technol.*, 9, 152, 1991.

23 Drug and Market Development application, Antibody Therapeutics, Production, Clinical Trials and Strategic Issues, 2001, November.

24 J. Lasch, F. Janowski, Leakage stability of ligand-support conjugates under operational conditions, *Enzyme Microb. Technol.*, 10, 312–314, 1988.

25 P. Santambien, P. Girot, I. Hulak, E. Boschetti, Immunoenzymatic assay of dyes currently used in affinity chromatography for protein purification, *J. Chrom.*, 597, 315–322, 1992.

26 E.-K. Cabrera, M. Wilchek, Silica containing primary hydroxyl groups for high-performance affinity chromatography, *Anal. Biochem.*, 159 (2), 267–272, 1986.

27 M. D. Barcolod, R. el Rassi, High-performance metal chelate interaction chromatography of proteins with silica-bound ethylenediamine-*N,N'*-diacetic acid, *J. Chrom*, 512, 237–247, 1990.

28 G. Sofer, L. Hagel, *Handbook of Process Chromatography*, Academic Press, 53, 1997.

29 *Seamless Scale-up in Process Chromatography*, TOSOH BIOSCIENCE GmbH, 1996.

30 R. I. Fahrner, G. S. Blank, G. A. Zapata, Expanded Bed Protein A Chromatography of r-hMAb in comparism to packed bed chromatography, *J. Biotechnol.*, 75, 273–280, 1999.

31 F. Ahmed, K. D. Cole, Affinity Liquid Chromatographic Systems, *Sep. and Purif. Meth.*, 29 (1), 1–25, 2000.

32 B. Tieke, *Makromolekulare Chemie*, Wiley-VCH, 272, 1997.

33 *Gel Filtration*, Amersham Bioscience, Uppsala, 1988.

34 N. B. Afeyan, Flow through for the high-performance liquid chromatographic separation of biomolecules: perfusion chromatography, *J. Chrom. A.*, 519, 1, 1990.

35 F. H. Arnold, H. W. Blansch, C. R. Wilke, Analysis of Affinity Separations, *Chem. Eng. J.*, 30, B9–B23, 1985.

36 E. Müller, Coupling Reactions, in: Protein Liquid Chromatography, *J. Chrom.* Library Vol. 61 (M. Kastner, Ed.), Elsevier, 2000.

37 R. Axen, S. Ernback, Chemical Fixation of Enzymes to Cyanogen Halide Activated Polysaccharide Carriers, *Eur. J. Biochem.*, 18, 351–360, 1971.

38 R. Axen, J. Porath, S. Ernback, Chemical coupling of peptides and proteins to polysaccharides by means of cyanogens bromide, *Nature* 214, 1302–1303, 1967.

39 R. H. Allen, P. W. Majerus, Isolation of Vitamine B12-binding Proteins using Affinity Chromatography, *J. Biol. Chem.*, 247, 7709, 1972.

40 M. Wilchek, T. Miron, Activation of Sepharose with *N,N*-discuccinimidyl carbonate, *Appl. Biochem. Biotechnol.*, 11, 191, 1985.

41 K. Nilsson, K. Mosbach, Tresyl chloride-activated supports for enzyme immobilization, *Methods Enzymol.*, 135, 65–78, 1987.

42 T. Zumbrink, A. Demiroglou, H. P. Jennissen, Analysis of Affinity Supports by ^{13}C CP/MAS NMR Spectroscopy: Application to Carbonyldiimidazole- and Novel Tresyl Chloride-Synthesized Agarose and Silica Gels. *J. Mol. Rec.*, 8, 363–373, 1995.

43 L. Sundberg, J. Porath, Preparation of adsorbents for biospecific affinity chromatography; I. Attachement of group-containing ligands to insoluble polymers by means of bifunctional oxiranes, *J. Chrom.*, 90, 87, 1974.

44 M. Wilchek, R. Laurel, in: *Methods in Enzymol.* (W. B. Jakoby, M. Wilchek, Eds.), Academic Press, New York, 34, 475, 1974.

45 P. O. Larsson, M. Glad, L. Hansson, M. O. Mansson, S. Ohlson, K. Mosbach, High Performance Liquid Chromatography, *Adv. Chromatogr.*, 22, 41–85, 1983.

46 F. Quadri, The reactive triazine dyes: their usefulness and limitations in protein purification, *Trends Biotechnol.*, 3, 7, 1985.

47 J. Porath, in: *Meth. in Enzymol* (B. Jakoby Ed.), M.Wilchek, Academic Press, New York, 34, 13–30, 1974.

48 M. T. W. Hearn, in *Meth. in Enzymol.* (K. Mosbach, Ed.), Academic Press, New York, part B, 135, 102–117, 1987.

49 P. L. Colemann, M. M. Walker, D. S. Milbraith, D. M. Stauffer, J. K. Rassmussen, L. R. Krepski, S. M. Heilmann, Immobilization of Protein A at high density on azlactone-functional polymeric beads and their use in affinity chromatography, *J. Chrom.*, 512, 345, 1990.

50 A. Tengblad, A comperative study of the binding of cartilage link protein and the hyarulonate-binding region of the cartilage proteoglycan to hyarulonate-substituted Sepharose gel, *Biochem. J.*, 199, 297, 1981.

51 J. B. Wheatley, D. E. Schmidt jr., Salt-induced immobilization of affinity ligands onto epoxide-actvated supports, *J. Chrom. A.*, 849, 1–12, 1999.

52 P.-O'Carra, S. Barry, T. Griffin, Spacer arms in affinity chromatography – the need of more rigorous approach, *Biochem. Soc. Trans.*, 1, 289, 1973.

53 M. Pribl, Bestimmung von Epoxyendgruppen in modifizierten chromatographischen Sorbentien und Gelen, Fresenius Z., *Anal. Chem.*, 303, 113–116, 1980.

54 A. L. Dawidowicz, D. Wasilewsak, S. Radkiewicz, *Chromatographie 42*, 49, 1992.

55 I. Y. Galev, B. Mattiasson, Shielding Affinity Chromatography, *Bio/Technology 12*, 1086, 1994.

56 E. Müller, Habilitationsschrift, *Polymere Oberflächenbeschichtungen – eine Methode zur Herstellung von Trägermaterialien für die Biochromatographie*, Magdeburg, 2003.

57 R. Hahn, K. Amatschek, R. Necina, D. Josic, A. Jungbauer, Performance of affinity chromatography with peptide ligands: influence of spacer, matrix composition and immobilization chemistry, *Int. J. Biochrom.*, 5, 175–185, 2000.

58 D. J. O'Shannessy, W. L. Hoffmann, Site-directed immobilization of Glucoproteins on hydrazide-containing solid supports, *Biotechnol. Appl. Biochem.*, 9, 488, 1987.

59 M. Wilchek, T. Miron, Oriented versus random protein immobilization, *J. Biochem. Biophys. Methods* 55, 67–70, 2003.

60 C. Charcosset, Protein A Immunoaffinity Hollow Fiber Membranes for Immunoglobulin G Purification: Experimental Characterization, *Biotech. Bioeng.*, 48, 415–427, 1995.

61 N. Ishizuka, Designing monolithic double-pore silica for high speed liquid chromatography, *J. Chrom. A*, 797, 133–137, 1998.

62 R. Hahn, K. Pfleger, E. Berger, A. Jungbauer, Direct Immobilization of Peptide Ligands to Accessible Pore Sites by Conjugation with a Placeholder Molecule, *Anal. Chem.*, 75(3), 543–548, 2003.

63 Homepage TOSOH BIOSCIENCE, www.tosohbioscience.com

64 J. Aradi, A. Zsindely, A. Kiss, M. Szaboles, M. Schablik, Separation of Neurospora crassa myo-inositol-1-phosphate synthase from glucose-6-phosphate dehydrogenase by affinity chromatography, *Prep. Biochem.*, 12(2), 137–151, 1982.

65 R. L. Esterday, I. M. Esterday, in: *Immobilized biochemicals and affinity chromatography* (R. B. Dunlap, Ed.), Plenum Press, New York, 123–133, 1974.

66 P. D. Haaland, *Experimental Design in Biotechnology*, Marcel Dekker, New York, 1989.

67 G. Retzlaff, G. Rust, J. Waibel, *Statistische Versuchsplanung*, Verlag Chemie, Weinheim, 1978.

2.6
Optimierung von Enantiomerentrennungen in der HPLC*

Markus Juza

2.6.1
Einleitung

In den vorhergehenden Kapiteln wurden die Methoden der RP-, GPC/SEC- und NP-HPLC im Detail dargestellt. Diese Methoden eignen sich hervorragend zur qualitativen und quantitativen analytischen Untersuchung komplexer Substanzgemische, erlauben es jedoch nicht, eine Aussage über die chirale Zusammensetzung zu machen. Deshalb wird neben der „achiralen" HPLC sehr häufig eine weitere flüssigchromatographische Methode, die enantioselektive HPLC, eingesetzt, um die Enantiomerenverhältnisse in Proben zu bestimmen. Achirale und enantioselektive HPLC sind als komplementäre Messungen zu verstehen, die es erlauben, Analyte genau zu charakterisieren. Dies gilt nicht nur für den pharmazeutischen Bereich, in dem Kontrollen der achiralen und Enantiomerenreinheit von nicht-racemischen Wirkstoffen und Intermediaten vorgeschrieben sind [1], sondern auch für agrochemische Produkte und für Geruchs- und Geschmacksstoffe.

Der enantioselektiven HPLC haftet zu unrecht der Nimbus an, eine schwer zu entwickelnde und zudem unzuverlässige Trennmethode zu sein, die nur von wenigen Spezialisten beherrscht wird. Jedoch macht die Vielzahl der kommerziell erhältlichen chiralen Stationärphasen [2] („chiral stationary phases", CSPs) mit ganz unterschiedlichen Retentionsmechanismen eine Übersicht über die verschiedenen Faktoren, die zum Gelingen der Optimierung einer Trennungen beitragen, nahezu unmöglich.

Deshalb sollen im Folgenden zunächst die grundlegenden Prinzipien der enantioselektiven HPLC vorgestellt werden, die sich nur wenig von denen der RP- und NP-HPLC unterscheiden. Im Anschluss daran werden die in der industriellen Praxis am häufigsten eingesetzten chiralen Stationärphasentypen kurz beschrieben. Es wird bewusst vermieden, *alle* kommerziell erhältlichen CSPs aufzulisten und Trennphasen aus dem akademischen Bereich in vollem Umfang zu würdigen. Im Rahmen dieses Beitrags wird ebenfalls darauf verzichtet, die historischen Entwicklungen nachzuzeichnen, die zu den heutigen Stationärphasen geführt haben.

2.6.2
Grundlegende Prinzipien der enantioselektiven HPLC

Die HPLC ist eine der universellsten Methoden, um die Enantiomerenzusammensetzung von Substanzen oder Gemischen in kurzer Zeit zu bestimmen. Die

* Ein Teil dieses Kapitels entstand bei der Firma CarboGen AG, Schachenallee 29, CH-5001 Aarau, Schweiz.

HPLC richtig optimiert: Ein Handbuch für Praktiker. Herausgegeben von Stavros Kromidas

ISBN: 3-527-31470-9

Anwendungen beschränken sich nicht nur auf Moleküle, deren Chiralität auf einem quarternären Kohlenstoffatom mit vier verschiedenen Substituenten beruht, sondern auch für Verbindungen, die ein chirales Silizium-, Stickstoff-, Schwefel- oder Phosphoratom besitzen. Ebenso können asymmetrische Sulfoxide oder Aziridine, deren Chiralität auf einem freien Elektronenpaar beruht, getrennt werden. Chiralität kann auch auf die Ausbildung einer helikalen Struktur zurückzuführen sein, wie im Falle von Polymeren und Proteinen, oder auf das Vorliegen von Atropisomerie, der gehinderten Drehung um eine Einfachbindung, wie sie beispielsweise für Binaphtol beobachtet wird, oder auf das Vorliegen einer Spiroverbindung.

Das Grundprinzip der enantioselektiven HPLC beruht auf der Ausbildung von labilen diastereomeren Komplexen der beiden Enantiomere mit dem chiralen Selektor der Stationärphase [3]. Das Enantiomer, das den weniger stabilen Komplex ausbildet, wird früher eluiert, während das Enantiomer, das den stabilen Komplex ausbildet, später eluiert wird. Das Verhältnis der beiden Retentionsfaktoren k bestimmt den Trennfaktor der Enantioselektivität α (Gl. 1) [4] einer Stationärphase gegenüber den beiden Enantiomeren für eine bestimmte Temperatur und eine definierte Lösungsmittelzusammensetzung.

$$\alpha = \frac{k_2}{k_1} \tag{1}$$

Für die Bestimmung der Retentionsfaktoren wird neben der Retentionszeit die „Totzeit" benötigt. Für die enantioselektive HPLC lässt sich die „Totzeit" im Allgemeinen durch die Injektion einer nicht adsorbierten Verbindung, z. B. Tri-*tert*-butyl-benzol, oder einem niedrigen Alkohol bestimmen. In der Praxis werden häufig Trennfaktoren zwischen 1,5 und 2,5 gefunden, vereinzelt wurden jedoch schon α-Werte > 20 berichtet [5]. Eine Selektivität von $\alpha = 1$ zeigt, dass keine Enantiomerentrennung unter den gewählten Bedingungen möglich ist; Werte unter 1 sind nicht definiert, da sich der Trennfakor immer auf das zweiteluierende Enantiomer bezieht. Es ist nicht möglich, den α-Wert eines Racemats bei Verwendungen eines Temperatur- oder Lösungsmittelgradienten zu bestimmen.

Sehr häufig wird jedoch nicht die Frage nach der Selektivität der Säule gestellt, sondern steht vielmehr die Enantiomerenreinheit der zu untersuchenden Substanz im Mittelpunkt des Interesses. Die Enantiomerenreinheit, gern fälschlicherweise im Labor als „chirale Reinheit" bezeichnet, wird im Allgemeinen als Enantiomerenüberschuss („enantiomeric excess", *ee*) angegeben (Gl. 2).

$$\%ee = \frac{\text{Hauptenantiomer} - \text{Nebenenantiomer}}{\text{Hauptenantiomer} + \text{Nebenenantiomer}} \cdot 100 \tag{2}$$

Da die beiden Enantiomere gleiche physikalische Eigenschaften haben, ist es möglich den *ee* direkt aus den relativen Flächenprozenten (area% HPLC) oder den Peakflächen zu bestimmen (s. Abb. 1). Die Bestimmung des *ee* erfordert jedoch eine Basislinientrennung („baseline resolution") der beiden Enantiomere. Der *ee* wird in Prozent angegeben.

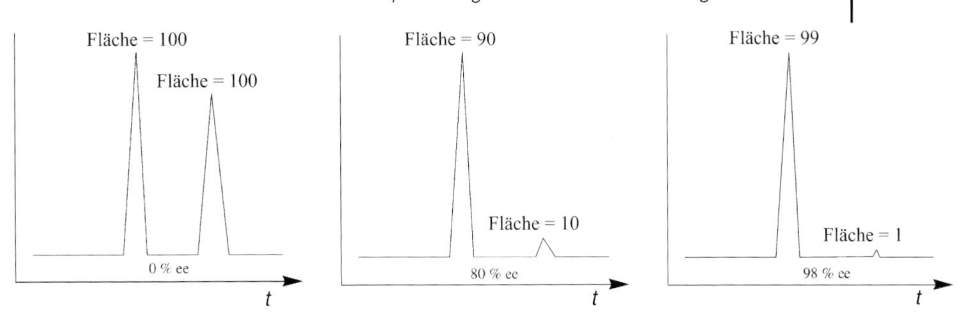

Abb. 1 Bestimmung des *ee* bei ausreichender Basislinientrennung.

Die Auflösung einer Enantiomerentrennung (R_S, „resolution") wird im Wesentlichen von drei Faktoren beeinflusst, der Bodenzahl (*N*), der Enantioselektivität α und dem Retentionsfaktor k (s. Kap. 1.1).

Für die Auflösung („resolution") wird in der Praxis häufig Gl. (3) eingesetzt [6], wobei $w_{1/2}$ die Peakbreite auf halber Höhe darstellt.

$$R_S = 1{,}18 \cdot \frac{(t_{R2} - t_{R1})}{(w_{1/2_1} + w_{1/2_2})} \tag{3}$$

Eine genaue Bestimmung des *ee* ist erst ab einem Wert von $R_S > 1{,}5$ möglich. Liegt R_S wesentlich über 1,5, so können sich durch ungenaue Integration des zweiten Peaks Probleme in der Präzision des ermittelten *ee*-Wertes ergeben. Liegt R_S deutlich unter 1,5, so überlappen die beiden Peaks und eine sichere Auswertung ist nicht mehr möglich. Im Allgemeinen ist es bei einer Einzelbestimmung nicht sinnvoll, den Enantiomerenüberschuss auf mehr als eine Dezimalstelle anzugeben, z. B. 98,9 % *ee*.

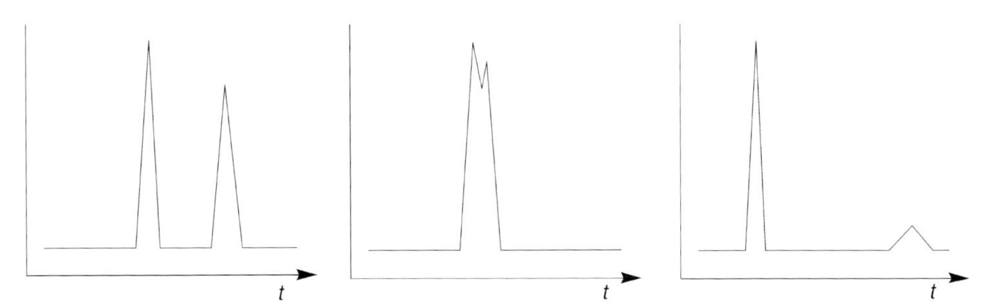

Abb. 2 Auflösung der Trennung („resolution").
Links: Basislinientrennung ($R_S > 1{,}5$) erlaubt gute Bestimmung des *ee*.
Mitte: $R_S \ll 1{,}5$ (Peaküberlappung) erlaubt keine genaue Bestimmung des Enantiomerenüberschusses.
Rechts: $R_S \gg 1{,}5$ kann die Bestimmung des *ee* komplizieren, ist aber für präparative Enantiomerentrennung vorteilhaft.

2.6.2.1 Thermodynamische Grundlagen der enantioselektiven HPLC

Wie oben bereits ausgeführt, beruht die chirale Erkennung bei der HPLC (und bei allen anderen Arten der enantioselektiven Chromatographie) auf der Ausbildung von intermediären diastereomeren Komplexen. Liegt ein Racemat vor (gleiche Menge an *R*- und *S*-Enantiomer), so müssen sich die beiden Komplexbildungskonstanten (K_S und K_R) unterscheiden, um eine Enantiomerentrennung zu beobachten (vgl. Abb. 3) [3]. In Lösung befinden sich *R*- und *S*-Enantiomere, die mit dem (phasengebundenen) Selektor interagieren können. Ist beispielsweise für das *S*-Enantiomer die Komplexbildungskonstante höher, so wird dieses stärker an die chirale Stationärphase gebunden und später eluiert.

Da der Retentionsfaktor einer Verbindung über das Phasenverhältnis Φ mit der Komplexbildungskonstante verknüpft ist (Gl. 4 und 5), kann das Verhältnis der Retentionsfaktoren *k* der beiden Enantiomere verwandt werden, um das Verhältnis der Komplexbildungskonstanten zu bestimmen (Gl. 6).

$$k_S = K_S \cdot \Phi \tag{4}$$

$$k_R = K_R \cdot \Phi \tag{5}$$

$$\frac{k_S}{k_R} = \frac{K_S}{K_R} = \alpha \tag{6}$$

Dieses Verhältnis erlaubt es, die Freie Enthalpiedifferenz der Enantiomerentrennung $-\Delta\Delta G_{S,R}$ abzuschätzen und sich eine Vorstellung von der Größenordnung der Wechselwirkungsenergie zu machen (s. Abb. 4).

$$-\Delta\Delta G_{S,R} = -\Delta G_S - (-\Delta G_R) = RT \ln\frac{K_S}{K_R} = RT \ln\alpha \tag{7}$$

Bei der Verwendung der obigen Gleichung sollte man sich jedoch bewusst machen, dass zur Interaktion einer chiralen stationären Phase mit einem Analyten eine ganze Reihe von verschiedenen Wechselwirkungen beitragen können und ein Teil der Retention der Enantiomere durch achirale Beiträge hervorgerufen wird. Eine Übersicht über die verschiedenen Wechselwirkungskräfte, die zur chiralen Erkennung beitragen können und ihre Größenordnung ist in Tabelle 1 gegeben.

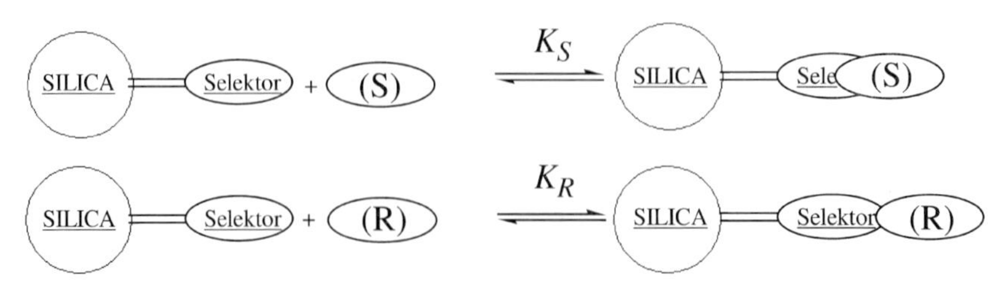

Abb. 3 Ausbildung von intermediären diastereomeren Komplexen, $K_S > K_R$, schematisch dargestellt.

Tabelle 1 Intermolekulare Wechselwirkungskräfte und ihre relative Stärke (nach [7]).

Wechselwirkungskräfte	*Lipophilie*	*Relative Stärke [kJ mol⁻¹]*
Ionische	Polarität	40
Via H-Brücken	↑	40
Ohne H-Brücken		20
Ion-Dipol		4–17
H-Brücken		4–17
Van der Waals		4–17
Induzierter Dipol		2–4
Aryl-Aryl charge transfer	↓	4–17
Hydrophobe	Hydrophobie	4

2.6.2.2 **Adsorption und chirale Erkennung**

Die Wechselwirkung eines chiralen Analyten mit einem chiralen Selektor bedingt eine temporäre Adsorption der Enantiomere an der Oberfläche der Stationärphase (s. Abb. 4). Es existieren verschiedene Modelle, um die reversible Bildung von energetisch unterschiedlichen quasi-diastereomeren Molekülassoziaten zu erklären, keines kann jedoch alle beobachteten Retentionsmechanismen erklären. Die Assoziations- und Dissoziationskonstanten für Enantiomere, die mit einer chiralen Stationärphase wechselwirken, können sich unterscheiden, da die Bildung des diastereomeren Assoziationskomplexes, der zur Enantiomerentrennung führt, für beide Enantiomere mit unterschiedlicher Geschwindigkeit verlaufen kann. Analog kann auch der Zerfall des Komplexes mit unterschiedlichen Geschwindigkeiten verlaufen.

Ist die Wechselwirkung für eines der Enantiomere nur klein, so wird dieses nicht adsorbiert und kann im Extremfall mit der Totzeit der Säule eluiert werden.

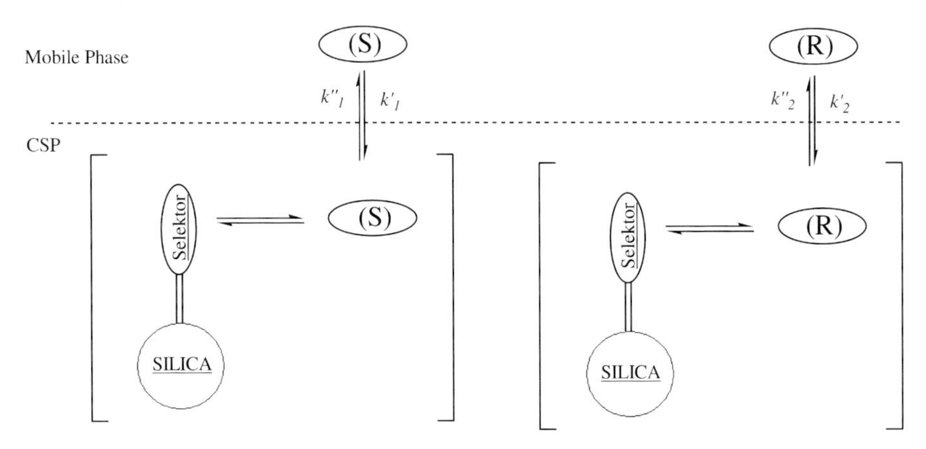

Abb. 4 Die Enantiomere bilden mit der chiralen Stationärphase (CSP) diastereomere Molekülassoziate. Die Assoziationskonstanten k'_1 und k'_2 und die Dissoziationskonstanten k''_1 und k''_2 müssen nicht identisch sein.

Jedoch wird in den meisten Fällen für beide Enantiomere eine Retention beobachtet, es muss also ein Gleichgewicht von Adsorption und Desorption vorliegen. In seltenen Fällen wird beobachtet, dass eines oder beide Enantiomere sehr stark adsorbiert werden und während der Laufzeit des Chromatogramms nicht eluieren. Hier ist es häufig erforderlich, einen Wechsel des Eluentensystems vorzunehmen, um die Säule von den adsorbierten Komponenten zu befreien.

Nahezu alle chiralen Stationärphasen haben eine heterogene Oberfläche. Neben den chiralen Selektormolekülen kann auch der Untergrund (häufig auf Kieselgelbasis) mit den Analyten wechselwirken und zur Retention beitragen. Um dieses Verhalten zu beschreiben, bedient man sich häufig einer kompetitiven modifizierten Langmuir-Isotherme (Gl. 8) [8].

$$n_\mathrm{i} = \lambda \cdot c_\mathrm{i} + \frac{\bar{N}_\mathrm{i} \cdot K_\mathrm{i} \cdot c_\mathrm{i}}{1 + \sum_{k=1}^{2} K_\mathrm{k} \cdot c_\mathrm{k}} \tag{8}$$

In dieser Gleichung sind n_i und c_i die adsorbierte und die Mobilphasenkonzentration, λ ist ein dimensionsloser Koeffizient, K_i ist die Gleichgewichtskonstante, die Obergrenze von n_i wird durch $\bar{N}_\mathrm{i}$ gegeben. Der lineare Term beschreibt die Wechselwirkung der achiralen Trägerpartikel mit den Analyten, während der Langmuir-Term das Sättigungsverhalten des chiralen Selektors wiedergibt. Dieses Verhalten kann am einfachsten in Abb. 5 verstanden werden, die idealisiert die Adsorptionsisothermen von zwei Enantiomeren zeigt.

Die Henry-Konstanten H_i geben die Steigung der Adsorptionsisotherme unter verdünnten Bedingungen, d. h. im analytischen Bereich an (Gl. 9).

$$n_\mathrm{i} = H_\mathrm{i} \cdot c_\mathrm{i} \tag{9}$$

Das Verhältnis der Henry-Konstanten entspricht dem Trennfaktor α (vgl. Gl. 1).

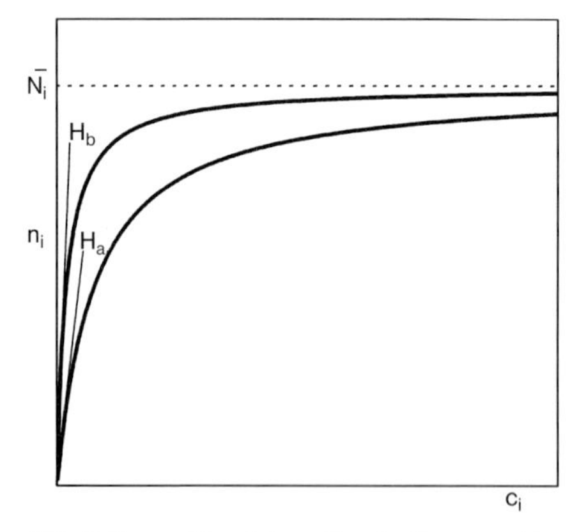

Abb. 5 Kompetitive Adsorptionsisothermen, Henry-Konstanten und Beladungsgrenze im Zusammenhang.

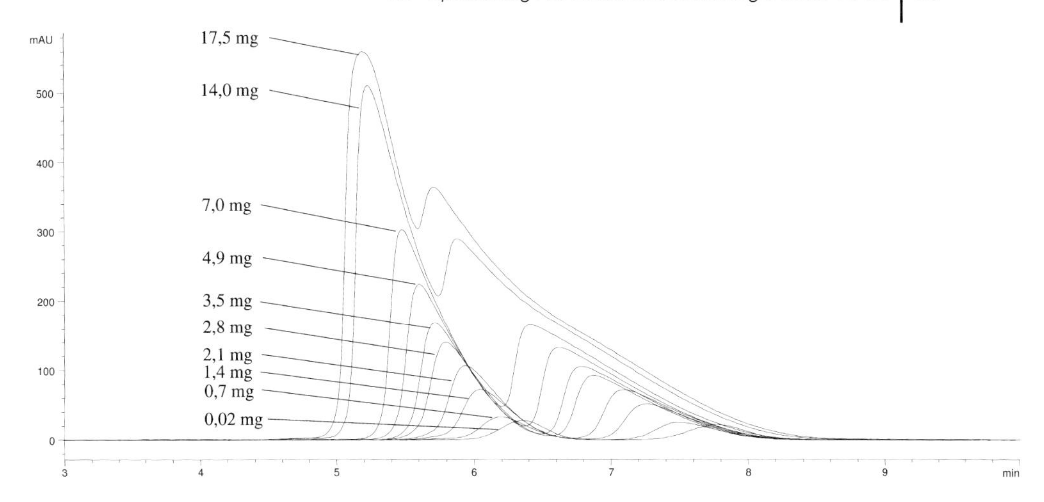

Abb. 6 Trennung eines Racemats (Injektionsmengen im Chromatogramm angegeben) auf Chiralcel OJ (250 × 4,6 mm ID; 20 µm), Eluent: *n*-Heptan/2-Propanol (98 : 2, v : v), Fluss 1,0 mL/min, Detektion bei 254 nm.

Die Adsorptionsisotherme und die Henry-Konstanten haben fast ausschließlich eine Bedeutung für die präparative enantioselektive HPLC und SMB. Man sollte sich jedoch bewusst machen, dass bei hoher Probenkonzentration ein Wettbewerb der beiden Enantiomere um den chiralen Selektor stattfindet und dass chirale Stationärphasen leichter als RP- oder NP-Phasen überladen werden, da bis auf wenige Ausnahmen maximal 20 % des Phasenmaterials zur chiralen Erkennung beitragen.

In der Praxis führt eine zu große Probenmenge zu einem Fronting des Peaks, da die für die Adsorption benötigten Wechselwirkungsplätze belegt sind und der Analyt nicht mehr mit dem chiralen Selektor in ausreichendem Maß interagieren kann (s. Abb. 6). In dieser Abbildung ist das typische Retentionsverhalten eines Racemats bei steigender Injektionsmenge dargestellt. Sowohl R_S als auch α werden bei zu großer Injektionsmenge kleiner und erlauben schließlich keine Basislinientrennung mehr, die Retentionszeiten verschieben sich nach vorne.

2.6.2.3 **Unterschiede zur RP- und NP-HPLC**

Die Unterschiede zwischen achiraler HPLC und enantioselektiver HPLC sind kleiner als im Allgemeinen angenommen. Enantioselektive HPLC erfordert keine besonderen Geräte und Detektoren und auch alle physiko-chemischen Grundlagen der Chromatographie sind identisch. Es sollte jedoch betont werden, dass viele der beschriebenen enantioselektiven HPLC-Trennungen im Normalphasenmodus durchgeführt werden. Nur selten wird mit den in der RP-Chromatographie beliebten Wasser/Methanol- oder Wasser/Acetonitril-Gradienten gearbeitet, da diese mit einem Teil der CSPs nicht kompatibel sind.

2.6.2.4 Grundsätzliches zur Optimierung enantioselektiver HPLC-Trennungen

Die im Vorhergegangenen eingeführten Grundlagen erlauben bereits jetzt eine Reihe von allgemeinen Überlegungen zur Optimierung von enantioselektiven HPLC-Trennungen anzustellen.

Gleichung (1) impliziert, dass zur Erzielung eines ausreichenden Trennfaktors α eine ausreichende Differenz in den Retentionsfaktoren erreicht werden muss. Deshalb werden in der enantioselektiven HPLC selten Gradienten eingesetzt, die es erlauben würden isokratische Trennungen zu beschleunigen.

Die Gleichung für die Auflösung (siehe Kap. 1.1.3) zeigt, dass für die Optimierung einer enantioselektiven Trennung neben dem Trennfaktor α und dem Retentionsfaktor auch eine ausreichende Bodenzahl für die Trennung zur Verfügung stehen muss, wenn man eine Basislinientrennung erreichen will. Aus diesem Grund beobachtet man in der enantioselektiven HPLC seit einiger Zeit einen Trend zu kleineren Partikelgrößen; heute sind bereits viele der chiralen Stationärphasen als 5 µm Material erhältlich.

Gleichung (7) erlaubt es, unter der Verwendung der Gibbs-Helmholz-Gleichung ($G = H - TS$) eine Aussage über die Temperaturabhängigkeit des Trennfaktors α zu machen (Gl. 10) [3].

$$\ln\alpha = -\frac{\Delta\Delta H}{RT} + \frac{\Delta\Delta S}{R} \qquad (10)$$

Nahezu alle Enantiomerentrennungen zeigen bei höherer Temperatur einen niedrigeren Trennfaktor; bei weiterer Temperaturerhöhung kann die Enantiomerentrennung schließlich ganz unterdrückt werden. Das bedeutet, dass sich der Entropieterm in der obigen Gleichung bei Temperaturerhöhung der Enthalpie annähert und dass sich bei einer bestimmten Temperatur Entropie und Enthalpie gegenseitig aufheben ($\ln\alpha = 0$). Somit scheiden auch Temperaturgradienten für die Optimierung der enantioselektiven HPLC häufig aus.

2.6.3
Selektoren und stationäre Phasen

Die chromatographische Enantiomerentrennung kann prinzipiell auf zwei verschiedene Weisen erfolgen. Die sog. direkte Methode basiert, wie weiter oben beschrieben, auf der Ausbildung eines diastereomeren Übergangskomplexes zwischen dem chiralen Selektor und dem Analyten. Der Selektor kann auf verschiedene Arten in der Säule enthalten sein, entweder direkt an der Kiesegeloberfläche gebunden oder als Überzug auf die Partikel („carrier") aufgebracht. Er kann aber auch als Additiv gelöst in der Mobilphase vorliegen. Die indirekte Methode hingegen beruht auf der chemischen Umsetzung der Enantiomere mit einem enantiomerenreinen Derivatisierungsreagenz vor der Trennung. Nach der Umsetzung bilden sich zwei kovalente diastereomere Verbindungen, die auf einer achiralen Stationärphase getrennt werden können. Vor- und Nachteile der indirekten Methode werden im Abschnitt 2.7.1.6 besprochen.

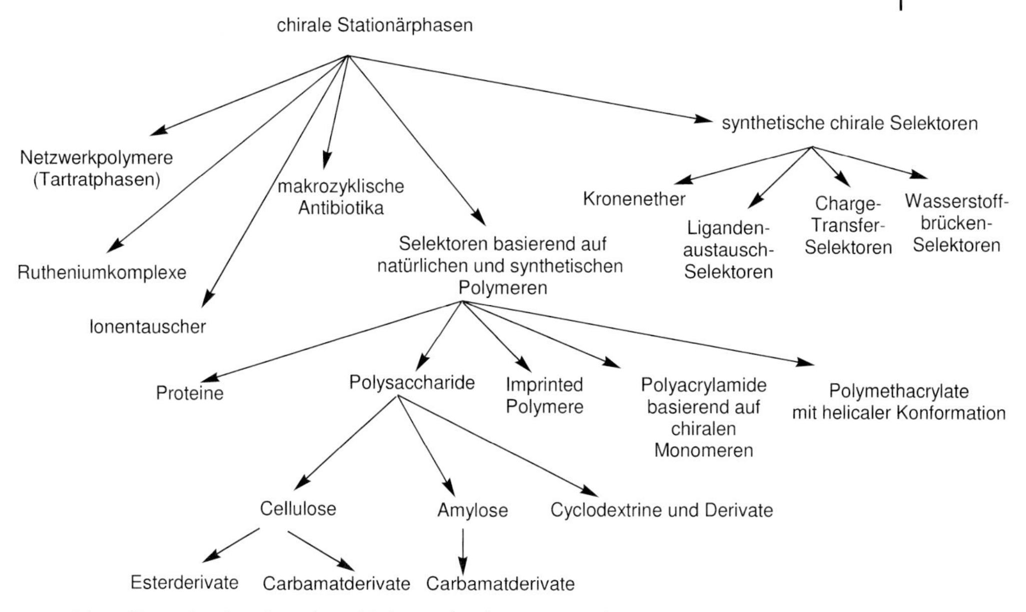

Abb. 7 Übersicht über die gebräuchlichsten chiralen Stationärphasen.

Abbildung 7 gibt eine Übersicht über die wichtigsten chiralen Stationärphasen, die für die direkte Methode der Enantiomerentrennung eingesetzt werden können; jedoch sind nicht alle Phasen kommerziell erhältlich.

Die chiralen Stationärphasen lassen sich nach ihrer chemischen Struktur in drei Gruppen einteilen. Eine große Anzahl von CSPs leitet sich von (modifizierten) natürlichen oder synthetischen Polymeren ab, wie beispielsweise den Polysacchariden, Proteinen oder Polyacrylamiden. Ein weiterer Typ von Selektoren basiert auf großen chiralen Ringsystemen, wie z. B. den Cyclodextrinen, makrocyclischen Antibiotika oder Kronenethern. Die letzte Gruppe umfasst schließlich kleine und mittlere Moleküle, wie Aminosäuren und ihre Derivate, Alkaloide und vollsynthetische Selektoren.

Die chiralen Stationärphasen können in verschieden Formen vorliegen (vgl. Abb. 8) [9]. Eine Reihe von Selektoren liegt als partikuläres Phasenmaterial vor, wie zum Beispiel das polymere Cellulosetriacetat. Polymere Cellulose- und Amylosederivate werden häufig auf Kieselgelpartikel („carrier") aufgetragen („gecoated"), sodass nur ca. 20 % der Stationärphase aus chiralem Selektor bestehen. Eine solche Kombination von Stationärphase und chiralem Polymer erlaubt die Kombination von guten chromatographischen Eigenschaften (aufgrund einer homogenen Partikelgrößenverteilung) mit einer hohen Dichte von chiralen Adsorptionsstellen in den Polysaccharidderivaten. Ein anderer Ansatz wird für die sog. „Brush-Type"-CSPs gewählt, bei denen der chirale Selektor chemisch an die Oberfläche des Kieselgelpartikels gebunden wird. Diese Phasen zeichnen sich durch eine hohe chemische Beständigkeit aus und erlauben den Einsatz einer Vielzahl von verschiedenen Mobilphasen.

Tabelle 2 Struktur und Eigenschaften einiger kommerziell erhältlicher Stationärphasen.

Struktur der CSP	*Chiraler Selektor*	*Kompatible Lösungsmittel*[a]	*Handelsnamen*
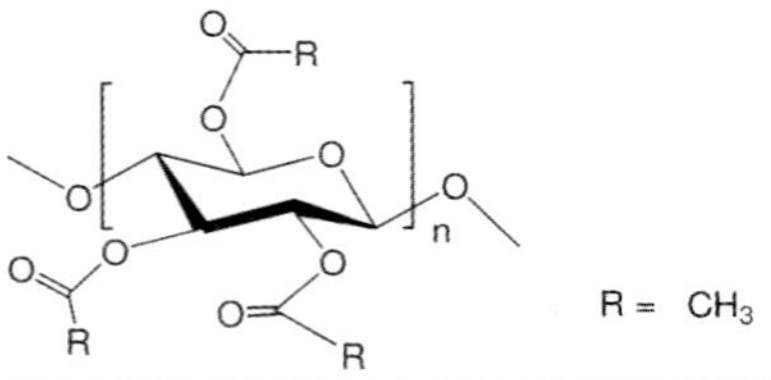 R = CH_3	Microcrystallines Cellulosetriacetat	Ethanol	MCTA/CTA-I Chiralcel CA-1
 R =	Cellulosetribenzoat	Ethanol	Chiralcel OB
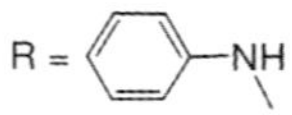 R =	Cellulose tris(phenyl-carbamat)	Alkan/Ethanol (100/0–0/100) Alkohole Acetonitril	Chiralcel OJ
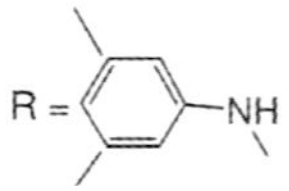 R =	Cellulose tris(3,5-dimethyl-phenylcarbamat)	Alkan/2-Propanol (100/0–0/100) Alkohole Acetonitril	Chiralcel OD Chiralpak IB
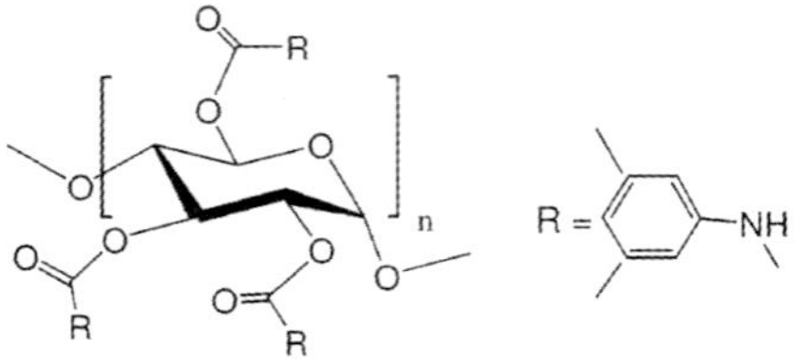 R =	Amylose tris(3,5-dimethyl-phenylcarbamat)	Alkan/Alkohol (100/0–0/100) Alkohole Acetonitril	Chiralpak AD Chiralpak IA
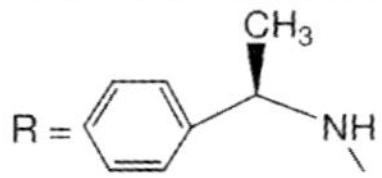 R =	Amylose tris[(S)-methylbenzyl-carbamat]		Chiralpak AS-V

[a] Beispiele

Tabelle 2 (Fortsetzung)

Struktur der CSP	*Chiraler Selektor*	*Kompatible Lösungsmittel* [a]	*Handelsnamen*
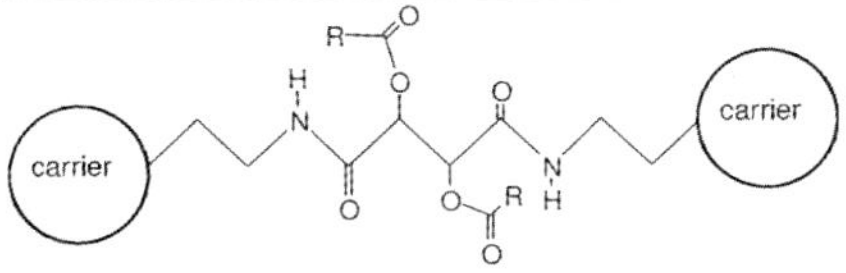 carrier, H, N, R, O, O, O, O, R, H, N, carrier	*O,O'*-Bis(4-*tert*-butyl-benzoyl)-*N,N'*-diallyl-L-tartardiamid	Alkan/2-Propanol Alkan/Tetrahydrofuran Alkan/Dioxan	Kromasil CHI-TBB
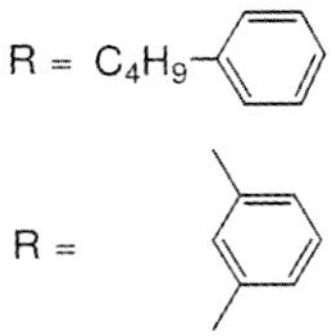 R = C_4H_9– R =	*O,O'*-bis(3,5-dimethyl-benzoyl)-*N,N'*-diallyl-L-tartardiamid	chlorierte LM	Kromasil CHI-DMB
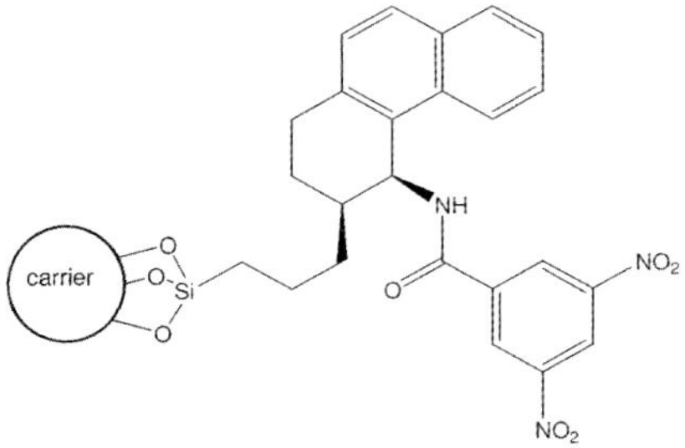 carrier, O, O, Si, O, NH, O, NO_2, NO_2	(*S,S*)-4-(3,5-Dinitrobenzamido)-tetrahydrophenanthrene	Hexane/2-Propanol Alkan/Dichlormethan Acetonitril/Ethylacetat	(*S,S*)-Whelk-O-2 (analog: O-1)
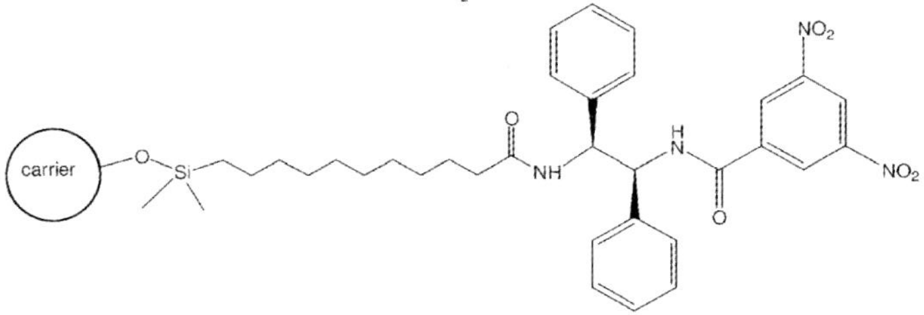 carrier, O, Si, O, NH, H, N, O, NO_2, NO_2	(*R,R*)-*N*-(3,5-Dinitro-benzoyl-diphenylethylene-diamin		Ulmo

Tabelle 2 (Fortsetzung)

Struktur der CSP	*Chiraler Selektor*	*Kompatible Lösungsmittel* [a]	*Handelsnamen*
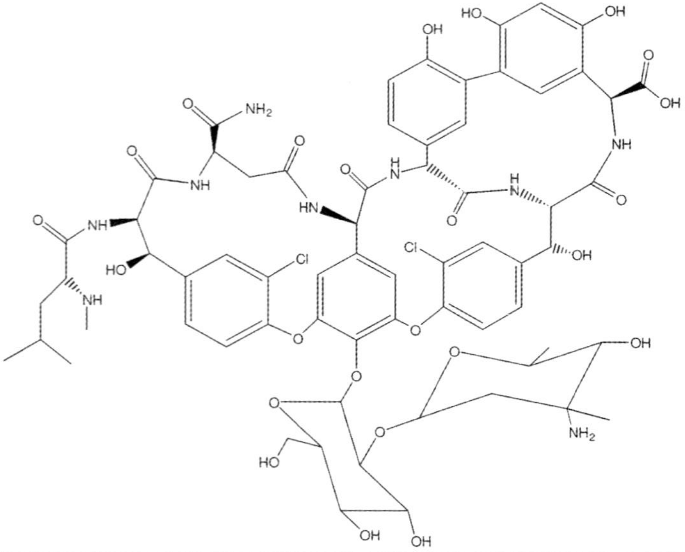	Vancomycin	Alkohole/Essigsäure/ Triethylamin Tetrahydrofuran/Wasser Alkan/Ethanol	Chirobiotic V (analog: Chirobiotic R, T)

Tabelle 2 (Fortsetzung)

Struktur der CSP	***Chiraler Selektor***	***Kompatible Lösungsmittel***[a)]	***Handelsnamen***
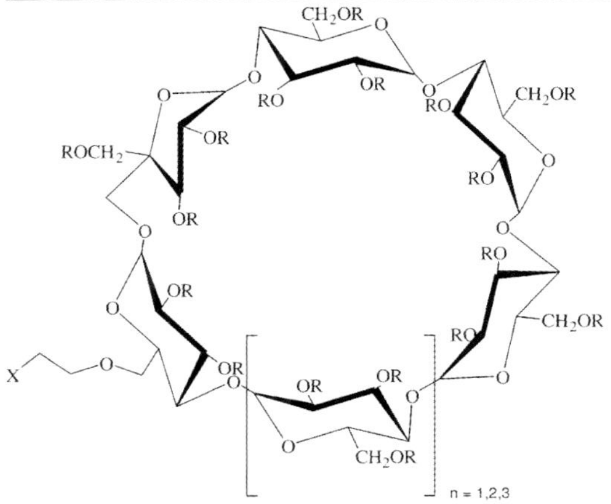 n = 1,2,3 R = H, CH_3, COalkyl X = spacer to silica	Cyclodextrin-Derivate	Alkan/2-Propanol Wasser/Acetonitril	Chirose Chiradex Chiral Prep CD Cyclobond Nucleodex
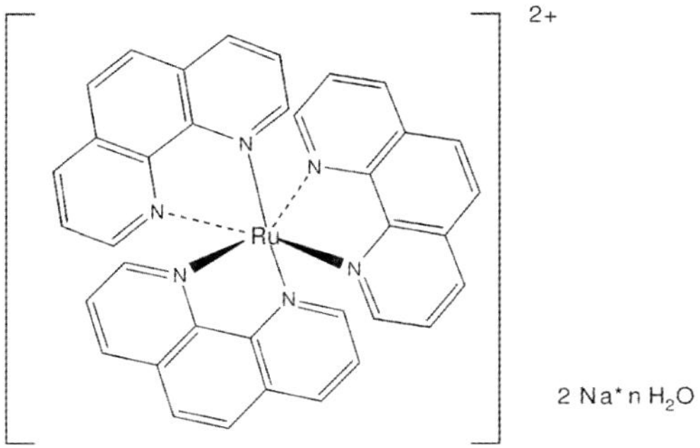 $2+$ $2\ Na^{+}\ n\ H_2O$	Tris(1,10-phenanthroline) ruthenium (II)	Methanol Methanol/Wasser	Ceramosphere Ru-1

Tabelle 2 (Fortsetzung)

Struktur der CSP	***Chiraler Selektor***	***Kompatible Lösungsmittel***[a]	***Handelsnamen***
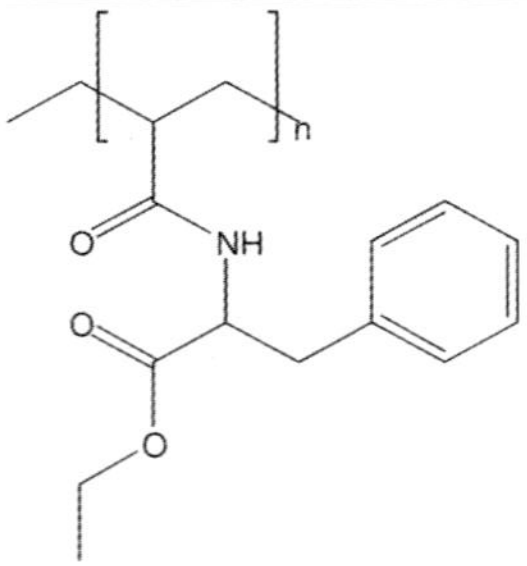	Poly[(*S*)-*N*-acryloylphenyl-alanin ethylester]	Hexane/2-Propanol Alkan/cyclischer Ether Dichlormethan Toluol/Ethylacetat	Chiraspher
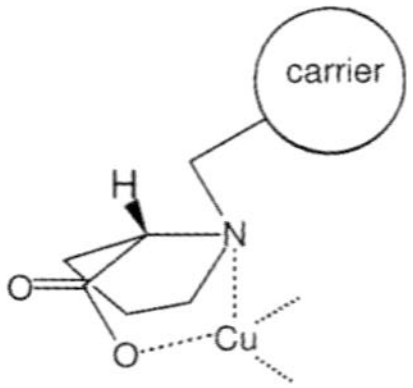	L-Prolin an Polyacrylamid gebunden	Kupfer(II) acetat Puffer/Essigsäure	Chirosolve-pro
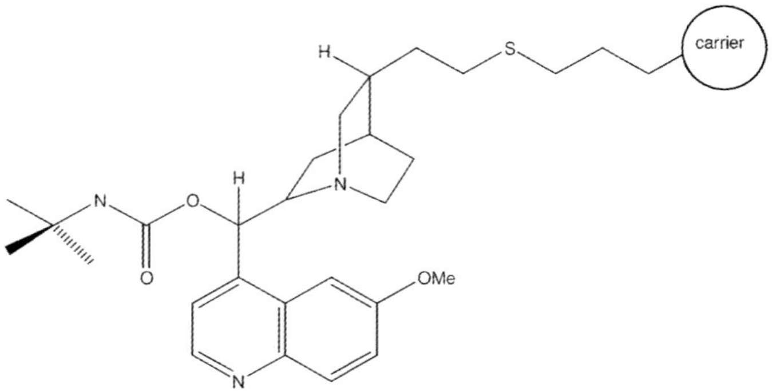	Chinin- und Chinidincarbamat	Methanol/Ammoniumacetat Wasser/organische Lösungs-mittel	Chiralpak QD-AX Chiralpak QN-AX

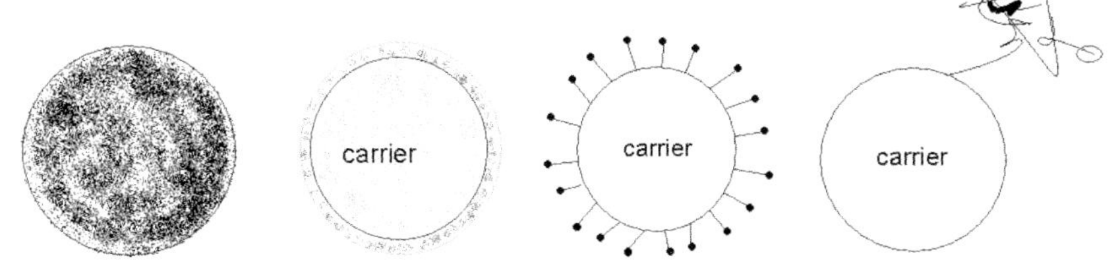

Abb. 8 Von links nach rechts: Schematische Darstellung von reiner und gecoateter Polysaccharidphase, Brush-Typ-Phase, Proteinphase.

Eine kovalente Anbindung von Proteinen an Silikatpartikel ist ebenfalls möglich, jedoch erlaubt die geringe Menge an chiralem Selektor nur begrenzte Beladungskapazitäten.

Für chirale Stationärphasen wird nahezu ausschließlich sphärisches Kieselgel von hoher Qualität und enger Partikelgrößenverteilung als Stationärphase eingesetzt, das irregulärem Material in den chromatographischen Eigenschaften bei weitem überlegen ist.

In Tabelle 2 sind die Struktur und die Eigenschaften einiger häufig eingesetzter Stationärphasen zusammengefasst, die nur einen kleinen Teil der über 1300 bekannten chiralen Stationärphasen darstellen. Trotzdem erlauben sie es, mehr als 95 % aller bekannten Racemattrennungen durchzuführen.

Die Wahl der Mobilphase spielt eine große Rolle in der enantioselektiven HPLC. Es lassen sich vier verschiedene Eluenttypen unterscheiden. Neben den aus der achiralen HPLC bekannten Normalphasen- und RP-Modi werden für die Enantiomerentrennung häufig auch der sog. polare organische und der polare ionische Eluententyp eingesetzt (s. Tabelle 3).

Tabelle 3 Mobilphasenmodi in der enantioselektiven HPLC.

Modus	*Normalphasen*	*RP*	*Polar organisch*	*Polarer ionisch*
Lösungsmittel	Organische Lösungsmittel	Wasser und organische Modifier	Polare Alkohole	Polare Alkohole und flüchtige Puffer/Säuren und Basen
Kompatible Stationärphasen	Daicel, Whelk	Whelk und andere	Daicel Cyclodextrine	Chirobiotic

In den folgenden Abschnitten sollen die Methodenwahl und Optimierung von Trennungen für einige der in Tabelle 2 vorgestellten chiralen Stationärphasentypen besprochen werden.

2.6.4
Methodenwahl und Optimierung

Methodenwahl und Optimierung von Trennungen können je nach Selektor und Stationärphase ganz unterschiedliche Bedingungen erfordern. Die folgenden Abschnitte sollen die wichtigsten Grundzüge für allgemein gebräuchliche Stationärphasen darlegen. Es empfiehlt sich vor dem Gebrauch einer neuen Stationärphase immer die vom Hersteller mitgelieferte Produktinformation zu lesen, um so zu vermeiden, dass die CSP durch die Wahl eines ungeeigneten Eluenten zerstört wird.

2.6.4.1 Cellulose- und Amylosederivate

Natürliche Polymere, wie Cellulose und Amylose haben bewiesen, dass sie eine große Anwendungsbreite für die enantioselektive HPLC zeigen. Obgleich natürliche Polysaccharide kaum Trenneigenschaften zeigen, werden sie durch Derivatisierung der Hydroxylfunktionen durch aromatische Ester oder Carbamate und Coating auf Kieselgelpartikeln zu sehr effizienten Trennphasen [10].

Polysaccharide setzen sich aus kleinen chiralen Untereinheiten zusammen, die sich regelmäßig entlang der Polymerkette wiederholen. Dadurch ist die Dichte der chiralen Interaktionsstellen sehr hoch und resultiert in einer hohen Beladungskapazität. Mikrokristallines Cellulosetriacetat und Cellulosetribenzoat sind verschiedentlich in der Vergangenheit als reines, nicht gecoatetes Phasenmaterial verwendet worden. Diese Materialien sind jedoch schwierig zu packen, haben eine beschränkte chemische Stabilität und zeigen niedrige Effizienz.

Um diese Probleme zu überwinden, hat die japanische Firma Daicel eine ganze Reihe von Cellulose- und Amylosederivaten kommerzialisiert. Bei diesen chiralen Stationärphasen ist das Polymer nicht kovalent mit dem Carrier verbunden, sondern als Schicht auf silanisiertes weitporiges Kieselgel aufgetragen. Als Folge muss man bei der Wahl der Mobilphase eine gewisse Vorsicht walten lassen, um das Polymer nicht vom Carrier zu lösen. Die von Cellulose abgeleiteten Phasen werden mit „Chiralcel“, die von Amylose abgeleiteten Phasen mit „Chiralpak“ bezeichnet. Tabelle 2 gibt eine Übersicht über die Ester- und Carbamatderivate, die am meisten verbreitet sind. Die Daicelphasen werden sehr häufig im Normalphasenmodus mit Lösungsmittelgemischen von Alkanen und niedrigen Alkoholen eingesetzt. Verwendet man statt der Alkan/Alkohol-Mischungen polare Lösungsmittel, wie Alkohole oder Acetonitril, können häufig die Retentionszeiten unter Beibehaltung der Trennfaktoren reduziert werden. Es existieren auch Phasenvarianten, die mit wässrigen Eluenten und Gradienten betrieben werden können.

Die besonderen Vorteile dieser Stationärphasen liegen in ihrer Beladungskapazität und der Fähigkeit, eine große Bandbreite von Racematen (Alkohole, Carbonylverbindungen, Lactone, aromatische Verbindungen und viele mehr) trennen zu können. Basische Verbindungen (beispielsweise primäre und sekundäre Amine) und acide Verbindungen (z. B. Carbonsäuren) neigen zum Tailing. Das Tailing kann jedoch wirksam durch Zugabe eines basischen (Triethylamin,

Tabelle 4 Systematisches Protokoll zur Methodenentwicklung für Daicel-Stationärphasen.

Eluent oder Eluentmischung (Zusammensetzung in Vol%)	*Chiralpak AD*	*Chiralpak AS*	*Chiralcel OD*	*Chiralcel OJ*
n-Heptan/Ethanol (90 : 10)	x	x	x	x
n-Heptan/Ethanol (80 : 20)	x	x	x	x
n-Heptan/2-Propanol (90 : 10)	x	x	x	x
n-Heptan/2-Propanol (80 : 20)	x	x	x	x
Acetonitril/2-Propanol (90 : 10)	x	x		
Acetonitril	x	x	x	x
Methanol	x	x	x	x
Ethanol/Methanol (50 : 50)	x	x	x	x
Ethanol	x	x	x	x

Diethylamin) oder sauren (Trifluoressigsäure, Essigsäure) Additivs (0,1–0,5 %) zum Eluenten unterdrückt werden. Die Daicel-Stationärphasen sind als 5, 10 und 20 µm Material erhältlich, wobei die Partikelgröße von 20 µm am häufigsten für präparative Trennungen eingesetzt wird (s. Abschnitt 2.6.6).

In der industriellen Praxis wird ein systematisches Methodenentwicklungsprotokoll von Mobil- und Stationärphasen eingesetzt [11, 12], wie es in Tabelle 4 exemplarisch dargestellt ist.

Das in Tabelle 4 zusammengefasste Protokoll erlaubt es, mit 4 verschiedenen Säulen und 9 Eluentkombinationen zwischen 70 und 80 % aller Racemate in ihre Enantiomere zu trennen.

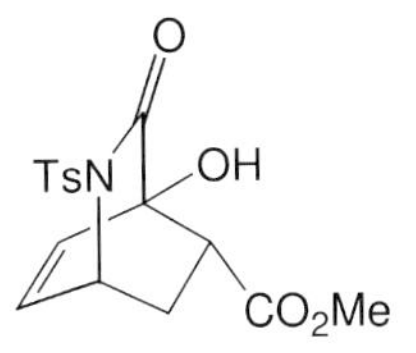

Abb. 9 Racemisches Bicyclo[2,2,2]octenderivat (**1**).

Ein Beispiel ist in Abb. 10 gegeben. Das racemische Bicyclo[2,2,2]octenderivat (**1**; vgl. Abb. 9) kann auf Chiralpak AS mit *iso*-Hexan/Ethanol (85 : 15, v : v) als Mobilphase in die Enantiomere getrennt werden (vgl. Abb. 10, links). Ein systematisches Screening von Stationärphasen und Mobilphasen zeigt jedoch, dass durch die Verwendung von reinem Ethanol als Eluent die Retentionszeiten deutlich reduziert werden konnten (vgl. Abb. 10, rechts). Die Optimierung der Trennbedingung führt zu einer Verdreifachung des Probendurchsatzes.

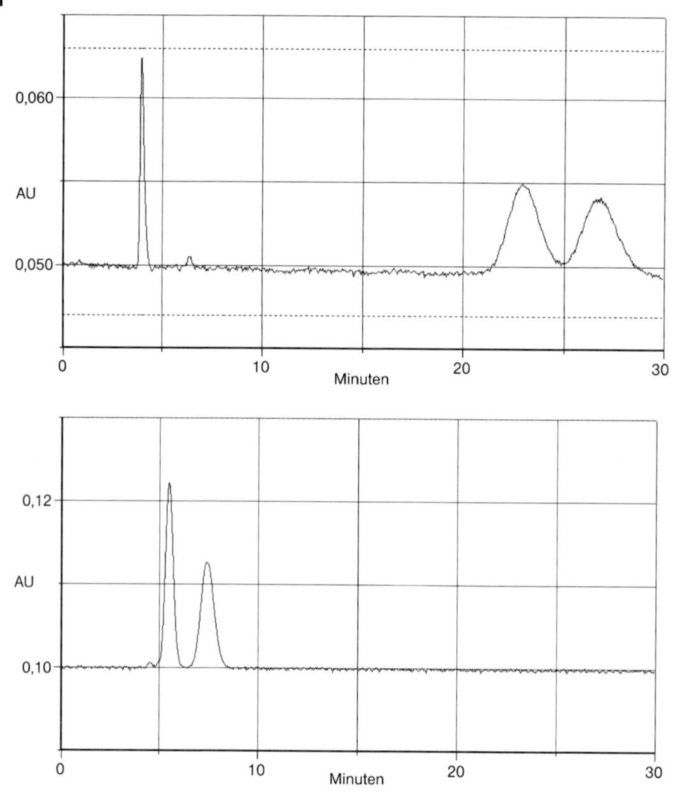

Abb. 10 Enantiomerentrennung des Racemats (**1**) auf Chiralpak AS. Oben: Eluent: iso-Hexan/Ethanol, 85 : 15, v : v. Unten: Eluent: Ethanol. Säule: 250 mm × 4,6 mm ID, Fluss: 1,00 mL/min, Detektion: 254 nm.

2.6.4.2 **Immobilisierte Cellulose- und Amylosederivate**

Der größte Nachteil der gecoateten Polysaccharidphasen ist ihre begrenzte Stabilität gegenüber chlorierten Lösungsmitteln, Ethern und verschiedenen anderen Eluenten. Francotte und Mitarbeiter[1] haben dieses Problem durch die Immobilisierung des chiralen Polymers auf dem carrier gelöst. Die Firma Daicel hat vor kurzem die immobilisierten Versionen von Chiralpak AD und Chiralcel OD, unter den Namen Chiralpak IA und IB vorgestellt. Diese Säulen enthalten den gleichen Selektor (Amylose und Cellulose 3,5-Dimethylphenyl-carbamat), der jedoch nicht länger gecoated, sondern mit dem Silikatträger durch eine patentierte Immobilisierungstechnologie verbunden ist. Die neuen Phasen erlauben es, alle gängigen Lösungsmittel als Komponenten der Mobilphase oder als Lösungsmittel für die Probe einzusetzen ohne die Integrität der Stationärphase zu gefährden. So können beispielsweise neben den für Polysaccharidphasen üblichen Lösungsmitteln (siehe Tabelle 4) auch Chloroform ($CHCl_3$), Ethylacetat (EtOAc),

---

[1] E. Francotte in Preparative Enantioselective Chromatography, Ed. G. Cox, Blackwell Publishing, Oxford, 2005, p. 69–70.

Tetrahydrofuran (THF), *tert*-Butylmethylether (TBME) und Toluol eingesetzt werden.

Auch hinsichtlich des Injektionslösungsmittels gibt es keine Begrenzungen für die immobilisierten Phasen. Lösungsmittel wie Dichlormethan, Aceton, Tetrahydrofuran, Dimethylformamid und sogar Dimethylsulfoxid können sicher und effizient zum Lösen der Proben verwendet werden. Dies ist ein besonderer Vorteil für die automatische Injektion von Proben, die aus unterschiedlichen Synthesebedingungen stammen, wie zum Beispiel bei der Laborautomation. Zum anderen verändert die Immobilisierung die Selektivität der Stationärphase und Verbindungen, die zuvor nicht auf den gecoateten Polysaccharidphasen getrennt werden konnten, können auf den immobilisierten Phasen getrennt werden.

Zwei Gruppen von Lösungsmitteln können unterschieden werden: Gruppe „A" schließt die Eluenten ein, die für gewöhnlich mit den gecoateten Polysaccharidphasen verwendet werden, wie zum Beispiel Alkane (*n*-Hexan, *iso*-Hexan, *n*-Heptan), die niedrigen Alkohole und Acetonitril. Gruppe „B" enthält die Lösungsmittel, die üblicherweise in der Normalphasenchromatographie verwendet werden und die es erlauben, die Eluentenstärke und Polarität des Laufmittels einzustellen. In Tabelle 5 sind einige typische Eluentenkombinationen aus den Gruppen A und B dargestellt, die es erlauben eine effiziente Methodenentwicklung vorzunehmen.

Um Retentionszeiten zu modifizieren und die Peakform zu verbessern, kann der Anteil des Alkans im Laufmittel erhöht oder erniedrigt werden. In vielen Fällen kann durch die Zugabe einer kleinen Menge Alkohols die Selektivität bei gleichzeitiger Verkürzung der Rententionszeiten verbessert werden und die Methode so optimiert werden. Die Zugabe von Alkohol zu bestimmten Eluenten wie Alkan/Dichlormethan-Mischungen beeinflusst die Trennung signifikant. Im Falle von TBME (letzte Spalte in Tabelle 5) kann Ethanol durch einen anderen Alkohol oder THF ersetzt werden.

Mit den folgenden vier Mischungen kann ein zielgerichtetes Screening der immobilisierten Phasen durchgeführt werden:

a) Alkan/THF 70 : 30
b) MtBE/EtOH 98 : 2
c) Alkan/$CHCl_3$ 50 : 50
d) Alkan/EtOAc 60 : 40

Tabelle 5 Typische Mobilphasen für immobilisierte Polysaccharidphasen.

Gruppe A	Alkan	Alkan	Alkan	Alkan	Alkan	Alkan	Ethanol
Gruppe B	$CHCl_3$	EtOAc	THF	CH_2Cl_2	Toluol	Aceton	TBME
Typische Startbedingungen (v : v)	50 : 50	60 : 40	70 : 30	60 : 40	30 : 70	75 : 25	2 : 98
Optimierungsbereich	75 : 25 bis 0 : 100	80 : 20 bis 0 : 100	90 : 10 bis 50 : 50	75 : 25 bis 0 : 100	70 : 30 bis 0 : 100	90 : 10 bis 60 : 40	20 : 80 bis 0 : 100

Mit diesen vier Eluenten sind die Chancen hoch, gute Trennungen zu identifizieren, ohne allzuviel Zeit auf andere mögliche Mobilphasen zu verwenden. Die immobilisierten Polysaccharidphasen erlauben wesentlich mehr als diese vier Kombinationen, aber angesichts des heute allgegenwärtigen Kosten- und Zeitdrucks in der Industrie ist es notwendig einen Kompromiss zwischen dem Bestreben, die „optimale“ Methode zu finden und dem Ziel eine funktionsfähige Methode zu liefern, wenn diese benötigt wird, zu machen.

2.6.4.3 **Tartratphasen**

Immobilisierte Netzwerkpolymere der schwedischen Firma Eka-Chemicals, die auf *O,O'*-Diaroyl-Derivativen von (+)-(2*R*,3*R*)-*N,N'*-Di-allyl-Weinsäureamiden basieren (s. Tabelle 1), stellen eine weitere Klasse von synthetischen chiralen Stationärphasen dar. Sie werden von der aus dem „chiralen Pool“ stammenden Weinsäure ausgehend hergestellt [13]. Die kovalente Anbindung an funktionalisierte Kieselgele gibt den Tartratphasen eine hohe Stabilität gegenüber Mobilphasen wie Alkoholen, Ethern und chlorierten Lösungsmitteln. Immobilisierung und Quervernetzung sollen die Effizienz und Beladungskapazität einer „Brush-Type“-Struktur (siehe 2.6.4.3) mit der Erkennung chiraler Polymere verbinden. In aprotischen Lösungsmitteln erfolgt die chirale Erkennung hauptsächlich über H-Brücken und über π–π-Wechselwirkungen der aromatischen Ester. In der Praxis zeigen die Phasen begrenzte Anwendungsbreite, da bei Verwendung protischer Lösungsmittel die Ausbildung von H-Brücken behindert wird. Zur Optimierung einer Trennung wird ein apolares „Grundlösungsmittel“ wie Heptan oder *tert*-Butylmethylether (TBME) mit einem Modifier versetzt. Die Art des Modifiers richtet sich nach der Polarität des Analyten (s. Tabelle 6). Acide und basische Additive, wie Essig- und Ameisensäure oder Triethylamin (0,01–0,1 %) verbessern Peakform und Enantioselektivität.

Tabelle 6 Systematisches Protokoll zur Methodenentwicklung für chirale Tartratphasen.

Grundlösungsmittel	*Modifier*		
Heptan oder TBME	Stark polare und basische Analyte	Mittelpolare Analyte	Hydrophobe Analyte
	2-Propanol Ethylacetat	Ethylacetat Tetrahydrofuran Dioxan Aceton	TBME Toluol

2.6.4.4 **π-Acide und π-basische stationäre Phasen**

Die bekanntesten π-aciden und π-basischen Stationärphasen sind die nach ihrem Erfinder genannten vollsynthetischen „Pirkle“-Phasen [14]. Diese Brush-Type-CSPs werden nach π-Donor- und π-Akzeptor-Phasen unterteilt. Die am häufigsten verwendeten π-Akzeptorphasen sind Aminosäurederivate von Phenylglycin (DNBPG) oder Leucin (DNBLeu), die kovalent oder ionisch an 3-Aminopropyl-Kieselgel gebunden sind. Die π-Donorphasen (z. B. mit Naphthylalanin als chiralem Baustein) eigen sich für die Trennung von π-Akzeptor-Analyten. Dieses Verhalten wird mit dem Begriff „reciprocity concept" beschrieben [15].

Für gewöhnlich werden diese CSPs unter Normalphasenbedingungen verwendet, da ein unpolares Lösungsmittel notwendig ist, damit sich π-π-Wechselwirkungen ausbilden können. Unter RP-Bedingungen erfordern Enantiomerentrennungen entweder starke H-Brücken oder ionische Wechselwirkungen. Pirkle-Phasen können sehr hohe Effizienz und Beladung zeigen, erfordern aber die Anwesenheit von aromatischen Gruppen im Analyten. Ein großer Vorteil gegenüber Selektoren aus dem „chiral pool" ist die Möglichkeit, beide Enantiomere des über stereoselektive Synthese hergestellten chiralen Selektors zu erhalten. Ändert man die Chiralität eines Selektors beispielsweise von *R,R* zu *S,S*, so wird die Elutionsreihenfolge der Enantiomere des Analyten vertauscht, was bei der Bestimmung des *ee* Vorteile bringen kann.

Eine Vielzahl von Racemattrennungen lässt sich mit der Whelk-O 1-Phase erzielen, die eine Kombination von π-Elektronendonor und π-Elektronenakzeptor darstellt (s. Abb. 11 und Tabelle 2).

Eine weitere Stationärphase mit großer Anwendungsbreite ist die ULMO CSP, basierend auf einem 3,5-Dinitrobenzoyl-Derivat von Diphenylethylendiamin, die ebenfalls kovalent an Kieselgel gebunden ist [16].

Die Optimierung von Enantiomerentrennungen erfolgt nach einem ähnlichen Schema, wie in Tabelle 6 dargestellt. Auch die Pirkle-Phasen erfordern im Allgemeinen im Normalphasenmodus ein apolares „Grundlösungsmittel", das durch Zugabe eines oder mehrerer Additive in der Elutionsstärke variiert werden kann. Eluiert der Analyt bei der gewählten Zusammensetzung mit der Totzeit, so muss der Anteil des polaren Additivs reduziert werden, z. B. von 50 % auf 25 %. Ist

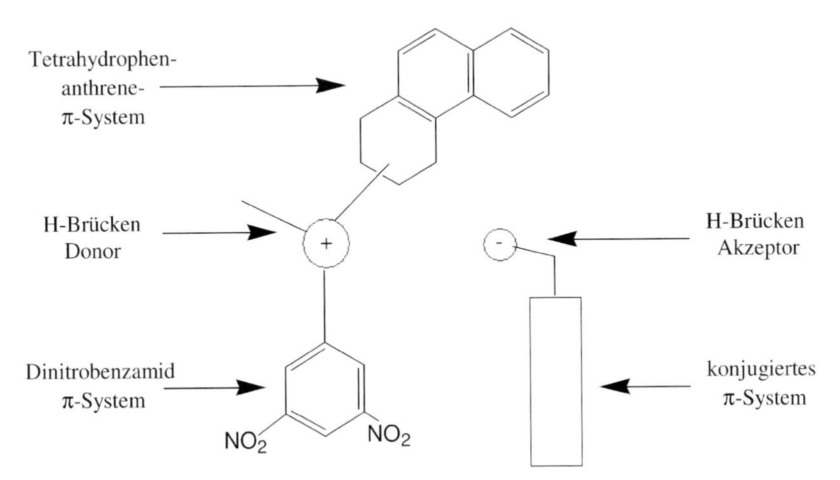

Abb. 11 Schematische Darstellung der funktionellen Gruppen der Whelk-O 1-Phase und eines Analyten. Die stereoselektive Wechselwirkung kann auf π–π-Wechselwirkungen und/oder H-Brücken und Dipol-Dipol-Wechselwirkungen beruhen.

unter diesen Bedingungen keine Antrennung zu erkennen, empfiehlt es sich zu einer anderen Pirkle-Phase überzugehen.

2.6.4.5 **Makrocyclische Selektoren, Cyclodextrine und Antibiotika**

Eine ganze Reihe von makrocyclischen Verbindungen wird als chiraler Selektor für die enantioselektive HPLC eingesetzt. Neben synthetischen Kronenethern werden auch derivatisierte Cyclodextrine und cyclische Antibiotika als Stationärphasen eingesetzt. Der Enantiomerentrennung mit diesen Selektoren liegt oft eine Gast-Wirt-Wechselwirkung [17] zugrunde, bei der die cyclischen Moleküle eine Einschlussverbindung oder einen Adduktkomplex mit dem Analyten ausbilden können.

Chiral substituierte Kronenether (z. B. Crownpak, Daicel) eignen sich vor allem zur Enantiomerentrennung von primären Aminen und Aminosäuren im Reversed-Phasenmodus.

Cyclische Oligomere von α-(1,4)-verbundenen D-Glucosemolekülen (6, 7, 8) bilden eine homologe Reihe von unterschiedlich großen Makrocyclen, die als Cyclodextrine bezeichnet werden. Je nach Ringgröße werden sie mit α, β, γ, usw. unterschieden. Wie die Polysaccharide sind underivatisierte Cyclodextrine in der HPLC von geringem Nutzen, jedoch lassen sich durch Veretherung, Veresterung oder Carbamatbildung der Hydroxylfunktionen chemisch stabile Stationärphasen erzeugen [18]. Die Cyclodextrine lassen sich auf diesem Weg auch an Kieselgel kovalent anbinden. Das Innere der konischen Ringe ist relativ hydrophob und erlaubt auch apolare Analyte zu trennen. Diese Phasen werden unter den Namen Chirose von Chiralsep, Nucleodex von Macherey & Nagel und ChiralPrep von YMC vertrieben (vgl. Tabelle 2). Nahezu alle kommerziellen Produkte basieren auf β-Cyclodextrin, das 7 Glucose-Untereinheiten enthält.

Cyclodextrinphasen können im RP- und Normaphasenmodus sowie im polar ionischen Modus (s. Tabelle 3) betrieben werden. Wässrige Eluentsysteme eigen sich besser zur Bildung von Einschlusskomplexen apolarer oder aromatischer Gruppen im Inneren des Macrocyclus. Die Selektivität der Cyclodextrine hängt von der Ringgröße sowie von pH, Ionenstärke, Art und Konzentration des Modifiers und Temperatur ab. Werden die Cyclodextrinderivate im Normalphasenmodus eingesetzt, so beruht die chirale Erkennung auf der Interaktion der äußeren funktionellen Gruppen via H-Brücken, Dipol-Dipol und π–π-Wechselwirkungen. Der Normalphasemodus wird für Analyte eingesetzt, die eine geringe Wasserlöslichkeit besitzen; meistens werden Alkan/Alkohol-Eluenten verwendet.

Im polaren ionischen Modus ist die Mobilphase im Allgemeinen Acetonitril mit kleinen Anteilen von protischen Additiven, wie z. B. Methanol, Essigsäure und Triethylamin. Die Bildung von Einschlusskomplexen wird durch Acetonitril unterdrückt, während gleichzeitig die Ausbildung von H-Brücken zu den sekundären Hydroxylfunktionen am Randes des Makrocyclus gefördert wird. Die meisten im polar ionischen Modus getrennten Analyte enthalten Aminofunktionen, seltener Carboxyl- oder phenolische Gruppen. Die Trennungen lassen sich durch die Zugabe von Essigsäure und Triethylamin optimieren, sodass die Säure/Baseadditive im Bereich zwischen 0,002 und 2,5 % liegen, während der Eluent aus

85–100 % Acetonitril und 15–0 % Methanol besteht. Eine Erhöhung des Methanolanteils führt zu einer Reduktion der Retentionszeit bei stark adsorbierten Analyten.

Makrocyclische Glycopeptid-Antibiotika wie Vancomycin, Teicoplanin und Ristocecin A können kovalent via Hydroxyl- oder Aminogruppen an Kieselgelpartikel angebunden werden und als CSP eingesetzt werden [19]. Alle Glycopeptide enthalten einen aglyconen Anteil, der in der Lage ist einen Hohlraum auszubilden, an dessen Rand Kohlenhydrate angebunden sind. Zusätzlich trägt diese Gruppe von chiralen Selektoren eine große Anzahl von stereogenen Zentren und funktionellen Gruppen, die es erlauben, ionische und andere Wechselwirkungen zwischen Phase und Analyt auszubilden. Die Phasen werden unter dem Handelsnamen Chirobiotic V, R und T (Astec) angeboten. Am häufigsten werden diese CSPs im polaren ionischen Modus eingesetzt, wobei Methanol/Essigsäure/Triethylamin-Gemische (100 : 0,1 : 0,1; v : v : v) guten Erfolg versprechen. Zur Optimierung wird das Verhältnis zwischen Säure und Base (oder deren flüchtigen Salzen wie NH_4OAc, NH_4OCF_3) zwischen 4 : 1 und 1 : 4 variiert.

Abbildung 12 zeigt die Optimierungssequenz für eine enantioselektive Trennung eines racemischen Esters und einer durch Hydrolyse entstandenen racemischen freien Säure. Die Struktur der Substanz kann aus patentrechtlichen Gründen nicht offengelegt werden.

Die Enantiomerentrennung des Esters kann auf der Daicelphase Chiralpak AD mit Acetonitril/Isopropanol/Diethylamin (95 : 5 : 0,2, v : v : v) als Eluent durchgeführt werden, jedoch koeluiert die freie Säure (Racemat) ohne Antrennung der Enantiomere unter dem zweiten Enantiomer des Esters (s. Abb. 12a). Ein erstes Screening der Chirobioticphasen im polar ionischen Modus (Methanol/Essigsäure/Triethylamin 100 : 0,1 : 0,2 (v : v : v)) ergab bei Raumtemperatur eine Trennung des racemischen Esters auf Chirobiotic V (vgl. Abb. 12b), während Chirobiotic R und T keine ausreichende Trennung ergaben. Das Racemat der freien Säure koeluiert teilweise mit dem Ester (vgl. Abb. 12c). Erhöht man das Verhältnis Essigsäure/Triethylamin von 1 : 2 auf 1 : 8 und verringert man die Temperatur auf 10 °C, so verbessert sich die Enantiomerentrennung des Esters (Abb. 12d). Eine weitere Erhöhung des Verhältnisses verschlechtert die Trennung wieder; ebenso bringt eine weitere Reduzierung der Temperatur auf 5 °C keine weitere Verbesserung (Abb. 12e). Durch Kopplung von zwei Chirobiotic V-Säulen und Zugabe von Tetrahydrofuran verbessert sich die Abtrennung der Säure vom Hauptprodukt (vgl. Abb. 12f) und erlaubt die quantitative Bestimmung der Enantiomere der freien Säure neben denen des racemischen Esters.

Besondere Vorteile der Chirobiotic-Phasen liegen in ihrer Fähigkeit, Salze von Analyten direkt in die Enantiomere trennen zu können und auch leicht für LC-MS Kopplungen einsetzbar zu sein. Die Phasen lassen sich auch in RP-Modus, beispielsweise mit Methanol/Wasser/Triethylamin (25 : 75 : 0,1; v : v : v) bei pH 6,0 oder in Methanol/Wasser-Gradienten einsetzen. Für Normalphasenbedingungen hat sich ein Eluentgemisch aus Hexan/Ethanol (40 : 60, v : v) bewährt.

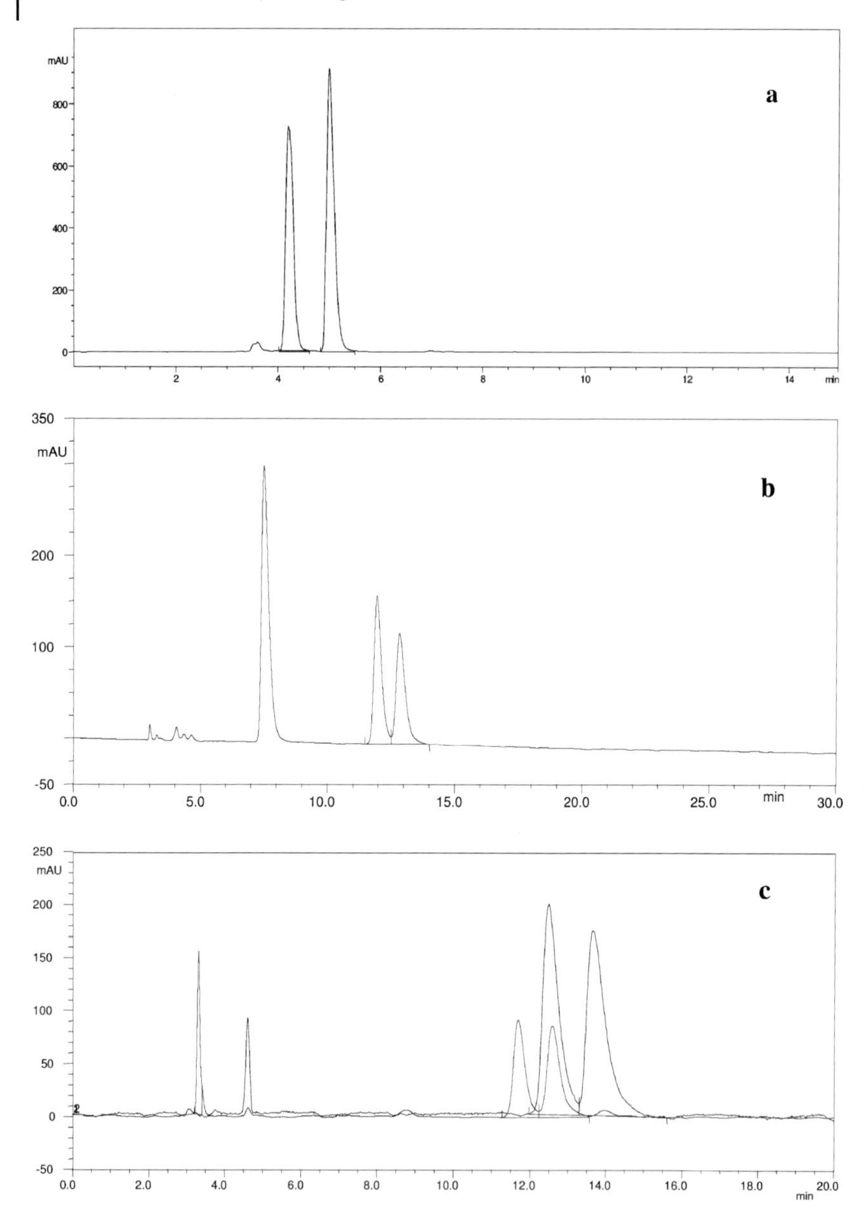

Abb. 12 Trennung eines racemischen Esters und der freien racemischen Säure in unterschiedlichen Zusammensetzungen, Fluss: 1,0 mL/min; Detektion 270 nm; Säulendimensionen: 250 mm × 4,6 mm ID;
(a) Chiralpak AD 10 µm, Acetonitril/Isopropanol/Diethylamin 95 : 5 : 0,2 (v : v : v), $T = 23$ °C;
(b) Chirobiotic V, 5 µm, Methanol/Essigsäure/Triethylamin 100 : 0,1 : 0,2 (v : v : v), $T = 23$ °C;
(c) Chirobiotic V, 5 µm, Methanol/Essigsäure/Triethylamin 100 : 0,1 : 0,2 (v : v : v), $T = 23$ °C.

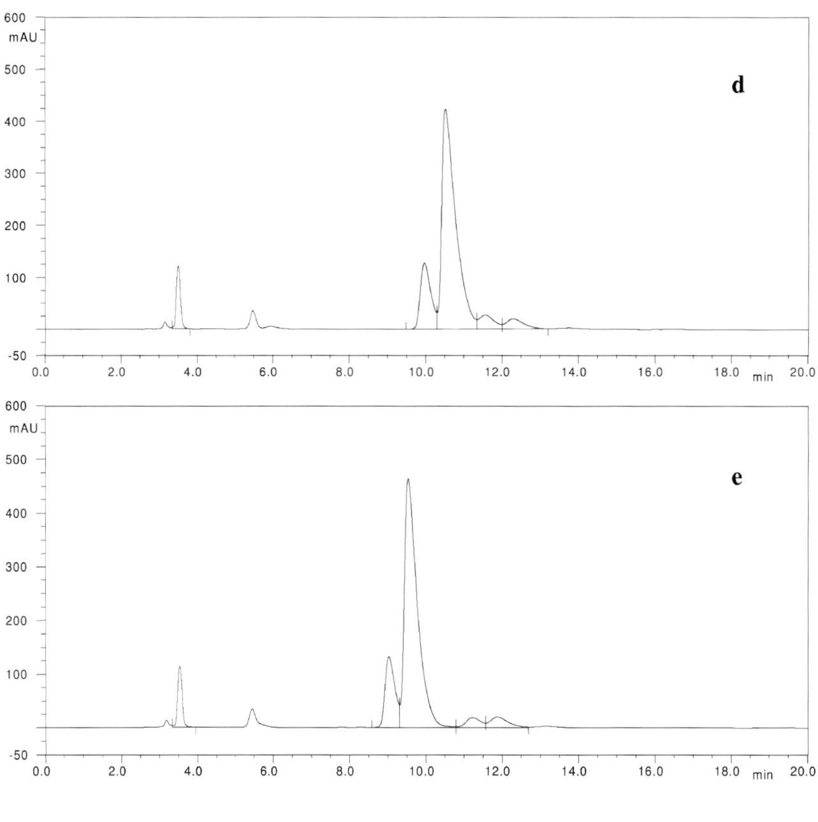

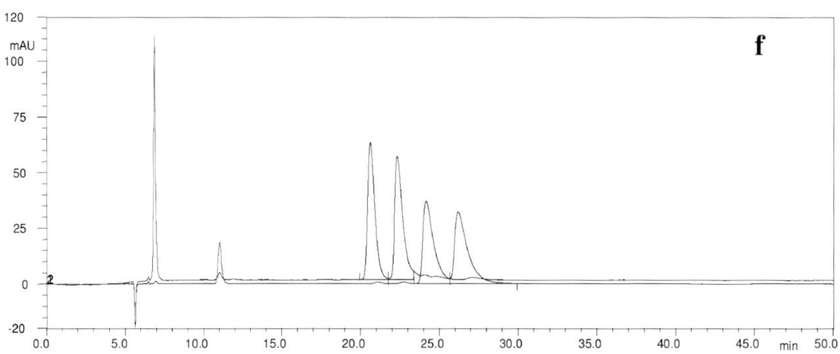

Abb. 12 Trennung eines racemischen Esters und der freien racemischen Säure in unterschiedlichen Zusammensetzungen, Fluss: 1,0 mL/min; Detektion 270 nm; Säulendimensionen: 250 mm × 4,6 mm ID;
(d) Chirobiotic V, 5 µm, Methanol/Essigsäure/Triethylamin 100 : 0,4 : 0,1 (v : v : v), $T = 10$ °C;
(e) Chirobiotic V, 5 µm, Methanol/Essigsäure/Triethylamin 100 : 0,4 : 0,02 (v : v : v), $T = 5$ °C;
(f) 2× Chirobiotic V, 5 µm, Methanol/THF/Essigsäure/Triethylamin 98 : 2 : 0,1 : 0,05 (v : v : v : v), $T = 10$ °C.

2.6.4.6 Proteine und Peptide

Proteine sind hochmolekulare Biopolymere, die aus vielen kleinen chiralen Untereinheiten bestehen und eine dreidimensionale Tertiärstruktur ausbilden können. Werden Proteine kovalent an Kieselgel gebunden, ist es möglich sie als sehr effektive und hinreichend stabile CSPs einzusetzen. Die Adsorption kleiner Moleküle ist häufig stereospezifisch [20]. Immobilisierte Proteinphasen werden häufig mit gepufferten wässrigen Eluenten kombiniert, die mit vielen aus Biologie und Medizin stammenden Analyten verträglich sind. Die Enantioselektivität kann signifikant durch den pH, Art des Puffers oder die Konzentration von Modifiern beeinflusst werden. Jedoch muss man bei der Wahl von Modifiern Vorsicht walten lassen, je nach Proteintyp werden nur bestimmte Mengen an organischen Lösungsmitteln toleriert. Wird dieser Wert überschritten, so denaturieren die Proteine und sind unwiderruflich zerstört. Ihre sehr geringe Beladungskapazität macht Proteinphasen für präparative Trennungen unbrauchbar. Da die Proteinphasen unter RP-Bedingungen betrieben werden ist die Verwendung von (Salz-)Gradienten möglich. Durch einen Gradienten kann die Peakform des später eluierenden (und stärker adsorbierten) Enantiomers verbessert werden, der häufig eine niedrige Bodenzahl aufweist, da kinetische Effekte die Einstellung von Gleichgewichten, die zwischen den verschiedenen räumlichen Orientierungen während der molekularen Erkennung durchlaufen werden müssen, behindern können.

2.6.4.7 Rutheniumkomplexe

Ein relativ neuer Typ von Stationärphase basiert auf sphärischen Natrium-Magnesium-Silikaten, in denen Metallatome gegen einen optisch aktiven Tris(1,10-Phenanthrolin)-Ruthenium-(II)-Komplex ausgetauscht wurden. Diese Stationärphasen (Ceramosphere von Shiseido, vgl. Tabelle 2) haben aufgrund der großen spezifischen Oberfläche eine hohe Kapazität und werden bei Temperaturen von 50 °C oder mehr im polaren Normalphasenmodus mit methanolischen Eluenten eingesetzt. Zur Optimierung der Trennungen kann der Anteil an Methanol variiert werden, um Retentionszeiten zu verkürzen, kann die Temperatur erhöht werden.

2.6.4.8 Synthetische und „imprinted" Polymere

Chirale Polymere lassen sich auf zwei verschiedenen Wegen erhalten. Eine helikale Struktur wie in den Polysacchariden lässt sich durch die Verwendung eines chiralen Katalysators während der Polymerisation erreichen. Ein anderer Weg führt von chiralen Monomeren über Polymerisation zu einem chiralen Polymer, das sich zusätzlich zu einer supramolekularen Struktur falten kann [21]. Die Polymere müssen zur Verwendung in der HPLC auf Kieselgel gecoated werden, da sie nicht in der Lage sind, den hohen Drücken der HPLC standzuhalten. Gegenwärtig spielen chirale Stationärphasen, die auf Polyacrylaten oder Polymethacrylaten basieren, nur eine geringe Rolle. Chirasphere (Merck) basiert auf Kieselgelpartikeln, die mit Poly(N-Acryloyl-*S*-phenylalaninethylester) gecoated sind und wird für die Enantiomerentrennung von β-Blockern im Normalphasenmodus eingesetzt. Die chiralen Polymethylmethacrylate Chiralpak OP und Chiralpak OT (Daicel) erlauben es, aromatische Verbindungen in Enantiomere zu trennen.

So genannte „imprinted“ Polymere lassen sich durch die Polymerisation von Monomeren in Gegenwart von chiralen Templatmolekülen herstellen [22]. Die Template werden nach Abschluss der Polymerisation aus der Phase ausgewaschen, die nun eine chirale Oberfläche aufweisen sollte. Aufgrund der geringen Selektivität, des kleinen Porenvolumens und der langsamen Massentransferkinetik wurden diese Polymere bislang nicht kommerzialisiert.

2.6.4.9 Metallkompexierungs- und Ligandenaustauschphasen

Ligandenaustauschphasen (z. B. Chiralpak WH, Daicel) werden durch die Anbindung eines chiralen Chelatbildners an den Carrier erhalten. In der Gegenwart eines geeigneten Übergangsmetallions, wie beispielsweise Kupfer-(II), bildet sich ein molekularer Komplex zwischen dem Liganden der Stationärphase und dem Analyten aus [23]. Verbindungen, die sich für diese Art der chiralen Erkennung besonders eignen, sind α-Aminosäuren, Hydroxysäuren und kleine Peptide. Im Gegensatz zu allen anderen bislang besprochenen enantioselektiven HPLC-Methoden erfordert die Ligandenaustauschchromatographie die zusätzliche Einbindung eines chelatisierbaren Metallatoms aus der Mobilphase. Für die Chelatisierung sind weitere Liganden, wie polare Lösungsmittelmoleküle und Anionen notwendig.

Zur Optimierung der Trennungen müssen pH und Art der Pufferlösung, Ionenstärke, Art und Konzentration der beteiligten Liganden und Modifier sowie die Temperatur berücksichtigt werden. Diese Vielzahl von Faktoren erklärt, warum die Ligandenaustauschchromatographie zur Enantiomerentrennung in den letzten Jahren in den Hintergrund gerückt ist und fast nur noch für α-Aminosäuretrennungen verwandt wird.

2.6.4.10 Chirale Ionentauscher

Vor kurzem wurden Chinin- und Chinidincarbamat-Phasen durch die Firma Daicel kommerzialisiert [24]. Die von natürlichen Alkaloiden des Chinolin-Typs abgeleiteten phasengebundenen Selektoren zeigen ein großes Potenzial für die Enantiomerentrennung acider Analyte, wie N-derivatisierten Aminosäuren und Peptiden, Aminosulfonsäuren und underivatisierten Carbonsäuren. Der chirale Selektor besitzt ein tertiäres Amin in einer Bindungstasche mit zusätzlichen Wasserstoffbrücken, die eine sehr starke Interaktion mit chiralen Säulen erlaubt. Die Kombination von starken Wechselwirkungen und der sterischen Hinderung der Andockstelle ermöglichen die Trennung von Molekülen mit aciden funktionellen Gruppen mit hoher Auflösung. Da Chinin und Chinidin Pseudoenantiomere sind, kann die Elutionsreihenfolge von Enantiomeren durch die Wahl der Stationärphase oftmals umgekehrt werden. Die Phasen können sowohl unter RP-Bedingungen als auch im polar ionischen Modus eingesetzt werden, wobei das Stickstoffatom des Chinuclidin-Rings unter sauren Bedingungen (Ammoniumacetat-Puffer, pH = 6) protoniert wird. Die meisten Trennungen werden im polar organischen und Reversed Phase Modus bei einem pH < 8 durchgeführt, wobei der Anionentauscher-Mechanismus ionische Wechselwirkungen erlaubt. Drei Schlüsselparameter können für die Optimierung von Trennungen unterschieden werden: Die Art des organischen Modifiers, die Ionenstärke und der pH-Wert. Eine typische Mobilphase um die Methodenoptimierung zu beginnen ist Methanol/Essigsäure/ Ammoniumacetat (98 : 2 : 0,5, v : v : w), ähnlich wie bei der Methodenentwicklung der Antibiotika-Phasen. Um die Enantioselektivität zu verändern, können unterschiedliche Mengen von Methanol oder Acetonitril eingesetzt werden. Falls die Retentionszeiten zu lang sind, kann die Ionenkonzentration erhöht werden, die die k-Werte reduziert, ohne jedoch den Trennfaktor α zu verringern. Ebenso kann das Verhältnis zwischem aciden und basischen Modifier die Retentionszeiten und die Enantioselektivität beeinflussen. Je weniger sauer der Puffer wird, desto stärker wird seine Elutionsstärke; deshalb werden die Retentionszeiten bei höheren pH-Werten kürzer. Chiralpak QD-AX und QN-AX Säulen können auch unter RP Bedingungen eingesetzt werden, wenn die Methodenentwicklung im polar ionischen Modus nicht erfolgreich war. Hierbei können wässerige Puffer (Acetat, Formiat, Phosphat, etc.), die zwischen 90–70 % eines organischen Modifieres (Methanol oder Acetonitril) enthalten, verwendet werden. Deren pH wird mittels Triethylamin oder wäßriger Ammoniaklösung auf den gewünschten Wert eingestellt.

2.6.5
Fehlervermeidung und Troubleshooting

Neben den Fehlerursachen, die aus der achiralen HPLC bekannt sind [25], existieren in der enantioselektiven HPLC eine ganze Reihe von weiteren potentiellen Störquellen, die sich jedoch zumeist durch einfache Vorsichtsmaßnahmen weitgehend ausschließen lassen. Angesichts des nicht unerheblichen Preises mancher Säulen kann sich Sorgfalt in Form handfester Kostenersparnisse auszahlen.

2.6.5.1 Geräte und Säulen – praktische Tipps

Wurde eine HPLC-Anlage zuvor im RP-Modus mit Puffern betrieben, so ist durch ausreichend langes Spülen mit Wasser und Ethanol sicherzustellen, dass sich keine Reste von wässrigen Eluenten im System befinden, bevor eine enantioselektive Säule, die im NP-Modus betrieben werden soll, eingebaut wird. Auch enantioselektive HPLC-Säulen müssen konditioniert werden, bevor eine gute Trennleistung zu erwarten ist. Weiterhin sollte man beachten, dass einige Eluenten des Normalphasemodus nicht miteinander mischbar sind. Es ist ein Labormythos, dass längere Lagerzeiten chirale Selektoren zerstören und Säulen unbrauchbar machen. Viele Hersteller empfehlen ein (nicht wässriges) Lösungsmittel, auf das die Säule umgespült werden sollte, wenn man plant diese länger zu lagern. Jedoch sollte man beachten, dass viele Hersteller die Produktion von Stationärphasen ständig optimieren und dass dadurch leichte Variationen der Enantioselektivität auftreten können. Ist man über die Vorgeschichte der Säule nicht informiert, so empfiehlt sich nach längerer Lagerung die Säule nach Herstellerangaben zu spülen und eine Testtrennung durchzuführen. Übliche chirale Testsubstanzen sind die Trögersche Base, Binaphtol oder *trans*-Stilbenoxid, die sich auf einer Vielzahl von Stationärphasen in die Enantiomere trennen lassen.

Für Polysaccharidphasen kann die Vorgeschichte der Säule eine große Rolle spielen. Wurde eine derartige Säule beispielsweise mit einem basischen Eluenten benutzt, so ist die Wahrscheinlichkeit groß, dass nach dem Umspülen auf einen sauren Eluenten nur eine schlechte Trennung beobachtet wird. Dieses Verhalten (Memoryeffekt [26]) wird auf eine nicht reversible Umorientierung der helikalen Struktur der Cellulose und Amylosephasen zurückgeführt. Ebenso können auch stark basische oder acide Verbindungen derartige Veränderungen hervorrufen. Hier behilft man sich am einfachsten mit verschiedenen Säulen, die für neutrale, basische und saure Bedingungen reserviert sind (um Flüchtigkeitsfehler zu vermeiden, hat es sich in der Laborpraxis bewährt, die Säulen mit einer farbigen Markierung zu versehen, beispielsweise alle mit sauren Eluenten betriebenen Säulen mit einem roten Klebeband zu versehen).

2.6.5.2 **Detektion**

Für Enantiomerentrennungen kann neben der UV-Detektion auch die online polarimetrische Detektion eingesetzt werden (s. Abb. 14). Diese erlaubt es, den Drehsinn der beiden Enantiomere während der Trennung sofort zu unterscheiden und auch bei teilweiser Koelution mit anderen Verbindungen eine Aussage über die Enantioselektivität zu machen.

Abbildung 14 zeigt die Enantiomerentrennung von *trans*-Stilbenoxid (**2**) (vgl. Abb. 13) auf der Pirkle-CSP Whelk-O 1. Die beiden Enantiomere zeigen unterschiedlichen Drehsinn für polarisiertes Licht, die achirale *meso*-Form von *trans*-Stilbenoxid, die zwischen den beiden Enantiomeren eluiert, zeigt in der polarimetrischen Detektion kein Signal.

2.6.5.3 **Fehlerquellen aus dem Analyten**

Liegt ein Racemat vor, das Basislinie-getrennt ist, so muss die Integration immer ein Enantiomerenverhältnis von 50 : 50 ergeben. Sobald man eine Abweichung von > 1 % beobachtet, so liegt eine Koelution von Verunreinigungen der Probe mit einem der Enantiomere vor. Eine Bestimmung des *ee* ist in diesem Fall nicht möglich.

Ein weiteres Phänomen, das nur der enantioselektiven Chromatographie eigen ist, ist die sog. Enantiomerisierung, die einer Racemisierung der getrennten Enantiomere während der Chromatographie entspricht [28]. Derartige Phänomene führen zu charakteristischen Chromatogrammen, wie in Abb. 16 für Verbindung **3** (Abb. 15) dargestellt.

Das Plateau zwischen den beiden Enantiomerenpeaks ist kein Artefakt, sondern ein Resultat der Umwandlung der getrennten Enantiomere ineinander. Im Extremfall (oder bei Temperaturerhöhung) werden beide Enantiomere als ein Peak eluiert.

Abb. 13 *trans*-Stilbenoxid (**2**).

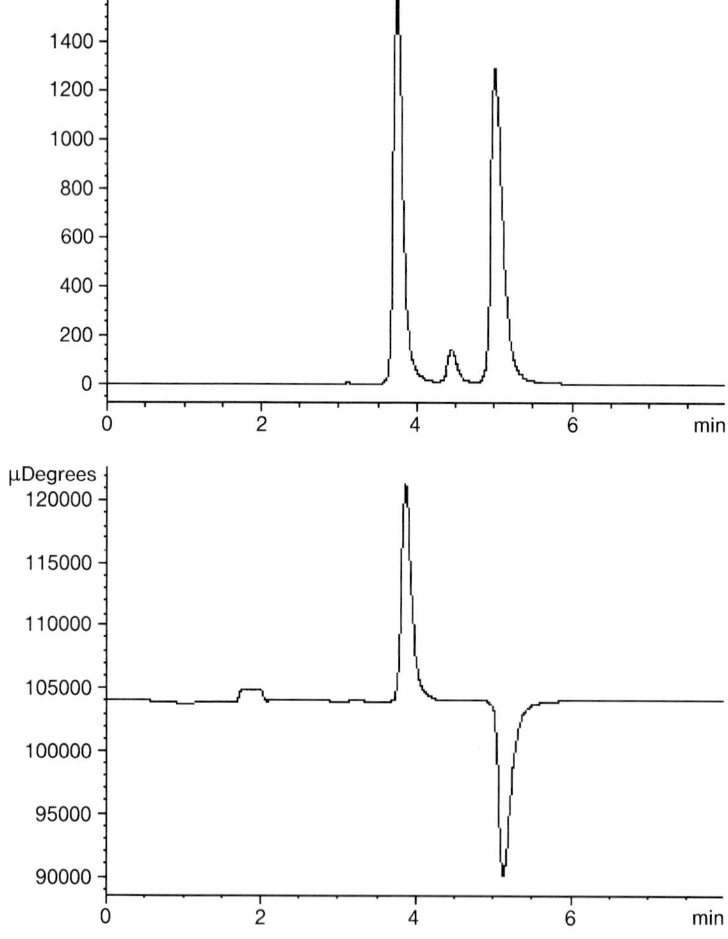

Abb. 14 Enantiomerentrennung von *trans*-Stilbenoxid (**2**) auf *S,S* Whelk-O 1 [27] (Säule: 250 mm × 4,6 mm ID, d_p = 5 μm); Eluent: *n*-Hexan/Isopropanol (60 : 40, v : v), injizierte Menge: ~0,1 mg, Fluss: 1,00 mL/min, T = 35 °C; oben: UV-Detektion bei 254 nm; unten: online-polarimetrische Detektion, ersteluiertes Enantiomer: positives Signal, zweiteluiertes Enantiomer: negatives Signal.

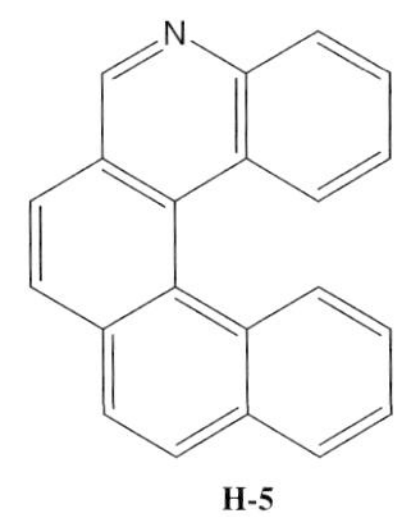

Abb. 15 5-Aza[5]helicen (**3**).

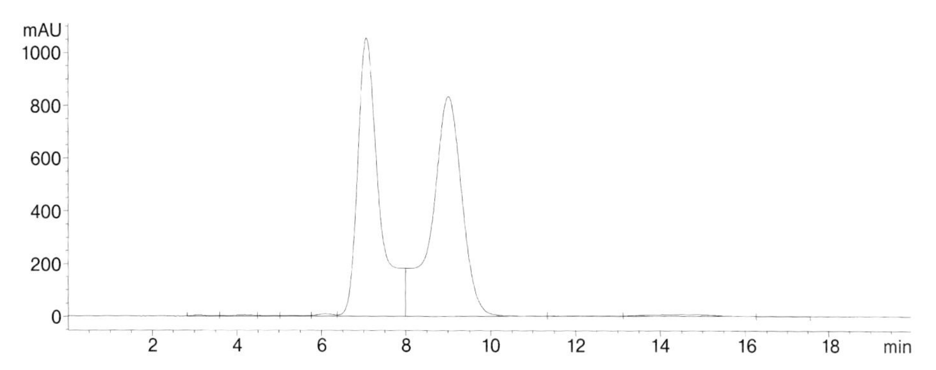

Abb. 16 Enantiomerentrennung von **3** auf Chiralcel OD (250 mm × 4,6 mm ID), Eluent: Methanol/Ethanol/DEA, 50 : 50 : 0,25 (v : v : v), Fluss: 1,00 mL/min, Detektion bei 254 nm, $T = 23$ °C. Enantiomerisierung von **3** während der chromatographischen Enantiomerentrennung.

2.6.6
Präparative enantioselektive HPLC

Die Einflussgrößen, die eine präparative Trennung beherrschen, sind denen der analytischen Chromatographie sehr ähnlich. Bodenzahl, Kapazitätsfaktor und Selektivität beeinflussen alle die Auflösung (siehe Kap. 1.1.3).
Zudem beeinflussen Partikelgröße und Säulenlänge die Effizienz und Geschwindigkeit einer Enantiomerentrennung. Für präparative Enantiomerentrennungen empfiehlt es sich, Partikelgrößen von 16–20 μm zu verwenden. Sphärische Stationärphasen dieser Korngröße zeigen zwar keine hohen Bodenzahlen, erlauben aber mit hohen Flüssen bei geringem Gegendruck zu arbeiten und so hohe Durchsätze zu erzielen.

Präparative Trennungen von Enantiomeren werden nach Möglichkeit unter Überladung der Säule durchgeführt, es wird also keine Basislinientrennung angestrebt [29]. Dies führt häufig dazu, dass das zweiteluierende Enantiomer mit einem niedrigeren *ee* als das ersteluierende Enantiomer erhalten wird. Daher ist es von Vorteil, wenn ein Trennsystem gefunden werden kann, bei dem das Zielenantiomer als erstes eluiert.

2.6.6.1 Bestimmung der Beladung

Wenn die Trennbedingungen optimiert sind, erhöht man die Beladung (Injektionsmenge) auf der analytischen Säule, um die maximale Trennmenge zu bestimmen, die es gerade noch erlaubt, die gewünschte Reinheit und Wiedergewinnung zu erhalten. Unter der Annahme, dass eine Produktionssäule die gleiche Effizienz aufweist wie eine analytische Säule, kann die Beladung wie folgt bestimmt werden (Gl. 11):

$$M_P = M_A \cdot \frac{L_P}{L_A} \cdot \frac{d_P^2}{d_A^2} \tag{11}$$

Dabei ist M_P die maximal in der Produktion trennbare Menge und M_A die optimierte Menge aus den Messungen auf einer analytischen Säule. L_P und L_A entsprechen den Längen von Produktions- und analytischer Säule und d_P und d_A den Durchmessern der beiden Säulen. Der maximale Beladungsfaktor bleibt konstant! Um die Menge, die bei einer einzelnen Injektion getrennt werden kann, zu erhöhen, empfiehlt es sich, eine Säule mit größerem Innendurchmesser zu verwenden. Die häufig (fälschlicherweise) gewählte Verlängerung der Bettlänge erhöht zwar einerseits die maximal trennbare Menge, führt aber andererseits unweigerlich zu einem erhöhten Rückdruck und längeren Retentionszeiten und in der Folge zu einer niedrigeren Produktivität.

2.6.6.2 Bestimmung der Elutionsvolumina und der Flussrate

Um die gleichen relativen Retentionszeiten zu erzielen wie unter analytischen Bedingungen, muss die Flussrate proportional eingestellt werden. Diese kann mit der folgenden Gl. (12) bestimmt werden:

$$F_P = F_A \cdot \frac{L_P}{L_A} \cdot \frac{d_P^2}{d_A^2} \tag{12}$$

F_A und F_P sind die volumetrischen Flussraten im analytischen und Produktionssystem. Die Elutionszeit in der Produktion (t_P) wird wie folgt bestimmt (Gl. 13):

$$t_P = t_A \cdot \frac{L_P}{L_A} \cdot \frac{d_P^2}{d_A^2} \cdot \frac{F_A}{F_P} \tag{13}$$

Das aufzusammelnde Probenvolumen (V_P) kann wie folgt berechnet werden (Gl. 14):

$$V_P = V_A \cdot \frac{L_P}{L_A} \cdot \frac{d_P^2}{d_A^2} \tag{14}$$

Die einfache Skalierbarkeit der enantioselektiven HPLC soll an der Enantiomerentrennung von Omeprazol [30], einem der weltweit am häufigsten verkauften Wirkstoffe gegen Magengeschwüre, demonstriert werden (vgl. Abb. 17). Das

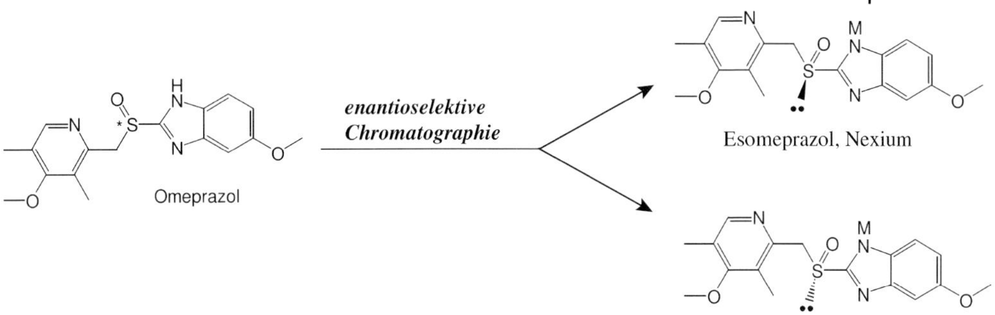

Omeprazol

enantioselektive Chromatographie

Esomeprazol, Nexium

Abb. 17 Enantiomerentrennung von Omeprazol.

S-Enantiomer von Omeprazol (Esomeprazol, Handelsname Nexium™) wird als verbesserter Wirkstoff gegen Entzündungen und Geschwüre des Oesophagus, Sodbrennen und Zwölffingerdarmgeschwüre nach Infektionen mit *Helicobacter pylori* eingesetzt.

Die Enantiomere von Omeprazol lassen sich nach Methodenoptimierung auf der Daicel-Phase Chiralpak AS mit Alkoholen als Eluenten trennen (s. Abb. 18). Unter analytischen Bedingungen wird eine Basislinientrennung innerhalb von 12 min erzielt.

Die Enantiomerentrennung lässt sich bei Verwendung der gleichen Mobil- und Stationärphase auch präparativ durchführen (s. Abb. 19).

Bei einer geeigneten Flussrate verschieben sich die Retentionszeiten zwischen analytischer und präparativer Säule nur minimal. Die präparative enantioselektive HPLC erlaubt die Isolierung von enantiomerenreinen Substanzen bis in den multi-kg-Bereich. Werden jedoch größere Substanzmengen (10 kg bis 500 t) benötigt, so muss ein kontinuierliches Produktionsverfahren, wie im Folgenden beschrieben, implementiert werden.

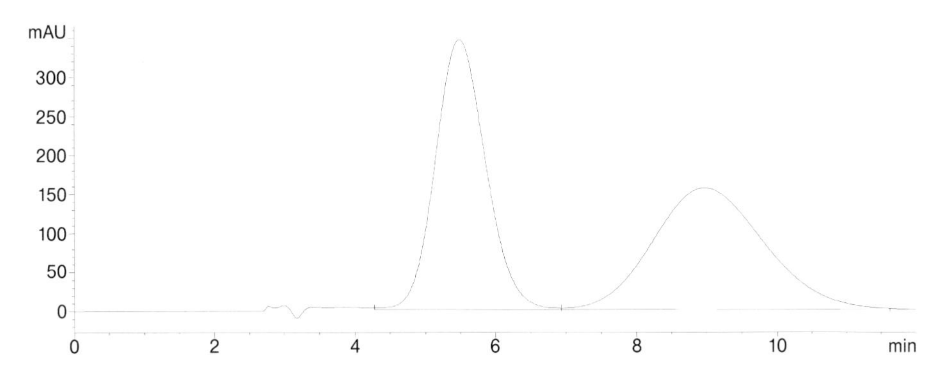

Abb. 18 Analytische Enantiomerentrennung von Omeprazol auf Chiralpak AS (Säule: 250 mm × 4,6 mm ID, d_p = 20 μm); Eluent: Isopropanol/Ethanol (70 : 30, v : v), Injizierte Menge: ~120 mg, Fluss: 1,0 mL/min; Detektion bei 234 nm.

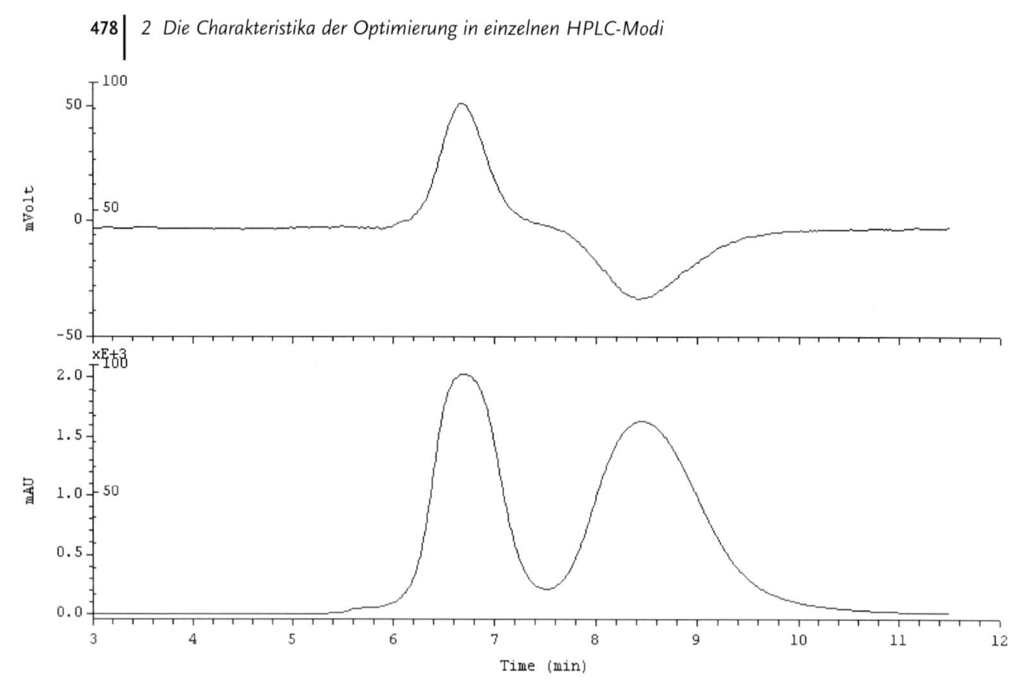

Abb. 19 Präparative Enantiomerentrennung von Omeprazol auf Chiralpak AS (Säule: 230 mm × 48 mm ID, d_p = 20 μm); Eluent: Isopropanol/Ethanol (70 : 30, v : v), injizierte Menge: ~120 mg, Fluss: 100 mL/min; oben: polarimetrische Online-Detektion, ersteluiertes Enantiomer: positives Signal, zweiteluiertes Enantiomer: negatives Signal; unten: UV Detektion bei 234 nm.

2.6.6.3 Enantiomerentrennungen mittels Simulated Moving Bed Chromatography (SMB)

Die Technik des simulierten Wanderbetts („simulated moving bed", SMB) wird bereits seit über 30 Jahren in der petrochemischen Industrie erfolgreich angewandt. Dabei finden überwiegend Zeolithe als stationäres Bett Anwendung. Neben dem grundlegenden „Sorbex"-Prozess [31] der UOP („Universal Oil Products") sind eine Reihe von großtechnischen Anlagen in Gebrauch. Auch die Zuckerindustrie bedient sich dieser Technik, um mittels Ionentauscherharzen Fructose in großen Mengen zu produzieren.

Seit kurzem wird diese Technologie auch für das Up-Scaling von Reinigungsschritten, die auf Adsorptionschromatographie beruhen, angewandt. Zu den möglichen Anwendungen gehören Pharmazeutika, Feinchemikalien, biochemische Produkte, Aroma- und Geschmacksstoffe und insbesondere Enantiomere, die durch geeignete chirale Stationärphasen (CSPs) getrennt werden (vgl. Tabelle 2).

SMB-Trennungen können direkt und einfach durch Verwendung der im Labor eingesetzten analytischen Methode entwickelt werden. Dass dabei Stationärphase und mobile Phase unverändert bleiben, ist einer der Hauptgründe für den Erfolg der SMB-Methode bei der Beschleunigung des Entwicklungsprozesses für die Bereitstellung einer Feinchemikalie oder eines Pharmazeutikums [32].

Zusätzlich bietet die SMB-Methode im Vergleich zu konventionellen präparativen chromatographischen Techniken den Vorteil der kontinuierlichen Prozessführung, die es erlaubt, eine gleich bleibende Produktreinheit ohne Überwachung zu erzielen. Zudem wird eine Senkung des Bedarfs an Mobilphase von bis zu 90 % erreicht [33] und die Produktivität in Bezug auf die eingesetzte Stationärphase kann optimiert werden. Diese Vorteile resultieren aus der Tatsache, dass die Trennsäulen einer SMB-Einheit fast immer unter Überladung betrieben werden, um so die Stationärphase optimal zu nutzen. Die Optimierung von SMB-Trennungen erfordert eine Bestimmung der Adsorptionsisothermen und die Anwendung von speziellen Simulationsprogrammen [34].

2.6.6.3.1 **Prinzip der Simulated Moving Bed Chromatography**

Die SMB-Technik beruht auf der technischen Simulation einer echten Gegenstromtrennung, bei der im Gegensatz zur herkömmlichen Chromatographie die „Stationärphase" entgegen der Flussrichtung der Mobilphase bewegt wird und nicht stationär bleibt (s. Abb. 20, oben).

Eine SMB-Einheit besteht aus einer Anzahl chromatographischer Säulen (mindestens vier), die durch eine Reihe von Ventilöffnungen miteinander verbunden sind, an denen Ein- und Auslassströme eingespeist oder gesammelt werden können. Die Gegenstrombewegung der Stationärphase wird dadurch simuliert, dass zwar die Stationärphase unbewegt bleibt, jedoch die Punkte, an denen Ein- und Auslass zu- bzw. abgeleitet werden, in kurzen Zeitabständen in Flussrichtung der Mobilphase kontinuierlich gewechselt werden (s. Abb. 20, unten). Vier äußere Ströme sind vorhanden: Der racemische Zufluss („feed"), das Desorbens (das Elutionsmittel oder die Eluentenmischung der analytischen Trennung), der Extraktstrom und der Raffinatstrom. Diese Zu- und Abflüsse teilen die Einheit in vier Teile (Sektion 1 zwischen Desorbenseinlass und Extrakt-Port; Sektion 2 zwischen letzterem und dem „feed"-Einlass; Sektion 3 zwischen diesem und dem Raffinat-Auslass; Sektion 4 zwischen dem Raffinat-Port und dem Desorbens-Einlass).

Dabei spielt *jeder* Bereich der Trenneinheit eine spezifische Rolle. Die Trennung erfolgt in den beiden zentralen Sektionen (2 und 3) der Einheit, in welchen das weniger adsorbierte Enantiomer (B) desorbiert (2) und das andere Enantiomer (A) adsorbiert (3) wird. In den restlichen beiden Sektionen wird das stärker adsorbierte Enantiomer desorbiert (1) und das schwächer adsorbierte Enantiomer adsorbiert (4). Für eine Enantiomerentrennung bedeutet dies, dass das stärker adsorbierte Enantiomer (also in der analytischen Trennung später eluierte) im Extraktstrom gesammelt wird, während das weniger stark adsorbierte Enantiomer (ersteluiertes Enantiomer) im Raffinatstrom gefunden wird. Die beiden Enantiomere werden dabei vom Punkt aus, an dem sie zugegeben werden („feed"), stromabwärts zum Extraktausgang bzw. stromaufwärts zum Raffinatausgang transportiert. Eine dritte Komponente, das Desorbens, dient dazu, das stärker adsorbierte Enantiomer in Sektion 1 zu desorbieren und so die Stationärphase zu regenerieren. Schließlich wird das schwächer adsorbierte Enantiomer in Sektion 4 adsorbiert, um so das Desorbens selbst zu regenerieren.

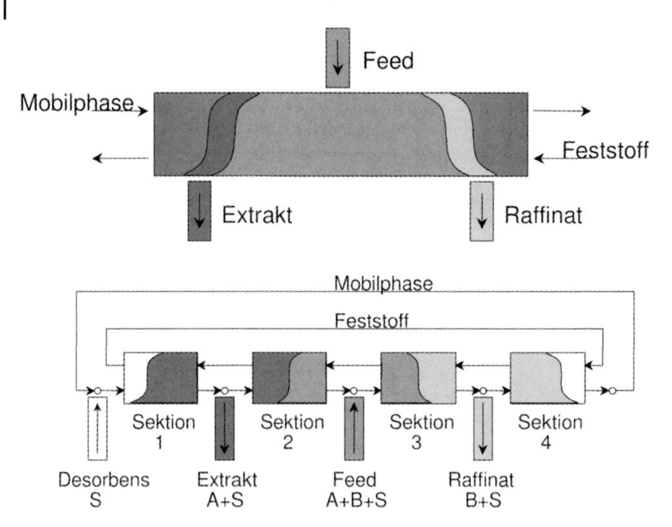

Abb. 20 Oben Idealisierte echte Gegenstromtrennung (zu trennende Komponenten (Feed), Produktströme (Raffinat, Extrakt)); unten: Simulierung des Gegenstroms durch Unterteilung in Segmente und Wechsel der Positionen der Zu- und Abläufe nach einer Schaltzeit.

2.6.6.3.2 **Kommerzielle Wirkstoffe, die mittels SMB getrennt werden**

Eine Reihe von pharmazeutischen Wirkstoffen wird mittels SMB-Chromatographie industriell produziert (vgl. Tabelle 7). Die Mengen an enantiomerenreinen Wirkstoffen reichen inzwischen bis in den Bereich mehrere Hundert Tonnen pro Jahr. SMB-Anlagen im Produktionsmaßstab bestehen aus fünf oder sechs dynamisch axial komprimierten HPLC-Säulen mit Innendurchmessern bis zu 1 m.

2.6.7
Enantioselektive Chromatographie mittels chiraler Additive in der mobilen Phase in HPLC und Kapillarelektrophorese

Im Gegensatz zu den in den vorhergehenden Abschnitten beschriebenen direkten Methoden zur Enantiomerentrennung in der HPLC mittels kovalent gebundener oder „gecoateter" chiraler Selektoren ist es auch möglich, manche Selektoren in der mobilen Phase zu lösen und eine Trennung von Analyten über intermediäre diastereomere Komplexe, die sich in Lösung oder an Grenzflächen (Kieselgelpartikeln oder Säulenwänden) ausbilden, zu erzielen. Zusätzlich zu den im Abschnitt 2.6.2.2 und Abb. 4 beschriebenen chemischen Gleichgewichten müssen bei der Verwendung chiraler Additive zusätzliche Wechselwirkungen beachtet werden (vgl. Abb. 21). Neben der reversiblen Ausbildung von Komplexen zwischen Analyten und chiralem Selektor in Lösung spielen auch Adsorptions-/Desorptions-Prozesse des Selektors und Adsorptions-/Desorptions-Prozesse der Komplexe zwischen Analyten und chiralem Selektor und der nicht-komplexierten Analyte eine Rolle.

Tabelle 7 Kommerzielle Pharmazeutika, die mittels SMB-Chromatographie hergestellt werden.

Struktur	*Handelsname/Wirkstoff*	*Hersteller*	*CSP/Lösungsmittel*	*Säulen ID [cm]*	*Zitiert nach*
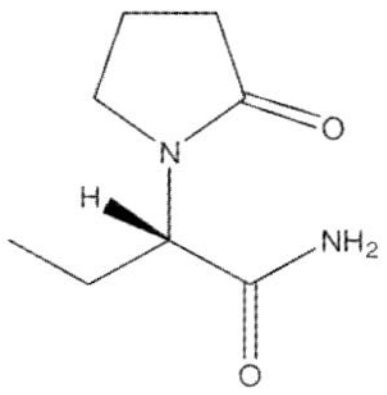	Keppra Levetiracetam Antiepilektikum	UCB	Chiralpak AD *n*-Heptan/Ethanol	35 45 100	[35, 36]
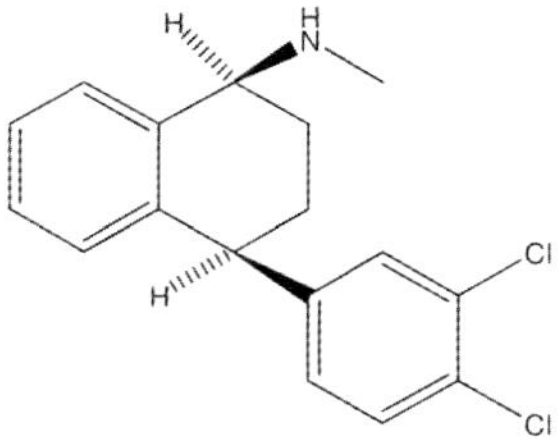	Zoloft Tetralon, Gestralin Antidepressivum	Pfizer	Verschiedene ACN/MeOH	60	[37, 38]
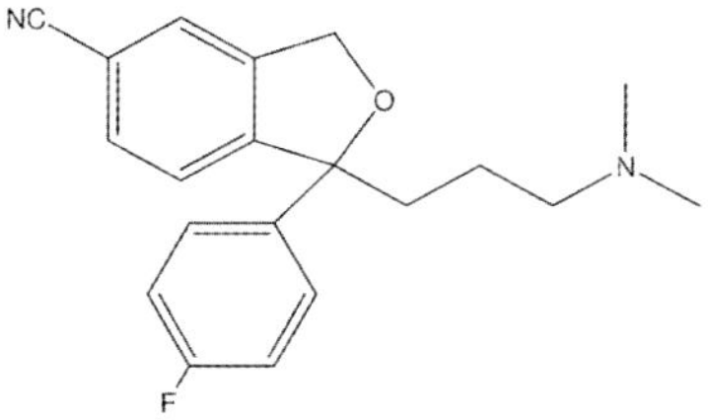	Citalopram Cipramil Cipralex Lexapro Antidepressivum	Lundbeck	Chiralpak AD nicht bekannt	80	[39]
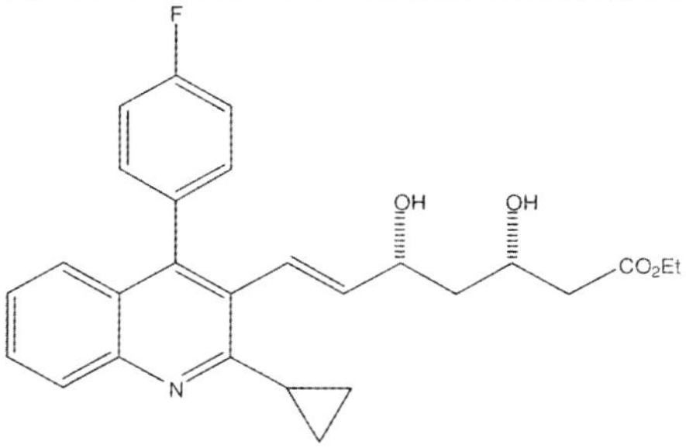	DOLE Cholesterinsenker	Nissan (Daicel)	Chiralcel OF *n*-Hexan/Isopropanol	10	[40, 41]

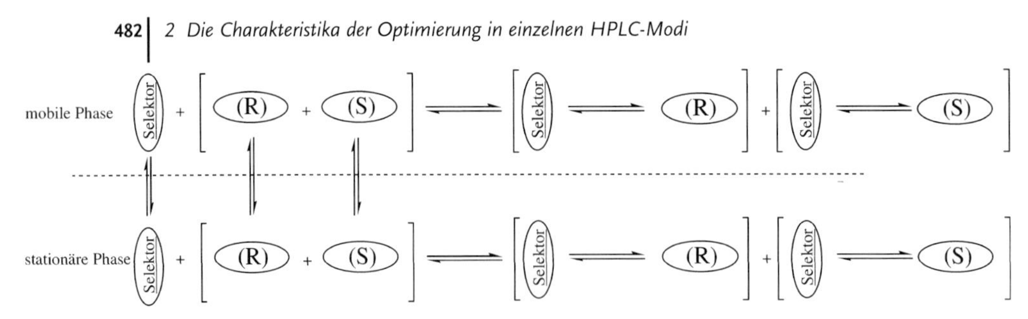

Abb. 21 Die Enantiomere bilden in Lösung und auf der stationären Phase, adsorbiert mit dem gelösten chiralen Selektor, diastereomere Molekülassoziate.

Das komplexe Wechselspiel der thermodynamisch und kinetisch kontrollierten Parameter, die zur stereoselektiven Erkennung beitragen, macht es nahezu unmöglich, im Voraus abzuschätzen, ob mittels der Zugabe eines chiralen Additivs eine Enantiomerentrennung erzielt werden kann. Daneben haben sich bislang nur bestimmte Klassen von Selektoren (beispielsweise Cyclodextrine und makrocyclische Antibiotika) erfolgreich als chirale Additiva einsetzen lassen [42]. Diese Einschränkung beruht darauf, dass die aromatischen Substituenten vieler anderer Selektoren eine Detektion von Analyten neben den Selektormolekülen nicht erlauben und dass der Verbrauch an teuren Selektoren die Methodik nicht sehr wirtschaftlich erscheinen lässt; zudem zeigen manche polymere Selektoren schlechte Löslichkeit. Dessen ungeachtet haben sich in der Kapillarelektrophorese und Kapillarelektrochromatographie eine Reihe von billigen, wasserlöslichen chiralen Selektoren etabliert, die unter RP-Bedingungen zu erstaunlich effizienten Enantiomerentrennungen von geladenen und ungeladenen Analyten führen [43].

Zur Optimierung derartiger Trennsysteme kann einerseits Art und Konzentration des chiralen Selektors variiert werden, andererseits erlauben pH-Wert und organische Additiva (beispielsweise niedrige Alkohole) Retentionszeiten und Auflösung zu modifizieren. Bei elektrophoretischen Applikationen kann zudem die elektrische Feldstärke und Zusammensetzung des Puffers („background electrolyte", BGE) die Enantiomerentrennung unterstützen.

Für präparative Anwendungen spielt die Verwendung von gelösten chiralen Selektoren gegenwärtig keine Rolle.

2.6.8
Bestimmung der Enantiomerenreinheit durch Bildung von Diastereomeren

Vor der Entwicklung moderner CSPs stellte die chemische Umsetzung der Analyte mit chiralen Derivatisierungsreagenzien und anschließende „achirale" HPLC eine der am häufigsten eingesetzten Methoden zur Bestimmung der Enantiomerenreinheit dar [44]. Diese häufig auch als „indirekte" Enantiomerentrennung bezeichnete Methodik hat jedoch in den vergangenen Jahren stark an Bedeutung verloren. Zum einen erfordert die Derivatisierung einen möglichst vollständigen Umsatz des Analyten mit einem möglichst enantiomerenreinen Reagens, dessen Überschuss die sich anschließende chromatographische Trennung der Diastereomeren nicht stören darf. Zum anderen muss die Struktur des Analyten bekannt sein, um ein chirales Derivatisierungsreagenz („chiral derivatizing agent", CDA) zu wählen, das mit einer der funktionellen Gruppen des Analyten in einer nachvollziehbaren chemischen Reaktion umzusetzen ist. So lassen sich beispielsweise ausgehend von chiralen Säurechloriden wie *O*-Methyl-Mandelsäurechlorid oder Camphersulfonsäurechlorid mit chiralen Aminen oder Alkoholen diastereomere Amide oder Ester herstellen, die anschließend chromatographisch getrennt werden müssen. Neben chiralen (aktivierten) Säuren lassen sich Amine, Alkohole und Thioalkohole mit Isocyanaten und Thioisocyanaten zu Harnstoffderivaten und Urethanen usw. umsetzen [45]. Analyte ohne funktionelle Gruppen lassen sich durch die indirekte Enantiomerentrennung nicht analysieren. Durch geeignete Voruntersuchungen muss sichergestellt sein, dass während Derivatisierung und chromatographischer Trennung keine Racemisierung der diastereomeren Analyte auftritt. Weiterhin sollte man sich bewusst sein, dass Diastereomere, im Gegensatz zu Enantiomeren, keine identischen UV/VIS- und Fluoreszenzspektren und Extinktionskoeffizienten bei gleicher Wellenlänge haben müssen.

2.6.9 Indirekte Enantiomerentrennung im präparativen Maßstab

Die Trennung von derivatisierten Enantiomeren nach einer Umsetzung mit einem CDA stellt eine interessante Variante zur direkten Enantiomerentrennung unter präparativen Bedingungen dar: Lässt sich eine Methode zur milden racemisierungsfreien Spaltung der Diastereomere finden, so kann auf die Verwendung kostspieliger CSPs verzichtet werden.

2.6.10 Enantiomerentrennung unter superkritischen chromatographischen Bedingungen (SFC)

Oberhalb einer kritischen Temperatur und eines kritischen Drucks zeigen sog. superkritische Fluide („fluids") physikalische Eigenschaften, die sie zwischen Flüssigkeiten („liquids") und Gasen positionieren. Wie Gase lassen sie sich leicht komprimieren und die Eigenschaften wie Dichte und Viskosität können durch Druck- und Temperaturänderungen verändert werden. Unterhalb der kritischen Temperatur und einem Druck oberhalb des kritischen Werts wandelt sich das Fluid in eine Flüssigkeit um, die eine niedrige Viskosität und hohe Diffusionsraten zeigt. Oberhalb der kritischen Temperatur und einem Druck unter dem kritischen Wert wandelt sich das Fluid in ein Gas um [46]. Am häufigsten wird CO_2 als Fluid für Enantiomerentrennungen verwendet, da es relativ kostengünstig und wenig toxisch ist. Die Polarität von super und sub-kritischem CO_2 entspricht der der niedrigen Alkane und kann durch die Zugabe von Additiven (im Allgemeinen werden niedrige Alkohole eingesetzt) erhöht werden. Im Vergleich zur HPLC erlaubt die SFC, höhere Bodenzahlen und eine verbesserte Auflösung zu erzielen, und durch die geringere Viskosität entsteht ein niedrigerer Druckabfall über die Säule, was es ermöglicht, auch längere Säulen für analytische und präparative Enantiomerentrennungen einzusetzen. Häufig sind die Analysenzeiten unter SFC-Bedingungen kürzer als in der HPLC. Als CSPs lassen sich Cellulose- und Amylosederivate, Brush-Type-CSPs sowie makrocyclische Phasen einsetzen. Die Selektivität der CSPs in der SFC ähnelt im Allgemeinen der unter Normalphasenbedingungen beobachteten.

Die Methodenentwicklung in der SFC ist häufig einfacher als in der HPLC, da nur eine Mobilphase (CO_2) mit einigen wenigen Modifiern (Methanol, Ethanol, Isopropanol, Acetonitril) statt einer Vielzahl von Lösungsmittelgemischen getestet werden muss. Zeigt sich in den ersten Experimenten keine Antrennung der Enantiomere, so empfiehlt es sich, eine andere CSP zu testen. Zur Optimierung von SFC-Trennungen können der Gehalt und die Art des Modifiers zwischen 5 und 25 % variiert werden. Wie in der HPLC lassen sich acide und basische Additive verwenden. Änderungen im Druck zeigen mehr Einfluss auf die Retention als auf die Selektivität.

2.6.11 Neue chirale stationäre Phasen und Informationssysteme

Die Entwicklung neuer chiraler Phasen für die HPLC wird auch in den nächsten Jahren ein dynamisches Forschungsgebiet in der Industrie und der akademischen Welt bleiben.

Weitere immobilisierte Cellulose- und Amylosephasen werden gegenwärtig von Daicel für die Markteinführung vorbereitet. Daicel wirbt seit einiger Zeit mit dem Konzept einer CSP-Bibliothek von mehr als 100 verschiedenen, noch nicht kommerziell erhältlichen Phasen, die für Enantiomerentrennungen gescreent werden können. Astec hat vor kurzem eine verbesserte Anbindung von makrocyclischen Antibiotika-Phasen (Chirobiotic) vorgestellt. Bislang sind noch keine chiralen monolithischen Phasen kommerziell erhältlich; man muss jedoch davon ausgehen, dass verschiedene Firmen gegenwärtig versuchen, die Oberflächen von Monolithen chiral zu modifizieren.

Die Arbeitsgruppe von Professor Roussel in Marseille beschäftigt sich seit über zehn Jahren mit dem Aufbau einer Datenbank für Enantiomerentrennungen in HPLC und GC namens Chirbase [47]. Gegenwärtig sind über 100.000 Trennungen von mehr als 30.000 Verbindungen beschrieben, jedes Quartal werden ca. 5000 weitere Einträge hinzugefügt, die teilweise bislang nicht in der Literatur publiziert wurden.

2.6.12 Fazit

Die enantioselektive HPLC hat sich in den vergangenen Jahren zu einer Routinemethode im analytischen, präparativen und industriellen Maßstab entwickelt. Die Optimierung von Trennungen erfordert die Einhaltung der Bedingungen, unter denen die chiralen stationäre Phasen chemisch stabil sind und folgt für jeden Typ von Selektor einem unterschiedlichen Protokoll, da zum Teil ganz unterschiedliche Mechanismen und Wechselwirkungskräfte (vgl. Tabelle 1) eine Enantiomerentrennung ermöglichen. In vielen Fällen lässt sich mit wenigen Phasentypen (vgl. Tabelle 4) innerhalb von wenigen Stunden und Tagen eine robuste Methode entwickeln, die auch über Jahre hinweg reproduzierbar ist.

Literatur

1 www.fda.gov/cder/guidance.stereo.htm, 5/1/92.
2 E. Francotte, *Chimia* 51 (1997) 717–725.
3 W. Lindner in Houben-Weyl *Methods of Organic Chemistry*, Eds. G. Helmchen, R. Hoffmann, J. Mulzer, E. Schaumann, Georg Thieme Verlag, Stuttgart, New York, Bd. E21a, 93–224.
4 V. Schurig, *Enantiomer* 1 (1996) 139–143.
5 F. Gasparrini, D. Misiti, C. Villani, *J. Chromatogr.* A 906 (2001) 35–50.
6 V. Meyer, *Fallstricke und Fehlerquellen der HPLC in Bildern*, Wiley-VCH, Weinheim, New York, Chichester, Brisbane, Singapore, Toronto, 1999, 8.
7 W. Lindner, M. Lämmerhofer, Grundlagen und Praxis der stereoselektiven Analytik mittels HPLC, CEC und CE, Incom 2003, Düsseldorf, 25.03.2003.
8 M. Schulte, J. Kinkel, R.-M. Nicoud, F. Charton, *Chem. Ing. Tech.* 68 (1996) 670–683.
9 E. Francotte in *Chiral Separations*, Ed. S. Ahuja, American Chemical Society, New York, 1997, S. 272–308.
10 Y. Okamoto, E. Yashima, *Angew. Chem.* 110 (1998) 1072–1095.
11 M. E. Andersson, D. Aslan, A. Clarke, J. Roeraade, G. Hagman, *J. Chromatogr. A* 1005 (2003) 83–101.
12 N. Matthijs, C. Perrin, M. Maftouk, D. L. Massart, J. Vander Heyden, *J. Chromatogr. A* 1041 (2004) 119–133.
13 S. Allenmark, S. Andersson, P. Möller, D. Sanchez, *Chirality* 7 (1995) 248–256.
14 W. Pirkle, T. Pochapsky, G. Mahler, D. Corey, D. Reno, A. Alessi, *J. Org. Chem.* 46 (1981) 4991–5000.
15 W. Pirkle, D. House, J. Finn, *J. Chromatogr.* 192 (1980) 143–158.
16 N. M. Maier, G. Uray, O. P. Kleidernigg, W. Lindner, *Chirality* 6 (1994) 116–128.
17 J. Szeijtli, *Cyclodextrins and Their Inclusion Complexes*, Akademia Kiado, Budapest, 1982.
18 T. Ward, D. Armstrong in *Chromatographic Chiral Separations*, Eds. M. Zief, L. Crane, Marcel Dekker, New York, 1989, 131–163.
19 K. Ekborg-Ott, J. Kullmann, X. Wang, K. Gahm, L. He, D. Armstrong, *Chirality* 10 (1998) 627–660.
20 S. Allenmark, S. Andersson, *J. Chromatogr.* 666 (1994) 166–179.
21 D. Arlt, B. Bömer, R. Grosser, W. Lange, *Angew. Chem.* 103 (1991) 1685–1687.
22 B. Sellergren in *Chiral Separation Techniques – A Practical Approach*, Ed. G. Subramanian, 2nd edn., Wiley-VCH, Weinheim, Chichester, New York, Toronto, Brisbane, Singapore, 2001, 153–186.
23 V. Davankov, J. *Chromatogr.* 666 (1994) 55–76.
24 M. Lämmerhofer, W. Lindner, *J. Chromatogr.* A 741 (1996) 33–48.
25 V. Meyer, *Fallstricke und Fehlerquellen der HPLC in Bildern*, Wiley-VCH, Weinheim, New York, Chichester, Brisbane, Singapore, Toronto, 1999, 39–128.
26 Y. Ye, B. Lord, R. Stringham, *J. Chromatogr.* A (2002) 139–146.
27 Die Chromatogramme wurden freundlicherweise von der Firma PDR-Chiral, Inc., 1331 A South Killian Drive, Lake Park, FL 33403, USA zur Verfügung gestellt.
28 K. Cabrera, M. Jung, M. Fluck, V. Schurig, *J. Chromatogr.* A 731 (1996) 315–321.
29 H. Colin in *Preparative and Production Scale Chromatography*, Eds. G. Ganetsos, P. Barker, Marcel Dekker, New York, Basel, Hong Kong, 1991, 2– 45.
30 WO 2003051867.

31 M. J. Gattuso, B. McCulloch, J. W. Priegnitz, *Chem. Tech. Europe* 3 (1996) 27–30.

32 M. Mazzotti, M. Juza, M. Morbidelli, *Git Spez. Chromatogr.*, 18 (1998) 70–74.

33 J. N. Kinkel, M. Schulte, R. M. Nicoud, F. Charton, *Proceedings of the Chiral Europe '95 Symposium, Spring Innovations Limited*, Stockport, UK, 1995.

34 M. Juza, M. Mazzotti, M. Morbidelli, *TIBTECH*, 18 (2000) 108–118.

35 US Patent 6,107,492.

36 M. Hamende, E. Cavoy, *Chimie Nouvelle* 18 (2000) 3124–3126.

37 US Patent 6,444,854.

38 S. Houltou, *Manuf. Chemist* 11 (2001) 23–25.

39 WO 2003006449.

40 WO 2002030903.

41 S. Nagamatsu, K. Murazumi, S. Makino, *J. Chromatogr.* A. 832 (1999), 55–65.

42 C. Poole in *The Essence of Chromatography*, Elsevier, Amsterdam, Boston, London, New York, Oxford, Paris, San Diego, San Francisco, Singapore, Sidney, Tokyo, 2003, 827.

43 B. Chankvetadze, *Capillary Electrophoresis in Chiral Analysis*, John Wiley & Sons, Chichester, 1997.

44 W. Lindner in Houben-Weyl *Methods of Organic Chemistry*, Eds. G. Helmchen, R. Hoffmann, J. Mulzer, E. Schaumann, Georg Thieme Verlag, Stuttgart, New York, Bd. E21a, 225–252.

45 M. Schulte in *Chiral Separation Techniques – A Practical Approach*, Ed. G. Subramanian, 2nd edition, Wiley-VCH, Weinheim, Chichester, New York, Toronto, Brisbane, Singapore, 2001, 187–204.

46 P. J. Schoenmakers in *Supercritical Fluid Chromatography*, Ed. R. M. Smith, Royal Society of Chemistry, London, 1988, 102–136.

47 http://chirbase.u-3mrs.fr

2.7 Miniaturisierung

2.7.1 μLC/Nano-LC – Optimierungsmöglichkeiten und Fehlervermeidung aus Anwendersicht

Jürgen Maier-Rosenkranz

2.7.1.1 Einleitung

Es gibt hauptsächlich zwei Gründe in den Bereich der Mikro- und Nano-LC zu gehen: das Erreichen von notwendiger Empfindlichkeit oder wenn nur geringste Mengen an Probe zur Verfügung stehen. Die Hauptanwendungsgebiete sind heute der Bereich der Proteomanalyse, Pharmakokinetik, Metabolismus, Mikrodialyse und ansteigend die Umweltanalytik.

Die Flussraten bei der Mikro-LC (2–50 μL/min) und Nano-LC (200–2000 nL/min) stellen an das HPLC-System und den Anwender sehr hohe Anforderungen. Die permanente Optimierung im Hinblick auf Robustheit, Empfindlichkeit, Nachweisgrenze und Auflösung sind in der Regel Bestandteil der Anwendung.

2.7.1.2 Empfindlichkeit – wie kann ich sie erhöhen?

Die erreichbare Empfindlichkeit hängt besonders von der Säulendimension, der Art des Kieselgels und des verwendeten Detektors ab.

2.7.1.2.1 Einfluss der Säulenlänge

Zwischen Empfindlichkeit und der Änderung der Säulenlänge besteht folgender Zusammenhang:

$$F_{\Delta E} = \sqrt{\frac{L_1}{L_2}}$$

$F_{\Delta E}$ = Faktor der Änderung der Empfindlichkeit
L_1 = Länge der ersten Säule
L_2 = Länge der zweiten Säule

Beispiel: Wird anstelle einer 250 mm langen Säule eine kurze 50 mm Säule verwendet, so ändert sich die Empfindlichkeit wie folgt:

$$F_{\Delta E} = \sqrt{\frac{250}{50}} = \sqrt{5} = 2{,}24$$

2.7.1.2.2 Einfluss des Säuleninnendurchmessers

Der Einfluss des Säuleninnendurchmessers auf die Veränderung der Empfindlichkeit ist viel stärker, da diese Änderung einer quadratischen Funktion folgt und nicht lediglich von der Wurzel abhängt, wie es der Fall bei der Länge ist (Abb. 1).

HPLC richtig optimiert: Ein Handbuch für Praktiker. Herausgegeben von Stavros Kromidas

ISBN: 3-527-31470-9

$$F_{\Delta E} = \left(\frac{d_1}{d_2}\right)^2$$

$F_{\Delta E}$ = Faktor der Änderung der Empfindlichkeit
d_1 = Innendurchmesser der ersten Säule
d_2 = Innendurchmesser der zweiten Säule

Beispiel: Wird anstelle einer Säule mit 4 mm ID eine mit 2 mm verwendet, so ändert sich die Empfindlichkeit wie folgt:

$$F_{\Delta E} = \left(\frac{4}{2}\right)^2 = 4$$

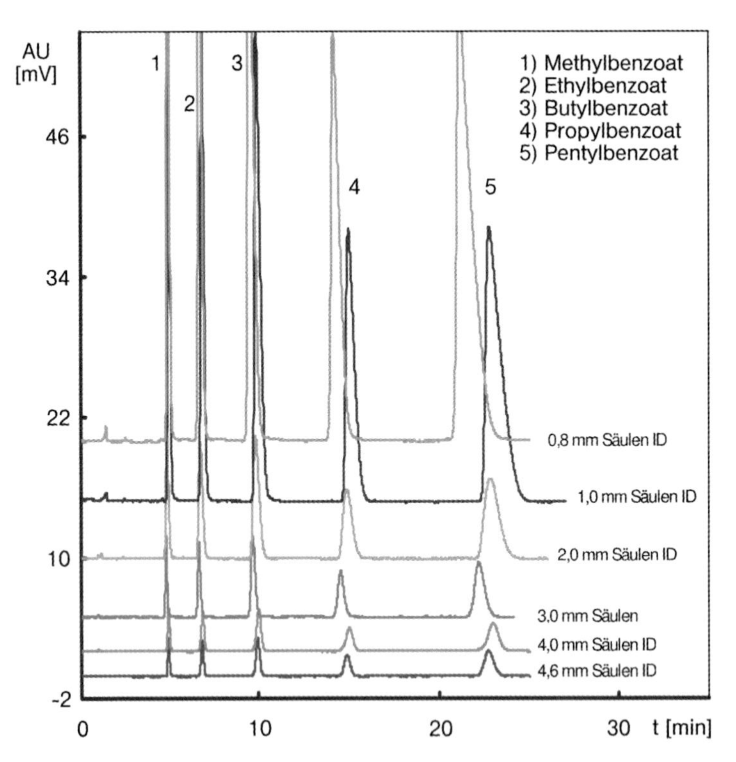

Abb. 1 Einfluss des Säuleninnendurchmessers auf die Empfindlichkeit (nach Földi et al., FH Krefeld).

Stationäre Phase:	GROM Saphir 110 C18, 5 µm
Säulenlänge:	125 mm
Eluent:	45 % H_2O, 55 % ACN (v/v);
Linearer Fluss:	0,8 mm/s = 0,8 mL/min für 4,6 mm ID
Temperatur:	Raumtemperatur
Detektion:	UV 254 nm; Messzelle: 50 nL/0,2 mm
Injektion:	300 nL Benzoattestmix

2.7.1.2.3 Einfluss der stationären Phase

Der Einfluss der Stationären Phase auf die Empfindlichkeit über die Selektivität, Retentionszeit, Peakform und Korngröße ist sehr vielfältig. Davon ausgehend, dass nur die Korngröße des Kieselgels verändert wird und damit alle anderen Faktoren konstant bleiben, ändert sich die Empfindlichkeit nach der Formel:

$$F_{\Delta \mathrm{E}} = \sqrt{\frac{dp_1}{dp_2}}$$

$F_{\Delta \mathrm{E}}$ = Faktor der Änderung der Empfindlichkeit
dp_1 = Korngröße Stationäre Phase der ersten Säule
dp_2 = Korngröße Stationäre Phase der zweiten Säule

Beispiel: Wird anstelle einer Säule mit einer 5 µm-Packung eine mit 3 µm verwendet, so ändert sich die Empfindlichkeit wie folgt:

$$F_{\Delta E} = \sqrt{\frac{5}{3}} = \sqrt{1{,}67} = 1{,}29$$

Alle drei Faktoren wirken zusammen. Beim Wechsel von einer klassischen Säule 250 × 4 mm, 5 µm zu einer kurzen modernen Säule 50 × 2 mm, 3 µm sieht der Empfindlichkeitsgewinn wie folgt aus:

$$F_{\Delta \mathrm{E\ gesamt}} = F_{\Delta \mathrm{E}}\, L \cdot F_{\Delta \mathrm{E}}\, ID \cdot F_{\Delta \mathrm{E}}\, dp = 2{,}24 \cdot 4 \cdot 1{,}29 = 11{,}55$$

2.7.1.3 Robustheit

2.7.1.3.1 Systemauswahl

Bereits bei der Anschaffung eines HPLC-Systems für die Mikro- und Nano-LC kann über die Auswahl des Systems großer Einfluss auf die Robustheit und Stabilität der späteren Analysen genommen werden.

Hauptsächlich finden sich heute drei unterschiedliche Systeme auf dem Markt (Januar 2004):

- Spritzenpumpen (Eldex, MicroPro),
- Doppelspritzenpumpen (Prolab, Evolution 200; Gilson, nLC; Waters CapLC),
- Splittsysteme: (einfache, ungeregelte), geregelte (HP1100 CapLC) und Splitter auf Hochdruckniveau (Dionex/LCpackings).

Die zwei großen Vorteile einer Spritzenpumpe sind der minimale Pumpenabrieb und der absolut pulsationsfreie Fluss. Beide Vorteile wirken sich besonders auf die Lebensdauer der Säule aus. Gleichzeitig ist die Gefahr einer Verstopfung bei diesen Systemen deutlich geringer. Nachteil dieses Prinzips ist der zusätzliche Zeitbedarf für das Befüllen der Spritzen und die Vorkomprimierung der Eluenten. Letzteres wurde in den letzten Jahren durch spezielle Softwaresteuerung zeitlich optimiert, jedoch werden weiterhin wenige Minuten dafür benötigt.

Die Konsequenz, die sich daraus ergibt, ist, dass diese Systeme bei kurzen Analysenzeiten und hohem Probendurchsatz (z. B.: Bestimmung von Plasmaspiegel in der Pharmakokinetik) zeitlich betrachtet nicht optimal eingesetzt werden können. Bei Trennungen mit Analysenzeiten > 20 min (Bestimmung von Metaboliten, Proteomanalyse) spielt der Zeitbedarf für das Befüllen und Vorkomprimieren kaum eine Rolle. Die Stabilität des Systems bei wertvollen Proben ist hier sehr wichtig.

Doppelspritzenpumpen haben den Nachteil des Zeitbedarfs für das Befüllen und Vorkomprimieren nicht. Sie haben pro Lösungsmittelkanal zwei Spritzen mit jeweils eigenem Antriebsmotor. Dies ist der Unterschied zur Kolbenpumpe, da bei dieser in der Regel zwei Kolben über eine Antriebswelle von einem Motor angetrieben werden. Binäre Gradientensysteme haben also vier Spritzen mit vier Antriebsmotoren.

Fördert die erste Spritze den Eluenten, wird die zweite Spritze gefüllt und vorkomprimiert. Ist dieser Vorgang abgeschlossen, schaltet ein Ventil von der ersten auf die zweite Spritze. So kann ohne Verzögerung der Eluent gefördert werden. Je nach Ausführung der Spritzenpumpen entsteht durch die Umschaltung eine mehr oder weniger starke Pulsation. Die Stärke der Pulsation hängt von der Art des Umschaltens, der Frequenz des Wechsels von der ersten zur zweiten Spritze und von dem Förder- und dem Spritzenvolumen ab. Weniger starke Pulsation haben Systeme, welche mit je einem Drucksensor an jeder Spritze arbeiten und die Umschaltung erst bei identischem Druck erfolgt. Systeme, die Spritzen mit größerem Volumen besitzen, haben eine niedrigere Wechselfrequenz und daher eine weniger starke Pulsation. Die Volumen der Spritzen sind deutlich kleiner als bei einer Einspritzenpumpe. Somit haben diese eine höhere Kolbenfrequenz und folglich vermehrt Pumpenabrieb, der zu Verstopfungen führen kann. Doppelspritzenpumpen sind besonders für kurze Analysen geeignet. Werden sie für lange Gradienten und Trennungen eingesetzt, ist dies mit dem Nachteil verbunden, dass die Lebensdauer der Säule etwas geringer ausfällt als im Vergleich zur einfachen Spritzenpumpe.

Splittsysteme bestechen vor allem durch ihren großen Arbeitsbereich. Ausgenommen hiervon sind Splitter die auf Hochdruckniveau arbeiten, da diese jeweils für bestimmte Bereiche optimiert sind.

Stabile Bedingungen in Bezug auf die Flusskonstanz werden nur mit geregelten Splittsystemen erreicht (Abb. 2).

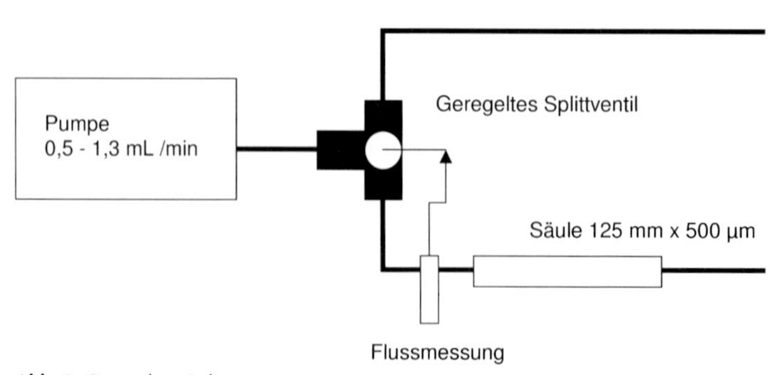

Abb. 2 Geregelter Splitter.

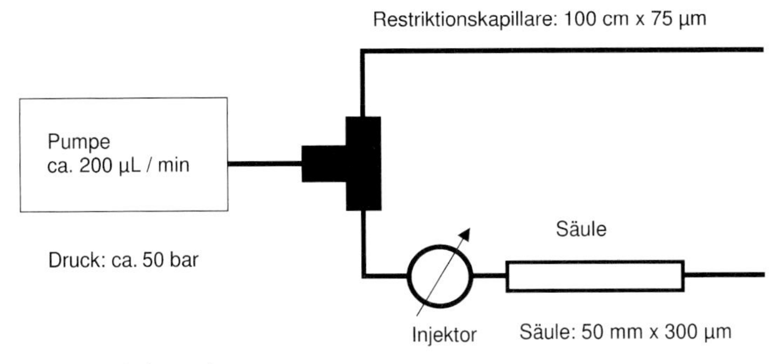

Abb. 3 Einfacher Splitter.

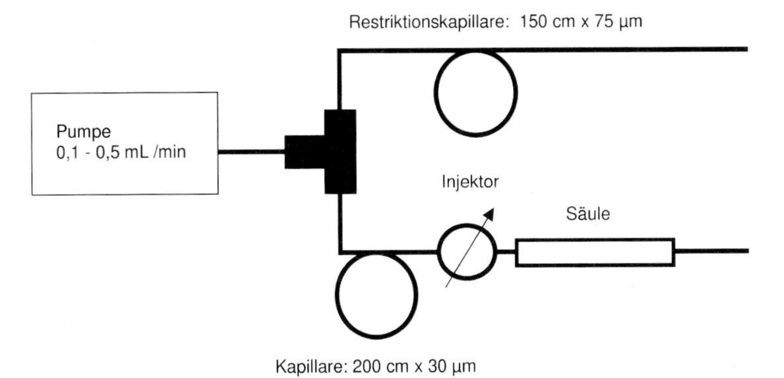

Abb. 4 Splitten auf Hochdruckniveau.

Bei einfachen Splittern (T-Stück, s. Abb. 3) führt bereits ein geringer Druckanstieg in der Säule zur Veränderung des Splittverhältnisses und folglich verringert sich auch die Sekundärflussrate. Die Folge ist eine notwendige permanente Kontrolle und Justierung der Flussrate.

Beim Splitten auf Hochdruckniveau ist der Einfluss des Druckanstieges der Säule deutlich geringer. Erreicht wird dies durch den Einbau einer sehr dünnen und langen Kapillare vor dem Injektor. Damit ist das Druck- und Splittverhältnis weitgehend festgelegt (s. Abb. 4). Die Durchführung der Kontrolle und Justierung der Sekundärflussrate bleibt unerlässlich.

Splitter wirken gleichzeitig auch als Pulsationsdämpfer, was sich wiederum positiv auf die Lebensdauer der Säulen und die Stabilität des Systems auswirkt. Nachteilig ist jedoch die Verwendung von Kolbenpumpen, welche einen sehr hohen Abrieb haben. Zum Schutz des Systems müssen unbedingt geeignete Filter eingebaut werden (s. dazu in [1], Tipp 89).

Der Vorteil der Splittsysteme besteht darin, dass der Gradient unter Hochflussbedingungen generiert wird und die Volumeneinflüsse in Bezug auf Verzögerung und Richtigkeit des Gradienten nicht gravierend sind. Trotzdem muss das Gradientendelayvolumen („Dwellvolume") immer kontrolliert werden. Abbildung 5 zeigt den starken Einfluss der Primärflussrate auf den Gradientenverlauf.

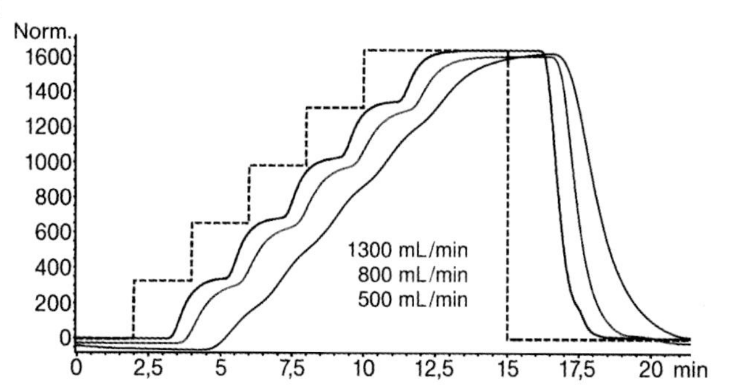

Abb. 5 Gradientenprofile bei unterschiedlicher Primärflussrate (Quelle: Alexander Beck, UKT, Tübingen).
Bedingungen:
Gradient: 100 % ACN gegen 100 % ACN mit 0,1 % Benzylalkohol, Sekundärflussrate 20 µL/min, UV 254 nm, keine Säule – dafür eine dünne Kapillare, Druck jeweils ca. 50 bar, Gradientendelayvolumen ca. 1000 µL.
Gradient: 0–2 min: 0 %B; 2–2,01 min: 0–20 %B; 2,01–4 min: 20 %B; 4–4,01 min: 20–40 %B; 4,01–6 min: 40 %B; 6–6,01 min: 40–60 %B; 6,01–8 min: 60 %B; 8–8,01 min: 60–80 %B; 8,01–10 min: 80 %B; 10–10,01 min: 80–100 %B; 10,01–20 min: 100 %B.

Um stabile Gradienten- und Flussbedingungen zu gewährleisten, ist es notwendig, jedes System regelmäßig zu überprüfen. Zur Überprüfung des Gradienten ist es sinnvoll, oben beschriebenes Verfahren zu verwenden. Allerdings sollte das Acetonitril in Eluent A durch Wasser ersetzt werden. Nur damit lässt sich ein reales Gradientenprofil aufnehmen. Oben beschriebenes Verfahren bietet sich an, wenn ein geregeltes Splittsystem eingesetzt wird, bei dem die Flusskontrolle über Wärmekapazität erfolgt, und diese ist nicht nur eine Funktion des Flusses, sondern auch der Eluenten-Zusammensetzung. Die Software-gesteuerte Korrektur des Gradienteneinflusses ist somit nicht Bestandteil des Gradientenprofils. Bei diesen Systemen ist es notwendig, beide Läufe durchzuführen, um sowohl die Kalibrierung als auch das Gradientensystem zu kontrollieren. Dabei soll die Ansprechzeit des Gradienten < 2 min sein.

2.7.1.3.2 **Kapillarverbindungen**

In der Mikro- und Nano-HPLC entscheiden die Qualität und die Art der Verbindungen oft über Erfolg oder Misserfolg einer Trennung (s. auch Kap. 5.1). Heute werden für die Mikro- und Nano-HPLC Verbindungskapillaren aus Edelstahl, PEEK, Fused Silica und PEEKSil verwendet. Obwohl es eine Reihe objektiver Gründe für die jeweilige Kapillare oder Verbindung gibt, entscheidet meist die individuelle Präferenz und die aktuelle Verfügbarkeit über den Einsatz. In den folgenden Abschnitten werden die Argumente für die jeweiligen Systeme und die möglichen Probleme dargestellt.

Schwierigkeiten bereiten die unterschiedlichen Maßeinheiten. Hilfreich dafür ist eine Tabelle mit den Umrechnungen (s. Tabelle 1).

Tabelle 1 Umrechnungstabelle.

Inch		*cm*	*mm*	*µm*
	1,0000	2,5400	25,400	25.400
1/2	0,5000	1,2700	12,700	12.700
1/4	0,2500	0,6350	6,350	6.350
1/5	0,2000	0,5080	5,080	5.080
1/8	0,1250	0,3175	3,175	3.175
1/10	0,1000	0,2540	2,540	2.540
	0,0700	0,1778	1,778	1.778
1/16	0,0625	0,1588	1,588	1.588
	0,0550	0,1397	1,397	1.397
1/20	0,0500	0,1270	1,270	1.270
1/24	0,0420	0,1067	1,067	1.067
1/25	0,0400	0,1016	1,016	1.016
1/32	0,0313	0,0794	0,794	794
	0,0300	0,0762	0,762	762
1/40	0,0250	0,0635	0,635	635
1/50	0,0200	0,0508	0,508	508
	0,0150	0,0381	0,381	381
1/100	0,0100	0,0254	0,254	254
	0,0090	0,0229	0,229	229
	0,0080	0,0203	0,203	203
	0,0070	0,0178	0,178	178
	0,0060	0,0152	0,152	152
1/200	0,0050	0,0127	0,127	127
1/250	0,0040	0,0102	0,102	102
	0,0035	0,0089	0,089	89
1/400	0,0025	0,0064	0,064	64
1/1000	0,0010	0,0025	0,025	25

Mikro- und Nano-HPLC verlangen eine permanente Kontrolle aller Volumina im System. Hilfreich sind hier zwei Tabellen, welche die Volumina der Kapillaren und der Säulen auflisten (s. Tabellen 2 und 3). Idealerweise sollte eine Anschlusskapillare nicht mehr als 1/50 des Säulenvolumens haben, um eine Bandenverbreiterung durch Totvolumen im System zu vermeiden. Dies betrifft den Bereich ≥ 500 µm Säuleninnendurchmesser. Bei Säuleninnendurchmessern ≤ 500 µm und Kapillaren mit einem Innendurchmesser ≤ 75 µm findet diese Regel keine Anwendung mehr. Da eine Bandenverbreiterung in Kapillaren ≤ 75 µm nicht mehr so stark in Erscheinung tritt, wird die Kapillare in Bezug auf die Zeit (die notwendig ist um das Kapillarvolumen zu durchspülen) und die Gefahr des Verstopfens hin optimiert. Es ist möglich, eine Säule 100 mm × 75 µm mit einer Ausgangskapillare 250 mm × 50 µm zu betreiben, jedoch ist die Zeit der Verweildauer der Probe in der Kapillare größer als auf der Säule (für nicht retardierte Stoffe).

Tabelle 2 Kapillarvolumina in µL.

Länge [mm]	*Innendurchmesser*									
	10 µm	15 µm	20 µm	25 µm	30 µm	50 µm	64 µm	75 µm	100 µm	120 µm
50	0,004	0,009	0,016	0,025	0,035	0,098	0,16	0,22	0,39	0,57
75	0,006	0,013	0,024	0,037	0,053	0,147	0,24	0,33	0,59	0,85
100	0,008	0,018	0,031	0,049	0,071	0,196	0,32	0,44	0,79	1,13
150	0,012	0,026	0,047	0,074	0,106	0,294	0,48	0,66	1,18	1,70
200	0,016	0,035	0,063	0,098	0,141	0,393	0,64	0,88	1,57	2,26
250	0,020	0,044	0,079	0,123	0,177	0,491	0,80	1,10	1,96	2,83
300	0,024	0,053	0,094	0,147	0,212	0,589	0,96	1,32	2,36	3,39
400	0,031	0,071	0,126	0,196	0,283	0,785	1,29	1,77	3,14	4,52
500	0,039	0,088	0,157	0,245	0,353	0,981	1,61	2,21	3,93	5,65

Tabelle 3 Säulenvolumina in µL.

Länge [mm]	*Säuleninnendurchmesser*									
	50 µm	75 µm	100 µm	150 µm	200 µm	300 µm	500 µm	800 µm	1.0 mm	2.0 mm
10	0,020	0,044	0,079	0,18	0,31	0,71	1,96	5,0	7,9	31
20	0,039	0,088	0,157	0,35	0,63	1,41	3,93	10,0	15,7	63
30	0,059	0,132	0,236	0,53	0,94	2,12	5,89	15,1	23,6	94
50	0,098	0,221	0,393	0,88	1,57	3,53	9,81	25,1	39,3	157
75	0,147	0,331	0,589	1,32	2,36	5,30	14,72	37,7	58,9	236
100	0,196	0,442	0,785	1,77	3,14	7,07	19,63	50,2	78,5	314
125	0,245	0,552	0,981	2,21	3,93	8,83	24,53	62,8	98,1	393
150	0,294	0,662	1,178	2,65	4,71	10,60	29,44	75,4	117,8	471
250	0,491	1,104	1,963	4,42	7,85	17,66	49,06	125,6	196,3	785
300	0,589	1,325	2,355	5,30	9,42	21,20	58,88	150,7	235,5	942

Beispiel

Säule 100 mm × 75 µm, Volumen: 442 nL leer, gepackt × 0,7 = 309 nL
Ausgangskapillare 250 mm × 50 µm, Volumen: 491 nL

Bei einer Flussrate von 350 nL/min ist die Zeit für den Durchbruch auf der Säule 53 s und für die Kapillare 84 s. Im Bereich der Nano-HPLC stehen die Zeitoptimierung und die Vorsorge gegen das Verstopfen der Kapillaren im Vordergrund. Weitgehend unkritisch gegen Verstopfen sind Kapillaren mit einem Innendurchmesser ≥ 30 µm. Ab einem Innendurchmesser ≤ 20 µm steigt das Risiko des Verstopfens stark an.

Ein weiterer außerordentlicher Punkt ist die Qualität der Schnittfläche der Kapillaren. Um absolut rechtwinklige Schnittflächen zu erhalten, werden Schneidwerkzeuge verwendet, bei denen sich das Messer um die Kapillare dreht oder es müssen die Kapillaren nachträglich geschliffen werden.

Edelstahlkapillaren

Edelstahlkapillaren sind in zwei Außendurchmessern interessant: 1/32″ und 1/16″ mm. Der Vorteil der 1/32″ Kapillaren ist deren große Flexibilität. Der kleinste Innendurchmesser liegt bei 0,1 bzw. 0,12 mm. Damit ist der Einsatz in der Mikro- und Nano-HPLC begrenzt. Es gibt Hersteller, die eine 50 mm lange 1/16″ Kapillare als Eingang für Kapillarsäulen mit einem ID von 300 bis 800 µm verwenden. Angenehm bei dieser Variante ist, dass die Säule im Injektionsventil stabil fixiert und die Gefahr des Verstopfens relativ gering ist. Bei Verwendung eines PEEK-Fingertights muss beachtet werden, dass diese Verbindung nur bis ca. 200 bar fest ist.

PEEK-Kapillaren

In der RP-Chromatographie haben diese eine gute chemische Stabilität und sind weitgehend inert. Das bei Fused Silica Kapillaren auftretende Tailing aufgrund der Silanolwechselwirkungen tritt hier nicht auf [2]. Sie sind sehr flexibel und zu relativ niederen Preisen in vielen Abmessungen gut verfügbar. Die unterschiedlichen Innendurchmesser lassen sich durch den Farbcode gut zuordnen (Tabelle 4).

Die 1/16″ Kapillaren haben den Vorteil, dass sie ohne Verwendung eines „Sleeves" in jede Standardverschraubung passen. („Sleeves" sind 3–4 cm lange Kapillarstücke, die als Adapter verwendet werden, um dünne Kapillaren in Anschlüssen mit größerem Außendurchmesser anzuschließen. Der Außendurchmesser des „Sleeves" entspricht dabei dem Anschluss, und der Innendurchmesser ist gerade so groß, dass die anzuschließende Kapillare sich einschieben lässt.) Darin liegt jedoch auch gleichzeitig das Risiko, dass Kupplungen oder Verschraubungen verwendet werden, die eine zu große Bohrung haben und daher für den Mikro- und Nanobereich nicht geeignet sind. Durch die große Wandstärke, insbesondere bei den zwei am meisten verwendeten Innendurchmessern 130 µm und 64 µm, ist die Gefahr der Querschnittsverkleinerung durch den Druck der Schneidringe bzw. „Fingertights" sehr gering. Der negative Einfluss einer nicht rechtwinkligen Schnittfläche ist aufgrund des großen Außendurchmessers höher als bei den 1/32″ oder 360 µm Kapillaren.

Sehr universell einsetzbar sind die 1/32″ Kapillaren. Diese können sowohl direkt mit den 1/32″ Verschraubungen oder mit einem Sleeve mit einer 1/16″ Verschraubung verbunden werden. Die 1/32″ Verschraubungen haben den Vorteil, dass sie leichter dicht zu bekommen sind als die 1/16″ Verschraubung und dafür

Tabelle 4 Verfügbare PEEK-Kapillaren.

o.d.	*i.d.*				
		Inch	cm	mm	µm
360 µm					51
					75
					102
					152
510 µm					65
					125
					255
1/32″	1/50	0,0200	0,051	0,508	508
		0,0150	0,038	0,381	381
	1/100	0,0100	0,025	0,254	254
		0,0090	0,023	0,229	229
		0,0080	0,020	0,203	203
		0,0070	0,018	0,178	178
	1/200	0,0050	0,013	0,127	127
		0,0035	0,009	0,089	89
	1/400	0,0025	0,006	0,064	64
1/16″	1/32	0,0313	0,079	0,794	794
		0,0300	0,076	0,762	762
	1/40	0,0250	0,064	0,635	635
	1/50	0,0200	0,051	0,508	508
		0,0150	0,038	0,381	381
	1/100	0,0100	0,025	0,250	250
		0,0090	0,023	0,229	229
		0,0080	0,020	0,203	203
		0,0070	0,017	0,170	170
		0,0060	0,015	0,152	152
	1/200	0,0050	0,013	0,130	130
	1/250	0,0040	0,010	0,102	102
		0,0035	0,009	0,089	89
	1/400	0,0025	0,006	0,064	64

in der Regel kein Werkzeug notwendig ist. Aufgrund der geringen Materialstärke muss hier sehr genau darauf geachtet werden, ob die vom Schneidring verursachte Einkerbung zu Problemen führen kann oder nicht. Die zwei Probleme, die dadurch verursacht werden können, sind der mögliche Druckanstieg und die falsche Positionierung des Schneidringes bzw. „Fingertights", was wiederum zu Totvolumen im System führt.

Diese Gefahr ist natürlich bei den 360 µm PEEK-Kapillaren besonders groß. Der Vorteil der 360 µm PEEK-Kapillaren ist, dass sie analog den Fused Silica Kapillaren in den Mikroverschraubungen verwendet werden können.

Fused Silica Kapillaren

Die große Verfügbarkeit in nahezu allen Innen- und Außendurchmessern sowie der niedrige Preis haben vor allem in der Anfangszeit die Fused Silica Kapillare zur Standardverbindung in der Mikro- und Nano-HPLC gemacht. In Verbindung mit verschiedenen „Sleeves“ oder speziellen Schneidringen können diese in 1/16, 1/32 und 1/40″ (Mikroverbindungen) verwendet werden. Nicht deaktivierte Fused Silica Kapillaren können jedoch bei der Chromatographie basischer Verbindungen ein starkes Tailing verursachen [2].

Hauptproblem beim Arbeiten mit Fused Silica Kapillaren ist, dass bei Benetzung der Polyamidschicht mit mobiler Phase, diese sich vom Glas lösen kann. Die Folgen davon sind Verstopfungen und eine extrem erhöhte Bruchgefahr des Kapillarendes. Abgesplittertes Glas oder Risse an der Fused Silica Kapillare können jede Trennung zunichte machen. Beim Arbeiten mit Fused Silica ist also darauf zu achten, dass alle Verbindungen ohne Fluss, also „trocken“, gemacht werden und bei aufgetretenen Undichtigkeiten sofort die betroffene Verbindung genau kontrolliert wird, ob diese noch in einwandfreiem Zustand ist. Schwierig ist die Bestimmung der Durchmesser. Der Außendurchmesser kann noch gut mit einer Schieblehre oder Mikrometerschraube gemessen werden. Der Innendurchmesser kann nur über eine Messlupe oder ähnliches mit einer gewissen Varianz bestimmt werden. Kapillarzuschnitte mit Wolframcarbid- oder Diamantmessern, bei denen nur angeritzt und danach abgebrochen wird, sind gänzlich zu vermeiden, da meistens keine glatte rechtwinklige Schnittfläche erhalten wird. Beim Einführen des Kapillarendes in das „Sleeve“ ist zu kontrollieren, ob die scharfe Kante der Fused Silica Kapillare kleine Stücke von PEEK oder Teflon abgehobelt hat, da diese wiederum Totvolumen und Verstopfung verursachen können. Aus diesem Grund ist es nicht sinnvoll, kurze Teflonschlauchstücke als Kupplung zu verwenden. Positiv ist, dass sich Fused Silica Kapillaren nicht vom Schneidring oder Fingertight eindrücken lassen.

PEEK-ummantelte Glaskapillaren – PEEKSil

Diese Kapillaren stellen heute weitgehend das Optimum dar. Sowohl als 1/16″- als auch 1/32″-Variante sind alle notwendigen Innendurchmesser verfügbar. Diese Kapillaren werden fertig geschnitten geliefert und haben eine absolut rechtwinklige und glatte Schnittfläche. Der Anwender im Labor kann diese Kapillaren nicht schneiden, ohne dass er sie beschädigt. Auch sind sie stabil gegen das Eindrücken vom Schneidring oder „Fingertight“. Sie sind angenehm im Handling, und die jeweiligen Innendurchmesser sind unterschiedlich farblich codiert. Jedoch haben diese Kapillaren das Risiko, dass das Glas Risse bekommen oder brechen kann. Der hohe Preis hat eine umfassende Verbreitung gehindert.

2.7.1.3.3 Maßnahmen gegen Verstopfen

Neben den im Abschnitt 2.7.1.3 beschriebenen Ursachen von Druckanstieg und Verstopfung gibt es hauptsächlich zwei weitere Risikobereiche. Auf der Primärseite: Lösungsmittelverunreinigungen, Pumpenabrieb usw. und auf der Sekundärseite die Probe.

Die Primärseite des Systems wird am besten durch eine Reinigungsvorsäule geschützt. Diese mit grobem (20–50 μm) B-Type Silica gefüllte Vorsäule wird vor dem Injektor eingebaut. Das Volumen dieser Säule muss der verwendeten Flussrate angepasst sein. Passende Säulen lassen sich in ca. 30 bis maximal 60 s durchspülen. Der Innendurchmesser soll innerhalb dieser Forderung maximal groß sein. Die Längen sind meist 5, 10 oder 20 mm. Ein Kartuschensystem ist kostengünstig und schnell auswechselbar. Zusätzlich kann diese Säule die Funktion einer Mischkammer übernehmen. Von der Filterwirkung aus betrachtet, ist eine Säule besser als eine Fritte aus Edelstahl oder Polymermaterial. Zusätzlich kann sie gelöste Verunreinigungen aufnehmen.

Betrachtet man die Möglichkeiten, einer Erhöhung des Drucks durch die Probe entgegenzuwirken, so kommen alle klassischen Probenvorbereitungstechniken zum Tragen. Filtrieren, Zentrifugieren, Flüssig-Flüssig-Extraktion und SPE kommen je nach Probe zum Einsatz. Die wichtigste Technik ist jedoch die Vorsäulenschaltung. Auf die verschiedenen Varianten wird weiter unten eingegangen.

Im Bereich der Mikro- und Nano-HPLC sind normale Vorsäulen als Schutz für die Hauptsäule üblich. Da die Gefahr des Verstopfens bei kleineren Innendurchmessern erhöht ist, ist es vorteilhaft, den Innendurchmesser der Vorsäule im Vergleich zu dem der Hauptsäule größer zu wählen (ca. 2-fach). Weiterhin ist es besser, in der Vorsäule Packmaterial zu verwenden, das eine größere Korngröße hat als das in der Hauptsäule: bei 3 μm-Material in der Hauptsäule, 5 μm-Material in die Vorsäule; bei 5 μm empfiehlt sich 7 μm für die Vorsäule.

Die Verwendung von Inline-Filtern kann ebenso sehr hilfreich sein. Es gibt Edelstahlsiebe und -fritten mit einem Durchmesser von 1/16″, die direkt in eine 1/16″-Verschraubung eingesetzt werden können. Ebenso sind eine Reihe von Mikrokupplungen mit eingebauten Filtern verfügbar.

Zu beachten ist, dass sowohl die Vorsäule als auch ein Filter bei Gebrauch mit der Zeit die Trennung verschlechtern kann, auch wenn der Druck nur wenig angestiegen ist.

2.7.1.3.4 **Lecksuche**

Bei immer kleiner werdenden Flussraten wird das Erkennen von Undichtigkeiten immer schwieriger. Bis zum unteren μL-Bereich (2 μL/min) können Lecks meist noch optisch erkannt werden, insbesondere wenn Löschpapier verwendet wird, auf dem die austretende Flüssigkeit sehr gut zu sehen ist.

Wichtigstes Indiz für ein Leck ist der Einspritzpeak. Bei konstanter Flussrate und gleichen Kapillaren muss er immer zur identischen Zeit eluieren. Erhöht sich die Zeit, ohne dass ein Leck sichtbar ist, empfiehlt es sich die Flussrate zu erhöhen, bis der Maximaldruck der Säule zu ca. 80–90 % erreicht ist. Damit wird die Leckage größer und sichtbar.

Manchmal ist es hilfreich, die einzelnen Abschnitte des Systems einzeln unter Hochdruck zu testen. Für Injektoren und Schaltventile bietet sich dieses Verfahren besonders an. Bei Detektoren muss auf die Druckfestigkeit der Messzelle geachtet werden.

2.7.1.3.5 Vorsäulenschaltungen – Probenauftragsstrategien

In der Mikro- und Nano-HPLC kommt dem Auftragen der Probe eine entscheidende Bedeutung zu. Üblicherweise wird die Probe am Säulenkopf angereichert und anschließend mittels Gradienten eluiert. Sinnvoll ist dabei mit Vorsäulenschaltungen zu arbeiten. Der Innendurchmesser der Vorsäule soll dabei größer (bis ca. 3-mal) sein als der der Hauptsäule und die Länge bei 5–10 mm liegen. Auch die Korngröße kann größer sein (vgl. 1.3). Dieses Prinzip bietet eine Reihe von Vorteilen gegenüber der Direktinjektion.

- Nicht oder wenig retardierende Begleitstoffe (z. B. Zucker, Salze, Säuren) der Probenmatrix werden nur durch die Vorsäule eluiert und belasten nicht die Hauptsäule.
- Der größere Innendurchmesser ermöglicht den Probenauftrag bei hoher Flussrate (bis zu 20-fach höher als bei der Trennung).
- Der größere Innendurchmesser senkt das Risiko des Druckanstieges durch Verunreinigungen in der Probe im System deutlich.
- Das gröbere Kieselgel baut einen geringeren Druck auf und ist nicht so empfindlich gegen Verstopfen.
- Bei Verwendung einer schwächer retardierenden Phase, z. B. C_8, kann auf einer C_{18}-Phase in der Trennsäule nochmals die Probe fokussiert werden.

Im analytischen Bereich wird oft die Probe im Backflash-Verfahren (umgekehrte Flussrichtung) von der Vorsäule auf die Hauptsäule eluiert. In der Mikro- und Nano-LC wird in der Regel darauf verzichtet, da Verunreinigungen, die am Kopf der Vorsäule zurückgehalten werden, sonst auf die Hauptsäule gespült werden und dort das Risiko einer Verstopfung stark erhöhen.

Verschiedene Varianten von Schaltungen sind heute im Einsatz (Abb. 6).

Diese Kombination bietet sich vor allem für größere Innendurchmesser an. Bei Hauptsäulen mit 300–800 µm Innendurchmesser können Vorsäulen bis zu 2 mm Innendurchmesser verwendet werden. Die Flussraten im Vorsäulenkreis

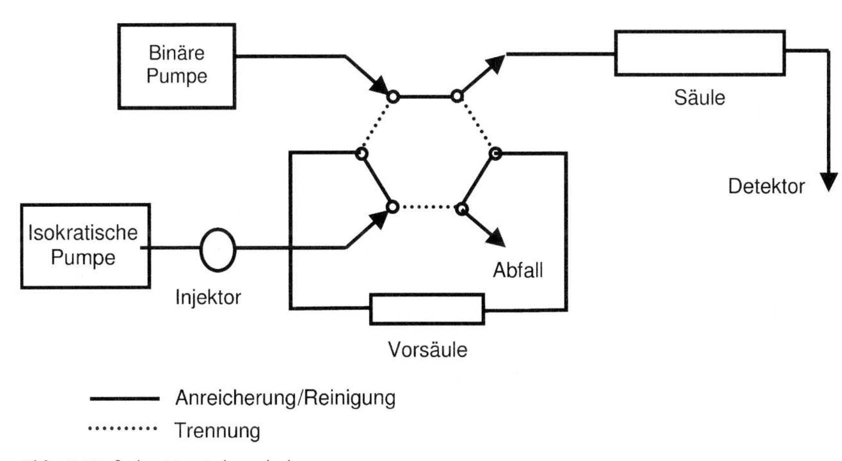

Abb. 6 Einfache Vorsäulenschaltung.

sind in der Größenordnung üblicher analytischer HPLC und daher ist es besser mit einer analytischen HPLC-Pumpe den Probenauftrag durchzuführen.

Ein weiteres Einsatzgebiet ist das Arbeiten mit zwei Vorsäulen zur Anreicherung und einer Hauptsäule. Solange eine beladen wird, ist die andere im Trennzyklus. Notwendig dafür ist ein 8-Port-Ventil. Dies Variante bietet sich an zur Steigerung des Probendurchsatzes bei Analysen mit kurzen Zeiten.

Vorsäulenschaltung für Mikropumpen (Abb. 7)

Bei Verwendung von Säulen mit kleineren Innendurchmessern und den damit verbundenen niederen Flussraten ist es besser, so zu schalten, dass man mit nur einem Mikro-HPLC-System auskommt. Der hohe Fluss wird idealerweise gleichzeitig mit der Ventilumschaltung abgesenkt. Nicht bei allen Systemen ist dies realisierbar. Bei verzögerter realer Flussabsenkung kann durch die Umschaltung der Druck im System stark ansteigen. In diesem Fall muss zuerst der Fluss abgesenkt und dann das Ventil geschaltet werden.

Für die Dimensionierung der Vor- und Hauptsäule gelten die gleichen Strategien wie oben beschrieben. Durch die hohe Startflussrate ist es möglich, eventuelle Gradientenverzögerungen durch zu großes Delayvolumen auszugleichen. In diesem Fall startet man den Gradienten mit der hohen Flussrate unter Anreicherungsbedingungen, und wenn der Gradient auf der Vorsäule angekommen ist, wird der Fluss erniedrigt und auf die Trennsäule geschaltet.

Im Nano-HPLC-Bereich mit Flussraten ≤ 1μL/min ist das in Abb. 8 dargestellte Prinzip zu bevorzugen.

Die Anreicherung erfolgt nach gleichem Prinzip auf Vorsäulen bis 500 μm ID und Flussraten bis ca. 50 μL/min. Danach wird auf einen auf dem Ventil positionierten Splitter (1 : 10–1 : 30) umgeschaltet und mit der niederen Flussrate getrennt. Neben den bereits beschriebenen Vorteilen ist es möglich, hochempfindlich auf Nano-LC-Säulen mit einem Mikro-HPLC-System zu messen. Die Gefahr der Verschiebung des Splittverhältnisses ist bei dieser Anordnung relativ gering, da die Probe bereits über Vorsäule gereinigt wurde.

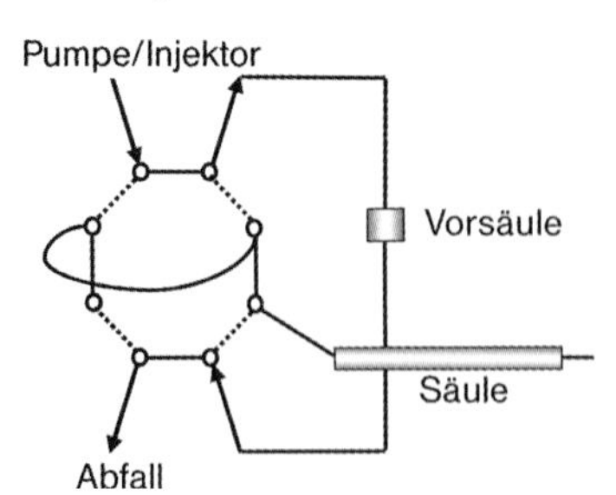

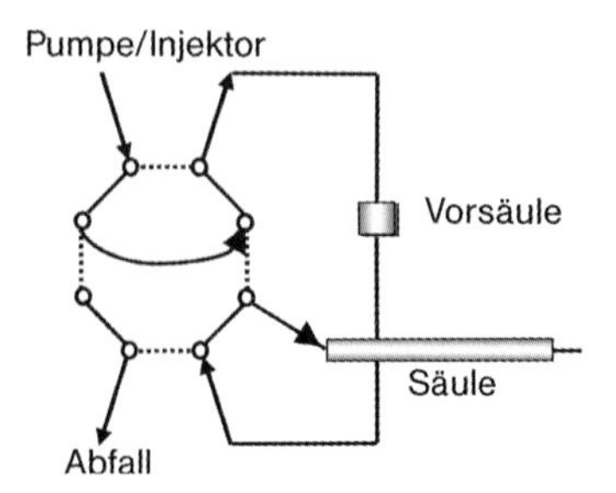

Abb. 7 Vorsäulenschaltung für Mikropumpen.

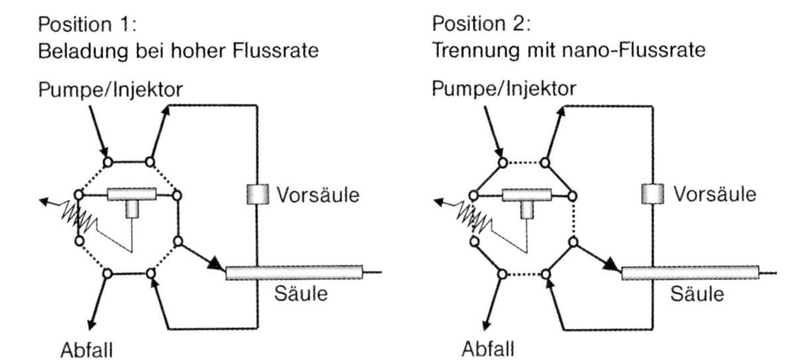

Abb. 8 Vorsäulenschaltung für die Nano-HPLC.

Optimal positioniert ist diese Schaltung direkt am Detektor, sodass das Volumen nach der Säule minimal ist. Das Volumen vor der Säule hat keinen großen Einfluss auf die Auflösung, da auf der Hauptsäule die Probe nochmals fokussiert wird.

Beispiel

Abbildung 9: Vorsäulenschaltung im Nano-Bereich
50 fmol absolut Angiotensin I und Angiotensin II – 10 fmol Pepmix
1 µL Injektion (50 fmol/µL)
(A) 0,1 % FA in Wasser (v/v)
(B) 0,1 % FA, 80 % ACN in Wasser (v/v/v)
Gradient: 0–5 min 15 % B; 10–60 min 60 % B
Vorsäule: GROM-SIL 120 OCTYL-5 CP, 5 µm, 5 mm × 170 µm,
5 min anreichern und entsalzen, 6 µL/min (55 bar)

Säule: GROM-SIL 120 ODS-3 CP, 3 µm, 100 mm × 75 µm,
Fluss: 250 nL/min
8 um Spraytip (NewObjective)
Agilent 1100, CapLC, modifiziert
(Gradientendelayvolumen reduziert auf ca. 100 µL)
Bruker Esquire3000plus Ionenfallen-Massenspektrometer
(Scan von 200–1500 m/z, ICC 35000, 2 Precursor, active exclusion after
1 spectrum, SPS (1,00 V))
(Quelle: Alexander Beck, UKT Tübingen)

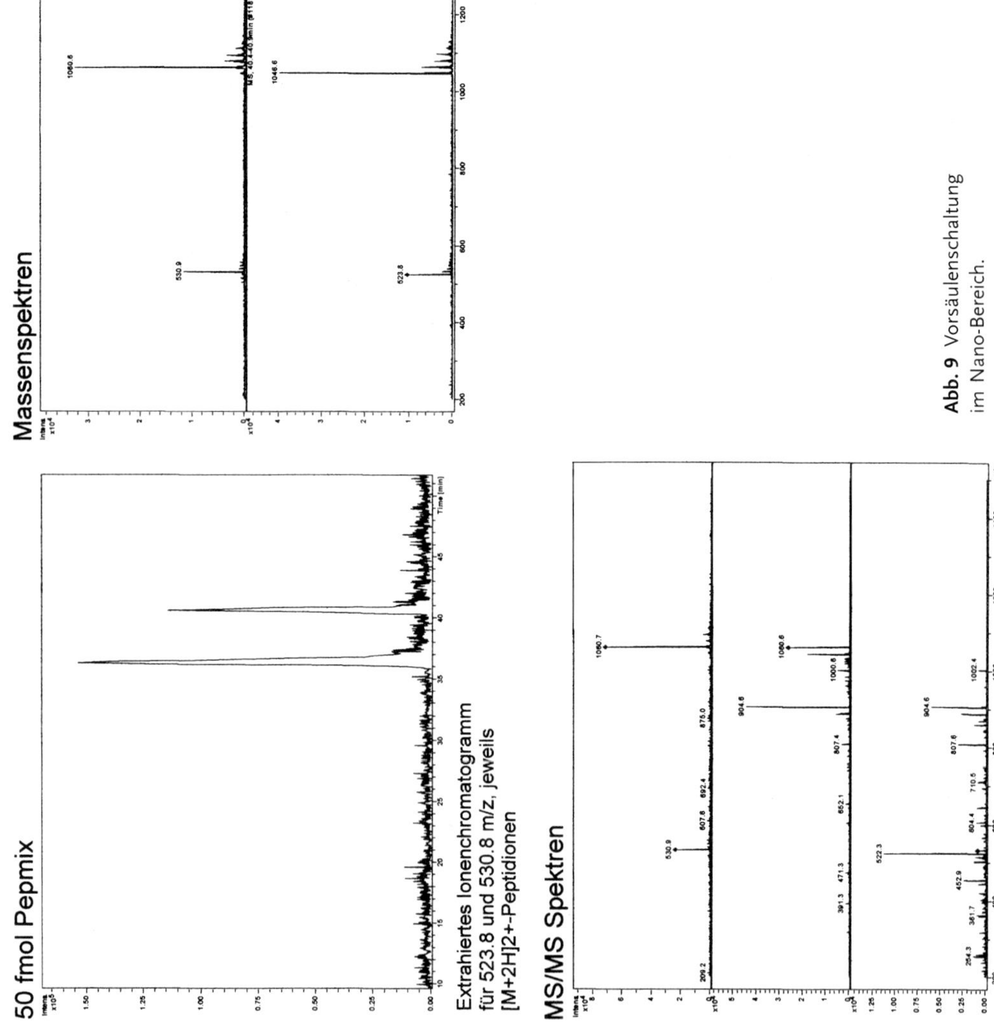

Abb. 9 Vorsäulenschaltung im Nano-Bereich.

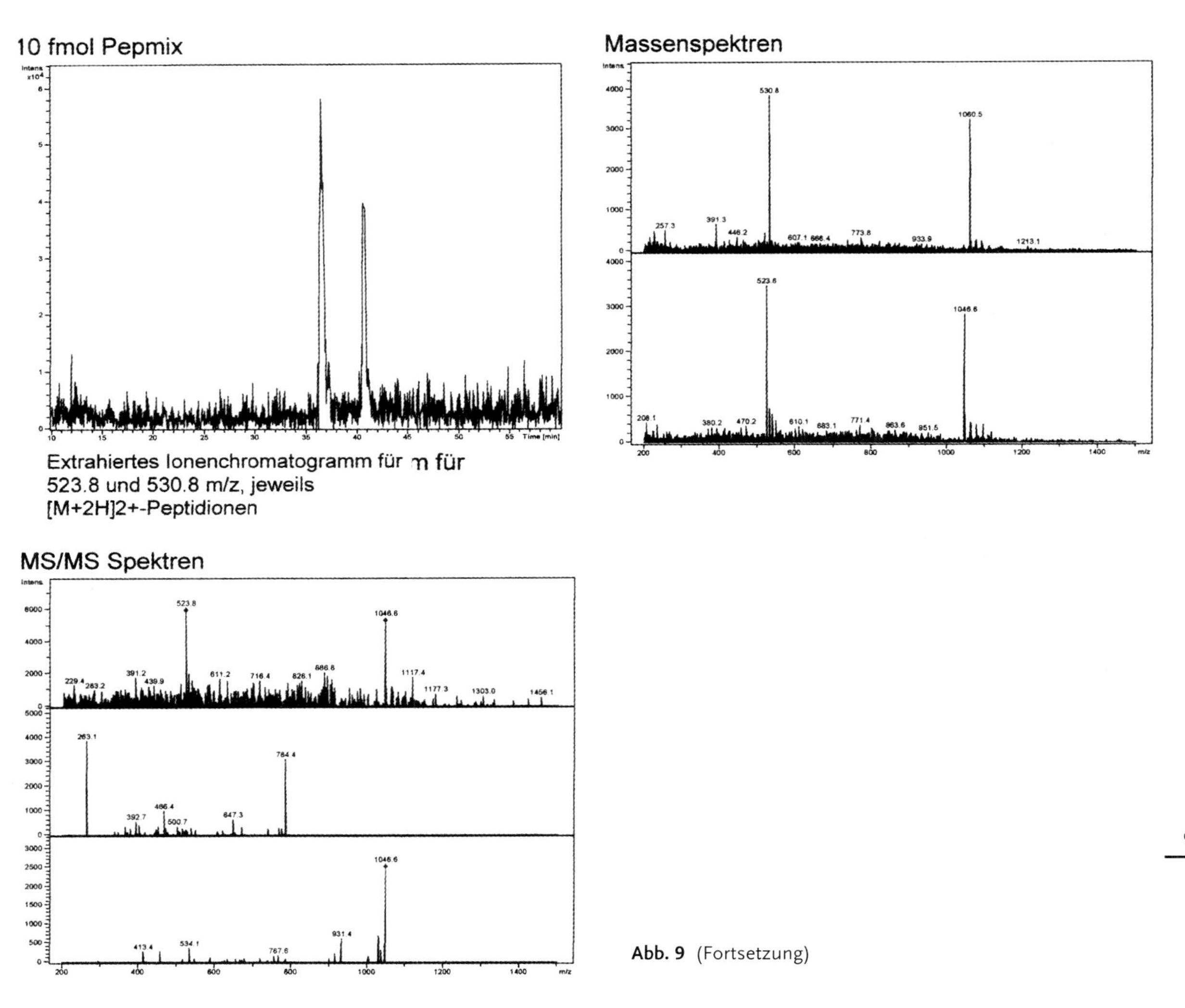

Abb. 9 (Fortsetzung)

2.7.1.4 Empfindlichkeit/Auflösung

2.7.1.4.1 Säulendimensionierung

Es bereitet heute keine Schwierigkeit, eine Säule mit 2 µm Packmaterial, 50 µm Innendurchmesser und 125 mm Länge herzustellen. In Bezug auf Effizienz, Auflösung und Empfindlichkeit stellt diese Säule ein Optimum dar – vorausgesetzt, dass das Packmaterial für die gewählte Anwendung die passende Selektivität hat.

Für die meisten Anwendungen ist jedoch nicht sinnvoll, in diese Bereiche vorzustreben. Die Wahl der einzelnen Parameter richtet sich nach den apparativen Voraussetzungen, Forderungen an die Empfindlichkeit und Auflösung und an die Stabilität und die Robustheit der Trennung.

Die Wahl des Innendurchmessers richtet sich hauptsächlich nach den Möglichkeiten des HPLC-Systems, kleine Flussraten und Gradienten präzise zu generieren und der notwendigen zu ereichenden Empfindlichkeit. Die Verwendung von 50 µm Säulen mit Flussraten im Bereich von 100–200 nL/min stellen eine große Herausforderung für Gerät und Anwender dar. Ein weiteres Kriterium ist die Wahl des Detektors, da der Einsatz deutlich von der Flussrate vom System abhängt (vgl. 7.2.2.3).

Die Länge der Säule richtet sich in erster Linie nach der Art der Chromatographie.

RP-Chromatographie:	10 bis 250 mm
IEC:	10 bis 100 mm
SEC:	mind. 150 mm
HIC:	30 bis 250 mm
HILIC:	30 bis 250 mm

Als Faustregel für die RPC gilt: pro Analyt 1 cm Säulenlänge. Bei Verwendung von ≤ 3 µm-Partikeln und Gradienten kann/muss die Säulenlänge meist halbiert werden.

Bei passender Selektivität können auf einer 50 mm langen Säule in der Regel 10 Analyten getrennt werden (s. jedoch auch Kap. 2.7.3 über UPLC).

Weiterhin gilt: Umso steiler die ln k/%B Kurven verlaufen, umso kürzer kann die Säule gewählt werden. Ein steiler Kurvenverlauf zeigt, dass ein geringer Anstieg von Eluent B bereits eine starke Reduzierung der Retention bewirkt. Dies trifft besonders für die IEC, HIC und HILIC zu.

Neben ihrem Einfluss auf Effizienz und Auflösung bestimmt die Korngröße auch den Druck im System. In Bezug auf die Robustheit des Systems ist es durchaus sinnvoll, 4 und 5 µm-Materialien unter hochauflösenden Anforderungen einzusetzen. Für die Proteomanalytik mit RP-Chromatographie werden heute Säulen mit 3–5 µm Packmaterial, 75 µm ID und Längen zwischen 100 und 150 mm eingesetzt. Bei 2D-Chromatographie bietet sich ein Ionenaustauscher mit 30 bis 50 mm Länge an.

2.7.1.4.2 Packmaterial/Belegungstypen

In erster Linie richtet sich die Auswahl des Packmaterials nach der Selektivität. Zusätzlich gibt es einige Entscheidungskriterien, mit denen eine Trennung zusätzlich optimiert werden kann. Die Verwendung von modernen, hochreinen B-Typ-Kieselgelen ist meist die richtige Wahl. Insbesondere bei Verwendung eines Massenspektrometers als Detektor ist darauf zu achten, dass kein Ausbluten der Säule stattfindet, da damit das Rauschen deutlich zunimmt. Polymer- oder dimergebundene Alkylketten sind deutlich stabiler als monomergebundene Phasen. Kürzere Alkylketten (C_1, C_4) werden unter stark sauren Bedingungen leichter abgespalten als längere (C_8, C_{18}). Früher wurden in der Peptidanalytik hauptsächlich 300 Å-Materialien eingesetzt, da bei größeren Poren eine bessere Oberflächenabdeckung erreicht wurde. Bei den modernen Phasen können auch 100–150 Å -C_{18}-Phasen eingesetzt werden, da diese den Nachteil der schlechteren Oberflächenabdeckung nicht mehr, aber dafür mehr Kapazität haben.

2.7.1.4.3 Detektoren

MS-Detektor

Das Massenspektrometer ist sicherlich der am häufigsten verwendete Detektor im Bereich der Mikro- und Nano-LC. Dieser Detektor ist bezogen auf die Analyten universell einsetzbar, ist hoch selektiv und empfindlich.

Um ein Maximum an Empfindlichkeit und Selektivität zu erreichen, sind für bestimmte Anwendungen auch andere Detektoren sehr leistungsfähig.

UV/VIS-Detektor

Obwohl er keine hohe Spezifität hat, ist er weit verbreitet. Die einfache und günstige Anwendung und die große Anzahl an verschiedenen kleinvolumigen Messzellen machen dies möglich. Leider geben die Angaben zu Schichtdicke und Volumen nicht die Leistungsfähigkeit wieder. Bei „Z"- und „U"- Zellen ist das Signal/Rauschverhältnis deutlich größer als bei normalen Zellen.

Zur Abschätzung, welche Zelle für welche Säulendimension praktikabel ist, können folgende Faustregeln verendet werden:

- Maximales Messzellenvolumen: ein Peak muss die Messzelle 10-mal durchspülen.
- Optimales Messzellenvolumen: ein Peak muss die Messzelle 50-mal durchspülen.
- Beispiel: Bei einer Peakbreite von 30 s und einer Flussrate von 5 µL/min beträgt das Peakvolumen 2,5 µL. Somit darf die Zelle ein maximales Volumen von 0,25 µL haben. Optimal wäre ein Volumen von 0,05 µL bzw. 50 nL.

Elektrochemischer Detektor

Hoch spezifisch und empfindlich ist er für spezielle Analysen das Gerät der Wahl. Eines der Standardeinsatzgebiete ist z. B. die Analytik von Katecholaminen mittels Mikrodialyse. Auch hier muss das Messzellenvolumen zur Auswahl der Säulendimension herangezogen werden.

Fluoreszenzdetektor

Standard-Fluoreszenzdetektoren sind in der Mikro-HPLC nicht optimal einsetzbar, da es keine vernünftigen kleinvolumigen Messzellen gibt. Um die hohe Empfindlichkeit und Selektivität dieses Detektors für die Mikro- und Nano-LC ausnützen zu können, werden am besten LIF (Laser-Induzierte Fluoreszenz)-Detektoren verwendet. Nachteil dabei ist, dass nicht der volle Wellenlängenbereich zur Verfügung steht, sondern je nach Art des Lasers immer nur eine bestimmte Wellenlänge.

Verfügbare Wellenlängen:

Wellenlänge (nm)	*Laser (Typ)*
325	Helium-Cadmium
442	Helium-Cadmium
488	Argon Ion
514	Argon Ion
532	Doppeldiode
543	Helium-Neon
568	Krypton
594	Helium-Neon
635	Diode
650	Diode
670	Diode
785	Diode

Typische Analyte mit Eigenfluoreszenz sind:

Pyrene, Aflatoxine: 325 nm
Riboflavin: 442 nm
Doxo/Daunorubicin: 488 nm
Rhodamin: 488 nm

Durch die Umsetzung der Proben mit einem Fluoreszenzmarker erweitert sich das Anwendungsgebiet enorm.

Dansylchlorid 325 nm
OPA 442 nm
NDA 442 nm
CBQCA 488 nm
FITC 488 nm
DTAF 488 nm
NBD 325 nm

Verdampfungslichtstreudetektor (Evaporating Light Scattering Detector, ELSD)

Die Entwicklung dieser Detektoren ist in den letzten Jahren sehr fortgeschritten, sodass heute kommerzielle Geräte zur Verfügung stehen, die bis zu einer Flussrate von 5 μL/min zuverlässig arbeiten. Somit können Säulen bis zu einem Innendurchmesser von 300 μm eingesetzt werden.

Der ELSD hat mehrere Vorteile. Das Detektionsprinzip basiert auf der Lichtstreuung von Substanzpartikeln und ist somit unabhängig von Chromophoren oder elektroaktiven Gruppen. Der Response ist direkt abhängig von der Menge der eluierten Substanz. Daher können auch unbekannte Substanzen quantifiziert werden. Auch im Gradientenbetrieb ist der ELSD einsetzbar.

Literatur

1 Jürgen Maier-Rosenkranz, in Stavros Kromidas „*HPLC-Tipps Band 2*", Hoppenstedt Verlag, Darmstadt, 2003, ISBN 3-935772-07-6.

2 A. Prüß, C. Kempter, J. Gysler, J. Maier-Rosenkrantz, T. Jira, "Peak shape improvement of basic analytes in capillary liquid chromatography", *J. Sep. Sci.* 28 (2005), 291–294.

2.7.2
Mikrochip-basierte Flüssigchromatographie – Techniken und Möglichkeiten

Jörg P. Kutter

2.7.2.1 Einführung in die Thematik

Das vergangene Jahrzehnt war geprägt von einer rasanten Entwicklung im Bereich planarer miniaturisierter Analysensysteme, auch „Micro Total Analysis Systems" (µ-TAS) oder „Lab-on-a-Chip" genannt [1, 2]. Allen diesen Techniken ist eine Reihe möglicher Vorteile gegenüber den eher klassischen Verfahren gemeinsam. Der Verbrauch an Chemikalien, der Mindestbedarf an Probemenge (Probevolumen) sowie Energie und folglich auch das Ausmaß anfallender Abfälle und anderer unerwünschter Nebenprodukte (z. B. Wärme) ist damit deutlich zu reduzieren. Mikrochips können zu sehr unterschiedlichen Anwendungen hergestellt werden und oft gleichzeitig bzw. parallel betrieben werden. Damit können sowohl Produktionskosten als auch Betriebskosten eingespart werden, wobei gleichzeitig der Durchsatz (Analysen pro Zeit) und damit die Produktivität gesteigert werden können. Im Bereich der Trenntechniken erlauben die Mikrochips sehr schnelle Analysen ohne große damit verbundene Nachteile und eröffnen Möglichkeiten zur einfachen Integration von Probevorbereitungs- und Nachsäulenderivatisierungsschritten aufgrund der planaren Geometrie [3, 4].

Bereits die Pioniere der µ-TAS-Technik waren bezüglich der analytischen Methodik vornehmlich im Bereich der Trenntechniken, wie Elektrophorese und Chromatographie, angesiedelt. Tatsächlich ist eines der ersten beschriebenen miniaturisierten Systeme aus dem Jahr 1979 ein in einen Siliziumwafer integrierter Gaschromatograph [5]. Im Laufe der Jahre kristallisierte sich heraus, dass die Trenntechniken in flüssiger Phase nicht nur technisch einfacher auf einem Chip umzusetzen waren, sondern auch wesentlich geeigneter zur Bearbeitung biochemischer und biomedizinischer Fragestellungen, deren Bedeutung noch immer zunimmt. Da die technische Konzeption robuster und pulsationsfreier mechanischer Pumpen für den Mikro- und Nanoflussbereich schwierig ist, machen zahlreiche Applikationen der Mikrochips für chromatographische Trennungen von einem elektroosmotischen Antrieb der mobilen Phase Gebrauch. Dies hat auch den einfachen technischen Grund, dass die mechanische Stabilität der Mehrzahl der planaren Mikrosysteme lediglich einem Druck von etwa 10 bar standhalten kann, wohingegen moderne, leistungsstarke HPLC-Methoden üblicherweise im Druckbereich zwischen 100 und 300 bar arbeiten, braucht man doch einen solch hohen Druck bei der Anwendung einer stationären Phase kleiner Teilchengröße ($dp \leq 5$ µm).

Dieses Kapitel versucht, einen prägnanten Überblick über die Möglichkeiten zur Realisierung chromatographischer Trennungen auf einem Mikrochip zu geben, es stellt heraus, wo die Vor- und Nachteile der verschiedenen Techniken liegen und wie einfach oder aufwendig Optimierungsaufgaben umgesetzt werden können. Da die beschriebenen Methoden alle noch sehr jung sind, konzentriert sich die Mehrzahl der Wissenschaftler noch immer darauf zu zeigen, dass das betreffende Trennprinzip auf dem Chip überhaupt arbeitsfähig ist. Eine eingehendere Bewertung ihrer Leistungsfähigkeit und besonders ihre weitere Optimierung sind jedoch zunehmend Gegenstand der Forschung.

2.7.2.2 Verschiedene Techniken

2.7.2.2.1 Druckgetriebene Flüssigchromatographie (LC)

Es existieren sehr wenige Beispiele für flüssigchromatographische Trennungen auf Mikrochips, wo die mobile Phase mittels Druck durch den Trennkanal getrieben wird. Dies hat hauptsächlich mechanische Gründe, die einerseits in der planaren Geometrie der Systeme liegen, andererseits aber auch auf die verwendeten Materialien (Glas, Silizium, Kunststoffe) zurückzuführen sind. Ein frühes Beispiel aus der Literatur stellt einen Siliziumchip vor, bei dem die stationäre Phase mit Fritten im Trennkanal gehalten wird und eine Split-Injektion sowie eine longitudinale Detektionszelle mit sehr langem Lichtweg für Absorptionsdetektion verwendet wird [6]. Aus der kritischen Sicht des Chromatographie-Spezialisten sind die Ergebnisse nicht wirklich überzeugend, besonders im Hinblick auf die geringe Trennleistung, die erzielt wurde. Dies ist, neben Extra-Column-Effekten bezüglich derer das System nicht optimiert wurde, sicherlich auf die Qualität der Packung zurückzuführen, die bei dem gewählten Design erreicht werden konnte. Die geringere Effizienz ergibt sich weiterhin zwangsläufig aus dem mit einem druckgetriebenen System verbundenen parabolischen Strömungsprofil. Es überrascht deshalb nicht, dass in Kreisen der Entwickler von Trennsystemen auf Mikrochips die technisch einfachere Variante der Open-Tubular-Chromatographie, wo die Problematik der Packung und der damit verbundenen Rückhaltetechnik umgangen wird, mit einem besonderen Augenmerk bedacht wurde. Um darüber hinaus den Einfluss des parabolischen Strömungsprofils auf die Effizienz auszuschalten, wurden zunehmend elektroosmotisch angetriebene Systeme untersucht.

2.7.2.2.2 Open Channel-Elektrochromatographie (OCEC)

In Bezug auf die technische Umsetzung ist es sicherlich wesentlich einfacher, die inneren Wände der Trennkanäle durch Aufbringen einer stationären Phase zu modifizieren, als eine partikuläre stationäre Phase in den Chip effizient zu packen und diese dort zu fixieren. Besonders bei der Anwendung von Glas-Chips kann hier auf eine reichhaltige Palette an Derivatisierungsreaktionen für Glas- oder Quarzkapillaren sowie für Silica-Teilchen zurückgegriffen werden. „Open Tubular"-Chromatographie-Chips zeigten zwar eine durchaus akzeptable Trennleistung, litten aber doch stets unter dem aus der konventionellen Chromatographie in offenen Röhren bekannten Problem der geringen Beladbarkeit aufgrund des kleinen Phasenverhältnisses. Wie aus der Theorie abzuleiten ist, konnten engere Querschnitte (auf dem Chip üblicherweise sehr flache rechteckige Strömungskanäle) deutlich bessere Effizienzen mit Van-Deemter-Minima bei geringeren Bodenhöhen und größeren Lineargeschwindigkeiten hervorbringen [7, 8].

2.7.2.2.3 Elektrochromatographie in gepackten Kanälen

Die Strategie, mit gepackten Chips Elektrochromatographie durchzuführen, wurde trotz der anfänglichen Schwierigkeiten stetig weiter verfolgt. Alternativen zum Packen der Suspensionen mit Druck waren dabei von Bedeutung. Oleschuk et al. machten sich die elektrokinetische Kraft zu Nutze, um Kieselgel-Teilchen in einen speziell gestalteten Mikrochip zu packen [9]. Die Technik erinnert ein wenig an die Wirkungsweise eines Schneepflugs, der den Schnee von der Fahrbahn an den Straßenrand wirft. Packungen, die mit dieser Methode erzielt wurden, erwiesen sich als sehr homogen und einheitlich. Die stationäre Phase wurde in diesem Fall durch seitliche Zufuhr von der Mitte des Trennkanals her gegen spezielle Rückhaltvorrichtungen am Ein- und Ausgang der Trennstrecke gepackt. Als Retainer fungierten dabei durch lokal geringeres Ätzen erzielte Erhöhungen im Trennkanal, die aufgrund der deutlichen Verengung des Querschnitts die Teilchen der stationären Phase anstauten, ohne die Strömung der Flüssigkeit wesentlich zu beeinträchtigen.

Ein weiterer Ansatz zur Erzeugung der Packung auf dem Chip wurde von Ceriotti et al. [10] verfolgt. Sie verwendeten einen konisch verjüngten Kanal auf der Auslassseite sowohl während der Packphase als auch während des chromatographischen Betriebs. Diese Verjüngung, selbst wenn sie noch immer ein Veilfaches des Teilchendurchmessers beträgt, führt ebenfalls zur gegenseitigen Blockade des Austretens der Partikel, wobei man die aus der konischen Form resultierende Rückhaltkraft mit der Statik eines weit gespannten, aus Steinen zusammengesetzten Kuppeldaches vergleichen kann, was dem zugrunde liegenden Prinzip auch die Bezeichnung Keystone-Effekt einbrachte. Auf die Permeabilität der Packung hat das verjüngte Ende keinen negativen Einfluss. Eine solche Rückhaltetechnik ist gegenüber den ohnehin meist nur schlecht reproduzierbaren Fritten eindeutig vorzuziehen, gelten doch die Fritten in der Elektrochromatographie als Hauptursache der Bandenverbreiterung und Entstehung von „Gas"-Bläschen.

2.7.2.2.4 Labyrinth-artige Mikrostrukturen zur Formgestaltung der stationären Phase („Pillar Arrays")

Die moderne Mikrofabrikationstechnik erlaubt die Herstellung einer nahezu geometrisch perfekten stationären Phase, bei der die einzelnen „Partikel" absolut einheitlich und streng systematisch mit einer einzigartigen Homogenität angeordnet sind. Es lassen sich hiermit nahezu alle gewünschten Größen und Formen von Partikeln der stationären Phase kombiniert mit frei gestaltbaren Strömungskanälen realisieren. Eine gewisse Limitierung stellt dabei jedoch der minimal mögliche „Teilchendurchmesser" dar. Selbstverständlich müssen die Oberflächen der hergestellten Strukturen anschließend chemisch modifiziert werden, um sie als aktive stationäre Phase für den chromatographischen Prozess verfügbar zu machen. Auf solchen Labyrinth-Chips mit einer C_{18}-Modifizierung konnte die erfolgreiche elektrochromatographische Trennung eines Proteinverdaus demonstriert werden [11]. In einer jüngeren Arbeit wurde auf Basis der Theorie gezeigt, dass auch die druckgetriebene Chromatographie auf Mikrochips mit kleinen porösen pfeilerartigen stationären „Partikeln" ausgezeichnete Trennleistungen hervorbringen sollte [12]. Allerdings sind solche speziellen Labyrinth-Chips noch nicht für Routineanwendungen kommerziell verfügbar, da die Technologie zur ihrer Herstellung immer noch sehr aufwendig ist.

2.7.2.2.5 **In situ polymerisierte monolithische stationäre Phasen**

Um sich der Probleme des Packens und der Rückhaltetechniken vollständig zu entledigen, stellt die *in situ*-Herstellung einer zusammenhängenden polymeren stationären Phase poröser Struktur innerhalb des Trennkanals eine sehr elegante Alternative dar. Es wird dabei ein Gemisch von Monomeren und anderen Komponenten, wie z. B. Initiatoren und Porogenen in dem Kanal zur Reaktion gebracht. Das Befüllen ist meist sehr einfach, da diese Reagenzlösungen niederviskos sind und mit Pumpen, Spritzen oder Kapillarkräften mobilisiert werden können. Nach dem Befüllen des Trennkanals wird die Polymerisation, je nach System, entweder thermisch mittels Radikalinitiator oder durch Lichtquanten gestartet. Der Vorteil bei der letzteren Arbeitsweise ist die Möglichkeit, mit Schablonen bestimmte Bereiche des Chips abzudecken und somit die Polymerisation ortsaufgelöst zu kontrollieren, sodass beispielsweise die Bildung einer monolithischen stationären Phase in der Injektions- und der Detektionszone vermieden werden kann. Eine ganze Reihe verschiedener chemischer Ansätze zur Herstellung solcher Monolithe ist beschrieben, hauptsächlich auf der Basis von Acrylaten, Acrylamiden, Styrol-Divinylbenzol-Kopolymeren oder durch Sol-Gel-Umwandlungen, also anorganischen Reaktionen (z. B. [14–18]).

2.7.2.3 **Optimierung der Systeme und ihre Potenziale**

Zum Zeitpunkt der Schriftlegung (Winter 2004) galten chromatographische Techniken auf Mikrochips noch als relativ neu und hatten noch nicht den Reifegrad erlangt, um für eine Vielzahl von Applikationen in der Routine eingesetzt werden zu können. Insofern beschränkten sich die Optimierungsbemühungen hauptsächlich darauf, ein bestimmtes System so weit abzustimmen, dass die Demonstration einer bestimmten Modelltrennung grundsätzlich möglich wurde. Dabei wurden überwiegend Anstrengungen auf der technologischen Seite (Herstellung) unternommen, wohingegen die chromatographischen Aspekte mit weniger Aufmerksamkeit bedacht wurden. Dennoch gibt es eine Reihe von Vorteilen, die ein optimierter und richtig eingesetzter Mikrochip in den Trenntechniken gegenüber einer konventionellen Technik bieten kann. Einige dieser Aspekte werden im Folgenden erläutert und ihr Einfluss auf das Gesamtleistungspotenzial des Chips diskutiert.

2.7.2.3.1 **Trennleistung**

Ein wichtiger Parameter zur Kontrolle der Effizienz eines Systems ist die zur Verfügung stehende Trennstrecke. Selbstverständlich kann die Trennstrecke auf einer miniaturisierten Vorrichtung nicht beliebig lang gestaltet werden, zumindest nicht in Form eines geraden Trennkanals. Wenn eine größere Trennstrecke als die Länge des Chips benötigt wird, ist der Trennkanal üblicherweise in einer Art Spirale oder in der Form eines Mäanders angeordnet, um das Raumangebot optimal auszunutzen. Detailliertere diesbezügliche Untersuchungen haben jedoch gezeigt, dass die Abänderungen des Trennkanals von einer geradlinigen Anordnung bestimmten Gesetzmäßigkeiten folgen müssen, wenn dabei eine erhebliche zusätzliche Bandenverbreiterung vermieden werden soll. Die Geometrie der Verformung (Krümmungsradius, Kanalquerschnitt usw.) beeinflusst die linearen Geschwindigkeiten der Substanzbanden während der Richtungsänderung und den dort stattfindenden diffusionskontrollierten Transport in radialer Richtung im Trennkanal. Werden für das Design strenge Regeln befolgt, so lassen sich nahezu dispersionsfreie Richtungsänderungen realisieren, womit es möglich ist, auf einem Chip lange Trennstrecken und somit sehr hohe Trennleistungen zu erzielen (z. B. [19, 20]). Andererseits kann gerade die Miniaturisierung dazu verhelfen, unnötig lange Trennkanäle zu vermeiden und dennoch eine exzellente Trenneffizienz zu gewährleisten. Dies beruht einerseits auf einer Reduktion des Massentransportbeitrages dank sehr kurzer Diffusionswege, hauptsächlich aber auf der Minimierung einer Bandenverbreiterung außerhalb des Trennkanals. Typische Quellen zusätzlicher Bandenverbreiterung in konventionellen Systemen stellen der Injektor und die Detektionseinheit dar, aber auch die Entstehung von Joulescher Wärme. Besonders mit den monolithischen Techniken können Injektoren und Detektoren nahezu totvolumenfrei an die Trennstrecke gekoppelt werden, wobei die sehr präzise Fluidik (Flusscharakteristik) eine Injektion definierter, kleiner Probezonen erlaubt. Die kalorischen Effekte spielen auf dem Chip eine wesentlich geringere Rolle, zum einen wegen des viel größeren Oberfläche zu Volumen Verhältnisses der Kanäle, zum anderen aufgrund der größeren thermischen Masse der Chips im Vergleich zu normalen Kapillarsäulen [21].

2.7.2.3.2 **Isokratische- und Gradientelution**

Die Anpassung des Trennsystems auf eine analytische Aufgabenstellung wird in der Flüssigchromatographie maßgeblich durch eine Variation der mobilen Phase vorgenommen. Dies kann sowohl durch Wechsel der Lösemittel und Variation ihrer Zusammensetzung bei isokratischer Elution erfolgen, aber auch über die Modifikation einer Methode zur programmierten Veränderung des Eluenten während der Trennung (Gradientelution) erzielt werden, wozu jedoch in der klassischen HPLC eine spezielle Apparatur erforderlich ist. Die exzellente Kontrolle der Mikroflüsse auf den Chip erlaubt es, nahezu jedes Mischungsverhältnis zweier Komponenten direkt einzustellen, was die Optimierung der mobilen Phase in der Praxis wesentlich vereinfacht. Das sog. „Solvent-Programming“ wurde erfolgreich für die Optimierung von Mizellarer Elektrokinetischer Chromatographie (MEKC) und „Open Channel“-Elektrochromatographie (OCEC) auf dem Mikrochip eingesetzt [8, 22]. Abbildung 1 zeigt das Beispiel einer Trennung von vier Coumarin-Farbstoffen in der OCEC unter Anwendung einer sehr schnellen Gradientelution. Die Möglichkeiten der Mikrofluidik erlauben eine sehr schnelle Methodenoptimierung, ohne weitere manuelle Arbeitsschritte (außerhalb des Chips) und könnten somit auch technisch sehr leicht für die computerbasierte, automatisierte Methodenentwicklung und Optimierung eingesetzt werden.

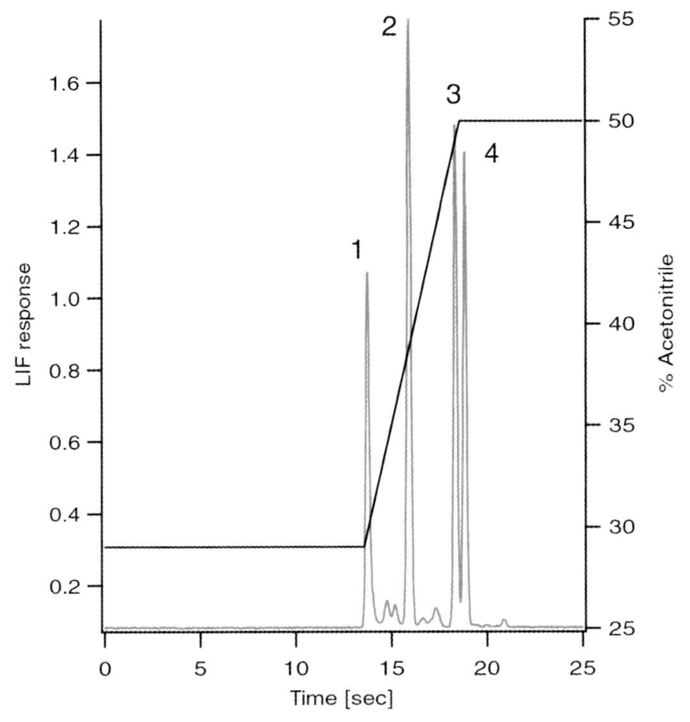

Abb. 1 OCEC Trennung von 4 Coumarin-Farbstoffen in einem C_{18}-modifizierten Trennkanal unter Anwendung eines Gradienten von 29 % zu 50 % Acetonitril (mit Borat Puffer) innerhalb von 5 Sekunden. (Aus [8] mit freundlicher Genehmigung, Copyright (1998) American Chemical Society).

2.7.2.3.3 **Maßgeschneiderte stationäre Phasen**

Die Anwendung der photoinduzierten *in situ* Herstellung monolithischer Polymere ermöglicht es, die Eigenschaften der stationären Phasen relativ einfach über einen weiten Bereich zu variieren und zu optimieren. Durch die sorgfältige Auswahl eines Monomers mit einer bestimmten funktionellen Gruppe kann das Ausmaß einer spezifischen chromatographischen Wechselwirkung gesteuert und auf die Applikation angepasst werden. Weitere Additiva dienen zur Anpassung der Oberflächenchemie im Hinblick auf die Erzeugung des elektroosmotischen Flusses oder zur Einstellung der Größe der Durchflussporen und somit der Permeabilität für die Anwendung in der druckgetriebenen Chromatographie [16]. Unter weiterer Ausnutzung der Möglichkeiten photoinduzierter, ortsaufgelöster Polymerisation können nahtlos ineinander übergehende Sektoren mit verschiedenen Trenneigenschaften gekoppelt werden. Schließlich ist es auf einem Mikrochip prinzipiell herstellungstechnisch kaum aufwendiger, eine Vielzahl paralleler Trennkanäle mit jeweiliger Injektions- und Detektionseinheit zu integrieren als einen einzigen solchen. Werden in diesen parallelen Kanälen verschiedene stationäre Phasen inkorporiert, so lässt sich unter weiterer Ausnutzung der Mikrofluidik zur Variation der mobilen Phase die Methodenoptimierung durch Parallelisierung der experimentellen Schritte auf einen Bruchteil des Zeitaufwandes konventioneller Systeme reduzieren.

2.7.2.3.4 Kopplung auf dem Mikrochip zur integrierten Probenvorbereitung und mehrdimensionalen Trennung

Eine der offensichtlichen Stärken der Chiptechnologie für die Trennverfahren ist ihre Einfachheit, verschiedene funktionale Einheiten totvolumenfrei zu verbinden, ohne dabei zusätzliche Bandenverbreiterung in Kauf nehmen zu müssen. In diesem Sinne kann eine der Trennung vorgeschaltete Aufreinigung oder Analyt-Anreicherung der Probe erheblich die Qualität der Trennung verbessern, reduziert sie doch die Komplexität des Chromatogramms und verbessert in vielen Fällen auch die Peakform, das Signal-zu-Rauschen-Verhältnis und die Robustheit. Festphasenextraktion (SPE) und Isotachophorese (ITC) sind zwei Probenvorbereitungstechniken, die auf dem Mikrochip erfolgreich mit einer nachgeschalteten Trenntechnik gekoppelt wurden [23, 24]. Die einfache Kopplung verschiedener monolithischer Segmente und die möglichen hohen Trenngeschwindigkeiten prädestinieren die Mikrochips geradezu für zwei- oder mehrdimensionale Trennungen. Zur Etablierung einer Plattform für die vollständige zweidimensionale Trennung, bei der jede Fraktion, die aus der ersten Dimension eluiert wird, in eine zweite injiziert und dort weiter zerlegt werden kann, stellt sehr konkrete Anforderungen an die Systemperformance. Das sind im Wesentlichen die totvolumenfreie Kopplung, eine präzise und schnelle Injektions- bzw. Fraktionsübertragungstechnik und eine extrem schnelle Trennung in der 2. Dimension. Mikrochips sind in der Lage, alle diese Anforderungen vorzüglich zu erfüllen, sodass exzellente 2D-Trennungen enzymatischer Verdaue von Proteinen in der Literatur beschrieben sind [25].

2.7.2.3.5 Schwierigkeiten und Herausforderungen

Eines der zentralen Probleme beim Betrieb von Mikrochips mit Trenntechniken ist die Blasenbildung innerhalb der Trennkanäle. Hat sich einmal eine Blase gebildet, so erweist es sich meist als sehr schwierig, diese wieder aus dem System zu entfernen, es sei denn man vermeidet bei der Gestaltung der Kanäle jegliche Stellen, an denen sich Blasen festsetzen können und ermöglicht so, sie mit moderatem Druck aus der Vorrichtung hinauszuspülen. Eine solche Blase kann andererseits zum vollständigen Stromabriss in einem Segment führen, womit unweigerlich ein Stillstand des elektroosmotischen Flusses verbunden ist. Sofern der experimentelle Aufbau keine permanente Strommessung erlaubt, können solche Fehlfunktionen u. U. lange unerkannt bleiben. Luftblasen können, auch wenn sie sich nicht über den gesamten Trennkanalquerschnitt erstrecken, weiterhin nicht benetzte Stellen der stationären Phase erzeugen, was sich meist in einer Veränderung der Retention und Peakform äußert. Nicht zuletzt können sie auch die Detektion stören.

Ein weiterer kritischer Aspekt bei der spannungskontrollierten Manipulation von Flüssigkeiten ist die elektrolytische Zersetzung der Pufferlösung. Neben der

Gefahr einer damit verbundenen Entstehung von Gasblasen führen diese Elektrolyseprozesse unweigerlich zu einer Veränderung des pH-Wertes der Lösung. Da die Pufferkapazität aufgrund der miniaturisierten Volumina naturgemäß relativ gering ist, äußern sich diese Einflüsse meist sehr schnell in einer Veränderung der Elektroosmose oder des Ladungszustandes der Analyten. Diesen Unzulänglichkeiten begegnet man mit größeren Pufferreservoirs, niedrigeren Betriebsspannungen und speziellem Design der Elektroden.

In Anbetracht der beeinträchtigten Robustheit chipbasierter Systeme aufgrund von Gasblasen oder anderer Unzulänglichkeiten hat der Anwender andererseits die Möglichkeit sich einen Luxus zu leisten, der mit konventionellen Techniken üblicherweise nicht möglich ist: mehrere identische Systeme zum redundanten Einsatz. Sofern nicht die Menge an Probe der begrenzende Faktor ist, können auf wirtschaftlich vertretbare Weise die Analysen mehrfach parallel mit identischen Trennsystemen abgearbeitet werden. Somit ist es nahezu sicher, beim ersten Durchgang zu allen Proben eine analytische Information zu erhalten, selbst wenn Funktionsstörungen auftreten sollten. In gewisser Weise implementieren die Mikrochips innerhalb der Trenntechniken eine im Bereich der Mikroelektronik bereits lange gängige Praxis: Bauteile werden nicht mehr repariert, sondern komplett ausgewechselt. Grundsätzlich ist sowohl die technische Ausführung einer Problembehebung als auch die Fehleranalyse auf den Mikrochips sehr schwierig und eigentlich nicht als Aufgaben für den Anwender vorgesehen. Die meisten Chip-Systeme werden nicht als universell einsetzbare analytische Werkzeuge konzipiert, sondern sind auf eine bestimmte Anwendung spezialisiert und ein erfolgreiches Troubleshooting wäre hier meist ähnlich schwierig und aufwendig wie die Entwicklung des Mikrochips und dessen Betriebsmodi selbst.

2.7.2.4 **Anwendungsbeispiele**

Obwohl die Umsetzung zahlreicher flüssigchromatographischer Trennsysteme auf dem Chip die Arbeitsfähigkeit von Systemen in diesem Design unter Beweis stellte, gibt es noch immer wenig wissenschaftliche Arbeiten, die eine konkrete analytische Anwendung des Mikrochips beschreiben. Im Folgenden werden jedoch einige Beispiele kurz vorgestellt.

Fintschenko et al. beschreiben die elektrochromatographische Trennung polyzyklischer aromatischer Kohlenwasserstoffe (PAK) auf Mikrochips, wobei sie *in situ* hergestellte acrylatbasierte poröse, monolithische Polymere einsetzen [17]. Durch Photoinitiation und partielle Abdeckung des Chips konnte die Injektions- und Detektionszone monolithfrei gehalten werden. Der Grad der Quervernetzung und der mittlere Porendurchmesser wurden durch eine sorgfältige Selektion der Zusammensetzung der Monomerlösung gesteuert. Die Autoren zeigten eine Trennung von 13 PAK's auf, wobei jedoch nicht alle Peaks basisliniengetrennt waren. Effizienzen von bis zu 200.000 Böden pro Meter wurden in einem 7 cm langen Trennkanal erzielt, die Werte streuten jedoch relativ stark. Die aufgetretenen Probleme konnten teilweise auf Elektrolyse des Puffers an den Elektroden und entstehende Druckgradienten innerhalb des bezüglich der Elektroosmose inhomogenen Systems zurückgeführt werden.

Hjertén und Mitarbeiter beschreiben ebenfalls die Herstellung eines kontinuierlichen Bettes (poröser Monolith) für elektrisch getriebene chromatographische Trennungen auf dem Chip [16]. Die stationäre Phase basierte auf einem Methacrylat, bei dem funktionelle Gruppen für die hydrophobe Retention (C_3), Anionenaustauschgruppen (quartäre Ammoniumfunktionen) und Sulfatgruppen zur Kontrolle der Elektroosmose inkorporiert waren. Ihre Untersuchungen zeigten grundsätzlich flache Van-Deemter-Kurven bis zu hohen linearen Geschwindigkeiten. Damit konnte bewiesen werden, dass solche *in situ* hergestellten stationären Phasen in der Elektrochromatographie hocheffizient sind und nicht aufgrund von Randeffekten Einbußen in der Trennleistung erleiden, wie man aufgrund des weit von der üblichen Kreisgeometrie abweichenden Querschnittes erwarten könnte. Alkylphenone wurden erfolgreich auf dem C_3-derivatisierten Monolithen unter Anwendung eines mäanderierenden 28,1 cm langen Trennkanals und einer Feldstärke von 500 V/cm getrennt. Die erzielte Trennleistung bewegte sich in der Größenordnung von 200.000–300.000 Böden pro Meter. Die schnelle Anionenaustauschchromatographie von 4 Standardproteinen konnte ebenfalls gezeigt werden, in diesem Fall druckgetrieben mit 22 bar in einem 4,5 cm langen Kanal bei einer Flussrate von 0,1 mL/min.

Die Anwendung eines Labyrinth-Mikrochips oder „Pillar Arrays" (s. Abschnitt 2.7.2.2.4) für die elektrochromatographische Trennung der Peptide eines tryptischen Verdaues von Ovalbumin wurde von He et al. publiziert [11]. Die Trennstrecke ihres Pillar Arrays betrug ebenfalls 4,5 cm, wobei die Zwischenräume 1,5 μm Breite und 10 μm Höhe hatten. Die Oberfläche der „Pillars" wurde mit einem C_{18}-Silan modifiziert. Die Trennmethode erlaubte eine große Zahl von Peptiden innerhalb von etwa 10 min mit isokratischer Elution zu trennen, was das Potenzial der Mikrochip-basierten Techniken zur Analyse komplexer Proben klar unter Beweis stellt. In Abb. 2 ist rechts oben ein Teil des miniaturisierten Labyrinthes auf dem Chip zu sehen, während das Hauptbild das oben erläuterte Chromatogramm der Peptidtrennung zeigt.

Im letzten Beispiel handelt es sich wieder um eine Peptidtrennung. Es ist hier jedoch im Unterschied zu vorher eine 2-dimensionale Auftrennung des tryptischen Verdaus von β-Casein [25] zu sehen. In der 1. Dimension wurde eine „Open Channel"-Elektrochromatographie (OCEC) eingesetzt, genauer ein 25 cm langer Mikrokanal mit C_{18} beschichtet. Als 2. Dimension fungierte hingegen eine sehr schnelle kapillarelektrophoretische Trennung in einem nur 1,2 cm langen Kanal. Das System erlaubte die erschöpfende Übertragung der Fraktionen aus der ersten Dimension, wobei alle 3 s eine Injektion in die 2. Dimension erfolgte. Obwohl die beiden Trennprinzipien nicht vollständig orthogonal waren, resultierte aus der 2D-Trennung eine sehr große Zahl aufgetrennter Zonen, und ein Zuwachs von 50 % an Information konnte gegenüber einer 1-dimensionalen OCEC verzeichnet werden (s. auch Abb. 3). Solche 2D-Chips sollten sich als vorzüglich geeignet zum Fingerprinting von Proteinmischungen und Proteinverdauen bewähren.

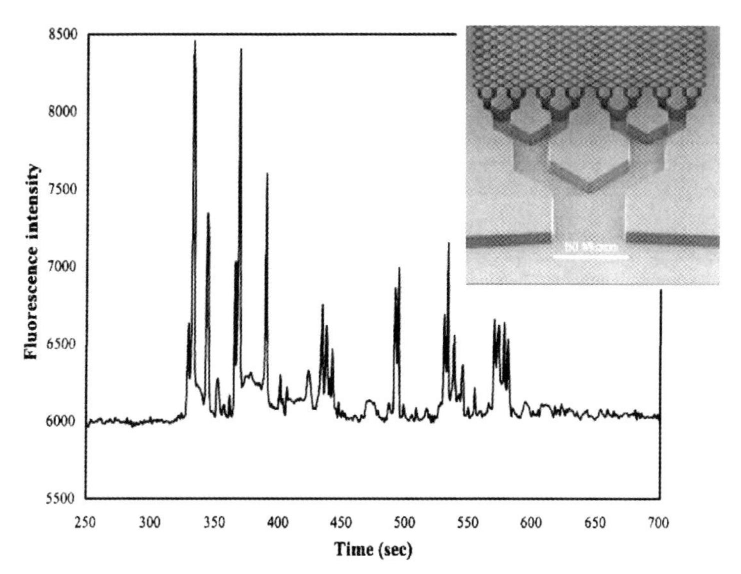

Abb. 2 Elektrochromatographische Trennung der Peptide eines tryptischen Verdaus von Ovalbumin auf einem C_{18}-modifizierten Labyrinth-Chip (großes Bild) und elektronenmikroskopische Aufnahme des Micro Pillar Arrays, welche den Einlassbereich des Arrays darstellt (kleines Bild). (Aus [11] und [26] mit freundlicher Genehmigung, Copyright (1998) American Chemical Society and (1999) Elsevier).

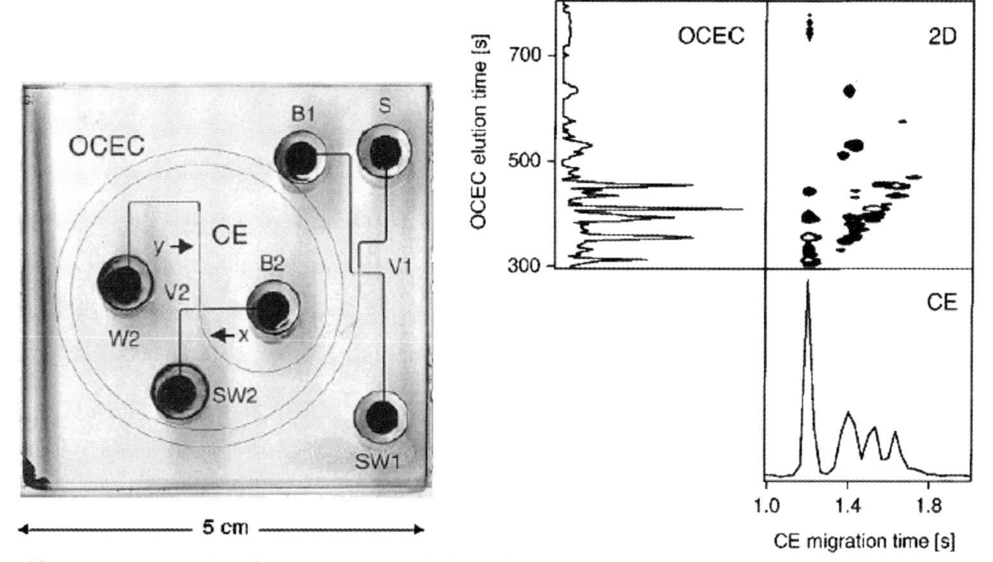

Abb. 3 Design eines Chips für 2D-Trennungen (links) und ein Beispiel einer 2D-Trennung der Peptide eines tryptischen Verdaus von β-Casein (rechts). (Aus [25] mit freundlicher Genehmigung, Copyright (2001) American Chemical Society).

2.7.2.5 Abschließende Bewertung und Ausblick

Trenntechniken in flüssiger Phase in miniaturisierter Form sind unerlässliche Bestandteile von „Lab-on-a-Chip"-Systemen. Die meisten traditionellen Trenntechniken konnten bereits voll funktionstüchtig auf dem Mikrochip implementiert werden. Darüber hinaus bietet dieses neue Format Möglichkeiten zur Ausführung von Trennoperationen und zur Erhöhung der Trennqualität (im Hinblick auf Auflösung, Selektivität, Geschwindigkeit und Durchsatz), welche weit über das Potenzial der konventionellen Systeme hinaus gehen. Während die elektrophoretischen Chip-basierten Systeme bereits zuverlässig in der Routine eine Reihe von Applikation (z. B. die Analyse von DNA- Fragmenten) zu bearbeiten erlauben, haben die chromatographischen Methoden auf dem Mikrochip dieses Stadium noch nicht erreicht. Wie in diesem Kapitel kurz ausgeführt wurde, gibt es eine Auswahl von Möglichkeiten chromatographische Methoden auf dem Chip zu implementieren, von denen jede gleichzeitig eine Reihe von Vor- und Nachteilen aufweist (siehe auch Tabelle 1 zur qualitativen Gegenüberstellung). Darum wird es ganz entscheidend von der jeweiligen Applikation abhängen, welcher Typ als stationäre Phase und welches chromatographische Prinzip sich am besten für ein bestimmtes Trennproblem eignet. Eine ganze Reihe von Möglichkeiten zur Optimierung des Leistungsvermögens solcher Methoden steht schon jetzt bereit und die Zukunft wird zweifellos intelligente Umsetzungen vieler der oben diskutierten Optimierungsstrategien sowie eine Reihe weiterer in den analytischen Alltag einbringen.

Tabelle 1 Ein qualitativer Vergleich der hauptsächlich angewendeten Techniken zur Umsetzung der Chromatographie auf dem Mikrochip.

Gestaltung der stationären Phase	*Aufwand der Herstellung*	*Packungsqualität*	*Beladbarkeit, Phasen-Verhältnis*	*Design-Flexibilität, Selektivität*	*Kommentare*
Offene Röhre, Wände modifiziert	einfach	keine Packung	niedrig	begrenzt	nicht für Spurendetektion
Partikel, druckgepackt	aufwändig, schwierig	niedrig	hoch	akzeptabel	Standard-HPLC-Phasen verwendbar
Partikel, elektrogepackt	akzeptabel	akzeptabel	hoch	akzeptabel	Standard-HPLC-Phasen verwendbar
Labyrinth-Mikrostrukturen, modifiziert	akzeptabel	exzellent	akzeptabel	begrenzt	noch nicht verfügbar in poröser Form
Monolithen, *in situ* polymerisiert	akzeptabel	keine Packung	hoch	hoch	Photomaskierung möglich

Literatur

1 Reyes, D. R.; Iossifidis, D.; Auroux, P.-A.; Manz, A. *Analytical Chemistry* **2002**, *74*, 2623–2636.
2 Auroux, P.-A.; Iossifidis, D.; Reyes, D. R.; Manz, A. *Analytical Chemistry* **2002**, *74*, 2637–2652.
3 Bruin, G. J. M. *Electrophoresis* **2000**, *21*, 3931–3951.
4 Kutter, J. P. *TrAC – Trends in Analytical Chemistry* **2000**, *19*, 352–363.
5 Terry, S. C.; Jerman, J. H.; Angel, J. B. *IEEE Trans. Electron. Devices* **1979**, *26*, 1880–1887.
6 Ocvirk, G.; Verpoorte, E.; Manz, A.; Grasserbauer, M.; Widmer, H. M. *Analytical Methods and Instrumentation* **1995**, *2*, 74–82.
7 Jacobson, S. C.; Hergenröder, R.; Koutny, L. B.; Ramsey, J. M. *Analytical Chemistry* **1994**, *66*, 2369–2373.
8 Kutter, J. P.; Jacobson, S. C.; Matsubara, N.; Ramsey, J. M. *Analytical Chemistry* **1998**, *70*, 3291–3297.
9 Oleschuk, R. D.; Shultz-Lockyear, L. L.; Ning, Y.; Harrison, D. J. *Analytical Chemistry* **2000**, *72*, 585–590.
10 Ceriotti, L.; de Rooij, N. F.; Verpoorte, E. *Analytical Chemistry* **2002**, *74*, 639–647.
11 He, B.; Ji, J.; Regnier, F. E. *Journal of Chromatography A* **1999**, *853*, 257–262.
12 Gzil, P.; Vervoort, N.; Baron, G. V.; Desmet, G. *Analytical Chemistry* **2003**, *75*, 6244–6250.
13 Knox, J. H. *Journal of Chromatography A* **2002**, *960*, 7–18.
14 Peters, E. C.; Petro, M.; Svec, F.; Frechet, J. M. J. *Analytical Chemistry* **1998**, *70*, 2288–2295.
15 Cabrera, K.; Lubda, D.; Eggenweiler, H. M.; Minakuchi, H.; Nakanishi, K. *Hrc-Journal of High Resolution Chromatography* **2000**, *23*, 93–99.
16 Ericson, C.; Holm, J.; Ericson, T.; Hjertén, S. *Analytical Chemistry* **2000**, *72*, 81–87.
17 Fintschenko, Y.; Choi, W.-Y.; Ngola, S. M.; Shepodd, T. J. *Fresenius Journal of Analytical Chemistry* **2001**, *371*, 174–181.
18 Tanaka, N.; Kobayashi, H.; Ishizuka, N.; Minakuchi, H.; Nakanishi, K.; Hosoya, K.; Ikegami, T. *Journal of Chromatography A* **2002**, *965*, 35–49.
19 Culbertson, C. T.; Jacobson, S. C.; Ramsey, J. M. *Analytical Chemistry* **2000**, *72*, 5814–5819.
20 Griffiths, S. K.; Nilson, R. H. *Analytical Chemistry* **2002**, *74*, 2960–2967.
21 Petersen, N. J.; Nickolajsen, R. P.; Mogensen, K. B.; Kutter, J. P. *Electrophoresis* **2004**, in Vorbereitung.
22 Kutter, J. P.; Jacobson, S. C.; Ramsey, J. M. *Analytical Chemistry* **1997**, *69*, 5165–5171.
23 Kaniansky, D.; Masar, M.; Bielcikova, J.; Ivanyi, F.; Eisenbeiss, F.; Stanislawski, B.; Grass, B.; Neyer, A.; Johnck, M. *Analytical Chemistry* **2000**, *72*, 3596–3604.
24 Broyles, B. S.; Jacobson, S. C.; Ramsey, J. M. *Analytical Chemistry* **2003**, *75*, 2761–2767.
25 Gottschlich, N.; Jacobson, S. C.; Culbertson, C. T.; Ramsey, J. M. *Analytical Chemistry* **2001**, *73*, 2669–2674.
26 He, B.; Tait, N.; Regnier, F. E. *Analytical Chemistry* **1998**, *70*, 3790–3797.

2.7.3 UPLC: Ultra-Performance Liquid Chromatography

Uwe D. Neue, Eric S. Grumbach, Marianna Kele, Jeffrey R. Mazzeo und Dirk Sievers

2.7.3.1 Einführung

Es bestehen mehrere Gründe, die Effizienz chromatographischer Trennungen weiter zu verbessern. Auf der einen Seite gibt es den steten Wunsch nach schnelleren Analysen, mit denen man die Ergebnisse „sofort" erhalten kann. Ein Beispiel hierfür ist die Analyse von Plasma- oder Urinproben von Menschen oder Versuchstieren. Auf der anderen Seite erzielt man auch gerne eine höhere Trennschärfe. In manchen Fällen vereinfacht die höhere chromatographische Trennleistung die Methodenentwicklung. In anderen Fällen, beispielsweise im Falle eines tryptischen Verdaus, ist es wünschenswert, vernünftige Ergebnisse in einem angemessenen Zeitraum zu erzielen, eine Analysendauer von 24 Stunden, wie sie bei maximaler Trennleistung erforderlich wäre, ist nicht tragbar.

In Kap. 1.2 haben wir schnelle Gradiententrennungen diskutiert. Wir haben gezeigt, dass sich schnelle und leistungsfähige Trennungen mit kurzen Säulen erzielen lassen, die mit kleinen Partikeln gepackt sind. Wie schnell eine derartige Trennung ausgeführt werden kann, liegt vor allem an dem verfügbaren Druck. Ähnliches gilt, wenn man eine Trennung mit sehr hoher Trennleistung in einem vernünftigen Zeitraum durchführen möchte. Auch hier ist wieder der verfügbare Druck der ausschlaggebende Faktor. Generell lassen sich bessere Ergebnisse erzielen, wenn mehr Druck zur Verfügung steht, um LC-Trennungen zu beschleunigen.

Das aber ist erst seit kurzem möglich [1]. Wenn man höheren Druck einsetzt, insbesondere oberhalb 40 MPa (400 bar, 6000 psi), entwickelt sich eine nicht unerhebliche Reibungswärme in der Säule. Das wiederum führt zu einem inhomogenen Fluss über den Querschnitt der Säule und verringert deren Leistungsfähigkeit. Das Problem kann gelöst werden, indem man einen kleineren Säulendurchmesser einsetzt. Auf diese Weise kann die in der Säule entstandene Wärme abgeführt werden. Das ist von Jorgenson [1] gezeigt worden. Ein kleinerer Säulendurchmesser zusammen mit einer höheren Trennleistung stellt höhere Anforderungen an die Systemhardware. Als Stichworte seien Bandenverbreiterung oder Datenaufnahmerate genannt. Die Konsequenz ist, dass ein neues Gerätekonzept erforderlich ist, das allen Anforderungen (Druckabfall, Flussratenbereich, Detektionsgeschwindigkeit, niedrige Bandenverbreiterung usw.) genügt. Ein solches Gerät kann die neuen Fähigkeiten der kleinen Partikel voll ausnutzen.

In diesem Rahmen ist ein neuer Zweig der Flüssigkeitschromatographie geschaffen worden [2, 3]. Die Ultra-Performance LC™ (UPLC) basiert im Kern auf Hochdruckmodulen und auf Trennsäulen mit sehr kleiner Partikelgröße. Hinzu kommen als wesentliche Bestandteile dieser neuen Technologie schnelle Detektoren, die eine hochempfindliche Detektion in sehr kleinen Zellvolumina ermöglichen. Die erste Gerätegeneration auf Basis dieser neuen Technologie, das

ACQUITY UPLC^{TM} System, erzielt Drücke von bis zu 100 MPa (1000 bar, 15.000 psi). Sie ist für Säulen mit einem Innendurchmesser von 1 bis 2 mm ausgelegt. Die Teilchengröße beträgt 1,7 µm. Die simultane Optimierung von Pumpe, Probengeber, Säule und Detektor resultiert in einer höheren Analysengeschwindigkeit, Empfindlichkeit und Auflösung im Vergleich zur klassischen HPLC. Die nächsten Abschnitte beleuchten in einem kurzen Überblick die theoretischen Hintergründe und zeigen Ergebnisse, die mit der neuen UPLC-Technologie erzielt werden können.

2.7.3.2 **Isokratische Trennungen**

Die Prinzipien, wie eine HPLC-Säule unter isokratischen Bedingungen optimal benutzt werden soll, wurden schon in den 1970er Jahren von Guiochon und Mitarbeitern beschrieben [4]. Die beste Säulentrennleistung bei niedrigstmöglichem Druck wird stets am Minimum der van-Deemter-Kurve erreicht. Eine Reduzierung der Partikelgröße erhöht bei gleicher linearer Geschwindigkeit den Rückdruck umgekehrt proportional zum Quadrat der Teilchengröße. Darüber hinaus erhöht sich die lineare Geschwindigkeit am Minimum der van-Deemter-Kurve bei Verringerung der Teilchengröße. Insgesamt steigt der Druck bei optimaler Geschwindigkeit Δp_{opt} umgekehrt proportional zur dritten Potenz des Teilchendurchmessers d_{p}.

$$\Delta p_{\mathrm{opt}} \approx \frac{1}{d_{\mathrm{p}}^3} \qquad (1)$$

In diesem Zusammenhang ist es wesentlich zu erwähnen, dass der Druck an diesem Optimum in erster Annäherung unabhängig sowohl von der Viskosität der mobilen Phase als auch von der Temperatur ist. Die Säulenleistung steigt auf der anderen Seite über zwei Faktoren an: die Auflösung verbessert sich umgekehrt proportional zur Partikelgröße, und die Analysenzeit sinkt mit kleinerem Teilchendurchmesser. Beide Effekte sind außerordentlich wünschenswert: höhere Auflösung in kürzerer Zeit. Dieses ist die Treibkraft hinter der UPLC.

Der in den letzten Sätzen vorgetragene Gedankengang ist der beste und in der Praxis interessanteste Weg, die Eigenschaften der kleineren UPLC-Partikel auszunutzen. Die gleichzeitige Reduzierung der Säulenlänge und der Partikelgröße lässt die maximale Säulentrennleistung konstant [4–6], und führt zudem zu einer Erhöhung der Analysengeschwindigkeit. Der Säulenrückdruck steigt zwar weiterhin mit der Verringerung der Teilchengröße, doch erfolgt dieser Anstieg nur mit der zweiten Potenz (nicht mit der dritten Potenz, wie im vorhergehenden Fall aufgezeigt).

Dieser Vorteil wird durch eine Auftragung der Bodenzahl gegen die Analysenzeit deutlich [5, 6]. Als erstes Beispiel wurden Säulen mit einer hohen Trennleistung gewählt (Abb. 1): eine 250 mm und eine 300 mm Säule mit 5 µm Partikeln als Beispiele für die Leistungsfähigkeit klassischer HPLC-Säulen und eine 100 mm Säule mit 1,7 µm UPLC-Partikeln. Zur optimalen Verdeutlichung des Resultats wird die Bodenzahl gegen den Logarithmus der Analysenzeit aufgetragen. Wir setzen einen Retentionsfaktor von 10 und eine mobile Phase mit der

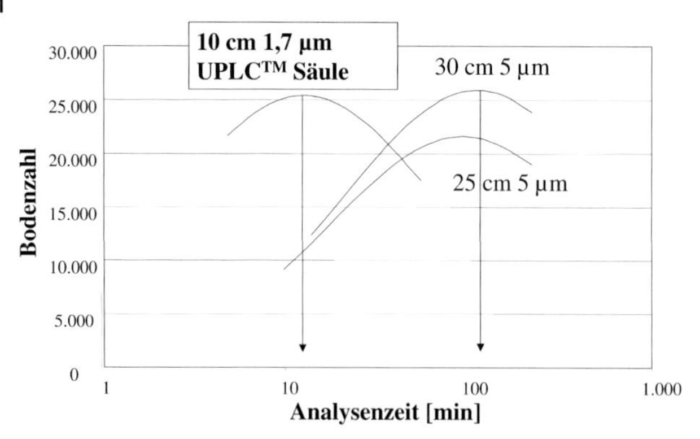

Abb. 1 Auftragung der Bodenzahl gegen die Analysenzeit für eine isokratische Hochleistungstrennung.

Viskosität von Wasser voraus. Die Abbildung zeigt den Geschwindigkeitsgewinn mit der UPLC-Säule bei derselben maximalen Trennleistung, die mit einer 300 mm langen 5 µm Säule erreicht werden kann. Diese Trennleistung (rund 25.000 Böden), die mit der klassischen Säule in knapp zwei Stunden erzielt werden kann, wird mit der UPLC-Säule in einem Zehntel dieser Zeit erreicht. Sobald man versucht, die klassische Säule für eine schnellere Analyse einzusetzen, nimmt die Trennleistung sehr schnell ab. Die 300 mm lange klassische Säule erreicht das Drucklimit des HPLC-Systems bei einer Analysenzeit, die erheblich länger ist als die Analysenzeit, bei der die UPLC-Säule ihr Effizienzmaximum erzielt. Darüber hinaus ist die Trennleistung der klassischen Säule an diesem Punkt nur halb so groß wie die der UPLC-Säule. Die Fähigkeit des ACQUITY™ UPLC-Systems, bei höherem Druck zuverlässig zu arbeiten, erlaubt zudem eine weitere Verkürzung der Analysenzeit bei Verwendung der UPLC-Säule.

Ein Beispiel einer hochauflösenden isokratischen Trennung ist in Abb. 2 gezeigt. In diesem Chromatogramm wird das Degradationsprofil von Terbenafin gezeigt. Der Abbau wurde in 8,0 N HCl ausgeführt. Die Trennsäule ist eine ACQUITY UPLC™ BEH C_{18}-Säule. Als Puffer wurde ein Ammoniumbikarbonatpuffer bei pH 10 eingesetzt. In Kap. 1.3 haben wir auf die erheblichen Selektivitätsänderungen in Abhängigkeit des pH-Werts der mobilen Phase hingewiesen. In diesem Zusammenhang sollte darauf hingewiesen werden, dass die verwendete Säule ein Packungsmaterial der pH-stabilen Hybridfamilie enthält. Diese Packung ist im alkalischen pH-Bereich um eine Größenordnung stabiler als Kieselgelphasen [7]. Das wichtigste Ergebnis der in Abb. 2 gezeigten Analyse ist die teilweise Auflösung der um 7 Minuten eluierenden Peaks. Diese beiden Substanzen würden auf einer 5 µm Säule überhaupt nicht getrennt. Man beachte auch, dass diese hochauflösende isokratische Trennung in weniger als 20 Minuten abgeschlossen ist.

Möchte man eine chromatographische Trennung tatsächlich auf Geschwindigkeit optimieren, kann man die gleichen Überlegungen wie oben anwenden. Anstelle langer Säulen werden zur Verdeutlichung des Sachverhalts kurze 50 mm

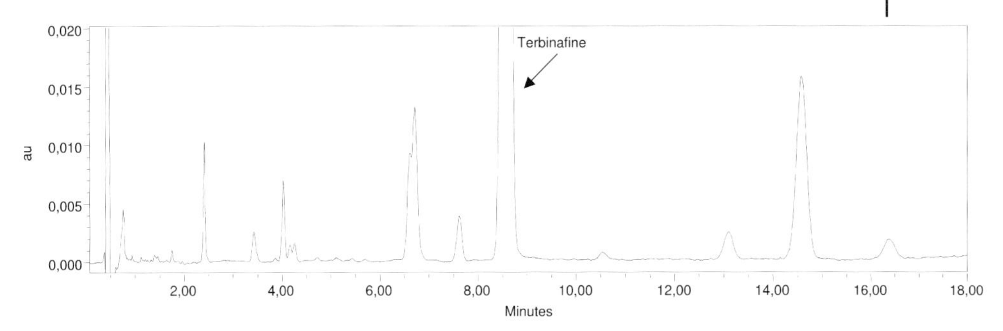

Abb. 2 Isokratische UPLC-Hochleistungstrennung.
Degradationsprofil von Terbinafin (Abbau mit 8,0 N HCl).

Säule:	2,1 × 100 mm 1,7 µm ACQUITY UPLC™ BEH C_{18}-Säule.
Bedingungen:	Flussrate: 0,5 mL/min; mobile Phase: 35 % 20 mM Ammoniumbikarbonat pH 10,0 65 % Acetonitril.
Temperatur:	30 °C.
System:	Waters ACQUITY UPLC™ mit TUV Detektor.
Detektion:	210 nm.

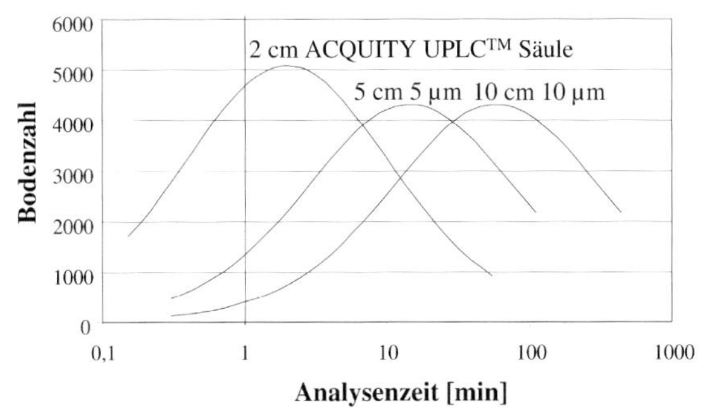

Abb. 3 Auftragung der Bodenzahl gegen die Analysenzeit für schnelle isokratische Trennungen auf kurzen Säulen.

(5 µm) oder 100 mm (10 µm) Säulen als Referenzsäulen verwendet. Ein solcher Vergleich ist in Abb. 3 gezeigt. Am Punkt der maximalen Trennleistung ist die 1,7 µm UPLC-Säule um einen Faktor von mehr als 30 schneller als die klassische 10 µm Säule bzw. um einen Faktor von etwa 10 schneller als die klassische 5 µm Säule. Die UPLC-Säule erreicht ihre maximale Trennleistung in rund 2 Minuten und gewährleistet auch in weniger als einer Minute eine noch immer überlegene Trennleistung. Eine genauere Betrachtung dieses Zugewinns an Trennleistung, den die UPLC für diese einminütige Analyse mit sich bringt, verdeutlicht, dass die Trennleistung der UPLC-Säule um den Faktor 10 höher liegt als die der 10 µm Säule bzw. um den Faktor 3 bis 4 höher als die der 5 µm Säule.

Abbildung 4 zeigt ein Beispiel einer schnellen isokratischen Hochleistungstrennung mit einer 2,1 × 20 mm 1,7 µm ACQUITY UPLC™ BEH C_{18}-Säule. Die Trennung ist in weniger als 25 Sekunden abgeschlossen. Mit einer üblichen HPLC-

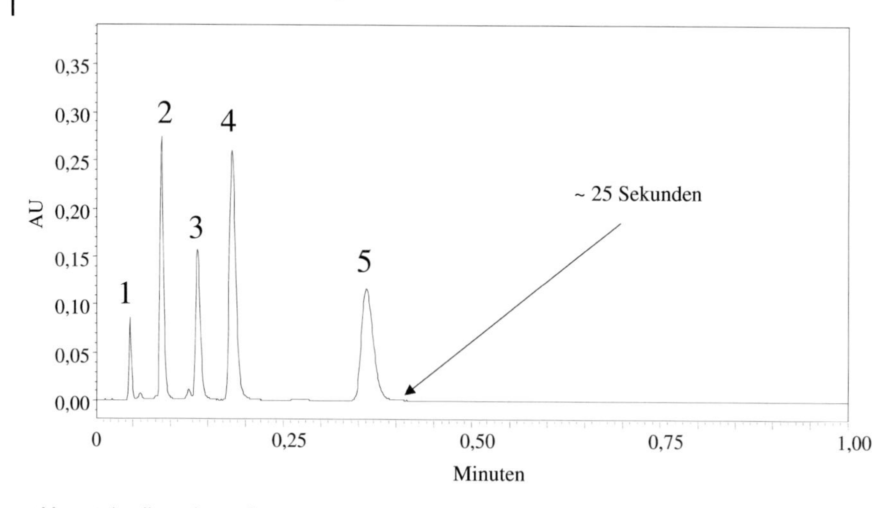

Abb. 4 Schnelle isokratische UPLC-Trennung.
Säule: 2,1 × 20 mm 1,7 µm ACQUITY UPLC™ BEH C_{18}-Säule.
Bedingungen: Flussrate: 1,4 mL/min; mobile Phase: 70 : 30 Acetonitril : Wasser.
Detektion: 254 nm.
Probe: 1. Thioharnstoff, 2. Toluol, 3. Propylbenzol, 4. Butylbenzol, 5. Hexylbenzol.

Säule, die auf einem konventionellen HPLC-System verwendet wird, werden für eine Trennung gleicher Qualität rund 5 Minuten benötigt. Das Beispiel ist ein klarer Beleg für den gesteigerten Probendurchsatz, der mit den höheren Trennleistungen des UPLC-Systems einhergeht.

Schnelle Trennungen dieser Art bringen sehr schmale Peakbreiten (gemessen in Zeiteinheiten) mit sich. Insbesondere die früh eluierenden Peaks am Anfang des Chromatogramms sind schmaler als eine Sekunde. Das erfordert einen schnellen Detektor und schnelle Datenaufnahmeraten. Darüber hinaus ist das Peakvolumen sehr niedrig, bedingt durch das kleine Säulenvolumen und die hohe Trennleistung der 1,7 µm Partikel. Schnelle Detektoren mit niedrigem Totvolumen sind folglich ein elementarer Bestandteil des ACQUITY UPLC™ Systems.

2.7.3.3 Gradiententrennungen

Die beiden Beispiele des vorigen Abschnitts – einmal optimiert auf Trennleistung, einmal optimiert auf Geschwindigkeit – zeigen das Leistungspotenzial der UPLC-Technologie für isokratische Trennungen. Das gleiche gilt auch für Gradiententrennungen, wobei allerdings berücksichtigt werden muss, dass Gradiententrennungen, insbesondere bei schnellen Gradienten, anders als isokratische Trennungen arbeiten. In unserem Kapitel über „Schnelle Gradienten" haben wir bereits auf die Unterschiede zwischen Gradiententrennungen und isokratischen Trennungen hingewiesen. Generell erfordern schnelle Gradienten erheblich höhere lineare Geschwindigkeiten (= Flussraten) als isokratische Trennungen. Nur dann lässt sich die optimale Trennleistung in einer gegebenen kurzen Analysenzeit erzielen. Theoretische Abschätzungen haben gezeigt, dass eine Flussrate von

1 mL/min oder höher einen guten Wert für einen 1-minütigen Gradienten auf einer 2,1 × 20 mm 1,7 µm ACQUITY UPLC™ Säule darstellt. Eine 30 mm lange Säule mit identischen Teilchen erfordert für den gleichen schnellen 1-minütigen Gradienten noch höhere Flussraten. In der Praxis ist es natürlich möglich, dass die Methodenentwicklung leicht unterschiedliche Flussraten liefert. Unsere Vorschläge beruhen auf der Annahme, dass ein recht breiter Gradient eingesetzt wird und das Molekulargewicht der Proben im Bereich 200 bis 300 liegt. Es ist zu beachten, dass der Innendurchmesser der hier behandelten ACQUITY UPLC™ Säulen 2,1 mm beträgt. Die optimale Flussrate einer äquivalenten 4,6 mm Säule würde oberhalb von 5 mL/min liegen!

Abbildung 5 zeigt als Beispiel einer schnellen Hochleistungsgradiententrennung eine Mischung von Pharmakastandards, die mithilfe eines schnellen,

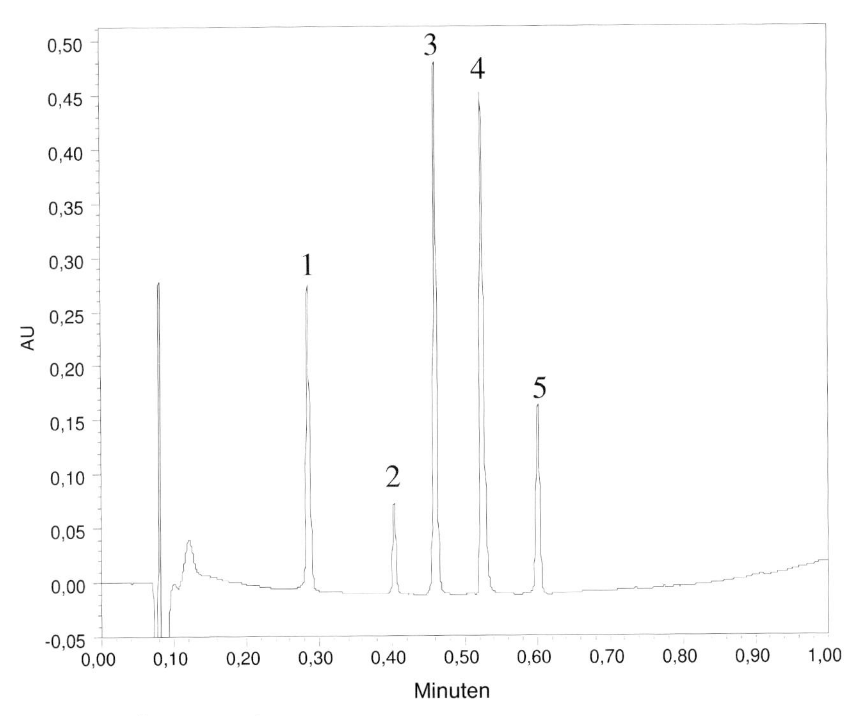

Abb. 5 Schnelle UPLC-Gradiententrennung.

Säule:	2,1 × 20 mm 1,7 µm ACQUITY UPLC™ BEH C_{18}-Säule. Mobile Phase A: 10 mM Ammoniumacetat, pH 5. Mobile Phase B: 90 : 10 Acetonitril/Wasser mit 10 mM Ammoniumacetat, pH 5.
Gradient:	5 % bis 95 % B in *einer* Minute.
Flussrate:	1,5 mL/min.
Temperatur:	30 °C.
System:	Waters ACQUITY UPLC™ mit TUV Detektor.
Detektion:	210 nm.
Probe:	1. Lidocain, 2. Prednisolon, 3. Naproxen, 4. Amitriptylin, 5. Ibuprofen.

einminütigen Gradienten mit einer Flussrate von 1,5 mL/min auf einer 2,1 × 20 mm 1,7 µm ACQUITY UPLC™ Säule aufgetrennt werden. Der Gradient, der von 5 % auf 95 % Acetonitril steigt, kann als generischer Gradient für viele verschiedene Proben eingesetzt werden. Die Peakkapazität erreicht im vorliegenden Beispiel einen Wert von 89. Das bedeutet, dass es keine Kompromisse in der Trennleistung dieses schnellen Gradienten gibt. Der letzte Peak eluierte nach nur 36 Sekunden. Im Falle einer Trennung einfacher Standardproben können folglich noch schnellere Gradienten eingesetzt werden. Tatsächlich war es möglich, dieselben Proben in neun Sekunden basisliniengetrennt mit einem für diese Proben optimierten Gradienten zu eluieren (nicht gezeigt).

Die bei UPLC-Trennungen meist verwendete Säule ist eine 2,1 × 50 mm Säule mit 1,7 µm Teilchen (im Vergleich zu einer 4,6 × 150 mm 5 µm Säule als Standard in der HPLC). Man sieht, dass die Säulenlänge wieder proportional zur Partikelgröße verringert wurde. Ein 3-minütiger Gradient ergibt für diese Säule eine sehr schnelle Gradiententrennung. Die Säule wird normalerweise für 5- bis 10-minütige Gradienten eingesetzt. Die empfohlenen Flussraten liegen zwischen 0,5 mL/min für den langsameren Gradienten und 0,75 mL/min für den schnelleren Gradienten. Auch hierbei handelt es sich um generelle Empfehlungen, die in der Praxis leicht variieren können. Auch das organische Lösungsmittel spielt eine Rolle: mit Acetonitril ist die Flussrate oft leicht höher, mit Methanol dagegen sind leicht niedrigere Flussraten oft am besten.

Möchte man die Auflösung einer Gradiententrennung maximieren, empfiehlt sich die Verwendung einer 2,1 × 10 mm ACQUITY UPLC™ Säule. Ein gutes Beispiel ist die Trennung einer komplexen Peptidmischung, wie sie z. B. beim tryptischen Verdau einer Proteinprobe auftreten kann. Derartige Trennungen werden oft über einen Zeitraum von ein bis zwei Stunden ausgeführt. Proben mit geringerer Komplexität können oft in einer halben Stunde analysiert werden. Für Peptidanalysen werden niedrigere Flussraten empfohlen, die für eine Gradientendauer oberhalb einer Stunde im Bereich zwischen 0,1 und 0,2 mL/min liegen. Ein Beispiel einer derartigen Analyse ist in Abb. 6 gezeigt. Die für diese Trennung berechnete Peakkapazität lag bei 589. Ein derartiger Wert kann mit einer konventionellen HPLC-Säule nicht in einem angemessenen Zeitraum erreicht werden. Eine Berechnung auf Basis der Grundprinzipien der Peakkapazität in Gradiententrennungen [8] zeigt, dass eine solche Trennleistung mit einer 300 mm 5 µm Säule nur mit einer Analysenzeit von rund 24 Stunden bei der gleichen Temperatur, also bei 30 °C, möglich ist. Selbst bei erhöhter Temperatur (80 °C) werden für eine Analyse derselben Qualität auf der klassischen Säule immer noch rund acht Stunden benötigt. Wesentlicher Faktor dieses Vergleichs ist die Tatsache, dass der höhere Eingangsdruck in Verbindung mit den sehr kleinen Partikeln ungewöhnlich hohe Trennleistungen in einer angemessenen Zeit ermöglicht. Andere Ansätze, wie z. B. eine Erhöhung der Trenntemperatur, können dieses Ziel nicht erreichen. Selbstverständlich kann an dieser Stelle ergänzt werden, dass uns nichts daran hindert, auch UPLC-Säulen bei erhöhter Temperatur einzusetzen.

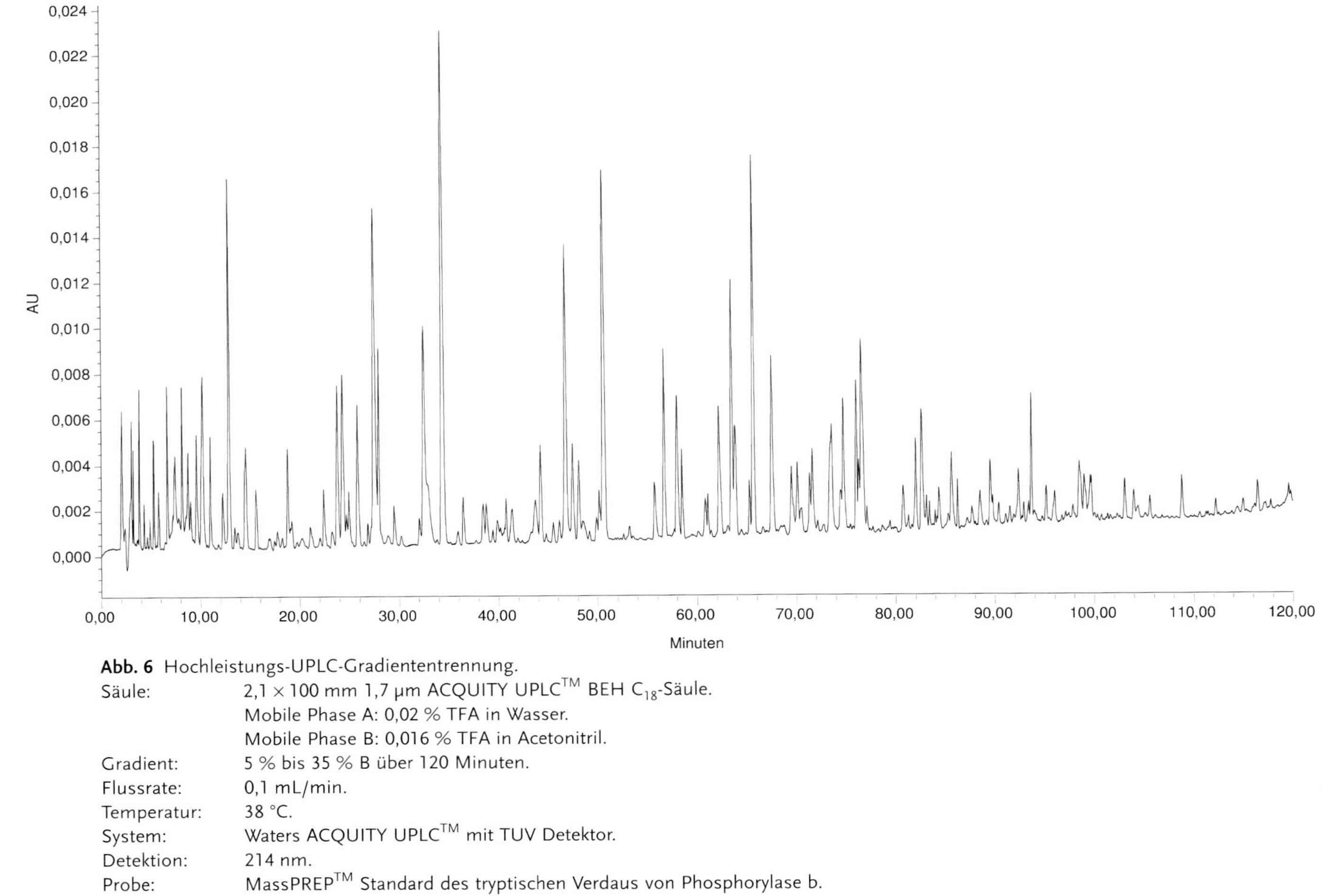

Abb. 6 Hochleistungs-UPLC-Gradiententrennung.

Säule:	2,1 × 100 mm 1,7 µm ACQUITY UPLC™ BEH C_{18}-Säule.
	Mobile Phase A: 0,02 % TFA in Wasser.
	Mobile Phase B: 0,016 % TFA in Acetonitril.
Gradient:	5 % bis 35 % B über 120 Minuten.
Flussrate:	0,1 mL/min.
Temperatur:	38 °C.
System:	Waters ACQUITY UPLC™ mit TUV Detektor.
Detektion:	214 nm.
Probe:	MassPREP™ Standard des tryptischen Verdaus von Phosphorylase b.

2.7.3.4 Fazit

Der Wunsch nach verbesserter Trennleistung steht als Triebkraft hinter der UPLC. Die neue Technologie erfüllt diesen Wunsch mit einer deutlich erhöhten Trennleistung in akzeptabler Analysenzeit, mit guter Trennleistung für extrem schnelle Analysen, oder mit erhöhter Trennleistung bei verkürzter Analysenzeit für Trennprobleme, die im mittleren Bereich liegen und von beiden Prinzipien profitieren können. Das ACQUITY UPLC™ System ist das erste kommerziell erhältliche System, das die Vorteile höheren Eingangsdrucks ausnutzt – ein erster Schritt in diese neue Richtung.

Literatur

1 J. E. MacNair, K. C. Lewis, J. W. Jorgenson, *Anal. Chem.* 69 (1997), 983.

2 Produkteinführung Pittsburgh Conference 2004.

3 J. R. Mazzeo, U. D. Neue, M. Kele, R. Plumb, *Anal. Chem. A-pages* 77 (2005), 460A–467A.

4 M. Martin, C. Eon, G. Guiochon, *J. Chromatogr.* 99 (1974), 357.

5 U. D. Neue, *HPLC Columns – Theory, Technology and Practice*, Wiley-VCH, New York, Weinheim, 1997.

6 U. D. Neue, B. A. Alden, P. C. Iraneta, A. Méndez, E. S. Grumbach, K. Tran, D. M. Diehl, *HPLC Columns for Pharmaceutical Analysis*, in: Handbook of HPLC in Pharmaceutical Analysis, M. Dong, S. Ahuja (Eds.), Elsevier, Amsterdam, 2005, pp. 77–122.

7 K. D. Wyndham, J. E. O'Gara, T. H. Walter, K. H. Glose, N. L. Lawrence, B. A. Alden, G. S. Izzo, C. J. Hudalla, P. C. Iraneta, *Anal. Chem.* 75 (2003), 6781.

8 U. D. Neue, J. R. Mazzeo, „A Theoretical Study of the Optimization of Gradients at Elevated Temperature", *J. Sep. Sci.* 24 (2001), 921–929.

3
Kopplungstechniken

HPLC richtig optimiert: Ein Handbuch für Praktiker. Herausgegeben von Stavros Kromidas

ISBN: 3-527-31470-9

3.1
Immunchromatographische Kopplungen

Michael G. Weller

Affinitätsmethoden und hier besonders immunchromatographische Techniken bieten ein hohes Optimierungspotential für fast jede anspruchsvolle analytische Aufgabe. Besonders bei Matrix- oder Selektivitätsproblemen sollte man immunchromatographische Techniken in Betracht ziehen. Es ist sehr wahrscheinlich, dass mit besserer Verfügbarkeit von biochemischen Affinitätsliganden die Nutzung dieser hochselektiven Analytik in der Zukunft stark zunehmen wird. Die weitere Optimierung derartiger Verfahren ist stark vom Analyten und dessen komplementärem Bindungsmolekül abhängig. Daher sollte jeglichen Optimierungsbemühungen erst einmal die Recherche über die physikalischen und chemischen Eigenschaften der beteiligten Moleküle vorangehen. In diesem Kapitel werden die Affinitätsanreicherung („Affinity SPE"), die „Weak Affinity Chromatography" und die biochemische Detektion beschrieben. Schließlich werden drei typische Beispiele der Anwendung dieser Methoden gezeigt.

3.1.1
Einführung

Affinitätsbasierte chromatographische Verfahren werden trotz ihrer enormen Leistungsfähigkeit [1] immer noch relativ selten eingesetzt. Dies hat verschiedene Gründe, so ist die Verfügbarkeit passender Affinitätsreagenzien immer noch oft limitierend, auch können die Kosten u. U. prohibitiv sein. Zudem fehlt in vielen Labors das entsprechende Know-how, das sich vom konventionellen chromatographischen Wissen deutlich unterscheidet. Dies alles führt zu einer entsprechend hohen „Aktivierungsschwelle" der Anwendung affinitätsbasierter Verfahren. Hier sollen in kompakter Form die wichtigsten Punkte vermittelt werden, um möglichst vielen Anwendern den Einstieg zu erleichtern und erste Optimierungsschritte zu ermöglichen. Grundlagen der Affinitätschromatographie können auch der Literatur entnommen werden (s. auch Ausführungen in Kap. 2.5) [2–5]. Da affinitätsbasierte analytische Methoden noch stärker als konventionelle Ansätze vom Analyten und den komplementären Bindungsmolekülen abhängen, kann jedoch bei den praktischen Hinweisen nicht sehr in die Tiefe gegangen werden.

3.1.2
Bindungsmoleküle

Meist werden als Reagenzien Biomoleküle verwendet. So kommen DNA, Oligonucleotide, Proteine, Peptide, Kofaktoren und andere biochemische Stoffe in Frage. Aufgrund ihrer vielseitigen Einsetzbarkeit sollen hier vorwiegend Proteine und

HPLC richtig optimiert: Ein Handbuch für Praktiker. Herausgegeben von Stavros Kromidas

ISBN: 3-527-31470-9

speziell Antikörper diskutiert werden. Viele der hier angesprochenen Regeln lassen sich aber unschwer auf andere Bindungsmoleküle übertragen.

Antikörper gehören zum System der Immunabwehr im Körper von Wirbeltieren und sind in Konzentrationen von bis zu 10 g/L im menschlichen Blut enthalten. Antikörper sind Glycoproteine mit einer Molmasse von ca. 150.000 Da. Sie besitzen zwei Bindungsstellen, die unter anderem gegen Oberflächenstrukturen von Viren, Bakterien und anderen Krankheitserregern gerichtet sind. Durch Verfahren, die einer Schutzimpfung ähneln, können jedoch nicht nur Antikörper gegen Mikroorganismen, sondern auch gegen beliebige Proteine oder sogar kleinere Substanzen, wie z. B. Benzol, Trinitrotoluol oder PCBs erzeugt werden. Auch kommt es nicht darauf an, ob es sich um einen Naturstoff oder eine synthetische Verbindung handelt. Stoffe, die direkt Antikörper induzieren, nennt man Antigene, Stoffe niedriger Molmasse (< 5000 Da), die nicht direkt immunogen sind, werden als Haptene bezeichnet. Antikörper gegen Haptene werden durch deren Kopplung an sog. Carrier-Moleküle (üblicherweise Proteine) immunogen gemacht. Ein Mensch kann schätzungsweise 10 Milliarden verschiedene Antikörper herstellen. Die betreffenden Antikörper kommen aber nur in nennenswerten Konzentrationen im Blut vor, wenn der Organismus vorher dem entsprechenden Antigen ausgesetzt war. Die Antikörperfraktion des Blutserums ist immer eine Mischung verschiedener Immunglobuline (Antikörper). Es ist normalerweise nicht möglich, einzelne Antikörperspezies aus dieser Mischung zu isolieren. Dies ist bei vielen Applikationen auch nicht notwendig. Antikörper binden („erkennen") ihr korrespondierendes Antigen mit sehr hoher Selektivität. Dies ist das hervorstechende Merkmal von allen immunologischen Verfahren. Es ist aber auch möglich, sog. gruppenselektive Antikörper herzustellen, die eine gesamte Substanzklasse „erkennen". Aus dem Serum eines Wirbeltiers erhält man nur „polyklonale Antikörper", d. h. eine Mischung unterschiedlicher Antikörperspezies in unterschiedlichen Konzentrationsverhältnissen. Nachteilig ist die Verwendung von polyklonalen Antikörpern in Hinsicht auf Reproduzierbarkeit und langfristige Versorgung. Die Zusammensetzung des Blutserums verändert sich laufend. Auch ist das Serum zweier Individuen, was Antikörper betrifft, unterschiedlich. Somit sind polyklonale Antikörper (Antiseren) im strengen Sinne nicht als definierte Reagenzien anzusehen.

Dies ist bei sog. „monoklonalen Antikörpern" anders. Monoklonale Antikörper werden durch Zellkulturtechniken erhalten und bestehen idealerweise nur aus einer einzigen Proteinspezies. Chemisch können monoklonale Antikörper als eine Reinsubstanz angesehen werden. Die entsprechenden Klone (Zelllinien) können immer weiter vermehrt werden und durch Einfrieren in Flüssigstickstoff fast unbegrenzt gelagert werden. Leider ist die Herstellung von monoklonalen Antikörpern aufwendiger und teurer als die von polyklonalen Antikörpern. Ein wichtiges Missverständnis sei hier erwähnt: Auch wenn es der Name implizieren mag, sind monoklonale Antikörper nicht generell selektiver (oder affiner) als polyklonale. Es ist sogar häufig das Gegenteil der Fall, da es leichter ist, gute polyklonale Antikörper zu gewinnen, als gute monoklonale. Einige Probleme der Antikörperherstellung können mit rekombinanten (gentechnischen) Methoden gelöst werden, die jedoch in der Analytik das Laborstadium noch nicht verlassen haben und noch sehr teuer sind. Langfristig ist jedoch hier eine Verbesserung zu erwarten.

Antikörper bilden „Komplexe" mit ihren entsprechenden Antigenen (hier: Analyten). Diese Komplexe können unterschiedliche Stärke aufweisen, was man mittels der Affinitätskonstante (Gleichgewichtskonstante) quantitativ beschreibt. Diese Affinitätskonstante bewegt sich bei den meisten Antikörpern im Bereich von 10^7–10^{11} L/mol (je höher der Wert, umso stabiler der Komplex). Die höchste bekannte Affinität im biochemischen Bereich ist die zwischen Avidin (einem Protein aus Hühnereiern) und Biotin (Vitamin H), die bei ca. 10^{15} L/mol liegt. Die Affinitätskonstante spielt bei Immunoassays und anderen immunologischen Verfahren eine zentrale Rolle. Wenn sie bekannt ist oder gemessen werden kann, ist die Methodenentwicklung wesentlich vereinfacht.

3.1.3
Immunoassays

Die „Komplexbildung" zwischen Antikörper und Antigen ist meist nicht direkt messbar. Daher ist in vielen Fällen eine Markierung („labeling") eines der Reagenzien notwendig. Diese Markierungen können u. a. radioaktive Isotope (z. B. ^{125}I, ^{14}C, ^{3}H), Fluoreszenzfarbstoffe (z. B. Fluorescein, Rhodamine), Gold- oder Latex-Partikel oder Enzyme (z. B. Meerrettich-Peroxidase, Alkalische Phosphatase aus Kälberdarm) sein. Die Unterscheidung zwischen freiem und komplexiertem Reagenz wird häufig mittels eines Trennschrittes (Präzipitation oder Waschschritt an Oberfläche) durchgeführt.

Es gibt zahllose Formate für Immunoassays, die sich jedoch in den fundamentalen Schritten wenig unterscheiden. Die wichtigsten zwei Klassen sind die kompetitiven und die nicht-kompetiven Assays, wobei erstere meist für kleine Moleküle (Haptene) verwendet werden, letztere für größere Moleküle (z. B. Proteine).

3.1.4
Immunchromatographische Techniken

Die Nomenklatur immunchromatographischer Techniken ist nicht einheitlich und kann leicht zu Missverständnissen führen. Die entsprechenden Kopplungen folgen wiederum einer eigenen Logik, da hier das Interface zwischen den Methoden eine entscheidende Rolle spielt. Es gibt drei grundlegende Aufbauten, die in Frage kommen (Abb. 1):

(A) **Affinitätsanreicherung**
(Affinity SPE)

(B) **Echte Affinitätschromatographie**
(Weak Affinity Chromatography, WAC)

(C) **Biochemischer Detektor**
(Biochemische Nachsäulenderivatisierung)

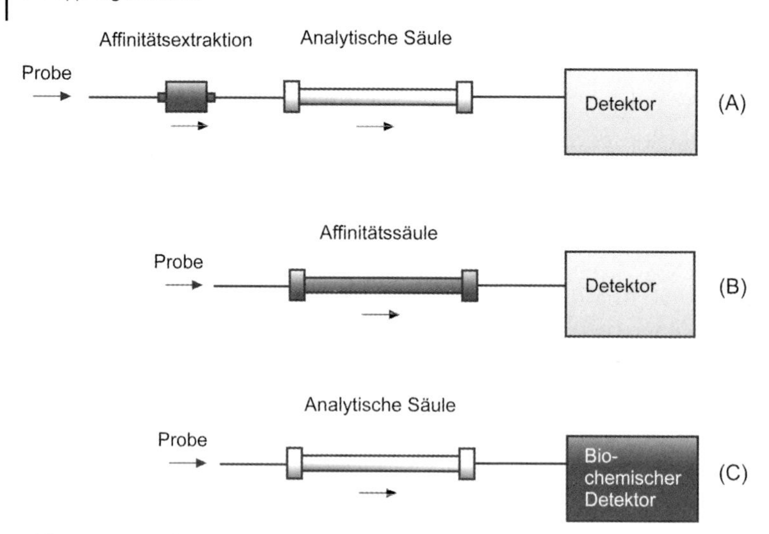

Abb. 1 Drei grundlegend verschiedene Ansätze für die Anwendung affinitätsbasierter Methoden für gekoppelte analytische Systeme.

Die Variante (A) ist eindeutig die am häufigsten angewandte Methode, da sie besonders in der Offline-Form große Ähnlichkeit mit der Festphasenextraktion hat. Auch die Tatsache, dass es eine ganze Reihe von Fertigsäulen zu kaufen gibt (Tabelle 1), hat zu der Popularität der Methode beigetragen. Viele derartige Applikationen zielen jedoch eher in eine (semi-)präparative Richtung, z. B. zur Isolierung von Proteinen aus Rohextrakten. Wenn in der Literatur der Begriff „Affinitätschromatographie" benutzt wird, ist meist (A) gemeint.

Die Variante (B) ist relativ selten anzutreffen und ist hier vorwiegend von mechanistischem Interesse. Durch Gradientenelution gibt es jedoch Übergangsformen zwischen (A) und (B). Fast jeder würde hinter dem Begriff „Affinitätschromatographie" erst einmal die Variante (B) vermuten, die aber in der internationalen Literatur als „Weak Affinity Chromatography" bekannt ist. Eine etablierte deutsche Bezeichnung scheint es nicht zu geben.

Die Variante (C) ist gleichfalls selten, aber besitzt erhebliches Potenzial für die Zukunft. Dieser Aufbau kann für die Wirkstoffforschung, für Toxizitätsuntersuchungen und andere bioaktivitätsbezogene Ziele eingesetzt werden. Biochemische Detektoren sind auch für strukturanalytische Anwendungen geeignet, z. B. für die Identifizierung strukturell verwandter Stoffe.

Zu allem Überfluss sind Affinitätstechniken unter verschiedensten weiteren Namen bekannt: Immunoaffinitätschromatographie (IAC), Bioaffinitätschromatographie, Biospezifische Adsorption oder „High-Performance Affinity Chromatography" (HPAC). Unter letzterer Technik versteht man meist Online-Verfahren, die nicht mit weichen Gelen (z. B. Agarose) mit relativ großem Korndurchmesser, sondern mit harten Materialien, sowie höherem Druck und Flussraten arbeiten. Biochemische Detektoren werden auch als „Postcolumn Affinity Detection" bezeichnet [6].

Tabelle 1 Gebrauchsfertige Säulen.

Firma [a]	*Analyt(en)*
Abkem Iberia, Vigo, Spanien	Microcystine, Domoinsäure
Affiland, Ans-Liege, Belgien	hCG-beta, hGH, GRF, IGF-1, EPO, Clenbuterol, Salbutamol
Cayman Chemical, Ann Arbor, USA	Prostaglandin E2, 8-Isoprostan, Cysteinyl-Leukotrien, Nitrotyrosin, CGRP, PPAR-gamma, sPLA2
Coring System Diagnostix, Gernsheim, Deutschland	Aflatoxine, Ochratoxin, Zearalenon
EY Laboratories, San Mateo, USA	Kohlenhydrate, Glycoproteine (mit Lectinen)
Grace Davison, Deerfield, USA	Aflatoxine, Lactoferrin, Vitamin B12, Testosteron, Nortestosteron, Ethinylestradiol, Estradiol, Estron, Bisphenol A, Chlorphenoxyalkancarbonsäure-Herbizide, Phenylharnstoff-Herbizide, Organophosphat-Pestizide, Vinclozolin
MIP Technologies, Lund, Schweden	Clenbuterol, Beta-Agonisten, NNAL, Riboflavin, Triazine (mit Molecular Imprints)
R-Biopharm, Darmstadt, Deutschland	Aflatoxine, Ochratoxin, Zearalenon, Fumonisine, Deoxynivalenol
Romer Labs Diagnostic, Herzogenburg, Österreich	Aflatoxine, Ochratoxin, Zearalenon
Vicam, Watertown, USA	Aflatoxine, Ochratoxin, Zearalenon, Fumonisine, Deoxynivalenol

[a] Kein Anspruch auf Vollständigkeit.

Chromatographische Immunoassays werden hier nicht vertieft, da es sich nicht um chromatographische Trennungen von Analyten handelt, sondern um spezielle Methoden, um Immunoassays durchzuführen.

3.1.4.1 Affinitätsanreicherung (Affinity SPE)

Die Affinitätsanreicherung (Affinitätsextraktion) ist neben Immunoassays eine der wichtigsten immunchemischen Verfahren. Von einiger Bedeutung sind Offline-Affinitätsanreicherungen, die der Anwendung von Kartuschen für die Festphasenextraktion (SPE) ähneln. Daher wird die Methode auch als „Affinity SPE" bezeichnet. Der entscheidende Vorteil dieses Ansatzes ist die enorme Selektivität der Kartuschen, die zu sehr „sauberen" Chromatogrammen führen. Kaum eine andere Probenvorbereitungsmethode kann es mit der Leistungsfähigkeit einer Affinitätsanreicherung aufnehmen. Auch Proben in extrem schwieriger Matrix können direkt verarbeitet werden. Andererseits rechtfertigen Proben in einfacher Matrix (z. B. Trinkwasser) selten die Anwendung einer Affinitätsmethode zur Probenvorbereitung bzw. Anreicherung. In diesen Fällen ist die direkte Messung (minimale Probenvorbereitung) oder die Verwendung konventioneller SPE-

Phasen schneller bzw. wirtschaftlicher. Als nächster Schritt muss ermittelt werden, ob für die Anwendung passende Affinitätskartuschen kommerziell verfügbar sind. Hier ist auch zu unterscheiden, ob die Antikörper polyklonal oder monoklonal sind. Bei ersteren kommt es gelegentlich vor, dass die Kartuschen nach einiger Zeit nicht mehr lieferbar sind, da die Vorräte an entsprechendem Antikörper aufgebraucht sind. In Tabelle 1 sind einige Hersteller entsprechender Kartuschen aufgeführt. Die Liste erhebt nicht den Anspruch auf Vollständigkeit. Es ist relativ schwierig, die oft kleinen Firmen zu lokalisieren, die entsprechende Säulen anbieten. Leichter erhältliche Säulen bzw. immobilisierte Reagenzien (z. B. von Sigma-Aldrich, Roche, GE Healthcare, Merck Biosciences), die z. B. immobilisiertes Protein A, Protein G, Avidin, Streptavidin, Lectine, Biotin oder Heparin enthalten, wurden in Tabelle 1 nicht speziell aufgeführt.

Sollte die gewünschte Säule/Kartusche kommerziell erhältlich sein, so ist die weitere Vorgehensweise kaum schwieriger als die einer konventionellen SPE. Abbildung 2 zeigt die grundlegenden Arbeitsschritte.

Zuerst soll die Säule konditioniert werden. Eventuell verwendete Stabilisierungs- und Konservierungsmittel werden herausgespült und die Säule wird auf den gewünschten pH-Wert und Salzgehalt eingestellt. Auch werden auf diese Weise unerwünschte Interaktionen bei der partiellen Vermischung von mobiler Phase und Probe (z. B. Präzipitation) vermieden.

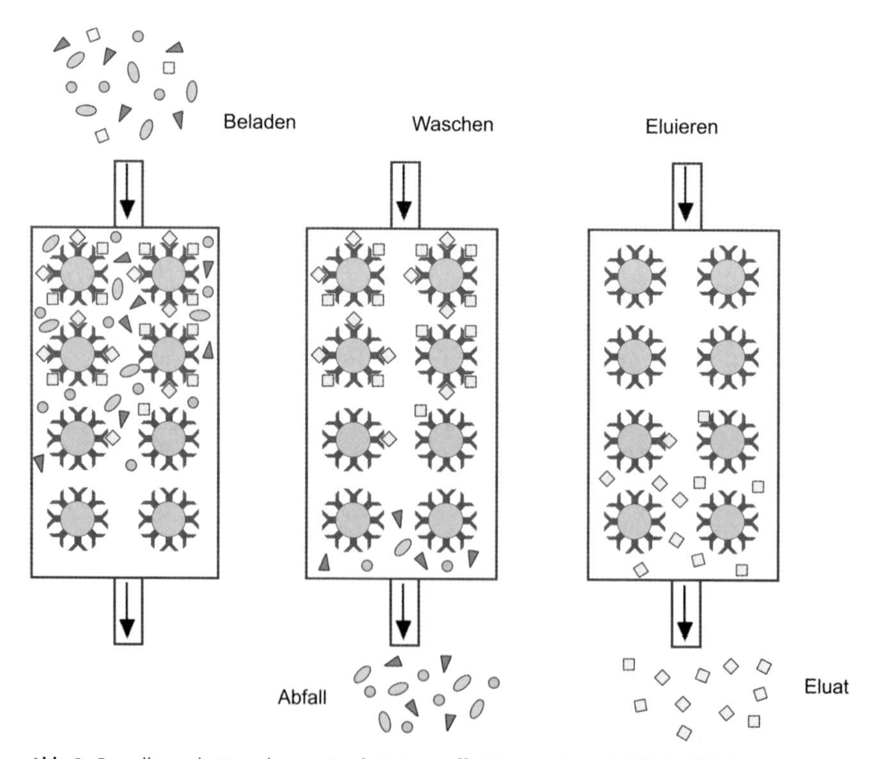

Abb. 2 Grundlegende Vorgehensweise bei einer Affinitätsextraktion („Affinity SPE").

In Schritt 2 wird die Probe aufgegeben. In der Regel sollte die Probe zentrifugiert und/oder filtriert werden, um ein Verstopfen der Säule zu vermeiden. Da jedoch auch Festphasen mit relativ großen Korndurchmessern im Gebrauch sind, können auch Rohproben aufgegeben werden. Aufgrund der langsamen Diffusion in die grobkörnigen Gelmaterialien sind die Aufgabegeschwindigkeiten sehr begrenzt. Ausnahmen sind speziell gekennzeichnet (z. B. „Fast Flow“, „Ultraflow“, „Poros“). Nähere Angaben findet man meist in den Datenblättern des Herstellers. Die Proben sollten in der Regel gepuffert werden oder mit speziellen „Bindepuffern“ versetzt werden, um die selektive Bindung zu unterstützen. Der Zusatz einer geringen Konzentrationen an Lösungsmitteln (oft Methanol oder Acetonitril) oder Tensiden kann die unspezifische Interaktion von Matrixbestandteilen mit der stationären Phase unterdrücken. Der Zusatz von Salzen wiederum reduziert unspezifische Wechselwirkungen, die auf ionischen Bindungen beruhen (wichtig für viele Biopolymere). Bei der Auswahl des „Carriers“ (Trägermaterials) sollte immer darauf geachtet werden, dass jedes Material eine gewisse unspezifische Bindung aufweist. Hier unterscheiden sich Materialien auf der Basis von Agarose, Kieselgel, Polystyrol/Divinylbenzol oder anderen erheblich. Ungewohnt im Vergleich zu üblichen RP-SPE-Phasen ist auch die geringe Kapazität der Säulen, die substanz- und flussabhängig ist. Die maximale Kapazität kann aus der Menge des immobilisierten Liganden abgeschätzt werden. Trotzdem ist eine Aufnahme einer Durchbruchskurve empfehlenswert. Auch kompetitive Effekte werden beobachtet, falls die Kapazität nicht ausreicht oder die Flussrate nicht angepasst ist. So kann ein stärker bindender Analyt einen schwächer bindenden von der Säule „verdrängen“ und dessen Wiederfindung selektiv beeinträchtigen.

Im dritten Schritt wird die Säule gewaschen, um das restliche Probenvolumen aus der Säule zu drücken und schwach gebundene Matrixbestandteile herauszuspülen. Hier ist natürlich eine starke Bindung des Analyten am Liganden vorteilhaft, um Waschverluste zu vermeiden. Wenn die Kapazität zu optimistisch angesetzt wurde, können erhöhte Waschverluste auftreten. Im Gegensatz dazu zeigen Säulen mit erheblicher Restkapazität ein starkes „Rebinding“, was die Waschverluste minimiert. Aus diesem Grund soll das Waschen bei niedrigen Flussraten durchgeführt werden (nicht schneller als die empfohlene Flussrate bei der Aufgabe), um das „Rebinding“ optimal zu nutzen. Beim Waschen muss auch schon beachtet werden, in welchem Medium die Elution erfolgen soll. Müssen z. B. Salze vermieden werden (Massenspektrometrie), so soll hier schon mit salzfreiem Medium nachgespült werden. Analog zu den Überlegungen beim Aufgabeschritt muss überlegt werden, wie intensiv die Waschbedingungen sein dürfen/sollen, um eine optimale Selektivität bei hoher Wiederfindung zu gewährleisten. Dies hängt in erster Linie von der Art des verwendeten Liganden ab. Im Gegensatz zur klassischen SPE werden Affinitätsmedien üblicherweise nicht trocken geblasen, da viele Gele kollabieren würden und eine etwaige Regeneration durch Denaturierung des Liganden ausgeschlossen wäre.

Die Elution erfolgt häufig mit einem kleinen Volumen an Lösungsmittel (z. B. 80 % Methanol/Wasser). Man unterscheidet allgemein die spezifische von der unspezifischen Elution. Bei der ersteren verwendet man ein Analyt-Analogon und „verdrängt" damit den Analyten von der Säule. Verdrängung ist aber nie wörtlich gemeint; mechanistisch gesehen handelt es sich eher um eine Inhibition des „Rebindings". Die spezifische Elution muss für jede Applikation speziell angepasst werden, ist aber besonders schonend für Ligand und Analyt. Hier ist eine Regeneration der Säulen leicht möglich. Häufiger werden aber unspezifische Elutionsbedingungen gewählt (z. B. Lösungsmittel, pH-Sprung), die allgemeiner anwendbar sind. Hier ist es aber oft nicht vermeidbar, dass die Säule an Bindungskapazität verliert. Es muss im Einzelfall entschieden werden, ob die Säulen wiederholt eingesetzt werden können oder ob man zum Einmalgebrauch übergeht. In diesem Zusammenhang ist von Bedeutung, dass die Elution bei hoher Affinität des Liganden zum Analyten langsam vonstatten geht und daher ein relativ großes Elutionsvolumen resultiert. Je schwächer das Elutionsmittel gewählt wird, umso größer ist am Ende das Elutionsvolumen. Wird ein kleines Elutionsvolumen gewünscht, so ist oft die Zerstörung (Denaturierung) des Liganden nicht zu vermeiden. Im Falle einer schonenden Elution in größerem Volumen wird sich in der Regel ein Aufkonzentrierungsschritt anschließen (z. B. Abdampfen des Lösungsmittels unter Stickstoffstrom). In diesem Fall ist auch der Austausch des Lösungsmittels problemlos möglich. Eine Variante der unspezifischen Elution ist die thermische Denaturierung durch Kochen in Wasser, Puffer bzw. SDS (Natriumdodecylsulfat)-Lösung. Diese Methode wird oft bei der sog. Immunpräzipitation (IP) eingesetzt, bei der sich die Affinitätsmatrix nicht in einer Säule befindet, sondern direkt zur Probe hinzugefügt wird und durch Zentrifugation oder ein Magnetfeld (Magnetpartikel) wieder abgetrennt wird.

Diejenigen, die keine geeigneten kommerziellen Affinitätssäulen zur Verfügung haben, was bei einigen Analyten der Fall sein wird, müssen sich mit der Frage der Beschaffung eines passenden Liganden beschäftigen und dessen Immobilisierung auf Carriermaterialien. Bei Letzteren gibt es eine reichliche Auswahl (s. Tabelle 2). Hier kann nicht genauer auf die verschiedenen Kopplungsverfahren eingegangen werden und muss auf die Literatur [2–5, 7–9] bzw. auf die technischen Merkblätter der Hersteller verwiesen werden. Hier soll nur so viel bemerkt werden, dass die Kopplung eines Liganden an ein voraktiviertes Material recht einfach ist und auch dem Ungeübten gelingen sollte, sofern man sich strikt an die Vorgaben z. B. des Herstellers hält. Die Kopplung sollte insgesamt nicht mehr als 24 Stunden in Anspruch nehmen.

Die Auswahl des Liganden ist so problemspezifisch, dass hier nur wenige gezielte Hinweise gegeben werden können. Es muss beachtet werden, dass der gewählte Antikörper in „reiner Form" vorliegt (z. B. Protein-A- oder Protein-G-gereinigt) und keine störenden Zusätze enthalten darf, wie z. B. Tris-Puffer (aminhaltig, stört viele Kopplungen) oder Proteine zur Stabilisierung (kompetitive Immobilisierung). Auch Tenside wirken sich oft negativ aus. Die Recherche nach geeigneten Antikörpern kann im Internet [10, 11] oder in kostenpflichtigen Datenbanken [12] durchgeführt werden.

Wenn der passende Ligand (z. B. Antikörper) nicht verfügbar ist, muss oft von einer Affinitätsmethode Abstand genommen werden. Eine eigene Herstellung von Antikörpern wird nur seltener in Frage kommen. Als Faustregel kann man mit einer Herstellungsdauer von 6–12 Monaten ausgehen, ein polyklonales Serum kostet grob gerechnet 500 EUR, ein monoklonaler Antikörper mindestens 5000 EUR. Weitere Komplikationen entstehen, falls das Antigen (hier: der Analyt) nicht zur Verfügung steht oder nicht (direkt) zur Immunisierung geeignet ist. Die Herstellung von Antikörpern erfordert einige Erfahrung und ist auch heute noch ein riskantes Unterfangen ohne Garantie, am Ende einen brauchbaren Antikörper zu erhalten. Daraus kann man ersehen, dass der Zugriff auf einen guten Antikörper eine kritische Limitierung von immunologischen Techniken darstellt.

Einen Ausweg bietet das sog. „Molecular Imprinting“ [13]. Durch Polymerisation von Monomeren und Crosslinkern in Gegenwart eines Analyten und anschließendem Auslaugen des Analyten werden molekulare Kavernen im Polymer erzeugt, die eine selektive Bindung dieser Substanz erlauben. Man kann diese MIPs („Molecularly Imprinted Polymers“) als vollsynthetisches Pendant zu polyklonalen Antikörpern ansehen. Sie werden daher auch als „Artificial Antibodies“ bezeichnet. Vorteilhaft ist die relativ einfache Herstellung und die große Robustheit, die eine vielfache Regeneration erlaubt. Inzwischen gibt es schon erste kommerzielle Anbieter von MIPs (MIP Technologies, Lund, Schweden; Oxonon, Emeryville, USA).

Auf die eigentlichen Trenn- bzw. Detektionstechniken, die sich nach der Affinitätsanreicherung anschließen, wird hier nicht eingegangen. Geeignet sind z. B. HPLC-DAD, LC-MS(MS), CE, GC, Immunoassays und viele andere. Die Probe wird hier wie üblich nach einer Anreicherung bzw. einem „Clean-up“ offline zugeführt.

Die in Abb. 1A gezeigte Online-Variante ist deutlich schwieriger zu realisieren. Abgesehen davon, dass entsprechende kommerzielle Kartuschen kaum erhältlich sind, sprechen auch andere Gründe eher gegen eine Online-Kopplung. So eluieren die meisten Substanzen sehr breit von Immunokartuschen, da die Affinität auch im Elutionsmittel oft noch zu hoch ist. Hier ist analog zu den Offline-Verfahren ein Kompromiss nötig, falls die Immunosäulchen regeneriert werden sollen. Bei zu starken Elutionsmitteln werden die Antikörper denaturiert und können folglich nur einmal benutzt werden. Bei Online-Verfahren wäre aber eine Regeneration besonders wünschenswert, will man die Immunaffinitätssäule nicht nach jedem Lauf wechseln. Beim Online-Verfahren kann man jedoch das Eluat nicht so einfach eindampfen, um einen breiten Elutionspeak wieder aufzukonzentrieren. Eluiert man mit einem hohen Anteil an Lösungsmittel, so ist auch eine Anreicherung auf einer RP-Säule schwierig. Üblicherweise arbeitet man mit drei Säulen: Einer Affinitätssäule, einer Fängersäule (RP), die das Eluat aufkonzentriert, und einer analytischen Säule (RP), die die eigentliche Trennung durchführt [14]. Die relativ aufwendige Säulenschaltung und Optimierung dieser Systeme hat bisher den praktischen Einsatz stark limitiert. Trotz des aufwendigen Systems ist die Applikation auf Fälle reduziert, bei denen die Polarität der Analyten in einem relativ schmalen Fenster liegt, da ansonsten die RP-Anreicherung und Elution nicht gut gelingt. In einigen Fäl-

Tabelle 2 Aktivierte Säulen zur Immobilisierung geeigneter Liganden.

Firma [a]	*Trägermaterial (Zusammensetzung)*	*Kopplungschemie* [b]
3M	Empore Affinity Az Membrane (Absorberpartikel in PTFE-Faserflies)	Azlacton
GE Healthcare	CNBr-activated Sepharose 4 Fast Flow (Derivatisierte, vernetzte Agarose)	Bromcyan
GE Healthcare	EAH Sepharose 4B (Amino-derivatisierte, vernetzte Agarose)	Glutaraldehyd
GE Healthcare	ECH Sepharose 4B (Carboxy-derivatisierte, vernetzte Agarose)	Carbodiimid
GE Healthcare	Epoxy-activated Sepharose 6B (Epoxy-derivatisierte, vernetzte Agarose)	Epoxid
GE Healthcare	HiTrap NHS-activated HP (NHS-derivatisierte, vernetzte Agarose)	N-Hydroxysuccinimid-Ester
GE Healthcare	NHS-activated Sepharose 4 Fast Flow (NHS-derivatisierte, vernetzte Agarose)	N-Hydroxysuccinimid-Ester
GE Healthcare	Thiopropyl Sepharose 6B (Carboxy-derivatisierte, vernetzte Agarose)	Addition oder Alkylierung
Applied Biosystems	POROS 20 AL (Aldehyd-derivatisiertes, vernetztes Styrol/DVB-Copolymer)	Reduktive Aminierung
Applied Biosystems	POROS 20 EP (Epoxy-derivatisiertes, vernetztes Styrol/DVB-Copolymer)	Epoxid
Applied Biosystems	POROS 20 OH (Hydroxy-derivatisiertes, vernetztes Styrol/DVB-Copolymer)	Tresyl-Aktivierung
BIA Separations	CIM CM (Carboxymethyl-derivatisiertes Polymer, Monolith)	Carbodiimid
BIA Separations	CIM EDA (Ethylendiamin-derivatisiertes Polymer, Monolith)	Glutaraldehyd
BIA Separations	CIM Epoxy (Epoxy-derivatisiertes Polymer, Monolith)	Epoxid
Bio-Rad Laboratories	Affi-Gel 10 (NHS-derivatisierte, vernetzte Agarose)	N-Hydroxysuccinimid-Ester
Bio-Rad Laboratories	Affi-Gel 102 (Amino-derivatisierte, vernetzte Agarose)	Glutaraldehyd
Bio-Rad Laboratories	Affi-Gel Hz (Hydrazid-derivatisierte, vernetzte Agarose)	Periodat
Fluka	Aminopropyl-CPG (Controlled Pore Glass; derivatisiertes, poröses Glas)	Glutaraldehyd
Fluka	Carboxyl-CPG (Controlled Pore Glass; derivatisiertes, poröses Glas)	Carbodiimid
Fluka	Glyceryl-CPG (Controlled Pore Glass; derivatisiertes, poröses Glas)	Periodat
Millipore	AminoAryl-CPG (Controlled Pore Glass; derivatisiertes, poröses Glas)	Diazotierung
Millipore	Aminopropyl-CPG (Controlled Pore Glass; derivatisiertes, poröses Glas)	Glutaraldehyd
Millipore	Carboxyl-CPG (Controlled Pore Glass; derivatisiertes, poröses Glas)	Carbodiimid
Millipore	Glyceryl-CPG (Controlled Pore Glass; derivatisiertes, poröses Glas)	Periodat
Millipore	Hydrazide-CPG (Controlled Pore Glass; derivatisiertes, poröses Glas)	Periodat
Millipore	Thiopropyl-CPG (Controlled Pore Glass; derivatisiertes, poröses Glas)	Disulfidaustausch
Millipore	Prosep-5CHO (Controlled Pore Glass; derivatisiertes, poröses Glas)	Reduktive Aminierung

Tabelle 2 (Fortsetzung)

Firma [a]	*Trägermaterial (Zusammensetzung)*	*Kopplungschemie* [b]
Chisso	Matrex Cellufine Amino-Affinitätsmedium (Amino-derivatisierte Cellulose)	Glutaraldehyd
Chisso	Matrex Cellufine Formyl-Affinitätsmedium (Aldehyd-derivatisierte Cellulose)	Reduktive Aminierung
Pierce/Perbio	AminoLink Plus Immobilization Kits (Aldehyd-aktivierte, vernetzte Agarose)	Reduktive Aminierung
Pierce/Perbio	CarboLink Coupling Gel (Hydrazid-derivatisierte, vernetzte Agarose)	Periodat
Pierce/Perbio	ImmunoPure Epoxy-Activated Agarose (Epoxy-derivatisierte, vernetzte Agarose)	Epoxid
Pierce/Perbio	PharmaLink Imm. Kit (Diaminodipropylamin-derivatsiertes Polyacrylamid)	Mannich-Reaktion
Pierce/Perbio	SulfoLink Coupling Gel (Iodmethyl-derivatisierte, vernetzte Agarose)	Alkylierung
Pierce/Perbio	UltraLink Hydrazide Gel (Hydrazid-derivatisiertes Polyacrylamid)	Periodat
Pierce/Perbio	UltraLink Immobilization Kit (Azlacton-aktiviertes Polyacrylamid)	Azlacton
Riedel-de Haën	Polymer Carrier VA-Epoxy (Epoxy-aktiviertes Vinylalkohol-Copolymer)	Epoxid
Riedel-de Haën	Polymer Carrier VA-Hydroxy (Vinylalkohol-Copolymer)	Tresyl-Aktivierung
Degussa/Röhm	Eupergit C (Epoxy-aktiviertes Methacrylamid-Copolymer)	Epoxid
Sterogene	Actigel ALD (Aldehyd-derivatisierte, vernetzte Agarose)	Reduktive Aminierung
Sterogene	Actigel B Ultraflow (Epibromhydrin-derivatisierte, vernetzte Agarose)	Alkylierung
Sterogene	Actigel T (Aktiviertes Thiol, vernetzte Agarose)	Disulfidaustausch
Sterogene	Activated ALD Cellthru BigBead (Aldehyd-derivatisierte, vernetzte Agarose)	Reduktive Aminierung
Tosoh Bioscience	Toyopearl AF-Amino-650M (Amino-derivatisiertes Vinyl-Polymer)	Glutaraldehyd
Tosoh Bioscience	Toyopearl AF-Carboxy-650M (Carboxy-derivatisiertes Vinyl-Polymer)	Carbodiimid
Tosoh Bioscience	Toyopearl AF-Epoxy-650M (Epoxy-derivatisiertes Vinyl-Polymer)	Epoxid
Tosoh Bioscience	Toyopearl AF-Formyl-650M (Aldehyd-derivatisiertes Polymer)	Reduktive Aminierung
Tosoh Bioscience	Toyopearl AF-Tresyl-650M (Tresyl-derivatisiertes Vinyl-Polymer)	Alkylierung
VitraBio	Trisopor – Aminopropyl (Unregelmässig geformtes, poröses Glas, derivatisiert)	Glutaraldehyd
VitraBio	Trisopor – Diol (Unregelmässig geformtes, poröses Glas, derivatisiert)	Periodat
VitraBio	Trisoperl – Aminopropyl (Kugelförmiges poröses Glas, derivatisiert)	Glutaraldehyd
VitraBio	Trisoperl – Diol (Kugelförmiges poröses Glas, derivatisiert)	Periodat
VitraBio	Trisofil – Aminopropyl (Faserförmiges poröses Glas, derivatisiert)	Glutaraldehyd
VitraBio	Trisofil – Diol (Faserförmiges poröses Glas, derivatisiert)	Periodat

[a] Kein Anspruch auf Vollständigkeit; [b] typische Methode.

len wurden die Antikörper auf der Immunosäule mittels Protein G immobilisiert, was eine regelmäßige Wiederbeladung der Säule mit frischem Antikörper bei jedem Lauf ermöglicht bzw. erfordert. Die Elution löst hier nicht nur den Analyten, sondern auch den Antikörper von der Säule. Weiterhin limitiert die Verwendung eines Massenspektrometers zur Detektion die Nutzbarkeit von salzhaltigen Lösungen, z. B. Puffern, bei der Elution von der Immunoaffinitätssäule. Es kann u. U. auch die analytische Trennsäule zur Anreicherung des Immunoeluates dienen.

3.1.4.2 **Echte Affinitätschromatographie („Weak Affinity Chromatography")**

Im Gegensatz zur Affinitätsanreicherung, bei der zur Vermeidung von Verlusten eine hohe Affinität des Liganden zum Analyten erwünscht ist (> 10^7 L/mol), führt dies bei einer Chromatographie auf einer entsprechenden Säule zu exzessiver Bandenverbreiterung. Dies kann man in erster Linie auf die zu langsame Gleichgewichtseinstellung (sehr niedrige Dissoziationsratenkonstanten) zurückführen. Folglich gibt es praktisch keine derartigen Anwendungen, da die Trennleistung zu gering ist. Auch ist die Verfügbarkeit vieler biochemischer Liganden zu schlecht (Preis, Menge), um an die Beschichtung größerer Säulen denken zu können. Es gibt zwei Varianten, das Problem der Trennleistung zu umgehen. Die erste (häufigere) ist die Verwendung eines Elutionsgradienten nach der Bindung der Analyten auf der Immunoaffinitätssäule. Trotzdem sind die Peaks oft so breit, dass in der Praxis maximal zwei bis drei Substanzen getrennt werden können. Üblicherweise werden Elutionsgradienten jedoch weniger aus der Motivation der Trennleistung heraus angewendet, sondern um eine langwierige Optimierung der Elutionsbedingungen zu vermeiden. Bei irgendeiner Zusammensetzung der mobilen Phase wird der Analyt schon eluieren. Bei labilen Analyten (z. B. Proteinen) spielt auch eine Rolle, dass man so die schwächstmöglichen Elutionsbedingungen annähern kann und damit Denaturierung durch ein zu aggressives Elutionsmittel vermeidet. Aus der Theorie kann man ableiten, dass eine übliche Chromatographie nur bei Affinitäten unter ca. 10^5 L/mol möglich ist. Solche Antikörper werden üblicherweise beim Screening verworfen, da die entsprechenden Testsysteme (z. B. ELISA) auf relativ hochaffine Antikörper ausgerichtet sind. Es sind daher bisher nur modellhafte Affinitätstrennungen unter „Weak Affinity"-Bedingungen ausgeführt worden. Inwiefern eine Routineanwendung in der Zukunft möglich ist, kann im Moment nicht abgeschätzt werden.

Eine interessante Anwendung ist die Affinitätstrennung eines (polyklonalen) Antiserums. Normalerweise ist die Auftrennung eines Antikörpergemischs in monoklonale Fraktionen mit rein „physikalischen" Trennmethoden weitgehend hoffnungslos. Durch eine „Weak Affinity Chromatography" an einer Säule mit immobilisiertem Hapten (Antigen) gelang es, ein Serum in 12 unterschiedliche Fraktionen aufzutrennen [15]. Wie zu erwarten, stieg die Affinitätskonstante der isolierten Antikörper mit steigendem Elutionsvolumen an. Entscheidend für eine erfolgreiche Trennung war die Auswahl eines immobilisierten Liganden mit extrem geringer Affinität (ca. 0,01 % Kreuzreaktion bezogen auf den Analyten) zu den zu trennenden Antikörpern. Zusätzlich wurde dem Eluenten 30 % Dioxan bei einem pH-Wert von 3,4 zugesetzt, um die Interaktionen weiter abzuschwächen. Auch pH- oder DMF- bzw. 2-Methoxyethanol-Gradienten (auch Stufengradienten) wurden untersucht [16].

3.1.4.3 **Biochemische Detektoren**

Analog zur Affinitätsanreicherung (Abb. 1A) ist bei biochemischen Detektoren (Abb. 1C) die Offline-Kopplung weitaus verbreiteter [17] als Online-Varianten. Die Offline-Kopplung ist meist gleichbedeutend mit einer Fraktionierung des Eluatstroms. Zumindest im Bereich der präparativen HPLC ist diese Vorgehensweise sehr verbreitet, auch wenn dort vorwiegend Peak-gesteuert fraktioniert wird. Aber auch in der Wirkstoff-Forschung ist die chromatographische Trennung (z. B. von Naturstoff-Extrakten) und deren anschließende Fraktionierung verbreitet. Heute wird häufig nicht in einzelne Fraktionsgläschen gesammelt, sondern in Mikrotiterplatten (MTP) verschiedenster Formate. Modernere Fraktionensammler sind in der Regel ohne Probleme in der Lage, in eine oder mehrere MTP zu fraktionieren. Auch wenn der Offline-Ansatz den Eindruck von „Low-Tech" machen sollte – er bietet einige wichtige Vorteile:

1. Zeitliche Entkopplung von Chromatographie und Detektion.
2. Einfache Aliquotierung zur Durchführung unterschiedlicher Tests.
3. Sicherung der Fraktionen zu späteren z. B. strukturanalytischen Untersuchungen.
4. Einfache Etablierung.
5. Geringe technologische Anforderungen.
6. Gute Eignung für multidimensionale Tests [18].

Der Online-Ansatz ist zwar schneller und „eleganter", wird aber aufgrund der relativ hohen apparativen Hürden bisher nur von einer Firma (Kiadis, Leiden, Niederlande) durchgeführt. Es wurden jedoch schon einige Arbeiten veröffentlicht, die das Potenzial von Online-Verfahren aufgezeigt haben [19]. Aufgrund der noch geringen Verbreitung soll aber hier nicht näher darauf eingegangen werden.

Wie oben schon angedeutet, ist für viele Anwender die Offline-Variante geeigneter. Das Setup eines entsprechenden Systems sollte auch Personen gelingen, die ansonsten wenig Erfahrung mit biochemischen Assays mitbringen. Jedoch sind ein paar kritische Punkte zu beachten. So ist die Auswahl der mobilen Phase nicht unwichtig. Da in der Regel das Laufmittel nur mühsam entfernt werden kann (z. B. durch Abdampfen), muss es eine ausreichende Kompatibilität mit den geplanten biochemischen Assays vorhanden sein. Auch verursachen Gradientenmethoden – wie üblich – bei der Detektion mehr Probleme als isokratische. Sollten hier jedoch Hindernisse auftauchen, ist oft das Eindampfen trotz des zusätzlichen Aufwands immer noch die beste Lösung. Will man dies vermeiden, so ist eine isokratische Trennung mit Methanol/Wasser (bzw. neutralem Puffer) anzustreben. Es hat sich vielfach gezeigt, dass Methanol (unter den üblichen RP-Laufmitteln) am „biokompatibelsten" ist und daher in relativ hohen Konzentrationen in den biochemischen Tests eingesetzt werden kann. Falls jedoch eine

Verdünnung (z. B. 1 : 50 – 1 : 100) möglich ist, so sollte das Problem mobile Phase weitgehend eliminiert sein. Der Verdünnungspuffer kann allgemein dazu dienen, andere im biochemischen Test unerwünschte Stoffe abzufangen, bzw. den pH-Wert in den Neutralbereich zu bringen (z. B. bei Trifluoressigsäure-haltigen Laufmitteln). In diesem Fall sind auch Gradiententrennungen problemlos möglich. Wer diese Verdünnung aus Empfindlichkeitsgründen vermeiden muss, kann bei Gradienten auch einen gewissen Aktivitätsverlust hinnehmen. So lange die Basislinie des biochemischen Tests noch ausgewertet werden kann und der dynamische Bereich nicht zu sehr eingeschränkt wird, ist ein begrenzter Lösungsmitteleffekt kein Ausschlusskriterium. Oft wird ein sog. „Probenpuffer" in den Fraktioniergefäßen gleich vorgelegt, um eine schnellstmögliche Pufferung zu erreichen. Dies ist insbesondere bei instabilen Analyten (z. B. Proteinen) notwendig, um Aktivitätsverluste zu minimieren.

Auch wenn es selten angewandt wurde, so ist die chromatographische Trennung nicht auf Umkehrphasen beschränkt. Gelchromatographische oder ionenchromatographische Trennungen sind gleichfalls denkbar. Auch elektrophoretische Trennungen sind möglich – jedoch eignet sich die klassische Kapillarelektrophorese aufgrund der geringen Volumina nicht gut zur Fraktionierung.

Als biochemischer Test sind zahllose Varianten geeignet. So kann der Assay selbst etabliert werden und z. B. auf eigens hergestellten Antikörpern basieren. In diesem Fall ist in der Regel genügend spezifisches Know-how zur Durchführung und Optimierung dieser Tests vorhanden. Auch Enzyminhibitionsassays sind für eine HPLC-Kopplung gut geeignet. Sogar Bioassays (z. B. Toxizitätstests) sollten sich problemlos offline koppeln lassen Hier kann aber die Toxizität des Lösungsmittels kritisch sein. Eindampfen ist hier die einfachste Lösung. Anwender, die weniger Erfahrung mit biochemischen Tests mitbringen, sind aber nicht notwendigerweise von deren Nutzung ausgeschlossen. Für viele analytische Parameter sind ELISA-Kits kommerziell verfügbar, die sich nicht nur für die direkte Analyse der betreffenden Analyten eignen, sondern auch für Eluate einer HPLC. Zugegebenermaßen sind derartige Kits oft relativ kostspielig. Daher wird man vermeiden, ganze HPLC-Läufe zu vermessen. Hier ist eher die Untersuchung von Peakfraktionen, die z. B. aufgrund der UV-Detektion geschnitten wurden, sinnvoll. Da oft die Lösungsmittelstabilität von solchen Testkits nicht genau bekannt ist, sollte man in der Regel die Fraktionen vor der Analyse eindampfen und z. B. in einem geeigneten Puffer wieder aufnehmen. Diese Anwendungen sind häufig lediglich halbquantitativ und bedürfen daher nur einer sehr vereinfachten Kalibrierung. Es ist jedoch sehr anzuraten, bei Assays im Mikrotiterplatten-(MTP)-Format (meist 96 Kavitäten) mindestens eine Negativ- und eine Positiv-Kontrolle mitlaufen zu lassen. Eine Übertragung von Kalibrierungen von einer Platte zur anderen ist normalerweise nicht möglich. Bei der Verwendung von Testkits ist die Durchführung an der Anleitung des Herstellers auszurichten. Man wird jedoch kaum spezielle Unterstützung der Assayhersteller bei einer HPLC-Kopplung erwarten können. Um sicherzugehen, ist entweder starke Verdünnung des Eluats (> 1 : 50) oder Eindampfen notwendig. Nur Anwender mit einiger Erfahrung im Immunoassay-Bereich sollten es wagen, die

Testbedingungen zu verändern, da der Zusammenhang zwischen Testparametern und Ergebnis recht komplex ist. Prinzipiell ist es möglich, einen Immunoassay oder einen anderen biochemischen Test in einem Wasser/Lösungsmittelgemisch durchzuführen. Indem man die gleiche Lösungsmittelzusammensetzung bei der Kalibrierung wie bei der Messung verwendet, kann man bis zu einem gewissen Grad Lösungsmitteleinflüsse eliminieren. Über 20 % Methanol wird man aber selten gehen können, bei anderen Lösungsmitteln wird die Grenze der sinnvollen Anwendung eher bei 10 % oder sogar darunter liegen. Es muss aber betont werden, dass diese Grenzen individuell vom verwendeten Test abhängen. Verschiedene Antikörper (auch wenn sie gegen den gleichen Analyten gerichtet sind) zeigen meist ein sehr unterschiedliches Stabilitätsverhalten. Daher ist es sehr wichtig, bei polyklonalen Antikörpern immer dieselbe Charge zu verwenden oder monoklonale Antikörper einzusetzen.

3.1.5 Beispiele

3.1.5.1 Beispiel 1: Affinitätsextraktion („Affinity SPE")

Urin gilt allgemein als sehr schwierige Matrix. Verschiedenste Probenvorbereitungsschritte sind schon erprobt worden, jedoch führen viele nicht zu dem gewünschten Ergebnis. Dies ist ein Anwendungsbereich für eine Affinitätsextraktion. Schedl et al. [20] zeigten den erfolgreichen Einsatz von sog. Sol-Gel-Glas für die Immobilisierung von polyklonalen Pyren-Antikörpern für die Analyse von Hydroxy-Metaboliten von Polycyclischen Aromaten (PAH). Bei einer Sol-Gel-Immobilisierung wird nicht der Antikörper an einem festen Träger gebunden, sondern die gepufferte Antikörperlösung mit einer sauer hydrolysierten Lösung von Tetramethoxysilan versetzt. Nach dem Vermischen setzt sehr schnell eine Polykondensation ein, die zu einem glasartigen Festkörper führt. In diesem sind die Antikörper sterisch eingeschlossen. So können die Antikörper weder herausgewaschen werden, noch können z. B. Proteasen die Antikörper angreifen. Kleine Analytmoleküle, wie z. B. PAHs, können jedoch die Poren durchdringen und werden durch die aktiven Zentren der Antikörper selektiv gebunden. Die Elution wurde durch Acetonitril/Wasser (1 : 1) erreicht. Um das Sol-Gel-Glas für analytische Zwecke verwenden zu können, wird es in der Regel mechanisch zertrümmert und ggf. eine geeignete Größenfraktion herausgesiebt.

In Abb. 3 sind zwei Chromatogramme gegenübergestellt, die den Unterschied der Probenvorbereitung mit klassischer C_{18}-SPE und Affinitätsextrakion (Affinity-SPE) illustrieren. Der Hauptmetabolit 1-Hydroxypyren kann mit beiden Methoden erfasst werden, die in geringeren Konzentrationen vorhandenen Metaboliten können jedoch nicht ausreichend sicher quantifiziert werden. Die Immunaffinitätsextrakion kann in der Nachweisgrenze noch weiter verbessert werden, wenn sich eine konzentrierende C_{18}-SPE anschließt. Abbildung 3 zeigt deutlich, welche Verbesserung die Affinitätsreinigung erreicht. Es ist auf diese Weise auch viel einfacher, neue Metaboliten aufzufinden, die bisher nicht erkannt wurden, da im Chromatogramm nur relativ wenige Peaks zu sehen sind. Eine Kopplung

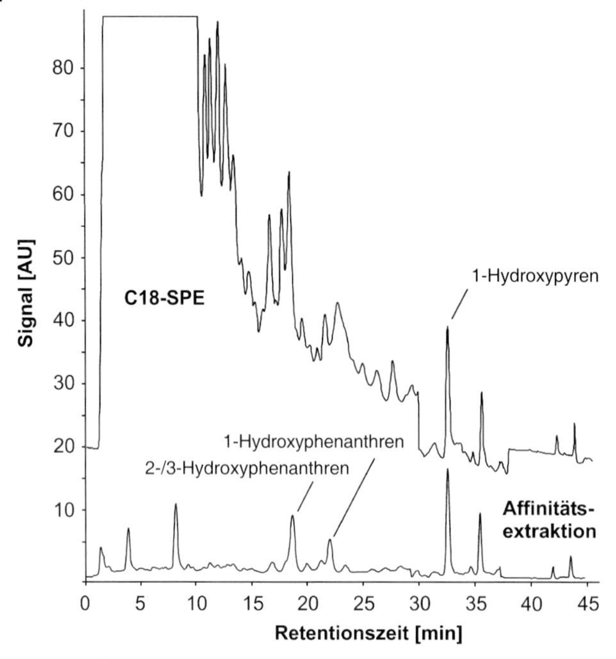

Abb. 3 Affinitätsextraktion (unten) zur Probenvorbereitung von Urin für die Analyse von PAH-Metaboliten. Vergleich zur konventionellen C18-SPE (oben). (Graphik: Prof. Dietmar Knopp).

an eine Massenspektrometrie wäre in diesem Fall für die Strukturaufklärung besonders geeignet.

3.1.5.2 Beispiel 2: „Weak Affinity Chromatography" (WAC)

Aufgrund der nur mäßigen Trennleistung sind in der Literatur nur relativ wenige Beispiele der WAC beschrieben, wenn man von Racemattrennungen via „Molecular Imprints" (MIPs) absieht, die typischerweise auch nur die Trennung von zwei Enantiomeren erfordern.

In Abb. 4 ist die Trennung von einigen Monosacchariden gezeigt [21]. Dies ist eine relativ komplexe Probe für eine WAC. Auf Aldehyd-aktiviertem Silicagel (10 µm, 300 Å) wurde Weizenkeim-Agglutinin, ein Lectin (zuckerbindendes Protein), immobilisiert. Normalerweise wird Weizenkeim-Agglutinin nur für die Bindung von Di- und Polysacchariden eingesetzt. Die Affinität zu Monosacchariden ist daher ziemlich niedrig. Die Autoren schätzen den genutzten Affinitätsbereich in dieser Trennung auf 10^2–10^3 L/mol. Diese niedrigen Affinitäten sind die Voraussetzung für eine erfolgreiche Trennung. Glucose und Lactose (nicht gezeigt) wurden nicht zurückgehalten, da Weizenkeim-Agglutinin nur acetylierte Zucker bindet. Die Trennung wurde in einer 25 × 0,5 cm Edelstahlsäule bei 1 mL/min Fluss mit Phosphatpuffer (pH 7,0, 20 mM Natriumphosphat, 100 mM Natriumsulfat) durchgeführt. Für den gepulsten amperometrischen Detektor wurde das Eluat 1 : 1 mit 0,2 M NaOH vermischt. Die Säule hatte eine Kapazität

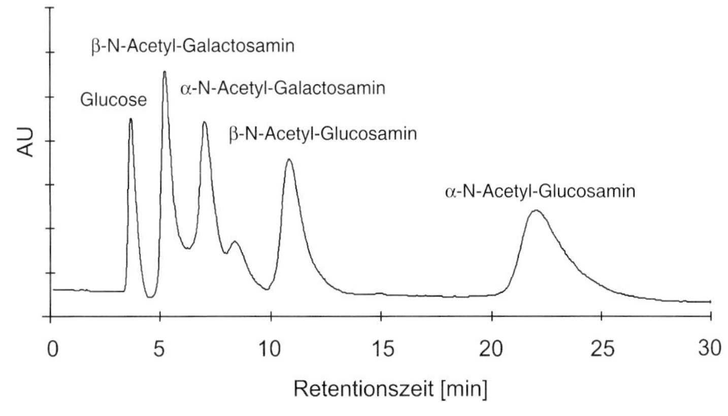

Abb. 4 „Weak Affinity Chromatography" (WAC) zur Trennung von Zuckern [21].

von 18 µmol Analyt. Der Zusatz von 5 % Serum führte zu keiner Veränderung der Retentionszeiten. Eine analoge Referenzsäule ohne Lectin zeigte keinerlei Retardierung der Analyten.

3.1.5.3 **Beispiel 3: Biochemische Detektion**

Diese Ansätze lassen sich den Nachsäulenderivatisierungs-Methoden zuordnen und können auch mit entsprechenden Geräten durchgeführt werden. Aufgrund der relativ langsamen Reaktionsgeschwindigkeiten von vielen biochemischen Reaktionen ist jedoch die Offline-Detektion in vielen Fällen vorzuziehen. Hier können die Inkubations-/Reaktionszeiten von der Geschwindigkeit der Trennung abgekoppelt werden. In Abb. 5 wird die Trennung von 8 Microcystinen bzw. ver-

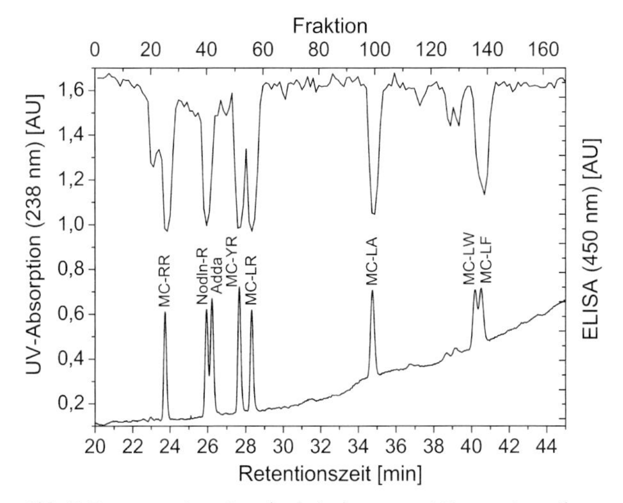

Abb. 5 Trennung einer Standardmischung von Microcystinen (hepatotoxische, cyclische Peptide) durch RP-Chromatographie (Acetonitril/Wasser-Gradient mit 0,04 bzw. 0,1 % Trifluoressigsäure) und Detektion bei 238 nm (unten), sowie mittels offline Enzymimmunoassay (oben) [22]. (Graphik: Dr. Anne Zeck).

wandten Verbindungen gezeigt. Mittels eines gruppenselektiven Antikörpers gegen Microcystine können Microcystinpeaks eindeutig identifiziert werden. Die ELISA-Detektion ist ca. 100fach empfindlicher und viel selektiver als die UV-Absorption [18].

Literatur

1. M. G. Weller, Immunochromatographic techniques – a critical review, *Fresenius J. Anal. Chem.* 366 (2000) 635–645.
2. Affinity Chromatography – Principles and Methods, Amersham Pharmacia Biotech, Handbook, No. 18-1022-29, 2001.
3. Affinity Chromatography – Methods and Protocols, Pascal Bailon, George K. Ehrlich, Wen-Jian Fung, Wolfgang Berthold, Humana Press, 2000.
4. P. Matejtschuk, Affinity Separations (Practical Approach Series), Oxford University Press, 1997.
5. D. S. Hage, Handbook of Affinity Chromatography, Taylor & Francis Group, 2005.
6. D. S. Hage, Affinity Chromatography: A Review of clinical applications, *Clin. Chem. 45* (1999), 593–615.
7. Greg T. Hermanson, Paul K. Smith, A. Krishna Mallia, Immobilized Affinity Ligand Techniques, Pierce, 1992.
8. Greg T. Hermanson, Bioconjugate Techniques, Academic Press, 1996.
9. M. Aslam, A. Dent, Bioconjugation, Macmillan Reference, 1998.
10. http://www.antibodyresource.com
11. Linscott's Directory of Immunological and Biological Reagents, http://www.linscottsdirectory.com
12. MSRS Catalog of Primary Antibodies, http://www.antibodies-probes.com
13. M. Komiyama, T. Takeuchi, T. Mukawa, H. Asanuma, Molecular Imprinting: From Fundamentals to Applications, Wiley, 2003.
14. J. Cai, J. Henion, On-line immunoaffinity extraction-coupled column capillary liquid chromatography/tandem mass spectrometry: Trace Analysis of LSD analogs and metabolites in human urine, *Anal. Chem. 68* (1996), 72–78.
15. G. Giraudi, C. Baggiani, Strategy for fractionating high-affinity antibodies to steroid hormones by affinity chromatography, *Analyst 121* (1996), 939–944.
16. C. Parini, M. A. Baciagalupo, S. Colombi, N. Corocher, C. Baggiani, G. Giraudi, Fractionation of an antiserum to progesterone by affinity chromatography: Effect of pH, solvents and biospecific adsorbents, *Analyst 120* (1995), 1153–1158.
17. P. M. Kraemer, Q. X. Li, B. D. Hammock, Integration of liquid chromatography with immunoassay: an approach combining the strengths of both methods. *J. AOAC Intern.* 77 (1994) 1275–1287.
18. A. Zeck, M. G. Weller, R. Niessner, Multidimensional biochemical detection of microcystins in liquid chromatography, *Anal. Chem.*, 73 (2001) 5509–5517.
19. E. S. M. Lutz, A. J. Oosterkamp, H. Irth, Online coupling of liquid chromatography to biological assays, *Chimica Oggi*, 15 (1997) 11–15.
20. M. Schedl, G. Wilharm, S. Achatz, A. Kettrup, R. Niessner, D. Knopp, Monitoring polycyclic aromatic hydrocarbon metabolites in human urine: Extraction and purification with a sol-gel glass immunosorbent, *Anal. Chem.*, 73 (2001) 5669–5676.
21. L. Leickt, M. Bergström, D. Zopf, S. Ohlson, Bioaffinity chromatography in the 10 mM range of k_d, *Anal. Biochem.*, 253 (1997) 135–136.
22. A. Zeck, Entwicklung von immunanalytischen, chromatographischen und massenspekrometrischen Methoden zur Bestimmung cyanobakterieller Hepatotoxine (Microcystine und Nodularine), Dissertation, Technische Universität München, 2002 (http://tumb1.biblio.tu-muenchen.de/publ/diss/ch/2001/zeck.pdf).

3.2
Erweiterte Charakterisierungs- und Analysemöglichkeiten durch 2-dimensionale Chromatographie

Peter Kilz

3.2.1
Einleitung

Jede chromatographische Trenntechnik leidet unter begrenzter chromatographischer Auflösung (Peakhomogenität, begrenzte Peakkapazität, Verteilungsbestimmung mehrerer Probeneigenschaften, usw.), und es wurden vielfältige Anstrengungen unternommen, um diese inhärenten Einschränkungen des Chromatographieprozesses zu überwinden. Selbst die leistungsfähigsten Detektionsmethoden wie z. B. die aktuell sehr populären massenspektrometrischen Techniken können bisher die Trennprobleme nicht zufriedenstellend lösen. Diese Detektoren sind nämlich ebenfalls auf die Chromatographie zur Probenauftrennung und der daraus resultierenden Reduktion der Probenkomplexität angewiesen; sie selbst können diese Auftrennung im Allgemeinen nicht leisten. Eine universellere Verfahrensweise ist hier die Kombination verschiedener Trennmethoden in einem Experiment (mehrdimensionale Chromatographie; auch 2D-Chromatographie, orthogonale Chromatographie oder Kreuz-Fraktionierung genannt; s. auch Kap. 5.3).

Die mehrdimensionale Chromatographie geht das Problem der limitierten chromatographischen Auflösung durch eine starke Vergrößerung der Peakkapazität, n_{total}, an, welche sich aus dem Produkt der Peakkapazitäten der einzelnen chromatographischen Trennungen, n_i, zusammensetzt (s. Gl. 1).

$$n_{total} = n_1 \cdot n_2 \cdot n_2 \quad (1)$$

Gleichung (1) basiert auf den vereinfachenden Annahmen einer isokratischen Elution und der Kombination orthogonaler Trennmethoden, ein allgemeinerer Zusammenhang findet sich in der Literatur [1].

Die Kopplung chromatographischer Methoden hat einen weiteren wichtigen Vorteil: sie erlaubt eine Auftrennung von Proben, die mit der Summe der Einzelmethoden alleine nicht möglich ist. Die genaue Zuordnung und Identifizierung der Einzelsubstanzen ist in Abb. 1 für eine 2-dimensionale Trennung mittels HPLC-GPC-Kopplung schematisch dargestellt. Sie zeigt drei verschiedene Proben, die alle identische HPLC- *und* GPC-Chromatogramme aufweisen. Jede klassische Methode zur Optimierung der einzelnen Trennprozesse ist hier zum Scheitern verurteilt und würde keine Unterschiede finden können. Die Kombination von HPLC mit einer anschließenden GPC-Trennung der einzelnen HPLC-Fraktionen kann jedoch leicht die Unterschiede zwischen den verschiedenen Proben aufdecken. Abbildung 1 zeigt einen sog. Konturplot (der wie eine Landkarte mit Höhenlinien gelesen wird. Das erste Trennverfahren wird auf der Y-Achse aufge-

HPLC richtig optimiert: Ein Handbuch für Praktiker. Herausgegeben von Stavros Kromidas

ISBN: 3-527-31470-9

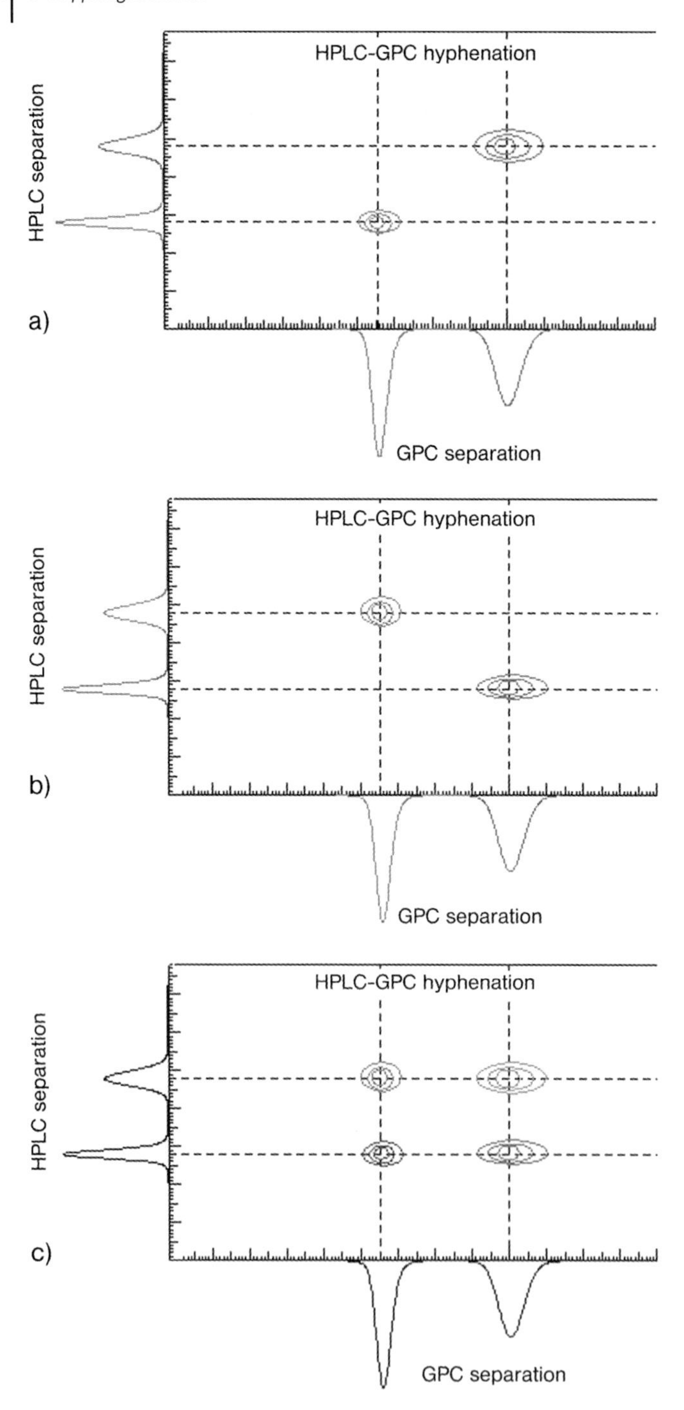

Abb. 1 Die 2-dimensionale Kopplung von Trenntechniken kann Probenunterschiede deutlich machen, die mit Einzelmethoden grundsätzlich nicht zu unterscheiden sind.

tragen, während die Dimension der zweiten chromatographischen Trennung durch die Abszisse repräsentiert wird).

Diese Trennmethodik ist für alle komplex zusammengesetzten Proben, die sich nur schwer auftrennen, umfassend identifizieren oder komplett deformulieren lassen, besonders nützlich. Sehr häufig ist dies bei synthetischen, Natur- und Biopolymeren der Fall (mit der Ausnahme von bekannten monodispersen Proteinen), die oft Verteilungen mehrerer unterschiedlicher Eigenschaften in sich vereinigen (z. B. Verteilungen in Molmasse, Funktionalität, chemischer Zusammensetzung, Molekülarchitektur (Form), um nur einige zu nennen).

3.2.2 Anwendung der 2D-Chromatographie – experimentelle Aspekte

Der Aufbau eines 2D-Chromatographiesystems ist unkompliziert, wenn bereits zuverlässige Trennmethoden für beide Dimensionen vorhanden sind. Die Implementierung des experimentellen Aufbaus ist ebenfalls leicht durchzuführen, wobei die Investition in neue Geräte und die Entwicklung neuer Messmethoden in den meisten Laboratorien nicht oder nur in geringem Umfang notwendig sein wird (s. Tabelle 1).

Der Schlüsselprozess jedes multidimensionalen Chromatographiesystems ist die Überführung der Fraktionen von einer Trennmethode zur nächsten. Dies kann entweder online oder offline, manuell oder automatisiert erfolgen. Die Kopplung der verschiedenen Einzeltrennmethoden ist dabei sehr vielfältig möglich. Umfassende mehrdimensionale Kopplungsmethoden garantieren hierbei den kompletten Transfer der injizierten Masse von der ersten bis in die letzte Dimension und ermöglichen so die komplette Analyse und Identifizierung der Probe bis hin zum letzten Trennprozess. Im Gegensatz dazu stehen Methoden, die nur Hauptkomponentenfraktionen (sog. heart-cut) in die nächste Dimension transferieren und darum keine vollständige Probenanalyse erlauben. Die Vor- und Nachteile der jeweiligen Lösungsansätze zum Probentransfer sind in Tabelle 2 aufgeführt.

Offline Systeme benötigen nur ein Instrument, welches das Sammeln und den manuellen Transfer und Injektion der Fraktionen aus der ersten Dimension

Tabelle 1 Instrumentelle Anforderungen für die 2D-Chromatographie.

Geräte für die 1D-Trennung	*Zusatzgeräte für die 2D-Trennung*	*Spezifisch für 2D-Trennung*
Pumpe	Pumpe	–
Injektor	2D Transferinjektor	+
Säule(n)	Säule(n)	–
(Detektor[en])	Detektor	–
Trennmethode 1. Dimension	Trennmethode 2. Dimension	–

Tabelle 2 Übersicht der Injektionsmethoden zum Transfer zwischen verschiedenen Dimensionen.

Transfer	*Tansferart*	*Vorteile*	*Einschränkungen*	*Beispiele*
Manuell	offline	sehr einfacher Aufbau, schnelle Einrichtung	zeitraubend, nicht für Routine geeignet, ungenau, keine Korrelation zwischen Elution der Fraktion und Transferzeit, nicht quantitativ	Reagenzglas
Automatisch	offline	einfacher Aufbau, leichter und schneller Aufbau	geringe Genauigkeit, keine Korrelation zwischen Elution der Fraktion und Transferzeit, nicht quantitativ	Fraktionssammler, Speicherventil
Einzelschleife	online	korrekte Konzentrationen und Transferzeiten, Automatisierung	Transfer nicht quantitative, aufwendigerer Aufbau	Injektionsventil (mit Antrieb)
Doppelschleife	online	korrekte Konzentrationen und Transferzeiten, quantitativer Probentransfer Automatisierung	aufwendigerer Aufbau, Spezialventil erforderlich	8-Wege-Injektionsventil mit Antrieb, Kombination aus zwei konventionellen 6-Wege-Injektventilen

in die zweite ermöglicht. In Online-2D-Systemen erfolgt der Transfer der Fraktionen in die zweite Dimension hingegen vorzugsweise vollautomatisch. Abbildung 2a zeigt den allgemeinen Aufbau eines automatisierten 2-dimensionalen Chromatographiesystems, Abb. 2b ein reales 2D-System, wie es im Labor des Autors verwendet wird. Die Komponenten der ersten Dimension sind in Abb. 2a von links nach rechts angeordnet, während die der zweiten Dimension senkrecht dazu von oben nach unten zu sehen sind. Die Trennung in der ersten Dimension wird dabei so gewählt, dass die Probe nur anhand einer einzigen Eigenschaft fraktioniert wird. Dies garantiert, dass alle Fraktionen, die in die zweite Dimension transferiert werden, ausschließlich Komponenten enthalten, die bezüglich einer anderen Eigenschaft heterogen sind.

Ein anderer wichtiger experimenteller Aspekt in einem multidimensionalen Trennverfahren ist die Detektorempfindlichkeit in der letzten Dimension. Die zunehmende Verdünnung kann zu sehr niedrigen Probenkonzentrationen führen, die den Einsatz extrem empfindlicher Detektoren nötig macht. Hier werden in den meisten Fällen verdampfende Lichtstreudetektoren (ELSD) eingesetzt,

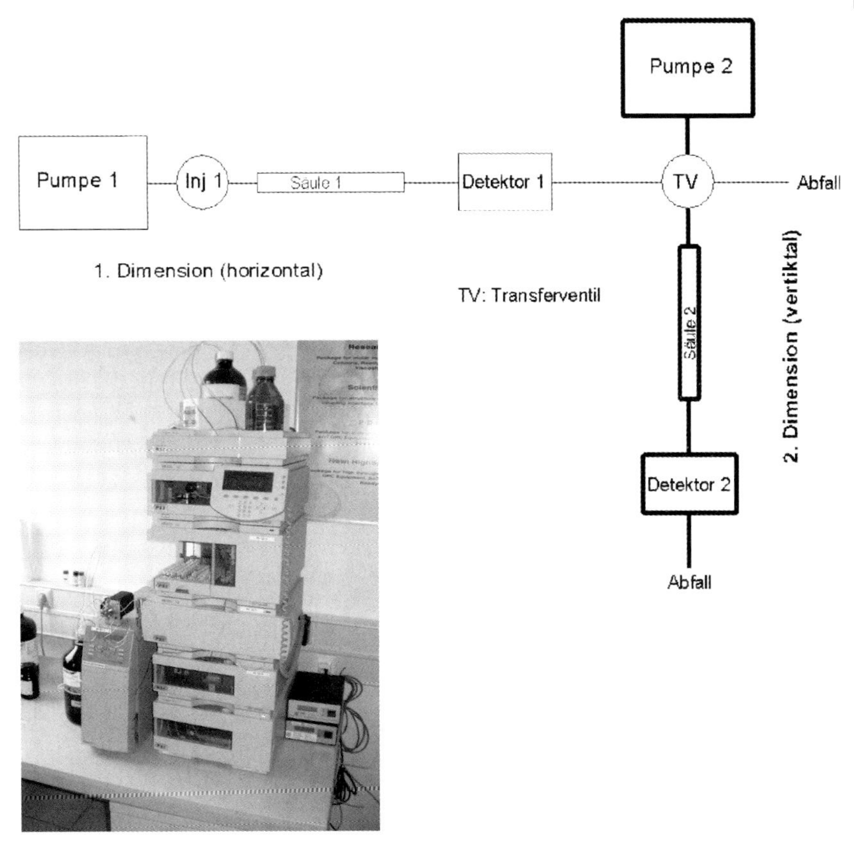

Abb. 2 (a) Allgemeiner Aufbau einer 2D-Chromatographieanlage. (b) Vollautomatisches 2D-Gerät bestehend aus einer Gradientenpumpe (links, für 1. Dimension), 2D-Transferventil (oben auf Gradientenpumpe) und GPC-System für 2. Dimension.

obwohl eine quantitative Auswertung der Messergebnisse aufgrund des begrenzt linearen Ansprechverhaltens dieses Detektortyps erschwert wird. Fluoreszenz- und Diodenarray-Detektoren (DAD) sind ebenfalls hochempfindlich und erlauben eine Probendetektion bis in den Nanogramm-Bereich hinein. Massenspektrometrische Verfahren sind in dieser Hinsicht auch als sehr vielversprechend einzuschätzen, sind aber momentan noch nicht so ausgereift, dass ein universeller Einsatz möglich erscheint. Allgemein gilt, je größer die Verdünnung der injizierten Massen einer Trennmethode ausfällt, desto empfindlichere Detektoren müssen in der nächsten Dimension gewählt werden.

Viele unterschiedliche chromatographische Methoden können und wurden auch schon in der Vergangenheit erfolgreich miteinander kombiniert, wie z. B. SEC, LAC, LC-CAP, GC, SFC, CE und TREF [2]. Hierbei können natürlich Trennverfahren wie GC und SFC, die zu einer Zerstörung der mobilen Phase führen, erst in der letzten Dimension eingesetzt werden. Die häufigste Kombination ist bisher jedoch die HPLC-GPC-Kopplung, da die 2D-Chromatographie zuerst im Bereich der Charakterisierung synthetischer Polymersysteme etabliert wurde. Einzelheiten zur Methodik und zum experimentellen Aufbau finden sich in der Literatur [3].

Eine Publikation von Schure [4] diskutiert an Hand von Simulationen verschiedene Kombinationen von chromatographischen Methoden im Hinblick auf ihre Effizienz, Verdünnungseffekte und Probennachweisgrenzen. Er untersucht hier detailliert CE, GC, LC, SEC und FFF, während andere potentielle Kandidaten für Kopplungsmethoden wie SFC und TREF ausgespart wurden.

Schure weist darin auf zahlreiche experimentelle Faktoren (Bodenzahl, Injektvolumen, injizierte Masse und Verdünnung im Injektionsstreifen) hin, die bei der Auswahl eines zweidimensionalen Chromatographiesystems nicht außer Acht gelassen werden sollten. Schure schlussfolgert, dass eine Trennmethode mit schlechter Auflösung, geringen injizierbaren Massen und hoher Verdünnung im Injektionsstreifen nur ein schlechter Kandidat für eine Kopplungsmethode sein kann.

Die Abfolge der Trennmethoden ist ebenfalls äußerst wichtig, um eine maximale Auflösung und exakte Bestimmung der Eigenschaftsverteilungen zu erreichen. Es hat sich herausgestellt, dass es am günstigsten ist, die Methode mit der höchsten Selektivität bezüglich einer Eigenschaft in der ersten Dimension zu verwenden. Dadurch wird die höchstmögliche Reinheit der eluierenden Fraktionen für den Transfer in den nachfolgenden Trennprozess gewährleistet. In vielen Fällen lässt sich dies besonders gut mit Wechselwirkungs-Chromatographie erreichen, da sie oftmals leichter auf ein Trennproblem speziell zugeschnitten werden kann als z. B. ein GPC-Phasensystem. Weiterhin sollte die erste Trennmethode vom experimentellen Standpunkt her möglichst flexibel gehandhabt werden können.

Die Verträglichkeit der zwischen verschiedenen chromatographischen Dimensionen ausgetauschten mobilen Phasen ist ein weiterer wichtiger Gesichtspunkt bei der Konzeption von zweidimensionalen Experimenten. Die vollständige Mischbarkeit der mobilen Phasen muss in allen Dimensionen gegeben sein, andernfalls ist mit einer dramatischen Beeinflussung des Trennprozesses in der nächsten Dimension zu rechnen und der Fraktionentransfer kann stark behindert oder sogar unmöglich werden. Arbeitet man mit einem Lösungsmittelgradienten, muss die Gültigkeit dieser Bedingung für den gesamten Zusammensetzungsbereich des Lösungsmittelgemischs geprüft werden.

In einer GPC-Dimension kann die Transferinjektion eines GPC-fremden Lösungsmittels auch zu Änderungen der Kalibrierkurve führen. Um korrekte Molekulargewichte zu ermitteln, müssen deshalb Kalibrierkurven an den Extrema der Zusammensetzung der mobilen Phase aufgenommen und außerdem Einflüsse auf das Elutionsverhalten und die Porengrößenverteilung des Säulenmaterials überprüft werden. Im Allgemeinen sind die Einflüsse des Lösungsmittels aus der vorhergehenden Dimension auf die GPC-Kalibrierung umso geringer, je besser die thermodynamischen Eigenschaften des GPC-Eluenten sind. Es hat sich außerdem als günstig erwiesen, den GPC-Eluenten als eine der Lösungsmittelkomponenten der vorigen Dimension zu verwenden, um Störeinflüsse und Entmischungsprobleme zu minimieren.

Der Zeitbedarf einer zweidimensionalen Trennung steigt ganz offensichtlich mit der Anzahl an Probentransfers von der ersten in die zweite Dimension an. Der Zeitfaktor kann somit stark an Bedeutung gewinnen, vor allem wenn in der zweiten Dimension konventionelle analytische Trennsäulen verwendet werden (welche den zeitlichen Flaschenhals darstellen). Mit der Verfügbarkeit von auf hohen Durchsatz optimierten LC-Säulen (High Troughput-Säulen, z. B. PSS HighSpeed) kann die Analysenzeit jedoch drastisch gesenkt werden. Beträgt z. B. die Messzeit auf einer analytischen Säule 30 min pro Analyse und werden 20 Injektionen benötigt, so ergibt sich eine Gesamtmesszeit von gut 10 Stunden für die komplette 2D-Fraktionierung. Werden hingegen High Throughput-Säulen in der zweiten Dimension eingesetzt, ist die Trennung bereits nach einer Stunde abgeschlossen.

Die Verwendung von High Throughput-Säulen eröffnet damit allgemeinere Anwendungsgebiete der 2D-Chromatographie jenseits von Forschung und Entwicklung, z. B. in der Routineanalytik oder Qualitätskontrolle [5].

Abbildung 3 zeigt die Zeitersparnis einer HighSpeed-GPC-Säule für die Trennung einer Mischung von Polymerstandards im Vergleich zu einer analytischen Säule. Die Analysenzeit der konventionellen Säule (PSS SDV 5 mm linear) beträgt ca. 15 min und nur 1,3 min mit der High Throughput-Säule (PSS HighSpeed SDV 5 mm linear). Der Durchsatz kann also um den Faktor 10 gesteigert werden, und man erhält das Ergebnis einer GPC-Analyse in weniger als zwei Minuten.

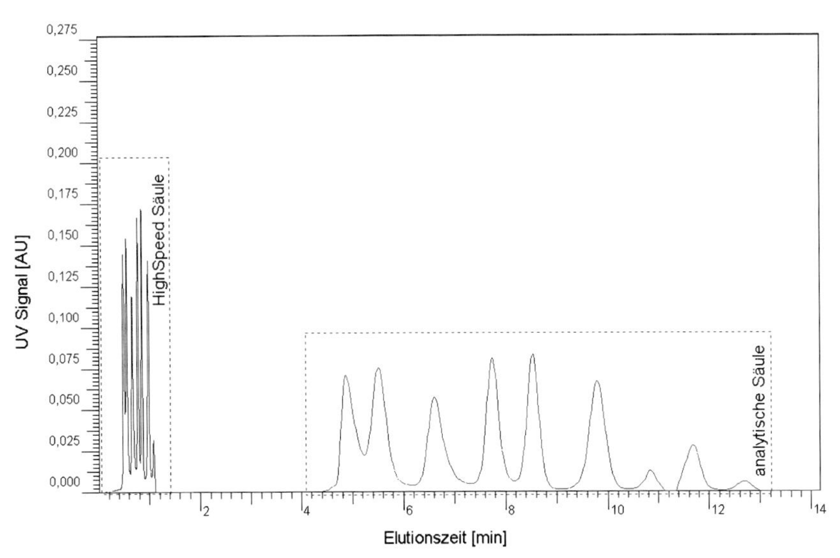

Abb. 3 Vergleich einer High Troughput-Trennung (links) mit einer konventionellen GPC-Trennung (rechts). Die Trenneffizienz bei Polystyrolstandards ist in beiden Fällen vergleichbar, die spezifische Auflösung R_{sp} der HighSpeed-Säule beträgt 4,3 im Vergleich zu 4,7 der konventionellen analytischen Säule.

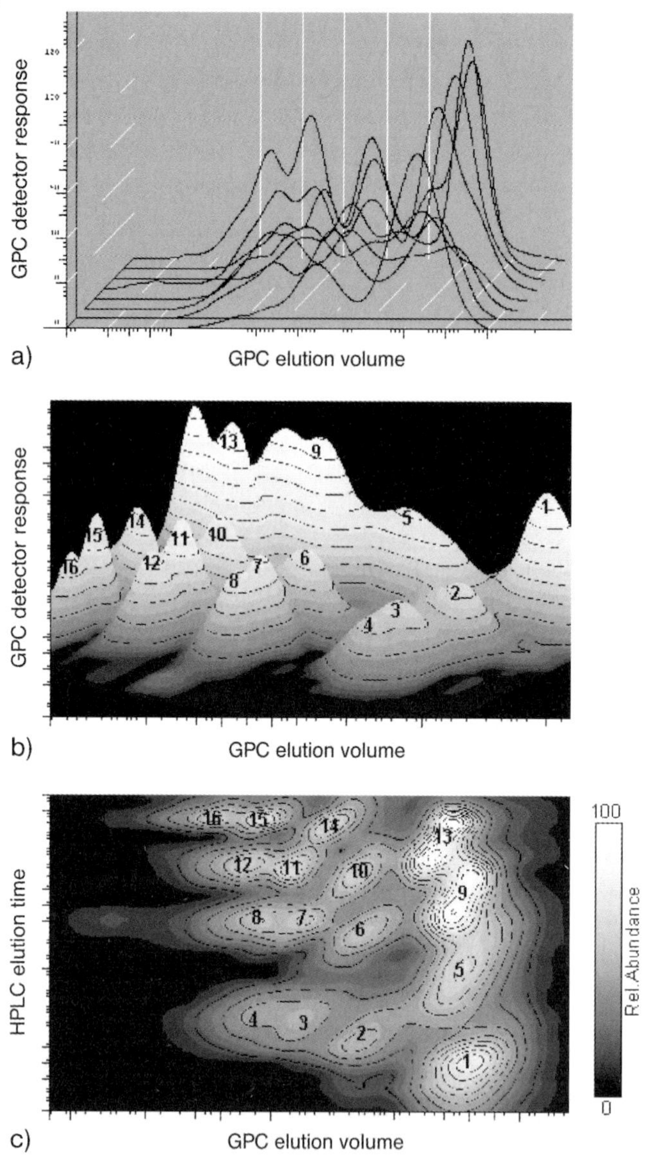

Abb. 4 Verschiedene Darstellungsmöglichkeiten von 2D-Daten einer HPLC-GPC-Kopplung.
(a) Gestapelte Pseudo-2D-Darstellung,
(b) 3D-Oberflächenplot mit Höhenlinien,
(c) 2D-Konturplot mit Höhenlinien.

3.2.3
Auswertung von 2D-Daten und Ergebnisdarstellung

In vollständigen 2D-Experimenten werden dreidimensionale Datensätze (vergleichbar mit Datensätzen von Diodenarray-Detektoren) mit Tupeln der Form ({Eigenschaft Dimension 1},{Eigenschaft Dimension 2},{Konzentration}) erhalten, die auf verschiedene Weise präsentiert werden können. Die Rohdatenansicht (Darstellung im Gitter- oder Wasserfall-Diagramm) besteht aus Chromatogrammen der Fraktionen, die in die letzte Dimension überführt wurden (s. Abb. 4a). Darin lassen sich einzelne Fraktionen leicht qualitativ, aber nicht quantitativ untersuchen. Das Gleiche gilt für 3D-Oberflächendiagramme, die durch Interpolation aus Gitterdarstellungen gewonnen werden (Abb. 4b). Das Oberflächendiagramm stellt eine Art dreidimensionale Landschaft dar, die von allen Seiten betrachtet und in der auch die Peakform und Spurenmengen in den Flanken von Hauptpeaks untersucht werden können. Abbildung 4c zeigt eine Konturdarstellung, eine Projektion des 3D-Oberflächendiagramms in die Ebene, in der verschiedene Konzentrationen durch unterschiedliche Farbcodierungen repräsentiert werden. Die chromatographische Achse der ersten Dimension wird dabei als Ordinate aufgetragen, während die in der zweiten Dimension ermittelten Eigenschaften auf der Abszisse dargestellt werden.

Eine vollständige Auswertung der 2D-Daten wird im Konturplot durch das Setzen von Basislinien (korrekt Basisebenen) zur Auswahl der Integrationsregionen ganz ähnlich der Analyse von eindimensionalen Daten durchgeführt. Den Retentionszeiten der verschiedenen Dimensionsachsen können dann durch Kalibrierung physikalische Eigenschaften der Probe zugeordnet werden. Abbildung 5 zeigt einen basisebenenkorrigierten (analog zur Basislinienkorrektur bei 1D-Daten) Konturplot, in dem verschiedene Regionen zur Auswertung selektiert sind. Abhängig von den kombinierten Trennmethoden erhält man so durch die Datenanalyse eine Vielzahl von Informationen für jeden ausgewählten Bereich.

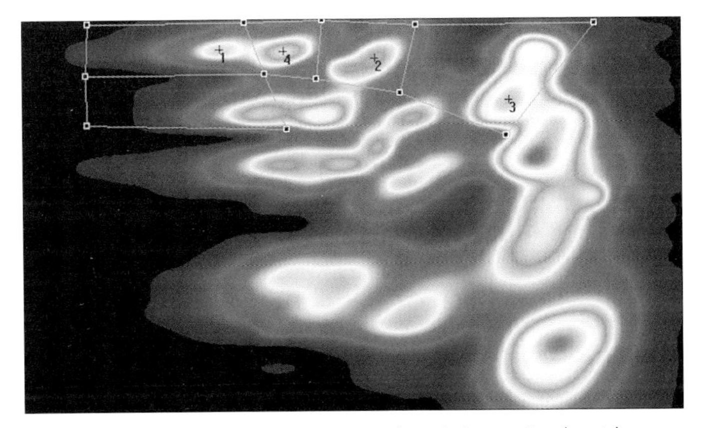

Abb. 5 Basisebenenkorrigierter 2D-Konturplot mit Integrationsbereichen zur 2D-Datenauswertung.

3.2.4
Stand der Technik in der 2D-Chromatographie

Zweidimensionale Trennverfahren sind mittlerweile eine anerkannte Methode zur vollständigen Deformulierung und Analyse von makromolekularen Proben. Bei niedermolekularen Verbindungen wird die 2D-Chromatographie hingegen hauptsächlich zur Probengewinnung für erweiterte Messmethoden (MS, NMR usw.) genutzt, also als LC-LC-Kopplung. Dabei stehen ganz offensichtlich andere Fragestellungen im Vordergrund, die in diesem Kapitel jedoch nicht diskutiert werden sollen.

Im Folgenden sollen die Möglichkeiten dieser Methodik an repräsentativen Beispielen, wie z. B. der umfassenden Untersuchung von Stern-Blockcopolymeren mittels HPLC-GPC-Kopplung demonstriert werden. Diese Polymere sind gebräuchliche Modellverbindungen in Untersuchungen zur Verbesserung der rheologischen Eigenschaften von Motorölen. Die untersuchte Probe wies dabei 16 verschiedene Einzelkomponenten auf, die sich im Molekulargewicht und der chemischen Zusammensetzung voneinander unterschieden. Eine weiterführende Übersicht möglicher chromatographischer Methoden zur Trennung nach Molekulargewicht und chemischer Zusammensetzung wird in [6] gegeben.

Die GPC zeigte wie erwartet vier teilweise aufgelöste Peaks (Abb. 6a), die den vier in der Probe vorkommenden Molmassen entsprechen. Trotz geeigneter Trennleistung sind in den GPC-Chromatogrammen keine Anzeichen von Koeluierenden Spezies mit unterschiedlicher chemischer Zusammensetzung zu erkennen. Die Analyse der Probe mittels Gradienten-HPLC ergab eine Vielzahl schlecht aufgelöster Peaks (Abb. 6b), die auf das Vorhandensein von vier Komponenten unterschiedlicher chemischer Zusammensetzung schließen lassen. Es ergeben sich aber keine direkten Hinweise auf Unterschiede in Molmasse und Molekülarchitektur.

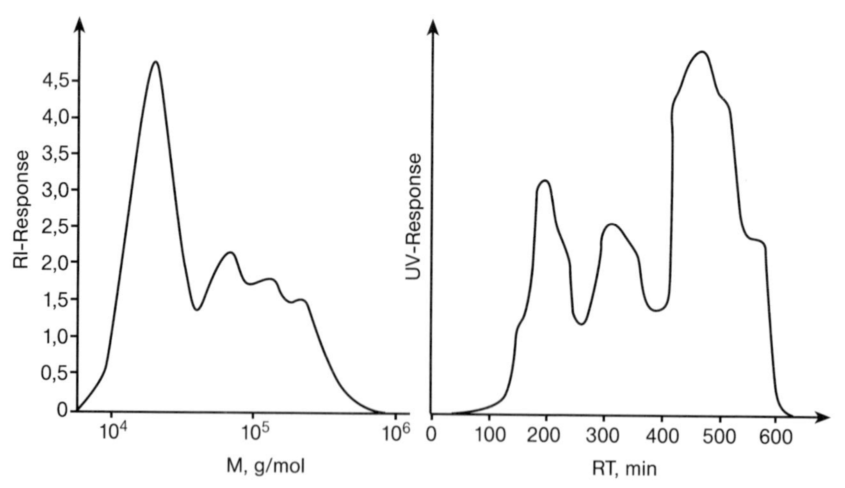

Abb. 6 GPC-Trennung (links) und Gradienten-HPLC (rechts) eines Stern-Blockcopolymerenmit stark variierender Molmasse (Trennung hauptsächlich in GPC) und Butadiengehalt (Trennung in HPLC).

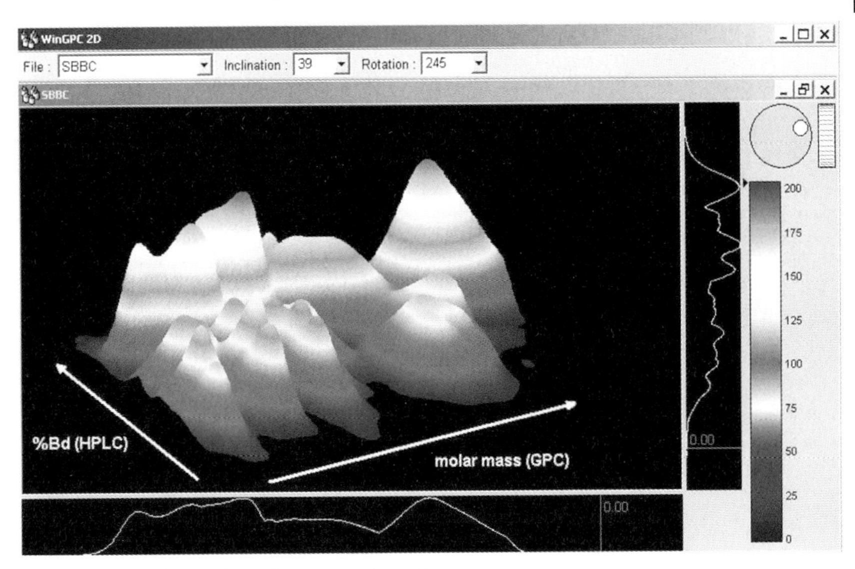

Abb. 7 3D-Oberflächendarstellung eines komplex zusammengesetzten, verzweigten Stern-Blockcopolymeren bestehend aus 16 Komponenten mit unterschiedlicher Molmasse und Butadiengehalt.

Die Online-Kopplung beider Charakterisierungsmethoden hingegen führt zu einem dramatischen Anstieg der Auflösung und zeichnet ein deutliches Bild von der komplexen Zusammensetzung dieser Probe. Eine 3D-Darstellung dieser HPLC-GPC-Trennung ist in Abb. 7 zu sehen.

Die komplexe Natur der Probe ist im Oberflächendiagramm mit chemischer Zusammensetzung und Molmasse als Koordinaten gut zu erkennen. Der experimentelle Beweis für die erhöhte Auflösung der zweidimensionalen Trennung findet sich in Abb. 8. Dieser Konturplot wurde auf Basis der Daten von 28 Transferinjekts in die zweite Dimension errechnet. Die erwarteten 16 Peaks lassen sich dort leicht den 16 gut separierten Bereichen im Oberflächendiagramm zuordnen.

Der Konturplot zeigt eine große Heterogenität der Probe (die chemische Zusammensetzung ist auf der Ordinate dargestellt, die Molmassenverteilung auf der Abszisse), die relative Konzentration der Komponenten wird durch unterschiedliche Farben repräsentiert. Wie erwartet spiegelt eine geringe Drift der Peaks von Komponenten mit gleicher chemischer Zusammensetzung (z. B. Peak 1, 5, 9, 13) die Molmassenabhängigkeit der HPLC-Trennung wider. Dieses Verhalten ist bei Polymeren normal, da die Poren in der stationären Phase der HPLC-Säule zu entropischen Größenausschlusseffekten führen und somit eine Überlappung mit den enthalpischen Effekten an der Oberfläche des Säulenmaterials stattfindet. Das 2D-Experiment besitzt die nötige Auflösung, um auch diese geringen Einflüsse sichtbar zu machen. Der Butadienanteil der einzelnen Peaks konnte durch eine Kalibrierung mit Proben bekannter Zusammensetzung bestimmt werden, während die Molekulargewichte durch eine konventionelle Molmassenkalibrierung der zweiten Dimension errechnet wurden.

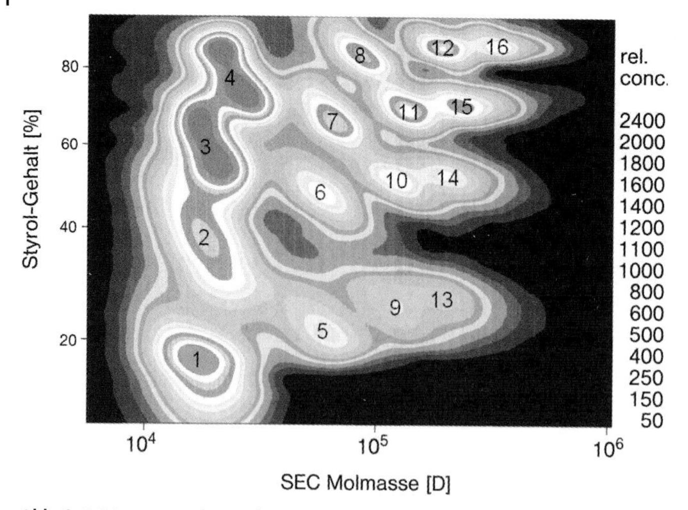

Abb. 8 2-Dimensionale Analyse eines Stern-Blockcopolymeren als Konturplot mit allen erwarteten 16 Komponenten in guter Auftrennung.

Tabelle 3 Ergebnisse der 2D-Chromatographie eines Styrol-Butadien Stern-Blockcopolymeren.

Probe	***Referenz***		***2D-Ergebnis***	
	Bd-Gehalt [%]	Mw [kD]	Bd-Gehalt [%]	Mw [kD]
A (Peaks 4-8-12-16)	17	87	18	88
B (Peaks 3-7-11-15)	39	88	37	82
C (Peaks 2-6-10-14)	63	79	64	75
D (Peaks 1-5-9-13)	78	77	81	72

Man erkennt eine gute Übereinstimmung zwischen den mit konventionellen Analysemethoden erhaltenen Werten und denen, die sich aus der oben besprochenen Datenauswertung der zweidimensionalen Trennung ergeben, wobei die 2D-Analyse deutlich mehr Informationen zur Probe preisgibt als die Mittelung über die Ergebnisse der eindimensionalen Methoden (s. Abb. 8). Die vollständigen Ergebnisse aller 16 Komponenten kann man leicht dem 2D-Höhenliniendiagramm entnehmen.

Die zweidimensionale Analyse von nicht-ionischen Tensiden durch NPLC-RPLC-Kopplung zeigt die Wichtigkeit solcher Untersuchungen im Hinblick auf die Kontrolle von Produktqualität, der Vorhersage von Anwendungseigenschaften und Einblicke in Struktur-Eigenschaft-Beziehungen. Die ethoxylierten Fettalkohole variieren in der Anzahl der Methylengruppen (abhängig vom eingesetzten Fett) und zeigen eine Verteilung bezüglich der Ethylenoxideinheiten (durch den Ethoxylierungsprozess). Die Trennung nach PEO-Einheiten wurde auf einer Normalphase (NPLC) durchgeführt, während die Länge der Alkylketten mit einem

C18 Reversed Phase-System (RP-LC) untersucht wurde [7]. Die Ergebnisse der Einzelanalysen sind in Abb. 9 dargestellt. In beiden Elugrammen deuten weder Peakform noch Peakbreite die Existenz von Komponenten mit unterschiedlicher Methylengruppenanzahl oder Ethylenoxidgehalt an. Kombiniert man jedoch beide Trennmethoden in einem 2D-Experiment, wird die Komplexität der Probe direkt offensichtlich. In Abb. 10 ist die deutlich erhöhte Auflösung des 2D-Experiments

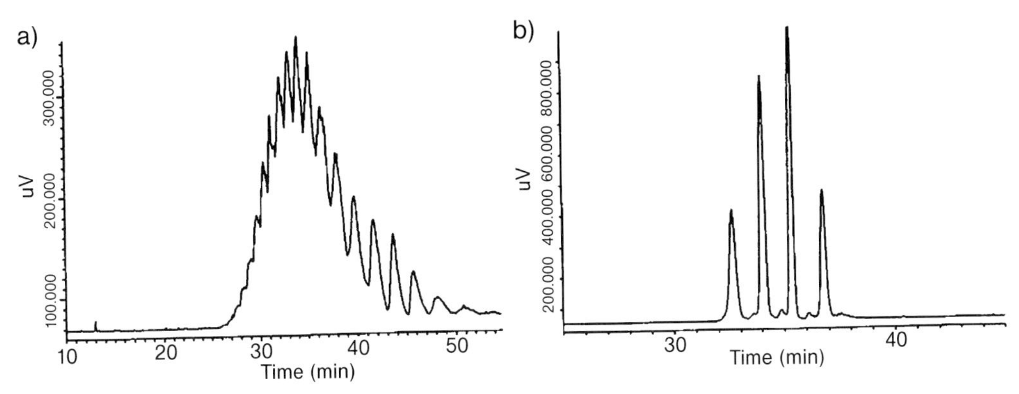

Abb. 9 Konventionelle (1-dimensionale) Chromatogramme von ethoxylierten Alkoholen: (a) isokratische Normalphasen-Trennung nach Ethylenoxid-Einheiten, (b) Reversed-Phase-Trennung der Methylengruppen im Gradienten.

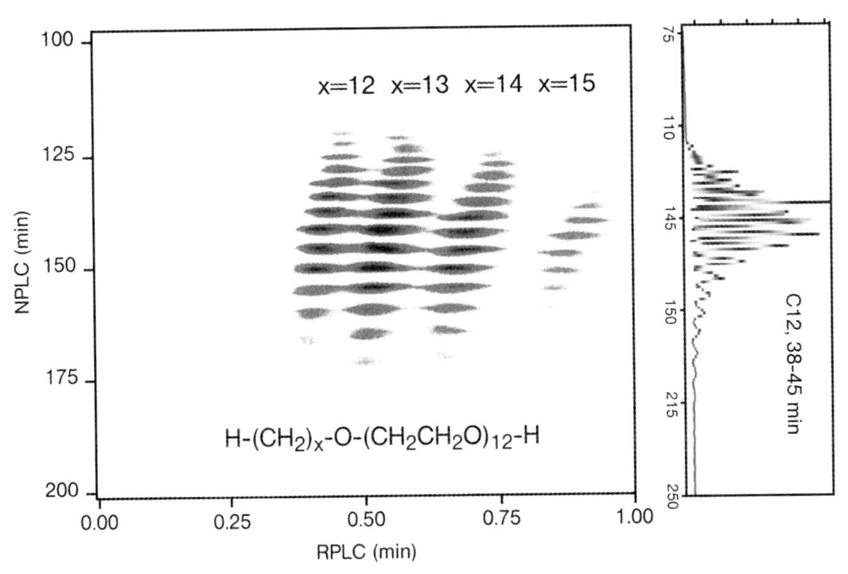

Abb. 10 2-Dimensionale Trennung von nichtionischen Tensiden (ethoxylierte Alkohole) mit einer Kombination aus Normalphasen- und Umkehrphasen- (Reversed-Phase) Chromatographie. Der dramatische Anstieg in Auflösung und Peakkapazität wird im Konturplot deutlich sichtbar. Das konventionelle Chromatogramm der Normalphase (rechts) beinhaltet alle koeluierenden Spezies mit unterschiedlicher Methylengruppenanzahl im Alkohol.

erkennbar. Die experimentell bestimmte Peakkapazität beträgt 78, was vorzüglich mit der aufgrund der Einzeltrennungen vorhergesagten 2D-Peakkapazität (4×19) übereinstimmt. Aufgrund dieser 2D-Untersuchung konnte man deutlich die Abhängigkeit von Tensidaktivität und Produktqualität von der Verteilung des Ethylenoxidgehalts und der richtigen Zusammensetzung der Fettalkoholkettenlängen sichtbar machen.

3.2.5
Zusammenfassung

Die zweidimensionale Chromatographie erlaubt durch die Kombination verschiedener Trennmethoden eine tiefgehende Analyse auch komplex zusammengesetzter Proben. Es konnte gezeigt werden, dass sich die Peakkapazität in 2D-Experimenten aus dem Produkt der Peakkapazitäten der einzelnen chromatographischen Methoden zusammensetzt. Zusätzlich lassen sich die Mehrfachverteilungen von unterschiedlichen Probeneigenschaften (Molekulargewicht, chemische Zusammensetzung oder Funktionalität) mit einer einzigen Analyse bestimmen. Die umfassende Auswertung von 2D-Daten erlaubt eine schnelle und zuverlässige Bestimmung mehrerer Probenparameter.

Literatur

1 P. Kilz, H. Pasch, Coupled LC techniques in molecular characterization, in: *Encyclopedia of Analytical Chemistry*; R. A. Myers (Ed.); Wiley, Chichester, 2000.
2 P. Kilz, *Chromatographia* 59, 3 (2004).
3 H. Pasch, B. Trathnigg, *HPLC of Polymers*, Springer, Berlin, Heidelberg, New York, 1997.
4 M. R. Schure, *Anal. Chem.* 71, 1645 (1999).
5 H. Pasch, P. Kilz, *Macromolec. Rapid Commun.* 24, 104 (2003).
6 G. Glöckner, *Gradient HPLC of Copolymers and Chromatographic Cross-Fractionation*, Springer, Berlin, Heidelberg, New York, 1991.
7 R. E. Murphy, M. R. Schure, J. P. Foley, *Anal. Chem.* 70, 4353 (1998).

3.3
LC-MS – Hinweise zur Optimierung und Fehlersuche

Friedrich Mandel

LC/MS hat sich von einer „Kopplungstechnik für Experten“ zu einer robusten und routinefähigen Nachweismethode für ein breites Spektrum von Verbindungsklassen entwickelt. Je größer allerdings der „Black-Box-Faktor“, desto leichter neigt der Anwender dazu, Methodenparameter unreflektiert aus der Literatur oder von Fachkollegen zu übernehmen. Die Enttäuschung ist oft groß, wenn die erhoffte Nachweisempfindlichkeit ausbleibt oder die Methode sich als wenig linear und robust herausstellt. Leicht wird man von all den hochgezüchteten technischen Features der Massenspektrometer geblendet – hohe Selektivität, MSn, Accurate Mass – und man vergisst dabei allzu leicht die fundamentalsten Aspekte der Ionisierung. Die bei weitem häufigste Quelle für Probleme in der LC/MS ist der Ionisationsprozess selbst. Hier und nur hier sollte man beginnen, nach den Ursachen für schlechten oder uneinheitlichen Response oder ungenügende Linearität bzw. Reproduzierbarkeit zu forschen. Deshalb möchte ich mich im Folgenden auf den Aspekt der Ionisation der Analyte konzentrieren.

3.3.1
Optimieren des Ionisationsprozesses

Es mag sich wie eine Binsenweisheit anhören – nur Analyte in ionischer Form werden vom Massenspektrometer nachgewiesen. Sie erinnern sich – in der Elektrospray-Ionisation (ESI) finden die Kationisierung oder Anionisierung in Lösung statt. Das bedeutet, dass der pH-Wert des Eluenten beim Eintreten in die Ionenquelle 2 pH-Einheiten unter (positiv-Ionen ESI) oder über (negativ-Ionen ESI) dem pK_S-Wert der Analyten liegen muss, damit 99,9 % der Analytmenge protoniert bzw. deprotoniert sind. Leider widerspricht dies sehr oft dem Bestreben des Entwicklers chromatographischer Methoden, eine optimale Retention der Analyte auf RP-Materialien zu erzielen. Hierfür muss der Analyt im Idealfall undissoziiert vorliegen.

Zum Glück ist der massenspektrometrische Nachweis selektiv, sodass man in den meisten Fällen vom Ideal der basisliniengetrennten LC-Peaks abrücken kann. So kann man durchaus im leicht sauren pH-Wert-Bereich chromatographieren und trotzdem noch Analyt-Anionen in negativ-Elektrospray nachweisen, allerdings bei suboptimaler Nachweisempfindlichkeit. Ebenso lassen sich Analyt-Kationen in positiv-Elektrospray detektieren, obwohl der pH-Wert der mobilen Phase mit Ammoniumhydroxid alkalisch eingestellt wurde. Wichtig ist, dass die Pufferkomponenten eine ähnliche Flüchtigkeit aufweisen wie die Analyte. Allerdings möchte ich nochmals betonen, dass all dies mit einer zumeist drastischen Einbuße an Nachweisempfindlichkeit verbunden ist.

HPLC richtig optimiert: Ein Handbuch für Praktiker. Herausgegeben von Stavros Kromidas

ISBN: 3-527-31470-9

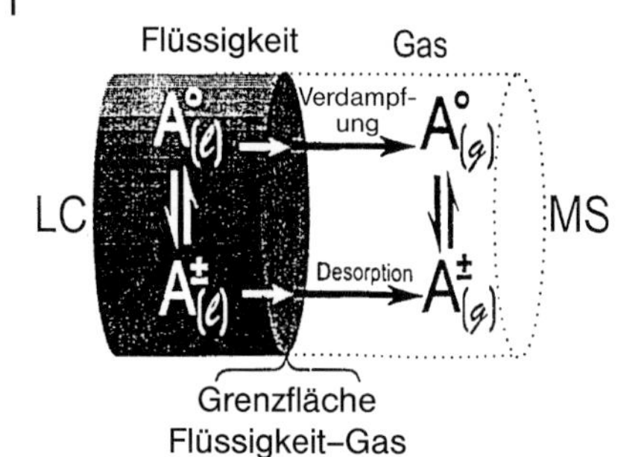

Abb. 1 Prinzip der Ionisierung bei Atmosphärendruck.

Im Falle einer Inkompatiblität der optimalen pH-Werte für die chromatographische Trennung und die Ionisation über das Säure/Base-Gleichgewicht in der mobilen Phase gibt es mehrere Möglichkeiten, dieses Problem zu meistern. Hat man eine zusätzliche HPLC-Pumpe zur Verfügung, so kann man durch Zuspeisen von Säure oder Base nach der Trennsäule den pH-Wert in für die Elektrospray-Ionisation optimale Bereiche verschieben. Dies kann sogar eine pH-Wert-Umkehr bedeuten. Man spricht dann von „post-column addition". Wichtig ist, dass der zugespeiste Puffer den Eluenten nicht zu stark verdünnt (Elektrospray ist eine konzentrationsabhängige Nachweistechnik!) und dass die Analyte nicht ausfallen.

Neben dem Zuspeisen von Säure oder Base nach der Trennsäule lassen sich viele Analyte durch die Bildung von Addukten kationisieren oder anionisieren. So bilden Substanzen mit OH-Funktionen gerne Addukte mit Alkalikationen. Die empfohlene Alkalikonzentration liegt unter 1 mMol/L (z. B. Na-Acetat), sodass noch keine Suppressionseffekte beobachtet werden können. Wichtig ist, dass dies wiederum durch Nachsäulenaddition erreicht wird, auf keinen Fall durch Zugabe zum HPLC-Puffer. Dies würde eine lang anhaltende Kontamination des HPLC-Systems bewirken. Für den Nachweis in negativ-Elektrospray lassen sich Kohlenhydrate als Chloridaddukte anionisieren, indem man 50 mM HCl zuspeist (2 mMol/L in der ESI-Ionenquelle).

Alternativ empfiehlt sich der Wechsel zu einer Ionisierungstechnik, bei der die Kationisierung bzw. Anionisierung in der Gasphase stattfinden. Dies sind die chemische Ionisation (Atmospheric Pressure Chemical Ionisation, APCI) und die Photoionisation (Atmospheric Pressure Photo Ionisation, APPI) bei Atmosphärendruck.

Bei diesen Ionenquellen wird der Eluent vollständig verdampft, bevor die Ionisation der Analyte erfolgt. Dies hat den Nachteil, dass die Analyte eine gewisse thermische Belastung erleiden. Die mobile Phase wird mittels eines pneumatischen Zerstäubers in eine beheizte Kartusche aus Quarz oder Keramik versprüht. Obwohl diese Kartuschen auf eine Temperatur von bis zu 450 °C geheizt werden, ist die effektive Temperatur im Innern nur etwa 120 °C bis 150 °C. Thermolabile Verbindungen, wie Zucker oder Peptide, überstehen diesen Prozess nicht unzersetzt. Üblich ist auch die Eliminierung von Wasser (Steroide) oder CO_2 (Carbonsäuren).

Die Vorteile der chemischen Ionisation bei Atmosphärendruck ist ihre geringere Tendenz zu Interferenzen mit der Probenmatrix als dies in Elektrospray der Fall ist.

3.3.2 Verschwundene LC/MS-Peaks

Gehen wir einmal davon aus, dass Ihre Probenaufgabe, z. B. mittels eines automatischen Injektionssystems, problemlos funktioniert. Sie injizieren Mengen an Analyt, die eigentlich eine angemessene Peakintensität liefern sollten. Dies sind, je nach Bauart und Betriebsweise des Massenspektrometers, injizierte Mengen im Pikogramm- bis Nanogrammbereich. Sie sehen einen Injektionspeak im UV- und/oder im MS-Signal – die Probe sollte also komplett auf die HPLC-Säule gelangt sein. Das Massenspektrometer registriert Peaks, jedoch der Analyt-Peak ist „verschwunden". Das Verschwinden des MS-Signals in Elektrospray kann dann eigentlich nur drei Ursachen haben.

3.3.2.1 Grenzwertiger pH-Wert der mobilen Phase

Zugunsten einer guten chromatographischen Trennung wird der pH-Wert der mobilen Phase oft ungünstig für die nachfolgende Ionisation in Elektrospray eingestellt. Ferner kann sich der pH-Wert der mobilen Phase durch lange Standzeit im HPLC-System verändern. Messen Sie doch einfach einmal den pH-Wert einer 0,1 %igen wässrigen Ameisensäure- oder Essigsäurelösung direkt nach dem Ansetzen und nach einer mehrtägigen Standzeit. Die Lösungsmittelflaschen sind bei den meisten LC-Systemen zur Laboratmosphäre hin offen und führen deshalb zu einer schleichenden Erhöhung des pH-Wertes im oben beschriebenen Beispiel. Noch viel instabiler ist der pH-Wert einer Ammoniumhydroxydlösung für negativ-Elektrospray. Diesen der Elektrospray-Ionisation abträglichen pH-Werten können Sie leicht durch Nachsäulenaddition von Säure oder Base entgegenwirken.

3.3.2.2 Ionenpaarbildner im HPLC-System

Ionenpaarbildner sind Gift für die Elektrospray-Ionisation. Die eigentlich im Elektrospray-Prozess freizusetzenden kationisierten bzw. anionisierten Analyte werden im Ionenpaar gebunden und ergeben deshalb kein MS-Signal. Sollten Sie Ionenpaarchromatographie aufgrund stark polarer Analyte nicht vermeiden können, so müssen Sie die Ionenpaarbildner so schwach wie irgend möglich wählen (z. B. perfluorierte aliphatische Carbonsäuren oder aliphatische Amine) und besser auf APCI als Ionisierungsart ausweichen. Aber auch die unbeabsichtigte Gegenwart von Ionenpaarbildnern in Ihrem HPLC-System kann Ihr MS-Signal zu 100 % unterdrücken. Ein typisches Beispiel für den negativen Einfluss von TFA auf den LSD-Metaboliten LAMPA zeigt Abb. 2. Unabhängig vom pH-Wert wird das Signal von LAMPA vollständig durch TFA unterdrückt. Bei nur geringen strukturellen Unterschieden lassen sich Tendenzen von Analyten zur Ausbildung von Ionenpaaren nur schwer vorhersagen.

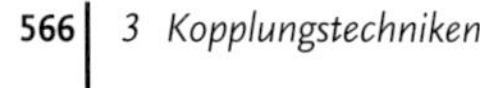

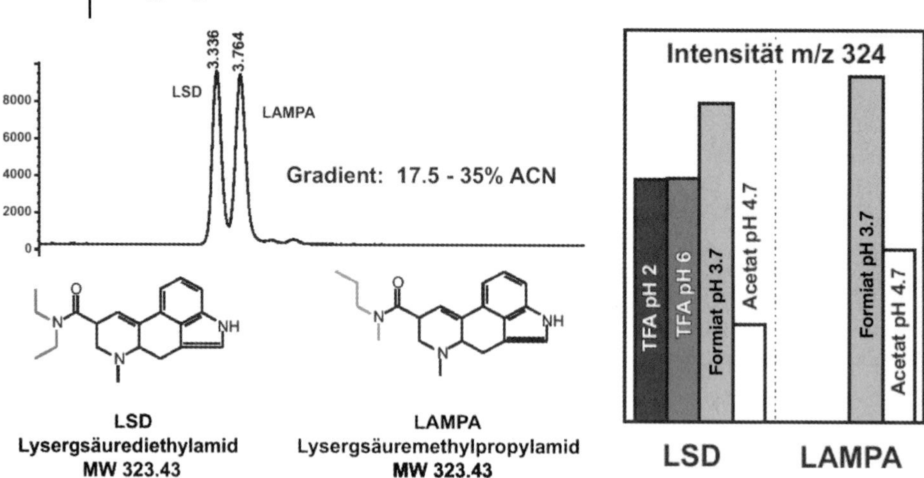

Abb. 2 Suppression des ESI-Signals durch TFA als Ionenpaarbildner.

Selbst minimale Rückstände in den Lösungsmittelflaschen, Zuleitungen, Vakuumentgaser oder der Trennsäule zeigen negativen Einfluss auf die Elektrospray-Ionisation. Sprechen Sie mit Kollegen, ob nicht doch aus Versehen Ionenpaarbildner in das gemeinsam benutzte LC-System gelangt sind („... ich hab' doch nur 0,01 % wässrige TFA benutzt ..."). Entfernen Sie dann alle kontaminierten Zuleitungen, Flaschen und die HPLC-Säule, umgehen Sie den Übeltäter mit dem größten Memoryeffekt, den Vakuumentgaser, und spülen Sie das System einige Stunden bis Tage (!). Sollten Sie den Ionenpaarbildner kennen, so beobachten Sie das Abklingen dessen MS-Signals (z. B. m/z 113 für das TFA-Anion).

3.3.2.3 Ionensuppression (Ionisationsunterdrückung) durch die Probenmatrix oder Kontaminantien

Interferenz der Ionisation eines Analyten mit der einer Störkomponente wird im weitesten Sinne als „Ionensuppression" bezeichnet, auch wenn manches Analytsignal nicht nur abgeschwächt, sondern auch verstärkt werden kann. Am anfälligsten hierfür ist Elektrospray, entgegen einer weit verbreiteten Ansicht sind auch APCI und APPI nicht gegen dieses Phänomen gefeit. Das Problem der Ionensuppression ist vielschichtig und wird deshalb in einem eigenen Abschnitt behandelt.

3.3.3 Wie sauber muss eine Ionenquelle sein?

Diejenigen Anwender von LC/MS mit Erfahrung in der Massenspektrometrie tendieren dazu, die Ionenquelle und die Ionenoptik vor wichtigen Messreihen „blitzblank" zu reinigen. Natürlich wird man auch in den API-Ionisationstechniken in LC/MS maximale Signalintensität erreichen, wenn zuvor jedwede Ablagerungen in der Ionenquelle beseitigt wurden. Die elektrischen Felder, die

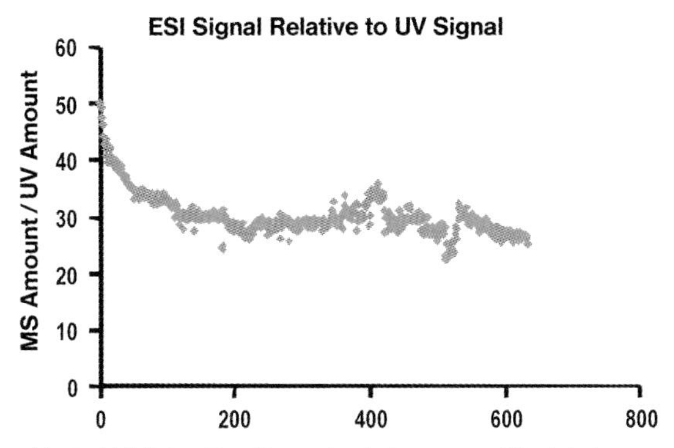

Abb. 3 Abfall der Signalintensität bei extremer Matrixbelastung der Ionenquelle (635 Injektionen von Zellkulturlösung).

ja zur Bildung der ionischen Analyte und deren Transport in den Massenanalysator erforderlich sind, werden je nach Grad der Geräte-Kontamination mit nichtflüchtigen Probenbestandteilen negativ beeinflusst. Allerdings wissen „alte LC/MS-Hasen", dass die Langzeitstabilität nach bewusst herbeigeführter leichter Belegung der Spraykammer deutlich steigt. Dies ist besonders wichtig, wenn man über externe Kalibrierung quantifizieren will oder muss. Bei den gebräuchlichsten Ionenquellen reichen 10 bis 20 Injektionen von Probenmatrix aus, um – nach exponentiellem Abfall – einen weitgehend konstanten Response für die Analyte zu erzielen.

Allerdings wird nach heftiger Matrixbelastung durch lange Messreihen (stark geräteabhängig) der Response deutlich einbrechen. Diejenigen Bereiche der Ionenquelle, die Atmosphärendruck ausgesetzt sind, lassen sich leicht durch Spülen mit Lösungsmitteln „regenerieren". Gewinnen Sie dadurch das Signal nicht zurück, so ist mit höchster Wahrscheinlichkeit die Ionenoptik (Transferkapillare, Skimmer, Cone, Ion Guide) stark verunreinigt.

Bevor Sie nun Ihr LC/MS-System belüften und zu Reinigungsmaßnahmen greifen – hier ein Tipp, wie Sie sich kurzfristig retten können. Oft verursachen die Beläge auf der Ionenoptik (Skimmer, Cone) eine elektrostatische Aufladung bzw. eine ungewollte Hysterese beim Anlegen der Betriebsspannungen. Wechseln Sie für kurze Zeit die Polarität – bei mäßiger Kontamination werden die mit Gleichspannungen (DC) betriebenen Elemente der Ionenoptik entladen. Dies können Sie auch standardmäßig in Ihre Akquisitionsmethode involvieren, um die Standzeit des LC/MS-Systems zu erhöhen. Wechseln Sie die Polarität der Detektion während Sie z. B. gegen Ende der Messung Ihre HPLC-Säule reequilibrieren. Einer Kontamination derjenigen Elemente der Ionenoptik, die mit Wechselspannungen (AC, RF) betrieben werden, kann allerdings hiermit nicht entgegengewirkt werden (Quadrupol/Hexapol/Octopol). Dann hilft wirklich nur Belüften und Putzen – leider. Die beste Vorbeugung gegen häufiges Putzen ist die Umleitung der HPLC-Front in den Abfall. Hierin eluieren nämlich die meisten nichtflüchtigen anorganischen Probenbestandteile. Nutzen Sie konsequent die „Diverter"-Ventile, die heute in den meisten LC/MS-Systemen eingebaut sind.

3.3.4
Wie evaluiere ich die Ionensuppression?

Die Interferenz koeluierender Verbindungen mit der Ionisation der Analyte ist die häufigste Ursache für unzureichenden Response und schlechte Reproduzierbarkeit in LC/MS. Die Bezeichnung „Ionensuppression" wurde Mitte der 1990er Jahre eingeführt und beschreibt das Phänomen nur unzureichend, kann doch auch eine Signalverstärkung auftreten. Besonders „gefährdet" sind Methoden mit nur unzureichender Probenaufarbeitung und/oder chromatographischer Trennung. Nachweismethoden, die nur einzelne Ionen bzw. MS/MS-Übergänge bestimmen (SIM, MRM), sind für koeluierende Verbindungen quasi blind, während die Aufzeichnung kompletter Massenspektren zumindest erlaubt, eine massive Koelution zu erkennen und ggf. Gegenmaßnahmen zu ergreifen.

Nach anfänglicher Euphorie über die hohe Selektivität LC/MS-basierender Methoden ist seit geraumer Zeit eine gewisse Ernüchterung eingetreten. Denn man hat sehr schnell erkannt, dass im MS-Nachweis unsichtbare Verbindungen durchaus nicht immer „inaktiv" sind. Der Matrixeffekt spielt sich ausschließlich in der Ionenquelle ab und ist also unabhängig von der Selektivität der nachgeschalteten MS(/MS)-Detektion. Ionensuppression tritt in allen Ionisationsmodi auf, also in Elektrospray, APCI und APPI, wenn auch in unterschiedlicher Intensität. Allerdings kann die Stärke des Matrixeffektes auch vom Design der Ionenquelle abhängen. Suchen Sie die Ursache nicht ausschließlich in Ihrer Probe, denn Matrixeffekte können auch von exogenem Material herrühren. So eluieren – vor allem bei der Verwendung von Gradientenmethoden – organische Bestandteile, die in der mobilen Phase gelöst sind oder die aus Bauteilen des HPLC-Systems ausbluten, im Laufe des Gradienten zusammen mit Ihren Analyten von der HPLC-Säule und können deren Signal massiv beeinflussen. Leider bedeutet „HPLC grade" bei Lösungsmitteln nicht, dass sie auch für die Verwendung in LC/MS geeignet sind. Testen Sie auf jeden Fall Lösungsmittel verschiedener Lieferanten, verschiedene Qualitäten und Chargen und entscheiden dann aufgrund des geringsten Untergrundsignals. LC/MS-Systeme decken auch sehr schnell auf, wenn Sie Ihre Vorratsflaschen für die mobile Phase verunreinigt haben sollten, z. B. mit Phthalaten aus Kunststoffverschlüssen, Polysiloxanen oder mit Tensiden aus Laborspülautomaten.

Der Matrixeffekt kann durch verschiedene Prozesse ausgelöst werden – Behinderung der Freisetzung der Analyte in Elektrospray z. B. durch Alkali oder Phosphat, Micellenbildung durch Tenside, Ionenpaarbildung oder gar Ausfallen der Analyte. Wichtig ist, dass Sie während der Methodenentwicklung gezielt versuchen, eine Ionensuppression bzw. Matrixeffekt zu erkennen bzw. auszuschließen.

Um einen Matrixeffekt zu evaluieren, stehen Ihnen verschiedene experimentelle Ansätze zur Verfügung. Am einfachsten ist es, einen „Lösungsmittel-Standard" mit einem „Matrix-Spike" zu vergleichen. Abbildung 4 beschreibt die jeweiligen Schritte (nach B. K. Choi et al., *J. Chromatography A* 907, 337–342 (2001)).

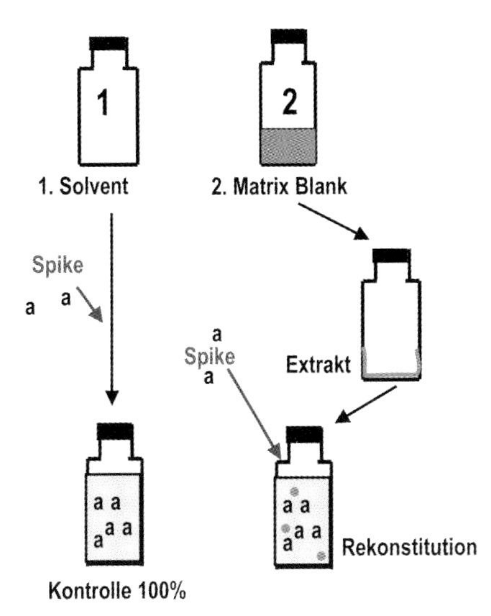

Abb. 4 Vergleich von Lösungsmittel-Standard mit Matrix-Spike.

Im Idealfall ist die Probenmatrix ohne jeglichen Einfluss auf das Analytsignal. Testen Sie mit Matrix-Blanks unterschiedlichen Ursprunges, um Zufallsergebnisse auszuschließen. Der in Abb. 4 beschriebene Ansatz lässt sich mit geringem Aufwand noch weiter ausbauen, um neben dem Matrixeffekt auch die Methoden-Wiederfindung und die Extraktionsausbeute zu bestimmen. Die erforderlichen Schritte sind in Abb. 5 dargestellt.

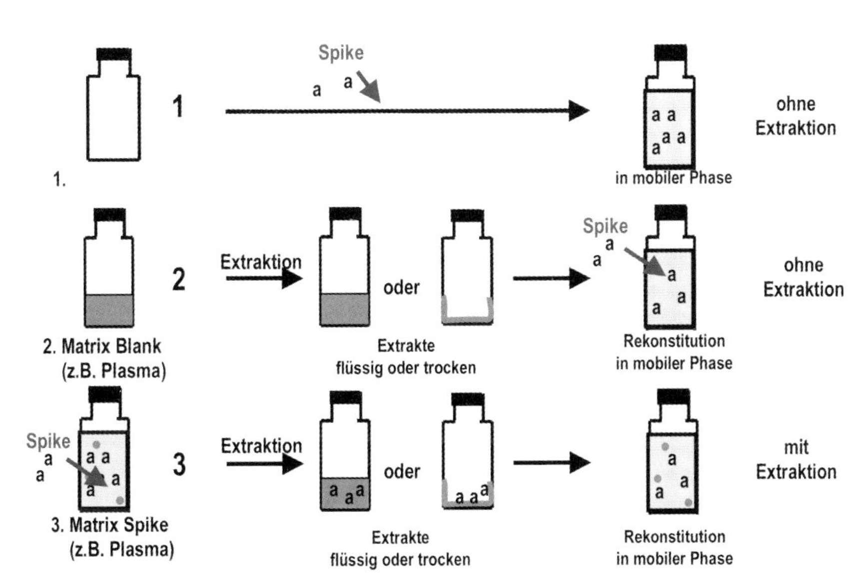

Abb. 5 Erweiterte Evaluierung des Matrixeffektes.

Der Vergleich von Schritt 1 und 3, dem Lösungsmittel-Standard ohne Extraktion und dem extrahierten/rekonstituierten Matrix-Spikes, ergibt die Methoden-Wiederfindung. Aus den Schritten 1 und 2 ermitteln Sie den eigentlichen Matrixeffekt. Die Extraktionsausbeute bestimmen Sie durch Vergleich von 2 und 3.

In der Optimierung von LC/MS-Parametern hat es sich bewährt, den Analyt mittels Spritzenpumpe kontinuierlich der Ionenquelle zuzuführen. Man nennt dies auch „Spritzeninfusion". Hierdurch wird ein kontinuierliches Analytsignal erzeugt. Um Ionisationsbedingungen identisch zur späteren LC/MS-Analyse zu schaffen, speist man den Analyt in der Regel über ein T-Stück in den Eluenten nach der Trennsäule zu (s. Abb. 6).

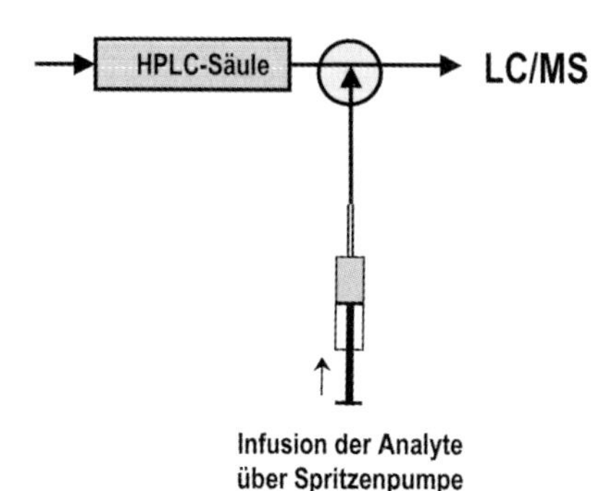

Abb. 6 Infusion der Analyte zur Methodenoptimierung.

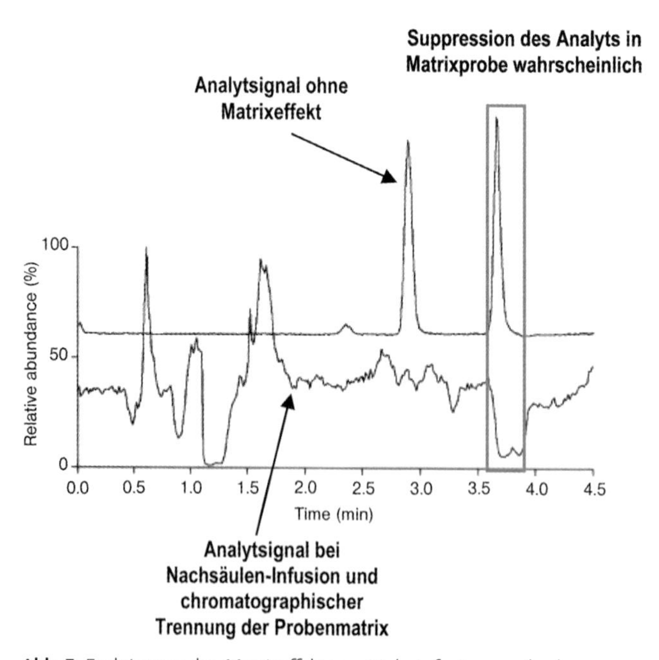

Abb. 7 Evaluierung des Matrixeffektes mittels Infusionsmethode.

Mit dieser Versuchsanordnung lässt sich auch der Matrixeffekt sehr einfach evaluieren. Anstatt die Analyte in die reine mobile Phase einzuspeisen, lässt man gleichzeitig eine chromatographische Trennung eines Matrix-Blanks laufen. Ohne jeglichen Matrixeffekt würde das Analytsignal konstant bleiben. Durch das Infundieren in den Eluenten mit den diversen chromatographischen Peaks der Probenmatrix kann man in den Retentionszeitbereichen mit hoher Matrixbelastung eine Verstärkung oder Abschwächung des Analytsignals beobachten. In der endgültigen Messmethode sollten die Analyte in Retentionszeitbereichen eluieren, die keinerlei Verstärkung/Abschwächung zeigen. Abbildung 7 zeigt eine Überlagerung des Infusionssignals der Analyte und einer chromatographischen Trennung eines Lösungsmittelstandards.

Wie auch immer die Ionensuppression bzw. der Matrixeffekt ermittelt wurde – Sie werden nicht umhin kommen, Ihre analytische Methode zu variieren. Der vermutlich einfachste Schritt ist eine Änderung des chromatographischen Systems. Variieren Sie die Steilheit des Gradienten und/oder wechseln Sie die mobile Phase (Acetonitril vs. Methanol usw.). Wenn möglich, ändern Sie die Extraktionsprozedur (SPE vs. flüssig/flüssig). Versuchen Sie, die Ionisationsart zu wechseln. So sind Matrixeffekte in APCI und APPI weniger stark ausgeprägt als in Elektrospray. Sollten Sie über mehrere LC/MS-Gerätetypen mit unterschiedlichem Ionenquellendesign verfügen, so wechseln Sie auf ein anderes LC/MS-Instrument. Verwenden Sie isotopenmarkierte interne Standards. Vorteile sind dieselbe Extraktionsausbeute wie die Analyte, dieselbe Ausbeute an Ionen sowie gleiche Retentionszeiten (^{13}C besser als ^{2}H). Selbst wenn sich Matrixeffekte ereignen sollten, so wirken sie sich in gleicher Weise auf die Analyte und die internen Standards aus.

Literatur

1 Fenn, J. B., Mann, M., Meng, C. K., Wong, S. F., Whitehouse, C. M., „Electrospray ionization for mass spectrometry of large biomolecules“, *Science* 246, 64–71 (1989).

2 Nohmi, T., Fenn, J. B., „Electrospray Mass Spectrometry of Poly(ethylene glycols) with Molecular Weights up to Five Million“, *J. Am. Chem. Soc.* 114, 3241–3246 (1992).

3 Labowsky, M. J., Whitehouse, C. M., Fenn, J. B., „Three-dimensional Deconvolution of Multiply Charged Spectra“, *Rapid Communications in Mass Spectrometry* 7, 71 (1993).

4 Fenn, J. B., „Ion Formation from Charged Droplets: Roles of Geometry, Energy and Time“, *J. Am. Soc. Mass Spectrom.* 4, 524 (1993).

5 Bruins, A. P., „Mass Spectrometry with Ion Sources Operating at Atmospheric Pressure“, *Mass Spectrom. Rev.* 10, 53–77 (1991).

6 Niessen, W. M. A., Tinke, A. P., „Liquid Chromatography-Mass Spectrometry. General Principles and Instrumentation“, *J. Chromatogr.* A 703, 37–57 (1995).

7 Tomer, K. B., Moseley, M. A., Deterding, L. J., Parker, C. E., „Capillary Liquid Chromatography Mass Spectrometry“, *Mass Spectrom. Rev.* 13, 431–457 (1994).

8 Wachs, T., Conboy, J. C., Garicia, F., Henion, J. D., „Liquid Chromatography-Mass Spectrometry and Related Techniques via Atmospheric Pressure Ionization“, *J. Chromatogr. Sci.* 29, 357–366 (1991).

3.4
LC-NMR-Kopplung

Klaus Albert, Manfred Krucker, Marc David Grynbaum und Karsten Putzbach

3.4.1
Grundlagen der NMR-Spektroskopie

Zur Strukturbestimmung unbekannter Verbindungen ist die Kernresonanz-Spektroskopie (Nuclear Magnetic-Resonance-Spectroscopy, NMR-Spektroskopie) eine der wichtigsten Untersuchungsmethoden. In der konventionellen Strukturanalytik wird neben der ^{1}H-NMR-Spektroskopie die ^{13}C-NMR-Spektroskopie routinemäßig verwendet, das geringe natürliche Isotopenverhältnis von 1,1 % des ^{13}C-Kerns bedingt jedoch relativ lange Messzeiten (das natürliche Isotopenverhältnis des ^{1}H-Kerns beträgt 99,9 %). Im ^{1}H-NMR-Spektrum stehen zur Strukturzuordnung die Parameter der chemischen Verschiebungen, das Integrationsverhältnis sowie die Kopplungskonstanten zur Verfügung, im ^{13}C-NMR-Spektrum allein die chemischen Verschiebungen. Damit ergibt sich in der ^{1}H-NMR-Spektroskopie neben der Strukturzuordnung über die charakteristische chemische Verschiebung einer Signalgruppe die Möglichkeit zur Quantifizierung und zur eindeutigen Bestimmung der Stereochemie eines Moleküls, d. h. der Zuordnung von Struktur- und Stereoisomeren. Durch den 20fach größeren Verschiebungsbereich (200 ppm gegenüber 10 ppm für die ^{1}H-NMR-Spektroskopie) hat sich die ^{13}C-NMR-Spektroskopie als unentbehrliches Hilfsmittel zur Strukturbestimmung entwickelt.

Die Möglichkeiten zur Quantifizierung und zur Bestimmung der sterischen Anordnung sind hingegen einzigartige Vorteile der ^{1}H-NMR-Spektroskopie. Nachteilig sind die relative Unempfindlichkeit der Messmethode, sowie die Tatsache, dass anorganische Gegenionen oder nicht protonenhaltige Molekülteile nicht erfasst werden. Die Massenspektrometrie ermöglicht nun die Bestimmung dieser Substanzeigenschaften mit hoher Empfindlichkeit, nachteilig ist hier die schwierige Bestimmung sterischer Gegebenheiten. Daher sind Massenspektrometrie und NMR-Spektroskopie zwei komplementäre Methoden in der Strukturzuordnung unbekannter Verbindungen.

Die Aufnahme von NMR-Spektren erfolgt im Puls-Fourier-Transform-(PFT)-Messverfahren. Hierbei regt ein Radiofrequenzpuls im Mikrosekundenbereich gleichzeitig sämtliche Resonanzübergänge innerhalb eines definierten Frequenzbereiches an, das erhaltene Interferogramm (Free Induction Decay) mit einer zeitabhängigen Abklingkurve wird anschließend mithilfe der Fourier-Transformation in ein Frequenzspektrum überführt. Der große Vorteil der PFT-NMR-Spektroskopie besteht nun darin, dass beliebig viele Interferogramme aufaddiert und dann anschließend prozessiert werden können. Das Signal-zu-Rauschen-Verhältnis („Signal-to-Noise",S/N) der resultierenden Frequenz-Spektren hängt von der Quadratwurzel der Anzahl n der Messdurchläufe (Transienten, scans) ab: $S/N = \sqrt{n}$.

HPLC richtig optimiert: Ein Handbuch für Praktiker. Herausgegeben von Stavros Kromidas

ISBN: 3-527-31470-9

Zur Langzeit-Akkumulation der Interferogramme muss eine optimale Aufnahmezeit für das Einzel-Interferogramm gewählt werden, diese sog. Pulswiederholungszeit hängt von den charakteristischen Zeitkonstanten eines NMR-Experimentes ab. Im Kernresonanz-Messverfahren werden die untersuchten Probenmoleküle in einen Kryomagneten eingebracht. Hierdurch erfolgt eine Polarisierung der Atomkerne in paralleler (Grundzustand) und entgegengesetzter Richtung (angeregter Zustand) zum Grundmagnetfeld des Kryomagneten. Atomkerne in paralleler Richtung zum Grundmagnetfeld befinden sich in einer minimalen Überzahl, der Unterschied in der Differenz zwischen Atomkernen in paralleler und antiparalleler Richtung (Besetzungszahldifferenz) wird mit steigender Magnetfeldstärke größer. Damit steigt die Empfindlichkeit eines NMR-Experimentes mit steigendem Magnetfeld. Durch Einstrahlung des schon erwähnten Radiofrequenzimpulses werden Atomkerne vom Grundzustand in den angeregten Zustand überführt. Die aufgenommene Energie wird über sog. Relaxationsprozesse (Austauschprozesse) abgegeben, die Spin-Gitter-Relaxationszeit T_1 definiert die Wechselwirkungszeit mit der Umgebung, die Spin-Spin-Relaxationszeit T_2 die Wechselwirkungszeit der Atomkerne untereinander. Eine wiederholte Anregung des Spinsystems durch einen weiteren Radiofrequenzimpuls kann nur nach vollständiger Relaxation, d. h. kompletter Abgabe der aufgenommenen Energie des Spinsystems, erfolgen. T_1 bestimmt daher die Pulswiederholungszeit, T_2 die Abklingzeit des Interferogrammes und entsprechend der Gleichung $T_2 = 1/\Pi \times W$ die Signalhalbwertsbreite W der Kernresonanzsignale. In Flüssigkeiten liegen für ^{1}H-Kerne T_1 und T_2 im Bereich zwischen 0,1 und 1,0 s, für ^{13}C-Kerne zwischen 1–60 s. Pulswiederholungszeiten zur Aufnahme eines Interferogrammes liegen zwischen 0,7 und 1 s, damit können im Minutenbereich über 60 Interferogramme aufaddiert werden.

Neben der Aufnahme von sog. eindimensionalen ^{1}H- und ^{13}C-NMR-Spektren mit den oben genannten Parametern sind zweidimensionale Kernresonanzexperimente in der Strukturzuordnung unbekannter Verbindungen von extremer Bedeutung. Über korrelierte Spektren („correlated spectroscopy") können in einer Konturdarstellung Verknüpfungen zwischen direkt benachbarten Protonen (^{1}H^{1}H-COSY) und ^{1}H^{13}C-Paaren in direkter Nachbarschaft (^{1}H^{13}C-COSY) sehr schnell erkannt werden. Eine Zeit sparende, sehr empfindliche Aufnahmemethode ist die protonenseitige Detektion von ^{1}H^{13}C-Korrelationen über die „inverse" HSQC-Methode. Weitbereichskorrelationen über mehrere Bindungen können mit dem HMBC-Programm detektiert werden, Nachbarschaftsbeziehungen über den Raum durch ROESY- und NOESY- bzw. Tranfer-NOESY-Techniken.

3.4.2
Empfindlichkeit des NMR-Experimentes

Der Substanzbedarf zur Aufnahme eines Kernresonanzspektrums hängt von mehreren Faktoren ab. Generell benötigen zweidimensionale NMR-Experimente höhere Substanzmengen. Das Molekulargewicht der untersuchten Verbindung bestimmt die Korrelationszeiten und damit wiederum die Relaxationszeiten der betroffenen Atomkerne. Hochmolekulare Verbindungen wie Polymere, Peptide und Proteine besitzen lange Korrelationszeiten mit ungünstigen T_1- und T_2-Zeiten, niedermolekulare Verbindungen kurze Korrelationszeiten mit günstigen T_1- und T_2-Zeiten. Höhere Grundmagnetfelder führen zu einer erhöhten Besetzungszahldifferenz und erhöhten spektralen Dispersion (Anzahl von NMR-Signalen per Verschiebungseinheit δ [ppm]). Gängige Magnetfeldstärken liegen zwischen 4,7 Tesla (200 MHz) und 21,15 T (900 MHz). Zur Aufnahme eines eindimensionalen ^{1}H-NMR-Spektrums eines Moleküls mit einem Molekulargewicht von 300 Dalton werden bei Verwendung eines 400–600 MHz-NMR-Spektrometers Nanogramm-Mengen benötigt, die Aufnahme eines ^{13}C-NMR-Spektrums sowie von 2D-NMR-Spektren erfordert Mikrogramm-Mengen.

3.4.3
NMR-Spektroskopie in fließenden Systemen

Im Gegensatz zur konventionellen NMR-Messung verbleibt die Probe nur eine definierte Verweilzeit τ in der NMR-Messspule. Diese Verweilzeit wird vom Verhältnis des Detektionsvolumens zur Fließgeschwindigkeit definiert und beeinflusst die Relaxationszeiten T_1 und T_2 und damit die Signalintensität und die Signalhalbwertsbreite entsprechend:

$$\frac{1}{T_{1\text{flow}}} = \frac{1}{T_{1\text{stat}}} + \frac{1}{\tau} \qquad \frac{1}{T_{2\text{flow}}} = \frac{1}{T_{2\text{stat}}} + \frac{1}{\tau}$$

Für eine optimale Detektion sollte die Verweilzeit mindestens 5 s betragen, damit ergibt sich eine tolerable Linienverbreiterung des NMR-Signals von 0,2 Hz.

3.4.4
NMR-Messköpfe zur LC-NMR-Kopplung

Die konventionelle Aufnahme eines NMR-Spektrums erfolgt in einem 5 mm Glasröhrchen, das mithilfe eines Rotors im NMR-Probenkopf positioniert wird (Abb. 1). Der NMR-Probenkopf befindet sich in der sog. Raumtemperaturbohrung des Kryomagneten am Ort der höchsten Magnetfeldhomogenität. Der Wechsel der NMR-Röhrchen erfolgt durch Absenken und Auswerfen mithilfe eines Luftkissens und kann mithilfe eines Roboters vollautomatisch durchgeführt werden.

Zur Aufnahme von Durchfluss-NMR-Spektren haben sich zwei Messanordnungen bewährt. Für LC-NMR-Fragestellungen mit analytischen Trennsäulen (4,6 × 250 mm) werden Durchfluss-NMR-Messköpfe mit Detektionsvolumina zwischen 60 und 120 μL verwendet. Im Gegensatz zur konventionellen Messanordnung befindet sich die Doppelsattel-Helmholtz-Messspule in senkrechter Richtung direkt auf dem U-förmigen Glasrohr in einem Glasdewar. Über Teflonschrumpfschläuche erfolgt die Verbindung mit den Zu- und Ableitungskapillaren.

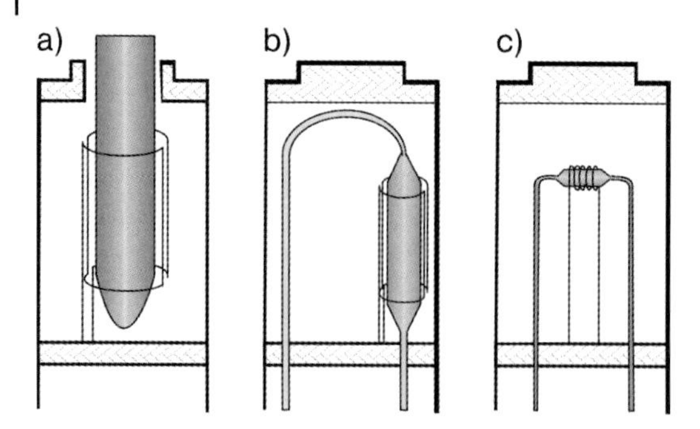

Abb. 1 NMR-Probenköpfe.
(a) 5 mm Röhrchenprobenkopf,
(b) Durchflussprobenkopf im Doppelsattel-Helmholtz-Design,
(c) solenoider Mikro-Durchflussprobenkopf.

Für die Kapillar-HPLC-NMR-Kopplung hat sich die Verwendung eines aktiven Detektionsvolumens von 1,5 μL als sinnvoll erwiesen. Die Detektionskapillare mit einer aufgewickelten Mikrospule ist waagerecht zum Grundmagnetfeld angebracht und befindet sich zur Eliminierung von Magnetfeld-Suszeptibilitätssprüngen in einer FC-43-Lösung. Diese Solenoid-Messanordnung bietet eine hohe Empfindlichkeit im unteren Nanogrammbereich zur Detektion geringer Probenmengen.

3.4.5
Praktische Durchführung der analytischen HPLC-NMR-Kopplung und der Kapillar-HPLC-NMR-Kopplung

In beiden Ausführungen der LC-NMR-Kopplung wird die mobile HPLC-Anlage – vorzugsweise auf einem fahrbaren Tisch montiert – in einem definierten Abstand zum Kryomagneten positioniert. Konventionelle Kryomagnete besitzen ein starkes Streumagnetfeld, welches mit zunehmender Entfernung vom Kryomagneten stark abnimmt. Bei einer Entfernung zwischen 1,50 und 2,50 m befindet sich je nach der Grundfeldstärke des Kryomagneten die sog. 5-Gauss-Linie, an die die HPLC-Anlage problemlos herangefahren werden kann (Abb. 2). Aktiv abgeschirmte Kryomagnete besitzen eine, das Grundmagnetfeld kompensierende Zusatzspule, sodass die 5-Gauss-Linie im Bereich der äußeren Dewar-Ummantelung liegt. Hier kann die HPLC-Anlage direkt neben dem Kryomagneten installiert werden.

Die Verbindung zwischen der HPLC-Anlage und dem Durchfluss-Probenkopf erfolgt bei Verwendung einer analytischen HPLC-Anlage mit Edelstahlkapillaren und im Falle der Kapillar-HPLC mit fused silica Transfer-Kapillaren. Neben der kontinuierlichen Verfolgung einer chromatographischen Trennung im Continuous-Flow-Verfahren wird das Stopped-Flow-Verfahren zur Aufnahme von 2D-NMR-Spektren verwendet.

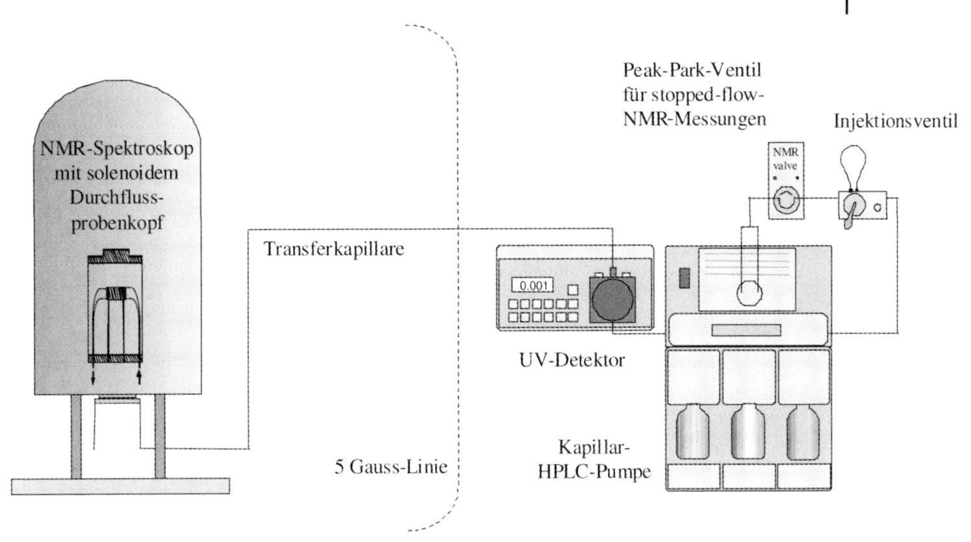

Abb. 2 Kapillar-HPLC-NMR System mit solenoidem Mikro-Durchflussprobenkopf (aktives Detektionsvolumen von 1,5 μL).

3.4.6 Durchfluss-Messungen

Im Durchfluss-Messverfahren erfolgt die kontinuierliche Registrierung der chromatographischen Trennung in charakteristischen Zeitabständen, die durch die Anzahl der Pulswiederholungen definiert werden. Bei Peakbreiten zwischen 30 und 120 s können bei Pulswiederholungszeiten von 1,2 s bis zu 36 Einzel-Interferogramme aufaddiert werden. Zur Erzielung eines akzeptablen Signal-zu-Rausch-Verhältnisses sind hierzu 100–200 μg für analytische Trennungen bzw. 1–2 μg für Kapillartrennungen an Absolutmenge der Trennkomponente notwendig. Online-HPLC-NMR-Trennläufe werden als Konturplot dargestellt. Hierbei zeigt die Abszisse die ^{1}H-chemischen Verschiebungen und die Ordinate die chromatographischen Retentionszeiten an. Sehr schnell können über die Konturdarstellung charakteristische Strukturelemente der getrennten Verbindungen erkannt werden, so im Beispiel der in Abb. 3 gezeigten Trennung einer Mischung von Tocopherol-Homologen. Dieser Konturplot wurde durch die kontinuierliche Registrierung von 128 Zeitfenstern (d. h. 128 Gesamtinterferogrammen) mit einer Einzelaufnahmezeit (Gesamt-Pulswiederholungszeit) von 439,6 s gewonnen. Der Formalismus der Datenaufnahme und Prozessierung entspricht dem Vorgehen bei der Aufnahme von zweidimensionalen NMR-Spektren. Informationen über die Stereochemie eines Moleküls können aus dem Konturplot sofort hergeleitet werden. Die beiden Isomeren β- und γ-Tocopherol können durch die Lage der Kontursignale der aromatischen Protonen zwischen 6,2 und 6,4 ppm eindeutig unterschieden werden. Damit ergibt sich die Möglichkeit, spezifische Substanzen aus komplexen Mischungen über ihre charakteristischen chemischen Verschiebungen zu detektieren.

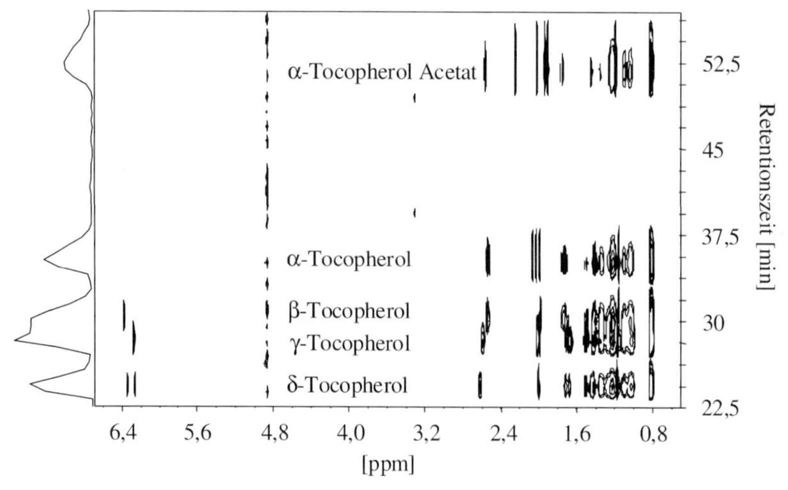

Abb. 3 Konturplot der Continuous-Flow-HPLC-NMR-Trennung eines Gemisches aus Tocopherolen.

Die Intensität der Protonensignale eines Zeitfensters kann gegen die Retentionszeit aufgetragen werden und ergibt das auf der linken Ordinate aufgetragene ^{1}H-NMR-Chromatogramm mit der Auflösung von 1 Datenpunkt/40 s. So erlaubt die unterschiedliche Lage der aromatischen Protonen H-7 und H-5 der Vitamin E-Isomeren β- und γ-Tocopherol Rückschlüsse auf die Struktur. Diese Informationen können mithilfe der Massenspektrometrie nicht erhalten werden.

Die im Zeitfenster des jeweiligen Peakmaximum aufgenommenen Durchfluss-^{1}H-NMR-Spektren zeigt Abb. 4. Die Qualität dieser Durchfluss-NMR-Spektren entspricht der konventionellen Aufnahmetechnik, eindeutig sind chemische Verschiebungen, Kopplungskonstanten und Integrationsverhältnisse bestimmbar. An die Lösungsmittel für Durchfluss-NMR-Untersuchungen werden sehr spezielle Anforderungen gestellt. So enthalten HPLC-reine Lösungsmittel immer Spuren von Verunreinigungen und anderen Chemikalien zur Stabilisierung. Für Durchfluss-NMR-Untersuchungen muss die Reinheit der Lösungsmittel noch höher sein, da diese Verunreinigungen zusätzliche Signale im NMR-Spektrum zeigen würden. Auch die Anzahl und die Lage der Signale im Spektrum, die durch das Lösungsmittel hervorgerufen werden, sind entscheidend. Bei zu vielen Lösungsmittelsignalen besteht die Gefahr, dass dadurch die Signale des Analyten überlagert werden und somit die Auswertung (Integration, Kopplungsmuster) erschwert wird. Es gibt bereits viele Lösungsmittel, die in einer hohen Reinheit angeboten werden und welche auch oft nur ein Lösungsmittelsignal hervorrufen, wie z. B. Wasser/D_2O, Acetonitril, Aceton und Methanol. THF hingegen eignet sich nicht für Durchfluss-NMR-Untersuchungen, da Lösungsmittelsignale im gesamten Spektrum auftreten. Erfordert das Trennproblem einen Zusatz, wie Säuren oder Basen, dann sollten dafür Deuteroverbindungen oder halogenierte Analoga verwendet werden. Der Zusatz von anorganischen Puffern oder Salzen stellt hingegen für Durchfluss-NMR-Untersuchungen kein Problem dar, wenn die Salzkonzentration nicht zu groß wird. Zur Aufnahme der Durch-

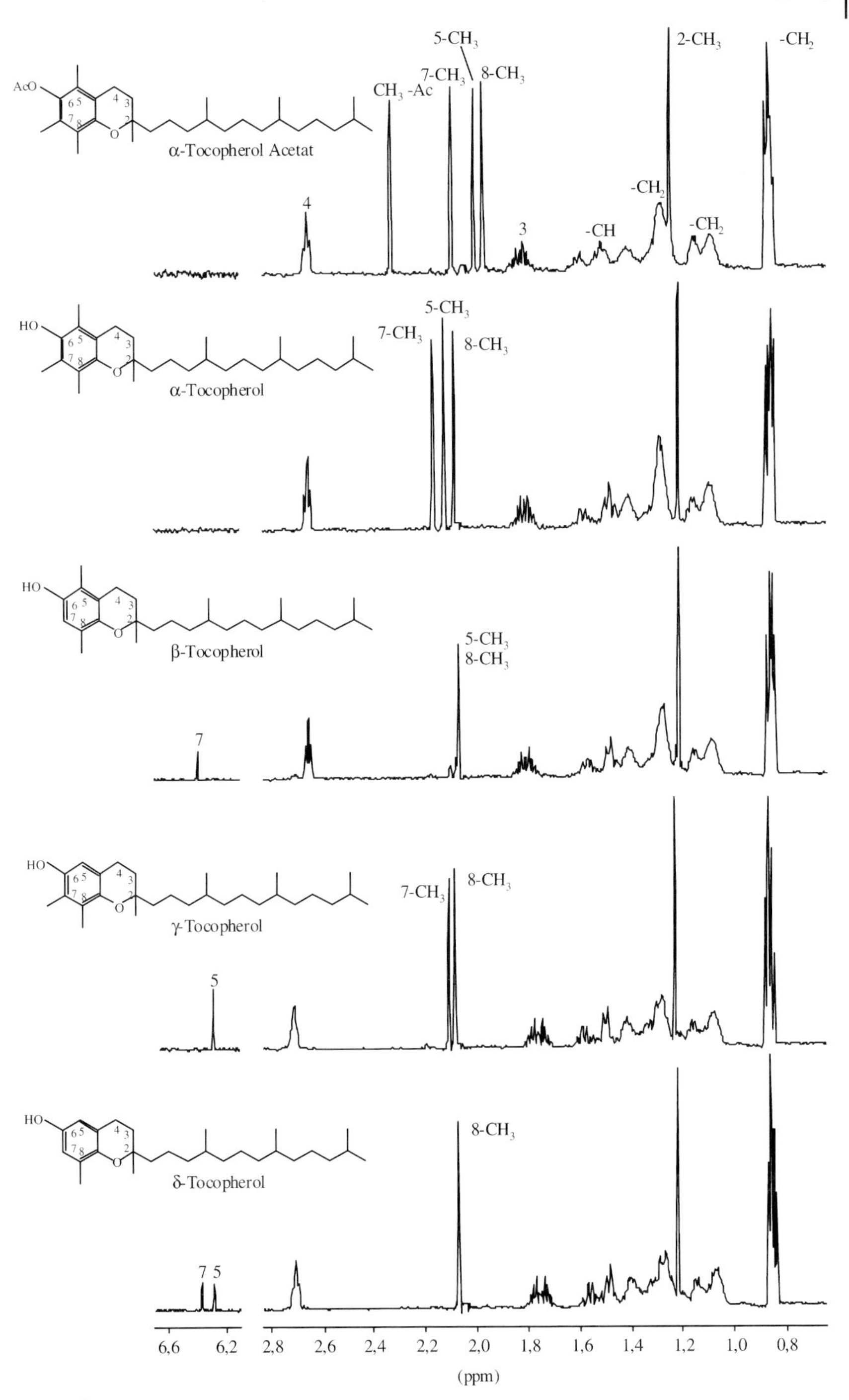

Abb. 4 ^{1}H-NMR-Spektren der Tocopherole, extrahiert aus dem Konturplot der Continuous-Flow-Messung (Abb. 4) am jeweiligen Peakmaximum.

fluss-NMR-Spektren muss die Intensität der Lösungsmittelsignale reduziert werden, da diese zu Dynamikproblemen im D-A-Wandler des NMR-Spektrometers führen können. Dies geschieht mit sog. Vorsättigungsverfahren mit „Shaped"-Pulsen, bei denen die Boltzmann-Verteilung für das betreffende Lösungsmittelsignal aufgehoben wird und somit kein NMR-Signal mehr detektiert wird. Diese Art der Lösungsmittelunterdrückung zeichnet sich durch eine einfache Handhabung, leichte Implementierbarkeit in verschiedenste Pulsprogramme sowie ihre große Effizienz selbst zur Unterdrückung mehrerer NMR-Signale aus. Nachteilig an diesem Verfahren ist, dass Substanzsignale im Bereich des Lösungsmittels ebenfalls unterdrückt werden und damit zur Interpretation des ^{1}H-NMR-Spektrums nicht mehr verwendet werden können.

3.4.7
Stopped-Flow-Messverfahren

Neben dem Continuous-Flow-Messverfahren gibt es auch die Möglichkeit, die NMR-Spektren im Stopped-Flow-Messverfahren aufzunehmen. Bei diesem Messverfahren wird die chromatographische Trennung gestoppt, sobald das Peakmaximum das aktive Detektionsvolumen des Probenkopfes erreicht. Der Vorteil dieser Messtechnik liegt darin, dass durch die Erhöhung der Aufnahmedauer für ein Spektrum die Empfindlichkeit stark erhöht wird. Somit können auch Nebenkomponenten in einer Mischung NMR-spektroskopisch untersucht werden. Ein weiterer großer Vorteil dieser Messtechnik ist, dass jetzt auch 2D-NMR-Spektren aufgezeichnet werden können. Solche 2D-NMR-Spektren machen oftmals erst eine vollständige und exakte Strukturbestimmung möglich. Abbildung 5 zeigt ein solches 2D-NMR-Spektrum von Estradiol.

Für die Durchführung von Stopped-Flow-Messungen stehen mehrere apparative Möglichkeiten zur Verfügung. Die einfachste Methode ist, durch ein Schaltventil den Lösungsmittelfluss zum Probenkopf zu unterbrechen. Dabei muss jedoch darauf geachtet werden, dass es zu keiner Peak-Diffusion kommt, deshalb sollte auch der Auslass mithilfe des Schaltventiles verschlossen werden. Wichtig ist es weiterhin, das Schaltventil vor der chromatographischen Trennsäule zu platzieren, um unnötige Totvolumina zu vermeiden. Nach der Spektrenaufnahme kann die Trennung fortgesetzt und der nächste Peak untersucht werden. Bei einer sehr langen Unterbrechung der Trennung über Stunden, sollte jedoch die Lösung neu injiziert werden, da es zu Diffusionsprozessen kommen kann. Um die Probleme mit der Peak-Diffusion zu umgehen, können die zu untersuchenden Peaks in „Loops" zwischengespeichert werden. „Loops" sind Kapillaren, die das gleiche Volumen wie der Probenkopf besitzen. Dabei erfolgt die Trennung der Analyten vor der eigentlichen NMR-Untersuchung. Nach der Zwischenspeicherung der Peaks in den „Loops" werden diese einzeln zum Probenkopf transferiert und vermessen. Eine weitere Möglichkeit besteht in der Verwendung einer SPE-NMR-Einheit. Bei dieser Methode können zum einen mittels einer SPE-Vorsäule die Konzentration der Analyten durch mehrfaches Trappen erhöht und weiterhin bei der Elution der Analyten von der SPE-Vorsäule voll-

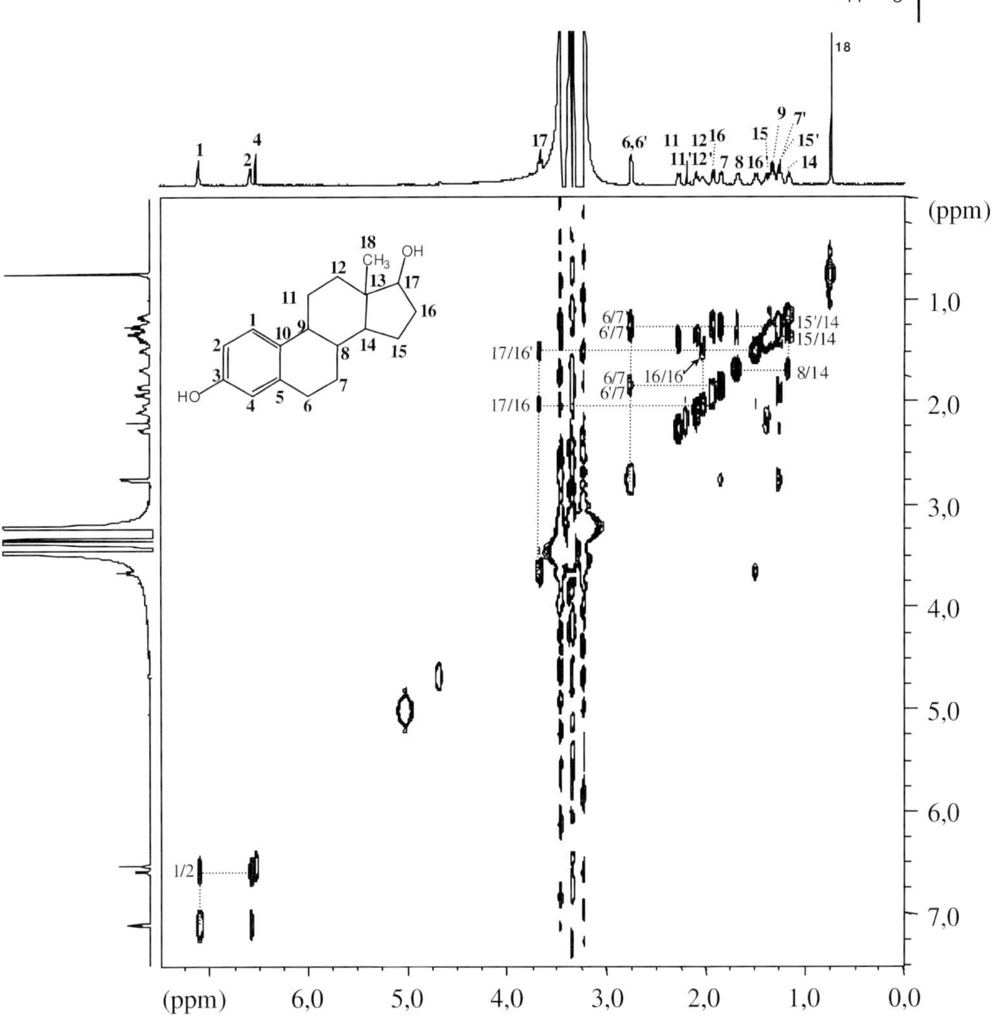

Abb. 5 $^{1}H,^{1}H$-COSY Spektrum von Estradiol.

deuterierte Lösungsmittel eingesetzt werden. Den Vorteilen dieser Methode steht der größte apparative Aufwand und somit auch Kosten aller drei Methoden gegenüber.

3.4.8
Kapillartrennungen

Eine Weiterentwicklung der klassischen HPLC-NMR-Kopplung stellt die Kapillar-HPLC-NMR-Kopplung dar. Die Auflösung der in Kapillaren enthaltenen Durchfluss- und Stopped-Flow-NMR-Spektren ist mit derjenigen von konventionell aufgenommenen NMR-Spektren absolut vergleichbar.

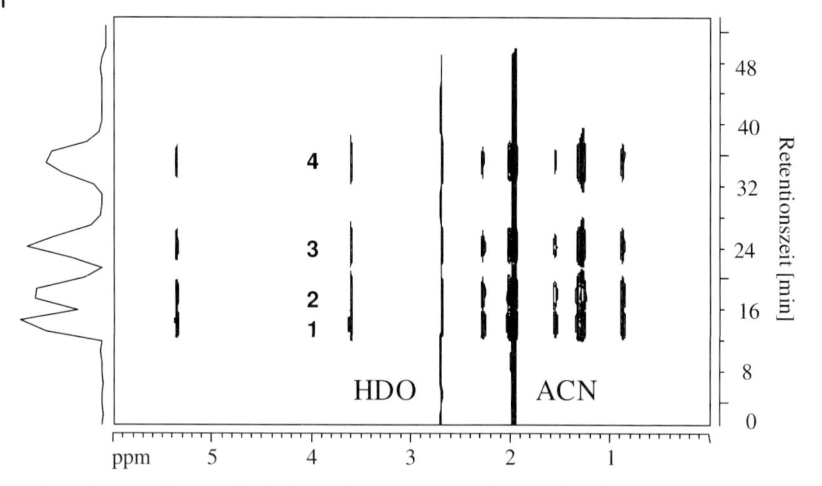

Abb. 6 Kapillar-HPLC-NMR-Konturplot von vier ungesättigten Fettsäuremethylestern, (1) Palmitoleinsäure-, (2) Ölsäure-, (3) Eicosensäure-, (4) Erucasäuremethylester.

Der immense Vorteil der Kapillar-HPLC-NMR-Kopplung liegt in dem minimalen Lösungsmittelverbrauch. So werden für eine Woche Messzeit insgesamt ca. 50 mL an Lösungsmittel benötigt. Hierdurch können für die Online-Kopplung volldeuterierte Lösungsmittel ökologisch sinnvoll eingesetzt werden. Dadurch kann die Intensität der Lösungsmittelsignale deutlich reduziert werden, wodurch teilweise die Lösungsmittelunterdrückung nicht mehr nötig ist. Durch die kleineren Lösungsmittelsignale wird auch die Überlagerung mit Analytsignalen reduziert, was die Auswertung der NMR-Spektren erleichtert. Abbildung 6 zeigt den Konturplot einer Kapillar-HPLC-NMR-Trennung von ungesättigten Fettsäuremethylestern. Der Substanzbedarf an injizierter Probenmenge liegt hier bei 1–2 µg. In Abb. 7 ist als Beispiel für ein Kapillar-NMR-Spektrum das Spektrum von Eicosensäuremethylester dargestellt.

Der Vorteil der nunmehr erreichten hohen Empfindlichkeit im Nanogrammbereich kommt vor allem dann zum Tragen, wenn eine gute Löslichkeit der untersuchten Verbindungen im verwendeten Lösungsmittelgemisch vorliegt. Bei weniger gut löslichen Verbindungen ist die Verwendung der konventionellen HPLC-NMR-Kopplung mit Detektionsvolumina zwischen 40–120 µL zu empfehlen.

Zur Strukturaufklärung unbekannter Verbindungen wird neben der ^{1}H- die ^{13}C-NMR-Spektroskopie routinemäßig verwendet. Eine wichtige zweidimensionale Technik ist die inverse HC-Korrelation zur Bestimmung von direkten Korrelationen zwischen benachbarten Protonen und Kohlenstoffatomen. Bedingt durch das geringe natürliche Vorkommen des ^{13}C-Isotops von nur 1,1 % wird für die Aufnahme des 2D-NMR-Spektrums von einer injizierten Probenmenge im niedrigen µg-Bereich im 1,5 µL Detektionsvolumen eine Aufnahmezeit von mehreren Stunden benötigt.

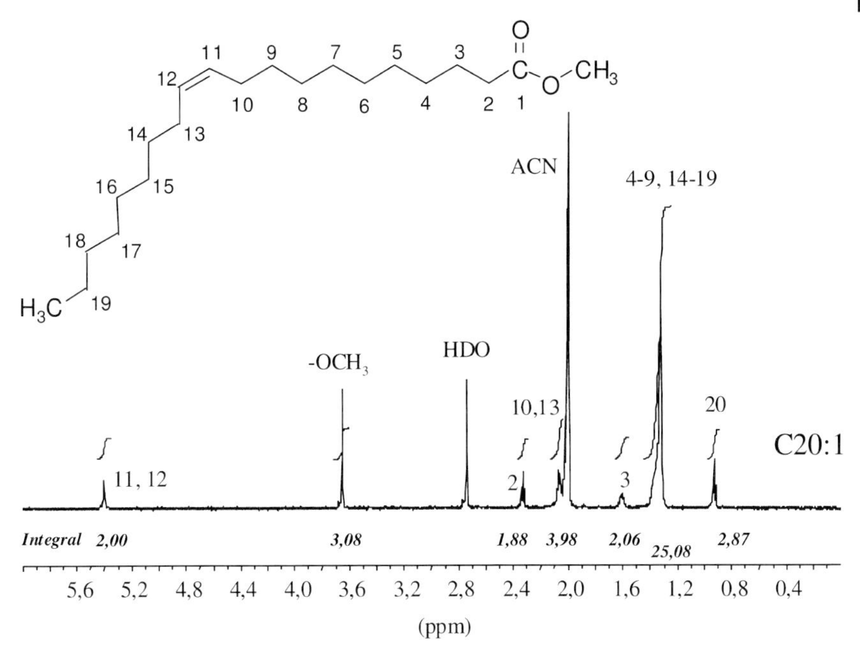

Abb. 7 ^{1}H-NMR-Spektrum mit Integration der Protonensignale von Eicosensäuremethylester.

3.4.9
Ausblick

Die Online-HPLC-NMR-Kopplung unter Verwendung analytischer Trennsäulen hat sich zwischenzeitlich als Routinemethode etabliert. Die Lösung vieler Fragestellungen in der pharmazeutischen, biomedizinischen und umweltrelevanten Analytik ist erst durch Verwendung der LC-NMR-Kopplung möglich geworden. Für schwer lösliche Verbindungen stellen die vorhandenen Detektionsvolumina zwischen 40–120 µL die ideale Lösung dar.

Für geringe Probenmengen von gut löslichen Verbindungen ist die Kapillar-HPLC-NMR-Kopplung mit einem Detektionsvolumen von 1,5 µL die Methode der Wahl. Durch Fortschritte sowohl in der chromatographischen Trenntechnik als auch in der NMR-Detektion können zwischenzeitlich Problemstellungen mit Substanzmengen im Nanogrammbereich bearbeitet werden.

Die in der Kapillar-HPLC-NMR-Kopplung verwendeten Mikrospulen besitzen eine Gesamtlänge von 10 mm. Der verfügbare Durchmesser eines NMR-Probenkopfes beläuft sich auf 50 mm. Hierdurch wird eine Kapillar-Kreuzspulen-Anordnung mit vier Mikrospulen in der *xy*-Ebene des Messkopfes räumlich problemlos möglich.

Das Problem der Informationsüberlagerung (Übersprechen) zwischen den verschiedenen Mikrospulen ist von Prof. Andrew Webb und seinen Mitarbeitern bereits gelöst worden, die praktische Anwendung zur parallelen HPLC-NMR-Kopplung steht noch aus. Hierzu ist von Seiten des NMR-Messgerätes allerdings eine entsprechende Gerätekonfiguration notwendig. Die parallele HPLC-NMR-Detektion mit vier Messspulen wird in den nächsten Jahren realisiert werden, langfristig wird eine durch Professor Raftery eingeführte Konfiguration mit vier parallelen, horizontal angeordneten Detektionsebenen und damit insgesamt 16 Messspulen realisierbar sein.

Neben der praktischen Durchführbarkeit einer parallelen Detektion eröffnet die Kapillartechnik die prinzipielle Möglichkeit zur Kopplung der Kapillartechniken der Gaschromatographie und der Chromatographie mit überkritischen Fluiden (*S*upercritical *F*luid *C*hromatography, SFC) mit der NMR-Spektroskopie. Die langen Spin-Gitter-Relaxationszeiten T_1 im überkritischen und im Gaszustand können durch das Einbringen paramagnetischer Relaxationsagenzien in die Separationskapillare vor der eigentlichen NMR-Detektion reduziert werden.

Diese Technik ist bereits zur Aufnahme von Durchfluss-^{13}C-NMR-Spektren erfolgreich eingesetzt worden (Abb. 8) und bewirkte hier eine drastische Steigerung der Empfindlichkeit pro Zeiteinheit. Das praktische Anwendungspotenzial dieser Methode muss ebenfalls noch ausgelotet werden.

Damit wird klar, in welche Richtung die zukünftige Entwicklung der LC-NMR-Kopplung geht: Die ^{13}C-NMR-Spektroskopie wird zunehmend in der Online-Kopplung verwendet werden. Zur Strukturbestimmung unbekannter Substanzen wird zukünftig neben der HPLC-MS-Kopplung mit den Ionisierungstechniken ESI und APCI die LC-NMR-Kopplung mit der ^{1}H- und ^{13}C-NMR-Detektion eingesetzt werden. Der Empfindlichkeitsbereich der HPLC-MS-Kopplung im Pikogramm-

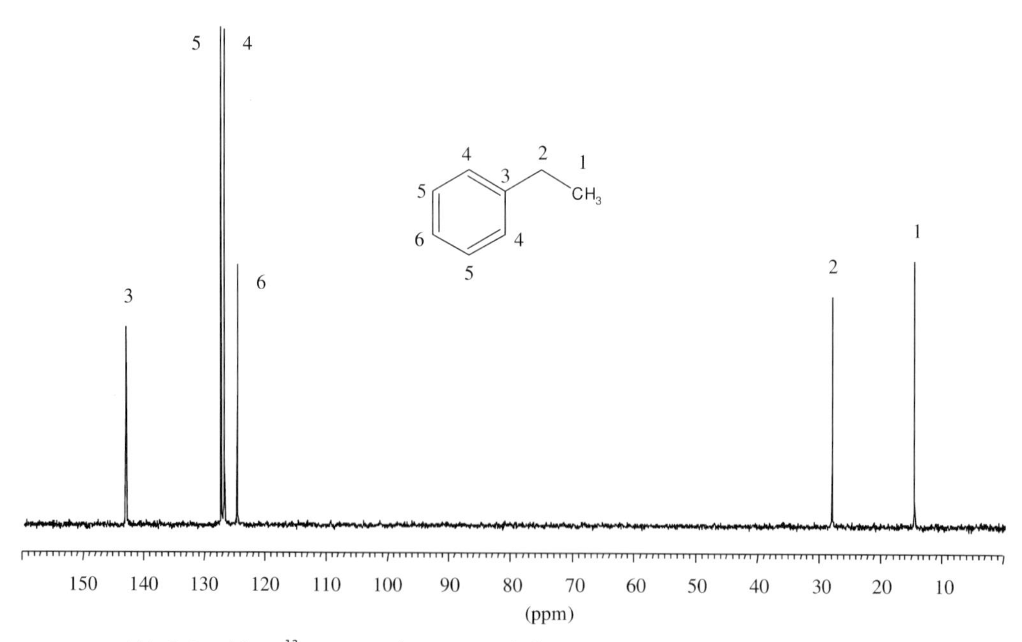

Abb. 8 Durchfluss-^{13}C-NMR-Spektrum von Ethylbenzol unter dem Einfluss von paramagnetischen Relaxationsagentien.

bereich wird zwar niemals erreicht werden können, als Komplementärverfahren zur Massenspektrometrie ist die NMR-Spektroskopie jedoch unabdingbar. Hochselektive Anreicherungs- und Trennverfahren in Kombination mit der Massenspektrometrie und der NMR-Spektroskopie werden zukünftig in sehr effizienter Weise zur Lösung komplexer Trenn- und Identifizierungsprobleme verwendet werden (Tabelle 1).

Tabelle 1 Wichtige Aspekte der LC-NMR-Kopplung.

Parameter	*Was ist wichtig*	*Mögliche Lösung*
Probenvorbereitung	• Hohe Anreicherung der Analyten bei der Probenvorbereitung	• SPE (flüssige Proben) • MSPD (viskose und feste Proben)
Lösungsmittel und Zusätze	• Reinheit der Lösungsmittel • Anzahl, Lage und Breite der Lösungsmittelsignale • Zusätze wie Säuren, Basen oder Puffer sollten keine zusätzlichen Signale im NMR-Spektrum hervorrufen	• NMR-reine Lösungsmittel verwenden • Lösungsmittel mit nur einem Signal verwenden, wie Acetonitril, Aceton und Wasser • Volldeuterierte Lösungsmittel verwenden (Kapillartechniken) oder zumindest Wasser durch D_2O in der klassischen HPLC-NMR ersetzen • Bei Zusätzen Deutero- oder perhalogenierte Analoga verwenden
Durchfluss-Messungen	• Ausreichende Aufenthaltsdauer der Analyten im Probenkopf • Genügend großer Trennfaktor α für zwei dicht nacheinander eluierende Analyten	• Flussrate am HPLC-System verringern • Lösungsmittelzusammensetzung anpassen
„Stopped-Flow"-Messungen	• Minimierung von Diffusionsprozessen • Der Analytpeak muss exakt im aktiven Detektionsvolumen des Probenkopfes gestoppt werden	• Das komplette System muss verschlossen sein (Schaltventil) • Zwischenspeicherung der getrennten Analyten in „Loops" • Exakte Bestimmung der benötigten Transferzeit vom UV-Detektor zum Probenkopf
Lösungsmittelunterdrückung	• Reduzierung der Intensität der dominierenden Lösungsmittelsignale • Analytsignale mit ähnlichen Anregungsfrequenzen dürfen nicht mit unterdrückt werden • Die Lösungsmittelunterdrückungsmethode sollte einfach in das Pulsprogramm implementiert werden können	• Vorsättigungsmethoden mit Shaped-Pulsen zeichnen sich durch eine einfache Handhabung und leichte Implementierbarkeit aus • Die Energie zur Unterdrückung der Lösungsmittelsignale sollte so gering wie möglich gewählt werden

Literatur

1 K. Albert (Ed.), *On-line LC-NMR and Related Techniques*, John Wiley and Sons Ltd, Chichester, England, 2002.

2 D. A. Jayawickrama, J. V. Sweedler, *J. Chromatogr. A 1000* (2003), 819.

3 B. Behnke, G. Schlotterbeck, U. Tallarek, S. Strohschein, L.-H. Tseng, T. Keller, K. Albert, E. Bayer, *Anal. Chem. 68* (1996), 1110.

4 D. L. Olson, T. L. Peck, A. G. Webb, R. L. Magin, J. V. Sweedler, *Science 270* (1995), 1967.

5 G. Fisher, C. Petucci, E. MacNamara, D. Raftery, *J. Magn. Reson. 138* (1999), 160.

6 H. Fischer, M. Seiler, T. Ertl, U. Eberhardinger, H. Bertagnolli, H. Schmitt-Willich, K. Albert, *J. Phys. Chem. B 107* (2003), 4879.

7 M. Krucker, A. Lienau, K. Putzbach, M. D. Grynbaum, P. Schuler, K. Albert, *Anal. Chem. 76* (2004), 2623.

8 S. A. Barker, *J. Chromatogr. A 885* (2000), 115–127.

4
Computer-unterstützte Optimierung

HPLC richtig optimiert: Ein Handbuch für Praktiker. Herausgegeben von Stavros Kromidas

ISBN: 3-527-31470-9

4.1
Computer-unterstützte HPLC-Methodenentwicklung mit der DryLab®-Software

Lloyd R. Snyder und Loren Wrisley
(Übersetzung aus dem Englischen von Christine Mladek)

„Computer-Simulation“ bezieht sich auf die Verwendung von Computern, um Vorhersagen zu Trennungen als Funktion von experimentellen Parametern zu treffen (zu simulieren). In den meisten Fällen erfolgen ein oder mehrere experimentelle Läufe, um den Computer zu „kalibrieren“, bevor er Vorhersagen machen kann. Somit kann die Computer-Simulation bei der Methodenentwicklung in der HPLC verwendet werden, um mit Hilfe von ein paar Experimenten die optimalen Trennbedingungen zu finden. Im Idealfall sollte die Computersimulation erstens die simultane Variation von bis zu zwei Parametern, die die Selektivität beeinflussen können, ermöglichen, zweitens sowohl für die isokratische als auch für die Gradientelution anwendbar sein und drittens – in einem weiteren Schritt – auch den Einfluss von Fluss, Säulendimensionen und Partikelgröße auf die Trennung vorhersagen können. In den letzten 20 Jahren sind eine Reihe kommerzieller Programme zur computerunterstützten Methodenentwicklung eingeführt worden. Im vorliegenden Beitrag wird eines dieser Programme, DryLAb (Rheodyne LLC, Rohnert Park, CA, USA) vorgestellt. Es folgt eine detaillierte Beschreibung der Funktionen und es werden mehrere reale Beispiele aus diversen Bereichen diskutiert.

4.1.1
Einleitung

Zur HPLC-Methodenentwicklung werden verschiedene Ansätze benutzt [1]. Im „Trial-and-Error“-Verfahren werden die Bedingungen üblicherweise so lange geändert, bis eine Basislinienauflösung von $R_s \geq 1{,}5$ für alle Peaks erreicht wird.

Diese verbesserte Auflösung versucht man, durch (a) Anpassen des Retentionsbereichs der Probe $0{,}5 < k < 20$, (b) Änderung der Säuleneffizienz (Anzahl der Trennstufen N) oder (c) durch eine Änderung der Selektivität zu erreichen, es gilt:

$$R_s = \frac{1}{4}(\alpha - 1)\, N^{1/2}\, \frac{k}{k+1} \tag{1}$$

In Tabelle 1 sind die chromatographischen Parameter zusammengefasst, die zur Steuerung bzw. Veränderung von k, N und α verwendet werden. Weil so viele Faktoren die Trennung beeinflussen und schwierige Proben oft die gleichzeitige Änderung von verschiedenen Variablen erfordern, nutzt man heute oft die Möglichkeiten der Computer-unterstützten Methodenentwicklung („computer-facilitated method development“, CMD). Die Software zur Computer-unterstütz-

HPLC richtig optimiert: Ein Handbuch für Praktiker. Herausgegeben von Stavros Kromidas

ISBN: 3-527-31470-9

(a)

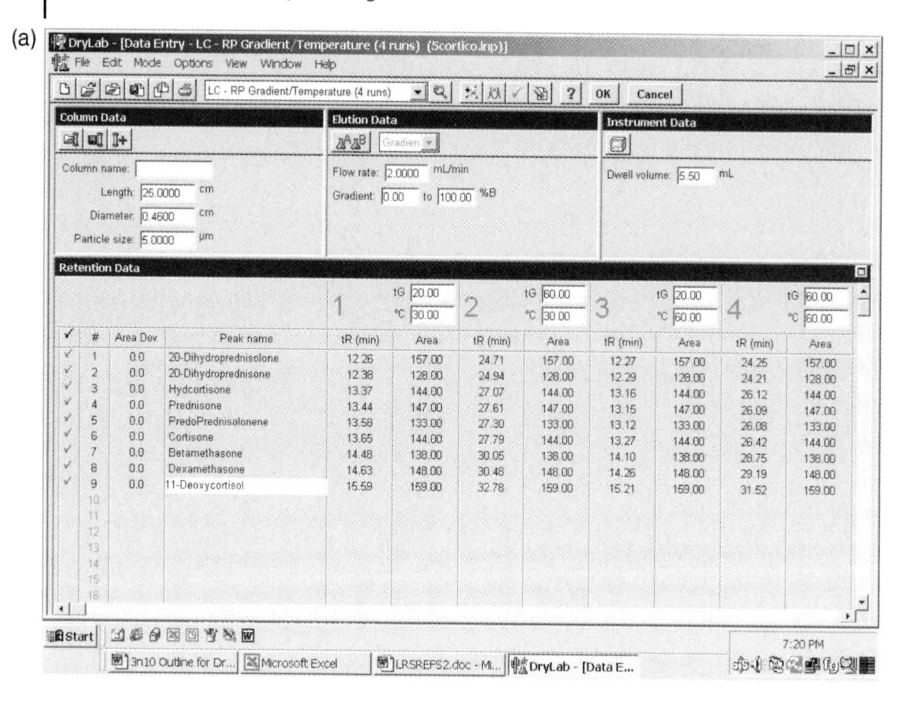

	1: tG 20.00, °C 30.00		2: tG 60.00, °C 30.00		3: tG 20.00, °C 60.00		4: tG 60.00, °C 60.00	
# / Area Dev. / Peak name	tR (min)	Area	tR (min)	Area	tR (min)	Area	tR (min)	Area
1 / 0.0 / 20-Dihydroprednisolone	12.26	157.00	24.71	157.00	12.27	157.00	24.25	157.00
2 / 0.0 / 20-Dihydroprednisone	12.38	128.00	24.94	128.00	12.29	128.00	24.21	128.00
3 / 0.0 / Hydcortisone	13.37	144.00	27.07	144.00	13.16	144.00	26.12	144.00
4 / 0.0 / Prednisone	13.44	147.00	27.61	147.00	13.15	147.00	26.09	147.00
5 / 0.0 / PredoPrednisolonene	13.58	133.00	27.30	133.00	13.12	133.00	26.08	133.00
6 / 0.0 / Cortisone	13.65	144.00	27.79	144.00	13.27	144.00	26.42	144.00
7 / 0.0 / Betamethasone	14.48	138.00	30.05	138.00	14.10	138.00	28.75	138.00
8 / 0.0 / Dexamethasone	14.63	148.00	30.48	148.00	14.26	148.00	29.19	148.00
9 / 0.0 / 11-Deoxycortisol	15.59	159.00	32.78	159.00	15.21	159.00	31.52	159.00

(b)

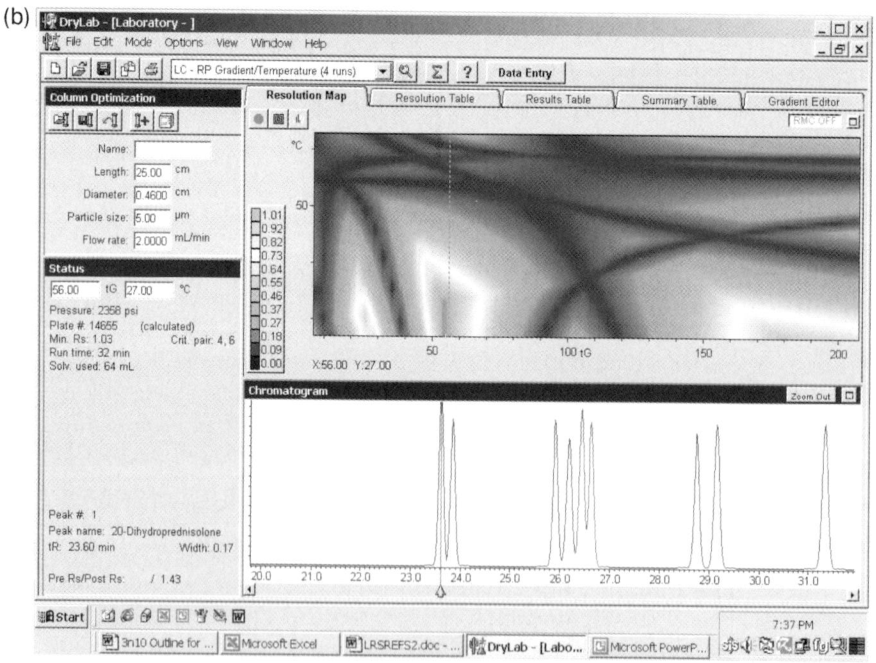

Abb. 1 DryLab-Dateneingabe (a) und Berechnung (Laboratory).
(b) Bildschirme für die Trennung von neun Corticosteroiden, mit Optimierung der Temperatur T und Gradientenzeit t_G. Siehe auch [23] für Details.

Tabelle 1 Chromatographische Parameter zur Änderung der Auflösung in der Reversed Phase-HPLC. DryLab erlaubt dem Anwender auch Trennungen für die Normal-Phasen- oder Ionenausschluss-Chromatographie zu simulieren.

Faktoren	***Ansatz***
Retention (k)	Üblicherweise %B
Bodenzahl (N)	Säulenlänge, Partikelgröße, Flussrate
Selektivität (α)	%B, Temperatur, pH, organisches Lösungsmittel (ACN, MeOH, THF), Puffer-, Ionenpaar- oder andere Additiv-Konzentrationen, Säule

ten Methodenentwicklung benötigt nur eine kleine Anzahl von Testexperimenten, um die Änderung von vielen Parametern zu simulieren. Dazu werden zwei oder mehr Testläufe benötigt, um die Software für eine bestimmte Probe zu „kalibrieren". Danach können weitere Versuche durch Eingabe der geänderten Bedingungen simuliert werden. Alternativ kann die Software die Resultate einer großen Anzahl von simulierten Läufen in einer Auflösungskarte („resolution map", s. Abb. 1) präsentieren, ohne dass der Benutzer weitere Eingaben tätigen muss.

4.1.1.1 **Rückblick**

CMD wurde zuerst für die Gaschromatographie (GC) von Laub und Purnell [2] eingeführt und später auf die isokratische HPLC erweitert [3]. Experimente bei zwei verschiedenen Temperaturen wurden genutzt, um α für jede Temperatur basierend auf der Gleichung

$$\log k = \frac{a + b}{T_K} \qquad (2)$$

vorherzusagen, wobei T_k die absolute Temperatur, und a und b Temperatur-unabhängige Konstanten für eine bestimmte Verbindung sind. Die Werte für a und b werden über die Messung von k bei zwei verschiedenen Temperaturen bestimmt. Daraus kann dann die Temperatur für den Maximalwert von α (und eine Näherung für die maximale Auflösung R_s) für das kritische Peak-Paar bestimmt werden. Einige Jahre später wurden ähnliche CMD-Methoden zur Optimierung von Trennungen unter Variation der mobilen Phase für die Reversed Phase-HPLC vorgestellt: (a) gleichzeitige Änderung der Konzentrationen von Methanol, Acetonitril und Tetrahydrofuran [4] oder (b) Änderung des pH-Wertes und der Konzentration des Ionenpaarreagenzes [5]. Retentionszeitvorhersagen basierten entweder auf empirischen oder auf grundlegenden Gleichungen für die Retention als eine Funktion einer gegebenen Variable. In den frühen 1980ern führten verschiedene Gerätehersteller CMD-Software ein, bei denen der Anwender mit der Glajch-Kirkland-Näherung arbeiten konnte [4], und in den späten 1980ern waren bereits mehrere Bücher zu CMD publiziert worden [6–9]. Die 1985 eingeführte DryLab®-Software für CMD (Computersimulation) wird in diesem Kapitel diskutiert.

Während der letzten 20 Jahre entwickelte sich DryLab (Rheodyne LLC, Rohnert Park, Ca) zu einem multifunktionalen Produkt, welches eine große Anzahl an Funktionen und Möglichkeiten zur Verfügung stellt.

4.1.1.2 Theorie

DryLab benutzt folgende halbempirische Konzepte:

(a) In der Reversed Phase-HPLC (RP-LC), kann die Retention in erster Näherung durch Gl. (3) wiedergegeben werden

$$\log k = \log k_w - S\Phi \tag{3}$$

wobei k_w und S empirische Konstanten für einen gegebenen Analyten und gegebene experimentelle Bedingungen sind und Φ die Volumen-Fraktion des organischen Lösungsmittels B in der mobilen Phase ist.

(b) Basierend auf Gl. (3), ist es mit nur zwei experimentellen Läufen möglich, eine Aussage über die isokratische Retention als Funktion von Φ und eine Gradientenretention als Funktion der Gradientenbedingungen, Säulenlänge und Flussrate zu erhalten [12]; (a) und (b) zusammen umfasst das sog. Lineare-Lösungsmittelstärke-Modell der HPLC [13].

(c) Für jede isokratische oder Gradient-Elution ist es möglich, die Peakbreite W mithilfe der Knox-Gleichung zu approximieren, wenn das Molekulargewicht des Analyten, die Temperatur, die Zusammensetzung der mobilen Phase und die „Säulen-Bedingungen“ (Säulendimensionen, Partikelgröße, Flussrate) bekannt sind [12–14].

Die Genauigkeit von DryLab wurde, auf Basis der oben beschriebenen Beziehungen, in verschiedenen Publikationen untersucht und belegt [15–21]. Vergleiche von realen Trennungen mit den DryLab-Vorhersagen (simulierte Chromatogramme) wurden in Dutzenden von Veröffentlichungen beschrieben, manche sind in [13] aufgelistet. In den meisten Fällen ist die Genauigkeit der vorhergesagten Auflösung im Bereich von ± 10 %, was normalerweise mehr als ausreichend ist. Gleichungen, wie z. B. Gl. (2) und Gl. (3), die für die Vorhersage der Auflösung als Funktion einiger Parameter anwendbar sind, benötigen für die Anwendung von DryLab nur zwei experimentelle Läufe.

Andere Variablen wie beispielsweise der pH-Wert oder die Pufferkonzentration benötigen drei oder mehr Läufe, wobei hier eine kubische Anpassung verwendet wird.

4.1.2 Die Möglichkeiten von DryLab

4.1.2.1 Die Funktionsweise von DryLab

Zuerst wird ein Trennungsmodus ausgesucht (siehe Abschnitt 4.1.2.2), der auch die Anzahl der benötigten experimentellen Kalibrierläufe definiert; z. B. vier Läufe bei zwei verschiedenen Gradientenzeiten t_G und Temperaturen T (°C) für die gleichzeitige Optimierung von t_G und T. Die erhaltenen experimentellen Daten werden dann in den Computer eingegeben: Säulendaten, Gradientenbereich, gerätespezifisches Totvolumen („dwell volume"), Zusammensetzung der mobilen Phase, Retentionszeiten und Peakflächen für jede Komponente in jedem der vier Chromatogramme (s. auch Abb. 1a, „Dateneingabemaske"). Die Daten können sowohl manuell als auch direkt über eine Schnittstelle zum Chromatographie-Datensystem elektronisch eingegeben werden. Zum Schluss ist es notwendig, die Peakzuordnung durchzuführen, wobei die Peakdaten aller Peaks mit den Daten einer gegebenen Komponente in der Probe verglichen werden. Peakzuordnungen können sowohl manuell als auch mithilfe des automatischen „peak-tracking-Moduls" von DryLab durchgeführt werden.

Mit der Vervollständigung der Dateneingabe kann eine „Laboratory"-Ansicht dargestellt werden (Abb. 1b). Verschiedene Darstellungsmöglichkeiten können auf dem oberen Teil des Bildschirms gezeigt werden: R_s map, R_s Tabelle, Ergebnistabelle usw. Abbildung 1b stellt eine Auflösungskarte („resolution map") dar, auf der R_s-Werte für verschiedene Kombinationen von T (y-Achse) und t_G (x-Achse) gezeigt werden. In diesem Fall, erhält man die maximale Auflösung R_s bei $T = 27$ °C und $t_G = 56$ min (s. „cross-hairs" in Abb. 1b). Ein Chromatogramm für die selektierten Bedingungen wird am unteren Teil des Bildschirms dargestellt. Der Anwender kann weitere Simulationen durchführen, die Änderungen (a) des Gradientenprogramms (Stufen-Gradienten eingeschlossen), (b) der Säulendaten oder (c) T oder t_G betreffen können.

4.1.2.2 Modus-Auswahl

Mit Ausnahme der Säule können ein oder zwei der Selektivitätsparameter in Tabelle 1 gleichzeitig modelliert werden (wenn die Säule gewechselt wird, müssen neue Kalibrierläufe durchgeführt werden). Die Anzahl der experimentellen Läufe, die DryLab benötigt, variieren zwischen zwei und neun [21], das hängt davon ab, welche Selektivitätsparameter gewählt wurden. Wenn bei einem bestimmten Parameter (z. B. pH-Wert) ein großer Bereich abgedeckt werden muss, können zusätzliche Läufe gemacht werden, um die Vorhersagegenauigkeit zu verbessern [20]. Zusätzliche Modi sind für Normalphase- und Ionenaustausch-HPLC, genauso wie für GC, anwählbar. Der Anwender kann auch jeden gewünschten virtuellen Modus erzeugen.

Optionen für die „resolution map"

Manchmal sind einige Peaks im Chromatogramm nicht relevant. DryLab erlaubt dem Anwender relevante Verbindungen auszuwählen, die allein für die Erstellung der Auflösungskarte (R_s-map) verwendet werden. Eine weitere Option ist die Robustheits-„resolution map", in der der Anwender einen gewünschten Minimalwert für R_s und eine gewünschte Maximal-Laufzeit wählen kann. Eine Auflösungskarte wird dann angezeigt, die die Bedingungen enthält, bei denen die gestellten Anforderungen erfüllt werden.

Gradientenelution

Mit Hilfe der „Gradient Editor"-Maske des „Laboratory"-Bildschirms (Abb. 1b) kann der Anwender ein gewünschtes Gradientenprofil eingeben. Dieses Modul erlaubt auch die Berechnung eines optimalen linearen Gradienten (OLG), d. h., das Programm berechnet automatisch die Gradientenbedingungen für eine maximale Auflösung (R_s) in kleinstmöglicher Laufzeit [24].

Es ist auch möglich, aus vorgegebenen oder übernommenen Gradientendaten eine isokratische Trennung zu simulieren. Beispielsweise ist es möglich, wie in dem Beispiel von Abb. 1, basierend auf experimentellen Gradientenläufen, eine isokratische Trennung als eine Funktion von % B und *T* vorherzusagen. Genauso ist eine Auflösungskarte für diese Variablen darstellbar.

Optionen für die Bodenzahl

Für Vorhersagen zur Peakbreite ist eine Abschätzung der Bodenzahl *N* für jeden Peak erforderlich. Dazu gibt es drei Möglichkeiten. Erstens, kann DryLab einen Wert für *N* basierend auf der Zusammensetzung der mobilen Phase, der Temperatur und den Säulendaten berechnen, sowie einen Schätzwert des Molekulargewichts des Analyten anhand der Retentionszeit. Erhaltene Berechnungen der Peakbreite basierend auf dieser Näherung haben meist eine Zuverlässigkeit um ± 25 %, was für die meisten Trennungen völlig ausreichend ist. Zweitens kann der Anwender einen gemittelten Wert für *N* in den Computer eingeben, der auf *N*-Werten basiert, die sich durch Änderungen der Parameter in den simulierten Läufen ergaben (im Vergleich zum experimentellen Lauf). Die auf diese Weise erhaltene Genauigkeit der simulierten Peakbreiten ist normalerweise im Bereich von ± 10 % oder besser. Die dritte Möglichkeit ist die Eingabe der Peakbreiten für jeden der experimentellen Läufe. Dies ist die genaueste Methode. Es ist ebenso möglich, die Asymmetrie von Peaks zu berücksichtigen, indem diese Information eingegeben wird (entweder als Asymmetriefaktor oder als Tailingsfaktor für jeden Peak).

4.1.3
Praktische Anwendungen von DryLab im Labor

Um DryLab effektiv einsetzen zu können, ist eine erste grundlegende Auswahl von experimentellen Bedingungen (Säule, Lösungsmittel für die mobile Phase, Puffer, pH-Wert, organische Modifier usw.) gefordert. Ebenso sind zuvor die Ziele der erforderlichen Trennung zu definieren. Ist das Ziel, eine „strenge" Gehaltsbestimmung, eine quantitative Bestimmung von Verunreinigungen oder eine präparative Trennung? Im ersten Fall ist es notwendig, die interessierende Komponente von den verwandten Verunreinigungen, Zersetzungsprodukten, Hilfsstoffen usw. zu trennen, aber die Trennung der anderen Peaks voneinander außer der interessierenden Komponente ist unnötig. Im zweiten Fall kann es für die Quantifizierung nötig sein, alle Peaks mit einer Auflösung $R_S > 1{,}5$ voneinander zu trennen. Für den dritten Fall empfiehlt sich, eine maximale Auflösung anzustreben ($R_S \gg 1{,}5$), um die höchste Säulenbeladung und den höchsten Probendurchsatz zu erreichen. Einige dieser Überlegungen werden letzten Endes durch den konkreten Einsatz der Methode „getuned", z. B. muss bei einer LC-MS-Methode die mobile Phase einerseits auf den Einsatz von flüchtigen Komponenten eingeschränkt werden, und diese Zielsetzung fordert andererseits möglicherweise eine mobile Phase, deren pH-Wert die Probenionisierung unterstützt.

Beispiel 1

In diesem Fall war das Ziel die quantitative Trennung einer einzelnen Schwefelverunreinigung aus einer komplexen Mischung mittels UV-Detektion. Idealerweise wird der Einfachheit halber eine isokratische Trennung gewünscht. Vorherige „trial-and-error"-Versuche waren fehlgeschlagen, aber sie gaben einen

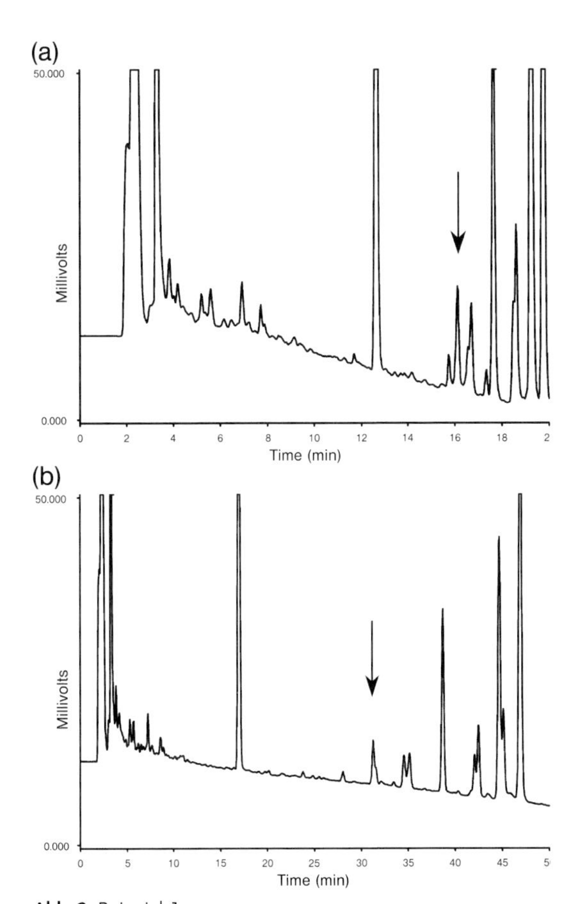

Abb. 2 Beispiel 1:
Anfangsgradienten; Chromatogramme für die Entwicklung einer quantitativen Gehaltsbestimmung einer Verunreinigung. Die Probe wurde mit der interessierenden Substanz versetzt (s. Pfeile). (a) = 15 min, (b) = 90 min, 25 % auf 60 % MeCN, 25 cm C_{18}, 1,0 mL/min, UV = 220 nm, T = 25 °C.

Hinweis auf folgende Bedingungen: C_{18}-Säule und als mobile Phase pH = 3, 20 mM Phosphatpuffer und Acetonitril (ACN). Die ersten Experimente weisen auch auf einen relativ engen Gradientenbereich (25–60 % ACN) für die anfänglichen Experimente zur „Kalibrierung" der Software hin.

Wie Abb. 2 zeigt, wurden als nächstes zwei DryLab-Kalibrierläufe durchgeführt: Eine zudosierte Probe wurde mit Gradientenlaufzeiten von 15 und 90 min analysiert. Peakzuordnung durch Flächenanpassung und Photodiodenarray zeigten, dass die Trennung des interessierenden Peaks in keinem Lauf erreicht wurde (Abb. 3).

Es wurden ebenfalls signifikante Veränderungen in der Peakelutions-Reihenfolge beobachtet. Retentionsdaten dieser beiden Läufe wurden von DryLab benutzt, um die Auflösungskarte (Abb. 4) für die isokratische Trennung der Probe als eine Funktion von %B (hier % ACN) zu erhalten. In Abb. 4 interessiert nur die Auflösung von Peak Nr. 3. Die anschließende Modellerstellung mit der Software zeigte, dass man die beste Trennung mit einer mobilen Phase von (etwa) 36 % ACN erhält. Eine mobile Phase < 28 % B würde auch eine gute Trennung liefern, aber die Retentionszeiten würden dann unnötig lang werden (> 30 min). Die simulierte Trennung in Abb. 5 zeigt, dass Peak 3 mit einer Auflösung $R_S \approx 2$ gut von den anderen Peaks getrennt ist. Die Peaks 1 und 2 koeluieren, aber das

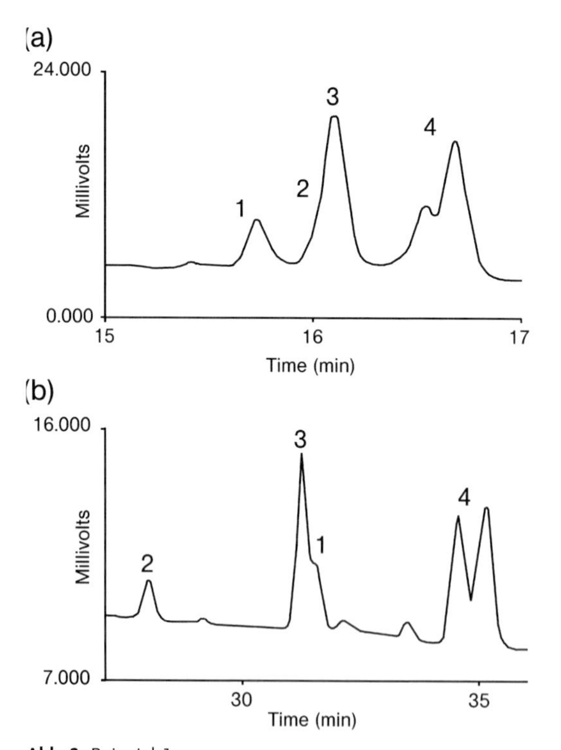

Abb. 3 Beispiel 1:
Detaililierte Ansicht der Trennung, die in Abb. 2 dargestellt ist.
Peak 3 ist der interessierende Peak.

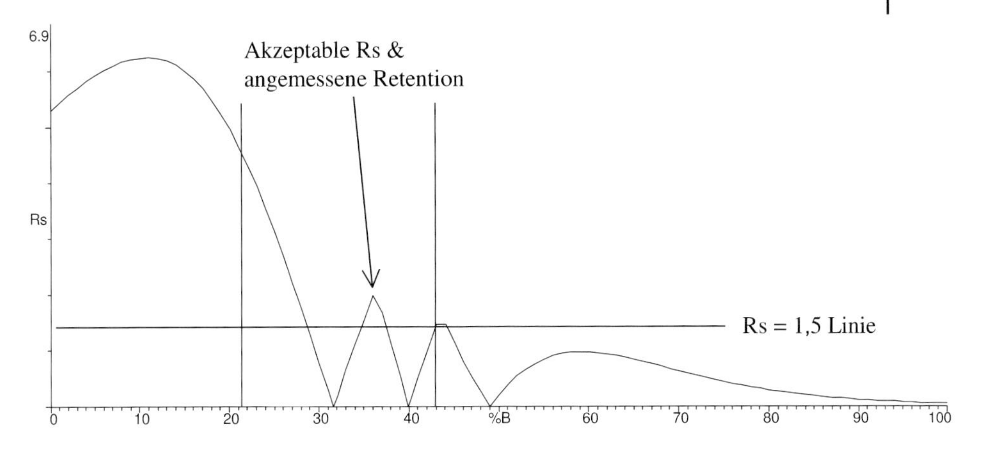

Abb. 4 Beispiel 1:
Resolution map für die Trennung von Peak 3 von anderen Peaks als Funktion von % Acetonitril (B) in der isokratischen mobilen Phase.

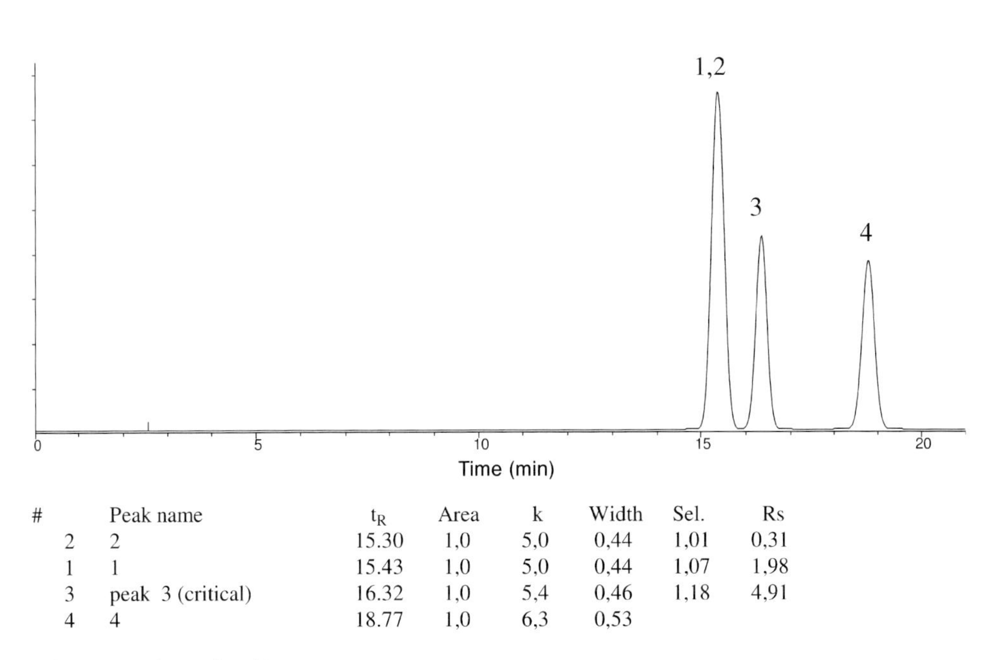

#	Peak name	t_R	Area	k	Width	Sel.	Rs
2	2	15.30	1,0	5,0	0,44	1,01	0,31
1	1	15.43	1,0	5,0	0,44	1,07	1,98
3	peak 3 (critical)	16.32	1,0	5,4	0,46	1,18	4,91
4	4	18.77	1,0	6,3	0,53		

Abb. 5 Beispiel 1 (siehe Abb. 2):
Von DryLab vorausberechnete Trennung bei 36 % Acetonitril.

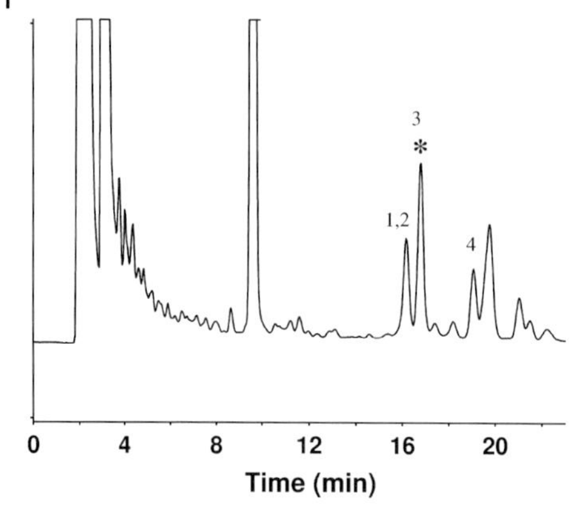

Abb. 6 Beispiel 1:
Experimentell bestätigte optimierte isokratische Trennung.

ist hier unwichtig. Das experimentell durchgeführte („Beweis"-)Chromatogramm, s. Abb. 6, stimmt sehr gut mit dem vorhergesagten überein und lässt auf eine akzeptable Routinemethode schließen.

Die experimentelle Trennung, die man in Abb. 6 sieht, ist etwas schlechter als in Abb. 5 vorhergesagt. Der Grund liegt in einem kleinen Tailing (ein Tailing-Faktor T von etwa 1,3) und eine niedrigere Bodenzahl N als die Software vorhergesagt hat. Peaktailing und Werte von N (siehe Beispiel 5) können durch eine Verfeinerung des Modells während der DryLab-Simulation „feinjustiert" werden, aber in der Praxis ist das selten nötig.

Beispiel 2

In einem zweiten Beispiel war die Trennung von verschiedenen Verunreinigungen und eines Wirkstoffs gefordert. Weil die Methode voraussichtlich für einige Jahre eingesetzt werden sollte, waren Robustheit und eine angemessene Laufzeit wichtige Anforderungen. Es war nichts über eine mögliche Trennung bekannt, lediglich die Struktur der Ausgangskomponente. Daher wurden zunächst mehr oder weniger „Standardbedingungen" für die ersten DryLab-Läufe gewählt: 20- und 80-min-Gradienten von 10–90 % ACN, mit einem 20 mM Phosphat-Puffer bei pH 2,5 (Abb. 7).

In dem 20-min-Gradienten koeluieren die Peaks 2 und 3 (Abb. 7a). In dem 80-min-Gradienten (Abb. 7b) sind die Peaks 2 und 3 angetrennt, aber die Laufzeit ist zu lang. Wenn man die automatische lineare Optimierungsmöglichkeit von DryLab nutzt, erreicht man eine schnellere Trennung, aber mit einer genauso geringen Auflösung von Peak 2 und 3. An diesem Punkt wurde das interaktive Modellieren unter Nutzung von Stufen-Gradienten begonnen. Vierzehn segmentierte Gradienten wurden auf dem Computer schnell modelliert, um die optimierte Trennung von Abb. 7c zu erreichen. Die Software erlaubt übrigens, vielversprechende Simulationen als Referenzen zu speichern, welche es dem

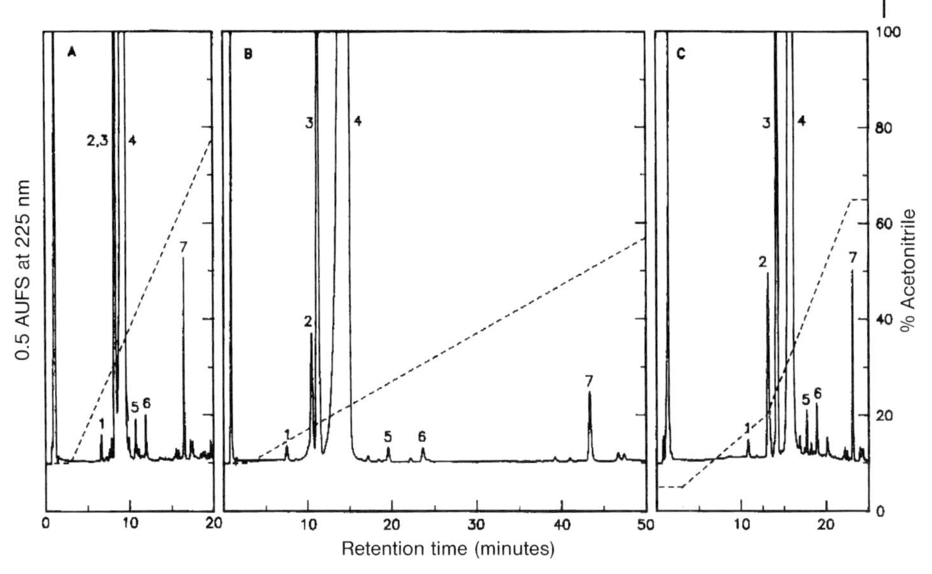

Abb. 7 Chromatogramme für Beispiel 2:
Bedingungen: 15 × 0,46 cm C_8-Säule; 1,5 mL/min.
(a) 10–90 % Acetonitril in 20 in; (b) 10–90 % Acetonitril in 80 in;
(c) 5/20/65/65 %-Acetonitril in 0/10/20/25 min.
Von DryLab vorausberechneter Wert für Peak 1: 8,6 (tatsächlicher Wert 10,9);
Peak 2: 11,7 (13,2); Peak 3: 12,6 (14,2); Peak 4 : 15,1 (15,8); Peak 5: 17,2 (17,7),
Peak 6 : 18,6 (18,9); Peak 7: 23,0 (23,2).

Anwender möglich machen, den Fortschritt bis zum Erreichen der letztendlichen Trennung festzuhalten. In Abb. 7c sind die Peaks 2 und 3 besser getrennt, über das ganze Chromatogramm ist der Peakabstand optimal und die Laufzeit ist für den Routineeinsatz akzeptabel. Diese Computersimulationen haben auch genau vorhergesagt, dass eine verbesserte Trennung der Peaks 2 und 3 eine Reduktion von %B am Anfang des Gradienten erfordert.

Beispiel 3

Die DryLab-Software kann für präparative oder semi-präparative HPLC-Methodenentwicklung und -Optimierung effektiv eingesetzt werden. In diesem Beispiel wurde das Labor beauftragt, innerhalb von drei Tagen mindestens 1 g eines chromatographisch gereinigten Steroids bereitzustellen. Die erwünschte Komponente unterscheidet sich von der Hauptverunreinigung in der räumlichen Anordnung einer Hydroxylgruppe und den Synthetikern war es unmöglich gewesen, das reine Steroid mit einer Reinheit größer als 88 % herzustellen.

Sechs verschiedene Forderungen wurden definiert. Erstens sollte die Methode für eine analytische Säule entwickelt werden, dann sollte ein „scale up" auf eine größere, semi-präparative Säule mit der gleichen stationären Phase erfolgen. Zweitens sollte die Trennung auf maximale Auflösung hin optimiert werden, um eine maximale Säulenüberladung zu ermöglichen. Erfahrungen mit ähnlichen präparativen Trennungen legten nahe, dass eine Auflösung von $R_S > 4$ nötig sein würde. Drittens sollte die Trennung nicht länger als 20–30 min dauern, weil eine große Anzahl von Injektionen benötigt wird, um die geforderte Menge zu isolieren. Viertens sollte, wenn möglich, eine isokratische Trennung resultieren. Fünftens, die Trennung sollte bei Raumtemperatur erfolgen, weil eine Temperaturkontrolle der langen semi-präparativen Säule bei hohen Flussgeschwindigkeiten der mobilen Phase nicht zu realisieren war. Schlussendlich sollte die mobile Phase keinen nicht-flüchtigen Puffer oder Modifier enthalten, damit das Lösungsmittel leicht von den erhaltenen HPLC-Fraktionen entfernt werden kann.

Glücklicherweise hatte der verantwortliche Chemiker für diese Trennung etwas Erfahrung mit der analytischen Trennung dieser Isomere. Es war bekannt, dass eine gute Trennung auf einer C_{18}-Phase mit Methanol als organischem Modifier erzielt werden könnte, während die Trennung mit Acetonitril nicht ausreichend war. Die Optimierung der Trennung mit Methanol/Wasser wurde auf einer analytischen Säule (C_{18}), die ein 8 µm-Packungsmaterial für die präparative Trennung enthält, durchgeführt.

Retentionsdaten für das Steroid und die zwei Isomeren wurden verwendet, um die Software für die isokratische Methodenoptimierung zu kalibrieren (Abb. 8). Entsprechend vorherigen Erfahrungen wurde als Anfangsgradientenbereich 50–80 % gewählt. Abbildung 9 zeigt die erhaltene isokratische „robust resolution map" (RRM) für diese Trennung. Eine RRM ist die übliche Auflösungskarte (wie in Abb. 4), aber mit der Option, die maximal gewünschte Laufzeit (20 min) und eine minimal akzeptierte Auflösung ($R_S = 4$) einzugeben. Nicht-akzeptable Bedingungen erscheinen dann als die gekreuzt schraffierte Region von Abb. 9. Nach dieser Karte scheint es, dass die mobile Phase mit 64–65 % Methanol die beste Trennung liefern sollte. Vorhergesagt wurde, dass eine mobile Phase von 64 % die Trennung in Abb. 10 ergeben würde, die mit dem experimentellen Lauf von Abb. 11 verglichen werden kann. Die Auflösung von $R_S = 4{,}4$ in Abb. 11 stimmt gut mit der Vorhersage von Abb. 10 ($R_S = 4{,}3$) überein.

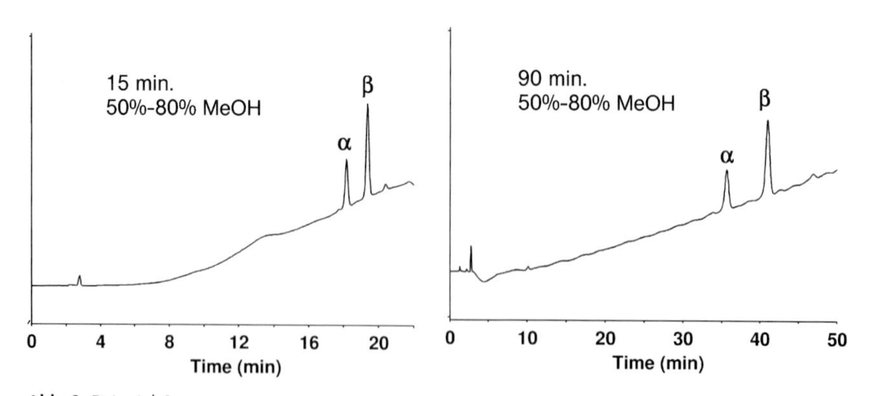

Abb. 8 Beispiel 3:
Anfangstrennungen.
Bedingungen: Säule: 25 × 0,46 cm IB-Sil C_{18}-BD, 8 µm-Partikel, Fluss = 1,0 mL/min.

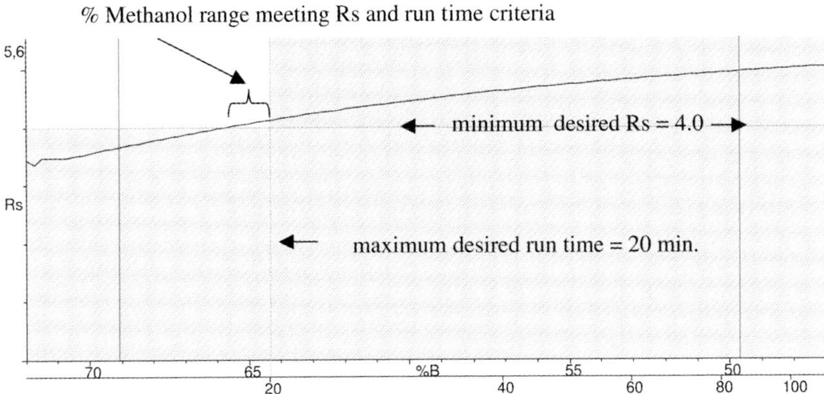

Abb. 9 Beispiel 3:
Robuste Resolution map.

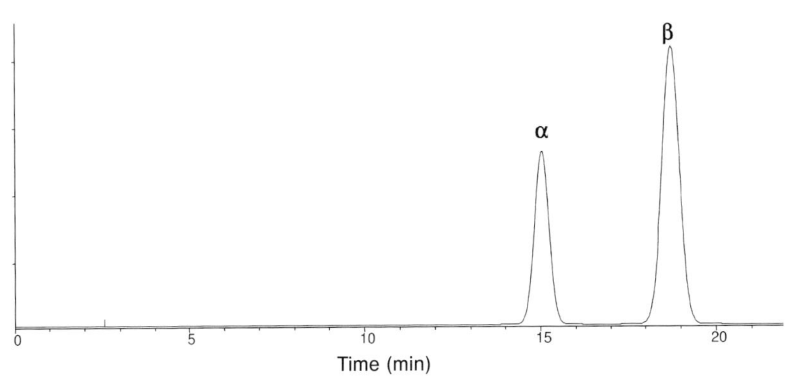

Abb. 10 Beispiel 3:
Von DryLab vorausberechnete isokratische Trennung bei 64 % Methanol (R_s = 4,3).

Aufgrund der sich anschließenden Beladungsexperimente wurde die maximale Probenmenge für die präparative Säule berechnet: 400 mg des Rohproduktes. Berücksichtigt man, dass (a) das Rohprodukt ungefähr 72 % des gewünschten Produkts (β-Isomer) enthält, (b) die Laufzeit etwa 30 min betrug und (c) Verluste während der Isolierung zu erwarten waren, lautete der vorhergesagte Durchsatz 500 mg/h. Das Chromatogramm in Abb. 12 zeigt die optimierte maßstabsgetreue semi-präparative Trennung der Rohmischung. Dieses Beispiel zeigt den Nutzen der systematischen Methodenentwicklung basierend auf dem Computer-unterstützten Modellieren. Von dem ersten Versuchsexperiment bis zur Gewinnung von mehr als 2 g des reinen Produktes (fertig für die Isolierung am Rotationsverdampfer) war weniger als ein 8-Stunden-Arbeitstag vergangen. Mit dem Einsatz von Computersimulation erhielt man ohne Rätselraten oder überflüssige Laborexperimente schnell positive Ergebnisse.

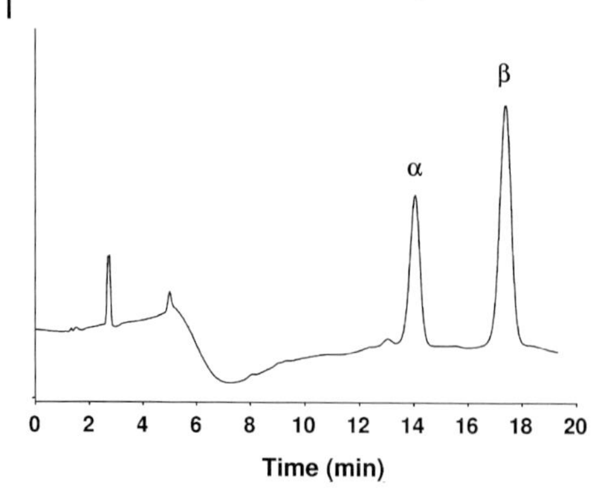

Abb. 11 Beispiel 3:
Experimentelle Bestätigung der DryLab-Vorhersage von Abb. 10 (R_s = 4,4).

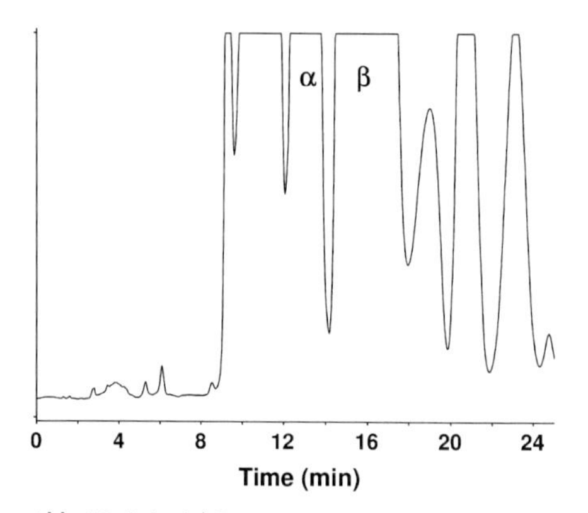

Abb. 12 Beispiel 3:
Semipräparative Trennung unter optimierten Bedingungen.
Bedingungen: Säule: 25 × 5 cm C_{18}, 8 µm-Partikel; Fluss = 118 mL/min.; 64 % Methanol (isokratisch); 400 mg Rohprodukt wurde injiziert (72 % β in der Mischung, β : α-Verhältnis = 12 : 1).

Beispiel 4

Das folgende Beispiel stellt den Wert eines anfänglich negativen Ergebnisses dar. Die Probe war ein reiner Wirkstoff, versetzt mit fünf möglichen Verunreinigungen. Das Ziel war die Trennung aller Peaks. Der Einfluss sowohl der Gradientendauer als auch der Temperatur auf die Trennung wurde zuerst durch vier experimentelle Läufe festgestellt: 10–90 % ACN/Wasser in 15 und 90 min bei 25 °C und 45 °C. Die DryLab-Auflösungskarte und die beste erhaltene Trennung, die in Abb. 13 gezeigt werden, weisen auf keine Möglichkeit für eine befriedigende Trennung auf diesem Weg hin.

Abbildung 13 lässt vermuten, dass größere Änderungen in Bezug auf die Anfangsbedingungen notwendig sind, weil kleine Änderungen vermutlich keine

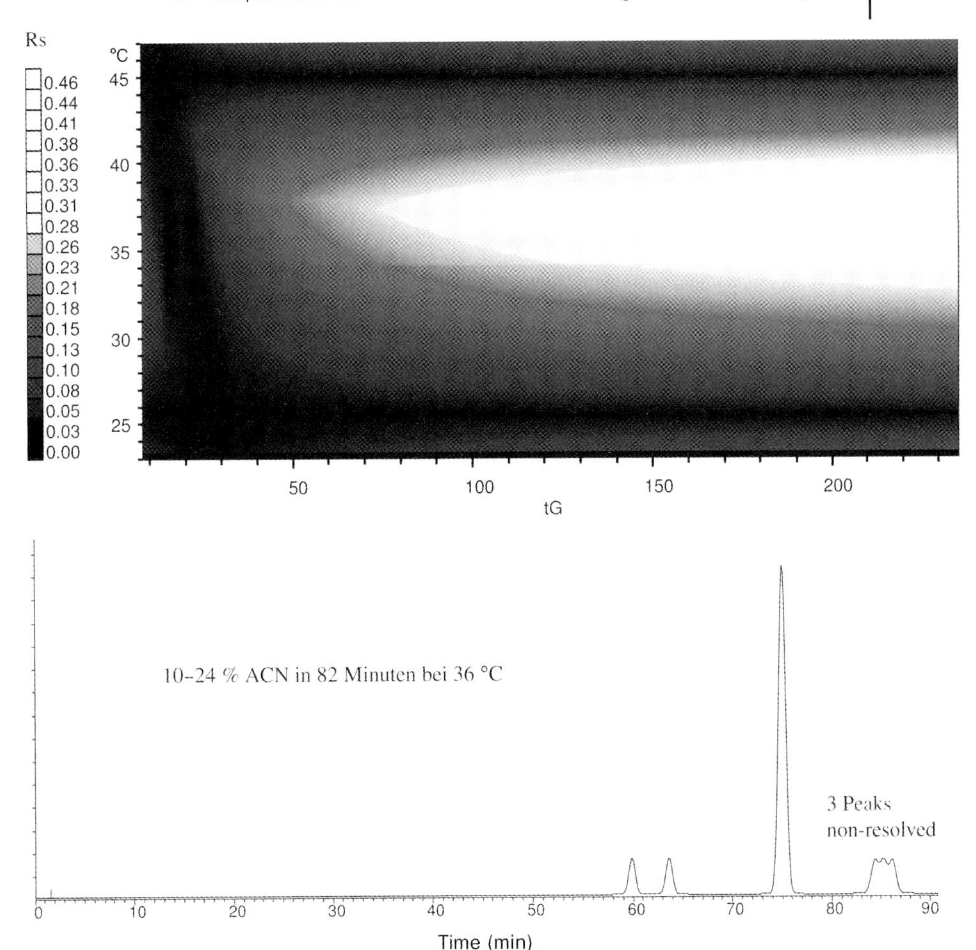

Abb. 13 Beispiel 4:
Resolution map und optimale Trennung.

Verbesserung der Trennung erwirken würden (es ist eine signifikante Änderung der Selektivität erforderlich). Sehr häufig kann eine einfache Änderung des organischen Modifiers (z. B. Methanol oder Tetrahydrofuran) und eine Wiederholung der Startexperimente Erfolg bringen. In diesem Fall wurde der organische Modifier Acetonitril zu Gunsten von Methanol für die Gradientenkalibrierläufe geändert. Das führte direkt zu der erfolgreichen isokratischen Trennung, die in Abb. 14 gezeigt wird. Am Ende brauchte die endgültige Trennung nur acht experimentelle Läufe (in zwei automatischen Auslesereihen) über die Dauer von zwei Tagen.

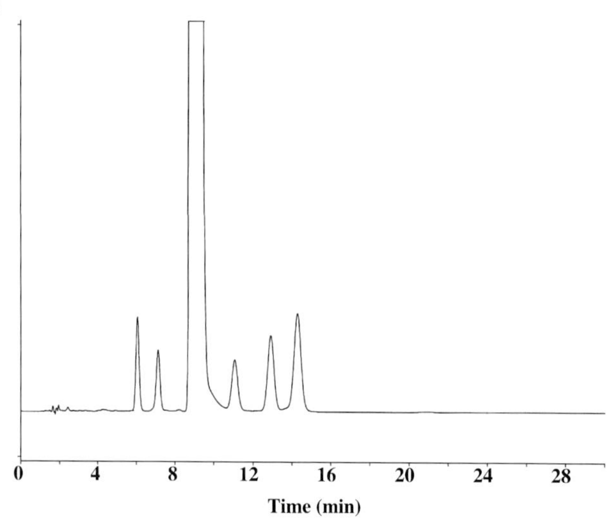

Abb. 14 Beispiel 4:
Optimierte Trennung. Bedingungen: 47 % Methanol (isokratisch); 75 × 4,6 mm C_{18}-Säule; 3 µm-Partikel, 30 °C; Fluss = 1,0 mL/min.

Beispiel 5

Die Optimierung einer Trennung unter Nutzung von DryLab kann über einfache Änderungen in der Zusammensetzung der mobilen Phase oder des Gradientenprofils hinausgehen. In dem vorliegenden Beispiel ist die Trennung von zwei Wirkstoffen, zwei möglichen Verunreinigungen und einem Stabilisator der Formulierung (BHA) gefordert – wenn möglich unter isokratischen Bedingungen. Vier Versuchsläufe wurden unter verschiedenen Gradientenzeiten und Temperaturen (150 × 3 mm C_{18}-Säule, 15- und 40-min-Gradienten, 30–90 % ACN/Wasser, 20 und 40 °C) durchgeführt.

Die DryLab „resolution map“ (Abb. 15) zeigt, dass man das erhoffte Ergebnis trotz dieser experimentellen Einschränkungen mit der maximalen Auflösung der zwei Verunreinigungspeaks (die ersten Peaks im Chromatogramm) bei einer Temperatur von 35 °C erhalten kann. Die beste vorhergesagte DryLab-„Zwischentrennung“ wird in Abb. 16 gezeigt. Aufgrund der „zu guten“ Auflösung bei dieser Trennung ist es klar, dass eine Reduzierung der Laufzeit nach weiteren Änderungen der Bedingungen möglich ist. Die Effekte einer kürzeren Säule (100 mm statt der ursprünglichen 150 mm) und höheren Flussraten (0,75 statt der ursprünglichen 0,45 mL/min) wurden durch DrylLab simuliert. Das Ergebnis ist in Abb. 17 zu sehen. Die Gesamtlaufzeit wurde von etwa 9 min auf weniger als 4 min reduziert, während eine ausreichende Auflösung zwischen den interessierenden Peaks beibehalten werden konnte.

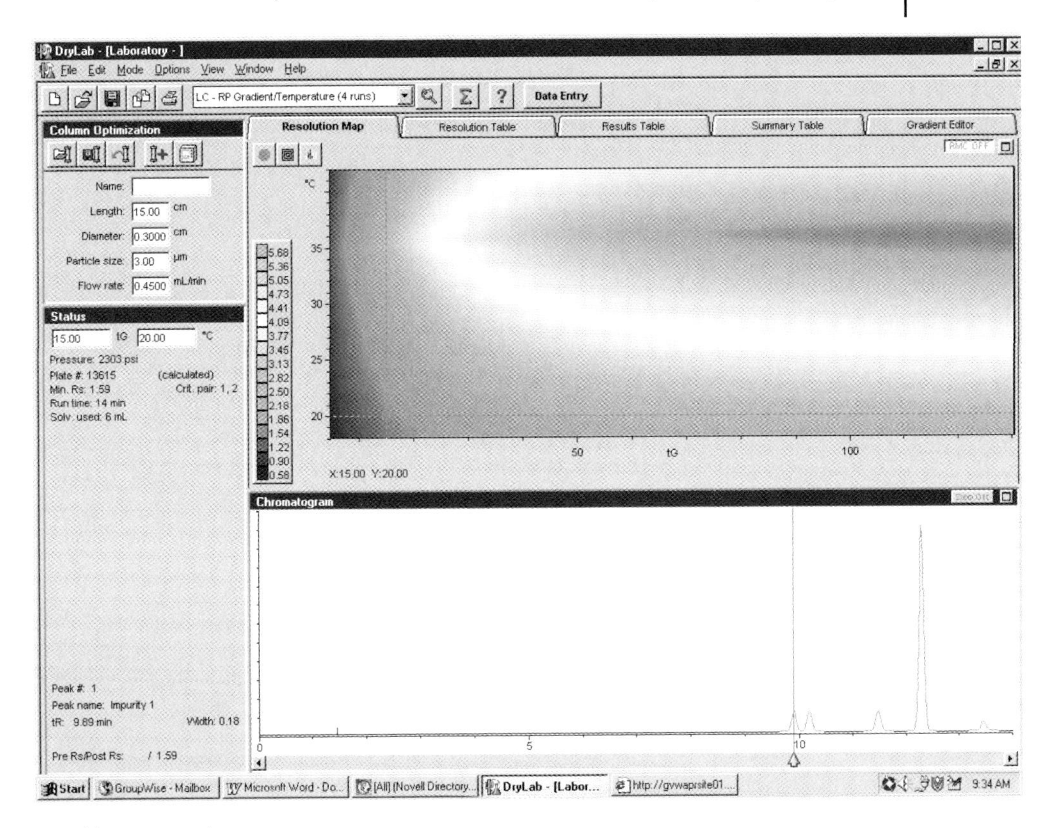

Abb. 15 Beispiel 5:
DryLab Initial-Resolution map und vorausberechnete Trennung.

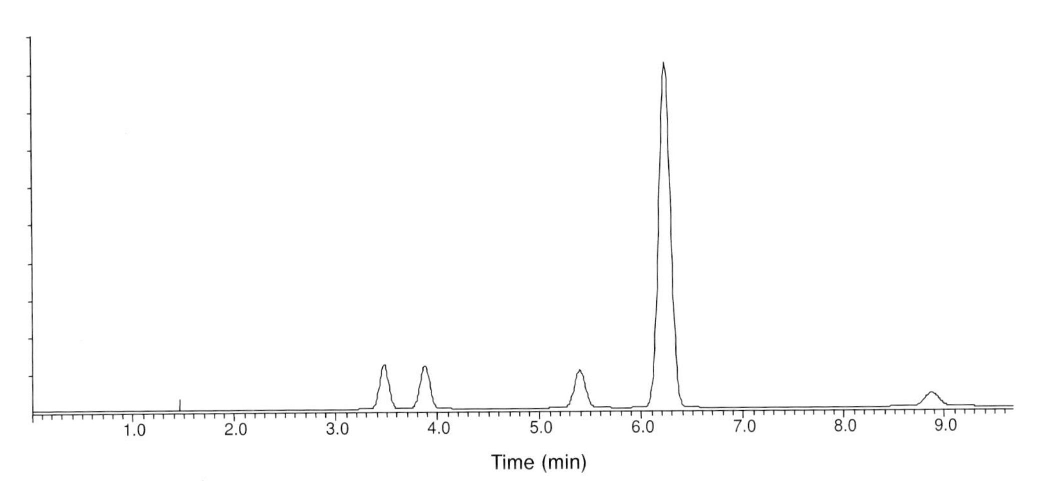

Abb. 16 Beispiel 5:
„Zwischen-optimierte" Trennung von DryLab.
Bedingungen: 0,45 mL/min, 35 °C, isokratische Elution bei 50 % Acetonitril.

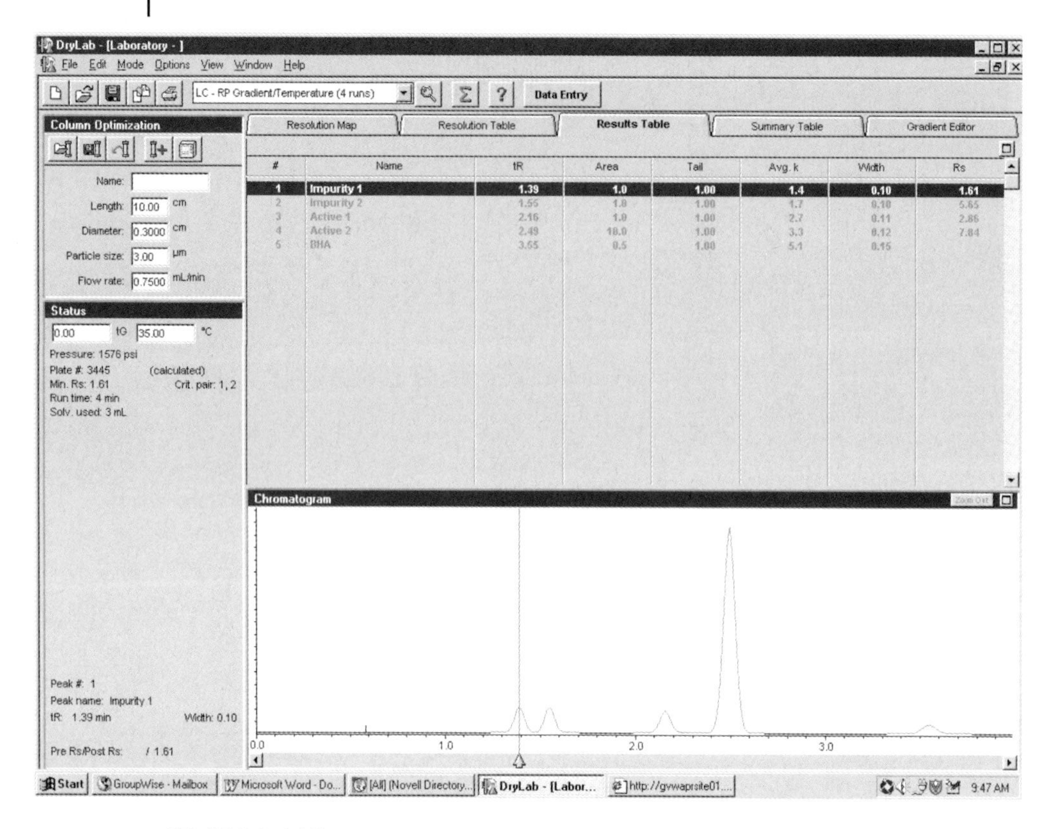

Abb. 17 Beispiel 5:
Letzte vorausberechnete beste isokratische Trennung nach Säulen- und Flussoptimierung.

Beispiel 6

In diesem Beispiel war das Ziel, eine Methode für die Quantifizierung von 3 Komponenten in einer Mischung von mehr als 10 chemisch sehr verwandten Komponenten zu entwickeln.

Die Methode sollte die Auflösung der 3 Komponenten von allen anderen Komponenten liefern, aber es war nicht nötig, die anderen Komponenten voneinander abzutrennen. Es war ferner eine isokratische Methode von nicht mehr als 30 min Laufzeit gewünscht.

Als Startbedingungen wurden gewählt: Anwendung eines wässrigen Puffers mit Acetonitril, eine 250 × 3 mm, 3 µm-Partikel C_{18}-Säule, eine Flussrate von 0,6 mL/min und eine UV-Detektion bei 200 nm. Vier DryLab-Kalibrierläufe mit variierenden Gradientenzeiten und -temperaturen wurden ausgewählt (20–40 % ACN in 15 oder 60 min, mit einer Temperatur von 25 oder 45 °C). Die Ergebnisse aus vorhergehenden Experimenten mit ähnlichen Komponenten waren für die Wahl des Gradientenbereichs hilfreich.

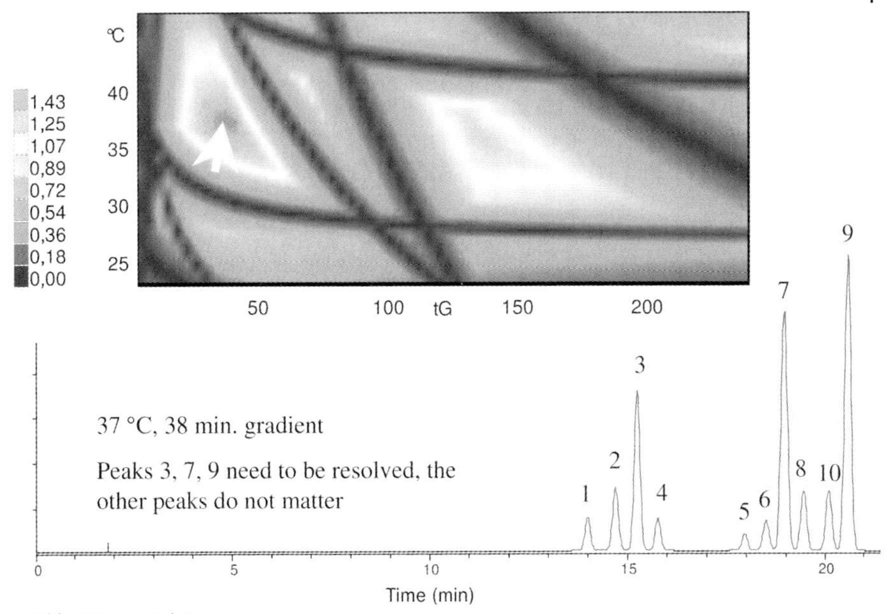

Abb. 18 Beispiel 6:
DryLab Initial-Resolution map und vorausberechnete Gradiententrennung.

Für diesen Satz von Experimenten wurde Peaktracking mit Auswertung der Peakflächen, UV-Spektren und Fluoreszenzdetektion angewandt. Glücklicherweise konnten drei der Komponenten mit Fluoreszenzdetektion bestimmt werden, während zwei andere Peaks ausgeprägte UV-Spektren hatten. Die erhaltene „resolution map" (Abb. 18) zeigt, dass alle 10 Peaks mit einer Auflösung von $R_S = 1{,}43$ getrennt werden, aber man hätte ja eine isokratische Trennung bevorzugt.

Noch einmal: Das ursprüngliche Ziel ist die Basislinienentrennung von nur drei Komponenten (Peaks 3, 7 und 9). An diesem Punkt wurde das manuelle interaktive Berechnen in einem isokratischen Modus ausgeführt. Eine akzeptable Trennung erlangt man mit 22 % ACN bei 40 °C (Abb. 19). Die Laufzeit überschreitet das 30-min-Ziel leicht, aber ein geringer Anstieg der Flussrate würde, ohne die Auflösung zu „gefährden", hier Abhilfe schaffen.

Die DryLab-Berechnung zeigte für diese Trennung ebenso, dass sie besonders empfindlich auf geringe Änderungen von ACN oder Temperatur reagiert. Diese Ergebnisse werden als Empfehlungen für erlaubte Veränderungen der Bedingungen im Routinebetrieb in die Prüfvorschrift eingetragen („Justierung").

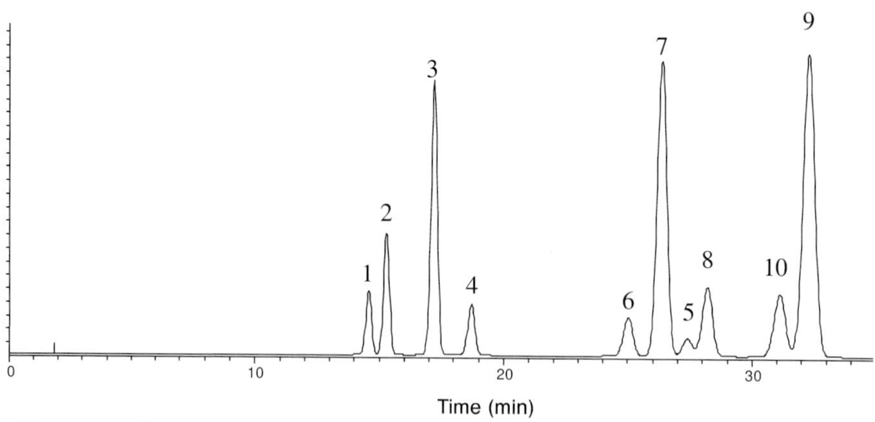

Abb. 19 Beispiel 6:
DryLab-optimierte isokratische Trennung mit 22 % Acetonitril bei 40 °C.

4.1.4
Zusammenfassung und Ausblick

Methodenentwicklung kann sich einfacher, schneller und effektiver durch die Nutzung von Computersimulation gestalten.

DryLab, das in vielen Labors rund um die Welt seit 20 Jahren genutzt wird, wurde soweit entwickelt, dass der Anwender jede Kombination von irgendwelchen, die Selektivität beeinflussenden experimentellen Bedingungen, simulieren kann.

Auch erlaubt diese Software dem Anwender, den Einfluss bei einer Änderung von Säulendimensionen, Partikelgröße oder Flussrate, sowohl im isokratischen als auch im Gradientenmodus, zu untersuchen. Vor kurzer Zeit wurde DryLab in HPLC-Systeme integriert, welche unbeaufsichtigte Methodenentwicklung ermöglichen (Waters Corp., Milford, MA). In allen diesen Anwendungen zeigten die Vorhersagen von DryLab eine sehr gute Übereinstimmung mit den experimentellen Läufen, während die Kosten und die benötigte Zeit zur Methodenentwicklung reduziert werden konnten.

Die Weiterentwicklung von Computer-Simulationen wird durch die Limitierungen der aktuellen Software bestimmt. Der größte Schwachpunkt der heutigen Programme liegt in ihren begrenzten Möglichkeiten, mit dem Problem „peak tracking" fertig zu werden. Dieses Problem ist besonders schwierig, wenn a) die Anzahl der Probenkomponenten 10 überschreitet und/oder b) Verunreinigungen in Spuren vorhanden sind. Ein Trend ist heute die Verwendung von Computer-Simulationen für eine automatische Methodenentwicklung (Automatical Method Development, AMD): Es werden zu Beginn einige Experimente durchgeführt, die erhaltenen Daten gelangen zum Simulations-Modul, es werden die Bedingungen für eine optimale Trennung simuliert und die optimale Trennung wird dann vom HPLC-Gerät automatisch durchgeführt. Es handelt sich also um eine unbeaufsichtigte Methodenentwicklung. Zur Zeit ist dieses Procedere nur für eine limitierte Zahl von Trennbedingungen möglich, doch ist damit zu rechnen, dass mit zukünftiger Software ausgeklügelte und komplexere Strategien zur Methodenentwicklung möglich sein werden. Der heilige Gral der Computer-Simulation wäre eine exakte Vorhersage der Trennung nur auf Basis von experimentellen Bedingungen und der Struktur der Probenkomponenten. Sollte dies möglich sein, würden experimentelle Läufe entfallen. Über erste Versuche in dieser Richtung ist bereits berichtet worden, doch scheinen diese weniger hilfreich für die Methodenentwicklung zu sein [23]. Nach Meinung eines der Autoren (Snyder) sind in absehbarer Zeit exakte Vorhersagen zur Trennung dieser Art eher unwahrscheinlich.

Literatur

1 L. R. Snyder, J. J. Kirkland and J. L. Glajch, *Practical HPLC Method Development*, 2nd ed., Wiley-Interscience, New York, 1997.
2 R. J. Laub, J. H. Purnell and P. S. Williams, *J. Chromatogr.*, 134 (1977), 249.
3 R. J. Laub and J. H. Purnell *J. Chromatogr.*, 161 (1978), 49.
4 J. L. Glajch, J. J. Kirkland, K. M. Squire and J. M. Minor, *J. Chromatogr.*, 199 (1980), 57.
5 B. Sachok, R. C. Kong and S. N. Deming, *J. Chromatogr.*, 199 (1980), 317.
6 J. C. Berridge, *Techniques for the Automated Optimization of HPLC Separation*, Wiley, New York, 1985.
7 P. J. Schoenmakers, *Optimization of Chromatographic Selectivity*, Elsevier, Amsterdam, 1986.
8 Sz. Nyiredy, ed., *J. Liq. Chromatogr.*, 12 (1) and (2) (1989).
9 J. L. Glajch and L. R. Snyder, eds., *Computer-assisted Chromatographic Method Development*, Elsevier, Amsterdam, 1990 (auch erschienen als Volume 485 des *Journal of Chromatography*).
10 L. R. Snyder and J. W. Dolan, *LC/GC Mag.*, 4 (1986), 921.
11 K. Valko, L. R. Snyder and J. L. Glajch, *J. Chromatogr.*, 656 (1993), 501.
12 L. R. Snyder and M. A. Stadalius, in *High-performance Liquid Chromatography. Advances and Perspectives*, Vol. 4, Cs. Horvath, ed., Academic Press, New York, 1986, p. 195.
13 L. R. Snyder and J. W. Dolan, *Adv. Chromatogr.*, 38 (1998), 115.
14 R. W. Stout, J. J. DeStefano and L. R. Snyder, *J. Chromatogr.*, 282 (1983), 263.
15 M. A. Quarry, R. L. Grob and L. R. Snyder, *Anal. Chem.*, 58 (1986), 907.
16 L. R. Snyder and M. A. Quarry, *J. Liq. Chromatogr.*, 10 (1987), 1789.
17 D. D. Lisi, J. D. Stuart and L. R. Snyder, *J. Chromatogr.*, 555 (1991), 1.
18 J. A. Lewis, D. C. Lommen, W. D. Raddatz, J. W. Dolan, L. R. Snyder and I. Molnar, *J. Chromatogr.*, 592 (1992), 183.
19 P. L. Zhu, L. R. Snyder, J. W. Dolan, N. M. Djordjevic, D. W. Hill, L. C. Sander and T. J. Waeghe, *J. Chromatogr. A*, 756 (1996), 21.
20 J. W. Dolan, L. R. Snyder, L. C. Sander, P. Haber, T. Baczek and R. Kaliszan, *J. Chromatogr. A*, 857 (1999), 41.
21 T. H. Jupille, J. W. Dolan, L. R. Snyder, W. D. Raddatz and I. Molnar, *J. Chromatogr. A*, 948 (2002), 35.
22 T. Jupille, L. Snyder and I. Molnar, *LC.GC Europe*, 15 (2002), 596.
23 T. Baczek, R. Kaliszan, H. A. Claessens, *LC.GC Europe* 14 (2001), 304.

4.2
ChromSword®-Software für die automatische und Computer-unterstützte HPLC-Methodenentwicklung

S. Galushko, V. Tanchuk, I. Shishkina, O. Pylypchenko und W. D. Beinert

4.2.1
Einführung

Der Methodenentwicklungsprozess in der Chromatographie kann als eine empirische Untersuchung der Beziehungen zwischen der Qualität eines Chromatogramms und den chromatographischen Bedingungen angesehen werden. Der Analytiker ändert die Bedingungen, bewertet die Qualität der Chromatogramme und versucht in akzeptabler Zeit zufriedenstellende Bedingungen zu finden. Der Zeitaufwand, um zufriedenstellende Bedingungen zu finden oder sonstige Schlussfolgerungen zu ziehen, kann durch den Einsatz von Computerprogrammen für die HPLC-Medthodenentwicklung wesentlich reduziert werden. HPLC-Methodenentwicklungsprogramme können sowohl interaktiv (offline) als auch für die automatische und unbeaufsichtigte Methodenoptimierung (online) eingesetzt werden.

4.2.1.1 Offline-Modus

Computer-Programme ermöglichen dem Analytiker die Anwendung der physikochemischen und mathematischen Beziehungen, die zwischen der Trennung, den Retentionszeiten und den chromatographischen Bedingungen bestehen, um Ergebnisse verschiedener Experimente vorherzusagen und die Trennbedingungen zu optimieren. Dabei wird eher am PC als am HPLC-System gearbeitet. In diesem Falle gibt der Anwender einige Informationen, wie die Retentionszeiten und Bedingungen eines Chromatographielaufes, ein und erarbeitet die optimalen Trennbedingungen interaktiv mit der Software.

4.2.1.2 Online-Modus

Der nächste Schritt in der Computer- und Software-Entwicklung ist die Anbindung eines intelligenten Methodenentwicklungsprogramms an ein HPLC-Gerät. Dieses System plant selbstständig Experimente, führt sie aus und erarbeitet automatisch die optimalen Trennbedingungen.

ChromSword® unterstützt sowohl die interaktive Verfahrensweise (offline) als auch die vollautomatische HPLC-Methodenentwicklung.

4.2.2
ChromSword®-Versionen

ChromSword® für die Computer-unterstützte HPLC-Methodenentwicklung wurde in den Jahren 1990–1995 als eine Erweiterung der Vorläuferversion

ChromDream® entwickelt [1]. Die erste Version für die automatische HPLC-Methodenentwicklung wurde im Jahr 1999 durch S. Galushko zusammen mit Merck KGaA (Darmstadt) entwickelt und eingeführt. Als Ergebnis der Zusammenarbeit mit VWR International GmbH/Scientific instruments, Darmstadt, Germany, Hitachi High Technologies America, San Jose, CA, USA and Sientific Software Inc. Pleasanton, CA, USA wurden ChromSword®-Versionen für Hitachi LaChrom® and LaChromElite® HPLC-Systeme und das EZChromElite® Chromatographie-Datensystem eingeführt. Weitere Systeme, die von ChromSword® Auto angesteuert werden können, sind das Agilent 1100 System, das Waters Alliance System und diverse Säulen- und Lösungsmittelschaltventile.

Diese Software-Versionen sind jetzt erhältlich bei Dr. S. Galushko Software Entwicklung, Mühltal, Deutschland, VWR International GmbH/Scientific Instruments, Darmstadt, Deutschland, Agilent Technologies GmbH, Waldbronn, Deutschland, Hitachi High Technologies America, San Jose, CA, USA, und Iris Technologies, Lawrence, KS, USA.

4.2.3 Anbindung eines HPLC-Systems im Online-Modus

ChromSword® 3.X enthält spezielle Software-Module, die für die automatische HPLC-Methodenentwicklung mit unterschiedlichen HPLC-Systemen und unterschiedlichen Chromatographie-Datensystemen notwendig sind. Während des automatischen Methodenentwicklungsprozesses steuert die ChromSword®-Software die HPLC-Geräte nicht direkt, sondern veranlasst Methodenänderungen im entsprechenden Chromatographie-Datensystem und den Import von Ergebnissen zur Evaluierung der Chromatographieläufe. Dies bedeutet, dass alle HPLC-Methoden und -Chromatogramm-Daten im entsprechenden Chromatographie-Datensystem gespeichert werden und dem Analytiker zur Verfügung stehen.

Momentan stehen Automatisierungsmodule für die Steuerung folgender HPLC-Systeme zur Verfügung:

- Agilent 1100 LC- und LC/MS-Systeme mit der Agilent ChemStation® HPLC-Software (Agilent Technologies GmbH, Waldbronn, Germany).
- Agilent 1100 LC-Systeme mit der EZChromElite®-Software (Scientific software Inc. USA).
- VWR Hitachi LaChromElite®-Systeme mit der EZChromElite®-Software (VWR International GmbH/Scientific Instruments, Darmstadt, Germany).
- Merck Hitachi LaChrom®-Systeme mit der D-7000 HPLC-System-Manager-Software (VWR International GmbH/Scientific Instruments, Darmstadt, Germany).
- Waters Alliance-Systeme mit der Millennium® and Empower® software (Waters Inc, Milford, USA).

HPLC richtig optimiert: Ein Handbuch für Praktiker. Herausgegeben von Stavros Kromidas

ISBN: 3-527-31470-9

4.2.4
Methodenentwicklung mit ChromSword®

4.2.4.1 Offline-Modus (Computer-unterstützte Methodenentwicklung)

ChromSword® verwendet verschiedene Retentionsmodelle. Das Retentionsmodell ist eine mathematische Funktion, die die Beziehung zwischen der chromatographischen Retention und den Eigenschaften einer Substanz einerseits und den experimentellen chromatographischen Bedingungen andererseits beschreibt. Der wichtigste Schritt bei der Methodenoptimierung mit einer Methodenoptimierungssoftware ist die Erstellung von Retentionsmodellen, die den Einfluss der chromatographischen Bedingungen auf die Retention der Analyte einer Probe mit ausreichender Genauigkeit beschreiben. Auf diese Weise kann die Methodenentwicklungssoftware aufgrund nur einiger weniger Experimente die Ergebnisse vieler weiterer Experimente unter anderen Bedingungen vorhersagen. Dies erlaubt dem HPLC-Methodenentwickler, diese Experimente mit dem Computer zu simulieren und schnell Bedingungen mit akzeptabler Trennung oder sogar das Trenn-Optimum zu finden.

ChromSword® unterstützt drei Arten der Vorgehensweise zur Erstellung von Retentionsmodellen in der Reversed Phase-HPLC:

(1) Der traditionelle formelle Ansatz, der die Kurvenanpassung mit linearen, quadratischen, kubischen oder höheren Polynomen anwendet, um die Beziehung zwischen der Retention der Analyte und der Konzentration eines organischen Lösungsmittels in der mobilen Phase zu beschreiben:

$$\ln k = a + b(C)$$

$$\ln k = a + b(C) + d(C)^2$$

$$\ln k = a + b(C) + d(C)^2 + e(C)^3$$

wobei k der Retentionsfaktor einer Substanz und C die Konzentration eines organischen Lösungsmittels in der mobilen Phase sind. a, b, d, e sind Faktoren der Gleichung, die die Software für jede Substanz aus den Retentionsdaten bei verschiedenen Konzentrationen des organischen Lösungsmittels in der mobilen Phase berechnen muss.

Am einfachsten ist das lineare Retentionsmodell. Es erfordert zwei Experimente bei verschiedenen Bedingungen, um die Optimierung zu starten. Aber in manchen Fällen ist es nicht genau genug, um eine zuverlässige Vorhersage zu ermöglichen. Meistens führen weitere Experimente nicht zu einer Verbesserung der Genauigkeit des linearen Retentionsmodells. Durch das quadratische Modell wird die Retention der Substanzen meist besser beschrieben. Hierfür werden drei Experimente bei verschiedenen Bedingungen benötigt. Durch zusätzliche Experimente wird meist eine Verbesserung des Modells erreicht. Je höher der Grad des zur Kurvenanpassung verwendeten Polynoms, umso komplexere Retentionsverhaltensweisen von Substanzen können beschrieben werden, aber auch umso mehr Experimente sind zur Erstellung des Modells notwendig, bevor die Optimierung am Computer durchgeführt werden kann.

Zur Trennoptimierung unterstützt ChromSword® die Anwendung polynomischer Retentionsmodelle bis zur 6. Potenz. Auf diese Weise können höchst komplexe Retentions-Konzentrations-Effekte beschrieben und zur Methodenoptimierung verwendet werden. Alle polynomischen Retentionsmodelle sagen das Retentionsverhalten der Analyte in der Interpolationsregion der experimentell angewandten organischen Lösungsmittelkonzentrationen ziemlich genau vorher. In den Extrapolationsregionen sind diese Modelle allerdings weniger zuverlässig. Wenn z. B. Chromatographieläufe mit 40 und 50 % eines organischen Lösungsmittels in der mobilen Phase durchgeführt wurden, kann man eine gute Vorhersage der Retentionszeiten und der Trennung der Analyte innerhalb des angewandten Konzentrationsintervalls erwarten, während in den Bereichen außerhalb des Intervalls von z. B. 30–35 % und 50–55 % die Vorhersage weniger zuverlässig ist. Die Extrapolation in größere Bereiche außerhalb des untersuchten Intervalls führt oft zu beträchtlichen Abweichungen zwischen vorhergesagten und experimentellen Ergebnissen.

(2) Eine Vorgehensweise, die sowohl die Eigenschaften der Analyte als auch die Eigenschaften der verwendeten Reversed Phase-Säule berücksichtigt [1–4]. Bei diesem Ansatz wird die Retention eines Analyten folgendermaßen beschrieben:

$$\ln k = a(V)^{2/3} + b(\Delta G) + c$$

wobei V das molekulare Volumen eines Analyten und ΔG seine Wechselwirkungsenergie mit Wasser darstellt. a, b und c sind Parameter, die durch die Eigenschaften einer Reversed Phase-Säule und die Eigenschaften des verwendeten Lösungsmittels bestimmt sind. Durch diese Vorgehensweise können schnellere und präzisere Vorhersagen zu den zu erwarteten Retentionszeiten und Trennergebnissen als mit den formellen linearen und quadratischen polynomischen Modellen gemacht werden. Aber sie erfordert, dass beide molekularen Parameter der Analyte (Volumen und Wechselwirkungsenergie mit Wasser) sowie die Eigenschaften des Trennsystems unter experimentellen Bedingungen bekannt sind.

Dazu wurden die Eigenschaften der verschiedensten kommerziell erhältlichen Reversed Phase-Säulen in einem weiten Konzentrationsbereich von Methanol und Acetonitril bestimmt. ChromSword® enthält eine große Datenbank dieser Säulenparameter. Wenn ein Anwender eine Säule und einen Eluenten aus der Datenbank wählt, werden automatisch diese Parameter geladen. Die molekularen Parameter der Substanzen leitet ChromSword® aus den Strukturformeln ab. Falls die Strukturformeln der Analyte nicht vorliegen, können die molekularen Parameter durch ChromSword® nach zwei chromatographischen Läufen bei zwei verschiedenen Konzentrationen des organischen Lösungsmittels bestimmt werden. Durch diesen Ansatz kann ChromSword® normales oder anormales Retentionsverhalten der zu trennenden Analyte vorhersagen. Dies ermöglicht dem Anwender, die Retentionszeiten und die Trennung ohne vorherige Experimente vorherzusagen und vorläufig zu optimieren und das Optimierungsergebnis schon nach einem Chromatographie-Lauf erheblich zu verbessern. Für Analyte, deren Strukturformeln nicht bekannt oder nicht definiert sind, kann diese Vorgehensweise ebenfalls sehr erfolgreich angewandt werden, wenn die erhaltenen Retentionszeiten und Chromatographie-Bedingungen für zwei Läufe eingegeben werden.

Dieser Ansatz liefert präzise Vorhersagen in der Interpolationsregion und relativ zuverlässige Ergebnisse in der Extrapolationsregion. Diese Möglichkeit, allein durch die Eingabe von Strukturdaten und von Retentionsdaten eines Chromatographie-Laufes ein zuverlässiges Retentionsmodell zu erstellen, erlaubt die Optimierung der Trennung in minimaler Zeit.

(3) Ein Ansatz, bei dem spezielle Funktionen angewandt werden wie:

$$\ln k = f(\mathrm{pH}, \mathrm{p}K, T, C)$$

Diese Funktionen werden zur Optimierung des pH-Wertes und der Temperatur sowie zur Bestimmung der Eigenschaften von unbekannten Substanzen (neutral, basisch, sauer) verwendet. Weiterhin können damit pK-Werte und andere physikalisch-chemische Eigenschaften der Analyte unter HPLC-Bedingungen experimentell bestimmt werden.

Die Software enthält verschiedene Module zum Zeichnen oder zum Import von chemischen Strukturen sowie zum Speichern und Verarbeiten der Daten.

- Das **First Guess**-Modul wird zur Vorhersage der geeigneten Anfangsbedingungen für die isokratische und Gradienten-HPLC mit Reversed Phase-Säulen nach Eingabe von Strukturformeln der Analyte und den Säulen-Eigenschaften verwendet [1–4]. Dieses Modul enthält auch die Datenbank mit mehr als 75 verschiedenen kommerziell erhältlichen Reversed Phase-Säulen.

- Die **Simulations-** und **Optimierungs**-Module werden zur Simulation verschiedener Experimente sowie zur Optimierung von isokratischen und Gradienten-Methoden verwendet. Folgende Parameter können optimiert werden: die Konzentration eines organischen Lösungsmittels in der mobilen Phase für isokratische Methoden sowie für lineare und Stufen-Gradienten-Profile, pH-Wert, Temperatur, RP-Säulen-Typ und Art des organischen Lösungsmittels.

Welche Module verwendet werden und die Optimierungsergebnisse hängen von der Information ab, die der Anwender in die Software eingibt (Tabelle 1).

ChromSword® kann enorme Datenmengen verarbeiten. Für ein Optimierungsverfahren können bis zu 100 Substanzen mit ihren Strukturformeln eingegeben werden und Retentionsdaten von bis zu 20 Chromatographieläufen verarbeitet werden.

Tabelle 1 Eingaben/Ergebnisse bei ChromSword® 2.0

Minimale Eingabe	*Zu erwartende Ergebnisse*
Strukturformeln werden berücksichtigt	
Strukturformeln der Analyte (bis zu 100 pro Optimierung)	Anfangsbedingungen für die RP-HPLC (Säulentyp, Eluent).
Strukturformeln der Analyte und Retentionsdaten eines experimentellen Chromatographie-Laufes	Optimaler Eluent zur Trennung einer Mischung mit einer isokratischen HPLC-Methode auf einer ausgewählten RP-Säule (erste Annäherung). Anfangsbedingungen für die RP-HPLC auf einer anderen Säule und mit einem anderen Eluenten. Optimales Gradientenprofil.
Strukturformeln werden nicht berücksichtigt	
Retentionsdaten von zwei Chromatographieläufen bei verschiedenen Konzentrationen eines organischen Lösungsmittels in der mobilen Phase (RP-HPLC)	Optimaler Eluent zur Trennung einer Mischung mit einer isokratischen HPLC-Methode auf einer angewandten RP-Säule (lineares Modell). Anfangsbedingungen für die RP-HPLC auf einer anderen Säule und mit einem anderen Eluenten. Bestimmung von physikalisch-chemischen Eigenschaften der Analyte (molekulares Volumen, Polarität).
Retentionsdaten von zwei Chromatographieläufen bei verschiedenen Konzentrationen eines organischen Lösungsmittels in der mobilen Phase	Optimaler Eluent zur Trennung einer Mischung mit einer isokratischen Methode für die Reversed Phase-, Normal Phase- und Ionenaustausch-HPLC. Optimales Gradientenprofil (linear oder Stufen).
Retentionsdaten von zwei Chromatographieläufen mit verschiedenen Gradientenprofilen	Optimales Gradientenprofil zur Trennung einer Mischung. Optimaler Eluent zur Trennung einer Mischung mit einer isokratischen Methode.
Retentionsdaten von zwei Chromatographieläufen mit verschiedenen Säulentemperaturen	Optimale Temperatur zur Trennung einer Mischung mit einer isokratischen Methode. Sorptions-Enthalpie der Analyte.
Retentionsdaten von zwei Chromatographieläufen mit verschiedenen pH-Werten der mobilen Phase	Optimaler pH-Wert zur Trennung einer Mischung mit einer isokratischen Reversed Phase-Methode.
Retentionsdaten von drei Chromatographieläufen mit verschiedenen pH-Werten der mobilen Phase	Optimaler pH-Wert zur Trennung einer Mischung mit einer isokratischen Reversed Phase-Methode. Säure-Base-Eigenschaften der Analyte (basisch, sauer, neutral) p*K*-Werte der Analyte.
Simultane Optimierung von zwei Parametern: Retentionsdaten von drei oder vier Chromatographieläufen mit verschiedenen Konzentrationen des organischen Lösungsmittels, pH-Werten, Temperaturen, Säulentypen, Lösungsmitteltypen und/oder Gradientenprofilen	Optimales Gradientenprofil und optimale Temperatur; Konzentration des organischen Lösungsmittels und pH-Wert; Konzentration des organischen Lösungsmittels und Temperatur; pH-Wert und Temperatur; Konzentration von zwei verschiedenen organischen Lösungsmitteln (ternäre Gemische); optimale Dimensionen zweier gekoppelter verschiedener Säulentypen mit verschiedener Selektivität und Konzentration des organischen Lösungsmittels, Gradientenprofil, pH-Wert oder Temperatur.

4.2.4.2 Online-Modus – vollautomatische Optimierung von isokratischen und Gradienten-Trennungen

Zur Methodenentwicklung und -optimierung werden meist zwei Vorgehensweisen angewandt:

1. Intelligente Optimierung, bei der ein Analytiker sein Wissen und seine Erfahrung benutzt, um Ergebnisse eines Experiments auszuwerten und das nächste Experiment zu planen.
2. Schnelle Übersichtsverfahren (Screening), bei denen der Analytiker eine oder mehrere Übersichtsmethoden mit verschiedenen Säulen und Lösungsmitteln, pH-Werten, Temperaturen usw. anwendet.
   In diesem Fall werden die Ergebnisse eines chromatographischen Laufes nicht zur Planung des nächsten Experiments verwendet. Üblicherweise wird dabei so vorgegangen, dass der Analytiker eine ganze Serie von Screening-Läufen auswertet, um die nächste Screening-Sequenz zu planen.

Beide Ansätze werden in der Praxis sehr erfolgreich angewendet und können automatisiert werden, wobei die Automatisierung der intelligenten Vorgehensweise wesentlich schwieriger ist. ChromSword® unterstützt beide Vorgehensweisen, um verschiedene typische Optimierungsaufgaben zu lösen:

- Entwicklung und Optimierung von HPLC-Methoden, wenn alle Komponenten einer Mischung als Reinsubstanzen zur Verfügung stehen.
- Entwicklung und Optimierung von Gradienten-HPLC-Methoden, wenn nur einige der Komponenten einer Mischung bekannt sind und als Reinsubstanzen zur Verfügung stehen.
- Entwicklung und Optimierung von HPLC-Methoden, wenn alle Komponenten einer Mischung unbekannt sind und nicht als Reinsubstanzen zur Verfügung stehen.
- Schnelle Entwicklung und Optimierung von Übersichtsmethoden.
- Schnelles Methoden-Screening mit verschiedenen Säulen, Lösungsmitteln und pH-Werten.

Typische Proben für die vollautomatische Trennoptimierung mit ChromSword® sind Mischungen aus Wirkstoffen, Verunreinigungen und/oder Zersetzungsprodukten aus der pharmazeutischen und chemischen Industrie sowie Extrakte biologischer Proben und andere komplexe Mischungen.

ChromSword® kann angewendet werden für die automatische Optimierung der Konzentration eines organischen Lösungsmittels, von Gradientenprofilen (linear und Stufen), von pH-Werten und der Säulentemperatur für die Reversed Phase-, Normal-Phase-, Ionenaustausch- und Ionenpaar-Chromatographie sowie für die Optimierung von Trennungen chiraler Analyte. In Abb. 1–4 werden Beispiele für die automatische Methodenentwicklung an drei unterschiedlichen Systemen (Merck, Agilent, Waters) mithilfe von ChromSword® gezeigt.

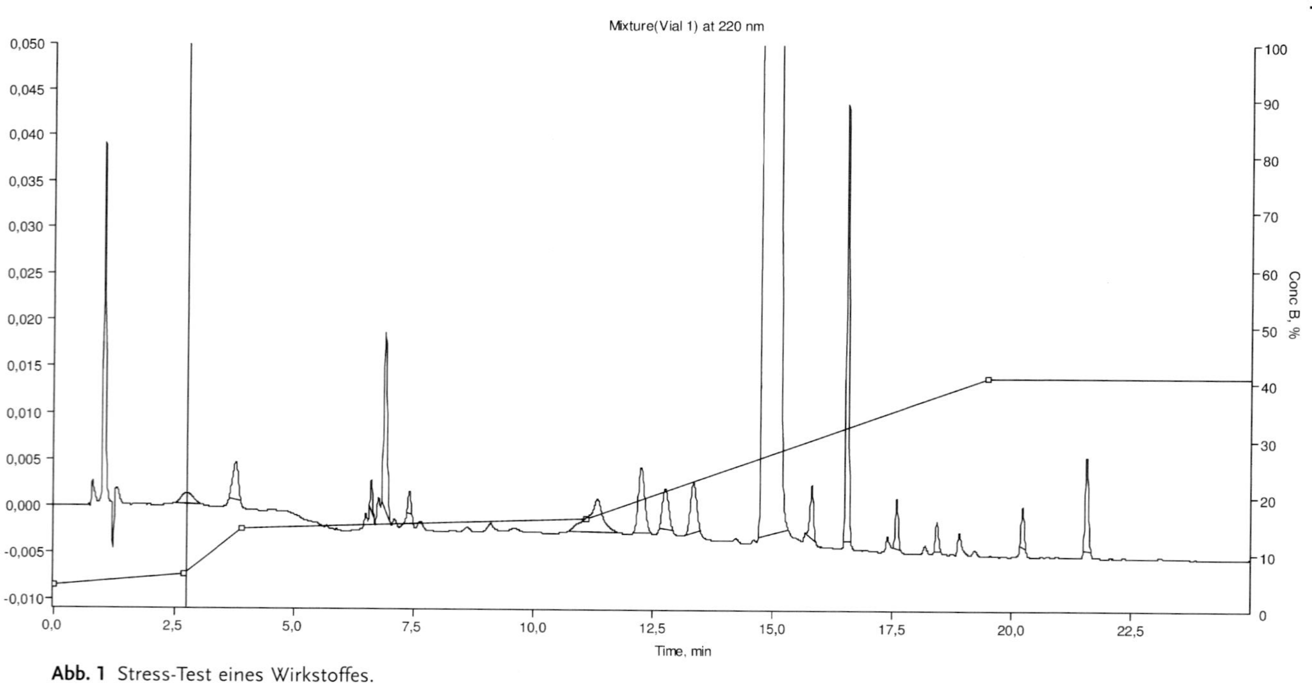

Abb. 1 Stress-Test eines Wirkstoffes.
Ergebnis der automatischen Trenn-Optimierung eines Wirkstoffes sowie Verunreinigungen und Abbauprodukten im Konzentrationsbereich von 0,01–0,7 % relativ zum Wirkstoff.
Software: ChromSword Auto 3.1, ChemStation 10.2. Agilent 1100 HPLC-System.
Säule: Inertsil ODS-3 5 μm, 15 cm × 4,6 mm.
Fließgeschwindigkeit: 1,2 mL/min.
Gradient: 10 mM Phosphat-Puffer pH 2,5 – Acetonitril.

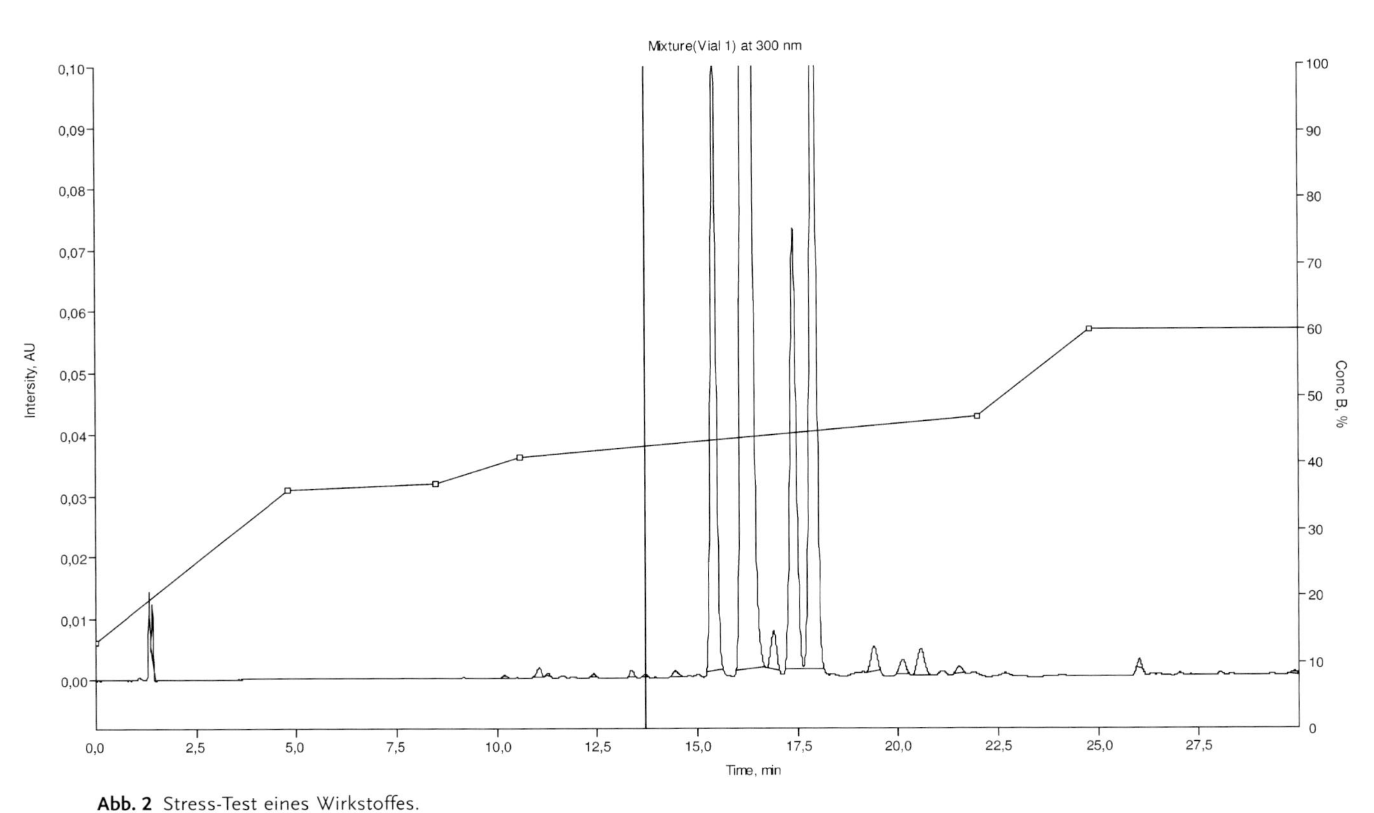

Abb. 2 Stress-Test eines Wirkstoffes.
Ergebnis der automatischen Trenn-Optimierung eines Wirkstoffes sowie Verunreinigungen und Abbauprodukten im Konzentrationsbereich von 0,005–9 % relativ zum Wirkstoff.
Software: ChromSword Auto 3.2, EZChromElite. LaChromElite HPLC-System.
Säule: XTerra RP18, 3,5 μm, 5 μm, 10 cm × 4,6 mm.
Fließgeschwindigkeit: 1,0 mL/min.
Gradient: 20 mM Phosphorsäure – Acetonitril.

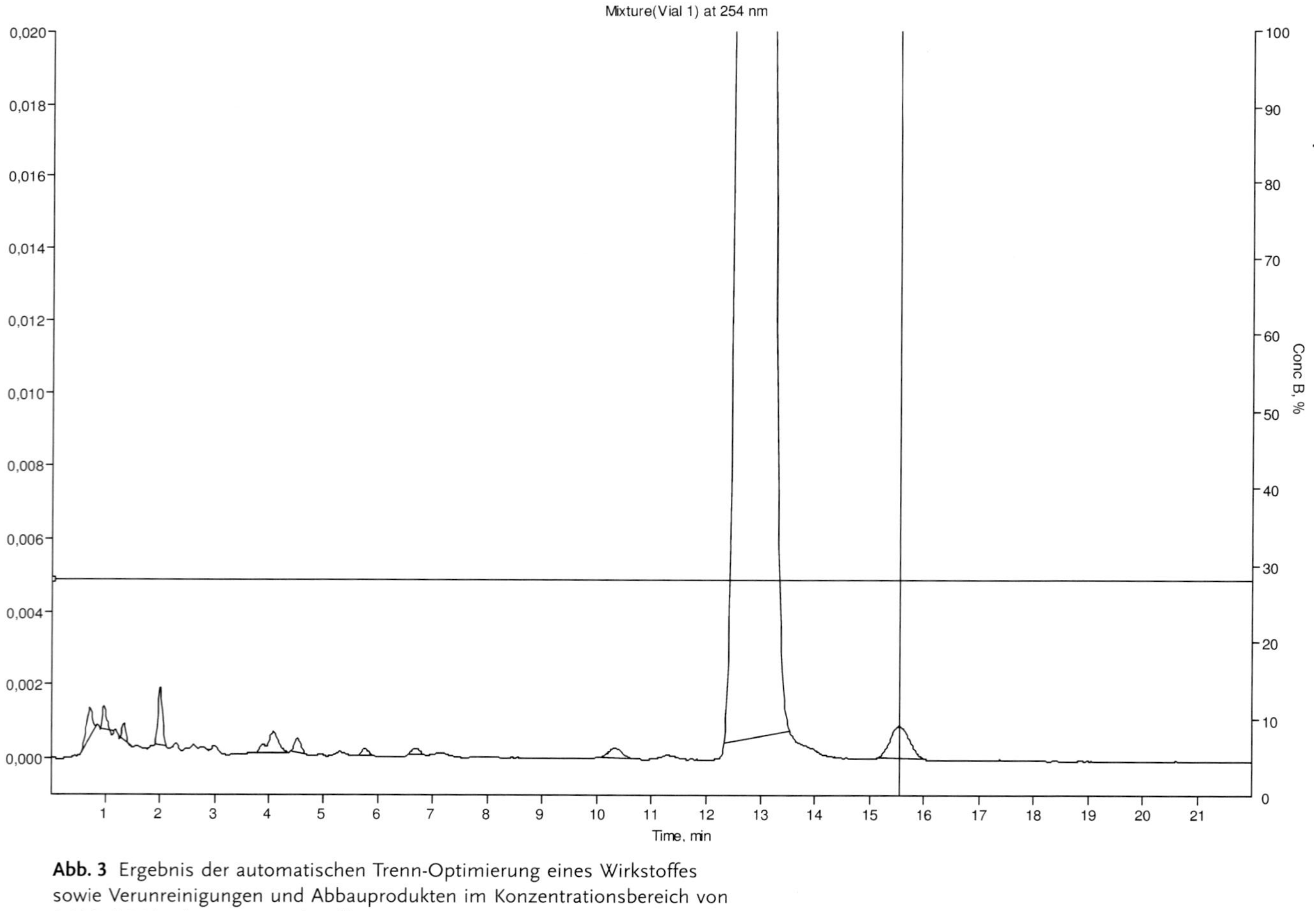

Abb. 3 Ergebnis der automatischen Trenn-Optimierung eines Wirkstoffes sowie Verunreinigungen und Abbauprodukten im Konzentrationsbereich von 0,008–0,2 % relativ zum Wirkstoff.
Software: ChromSword Auto 3.1, Waters Empower. Waters Alliance HPLC-System.
Säule: XTerra RP18 3,5 µm, 5 µm, 10 cm × 4,6 mm.
Fließgeschwindigkeit: 1,5 mL/min.
Gradient: 10 mM Phosphat-Puffer pH 3,5 – Acetonitril.

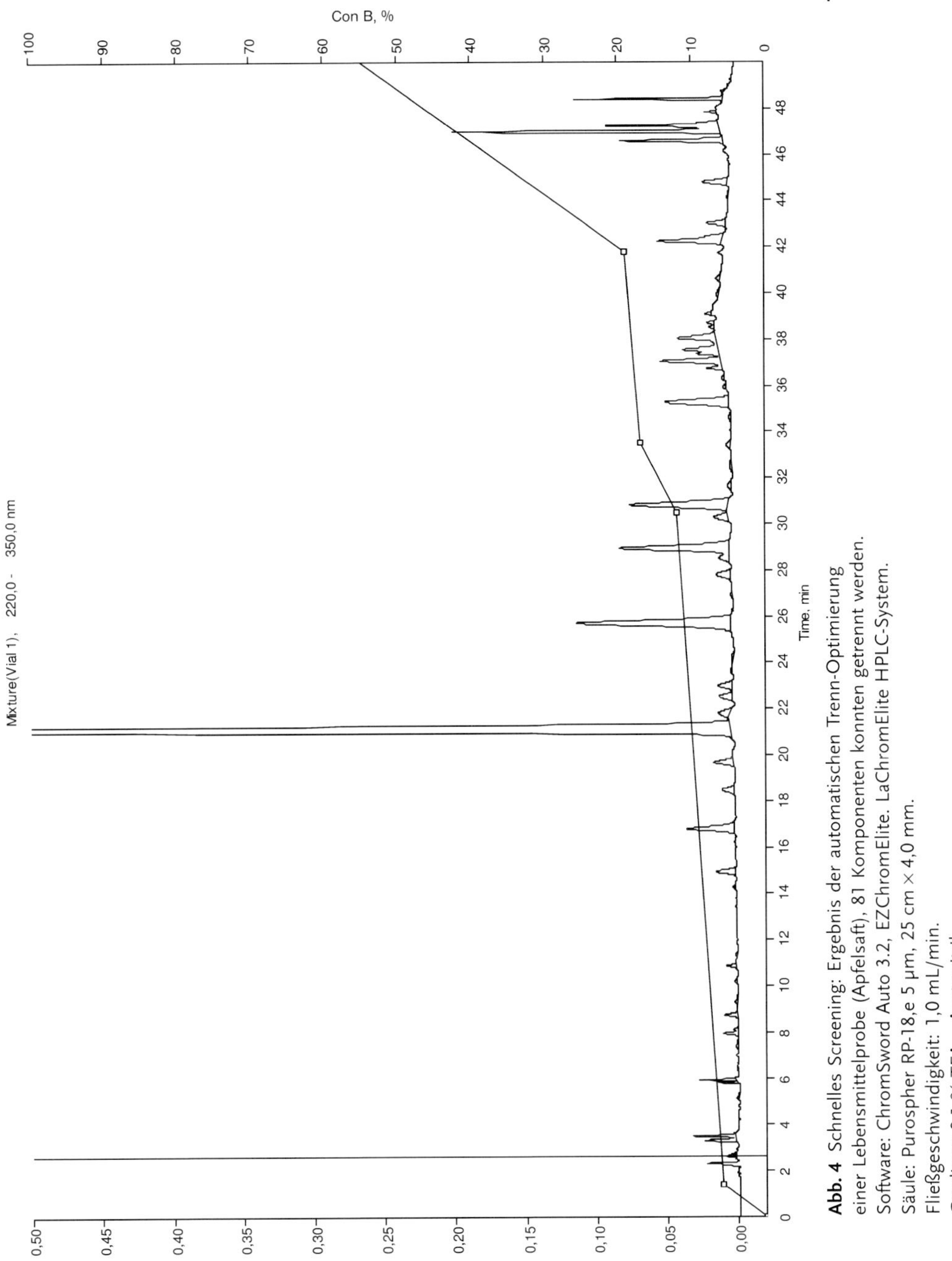

Abb. 4 Schnelles Screening: Ergebnis der automatischen Trenn-Optimierung einer Lebensmittelprobe (Apfelsaft), 81 Komponenten konnten getrennt werden. Software: ChromSword Auto 3.2, EZChromElite. LaChromElite HPLC-System. Säule: Purospher RP-18,e 5 µm, 25 cm × 4,0 mm. Fließgeschwindigkeit: 1,0 mL/min. Gradient: 0,1 % TFA – Acetonitril.

4.2.4.2.1 Software-Funktionen für die Automatisierung

Für die vollautomatische HPLC-Methodenentwicklung werden in der Software numerische Rechenmethoden, Automationstechnologie und Künstliche Intelligenz kombiniert.

Die Software für die automatische Optimierung besteht aus mehreren verschiedenen Modulen:

- Einem Rechen- und Optimierungs-Modul.
  Dieses Modul leitet das Retentionsverhalten von Analyten aus den Substanzstrukturen sowie den Säulen- und Eluenten-Eigenschaften ab. Alternativ können die Retentionsdaten von zwei experimentellen Chromatographieläufen bei unterschiedlichen Bedingungen dazu eingesetzt werden. Darüber hinaus dient das Modul zur Suche nach den bzw. Vorhersage der optimalen Bedingungen.
- Einem Automatisierungs- und Datenaustausch-Modul,
  welches zur Steuerung der HPLC-Software und des HPLC-Systems dient und den gegenseitigen Datentransfer zwischen ChromSword® und dem HPLC-System ermöglicht.
- Einem Modul Künstlicher Intelligenz.
  Dieses Modul ist ein Online-Experten-System, das dazu dient, Ergebnisse auszuwerten, Entscheidungen zu treffen und eventuell auftretende Probleme zu lösen.

4.2.4.2.2 Wie optimiert das System HPLC-Trennungen?

Eingaben und Start der Optimierung

Um eine Optimierung zu starten, braucht der Anwender nur einzugeben, ob eine isokratische oder eine Gradienten-Methode oder eine isokratische und/oder Gradientenmethoden entwickelt werden sollen. Es ist nicht notwendig, weitere Informationen zur Probe, wie z. B. sauer/basisch, Anzahl der zu trennenden Substanzen, große oder kleine Moleküle, Isomere usw. einzugeben. Die Software initiiert die Erfassung von Daten zur Evaluierung der Analyteigenschaften automatisch und plant die nächsten Experimente auf der Basis der Ergebnisse der vorherigen Experimente.

Vorhersage der Start-Bedingungen aus den Strukturen der Analyte und den Eigenschaften von RP-Säulen

Die Auswahl geeigneter Startbedingungen ist der erste Schritt in der HPLC-Methodenentwicklung. Anstatt mit irgendwelchen beliebigen Bedingungen oder mit Bedingungen, die der Chromatographiespezialist aus seiner Erfahrung oder Intuition vorschlägt, zu beginnen, sagt das System geeignete Startbedingungen für Reversed Phase-Methoden aus den Strukturen der Analyte und den Eigenschaften des Sorbens-/Eluens-Systems vorher (1–3). Wenn die Strukturen der Analyte bekannt sind, kann dieser theoretische Ansatz daher erheblich zum Sparen von Zeit und Aufwand beitragen, da auf diese Weise die experimentelle

Methodenoptimierung bereits bei den theoretisch vorhergesagten optimalen Bedingungen beginnt.

Nachdem die Analytstrukturen eingegeben wurden, berechnet die Software sofort das theoretische Retentionsmodell (ln k in Abhängigkeit von der Konzentration des organischen Lösungsmittels) für die zu trennenden Substanzen. Dieses theoretische Retentionsmodell wird zur Vorhersage der optimalen Startbedingungen für den experimentellen Methodenoptimierungsprozess verwendet. Die experimentellen Ergebnisse mit diesem Verfahren zeigen, dass die vorhergesagte optimale Konzentration des organischen Modifiers in den meisten Fällen vom realen Optimum um maximal ±5–6 % abweicht [4].

Nach diesen Berechnungen, deren Ergebnisse sofort nach Eingabe der Analytstrukturen vorliegen, beginnt das System automatisch mit der Erfassung realer Chromatographiedaten. Die Ergebnisse der experimentellen Chromatographieläufe verwendet die Software, um das bisher rein theoretisch erstellte Retentionsmodell zu verfeinern. Auf diese Weise wird das Retentionsmodell genau genug, um die optimalen isokratischen Bedingungen vorherzusagen.

Der empirische Ansatz, wenn keine Strukturen verfügbar sind

Dieser Ansatz wird verwendet, wenn die Strukturen der Analyte nicht bekannt sind oder falls das gewünschte Sorbens/Eluens-System nicht in der Datenbank der Software verfügbar ist.

Das System startet mit einer beliebigen vom Benutzer ausgewählten Anfangsbedingung, erfasst die Chromatographiedaten und entscheidet die Bedingungen für den zweiten Lauf. Nach dem zweiten Chromatographielauf erstellt die Software unter Verwendung der Retentionsdaten ein empririsches lineares Retentionsmodell, das zur Berechnung der nächsten Chromatographiebedingungen dient. Nach der Erhebung der Retentionsdaten für drei verschiedene Chromatographiebedingungen erstellt die Software das quadratische Retentionsmodell (Kurvenanpassung mit einem quadratischen Polynom).

Weitere solche Optimierungsprozess-Zyklen werden von dem System automatisch durchgeführt, bis das Retentionsmodell genau genug ist, um die optimalen Trennbedingungen vorherzusagen.

Optimierung von linearen und mehrstufigen Gradienten [5]

Nachdem die Software die isokratischen Retentionsmodelle berechnet hat (s. o.), führt das System keine weiteren experimentellen Läufe durch. Die Software berechnet in kürzester Zeit zehntausende von zufällig generierten linearen und mehrstufigen Gradientenprofilen. Sie sagt die Retention der Analyte für jedes generierte Gradientenprofil vorher, bewertet die vorhergesagte Trennung durch Berechnung einer Optimierungsfunktion und sucht nach dem besten Gradientenprofil mithilfe einer Monte-Carlo-Optimierungsmethode [5].

Auf diese Weise wird die Gradientenoptimierung zu einem schnellen computerisierten Verfahren, das keine zahlreichen chromatographischen Experimente mehr erfordert.

Peak-Verfolgung und -Zuordnung für Proben mit Verunreinigungen

Die oft nicht einfache Aufgabe der eindeutigen Peak-Zuordnung lässt sich am einfachsten lösen, indem man die experimentelle Methodenentwicklung mit möglichst reinen Einzelsubstanzen durchführt. Dieses Verfahren wird von ChromSword® für die Trennoptimierung von bekannten Zielsubstanzen, die als Einzelsubstanzen verfügbar sind, angewendet.

In den meisten Fällen sind jedoch nicht alle Substanzen, die getrennt werden sollen, als Reinsubstanzen verfügbar. Ein wichtiges Beispiel ist die Analyse von Verunreinigungen in einem Produkt, wobei meist nur wenige oder gar keine der Verunreinigungen als Einzelsubstanzen verfügbar sind.

ChromSword® ist mit speziellen „Intelligent Peak Tracking“-Funktionen ausgestattet, die die zuverlässige Peak-Zuordnung und -Verfolgung bei der Trennung von Substanzmischungen ermöglicht, ohne dass Spektraldaten herangezogen werden müssen. Teure zusätzliche Geräte sind daher nicht erforderlich. Die Software verwendet dazu eine Kombination von künstlicher Intelligenz und numerischen Methoden, um unter Verwendung von Peakflächen, Peakformen, Peakbreiten und anderen verfügbaren Informationen Retentionsmodelle für alle Peaks zu erstellen. Wenn andererseits UV- oder MS-Spektren verfügbar und von genügender Qualität sind, kann die Software diese Daten zusätzlich verwenden. Durch Identifikation und Verfolgung der Peaks, die bei verschiedenen chromatographischen Bedingungen erscheinen, optimiert das System die Methode mit der Vorgabe, eine maximale Anzahl von Peaks mit optimaler Peakauflösung zu trennen.

Säulen- und Lösungsmittelschalten

Die Software wurde mit einer Funktion ausgestattet, um nicht nur Experimente mit einer Säulen/Lösungsmittel-Kombination durchführen zu können, sondern auch eine Methode automatisch mit verschiedenen Säulen/Lösungsmittel-Kombinationen optimieren zu können. Daher kann das System im Verlauf der vollautomatischen HPLC-Methodenentwicklung auch die beste Kombination von Säule, Lösungsmittel und/oder pH-Wert finden.

Zwei verschiedene typische Hardware-Konfigurationen werden durch ChromSword® unterstützt:

1. Standard-Konfiguration
Bei der Standard-Konfiguration wird ein automatisches Säulenschaltventil für zwei Säulen eingesetzt. Zum Lösungsmittelschalten werden die Kanäle der quarternären Niederdruckgradienten-Pumpe verwendet. Diese Konfiguration kann für alle HPLC-Systeme, die ChromSword® unterstützt, realisiert werden.

Wenn zwei Reversed Phase-Säulen unterschiedlicher Eigenschaften (z. B. RP-8 und RP-18) und drei verschiedene organische Lösungsmittel (z. B. Methanol, Acetonitril und eine Mischung aus Acetonitril mit Tetrahydrofuran) verwendet werden, führt das System für jede Säulen/Eluenten-Kombination eine automatische Optimierung durch. Auf diese Weise kann in relativ kurzer Zeit und vollautomatisch die am besten geeignete Säulen/Eluenten-Kombination gefunden werden.

Nach Beendigung des rechnerischen und experimentellen Optimierungsprozesses stellt die Software als Ergebnis 3–10 optimale Trennbedingungen pro Säulen-/Eluent-Kombination zur Verfügung. Alle bei der Methodenoptimierung erfassten Chromatogramme werden archiviert und können auf einfache Weise durchgeschaut werden. Das gesamte Optimierungsverfahren wird dokumentiert und kann in einem übersichtlichen Report ausgedruckt werden.

2. System-Konfiguration mit erweiterten Schaltfunktionen
ChromSword® ermöglicht die Planung von automatischen Screening- und Optimierungsverfahren mit bis zu sechs Säulen und bis zu 12 Lösungsmitteln. Auf diese Weise führt ChromSword® automatisch Optimierungsexperimente mit bis zu drei organischen Lösungsmitteln, bis zu 12 verschiedenen wässrigen Eluenten (z. B. zur pH-Optimierung) und bis zu sechs Säulen – d. h. mit bis zu 216 verschiedenen Säulen/Eluenten-Kombinationen – durch, um die besten Bedingungen zu finden. Diese Technologie bietet die höchste Flexibilität zur automatischen Methodenoptimierung.

4.2.5 Fazit

ChromSword® ist eine Software, die in der Lage ist, automatisch die optimalen HPLC-Trennbedingungen zu finden. Die meisten der bisher damit erfolgten Optimierungsverfahren konnten in Nacht- oder Wochenend-Läufen durchgeführt werden. Schnelle Übersichtsoptimierungen können schon nach 2 bis 3 Stunden realisiert werden. Damit kann der Arbeitsaufwand für die Methodenentwicklung entscheidend reduziert werden. Da das System verschiedene isokratische und Gradienten-Bedingungen als optimale Ergebnisse anbietet, kann der Anwender die Lösung auswählen, die für seine speziellen Anforderungen die beste ist.

Ziel der Optimierung ist die optimale Peakauflösung bei minimaler Analysenzeit. Die Minimierung der Analysenzeit von Routinemethoden bietet ein erhebliches Potenzial zur Steigerung des Durchsatzes und der Produktivität im Analysenlabor. Auch für HPLC-Einsteiger stehen mit diesem Programm komplexe HPLC-Methoden-Optimierungsverfahren zur Verfügung.

Literatur

1 Galushko S. V. „The calculation of retention and selectivity in RP LC“, *J. Chromatogr.* 552 (1991), 91–102.

2 Galushko S. V., Kamenchuk A. A, Pit G. L. „The calculation of retention and selectivity in RP LC. IV. Software for selection of initial conditions and for simulationg chromatographic behaviour“, *J. Chromatogr.* 660 (1994), 47–59.

3 Galushko S. V. „The calculation of retention and selectivity in RP LC. II. Methanol-water eluents“, *Chromatographia* 36 (1993), 39–41.

4 Galushko S. V., Kamenchuk A. A., Pit G. L. „Software for method development in reversed-phase liquid chromatography“, American Laboratory 27, N3 (1995), 421–432.

5 Galushko S. V., Kamenchuk A. A. „Fast optimizing of the Multi-Segment Gradient Profile in Reversed-Phase High Performance Liquid Chromatography using the Monte-Carlo Method“, *LC-GC Int. Mag.* 8, N 10 (1995), 581–587.

4.3
Multifaktorielle systematische Methodenentwicklung und -optimierung in der Umkehrphasen-HPLC

Michael Pfeffer

Im Rahmen der Entwicklung neuer HPLC-Methoden werden chromatographische Bedingungen, die sogenannten Einfluss-Faktoren auf die chromatographische Trennung, variiert und optimiert, bis die Analyten zufrieden stellend voneinander abgetrennt werden. Solche Einfluss-Faktoren sind in der Säule (Typ der stationären Phase, Partikelgröße, Temperatur und Dimensionen der Säule), in der mobilen Phase (Anteil organischer Lösemittel, pH-Wert, Gradientenlaufzeit sowie -steigung u. a.) sowie in der Art der Detektion (z. B. UV, Fluoreszenz) zu suchen. Stehen Hilfsmittel wie Säulenschaltung und/oder andere Werkzeuge nicht zur Verfügung, wird die Entwicklung bzw. Optimierung der einzelnen Einfluss-Faktoren üblicherweise schrittweise vorgenommen. Dies ist in der Regel sehr zeitaufwendig und führt nicht immer dazu, dass tatsächlich die optimalen Bedingungen ermittelt werden.

Die Idee ist, den Einfluss chromatographischer Faktoren systematisch, zeitnah und weitgehend automatisiert zu untersuchen und ihre optimale Konstellation, das „globale Optimum" aufzuspüren und zu verifizieren.

Die kommerziell erhältlichen Software-Pakete werden auf ihre Möglichkeiten daraufhin gegenübergestellt. Schließlich wird HEUREKA, ein neues, auf dem Prinzip der multifaktoriellen Entwicklung und Optimierung basierendes Software-Tool vorgestellt. Es soll die Programmierung zahlreicher Methoden-Files ersparen und helfen, die optimale Konstellation der chromatographischen Bedingungen zu finden und zu verifizieren. Im Gegensatz zu anderen Software-Hilfsmitteln berücksichtigt HEUREKA sehr stark den Einfluss stationärer Phasen auf die chromatographische Trennung. Es können bis zu 12 stationäre Phasen getestet werden. Das hebt HEUREKA von anderen Systemen ab. Vorteil ist, dass in der Reinheitsanalytik mit hoher Wahrscheinlichkeit kein Peak übersehen wird. Die Funktionsweise wird an einem Gemisch eines Steroides mit Verunreinigungen aufgezeigt.

4.3.1
Einleitung und faktorielle Betrachtungsweise

Die chromatographische Trennung eines Gemisches an Analyten ist von zahlreichen Bedingungen abhängig. Bei der Umkehrphasen-Chromatographie werden die Retention und damit die Auflösung von Peaks durch Variation des Anteiles an organischem Lösungsmittel oder auch die Säulentemperatur nachhaltig beeinflusst. Beide werden als „Faktoren" betrachtet, die die Elution der Peaks und damit die chromatographische Trennung maßgeblich beeinflussen. So kann eine Vielzahl von chromatographischen Bedingungen als Faktoren er-

HPLC richtig optimiert: Ein Handbuch für Praktiker. Herausgegeben von Stavros Kromidas

ISBN: 3-527-31470-9

kannt und deren Einfluss während der Methodenentwicklung gezielt genutzt werden.

Ausgangspunkt für diese Sichtweise waren Veröffentlichungen von Preu et al. [1, 2] zur Strategie bei der Optimierung von chemischen Reaktionen. Dort wurde aufgezeigt, dass gewöhnlich schrittweise ein Parameter nach dem anderen optimiert wird. Nachteile dieser OVAT-Methode („one variable at a time") sind, dass Wechselwirkungen zwischen den verschiedenen Einflussparametern nicht erkannt und berücksichtigt werden können. Meist wird nur ein sehr enger Ausschnitt aller möglichen Kombinationen untersucht. Das ermittelte Optimum ist in vielen Fällen aufgrund dieser Limitierung nicht das „globale Optimum". Eine wichtige Schlussfolgerung ist, dass das tatsächliche Optimum nur gefunden werden kann, wenn alle (relevanten) Parameter gleichzeitig variiert werden können. In der Chemie werden deshalb vorzugsweise chemometrische Methoden angewandt.

Übertragen auf die Problematik der Entwicklung chromatographischer Methoden heißt dies, dass bei sequentieller Optimierung von chromatographischen Parametern die Gefahr besteht, dass Wechselwirkungen der zahlreichen Einflussfaktoren übersehen werden, nicht berücksichtigt werden und dass am „globalen Optimum" (Konstellation der Faktoren, mit der alle (relevanten) Peaks getrennt werden) vorbeioptimiert wird.

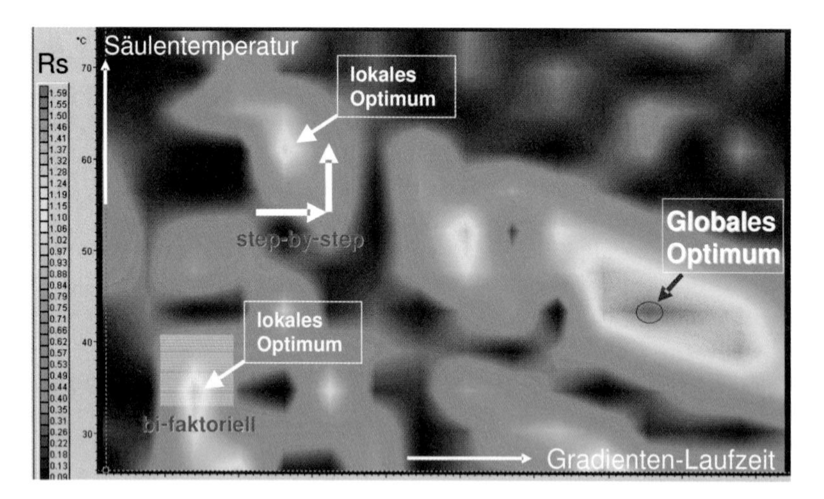

Abb. 1 Fiktive Darstellung der Effekte der Faktoren Gradienten-Laufzeit und Säulentemperatur auf die Qualität einer chromatographischen Trennung. In blauen Zonen ist die Trennung unzureichend, d. h. Koelution von Peaks findet statt, in den roten Zonen sind alle Peaks ausreichend gut getrennt. Am linken Rand der Abbildung befindet sich eine Farbskala für die Korrelation mit der Auflösung des am schlechtesten getrennten Peaks im Chromatogramm. Mögliche Effekte (Vorbeilaufen am Ziel) bei schrittweiser Optimierung von chromatographischen Faktoren („step-by-step": Gradienten-Laufzeit und Säulentemperatur nacheinander) oder bei gleichzeitiger Veränderung zweier Faktoren („bifactorial") Erreichen eines „lokalen" Optimums. Es wurde hier so dargestellt, dass das „globale Optimum" (beste Trennung) nicht gefunden wurde.

In Abb. 1 ist dargestellt, wie man sich die Optimierungs-Effekte und die Lage von „lokalen Optima" (gute Trennung in einen schmalen Bereich aller Faktorenzustände) und eines „globalen Optimums" für die chromatographische Auflösung vorstellen kann. In Wahrheit muss man sich ein multidimensionales Gebilde vorstellen, in dem man genau die Konstellation an Faktoren finden muss, die zur Trennung im besten Fall aller Peaks führt.

Im Normalfall ändert man systematisch einen Faktor nach dem anderen, indem man die Probe beispielsweise zunächst auf einer gängigen stationären Phase mit einem Acetonitril-Wasser-Gemisch, dann mit einem zweiten Lösungsmittel, wie Methanol, aufzutrennen versucht. Danach senkt man eventuell die Temperatur von Raumtemperatur auf 15 °C, um die Trennung zu verbessern. Kommt man damit nicht zum Ziel, wird schließlich eine weitere stationäre Phase in derselben Weise getestet. So wurde der Einfluss der Faktoren „Typ der stationären Phase", „Lösungsmittel" und „Temperatur der Säule" getestet, ohne dass Wechselwirkungen der drei Faktoren untereinander erkannt werden können. Wir erfahren nicht, ob sich die einzelnen Faktoren gegenseitig aufheben, sich verstärken oder zusammen ganz andere ungeahnte Effekte auf die chromatographische Trennung haben.

Deshalb ist es wichtig, die einzelnen Faktoren nicht isoliert voneinander, sondern im Zusammenspiel miteinander experimentell zu testen. Bei dieser sequentiellen Arbeitsweise besteht die Gefahr, die Konstellation der chromatographischen Bedingungen für die optimale Trennung der Peaks nicht zu finden. Zum Beispiel kann bei Absenkung der Säulentemperatur der erwartete zusätzliche Gewinn an Selektivität nicht eintreten, weil die Faktoren „Säulentemperatur" und „Lösungsmittel" nicht positiv korrelieren, sondern sich gegenseitig störend beeinflussen.

In Tabelle 1 sind eine Reihe von potentiellen Einflussfaktoren auf die chromatographische Trennung zusammengefasst.

Tabelle 1 Potentielle Einflussfaktoren auf die Trennung von Substanzgemischen mit Umkehrphasen-HPLC.

Säule	***Typ der stationären Phase, Partikelgröße, Dimensionen der Säule, Säulentemperatur***		
Mobile Phase	Art des Lösungsmittels, Anteil des organischen Lösungsmittels, Fluss (bei Gradientenelution), Gradientensteigung und -dauer, pH-Wert, Modifier, Art und Ionenstärke des Puffers		
Detektion	Detektionsart:	UV/Vis:	Wellenlänge der Absorption
		Fluoreszenz:	Anregungs- und Emissions-Wellenlänge
		MS:	Molmasse

4.3.2
Strategie für teilautomatisierte Methodenentwicklungen

Bei der Methodenentwicklung beginnt nach Abschluss der theoretischen Vorarbeiten zu einem Trennproblem die praktische Pionierarbeit im Labor. Zunächst wird festgelegt, welche möglichen Einflussfaktoren getestet werden sollen, z. B. sechs Säulen mit unterschiedlichen Typen an stationären Phasen, idealerweise mit identischen Abmessungen, die Lösungsmittel Acetonitril und Methanol, die Säulentemperatur (15 °C und 45 °C) und ggf. der Einfluss der pH-Werte (z. B. 2, 7 und 9). Bereits veröffentlichte Wegweiser zu strategischen Änderungen chromatographischer Parameter können wertvolle Hilfen dabei sein [3] und sollten zur Zeitersparnis unbedingt genutzt werden.

Dieses sog. Scouting kann mit Schaltventilen für Säulen [4] und Lösungsmittel [5] einfach automatisiert werden. Software-Produkte wie AMDS (Waters), Chromsword Auto (VWR) und HEUREKA (AnaConDa) erleichtern die Programmierarbeit zusätzlich, indem sie die Sequenzen mit den erforderlichen Steuerungsmethoden automatisch erstellen (s. Kap. 4.1 und 4.2).

Ein allgemeines Ablaufschema für teilautomatisierte Methodenentwicklungen ist in Abb. 2 dargestellt. Darin wird deutlich, dass der Analytiker immer wieder eingreift, um Zwischenergebnisse zu bewerten und die Richtung der Entwicklung vorzugeben. Zu Beginn definiert er aufgrund seiner vorliegenden Information sowie Erfahrung die zu prüfenden chromatographischen Faktoren und steckt deren Grenzen ab. Daraufhin übernimmt die HPLC-Anlage die Durchführung der erforderlichen Experimente bzw. der chromatographischen Läufe. Sind die Läufe beendet, bewertet sie der Analytiker. Dabei sind Anzahl der Peaks, ihre Form, die Auflösung und ihre Reihenfolge wichtig. Daraus können die Bedingungen erahnt werden, die das größte Potenzial für die beste Trennung aller bzw. aller relevanten Peaks vermuten lassen.

Im nächsten Schritt werden die Experimente für die Optimierung der bisher besten Trennergebnisse geplant. Die Arbeit kann wiederum mit Software-Hilfsmitteln (Tabelle 2) erleichtert werden. Im einfachsten Fall nützt man DryLab (s. Kap. 4.1), welches zum Beispiel vier Läufe (ein kurzer und ein langer Gradient bei jeweils zwei Säulentemperaturen) benötigt. Zur besseren Reproduzierbarkeit von Retentionszeiten und Peakflächen lässt man die Probe doppelt injizieren. Das AMDS-System nutzt für die Optimierung ebenfalls DryLab und erstellt die Grundläufe automatisch. Chromsword Auto (s. Kap. 4.2) führt automatisch Läufe unter Anwendung von starker in Richtung schwächerer Elution durch. Zwischenzustände werden simuliert. Nur Läufe mit aussichtsreichen chromatographischen Bedingungen werden realisiert.

Die Methodenentwicklungssysteme schlagen schließlich ein oder mehrere Konstellationen an chromatographischen Bedingungen vor, die sie entsprechend ihrer speziellen Algorithmen als optimal ausweisen. Der Analytiker muss nun unbedingt die Richtigkeit des durchgeführten Peaktrackings nachprüfen, um die Standfestigkeit der gefundenen HPLC-Methoden zu sichern. Andernfalls können sich wenig robuste oder unbrauchbare Trennungen (Koelution von Peaks)

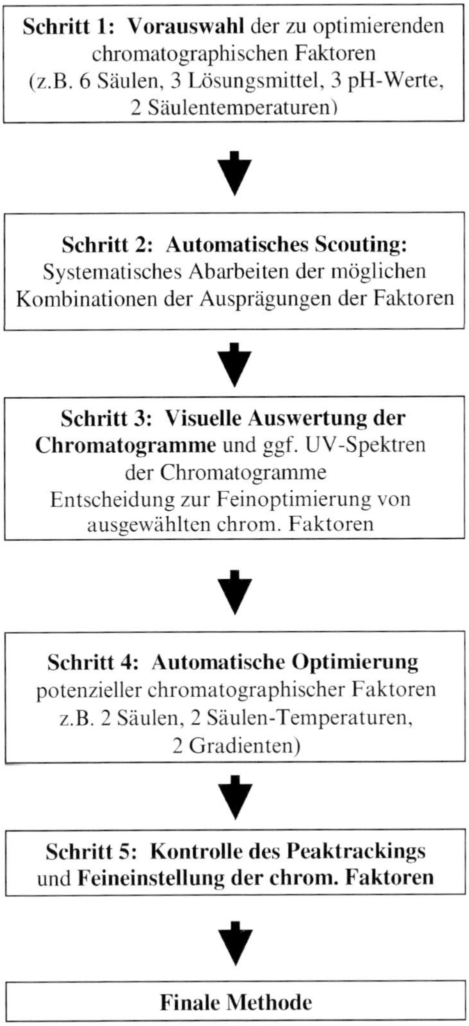

Schritt 1: Vorauswahl der zu optimierenden chromatographischen Faktoren
(z.B. 6 Säulen, 3 Lösungsmittel, 3 pH-Werte, 2 Säulentemperaturen)

Schritt 2: Automatisches Scouting:
Systematisches Abarbeiten der möglichen Kombinationen der Ausprägungen der Faktoren

Schritt 3: Visuelle Auswertung der Chromatogramme und ggf. UV-Spektren der Chromatogramme
Entscheidung zur Feinoptimierung von ausgewählten chrom. Faktoren

Schritt 4: Automatische Optimierung
potenzieller chromatographischer Faktoren
z.B. 2 Säulen, 2 Säulen-Temperaturen, 2 Gradienten)

Schritt 5: Kontrolle des Peaktrackings und **Feineinstellung der chrom. Faktoren**

Finale Methode

Abb. 2 Ablauf teilautomatisierter Methodenentwicklungen in der Umkehrphasen-HPLC.

ergeben, weil sich die Software „geirrt" hat. Zum Schluss werden die vorgeschlagenen HPLC-Methoden mit der echten Probe verifiziert, auf Tauglichkeit sowie Robustheit geprüft und ggf. geringfügig manuell nachjustiert.

Keines der zurzeit auf dem Markt erhältlichen Systeme ist in der Lage, eine Methodenentwicklung vollautomatisch und ohne Aufsicht durchzuführen. Um Analysenzeit zu sparen, empfiehlt es sich, wie in Abb. 2 dargestellt, Zwischenergebnisse während des Entwicklungsprozesses immer wieder kritisch zu hinterfragen und den weiteren Kurs der Entwicklung kombiniert mit eigenen Erfahrungen zu überdenken und sorgfältig neu auszurichten.

Tabelle 2 Orientierender Vergleich kommerziell erhältlicher automatischer Methodenentwicklungssysteme für die HPLC.

Merkmal	*AMDS*	*Chromsword Auto*	*HEUREKA*
Hersteller	Waters/LCResources	VWR	AnaConDa
Chromatographie-Software Optimierungs-Teil	Empower (Waters) DryLab 2000 Plus (LC Ressources)	Chemstation (Agilent), Empower (Waters) oder EZChrom (VWR) Expertensystem (Galushko, VWR)	Chemstation (Agilent) Entwicklung (Prof. Otto, Uni Freiberg; AnaConDa, Schering)
Konfiguration einer Methodenentwicklungs-anlage	Autosampler quaternäre Pumpe Photodiodenarray-Detektor Säulenthermostat Schaltventil/Solvent (6 Positionen) Schaltventil/Säulen (6 Positionen)	Autosampler quaternäre Pumpe Photodiodenarray-Detektor Säulenthermostat Schaltventil/Solvent (12 Positionen) Schaltventil/Säulen (6 Positionen)	Autosampler zurzeit binäre Pumpe Photodiodenarray-Detektor Säulenthermostat Schaltventil/Solvent (Plan: 12 Positionen) Schaltventil/Säulen (12 Positionen)
Bedienerfreundlichkeit	sehr gut für Nutzer von Millennium bzw. DryLab (Schulung erforderlich u. a. wegen zahlreicher versteckter Einstellungen)	gut (aufgrund der hohen Zahl an verschiedenartigen Möglichkeiten der Software ist eine Schulung unbedingt erforderlich)	sehr gut für Nutzer der Chemstation-Software (Schulung jedoch erforderlich infolge der innovativen Vorgehensweise)
Kapazitätsaufwand für eine einfache Methoden-entwicklung	**Scouting:** 3 Std. (Herstellung der Lösungen, Programmierung, Auswertung der Chromatogramme) Optimierung (1 Std. Programmierung, Auswertung dauert bei zahlreichen Peaks recht lange)	**Scouting:** 3 Std. (Herstellung der Lösungen, Programmierung, Auswertung der Chromatogramme) 1 Std. (von Chromsword durchgeführt)	**Scouting:** 3 Std. (Herstellung der Lösungen, Programmierung, Auswertung der Chromatogramme) Optimierung (0,5 Std. Programmierung, Auswertung dauert bei Chromatogrammen mit zahlreichen Peaks recht lange)
Dauer einer Methoden-entwicklung (Laufzeit) (je nach Schwierigkeit der Fragestellung)	2–5 Tage	2–5 Tage	2–5 Tage

Tabelle 2 (Fortsetzung)

Merkmal	*AMDS*	*Chromsword Auto*	*HEUREKA*
Vorgehensweise	**Scouting:** Methoden zur Steuerung werden automatisch erstellt nach den Vorgaben und systematisch abgearbeitet. **Feinoptimierung:** Innerhalb vorzugebender Grenzen werden Optimierungsläufe (z. B. je zwei Säulentemperaturen und Gradientenlaufzeiten) durchgeführt und in DryLab importiert (bei mehr als 10 Peaks und Peaks von < 0,5 % (Fläche) treten Probleme auf); optimale Methode mit DryLab automatisch simuliert und anschließend realisiert.	**Scouting:** Vorschlag für erste Methoden über die Bewertung der chemischen Struktur oder nach Vorgaben durch den Nutzer **Feinoptimierung:** Automatische Optimierung von starker nach schwacher Elutionskraft der mobilen Phase, dazwischen Simulation von Trennungen)	**Scouting und Optimierung:** Methoden zur Steuerung werden automatisch nach den Vorgaben des Operators erstellt und systematisch abgearbeitet. Die Chromatogramme werden in eine Datenbank importiert. Zurzeit erfolgt die Peakidentifizierung noch nahezu manuell. Aus den Daten wird die optimale Trennung ermittelt und anschließend realisiert. Scouting und Optimierung laufen in einem Schritt ab.
Automatisch erstellter Methodenentwicklungsbericht	zurzeit nicht verfügbar	ja	geplant
Laborspezifische Aspekte	• Waters/LC Ressources bietet langfristig Sicherheit und Kontinuität in Verfügbarkeit und Weiterentwicklung der Software • Software und Hardware aus einer Hand geliefert • guter Service • zurzeit Steuerung von Geräten von Fremdherstellern nur bedingt oder nicht möglich	• Aufgrund der Zunahme der Verbreitung Sicherheit und Kontinuität in Verfügbarkeit und Weiterentwicklung der Software • Hohe Flexibilität (Lösungen für Sonderprobleme möglich) • engagiertes, hilfsbereites Team • Steuerung der Geräte von Agilent 1100, VWR und Waters möglich	• System zum gegenwärtigen Zeitpunkt noch nicht völlig ausgereift • Hohe Flexibilität und Aufgeschlossenheit gegenüber Kundenwünschen, jedoch gewisse Unsicherheit durch gering Größe des Herstellers • engagiertes, hilfsbereites Team • zurzeit nur Steuerung von Agilent 1100-Geräten möglich, Steuerung anderer Hersteller geplant

Tabelle 2 (Fortsetzung)

Merkmal	*AMDS*	*Chromsword Auto*	*HEUREKA*
Möglichkeiten der Software/Vorteile	• Ziel: Optimierung der Auflösung oder • Ziel: Optimierung der Laufzeit • Umfang aller Möglichkeiten von DryLab, jedoch nicht im automatisierten Betrieb • Daten auf andere Fragestellung anwendbar • Optimierung der Säulenparameter • anwendbar auf Normal und Reversed Phase-HPLC • Darstellung der Peaks als „max-Plot“ (alle Peaks werden in ihrem Absorptionsmaximum angezeigt) und damit der Vorteil, keinen relevanten Peak zu übersehen	• Strukturformel als Ausgangspunkt der Optimierung • Suche nach Verunreinigungen unter Hauptpeak • Optimierung auf definierte Analyte beschränken • Optimierung mit den Zielen beste Auflösung, kurze Laufzeit, maximale Anzahl an Peaks • bestehende HPLC-Methoden sind automatisiert optimierbar • Optimierung mit LC/MS • sehr effizientes Entwicklungstool • anwendbar auf normal und reversed phase-HPLC	• multifaktorielle Arbeitsweise • Optimierung der Auflösung • Optimierung der Laufzeit • Daten für andere Fragestellungen nutzbar • umfangreiche graphische Darstellungen zum globalen Optimum • anwendbar auf Normal und Reversed Phase-HPLC sowie chirale Trennprobleme
Grenzen/Nachteile	• max. ca. 10 Peaks, die > 0,5 % (Fläche) aufweisen sollten • maximal bifaktorielle Arbeitsweise • zurzeit Beschränkung auf HPLC von Waters	• schrittweise Arbeitsweise	• zurzeit Beschränkung auf Agilent 1100 • gegenwärtig noch geringe Verbreitung
Potentielle Anwendungsbereiche im Rahmen der Herstellung von Arzneimitteln	• Qualitätskontrolle von (hochreinen Substanzen; Drug Substance-Analytik) • Analyse von Gemischen mit wenigen Komponenten) • Optimierung von bestehenden Methoden • Robustheit der Methode ermittelbar	• Analyse von Proben mit zahlreichen Verunreinigungen • Suche von Verunreinigungen unter dem Hauptpeak • Optimierung von bestehenden Methoden	• Analyse von Proben mit zahlreichen (bis zu 20–30) Komponenten (Roh-Qualitäten von Synthese-zwischen- und -endstufen) • Suche nach Verunreinigungen unter dem Hauptpeak (Referenzsubstanzen oder bei Verdacht)

4.3.3
Vergleich kommerziell erhältlicher Software im Hinblick auf den Beitrag zur faktoriellen Methodenentwicklung

Plant man, sich ein automatisches Methodenentwicklungssystem anzuschaffen, wird man sich zunächst einen Überblick über die auf dem Markt befindlichen Systeme verschaffen. Im Wesentlichen bieten sich nur Chromsword Auto und seit neuestem AMDS (basierend auf DryLab) sowie HEUREKA an, das gerade auf dem Markt etabliert wird. In Tabelle 2 wurden Merkmale und Erfahrungen mit den drei Systemen gegenübergestellt. Die Tabelle kann auch als Checkliste verwendet werden, um sich die Entscheidung für ein System zu erleichtern.

Als das effektivste und ausgereifteste System wird gegenwärtig Chromsword Auto gehandelt. Keines der Systeme kann eine Entwicklung mit Optimierung völlig unbeaufsichtigt durchführen. Die Ziele können mit allen erreicht werden. Für den Kauf entscheidend ist vielmehr, welche Software zur Steuerung der HPLC-Geräte bereits im Labor genutzt wird, ob schon mit DryLab gearbeitet wird, Geräte welchen Herstellers bereits betrieben werden oder ob das Management einen bestimmten Hersteller vorschreibt. Man muss sich auch darüber klar werden, ob man nur auf die Sicherheit und Kontinuität eines großen Herstellers vertraut oder man auf die Innovationskraft, Flexibilität und Schnelligkeit einer kleineren Firma setzen will.

Im Rahmen des Scoutings können mit AMDS und Chromsword Auto getestet werden: 6 Säulen, 6 Säulentemperaturen, 3 Lösungsmittel und mit 6- oder 12-Positions-Schalt-Ventil am Pumpeneingang: Wasser, verschiedene Puffer, -konzentrationen und pH-Werte (z. B. 2, 7 und 9). Der große Vorteil ist, dass die große Zahl der erforderlichen Steuerungsmethoden nicht manuell programmiert werden muss, sondern vom Methodenentwicklungssystem übernommen wird. Hierdurch werden Fehler vermieden und Zeit gespart. Alle Faktoren werden systematisch durchgescreent. Bei der Auswertung werden die Faktoren jedoch normalerweise nicht miteinander korreliert. Wechselwirkungen zwischen einzelnen Faktoren können nicht erkannt werden.

Die Feinoptimierung erfolgt auf der Basis von maximal zwei Faktoren (z. B. DryLab gemäß mit Gradient und Säulentemperatur bei AMDS). Weitere Faktoren (z. B. pH-Wert) werden falls erforderlich Schritt für Schritt nachgeschaltet optimiert bzw. angepasst. Chromsword Auto arbeitet ebenfalls in einem eindimensionalen Rahmen, indem es optimieren soll. Es sammelt durch die Optimierungsläufe Daten, die Erfahrungswerte darstellen und als Erkenntnisse in den nächsten experimentellen Schritt einbezogen werden, bis das System die beste Methode gefunden hat.

Mit beiden Systemen können die Einflussfaktoren im Wesentlichen sequentiell nacheinander optimiert werden – mit dem Risiko, am Ziel vorbeizulaufen, wie in Abb. 2 dargestellt.

4.3.4
Entwicklung eines neuen Systems zur multifaktoriellen Methodenentwicklung

Keines der kommerziell erhältlichen Systeme ist in der Lage, mehr als zwei chromatographische Faktoren gleichzeitig verändert auszutesten. Das DryLab zur Optimierung nutzende AMDS benötigt vier Grundläufe, um die optimale Konstellation in den Dimensionen „Säulentemperatur“ und „Gradientenlaufzeit“ zu finden. Alle anderen potentiellen Einflussgrößen müssen vorher schon festgelegt sein. Die Trennleistung des chromatographischen Systems wird auf alle optimierbaren Faktoren bezogen, trotzdem nur in einem verhältnismäßig kleinen Bereich simuliert. AMDS sucht darin das „lokale Optimum“ und realisiert es anschließend.

Möchte man das Optimum im multidimensionalen Raum finden, stößt man mit den herkömmlichen Methodenentwicklungssystemen schnell an Grenzen. Die sequentielle Vorgehensweise birgt jedoch die Gefahr, dass nachfolgend optimierte Faktoren in unerwarteter Wechselwirkung mit zuvor optimierten stehen und die bisherige Optimierung wertlos wurde. Man hat, ohne es zu wissen, am eigentlichen Optimum vorbeioptimiert und ist eventuell sogar in einer Sackgasse gelandet.

Deshalb wurde überlegt, wie man mehr als zwei chromatographische Faktoren, z. B. stationäre Phase, Säulentemperatur, Gradientenlaufzeit, Lösungsmittel, Gradientensteigung usw. in einem Experiment systematisch testen kann. Mit einem eigens hierfür entwickelten Säulenthermostat (Modell HELIOS, AnaConDa) können maximal 12 Säulen und beliebige Temperaturen im Bereich von 10–80 °C ausprobiert werden. Neben Wasser stellt eine quaternäre Pumpe Acetonitril, Methanol und ein drittes organisches Lösungsmittel bereit, um den Faktor „Lösungsmittel“ auszutesten. Mit einem Solvent-Schaltventil können bei der Methodenentwicklung bis zu 12 weitere Lösungen zur automatischen Überprüfung der Wirkung von Puffern und pH-Werten auf das Trennproblem bereitgestellt werden.

Die HPLC-Anlage, die für solch eine universelle Entwicklung einer chromatographischen Trennmethode genutzt werden soll, besteht im optimalen Fall aus einer quaternären Pumpe mit Lösungsmittelschaltventil (6–12 Positionen), einem Autosampler, einem steuerbaren Säulenthermostaten (für 6–12 Säulen), einem Photodiodenarray-Detektor und ggf. je nach Bedarf anderen Detektoren. Zur automatischen Steuerung wird ein PC mit geeigneter Software benötigt. Über diese Software kontrolliert die Methodenentwicklungssoftware die HPLC-Anlage und erzeugt die für die Entwicklung und Optimierung nötigen Chromatogramme.

Solch ein HPLC-Instrument ist in der Lage, mit einer Sequenz systematisch chromatographische Bedingungen zu variieren, in Steuermethoden umzusetzen und reale Chromatogramme zu generieren. Standard-Sequenzen weisen den Aufbau in Tabelle 3 auf.

Chromatogramme und UV-Spektren werden schließlich automatisch eingelesen und integriert. Zum nachfolgenden Peaktracking werden Peakflächenanteile und UV-Daten vom System ausgewertet. Die richtige Zuordnung gelingt jedoch oft nur bei relativ großen Peaks (> 0,5 % Fläche), Peaks mit sich deutlich unter-

Tabelle 3 Beispiel-Sequenz für die systematische Untersuchung der Einflüsse der Lösungsmittel Acetonitril und Methanol, von sechs stationären Phasen und zweier Gradienten auf die chromatographische Trennung mit 24 chromatographischen Läufen.

Gradient mit Acetonitril/Wasser	Säule 1	kurzer Gradient langer Gradient	Lauf Nr. 1 Lauf Nr. 2
	Säule 2	kurzer Gradient langer Gradient	Lauf Nr. 3 Lauf Nr. 4
	...	...	...
	Säule 6	kurzer Gradient langer Gradient	Lauf Nr. 11 Lauf Nr. 12
Gradient mit Methanol/Wasser	Säule 1	kurzer Gradient langer Gradient	Lauf Nr. 13 Lauf Nr. 14
	Säule 2	kurzer Gradient langer Gradient	Lauf Nr. 15 Lauf Nr. 16
	...	...	...
	Säule 6	kurzer Gradient langer Gradient	Lauf Nr. 23 Lauf Nr. 24

scheidenden UV-Spektren und Chromatogrammen. Sie sollen nicht mehr als zehn Peaks aufweisen. Da die Peakzuordnung sehr schwierig sein kann, wird empfohlen, das Ergebnis auf jeden Fall nachzukontrollieren. Dabei erwies es sich als sinnvoll, auch die Form der Peaks, deren Anzahl im Chromatogramm und deren Reihenfolge zu betrachten.

Aus der großen Zahl an Chromatogrammen soll die Optimierungssoftware das „globale Optimum" finden. Dazu müssen aber qualitative Parameter wie Typ der stationären Phase oder Art des Lösungsmittels in eine für den Computer nutzbare Form gebracht werden. Dies wurde von Otto et al. [6] über ein Gleichungssystem erreicht, indem z. B. die Beiträge der einzelnen Typen an stationären Phasen zu der Retentionszeit eines Peaks gewichtet werden. So wird beispielsweise für Säule A ein Koeffizient berechnet, die Koeffizienten der anderen Säulen sind mit Null definiert, d. h., die Säule 1 liefert einen Beitrag zur Retentionszeit eines Peaks, Säule 2 bis 12 jedoch nicht. Auf diese Weise wird der Einfluss qualitativer Faktoren, wie Typ der stationären Phase und Lösungsmittel, im mehrdimensionalen Raum auf die Retentionszeiten und Auflösung von Peaks gehandhabt. Zwischen quantifizierbaren Zuständen von Faktoren, wie z. B. der Säulentemperatur und der Gradientenlaufzeit, wird linear interpoliert. Diese Algorithmen sind in HEUREKA (griechisch: „Ich hab's gefunden!") [7] implementiert.

4.3.4.1 Auswahl stationärer Phasen

Bei der unüberschaubar großen Zahl an stationären Phasen für die Umkehrphasen-HPLC fällt es nicht leicht, ein repräsentatives Spektrum an Säulen für den Test auszuwählen. Nach pragmatischen Gesichtspunkten und Literaturstudium [8] (s. auch Kap. 2.1.1 bis 2.1.6) entstand die Einteilung in Tabelle 4. Das daraus erstellte Säulen-Set hat sich bei Dutzenden an Methodenentwicklungen für die Reinheitsanalytik steroidaler und heterozyklischer Verbindungen bewährt.

Möchte man aus Zeitgründen sechs oder weniger stationäre Phasen prüfen, bietet sich ein Vertreter aus jeder Gruppe zur Auswahl für den Einbau in der Säulenthermostaten an. Steht jedoch eine Säulenschaltung mit 12 Positionen zur Verfügung, kann man nach Belieben mehrere Repräsentanten aus den Gruppen, vor allem aus der Gruppe der „C_{18}-Phasen, mit abgestufter Hydrophobizität" einbauen und sich noch den „Luxus" leisten, ein oder zwei neu auf dem Markt erschienene oder andere viel versprechende Säulen zu testen. Je mehr Säulen getestet werden, umso unwahrscheinlicher ist es, in der Reinheitsanalytik eine Verunreinigung zu übersehen (s. auch Kap. 2.1.1). Andererseits konnte meist mit einer der zwölf Säulen eine akzeptable Trennung gefunden werden. Die mobile Phase ließ sich anschließend mit viel weniger Aufwand und schneller optimieren.

Tabelle 4 Einteilung von Umkehrphasen für den Test stationärer Phasen mit Säulenschaltung.

Hauptgruppe	*Untergruppe*	*Repräsentanten, z. B.*
Umkehrphasen mit erhöhter Polarität	**C_{18}-Phasen mit hoher silanophiler Aktivität**	Hypersil ODS, Platinum C_{18} EPS
	C_{18}-Phasen mit polaren Gruppen ($\pi \rightarrow \pi$-Wechselwirkungen für besondere Selektivität für Moleküle mit C=C oder aromatischen Strukturanteilen; sterische Selektivität)	Prontosil 120-C_{18} ace EPS, XTerra RP_{18}, YMC Hydrosphere
	Umkehrphasen mit kürzeren Seitenketten (polare Säulen mit sterischer Selektivität, Erkennen stark hydrophober Verbindungen (nur mit stationären Phasen mit geringem Kohlenstoffgehalt))	YMC Pro C_4, YMC Pro C_8
C_{18}-Phasen mit abgestufter Hydrophobizität	(Trennung von Substanzen unterschiedlicher Polarität, Trennung von Säuren)	YMC Pro C_{18}, Ultrasep ES RP18e Pharm, Luna C_{18}, YMC J'Sphere ODS-H80, MP Gel C_{18}
Spezialphasen	**für schnelle Trennungen**	Chromolith Performance RP18e (schnelle Trennungen mit hohen Flussraten)
	für besondere Selektivität	Fluofix (Trennung fluorhaltiger Substanzen)
	für die Trennung von großen Molekülen	Vydac C_{18} Protein und Peptide

Die Dimensionen der Säulen orientieren sich am Ziel der Methodenentwicklung und an der Zahl der zu erwartenden relevanten Peaks. Bei Methoden für reine Gehaltsbestimmungen mit maximalem Probendurchsatz als Ziel baut man 50 mm lange Säulen, bei Reinheitsprüfungen und dem Ziel bestmöglicher Auflösung aller Peaks eher Säulen mit 250 mm Länge in den Thermostaten ein. Erwartet man dabei jedoch nur eine geringe Zahl an Peaks ($n \approx 7$), empfehlen sich ebenfalls die bereits erwähnten kurzen Säulen.

Ein systematisch gemäß Tabelle 4 aufgebautes Säulen-Set hat den Vorteil, dass man leicht Zusammenhänge zwischen den Peakmustern und den Eigenheiten der stationären Phasen feststellen kann und für die Optimierung der Methode Gewinn bringend anwenden kann.

4.3.4.2 Methodenoptimierung mit HEUREKA

Zunächst werden die zu variierenden Faktoren (s. Schritt 2 in Abb. 2) ausgewählt. Welche chromatographischen Bedingungen als Faktoren von HEUREKA betrachtet und gleichzeitig verändert getestet werden können, ist in Tabelle 5 erfasst.

Anschließend wird definiert, in welchen Grenzen die Faktoren variiert werden sollen. Das heißt, das System erhält zum Beispiel die Anweisung (Abb. 3), Säule 1 bis 6 bei den Temperaturen 15 und 45 °C mit jeweils den Gradientenlaufzeiten von 30 und 100 min zu testen und in welcher Reihenfolge dabei vorzugehen ist. Es empfiehlt sich jedoch, bei 6 bis 12 Säulen höchstens noch zwei bis drei andere Faktoren zu verändern, da sich die Laufzeit der Optimierung pro zusätzlichem Faktor verdoppelt und sich schnell auf einige Tage ausdehnt.

Danach werden noch die konstanten Basiswerte, wie Wellenlängen, Flussrate, Anfangs- und Endzustand des Gradienten usw. eingetragen. Auf Knopfdruck erzeugt HEUREKA eine Sequenz von 24 Steuerungsmethoden, die anschließend manuell gestartet wird. Die Methoden werden nacheinander abgearbeitet. Sobald eine Trennsequenz abgeschlossen ist, werden Chromatogramme und UV-

Tabelle 5 Chromatographische Faktoren, die mit HEUREKA gleichzeitig variierbar sind.

Chromatographischer Faktor	***Mögliche Anzahl der Zustände der Faktoren***
Stationäre Phase	12
Gradientenlaufzeit	2
Temperatur der Säule	2
Konzentration des organischen Lösungsmittels am Anfang des Gradienten (% B initial)	2
Konzentration des organischen Lösungsmittels am Ende des Gradienten (% B final)	2
Flussrate	2
Lösungsmittel	1 (3)

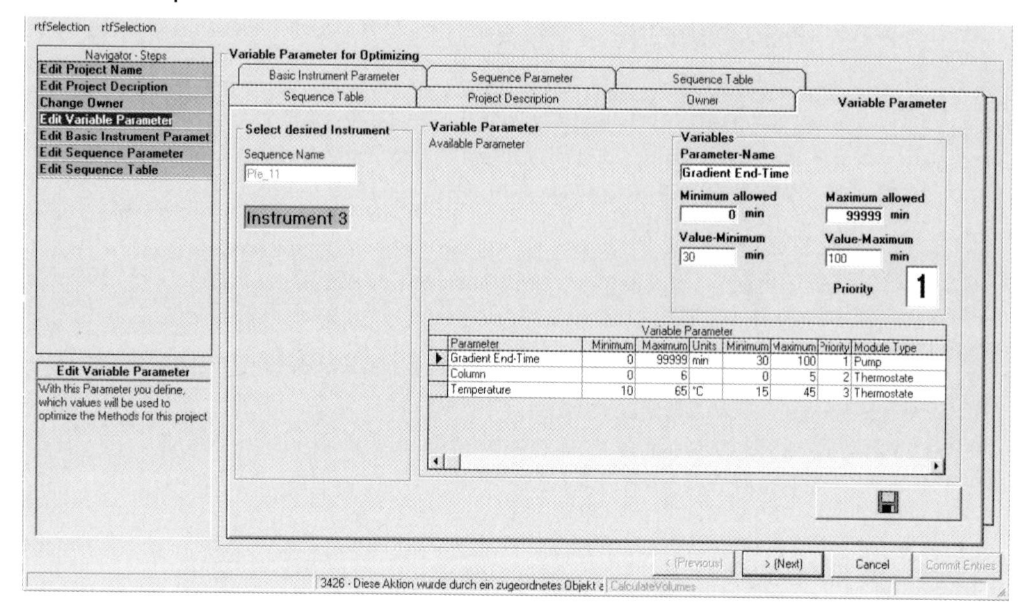

Abb. 3 Bildschirmmaske zur Festlegung der Zustände der zu prüfenden chromatographischen Faktoren.

Spektren zur weiteren Auswertung in einer Datenbank abgelegt. In den Abb. 4 bis 6 sind Serien von Chromatogrammen dargestellt, wie sie mit einem Gemisch an steroidalen Verunreinigungen aufgenommen wurden.

Schon der rein visuelle Vergleich der Chromatogramme, die mit sechs unterschiedlichen stationären Phasen erzeugt wurden, zeigt, dass den Säulen Nr. 1 und 5 (SynergiPOLAR RP bzw. XTerra RP_{18}) vor allen anderen zugetraut werden kann, das Steroidgemisch zu trennen. Die Hauptkomponente ist von den Nebenkomponenten sehr gut abgetrennt. Die anderen Säulen werden aufgrund ihres mangelnden Trennvermögens für die weitere Entwicklung der Methode nicht mehr in Betracht gezogen.

Betrachtet man die mit den beiden „Spitzenreitern" aufgenommenen Chromatogramme (Abb. 5), stellt man fest, dass bei SynergiPOLAR RP sich erwartungsgemäß kurze Gradienten und hohe Temperaturen negativ auf die Trennung des Gemisches auswirken. Die spät eluierenden, kleinen Peaks vermitteln einen besser getrennten Eindruck bei der hohen Temperatur. Beim kurzen Gradient koeluieren sie zum Teil. Bei XTerra RP_{18} werden zwei der großen Nebenkomponenten erst nach der Hauptkomponente eluiert. Die vier Peaks, die bei SynergiPOLAR RP mit dem langen Gradienten im Bereich von 40 bis 45 min eluiert werden, sind bei XTerra RP_{18} bei langem Gradienten und hoher Temperatur basisliniengetrennt. Der Peak bei 32,089 min (Abb. 6, unteres Chromatogramm) ist vermutlich bei Synergi POLAR RP (Abb. 5 in zwei Peaks (RT: 31,933 und 32,742, Abb. 5, zweites Chromatogramm von oben) aufgetrennt. Nur LC/MS-Analysen können hier Aufschluss bringen.

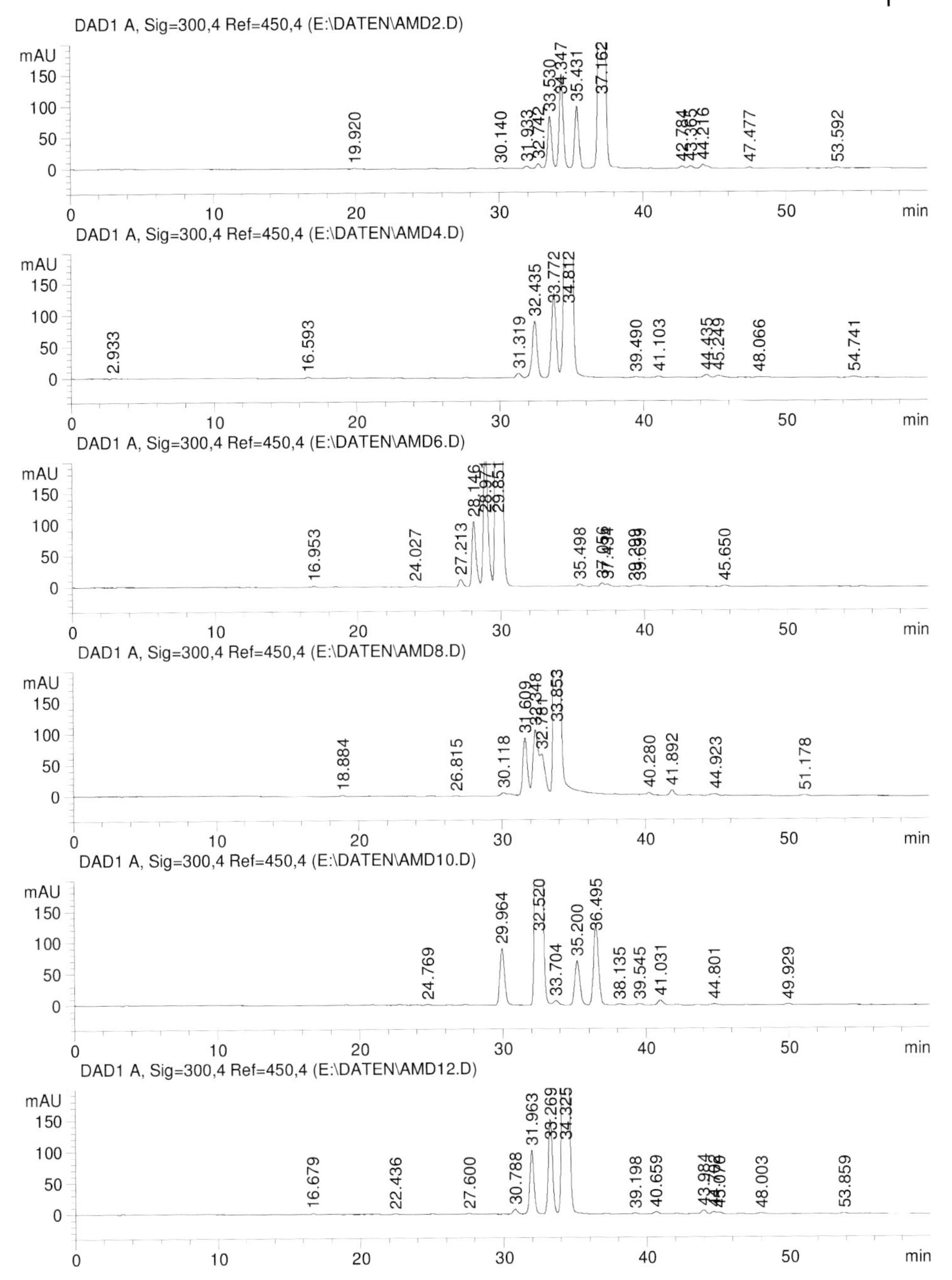

Abb. 4 Chromatogramme eines Gemisches an steroidalen Verunreinigungen mit verschiedenen stationären Phasen. Von oben nach unten: SynergiPOLAR RP 4 µm (250 × 4,6 mm), Prontosil ODS AQ 5 µm (250 × 4,0 mm), YMC J'sphere L80 4 µm (250 mm × 4,0 mm), Luna Phenyl Hexyl 5 µm (250 × 4,6 mm), XTerra RP18 5 µm (250 × 4,6 mm) und Symmetry 5 µm RP18 (250 × 4,6 mm).

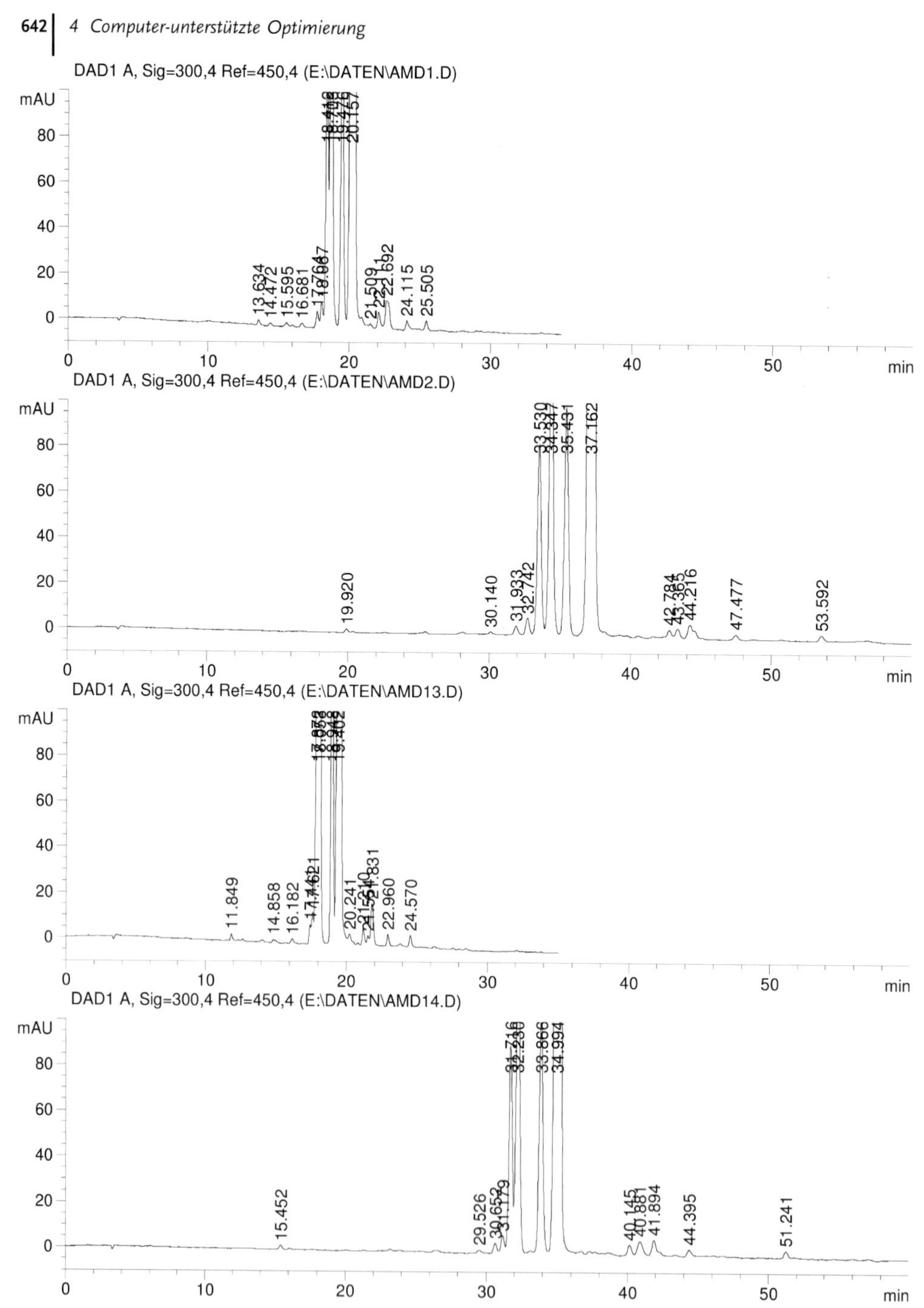

Abb. 5 Chromatogramme eines Gemisches an steroidalen Verbindungen mit der Umkehrphase SynergiPOLAR RP. Von oben nach unten: Säulentemperatur: 15 °C, Gradientenlaufzeit: 30 min und 100 in; Säulentemperatur: 45 °C, Gradientenlaufzeit: 30 min und 100 min.

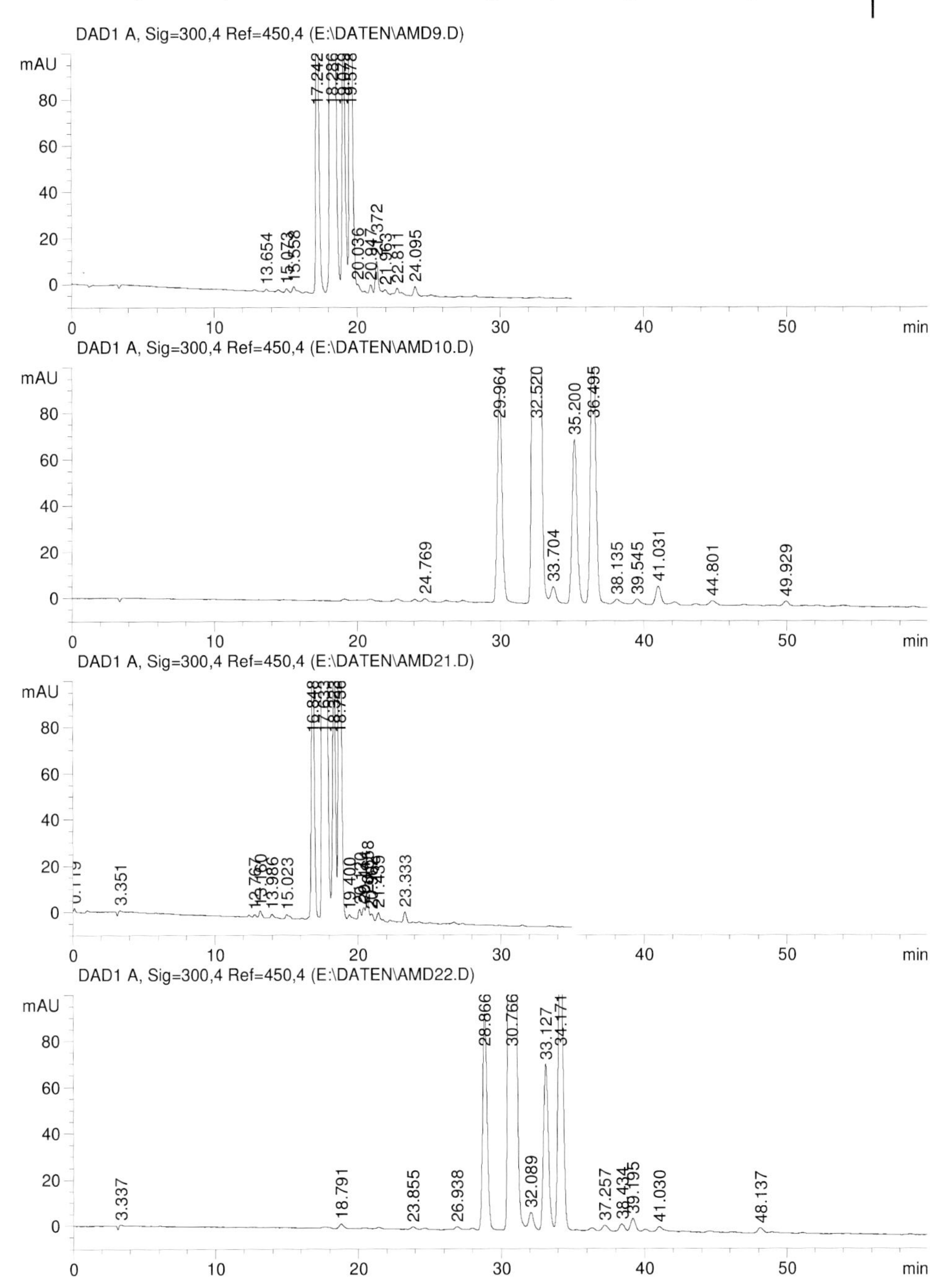

Abb. 6 Chromatogramme eines Gemisches an steroidalen Verbindungen mit der Umkehrphase XTerra RP18. Von oben nach unten: Säulentemperatur: 15 °C, Gradientenlaufzeit: 30 min und 100 min; Säulentemperatur: 45 °C, Gradientenlaufzeit: 30 min und 100 min.

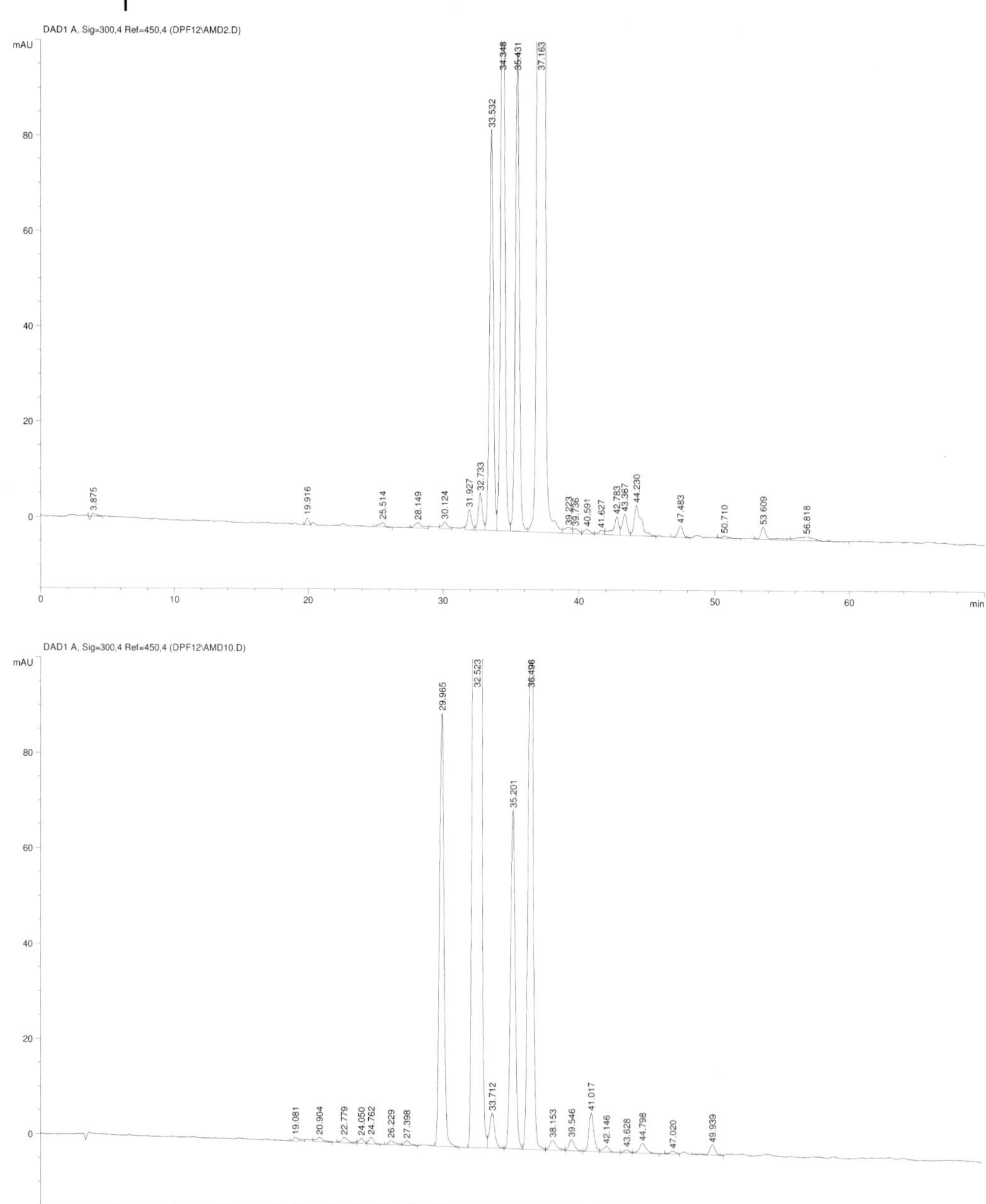

Abb. 7 Chromatogramme eines Gemisches an steroidalen Verbindungen mit der Umkehrphase SynergiPOLAR RP (oberes Chromatogramm) im direkten Vergleich zu XTerra RP18 (unteres Chromatogramm).

In den langen Läufen (Abb. 7) werden mit der niedrigen Säulentemperatur bei beiden Säulen alle Peaks symmetrisch eluiert. Das Peakmuster vermittelt bei XTerra einen harmonischeren Eindruck, da alle Peaks symmetrisch sind und keine Anzeichen von Schultern usw. aufweisen. Bei SynergiPOLAR RP werden jedoch 26 gegenüber 21 Peaks bei XTerra eluiert. Einige kleine Peaks werden dort weiter auf- oder nur angetrennt. Will man auch diese noch vollkommen auftrennen, weil die Methode Aufschluss über das komplette Verunreinigungsprofil oder Abbauprodukte der Substanz bringen soll, würde man als nächsten Schritt versuchen, die Trennleistung des Systems zu erhöhen, indem man mit zwei hintereinander geschalteten Säulen chromatographiert und den Gradienten anpasst.

Der Test von sechs stationären Phasen mit zwei Gradienten bei zwei Temperaturen zeigte, dass das Problem mit SynergiPOLAR RP gelöst werden konnte. Erwartungsgemäß konnten die Peaks von Haupt- und Nebenkomponenten bei niedriger Säulentemperatur und flachem Gradienten zufrieden stellend getrennt werden.

Dieses Beispiel hat bestätigt, dass bei der großen Zahl an Chromatogrammen, die bei der vorgeschlagenen Vorgehensweise generiert werden, einige darauf schließen lassen, dass das Ziel der Methodenentwicklung, das „globale" Optimum für die relevanten Peaks zu finden, zumindest fast erreicht ist.

4.3.4.3 **Auswertung der Daten mit HEUREKA**

HEUREKA stellt einige Hilfsmittel zur Visualisierung der Trennerfolge zur Verfügung. Sie können genutzt werden, nachdem die relevanten Peaks in allen Chromatogrammen integriert, zugeordnet und bezeichnet sind. Danach erfolgt die Berechnung der Minimalwerte für die Auflösung eines jeden Chromatogramms. Maximal zwei Dimensionen bzw. Faktoren können herausgegriffen und deren Effekt auf die Güte der Trennung visualisiert werden.

Säule Nr. 1 (SynergiPOLAR RP) und Säule Nr. 5 (XTerra RP_{18}) heben sich im Vergleich zu den anderen hervor (Abb. 8). Die Abhängigkeit der Trennungsqualität von Säulentemperatur und Gradientenlaufzeit für Säule Nr. 1 ist in Abb. 9 dargestellt. Als Beispiel für eine stationäre Phase, bei der sich die Trennung durch die Variation der beiden Parameter Säulentemperatur und Gradientenlaufzeit nicht verbessern lässt, wird das entsprechende Diagramm in Abb. 10 gezeigt.

Schließlich kann HEUREKA eine Liste (Abb. 11) mit den berechneten optimalen Trennergebnissen erstellen. Durch Anklicken einer Zeile erzeugt HEUREKA einen Methoden-File für die HPLC-Anlage, mit dem die gefundene optimale Trennung auf Richtigkeit in der Realität überprüft werden kann.

In diesem Fall wurde auf die Realisierung der Methode verzichtet, da die gefundenen Bedingungen nahezu identisch mit denen waren, die während des systematischen Scoutings angewandt waren.

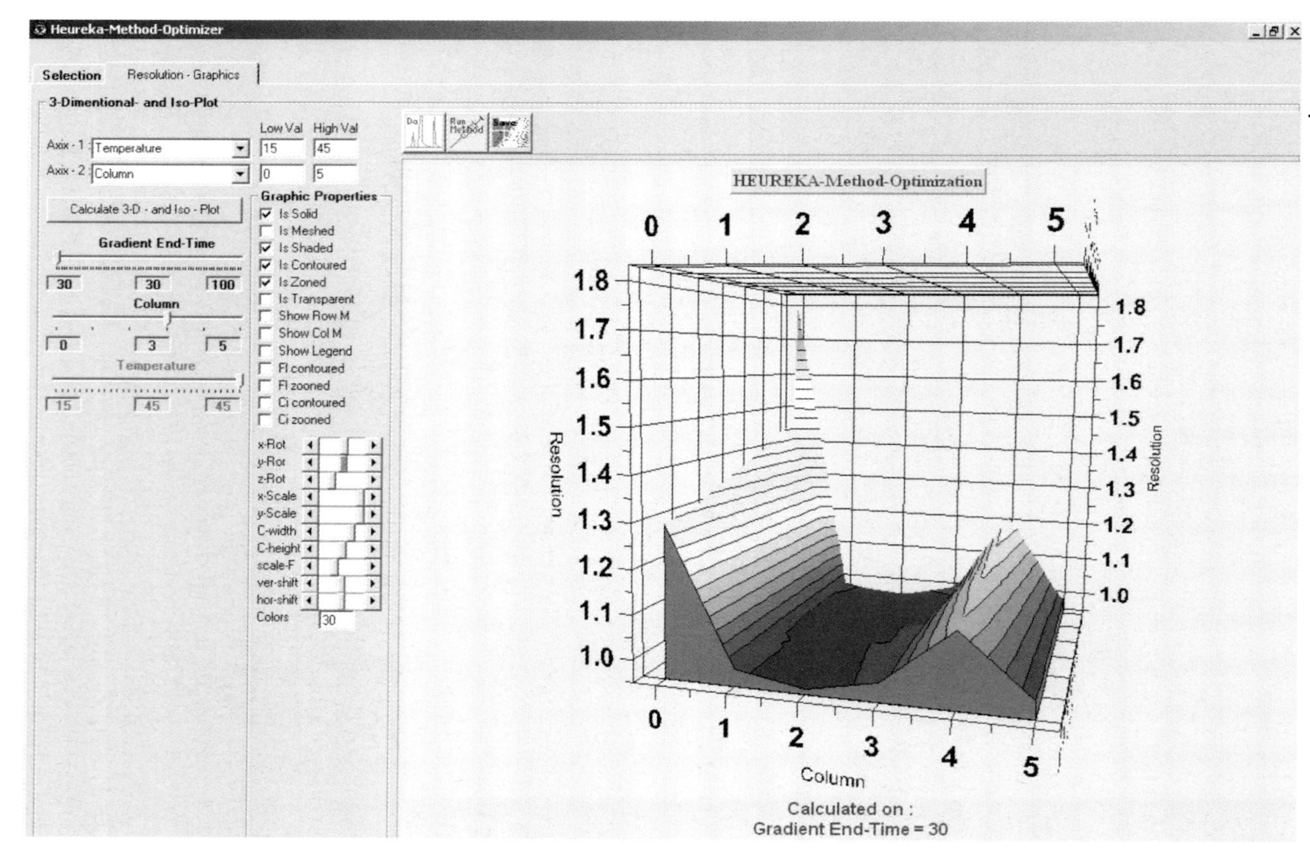

Abb. 8 Darstellung der Auflösung in Abhängigkeit der stationären Phasen.
x-Achse: Säulen Nr. 1 bis 6 (aus mathematischen Gründen Nr. 0 bis 5);
y-Achse: Säulentemperatur;
z-Achse: Auflösung aus Maß für die Qualität der Trennung.

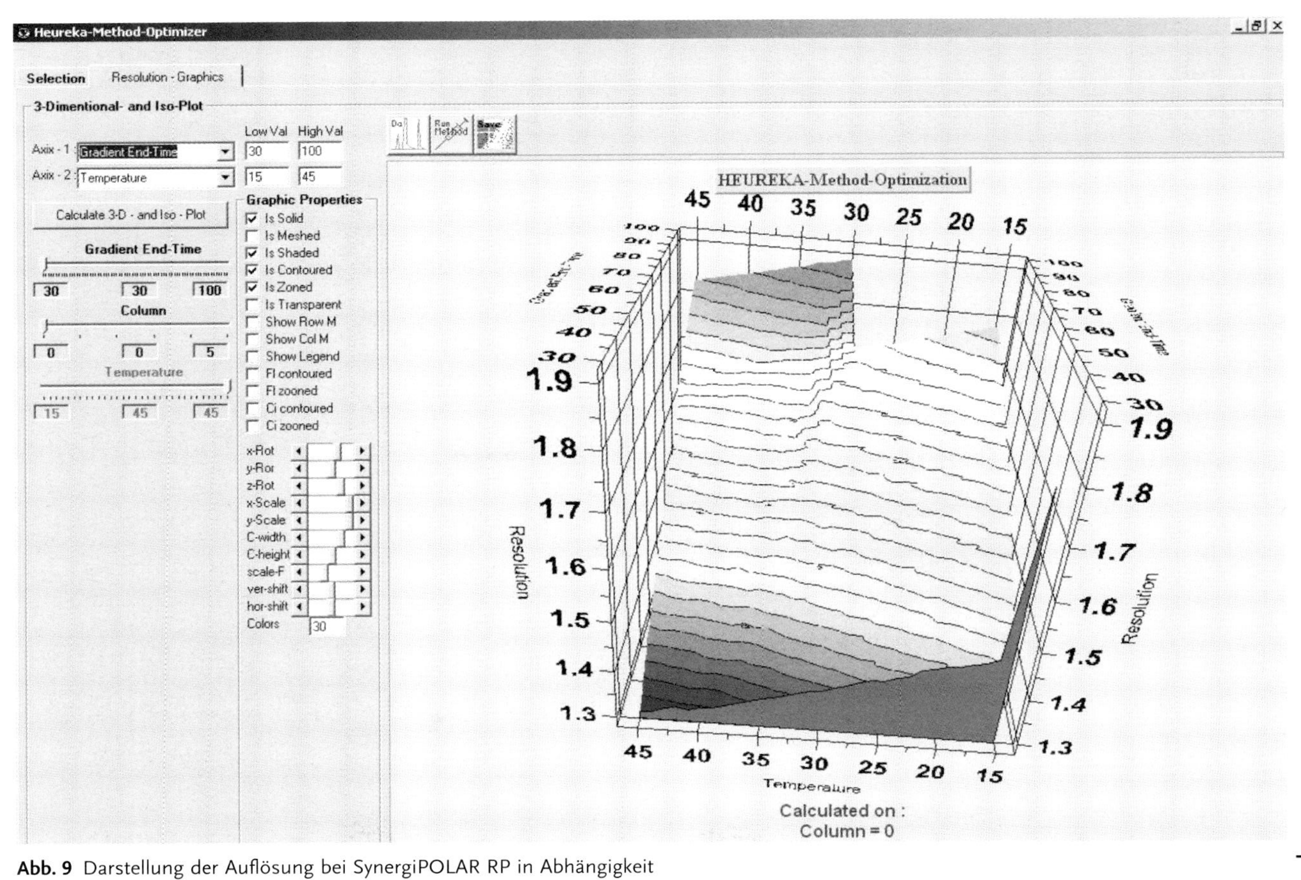

Abb. 9 Darstellung der Auflösung bei SynergiPOLAR RP in Abhängigkeit von Säulentemperatur und Gradientenlaufzeit.
x-Achse: Säulentemperatur;
y-Achse: Gradientenlaufzeit;
z-Achse: Auflösung als Maß für die Qualität der Trennung.

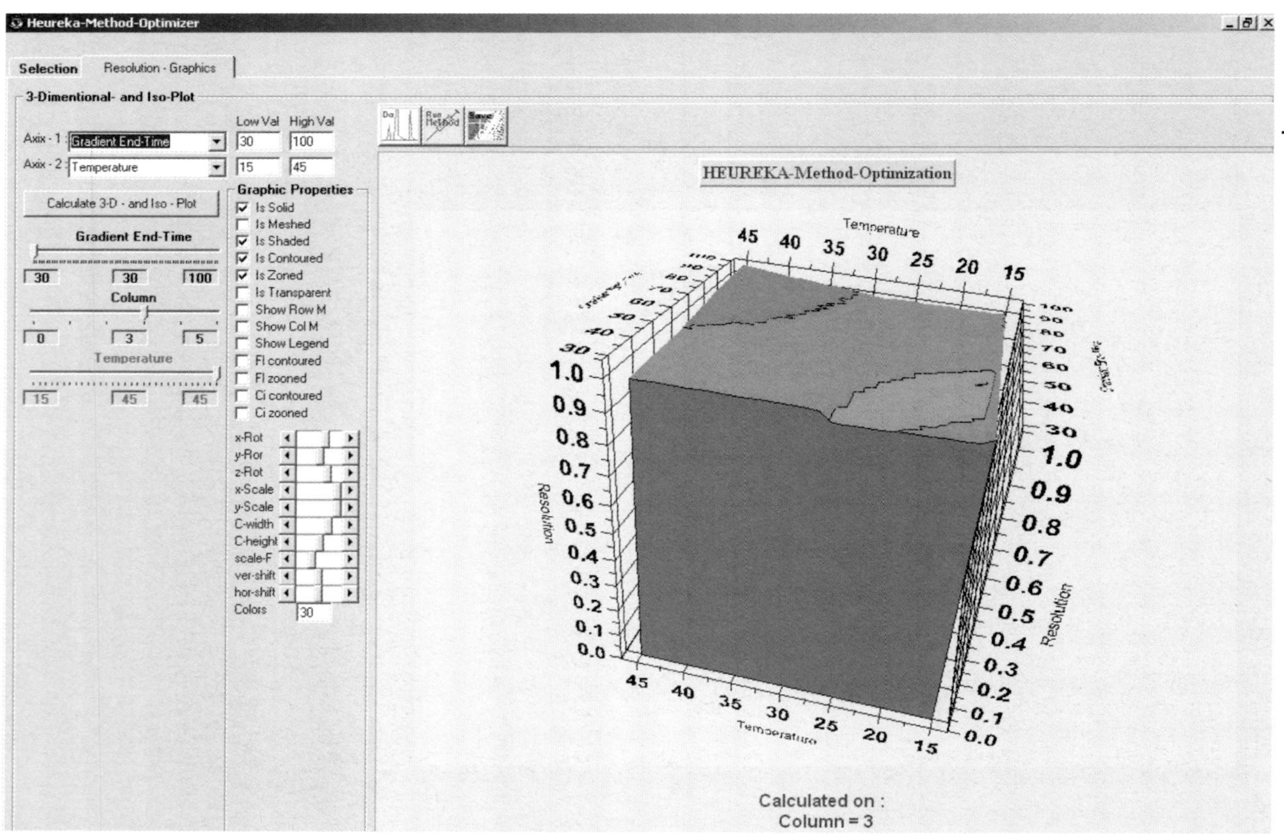

Abb. 10 Darstellung der Auflösung bei einer Säule, die zur Lösung des Trennproblemes ungeeignet ist.
x-Achse: Säulentemperatur;
y-Achse: Gradientenlaufzeit;
z-Achse: Auflösung als Maß für die Qualität der Trennung.

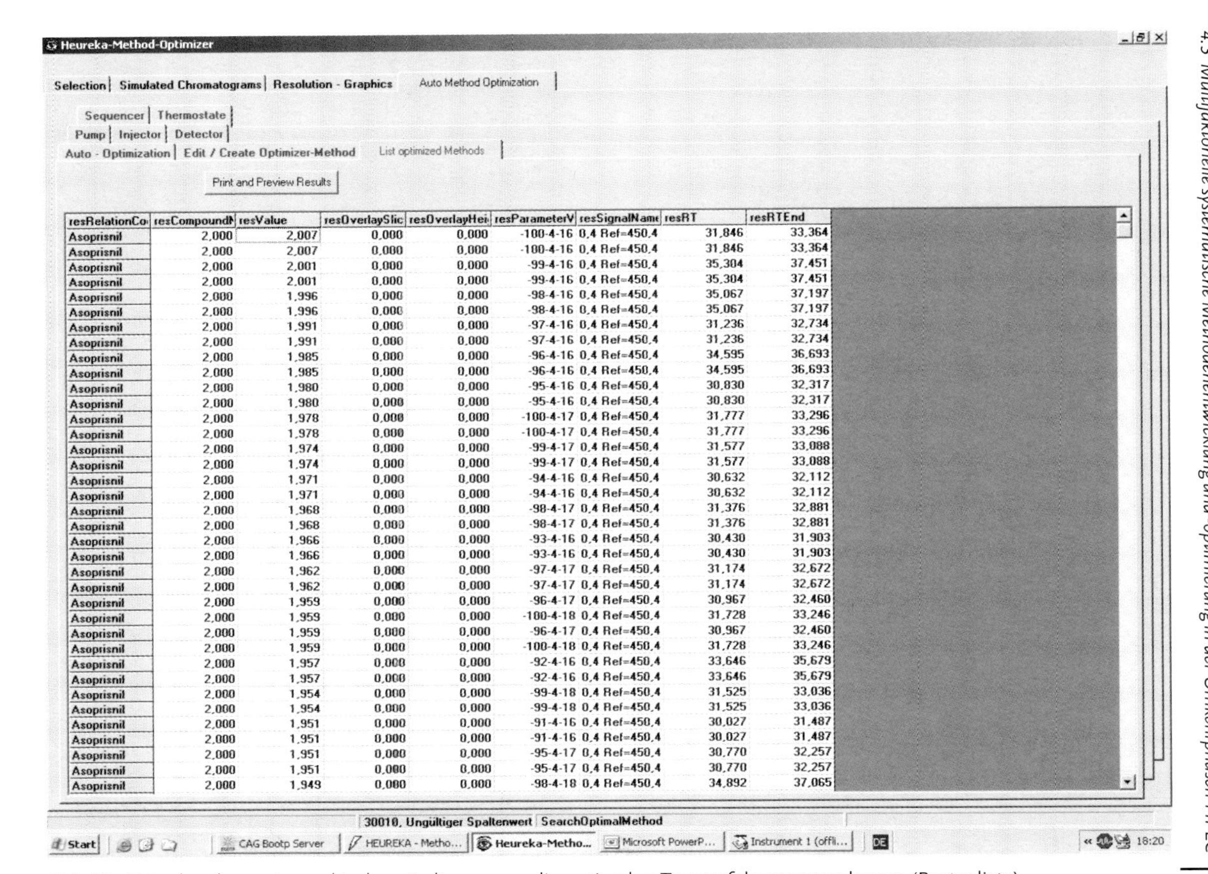

resRelationCo	resCompoundN	resValue	resOverlaySlic	resOverlayHei	resParameterV	resSignalName	resRT	resRTEnd
Asoprisnil	2,000	2,007	0,000	0,000	-100-4-16	0,4 Ref=450,4	31,846	33,364
Asoprisnil	2,000	2,007	0,000	0,000	-100-4-16	0,4 Ref=450,4	31,846	33,364
Asoprisnil	2,000	2,001	0,000	0,000	-99-4-16	0,4 Ref=450,4	35,304	37,451
Asoprisnil	2,000	2,001	0,000	0,000	-99-4-16	0,4 Ref=450,4	35,304	37,451
Asoprisnil	2,000	1,996	0,000	0,000	-98-4-16	0,4 Ref=450,4	35,067	37,197
Asoprisnil	2,000	1,996	0,000	0,000	-98-4-16	0,4 Ref=450,4	35,067	37,197
Asoprisnil	2,000	1,991	0,000	0,000	-97-4-16	0,4 Ref=450,4	31,236	32,734
Asoprisnil	2,000	1,991	0,000	0,000	-97-4-16	0,4 Ref=450,4	31,236	32,734
Asoprisnil	2,000	1,985	0,000	0,000	-96-4-16	0,4 Ref=450,4	34,595	36,693
Asoprisnil	2,000	1,985	0,000	0,000	-96-4-16	0,4 Ref=450,4	34,595	36,693
Asoprisnil	2,000	1,980	0,000	0,000	-95-4-16	0,4 Ref=450,4	30,830	32,317
Asoprisnil	2,000	1,980	0,000	0,000	-95-4-16	0,4 Ref=450,4	30,830	32,317
Asoprisnil	2,000	1,978	0,000	0,000	-100-4-17	0,4 Ref=450,4	31,777	33,296
Asoprisnil	2,000	1,978	0,000	0,000	-100-4-17	0,4 Ref=450,4	31,777	33,296
Asoprisnil	2,000	1,974	0,000	0,000	-99-4-17	0,4 Ref=450,4	31,577	33,088
Asoprisnil	2,000	1,974	0,000	0,000	-99-4-17	0,4 Ref=450,4	31,577	33,088
Asoprisnil	2,000	1,971	0,000	0,000	-94-4-16	0,4 Ref=450,4	30,632	32,112
Asoprisnil	2,000	1,971	0,000	0,000	-94-4-16	0,4 Ref=450,4	30,632	32,112
Asoprisnil	2,000	1,968	0,000	0,000	-98-4-17	0,4 Ref=450,4	31,376	32,881
Asoprisnil	2,000	1,968	0,000	0,000	-98-4-17	0,4 Ref=450,4	31,376	32,881
Asoprisnil	2,000	1,966	0,000	0,000	-93-4-16	0,4 Ref=450,4	30,430	31,903
Asoprisnil	2,000	1,966	0,000	0,000	-93-4-16	0,4 Ref=450,4	30,430	31,903
Asoprisnil	2,000	1,962	0,000	0,000	-97-4-17	0,4 Ref=450,4	31,174	32,672
Asoprisnil	2,000	1,962	0,000	0,000	-97-4-17	0,4 Ref=450,4	31,174	32,672
Asoprisnil	2,000	1,959	0,000	0,000	-96-4-17	0,4 Ref=450,4	30,967	32,460
Asoprisnil	2,000	1,959	0,000	0,000	-100-4-18	0,4 Ref=450,4	31,728	33,246
Asoprisnil	2,000	1,959	0,000	0,000	-96-4-17	0,4 Ref=450,4	30,967	32,460
Asoprisnil	2,000	1,959	0,000	0,000	-100-4-18	0,4 Ref=450,4	31,728	33,246
Asoprisnil	2,000	1,957	0,000	0,000	-92-4-16	0,4 Ref=450,4	33,646	35,679
Asoprisnil	2,000	1,957	0,000	0,000	-92-4-16	0,4 Ref=450,4	33,646	35,679
Asoprisnil	2,000	1,954	0,000	0,000	-99-4-18	0,4 Ref=450,4	31,525	33,036
Asoprisnil	2,000	1,954	0,000	0,000	-99-4-18	0,4 Ref=450,4	31,525	33,036
Asoprisnil	2,000	1,951	0,000	0,000	-91-4-16	0,4 Ref=450,4	30,027	31,487
Asoprisnil	2,000	1,951	0,000	0,000	-91-4-16	0,4 Ref=450,4	30,027	31,487
Asoprisnil	2,000	1,951	0,000	0,000	-95-4-17	0,4 Ref=450,4	30,770	32,257
Asoprisnil	2,000	1,951	0,000	0,000	-95-4-17	0,4 Ref=450,4	30,770	32,257
Asoprisnil	2,000	1,949	0,000	0,000	-98-4-18	0,4 Ref=450,4	34,892	37,065

Abb. 11 Liste der chromatographischen Bedingungen, die optimalen Trennerfolg erwarten lassen (Bestenliste).

4.3.5
Fazit und Ausblick

An einem Beispiel wurde aufgezeigt, wie Einflussfaktoren auf die chromatographische Trennung systematisch untersucht werden können. Die Einbeziehung der stationären Phase als Faktor öffnet die Sicht für die Komplexizität der Wechselwirkungen von Faktoren in der Chromatographie. Mit HEUREKA wurde ein Werkzeug geschaffen, mit dem Methodenentwicklungen in der HPLC multifaktoriell durchgeführt werden können. Das „globale" Optimum kann für ein Trennproblem besser und mit weniger manuellem Aufwand als bisher gefunden werden. Methodenentwicklungen sollten seltener unerklärlich in einer Sackgasse enden.

Mit HEUREKA wurden die früheren Gedanken [4] zur Automatisierung der Methodenentwicklung in der Umkehrphasen-HPLC konsequent weiterentwickelt und umgesetzt.

In einer späteren Entwicklungsphase könnte realisiert werden, dass die in der HEUREKA-Datenbank abgelegten Daten zu Retentionszeiten mit den chemischen Strukturformeln der aufgetretenen Analyte verknüpft werden. Dann wird es möglich sein, dort mit Suchprogrammen nach konkreten Strukturen oder Teilstrukturen zu recherchieren und die zugehörigen chromatographischen Bedingungen zu finden. Auf dem schnell wachsenden und komplexen Datenfundament kann ein lernendes Expertensystem aufsetzen, das Korrelationen zwischen chemischen Strukturen und ihren chromatographischen Eigenschaften erkennen und Vorhersagen zur Lösung neuer Trennprobleme liefern kann. Schließlich kann daran gedacht werden, den Ansatz der systematischen Überprüfung der chromatographischen Faktoren, wie er oben beschrieben wurde, weiterzuentwickeln und das Prinzip der statistischen Versuchsplanung [1, 2] auf die Methodenentwicklung anzuwenden. Die Zahl der chromatographischen Experimente würde dadurch drastisch verringert und die Belegzeit der HPLC-Instrumente verkürzt werden.

Literatur

1 M. Preu, M. Petz, Experimental Design zur Optimierung komplexer chemischer Derivatisierungsreaktionen – Prinzip und Anwendungsbeispiele, *Lebensmittelchemie* 53 (1999), 31–32.

2 M. Preu, M. Petz, D. Guyot, Experimental Design zur Optimierung einer Derivatisierungsreaktion, *GIT Labor Fachzeitschrift* 1998, 854-857.

3 M. A. Briese, Effiziente Methodenentwicklung in der HPLC, *Laborpraxis*, 21 (1997), 26–32.

4 M. Pfeffer, H. Windt, Automatization for development of HPLC methods *Fresenius J. Anal. Chem.*, 369 (2001), 36–41.

5 U. Huber, Method development – solvent and column selection with Agilent 1100 Series valve solutions, Agilent Publication No. 5900–8347EN (2002).

6 M. Otto, A. Schirmer, U. Clausnitzer, M. Pfeffer, Systematic Optimsation of high-performance liquid chromatographic separation by varying the temperature, gradient, and stationary phase, *Anal. Bioanal. Chem.*, 372 (2002), 341–346.

7 K. Bürkle, J. Paschlau, Methodenentwicklung bequem und leistungsstark, *LaborPraxis*, 26 (2002), 56–58.

8 M. R. Euerby, P. Petersson, Chromatographic classification and comparison of commercially available reversed-phase liquid chromatographic columns using principal component analysis, *J. Chromatography A*, 994 (2003), 13–36.

5
„Anwender berichten"

HPLC richtig optimiert: Ein Handbuch für Praktiker. Herausgegeben von Stavros Kromidas

ISBN: 3-527-31470-9

5.1
Nano-LC-MS/MS in der Proteomforschung

Heike Schäfer, Christiane Lohaus, Helmut E. Meyer und Katrin Marcus

5.1.1
Proteomforschung – eine Einführung in die Thematik

Der Begriff Proteom wurde durch Wilkins und Williams im Jahr 1996 eingeführt [1]. Das Proteom stellt die Gesamtheit aller Proteine dar, die zu einem bestimmten Zeitpunkt eines definierten Zustandes in einem Organismus oder Gewebe exprimiert werden. Im Gegensatz zum zeitlich konstanten Genom ist das Proteom, abhängig von inneren und äußeren Parametern wie Zellstress, Temperatur, Interaktionen usw., eine dynamische, flexible Größe. Aus diesen Gründen ist die Proteomforschung eine wichtige Ergänzung zur Genomforschung, da auch Zustände erfasst werden können, die auf der Ebene des Genoms nicht zu ermitteln sind. Dazu gehört z. B. die Detektion von posttranslationalen Modifikationen oder von Genprodukten, die durch alternatives Spleißen der prä-mRNA entstanden sind. Ebenso ist eine Quantifizierung erst auf Proteinebene möglich, da keine quantitative Korrelation zwischen den mRNA- und den entsprechenden Genprodukten besteht. In der differentiellen Proteomanalyse ist es durch einen Vergleich verschiedener Proteome von bestimmten Zuständen eines Zelltyps, eines Gewebes oder eines Organismus möglich, wichtige Informationen über Proteindifferenzen zwischen den untersuchten Zuständen zu erhalten. So können z. B. durch den Vergleich von gesundem und krankem Gewebe Proteine, die für die Krankheit spezifisch sind, detektiert werden. Heutzutage stehen für die Proteomanalyse verschiedene Techniken zur Verfügung, darunter die „klassische" SDS-PAGE und 2D-PAGE [2, 3], andere zweidimensionale Trennmethoden auf der Basis der Gelelektrophorese [4, 5], Proteinchip-Technologie [6] sowie ein- und mehrdimensionale Chromatographiemethoden [6] (s. auch Kap. 5.3). Bei der eindimensionalen SDS-PAGE werden die Proteine in der Probe aufgrund ihres Molekulargewichtes aufgetrennt. Dabei sind, gerade bei komplexen Proteingemischen, in den einzelnen Banden häufig mehrere Proteine zu finden. Für die weitere Analyse sollte sich also eine Chromatographie gekoppelt mit massenspektrometrischen Systemen anschließen. Die „klassische" 2D-PAGE enthält schon in der Elektrophorese eine zweite Trenndimension, sodass hier eine bessere Auftrennung der einzelnen Proteine zu beobachten ist. Die Qualität der Gele ist hier von den Eigenschaften der Proteine abhängig, da hydrophobe und basische Proteine wie z. B. Membranproteine während der isoelektrischen Fokussierung im Gel präzipitieren und sich nicht mehr in die zweite Dimension überführen lassen. In diesen Fällen werden häufig mehrdimensionale Chromatographiesysteme für die Trennung der Proteine auf der Basis der Peptide verwendet. Eine differentielle Analyse ist aber auf dieser Ebene kaum möglich, da bildgebende Verfahren hier noch fehlen. Eine der neuesten Entwicklungen in der Proteomforschung stellen

HPLC richtig optimiert: Ein Handbuch für Praktiker. Herausgegeben von Stavros Kromidas

ISBN: 3-527-31470-9

die Proteinchips dar. Die Oberfläche dieser Chips variiert je nach Fragestellung. Es können z. B. Antikörper gebunden sein, die nur bestimmte Proteine einer Probe binden. Auf diesem Weg wird die Anzahl der enthaltenen Komponenten deutlich reduziert und nur die interessierenden Proteine werden auch analysiert. Des Weiteren können auch Protein-Interaktionen mittels dieser Technik untersucht werden [7, 8]. Die Identifizierung der Proteine erfolgt bei den beschriebenen Methoden durch massenspektrometrische Techniken. Zur empfindlichen Detektion und Identifizierung der Proteine bzw. Peptide werden heute verschiedene Typen hochempfindlicher Massenspektrometer (z. B. Flugzeit- (TOF), Triple Quadrupol- oder Ionenfallen-Geräte) mit unterschiedlichen Ionenquellen (z. B. Elektrospray-Ionisation (ESI) [9], Matrix-unterstützte Laser Desorption/Ionisation (MALDI) [10]) verwendet. Die ESI-MS eignet sich besonders gut zur Online-Kopplung an die Flüssigkeitschromatographie [11], da die Analytmoleküle in gelöster Form vorliegen. Auch MALDI-Analysen können an eine chromatographische Trennung angeschlossen werden. Die Kopplung erfolgt in diesem Fall allerdings offline. Durch den Einsatz von zusätzlichen Vor- bzw. Konzentrierungssäulen, die der eigentlichen Peptidtrennung vorgeschaltet werden, kann die Sensitivität der Analyse und damit die Detektions- und Identifizierungsrate deutlich gesteigert werden. Die Kopplung der Nano-LC und MS soll im Folgenden am Beispiel der Online-Kopplung mit einem ESI-Ionenfallenmassenspektrometer und der Offline-Kopplung mit einem MALDI-Flugzeitmassenspektrometer (MALDI-TOF) gezeigt werden. Die wichtigsten Punkte, die bei der Proteinidentifizierung mittels LC-MS zu beachten sind, werden im Anschluss in Tabelle 3 zusammengefasst.

5.1.2
Probenvorbereitung für die Nano-LC

Die meisten differentiellen Proteomanalysen werden mittels „klassischer" zweidimensionaler Polyacrylamid-Gelelektrophorese (2D-PAGE) durchgeführt, bei der die Proteine zunächst aufgrund ihrer unterschiedlichen isoelektrischen Punkte in der ersten Dimension und anschließend in der zweiten Dimension auf der Ebene der unterschiedlichen Molekulargewichte getrennt werden (Abb. 1) [2, 3]. Die differentielle Analyse wird mithilfe entsprechender Software zur Bildauswertung, z. B. Proteomweaver (Definiens, München, Deutschland), Decider (GE Healthcare, München, Deutschland) oder Progenesis (Nonlinear, Newcastle, Großbritannien) durchgeführt. Die Proteinspots, die für eine weitere Analyse interessant erscheinen, werden proteolytisch gespalten; dazu wird häufig Trypsin verwendet. Trypsin ist eine spezifische Protease, die das Protein auf der C-terminalen Seite der Arginin- und Lysinreste spaltet. Die Trypsinmenge für den Verdau sollte etwa 1/20 der zu verdauenden Probenmenge entsprechen. Das Trypsin (z. B. „porcine, sequencing grade modified", Promega, Madison, USA) wird in Puffer (10 mM Ammoniumhydrogencarbonat) aufgenommen und in möglichst hoher Konzentration und daher minimalem Volumen zu der Probe gegeben. Bei der Spaltung von Proteinen in der Gelmatrix sind in der Regel 2 μL Trypsinlösung

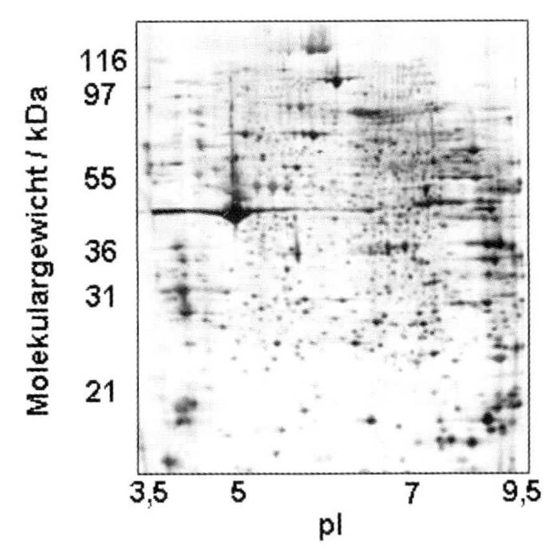

Abb. 1 2D-PAGE. Es wurden 180 µg Thrombozytenproteine aufgetragen. Für die isoelektrische Fokussierung wurde die Methode nach Görg [2] mit immobilisierten pH-Gradienten im Bereich 3–10 verwendet. Die Trennung in der zweiten Dimension erfolgte mittels eines Tris-Glycin-Gels mit einer Acrylamidkonzentration von 11 % und einer Vernetzung von 2,6 %, in denen eine Trennung der Proteine von 10 bis 150 kDa möglich ist.

mit einer Konzentration von 0,03 µg/µL ausreichend. Der proteolytische Verdau erfolgt bei 37 °C für mindestens 6 Stunden. Die tryptischen Peptide werden nach dem Verdau aus den Gelstücken mit HPLC-kompatiblen Lösungsmitteln, z. B. 5 % Ameisensäure (FA), 0,1 % Trifluoressigsäure (TFA) in bidest. Wasser, extrahiert und für die weitere Analyse verwendet [12]. Häufig wird dem Lösungsmittel Acetonitril zugefügt, um möglichst viele Peptide aus den Gelstücken zu extrahieren. Dann müssen die gelösten Peptide zunächst lyophilisiert und in einem wässrigen Lösungsmittel wieder aufgenommen werden, um zu verhindern, dass die Probe wegen des Gehalts an organischem Lösungsmittel nicht gebunden und direkt eluiert wird.

5.1.3 **Nano-LC**

Der Einsatz der HPLC wurde durch die Anpassung der HPLC-Systeme an die geringen Probenmengen der Proteomanalyse mittels der Mikro- und Nano-Technik (Innendurchmesser der HPLC-Säulen zwischen 180 und 75 µm) sehr interessant. Durch die kleinen Säulendurchmesser wurde die Sensitivität so weit verbessert, dass bereits Proteinmengen im Femtomol-Bereich für eine Identifizierung ausreichen (s. auch Kap. 2.7.1). Dazu wurden zum einen bio-inerte Systeme entwickelt, die verhindern, dass Anteile der enthaltenen Peptide irreversibel innerhalb des Systems gebunden werden. Zum anderen wurden entsprechende Systeme und Techniken entwickelt, die mit den geringen Flussraten (z. B. 200 nL/min) der Nano-LC arbeiten können. So besteht die Möglichkeit, durch die Kombinationen von zwei Schaltventilen die zu analysierende Probe zunächst auf einer kurzen Vorsäule mit größerem Innendurchmesser (5 mm Länge × 0,3 mm Innendurchmesser) bei hohen Flussraten (30 µL/min) zu konzentrieren und zu entsalzen. Erst dann wird die Vorsäule in das eigentliche HPLC-System geschaltet, und die Peptidtrennung erfolgt auf einer Umkehrphasenchromatographie-Säule (RP-LC) mit einem Innendurchmesser von 75 µm. Durch diese Kopplung von Vorsäule und eigentlicher Trennsäule ist es möglich, Volumina von mehreren Mikroliter innerhalb von Minuten in das Separationssystem einzubringen und anschließend per Nano-LC die Komponenten der Probe ohne Verlust an Empfindlichkeit und Auflösung zu analysieren und zu detektieren. Der direkte Auftrag dieser Probenvolumina auf die Trennsäule ist nicht möglich, da bei den geringen Flüssen der Nano-LC mehrere Stunden nötig wären, um die Probe auf den Säulenkopf zu spülen. Das beschriebene System kann außerdem durch eine zweite Vorsäule ergänzt werden, so dass die eine Vorsäule durch die integrierte Ladepumpe mit verschiedenen Anteilen an organischem Lösungsmittel gewaschen (50 % MeCN + 0,1 % TFA für 20 min., 84 % MeCN + 0,1 % TFA für 10 min.) und im Anschluss wieder äquilibriert wird (0,1 % TFA bis zum Ende der Analysenzeit), während mit dem nano-Fluss die Probe von der anderen Vorsäule eluiert wird (Abb. 2). Auf diesem Weg können Memory-Effekte minimiert werden, die sonst teilweise bei der Injektion großer Proteinmengen oder hydrophober Proteine beobachtet werden [13]. Das System für die oben beschriebene Anwendung besteht aus

- einem Probenehmer mit integrierter Probenschleife (z. B. Famos, LC Packings Dionex, Idstein, Deutschland), um so Analysen rund um die Uhr zu ermöglichen,
- einer Komponente mit integrierten Schaltventilen und einer Ladepumpe, um die Probe auf den Vorsäulen zu konzentrieren (z. B. Switchos, LC Packings Dionex),
- der HPLC-Pumpe mit eingebautem Flusssplitter, um auf den entsprechenden geringen Fluss der Nano-LC zu minimieren, und einem UV-Detektor mit „Z"-Zelle (1 cm Lichtweg, 3 nL Volumen) zur Kontrolle des gesamten HPLC-Systems (z. B. Ultimate, LC Packings Dionex).

Die Trennung der Peptide erfolgt mittels Gradientenelution. Entsprechend der RP-LC werden die Peptide mit steigendem Gehalt an organischem Lösungsmittel, in den meisten Fällen Acetonitril (ACN), eluiert. Ein weiterer wichtiger Bestandteil des Lösungsmittelsystems ist das Ionenpaarreagenz, häufig TFA oder FA. Meist wird ein binäres System verwendet, wobei z. B. Lösungsmittel A aus 0,1 % FA in bidest. Wasser besteht und Lösungsmittel B aus 84 % ACN und 0,1 % FA in bidest. Wasser [14]. Für das Aufspülen der Probe auf die Vorsäule und die Probenkonzentrierung wird 0,1 % TFA in bidest. Wasser benutzt, da die Peptide bei der Verwendung von TFA besser auf der Vorsäule gebunden werden als bei der Verwendung von FA. Dagegen wird für die Lösungsmittel innerhalb des Gradientensystems FA genutzt, da die Ionisation in der Massenspektrometrie weniger stark durch FA als durch TFA supprimiert wird [15]. Je nach Fragestellung werden Elutionsprogramme unterschiedlicher Dauer verwendet: Je komple-

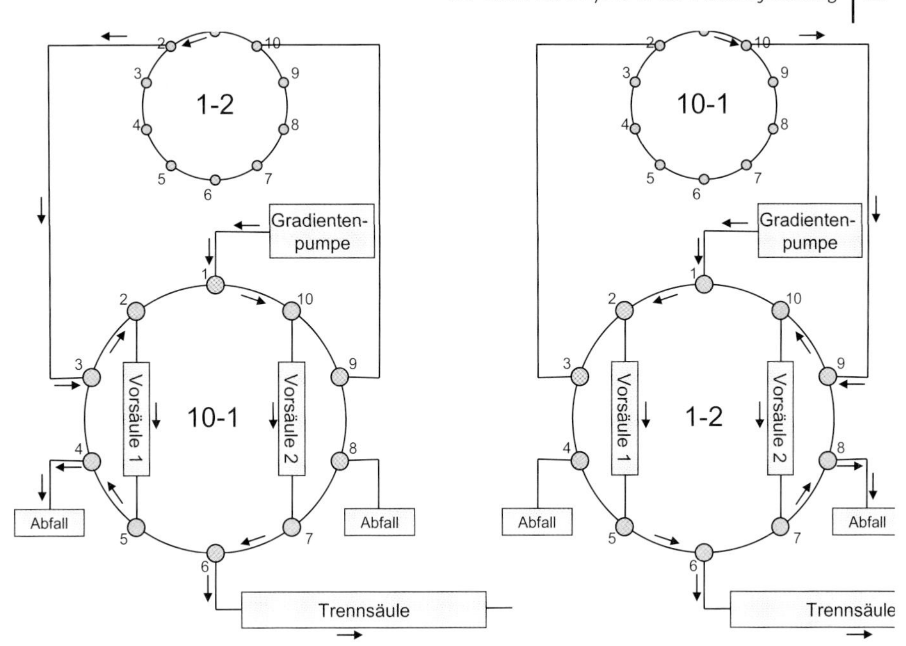

Abb. 2 Schematische Darstellung der Ventilschaltung. (a) Die Peptide werden auf der linken Vorsäule mittels der Lösungsmittel der Ladepumpe konzentriert und gewaschen. Nach diesem Schritt werden die Ventile geschaltet (b). Die Peptide werden durch den Gradienten der Gradientenpumpe von der Vorsäule auf die Hauptsäule gespült, dort getrennt und nacheinander eluiert. Während dieser Zeit wird die zweite Vorsäule mit verschiedenen Lösungsmitteln durch die Ladepumpe gewaschen.

xer eine Probe, desto flacher sollte die Gradientensteigung sein, um eine möglichst optimale Trennung zu erreichen. Neben dem eigentlichen Gradienten enthält das Elutionsprogramm noch einen Schritt zur Säulereinigung mit hohem Anteil an organischem Lösungsmittel und einen weiteren Schritt zur Äquilibrierung der Trennsäule, für den die Anfangsbedingungen des Gradienten gewählt werden. Tabelle 1 und Abb. 3 zeigen den Gradientenverlauf und ein typisches Elutionsprogramm zur Analyse einer Probe mit bis zu zehn Proteinkomponenten mit einer Dauer von einer Stunde, wobei der eigentliche Elutionsgradient eine Zeitdauer von dreißig Minuten umfasst. Bei der Verwendung von Nano-LC-Systemen ist die Vermeidung von Totvolumina von größter Wichtigkeit, da bereits Totvolumen in der Größenordnung von einem Mikroliter bei einem Lösungsmittelfluss von 200 nL/min wie eine Art „Mischkammer" wirken. Dies bewirkt eine Verringerung der Sensitivität und der Trenneffektivität des Systems, die bei den geringen Probenmengen der Proteomforschung zum Verlust aller wichtigen Informationen führen kann. Ob das oben beschriebene System aus Vorsäule und Trennsäule frei von Totvolumina ist, kann auf die folgende Art und Weise überprüft werden:

Tabelle 1 Gradientenverlauf über die Dauer von 1 Stunde.

Zeit [min]	*%A*	*%B*
0	95	5
35	50	50
40	5	95
45	5	95
46	95	5
64	95	5

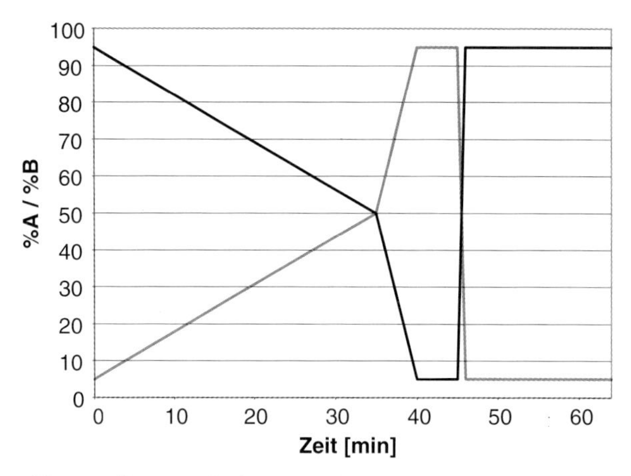

Abb. 3 Gradientenverlauf. Der Gradient startet mit 5 % B. Der größte Anteil der Peptide wird zwischen 5 % und 50 % B eluiert, so dass der Gehalt an B hier mit 1,3 % B/min gesteigert wird. Anschließend wird der Anteil an B innerhalb von 5 min auf 95% B erhöht und für 5 min gehalten, um so hydrophobe Peptide zu eluieren und mögliche Kontaminationen von der Säule zu waschen. Danach wird die Säule für 18 min. mit 5 % B äquilibriert.

- Zunächst wird die Trennsäule mit den Anfangsbedingungen des Elutionsprogramms gespült, bis eine gerade Basislinie erreicht ist.
- Dann wird die Vorsäule, die zuvor mit 0,1 % TFA gespült wurde, in das Trennsystem geschaltet. Aufgrund der unterschiedlichen UV-Absorptionseigenschaften von TFA und FA ist im Chromatogramm eine deutliche Absorptionsabnahme zu erkennen, wenn die TFA, die sich im Vorsäulensystem beim Schalten des Ventils befand, in der UV-Zelle detektiert wird. Bei einem totvolumenfreien System verringert sich die UV-Absorption innerhalb kürzester Zeit auf einen gleich bleibenden Wert, bleibt konstant, bis der TFA-Plaque die Vorsäule, die Trennsäule und die „Z“-Zelle des UV-Detektors passiert hat und erhöht sich dann in kurzer Zeit wieder auf den ursprünglichen Wert des FA-Lösungsmittels (Abb. 4a) [15]. Ein vorliegendes Totvolumen in der Vorsäule oder den Verbindungen zwischen den einzelnen HPLC-Komponenten kann durch eine nur langsam ansteigende Basislinie, nachdem der TFA-Plaque die UV-Detektorzelle passiert hat, detektiert werden. In diesem Fall mischen sich

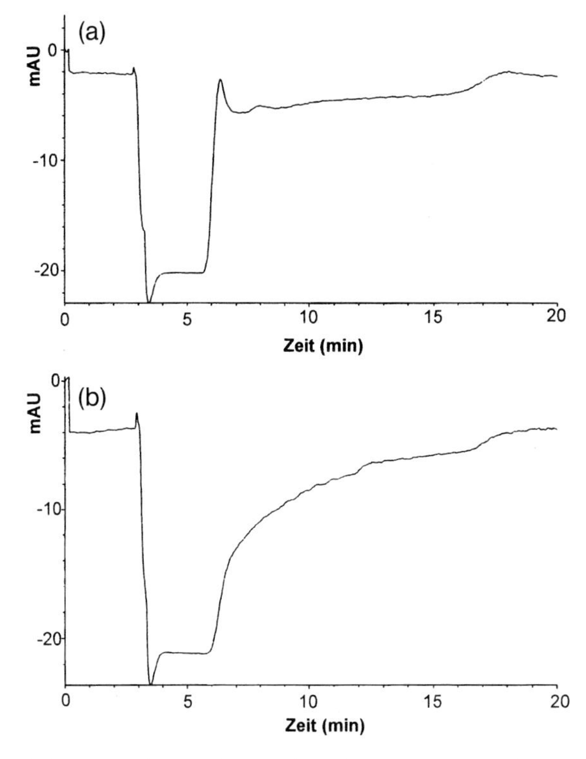

Abb. 4 Detektion von Totvolumina. Die Chromatogramme zeigen den Bereich der ersten 20 Minuten der Auftrennung mittels des zuvor gezeigten Gradienten.
(a) Innerhalb des HPLC-Systems ist kein Totvolumen detektierbar. Die UV-Absorption vermindert sich innerhalb weniger Sekunden, wenn der TFA-Plaque aus der Vorsäule den UV-Detektor erreicht, bleibt dort konstant, bis wieder die FA enthaltenden Lösungsmittel des Trennsystems detektiert werden. Die UV-Absorption steigt dann in kürzester Zeit wieder etwa auf den ursprünglichen Wert.
(b) Im System wird ein Totvolumen detektiert. Die UV-Absorption erreicht nach dem TFA-Plaque erst nach längerer Zeit wieder den ursprünglichen Wert.

innerhalb des Totvolumens die beiden Lösungsmittelsysteme, sodass erst nach einer gewissen Zeit der ursprüngliche Absorptionswert des FA-Lösungsmittels wieder erreicht wird (Abb. 4b).

- Außerdem stellt der Trennsäulendruck einen weiteren Parameter zur Überprüfung des Systems dar. Der Säulendruck verringert sich, wenn die Vorsäule mittels des Schaltventils mit dem System verbunden wird. Dieser Wert sollte über alle Läufe reproduzierbar sein und eine Differenz von 5 bar nicht überschreiten. Wird dieser Wert überschritten, handelt es sich um ein starkes Indiz dafür, dass das HPLC-System nicht totvolumenfrei arbeitet. In diesen Fällen sollten die Säulen und die entsprechenden Verbindungen überprüft und nötigenfalls ausgetauscht werden, um das Totvolumen aus dem System zu entfernen und höchste Empfindlichkeit und Auflösung zu gewährleisten.

5.1.4
Online-LC-ESI-MS/MS-Kopplung

Bei der Online-Kopplung an das ESI-Ionenfallenmassenspektrometer [11] wird der aufgetrennte, gelöste Analyt direkt in die Ionenquelle des Massenspektrometers geleitet, ionisiert und die dabei entstehenden ein-, zwei- und dreifach geladenen Ionen werden durch den Massenanalysator detektiert. Dazu wird eine Nanosprayquelle genutzt, da diese kompatibel zu den geringen Flüssen und Probenmengen der Nano-LC ist, um so die Probenverluste gering zu halten. Die Quelle (z. B. PicoView™ 100, New Objective Inc., Woburn, USA) besteht aus

- einem Spannungsüberträger,
- einem beweglichen Probenteller, um die Spitze der Nadel optimal vor der Öffnung des Massenspektrometers zu platzieren,
- und einer Nanospraynadel (z. B. Picotips, New Objective Inc.), die aus einer metallbedampften Glaskapillare besteht, um die elektrische Spannung an den gelösten Analyten zu übergeben.

An der Spitze der Nadel wird ein feines Spray aus kleinen, hochgeladenen Tropfen erzeugt, das in das Massenspektrometer (z. B. LCQdeca XP, ThermoElectron, San Jose, USA) eingeschleust wird. Dort wird der Analyt vollständig desolvatisiert und durch ein Linsensystem auf den Eingang der Endkappenelektrode der Ionenfalle fokussiert. Die Ionen werden in der Falle gehalten, entweder bis eine gewisse Ionendichte erreicht ist (2×10^7 Ionen) oder über eine definierte Zeitdauer (200 ms), wenn zuvor die Ionendichte nicht erreicht wird. Anschließend werden die Ionen entsprechend ihres Masse-zu-Ladungsverhältnisses (m/z) aus der Falle in den Elektronenvervielfacher geleitet und dort detektiert. Zur Analyse wird zunächst ein Spektrum über den gesamten Massenbereich („Full-MS") aufgenommen, es folgen drei Tandemmassenspektren (MS/MS) der intensivsten Ionen des Full-MS, wobei jeweils eine minimale Intensität von 3×10^5 erreicht werden muss, damit das Ion zur Fragmentierung ausgewählt wird (Abb. 5). Die Funktion „Dynamic Exclusion" schließt dann in den nächsten Minuten bereits fragmentierte Ionen für die MS/MS-Selektion aus. Durch diese Funktion werden viele, auch gering konzentrierte Peptide durch ein MS/MS-Spektrum detektiert, um so möglichst hohe Sequenzabdeckungen zu erreichen. Von größter Wichtigkeit ist es, in regelmäßigem Abstand den Massenanalysator zu reinigen. So müssen bei einem kontinuierlichem Betrieb einmal pro Woche Rückstände, die sich in der beheizten Kapillare festgesetzt haben, mit einer Mischung aus organischem Lösungsmittel, Säure und Wasser entfernt werden. Des Weiteren sollte das System zur Fokussierung der Ionen jeden Monat mit Alkohol gereinigt werden, da auch hier Ablagerungen zur Verringerung der Empfindlichkeit und Auflösung führen können.

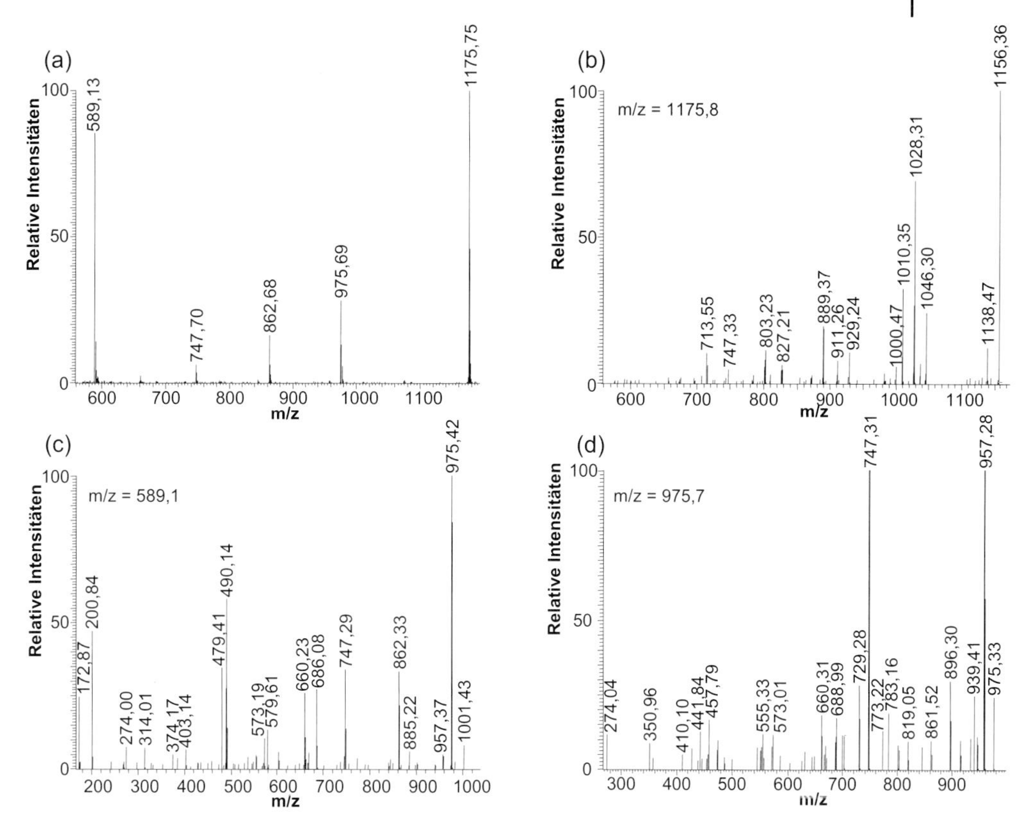

Abb. 5 Massenspektrometrische Analyse. Zunächst wird ein Gesamtmassenspektrum (a) aufgezeichnet. Aus diesem Spektrum werden die drei Ionen mit den intensivsten Signalen gewählt und nacheinander Fragmentionenspektren (m/z = 1175,8; 589,1; 975,7) davon gemessen (b–d).

5.1.5 Offline-LC-MALDI-MS/MS-Kopplung

5.1.5.1 Probenfraktionierung

Die Kopplung der Nano-LC an das MALDI-TOF Massenspektrometer ist nicht direkt möglich. Hier wird die Probe zunächst auf ein sog. Ankertarget (Bruker Daltonics, Bremen, Deutschland) aufgebracht [16]. Das Ankertarget besitzt insgesamt eine hydrophobe Oberfläche mit kleinen (600 µm Durchmesser) hydrophilen Positionen in gleichmäßigen Abständen. Dadurch wird erreicht, dass die Probe nur auf einer kleinen Fläche verteilt wird und damit konzentrierter vorliegt als bei einem unbeschichteten Target, da sie nur auf den hydrophilen Ankern des Targets mit der Matrix kokristallisiert. Als Matrix wird z. B. eine gesättigte Lösung α-Cyano-4-hydroxyzimtsäure in 97 % Aceton, 3 % Wasser und einem kleinen Anteil TFA, um die Ionisation der Probenmoleküle in der MALDI-Quelle zu unterstützen, verwendet. Diese wird auf dem Target vorgelegt und ge-

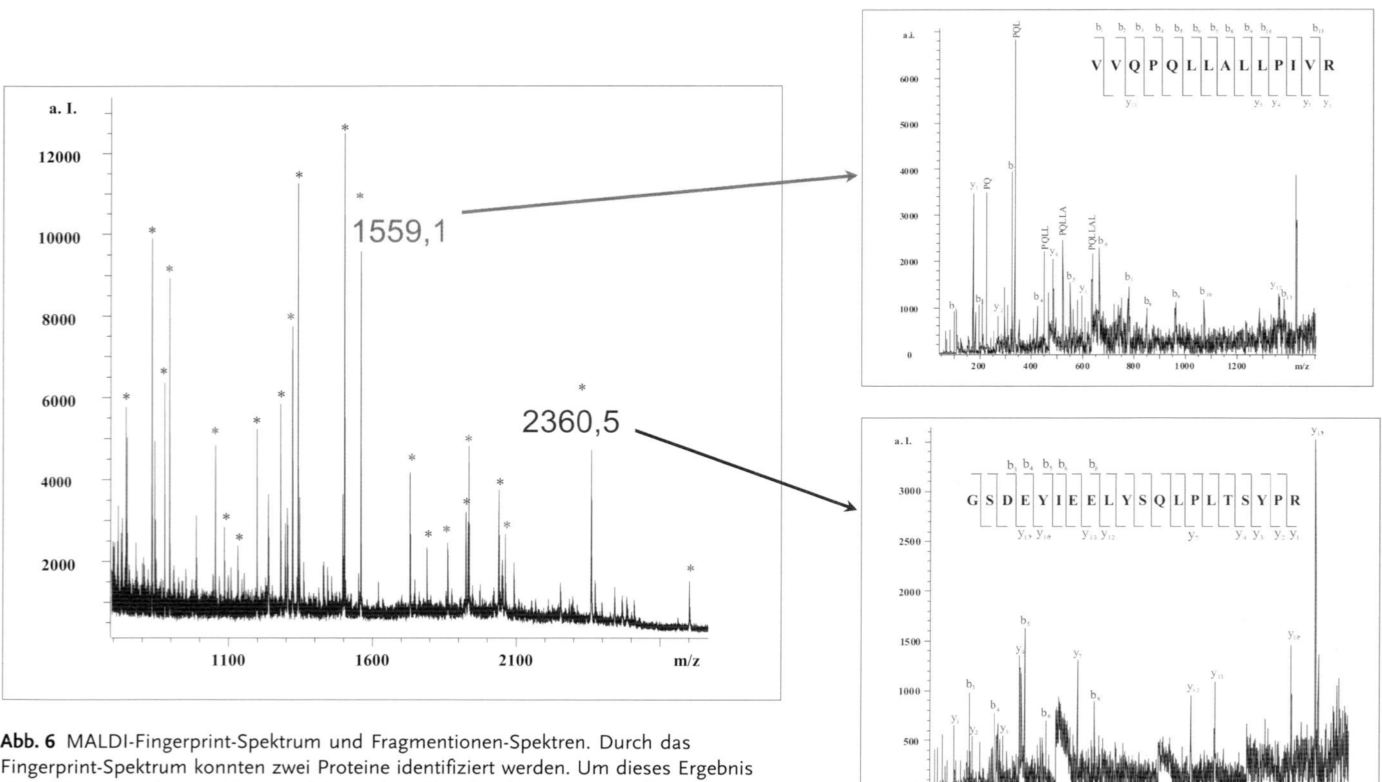

Abb. 6 MALDI-Fingerprint-Spektrum und Fragmentionen-Spektren. Durch das Fingerprint-Spektrum konnten zwei Proteine identifiziert werden. Um dieses Ergebnis abzusichern, wurden zwei Ionen mit intensiven Signalen daraus ausgewählt und Fragmentionenanalysen durchgeführt. In den beiden Spektren (rechts) konnten die großen Signale durch Fragmentionen des jeweiligen Peptides erklärt werden.

trocknet. Die Fraktionierung der Probe erfolgt automatisch mithilfe eines entsprechenden Probensammlers (z. B. Probot, LC Packings Dionex), in den das Target fest eingespannt werden kann. Der Probenteller kann dann entsprechend in den drei Ebenen auf die Positionen des Targets justiert werden, sodass das geringe Volumen der Nano-LC direkt auf der vorgelegten Matrix abgesetzt wird. Mit diesem Aufbau ist es möglich, Fraktionen in der Größenordnung von 40 nL Volumen zu sammeln. Nach der Fraktionierung der Probe auf das Ankertarget werden die einzelnen Fraktionen zusammen mit der Matrix durch eine Lösung aus 0,01 % TFA, 30 % Aceton und 60 % Ethanol in Wasser umkristallisiert und stehen für die nachfolgende MALDI-Analyse zu Verfügung.

5.1.5.2 **MALDI-TOF-MS/MS-Analysen**

Beim MALDI-Prozess werden durch gepulsten Laserbeschuss die geladenen Peptid-Ionen zusammen mit der Matrix aus der Präparation freigesetzt. Hierbei entstehen vorwiegend einfach geladene Ionen. Zur Analyse der freien Ionen wird ein Flugzeitmassenanalysator verwendet. Die verschiedenen Ionen werden dabei aufgrund der unterschiedlichen Geschwindigkeiten innerhalb einer feldfreien Driftstrecke aufgetrennt. Durch die Verwendung der „delayed extraction" [17] und eines Ionenreflektors wird die Auflösung und Empfindlichkeit des Systems verbessert, da die Ionen mit gleichem m/z-Wert aber unterschiedlicher Geschwindigkeit zur gleichen Zeit am Detektor ankommen. Die Ionendetektion erfolgt über einen Elektronenvervielfacher. Aufgrund von metastabilen Zerfällen (PSD, post-source decay) [18, 19] der Peptidionen, die in der feldfreien Driftstrecke beim Anlegen der entsprechenden Spannung auftreten, können auch hier Fragmentionenanalysen der einzelnen Peptide angeschlossen werden. Für diese PSD-Analysen wird ein Peptid (Elternion) ausgewählt und fragmentiert (Abb. 6). Alle anderen Peptidionen werden am Anfang der Driftstrecke durch Anlegen eines elektrischen Felds abgelenkt. Innerhalb der Driftstrecke werden die unterschiedlichen Fragmente aufgrund ihres m/z-Verhältnisses aufgetrennt und am Ende detektiert. Da die Energien der Fragmente sehr unterschiedlich sind, werden zunächst einzelne Spektren der verschiedenen Massenbereiche detektiert, die im Anschluss zu einem Gesamtspektrum summiert werden. Durch die Entwicklung der LIFT-Technologie (Bruker, Daltonic, Bremen, Deutschland), ist es jetzt möglich, den gesamten Massenbereich der Fragmentionen durch die Akquirierung eines einzigen Spektrums abzudecken. Dazu werden alle Fragmentionen direkt hinter der Quelle in einer entsprechenden Zelle energetisch so weit angehoben, dass die Differenz der kinetischen Energien zwischen dem Vorläuferion und dem kleinsten Fragmention nicht größer als 30 % ist [20].

5.1.6
Datenanalyse

Da die Aminosäuresequenz jedes Proteins unterschiedlich ist, entsteht für jedes Protein nach proteolytischer Spaltung ein spezielles, eindeutiges Peptidmuster – also ein „Fingerabdruck". Diese Peptide können im Massenspektrometer analysiert werden und die daraus resultierenden Daten werden für die Identifizierung mittels Datenbanksuche genutzt. Zur Analyse stehen verschiedene Auswerteprogramme zur Verfügung wie ProFound (prowl.rockefeller.edu/profound_bin/WebProFound.exe) [21], Mascot (http://www.matrixscience.com/search_form_select.html) [22] und MSFit (http://prospector.ucsf.edu/) [23]. Häufig reicht aber die Analyse über die MS-Daten nicht aus. Dies ist der Fall, wenn mehr als ein Protein in der Probe vorhanden ist, da die Programme die Zuordnung der Signale im Spektrum zu den einzelnen Proteinen nicht herstellen können. Reichen die MS-Daten nicht aus, so werden Fragmentionenspektren (MS/MS-Spektren) der einzelnen Ionen aufgenommen, um noch weitere, detailliertere Daten zu erhalten. Die Interpretation dieser Ergebnisse erfolgt ebenfalls mithilfe von Datenbankanalyse-Programmen wie z. B. Sequest [24, 25] oder Mascot [22]. Im Allgemeinen vergleichen die Programme die gemessenen Daten mit theoretischen Daten, die aus einer Datenbank gewonnen werden, bewerten anschließend die erhaltenen Ergebnisse und stellen sie anhand dieser Bewertung dar.

5.1.7
Anwendungsbeispiel: Analyse des α-Crystallin A in der Augenlinse der Maus

Die Anwendung der beiden beschriebenen Methoden wird im Folgenden anhand eines Beispiels gezeigt. Die Augenlinse der Maus enthält viele verschiedene Proteine, aber bei etwa 90 % der in der Linse enthaltenen Proteine handelt es sich um Crystalline. Die Sequenz der Crystalline ist sehr konserviert, so sind im Fall des α-Crystallin A während der Evolution nur etwa 3 % der Aminosäuren ausgetauscht worden. Die Crystalline verfügen also über eine sehr spezifische Struktur mit hohen Ansprüchen an die Stabilität und die Protein-Protein-Wechselwirkungen, da eine sehr dichte Proteinpackung in der Augenlinse vorliegt. Dabei sind die α-Crystalline eine der Hauptkomponenten der Augenlinse. Zur Untersuchung des α-Crystallin A wurden die Proteine aus der Augenlinse der Maus extrahiert und homogenisiert [26]. Die homogenisierten Proteine wurden anschließend mittels 2D-PAGE aufgetrennt, detektiert und die Spots in der Region, in der das α-Crystallin A auf dem Gel erwartet wird, ausgestochen. Die Proteine in den Gelspots wurden durch Trypsin proteolytisch gespalten und die entstandenen Peptide mittels Nano-LC mit dem oben beschriebenen LC-System aufgetrennt. Die eluierten Peptide wurden entweder direkt in das ESI-MS geleitet oder zunächst auf einem MALDI-Ankertarget mithilfe des Probots gesammelt und anschließend per MALDI-TOF/TOF analysiert (Abb. 7). Die Datenbankanalyse aller Daten erfolgte mittels Sequest. Ziel der Analysen war es, eine möglichst lückenlose Sequenzabdeckung des α-Crystallin A durch die gemessenen MS/MS-Daten in den einzelnen Spots zu erhalten. In Tabelle 2 sind die identifizierten Sequenzabdeckungen der beiden Methoden anhand zweier Spots, die an der gleichen Position im Gel detektiert wurden, dargestellt. Die Ergebnisse zeigen, dass diese Methoden sich im Bezug auf die Analysenergebnisse ergänzen. In den MALDI-TOF-MS Analysen werden einfach geladene und, damit häufig verbunden, kür-

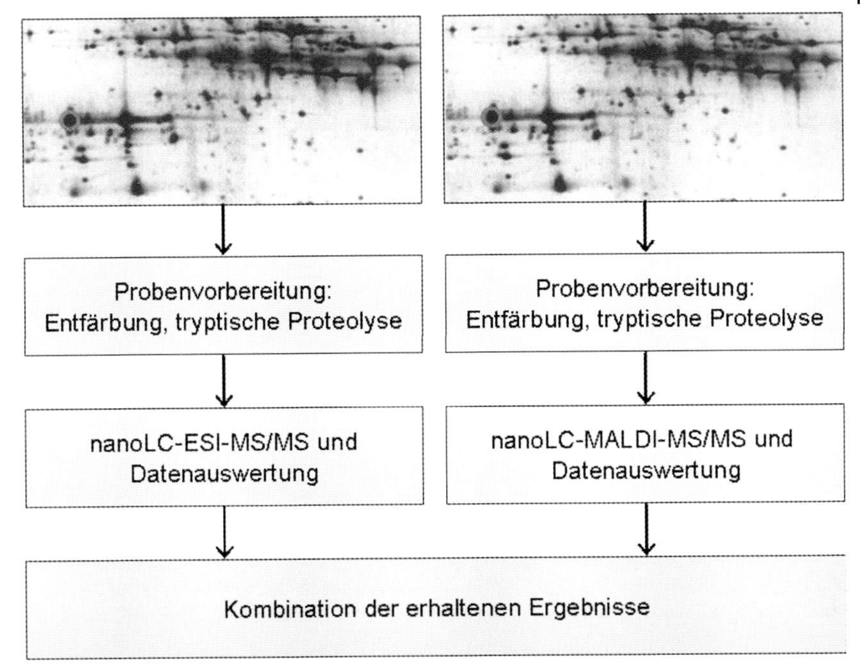

Abb. 7 Ablauf des Anwendungsbeispiels. Nach 2D-PAGE und Coomassiefärbung wurden die Spots beider Gele ausgestochen. Die interessierenden Proteine des einen Gels wurden per Online-Nano-LC-ESI-MS/MS nach tryptischer Proteolyse analysiert (a), während die Proteine aus den Spots des anderen Gels nach Trypsinbehandlung mittels der Kopplung aus Nano-LC und MALDI-TOF-MS/MS analysiert wurden (b).

Tabelle 2 Vergleich der identifizierten Proteine nach Online-Nano-LC-ESI-MS/MS oder Offline-Nano-LC-MALDI-MS/MS. Durch die Kombination der beiden Methoden kann die Anzahl der gefundenen Peptide und damit die Sequenzabdeckung erhöht werden.
Die durch Nano-LC-ESI-MS/MS identifizierten Proteine sind rot, die durch Nano-LC-MALDI-MS/MS sind blau und die durch beide Methoden identifizierten Sequenzabschnitte sind violett markiert.

nanoLC-ESI-MS/MS	*nanoLC-MALDI-MS/MS*
MDVTIQHPWF KRALGPFYPS RLFDQFFGEG LFEYDLLPFL SSTISPYYRQ SLFRTVLDSG ISEVRSDRDK FVIFLDVKHF SPEDLTVKVL EDFVEIHGKH NERQDDHGYI SREFHRRYRL PSNVDQSALS CSLSADGMLT FSGPKVQSGL DAGHSERAIP VSREEKPSSA PSS 58%	MDVTIQHPWF KRALGPFYPS RLFDQFFGEG LFEYDLLPFL SSTISPYYRQ SLFRTVLDSG ISEVRSDRDK FVIFLDVKHF SPEDLTVKVL EDFVEIHGKH NERQDDHGYI SREFHRRYRL PSNVDQSALS CSLSADGMLT FSGPKVQSGL DAGHSERAIP VSREEKPSSA PSS 54%
MDVTIQHPWF KRALGPFYPS RLFDQFFGEG LFEYDLLPFL SSTISPYYRQ SLFRTVLDSG ISEVRSDRDK FVIFLDVKHF SPEDLTVKVL EDFVEIHGKH NERQDDHGYI SREFHRRYRL PSNVDQSALS CSLSADGMLT FSGPKVQSGL DAGHSERAIP VSREEKPSSA PSS 70%	

zere Peptide besser detektiert. Dies ist darin begründet, dass bei dieser Methode auch die Immoniumionen detektiert werden, die charakteristisch für bestimmte Aminosäuren sind und damit für die Datenbanksuchen zusätzliche, sehr spezifische Daten zur Verfügung stellen. Auf der anderen Seite entstehen beim MALDI-Prozess keine mehrfach geladenen Ionen, sodass die Detektion von Peptiden, die ein Molekulargewicht größer als 3000 Da besitzen, erschwert bzw. nicht möglich ist. Diese größeren Peptide lassen sich besser mittels ESI detektieren, da hier auch mehrfach geladene Ionen entstehen. Die gezeigten Ergebnisse bestätigten sich durch die Analyse weiterer Proteinspots mittels beider beschriebener Methoden.

Tabelle 3 Zusammenfassung der einzelnen Schritte in der Proteomanalyse. Die wichtigsten Punkte und Probleme mit Lösungsansätzen sind hier gezeigt.

Analysenschritt	*Kritischer Punkt*	*Problemlösung*
Allgemein	Kontaminationen	Verwendung möglichst **reiner Lösungsmittel**, Tragen von **ungepuderten Handschuhen**, um das Einbringen von unspezifischen Probenverunreinigungen (z. B. Keratin) zu vermeiden.
Probenvorbereitung	Gleichbleibende Probenqualität	Erstellung **standardisierter Protokolle**, um Varianzen innerhalb der Proben zu vermeiden und reproduzierbare Ergebnisse zu erzielen.
2D-PAGE	Reproduzierbarkeit	Erstellung **standardisierter Protokolle**, um Varianzen innerhalb der unterschiedlichen Auftrennungen zu vermeiden.
Vorbereitung für die HPLC	Behandlung der Proteinspots	**MS-kompatible Färbung, Entfärben der Spots und pH-Wert-Einstellung** vor dem Verdau.
	Probenverdünnung	Zugabe eines **möglichst geringen Volumens** an Proteaselösung, und eines **möglichst geringen Volumens** zur Extraktion der Peptide aus der Gelmatrix.
	Unspezifische Adsorptionen	Verwendung von **Borsilikatglas** während der Probenvorbereitung, Verwendung von **bio-inerten HPLC-Systemen** und Ersatzteilen.
HPLC	Empfindlichkeit	**Totvolumen vermeiden**, angepasste Säulenparameter und Gradientensysteme verwenden.
ESI-Massenspektrometrie	Empfindlichkeit, Auflösung	**Regelmäßige Kontrolle** der Geräteparameter durch Analyse von Peptidstandards.
MALDI-Massenspektrometrie	Präparation	**Optimierung** der Probenkonzentrierung und der Targetpräparation.
	Empfindlichkeit, Auflösung	**Regelmäßige Kontrolle** der Geräteparameter durch Analyse von Peptidstandards.
Datenauswertung	Software	**Wahl der Datenbank, Beachtung der Verdau- und Geräte-spezifischen Parameter.**
	Dauer der Datenbanksuchen	**Wahl eines geeigneten Computersystems** entsprechend der auszuwertenden Datenmengen.

Ein bedeutender Vorteil der Online-LC-ESI-MS/MS-Analysen ist die automatische Erzeugung einer großen Menge an Fragmentionenspektren und damit sehr spezifischen Daten während der Messung, die zur eindeutigen Identifizierung eines Proteins genutzt werden können. Im Gegensatz dazu ist die Analyse der auf dem MALDI-Target gesammelten Fraktionen erst nach dem Ende des Nano-LC-Laufes möglich, wodurch die Analysen deutlich verlängert werden. Allerdings besteht bei der Offline-LC-MALDI-MS-Kopplung der sehr große Vorteil der Lagerbarkeit der Fraktionen auf dem Ankertarget bis zu mehreren Tagen. So ist es möglich, auch später noch durch weitere Messungen die Ergebnisse zu ergänzen. Diese Möglichkeit ist durch den beschriebenen Ionisationsprozess bei der Online-LC-ESI-MS/MS-Kopplung nicht gegeben. Zusammenfassend können diese beiden Verfahren aber als komplementäre Methoden gesehen werden, um durch den kombinierten Einsatz beider Methoden eine möglichst umfassende massenspektrometrische Analyse und damit verbunden eine möglichst vollständige Sequenzabdeckung der Proteine einer Probe zu erhalten.

Literatur

1 M. Wilkins, J. C. Sanchez, A. A. Gooley, R. D. Appel, I. Humphrey-Smith, D. F. Hochstrasser, K. L. Williams, Progress with proteome projects: why all proteins expressed by a genome should be identified and how to do it, *Biotechnol. Genet. Eng. Rev.* 13 (1996), 19–50.

2 A. Görg, W. Postel, S. Günther, J. Weser, Improved horizontal two-dimensional electrophoresis with hybrid isoelectric focusing in immobilized pH gradients in the first dimension and laying-on transfer to the second dimension, *Electrophoresis*, 9 (1988), 531–546.

3 J. Klose, Protein mapping by combined isoelectric focusing and electrophoresis of mouse tissues. A novel approach to testing for induced point mutation in mammals, *Humangenetik*, 26 (1975), 231–243.

4 J. Hartinger, K. Stenius, D. Hogemann, R. Jahn, 16-BAC/SDS-PAGE: a two-dimensional gel electrophoresis system suitable for the separation of integral membrane proteins, *Anal. Biochem.* 240 (1996), 126–133.

5 C. Navarre, H. Degand, K. L. Bennett, J. S. Crawford, E. Mortz, M. Boutry, Subproteomics: identification of plasma membrane proteins from the yeast Saccharomyces cerevisiae, *Proteomics* 12 (2002), 1706–1714.

6 P. G. Righetti, A. Castagna, F. Antonucci, C. Piubelli, D. Cecconi, N. Campostrini, G. Zanusso, S. Monaco, The Proteome: *Anno Domini* 2002, *Clin. Chem. Lab. Med.* 41(4) (2003), 425–438.

7 A. M. Lueking, H. Horn, H. Eickhoff, H. Lehrach, G. Walter, Protein microarrays for gene expression and antibody screening, *Anal. Biochem.* 270 (1999), 103–111.

8 C. A. K. Borrebaeck, S. Ekstrom, A. C. Molmborg Hager, J. Nilson, T. Laurell, G. Marko-Varga, Protein chips based on recombinant antibody fragments: a highly sensitive approach as detected by mass spectrometry, *BioTechniques* 30 (2001), 1126–1132.

9 J. B. Fenn, Electrospray ionization for mass spectrometry of large biomolecules, *Science* 246 (1989), 64–71.

10 M. Karas, M. Gluckmann, J. Schafer, Ionization in matrix-assisted laser desorption/ionization: singly-charged molecular ions are the lucky survivors, *J. Mass Spectrom.* 35 (2000), 1–12.

11 M. Linscheid, Die Kopplung von Flüssigkeitschromatographie mit Massenspektrometrie, *CLB Chemie in Labor und Biotechnik*, 41(3) (1990), 125–133.

12 H. Schaefer, K. Marcus, A. Sickmann, M. Herrmann, J. Klose, H. E. Meyer, Identification of phosphorylation and acetylation sites in αA-crystallin of the eye lens (*mus musculus*) after two-dimensional gel electrophoresis, *Anal. Bioanal. Chem.*, 376 (2003), 966–972.

13 H. Schaefer, J.-P. Chervet, C. Bunse, C. Joppich, H. E. Meyer, K. Marcus, A peptide preconcentration approach for nano-high-performance liquid chromatography to diminish memory effects, *Proteomics* 4 (2004), 2541–2544.

14 M. Serwe, M. Blüggel, H. E. Meyer, High Performance Liquid Chromatography, in Microcharacterization of Proteins, R. Kellner, F. Lottspeich, H. E. Meyer (Eds.), 2. Auflage, Wiley-VCH 1999.

15 G. Mitulovic, M. Smoluch, J.-P. Chervet, I. Steinmacher, A. Kungl, K. Mechtler, An improved method for tracking and reducing the void volume in nano HPLC-MS with micro trapping columns, *Anal. Bioanal. Chem.* 376 (2003), 946–951.

16 M. Schuerenberg, C. Luebbert, H. Eickhoff, M. Kalkum, H. Lehrach, E. Nordhoff, Prestructrured MALDI-MS sample supports, *Anal. Chem.* 72 (2000), 3436–3442.

17 R. Kaufmann, P. Chaurand, D. Kirsch, B. Spengler, Post-source decay and delayed extraction in matrix-assisted laser desorption/ionization-reflectron time-of-flight mass spectrometry. Are there trade-offs?, *Rapid Commun. Mass Spectrom.* 10 (1996), 1199–1208.

18 B. Spengler, D. Kirsch, Peptide sequencing by matrix assisted laser desorption mass spectrometry, *Rapid Comm. Mass Spectrom.* 6 (1992), 105–108.

19 R. Kaufmann, D. Kirsch, B. Spengler, Sequencing of peptides in a time of flight mass spectrometer: evaluation of postsource decay following matrix assisted laser desorption/ionization (MALDI), *Int. J. of Mass Spectrom. Ion. Proc.* 131 (1994), 355–385.

20 D. Suckau, A. Resemann, M. Schuerenberg, P. Hufnagel, J. Franzen, A. Holle, A novel MALDI LIFT-TOF/TOF mass spectrometer for proteomics, *Anal. Bioanl. Chem.* 376 (2003), 952–965.

21 W. Zhang, B. T. Chait, ProFound: an expert system for protein identification using mass spectrometric peptide mapping information, *Anal. Chem.* 72(11) (2000), 2482–2489.

22 D. N. Perkins, D. J. C. Pappin, D. M. Creasy, J. S. Cottrell, Probability-based protein identification by searching sequence databases using mass spectrometry data, *Electrophoresis* 20 (1999), 3551–3567.

23 K. R. Clauser, P. R. Baker, A. L. Burlingame, Role of accurate mass measurement (±10 ppm) in protein identification strategies employing MS or MS/MS and database searching, *Analytical Chemistry* 71(14) (1999), 2871– 2882.

24 J. K. Eng, A. L. McCormack, J. R. Yates III, An approach to correlate tandem mass spectral data of peptides with amino acid sequences in a protein database, *J. Am. Soc. Mass Spectrom.* 5 (1994), 976–989.

25 J. R. Yates III, J. K. Eng, A. L. McCormack, D. Schieltz, Method to correlate tandem mass spectra of modified peptides to amino acid sequences in the protein database, *Anal. Chem.* 67 (1995), 1426–1436.

26 P. R. Jungblut, A. Otto, J. Favor, M. Löwe, E.-C. Müller, M. Kastner, K. Sperling, J. Klose, Identification of mouse crystallins in 2D protein patterns by sequencing and mass spectrometry. Application to cataract mutants, *FEBS Letters* 435 (1998), 131–137.

5.2
Wege zur Überprüfung der Robustheit in der RP-HPLC

Hans Bilke

5.2.1
Zur Überprüfung der Robustheit

In der alltäglichen Praxis eines HPLC-Labors treten oftmals Probleme auf, die auf eine mangelnde Robustheit der eingesetzten RP-HPLC-Methoden zurückzuführen sind.

Generell lassen sich Robustheitsaussagen zu einer RP-HPLC-Methode auf zwei unterschiedlichen Wegen gewinnen: erstens im Zuge einer systematischen Methodenentwicklung [1, 6, 10, 11] und zweitens durch Anwendung einer statistischen Versuchsplanung [2–5, 13, 15–36].

Eine gute Praxis ist die systematische Veränderung der wichtigen chromatographischen Parameter und das Messen ihrer Effekte auf die Trennung. Diese Vorgehensweise gilt für beide Wege.

5.2.2
Robustheitstest in der analytischen RP-HPLC mittels systematischer Methodenentwicklung

Eine computergestützte Methodenentwicklung durch den Einsatz von Simulationsprogrammen (z. B. DryLab ACD LC & GC Simulator) kann sehr nützlich sein zur Untersuchung des Einflusses der jeweiligen chromatographischen Parameter auf die Trennung und somit auf die Robustheit der RP-HPLC-Methode.

Zu einer systematischen Methodenentwicklung gehören Untersuchungen zum Einfluss der wichtigsten chromatographischen Parameter (% der organischen mobilen Phase B, Temperatur, pH-Wert der wässrigen mobilen Phase A, Pufferkonzentration der wässrigen mobilen Phase A für eine isokratische Arbeitsweise und zusätzlich Gradientenlaufzeit/Steigung für eine Gradientenarbeitsweise) auf die kritische Auflösung der Peaks im Chromatogramm. Für eine Robustheitsaussage ist es nun wichtig zu wissen, welche Schwankungen der experimentellen Bedingungen zugelassen werden können. Informationen dazu lassen sich, ableitend aus den Arbeiten der systematischen Methodenentwicklung, ohne zusätzlichen experimentellen Aufwand aus einer „Karte der kritischen Auflösung" ableiten, die die kritische Auflösung als eine Funktion von ein oder zwei chromatographischen Parametern darstellt.

Diverse Simulationsprogramme zur computergestützten HPLC-Methodenentwicklung erstellen derartige Auflösungskarten für einen oder auch für zwei simultan variierte Parameter (s. auch Kap. 4.1 bis 4.3) [6].

Die Abbildungen 1, 5, 9, 10 und 11 zeigen Beispiele für derartige Auflösungskarten.

HPLC richtig optimiert: Ein Handbuch für Praktiker. Herausgegeben von Stavros Kromidas

ISBN: 3-527-31470-9

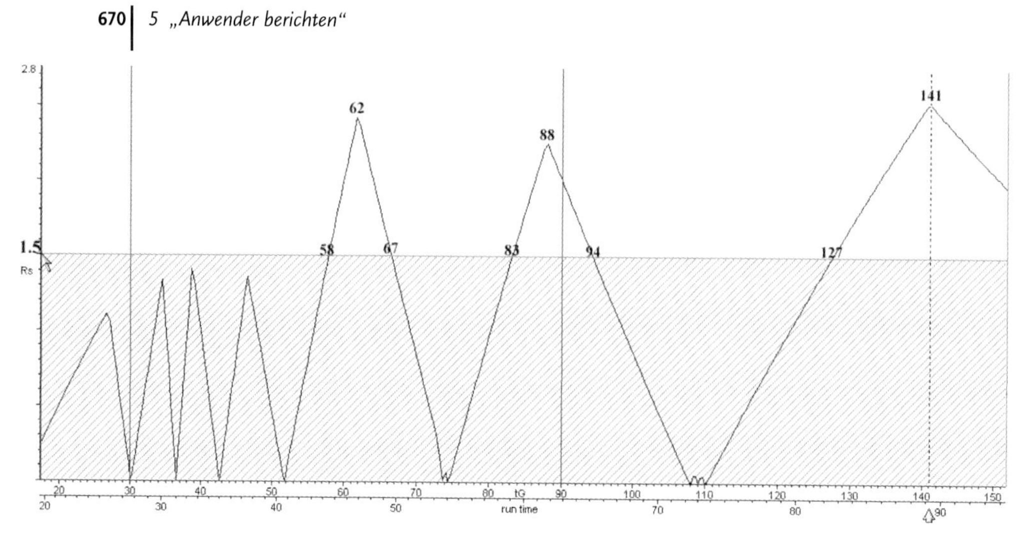

Abb. 1 Eindimensionale robuste Karte der kritischen Auflösung; Darstellung der kritischen Auflösung gegen die Gradientenlaufzeit.

In Abb. 1 ist die kritische Auflösung als Funktion der Gradientenlaufzeit dargestellt. Diese Karte der kritischen Auflösung ermöglicht eine realistische Einschätzung der Toleranz eines chromatographischen Arbeitsparameters (hier die Gradientensteigung, ausgedrückt in min Gradientenlaufzeit). Der robusteste Arbeitsbereich wird bei einer Gradientenlaufzeit von ca. 141 min erzielt. Aber auch zu kürzeren Gradientenlaufzeiten (88 min und 62 min) hin werden noch robuste Bereiche erreicht. Dies bedeutet, dass z. B. die Gradientenlaufzeit von 58 min bis 67 min oder von 83 min bis 94 min schwanken kann, ohne, dass die Basislinientrennung ($Rs \geq 1{,}5$) und somit die Robustheit der Methode gefährdet ist. Die nachfolgenden Chromatogramme, abgeleitet aus der Simulation, belegen diese Aussage (Abb. 2 bis 4). Die Robustheit der Methode bei variierter Gradientenlaufzeit wird ausschließlich durch eine selektive Trennung der Peaks 13 bis 16 bestimmt.

In Abb. 5 ist die kritische Auflösung als Funktion der Temperatur dargestellt.

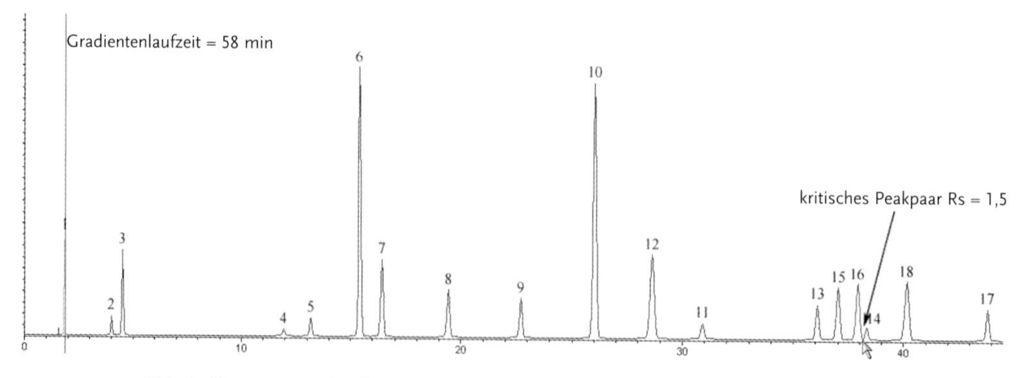

Abb. 2 Chromatographische Trennung mit einer Gradientenlaufzeit t_G von 58 min.

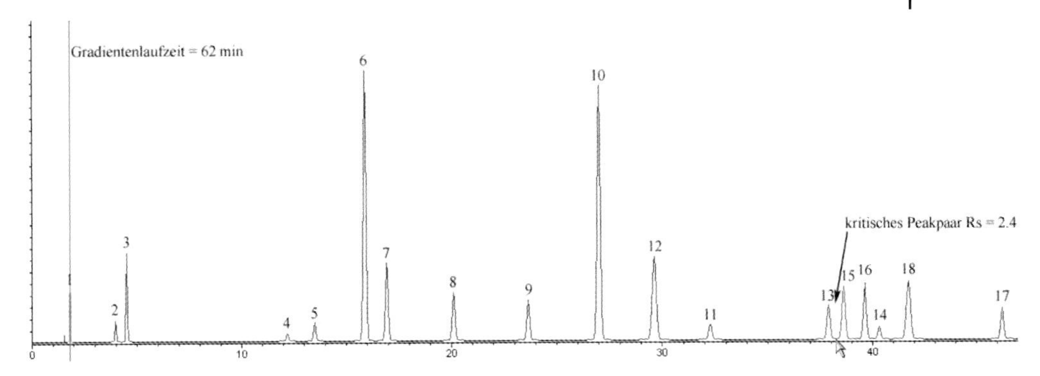

Abb. 3 Chromatographische Trennung mit einer Gradientenlaufzeit t_G von 62 min.

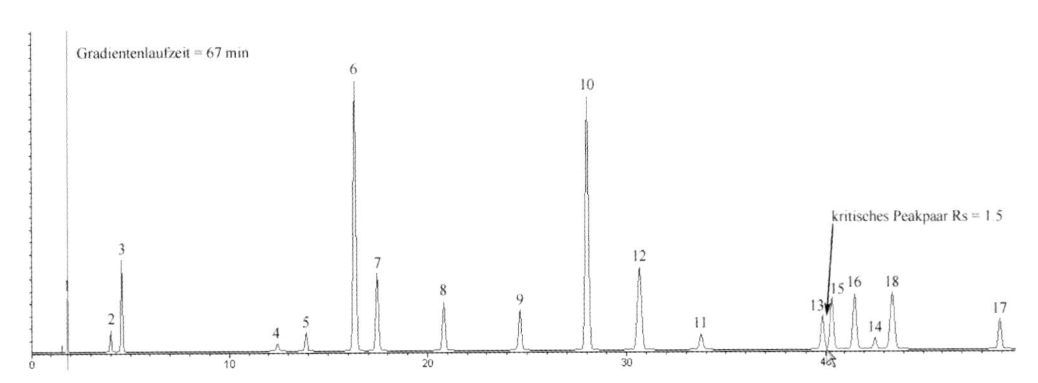

Abb. 4 Chromatographische Trennung mit einer Gradientenlaufzeit t_G von 67 min.

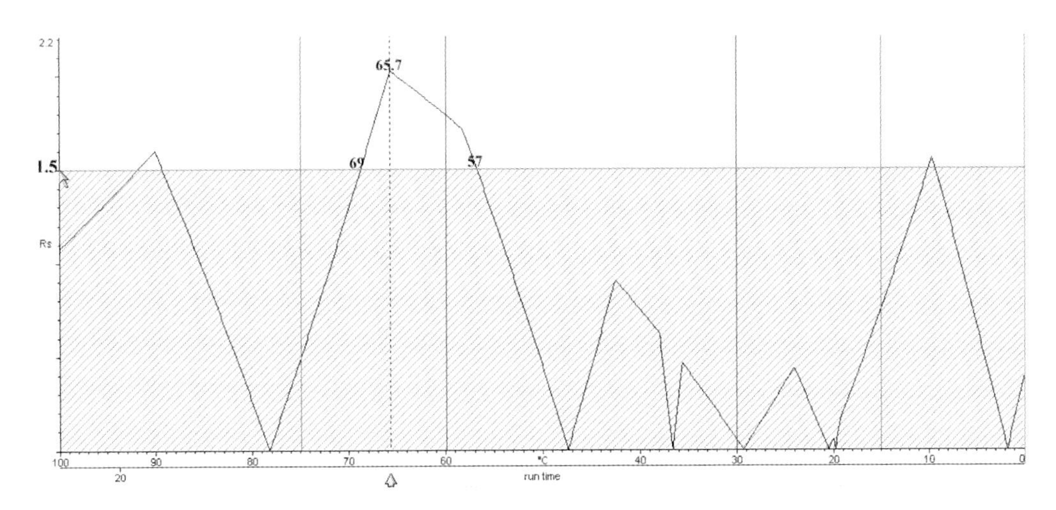

Abb. 5 Eindimensionale robuste Karte der kritischen Auflösung; Darstellung der kritischen Auflösung gegen die Temperatur.

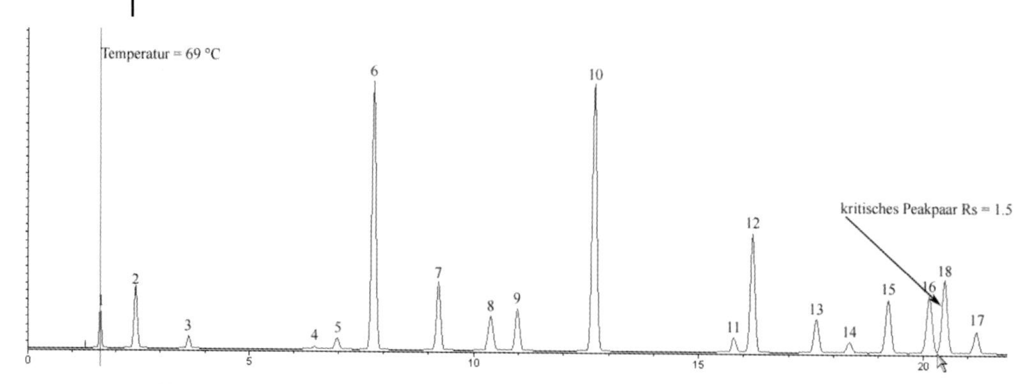

Abb. 6 Chromatographische Trennung bei einer Säulentemperatur von 69 °C.

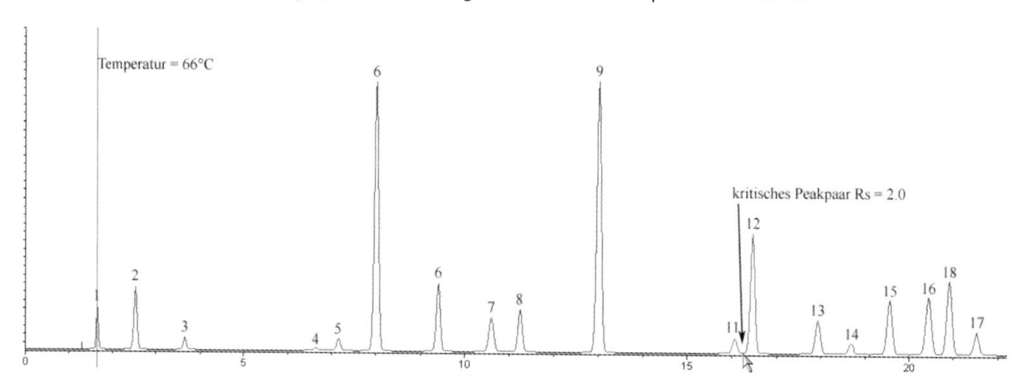

Abb. 7 Chromatographische Trennung bei einer Säulentemperatur von 66 °C.

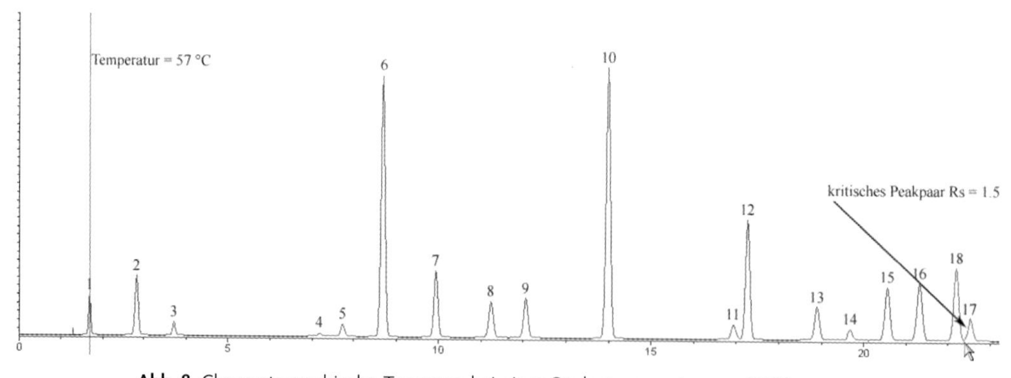

Abb. 8 Chromatographische Trennung bei einer Säulentemperatur von 57 °C.

Ein robuster Arbeitsbereich wird in einem Temperaturbereich von 57 bis 69 °C erzielt. Diese Schwankungen der Temperatur können zugelassen werden, ohne, dass die Basislinientrennung ($Rs \geq 1{,}5$) und somit die Robustheit der Methode gefährdet ist.

In den Chromatogrammen (Abb. 6–8), abgeleitet aus der Simulation, wird dieser Einfluss der Säulentemperatur auf die Auflösung Rs aufgezeigt.

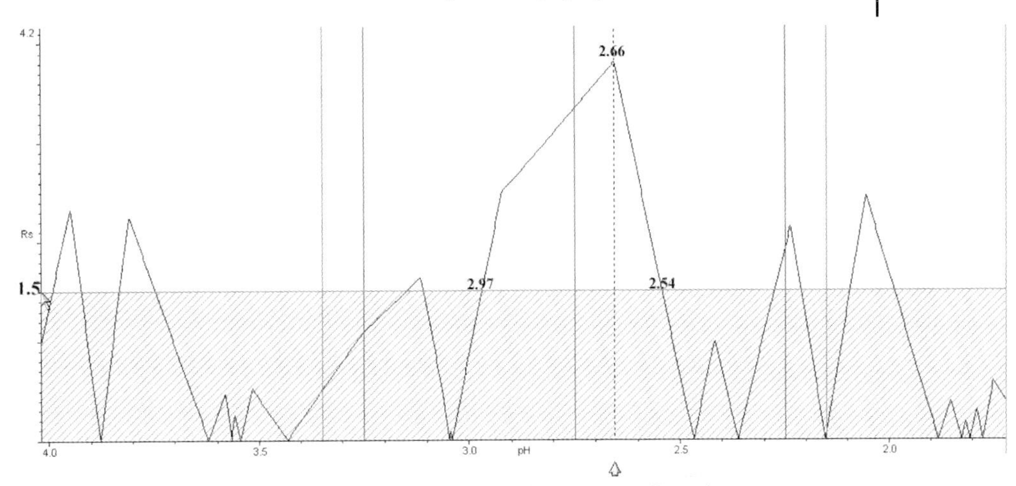

Abb. 9 Eindimensionale robuste Karte der kritischen Auflösung; Darstellung der kritischen Auflösung gegen den pH-Wert der wässrigen mobilen Phase A.

Bei Veränderung des Parameters Temperatur wird die Robustheit der Methode wiederum nur durch eine selektive Trennung der Peakpaare 11/12, 16/18 und 18/17 am Chromatogrammende bestimmt.

Bei geladenen Substanzen (schwache Säuren und Basen) hat die Einstellung des pH-Wertes der wässrigen mobilen Phase den stärksten Einfluss auf die Änderung der Selektivität einer chromatographischen Trennung, da organische Säuren, Basen und zwitterionische Verbindungen sich recht unterschiedlich gegenüber pH-Schwankungen im Elutionsmittel verhalten (s. auch Kap. 1.3 und 1.4) [7–9].

Eine Aussage zur Robustheit der HPLC-Methode für den Parameter „pH-Wert" ist mit der Karte der kritischen Auflösung in der Abb. 9 gegeben.

In Abb. 9 ist die kritische Auflösung als Funktion des pH-Wertes dargestellt. Der robusteste Arbeitsbereich für den chromatographischen Parameter „pH-Wert" der wässrigen mobilen Phase wird bei einem pH-Wert von 2,5 bis 3,0 erzielt. Die Schwankungsbreite des pH-Werts umfasst 0,5 pH-Einheiten. Innerhalb dieses Bereiches wird auch noch im ungünstigsten Fall eine Basislinientrennung ($Rs \geq 1{,}5$) für das kritische Peakpaar erreicht.

Andere Parameter, wie Ionenstärke, Konzentration des Ionenpaarbildners usw. lassen sich ebenfalls in Bezug auf die Methodenrobustheit mit eindimensionalen Karten der kritischen Auflösung einfach und transparent beschreiben sowie mit erlaubten Schwankungsbreiten versehen. Voraussetzung hierfür ist, dass die zu prüfenden Parameter sich nicht gegenseitig beeinflussen.

Der Zugang zur Ermittlung von Robustheitskriterien wird durch Karten der kritischen Auflösung für zwei simultan variierte Parameter (Abb. 10 und 11) wesentlich erleichtert. Derartige Auflösungskarten lassen sich, ableitend aus einer systematischen Methodenentwicklung, unter Nutzung entsprechender Simulationssoftwarepakete ohne zusätzlichen experimentellen Aufwand darstellen.

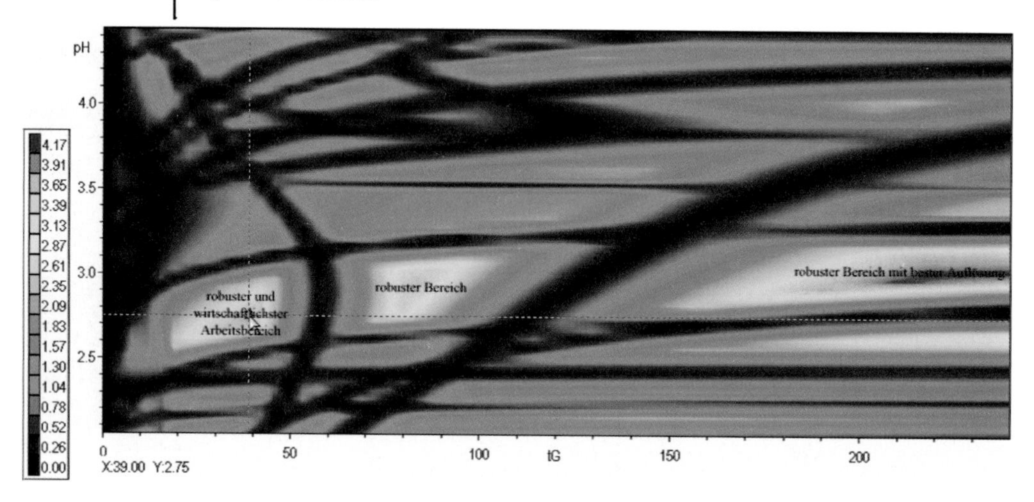

Abb. 10 Zweidimensionale Karte der kritischen Auflösung; Darstellung der kritischen Auflösung gegen die Gradientensteigung t_G und den pH-Wert der wässrigen mobilen Phase A.

Abbildung 10 zeigt eine zweidimensionale Auflösungskarte zur kritischen Auflösung gegen Gradientensteigung t_G und pH-Wert der wässrigen mobilen Phase A.

Auf den jeweiligen Achsen sind die Werte der simultan variierten chromatographischen Parameter Gradientenlaufzeit t_G und pH-Wert aufgetragen. Die Farbwerte der Auflösungsskala beschreiben die kritische Auflösung. Die beste Auflösung (Rs = 4,1) wird mit einer sehr praxisfremden Gradientenlaufzeit von 230 min und einem pH-Wert von 3,0 erzielt. Wesentlich ökonomischere Analysen mit ebenfalls robusten Arbeitsbereichen (Rs ≥ 3,0) sind mit Gradientenlaufzeit von 83 min und 39 min bei etwas niedrigeren pH-Werten (2,95 und 2,75) zu erwarten.

Abbildung 11 zeigt eine zweidimensionale Auflösungskarte zur kritischen Auflösung gegen Gradientensteigung t_G und Temperatur.

Auf den jeweiligen Achsen sind die Werte der simultan variierten chromatographischen Parameter Gradientenlaufzeit t_G und Temperatur aufgetragen. Die Farbwerte der Auflösungsskala beschreiben die kritische Auflösung. Die beste Robustheit wird mit einer Gradientenlaufzeit von 23 min und einer Temperatur von 59 °C erzielt.

Die aufgezeigten Auflösungskarten erlauben sofort Aussagen sowohl zur maximalen Auflösung als auch zu robusten Arbeitsbereichen und geben somit dem HPLC-Anwender die Möglichkeit, die kritischen chromatographischen Parameter zu erkennen. Genaue Kenntnisse der Peakbewegung erleichtern auch das Anpassen der RP-HPLC-Methode bei gezielten und/oder zufälligen Veränderungen der experimentellen Parameter und zeigen die Grenzen der erlaubten Veränderungen auf.

Jupille [10] zeigte für isokratische Methoden und Molnar/Rieger [11] zeigten für Gradientenmethoden auf, dass sich durch einfache Berechnungen mittels Excel-Makros quantitative Aussagen über die Robustheit erzielen lassen. Sie kon-

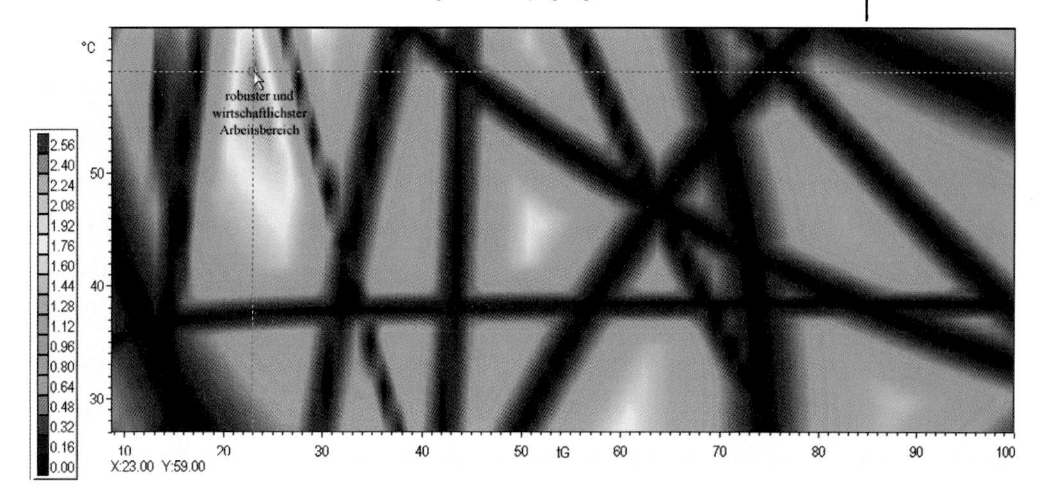

Abb. 11 Zweidimensionale Karte der kritischen Auflösung; Darstellung der kritischen Auflösung gegen die Gradientensteigung t_G und der Temperatur *T*.

zentrierten sich auf Effekte, die bei Änderungen der Chemie der Trennung auftreten.

Jupille definierte für eine isokratische Arbeitsweise einen Robustheitsparameter R_b.

$$R_b = \frac{R_{s(Test)}}{R_{s(ref)}}$$

$R_{s(ref)}$ ist die kritische Auflösung der Trennung unter „Referenz"-Bedingungen (z. B. chromatographische Bedingungen der vorliegenden RP-HPLC-Methode)

$R_{s(Test)}$ ist der niedrigere Wert der zwei kritischen Auflösungen, die erhalten werden, wenn eine der chromatographischen Variablen um „eine Einheit" geändert wird.

Für eine isokratische Arbeitsweise sind nur sieben experimentelle Läufe erforderlich, um alle Daten zu erhalten, die zur Erstellung von Simulationsmodellen (DryLab-Modellen) für die vier wichtigsten chromatographischen Parameter benötigt werden:

- Referenzlauf,
- % B (1 zusätzlicher Lauf),
- Temperatur (1 zusätzlicher Lauf),
- pH-Wert (2 zusätzliche Läufe),
- Pufferkonzentration (2 zusätzliche Läufe).

Abbildung 12 zeigt die Excel-Tabelle zur Berechnung der Robustheit unter Annahme folgender eindimensionaler Simulationsmodelle für die vier wichtigsten chromatographischen Parameter:

	A	B	C	D	E	F	G	H	I	J
1	Robustness Evaluation Spreadsheet									
2										
3		Project Name:	DryLab Training Course							
4		Date:	28.11.2003							
5		Chemist:	Tom Jupille							
6		Comments:								
7										
8										
9		1.Enter the method parameters				2. Enter the "unit changes" in variables				
10										
11			Variable	Value	Units		Unit Change	Units		
12			%B =	55%			1%	(absolute)		
13			T =	35	deg C		3	deg C		
14			pH =	2.7	units		0.2	units		
15			[buffer] =	25	mM		5%	(relative)		
16										
17										
18		Start	3. Start DryLab							
19										
20										
21		4. Load the Files								
22										
23			Variable	Rb	File Name					
24		Load	%B:	94%	C:\Documents and Settings\Tom Jupille\Desktop\advanced drylab course\Automation Toolkit examples\robustness\robustness example %B.DLB					
25		Load	T:	95%	C:\Documents and Settings\Tom Jupille\Desktop\advanced drylab course\Automation Toolkit examples\robustness\robustness example T.DLB					
26		Load	pH:	98%	C:\Documents and Settings\Tom Jupille\Desktop\advanced drylab course\Automation Toolkit examples\robustness\robustness example pH.DLB					
27		Load	[buffer]:	96%	C:\Documents and Settings\Tom Jupille\Desktop\advanced drylab course\Automation Toolkit examples\robustness\robustness example buffer.DLB					
28										
29			Overall:	84%						
30										
31										
32		Close	5. Close DryLab							
33										

Abb. 12 Excel-Tabellenblatt zur Quantifizierung der Methodenrobustheit nach Jupille.

- LC RP isokratisch % B (2 Läufe),
- LC RP isokratisch Temperatur (2 Läufe),
- LC RP isokratisch pH-Wert (3 Läufe),
- LC RP isokratisch Ionenstärke (3 Läufe).

Unter der Voraussetzung, dass alle Parameter (physikalische Parameter wie Partikelgröße, Säulendimensionen, Flussrate), die nicht in den Modellen geändert werden, gleich sein müssen, wird die Methodenrobustheit für jeden chromatographischen Parameter sowohl einzeln als auch gesamt ausgewertet. Als Ergebnis der vollautomatisch ausgeführten Simulationen und Berechnungen der Auflösungswerte werden für den Robustheitsparameter R_b prozentuale Werte aufgelistet, die die maximale Abnahme der Robustheit innerhalb der spezifizierten Parameteränderungen aufzeigen.

Um auch aus zweidimensionalen Auflösungskarten (Beispiele in den Abb. 10 und 11) eine quantitative Aussage zu erhalten, müssen die Änderungen der Auflösung jeweils in Richtung eines Parameters bei konstant gehaltenem Wert des zweiten Parameters ermittelt werden.

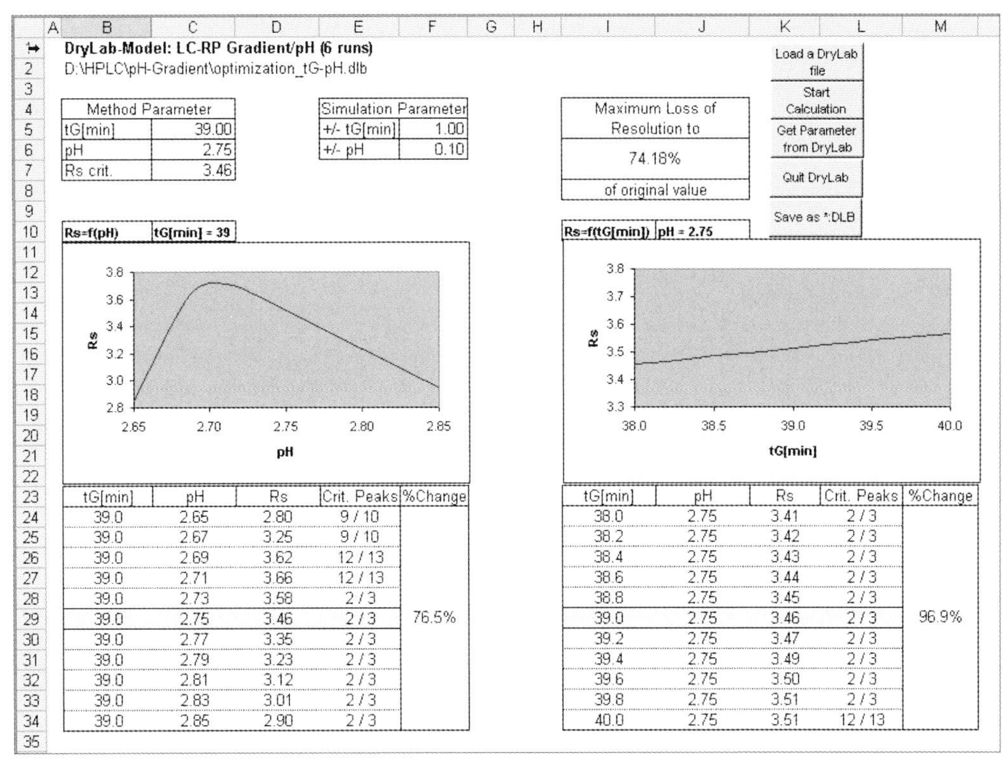

Method Parameter	
tG[min]	39.00
pH	2.75
Rs crit.	3.46

Simulation Parameter	
+/- tG[min]	1.00
+/- pH	0.10

tG[min]	pH	Rs	Crit. Peaks	%Change
39.0	2.65	2.80	9 / 10	
39.0	2.67	3.25	9 / 10	
39.0	2.69	3.62	12 / 13	
39.0	2.71	3.66	12 / 13	
39.0	2.73	3.58	2 / 3	
39.0	2.75	3.46	2 / 3	76.5%
39.0	2.77	3.35	2 / 3	
39.0	2.79	3.23	2 / 3	
39.0	2.81	3.12	2 / 3	
39.0	2.83	3.01	2 / 3	
39.0	2.85	2.90	2 / 3	

tG[min]	pH	Rs	Crit. Peaks	%Change
38.0	2.75	3.41	2 / 3	
38.2	2.75	3.42	2 / 3	
38.4	2.75	3.43	2 / 3	
38.6	2.75	3.44	2 / 3	
38.8	2.75	3.45	2 / 3	
39.0	2.75	3.46	2 / 3	96.9%
39.2	2.75	3.47	2 / 3	
39.4	2.75	3.49	2 / 3	
39.6	2.75	3.50	2 / 3	
39.8	2.75	3.51	2 / 3	
40.0	2.75	3.51	12 / 13	

Abb. 13 Excel-Tabellenblatt zur Berechnung der Methodenrobustheit aus einer zweidimensionalen Auflösungskarte.

Die notwendigen Simulationen und Berechnungen lassen sich nach Molnar/Rieger unter Nutzung der DryLab-Software und den in den Abb. 13 und 14 gezeigten Excel-Tabellenblättern automatisch durchführen. Eine wesentlich erweiterte Auswertung ist mit der nun verfügbaren PeakMatch-Software gegeben.

In Abb. 13 sind die Ergebnisse der Robustheitsberechnung für die kritische Auflösung gegen Gradientenzeit t_G und pH-Wert der wässrigen mobilen Phase A quantifiziert wiedergegeben und graphisch dargestellt.

Bei Variierung des pH-Wertes um ± 0,1 pH-Einheiten sinkt die Auflösung auf 76,5 % gegenüber dem maximalen Wert. Die Variierung der Gradientenzeit um ± 1 min führt zu einer wesentlich geringeren Abnahme der Auflösung. Hierfür wird ein Wert von 96,9 % berechnet.

Aus der geringen Änderung der Auflösung Rs mit der Gradientenzeit t_G lässt sich schlussfolgern, dass die Methode recht robust bezüglich der Gradientenzeit ist; Schwankungen der Gradientenzeit t_G im angegebenen Bereich wirken sich somit kaum auf die Auflösung Rs aus. Der pH-Wert der wässrigen mobilen Phase hat dagegen einen größeren Einfluss und muss für eine stabile Analytik sorgfältig eingestellt werden – eine Erkenntnis, die sich auf viele Puffersysteme übertragen lässt.

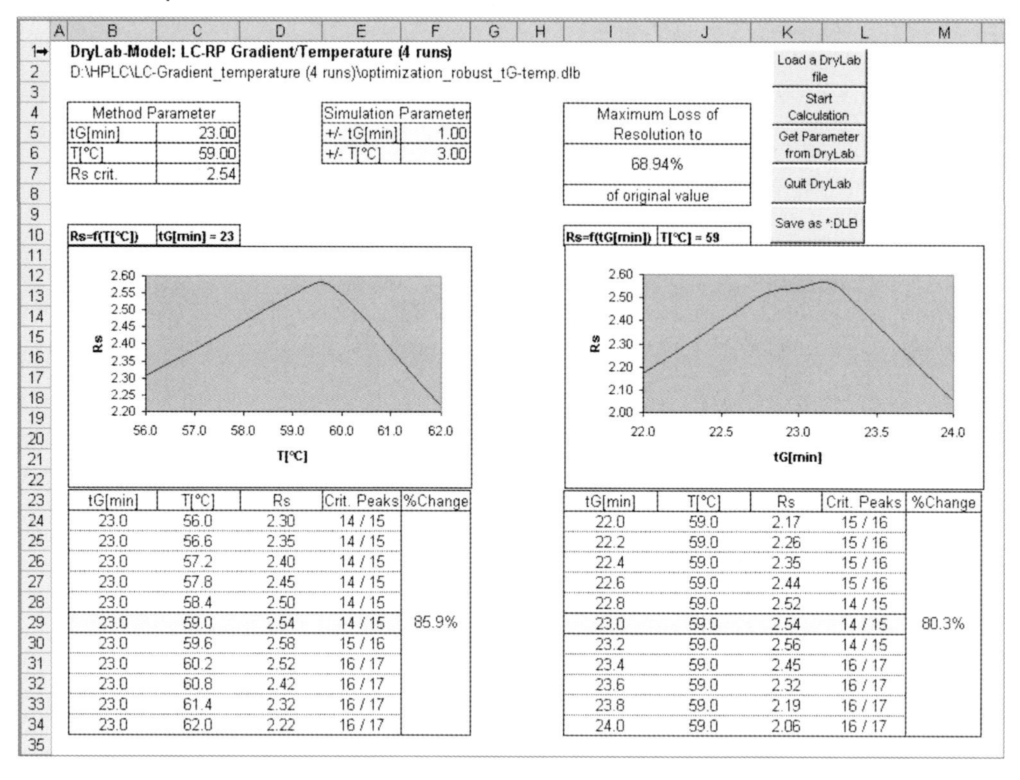

DryLab-Model: LC-RP Gradient/Temperature (4 runs)
D:\HPLC\LC-Gradient_temperature (4 runs)\optimization_robust_tG-temp.dlb

Method Parameter	
tG[min]	23.00
T[°C]	59.00
Rs crit.	2.54

Simulation Parameter	
+/- tG[min]	1.00
+/- T[°C]	3.00

Maximum Loss of Resolution to 68.94% of original value

tG[min]	T[°C]	Rs	Crit. Peaks	%Change
23.0	56.0	2.30	14 / 15	
23.0	56.6	2.35	14 / 15	
23.0	57.2	2.40	14 / 15	
23.0	57.8	2.45	14 / 15	
23.0	58.4	2.50	14 / 15	
23.0	59.0	2.54	14 / 15	85.9%
23.0	59.6	2.58	15 / 16	
23.0	60.2	2.52	16 / 17	
23.0	60.8	2.42	16 / 17	
23.0	61.4	2.32	16 / 17	
23.0	62.0	2.22	16 / 17	

tG[min]	T[°C]	Rs	Crit. Peaks	%Change
22.0	59.0	2.17	15 / 16	
22.2	59.0	2.26	15 / 16	
22.4	59.0	2.35	15 / 16	
22.6	59.0	2.44	15 / 16	
22.8	59.0	2.52	14 / 15	
23.0	59.0	2.54	14 / 15	80.3%
23.2	59.0	2.56	14 / 15	
23.4	59.0	2.45	16 / 17	
23.6	59.0	2.32	16 / 17	
23.8	59.0	2.19	16 / 17	
24.0	59.0	2.06	16 / 17	

Abb. 14 Excel-Tabellenblatt zur Berechnung der Methodenrobustheit aus einer zweidimensionalen Auflösungskarte.

In Abb. 14 sind quantitative Aussagen zur Robustheitsberechnung für die kritische Auflösung gegen Gradientenzeit t_G und Temperatur wiedergegeben und die Ergebnisse graphisch dargestellt.

Bei Variierung der Temperatur um ± 3 °C sinkt die Auflösung auf 85,9 % gegenüber dem maximalen Wert. Die Variierung der Gradientenzeit um ± 1 min führt zu einer unwesentlich stärkeren Abnahme der Auflösung. Hierfür wird ein Wert von 80,3 % berechnet. Aus den geringen Änderungen der Auflösungen Rs mit der Temperatur T und Gradientenzeit t_G lässt sich schließen, dass die Methode recht robust bezüglich der Temperatur und Gradientenzeit ist; Schwankungen der Temperatur T und der Gradientenzeit t_G im angegebenen Bereich wirken sich somit kaum auf die Auflösungen Rs aus.

Durch Anwendung einer systematischen, rechnergestützten Methodenentwicklung lassen sich *ohne (!) zusätzlichen experimentellen Aufwand* nicht nur optimale chromatographische Bedingungen für eine beste und/oder ökonomische Auflösung finden, sondern es lassen sich auch Aussagen zur Methodenrobustheit gewinnen. Jupille und Molnar/Rieger zeigten Wege für eine einfache Berechnung quantitativer Robustheitswerte sowohl aus mehreren eindimensionalen als auch aus zweidimensionalen Auflösungskarten auf.

5.2.3
Robustheitstest in der analytischen RP-HPLC mittels statistischer Versuchsplanung (DoE)

Die statistische Versuchsplanung ist ein strategisches Hilfsmittel bei der Optimierung von Prozessen und liefert ein empirisches Prozessmodell [12] für den Zusammenhang zwischen den Einfluss- und Störgrößen im Prozess und den resultierenden Zielgrößen. Hier gibt es eine ausgeprägte Unterscheidung zwischen Zielgrößen („responses") und Einflussgrößen („factors").

Die Zielgröße y ist eine Funktion f() der Einflussgröße(n) x. Ihre Form wird durch das „Funktionieren" des Prozesses bestimmt.

Man geht davon aus, dass mit Veränderung der Einflussgrößen der Prozess so geändert werden kann, dass auch die Zielgrößen sich mit verändern. Leider werden die Zusammenhänge zwischen Einflussgrößen und Zielgrößen durch Messfehler einerseits und durch nicht bekannte oder zumindest nicht gemessene Störgrößen andererseits überlagert oder verrauscht.

Statistische Versuchsplanung, ohne entsprechende Software zu betreiben, ist mühsam, zeitraubend und nicht zeitgemäß. In den letzten Jahren hat es enorme Fortschritte bei den Algorithmen, bei der Funktionalität und bei der Bedienbarkeit von Versuchsplanungssoftware gegeben. Es gibt Lösungen, die in allgemeine Statistik-Pakete eingebunden sind, andere sind allein und ausschließlich auf Versuchsplanung ausgerichtet. Einige Pakete richten sich an Anwender ohne

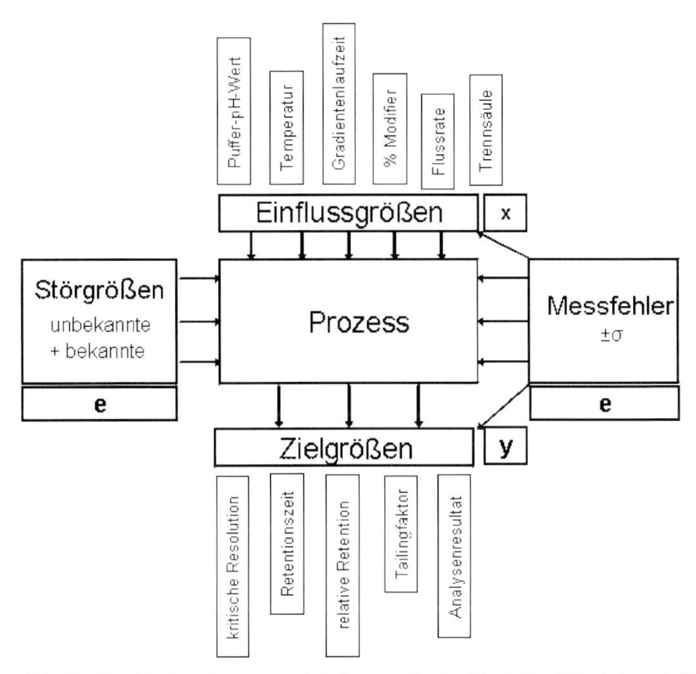

Abb. 15 Empirisches Prozessmodell dargestellt als „Black-Box"-Modell nach Wember.

große Vorkenntnisse, andere an Spezialisten mit profunden Statistik-Kenntnissen.

Unbestrittenes Ziel des Robustheitstests mithilfe statistischer Versuchsplanung (DoE = Design of Experiments) ist es, mit möglichst wenigen Versuchen eine systematische Untersuchung der Zusammenhänge zwischen Zielgröße(n) y und Einflussgröße(n) x_1, x_2, ... x_p zu schaffen, und diese sind in den meisten Fällen gut durch ein lineares Modell (Plan erster Ordnung) zu beschreiben:

$$
\begin{aligned}
y = c & \quad \text{Konstante oder y-Achsenabschnitt} \\
+ a_1 \cdot x_1 + a_2 \cdot x_2 + a_3 \cdot x_3 + \ldots + a_p \cdot x_p & \quad \text{Haupteffekte oder lineare Terme} \\
+ b_{12} \cdot x_1 \cdot x_2 + b_{13} \cdot x_1 . x_3 + \ldots & \quad \text{Zweifach-Wechselwirkungen} \\
+ b_{23} \cdot x_2 \cdot x_3 + b_{24} \cdot x_2 \cdot x_4 + \ldots + b_{p-1p} \cdot x_{p-1} \cdot x_p & \quad \text{(insg. } p \cdot (p-1) \text{ Terme)} \\
+ e & \quad \text{Fehler}
\end{aligned}
$$

Die Robustheit einer analytischen RP-HPLC-Methode kann durch Ausführung nachfolgender sechs Schritte [5] bestimmt werden:

- Auswahl der Einflussgrößen (chemische und physikalische),
- Festsetzung der Niveaus der Einflussgrößen und deren Stufen,
- Auswahl des Modells der Versuchsplanung (DoE),
- Durchführung experimenteller Versuche und Messung analytischer Zielgrößen,
- Aufzeigen von Effekten der Einflussgrößen,
- statistische Analyse und Interpretation der Resultate.

Die Einflussgrößen können quantitativ (kontinuierlich einstellbar) oder qualitativ (nicht kontinuierlich einstellbar) sein.

Nach Hund et al. können die Einflussgrößen für den Robustheitstest in zwei Gruppen eingeteilt werden: methodenverwandte Einflussgrößen und nicht methodenverwandte Einflussgrößen [13]. Methodenverwandte Einflussgrößen umfassen generell quantitative Einflussgrößen wie z. B. pH-Wert des Eluenten, Temperatur der Trennsäule, Pufferkonzentration oder Ionenstärke des Eluenten, Menge an organischem Lösungsmittel im Eluenten. Nicht methodenverwandte Einflussgrößen sind häufig qualitative Einflussgrößen wie z. B. die Trennsäulen-Einflussgrößen Charge, Alter, Hersteller. Die für den Robustheitstest auszuwählenden Einflussgrößen sollten gleich jenen sein, die sich in der täglichen Routinearbeit verändern können oder wenn eine HPLC-Methode übertragen wird, z. B. in ein anderes Labor oder auf ein anderes Gerät.

Es ist nicht immer einfach, zu entscheiden, welche Einflussgrößen die Zielgröße(n) beeinflussen werden und welche nicht. Die relevantesten Einflussgrößen für eine isokratische Arbeitsweise sind:

- pH-Wert der pufferhaltigen mobilen Phase (pH-Einheit),
- Menge organisches Lösungsmittel in der mobilen Phase (%B),
- Temperatur der Trennsäule (°C),
- Pufferkonzentration oder Ionenstärke der wässrigen mobilen Phase (mM)

und zusätzlich für eine Gradientenarbeitsweise:

- Gradientenlaufzeit t_G (min),
- Gradientensteigung,
- Menge organisches Lösungsmittel in der mobilen Phase am Anfang des Gradienten (% B),
- Menge organisches Lösungsmittel in der mobilen Phase am Ende des Gradienten (% B).

Nach Jimidar [4] sollten für eine HPLC-Methode nachfolgend aufgeführte Einflussgrößen immer untersucht werden:

- pH der Pufferlösung,
- Säulentemperatur,
- Säule (zwei verschiedene Chargen, benutzte und unbenutzte Säule),
- % organisches Lösungsmittel am Anfang des Gradienten oder isokratische Bedingungen,
- % organisches Lösungsmittel am Ende des Gradienten,
- Steigung des Gradienten, ausgedrückt in Gradientenlaufzeit t_G,
- drei Dummy-Faktoren.

Die „Dummy"-Faktoren sind scheinbare Variablen und beinhalten die nominalen Parameterwerte der zu testenden HPLC-Methode, d. h., sie verursachen keine Änderung in der Methode. Die geschätzten Effekte der „Dummy" können einerseits verwendet werden als eine Messung des experimentellen Fehlers eines Effekts und andererseits in der statistischen Auswertung der Effekte der getesteten Einflussgrößen [31].

Zusätzliche Einflussgrößen sind:

- Konzentration an Zusätzen zur mobilen Phase, z. B. Ionenpaarreagenzien (mM),
- Flussrate,
- Detektorwellenlänge.

Als physikalische Einflussgröße könnte die Flussrate noch von Interesse sein, wobei zu beachten ist, dass bei isokratischer Arbeitsweise die Flussrate der mobilen Phase modifiziert werden kann, ohne eine Änderung des relativen Peakabstands. Der Retentionsfaktor k bleibt unbeeinflusst durch die Flussrate, da sich die Retention und die Totzeit bei einem Wechsel der Flussrate proportional ändern. Eine kleine, meist unbedeutende Änderung in der Auflösung tritt auf, wenn die Flussrate weniger als 20 % variiert wird. Die Wahl der Flussrate als Einflussgröße im Robustheitstest ist somit nicht sinnvoll, wenn als Zielgröße die chromatographische Auflösung Rs und nicht die Peakfläche gewählt worden ist.

Die Situation ist nicht so eindeutig bei der Gradientenarbeitsweise. Hier ändert sich die Elutionsstärke der mobilen Phase kontinuierlich und somit wird sich auch der Retentionsfaktor k während der Trennung ändern, d. h., der

Retentionsfaktor *k* ist ein ungeeigneter Parameter zur Beschreibung der Retention bei Gradientenelution. Hierfür sollte nach Dolan [14] ein mittlerer Retentionsfaktor *k** verwendet werden. Nur wenn alle Peaks gut getrennt sind, d. h. die Auflösung > 2 ist, haben kleine Änderungen der Flussrate im Bereich von 10–15 % nur einen unwesentlichen Einfluss auf die Trennung (Auflösung) [14]. Anderenfalls, wenn die Auflösung marginal ist, kann die Verwendung der Flussrate als Einflussgröße im Robustheitstest in Betracht gezogen werden.

In den meisten Robustheitstests werden nur methodenverwandte Einflussgrößen geprüft [15–18].

Die Wahl der „richtigen“ Einflussgrößen ist eine wesentliche Stufe in der Durchführung des Robustheitstests. Das Niveau einer jeden Einflussgröße sollte so gewählt werden, dass es die maximale Differenz in den Werten für die Einflussgrößen einschließt, die in der täglichen Routinearbeit oder bei einer Methodenübertragung auftreten kann [19]. Das Testniveau der Einflussgrößen ist immer abhängig vom Zweck der Methode und sollte immer praxisbezogen sein. Für quantitative Einflussgrößen ist eine untere („low“) und eine obere („high“) Stufe so zu setzen, dass die nominalen Werte der gegebenen HPLC-Methode eingeschlossen werden. Da die maximale Differenz der Einflussgrößenwerte in Robustheitsstudien relativ klein ist und somit ein linearer Zusammenhang der Zielgrößenfunktion *y* der meisten Einflussgrößen (Faktoren) in den zu prüfenden Intervallen als gegeben angenommen werden kann, ist die Wahl von zwei Einstellstufen („two-level-design“) für jede einzelne Einflussgröße („low/high level“) vollkommen ausreichend. Drei Einstellstufen („three-level-design“, „low/high/nominal level“) sind immer dann zu wählen, wenn nicht ausgeschlossen werden kann, dass ein nichtlineares Verhalten zwischen Zielgröße(n) und Einflussgröße(n) vorliegt [20–22].

Beispiele aus der Literatur für gewählte Bereiche der Einflussgrößen sind in Tabelle 1 zusammengestellt.

Da die Einflussgrößen, wie in Tabelle 1 aufgezeigt, einen charakteristischen Einstellbereich haben, kommt man schnell zu einer Vorstellung über die Definition eines Versuchsplanungsbereichs.

In Abb. 16 sind recht anschaulich die Eckpunkte des Versuchsplanungsbereichs in Abhängigkeit von der Anzahl der Einflussgrößen dargestellt [12].

Unter der Annahme, dass bei allen Einflussgrößen die Einstellung unabhängig von den anderen durchgeführt werden kann, ergibt sich bei 2 Einflussgrößen ein Rechteck mit 4 Ecken, bei 3 Einflussgrößen ein Quader mit 8 Ecken und bei 4 Einflussgrößen ein Hyper-Quader mit 16 Ecken als Versuchsplanungsbereich. Je höher die Anzahl der Einflussgrößen, desto komplexer wird der Sachverhalt (s. auch Skizze für sechs Einflussgrößen). Bei der Wahl von 10 Einflussgrößen ergibt sich bereits eine Eckenanzahl von $2^{10} = 1024$, d. h., die Anzahl der experimentellen Läufe steigt über jede vernünftig realisierbare Grenze, auch dann, wenn man den Versuchsplanungsbereich nur an den Ecken untersuchen möchte. Nur über die Auswahl geeigneter Versuchsplanungsstrategien ist der experimentelle Aufwand bei einer für den Robustheitstest durchaus üblichen Zahl von 3–11 Testeinflussgrößen [30] zu realisieren.

Tabelle 1 Einstellbereiche der Einflussgrößen für den Test auf Robustheit einer HPLC-Methode.

pH der Pufferlösung	nominal ± 0,1 Einheiten [23, 24] nominal ± 0,2 Einheiten [4] nominal ± 0,2 Einheiten [5] nominal ± 0,2 Einheiten [13] nominal ± 0,2 Einheiten [27] nominal ± 0,3 Einheiten [28] nominal ± 0,5 Einheiten [25, 26]
Säulentemperatur	nominal ± 10% rel. [23, 24] nominal ± 14% rel. [4] nominal ± 5% rel. [5] nominal ± 10% rel. [13] nominal ± 17% rel. [28] nominal ± 17% rel. [25] nominal ± 7% rel. [29]
Pufferkonzentration	nominal ± 10% rel. [23, 24] nominal ± 10% rel. [4] nominal ± 10% rel. [5] nominal ± 7% rel. [13] nominal ± 10% rel. [28] nominal ± 20% rel. [25]
Konzentration von Zusätzen	nominal ± 10% rel. [4] nominal ± 8% rel. [5]
% Organisches Lösungsmittel am Anfang des Gradienten oder isokratische Bedingungen	nominal ± 10% rel. [23, 24] nominal ± 10% rel. [4] nominal ± 7% rel. [13] nominal ± 4% rel. [28] nominal ± 3% rel. [29]
% Organisches Lösungsmittel am Ende des Gradienten	nominal ± 10% rel. [23] nominal ± 4% rel. [28]
Gradientensteigung, ausgedrückt in Gradientenzeit t_G	nominal ± 10% rel. [20, 21] nominal ± 5% rel. [4]
Flussrate	nominal ± 0,1 mL min^{-1} [23, 24] nominal ± 0,1 mL min^{-1} [4] nominal ± 0,1 mL min^{-1} [28] nominal ± 0,1 und 0,2 mL min^{-1} [13] nominal ± 0,05 mL min^{-1} [29]
Detektorwellenlänge	nominal ± 3 nm [4] nominal ± 2 und 3 nm [13] nominal ± 5 nm [5] nominal ± 5 nm [28] nominal ± 1 nm [29]

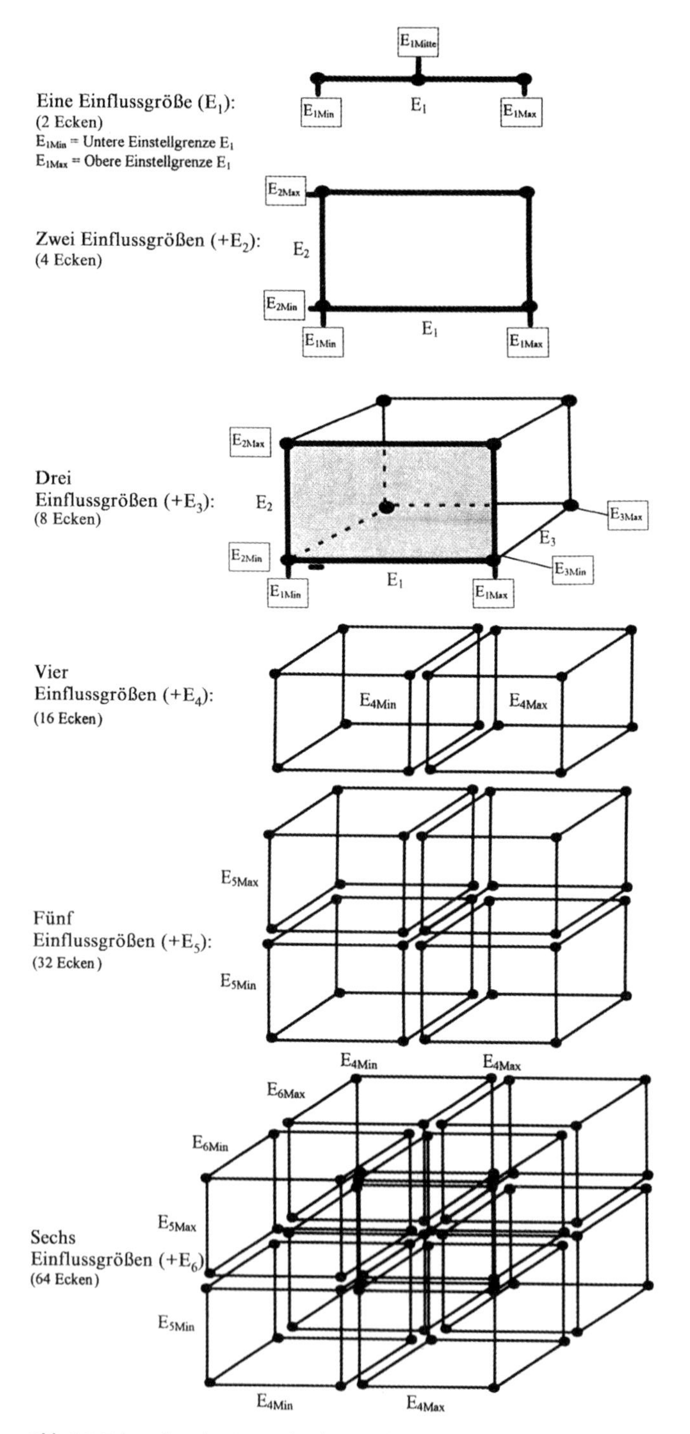

Abb. 16 Eckpunkte des Versuchsplanungsbereichs.

Bei der Planung eines Experiments sind nach Member [12] und Jimidar [4] die nachfolgend aufgelisteten Bedingungen zu berücksichtigen, da sie eine konkrete Planung stark beeinflussen:

- Anzahl der zu untersuchenden Einflussgrößen,
- Unabhängigkeit der Änderungen der Einflussgrößen voneinander,
- Erfahrung mit der geplanten Untersuchung,
- Kenntnisse über die Reproduzierbarkeit der Ergebnisse,
- Kosten für einen Einzelversuch,
- gleichzeitiges Studieren der wichtigsten Methodenparameter (Einflussgrößen),
- Gewinnung von sinnvollen Aussagen zu chromatographischen Effekten,
- systematische Arbeitsweise bei minimaler Anzahl von Versuchen,
- möglichst geringer Zeitaufwand für experimentelle Arbeiten und Auswertung,
- Verwendung eines anwenderfreundlichen statistischen Software-Werkzeuges (z. B. Statgraphics Plus, Cornerstone, Design-Expert, The Unscrambler u. a.).

Verschiedene Typen der statistischen Versuchsplanung (DoE) können für den Robustheitstest einer HPLC-Methode verwendet werden. Aber nur einige sind wirklich in Form von teilfaktoriellen Versuchsplänen [13, 27, 31–33] und Plackett-Burman-Versuchsplänen [15, 16, 18, 31] praktikabel.

Für faktorielle Versuchspläne („factorial designs") in Form von vollfaktoriellen Versuchsplänen („full factorial designs") spricht, dass mit solchen Versuchsplänen Regressionsmodelle mit Haupteffekten und Wechselwirkungen behandelt werden können. Die vollfaktoriellen Versuchspläne, bei denen alle Eckpunkte berücksichtigt werden, weisen eine statistische Auflösung von *V* auf, d. h., das Risiko zu Fehlinterpretationen ist sehr klein. Dieser Typ von Versuchsplan, im dem alle möglichen Kombinationen der Einflussgrößen auf meist 2 Stufen (jeweils auf oberer und unterer Stufe) miteinander variiert werden, wird in den meisten Fällen nur bei der Wahl von wenigen Einflussgrößen (z. B. 2 oder 3) eingesetzt; da die Anzahl der Ecken im (hochdimensionalen) Quader exponentiell mit der Anzahl der Einflussgrößen wächst. So ergeben z. B. 7 Einflussgrößen bereits $2^7 = 128$ Versuche.

Eine Reduzierung der Anzahl notwendiger Versuchsläufe, auch mit der Möglichkeit der Wahl einer größeren Anzahl von Einflussgrößen (z. B. 11) [30], erreicht man mit teilfaktoriellen Versuchsplänen („fractional factorial designs"), die aus den vollfaktoriellen Plänen abgeleitet werden. Hierbei werden nicht alle Ecken besetzt. Man kann mit solchen Versuchsplänen erster Ordnung nur Regressionsmodelle mit Haupteffekten untersuchen und muss voraussetzen, dass es keine Wechselwirkungen gibt. Als Nachteil erweist sich bei genannten Versuchsplänen, dass sie bei der Anzahl der Versuchsläufe nur für Zweierpotenzen (2, 4, 8, 16, 32, 64, ...) zu konstruieren sind, d. h., bei Wahl einer weiteren Einflussgröße verdoppelt sich die Anzahl der experimentellen Versuche.

Die wichtigste Alternative zu den teilfaktoriellen Versuchsplänen sind Plackett-Burman-Versuchspläne [31]. Mit den Plackett-Burman-Versuchsplänen sind nun Versuchspläne gegeben, die ähnliche Eigenschaften wie die voll- und teilfaktorierten Versuchspläne zeigen, aber auch für alle Vielfachen von 4 (12, 20,

Tabelle 2 Plackett-Burman Versuchsplan für $n = 12$.

Versuche	*Einflussgrößen*									
	A	B	C	D	E	F	G	H	I	J
1	−	−	−	+	+	+	−	+	+	−
2	−	−	+	+	+	−	+	+	−	+
3	+	−	+	+	−	+	−	−	−	+
4	+	−	−	−	+	+	+	−	+	+
5	−	+	+	+	−	+	+	−	+	−
6	+	−	+	−	−	−	+	+	+	−
7	+	+	+	−	+	+	−	+	−	−
8	+	+	−	+	+	−	+	−	−	−
9	−	+	−	−	−	+	+	+	−	+
10	+	+	−	+	−	−	−	+	+	+
11	−	−	−	−	−	−	−	−	−	−
12	−	+	+	−	+	−	−	−	+	+

24, 28, ...), die keine Zweierpotenzen sind, konstruierbar sind. Als Nachteil erweist sich wiederum, wie bei den teilfaktoriellen Versuchsplänen, dass nur eine statistische Auflösung von III für diese Versuchspläne gegeben ist; d. h. nur Haupteffekten sind schätzbar. Eine Vermischung zwischen Haupteffekten und Wechselwirkungen ist nicht so einfach zu ermitteln, da wenigsten eine Zweifachwechselwirkung mit einer Hauptwirkung vermengt ist und es somit in der Praxis zu Fehlinterpretationen kommen kann [36]. Tabelle 2 zeigt einen Plackett-Burman-Versuchsplan für $n = 12$.

Will man einen Plackett-Burman-Versuchsplan für weniger als 11 Einflussgrößen konstruieren, so lässt man hinten einfach entsprechend viel Spalten weg.

Da es für den Robustheitstest einer HPLC-Methode jedoch wesentlicher ist, zu ermitteln, ob eine Methode gegenüber *kleinen gezielten Änderungen der Methodenparameter* robust ist, anstatt Aussagen über *Haupteffekte und Wechselwirkungen* sowie deren *Vermischungen* zu treffen, sind die Plackett-Burman-Versuchspläne der am häufigsten angewandte Versuchsplantyp für den Robustheitstest einer HPLC-Methode.

In dem nachfolgenden Beispiel der Bestimmung des Gehalts von aktiven Substanzen in Arzneiformen wird auf die Robustheitsprüfung der HPLC-Methoden mittels statistischer Versuchsplanung (DoE) vom Typ Plackett-Burman näher eingegangen.

Hierzu sind Einflussgrößen, die einen potentiellen Einfluss auf die chromatographischen Trennungen haben könnten, untersucht worden (Tabelle 3). Abbildung 17 zeigt ein Chromatogramm der computeroptimierten Trennung für das kritische Peakpaar 6,7 (nominale chromatographische Bedingungen).

Tabelle 3 Wichtige Einflussgrößen einer HPLC-Methode hinsichtlich der Robustheitsprüfung.

Einflussgröße	*Einheit*	*Einstellbereich*	*Untere Stufe (–1)*	*Obere Stufe (+1)*	*Methodenwert (nominal)*
pH	–	± 0,1 Einheiten	2,4	2,6	2,5
Temperatur	°C	± 5% rel.	47,5	52,5	50,0
[Modifier]	%	± 10% rel.	4,5	5,5	5,0
Steigung t_G	min	± 5% rel.	31,35	34,65	33,00
Fluss	mL min^{-1}	± 10% rel.	0,9	1,1	1,0
Dummy	–	± 1	–1	+1	0

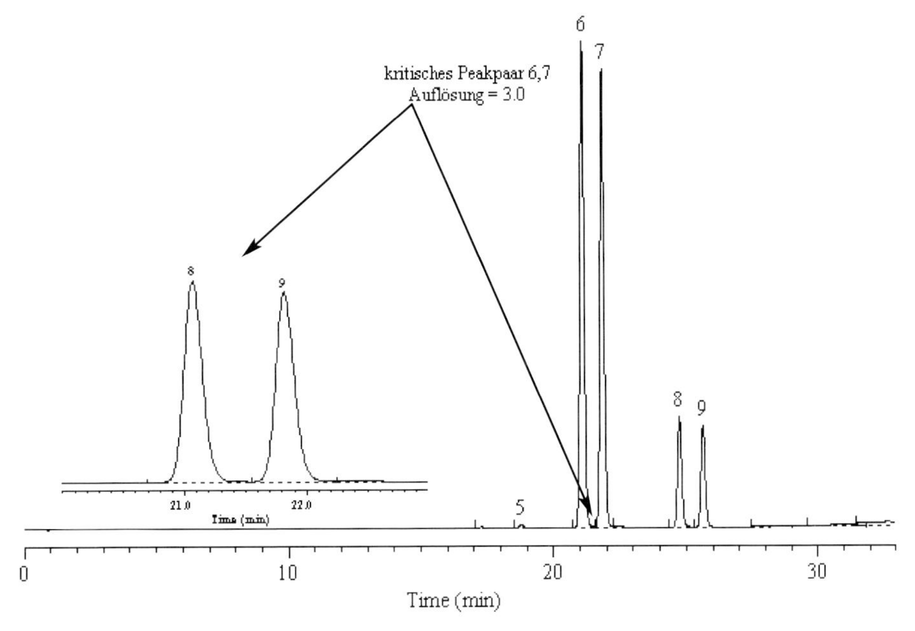

Abb. 17 Trennung des kritischen Peakpaares unter nominalen Bedingungen.

Zur Untersuchung des Einflusses dieser 6 Einflussgrößen wurde ein Plackett-Burman-Versuchsplan mit 12 experimentellen Versuchen gewählt (Tabelle 4).

Um mit dieser sehr begrenzten Anzahl an Experimenten Aussagen über die Zusammenhänge zwischen Einflussgrößen und Zielgröße(n) machen zu können, müssen alle einzelnen Versuche zwingend in einer zufälligen Reihenfolge durchgeführt werden. Jeder systematische Ansatz birgt die Gefahr, dass systematische Fehler fälschlich als Haupteffekte interpretiert werden. Bei einer zufälligen Reihenfolge der Versuche würden solche systematischen Fehler nur ein Verrauschen der Zusammenhänge zwischen Einflussgrößen und Zielgröße(n) bewirken [35].

Tabelle 4 Plackett-Burman-Versuchsplan für $n = 12$.

Versuche	*Einflussgrößen*							
	A Dum1	B pH	C Temp.	D Dum2	E Steigung	F [Modifier]	G Dum3	H Fluss
1	+1	+1	−1	+1	−1	−1	−1	+1
2	−1	−1	+1	+1	+1	−1	+1	+1
3	+1	−1	+1	+1	−1	+1	−1	−1
4	+1	+1	−1	+1	+1	−1	+1	−1
5	+1	−1	−1	−1	+1	+1	+1	−1
6	−1	+1	−1	−1	−1	+1	+1	+1
7	−1	−1	−1	+1	+1	+1	−1	+1
8	−1	−1	−1	−1	−1	−1	−1	−1
9	+1	−1	+1	−1	−1	−1	+1	+1
10	+1	+1	+1	−1	+1	+1	−1	+1
11	−1	+1	+1	+1	−1	+1	+1	−1
12	−1	+1	+1	−1	+1	−1	−1	−1

Tabelle 5 Ermittelte Werte der Zielgröße „Auflösung Rs".

Versuche	*Zielgröße (Auflösung Rs)*
1	2,97
2	2,96
3	2,73
4	2,85
5	2,99
6	2,76
7	3,18
8	2,70
9	2,83
10	3,02
11	2,75
12	2,97

Die Versuche wurden, wie vom Software-Programm vorgeschlagen, zufällig ausgeführt und die Werte der Zielgröße (Tabelle 5) für die weitere statistische Auswertung ermittelt.

Zur Versuchsplanauswertung wurden Varianzanalyse und Effekte berechnet (Tabellen 6 und 7) sowie eine graphische Auswertung der Daten mittels standardisierter Paretodiagramme, Wahrscheinlichkeitsnetz- und Haupteffekt-Darstellungen durchgeführt.

Ein Effekt ist die Werteänderung der Zielgröße, die durch die Veränderung der Einflussgröße von der unteren auf die obere Stufe bewirkt wird. Die berechneten Effekte geben die Stärke des Einflusses der entsprechenden Einflussgröße auf eine Veränderung der Zielgröße an.

Tabelle 6 Berechnete Effekte für jede einzelne Einflussgröße und ihre 95 %-Vertrauensbereiche.

Einflussgröße	*Auflösung Rs*		
	Effekt	Vertrauensbereich ($\alpha = 5\%$)	P-Werte
B: pH	–0,012	± 0,111	0,8178
C: Temperatur	–0,032	± 0,111	0,5358
E: Steigung t_G	**0,205**	**± 0,111**	**0,0024**
F: [Modifier]	0,025	± 0,111	0,6235
H: Fluss	**0,122**	**± 0,111**	**0,0350**

Tabelle 7 Berechnete Effekte für jede einzelne Einflussgröße und ihre 99 %-Vertrauensbereiche.

Einflussgröße	*Auflösung Rs*		
	Effekt	Vertrauensbereich ($\alpha = 1\%$)	P-Wert
B: pH	–0,012	± 0,160	0,8178
C: Temperatur	–0,032	± 0,160	0,5358
E: Steigung t_G	**0,205**	**± 0,160**	**0,0024**
F: [Modifier]	0,025	± 0,160	0,6235
H: Fluss	0,122	± 0,160	0,0350

Den stärksten Effekt auf die Auflösung hat die Einflussgröße Gradientensteigung. Wie die Varianzanalyse zeigt, haben zwei Effekte P-Werte kleiner als 0,05, d. h., sie weisen eine signifikante Differenz von Null bei einem gewählten Vertrauensbereich von 95 % auf. Die Einflussgrößen Steigung t_G und Flussrate haben einen signifikanten Effekt auf die Auflösung.

Sehr anschaulich werden Stärke und Signifikanz der Effekte in den Paretodiagrammen (Abb. 18 und 19) sowie die Wirkungsrichtung der Effekte in der Darstellung der Haupteffekte (s. Abb. 21) wiedergegeben.

Ein Paretodiagramm stellt übersichtlich die standardisierten Effekte dar. Die im standardisierten Paretodiagramm eingetragene Linie ist die Signifikanzlinie für den Test Effekt = 0. Während die Effekte links der Linie nicht signifikant von Null verschieden (C, F, B) sind, sind die Effekte rechts der Linie signifikant von Null verschieden (E, H). Es ist durchaus sinnvoll, nicht signifikante Glieder aus dem Modellansatz zu löschen, d. h., die Balken enden links der Signifikanzlinie.

Die Entscheidung der Signifikanz der Effekte sollte nicht einem sturen Algorithmus überlassen werden. Zur Verminderung der Wahrscheinlichkeit unwahre-positive Entscheidungen bei der Bestimmung der Signifikanz von Effekten zu treffen, ist nach Jimidar [18] eine 1 %-Irrtumswahrscheinlichkeit zu wählen.

Wie die Varianzanalyse mit einer Irrtumswahrscheinlichkeit $\alpha = 1$ % zeigt, hat nur noch ein Effekt einen P-Wert kleiner als 0,01, d. h., er weist eine signifikante

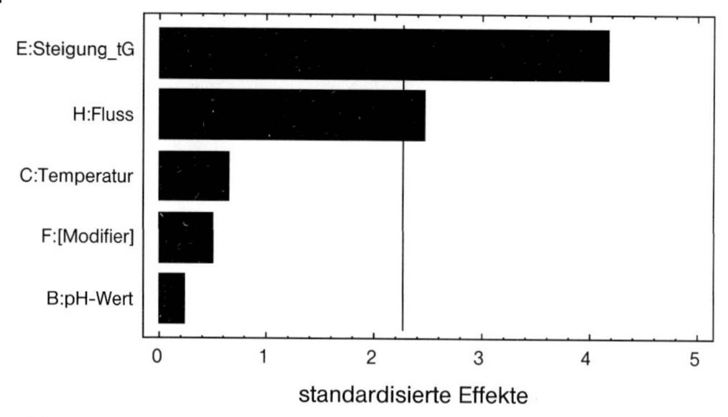

Abb. 18 Darstellung der Effekte im standardisierten Paretodiagramm (für die Auflösung) für die Irrtumswahrscheinlichkeit $\alpha = 5$ %.

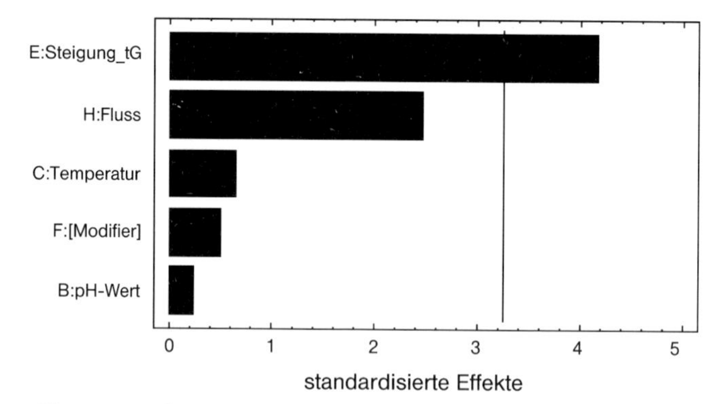

Abb. 19 Darstellung der Effekte im standardisierten Paretodiagramm (für die Auflösung) für die Irrtumswahrscheinlichkeit $\alpha = 1$ %.

Differenz von Null bei einem gewählten Vertrauensbereich von 99 % auf, und zwar hat die Einflussgröße Steigung einen signifikanten Effekt auf die Auflösung.

Dieser Fakt ist auch sehr gut im Paretodiagramm (Abb. 19) wiedergegeben.

Als eine weitere gute Möglichkeit zur Bewertung der Signifikanz von Effekten kann die Darstellung der standardisierten Effekte im Wahrscheinlichkeitsnetz (Abb. 20) herangezogen werden.

Dabei gilt, dass sich nicht signifikante Glieder im Modell wie Zufallsgrößen verhalten, also nahe der Geraden liegen. Hingegen liegen signifikante Glieder weit entfernt von der Geraden (Einflussgröße Steigung). Eine nicht eindeutige Zuordnung ist hier für die Einflussgröße Fluss gegeben.

Die Darstellung der Haupteffekte ist zur Bewertung des Einflusses der einzelnen Einflussgrößen geeignet. Die Wirkung der Haupteffekte auf die Zielgröße ist in dieser Darstellung sehr gut zu sehen. Im Gegensatz zum Paretodiagramm sind hier auch die Wirkungsrichtungen (Vorzeichen) zu erkennen.

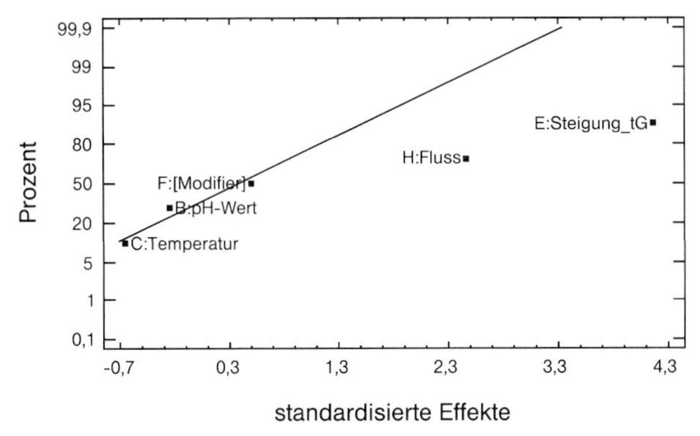

Abb. 20 Darstellung der Effekte im Wahrscheinlichkeitsnetz.

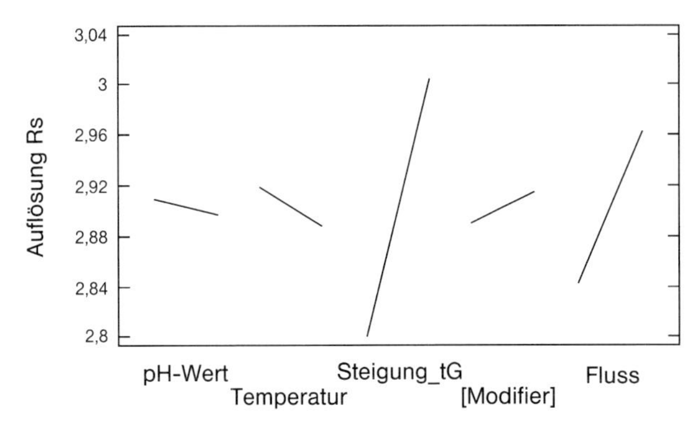

Abb. 21 Darstellung der Haupteffekte (für die Auflösung).

Eine Erhöhung von Steigung und Flussrate ergibt eine bessere Trennung des kritischen Peakpaares 6,7. Gleichfalls bewirkt eine Zunahme in der Modifierkonzentration eine Verbesserung der Auflösung, aber mit deutlich geringerer Stärke. Eine pH-Wert- und eine Temperaturerhöhung bewirken das Gegenteil: Eine Verschlechterung der Auflösung ist zu erwarten. Je nach Betrachtungsweise

Tabelle 8 „Worst case" Kombination der Einflussgrößen.

Einflussgröße	*Einheit*	*„Worst case" Wert*	*Nominaler Wert*	*Auflösung Rs (x = 5)*
pH	–	2,5	2,5	
Temperatur	°C	50,0	50,0	
[Modifier]	%	5,0	5,0	2,8
Steigung t_G	**min**	**31,35**	**33,0**	
Fluss	mL min^{-1}	1,0	1,0	

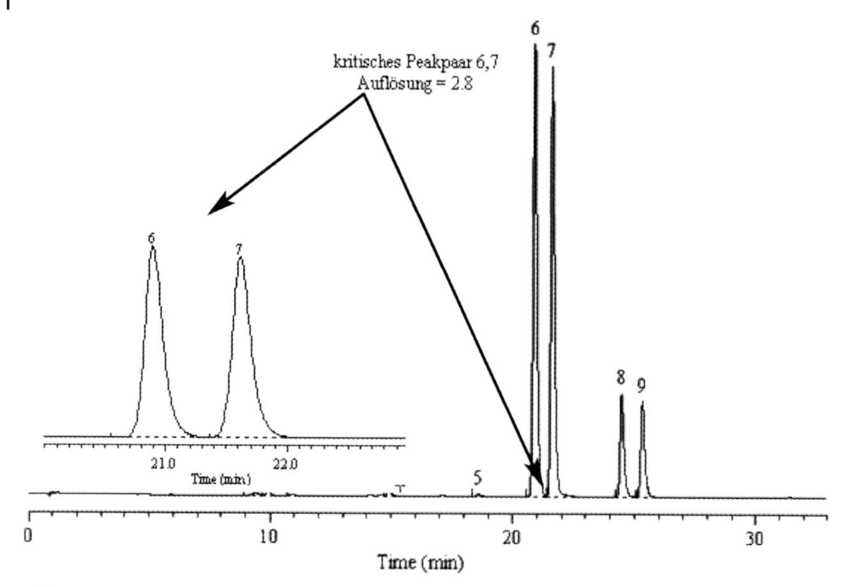

Abb. 22 Trennung des kritischen Peakpaares unter „worst case“ Kombination der Einflussgrößen.

(Irrtumswahrscheinlichkeit $\alpha = 1$ % oder $\alpha = 5$ %) hat vor allem die Steigung einen statistisch signifikanten Einfluss auf die Zielgröße Auflösung.

Die „worst case“ Kombination der signifikanten Einflussgrößen sind in Tabelle 8 gezeigt.

Die unter diesen chromatographischen Bedingungen erzielte Auflösung von Rs = 2,8 für das kritische Peakpaar 6,7 (Abb. 22) übertrifft die für eine Routineanalytik häufig geforderte Auflösung Rs = 2,0 beträchtlich. Die RP-HPLC-Methode ist robust.

Fazit

Die steigenden Anforderungen an die Qualität von Analysenmethoden machen neue, effiziente Verfahrensweisen zur Überprüfung der Robustheit notwendig. Die Arbeitsbedingungen in der HPLC sind praxisbezogen stark genug zu variieren und die beobachteten Änderungen der Selektivität konsequent für eine sinnvolle Auswertung zu nutzen, um einerseits wirtschaftliche und andererseits auch robuste HPLC-Methoden zu gewinnen.

Robustheitsaussagen zu einer RP-HPLC-Methode lassen sich generell auf zwei unterschiedlichen Wegen gewinnen. Sowohl durch eine computergestützte systematische Methodenentwicklung als auch durch Anwendung einer statistischen Versuchsplanung (DoE) erhält man relevante Aussagen zur Robustheit einer RP-HPLC-Methode.

Literatur

1 L. R. Snyder, J. J. Kirkland and J. L. Glajch, Practical HPLC Method Development 2nd ed., Wiley-Interscience, New York, 1997.

2 Y. Vander Heyden, D. L. Massart, and M. Mulholland, in: M. M. W. B. Hendrics, J. H. de Boer, A. K. Smilde (Eds.), Robustness of Analytical Chemical Methods and Pharmaceutical Technological Products, Data Handling in Science and Technology, Elsevier, Amsterdam, 1996, Ch. 3 and Ch. 5.

3 E. J. Klein, S. L. Rivera, A Review of Criteria Functions and Response Surface Methodology for the Optimization of Analytical Scale HPLC Seperations, Marcel Dekker Inc., 2000, 2097–2121

4 I. Jimidar, Lecture presented at the workshop: Computer-assisted RPLC-Method Development, Darmstadt, Nov. 2000.

5 R. Romero, D. Gazquez, M. Sanchez-Vinas, L. Cuadros Rodriguez, and M. G. Bagur, *LCGC North America*, 20 (2002), 72–80.

6 I. Molnar, *J. Chromatogr. A*, 965 (2002), 175.

7 C. Horvath, W. Melander, I. Molnar, *Anal. Chem.*, 49 (1976), 2295.

8 J. A. Lewis, J. W. Dolan, L. R. Snyder, I. Molnar, *J. Chromatogr.*, 592 (1992), 197.

9 H. W. Bilke, C. Gernet, I. Molnar, *J. Chromatogr.*, 729 (1996), 189.

10 T. Jupille, in DryLab 2000 Plus Automation Toolkit, 2002.

11 H.-J. Rieger, I. Molnar, *LaborPraxis*, 3 (2003), 40.

12 Th. Wember, Technische Statistik und statistische Versuchsplanung, Eigenverlag, 2000, Version 6.

13 E. Hund, Y. Vander Heyden, M. Haustein, D. L. Massart and J. Smeyers-Verbeke, *J. Chromatogr. A*, 874 (2000), 167–185.

14 J. W. Dolan, *LC·GC Europe*, 5 (2003), 252.

15 Y. Vander Heyden, K. Luypaert, C. Hartmann, D. L. Massart, J. Hoogmartens and J. de Beer, *Anal. Chim. Acta* 312 (1995), 245–262.

16 Y. Vander Heyden, A. Bourgeois and D. L. Massart, *Anal. Chim. Acta* 347 (1997), 369–384.

17 L. M. B. C. Alvares-Ribeiro, A. A. S. C. Machado, *Anal. Chim. Acta* 355 (1997), 195–201.

18 M. Jimidar, N. Niemeijer, R. Peetres and J. Hoogmartens, *J. Pharm. Biomed. Anal.* 18 (1998), 479–485.

19 J. A. Van Leeuwen, L. M. C. Buydens, B. G. M. Vandeginste, G. Kateman, P. J. Schoenmakers, M. Mulholland, *Chemometrics and Intelligent Laboratory systems*, 10 (1991), 337–347.

20 M. Mulholland and J. Waterhouse, *J. Chromatogr.*, 395 (1987), 539–551.

21 M. Mulholland and J. Waterhouse, *Chromatographia* 25 (1988), 769–774.

22 J. A. Van Leeuwen, L. M. C. Buydens, B. G. M. Vandeginste, G. Kateman, P. J. Schoenmakers, M. Mulholland, *Chemometrics and Intelligent Laboratory systems*, 11 (1991), 37–55.

23 H. W. Bilke, Lecture presented at the workshop: Computer-assisted RPLC-Method Development, Darmstadt, Nov. 2000.

24 H. W. Bilke, Lecture presented at the Novia HPLC 2003, Mannheim, Nov. 2003.

25 Z. Yongxin, J. Augustinjs, E. Roets and J. Hoogmartens, *Pharmeuropa*, 9 (1997), 323–327.

26 D. Song, E. Roets and J. Hoogmartens, *Pharmeuropa*, 11 (1999), 432–436.

27 R. Ragonese, M. Mulholland and J. Kalman, *J. Chromatogr. A*, 870 (2000), 45–51.

28 Y. Vander Heyden, M. Jimidar, E. Hund, N. Niemeijer, R. Peetres, J. Smeyers-Verbeke, D. L. Massart and J. Hoogmartens, *J. Chromatogr. A*, 845 (1999), 145–154.

29 R. B. Waters and A. Dovletoglou, *J. Liquid Chromatogr.* 18 (2003), 2975–2985.

30 J. A. van Leeuwen, B. G. M. Vandeginste, G. Kateman, M. Mulholland and A. Cleland, *Anal. Chim. Acta* 228 (1990), 145–153.

31 Y. Vander Heyden and D. L. Massart, in: M. M. W. B. Hendrics, J. H. de Boer, A. K. Smilde (Eds.), Robustness of Analytical Chemical Methods and Pharmaceutical Technological Products, Data Handling in Science and Technology, Elsevier, Amsterdam, 1996, pp. 79–147.

32 M. Jimidar, M. S. Khots, T. P. Hamoir, D. L. Massart, *Quim. Anal.* 12 (1993), 63–68.

33 E. Morgan, Chemometrics – Experimental Design, Analytical Chemistry by Open Learning, Wiley, Chichester, 1991, pp. 118–188.

34 R. L. Plackett and J. P. Burman, *Biometrika,* 33 (1946), 305–325.

35 C. Krüll, *LaborPraxis,* 11 (2003), 58–60.

36 S. Johne, Praxishandbuch STATGRAPHICS, Teil 3/1: Statistische Versuchsplanung Teil 1 (2002) 27–28.

5.3
Trennung komplexer Proben

Knut Wagner

5.3.1
Einleitung

Für die Trennung hoch komplexer Proben, wie sie in der Bioanalytik an der Tagesordnung sind, bedarf es oftmals besonderer Lösungen.

In diesem Kapitel soll daher eine Einführung in die mehrdimensionale Chromatographie gegeben werden. Zusätzlich wird anhand eines konkreten Beispiels gezeigt, wie durch geeignete Kopplung verschiedener Trennmechanismen höchste Trennleistungen erhalten werden. Es wird weiterhin demonstriert, dass die mehrdimensionale Chromatographie reproduzierbare Ergebnisse liefert, um dem Anwender die Angst vor außergewöhnlichen Lösungen zu analytischen Fragestellungen zu nehmen.

Die Notwendigkeit komplexe Analyte zu trennen, hat in den letzten Jahren insbesondere durch den Fortschritt in den Biowissenschaften (Genomics, Proteomics) rapide zugenommen.

Die Entschlüsselung des menschlichen Genoms hat mit der Vorlage des ersten Sequenzentwurfs der drei Milliarden Basenpaare (2001) einen Höhepunkt erreicht.

Das Genom kodiert hunderttausende von Proteinen und Peptiden, deren Größe sich zwischen einigen hundert Dalton und dreihundert Kilodalton bewegt. Das Genom lässt jedoch keine Aussagen über die tatsächliche Expression der Proteine oder über posttranslationale Modifikationen zu. Daher richtet sich das Interesse der Forschung nun zunehmend auf Proteomics, der quantitativen Analyse aller Proteine, die von einer Zelle oder einem Gewebe zu einem bestimmten Zeitpunkt exprimiert werden. Die Identifizierung von Proteinexpressionsdifferenzen im Rahmen der Suche nach neuen Zielproteinen ist heute eine wesentliche Aufgabe bei der Suche nach neuen Wirkstoffen.

Es ist üblich, dass mehr als 1000 Proteine parallel z. B. in Zelllysaten vorliegen. Neben der Standardmethode der zweidimensionalen Gelelektrophorese setzen sich Flüssigphasenseparationstechniken immer mehr durch. Deren Vorteil liegt in der Reproduzierbarkeit, Automatisierbarkeit, Geschwindigkeit sowie der Möglichkeit der direkten Kopplung zur Massenspektrometrie.

5.3.2
Mehrdimensionale HPLC

Eindimensionale Trennungen haben eine begrenzte Leistungsfähigkeit bei der Trennung komplexer Proben. Dies ist daran zu erkennen, dass einzelne Peaks anstelle von einer Substanz eine Vielzahl von Komponenten darstellen.

HPLC richtig optimiert: Ein Handbuch für Praktiker. Herausgegeben von Stavros Kromidas

ISBN: 3-527-31470-9

Die chromatographische Auflösung eines eindimensionalen Systems kann vergrößert werden, indem die Anzahl der theoretischen Böden N, die Selektivität α oder der Retentionsfaktor k variiert werden.

Die Anpassung des Retentionsfaktors k hat nur einen geringen Einfluss auf die Auflösung und dies nur bei kleinen k-Werten (s. auch Kap. 1.1). Die Vergrößerung der Bodenzahl N durch Verwendung einer längeren Säule oder einer Säule mit geringerer Partikelgröße führt nur zu einer geringen Verbesserung der Auflösung, dies jedoch auf Kosten der Analysenzeit. Der größte Einfluss auf die chromatographische Auflösung ist durch Variation der Selektivität α zu erreichen.

Ein quantitatives Maß für die Trennleistung eines chromatographischen Systems ist die Peakkapazität. Diese theoretische Größe gibt die maximal mögliche Zahl von Peaks n an, die in einem Chromatogramm bei vorgegebener Auflösung nebeneinander vorliegen können.

$$n = \left(1 + \frac{\sqrt{N}}{r}\right) \ln(1 + k_i) \tag{1}$$

Moderne, hochauflösende Systeme haben eine Peakkapazität von ca. 100–300. Dabei ist zu beachten, dass diese theoretische Zahl in der Praxis nicht erreicht werden kann, da die Peaks nicht gleichmäßig verteilt sind, sondern zufällig auftreten und sich gegenseitig überlappen.

Um die chromatographische Auflösung jedoch weiter zu vergrößern, ist die aufeinander folgende Anwendung unterschiedlicher Wechselwirkungsmechanismen der Trennung möglich. Dies können z. B. unterschiedliche hydrophobe Wechselwirkungen (RP-Säulen) oder fundamental verschiedene Trennmechanismen wie Ionenaustausch-, Größenausschluss- oder hydrophobe Wechselwirkungschromatographie sein. Diese Kopplung von unterschiedlichen Säulen bezeichnet man als mehrdimensionale Chromatographie.

Um den maximalen Nutzen der mehrdimensionalen Chromatographie zu erhalten, müssen die Trennmechanismen gegensätzlich, d. h. orthogonal sein. Weiterhin muss sichergestellt sein, dass der gesamte Analyt vollständig von der vorhergehenden in die darauf folgende Trennstufe überführt wird. Eine bereits erhaltene Trennung zweier Komponenten muss über den gesamten Prozess beibehalten und darf beim Transfer in die nächste Dimension nicht wieder zunichte gemacht werden. Die vollständige Ausnutzung der verfügbaren Trennleistung in der ersten Dimension macht somit eine Vielzahl von Trennungen in der zweiten Dimension notwendig, sodass alle Fraktionen der ersten Dimension unabhängig voneinander der weiteren Trennung in den nachfolgenden Trennstufen unterliegen.

In einem solchen idealen System berechnet sich die Gesamtpeakkapazität aus dem Produkt der Peakkapazitäten in den einzelnen Dimensionen.

$$n_{\text{tot}} = n_{\text{a}} \times n_{\text{b}} \tag{2}$$

Die Peakkapazität für ein ideales, planares zweidimensionales HPLC System ist anschaulich in Abb. 1 dargestellt.

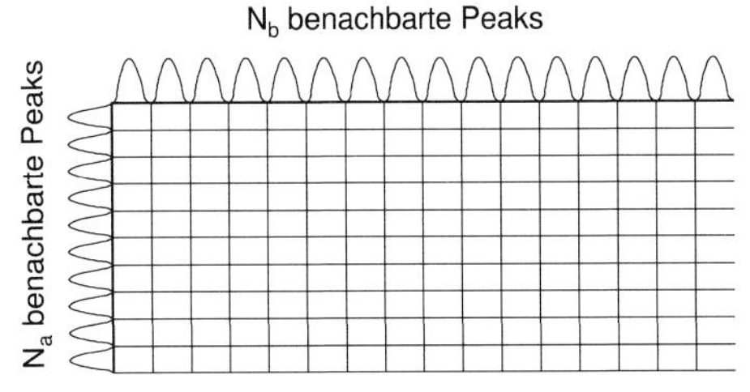

Abb. 1 Statistisches Modell der Peaküberlappung: Die rechteckigen Kästchen des Gitternetzes entsprechen der theoretischen Peak-Kapazität eines 2D-Systems mit Gauß'scher Verteilung. In diesen Fall entspricht n_{tot} ungefähr 160 ($n_a \times n_b$).

Durchläuft der gesamte Analyt und nicht nur Teile davon alle Trennstufen in einem mehrdimensionalen System, so spricht man von einem sog. „Comprehensive"-Ansatz. Für Fragestellungen, bei denen es nicht um die Auflösung aller Komponenten in einer Probe, sondern um die Isolierung weniger Komponenten geht, bietet sich die mehrdimensionale Chromatographie ebenso an. Man verwendet Techniken, bei denen nur ein bestimmter Teil der ersten Trennstufe in die zweite Dimension gelangt. Man spricht hierbei von der sog. „Heart-Cutting"-Technik. Dies erfordert allerdings, dass die Retentionseigenschaften der Ziel-Analyte in der ersten Dimension bereits vorher bekannt sind.

5.3.3
Techniken der mehrdimensionalen Trennung

Der Probentransfer von einer Säule zur nächsten kann grundsätzlich auf zwei verschiedene Arten stattfinden, der Offline- sowie der Online-Technik.

5.3.3.1 Offline-Technik

Die apparativ einfachste Lösung der zweidimensionalen Chromatographie ist die Offline-Säulenkopplung. Dabei werden nach der ersten Trennsäule Fraktionen manuell oder automatisch gesammelt, aufbewahrt und sukzessive auf die zweite Säule injiziert. Der Probentransfer kann vollautomatisch durchgeführt werden. Es sind sog. HPLC Workstations auf dem Markt, die mithilfe von spezieller Software, Fraktionssammlern, Probengebern und Schaltventilen den gesamten Ablauf steuern. Das Offline-Prinzip ist in Abb. 2 dargestellt.

Der Vorteil dieser Technik liegt in den relativ geringen apparativen Anforderungen und in der Tatsache, dass es keine Einschränkungen bezüglich der Trenngeschwindigkeiten in den einzelnen Trenndimensionen gibt. Der Nachteil liegt in der notwendigen Kompatibilität von Fließ- und Lösungsmitteln sowie der notwendigen Anpassung von Fraktionsvolumina in der ersten Trennstufe und Injektionsvolumina in der zweiten Dimension. Dieser Nachteil kann durch die richtige Auswahl der Säulendimension (Innendurchmesser) und der Flussrate kompensiert werden. Weitere Nachteile sind die Anfälligkeit für Probenverluste durch Kontamination von Probengefäßen, die geringe Reproduzierbarkeit sowie lange Analysenzeiten.

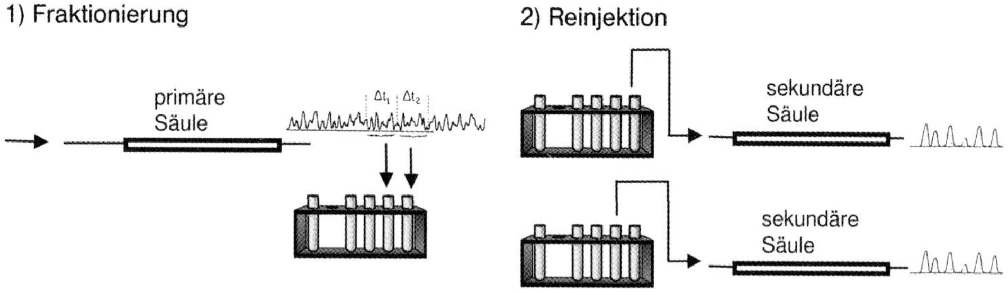

Abb. 2 Offline-Technik in der 2D-HPLC.

5.3.3.2 **Online-Technik**

Die zweite, elegantere Art der Säulenkopplung ist die Online-Kopplung. Es werden zwei verschiedene Online-Kopplungen angewendet. Eine der Techniken verwendet einen kontinuierlichen Fluss in der ersten Dimension, jedoch unterschiedliche Trenngeschwindigkeiten in den einzelnen Dimensionen. Um eine hohe Anzahl von Fraktionen in der ersten Dimension zu gewährleisten, ist es notwendig, dass die zweite Dimension wesentlich schneller arbeitet und zusätzlich mehrfach parallel ausgelegt wird. Dadurch wird sichergestellt, dass für jeden Peak der ersten Dimension eine weitere Trennung erfolgt, ohne dass die Fraktionen in irgendeiner Art zwischenzeitlich aufbewahrt werden. Die Vorteile sind keine Probenverluste, gute Reproduzierbarkeit, kurze Gesamtanalysendauer und höchste Trennleistung. Hohe Trenngeschwindigkeiten in der zweiten Dimension können z. B. durch die Verwendung von monolithischen Säulen (Chromolith) oder auch durch die Verwendung von porösen oder unporösen Kieselgel-Partikeln mit kleinen Durchmessern (z. B. 1,5 µm) erreicht werden.

Die zweite Art der Online-Kopplung ist die Verwendung eines unterbrochenen Flusses und Gradientenelution in der ersten Dimension. Definierte Fraktionen der ersten Dimension werden in Intervallen nacheinander auf eine einzige sekundäre Säule überführt. Dies kann mithilfe eines Stufengradienten erfolgen. Nach dem Probentransfer auf die sekundäre Säule wird der Fluss in der ersten Dimension so lange unterbrochen, bis die Gradientenelution einschließlich Säulenregenerierung in der zweiten Dimension durch ein weiteres HPLC System abgeschlossen ist. Dieser Ansatz wird z. B. in der Kapillarchromatographie von Biomolekülen angewendet. Vorteile sind die geringen apparativen Anforderungen und die nicht limitierte Analysenzeit auf der sekundären Säule. Im Gegensatz dazu wird bei diesem Vorgehen jedoch Trennleistung geopfert. Das Online-Prinzip ist in Abb. 3 dargestellt.

Die Verbindung zwischen den Trennstufen in einem Online-System stellt einen wesentlichen, aber auch kritischen Punkt dar. Der Transfer des Analyten kann durch richtig proportionierte Probenschleifen erfolgen. Hierbei müssen die Schleifengröße, Flussrate, Eluentenzusammensetzung und die Säulendimensionen angepasst werden.

Eine Alternative ist das Anreichern des Analyten am Säulenkopf der sekundären Säule unter der Verwendung der Gradientenelution („on-column focusing“).

A)
kontinuierlicher Fluss – unterschiedliche Trenngeschwindigkeiten

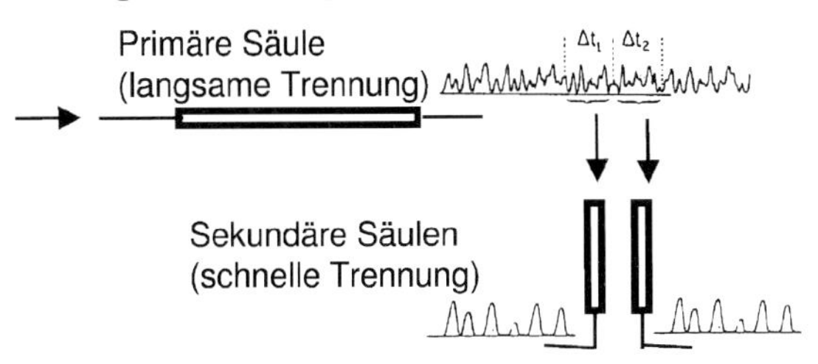

B)
unterbrochener Fluss – Stufen-Gradient-Elution

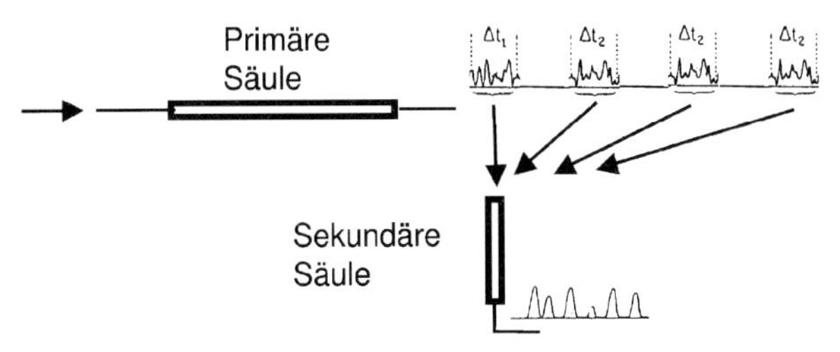

Abb. 3 Online-Techniken in der 2D-HPLC.

Während eine Säule mit dem Analyten einer Fraktion durch die erste Dimension beladen wird, kann eine zweite parallele sekundäre Säule eine andere Fraktion eluieren. Die Säulenschaltung kann vollständig automatisiert durch Mehrwege-Ventile erfolgen. Durch diesen Ansatz lässt sich insbesondere bei Biomolekülen eine Probenanreicherung und gleichzeitige Entsalzung durchführen.

5.3.4
Online Probenvorbereitung als Vorstufe der mehrdimensionalen HPLC

Die einfachste Art einer Säulenkopplung ist die HPLC-integrierte Probenvorbereitung mithilfe von sog. „Restricted Access-Materialien“ (RAM). Hierbei handelt es sich aber nicht um eine mehrdimensionale Trennung im klassischen Sinn. Im ersten Schritt werden die Zielanalyte von den ungewünschten Probenbestandteilen (Matrix) getrennt. Im zweiten Schritt werden dann die auf der RAM-Säule aufkonzentrierten Analyte in Reihe mit der analytischen Säule eluiert.

Die „Restricted Access-Materialien“ (RAM) vereinigen zwei chromatographische Trennmechanismen in einer Säule: Die Größenausschluss-Chromatographie und die Reversed-Phase- bzw. Ionenaustausch-Chromatographie. Dies wird dadurch erreicht, dass als Trägermaterial Kieselgel (LiChrospher 60) mit einem mittleren Porendurchmesser von 6 nm verwendet wird (s. auch Kap. 2.4.1). Dieses Material zeigt als SEC-Säule mit einem entsprechenden Fließmittel ein Ausschlussmolekulargewicht für globuläre Proteine von ca. 15 kDa. Das wesentliche Merkmal eines RAM ist neben der Porengröße eine topochemisch bifunktionelle Oberfläche. Durch eine Sequenz von Oberflächenreaktionen werden an der äußeren Oberfläche Diolgruppen eingeführt. Aufgrund ihrer Hydrophilie weisen diese eine sehr geringe Adsorptionskapazität gegenüber Proteinen auf. An der inneren Oberfläche, welche die chromatographische Retention verursacht, sind n-Alkylgruppen (C_{18}, C_8, C_4) bzw. Kationen-(SO_3H) oder Anionen-(DEAE) Austauscher-Gruppen gebunden. Die zu analysierende wässrige Probe wird auf die RAM-Säule aufgegeben. Die Matrixbestandteile (z. B. Proteine) mit einem Molekulargewicht > 15 kDa werden von den Poren ausgeschlossen und eluieren im Zwischenkornvolumen der Säule. Dies erlaubt die direkte Injektion von unbehandelten Proben wie Blut, Plasma, Serum, Fermenterbrühe, Gewebehomogenaten oder Zellkulturüberständen. Gleichzeitig gelangen niedermolekulare Analyte und Peptide mit einem Molekulargewicht < 15 kDa in das Porensystem und werden an der inneren Oberfläche an den jeweiligen funktionellen Gruppen (Ionenaustauscher, n-Alkylgruppen) adsorbiert. Die Säule wird gewaschen (Entfernung der Matrixbestandteile) und im nachfolgenden Schritt mittels Säulenschaltung unter Umkehrung der Flussrichtung mit der analytischen Ionenaustauscher- bzw. Reversed-Phase-Säule verbunden. Die Desorption von der RAM-Säule erfolgt nun in Reihe mit der Trennsäule mittels Gradientenelution. Das Arbeiten mit RAM-Säulen ist die effektivste Art der Probenaufbereitung von Analyten aus komplexen Matrices. Das Prinzip von „Restricted Access-Materialien“ ist in Abb. 4 dargestellt.

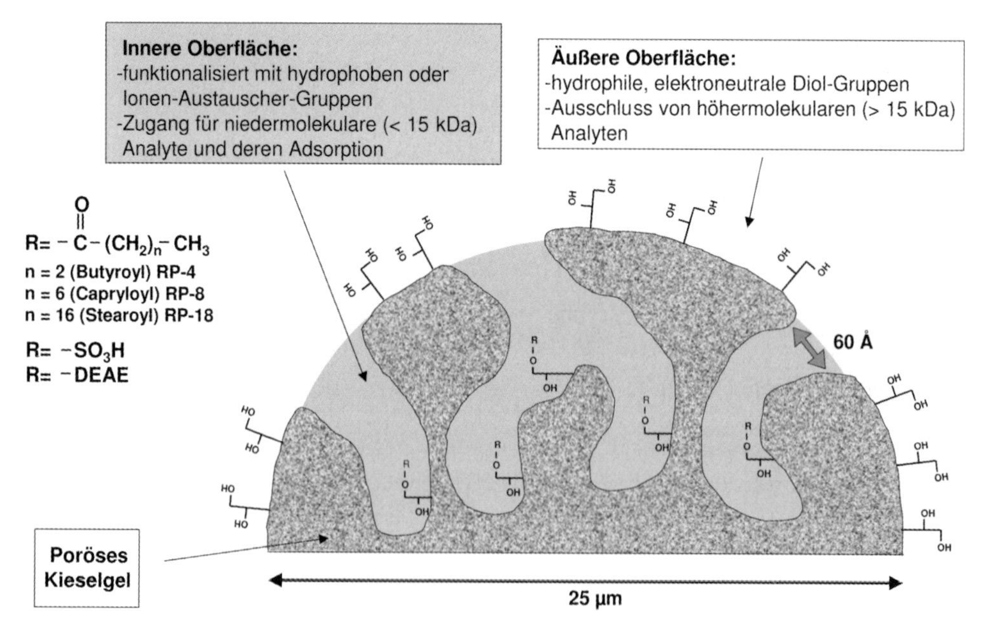

Abb. 4 Prinzip von „Restricted Access Material“ (RAM).

5.3.5
Anwendungsgebiet der mehrdimensionalen HPLC

Neben einigen Anwendungen, bei denen unterschiedliche Reversed-Phase-Mechanismen wie z. B. Tetrachlorphthalimidopropyl- und klassische Octadecyl-Wechselwirkungen kombiniert werden, bietet sich vor allem in der Bioanalytik die Kopplung fundamental verschiedener Trennprinzipien an.

Für die Trennung von Proteinen und Peptiden eignen sich die Umkehrphasen- (Reversed-Phase), die Anionen- oder Kationenaustausch- („Anion- or Cation-Exchange"), die Hydrophobe Wechselwirkungs- („Hydrophobic Interaction") und die Größenausschluss-Chromatographie („Size Exclusion").

Jeder dieser HPLC-Arten liegt ein anderer Trennmechanismus mit den jeweiligen Vor- und Nachteilen zugrunde.

Die Größenausschluss-Chromatographie (SEC) trennt die Moleküle nach ihrer Größe und räumlichen Struktur. Die Trennung erfolgt aufgrund der unterschiedlichen Fähigkeit, in die Poren des Säulenpackungsmaterials einzudringen. Die SEC ist primär auf die Trennung von großen Molekülen (mw > 5000 Da) beschränkt, da dort in der Regel eine signifikante Größendifferenz der interessierenden Komponenten gegeben ist. Die Vorteile der SEC für die Trennung von Proteinen und Peptiden sind die Verwendbarkeit von wässrigen, nicht denaturierenden Eluenten, die Vorhersagbarkeit von Elutionsreihenfolgen und Elutionszeiten sowie Informationen über die Molekülgröße. Der wesentliche Nachteil der SEC ist die geringe Peakkapazität und geringe Effizienz, die es nicht erlaubt, komplexe Mischungen zu trennen. Eine typische SEC Säule erlaubt es, nur wenige Peaks pro Lauf zu trennen.

Die Ionenaustausch-Chromatographie (IEC) trennt Proteine und Peptide entsprechend ihrer ionischen Ladung. Die IEC erlaubt eine gute Auflösung und hohe Säulenbeladung unter Bedingungen, die in der Regel nicht denaturierend sind. Ionenaustausch ist eine der am häufigsten verwendeten chromatographischen Techniken für die Trennung und Reinigung von Proteinen, Polypeptiden, Nukleinsäuren, Polynukleotiden und anderen geladenen Biomolekülen. Der wesentliche Nachteil der IEC ist die zwingend erforderliche Gradientenelution mit salzhaltigen wässrigen Fließmitteln. Präparative Trennungen erfordern ein Entsalzen der Fraktionen.

Die Hydrophobe Wechselwirkungs-Chromatographie/„Hydrophobic Interaction Chromatography" (HIC) trennt Proteine und Peptide entsprechend ihrer Oberflächen-Hydrophobizität. In der HIC bewirkt ein mit sehr hoher Salzkonzentration beginnender Gradient, dass die hydrophoben Strukturen der Proteine und Peptide in ihren nativen Form mit der schwach hydrophoben stationären Phase wechselwirken („Aussalzen"). Die chromatographische Auflösung wird durch die anschließende Elution mit einem Gradienten abnehmender Ionenstärke der wässrigen mobilen Phase erreicht. Mit der HIC werden gute Auflösungen unter nicht denaturierenden Bedingungen ermöglicht. Der wesentliche Nachteil der HIC sind die erforderlichen salzhaltigen Fließmittel und die geringe Löslichkeit einiger Proben im Ausgangseluenten, der eine hohe Ionenstärke aufweist.

Die Umkehrphasen-Chromatographie/„Reversed-Phase-Chromatograpy“ (RPC), trennt wie auch die HIC entsprechend der Hydrophobizität. Im Gegensatz zur HIC sind bei der RPC die hydrophoben Wechselwirkungen nicht auf die hydrophoben Bereiche der Proteinoberfläche beschränkt und somit wesentlich stärker. Fließmittel in der RPC sind in der Regel Mischungen von organischen und wässrigen Lösungsmitteln und Zusätzen wie z. B. Trifluoressigsäure. Der wesentliche Nachteil der RPC ist die Möglichkeit von Denaturierung, abhängig vom Protein und dem organischen Anteil im Eluenten.

Die mögliche Entfaltung von Proteinen und Peptiden ist aber auch der Schlüssel für den größten Vorteil der RPC, die unerreichte chromatographische Auflösung. Mittels RPC können beispielsweise Peptide voneinander getrennt werden, deren Struktur sich nur um eine einzige Aminosäure unterscheidet. Daher ist die RPC für die analytische Trennung von Proteinen und Peptiden die üblicherweise verwendete Trenntechnik. Aufgrund der denaturierenden Effekte ist die RPC für präparative Trennungen nur bedingt geeignet.

Für Proteine und Peptide, die durch das organische Fließmittel nicht denaturiert werden, besteht der Vorteil, dass das Fließmittel sehr leicht wieder entfernt werden kann.

5.3.5.1 Was ist realisierbar? – ein Beispiel aus der Praxis

Anhand eines vielleicht etwas exotischen Beispiels soll demonstriert werden, wie aus kommerziell verfügbaren Komponenten ein höchst effizientes, zweidimensionales Online-HPLC-System zusammengestellt werden kann. Der Schlüssel zum Erfolg ist die geschickte Kombination von Säulenschaltventilen.

Ziel ist die Entwicklung eines mehrdimensionalen HPLC-Systems für die Trennung von Peptiden und Proteinen im Molekulargewichtsbereich < 15 kDa.

Es wird die Größenausschluss-Chromatographie in Form von sog. „Restricted Access Materialien“ (RAM) im Probenvorbereitungsschritt angewendet. Anschließend werden die Analyten auf einer Ionenaustauscher-Säule vorgetrennt (erste Dimension), um abschließend auf Reversed-Phase-Säulen (zweite Dimension) mit hoher Auflösung analysiert zu werden.

Um keine Probenverluste durch mehrfache Reinjektionen sowie ein schnelles und reproduzierbares Analysenverfahren zur Verfügung zu haben, wird ein kontinuierlich arbeitendes, automatisches System angewendet. Die Anzahl an parallelen sekundären Säulen wird dadurch gering gehalten, dass in der ersten Dimension mit niedriger Trenngeschwindigkeit, in der zweiten Dimension mit hoher Trenngeschwindigkeit gearbeitet wird. Hohe Trenngeschwindigkeiten werden durch die Verwendung kurzer RP-Säulen erreicht, die mit unporösen Teilchen von 1,5 µm mittleren Durchmessers gepackt sind.

Es wurde eine neue Methode der Säulenschaltung mit vier parallelen RP-Säulen entwickelt, die ausreichend Analysenzeit für hochauflösende Trennungen bietet.

Der Aufbau des 2D-HPLC-Systems mit integrierter Probenvorbereitung ist in Abb. 5 dargestellt.

Das System besteht neben der RAM-Säule zur Probenvorbereitung aus einer analytischen Ionenaustauschersäule und vier parallelen RP-Säulen. Es werden

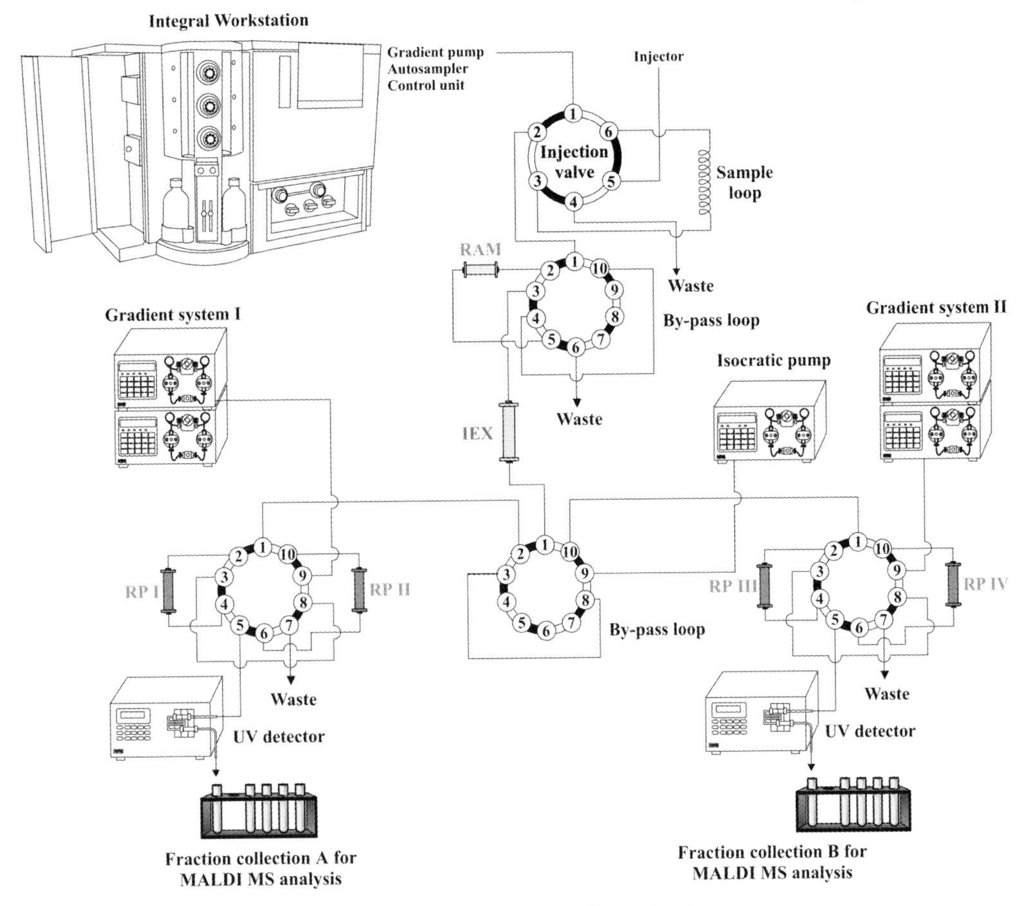

Abb. 5 Schema des Online-2D-HPLC-Systems mit integrierter Probenvorbereitung und 4 parallelen RP-Säulen.

jeweils zwei RP-Säulen parallel eluiert, während eine Säule regeneriert und die vierte Säule mit den Analyten beladen wird. Das gesamte Ventil-, Säulen- und Pumpenarrangement wird voll automatisch betrieben und von einer HPLC Workstation aus gesteuert.

Im Probenvorbereitungsschritt an der Ionenaustausch-RAM-Säule wird zunächst die Matrix von den Zielanalyten getrennt. Die Matrix gelangt mit dem Aufgabe-Eluenten zum Abfall. Nach dem Waschen der RAM-Säule wird das 10-Wegeventil geschaltet. Damit erfolgt die Elution in Reihe mit der analytischen Ionenaustauschersäule (Umkehrung der Flussrichtung). Die dabei unvollständig getrennten Analyte werden auf dem Säulenkopf einer RP-Säule angereichert und somit entsalzt. Der wässrige Eluent der Ionenaustauscher-Trennung gewährleistet die vollständige Adsorption der Biomoleküle. Zwei individuelle Hochdruckgradientensysteme erlauben es, zwei RP-Säulen parallel, jedoch mit zeitlich versetzten Gradienten zu eluieren. Dazu wird ein externer UV-Detektor verwendet, der das zweite UV-Signal direkt in die Software der Workstation überträgt. In dem System wird die vierte RP-Säule unter Verwendung einer isokratischen Pumpe mit Eluent A über den gesamten Zeitraum eines Schaltintervalls regeneriert. Jede der vier RP-Säulen durchläuft dazu zeitlich versetzt denselben Zyklus aus Anreicherung der Analyten, Elution und Regeneration. Das Säulenarrangement besteht aus insgesamt fünf 10-Wegeventilen. Das erste 10-Wegeventil dient als Injektor, das zweite 10-Wegeventil dient der Säulenschaltung der RAM-Säule im Probenvorbereitungsschritt. Nach der analytischen Ionenaustauscher-Säule gelangen die vorgetrennten Analyte auf das parallel angeordnete Reversed-Phase-Säulensystem. Das zentrale Ventil schaltet dabei nach jeder Fraktion, welche die Ionenaustauscher Säule verlässt, d. h. alle 4 Minuten. Die beiden äußeren Ventile schalten jeweils abwechselnd in Intervallen von 8 Minuten. Bei einer Gesamtanalysenzeit von 96 Minuten erhält man somit 24 Chromatogramme in der RP-Dimension, entsprechend 24 Fraktionen.

a)

Probenfraktionierung:

Säulentyp:	Lichrospher 60 Å XDS-SO_3 25 x 4,0 mm (MERCK)
Injektionsvolumen:	100 µL (50 µg/µL Lyophilisat)
Fließmittel:	0,01 M KH_2PO_4 pH 3,0
Flussrate:	0,2 mL/min
1. Dimension	
Säulentyp:	TosoHaas TSK-gel SP-NPR
Säulendimension:	35 x 4,6 mm
Fließmittel A:	0,01 M KH_2PO_4 pH 3,0
Fließmittel B:	1,0 M KH_2PO_4 pH 3,0
Gradient:	0 % to 100 % B in 96 min
Flussrate:	0,5 mL/min

b)

2. Dimension:

Fraktionierungsrate aus IXC Dimension: Alle 4 min (zentrales 10-Wegeventil)

Säulentyp:	MICRA ODS I (unporöse 1,5 µm Teilchen)
Säulendimension:	14 x 4,6 mm
Fließmittel A:	Wasser (0,1% TFA)
Fließmittel B:	Acetonitril (0,1% TFA)
Gradient:	4% bis 40% B in 6 min
	40% bis 100% B in 0.66 min
	100% B für 0,15 min
Regeneration:	a) 4% B für 1,17 min
	b) 100% Wasser für 4 min (0,5 mL/min)
Flussrate:	2,0 mL/min
Detektion:	UV, 215 nm

Abb. 6 Säulen und deren Betriebsbedingungen.

Es wurden entweder eine RAM-Vorsäule mit Kationenaustauscher-Funktionen in Reihe mit einer Kationenaustauscher-Säule oder eine RAM-Vorsäule mit Anionenaustauscher-Funktionen in Reihe mit einer Anionenaustauscher-Säule mit den vier parallelen Reversed-Phase-Säulen gekoppelt. Abbildung 6 zeigt die verwendeten Säulen und die entsprechenden Betriebsbedingungen.

Die Trennleistung des Systems wird in diesem Beispiel mit humanem Hämofiltrat demonstriert, das mehrere 1000 Peptide und Proteine verschiedener Molekularmassen enthält.

Abbildung 7 zeigt die unvollständige Trennung der Probenbestandteile nach der analytischen Kationenaustauscher-Säule sowie die Fraktionen (mit zugehöriger Nummer), die in der RP-Dimension weiter aufgetrennt wurden. In Abb. 8 sind zwei von 24 Chromatogrammen als Beispiel der RP-Dimension dargestellt, die innerhalb der Gesamtanalysenzeit von 96 Minuten generiert wurden.

Wie aus den Chromatogrammen der Reversed-Phase-Säulen deutlich wird, resultieren Gradientenzeiten von 7 Minuten in sehr hohen Peakkapazitäten. Der Vergleich zweier aufeinander folgender Chromatogramme bestätigt die orthogonale Trennleistung, d. h. es treten nur wenige Peaks in benachbarten Chromatogrammen auf. Die 3D-Darstellung in Abb. 9 zeigt diesen Sachverhalt. Die Reproduzierbarkeit des gesamten Analysensystems über alle drei Trennstufen wurde mit Standardproteinen sowie mit Hämofiltrat bestimmt. Die relative Standardabweichung (RSD) der Retentionszeit lag unter 0,5 %, die RSD der Peakfläche lag im Bereich von 10 %.

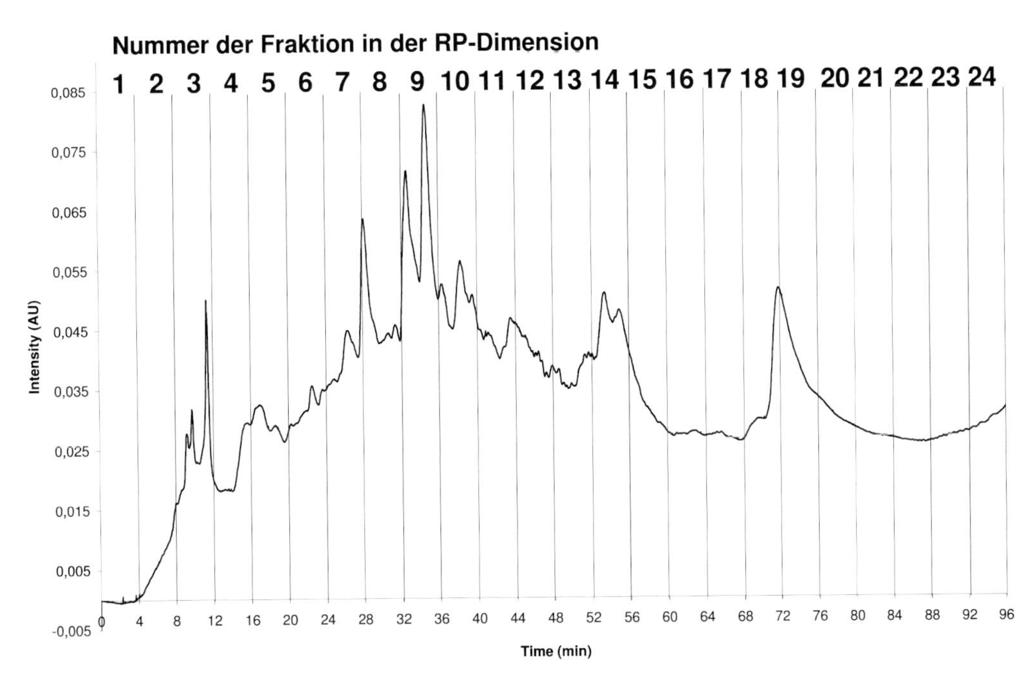

Abb. 7 RAM-CIX-RP Trennung: Kationenaustausch-Chromatogramm nach der ersten Dimension.

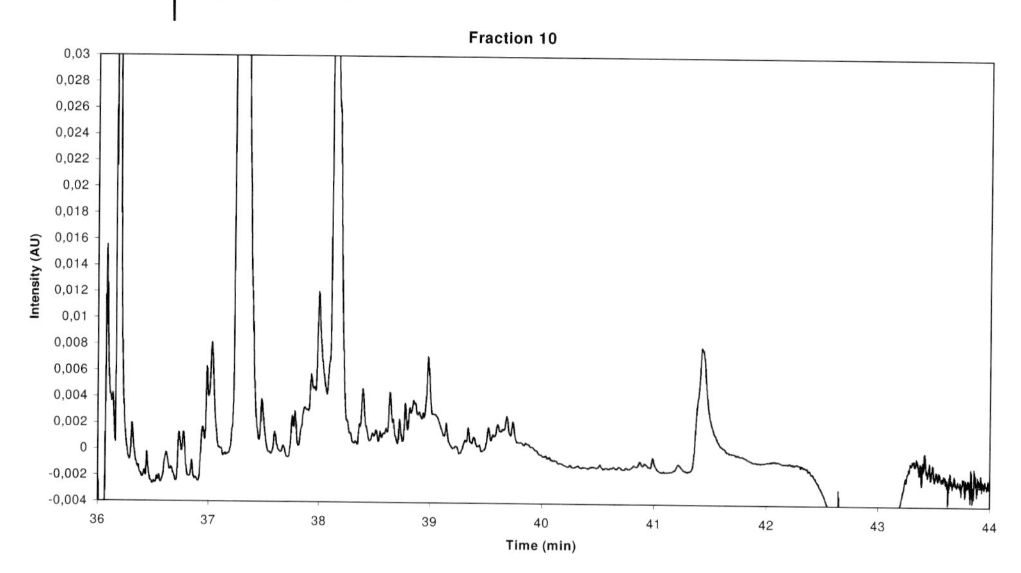

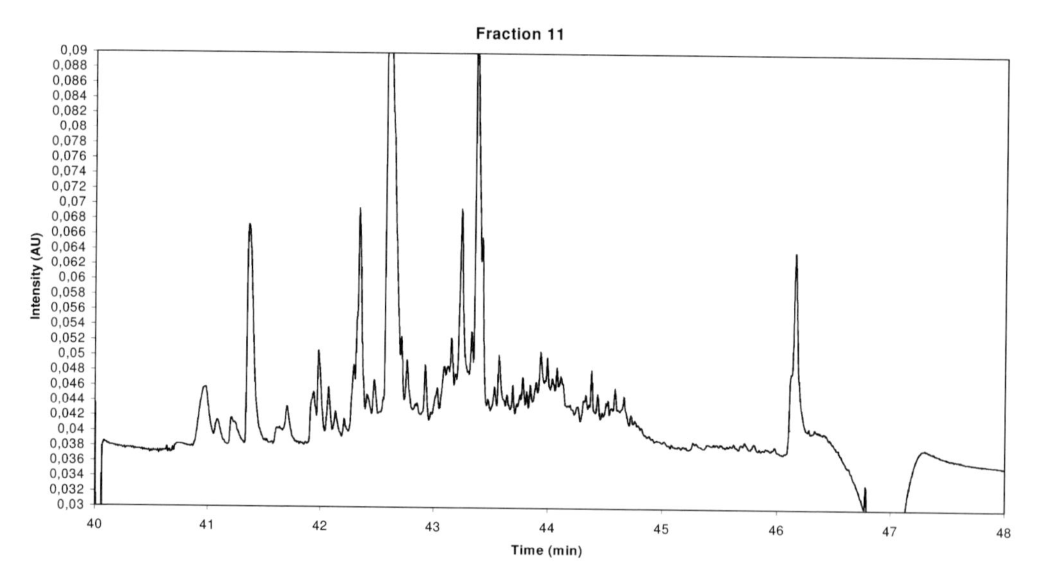

Abb. 8 Zwei sukzessive RP-Chromatogramme (Fraktion 10 und 11) als Beispiel für insgesamt 24 hochauflösende Trennungen in der zweiten Dimension.

Das beschriebene System belegt die hohe Leistungsfähigkeit der mehrdimensionalen HPLC, speziell der Säulenkopplungstechnik mit vier parallelen RP-Säulen und integrierter Probenvorbereitung. Es werden bei einer Injektion mehr als 1000 Peaks aufgelöst und der theoretische Wert der Peakkapazität liegt bei nahezu 5000.

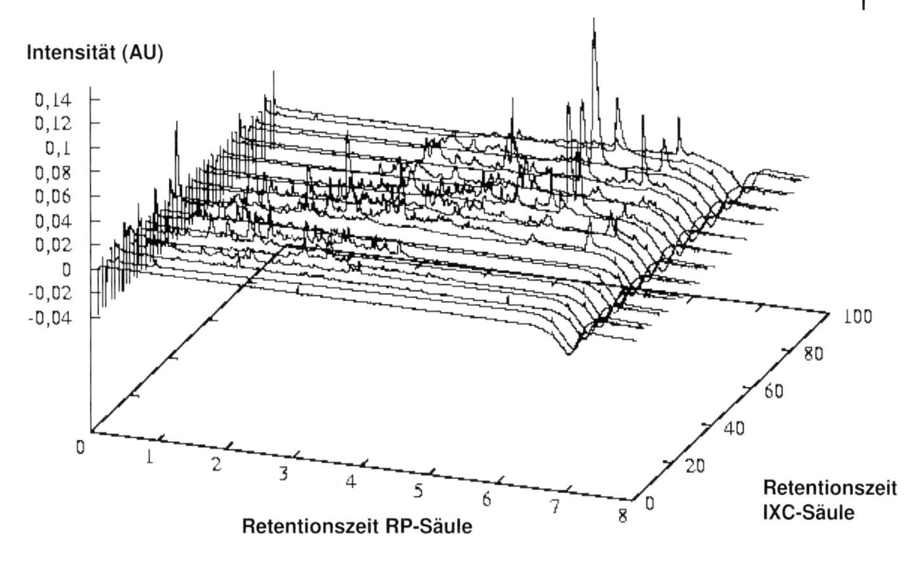

Abb. 9 3D-Darstellung der RAM/CIX/RP-Trennung von Peptiden aus humanem Hämofiltrat.

Das Beispiel zeigt, wie mit handelsüblichen Komponenten und relativ geringem Aufwand mehrdimensionale Systeme aufgebaut werden können, die überlegene Trennleistungen bieten. Insbesondere soll dazu ermutigt werden, auch ungewöhnliche Schritte zu wagen.

5.3.6
Kritische Parameter der mehrdimensionalen HPLC

Es darf natürlich nicht verleugnet werden, dass bestimmte Voraussetzungen erfüllt sein müssen, um erfolgreich eigene Systeme aufzubauen.

Wesentliche Voraussetzungen sind robuste Methoden in den einzelnen Dimensionen. Für die Säulenschaltungen müssen Ventile mit schnellen Schaltzeiten und geringen Totvolumina zur Verfügung stehen. Auch bei kurzen Schaltzeiten wird der Fluss während der Schaltvorgänge unterbrochen, daher sind druckresistente Anschlüsse und Kapillaren essentiell. Es eignen sich entweder Stahl- oder PEEK-Kapillaren mit großer Wandstärke und besonders fest gezogenen Verschraubungen. Präzise, reproduzierbare Gradienten mit geringer Verzögerung sind für die schnellen Trennungen notwendig. Es eignen sich hier insbesondere Hochdruckgradientensysteme mit dynamischen Mischkammern. Schnelle, hochauflösende Trennungen sind insbesondere in der zweiten Dimension anzustreben. Es muss ein Kompromiss zwischen Analysenzeit und der maximal zu erzielenden Peakkapazität gefunden werden. Optimale Fraktionierungsintervalle in der ersten Dimension sind ebenso von entscheidender Bedeutung. Anhaltspunkt für ein optimales Intervall ist ca. eine Peakbreite. Bei zu vielen Fraktionen wird die Peakkapazität nur scheinbar erhöht, hintereinander folgende Chromatogramme der zweiten Dimension enthalten im Wesentlichen die gleiche Information. Bei zu geringer Zahl der Fraktionen wird Peakkapazität verschenkt. Die Chromatographie-Software muss es ermöglichen, dass geräteinterne bzw. -externe Mehrwegeventile zu definierten Zeitpunkten geschaltet werden können (z. B. Ausgänge für elektrische Impulse). Zu beachten ist die korrekte Verbindung der Ventileingänge und Säulen. Zum einfachen Verstehen des Eluentenflusses durch die Säulen und Ventile ist es ratsam, für die einzelnen Schaltzyklen ein Diagramm zu zeichnen und die Ventilpositionen zu beschreiben. Es bieten sich entweder pneumatisch betriebene oder auch schnelle, elektrisch betriebene Schaltventile an.

Literatur

K. Wagner, T. Miliotis, G. Marko-Varga, R. Bischoff, K. K. Unger, *Anal. Chem.* 74 (2002), 809–820.

J. C. Giddings in: H. J. Cortes (Ed.), Multidimensional Chromatography, Marcel Dekker, New York, 1990.

G. J. Opiteck, J. W. Jorgenson, R. Anderegg, *J. Anal. Chem.* 69 (1997), 2283–2291.

J. Link, J. Eng, D. M. Schielz, E. Charmack, G. J. Mize, D. R. Morris, B. M. Garvik, J. R. Yates, *Nat. Biotechnol.* 17 (1999), 676.

5.4
Evaluierung eines integrierten Verfahrens zur Charakterisierung von Chemikalienbibliotheken auf der Basis von HPLC-UV/MS/CLND

Mario Arangio, Federico Riccardi Sirtori, Katia Marcucci, Giuseppe Razzano, Maristella Colombo, Roberto Biancardi und Vincenzo Rizzo

5.4.1
Einführung in die Problematik

In der pharmazeutischen Industrie ist eine Reihe von neuen und verbesserten Techniken eingeführt worden, um an in medizinischen Labors synthetisierten Substanzen Reihenuntersuchungen mit hohem Durchsatz durchzuführen. Diese neuen synthetischen Moleküle sind in großen Chemikaliensammlungen gespeichert und werden routinemäßig gegen validierte Targets getestet. Um zuverlässige Ergebnisse und damit vergleichbare Aussagen zu erhalten, ist es notwendig, die Qualität der synthetisierten Verbindungen festzulegen. In unserem Laboratorium wird nicht nur auf die Identifizierung, sondern auch auf die Quantifizierung der neuen Moleküle großer Wert gelegt. Dies ist insbesondere dann von Bedeutung, wenn Substanzen nach kombinatorischen chemischen Vorschriften hergestellt werden, was häufig dazu führt, dass eine Verunreinigung durch Restlösungsmittel oder Salze auftritt. Um eine große Zahl von Proben in extrem kurzer Zeit charakterisieren zu können, wurde eine Hochdurchsatz-Plattform entwickelt, die es ermöglicht, in einem einzigen Durchlauf Informationen über Identität, Reinheit und Menge/Gehalt zu liefern. Das Kernstück der Plattform ist das HPLC-Gerät. Die eingespritzte Rohprobe wird mit einer Reversed-Phase-Säule aufgetrennt, und die resultierenden Peaks werden zunächst mit einem UV-Detektor vermessen, um die Reinheit festzustellen. Danach wird der Fluss mittels eines PEEK-T-Stücks in drei Kapillaren aufgeteilt: Eine führt zu einem Single-Quadrupol-Massenspektrometer, mit dem die Strukturidentifizierung überprüft wird, eine führt zu einem Chemilumineszenz-Stickstoff-Detektor (CLND) und eine zum Abfallbehälter. Der Chemilumineszenz-Stickstoff-Detektor wird benutzt, um Informationen über die Konzentration zu erhalten, da sein Signal proportional zur Zahl der Mole an Stickstoff ist. Seit der Einführung dieser neuen Detektionstechnik wurde eine Reihe von Untersuchungen veröffentlicht [1–2]. Es werden auch einige spezielle Anwendungen beschrieben, die eine Alternative zu den klassischen Detektionsmethoden darstellen [3–5]. Die mögliche Rolle eines solchen Detektors in der Wirkstoffanalytik ist leicht ersichtlich, wenn man in Betracht zieht, dass über 90 % aller Wirkstoffe Stickstoff enthalten [5]. Die meisten Publikationen dieses gesamten Literaturbereichs befassen sich mit der Charakterisierung von kombinatorischen Bibliotheken [6–12]. Trotzdem fehlt eine vollständige Validierung mit einem statistisch signifikanten Satz von Verbindungen.

Um die Genauigkeit der quantitativen Methode zu testen, wurde eine doppelte Überprüfung mit Koffein als externem Standard durchgeführt. Bei dem ersten

HPLC richtig optimiert: Ein Handbuch für Praktiker. Herausgegeben von Stavros Kromidas

ISBN: 3-527-31470-9

Test wurde ein Satz von 12 kommerziell erhältlichen Verbindungen untersucht. Diese Verbindungen enthalten Stickstoff in verschiedenen Oxidationsstufen und in unterschiedlichen funktionellen Gruppen. Die Hauptschwierigkeit einer Kreuz-Validierung mit einem größeren Satz an Verbindungen bestand darin, eine andere generische Quantifizierungsmethode zu finden. In unserem Laboratorium war eine Quantifizierungsmethode mit ^{1}HNMR entwickelt worden [13]. Bei dieser Methode wird die Genauigkeit von etwa 2 % durch einen geeigneten internen Standard festgelegt. Mit dieser Technik wurde eine Kreuz-Validierung an 543 neuen synthetischen Molekülen vom Medicinal Chemistry Department of Pharmacia, Nerviano, durchgeführt.

Eine Schlüsselrolle in dem gesamten Charakterisierungsprozess spielt die automatische Datenverarbeitung. Mit einer Discovery-Corporate-Datenbank, OpenLynx®-Software und selbst entwickelten Excel-VBA-Makros ist es uns möglich, pro Tag etwa 100 Verbindungen in einem vollautomatischen Prozess zu analysieren und auszuwerten.

5.4.2 Material und Methoden

5.4.2.1 Instrumentierung

Das HPLC-System Alliance 2790 mit thermostatisiertem Autosampler und Schaltventil LabPro, UV-Detektor 2487 und Satin-Interface und das ZQ-Massenspektrometer mit ESI-Interface sind Produkte von Waters Inc., Milford, Massachusetts. Der Chemilumineszenz-Stickstoff-Detektor (CLND) Mod. 8060 ist ein Produkt von ANTEK Instruments, Inc., Houston, Texas. Das Flüssigkeits-Handling-System Miniprep 75 ist ein Produkt der Tecan Group Ltd., Maennedorf, Schweiz.

5.4.2.2 Chemikalien und Verbrauchsmaterial

Alle Chemikalien wurden bei Fluka oder Aldrich mit einer Reinheit besser 97 % bezogen. Methanol, HPLC super gradient grade, wurde von Riedel-de Haen bezogen. Wasser, HPLC grade, wurde aus einer Milli-Q Gradient A 10 Autopurification-Anlage der Millipore Corp., Billerica, Massachusetts, gewonnen. Die Proben der neuen synthetischen Moleküle wurden vom Chemistry Department of Pharmacia, Nerviano, hergestellt. Diese Proben wurden als 10 mM Standardlösungen in DMSO-d6 geliefert. Alle diese Moleküle wurden mit NMR und LC-MS auf ihre Identität und Reinheit überprüft. Es wurde eine Zorbax SB C8-HPLC-Säule, 50 × 4,6 mm, 5 µm von Agilent Technologies, Palo Alto, Kalifornien, benutzt.

Eine vollständige Liste der 12 gewählten kommerziellen Standards ist in Tabelle 1 aufgeführt, und die entsprechenden Strukturen sind in Abb. 1 dargestellt. Von jedem wurde eine 1,6 mM Stammlösung hergestellt, indem eine genau abgewogene Menge in dem entsprechenden Volumen DMSO gelöst wurde. Vier Standardlösungen mit den Konzentrationen 100 µM, 200 µM, 400 µM und 800 µM wurden durch Verdünnen der Stammlösungen mit DMSO hergestellt. Jeder Standard wurde mindestens dreimal eingespritzt.

Tabelle 1 Physikalisch-chemische Eigenschaften der kommerziellen Standards.

#	*Substanzname*	*Molekül-formel*	*MW*	t_R *(min)*
1	Benzylcarbamat	$C_8H_9NO_2$	151,17	5,65
2	*p*-Nitrophenol	$C_6H_5NO_3$	139,11	5,67
3	4-Amino-methylbenzoat	$C_8H_9NO_2$	151,17	4,82
4	1,5-Dinitronaphthalin	$C_{10}H_6N_2O_4$	218,17	8,38
5	1,3-Dicyanobenzol	$C_8H_4N_2$	128,13	4,71
6	1-Benzylimidazol	$C_{10}H_{10}N_2$	158,20	3,01
7	3,5-Dinitro-*N*-(1-phenylethyl)-benzamid	$C_{15}H_{29}N_3O_5$	315,28	8,62
8	Dibucain · HCl	$C_{20}H_{29}N_3O_5$	379,90	7,65
9	2,6-Dinitroanilin	$C_6H_5N_3O_4$	183,12	6,36
10	Koffein	$C_8H_{10}N_4O_2$	194,19	4,14
11	1-(2-Pyrimidyl)piperazin · 2 HCl	$C_8H_{12}N_4$	237,13	2,03
12	Theophyllin	$C_7H_8N_4O_2$	180,17	3,60

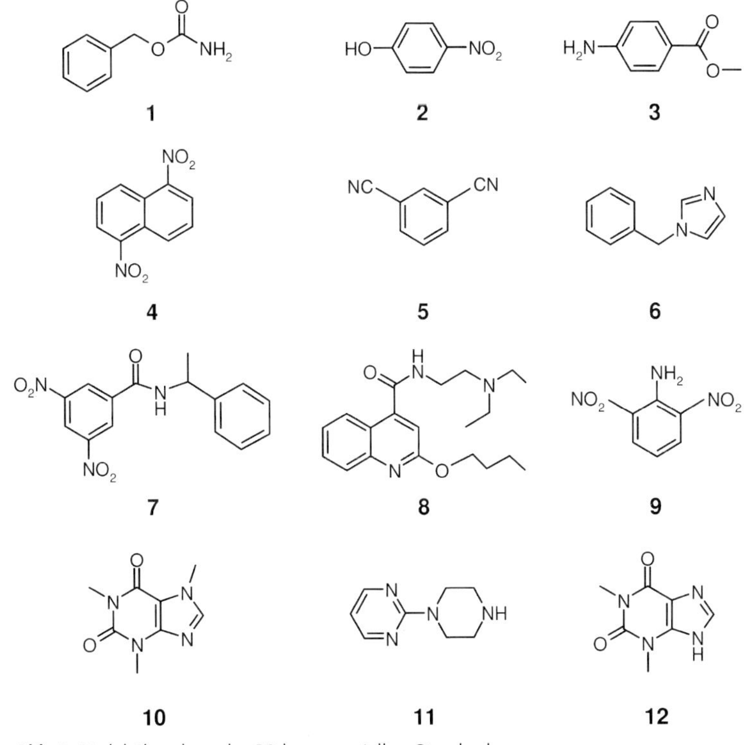

Abb. 1 Molekülstruktur der 12 kommerziellen Standards.

Ein etwas unterschiedliches Verfahren wurde bei den neuen chemischen Spezies aus dem Medicinal Chemistry Department angewandt, die in semi deepwell Mikroplatten geliefert wurden. Um 0,5 mM Probelösungen zu erhalten, wurden 15 µL der 10 mM Stammlösung abgemessen und mit DMSO auf ein Volumen von 300 µL (Verdünnungsfaktor 1 : 20) verdünnt. Der gesamte Vorgang wurde mit einem Tecan Miniprep 75 Flüssigkeits-Handling-System durchgeführt. In diesem Fall wurde jede Probe nur einmal injiziert.

5.4.2.3 Aufbau der Hochdurchsatz-Plattform (HTPl)

Ein Multidetektorsystem wurde mit der Zentraleinheit zusammengefügt, die aus einem HPLC-Gerät bestand. Die drei verschiedenen Detektoren waren online geschaltet. Mit dem Ziel, eine optimale Funktion der MS- und CLN-Detektoren zu gewährleisten und Probleme durch Interferenzen und Verunreinigung zu vermeiden, wird ein Zwei-Wege-Ventil benutzt, um den Elutionsfluss während der ersten Minute (der den größten Teil des DMSO und der Salze in der Probe enthält) in den Abfallbehälter umzulenken. Das Gesamtschema des Instruments ist in Abb. 2 dargestellt. Der Gesamtdurchfluss des HPLC-Systems wurde während des chromatographischen Durchlaufs auf 1 mL/min eingestellt. Hinter dem UV-Detektor ist ein PEEK-T-Stück eingebaut, um den Durchfluss zum CLND und zum Massenspektrometer aufzuspalten. Der Durchfluss wurde durch unterschiedliche Kapillaren so eingestellt, dass 0,1 mL/min zum CLND und 0,1 mL/min zum Massenspektrometer flossen. Der Rest wurde in den Abfallbehälter abgeleitet. Da die hydrodynamischen Eigenschaften des Eluenten von seiner Zusammensetzung abhängen, ändert sich der Fluss zum CLND während des Gradienten. Eine experimentelle Überprüfung ergab, dass diese Änderungen für den ganzen Bereich der Lösungsmittelkonzentration (von 5 % bis 95 % Methanol) innerhalb von ± 5 % des Mittelwertes blieben. Diese Streuung wurde für den Zweck unserer Methode als akzeptabel angesehen. Die Benutzung eines

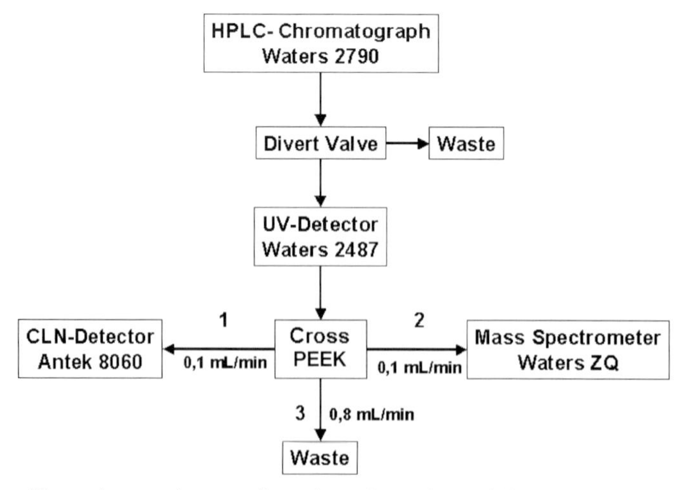

Abb. 2 Schematische Darstellung des Aufbaus der Hochdurchsatzplattform.

dynamischen Durchflusssplitters wurde vermieden, um die Peaks schmal zu halten und Zusammenbrüche des Systems durch Einschlüsse in den Silicagel-Kapillaren zu vermeiden.

5.4.2.4 Chromatographische Einstellungen

Die Durchflussrate wurde auf 1 mL/min eingestellt. Zwei mobile Phasen (mobile Phase A: 0,1 % Methansäure, mobile Phase B: 0,1 % Methansäure in Methanol) wurden benutzt, um in 10 min einen linearen Gradienten von 5 % B bis 95 % B zu fahren, die Konzentration von 95 % wurde 2 min lang konstant gehalten. Es folgte eine Gleichgewichtseinstellung bei 5 % B während der nächsten drei Minuten. Ein Lauf dauerte 15 min. Das Injektionsvolumen betrug 10 µL, die Autosampler-Temperatur war 25 °C, die Detektionswellenlänge 220 nm.

5.4.2.5 Massenspektrometer- und CLND-Einstellungen

Die ESI-Quellen-Parameter und die Einstellungen waren wie folgt: Ionisierungsart: API-ES positiv, Datenaufnahme ganzer Scan, Massenbereich 120–1000 a. m. u., Scanzeit 0,5 s, Desolvationsgasfluss 615 L/h., Kegel-Gasfluss 100 L/h., Quellen-Temperatur 115 °C, Desolvationstemperatur 250 °C, Kegel-Spannung 32 V, Kapillarspannung 2800 V.

CLND-Einstellungen: Vakuum 29/30 mbar, Make-up-Durchfluss 25 mL/min, Ar-Eintrittsdurchfluss 60 mL/min, O_2-Eintrittsdurchfluss 240 mL/min, Ozon-Durchfluss 25 mL/min, Druck 22 bar, Ofentemperatur 1050 °C.

5.4.2.6 Datenverarbeitung und Registrierung

Die Daten werden mit MassLynx erfasst und mit OpenLynx Diversity-Software bearbeitet. Der so erhaltene Diversity Report zeigt einen Überblick über die Ergebnisse. Die Visualisierung der Microplatte mit einer Zusammenfassung der wichtigsten Informationen ist ein nützliches Hilfsmittel, um qualitative Aussagen zu machen (Abb. 3). Im unteren Teil des Bildschirms sind verschiedene Kurven dargestellt: UV/vis bei 220 nm, TIC-Kurve, CLND-Chromatogramm und Massenspektren der integrierten Peaks. Die Software sucht automatisch nach den Peaks der erwarteten protonierten Molekülionen aller Zielverbindungen (MW im Fenster im oberen Teil des Bildes) und markiert Peaks, die das richtige Masse/Ladungsverhältnis haben mit einem grünen Punkt. Die Software identifiziert die Hauptpeaks und integriert die Flächen der CLND- und UV-Signale. Peaks mit einem „falschen" Molekülion werden im Diversity Report mit einem roten Punkt gekennzeichnet. Alle Daten werden in ein Excel-Worksheet exportiert, zusammengestellt, mit benutzerdefinierten Makros bearbeitet und in die Discovery-Datenbank überführt.

Die Ergebnisse werden in den folgenden Datenbankfeldern angezeigt:

- **MS ID:** positiv (POS), wenn das Massenspektrum einem UV-Peak entspricht und mit dem Molekülion einer Zielsubstanz übereinstimmt; nicht identifiziert (ND), wenn kein UV-Peak mit dem Ziel-Molekülion übereinstimmt; negativ (NEG), wenn kein UV-Peak dem Ziel-Molekülion entspricht, aber ein Haupt-UV-Peak (Flächenprozent > 60 %) existiert.

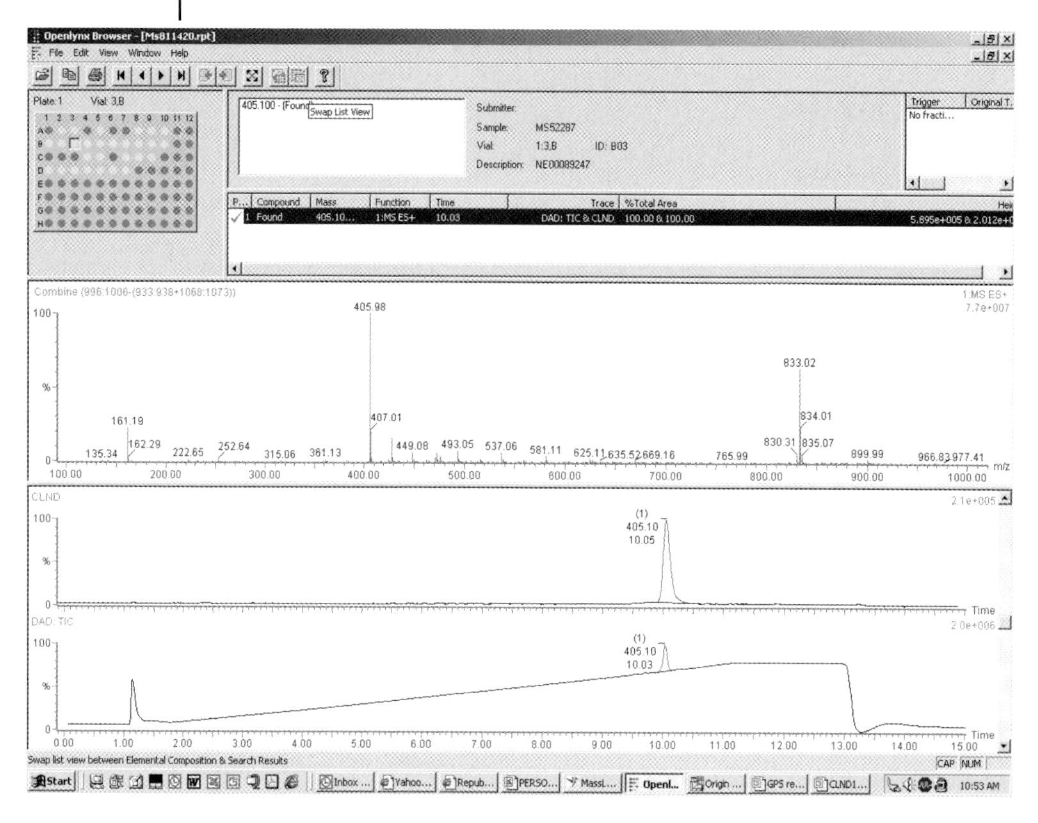

Abb. 3 Beispiel eines MassLynx Browser Reports.

- **Purity UV:** UV-Flächen-% des Zielsubstanzpeaks.
- **Largest impurity:** UV-Fläche des größten Peaks einer Nicht-Zielsubstanz („largest impurity“).
- **No UV:** Flag, das die Abwesenheit eines signifikanten UV-Peaks bei 220 nm signalisiert.
- **Concentration:** Konzentration der Probe (µM).

Um die Konzentration zu berechnen, wurde eine Compound Independend Calibration (CIC) mittels der CLND-Kurve durchgeführt. Das Verhältnis zwischen Signal und Konzentration ist durch folgende Gleichung gegeben:

$$S = k \cdot c \cdot n\mathrm{N} \quad (1)$$

wobei:

k = instrumentelle Konstante
S = CLND Signal
c = Konzentration
nN = Zahl der Stickstoffatome im Molekül

Deshalb wurde eine Kalibrierkurve mit Koffein bei vier verschiedenen Konzentrationen (0,1; 0,2; 0,4 und 0,8 mM) aufgenommen. Die Konzentration der Zielverbindung wurde mit Gl. (2) berechnet:

$$c_{\mathrm{CLND,t}} = \frac{S_{\mathrm{t}}}{n\mathrm{N}_{\mathrm{t}} \cdot s_1} \tag{2}$$

wobei:

$c_{\mathrm{CLND,t}}$ = CLND-Ergebnis der Konzentration der Zielverbindung
S_{t} = CLND-Peakfläche der Zielsubstanz
$n\mathrm{N}_{\mathrm{t}}$ = Zahl der Stickstoffatome im Zielmolekül
s_1 = Steigung der Koffein-Kalibrierkurve

5.4.2.7 Multilineare Regressionsanalyse zur Ableitung des CLND-Response-Faktors

Zur Herleitung von spezifischen CLND-Response-Faktoren für stickstoffhaltige chemische Gruppen wurde Gl. (2) wie folgt modifiziert:

$$c_{\mathrm{corr,t}} = \frac{S_{\mathrm{t}}}{n\mathrm{N}_{\mathrm{eff,t}} \cdot s_1} \tag{3}$$

wobei:

$c_{\mathrm{corr,t}}$ = wahre molare Konzentration der Zielsubstanz
$nN_{\mathrm{eff,t}}$ = Zahl der Stickstoffatome im Zielmolekül,
korrigiert mit dem entsprechenden CLND-Response-Faktor

Spezifisch:

$$n\mathrm{N}_{\mathrm{eff,t}} = \sum_i RRF_i \cdot X_{i,t} \tag{4}$$

RRF_i ist der relative Response-Faktor für die i-te chemische Gruppe; $X_{\mathrm{i,t}}$ ist die Zahl der Stickstoffatome des i-ten Untertyps im Zielmolekül.

Unter der Annahme, dass die NMR-Konzentration die wahre molare Konzentration viel besser repräsentiert als die CLND-abgeleitete, wurde c_{NMR} als Bestwert von c_{corr} benutzt. Das Verhältnis aus Gln. (2) und (3) liefert dann eine brauchbare Relation zur Bestimmung von RRF_i:

$$\frac{c_{\mathrm{CLND,t}}}{c_{\mathrm{corr,t}}} = \frac{n\,N_{\mathrm{eff,t}}}{n\,N_{\mathrm{t}}} \ldots \Rightarrow n\,N_{\mathrm{t}} \frac{c_{\mathrm{CLND,t}}}{c_{\mathrm{NMR,t}}} = n\,N_{\mathrm{eff,t}} \tag{5}$$

$$n\mathrm{N}_{\mathrm{t}} \frac{c_{\mathrm{CLND,t}}}{c_{\mathrm{NMR,t}}} = Q_{\mathrm{t}} = \quad_i RRF_i \cdot X_{i,t} \tag{6}$$

Die RRF_i sind in der Praxis unbekannte Koeffizienten, die durch eine multilineare Regressionsanalyse mit einem angemessenen Satz von experimentellen Daten bestimmt werden können. Bei dem untersuchten Satz von 543 neuen chemischen Verbindungen wurden 10 verschiedene N-haltige chemische Gruppen identifiziert, und für jedes Molekül wurde die Zahl der Stickstoffatome, die zur jeweiligen Gruppe gehören, durch optische Begutachtung zugeordnet.

Die multilineare Regressionsanalyse wurde mit dem EXCEL Data Analysis Add-in durchgeführt.

5.4.3
Ergebnisse und Diskussion

5.4.3.1 Flüssigkeitschromatographie und UV-Detektion

Die chromatographischen Bedingungen wurden so gewählt, dass es für alle Peaks möglich war, die Basislinie abzuziehen. Besondere Aufmerksamkeit musste darauf gelegt werden, die Anforderungen der verschiedenen Detektoren zu erfüllen. Als chromatographische Säule wurde eine Zorbax SB-C_8 benutzt. Dies ist eine „brush-type“ Reversed-Phase-Säule. Eine C_8-Phase erlaubt eine gute Selektivität zwischen den Peaks, ohne dass die Verbindungen exzessiv zurückgehalten werden (was bei einer C_{18}-Säule der Fall ist). Säulen der neuen Generation mit Carbamatgruppen waren nicht geeignet, da wegen „Bluten“ der Oberfläche bei längerer Benutzung die abgespaltenen Borsten mit dem CLND-Signal interferieren würden. Die Eluenten waren Wasser und Methanol, beide mit 0,1 % Methansäure. Methanol verursacht einen starken Gegendruck und schließt die Möglich-

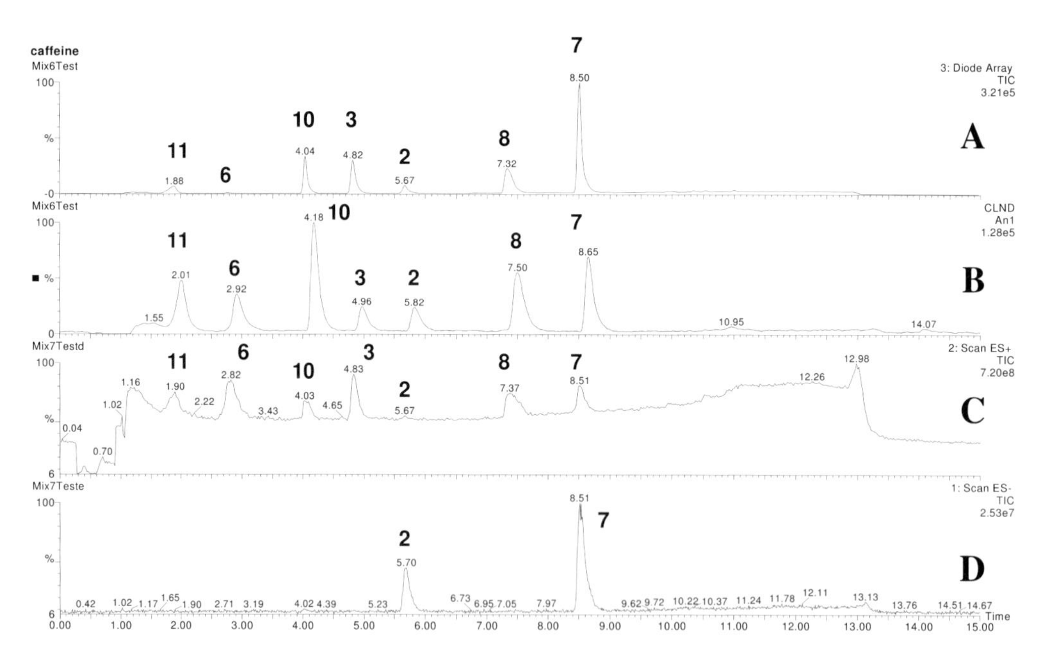

Abb. 4 Multidetektor-Chromatogramm einer Mischung aus sieben kommerziellen Verbindungen. Die Molekülstrukturen der sieben Komponenten sind in Tabelle 1 aufgelistet. Die folgenden Kurven sind dargestellt: (a) UV Signal bei 220 nm; (b) CLND Signal; (c) ESI (+) MS Signal (TIC); (d) ESI (–) MS Signal (TIC).

keit aus, Fast-Gradient-Methoden einzusetzen. Zudem hat es eine gewisse Absorption bei 220 nm, was einen schwachen, aber noch merklichen Anstieg der Grundlinie verursacht. Methansäure ist ein guter Kompromiss für einen Modifier: Es unterdrückt die silanophile Aktivität und begünstigt gleichzeitig die Ionisierung des Analyten im ESI(+)-Interface. Unter den beschriebenen experimentellen Bedingungen ergab sich eine mittlere Peak-Kapazität von etwa 80 (Abb. 4) bei der Injektion einer Mischung von 7 der 12 Standardverbindungen (Tabelle 1), was für unsere Zwecke ausreichend war.

Die Wellenlänge des UV-Detektors wurde auf 220 nm gesetzt, was die Detektion der meisten neuen chemischen Spezies und Verunreinigungen erlaubt. Die Flächenprozente des Zielpeaks wurden als die Gesamtreinheit der synthetisierten Verbindung gleichgesetzt.

5.4.3.2 Entwicklung der Massenspektrometrie-Methode

Die Selektivität des Massenspektrometers liefert eine eindeutige Identifizierung der Zielverbindung. Durch die Auswahl des MW und durch die Benutzung einer spezifischen Software ist die vollautomatische Peakerkennung möglich. Die Verbindungen brauchen eine effiziente Ionisierung, um detektiert zu werden. Das „Single Quadrupole Waters" ZQ ist mit zwei kommerziell erhältlichen Ionisierungsquellen ausgestattet: einer „Electrospray Ionization" (ESI) und einer „Atmospheric Pressure Chemical Ionization" (APCI). Da die meisten der untersuchten Verbindungen basisch waren, fiel unsere Wahl auf Electrospray mit positiver Ionisierung. Die Wahl des ESI wurde durch frühere Experimente unterstützt, die in unserem Laboratorium innerhalb der letzten drei Jahre durchgeführt worden waren: Etwa 96 % der identifizierten Verbindungen, dies entspricht mehr als 9000 verschiedenen Molekülen, wurden mit dem ESI-Interface erfolgreich analysiert.

5.4.3.3 CLND-Detektoreinstellung

Der CLND ist der kritischste Parameter der Plattform. Nach den gemachten Erfahrungen ist die Stabilität am Sprayerausgang der problematischste Part. Dies ist möglicherweise die Ursache für starke Abweichungen (bis zu 80 %), wie für einige der untersuchten Substanzen beobachtet wurde. Die Unvorhersagbarkeit solcher operationellen Fehlfunktionen unterstreicht die Notwendigkeit einer Doppelbestimmung als Minimalanforderung für eine zuverlässige quantitative Beurteilung. Andere Faktoren (Fehler des Autosamplers beim Injektionsvorgang, Verdünnungsfehler bei der Herstellung der Standardlösungen) sind vermutlich nur für einen Teil der gesamten gemessenen Varianz verantwortlich und könnten leicht durch die Einführung eines geeigneten internen Standards korrigiert werden.

5.4.3.4 Überprüfung mit kommerziellen Standards

Im Rahmen der Optimierung der Massenspektrometer-Einstellungen wurden positive und negative Ionisierung, ESI (+) und ESI (–), untersucht. In Abb. 4 sind die TIC, die für die positive und die negative Einstellung mit einer Test-

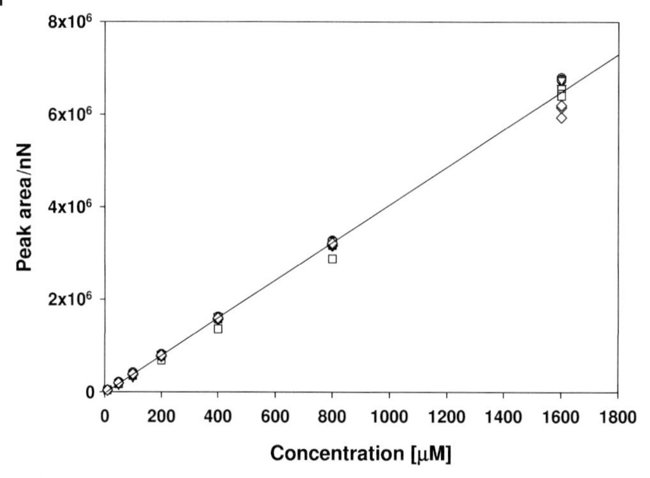

Abb. 5 CLND-Kalibrierkurve, erhalten für 12 kommerzielle Standards mit unterschiedlicher Zahl von Stickstoffatomen. Die folgenden Symbole werden benutzt um Verbindungen mit unterschiedlicher Anzahl an Stickstoffatomen zu kennzeichnen: (1) Stickstoff = Kreis, (2) Stickstoff = Dreieck, (3) Stickstoff = Quadrat, (4) Stickstoff = gekipptes Quadrat.

mischung erhalten wurden, gegenübergestellt. Auch wenn Verbindung Nummer 2 (*p*-Nitrophenol) eine schwache Ionisation in ESI (+) zeigt, so ist sie doch erkennbar, während die Verbindungen 11, 3, 6, 8 und 10 nur in der positiven Einstellung sichtbar sind. Wie dieses Beispiel zeigt, ist der positive Ionisierungs-Modus vorzuziehen und wurde als Grundeinstellung gewählt.

Um den CLN-Detektor zu überprüfen wurde derselbe Satz von 12 kommerziell verfügbaren Standards bei verschiedenen Konzentrationen benutzt und die Ergebnisse im Hinblick auf Genauigkeit, Reproduzierbarkeit und Detektionsgrenze verglichen. Nach Gl. (1) sollte das Signal nur vom Stickstoffgehalt des Moleküls abhängen. Die Verbindungen wurden in vier Gruppen unterteilt, jede Gruppe enthielt dieselbe Zahl Stickstoffatome: die Kalibrierkurven für Verbindungen derselben Gruppe überlagern sich. In Abb. 5 wurden alle Kalibrierkurven übereinander gelegt. Die Peakfläche wurde durch Division mit der Zahl der Stickstoffatome pro Molekül normalisiert. Zudem sind die Retentionszeiten in Tabelle 1 aufgelistet um festzustellen, ob die unterschiedliche Eluentzusammensetzung einen Einfluss auf die Oxidation des Stickstoffs oder das Detektorsignal haben könnte.

Die Reproduzierbarkeit wurde durch mehrfache Injektion von Koffein (9-mal) bei verschiedenen Konzentrationswerten bestimmt (Abb. 6). Mit Ausnahme der Daten, die mit 10 µM erhalten wurden, wo das schwache Signal-zu-Rausch-Verhältnis eine adäquate Integration unmöglich machte, ist die RSD im ganzen Bereich kleiner als 4 %. Dieser Reproduzierbarkeitswert ist etwa vergleichbar mit dem für das UV-Signal gemessenen Wert (1–3 % im selben Konzentrationsbereich). Eine Abschätzung der generischen Methodengenauigkeit erhält man,

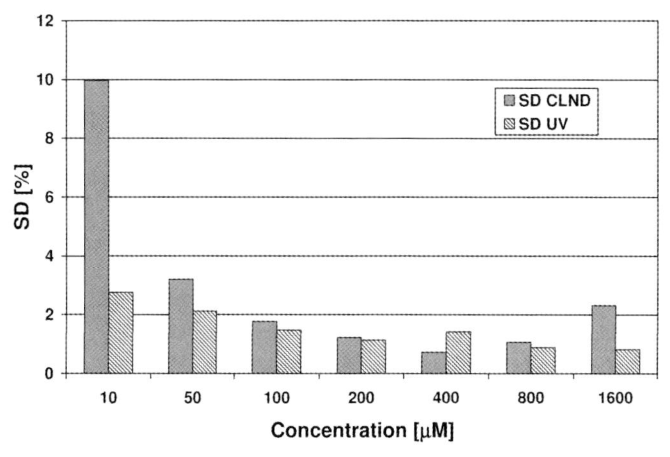

Abb. 6 Reproduzierbarkeit des CLND-Signals bei unterschiedlichen injizierten Koffeinkonzentrationen.

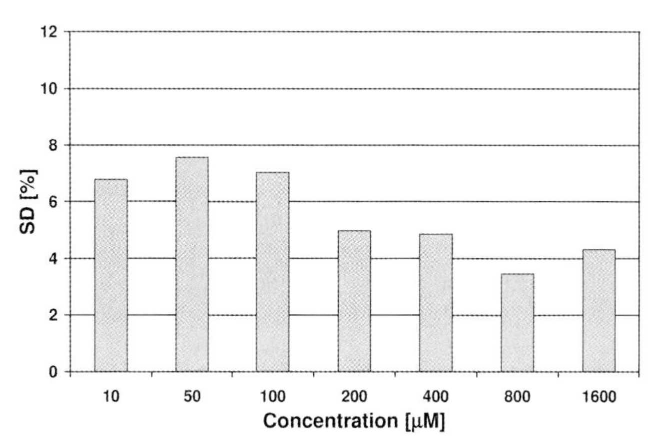

Abb. 7 Genauigkeit der CLND-Kalibrierkurve unter Verwendung der 12 kommerziellen Standards aus Tabelle 1.

indem man das normalisierte Signal (CLND-Signal/Zahl der Stickstoffatome) der 12 Verbindungen vergleicht (Abb. 7). Im niedrigen Konzentrationsbereich (< 200 µM) steigt die RSD auf etwa 7 % an. Das ist die Folge der begrenzten Integrationsgenauigkeit für CLND-Peaks in diesem Bereich. Im höheren Konzentrationsbereich (von 200 bis 1600 µM) verbessert sich die Genauigkeit auf 5 % oder besser.

Die letzte Untersuchung galt der Linearität. In Abb. 8 ist das CLND-Signal gegen die absolute Menge des injizierten Stickstoffs aller 12 Verbindungen aufgetragen, nachdem diese über alle Verbindungen mit derselben Zahl von Stickstoffatomen gemittelt worden ist. Der lineare Bereich erstreckt sich über drei Dekaden mit einer sehr guten Korrelation ($R^2 = 0{,}9995$).

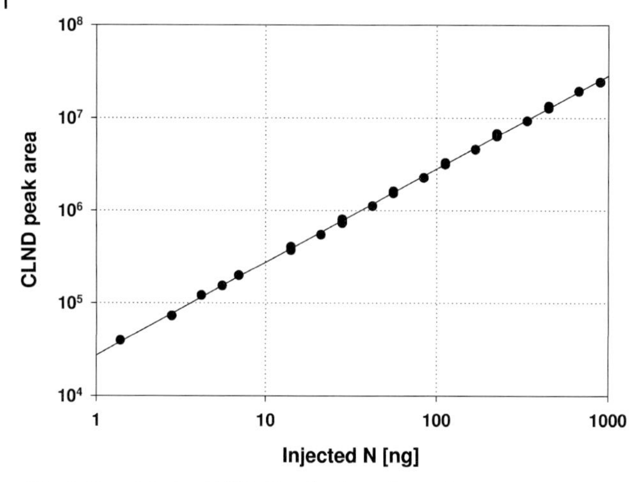

Abb. 8 Linearität des CLND-Signals als Funktion der gesamten eingespritzten Stickstoffmenge. Die Daten sind Mittelwerte für jeweils eine Untergruppe der kommerziellen Standards mit einer gegebenen Zahl von Stickstoffatomen.

5.4.3.5 **Testen von eigenen Verbindungen**

Insgesamt 2006 von klinischen Chemikern neu synthetisierten Molekülen wurden zur Überprüfung auf Reinheit und Identität analysiert. Das Fehlen eines UV-Signals bei der gewählten Wellenlänge mangels eines geeigneten Chromophors verhinderte nur bei 5 der Verbindungen das Sammeln von Reinheitsdaten. Das Molekülion wurde bei 97,5 % aller Proben ermittelt. Zur Charakterisierung der restlichen 2,5 % waren APCI oder EI erforderlich. Die günstige Response-Rate der ESI zur Bestätigung der Identität deckt sich mit unseren früheren Beobachtungen und mit Literaturangaben. Im Allgemeinen sind die Ausfälle auf einen Mangel an Protonierungszentren im Molekül zurückzuführen; ihr Auftreten ist auf wenige Prozent der üblichen medizinisch-chemischen Produktion beschränkt. Dieser Aspekt wurde im Zusammenhang mit Einschränkungen bei der Messung der Reinheit mit HPLC-UV ausgiebig in der Literatur diskutiert und soll hier nicht weiter behandelt werden.

Ein anderer Satz von 543 NCEs wurde mit ^{1}HNMR und CLND-Detektion quantitativ analysiert. Die Proben wurden in DMSO mit einer nominalen Konzentration von 500 µM aufgelöst und 10 µL dieser Lösungen wurde in die Hochdurchsatz-Plattform injiziert.

Die mit quantitativer NMR (unserer Referenzmethode) bestimmten aktuellen Konzentrationen waren alle oberhalb der 200 µM-Grenze, diese Konzentration gewährleistet reproduzierbare und genaue Ergebnisse (s. oben). Wenn man die mit dem CLND gewonnenen Ergebnisse mit denen der ^{1}HNMR vergleicht, erscheint die Korrelation unbefriedigend (Abb. 9). Eine mögliche Ursache dieser Diskrepanz ist, dass verschiedene chemische Gruppen unterschiedliche Response-Faktoren infolge verschiedener NO-Ausbeute bei der Verbrennung haben können. Einige vereinzelte Beobachtungen in der Literatur deuten auf ein verringertes Ansprechen des CLND bei Verbindungen mit N–N-Bindung hin [1, 2]. Die

Tabelle 2 CLND-Response-Faktoren für 10 verschiedene chemische Gruppen.

Chemische Gruppe	*Beispiel*	*Gesamte N-Atome im Satz*	*Koeffizient*	*Standardfehler*
Amine	R3, R1—N, R2	324	1,08	0,03
Amide	O, R3, N, R1, R2	664	1,00	0,02
5–6-gliedrige Heterozyklen	H N; N	369	1,02	0,03
Guanidinium-Gruppe	H_2N, =NH, R1—N, H	146	1,13	0,03
RNHNR2R3 (zyklisch und linear)	N, HN	305	0,34	0,03
R1R2NNR3R4 (zyklisch und linear)	N, R1—N	58	0,76	0,05
Hydrazide (zyklisch und linear)	O, R3, N, R1, N, R4, R2	96	0,50	0,05
Oxime, Hydroxylamine, Nitro-Gruppen	R1, N—OH, H; O, R1—N^+, O^-	32	0,82	0,11
Cyano	R1—≡N	25	1,01	0,11
Thioamide	S, R3, N, R1, R2	43	1,01	0,09

Entstehung von molekularem Stickstoff statt Stickstoffoxid während der Verbrennung dieser Verbindungen ist eine nahe liegende Erklärung für dieses Verhalten. Dieser Punkt wurde in unserer Vergleichsanalyse berücksichtigt, wie im experimentellen Abschnitt im Detail ausgeführt wurde. Die Ergebnisse sind in Tabelle 2 zusammengestellt, wo die Struktur der stickstoffhaltigen Gruppen und die experimentell bestimmten CLND-Response-Faktoren aufgelistet sind. Diese Daten bestätigen, dass Verbindungen mit N–N-Bindung eine anomal niedrige Ansprechrate haben. Es gibt dennoch einen bedeutenden Unterschied: Wenn beide Atome der N–N-Bindung vollständig in N–C-Bindungen eingebunden sind, ist der Response-Faktor (0,76) merklich höher als bei N–NH-Gruppen (0,34).

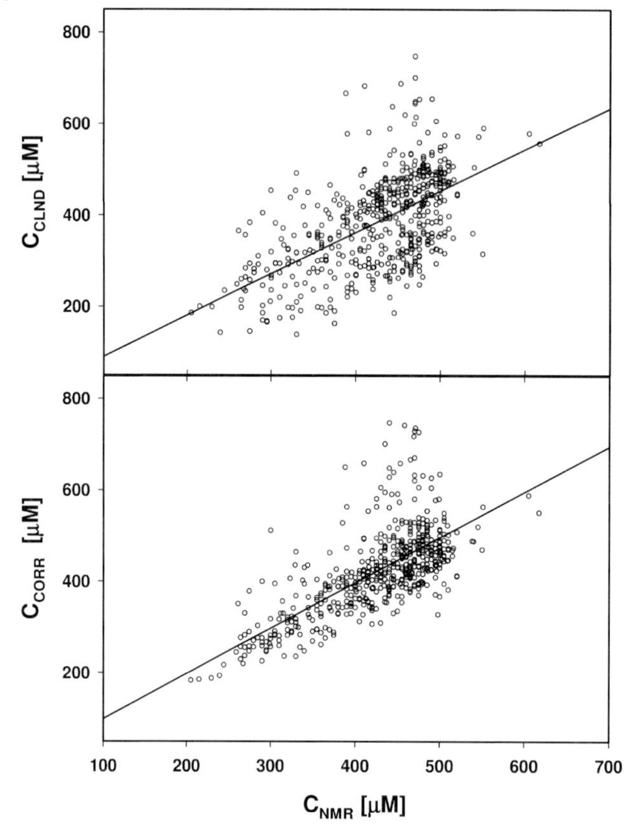

Abb. 9 Korrelation zwischen der CLND-Konzentration und aus der NMR abgeleiteten Konzentration vor (oben) und nach (unten) der Korrektur mit den Response-Faktoren der chemischen Gruppen.
Die Regressionsgerade durch die Daten ist ebenfalls dargestellt.

Acylierte N–N-Bindungen haben unabhängig davon, ob Wasserstoffatome an die beiden Stickstoffatome gebunden sind oder nicht, einen mittleren Response-Faktor (0,5). Das einzige Azid in diesem Satz gehorcht der Regel der N–NH-Gruppen. Verbindungen, die N–O-Bindungen enthalten (Nitro-Gruppen, Oxime, Hydroxylamine usw.) haben ebenfalls einen niedrigen Response-Faktor (0,82), aber die hohe beobachtete Standardabweichung deutet auf eine gewisse Heterogenität in dieser Gruppe hin. Überraschenderweise haben die drei Stickstoffatome enthaltenden Guanidinium-Gruppen einen messbar höheren Response (1,13) bezogen auf den Standard (Koffein) und eine leichte Abweichung von 1 zeigen auch Amine (1,08). Es wurden keine weiteren relevanten Effekte bei den untersuchten Verbindungen gefunden, obgleich 15 verschiedene Klassen von chemischen Gruppen identifiziert und für eine detailliertere Analyse benutzt worden waren. Der einheitliche Response für so unterschiedliche chemische Gruppen wie Amide, Cyano-Gruppen, Heterozyklen, Thioamide unabhängig von ihrer

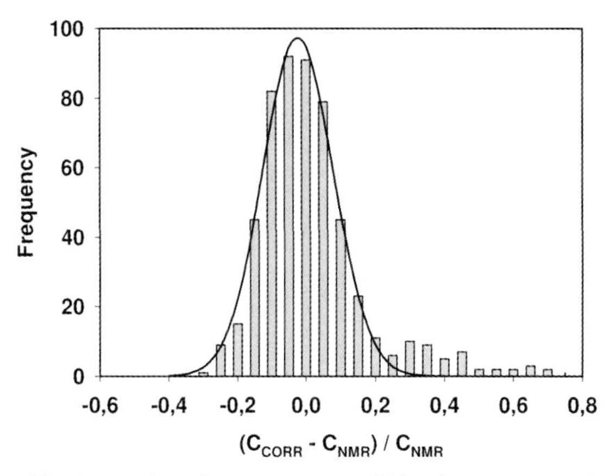

Abb. 10 Verteilung der Konzentrationsfehler der 543 untersuchten neuen synthetischen Moleküle nach Korrektur mit relativen CLND-Response-Faktoren. Die Best-Fit-Gaußverteilung (durchgezogene Linie) dieser Daten, gruppiert in 5 %-Intervallen, entspricht einer Standardabweichung von $\sigma = 10$ % und hat ihr Zentrum bei etwa 0.

Natur oder den zahlreichen Substituenten ist bemerkenswert und bestätigt die postulierte Rolle des CLND als eines universellen Detektors für stickstoffhaltige Verbindungen [5, 8].

Für alle 543 verschiedenen Verbindungen wurden die korrigierten Konzentrationen mit den Faktoren in Tabelle 2 nach Gl. (3) berechnet. Diese Werte sind in Abb. 9 (untere Darstellung) gegen c_{NMR} aufgetragen, und es konnte eine Verbesserung gegenüber den unkorrigierten Werten (obere Darstellung) festgestellt werden. Vor allem hat die Regressionsgerade durch alle Daten die Steigung Eins, obwohl die Korrelation aufgrund der großen Varianz noch schlecht ist. Die Verteilung des Konzentrationsfehlers wurde mithilfe der Größe $\Delta c/c$ untersucht, die wie folgt definiert ist:

$$\frac{\Delta c}{c} = \frac{c_{corr} - c_{NMR}}{c_{NMR}} \cdot 100 \tag{7}$$

Diese Größe wurde für den Satz der 543 untersuchten Verbindungen berechnet und die zugehörige Standardabweichung (14,6 %) bestimmt. Es zeigte sich, dass eine Gruppe von positiven Ausreißern die Gesamtvarianz signifikant beeinflusst. Dies könnte von einer instrumentellen Fehlfunktion herrühren oder von einem anderen Fehler im Zusammenhang mit den spezifischen Analysen, eine tatsächlich mögliche Ursache, denn alle Daten sind das Ergebnis einer einzelnen Messung. Deshalb untersuchten wir die Verteilung von $\Delta c/c$ mit einem Hilfsmittel, das starke Ausreißer durch die Bildung einer symmetrischen Verteilung weniger stark gewichtet: Die Population wurde mithilfe der EXCEL-Histogrammfunktion bezüglich der $\Delta c/c$-Größe in 5 %-Intervalle zerlegt und dann unter Benutzung eines nicht-linearen Datenfitpaketes (SigmaPlot, SPSS Inc., Chicago, IL) mit einer symmetrischen Gauß-Verteilung gefittet. Diese Populationen sind in dem Balkendiagramm der Abb. 10 zusammen mit der Bestfit-Gauß-Kurve dargestellt. Die Verteilung hat ihr Maximum sehr nahe bei Null und entspricht einer Standardabweichung von $\sigma = 10{,}0$ %, ein signifikant niedrigerer Wert, verglichen mit dem obigen. Dieses Ergebnis liegt nahe demjenigen, das für die kommerziellen Standards gefunden wurde und lässt hoffen, dass die Konzentrationen von generischen Molekülen bei geeigneter Korrektur des Effekts der chemischen Gruppen und bei einer sauberen Kontrolle des Gerätes und der Prozessdurchführung mit einer Genauigkeit von etwa 10 % bestimmt werden können, wenn CLND-Messungen und ein einfacher Standard benutzt werden.

5.4.4
Zusammenfassung

Eine analytische Plattform für hohen Durchsatz wurde entwickelt und getestet. Diese Plattform liefert in einem chromatographischen Lauf die Überprüfung der Identität, die Reinheit und die Menge für eine beliebige neue chemische Spezies. Alle Komponenten wurden systematisch überprüft und die entsprechenden Parameter eingestellt. Die gegenwärtige Version der Plattform hat einen maximalen Durchsatz von 100 Verbindungen pro Tag, was für unseren gegenwärtigen Bedarf ausreichend erscheint. Eine Verkürzung der Analysenzeit und damit eine Steigerung der Produktivität sollte durch Verkürzung der Gradient-Zeit möglich sein.

Eine Reihe von Kommentaren und Empfehlungen sind in Tabelle 3 für alle Komponenten dieser analytischen Plattform zusammengestellt. Zur Konstruktion und Entwicklung einer ähnlichen Apparatur wird der Leser auf diese Anregungen verwiesen. Die Konstruktion einer derartigen Anlage wird sehr empfohlen, da die kombinierte Information von drei Detektoren die Datenanalyse sehr erleichtert und auf diese Weise einen der Engpässe bei der generischen Hochdurchsatzanalyse von kleinen Molekülen beseitigt. Eine Kontamination der Komponenten mit Acetonitril (oder anderen stickstoffhaltigen Lösungsmitteln oder Puffern) sollte allerdings wegen der schädlichen Auswirkungen auf den CLND vermieden werden.

Die Bestimmung der relativen Response-Faktoren des CLND für verschiedene chemische Gruppen ist die signifikante Errungenschaft unserer vorläufigen Tests mit dieser analytischen Plattform. 543 gut charakterisierte synthetische Moleküle wurden analysiert, und die quantitativen Ergebnisse wurden mit der quantitativen ^{1}HNMR, unserer Referenzmethode, verglichen. Die mittlere Methodengenauigkeit bei der Konzentrationsbestimmung von generischen Molekülen ergab sich zu ± 15 %, nachdem spezifische Response-Faktoren für jede chemische Gruppe bestimmt und angewandt worden waren. Eine statistische Analyse zeigt, dass dies auf etwa 10 % verbessert werden kann, wenn Ausreißer (möglicherweise aufgrund irgendwelcher Fehler im Prozess) ausgeschlossen werden. Dies erfordert unbedingt den Einsatz einer multiplen Detektion, um genaue Daten zu erhalten. Unsere Ergebnisse stimmen hervorragend mit Literaturangaben über Verbindungen mit N–N-Bindung überein [1, 3]; unsere Beobachtungen an be-

Tabelle 3 Empfehlungen für Hochdurchsatz-Plattform-Komponenten.

Komponente	*Teil*	*Relevanz*	*Kommentare*
Chromatographie	Säule	Mittel	Keine stationären Phasen mit Amidgruppen benutzen
	Eluent	Hoch	Methanol/Wasser-Mischungen benutzen
	Modifier	Mittel	Methansäure erlaubt positive und negative Ionisierung
HPLC	Autosampler	Hoch	Muss geeignet sein, Mikrotiterplatten aufzunehmen
	UV-Detektor	Niedrig	Normalerweise auf 220 nm gesetzt.
	Pumpen/Fluss	Niedrig	
Massenspektrometer	Sonde	Niedrig	ESI-Sonde reicht aus
	Analysator	Niedrig	Single Quadrupol reicht aus
	Durchfluss	Mittel	Durchfluss sollte empfohlenes Maximum nicht überschreiten
CLND	Einstellungen	Hoch	Gasfluss, Zerstäubung und Vakuum beeinflussen das Ansprechverhalten sehr
	Durchfluss	Hoch	0,1 mL/min nicht übersteigen: unvollständige Verbrennung
Datensystem	Hardware	Hoch	Muss alle Detektoren kontrollieren
	Software	Hoch	Muss einfachen Datenzugriff zur schnellen Umwandlung in EXCEL-Umgebung bieten

stimmten Substanzklassen (vollständig kohlenstoffsubstituierte und solche mit N–H-Bindung) sind dagegen neu und rühren vermutlich daher, dass ein großer Satz von Molekülen untersucht wurde. Verschiedene kleinere Effekte wurden bei anderen stickstoffhaltigen Gruppen gefunden. In Anbetracht der großen beobachteten Varianz wird eine Feinabstimmung der Response-Faktoren einer robusteren Version der analytischen Plattform vorbehalten bleiben.

Literatur

1 M. A. Nussbaum, S. W. Baertschi, P. J. Jansen, Determination of relative UV response factors for HPLC by use of a chemiluminescent nitrogen-specific detector. *Journal of Pharmaceutical and Biomedical Analysis* 27 (2002) 983–993.

2 Lucy, C. A.; Harrison, C. R. Chemiluminescence nitrogen detection in ion chromatography for the determination of nitrogen-containing anions. *Canadian Journal of Chromatography, A* 920 (2001), 135–141.

3 Petritis K.; Elfakir C.; Dreux M. A comparative study of commercial liquid chromatographic detectors for the analysis of underivatized amino acids. *Journal of Chromatography. A* 961 (2002), 9–21.

4 E. W. Taylor, W. Jia, M. Bush, G. D. Dollinger, Accelerating the Drug Optimization Process: Identification, Structure Elucidation, and Quantification of in Vivo Metabolites Using Stable Isotopes with LC/MSn and the Chemiluminescent Nitrogen Detector. *Analytical Chemistry* 74 (2002), 3232–3238.

5 W. L. Fitch, A. K. Szardenings, E. M. Fujinari, Chemiluminescent Nitrogen detection for HPLC: an important new tool in organic analytical chemistry. *Tetrahedron Letters* 38 (1997), 1689–1692.

6 X. Cheng, J. Hochlowski, Current Application of Mass Spectrometry to Combinatorial Chemistry. *Analytical Chemistry* 74 (2002), 2679–2690.

7 D. A. Yurek, D. L. Branch, M.-S. Kuo, Development of a system to evaluate compound identity, purity, and concentration in a single experiment and its application in quality assessment of combinatorial libraries and screening hits. Journal of Combinatorial Chemistry 4 (2002), 138–148.

8 W. Li, M. Piznik, K. Bowman, J. Babiak, „Universal“ HPLC detector for combinatorial library quantitation in drug discovery? *Abstr. Pap. – Am. Chem. Soc.* (2001) 221st ANYL-008.

9 K. Lewis, D. Phelps, A. Sefler, Automated high-throughput quantification of combinatorial arrays. *American Pharmaceutical Review* 3 (2000), 63–68.

10 N. Shah, M. Gao, K. Tsutsui, A. Lu, J. Davis, R. Scheuerman, W. L. Fitch, R. L. Wilgus, A Novel Approach to High-Throughput Quality Control of Parallel Synthesis Libraries. *Journal of Combinatorial Chemistry* 2 (2000), 453–460.

11 E. W. Taylor, Mark G. Qian, Gavin D. Dollinger, Simultaneous Online Characterization of Small Organic Molecules Derived from Combinatorial Libraries for Identity, Quantity, and Purity by Reversed-Phase HPLC with Chemiluminescent Nitrogen, UV, and Mass Spectrometric Detection. *Analytical Chemistry* 70 (1998), 3339–3347.

12 B. Yan, L. Fang, M. Irving, S. Zhang, A. M. Boldi, F. Woolard, C. R. Johnson, T. Kshirsagar, G. M. Figliozzi, C. A. Krueger, N. Collins, Quality control in Combinatorial Chemistry: Determination of the quantity, purity and quantitative purity of compounds in combinatorial libraries. *Journal of Combinatorial Chemistry* 5 (2003), 547–559.

13 V. Pinciroli, R. Biancardi, N. Colombo, M. Colombo, V. Rizzo, Characterization of small combinatorial chemistry libraries by 1H-NMR. Quantitation with a convenient and novel internal standard. *Journal of Combinatorial Chemistry* 3 (2001), 434–440.

Anhang

Clusteranalyse

Die Clusteranalyse bietet Methoden zur Klassenbildung ohne a-priori-Informationen über mögliche Gruppierungen. Dabei wird eine Menge von Objekten aufgrund der Merkmalsausprägungen (Variablen) in kleinere Teilmengen differenziert. Objekte in derselben Klasse sollen sich möglichst „ähnlich" sein bzw. „verschieden" von Objekten anderer Klassen. Der mathematische Begriff der „Ähnlichkeit" (bzw. des „Ähnlichkeitsmaßes") kann z. B. über den am häufigsten verwendeten Euklidischen Abstand d_{ij} zwischen zwei Objekten i und j charakterisiert und durch p Variablen definiert werden als

$$d_{ij} = \sqrt{\sum_{k=1}^{p} (x_{ik} - x_{jk})^2} \qquad (1)$$

Ausgehend von diesen multivariaten Distanzen oder Ähnlichkeiten werden Gruppen gebildet, sodass die Distanz der Objekte innerhalb einer Gruppe oder Clusters möglichst gering, die Distanz zwischen den Clustern möglichst groß wird. Ziel ist, ohne a-priori-Informationen bzgl. etwaiger Gruppierungen in den Daten eine anschauliche Darstellung der Objekte zu erzielen. Es sind jedoch keine statistischen Aussagen über die Gruppenzugehörigkeit möglich, die Clusteranalyse ist ein multivariates-exploratives Verfahren.

Den Ausgangspunkt für die hier ausschließlich verwendeten hierarchischen Verfahren bildet die symmetrische Distanzmatrix, welche die paarweisen Distanzen aller Objekte enthält. Die Objekte werden schrittweise entsprechend dem geringsten Abstand zu immer größeren Clustern vereinigt. Zu Beginn bildet jedes Objekt einen eigenen Cluster, dann erfolgt die schrittweise Fusion (agglomeratives Verfahren). Somit wird der Clusteralgorithmus durch das Distanzmaß (hier der Euklidischer Abstand) und den Fusionierungsalgorithmus bestimmt. Im Rahmen dieser Untersuchungen wurden zwei Fusionierungsalgorithmen verwendet: (a) Das *k*-Nearest-Neighbour- oder Single-Linkage-Verfahren und (b) das *k*-Means-Nearest- oder Centroid-Linkage-Verfahren. Das *k*-Nearest-Neighbour-Verfahren hat als Fusionierungskriterium die minimale Distanz der nächsten Objekte zweier Cluster. Dies hat die Bildung von großen Clustern zur Folge, bei denen die Objekte oft linear aneinander gereiht sind. Allerdings kön-

HPLC richtig optimiert: Ein Handbuch für Praktiker. Herausgegeben von Stavros Kromidas

ISBN: 3-527-31470-9

nen so Ausreißer vereinfacht isoliert werden. Das k-Means-Nearest-Verfahren nutzt die Distanz der Mittelwerte der Gruppen und kann so die reale Struktur des Datensatzes besser wiedergeben als das k-Nearest-Neighbour-Verfahren.

Der Ablauf des Fusionierungsprozesses wird in der Regel durch ein Dendrogramm (Baumdiagramm) dargestellt. Aus diesem kann entnommen werden, in welcher Reihenfolge und bei welchen Distanzen die Objekte zu Clustern zusammengefasst werden. Da die Cluster keine statistische Eindeutigkeit besitzen, muss die Interpretation im Kontext erfolgen. Im Mittelpunkt steht typischerweise die Anzahl der Cluster. Je länger der Distanzbereich ist, bei dem die Anzahl der Cluster konstant bleiben, desto stabiler sind die gefundenen Cluster. Alle hierarchischen Methoden neigen – in Abhängigkeit von der Fusionierung – zu einer Verzerrung der n-dimensionalen Struktur der untersuchten Matrix. Bestes Beispiel ist das k-Nearest-Neighbour-Verfahren, welches häufig zu Kettenbildung von Clustern neigt. Werden allerdings in mehreren Verfahren vergleichbare Strukturen gefunden, so kann mit hoher Sicherheit davon ausgegangen werden, dass diese Gruppierungen tatsächlich in der Datenmatrix vorhanden sind.

Hauptkomponentenanalyse

Ziel der Hauptkomponentenanalyse (PCA, „principal component analysis") ist es, die Variablen der Datenmatrix durch eine geringere Zahl von untereinander nicht korrelierten Hauptkomponenten (Faktoren oder latente Variablen) zu ersetzen. Dabei soll die ursprüngliche Information weitgehend erhalten bleiben. Voraussetzung ist dafür eine gewisse Redundanz der Variablen, i. e. partielle Korrelation. Die Variablen lassen sich dann als eine Linearkombination der orthogonalen Hauptkomponenten beschreiben, d. h. die ursprüngliche Matrix $\mathbf{X}$ kann durch

$$\mathbf{X} = \mathbf{P}\mathbf{A}^{\mathrm{T}} \tag{2}$$

das Produkt der Score-Matrix $\mathbf{P}$ und der transponierten (Abk.: ^{T}) Loadings-Matrix $\mathbf{A}$ dargestellt werden. Durch Gl. (2) wird noch keine Reduzierung der Dimension erreicht, sondern erst dadurch, dass Faktoren, welche nur einen geringen Anteil an der Gesamtvarianz (und damit an der „sinnvollen" Information) von $\mathbf{X}$ haben, nicht berücksichtigt werden. Maximal können natürlich so viele Hauptkomponenten berechnet werden wie Variablen, allerdings kann durch Indikatorfunktion die „sinnvolle" Anzahl von zu berücksichtigen Faktoren abgeschätzt werden.

Geometrisch kann die PCA als Rotation des m-dimensionalen Koordinatensystems der ursprünglichen Variablen in ein neues n-dimensionales (u. U. $m \gg n$) Koordinatensystem der Hauptkomponenten interpretiert werden. Die neuen Achsen werden dabei so aufgespannt, dass die erste Hauptkomponenten in die Richtung der maximalen Varianz der Daten zeigt, weitere Achsen weisen orthogonal in Richtung der verbleibenden Varianz. Da nur die relevanten Faktoren berücksichtigt werden, wird ein Unterraum des ursprünglichen Koordinatensystems gebildet.

Analog zu den beiden möglichen Darstellungen der Originalmatrix im Variablen- oder Objektraum können die Ergebnisse einer PCA in einem Score- bzw. Loading-Plot dargestellt werden. Der Score-Plot ist die Darstellung der Hauptkomponentenwerte im Koordinatensystem der Hauptkomponenten und entspricht somit der Anordnung der Objekte im Unterraum. Im Rahmen dieser Untersuchungen wurden Score-Plots vorrangig zur Identifizierung von „ähnlichen" Objekten (Säulen) eingesetzt. Umgekehrt können durch Auftragen der Werte im Koordinatensystem der Hauptkomponenten die Anteile der Variablen an den Hauptkomponenten dargestellt werden. Üblicherweise wird angenommen, dass die größten Faktoren, welche einen hohen Anteil der Gesamtvarianz in den Daten beschreiben, auch physikalischen oder chemischen Einflussgrößen (hier z. B. speziellen Charakteristika der Säulen) entsprechen; kleinere Faktoren sind daher als Rauschen zu interpretieren.

Für eine simultane Visualisierung der Variablen und der Objekte im Koordinatensystem der Hauptkomponenten wurden Biplots eingesetzt. Dazu werden die Objekte und Variablen entsprechend der Varianz der jeweiligen aufgetragenen Hauptkomponente skaliert. Variablen, die in der Nähe des Ursprungs liegen, haben nur einen geringen Einfluss auf die aufgetragene Hauptkomponente. Weiterhin können Interaktionen zwischen Objekten und Variablen unmittelbar durch ihre „Nähe", i. e. unmittelbaren Abstand bzw. Winkel zwischen den entsprechenden Variablen- und Objektvektoren, abgeschätzt werden.

Literatur

1 D. L. Massart und L. Kaufman, The Interpretation of Analytical Chemical Data by the Use of Cluster Analysis (1983), John Wiley & Sons, New York.

2 D. L. Massart, B. G. M. Vandeginste, L. M. C. Buydens, S. De Jong, P. J. Lewi und J. Smeyers-Verbeke, Handbook of Chemometrics and Qualimetrics: Part A and B (1997), Elsevier, Amsterdam.

3 K. Danzer, H. Hobert, C. Fischbacher und K. U. Jagemann, Chemometrik (2001), Springer, Berlin.

Bemerkungen

Die Analyse der Daten erfolgte im Wesentlichen anhand der Unterscheidung ME bzw. ACN als Lösungsmittel. Darauf aufbauend wurde auch der Einfluss des pH-Wertes bzw. ein globaler Vergleich zwischen Me und ACN unternommen. Als Verfahren zur Untersuchung von „Ähnlichkeiten" wurden zwei hierarchische Clusteralgorithmen eingesetzt und eine PCA-Analyse. Die Auswertung folgt den entsprechenden Serien 1–3 (S1, S2, S3), die allerdings entsprechend in Teilmengen angeordnet wurden. Die Daten wurden jeweils in den Teilmengen (k-Werte, α-Werte bzw. k- und α-Werte zusammen) untersucht. Für die PCA wurde die Anzahl der Faktoren bzw. die von ihnen beschriebene Gesamtvarianz bzw. Varianz pro Hauptkomponente angegeben. Die Visualisierung erfolgte im Falle der Clusteranalyse durch die Dendrogramme, im Falle der PCA durch die Score- und Biplots.

Da in vielen Fällen die Datensätze nur unvollständig waren, wurde ein einfaches Zero-filling eingesetzt, allerdings nur wenn weniger als 20 % der Daten so aufgefüllt werden mussten. In der Analyse der ACN-S1-Daten konnte durch eine Gegenüberstellung von Zero-filling-Daten und vollständiger Daten gezeigt werden, dass Gruppierungen in den vollständigen Datensätzen durch weitere Datensätze mit Zero-filling nicht verzerrt wurden. Allerdings ist eine Beeinflussung der PCA nicht völlig auszuschließen, da durch zu viele „Nullen" Korrelationen erzeugt werden, die u. U. nicht vorhanden sind.

Generell werden im Weiteren die Säulen als Objekte, die entsprechenden k- und α-Werte als Variablen bezeichnet. Bei der Untersuchung der k-Werte und α-Werte wurden die Daten Mittelwert-zentriert, bei einer gemeinsamen Untersuchung wurden die Daten autoskaliert, um Unterschiede zwischen den Skalen auszugleichen. Die Auswertungen enthalten jeweils auch die entsprechenden Bezeichnungen und Abkürzungen.

Name der Säule	Abkürzung in Diagrammen	Name der Säule	Abkürzung in Diagrammen
Aqua	AQA	Prontosil ACE	PAC
Bondapak	BonP	Prontosil AQ	PAQ
Chromolith Performance	CHP	Prontosil C18	PC8
Discovery C16	DC6	Purospher	PUP
Discovery C18	DC8	Purospher Star	PUS
Fluofix IEW	FEW	Repro-Sil AQ	RAQ
Fluofix INW	FNW	Repro-Sil ODS	ROD
Gromsil AB	GAB	Resolve	RES
Gromsil CP	GCP	SilicaRod	SIR
Hypercarb	HCB	SMT	SMT
Hypersil Advance	HAD	Spherisorb ODS 1	SO1
Hypersil BDS	HBD	Spherisorb ODS 2	SO2
Hypersil Elite	HEL	Supelcosil ABZ plus	SUA
Hypersil ODS	HOD	Superspher	SUP
Inertsil ODS 2	IO2	Superspher Select B	SUS
Inertsil ODS 3	IO3	Symmetry	SYM
Jupiter	JUP	Symmetry Shield	SYS
Kromasil	KRO	Synergi Max	SNM
LiChrosorb	LCB	Synergi Polar	SNP
LiChrospher	LCP	TSK	TSK
LiChrospher Select B	LCS	Ultrasep ES	UES
Luna	LUN	Ultrasep	ULT
MP-Gel	MPG	VYDAC	VYD
Nova-Pak	NOP	XTerra	XTA
Nucleosil 100	N10	XTerra MS	XTM
Nucleosil 50	N50	YMC AQ	YMA
Nucleosil AB	NAB	YMC C18	YM8
Nucleosil HD	NHD	Zorbax Bonus	ZOB
Nucleosil Nautilus	NNA	Zorbax Extend	ZOE
Nucleosil Protect 1	NP1	Zorbax ODS	ZOO
Platinum C18	PC8	Zorbax SB C18	Z18
Platinum EPS	PEP	Zorbax SB C8	ZC8
Prodigy	PRD		

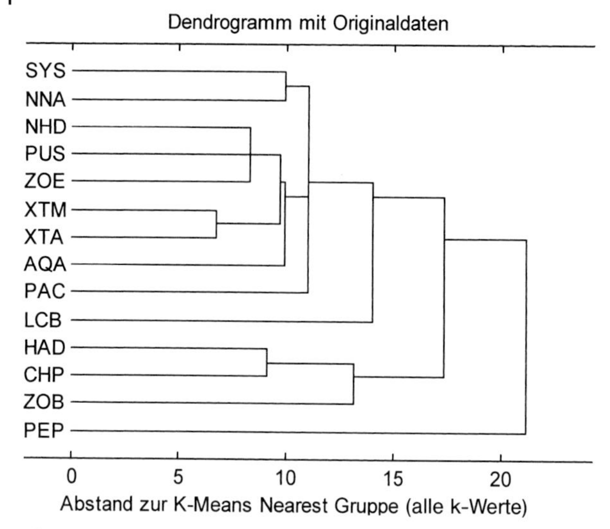

Chem. 1 Vergleich über alle Retentionsfaktoren im sauren/alkalischen Methanol-/Acetonitril-Phosphatpuffer, S2.

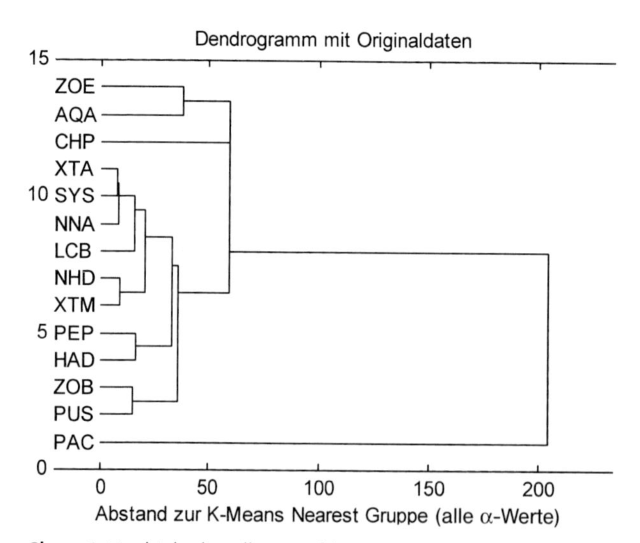

Chem. 2 Vergleich über alle Trennfaktoren im sauren/alkalischen Methanol-/Acetonitril-Phosphatpuffer, S2.

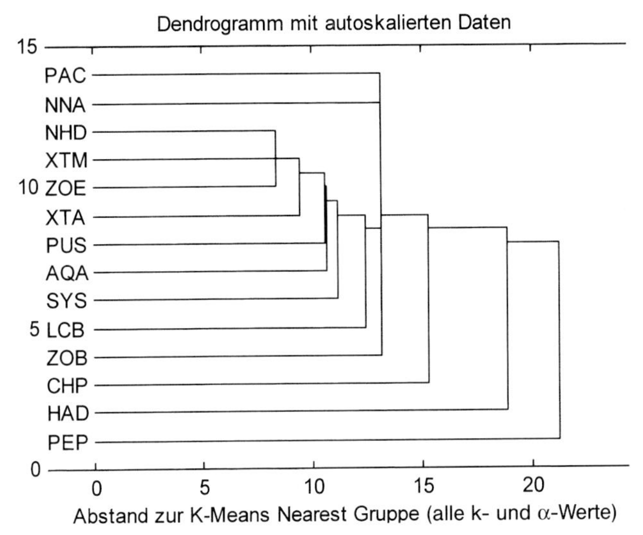

Chem. 3 Vergleich über alle Retentions- und Trennfaktoren im sauren/alkalischen Methanol-/Acetonitril-Phosphatpuffer, S2 (Dendrogramm).

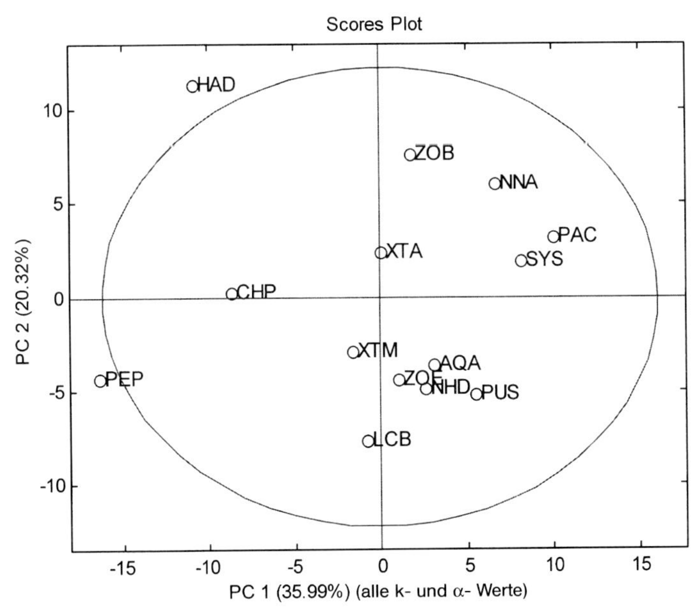

Chem. 4 Vergleich über alle Retentions- und Trennfaktoren im sauren/alkalischen Methanol-/Acetonitril-Phosphatpuffer, S2 (Scores Plot).

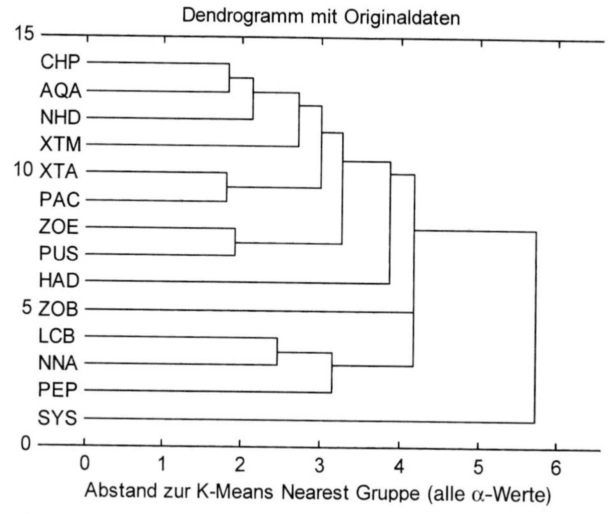

Chem. 5 Vergleich über die Trennfaktoren im Neutralen und im alkalischen Methanol-/Acetonitril-Phosphatpuffer, S2.

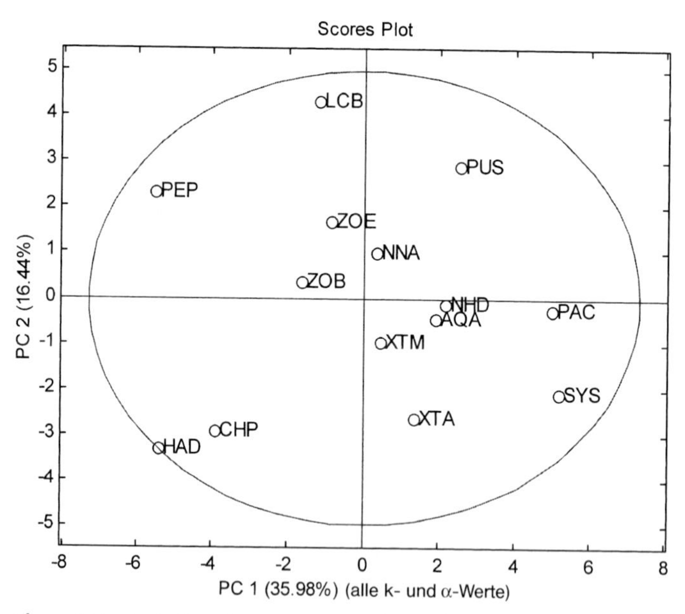

Chem. 6 Vergleich über die Retentions- und Trennfaktoren im Neutralen und im alkalischen Methanol-/Acetonitril-Phosphatpuffer, S2 (Scores Plot).

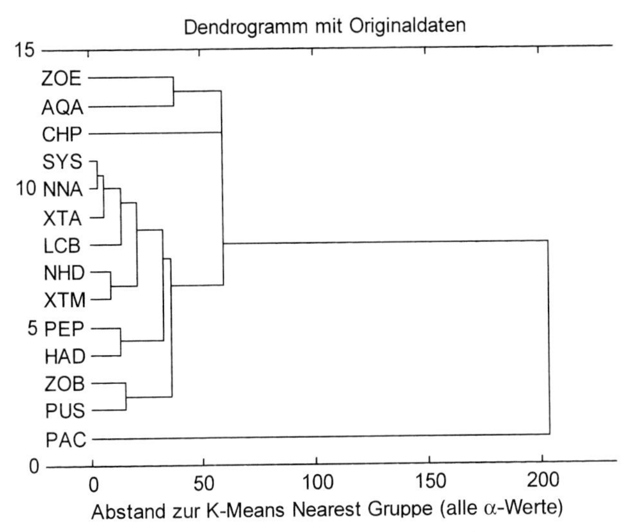

Chem. 7 Vergleich über die Trennfaktoren im Neutralen und im sauren Methanol-/Acetonitril-Phosphatpuffer, S2.

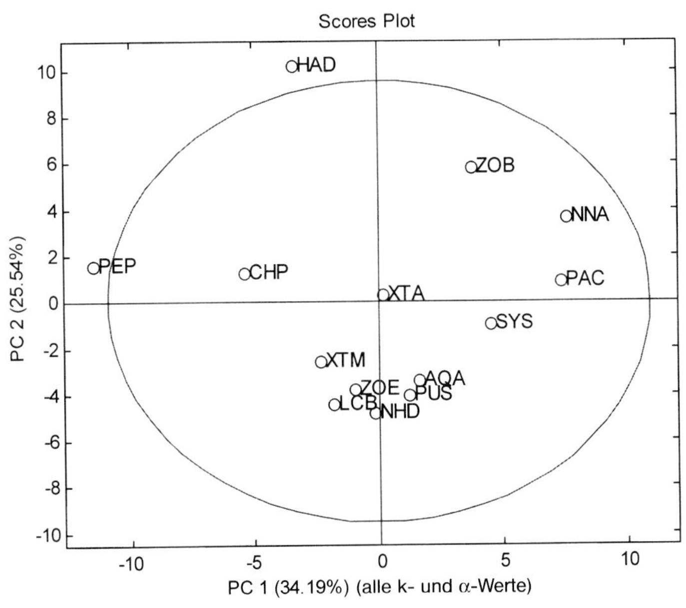

Chem. 8 Vergleich über die Retentions- und Trennfaktoren im Neutralen und im sauren Methanol-/Acetonitril-Phosphatpuffer, S2 (Scores Plot).

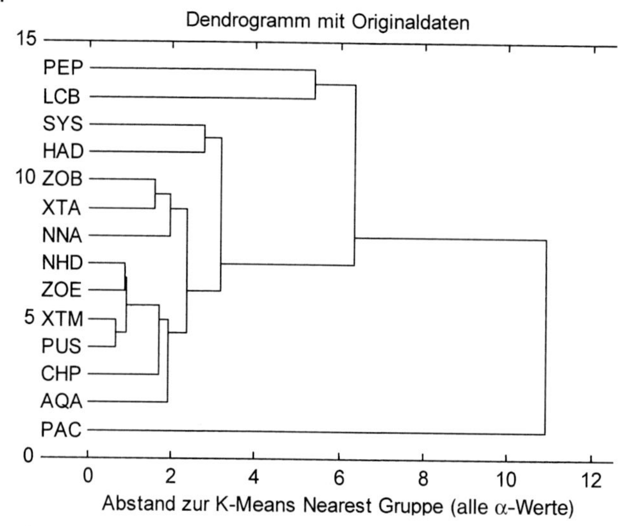

Chem. 9 Vergleich über die Trennfaktoren in Methanol-/Acetonitril-Eluenten, S2 (Dendrogramm).

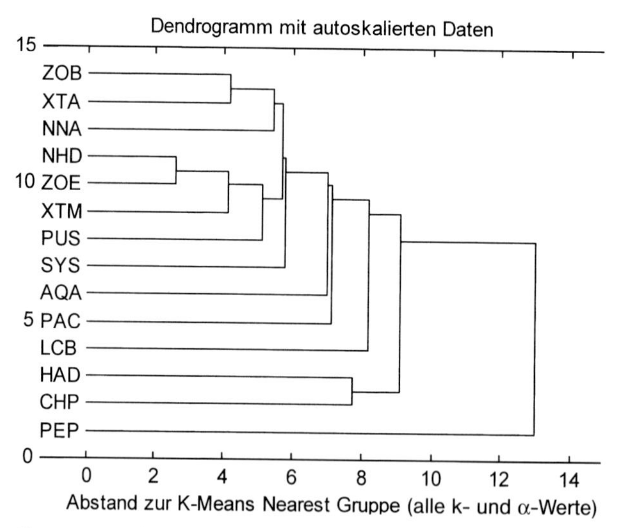

Chem. 10 Vergleich über die Retentions- und Trennfaktoren in Methanol-/Acetonitril-Eluenten, S2 (Dendrogramm).

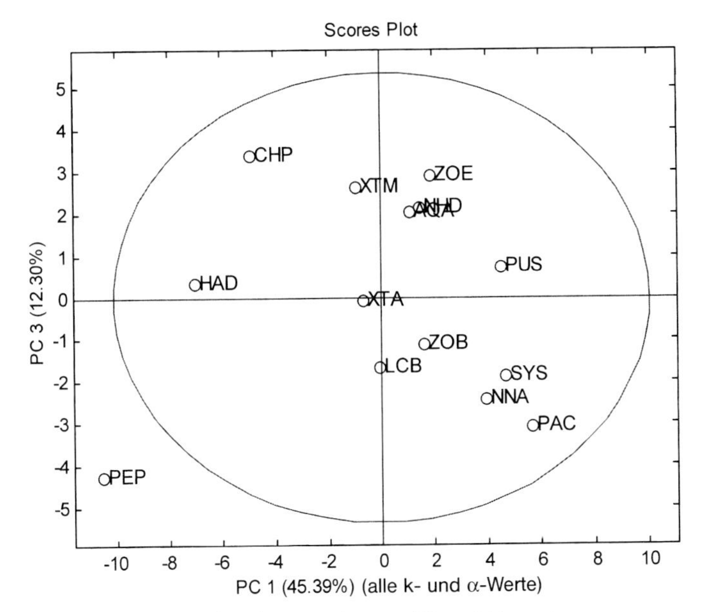

Chem. 11 Vergleich über die Retentions- und Trennfaktoren in Methanol-/Acetonitril-Eluenten, S2 (Scores Plot).

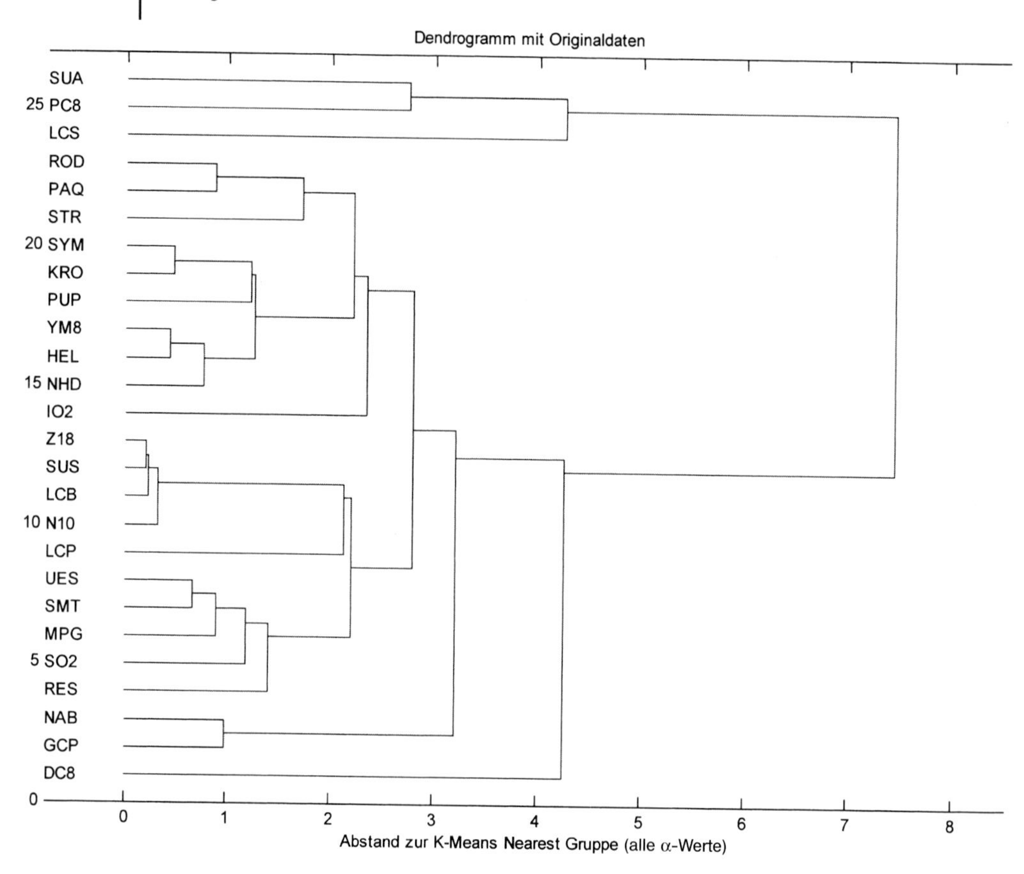

Chem. 12 Vergleich über die Trennfaktoren in Acetonitril/Wasser-Eluenten, S1.

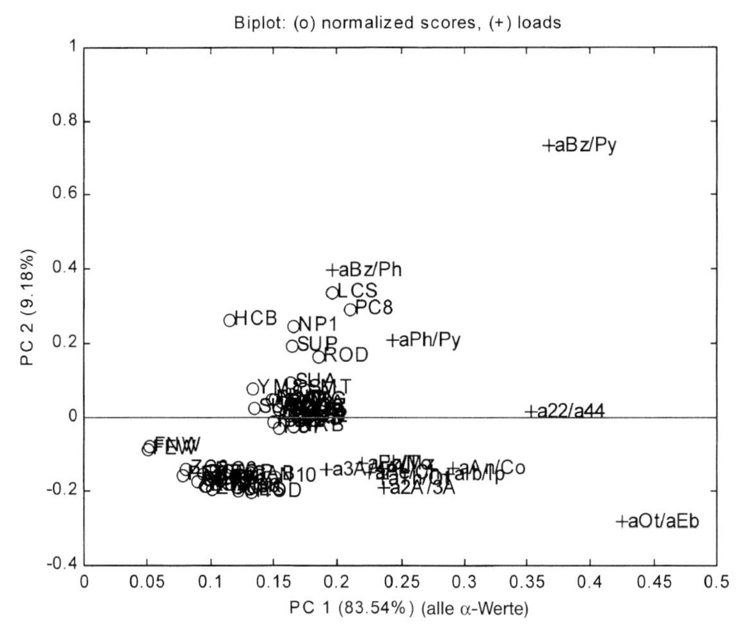

Chem. 13 Biplot der Trennfaktoren und der Analyte, S1.

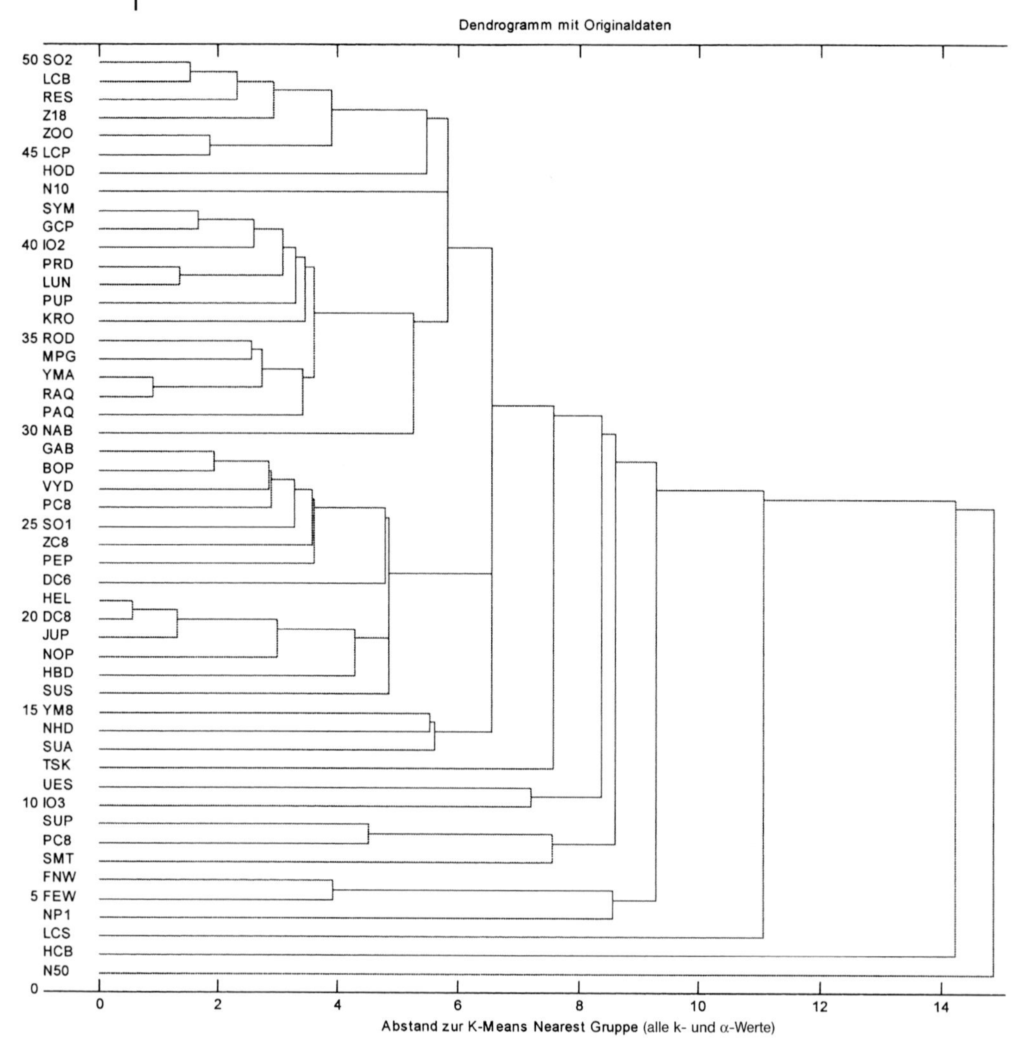

Chem. 14 Vergleich über die Retentions- und Trennfaktoren in Methanol-Eluenten, S1 (Dendrogramm).

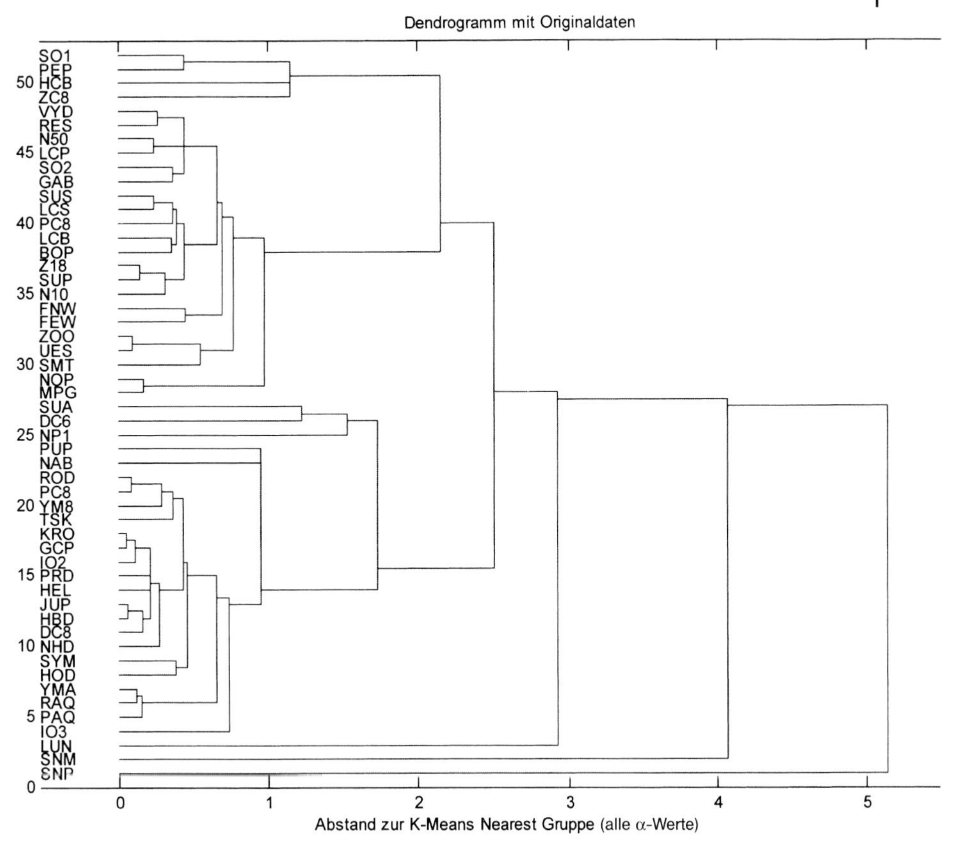

Chem. 15 Vergleich über die Trennfaktoren im alkalischen Methanol/Phosphatpuffer, S1.

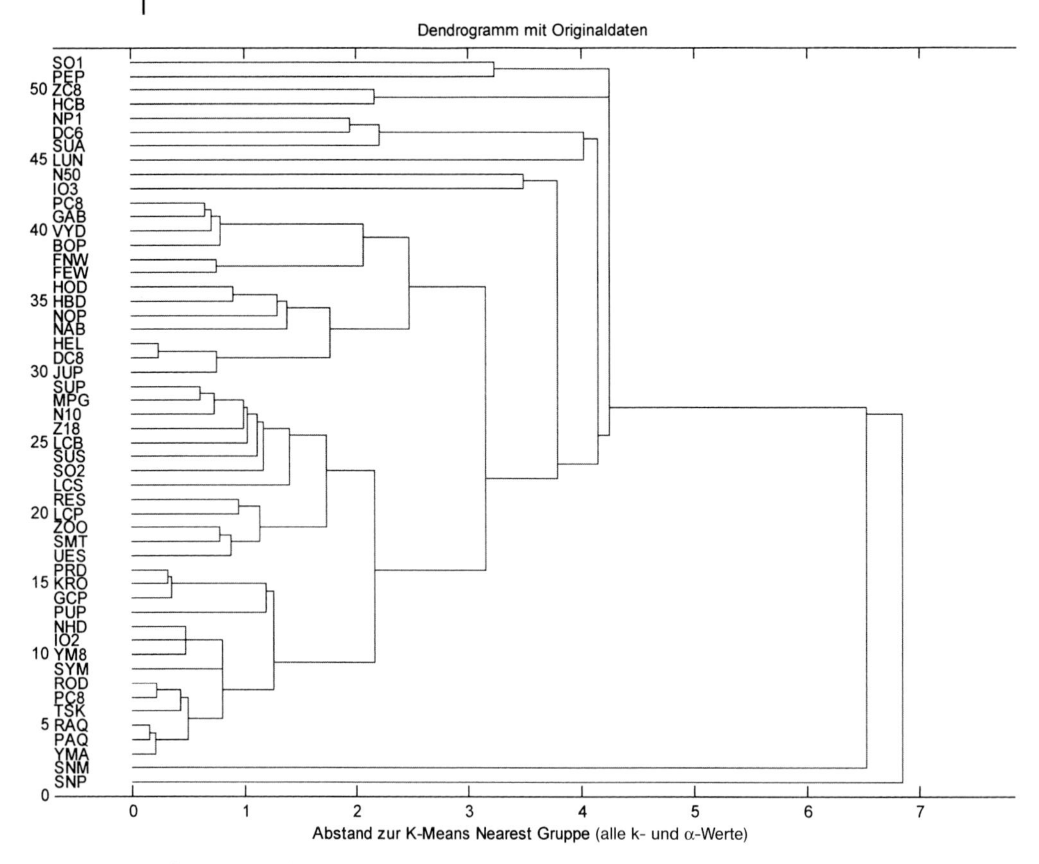

Chem. 16 Vergleich über die Retentions- und Trennfaktoren im alkalischen Methanol/Phosphatpuffer, S1 (Dendrogramm).

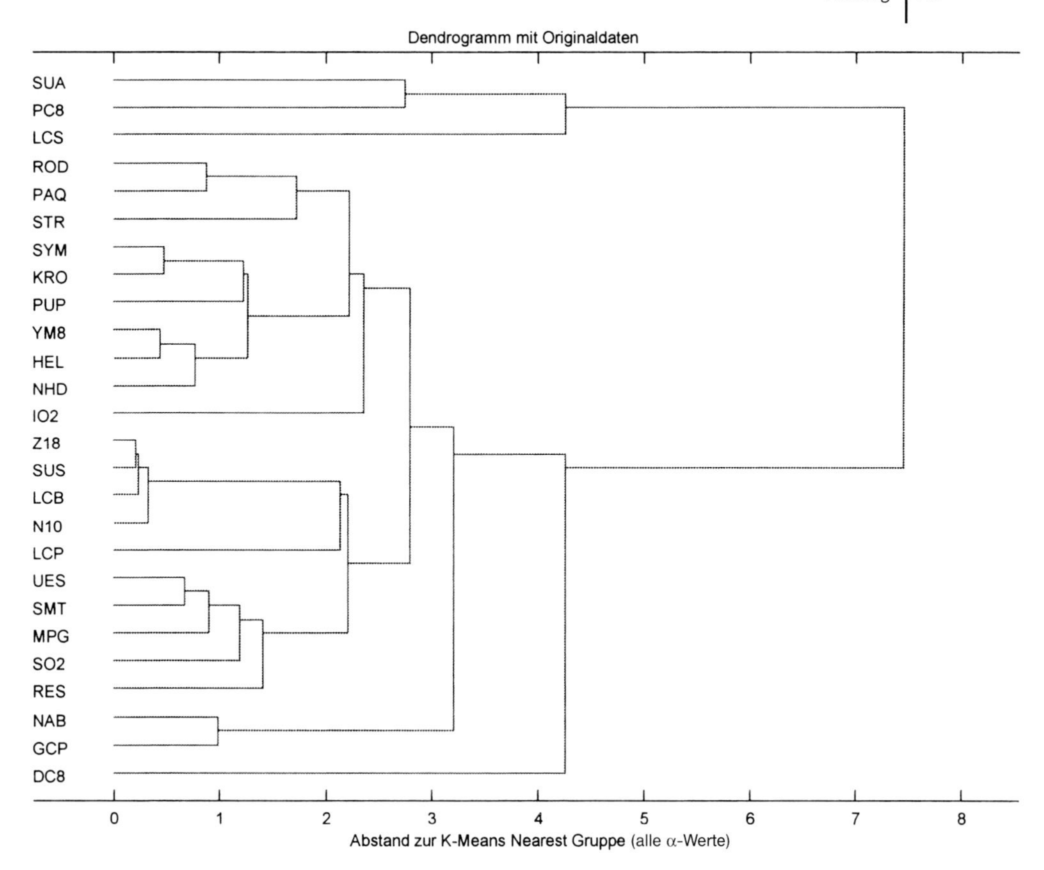

Chem. 17 Vergleich über die Trennfaktoren in Acetonitril/Wasser, S1.

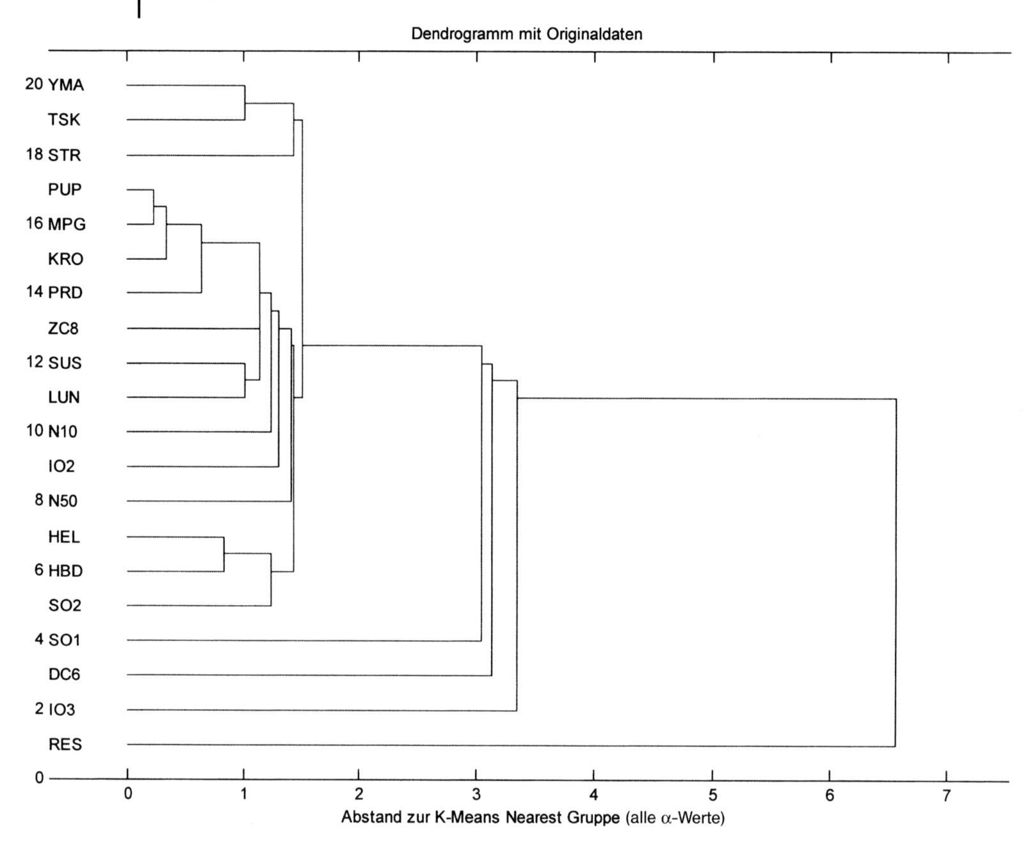

Chem. 18 Vergleich über die Trennfaktoren im sauren Acetonitril/Phosphatpuffer, S1.

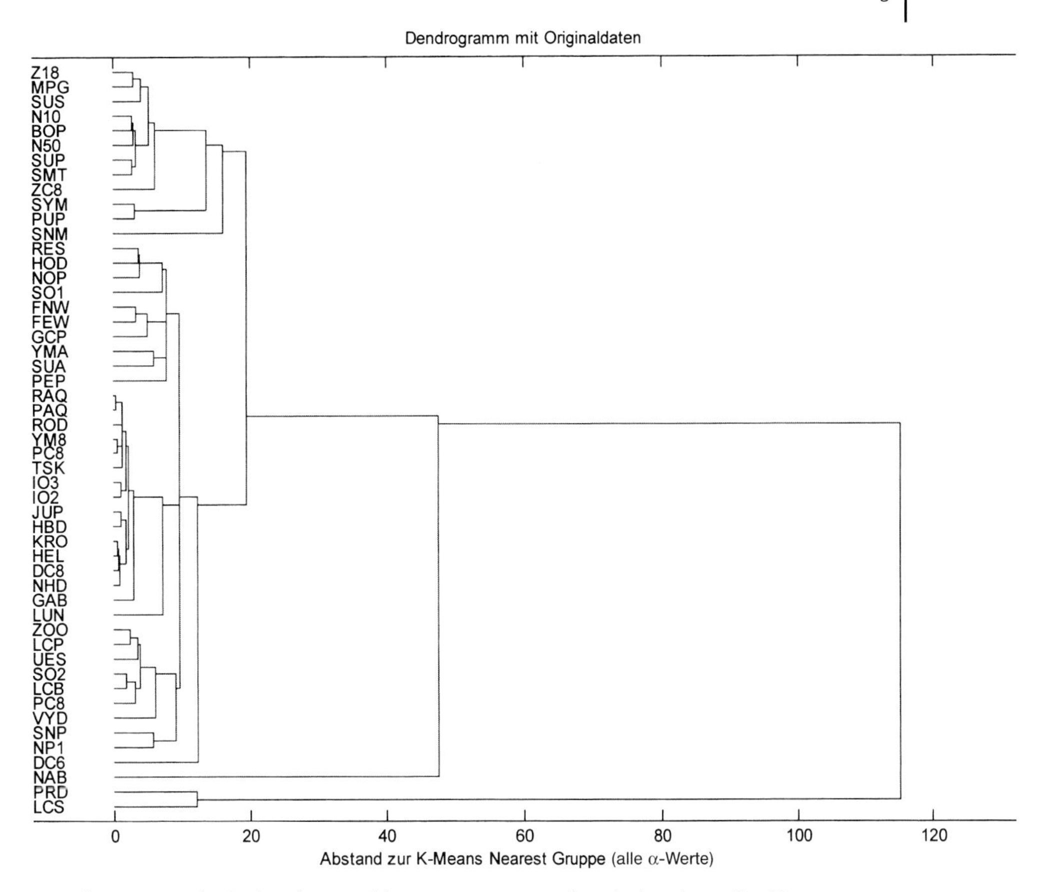

Chem. 19 Vergleich über die Trennfaktoren im sauren Methanol/Phosphatpuffer, S1.

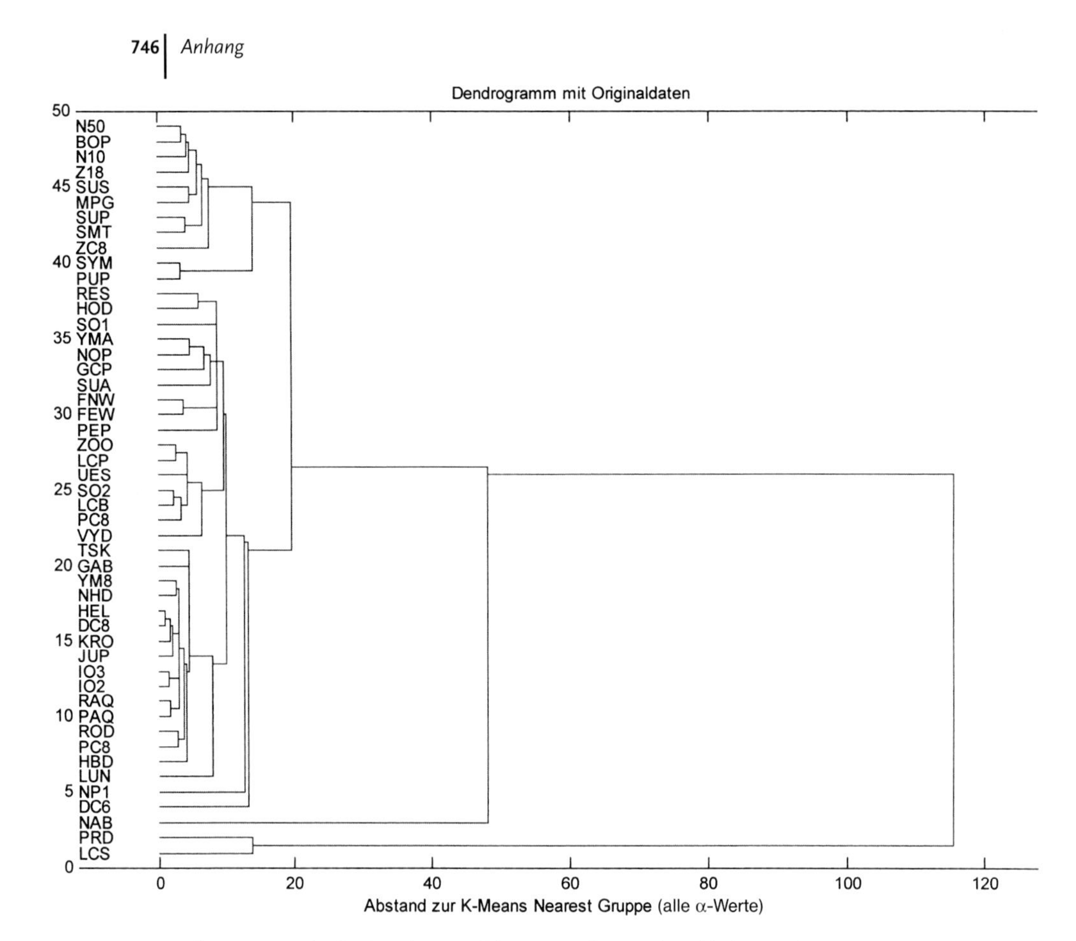

Chem. 20 Vergleich über die Trennfaktoren in allen Methanol-haltigen Eluenten.

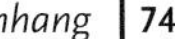

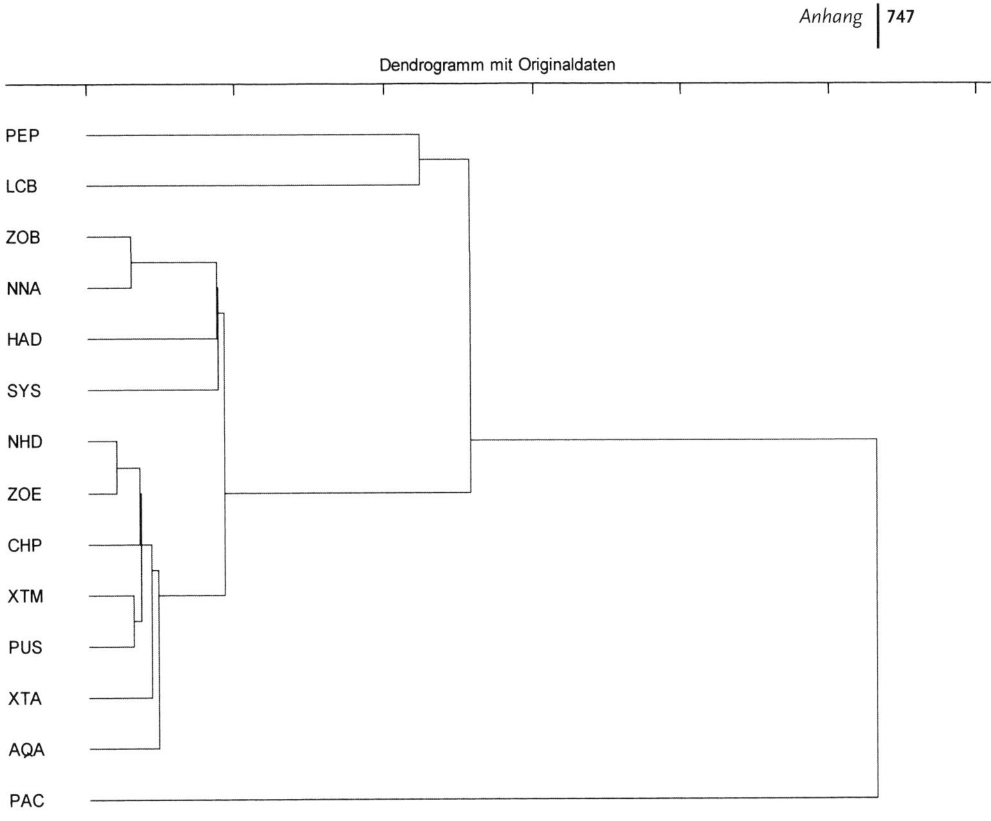

Chem. 21 Vergleich über die Trennfaktoren in Methanol/Wasser, S2.

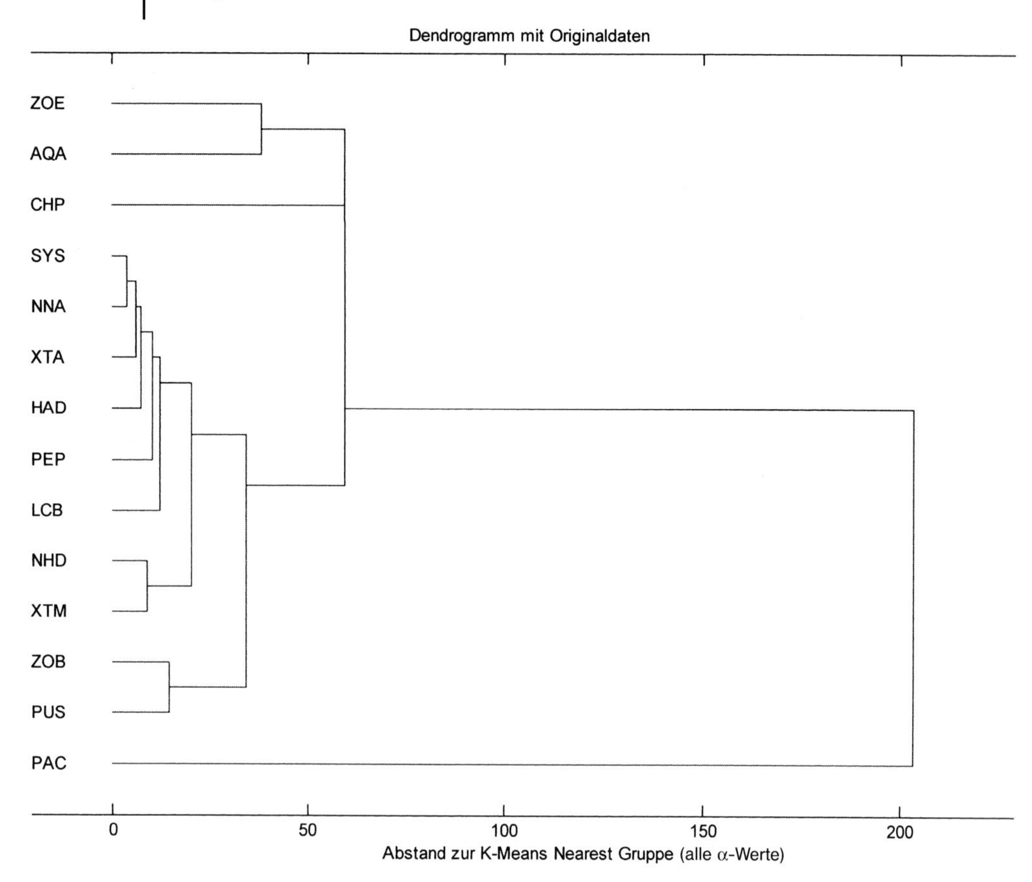

Chem. 22 Vergleich über die Trennfaktoren im sauren Methanol/Phosphatpuffer, S2.

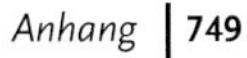

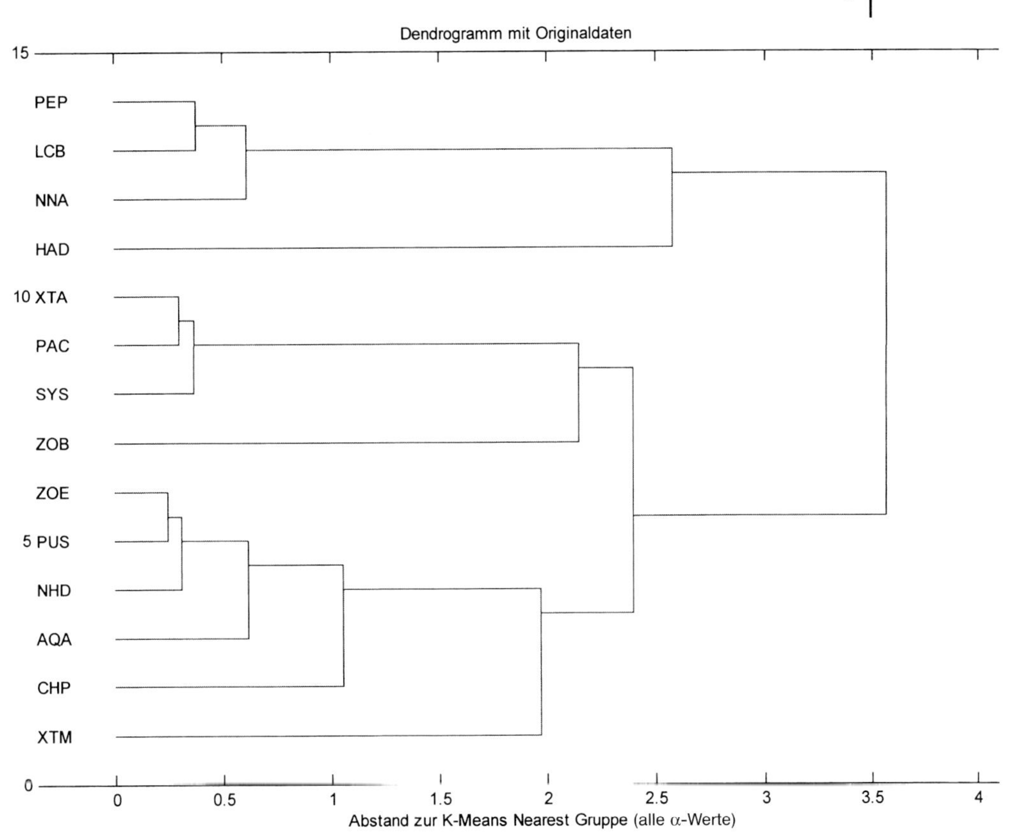

Chem. 23 Vergleich über die Trennfaktoren im alkalischen Methanol/Phosphatpuffer, S2.

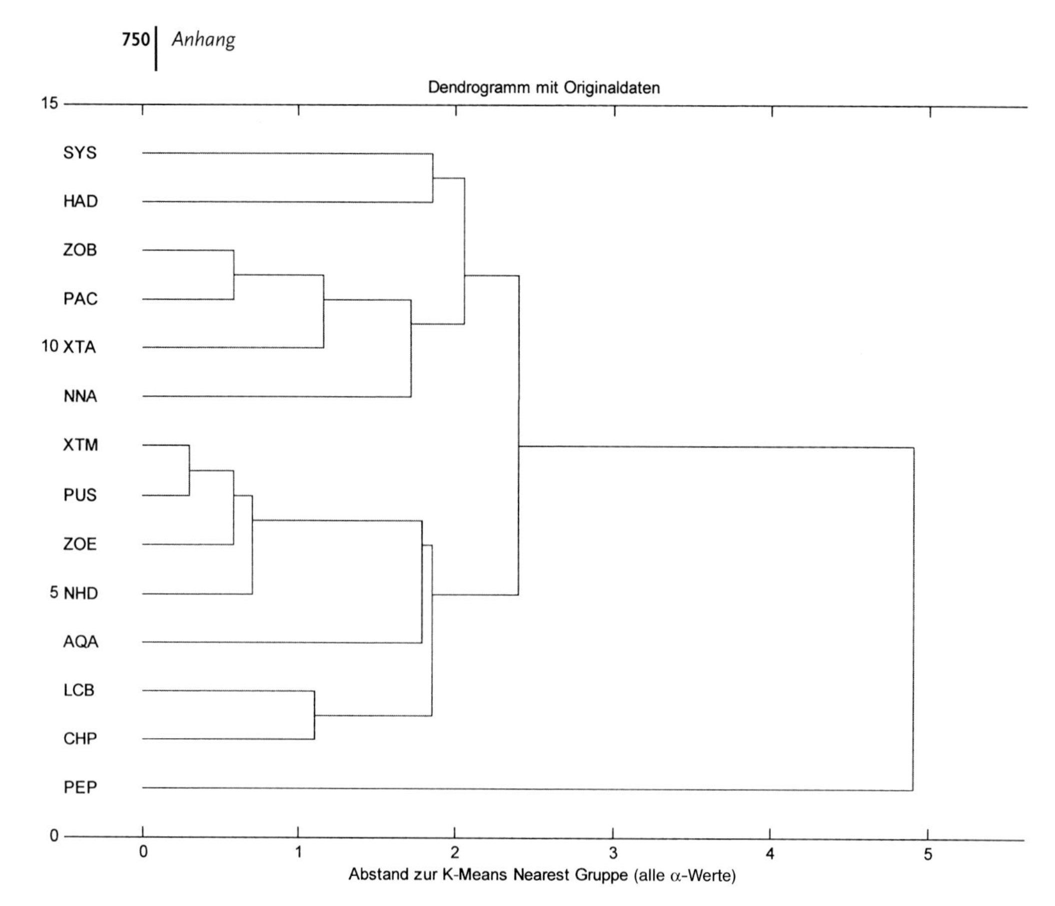

Chem. 24 Vergleich über die Trennfaktoren in Acetonitril/Wasser, S2.

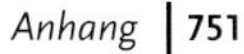

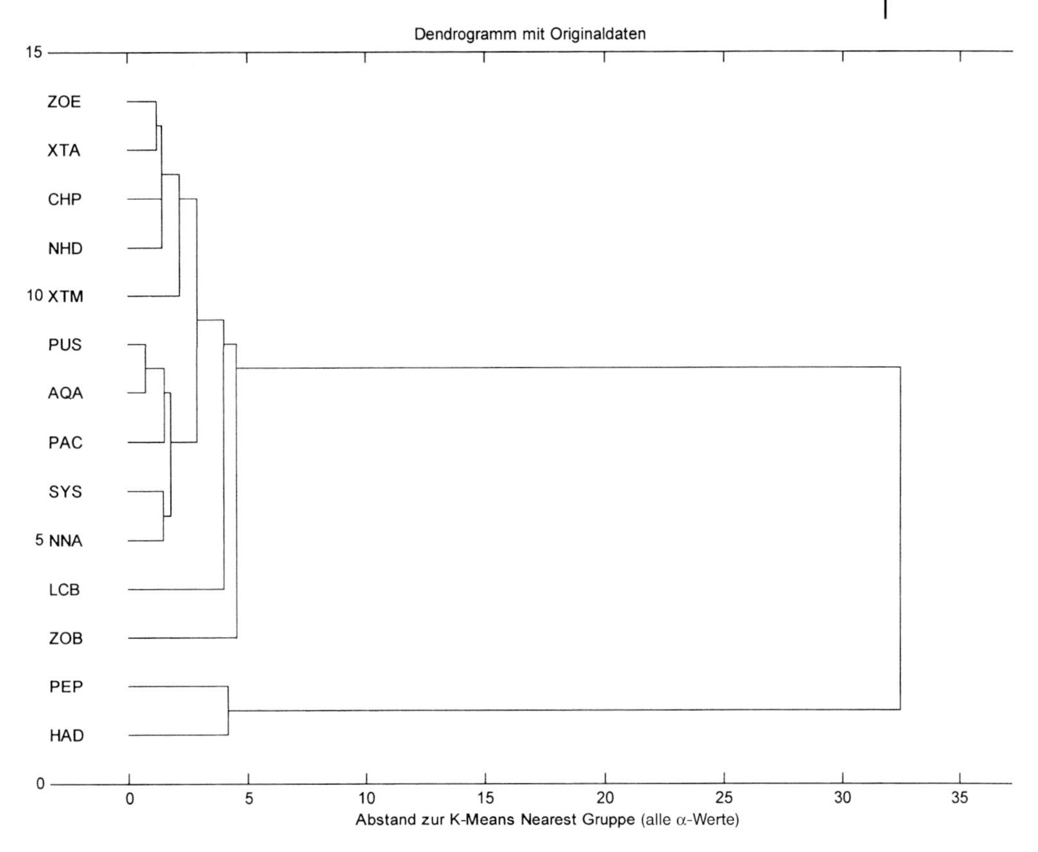

Chem. 25 Vergleich über die Trennfaktoren im sauren Acetonitril/Phosphatpuffer, S2.

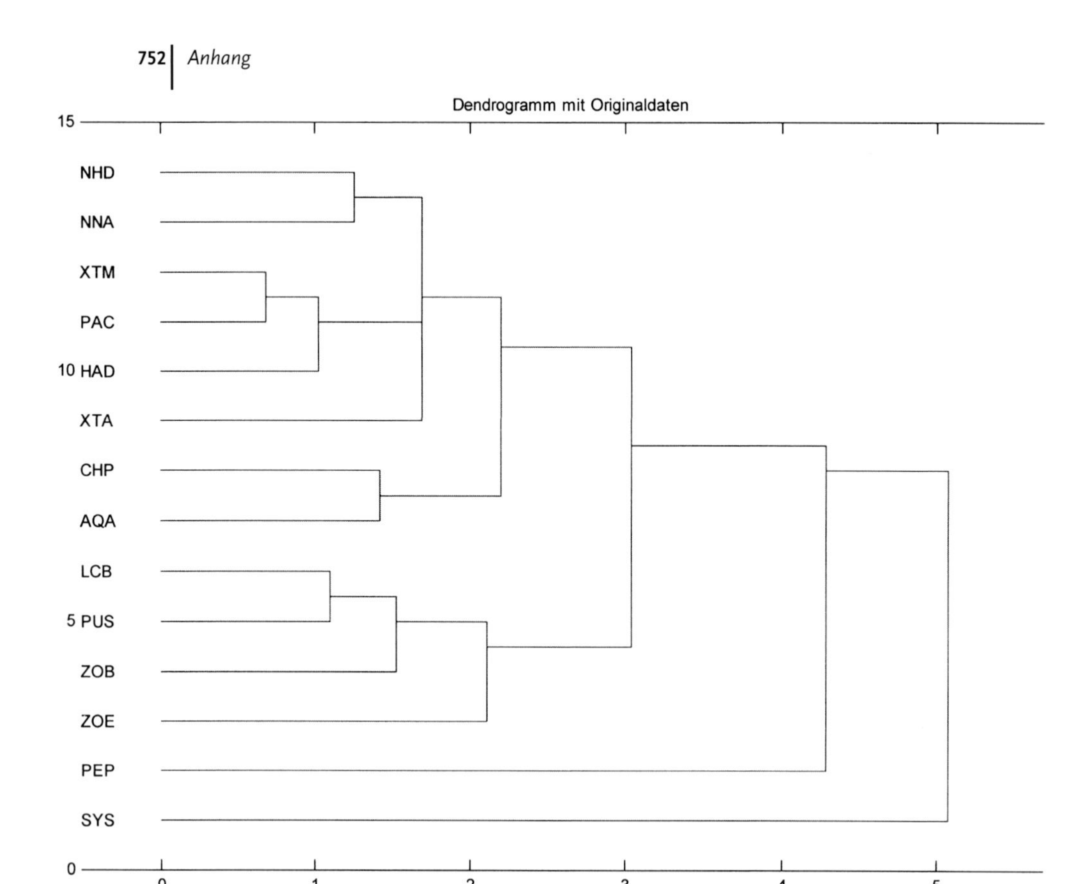

Chem. 26 Vergleich über die Trennfaktoren im alkalischen Acetonitril/Phosphatpuffer, S2.

Stichwortverzeichnis

HPLC richtig optimiert: Ein Handbuch für Praktiker. Herausgegeben von Stavros Kromidas

ISBN: 3-527-31470-9

d

h

i

l

m

P

q

r

t